Das Tierreich.

Eine Zusammenstellung und Kennzeichnung der rezenten Tierformen.

In Verbindung mit der

Deutschen Zoologischen Gesellschaft

herausgegeben von der

Königlich Preussischen Akademie der Wissenschaften zu Berlin.

Generalredakteur: Franz Eilhard Schulze.

„Πάντα ῥεῖ.“ *„Sine systemate chaos.“*

13. Lieferung.

Acarina.

Redakteur: H. Lohmann.

Hydrachnidae und Halacaridae

bearbeitet von

Dr. R. Piersig in Annaberg und **Dr. H. Lohmann** in Kiel.

Mit 87 Abbildungen.

Berlin.

Verlag von R. Friedländer und Sohn.

Ausgegeben im Juni 1901.

Das Tierreich.
In Verbindung mit der Deutschen Zoologischen Gesellschaft herausgegeben von der Königlich Preussischen Akademie der Wissenschaften zu Berlin.
Generalredakteur: Franz Eilhard Schulze.

13. Lieferung.

Acarina. Redakteur: H. Lohmann.

Hydrachnidae

und

Halacaridae

bearbeitet

von

Dr. R. Piersig in Annaberg und Dr. H. Lohmann in Kiel.

Mit 87 Abbildungen.

Berlin.
Verlag von R. Friedländer und Sohn.
Ausgegeben im Juni 1901.

A. Hopfer, Burg.

Vorbemerkung.

Die Familie *Hydrachnidae* ist bearbeitet von Dr. R. Piersig unter Berücksichtigung der Litteratur bis zum 15. April 1901. Die Bearbeitung der Familie *Halacaridae* ist von Dr. H. Lohmann unter Berücksichtigung der Litteratur bis zum 1. Januar 1901 ausgeführt.

Inhalt.

Litteratur-Kürzungen.

Abh. Schles. Ges. — Abhandlungen der Schlesischen Gesellschaft für vaterländische Cultur. — Abtheilung für Naturwissenschaften und Medicin. Breslau. 8.

Abh. Senckenb. Ges. — Abhandlungen, herausgegeben von der Senckenbergischen naturforschenden Gesellschaft. Frankfurt a. M. 4.

Abh. Ver. Bremen — Abhandlungen, herausgegeben vom naturwissenschaftlichen Vereine zu Bremen. Bremen. 8.

Acta Soc. Fauna Fenn. — Acta Societatis pro Fauna et Flora Fennica. Helsingforsiae. 8.

Act. Soc. Chili — Actes de la Société scientifique du Chili. Santiago. 8.

Agassiz, Nomencl. zool. — L. Agassiz, Nomenclator zoologicus. 1 *v.* & Index universalis. Soloduri. 1842—46, 46. 4.

Amer. J. Sci. — The American Journal of Science and Arts. New Haven, New York. 8.

Ann. nat. Hist. — The Annals and Magazine of natural History, including Zoology, Botany, and Geology. London. 8.

Ann. Sci. nat. — Annales des Sciences naturelles. — [ser. 2—4:] Zoologie ([ser. 5 & sequ.:] Zoologie et Paléontologie). Paris. 8.

Annuaire Mus. St.-Pétersb. — Annuaire du Musée zoologique de l'Académie Impériale des Sciences de St.-Pétersbourg. St.-Pétersbourg. 8.

Ann. Univ. Lyon — Annales de l'Université de Lyon. Paris. 8.

Arch. Mus. Paris — Archives du Muséum d'Histoire naturelle. Paris. 4.

Arch. Naturg. — Archiv für Naturgeschichte. Berlin. 8.

Arch. Naturv. Christian. — Archiv for Mathematik og Naturvidenskab. Christiania. 8.

Atti Ist. Veneto — Atti del Reale Istituto Veneto di Scienze, Lettere ed Arti. Venezia. 8.

Barrois, Matér. Açores — Théod. Barrois, Matériaux pour servir à l'Étude de la Faune des Eaux douces des Açores. — I. Hydrachnides. Lille. 1887. 8.

Barrois & Moniez, Cat. Hydrach. — Th. Barrois et R. Moniez, Catalogue des Hydrachnides recueillies dans le Nord de la France, avec des Notes critiques et la Description d'Espèces nouvelles. Lille. 1887. 8.

Ber. Komm. D. Meere — Bericht ([*v.* 1—3:] Jahresbericht) der Kommission zur wissenschaftlichen Untersuchung der Deutschen Meere in Kiel. Berlin. 2.

Berlese, A. M. S. — A. Berlese, Acari, Myriopoda et Scorpiones hucusque in Italia reperta. fasc. 1—92. Padova. 1882—98. 8.

Bibl. zool. — Bibliotheca zoologica. Original-Abhandlungen aus dem Gesammtgebiete der Zoologie. Cassel, Stuttgart. 4. [sequ.: *Zool.*]

Biol. Centr.-Amer. — Biologia Centrali-Americana; or, Contributions to the Knowledge of the Fauna and Flora of Mexico and Central-America. Edited by F. D. Godman and O. Salvin. — Zoology. Arachnida acaridea by Otto Stoll. London. 1886—93. 4.

Bruzelius, Beskr. Hydrach. — Ragnar Magnus Bruzelius, Beskrifning öfver Hydrachnider, som förekomma inom Skåne. Akademisk Afhandling. Lund. 1854. 8.

Bull. Mus. Paris — Bulletin du Muséum d'Histoire naturelle. Paris. 8.

Bull. sci. France Belgique — Bulletin scientifique de la France et de la Belgique. Paris. 8.

Bull. Soc. ent. France — Bulletin des Séances et Bulletin bibliographique de la Société entomologique de France. Paris. 8.

Bull. Soc. ent. Ital. — Bullettino della Società entomologica Italiana. Firenze. 8.
Bull. Soc. Rouen — Bulletin de la Société des Amis des Sciences naturelles de Rouen. Rouen. 8.
Bull. Soc. Vaudoise — Bulletin de la Société Vaudoise des Sciences naturelles. Lausanne. 8.
Bull. Soc. zool. France — Bulletin de la Société zoologique de France. Paris. 8.
Bul. Soc. Bucuresci — Buletinul Societății de Sciinte din Bucuresci-România. Bulletin de la Société des Sciences de Bucarest-Roumanie. Bucuresci. 8.
Burgersdijk, Dieren — L. A. J. Burgersdijk, De Dieren afgebeeld, beschreven en in hunne Lewenswijze geschetst. *v.* 1—3. Leiden. 1863—75. 8.
Carus & Gerstaecker, Zool. — Jul. Victor Carus und C. E. A. Gerstaecker, Handbuch der Zoologie. *v.* 1, 2. Leipzig. 1868—75, 63. 8.
C.-R. Ac. Sci. — Comptes rendus hebdomadaires des Séances de l'Académie des Sciences. Paris. 4.
C.-R. Soc. Biol. — Comptes rendus [hebdomadaires] des Séances et Mémoires de la Société de Biologie. Paris. 8.
D.-O.-Afr. — Deutsch-Ost-Afrika. Wissenschaftliche Forschungsresultate über Land und Leute unseres Ostafrikanischen Schutzgebietes und der angrenzenden Länder. — *v.* 3, 4: Die Thierwelt Ost-Afrikas und der Nachbargebiete. Hrsg. unter Redaktion von K. Möbius. Berlin. 1896, 98. 8.
Ergeb. Plankton-Exp. — Ergebnisse der in dem Atlantischen Ocean von Mitte Jul bis Anfang November 1889 ausgeführten Plankton-Expedition der Humboldt-Stiftung. Hrsg. von Victor Hensen. *v.* 1—5. Kiel & Leipzig. 1892— . 4.
Expl. Algérie — Exploration scientifique de l'Algérie pendant les Années 1840, 41, 42. — Sciences physiques. Zoologie. Histoire naturelle des Animaux articulés par H. Lucas. *v.* 1—3; atl. Paris. 1849. 4.
Fabricius, Ent. syst. — Joh. Christ. Fabricius, Entomologia systematica, emendata et aucta, secundum Classes, Ordines, Genera, Species. *v.* 1—4; suppl., ind. Hafniae. 1792, 93, 93/94, 94; 98, 96/99. 8.
Fabricius, Spec. Ins. — Joh. Christ. Fabricius, Species Insectorum exhibentes eorum Differentias specificas. Synonyma Auctorum, Loca natalia, Metamorphosin. *v.* 1, 2. Hamburgi & Kilonii. 1781. 8.
Fabricius, Syst. Antl. — Joh. Christ. Fabricius, Systema Antliatorum, secundum Ordines, Genera, Species. Brunsvigae. 1805. 8.
Feuille Natural. — Feuille des jeunes Naturalistes. Paris. 8.
Figuier, Tabl. Nat. — L. Figuier, Le Tableau de la Nature. *v.* 1—10. Paris. 1862—71. 8.
Forh. Selsk. Christian. — Forhandlinger i Videnskabs-Selskabet i Christiania. Christiania. 8.
Forh. Skand. Naturf. — Forhandlingerne ved de Skandinaviske Naturforskeres. Christiania etc. 8.
Forschber. Plön — Forschungsberichte aus der biologischen Station zu Plön. — [*v.* 6 & sequ.:] Abt. II, Zoologie. Berlin, Stuttgart. 8.
Geer, Abh. Gesch. Ins. — Karl Degeer, Abhandlungen zur Geschichte der Insekten, aus dem Französischen übersetzt und mit Anmerkungen hrsg. von Johann August Ephraim Götze (Goeze). *v.* 1—7. Nürnberg. 1778, 78/79, 80, 81, 81, 82, 83. 4.
Geer, Mém. Hist. Ins. — Charles de Geer, Mémoires pour servir à l'Histoire des Insectes. *v.* 1—7. Stockholm. 1752, 71, 73, 74, 75, 76, 78. 4.
Giebel, Naturg. Thierr. — Die drei Reiche der Natur. 1. Abtheilung. Die Naturgeschichte des Thierreichs von C. G. Giebel. *v.* 1—5. Leipzig. 1858—64. 4.
Göteborgs Vetensk. Handl. — Göteborgs Kongl. Vetenskaps och Vitterhets Samhälles Handlingar. Göteborg. 8.
Hahn, Arach. — C. W. Hahn, Die Arachniden. Getreu nach der Natur abgebildet und beschrieben. Fortgesetzt (*v.* 3—16) von C. L. Koch. *v.* 1—16; ind. Nürnberg. 1831—49. 8.
Haldeman, Zool. Contr. — S. S. Haldeman, Zoological Contributions. nr. 1—3. New York. 1843, 44. 8.
Harting, Leerb. Dierk. — P. Harting, Leerboek van de Grondbeginselen der Dierkunde in haren geheelen Omvang. *v.* 1—3. Tiel. 1862—74. 8.

Hermann, Mém. apt. — Jean-Fréderic Hermann, Mémoire aptérologique. Publié par Fréderic-Louis Hammer. Strasbourg. 1804. 2.

Hoeven, Handb. Dierk. — J. van der Hoeven, Handboek der Dierkunde, of Grondbeginsels der natuurlijke Geschiedenis van het Dierenrijk. *v.* 1, 2. Rotterdam. 1828—33. 8.

Int. J. Micr. — The international Journal of Microscopy and natural Science. London. 8.

Irish Natural. — The Irish Naturalist: a monthly Journal of general Irish natural History. Dublin. 8.

Izv. Obshch. Moskov. — Извѣстістія |Императорскаго| Общества Любителей Естествознанія |Антропологіи и Этнографіи|, состоящаго при Императорскомъ Московском ъ Университетѣ. Москва. 4. [Nachrichten |der Kaiserlichen| Gesellschaft der Freunde der Naturwissenschaften, |Anthropologie und Ethnographie| an der Kaiserlichen Universität Moskau. Moskau.]

J. Ac. Philad. — Journal of the Academy of natural Sciences of Philadelphia. Philadelphia. 8, 4.

J. Quekett Club — The Journal of the Quekett microscopical Club. London. 8.

Koch, C. M. A. — C. L. Koch, Deutschlands Crustaceen, Myriapoden und Arachniden. Hrsg. von G. A. W. Herrich-Schäffer. fasc. 1—40. Regensburg. 1835—44. 12.

Koch, Übers. Arach. — C. L. Koch, Übersicht des Arachnidensystems. *v.* (Heft) 1—5. Nürnberg. 1837, 39, 42, 47, 50. 8.

Lamarck, Hist. An. s. Vert. — J. B. de Lamarck, Histoire naturelle des Animaux sans Vertèbres. *v.* 1—7. Paris. 1815, 16, 16, 17, 18, 19/22, 22. 8.

Latreille, Consid. gén. — P. A. Latreille, Considérations générales sur l'Ordre naturel des Animaux composant les Classes des Crustacés, des Arachnides et des Insectes. Paris. 1810. 8.

Latreille, Gen. Crust. Ins. — P. A. Latreille, Genera Crustaceorum et Insectorum secundum Ordinem naturalem in Familias disposita, Iconibus Exemplisque plurimis explicata. *v.* 1—4. Parisiis & Argentorati. 1806, 07, 07, 09. 8.

Latreille, Hist. nat. Crust. Ins. — P. A. Latreille, Histoire naturelle, générale et particulière, des Crustacés et des Insectes. Ouvrage faisant Suite aux Oeuvres de Leclerc de Buffon, et Partie de Cours complet d'Histoire naturelle rédigé par C. S. Sonnini. *v.* 1—14. Paris. 1802—1805. 8.

Latreille, Précis Caract. Ins. — [P. A.] Latreille, Précis des Caractères génériques des Insectes, disposés dans un Ordre naturel. Paris. [1796.] 8.

Leconte, Classif. Col. N. Amer. — John L. Leconte, Classification of the Coleoptera of North America. *v.* (Part) 1, 2. Smithsonian miscellaneous Collections. Washington. 1861/62, 73. 8.

Linné, Fauna Svec. — Carolus Linnaeus, Fauna Svecica sistens Animalia Sveciae Regni. Stockholmiae (Lugduni Batavorum). 1746. 8.

Mag. nat. Hist. — Magazine of natural History, and Journal of Zoology, Botany, Mineralogy, Geology and Meteorology. London. 8.

Math. term. Értes. — Mathematikai és természettudományi Értesitö. Kiadja a Magyar Tudományos Akademia. Budapest. 8.

Mém. Ac. Belgique — Mémoires de l'Académie Royale des Sciences, des Lettres et des Beaux-Arts de Belgique. Bruxelles. 4.

Mém. Soc. Cherbourg — Mémoires de la Société des Sciences naturelles |et mathématiques| de Cherbourg. Cherbourg, Paris. 8.

Mt. Ges. Bern — Mittheilungen der naturforschenden Gesellschaft in Bern. Bern. 8.

Mt. Mus. Hamburg — Mitteilungen aus dem naturhistorischen Museum in Hamburg. Aus dem (Beiheft zum) Jahrbuch der Hamburgischen wissenschaftlichen Anstalten. Hamburg. 8.

Müller, Hydrachnae — Otho Fridericus Müller, Hydrachnae, quas in Aquis Daniae palustribus detexit, descripsit, pingi et Tabulis XI aeneis incidi curavit. Lipsiae. 1781. 4.

Müller, Zool. Dan. Prodr. — Otho Fridericus Müller, Zoologiae Danicae Prodromus, seu Animalium Daniae et Norvegiae indigenarum Characteres, Nomina et Synonyma imprimis popularium. Havniae. 1776. 8.

Murray, Econ. Ent. Apt. — A. Murray, Economic Entomology. Aptera. South Kensington Museum Science Handbooks. London. 1877. 8.

N. Acta Ac. Leop. — Nova Acta Academiae Caesareae Leopoldino-Carolinae Germanicae Naturae Curiosorum. Verhandlungen der Kaiserlichen Leopoldinisch-Carolinischen Akademie der Naturforscher. Norimbergae, Erlangen, Bonn etc. 4.

Naturaleza — La Naturaleza. Periódico cientifico de la Sociedad Méxicana de Historia natural. México. 4.

Naturaliste — Le Naturaliste. Paris. 4.

Natural. N.-Engl. — The Naturalist. A monthly Journal of natural History for the North of England. London & Leeds. 8.

Nyt Mag. Naturv. — Nyt Magazin for Naturvidenskaberne. Christiania. 8.

Öfv. Ak. Förh. — Öfversigt af Kongliga Vetenskaps-Akademiens Förhandlingar. Stockholm. 8.

Örsted, Region. mar. — A. S. Örsted, De Regionibus marinis. Elementa Topographiae historiconaturalis Freti Öresund. Diss. inaug. Hauniae. 1844. 8.

P. Ac. Philad. — Proceedings of the Academy of natural Sciences of Philadelphia. Philadelphia. 8.

Pfeiffer, Naturg. Moll. — Carl Pfeiffer, Naturgeschichte Deutscher Land- und Süsswasser-Mollusken. *v.* 1—3. Cassel, Weimar. 1821, 24, 28. 4.

Post. micr. Soc. — The postal microscopical Society. Bath. 8.

P. zool. Soc. London — Proceedings of the zoological Society of London. London. 8.

Rep. Brit. Ass. — Report of the . . . Meeting of the British Association for the Advancement of Science. London. 8.

Result. Erforsch. Balatonsees — Resultate der wissenschaftlichen Erforschung des Balatonsees (Plattensees). Hrsg. von der Balatonsee-Commission der Königl. Ungarischen geographischen Gesellschaft. — *v.* 2I: Die Fauna des Balatonsees. Wien. 1897. 4.

Rev. biol. Nord France — Revue biologique du Nord de la France. Lille. 8.

Rev. Sci. nat. Ouest — Revue des Sciences naturelles de l'Ouest. Paris. 8.

Rev. Suisse Zool. — Revue Suisse de Zoologie et Annales du Musée d'Histoire naturelle de Genève. Genève. 8.

Rösel, Insecten-Belustig. — August Johann Rösel von Rosenhof, Monatlich herausgegebene Insecten-Belustigung. *v.* (Theil) 1—4. Nürnberg. [1746, 49], 55, 61. 4.

Rozpr. České Ak. — Rozpravy České Akademie Císaře Františka Josefa pro Vědy, Slovesnost a Umění. — Třída II (Mathematicko-Přírodnická). V Praze. 8.

Samouelle, Ent. Compend. — G. Samouelle, The Entomologists useful Compendium, or an Introduction to the Knowledge of British Insects. London. 1819. 8.

Say, Amer. Ent. — Thomas Say, American Entomology, or Descriptions of the Insects of North America. *v.* 1—3. Philadelphia. 1824, 25, 28. 8.

SB. Ak. Wien — Sitzungsberichte der Kaiserlichen Akademie der Wissenschaften. — Mathematisch-naturwissenschaftliche Classe. Wien. 8.

SB. Böhm. Ges. — Sitzungsberichte der Königlichen Böhmischen Gesellschaft der Wissenschaften in Prag. — [ann. 1885 & sequ.:] Mathematisch-naturwissenschaftliche Classe. Prag. 8.

SB. Ges. Leipzig — Sitzungsberichte der naturforschenden Gesellschaft zu Leipzig. Leipzig. 8.

Schr. Ges. Danzig — Schriften der naturforschenden Gesellschaft in Danzig. Neue Folge. Danzig. 8.

Sci. Gossip — [Hardwicke's] Science Gossip. London. 8.

Skr. Naturh.-Selsk. — Skrivter af Naturhistorie-Selskabet. Kjöbenhavn. 8.

Stud. Univ. Nebraska — University Studies, published by the University of Nebraska. Lincoln Nebraska. 8.

Sundevall, Consp. Arach. — C. J. Sundevall, Conspectus Arachnidum. Diss. Londini Gothorum. 1833. 8.

Svenska Ak. Handl. — Kongliga Svenska Vetenskaps-Akademiens Handlingar. Stockholm. 8, 4.

Term. Füzetek — Természetrajzi Füzetek [az Állat-, Növény-, Ásvány- és Földtan Köréböl]. Kiadja a Magyar nemzeti Múzeum. Budapest. 8.

Tijdschr. Ent. — Tijdschrift voor Entomologie, uitgeg. door de Nederlandsche entomologische Vereeniging. La Haye, Leiden etc. 8.

Tr. Amer. micr. Soc. — Transactions of the American microscopical Society. Buffalo. 8.

Trav. Soc. Univ. Kharkow — Travaux de la Société des Naturalistes à l'Université Imperial de Kharkow. Kharkow. 4.

Tr. Linn. Soc. London — The Transactions of the Linnean Society of London. — [ser. 2:] Zoology. London. 4.

Tr. N. Zealand Inst. — Transactions and Proceedings of the New Zealand Institute. Wellington, London. 8.

Tr. Tyneside Club — Transactions of the Tyneside Naturalists' Field Club. Newcastle-upon-Tyne. 8.

Verh. D. zool. Ges. — Verhandlungen der Deutschen zoologischen Gesellschaft. Leipzig. 8.

Vierteljahrsschr. Ges. Zürich — Vierteljahrsschrift der naturforschenden Gesellschaft in Zürich. Zürich. 8.

Walckenaer, Ins. Apt. — [C. A. de] Walckenaer, Histoire naturelle des Insectes. Aptères. *v.* 3: Par Paul Gervais. *v.* 4: Par Walckenaer et Paul Gervais. *v.* 1—4; atl. Paris. 1837, 37, 44, 47. 8.

Zacharias, Tier- u. Pflanzenw. Süssw. — Die Tier- und Pflanzenwelt des Süsswassers. Einführung in das Studium derselben. Hrsg. von Otto Zacharias. *v.* 1, 2. Leipzig. 1891. 8.

Z. Naturw. — Zeitschrift für Naturwissenschaften ([*v.* 1—54:] Zeitschrift für die gesammten Naturwissenschaften). Halle, Berlin, Leipzig. 8.

Zool. — Zoologica. Original-Abhandlungen aus dem Gesammtgebiete der Zoologie. Stuttgart. 4. [cfr.: *Bibl. zool.*]

Zool. Anz. — Zoologischer Anzeiger. Leipzig. 8.

Zool. Centralbl. — Zoologisches Centralblatt. Leipzig. 8.

Zool. Jahrb. Syst. — Zoologische Jahrbücher. — Abtheilung für Systematik, Geographie und Biologie der Thiere. Jena. 8.

Zool. Rec. — The zoological Record. London. 8.

Z. wiss. Zool. — Zeitschrift für wissenschaftliche Zoologie. Leipzig. 8.

Systematischer Index.

*) Der Name dieser Art ist zu ändern in: P. appendiculata (P. Kram.). S. p. 315.

Pag.

Pag.

Fam. Hydrachnidae

1776 Gen. *Hydrachna,* O. F. Müller, Zool. Dan. Prodr., p. 188 | 1802 *Hydracnellae,* Latreille, Hist. nat. Crust. Ins., *v.* 3 p. 65 | 1803 *„Hydrachnelles“,* Latreille, Hist. nat. Crust. Ins., *v.* 5 p. 201 | 1804 *Hydrachnellae,* Latreille, Hist. nat. Crust. Ins., *v.* 8 p. 5 | 1806 *H.,* Latreille, Gen. Crust. Ins., *v.* 1 p. 81, 158 | 1810 *H.,* Latreille, Consid. gén., p. 117 | 1815 *Hydrachnides,* Leach in: Tr. Linn. Soc. London, *v.* 11 p. 399 | 1819 *Hydrachnadae,* Leach, Sam. Ent. Comp., p. 133 | 1819 *Anostoma,* Lamarck, Hist. nat. An. s. Vert., *v.* 5 p. 84 | 1833 *Hydrachnides,* Sundevall, Consp. Arach., p. 36 | 1834 *Hydrachnei,* Ant. Dugès in: Ann. Sci. nat., sér. 2 *v.* 1 p. 16 | 1837 *„Hydracnés“* Walckenaer, Ins. Apt., *v.* 1 p. 40; *v.* 3 p. 134 | 1842 *„Wassermilben* und *Sumpfmilben“,* C. L. Koch, Übers. Arach., *v.* 3 p. 7, 35 | 1849 *Hydrarachnidia,* Hoeven, Handb. Dierk., *v.* 1 p. 672 | 1854 *Hydrachnides,* Bruzelius, Beskr. Hydrach., p. 3 | 1855 *H.,* Nicolet in: Arch. Mus. Paris, *v.* 7 p. 383 | 1863 *Hydrachnidae,* (Carus &) Gerstaecker, Zool., *v.* 2 p. 341 | 1869 *H.,* Harting, Leerb. Dierk., *v.* 1 p. 349 | 1871 *Hydrachnoidae,* Thorell in: Öfv. Ak. Förh., *v.* 28 p. 687 | 1863 *Hydrarachnea,* Giebel, Naturg. Thierr., *v.* 4 p. 391 | 1873 *Hydrarachnidae,* Burgersdijk, De Dieren, *v.* 3 p. 518 | 1880 *Hydrachnides,* Neuman in: Svenska Ak. Handl., n. ser. *v.* 17 nr. 3 p. 16 | 1882 *Hydrachnidae,* G. Haller in: Mt. Ges. Bern, 1881 II p. 22 | 1897 *H.,* Piersig in: Zool., *v.* 22 p. 32 | 1897 *Hydrachnellae,* Oudemans in: Tijdschr. Ent., *v.* 40 p. 243.

Wasserbewohnende Milben von gedrungener Körperform, mit ungegliedertem Rumpfe und sechsgliedrigen, meist mit je 2 Krallen bewehrten Beinen. Epimeren auf 2, 3 oder 4 Gruppen verteilt oder mehr oder weniger zu einer einzigen Bauchplatte verwachsen; 4. Epimere in der Regel am grössten. Genitalhof fast ausnahmslos mit Genitalnäpfen ausgestattet. Capitulum einen kürzeren oder längeren Saugrüssel bildend. Mandibel zweigliedrig, mit kurzem, krallenförmigem Endgliede, seltener ein langes, stilettförmiges, ungegliedertes Gebilde darstellend. Neben 2 Paar lateral am Vorderrande des Rumpfes stehenden Augen, die meist jederseits zu einem Doppelauge verschmolzen, seltener getrennt sind, zuweilen ein unpaares, medianes Punktauge. Tracheen vorhanden oder fehlend; im ersteren Falle gehen dieselben von 2 starkwandigen Luftkammern aus, deren Hohlraum mit denselben nicht in direkter Verbindung steht, sondern sich dorsal in je eine kurze Röhre fortsetzt, die, zwischen den Grundgliedern der Mandibeln hindurchtretend, auf dem Rücken des Capitulum je in ein durch ein Häutchen verschlossenes, bisweilen auf einem Höcker stehendes Stigma ausmündet. ♂ sehr häufig durch geringere Grösse, eigentümliche Körperanhänge, umgebildete oder besonders ausgerüstete Gliedmassen und ein Penisgerüst vom ♀ abweichend. In einigen Fällen sind schon die Nymphen dimorph. — Die Entwickelung erfolgt durch sechsbeinige Larven und achtbeinige Nymphen. — Die Imagines sind meist frei im Süsswasser lebende Räuber; die Jugendzustände leben oft parasitisch.

Cephalothorax und Abdomen sind zu einer einheitlichen Rumpfmasse verschmolzen (Fig. 1, p. 14), die nur ausnahmsweise eine gewisse Gliederung, z. B. bei den ♂ von Arrhenurus (Fig. 19, p. 86), aufweist, indem der hintere Abschnitt des Abdomen sich scharf von dem vorderen, den Genitalhof tragenden Teil absetzt und als Rumpfanhang bezeichnet wird. In einigen Fällen setzt sich der Vorderrand des Rumpfes (Stirnrand) von den Seitenrändern eckig ab, so dass Schulterecken entstehen (Pseudosperchon verrucosus, Fig. 40, p. 169). Das Integument besteht wenigstens aus einer sehr zarten und dünnen, farblosen Cuticula, die in lückenloser Schicht den gesamten Körper überzieht. Bei einer Anzahl von Gattungen tritt aber noch eine äussere Chitinlage auf, die verschieden geformte Papillen oder Leistchen auf dem Integument bildet, so dass die Körperdecke gekörnelt, netzartig gefeldert oder liniiert (guillochiert) erscheint. Bei sehr vielen Arten scheidet ferner die in der Regel pigmentführende Matrix ausserdem noch in grösserer oder geringerer Ausdehnung Panzerbildungen (Platten, Leisten etc.) aus sprödem Chitin aus, welche dann zwischen jenen zarten Cuticularschichten oder der Oberhaut und der zelligen Matrix liegen. Meist sind diese Panzerbildungen mehr oder weniger porös. Erstreckt sich die Panzerung fast über die ganze Körperoberfläche, so unterscheidet man in der Regel einen grösseren, auf den Rücken mehr oder weniger übergreifenden Bauchpanzer und einen kleineren Rückenpanzer (Torrenticola anomala, Fig. 28, p. 138 und Arrhenurus compactus, Fig. 22, p. 91), die beide durch eine ring- oder bogenförmige, schmale Furche, die Rückenbogenfurche (Arrhenurus conicus, Fig. 20, p. 87 und A. compactus, Fig. 22, p. 91), von einander geschieden sind. Diese Furche ruft eine eigenartige Linie hervor: den Rückenbogen. Weit seltener tritt bei gleich ausgedehnter Panzerbildung eine mediane Längsfurche auf Rücken und Bauch auf (mediane Rücken- und Bauchfurche), die die Panzerdecke des Rumpfes in 2 teilweise mit einander verwachsene Seitenpanzer zerlegt (z. B. Bargena, Fig. 7, p. 35). Kleinere Panzerplatten (Panzerplättchen), die bei undeutlicher Struktur und Umgrenzung auch als Panzerflecke (z. B. bei Thyas) bezeichnet werden, erhalten ihre Benennung je nach der Lage, in der sie sich befinden, so z. B. interoculare Panzerplatte (Panisus, Fig. 10, p. 54) etc. Zahlreiche, in Längsreihen geordnete Hautdrüsen durchbrechen die Cuticula. Die äussere Drüsenmündung ist gewöhnlich von einem Panzerhof, dem Mündungshof (Neumania, Fig. 60, p. 225), umgeben oder auf einem Höcker (Drüsenhöcker) gelegen, auf oder neben dem eine Borste eingesetzt ist. Stehen solche Drüsen am Hinterende des Abdomen, wie bei Atax, so werden sie Steissdrüsen genannt, befinden sie sich in der Nähe der sog. Analöffnung, so bezeichnet man sie als Analdrüsen (z. B. Oxus, Fig. 37, p. 156). Springen die Mündungshöfe der am Vorderrande (Stirnrande) des Rumpfes vor den Augen gelegenen Drüsen höcker- oder zapfenartig vor, so spricht man von Stirnhöckern. Die dazu gehörigen, meist kräftiger entwickelten, häufig gefiederten Borsten tragen ganz allgemein den Namen Stirnborsten (z. B. Arrhenurus und Nautarachna, Fig. 19, p. 86 und Fig. 75, p. 269). Auch die sonst noch auf dem Integument auftretenden Borsten sitzen sehr häufig auf kleinen Panzerplättchen (Haarplättchen) oder Höckern (Haarhöckern).

Das Capitulum liegt am ventralen Vorderende des Rumpfes in einer von den Epimeren des 1. Beinpaares freigelassenen und umgrenzten Bucht

(Camerostom, Maxillarbucht) und bildet eine Art Saugrüssel, dessen distales Ende, wenn es stark ausgezogen ist, als Schnabelteil von dem proximalen oder Grundteil unterschieden wird (Hydrachna, Fig. 8, p. 38). Ausserdem hält man noch am Capitulum eine Ventralfläche, eine Dorsalfläche und die Seitenflächen aus einander, von denen die beiden erstgenannten oft kürzere oder längere, meist paarig auftretende Fortsätze, die Maxillarfortsätze (Eulais, Fig. 3, p. 22), aussenden, während die letzteren mitunter eigenartige Faltungen und Vorsprünge (Querfalten und Zapfen, z. B. bei Sperchon) aufweisen. Die Mundöffnung (Partnunia, Protzia, Fig. 13, p. 58 u. a.) durchbricht das Capitulum in der Regel am Vorderende, weit seltener liegt sie auf der Ventralfläche desselben und bildet dann eine Art Saugscheibe (Mundscheibe, Eulais, Fig. 3, p. 22), deren Rand von einem Haarkranze (Mundkrause) besetzt ist. Das Capitulum umschliesst ausser dem Pharynx (Eulais, Fig. 3, p. 22), welcher meist ventral durch das Integument durchscheint und zuweilen stark verdickte Querleisten (Querbögen) besitzt, noch 2 den oberen Raum des Mundkegels zum grössten Teil einnehmende Mandibeln, die bei den meisten Hydrachniden aus je einem grösseren, prismatischen, meist knieförmig gebogenen, seltener mit dem anderen ganz oder teilweise verwachsenen Grundglied und einem demselben aufsitzenden, krallenförmigen Endgliede bestehen, bei einzelnen Gattungen aber zu undeutlich gegliederten, langen, schwach gekrümmten, stilettartigen Gebilden umgewandelt sind. Im ersteren Falle bemerkt man sehr häufig am distalen Ende des Grundgliedes, nahe der Unterfläche, einen durchsichtigen Fortsatz (Mandibularhäutchen), der gleich dem Endgliede nach vorwärts gerichtet ist. Ganz ausnahmsweise werden die Grundglieder der Mandibeln durch ein im Innern des Vorderrumpfes liegendes Gerüst gestützt (z. B. bei Pontarachna). Auf der Dorsalseite des Capitulum befinden sich eng neben einander 2 durch Häutchen verschlossene, zuweilen auf Höckern (Stigmenhöcker) sitzende Tracheenstigmata. Sie führen in die ebenfalls doppelt auftretenden Tracheenhauptrohre, die meist bogenförmig in die Tiefe des Capitulum (der Maxillarhöhle) zwischen die je eine Aushöhlung (Mandibelgrube) bildenden Grundglieder der Mandibeln treten und dort in 2 stark chitinisierte, dickwandige, längliche, gebogene Kapseln (Luftsäcke) einmünden, die nebenbei noch als Stütz- und Drehpunkte der Mandibeln dienen. Von den Luftsäcken gehen dann die nur angehefteten, mit dem Innenraum der ersteren nicht unmittelbar in Verbindung stehenden Fadentracheen aus, die in reicher Menge den Körper durchziehen, die inneren Organe umspinnen und unter dem Integument nicht selten als feines Liniengewirr sichtbar werden. Eine Ausnahme hiervon machen nur die auf den Kiemen von Mollusken schmarotzenden Hydrachnidenformen (Atax, Najadicola etc.), die zwar im Besitz der Stigmata und Luftsäcke sind, ein ausgebildetes Tracheensystem aber entbehren. Die dem Capitulum aufsitzenden, fünfgliedrigen Maxillarpalpen sind in der Regel am 4. Gliede durch nicht selten auf Höckern oder Zapfen (Haarhöckern) stehende Tasthaare oder -Borsten und Dornen ausgezeichnet, auch findet man häufig auf der Beugeseite des 2. Gliedes einen bewehrten oder unbewehrten Zapfen. Das Endglied ist entweder gezähnelt, mit winzigen Krallen oder Nägeln versehen oder bildet mit einer zahnartigen Verlängerung des vorletzten Gliedes eine Art Schere oder Zange (Arrhenurus, Fig. 24, p. 98); ganz vereinzelt läuft es in eine nur mit Borsten besetzte, stumpfe Spitze aus.

Bei den meisten Hydrachniden treten die Augen nur in 2 auf den Seiten des Vorderrückens gelagerten Paaren auf (Seitenaugen, z. B. Panisus, Fig. 10, p. 54), doch findet man bei einzelnen Gattungen (Hydryphantes,

Thyas, Eupatra etc.) noch ein 5. unpaares, in der Mittellinie des Vorderrückens gelegenes Auge (Medianauge), das von einem verschieden starken Panzerringe oder auch von einer grösseren Panzerplatte (Augenplatte), z. B. bei Thyas, umgeben wird. Die beiden entweder eingekapselten oder frei in das Integument eingebetteten Seitenaugen sind meist mit einander verschmolzen, seltener getrennt (Limnesia, Diplodontus) und zeigen insofern einen verwickelteren Bau, als jeder Gabelast des anfangs einfachen Nervus opticus sich in eine Anzahl keulenförmiger, mit dunklem Pigment umgebener Gebilde auflöst, die, becherförmig angeordnet, den Augenbulbus bilden; diesem sitzt eine stark verdickte Cuticularlinse auf. Das vordere, gewöhnlich grössere Auge ist meist mehr nach vorn, das hintere schief nach hinten und lateral gerichtet. Der Abstand beider Seitenaugen ist, von der Medianlinie des Rumpfes ab gemessen, entweder ziemlich beträchtlich (bei den Lateroculatae Haller's) oder kaum nennenswert (bei den Medioculatae Haller's). Im letzteren Falle (bei Eulais und Limnochares) sitzen die Augen auf oder an einem mittelständigen Panzerstück, der sogenannten Augenbrille, die entweder die Form einer schmalen, keilförmigen Längsplatte besitzt oder stegartig (Augenbrücke) die beiden Augenkapseln verbindet (z. B. Eulais, Fig. 2, p. 19).

Neben und hinter dem Capitulum liegen die den Beinen als Einlenkungsstellen und ihrer Muskulatur als Anheftungsflächen dienenden Epimeren (z. B. Fig. 18, p. 83 etc.), die einen mehr oder weniger grossen Teil der Bauchfläche des Rumpfes einnehmen. Sie stellen stark chitinisierte, grosse Panzerplatten dar, die am häufigsten in 4, seltener in 3 Gruppen gesondert, zuweilen aber auch mehr oder weniger innig zu einer einzigen Platte (der Epimeralpatte, z. B. Oxus, Fig. 37, p. 156) verwachsen sind. Das 4. Epimerenpaar besitzt fast durchgängig die grösste Flächenausdehnung; eine Ausnahme macht nur die Gattung Limnochares (Fig. 1, p. 14), bei der sowohl die 4. wie auch die 3. Epimere leistenartig schmal ist. Manchmal, besonders bei den Hydrachniden mit starkem Panzer, setzt sich die 4. Epimere in einen das Abdomen ventral fast völlig bedeckenden Panzer fort (z. B. Brachypoda, Fig. 33, p. 145). Von besonderem systematischen Wert ist der mediale Rand der Epimeren (Medialrand) und die Ausbildung der vorderen und hinteren Ecken dieses Randes (vordere und hintere Medialrandecke) (z. B. Teutonia, Fig. 38, p. 159). Oft setzt sich eine dieser Ecken in einen nach hinten gerichteten Fortsatz fort (Epimerenfortsatz, z. B. Neumania, Fig. 60, p. 225, sowie Atax, Fig. 56, p. 211).

Die sechsgliedrigen Beine, deren Anzahl sich bei dem geschlechtsreifen Tier (Imago, Im.) und bei der Nymphe (Nph.) stets auf 8, bei der Larve (Lv.) aber auf 6 beläuft, sind die Träger zahlreicher, mannigfach geformter Haargebilde. Um die Stellung dieser systematisch wichtigen Anhänge sicher anzugeben, unterscheidet man an jedem Gliede eine Streck- und Beugeseite, eine Innen- und Aussenfläche, sowie eine proximale und distale Beuge- und Streckseitenecke, Bezeichnungen, deren Bedeutung sich von selbst ergiebt. Neben kurzen Dornen (Brachypoda, Fig. 32, p. 144), säbel- (Hydrochoreutes, Fig. 47, p. 194) oder degenförmigen (Atax, Fig. 58, p. 216) Borsten, die sehr oft eine in allen Abstufungen auftretende Fiederung (Bargena, Fig. 7, p. 35) erkennen lassen, weit seltener spiralig gerillt sind (Drehborsten, Neumania, p. 222)), kommen in der Regel und besonders an dem 4. und 5. Gliede noch lange, feine, seidenglänzende Haare vor, die, reihen- oder büschelweise angeordnet, beim Schwimmen vortreffliche Dienste leisten und deshalb Schwimmborsten (Hydrochoreutes, Fig. 46, p. 194) genannt werden; von dem Vorhandensein oder Fehlen derselben hängt jedoch nicht immer die Schwimmfähigkeit ab. In manchen Fällen und besonders bei den ♂ sind einzelne Glieder derart umgebildet, dass sie als Klammer- oder Greiforgane (Greifglied, Hydrochoreutes, Fig. 47, p. 194 etc.), namentlich bei der Begattung, wichtige Dienste leisten. Das Endglied der Beine ist in der Regel mit 2 Krallen (Partnunia, Fig. 12, p. 57) bewehrt, die, beweglich eingelenkt, ganz oder teilweise in eine meist nach oben offene Krallenscheide zurückgeschlagen werden können, doch giebt es auch einzelne Gattungen, bei denen das 4. Bein an Stelle der Krallen eine oder mehrere Borsten oder Stacheln (Endborsten, Endstacheln, Fig. 63, p. 229) trägt. Der häufig blattartig verbreiterte Krallenstiel biegt distal in einen mehr oder weniger schief gebogenen Zahn (Hauptzahn) um, der auf der Unter- oder Oberseite fast allgemein von einem oder mehreren Nebenzähnen begleitet wird. Weit seltener ist die Kralle einfach sichelförmig.

Der meist hinter den Epimeren, in der sogenannten Genitalbucht gelegene, äussere Genitalhof (Oxus, Fig. 37, p. 156) besitzt bei fast allen Hydrachniden eigentümliche, napf- oder knopfförmige, mitunter gestielte Chitingebilde, die Genitalnäpfe (Partnunia, Fig. 12, p. 57, Protzia Fig. 13, p. 58), deren Zahl, Grösse und Gruppierung bei den einzelnen Gattungen und Arten sehr wechselt. Sie sind entweder einzeln in das weiche Integument eingebettet oder auf verschieden gestalteten, lateral gestellten Panzerplatten, den Genitalplatten (Atractides, Fig. 43, p. 183 u. viele andere Fig.), vereinigt. Nicht selten sitzen sie jedoch auf dem Rande der die Genitalöffnung verschliessenden, oft stark gewölbten Lefzen (Fig. 16, 17, p. 72, 73) oder an, auf oder unter den die Genitalöffnung und Lefzen bedeckenden, seitlich beweglichen Genitalklappen (z. B. Fig. 6, p. 34). Unmittelbar neben der Genitalöffnung auf den Lefzen oder dem Medialrande der Genitalplatten stehen ab und an einige Borsten, die als Stechborsten bezeichnet werden (z. B. bei Atax). Am Vorder- und Hinterrande der Genitalöffnung bemerkt man sehr allgemein je einen oft quergestellten Skelettkörper, der zur Anheftung von Muskelbündeln dient (vorderer und hinterer Skelettkörper). Die Genitalöffnung des ♂, dessen äusserer Genitalhof im Gegensatze zu dem des ♀ (Epigynium) hier und da Epiandrium genannt wird, unterscheidet sich bei den mit Genitalplatten ausgestatteten Arten von dem des ♀ sehr häufig dadurch, dass die merkbar kleinere Genitalöffnung von den Genitalplatten völlig umschlossen wird. Vereinzelt (bei den Gattungen Piona und Laminipes) tritt hinter der Genitalöffnung eine mehr oder weniger tiefe Grube auf, die gewöhnlich Samentasche (Fig. 72, p. 257) genannt wird. Noch weniger verbreitet ist das Vorkommen eines als Petiolus bezeichneten, stäbchen- oder rinnenartigen Anhanges am Hinterrande des Rumpfes, dessen wechselnde Form ein vortreffliches Merkmal für die Unterscheidung der Arten abgiebt (Hydrochoreutes, Fig. 48, p. 195, Arrhenurus, Fig. 22, p. 91). Die inneren Geschlechtsorgane des ♂ werden zum Teil von einem zwei- oder mehrarmigen Gerüst (Penisgerüst) gestützt, das bei lichtgefärbten, durchscheinenden Tieren durch das Integument hindurch schimmert.

Hinter der Genitalöffnung liegt bei allen Hydrachniden eine kleine Öffnung, die allgemein als Analöffnung bezeichnet wird, obwohl bisher nur bei wenigen Gattungen eine Ausmündung des Enddarmes nachgewiesen ist. Bei den meisten Süsswassermilben mündet vielmehr an der betreffenden Stelle nur das Malpighische Gefäss aus, das sehr mächtig entwickelt als Y-förmige oder reich verästelte Drüse unter der Rückenhaut liegt und durch seine Färbung und Gestalt die Zeichnung der Arten wesentlich bedingt. Man wird daher am besten von einer sog. Analöffnung sprechen, aber die Bezeichnungen Analfeld (Fig. 59, p. 216), Analplatte (Fig. 35, p. 149), Analdrüsen (Fig. 37, p. 156) und Analklappen (bei Ljania, p. 146) beibehalten, da die Lage ganz der Analöffnung anderer Acarinen entspricht.

Die Färbung der Hydrachniden ist sehr verschieden, doch herrscht Rot und Bläulichgrün vor. Auf Rücken- und Bauchfläche treten nicht selten schwärzliche, bräunliche oder grünliche Flecke auf, die durch die dunkelgefärbten Blindsäcke des buchtenreichen Magens hervorgerufen werden. Oberhalb des Hauptmagens, in einer gewöhnlich von den Blindsäcken lateral eingefassten und mehr oder weniger überwölbten, medianen Längsrinne liegt das bei den Hydrachniden ausserordentlich entwickelte, von Michael als Malpighisches Gefäss gedeutete Exkretionsorgan.

Die Grösse der Hydrachniden ist meist eine sehr geringe; sie erreicht selten mehr als 5 mm. In den Kennzeichnungen sind die Massangaben folgendermassen abgekürzt: lang = l., breit = br., hoch = h.; bei den Körpermassen bedeutet l. die grösste Ausdehnung von Rumpf und Capitulum in der ventralen Medianlinie, br. den grössten Querdurchmesser des Rumpfes, h. den grössten dorso-ventralen Durchmesser des Rumpfes.

Die Hydrachniden legen Eier, die sie entweder in grösserer Anzahl oder vereinzelt, eingehüllt in eine gallertartige Kittmasse, an im Wasser befindliche Pflanzen und Steine anheften oder in die Mantelhaut und die Kiemen der Muscheln einsenken. Während der Bildung des Blastoderms und der weiteren Entwickelung des Embryos umhüllt sich das ganze Ei mit einer strukturlosen, homogenen Membran (der Zwischenhaut Claparède's), die sich immer mehr ausdehnt und schliesslich in Falten legt, weil sie innerhalb der eigentlichen Eischale nicht ausreichend Raum findet. Zwischen ihr und dem Embryo befindet sich eine klare Flüssigkeit, die Claparède wegen der Anwesenheit zahlreicher amöboider Zellen für Blut erklärt. Auf einer gewissen Stufe der Ausbildung sprengt der Embryo die harte, äussere Eihaut, verbleibt aber noch einige Zeit in der sekundär entstandenen Hülle (1. Apoderm), die sich durch Aufsaugen von Wasser sehr rasch ausdehnt, so dass zwischen den Schalenhälften des ursprünglichen Eies ein bedeutend grösseres entsteht. Diese 2. Eiform nennt man Deutovum. In diesem Stadium der Entwickelung grenzen sich die Glieder der Beine immer deutlicher ab. Es kommt durch Auseinanderrücken und Verwachsen der Mandibeln und Maxillarpalpen zur Bildung des Capitulum, dessen Zusammensetzung aus 2 Längshälften nur durch eine mittlere Furche angedeutet wird. An dem Capitulum, den Beinen und auf dem Rumpf entwickeln sich Borsten. Auf der Bauch-, der Rückenfläche und dem Capitulum entstehen Panzerstücke, die durch weichere Cuticularteile verbunden sind. Die völlig ausgebildete, sechsbeinige Larve (Lv., Fig. 35, p. 149) zerreisst die Hüllmembran und beginnt gewöhnlich im Wasser (z. B. Hydrachna), aber auch ausserhalb desselben (Diplodontus, Eulais, Hydryphantes) ein kurzes Freileben, das nur so lange dauert, bis es dem Tiere gelungen ist, irgend einen Wirt (Mollusk oder Insekt) zu befallen, um auf ihm zu schmarotzen. Hier findet auch die Verpuppung und Häutung statt. Von diesem Verhalten weichen nur diejenigen Lv. ab, die entweder überhaupt nicht schmarotzen, sondern frei im Wasser leben oder sich sofort nach dem Ausschlüpfen als Lv. von neuem verpuppen und also erst als Nymphe (Nph.) ein eigentliches Freileben beginnen. Bei der Verpuppung zieht sich die Körpersubstanz aus allen Gliedmassen zurück, der Rumpf schwillt an und unter der alten Körperdecke bildet sich meist innerhalb weniger Tage die achtfüssige Nymphe (Nph., Fig. 75, p. 269), die dem geschlechtsreifen Tier (Imago, Im.) in der Regel sehr ähnlich sieht, sich aber von demselben stets durch den Mangel einer Genitalöffnung unterscheidet. Nach kürzerer oder längerer Zeit des Freilebens (eine grössere Anzahl Nph. überwintert), auf das in der Regel kein Schmarotzertum folgt, klammert sich die Nph. an Wasserpflanzen an, und es erfolgt die Umwandelung in die Imago (Im.). Eine Ausnahme hiervon machen die Muschelparasiten, die sich bei dieser zweiten Verpuppung gleichfalls in die Kiemen ihrer Wirte einbohren oder an denselben sich anklammern (Atax, Najadicola u. a.).

Die Hydrachniden leben fast ausschliesslich vom Raube. Ihre Nahrung besteht der Hauptsache nach aus Daphnien und Cypriden, seltener aus Cyclopiden, Mückenlarven und Infusionstierchen. Aus diesem Grunde trifft man sie weit häufiger in kleinen, mit Wasserpflanzen reichlich bestandenen Weihern und Teichen, in denen die niederen Kruster in Mengen auf verhältnismässig kleinem Raume vertreten sind, oder in fliessenden Gewässern als in grösseren Wasserbecken. Wenn auch die Erwärmung des Wassers der Entwickelung und Vermehrung der meisten Hydrachniden besonders förderlich zu sein scheint, so bewahren doch einzelne Gattungen und Arten auch im kälteren Wasser ihre Lebensfähigkeit und Beweglichkeit, ja es scheint zuweilen eine niedrige Temperatur desselben zu ihren Lebensbedingungen zu gehören. So trifft man schon im März unter der Eisdecke von Waldlachen Hydryphantes- und Thyas-Arten. Auch Arrhenurus papillator gehört dem zeitigen Frühjahr an. Wieder andere Formen bewohnen fast ausschliesslich die kühleren Gebirgswässer, wie Sperchon, Aturus, Hygrobates, Atractides, Pionacercus und Wettina.

Die meisten Hydrachniden bewohnen das Süsswasser und nur vereinzelte Vertreter (Pontarachna punctulum, P. lacazei, P. tergestina, Nautarachna asperrima) werden in der Litoralzone des Meeres angetroffen oder bevölkern das Brackwasser (Panisus petrophilus, Piona uncata, Diplodontus despiciens, Atax crassipes und mehrere Hydryphantes- und Hydrachna-Arten).

Die Hydrachniden sind über die ganze Erde verbreitet, doch ist das Festland Australiens noch nicht auf ihr Vorkommen erforscht.

57 sichere und 1 unsichere Gattung, 399 sichere und 156 unsichere Arten, 20 sichere und 2 unsichere Unterarten und 6 Varietäten.

Übersicht der sicheren Gattungen:

A. Im Süsswasser lebend.

1	Augen der Medianlinie des Rumpfes stark genähert und durch die Augenbrille verbunden — 2.	
	Augen von der Medianlinie des Rumpfes merkbar abgerückt, ohne Augenbrille — 3.	
2	Endglied des Maxillarpalpus in das vorletzte tief eingesenkt, ohne Zähnelung am freien Ende; Mittelstück der Augenbrille eine mediane Längsleiste bildend	1. Gen. **Limnochares** . . . . . p. 13
	Endglied frei, am Ende mit oder ohne Borsten oder Nägelchen; Mittelstück der Augenbrille kürzer als die Augenkapseln	2. Gen. **Eulais** . . . . p. 14
3	Streckseite des vorletzten Gliedes des Maxillarpalpus am distalen Ende nicht zahnartig verlängert — 4.	
	Streckseite des vorletzten Gliedes des Maxillarpalpus am distalen Ende zahn-, dolch- oder hakenartig verlängert, mit dem Endglied eine Art Zange oder Schere bildend — 5.	
4	Endglied des Maxillarpalpus in das vorletzte Glied leicht eingesenkt, am stumpfen, distalen Ende mit einigen ungleich langen Borsten besetzt . .	3. Gen. **Piersigia** . . . . p. 33
	Endglied des Maxillarpalpus frei, am verjüngten Ende mehr oder weniger deutlich gezähnelt oder in eine Spitze auslaufend — 16.	

5	Mandibel eingliedrig, stilettartig — 6.		
	Mandibel zweigliedrig, Endglied krallenförmig — 7.		
6	Rumpf von einem zusammenhängenden Panzer umhüllt, mit Rückenbogenfurche; Bauchseite mit Längsfurche in der Mittellinie	4. Gen. **Bargena**	p. 34
	Rumpf weichhäutig, mit oder ohne Panzerplatten auf dem Vorderrücken; ohne Rückenbogenfurche und Bauchfurche	5. Gen. **Hydrachna**	p. 35
7	Beide Augen einer Seite weit aus einander gerückt	6. Gen. **Diplodontus**	p. 49
	Beide Augen einer Seite verschmolzen, in der Regel in eine gemeinschaftliche Kapsel eingeschlossen — 8.		
8	Ohne Schwimmborsten an den Beinen — 9.		
	Mit Schwimmborsten an den Beinen — 13.		
9	Jederseits der Genitalöffnung mit 3, den Genitalklappen angelagerten, oft knopfförmig vorspringenden Genitalnäpfen — 10.		
	Mit zahlreichen, durchweg oder zum Teil gestielten Genitalnäpfen — 12.		
10	Mit einem Medianauge auf dem Vorderrücken	7. Gen. **Thyas**	p. 51
	Ohne Medianauge — 11.		
11	Rumpfrücken eine Anzahl in Längsreihen geordneter Panzerplatten tragend .	8. Gen. **Panisus**	p. 54
	Rumpfrücken von einer einzigen, gitterartig durchbrochenen, durch verdickte Leisten gefelderten Panzerplatte bedeckt	9. Gen. **Thyopsis**	p. 56
	Rumpfrücken bis auf eine Querleiste hinter den Augen ohne Panzerbildungen	10. Gen. **Pseudothyas**	p. 56
12	Genitalhof zwischen den hinteren Epimerengruppen gelegen, mit gestielten und ungestielten Genitalnäpfen . .	11. Gen. **Partnunia**	p. 57
	Genitalhof vor den hinteren, weit nach rückwärts gerückten Epimerengruppen, mit zahlreichen, gestielten, knopfförmigen Genitalnäpfen längs und hinter der Genitalöffnung . . .	12. Gen. **Protzia**	p. 57
13	Mit einem Medianauge auf dem Vorderrücken — 14.		
	Ohne Medianauge — 15.		
14	Medianauge frei in die weiche Haut gebettet; keine Rückenplatte; Genitalklappen zusammen eine verkehrt herzförmige, zahlreiche Genitalnäpfe tragende Scheibe bildend	13. Gen. **Eupatra**	p. 59
	Medianauge von einer grossen Panzerplatte umschlossen; Genitalnäpfe den Rändern der Genitalklappen an- oder aufgelagert	14. Gen. **Hydryphantes**	p. 61

15	Hautpanzer sehr dünn, aus einem Netzwerk von dünnen Leistchen bestehend; 4. Epimere annähernd fünfeckig; Genitalhof mit zahlreichen, kleinen, in die Körperhaut eingebetteten Genitalnäpfen	15. Gen. **Tanaognathus** . . . . p. 69
	Hautpanzer dicht porig, aus zahlreichen Schildern bestehend; 4. Epimere dreieckig; Genitalhof mit zahlreichen, kleinen, auf zwei sichelförmigen Genitalplatten vereinigten Genitalnäpfen	16. Gen. **Mamersa** . . . . . . p. 70
16	5. Glied des Maxillarpalpus krallenförmig, mit der vorspringenden Beugeseitenecke des vorletzten Gliedes eine Art Zange bildend — 17.	
	5. Glied des Maxillarpalpus mit der Beugeseitenecke des 4. keine Zange bildend, am distalen Ende mit mehr oder weniger deutlich gesonderten Zähnchen oder Nägelchen besetzt — 18.	
17	Capitulum aus zwei gelenkig verbundenen Abschnitten bestehend; Maxillarpalpus sehr klein; Genitalhof mit 3 oder 4 grösseren, bogig hinter einander stehenden Genitalnäpfen und sehr schmalen, sichelförmigen Genitalplatten	17. Gen. **Krendowskija** . . . . p. 71
	Capitulum einheitlich; Maxillarpalpus mässig gross; Genitalhof mit zahlreichen, kleinen, auf zwei flügelförmigen Genitalplatten vereinigten Genitalnäpfen	18. Gen. **Arrhenurus** . . . . . p. 73
18	Epimeren beim ♂ und ♀ zu einer zusammenhängenden, mehr oder weniger eng verschmolzenen Platte vereinigt — 19.	
	Epimeren beim ♀ gruppenweise gesondert, keine zusammenhängende Platte bildend, beim ♂ häufig dicht zusammen gerückt, seltener in der Medianlinie verschmolzen — 31.	
19	Rumpf mit bogenförmiger Rückenfurche und dorsaler und ventraler Panzerplatte — 20.	
	Rumpf ohne bogenförmige Rückenfurche — 27.	
20	Rückenbogen ringförmig geschlossen oder nach hinten offen — 21.	
	Rückenbogen nach vorn scheinbar offen, mit den Enden auf die Bauchfläche übergreifend, keine Ringfurche bildend — 25.	
21	Genitalnäpfe jederseits in einer dem Körperende folgenden einfachen oder doppelten Reihe angeordnet; ♂ mit umgebildetem, auffallend stark entwickeltem 5. Gliede am 4. Bein . .	19. Gen. **Aturus** . . . . p. 132
	Genitalnäpfe nicht in einer solchen Reihe angeordnet — 22.	

22	Genitalnäpfe jederseits der Genitalöffnung längs des Randes der Lefzen stehend, von beweglichen oder unbeweglichen Genitalklappen überdeckt oder seitlich begrenzt — 23.		
	Genitalnäpfe auf der Aussenfläche von Genitalklappen oder auf seitlichen Napfplatten stehend; ♂ am 3. Bein mit verkürztem, stark gekrümmtem Endgliede	20. Gen. **Midea**	p. 136
23	Rückenpanzerplatte auf dem Vorderrücken in 4 Felder zerlegt; 5 hinter einander liegende Genitalnäpfe auf jedem Lefzenrande	21. Gen. **Torrenticola**	p. 137
	Rückenpanzer oval, ohne abgegliederte Felder; auf jedem Lefzenrande nur 3 hinter einander liegende Genitalnäpfe — 24.		
24	4. Glied des Maxillarpalpus mit einem grossen, hornartig gekrümmten Zapfen am Grunde der Beugeseite	22. Gen. **Xystonotus**	p. 140
	4. Glied des Maxillarpalpus ohne solchen Zapfen	23. Gen. **Mideopsis**	p. 141
25	Mit 3 Genitalnäpfen jederseits der Genitalöffnung — 26.		
	Mit 4 Genitalnäpfen jederseits der Genitalöffnung; ♂ ohne besondere Auszeichnung	24. Gen. **Axonopsis**	p. 142
	Mit zahlreichen Genitalnäpfen jederseits der Genitalöffnung	25. Gen. **Albia**	p. 143
26	Maxillarpalpus mit löffelförmig verbreitertem 4. Gliede; ♂ mit eigentümlich umgebildetem 4. Gliede am 4. Bein	26. Gen. **Brachypoda**	p. 144
	Maxillarpalpus dünn, ohne verbreitertes 4. Glied; ♂ unbekannt	27. Gen. **Ljania**	p. 145
27	4. Bein ohne Kralle — 28.		
	4. Bein mit Kralle	28. Gen. **Lebertia**	p. 146
28	Körperdecke bis auf eine mediane Längsfurche auf Rücken und Hinterleib vollständig zu einem Panzer erhärtet; Rumpf meist höher als breit — 29.		
	Körperdecke weichhäutig — 30.		
29	Mit Analplatte	29. Gen. **Frontipoda**	p. 151
	Ohne Analplatte	30. Gen. **Gnaphiscus**, ♂ . . .	p. 152
30	Mit medianer Rückenfurche	30. Gen. **Gnaphiscus**, ♀	p. 152
	Ohne mediane Rückenfurche	31. Gen. **Oxus**	p. 153
31	Genitalnäpfe jederseits der Genitalöffnung längs des Randes der Lefzen stehend, von seitlich beweglichen Genitalklappen überdeckt — 32.		
	Genitalnäpfe frei und unverdeckt — 34.		
32	4. Bein ohne Krallen	32. Gen. **Teutonia**	p. 158
	4. Bein mit Krallen — 33.		

33	Mit zwei hinter einander gestellten, in die Cutis eingesenkten, stumpfen Chitinstiften auf der Beugeseite des 4. Gliedes des Maxillarpalpus	33. Gen. **Sperchon**	p. 160
	Mit nur einem langen Zapfen an gleicher Stelle	34. Gen. **Pseudosperchon**	p. 169
34	4. Bein ohne Krallen, nahe der Spitze des Endgliedes eine längere Borste tragend — 35.		
	4. Bein mit Krallen oder geradem Enddorn — 36.		
35	Mit wenigen, aber grösseren Genitalnäpfen auf jeder Genitalplatte	35. Gen. **Limnesia**	p. 170
	Mit zahlreichen Genitalnäpfen	36. Gen. **Limnesiopsis**	p. 180
36	Epimeren beim ♀ auf zwei Gruppen verteilt, beim ♂ dicht zusammen gerückt und in der Medianlinie zum Teil verschmolzen; Lefzen beweglich, wie bei den ♀ von Arrhenurus zusammen eine breite, abgeplattete, vorn schwach zugespitzte, hinten abgestutzte, rundliche Scheibe bildend	37. Gen. **Koenikea**	p. 180
	Epimeren beim ♀ auf 3 Gruppen verteilt, beim ♂ dicht zusammen gerückt — 37.		
	Epimeren beim ♀ auf 4 Gruppen verteilt, beim ♂ dicht zusammen gerückt — 39.		
37	5. und 6. Glied des 1. Beines eigentümlich umgestaltet	38. Gen. **Atractides**	p. 181
	Endglieder des 1. Beines normal — 38.		
38	4. Epimere länger als breit, fast rechteckig	39. Gen. **Capobates**	p. 185
	4. Epimere breiter als lang, mit mehr oder weniger verkürzter Medialseite	40. Gen. **Hygrobates**	p. 186
39	2. Glied des Maxillarpalpus mit einem Chitinstift auf der Beugeseite — 40.		
	2. Glied des Maxillarpalpus ohne Chitinstift auf der Beugeseite	41. Gen. **Tyrrellia**	p. 192
40	Genitalhof mit nur 3 Genitalnäpfen jederseits der Genitalöffnung — 41.		
	Genitalhof mit einer grösseren Anzahl von Genitalnäpfen jederseits der Genitalöffnung — 45.		
41	Maxillarpalpus nicht so lang wie der Rumpf — 42.		
	Maxillarpalpus so lang oder länger als der Rumpf; ♂ mit dreiteiligem Petiolus am Hinterende des Rumpfes und umgeändertem 4. Gliede des 3. Beines	42. Gen. **Hydrochoreutes**	p. 193
42	1. Bein mit normalem Endglied und entsprechender Doppelkralle — 43.		
	1. Bein mit auffallend grossem, bauchig verdicktem Endglied und ungewöhnlich grosser Doppelkralle	43. Gen. **Wettina**	p. 196

43	Genitalnäpfe jederseits der Genitalöffnung auf einer sichelförmigen, am Medialrande mehr oder weniger ausgebuchteten Platte — 44.		
	Genitalnäpfe jederseits auf einer unregelmässig dreiseitigen, schief nach seitwärts und hinten kurz zungenförmig ausgezogenen Platte; ♂ mit stark verdicktem, reich mit Borsten besetztem 4. Gliede und auffallend gebogenem Endgliede des 4. Beines . .	44. Gen. **Pionacercus**	p. 197
44	Chitinzahn am inneren Vorderende des vorletzten Gliedes des Maxillarpalpus mehr als halb so lang wie das Endglied; ♂ mit plattenartig oder keulenförmig verdicktem 4. Gliede am 4. Bein	45. Gen. **Laminipes**	p. 200
	Chitinzahn kaum halb so lang wie das Endglied; ♂ mit verändertem 5. Gliede am 4. Bein	46. Gen. **Pionopsis**	p. 204
45	Genitalhof des ♀ mit kräftigen Stechborsten an den vorspringenden Medialrändern der Genitalplatten; 1. Bein mit oder ohne seitlich auf Höckern stehende Degenborsten	47. Gen. **Atax**	p. 205
	Genitalhof ohne Stechborsten — 46.		
46	1. und 2. Bein mit auf Höckern seitlich stehenden, spiralig gerillten oder schwach gezähnelten, stumpfen Degenborsten — 47.		
	1. und 2. Bein ohne solche Degenborsten — 48.		
47	Genitalnäpfe auf Platten vereinigt; Integument glatt oder mit winzigen Spitzen besetzt, weichhäutig mit mehr oder weniger Neigung zu feinporigen Panzerbildungen	48. Gen. **Neumania**	p. 222
	Genitalnäpfe nicht auf Platten vereinigt; Integument zu einem dicken, grossporigen Hautpanzer erhärtet, ohne Rückenfurche; Rumpf mit zahlreichen Höckern	49. Gen. **Ecpolus**	p. 228
48	4. Bein mit Krallen — 49.		
	4. Bein mit einem geraden, kurzen Stechdorn	50. Gen. **Encentridophorus** . .	p. 229
49	4. Epimere am Lateralrande mit einer abgerundeten, schief nach vorn springenden, plattenartigen Verbreiterung .	51. Gen. **Najadicola**	p. 230
	4. Epimere ohne solche plattenartige Verbreiterung — 50.		
50	Mit Schwimmborsten an den Beinen — 51.		
	Ohne Schwimmborsten an den Beinen; Genitalhof ungewöhnlich gross, am hinteren Körperende; die flügelförmig auf die Seiten des Abdomen übergreifenden Genitalplatten mit sehr zahlreichen, aber kleinen Genitalnäpfen	52. Gen. **Feltria**	p. 230

51 { 3. Epimere nicht bis zur hinteren Medialecke der 4. Epimere herablaufend — 52.
3. Epimere bis zur hinteren Medialecke der 4. Epimere herablaufend; ♂ mit stark gebogenem Endgliede am 4. Bein . . . . 53. Gen. **Tiphys** . . . . p. 236

52 { Maxillarpalpus am distalen Ende des 4. Gliedes auf der Medialseite mit einem kurzen, dolchartigen Chitinzahn; Genitalplatten breit sichelförmig; ♂ ohne umgestaltetes 4. Bein; Genitalöffnung allseitig von den Genitalplatten umschlossen . . . . 54. Gen. **Huitfeldtia** . . . . . p. 243
Maxillarpalpus an gleicher Stelle mit kurzem, stiftartigem Chitinhöcker; Genitalplatten verschieden gestaltet; ♂ mit umgebildetem, sichelförmig gekrümmtem 4. Gliede am 4. Bein 55. Gen. **Piona** . . . . p. 243

B. Im Meere lebend.

Epimeren auf 4 Gruppen verteilt; Endglied des Maxillarpalpus am distalen Ende tief gespalten . . . . 56. Gen. **Nautarachna** . . . . p. 269
Epimeren jederseits zu einer Gruppe vereinigt; Endglied des Maxillarpalpus gezähnelt . . . . 57. Gen. **Pontarachna** . . . . p. 270

1. Gen. **Limnochares** Latr.

1796 *Limnochares* (Typ.: *Acarus aquaticus*), Latreille, Précis Caract. Ins., p. 181 | 1834 *L.*, Ant. Dugès in: Ann. Sci. nat., ser. 2 *v.* 1 p. 159 | 1875 *L.*, P. Kramer in: Arch. Naturg., *v.* 41 I p. 329 | 1877 *L.*, P. Kramer in: Arch. Naturg., *v.* 43 I p. 243 | 1897 *L.*, Piersig in: SB. Ges. Leipzig, *v.* 22/23 p. 71, 98 | 1897 *L.*, Piersig in: Zool., *v.* 22 p. 462 | 1882 *Limnocharis*, G. Haller in: Mt. Ges. Bern, 1881 II p. 33 | 1884 *L.*, Krendowskij in: Trav. Soc. Univ. Kharkow, *v.* 18 p. 346.

Rumpf weichhäutig, in der Form veränderlich, meist rechteckig. Augenbrille ein schmales Längsschild darstellend. Capitulum helmförmig, mit kreisförmiger Mundöffnung am Vorderrande. Grundglieder der Mandibel mit dem aufgelagerten Teile des Capitulum und unter einander verwachsen. Maxillarpalpus sehr klein, Endglied in das vorhergehende tief eingesenkt. Augen auf einer Augenbrille, dicht neben einander. Epimeren des 2. und 3. Beines leistenartig schmal (Fig. 1, p. 14). Beine mit oder ohne Schwimmborsten, mit kurzen Borsten und Dornen besetzt. Genitalhof ohne Genitalplatten; Genitalnäpfe winzig klein, in die weiche Haut zerstreut eingebettet. Genitalöffnung beim ♂ mit einem Haarkranz umgeben.

In oder auf dem Schlamm von Teichen und Flüssen. Europa, Madagaskar, Nossi-Bé.

2 Arten.

Übersicht der Arten:

Beine ohne Schwimmborsten . . . . 1. **L. aquaticus** . . p. 13
Beine mit Schwimmborsten . . . . 2. **L. crinitus** . . . p. 14

1. **L. aquaticus** (L.) 1755 „Die schöne, hochrote Wassermilbe“, Rösel, Insectenbelustig., *v.* 3 p. 25 | 1761 *Acarus aquaticus*, Linné, Fauna Suec., ed. 2 p. 482 | 1778 *A. a. holesericeus*, Geer, Mém. Hist. Ins., *v.* 7 p. 149 t. 9 f. 15—18 | 1804 *Trombidium*

aquaticum, Hermann, Mém. apt., p. 35 t. 1 f. 11 | 1834 *Limnochares aquaticus,* Ant. Dugès in: Ann. Sci. nat., ser. 2 *v.* 1 p. 159—161 t. 11 f. 35—40 | 1884 *Limnocharis aquatica,* Krendowskij in: Trav. Soc. Univ. Kharkow, *v.* 18 p. 346 t. 3 f. 24—28, 30 | 1806 *Limnochares holosericea,* Latreille, Gen. Crust. Ins., *v.* 1 p. 160 | 1837 *L. holosericeus,* C. L. Koch, C. M. A., fasc. 14 f. 24 | 1842 *L. h.,* C. L. Koch, Übers. Arach., *v.* 3 p. 35 t. 4 f. 19 | 1886 *L. h.,* Berlese, A. M. S., fasc. 23 nr. 2 | 1882 *Limnocharis holosericea,* G. Haller in: Mt. Ges. Bern, 1881 II p. 34 t. 1 f. 12; t. 2 f. 1—8 | 1897 *Limnochares h.,* Soar in: Int. J. Micr., ser. 3 *v.* 7 p. 209 t. 13 f. 6—10 | 1900 *L. h.,* Piersig in: Zool., *v.* 22 p. 463 t. 43 f. 129 c, h; t. 44 f. 129 a, b, d—g, i—n.

Im. Integument mit Papillen besetzt. Genitalöffnung jederseits von einer, einige Borsten tragenden Warze begleitet (Fig. 1); hinter den 4. Epimeren eigentümliche, birnförmige, reihenförmig angeordnete, erhabene Genitalnäpfe von winziger Grösse. ♂ mit Haarkranz um die Genitalöffnung. — Nph. der Im. ähnlich, aber ohne Genitalöffnung. — Lv. mit 2 vorstehenden, seitlich gestellten Doppelaugen. Capitulum mässig gross, wenig beweglich. Maxillarpalpus 5-gliedrig; 5. Glied dem Grunde des 4. Gliedes seitlich eingelenkt und mit diesem eine Doppelkralle bildend. Mundöffnung am Vorderrande des Capitulum. Epimeren des 1. Beinpaares einander berührend; 3. Epimere abgerückt. Beine schlank, mit zahlreichen Borsten besetzt, doch ohne Schwimmhaare; mit 2 sichelförmigen Krallen. Integument weich, ohne Rücken- und Bauchschild. — Im. 3,5—4,2 mm l., 2,2—2,4 mm br.; Lv. nach dem Ausschlüpfen 180 μ l.

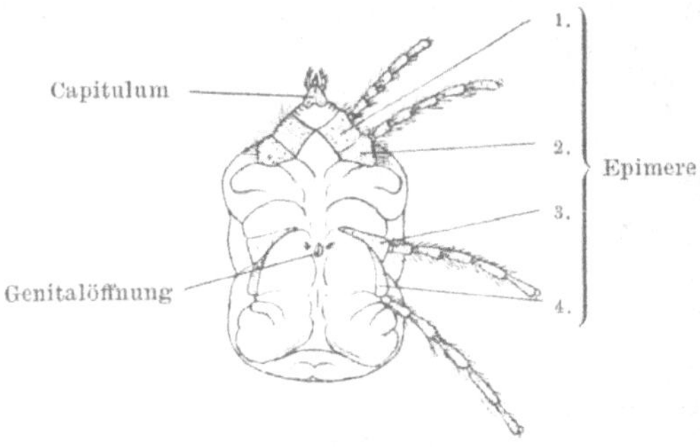

Fig. 1. **L. aquaticus.** ♀, Bauchseite.

Die rotgefärbte Lv. entsteigt dem Wasser und schmarotzt und verpuppt sich an Hydrometriden.

Deutschland, Böhmen, Frankreich, Italien, England und Russland.

2. **L. crinitus** Koen. 1898 *L. crinita,* Koenike in: Abh. Senckenb. Ges., *v.* 21 fasc. 2 p. 313 t. 21 f. 23—29.

Integument mit kurzen Papillen besetzt. Augenbrille nach hinten nicht so verjüngt wie bei der vorgehenden Art, 0,4 mm l. 1. Epimere mit gewundener Vorderspitze. Capitulum und Maxillarpalpus wie bei L. aquaticus. 2. und 3. Bein reich mit Schwimmhaaren ausgestattet. ♀ mit 0,2 mm l. Genitalöffnung. ♂ mit Penisgerüst. Sog. Analöffnung 0,08 mm l. Färbung scharlachrot. — ♂ 2,1 mm, ♀ 2,4 mm, Nph. 0,9 mm l.

Madagaskar (Majunga, Amparangidro), Djabala-See auf der Insel Nossi-Bé.

2. Gen. **Eulais** Latr.

1796 *Eylais* (corr. *Eulais*) (Typ.: *Hydrachna extendens*), Latreille, Précis Caract. Ins., p. 182 | 1842 *E.,* C. L. Koch, Übers. Arach., *v.* 3 p. 33 | 1854 *E.,* Bruzelius, Beskr. Hydrach., p. 51 | 1875 *E.,* P. Kramer in: Arch. Naturg., *v.* 41 I p. 313 | 1880 *E.,* Neuman in: Svenska Ak. Handl., n. ser. *v.* 17 nr. 3 p. 105 | 1882 *E.,* G. Haller in: Mt. Ges. Bern, 1881 II p. 35 | 1884 *E.,* Krendowskij in: Trav. Soc. Univ. Kharkow, *v.* 18 p. 351 | 1897 *E.,* Soar in: Int. J. Micr., ser. 3 *v.* 6 p. 205 t. 12 f. 1—6 | 1900 *E.,* Piersig in: Zool., *v.* 22 p. 415 | 1846 *Eulais,* L. Agassiz, Nomencl. zool., Index p. 147.

Rumpf weichhäutig. Capitulum stark gekürzt, ventral stark abgeplattet und daselbst mit einer saugscheibenartigen Mundöffnung (Fig. 3, p. 22) die von einem Haarkranze, der Mundkrause, umgeben ist. Augenbrille mit stegartigem Mittelstück (Augenbrücke) (Fig. 2, p. 19), breiter als lang. 4. Bein ohne Schwimmhaare, beim Schwimmen unthätig nach hinten gestreckt. Epimeren netzförmig geädert. Glieder des Maxillarpalpus und der Beine leistenartige Verdickungen aufweisend. Genitalöffnung weit nach vorn gerückt, fast zwischen den hinteren Enden der vorderen Epimeren, ohne Genitalnäpfe. — Nph. der Im. ähnlich, doch ohne Genitalöffnung. — Lv. mit kleinem Capitulum, das dem Rumpfe beweglich angegliedert ist. Maxillarpalpus 5-gliedrig; 5. Glied dem 4. am Grunde seitlich angefügt, krallenförmig; 4. Glied nach vorn in einen langen, zapfenförmigen, mit Borsten besetzten Fortsatz auslaufend, dieser mit einem basalen, dolchartigen Seitenstachel; Mundöffnung an der Spitze des Capitulum gelegen; Mandibel 2-gliedrig. Epimeren des 1. Beinpaares jederseits am proximalen Ende verschmolzen, 3. Epimere abgerückt; Beine ohne Schwimmhaare, mit zahlreichen Borsten besetzt; Endglied mit 3 verschieden grossen Krallen. Laterale Doppelaugen gross, mit kugeligen Linsen; Integument weich, bis auf ein undeutliches Rückenschild ohne sichtbare Panzerbildungen, mit langen, reihenweise angeordneten, gefiederten Borsten besetzt. Färbung von Im., Nph. und Lv. rot.

Wasserflüchter, schmarotzen und verpuppen sich an Luft-Insekten.

Europa, Asien, Afrika, Amerika, Neu-Seeland.

35 sichere, 3 unsichere Arten, 2 Unterarten und 1 Varietät.

Übersicht der sicheren Arten:

1	Vorderrand der Augenbrücke die Augenkapseln nach vorn mehr oder weniger überragend — 2.		
	Vorderrand der Augenbrücke die Augenkapseln nicht überragend — 8.		
2	Hervorwölbung des Vorderrandes der Augenbrücke unbedeutend, gezähnelt — 3.		
	Hervorwölbung einen kräftigen Vorsprung bildend — 4.		
3	Hervorwölbung des Vorderrandes der Augenbrücke flachbogig, mit undeutlichen Zähnchen	1. **E. discreta**	p. 18
	Hervorwölbung des Vorderrandes der Augenbrücke keilförmig, in zwei kleine, scharfe Zähnchen auslaufend; hintere Ausbuchtung zwischen den Augenkapseln auffallend tief eingeschnitten, bis zum Vorsprung des Vorderrandes der leistenartig schmalen Augenbrücke reichend	2. **E. tenuipons**	p. 18
4	Vorsprung der Augenbrücke in eine unregelmässig zweihöckerige Spitze auslaufend — 5.		
	Vorsprung der Augenbrücke ohne solche Spitze — 6.		
5	Hinterer Einschnitt zwischen den Augenkapseln bis über die Mitte der Augenbrille nach vorn reichend	3. **E. meridionalis**	p. 18
	Hinterer Einschnitt zwischen den Augenkapseln kaum bis zur Mitte der Augenbrille heranreichend	4. **E. bifurca**	p. 19

6	Distales Ende des nach vorn stark verjüngten Vorsprungs der Augenbrücke zungenförmig abgerundet — 7.		
	Distales Ende des kreisbogenförmig nach vorn ragenden Vorsprungs der Augenbrücke schwach abgestutzt oder flach ausgerandet	5. **E. limnophila**	p. 19
7	Borstenpaar auf der Augenbrücke gelegen . .	6. **E. infundibulifera** . .	p. 20
	Borstenpaar auf den Augenkapseln gelegen .	7. **E. schauinslandi** . .	p. 20
8	Augenbrücke länger als der mittlere Querdurchmesser der Augenkapsel — 9.		
	Augenbrücke so lang oder kürzer als der mittlere Querdurchmesser der Augenkapsel — 11.		
9	Länge der Augenbrücke ca. 250 μ — 10.		
	Länge der Augenbrücke ca. 160 μ	8. **E. mutila**	p. 21
10	3. Glied des Maxillarpalpus am distalen Ende der Beugeseite ohne Vorsprung	9. **E. megalostoma** . . .	p. 21
	3. Glied des Maxillarpalpus an gleicher Stelle mit schwachem Vorsprung	10. **E. hamata**	p. 22
11	Vorderrand der Augenbrücke mit einem medianen, nach vorn gerichteten, kegelförmigen Muskelansatzzapfen — 12.		
	Vorderrand der Augenbrücke ohne solchen Zapfen — 13.		
12	Muskelansatzzapfen in der Tiefe einer keilförmigen Einbuchtung des Vorderrandes .	11. **E. mülleri**	p. 22
	Muskelansatzzapfen samt den seitlich gestellten Haarhöckern den übrigen Teil des Vorderrandes der Augenbrücke überragend . . .	12. **E. setosa**	p. 23
13	Vorderrand der Augenbrücke mit 2 winzigen, durch einen schmalen, kurzen, medianen Spalt geschiedenen, spitzen Zähnchen . .	13. **E. discissa**	p. 23
	Vorderrand ohne diese Zähnchen — 14.		
14	Hinterrand der Augenbrücke mit einem kräftigen, medianen Muskelansatzzapfen . .	14. **E. degenerata**	p. 23
	Hinterrand ohne deutlich vortretenden Muskelansatzzapfen — 15.		
15	Augenbrücke schmal — 16.		
	Augenbrücke breit, annähernd die Augenkapseln an den vorderen Hälften verbindend — 19.		
16	Augenbrücke die beiden Augenkapseln am Vorderrande verbindend	15. **E. foraminipons** . .	p. 24
	Augenbrücke die beiden Augenkapseln etwa zwischen Mitte und Vorderrand verbindend — 17.		
	Augenbrücke die beiden Augenkapseln in der Mitte verbindend — 18.		
17	Augenbrücke in der Medianlinie scheinbar durch eine Naht zusammengefügt	16. **E. duplex**	p. 24
	Augenbrücke ohne mediane Naht	17. **E. angustipons** . . .	p. 25
18	Mit zahlreichen Dolchborsten auf dem Vorsprung der Beugeseite des 3. Gliedes des Maxillarpalpus	18. **E. falcata**	p. 25
	Nur mit 9—12 Dolchborsten an gleicher Stelle	19. **E. bisinuosa**	p. 25

19	Vorderrand der Augenbrücke mit einem medianen, abgerundeten, die dicht an einander gerückten Haarhöcker tragenden Vorsprung	20. **E. babori** . . . . . . p. 26
	Vorderrand ohne solchen Vorsprung — 20.	
20	Vorderrand der Augenbrücke ohne tiefere Einschnitte oder Einbuchtungen — 21.	
	Vorderrand der Augenbrücke mit einer medianen Einkerbung oder grösseren Einbuchtung — 24.	
21	Vorderrand der Augenbrücke flach wellig gebogen, mit einer mittleren, seichten Einbiegung — 22.	
	Vorderrand nicht wellenförmig — 23.	
22	Haarhöcker auf der Augenbrücke der Mittellinie sehr genähert	21. **E. undulosa** . . . . p. 26
	Haarhöcker auf der Augenbrücke den Medialrändern der Augenkapseln sehr genähert .	22. **E. desecta** . . . . . p. 27
23	Vorderrand der Augenbrücke fast geradlinig .	23. **E. extendens** . . . . p. 27
	Vorderrand in 3 flachbogige Abschnitte zerfallend	24. **E. triarcuata** . . . . p. 28
24	Mediane Einbuchtung breit, mindestens die Hälfte des Vorderrandes einnehmend — 25.	
	Mediane Einbuchtung schmal, eine mehr oder weniger keilförmige oder schlitzartige Spalte bildend — 27.	
25	Einbuchtung des Vorderrandes der Augenbrücke bogenförmig ausgeschnitten — 26.	
	Einbuchtung stumpfeckig ausgeschnitten . . .	25. **E. emarginata** . . . . p. 28
26	Einbuchtung des Vorderrandes flachbogig, von undeutlich vorspringenden Haarhöckern begrenzt	26. **E. latipons** . . . . . p. 29
	Einbuchtung des Vorderrandes halbkreisförmig, von abgerundeten, vorspringenden Haarhöckern begrenzt	27. **E. soari** . . . . p. 29
27	Mediane Spalte bis über die Mitte der Augenbrücke nach hinten reichend — 28.	
	Mediane Spalte nicht bis zur Mitte der Augenbrücke reichend — 29.	
28	Mediane Spalte keilförmig	28. **E. tantilla** . . . . . p. 30
	Mediane Spalte schlitzartig schmal	29. **E. tenera** . . . . . . p. 30
29	Mediane Einkerbung breit keilförmig, mehr als ein Drittel des Vorderrandes der Augenbrücke einnehmend	30. **E. triangulifera** . . . p. 31
	Mediane Einkerbung mehr oder weniger spaltartig schmal, weniger als ein Drittel des Vorderrandes der Augenbrücke einnehmend — 31.	
30	Hintere Ausbuchtung zwischen den Augenkapseln nach hinten zu stark verbreitert — 30.	
	Hintere Ausbuchtung nur eine schmale Spalte bildend — 33.	
31	Haarhöcker auf abgerundeten Vorsprüngen, annähernd in gleicher Höhe mit den Vorderrändern der Augenkapseln stehend — 32.	
	Haarhöcker weiter zurückstehend	31. **E. neglecta** . . . . . p. 31

32	Mittlere Einkerbung des Vorderrandes fast die Mitte der Augenbrücke erreichend	32. **E. rimosa**	p. 32
	Mittlere Einkerbung des Vorderrandes die Augenbrücke kaum ein Viertel spaltend .	33. **E. similis**	p. 32
33	Hintere Ausbuchtung der Augenbrille die Augenkapseln mehr als um die Hälfte trennend	34. **E. voeltzkowi**	p. 32
	Hintere Ausbuchtung der Augenbrille kurz, nicht bis zur Mitte der Augenkapseln nach vorn reichend	35. **E. crenocula**	p. 33

1. **E. discreta** Koen. 1897 *Eylais d.*, Koenike in: Abh. Ver. Bremen, *v.* 14 p. 286, 295 f. 6 | 1899 *E. d.*, Thor in: Arch. Naturv. Christian., *v.* 21 nr. 5 p. 11 | 1900 *E. d.*, Piersig in: Zool., *v.* 22 p. 423 t. 48 f. 155.

Capitulum mit kreisrunder Mundscheibe und schwach ausgerandetem, von abgerundeten Ecken begrenztem Vorderrande; Ventralfläche des Capitulum am Hinterrande mit schmalem, keine grossen Poren tragendem Streifen; vordere Maxillarfortsätze kurz und am Hinterende nicht verbreitert; hintere Maxillarfortsätze lang und am freien Ende auf- und einwärts gekrümmt; Pharynx kaum länger als die hinteren Maxillarfortsätze, am Hinterende schwach chitinisiert und so breit wie in der Mitte; Luftsäcke sehr dünn, nach hinten unbedeutend verdickt, kürzer als der Pharynx. Mandibel nach hinten stark verjüngt; Grundglied auf der Beugeseite mit abgeflachter, einen kleinen, stumpfen Höcker tragender Hinterrandecke, auf der Streckseite nahe dem Vorderende eine tiefe Einbuchtung. 3. Glied des Maxillarpalpus ähnlich beborstet wie dasjenige von E. setosa; das 4. Glied trägt innen 8 Säbelborsten und die gleiche Anzahl kurzer Fiederborsten, aussen 7 längere Degenborsten. Augenbrücke kurz und breit, mit dem Vorderrande bogenförmig über das Vorderende der Augenkapseln hinausragend; hinterer Pigmentkörper der Doppelaugen kleiner als der vordere. — ♀ 3 mm l.

Deutschland (Giersdorfer Teich in Schlesien), Norwegen (Hillestadvand bei Holmestrand und Kleivertjern bei Larvik).

2. **E. tenuipons** Thor 1897 *Eylais t.*, Thor in: Arch. Naturv. Christian., *v.* 20 nr. 3 p. 7 | 1899 *E. t.*, Thor in: Arch. Naturv. Christian., *v.* 21 nr. 5 t. 17 f. 163.

♀. Capitulum mit 4 ziemlich langen und dünnen Maxillarfortsätzen. 3. Glied des Maxillarpalpus am distalen Ende der Beugeseite mit zahlreichen Fiederborsten; 4. Glied am distalen Rande einige, auf der Innenseite zahlreiche und auf der Aussenseite 9 in einer Reihe angeordnete Borsten aufweisend. Augenbrücke leistenartig schmal, winkelartig nach vorn gebogen und daselbst in 2 spitze, dicht neben einander gestellte Zähnchen auslaufend; hintere Ausbuchtung der Augenbrille bis zum Vorderrande der Augenkapseln reichend. — ♂ unbekannt. — ♀ 3—4 mm l.

Norwegen (Myrtjern bei Arendal).

3. **E. meridionalis** Thon 1899 *Eylais m.*, Thon in: Zool. Anz., *v.* 22 p. 445 f. 5.

♂. Capitulum niedrig, am Vorderrande mit einem tiefen, breiten, scharfen Einschnitt, ca. 580 μ l., 605 μ br. und 204 μ h.; vordere Seitenecke spitzig, in kurze Ausläufer verlängert; vordere Maxillarfortsätze 272 μ l., nicht breit, den Grund der hinteren Maxillarfortsätze nicht erreichend; letztere 136 μ l., ventralwärts gebogen; Luftsäcke dünn, viel kürzer als der Pharynx; Mundscheibe kreisförmig, 255 μ im Durchm.; Pharynx schmal, überall gleich breit, 435 μ l. und 221 μ br.; Ventralfläche des Capitulum hinter der Mundscheibe, bis auf den schmalen Hinterrand, mit grossen Poren bedeckt. Maxillarpalpus 1,14 mm l., schmäler und schwächer als das 1. Bein; Längenverhältnis des 1.—5. Gliedes wie 12 : 20 : 24 : 37 : 20; 2. Glied sehr breit, am distalen Ende von ca. 12 Borsten gesäumt, von denen 6 gefiedert sind; 3. Glied mit Vorsprung auf der Beugeseite, daselbst zahlreiche spitze zum Teil gefiederte Borsten tragend, am distalen Rande ausserdem noch 8 glatte, längere Borsten aufweisend; Innenreihe des 4., fast gleichmässig dicken Gliedes aus 10 Degenborsten bestehend, denen sich am distalen Rande noch 4 glatte und 2 kurze, gefiederte Borsten anschliessen, äussere Gliedfläche mit 8 glatten und 3 gefiederten Borsten, welche nicht in einer geraden Reihe angeordnet sind; 5. Glied an der Wurzel bedeutend breiter als am distalen Ende, mässig gebogen, an der Spitze 6 kurze, breite, stumpf endigende Stacheln tragend. Augenbrille derjenigen von E. bifurca sehr ähnlich, 452 μ l.; Augenkapseln 255 μ l., mit sehr dicken Seitenrändern. 1.—4. Bein 2,67, 2,91, 3,05, 3,57 mm l. Färbung rot. — ♀ unbekannt. — ♂ 3,5—4 mm l.

Süd-Böhmen (Teich bei Lomnitz).

4. **E. bifurca** Piersig 1899 *Eylais b.*, Piersig in: Zool. Anz., *v.* 22 p. 64 f. 4—5 | 1900 *E. b.*, Piersig in: Zool., *v.* 22 p. 424 t. 41 f. 120 a, b | 1900 *E. b.*, Piersig in: Zool. Anz., *v.* 23 p. 212 | 1900 *E. infundibulifera* (part.), Koenike in: Zool. Jahrb. Syst., *v.* 13 p. 130.

♀. Capitulum vom eingebuchteten Vorderrande bis zum Hinterrande des Pharynx 730 μ messend, an E. infundibulifera erinnernd; vordere Maxillarfortsätze ca. 450 μ l., fast senkrecht zur Richtung der Mundscheibe dorsalwärts zeigend, hintere Maxillarfortsätze ca. 100 μ l.; Luftsäcke 480 μ l., von gewöhnlicher Form. Maxillarpalpus ungemein reich beborstet; Längenverhältnis des 1.—5. Gliedes wie 8 : 12 : 12 : 25 : 12; Dolchborsten auf dem Vorsprunge des 3. Gliedes sehr zahlreich, meist fein gefiedert; äussere Reihe auf der Beugeseite des 4. Gliedes etwa 12 Degenborsten zählend, innere Reihe mit ca. 10 Degenborsten und ebensoviel Fiederborsten; Endglied ebenfalls zahlreiche, kurze Borsten aufweisend. Augenbrille vorn 400 μ, hinten 440 μ br. mit sehr kurzer, aber breiter Augenbrücke, deren Vorderrand keilförmig vorspringt und in einen undeutlich zweispitzigen Zapfen endigt; wulstiger Rand der Unterseite am Lateralrande der Augenkapsel als bauchige Verdickung bemerkbar. Linse des vorderen Auges nur kurz gestielt. Färbung rot. — ♂ unbekannt. — ♀ 3,5 mm l.

Sachsen, Dänemark.

5. **E. limnophila** Piersig 1899 *Eylais l.*, Piersig in: Zool. Anz., *v.* 22 p. 63 f. 3 1900 *E. l.*, Piersig in: Zool., *v.* 22 p. 425 t. 48 f. 172 a—c.

♀. Vorderrand des Capitulum ausgebuchtet; Mundscheibe mässig gross. Maxillarfortsätze und Pharynx ohne auffällige Abweichungen vom gewöhnlichen Bau. Längenverhältnis des 1.—5. Gliedes des Maxillarpalpus wie 7 : 10 : 11 : 24 : 11; Vorsprung der Beugeseite des 3. Gliedes mit ca. 12 mässig langen, zum Teil fein gefiederten Dolchborsten; innere Borstenreihe am 4. Gliede aus 4 Degenborsten und 5 Fiederborsten bestehend, von denen 4 am distalen Ende des Gliedes sitzen, die 5. jedoch zwischen der 3. und 4. Degenborste steht; äussere Reihe

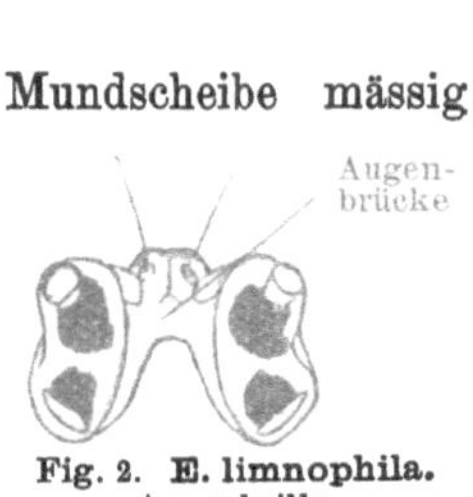

Fig. 2. E. limnophila. Augenbrille.

6 Degenborsten zählend. Augenbrücke (Fig. 2) am Vorderrande bogenförmig vorgewölbt; vordere Augenlinse gestielt. Färbung rot. — ♂ unbekannt. — ♀ 3—3,5 mm l.

Sachsen (Teiche bei Grosszschocher bei Leipzig).

6. **E. infundibulifera** Koen. 1897 *Eylais i.*, Koenike in: Abh. Ver. Bremen, *v.* 14 p. 284, 295 f. 3, 4 | 1899 *E. i.*, Thor in: Arch. Naturv. Christian., *v.* 21 nr. 5 p. 11 | 1900 *E. i.*, Piersig in: Zool., *v.* 22 p. 424 t. 48 f. 165 | 1900 *E. i.* (part.), Koenike in: Zool. Jahrb. Syst., *v.* 13 p. 130, 127 f. 6, 7.

Capitulum mit grosser, kreisförmiger Mundscheibe; Ventralfläche desselben hinter dem Mundrande nur zur Hälfte grossporig; vordere Maxillarfortsätze weit nach hinten gerückt von mässiger Entwickelung, nicht bis zum Grunde der hinteren Fortsätze reichend, am freien Ende verbreitert; hintere Maxillarfortsätze etwas nach einwärts gebogen; Pharynx hinten von geringer Breite, nicht über die hinteren Maxillarfortsätze hinausreichend; Luftsäcke, von oben gesehen, kürzer als der Pharynx, stark verschmälert mit einer unbedeutenden Verdickung der Hinterenden. Mandibel im Grundgliede sehr breit, hinten in gerader Linie abgeschnitten, mit kleinem Chitinzapfen auf der Streckseite der Hinterrandecke und einem langen, spitzen Höcker an der Beugeseite der Hinterrandecke. Maxillarpalpus kräftig entwickelt, mit dicker, nach der Beugeseite umgebogener Spitze; 3. Glied aufgetrieben, ohne Vorsprung auf der Beugeseite, aber an gleicher Stelle mit zahlreichen, kurzen, zum Teil gefiederten, dornartigen Borsten; Innenreihe des 4. Gliedes fast ebenso reich an Fiederborsten wie bei E. setosa; Aussenreihe aus 9 kurzen Degenborsten bestehend. Augenbrücke sehr kurz und breit, mit einem medianen Vorsprung am Vorderrande. Äussere Geschlechtsorgane des ♂ einen aus 2 grossen, stark chitinisierten, porösen Platten sich zusammensetzenden, die Genitalöffnung umfassenden, zahlreiche Borsten tragenden, 528 μ l. und 336 μ h. Trichter bildend. — ♀ 3,5 mm l.

Deutschland und Norwegen (Myrtjern bei Arendal).

Mit einer Varietät:

6α. **E. infundibulifera var. pauciseta** Thor 1899 *Eylais i. var. p.*, Thor in: Arch. Naturv. Christian., *v.* 21 nr. 5 p. 11.

Mit wenigen Borsten auf dem Maxillarpalpus und stark verlängertem Vorderrandvorsprung der Augenbrücke.

Norwegen (Mosby bei Christiansand).

7. **E. schauinslandi** Koen. 1900 *Eylais s.*, Koenike in: Zool. Jahrb. Syst., *v.* 13 p. 125 f. 1—5.

♂. Rumpf elliptisch. Integument grob liniiert, mit eingestreuter Körnelung. Capitulum am Vorderrande flach ausgebuchtet; Mundscheibe annähernd kreisförmig, im Verhältnis grösser als bei E. infundibulifera; Mundkrause stark vortretend; Ventralfläche des Capitulum hinter der Mundscheibe etwa zur Hälfte grossporig; Maxillarfortsätze lang; Luftsäcke doppelt so hoch und breit wie bei E. infundibulifera; Pharynx hinten nur wenig verbreitert, mit einem quergestellten Bogen, der seitlich höckerartig vortritt. Mandibel 320 μ l.; Stigmenhöcker am Grundgliede gross und spitz ausgezogen. Maxillarpalpus viel kürzer und stämmiger als bei E. infundibulifera; Grundglied an der Beugeseite stark verdickt, mit einem Fortsatz; 3. Glied am dicksten, auf dem Vorsprunge der Beugeseite 9 kurze, glatte Borsten tragend; 4. Glied am proximalen Ende mit 2 nicht porösen, 16 μ von einander entfernten

Leisten, zwischen denen das Integument kleinporiger ist als weiter vorn, innere Borstenreihe desselben Gliedes 6 ungefiederte Borsten von geringer Länge enthaltend, äussere Borstenreihe mit der gleichen Anzahl, aber längerer und kräftigerer Borsten ausgestattet, distaler Rand der Beugeseite einige kurze Borsten aufweisend. Augenbrille wie bei E. infundibulifera; Vorsprung am Vorderrande der kurzen, sattelartig vertieften Augenbrücke jedoch weniger kräftig und abwärts gekrümmt als bei dieser Art; Borstenpaar auf den Augenkapseln stehend; letztere ohne stark vorspringenden äusseren Randwulst. Genitalhof zwischen den vorderen und hinteren Epimerengruppen gelegen, einen aus 2 verwachsenen Panzerplatten gebildeten, nahezu kreisrunden abgestumpften, 304 μ l. und 176 μ h. Trichter darstellend, der an der Vorderseite in eine kurze, ziemlich scharfe Spitze ausgezogen ist. Genitalöffnung 62 μ l., weit nach vorn gerückt, von zahlreichen, langen Borsten umgeben. — ♀ dem ♂ sehr ähnlich, doch ist der Maxillarpalpus etwas schlanker. — ♂ 2 mm l., 1,8 mm br.; ♀ 2,7—3,5 mm l., 2—2,8 mm br.; Nph. 1,6 mm l., 1,4 mm br.; Ei 120 μ im Durchm.

D'Urville-Insel in der Cook-Strasse bei Neu-Seeland.

8. **E. mutila** Koen. 1897 *Eylais m.*, Koenike in: Abh. Ver. Bremen, *v.* 14 p. 285, 295 f. 5 | 1900 *E. m.*, Piersig in: Zool., *v.* 22 p. 426 t. 41 f. 161 a—c.

Capitulum nach vorn stark verbreitert, am Vorderrande schwach ausgebuchtet, mit breit abgerundeten Seitenecken; Mundscheibe von mittlerer Grösse, kreisrund; Ventralfläche des Capitulum hinter der Mundscheibe zu $^2/_3$ grössporig; vorderer Maxillarfortsatz so stark wie bei E. extendens; Pharynx schmal, in der Mitte am breitesten; Luftsäcke wesentlich kürzer als der Pharynx, schmal und hinten aufwärts gebogen. Grundglied der Mandibel hinten sehr stark verbreitert und abgerundet. Maxillarpalpus schlank, mit spitzem, nach der Beugeseite wenig umgebogenem Endgliede; letzteres mit langen, dünnen Borsten besetzt; 3. Glied ungemein lang, ohne Vorsprung, mit zahlreichen, meist deutlich gefiederten Dolchborsten; Innenreihe der Borsten des 4. Gliedes aus ungemein zahlreichen, dicht stehenden, meist gefiederten Borsten gebildet, Aussenreihe mit 9 Säbel- und einer Anzahl grob gefiederter Dolchborsten. Augenbrücke schmal, von ansehnlicher Länge (160 μ l.). — ♀ 3—4 mm l.

Deutschland (Borkum, Gremsmühlen in Holstein), Norwegen (Ulsrudvand bei Sarabraaten).

9. **E. megalostoma** Koen. 1897 *Eylais m.*, Koenike in: Abh. Ver. Bremen, *v.* 14 p. 291 | 1898 *E. m.*, Koenike in: Abh. Senckenb. Ges., *v.* 21 fasc. 2 p. 304 t. 20 f. 1—6.

♀. Capitulum vorn fast gerade, kaum merklich ausgebuchtet; Mundscheibe gross, etwa 224 μ im Durchm., kreisrund; Mundkrause eine quergestellte Ellipse bildend; Ventralfläche des Capitulum überall grossporig; vorderer Maxillarfortsatz weit nach hinten gerückt, bis zum Grunde des hinteren reichend, mit wenig verdicktem, einwärts gebogenem freiem Ende; hinterer Maxillarfortsatz schief nach hinten und oben gebogen, am Hinterende mässig verdickt; Luftsäcke in der Mitte seitlich stark zusammengedrückt, hinten verdickt und aufwärts gekrümmt; Pharynx in der Mitte so dick wie in der Gegend des Chitinbogens, hinter letzterem lang ausgezogen und breit abgerundet. Grundglied der Mandibel gedrungen, nach hinten in eine Spitze auslaufend; Hinterrandecke der Streckseite stark vortretend; die der Beugeseite abgeflacht, mit nach vorn umgebogenem, spitzem Stigmenhöcker. Maxillarpalpus fast wie bei E. extendens; Endglied etwas stumpfer;

3. Glied ohne Vorsprung, mit weniger und kürzeren Dolchborsten als bei E. extendens; 4. Glied am Grunde nur wenig eingeschnürt; innere Borstenreihe desselben aus 12, zum Teil gefiederten Borsten bestehend, äussere mit 4 halblangen Degenborsten und 4 vorn dicht zusammenstehenden, kurzen Fiederborsten. Augenbrücke sehr lang und schmal. — ♂ unbekannt. — ♀ 3,5 mm l.

Aldabra-Insel im Indischen Ocean.

10. **E. hamata** Koen. 1897 *Eylais h.*, Koenike in: Abh. Ver. Bremen, *v.* 14 p. 282, 295 f. 1 | 1900 *E. h.*, Piersig in: Zool., *v.* 22 p. 427 t. 48 f. 163a—h.

Capitulum sehr breit, vorn schwach ausgerandet; Mundscheibe ungewöhnlich gross; Mundkrause eine quergestellte Ellipse darstellend; Ventralfläche des Capitulum hinter dem Munde verkürzt, den Pharynx wenig bedeckend; vorderer Maxillarfortsatz weiter nach hinten gerückt, länger und dünner als bei E. extendens; hinterer Maxillarfortsatz eben so stark wie bei der Vergleichsart; Pharynx nach hinten stark verbreitert, am Rande jederseits mit hakigem Muskelzapfen; Luftsäcke kürzer als der Pharynx. Grundglieder der Mandibel hinten flach abgerundet, an der Hinterrandecke der Beugeseite ein hoher, spitzer Stigmenhöcker; die der Streckseite mit kleinem Chitinzapfen; Streckseite vorn ohne vortretende Ecke. Maxillarpalpus an der Spitze des Endgliedes mit einem Besatz ungewöhnlich kurzer, wie abgebrochen erscheinender Borsten; 3. Glied mit unbedeutendem, eine geringere Anzahl zum Teil grobgefiederter, recht kräftiger Borsten tragendem Vorsprung auf der Beugeseite; 4. Glied mit zahlreichen, zum Teil gefiederten Borsten auf der Innen- und 5 schwachen, nicht gefiederten Degenborsten auf der Aussenseite. Augenkapseln kurz (224 μ), durch eine lange (250 μ) Brücke verbunden. — ♂ & ♀ ca. 4—5 mm l.

Deutschland (Stadtwerder bei Bremen, Borkum, Sumpf bei Lauterbach in Schlesien), Palästina (Bahr el Hûle am Merom-See).

11. **E. mülleri** Koen. 1897 *Eylais m.*, Koenike in: Abh. Ver. Bremen, *v.* 14 p. 282 | 1900 *E. m.*, Piersig in: Zool., *v.* 22 p. 427 t. 48 f. 153a—d.

Vorderrand des Capitulum (Fig. 3) winkelig ausgeschnitten; Ventralfläche am hinteren Rande porenlos; Maxillarfortsätze mässig breit, das vordere Paar fast bis zur distalen Spitze der hinteren Fortsätze reichend; Pharynx am hinteren Ende von mässiger Breite; Luftsäcke am Hinterende verdickt, bis zum Hinterende des Pharynx reichend. Grundglied der Mandibel in eine Spitze ausgezogen, mit einem eckigen Vorsprung in der Mitte und einem abgerundeten Stigmenhöcker auf der Beugeseite. Maxillarpalpus mässig lang; Endglied zugespitzt; 3. Glied auf der Beugeseite am distalen Ende mit starkem, zahlreiche Fiederborsten tragendem Vorsprunge; 4. Glied innen mit 5 kurzen Degen- und 9 noch kürzeren Fiederborsten, aussen mit 6 längeren Degenborsten. Augenkapseln mässig aus einander gerückt; Breite der Brücke etwa $1/_8$ der Kapsellänge; am Vorderrande derselben ein vorstehender, spitzer

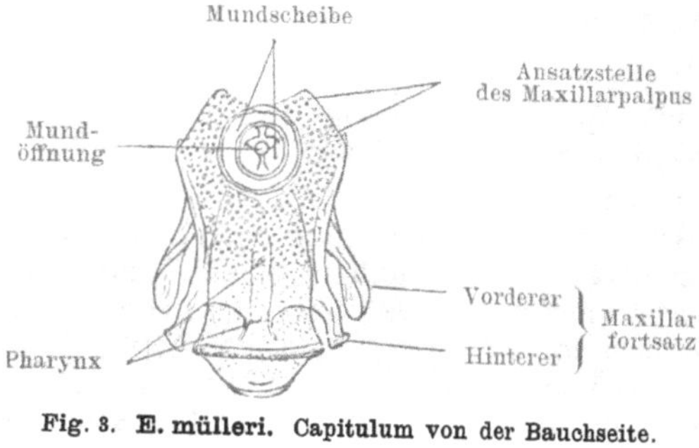

Fig. 3. E. mülleri. Capitulum von der Bauchseite.

Muskelzapfen und zu beiden Seiten desselben je ein kräftiger Höcker mit langer Borste; Augenlinse von mittlerer Grösse. — ♀ 3,2 mm l.

Deutschland (Vierersee in Holstein, Borkum), Dänemark (Seeland), Norwegen (Gjersrudtjern bei Ljan, Mosseelv, Mörkved, Hillestadvand)?

12. **E. setosa** Koen. 1897 *Eylais s.*, Koenike in: Abh. Ver. Bremen, *v.* 14 p. 281 | 1900 *E. s.*, Piersig in: Zool., *v.* 22 p. 428 t. 48 f. 154a—c.

Capitulum minder kräftig gebaut als bei E. mülleri; vordere Maxillarfortsätze lang, bis zum Grunde der hinteren Maxillarfortsätze sich erstreckend; Vorderrand des Capitulum gerade abgestuzt; Ventralfläche des Capitulum hinter der Mundscheibe nur zur Hälfte grossporig; Pharynx bis zum Hinterende fast gleich breit, von den Luftsäcken überragt. Mandibel nach hinten verschmälert und abgerundet; Stigmenhöcker an der Hinterrandecke der Beugeseite des Grundgliedes abgerundet und breit; Streckseite mit stumpf vorspringender Hinterrandecke. Maxillarpalpus wie bei E. mülleri, aber mit wenig entwickeltem Vorsprung auf der Beugeseite des 3. Gliedes, Borstenbesatz hier dürftiger, die einzelnen Borsten länger und alle deutlich gefiedert; 4. Glied innen mit ca. 20 kurzen und dicht stehenden, zum grossen Teil gefiederten Degenborsten, aussen mit 6 längeren ungefiederten Degenborsten. Augenbrücke von ansehnlicher Breite, in der Mitte des Vorderrandes mit nur wenig vorstehendem Muskelzapfen; Haarhöcker zu beiden Seiten des letzteren wenig entwickelt; vordere Augenlinsen ungewöhnlich klein. — ♂ & ♀ 3—3,5 mm l.

Deutschland (Bremen), Böhmen (Schlan), Dänemark (Seeland) und Norwegen (Bergsvand bei Eidsfos, Eker, Hillestadvand).

13. **E. discissa** Thon 1899 *Eylais d.*, Thon in: Zool. Anz., *v.* 22 p. 441 f. 6.

♀. Capitulum mit ziemlich viereckiger, 136 μ breiter Mundscheibe und seicht ausgeschnittenem, von spitzen, etwas dorsalwärts gezogenen Seitenecken begrenztem Vorderrande, 578 μ l.; Ventralfläche des Capitulum am hinteren Drittel ohne grosse Poren; Mundscheibe fast viereckig, 136 μ br.; vordere Maxillarfortsätze sehr kurz und dünn, etwa 170 μ l.; hintere Maxillarfortsätze kurz, am distalen Ende plattenförmig verbreitert; Luftsäcke 204 μ l.; Pharynx schmal, fast überall gleich breit, 340 μ l. Maxillarpalpus kräftig, 0,9 mm l.; Längenverhältnis des 1.—5. Gliedes wie 8 : 13 : 17 : 30 : 20; 2. Glied am distalen Ende von einer Reihe von 8—10 langen, gefiederten Borsten eingesäumt; 3. Glied mit 8—9 glatten und 5 kürzeren, gefiederten Borsten; äussere Reihe des 4. Gliedes 5, die innere Reihe 9 säbelförmige, glatte Borsten zählend; zwischen beiden Reihen noch 9 kurze, gefiederte Stachel, von denen 5 dem distalen Ende, 4 dem Grunde des Gliedes genähert sind; 5. Glied am Ende mit 6 kurzen Borsten besetzt, an der Aussen- und Innenseite je 4 kräftige Borsten tragend. Augenbrille 306 μ br.; Augenbrücke sehr kurz, die Augenkapseln mit den einander zugekehrten Rändern sich fast berührend; Vorderrand der Augenbrücke nicht vorspringend, in der Mitte mit einem winzigen, von 2 freien Spitzen begrenzten, schmalen Einschnitt. Färbung rot. — ♂ unbekannt. — ♀ 2 mm l.

Süd-Böhmen (Teich bei Lomnitz).

14. **E. degenerata** Koen. 1897 *Eylais d.*, Koenike in: Abh. Ver. Bremen, *v.* 14 p. 292 | 1898 *E. d.*, Koenike in: Abh. Senckenb. Ges., *v.* 21 fasc. 2 p. 307 t. 20 f. 7—12.

Capitulum am Vorderrande rechtwinklig ausgeschnitten mit lateralem Wulst und spitz ausgezogenem Seitenrande der Mundrinne; Mundscheibe wie bei E. voeltzkowi; äusserer Ring derselben kreisrund mit Ausnahme des Vorderrandes; Mundkrause eine quergestellte Ellipse darstellend; Ventralfläche des Capitulum hinter der Mundscheibe nicht fortgesetzt; vorderer Maxillarfortsatz weit nach hinten gerückt, nahezu bis zum Hinterrande des Pharynx reichend; hinterer Maxillarfortsatz am Grunde dem Pharynx angewachsen, am freien Ende hakenförmig nach oben gebogen; Luftsäcke auffallend dick und von ungewöhnlicher Länge, nicht unbedeutend über den Pharynx hinausragend und in schwacher Krümmung auslaufend; Pharynx ballonähnlich, im hinteren Ende ohne bogenförmigen Chitinstreifen, niedriger als bei E. voeltzkowi. Grundglied der Mandibel am Hinterende flach abgerundet; Kralle der Mandibel lang und wenig gekrümmt. Maxillarpalpus mit auffallend zugespitztem Endgliede; 3. Glied mit Vorsprung und darauf sitzenden, langen, meist gefiederten Borsten; innere Borstenreihe des 4. Gliedes aus 3 glatten und 5 gefiederten Borsten, äussere aus 4 Säbelborsten und ca. 8 Fiederborsten zusammengesetzt. Augenkapseln durch kurze und schmale Brille verbunden; Vorderrand der letzteren in dem Winkel zwischen Kapsel und Brücke jederseits mit einem kräftigen Höcker und darauf sitzender, feiner Borste; Hinterrand mit medianem Zapfen. — ♀ 3,2 mm l.

Madagaskar (Majunga, Amparangidro. Morondava), Ost-Afrika (Quilimane), Ägypten (Tümpel des Nil-Deltas bei Kairo).

15. **E. foraminipons** Thor 1898 *Eylais f.*, Thor in: Arch. Naturv. Christian., *v.* 20 nr. 3 p. 8 | 1899 *E. f.*, Thor in: Arch. Naturv. Christian., *v.* 21 nr. 5 t. 17 f. 161.

♀. 4. Glied des Maxillarpalpus sowohl auf der Innen- als auf der Aussenseite mit mehr als 20 Borsten. Augenbrücke zwischen den beiden Augenkapseln lang und schmal, mit wellenförmig gebogenem, 4 abgerundete Vorsprünge und eine mediane Einbuchtung aufweisendem Vorderrande; mittlere Vorsprünge mit je einem Eindruck, die äusseren je einen Haarhöcker tragend; Hinterrand der Augenbrücke in der Mitte mit nach hinten gerichtetem, bogigem Vorsprunge. — ♂ unbekannt. — ♀ ca. 5 mm l.

Diese Art zerfällt in 2 Unterarten:

15a. **E. foraminipons foraminipons** Thor 1897 *Eylais f.*, Thor in: Arch. Naturv. Christian., *v.* 20 nr. 3 p. 8 | 1899 *E. f.*, Thor in: Arch. Naturv. Christian., *v.* 21 nr. 5 t. 17 f. 161.

Augenbrücke sehr schmal, Bogen und Ausbuchtungen am Vorderrande deutlich ausgeprägt.

Norwegen (Savenaespollen bei Arendal, Tümpel bei Kristiania).

15b. **E. foraminipons lata** Thor 1899 *Eylais f. var. l.*, Thor in: Arch. Naturv. Christian., *v.* 21 nr. 5 t. 17 f. 162.

Augenbrücke merkbar breiter, Bogen und Ausbuchtungen am Vorderrande verschwommen.

Norwegen.

16. **E. duplex** Thor 1899 *Eylais d.*, Thor in: Arch. Naturv. Christian., *v.* 21 nr. 5 p. 13 t. 17 f. 159, 160.

Capitulum kurz, mit kleinen, gebogenen Maxillarfortsätzen und kurzem, schmalem Pharynx. Grundglied der Mandibel aussergewöhnlich lang und schmal, 2. Glied stark gebogen. Maxillarpalpus lang und schlank; 3. Glied auf dem unbedeutenden Vorsprung und dem dahinter liegenden Teile der Beugeseite eine reiche Anzahl langer, schmaler Borsten tragend, ausserdem

6—8 Borsten am distalen Aussenrande; 4. Glied auf der Innenseite ausser 9 langen, in einer Reihe stehenden, säbelartigen Borsten noch 8 auf die vordere Hälfte des Gliedes verteilte Fiederborsten und 5—6 glatte Borsten am distalen Rande tragend; Aussenseite mit 30—40 Borsten besetzt, von denen etwa ein Drittel gefiedert ist. Augenbrücke in der Mitte scheinbar aus 2 abgerundeten Stücken zusammengefügt, deren Mitte je eine durchschimmernde Stelle aufweist; Vorderrand von den Augenkapseln her nach der Mitte zu allmählich zurücktretend und hier eine undeutliche Einkerbung bildend. Färbung rot. — ♂ & ♀ ca. 3—4 mm l.

Norwegen (Gjersrudtjern bei Ljan).

17. **E. angustipons** Thor 1899 *Eylais a.*, Thor in: Arch. Naturv. Christian., *v.* 21 nr. 5 p. 12 t. 17 f. 155.

Capitulum kurz, mit langen und fast geraden hinteren Maxillarfortsätzen. Maxillarpalpus klein, 5. Glied lang; 3. Glied mit nur wenig Borsten auf dem Vorsprunge der Beugeseite; 4. Glied auf der äusseren Seite 4 lange Säbelborsten, auf der inneren Seite ausser 3—4 kurzen, glatten Borsten noch 3—6 Fiederborsten aufweisend. Augenbrücke lang und schmal, fast wie bei E. mutila, zwischen Mitte und Vorderrand die Augenkapseln verbindend, am Vorderrande mit einem mittleren, schwachen Vorsprung; Muskelansatzzapfen hinten sehr wenig vorragend; hintere Augenlinse gross, vordere klein, aber gestielt. Färbung rot. — ♂ & ♀ ca. 2 mm l.

Norwegen (Bach in der Nähe von Tjötta in der Vogtei Jaederen).

18. **E. falcata** Koen. 1897 *Eylais f.*, Koenike in: Abh. Ver. Bremen, *v.* 14 p. 288.

Capitulum vorn ausgerandet; Mundscheibe kreisrund, von geringer Grösse; Ventralfläche des Capitulum hinten mässig gekürzt, an den Seiten stark ausgeschweift; vorderer Maxillarfortsatz lang und dünn, am freien Ende nur schwach verdickt; Pharynx gleich breit, weit über den hinteren Rand des Capitulum hinausragend; Luftsäcke sehr hoch, stark sichelförmig nach oben gekrümmt, wenig mit den breit schaufelartigen Enden über den Pharynx hinausreichend. Grundglied der Mandibel vorn breit, hinten verschmälert; Hinterrandecke der Streckseite mässig vorspringend; neben der Beugeseite ein am Grunde sehr breiter Stigmenhöcker. Maxillarpalpus kurz und kräftig; Vorsprung am 3. Gliede ansehnlich, mit vielen, dicht stehenden, zum grossen Teil sehr kurzen und dicken, ungefiederten Dolchborsten; innere Borstenreihe des 4. Gliedes 3 kurze Degenborsten und wenige gefiederte Dolchborsten (letztere am distalen Gliedende), äussere Reihe 4 kräftige Degenborsten zählend; Endglied zugespitzt. Augenkapsel kurz, vorn stark verbreitert; ventral in geringem Umfange durchbrochen und von einem dicken Wulst eingefasst; Augenbrücke schmal und kurz. — ♀ 2—3,2 mm l.

Nord-Amerika (Pond at Dechenes und Rideau in Canada).

19. **E. bisinuosa** Piersig 1899 *Eylais b.*, Piersig in: Zool. Anz., *v.* 22 p. 62 f. 1 | 1900 *E. b.*, Piersig in: Zool., *v.* 22 p. 429 t. 48 f. 171 a—d.

♀. Vorderende des Capitulum flach ausgebuchtet, jederseits mit stumpf abgerundeter Ecke; Mundscheibe annähernd kreisrund, 135 μ im Durchm.; Ventralfläche des Capitulum hinter der Mundpartie nur zur Hälfte grossporig; vorderer Maxillarfortsatz 190 μ l., steil nach oben ragend, am distalen Ende schwach gedreht und mässig verbreitert; hinterer Maxillarfortsatz verhältnismässig kurz, mit dem distalen, verbreiterten Ende nach innen und oben gebogen; Pharynx hinter dem Hinterrande des Capitulum

180 μ br., mit dem abgerundeten Hinterrand über die hinteren Maxillarfortsätze hinausragend; Luftsäcke schief nach oben und hinten weisend, am schwach gedrehten Ende etwas nach aufwärts gebogen. Hinterende des Grundgliedes der Mandibel an beiden Seiten mit je einem Vorsprung versehen. Längenverhältnis des 1.—5. Gliedes des 670 μ langen Maxillarpalpus wie 4 : 8 : 8 : 14 : 8; 2. Glied mit 4 Borsten am inneren Vorderrande; Vorsprung der Beugeseite des 3. Gliedes 8—10 ungefiederte Dolchborsten tragend; 4. Glied auf der Beugeseite aussen mit 4 Degenborsten, innen mit 3 Degen- und 6 Fiederborsten, von denen 5 am Vorderende des Gliedes stehen; Vorderende des 5. Gliedes 3—4 kurze Borsten aufweisend. Augenbrücke schmal, sowohl vorn als hinten je eine breite Einbuchtung zwischen den Augenkapseln freilassend, auf der dem Leibesinnern zugekehrten Seite mit einem in die Tiefe gehenden Zapfen, dessen Grund als runder Fleck durch die Brücke schimmert; am vorderen Medialrande einer jeden Augenkapsel eine feine und lange Borste; Linse des vorderen Auges gestielt, die des hinteren lang elliptisch; Augenbrille 256 μ br. Färbung rot. — ♂ unbekannt. — ♀ 3—3,6 mm l.

Tümpel am Park Huss bei Poprád in der Hohen Tatra und östliches Erzgebirge.

20. **E. babori** Thon 1899 *Eylais b.*, Thon in: Zool. Anz., *v.* 22 p. 442 f. 3.

♀. Capitulum 544 μ l. und 374 μ br., am Vorderrande in der Mitte mit tiefem, von breit abgerundeten Seitenecken eingefasstem, schmalem Einschnitt; Mundscheibe länglich, 170 μ br.; vorderer Maxillarfortsatz sehr stark und breit, etwa 220 μ l., hinterer Maxillarfortsatz sehr kurz, nur 102 μ l., merkbar dorsalwärts gebogen; Luftsäcke annähernd bis an den Hinterrand des Pharynx reichend, 400 μ l., dünn und am distalen Ende lateralwärts gebogen; Pharynx am Grunde schmal, nach hinten zu sich stark verbreiternd, ca. 340 μ l. und 238 μ br.; Ventralfläche des Capitulum fast völlig mit grossen Poren bedeckt, nur am Hinterrand einen schmalen Streifen davon frei lassend. Maxillarpalpus 850 μ l., Längenverhältnis des 1.—5. Gliedes wie 8,5 : 15 : 15 : 29 : 17; 2. Glied am distalen Ende mit 3 glatten und 3 besonders langen Fiederborsten; Vorsprung auf der Beugeseite des 3. Gliedes an der Innenseite etwa 10 sehr kurze, glatte Borsten, auf der Aussenseite 2 glatte und 2 gefiederte Borsten tragend; 4. Glied am Grunde eingeschnürt, dann stark verbreitert, nach dem distalen Ende hin schnell sich verjüngend; innere Borstenreihe aus 6 langen Säbelborsten bestehend, zwischen deren 2. und 3. Borste, vom Grunde des Gliedes aus gezählt, noch eine sehr starke, glatte Borste steht; äussere Reihe 6 starke Säbelborsten zählend; zwischen beiden Reihen 3 längere Fiederborsten, Endglied mit 3 kurzen Stachelborsten. Augenbrille 270 μ br.; Augenkapseln breit und kurz, am hinteren Ende schmäler als vorn. Augenbrücke am Vorderrande mit medianem, die eng zusammengerückten Haarhöcker tragendem, rundlichem Vorsprunge. Färbung rot. — ♂ unbekannt. — ♀ 2—2,5 mm l.

Böhmen (Teich bei Goltsch-Jenikau).

21. **E. undulosa** Koen. 1897 *Eylais u.*, Koenike in: Abh. Ver. Bremen, *v.* 14 p. 283, 295 f. 2 | 1900 *E. u.*, Piersig in: Zool., *v.* 22 p. 430 t. 41 f. 160.

Nahe verwandt mit E. mülleri. Capitulum vorn ausgebuchtet; vorderer Maxillarfortsatz weiter nach hinten gerückt und kürzer, ungefähr wie bei E. hamata; hinterer Maxillarfortsatz kräftiger als bei E. mülleri; Mundscheibe wie bei E. extendens, Mundkrause jedoch nicht ganz kreisrund, sondern an 3 Stellen stumpfeckig; Ventralfläche des Capitulum nur hinter der Mundscheibe mit grossen Poren; Pharynx wie bei E. mülleri gestaltet, nur wenig über den Hinterrand des Capitulum hinausragend; Luftsäcke bis zum Hinterrande des Pharynx reichend; Mandibel auf der Streckseite mit 2 Öffnungen von annähernd gleicher Grösse. 3. Glied des Maxillarpalpus mit starkem, zahlreiche, ungefiederte Dolchborsten tragendem Vorsprung auf der Beugeseite; innere Borstenreihe des 4. Gliedes aus 3 Degenborsten und einer grösseren Anzahl um die vorderste derselben herum verteilter Fiederborsten bestehend; äussere Reihe 6 Degen- und 2 kurze Fiederborsten zählend, letztere zwischen den 2 vordersten Degenborsten stehend; Endglied nicht dicker als bei E. mülleri. Augenbrücke etwa so breit wie bei E. extendens, mit welligem Vorderrande; Linse des Vorderauges gestielt, die des Hinterauges lang elliptisch. — ♀ 2,5—3 mm l.

Deutschland (Walkenried im Harz).

22. **E. desecta** Koen. 1897 *Eylais d.,* Koenike in: Abh. Ver. Bremen, *v.* 14 p. 288.

Vorderrand des Capitulum nicht ausgerandet, kurz abgeschnitten; Mundscheibe weit nach vorn gerückt mit kreisrundem Aussenrande, aber elliptischer Mundkrause; Ventralfläche des Capitulum von der Mitte bis nach hinten grossporig, lateral jedoch kleinporig; vorderer Maxillarfortsatz weit zurückstehend, bis zum Hinterrande des Capitulum sich erstreckend, mit schaufelartig verbreitertem Hinterrande; hinterer Maxillarfortsatz lang, nach aufwärts gerichtet, mit knieförmig gebogenem, etwas verdicktem, distalem Ende; Luftsäcke sehr hoch, am Hinterrande stark verdickt und mässig nach oben gebogen, bis zum Hinterrande des Pharynx reichend; letzterer nach rückwärts wenig verdickt, mit nur schwach chitinisierten Querbögen im Endteile. Mandibel mit 2 kleinen, hinter einander liegenden Öffnungen auf der Streckseite, die vordere 4-eckig, die hintere länglich rund. Augenbrille mit welligem Vorderrande; vordere Linse ungestielt, hintere breit elliptisch; innerer Durchbruch der Kapsel bogenförmig vom medialen Vorderende nach dem lateralen Hinterende verlaufend, am Hinterende eckig. — ♀ 2,5—3 mm l.

Canada (Pond at Dechenes).

23. **E. extendens** (Müll.) 1776 *Hydrachna e.,* O. F. Müller, Zool. Dan. Prodr., p. 190 nr. 2272 | 1781 *H. e.,* O. F. Müller, Hydrachnae, p. 62 t. 9 f. 4 | 1793 *Trombidium e.,* J. C. Fabricius, Ent. syst., *v.* 2 p. 406 | 1796 *Eylais e.,* Latreille, Précis Caract. Ins., p. 182 | 1805 *Atax e.,* J. C. Fabricius, Syst. Antl., p. 372 | ?1821 *Limnochares e.,* Say in: J. Ac. Philad., *v.* 2 p. 8 | 1875 *Eylais e.,* P. Kramer in: Arch. Naturg., *v.* 41 I p. 313 t. 9 f. 22, 31 | 1878 *E. e.,* Krendowskij in: Trav. Soc. Univ. Kharkow, *v.* 12 p. 8, 13 t. 1 f. 1, 2 | 1878 *E. e.,* Croneberg in: Izv. Obshch. Moskov., *v.* 29 nr. 2 p. 6 t. 1 f. 1—8, 12—14, 16—20; t. 2 f. 21—24, 27, 28, 36—38; t. 3 f. 39, 40, 46—51 | 1880 *E. e.,* Neuman in: Svenska Ak. Handl., n. ser. *v.* 17 nr. 3 p. 105 t. 13 f. 4 | 1882 *E. e.,* G. Haller in: Mt. Ges. Bern, 1881 II p. 37 t. 2 f. 9—13 | 1884 *E. e.,* Krendowskij in: Trav. Soc. Univ. Kharkow, *v.* 18 p. 352 t. 8 f. 23 | 1893 *E. e.,* P. Kramer in: Arch. Naturg., *v.* 59 I p. 13 f. 19—23 | 1897 *E. e.,* Piersig in: SB. Ges. Leipzig, *v.* 22/23 p. 97 | 1897 *E. e.,* Soar in: Int. J. Micr., *v.* 6 p. 205 t. 12 f. 1—6 | 1900 *E. e.,* Piersig in: Zool., *v.* 22 p. 418 t. 41 f. 119a—d, t. 48 f. 119e—h | 1837 *E. confinis* + *E. atomaria* + *E. alutacea* + *E. extendens* + *E. longimana,* C. L. Koch, C. M. A., fasc. 14 f. 18—23.

Rumpf eirund, niedergedrückt. Integument wellig liniiert, mit winzigen, knopfartigen Gebilden zwischen Chitinleistchen. Mundscheibe kreisrund (Fig. 4), am Rande mit einem Haarkranze versehen; Capitulum breit und sehr kräftig gebaut; Maxillarfortsätze sehr kurz, die vorderen weit nach vorn gerückt, stark schaufelartig verbreitert; Vorderrand des Capitulum winkelig ausgeschnitten; Ventralfläche desselben am Hinterrande auf kurze Strecke ohne grosse Poren; Luftsäcke hinten nicht über den Pharynx hinausragend; letzterer nach hinten zu stark verbreitert, in der Medianlinie mit breiter Leiste an die Ventralfläche des Capitulum angewachsen. Mandibel sehr kurz und kräftig, mit nach hinten verschmälertem Grundgliede, dessen Beugeseite an der zurücktretenden Hinterrandecke einen breiten, stumpfen Stigmenhöcker besitzt; Gegenecke ebenfalls mit einem Zapfen ausgestattet. Maxillarpalpus kurz und gedrungen; 3. Glied auf dem kräftigen Vorsprunge der Beugeseite zahlreiche, kurze Dolchborsten tragend, von denen einige eine schwache Fiederung erkennen lassen; 4. Glied am Grunde eingeschnürt, innere Reihe der Beugeseite aus 5 kurzen Säbelborsten und 4 kräftigen Fiederborsten zusammengesetzt, äussere Reihe mit 6 etwas längeren Säbelborsten. Brücke zwischen den Augenkapseln kurz, ihre Breite gleich einem Drittel der Kapsellänge, ohne besondere Vorsprünge am Vorderrande; Muskelansatzzapfen abgerundet, nach vorn gerichtet, doch nicht über den Vorderrand der Brücke hinausragend; vordere Augenlinse gross und gestielt, hintere von lang elliptischer Gestalt. Färbung rot. — ♀ bis 5 mm l.

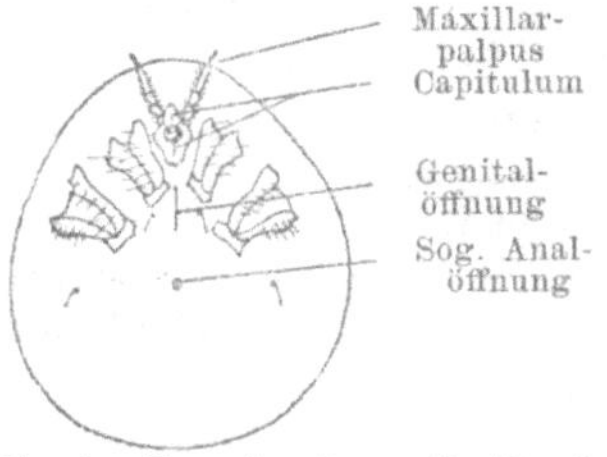

Fig. 4. **E. extendens.** ♀, Bauchseite.

Deutschland (Teiche in der Umgebung von Grosszschocher bei Leipzig, Gewässer um Bremen, Dümmersee in Hannover, Meerdorf unweit Peine, Lebrader Teich und Tümpel hinter dem Tivoli bei Neumünster, grosser Plöner See (Helloch) in Holstein, Gelnhausen (Springbrunnenbassin der Villa Schöffer), Köskauer See, Espenkruger See bei Danzig), Schweiz (Moosseedorf-See bei Bern und Gewässer bei Koppigen), Dänemark (Seeland), Finnland (Yli-Kitkajävir, Kallavesi, Sammako-lampi) und Norwegen (Nabset, Prestersjö in der Landschaft Österdalen, Gewässer bei Kristiania, Ojeren bei Fetsund, Mosseelv).

24. **E. triarcuata** Piersig 1899 *Eylais t.*, Piersig in: Zool. Anz., *v.* 22 p. 66 f. 7 | 1900 *E. t.*, Piersig in: Zool., *v.* 22 p. 430 t. 41 f. 162a, b.

♀. Capitulum vom Vorderrande der Mundscheibe bis zum Hinterende des Pharynx 560 μ messend; vorderer Maxillarfortsatz 224 μ l., schief nach oben und hinten weisend, ohne besondere Abweichungen vom gewöhnlichen Bau; hinterer Maxillarfortsatz mässig stark; Mundkrause 80 μ br. Längenverhältnis des 1.—5. Gliedes des Maxillarpalpus wie 7 : 11 : 12 : 22 : 10; Vorsprung auf der Beugeseite des 3. Gliedes ca. 15, zum Teil schwach gefiederte Borsten tragend; innere Borstenreihe auf der Beugeseite des 4. Gliedes aus 5 Degenborsten und 5 Fiederborsten bestehend, von denen die letzteren bis auf eine, zwischen der 2. und 3. Degenborste stehende, an das distale Ende des Gliedes gerückt sind; äussere Reihe 6 paarweise neben einander gestellte Degenborsten zählend, zwischen dem 1. und 2. Paare eine Fiederborste aufweisend, Streckfläche des gleichen Gliedes beiderseits mit 2—3 längeren Borsten; Endglied mit einer grösseren Anzahl kürzerer und längerer Borsten besetzt. Augenbrille vorn 416 μ br.; Augenkapsel 270 μ l.; Vorderrand der Augenbrücke durch einen flachen, medianen Vorsprung und die beiden Haarhöcker in 3 bogige Abschnitte zerfallend. Körperfarbe rot. — ♂ unbekannt. — ♀ 3—5 mm l.

Thüringen (Ziegenrück).

25. **E. emarginata** Piersig 1899 *Eylais e.*, Piersig in: Zool. Anz., *v.* 22 p. 63 f. 2 | 1900 *E. e.*, Piersig in: Zool., *v.* 22 p. 431 t. 48 f. 170a—c.

♀. Vorderrand des Capitulum winkelig ausgeschnitten; Mundscheibe annähernd kreisrund, mit einem Durchm. von 192 μ; Mundkrause schwach elliptisch oder kreisrund, etwa 136 μ br.; Ventralfläche des Capitulum vom Vorderende der Mundscheibe bis zum Hinterende des Pharynx 720 μ messend; letzterer in breiter Rundung abschliessend, hinter dem Hinterrande des Capitulum 144 μ br. werdend; vorderer Maxillarfortsatz am distalen Ende gedreht und spatelförmig verbreitert, von der Seite gesehen ca. 480 μ messend; hinterer Maxillarfortsatz am distalen Ende meisselförmig verbreitert; Luftsäcke 350 μ l., am gedrehten Hinterende schwach aufwärts gebogen. 1.—5. Glied des Maxillarpalpus in der Länge sich zu einander verhaltend wie 9 : 14 : 15 : 30 : 13; Beugeseite des 3. Gliedes am vorspringenden Vorderende mit ca. 20 ungefiederten Borsten; innere Reihe auf der Beugeseite des 4. Gliedes aus 6 Degenborsten und 5—6 Fiederborsten, äussere Reihe aus 9 Degenborsten und 2—3 Fiederborsten bestehend, Fiederborsten meist am distalen Ende des Gliedes gelegen; 5. Glied mit 4—5 Endborsten versehen. Augenbrille am Vorderrande breit stumpfeckig ausgeschnitten, in der hinteren Hälfte 528 μ br. Körperfarbe rot. — ♂ unbekannt. — ♀ 3—4 mm l.

Sachsen (Schwanenteich bei Borsdorf bei Leipzig).

26. **E. latipons** Thon 1899 *Eylais l.,* Thon in: Zool. Anz., *v.* 22 p. 440 f. 4.

♀. Capitulum 300 μ l. und 289 μ br., in der Mitte des von spitzen Seitenecken eingefassten Vorderrandes mit einer Wulst versehen; Mundscheibe kreisförmig, 102 μ im Durchm.; vordere Maxillarfortsätze nicht bis an den Grund der hinteren heranreichend, etwa 130 μ l.; hintere Maxillarfortsätze kürzer, 85 μ l.; Luftsäcke 204 μ l., kürzer als der Pharynx; letzterer 238 μ l., in der Mitte ca. 130 μ br., an dem hinteren Ende breiter als vorn. Maxillarpalpus 0,7 mm l.; Längenverhältnis des 1.—5. Gliedes wie 7 : 10 : 13 : 24 : 15; 2. Glied am inneren Vorderrande 5 Borsten tragend; Vorsprung der Beugeseite des 3. Gliedes auf der Innenfläche 10—12 lange Dolchborsten aufweisend; äussere Borstenreihe des 4. Gliedes mit 7 glatten Säbelborsten, nach dem distalen Ende hin mit einer kurzen Fiederborste abschliessend; innere Borstenreihe etwa 18 schmale, glatte Borsten zählend; Endglied ausser mit drei langen Endstacheln noch mit zahlreichen, langen schmalen Borsten besetzt. Augenbrille 225 μ br.; Vorderrand der nach hinten merkbar verschmälerten Augenbrücke breit ausgebuchtet, mit weit aus einander gerückten, fast in gleicher Höhe mit den Vorderrändern der Augenkapseln stehenden Haarhöckern. Integument ganz glatt. Färbung zinnoberrot. — ♂ unbekannt. — ♀ ca. 3 mm l.

Böhmen (alter Arm der Elbe bei Poděbrad).

27. **E. soari** Piersig 1899 *Eylais s.,* Piersig in: Zool. Anz., *v.* 22 p. 67 f. 8 | 1900 *E. s.,* Piersig in: Zool., *v.* 22 p. 431 t. 41 f. 169a—c.

♀. Capitulum vom Vorderrande der Mundscheibe bis zum Hinterrande des Pharynx 750 μ l.; Durchm. der fast kreisrunden Mundkrause 128 μ. Längenverhältnis des 1.—5. Gliedes des Maxillarpalpus wie 8 : 14 : 17 : 31 : 15 (auf der Streckseite gemessen); Vorsprung der Beugeseite des 3. Gliedes mit 13—15, zum Teil undeutlich gefiederten Dolchborsten; Beugeseite des 4. Gliedes mit 2 Borstenreihen, von denen die äussere aus 8 Degenborsten und einer vorn zwischen der 5. und 6. Degenborste stehenden Fiederborste besteht; innere Reihe 5 Degenborsten und 4, am distalen Gliedende gelegene Fiederborsten aufweisend. Augenbrille vorn 384 μ, hinten 400 μ br.; Augenbrücke am Vorderrande mit medianer Ausbuchtung, die beiderseits von je einem rundlichen, mit einer Langborste versehenen Vorsprunge begrenzt wird; Augenkapsel 240 μ l.; hintere Ausbuchtung zwischen den Augenkapseln bis zur Brücke auffallend breit bleibend; vordere Augenlinse kurz gestielt. Körperfarbe rot. — ♂ unbekannt. — ♀ 3—4,5 mm l.

Sachsen (Borsdorf bei Leipzig).

28. **E. tantilla** Koen. 1897 *Eylais t.,* Koenike in: Abh. Ver. Bremen, *v.* 14 p. 287 | 1900 *E. t.,* Piersig in: Zool., *v.* 22 p. 432 t. 48 f. 166a—c.

Vorderende des Capitulum schwach ausgebuchtet, mit abgerundeten Ecken; Mundscheibe kreisrund, 160 μ im Durchm.; Ventralfläche des Capitulum 270 μ l., nur am Mundsaume mit grossen Poren; vorderer Maxillarfortsatz dem von E. extendens ähnlich, doch ohne schaufelförmige Verbreiterung des freien Endes; hinterer Maxillarfortsatz lang, nach oben gerichtet, mit einwärts gebogenem Ende; Pharynx sehr weit nach hinten ragend, von elliptischer Gestalt; Luftsäcke von bedeutender Höhe und Breite, länger als der Pharynx, am freien Ende etwas nach oben gekrümmt. Mandibel auf der Streckseite mit 2, hinter einander liegenden, grossen Öffnungen, die vordere von normaler Gestalt, die hintere lang elliptisch. Maxillarpalpus wie bei E. extendens; 3. Glied auf der Beugeseite mit einem, nur einige kurze, dolchartige, meist ungefiederte Borsten tragenden, kräftigen Vorsprunge; 4. Glied mit Einschnürung am Grunde, innere Borstenreihe aus 4 Degenborsten und mehreren Fiederborsten, äussere nur aus 4 kräftigen Degenborsten bestehend. Augenkapseln mässig von einander abgerückt; Vorderrand der Brücke bis über die Mitte hinaus gespalten, Hinterrand stark bogenförmig vorspringend, mit kurzem, abwärts gerichtetem, mittlerem Muskelzapfen. — ♀ 1 mm l.

Deutschland (Sumpf bei Schlaupitz in Schlesien).

29. **E. tenera** Thon 1899 *Eylais t.,* Thon in: Zool. Anz., *v.* 22 p. 444 f. 1.

♀. Capitulum sehr klein, ca. 374 μ l. und 170 μ br.; Vorderrand mit einem tiefen, scharfen Einschnitt; Seitenecken abgerundet; Mundscheibe fast kreisförmig, am hinteren Ende zugespitzt, 119 μ br.; vorderer Maxillarfortsatz auffallend kurz, stark nach unten gebogen, nicht verbreitert, ca. 68 μ l., hinterer Maxillarfortsatz sehr schmal und kurz, merkbar dorsalwärts gebogen, 51 μ l.; Hinterrand der Ventralfläche des Capitulum in einen medianen Fortsatz auslaufend; Luftsäcke 170 μ l. und 170 μ br., sehr dünn, viel kürzer als der Pharynx; letzterer 238 μ l., von vorn nach hinten sich verbreiternd, am Hinterende kegelförmig auslaufend, mit einer deutlichen Querleiste; grosse Poren nur als schmaler Saum um die Mundscheibe herum auftretend. Maxillarpalpus 0,73 mm l.; Längenverhältnis des 1.—5. Gliedes wie 7 : 10 : 13,5 : 30 : 12; 2. Glied am distalen Ende 2 lange, dünne, gefiederte Borsten tragend; Vorsprung auf der Beugeseite des 3. Gliedes auf der Innenfläche mit 12 oder 13 sehr kurzen, breiten, glatten Dornborsten besetzt; äussere Reihe auf der Beugeseite des 4. Gliedes aus 6 kürzeren, die innere aus 7 längeren Säbelborsten bestehend; zwischen beiden Reihen noch 5 kurze Fiederborsten; 5. Glied mit 2 langen, glatten Borsten und 3 sehr kurzen Stacheln versehen. Augenbrille sehr klein, etwa 204 μ br., der Gestalt nach an das gleiche Gebilde bei E. voeltzkowi erinnernd; Vorderrand der Augenbrücke mit schmalem, tiefem, zwei Drittel der Brücke durchschneidendem

Spalt; Haarhöcker stark entwickelt, nach vorn abgerundet vorspringend. Färbung dunkelrot. — ♂ unbekannt. — ♀ 1,2—1,5 mm l.

Böhmen (alter Arm der Elbe bei Poděbrad).

30. **E. triangulifera** Koen. 1897 *Eylais t.*, Koenike in: Abh. Ver. Bremen, *v.* 14 p. 289.

Capitulum vorn spitzwinklig ausgeschnitten; Mundscheibe von mässiger Grösse; äusserer Saum kreisrund; Mundkrause eine quergestellte Ellipse darstellend; Ventralfläche des Capitulum lang, nur in schmaler Zone um den Mundrand mit grossen Poren; vorderer Maxillarfortsatz bis an den Hinterrand des Capitulum sich erstreckend, am freien Ende wenig verdickt; hinterer Maxillarfortsatz dünn, schief auf- und rückwärts gerichtet, am freien Ende stark knieförmig gebogen; Luftsäcke über den nach hinten verbreiterten Pharynx hinabragend, von ansehnlicher Breite und geringer Höhe, fast bis an das freie Ende gerade; chitinöser Querbogen am Hinterrande des Pharynx linienartig schmal, mit dem Hinterrande des letzteren ein gleichschenkliges Dreieck bildend. Hinterrandecke der Beugeseite des Grundgliedes der Mandibel stark abgeflacht, die der Streckseite deutlich vorspringend; Stigmenhöcker breit und niedrig, ohne Spitze; vorderer Seitenrand der Streckseite des Grundgliedes ohne Ausbuchtung, geradlinig nach hinten verlaufend. Maxillarpalpus sehr schlank; 4. Glied dünn, am proximalen Ende stark eingeschnürt; Endglied lang und dick; Vorsprung des 3. Gliedes mit sehr kräftigem, zahlreiche kurze, ungefiederte Borsten tragendem Vorsprunge; beide Längsreihen des vorletzten Gliedes aus je 5 halblangen, zum Teil gefiederten Borsten bestehend. Augenbrille ähnlich wie bei E. mülleri, jedoch die Augenkapseln etwas weiter aus einander gerückt; am Vorderrande der Augenbrille jederseits ein mässig entwickelter Höcker aufsitzend; vordere Augenlinse grösser als bei E. mülleri. — ♂ & ♀ 2—3 mm l.

Canada (Pond at Dechenes).

31. **E. neglecta** Thor 1899 *Eylais n.*, Thor in: Arch. Naturv. Christian., *v.* 21 nr. 5 p. 12 t. 17 f. 156—158.

Capitulum ohne besondere Merkmale. 3. Glied des Maxillarpalpus auf dem Vorsprunge der Beugeseite 8—10 schwach gefiederte Borsten aufweisend; Aussenreihe der Beugeseite des 4. Gliedes 4—6 lange Säbelborsten besitzend; Innenreihe mit 3 gebogenen, glatten Borsten und 6—8 Fiederborsten, von denen die hinterste zwischen der äussersten und der nächsten Säbelborste steht. Augenbrücke nicht lang, mit einem nach der Mitte zu mehr zurücktretenden, daselbst eine kurze Einkerbung bildenden Vorderrande; hintere Ausbuchtung zwischen den Augenkapseln ziemlich breit; Haarhöcker gross, vorn neben der medianen Spalte gelegen, wenig vorspringend. Färbung rot. — ♂ & ♀ 2,5—3 mm l.

Norwegen (Mjösen-See bei Akersviken, Gjersjö, Roslandsaa in der Vogtei Jaederen) und Schweden (Öland).

32. **E. rimosa** Piersig 1899 *Eylais r.*, Piersig in: Zool. Anz., *v.* 22 p. 65 f. 6 | 1900 *E. r.*, Piersig in: Zool., *v.* 22 p. 433 t. 41 f. 121a—c.

♀. Vorderrand des Capitulum ausgerandet; Mundscheibe fast kreisrund, 192 μ br.; Durchm. der Mundkrause 132 μ; vorderer Maxillarfortsatz steil nach oben weisend; hinterer Maxillarfortsatz 160 μ l.; Pharynx am Chitinbogen 310 μ br., nach hinten breit abgerundet; Ventralfläche des

Capitulum hinter der Mundöffnung nur auf der vorderen Hälfte mit grossen, eckigen Poren. Längenverhältnis des 1.—5. Gliedes des Maxillarpalpus wie 7 : 10 : 11 : 23 : $11^1/_2$; Vorsprung der Beugeseite des 3. Gliedes mit etwa 12 kurzen, zum Teil gefiederten Dolchborsten; äussere Borstenreihe auf der Beugeseite des 4. Gliedes 5 Degenborsten zählend, 2 weitere stehen am Vorderrande; innere Borstenreihe mit 5 Degenborsten und 5 Fiederborsten, von denen die letzteren weit nach vorn gerückt sind. Augenbrille 360 μ. br., mit kurzer Brücke, deren Vorderrand 2. kleine, abgerundete, durch einen medianen, 32 μ tiefen Spalt getrennte Vorsprünge aufweist; jeder Vorsprung mit langer, dünner Haarborste; vordere Augenlinse kurz gestielt. Färbung rot. — ♂ unbekannt. — ♀ 3—3,5 mm l.

Sachsen (Schwanenteich bei Borsdorf bei Leipzig).

33. **E. similis** Thon 1899 *Eylais s.*, Thon in: Zool. Anz., *v.* 22 p. 446 f. 2.

♀. Capitulum 486 μ l. und 374 μ br., am Vorderrande seicht ausgeschnitten; Seitenecken sehr scharf abgesetzt; Mundscheibe fast viereckig, 153 μ im Durchm.; vorderer Maxillarfortsatz kurz, 221 μ l., aber sehr breit; hinterer Maxillarfortsatz gerade, 225 μ l.; Luftsäcke sehr dünn, am distalen Ende verbreitert, bis zum Hinterrande des Pharynx reichend, etwa 375 mm l.; Pharynx am Hinterrande viel breiter als vorn, 374 μ l. und 255 μ br. Maxillarpalpus dünn, 810 μ l.; Längenverhältnis des 1.—5. Gliedes wie 8,5 : 13,5 : 15 : 30,6 : 13,6; am distalen Ende des 2. Gliedes 8 längere, dünne Fiederborsten; Vorsprung des 3. Gliedes sehr niedrig, mit 11—13 sehr kurzen, breiten, lang gefiederten Borsten bewaffnet; äussere Reihe auf der Beugeseite des 4. Gliedes mit 5 nach vorn verschobenen Fiederborsten, innere Reihe 9—10 glatte Säbelborsten tragend; Endglied mit 3 scharfen, kurzen Stacheln. Augenbrille 323 μ br.; Augenkapseln 153 μ l.; Vorderrand der Augenbrücke mit kurzer, von den abgerundet vorspringenden Haarhöckern eng begrenzter Einkerbung in der Mitte. Färbung rot. Integument netzartig liniert, mit halbkugeligen, kleinen Papillen. — ♂ unbekannt. — ♀ 2 mm l.

Süd-Böhmen (Wiesengraben bei Lomnitz).

34. **E. voeltzkowi** Koen. 1897 *Eylais v.*, Koenike in: Abh. Ver. Bremen, *v.* 14 p. 290 | 1898 *E. v.*, Koenike in: Abh. Senckenb. Ges., *v.* 21 fasc. 2 p. 310 t. 20 f. 13—18.

♀. Capitulum schmal, vorn schwach ausgerandet, mit kreisrunder Mundscheibe von geringer Grösse; Ventralfläche des Capitulum nur um den Mundscheibenrand saumartig mit grossen Poren; vorderer Maxillarfortsatz mässig lang, weit nach hinten gerückt, mässig stark, nach hinten und etwas lateralwärts verlaufend, am freien Ende wenig verdickt und einwärts gekrümmt; hinterer Maxillarfortsatz nach hinten und schwach nach oben gerichtet, ebenfalls mit schwach verdicktem, distalem Ende; Luftsäcke kürzer als der nach hinten wenig verbreiterte, abgerundet abschliessende Pharynx. Mandibel auf der Streckseite des Grundgliedes mit 2 Öffnungen, die vordere von normaler Gestalt, die hintere sehr klein, länglich rund und schmal; Hinterrandecke der Beugeseite des Grundgliedes abgeflacht, mit niedrigem Stigmenhöcker, die der Streckseite mit spitzem Chitinzapfen; 4. Glied des Maxillarpalpus am Grunde stark eingeschnürt, mit 2 inneren, kurzen und 4 äusseren, langen Degenborsten; 3. Glied mit kleinem, nur wenige, meist ungefiederte Dolchborsten tragendem Vorsprung; Endglied stumpf, mit langen Borsten. Augenkapseln einander sehr genähert; Augenbrücke mit einem Spalt in der Mitte des Vorderrandes, weniger tief als bei E. tantilla; Kapseldurchbruch sich allmählich erweiternd; Augenlinsen sehr gross. — ♂ unbekannt. — ♀ 1,5 mm l.

Madagaskar (Reis-See bei Majunga).

35. **E. crenocula** Koen. 1897 *Eylais c.*, Koenike in: Abh. Ver. Bremen, *v.* 14 p. 293 | 1898 *E. c.*, Koenike in: Abh. Senckenb. Ges., *v.* 21 II p. 312 t. 21 f. 19—22.

♀. Capitulum am Vorderrande tief winkelig ausgeschnitten, von mittlerer Grösse; Mundscheibe einen nach vorn offenen Ring bildend, vorn breiter als hinten; Ventralfläche des Capitulum nur am Mundsaume mit grossen Poren; vorderer Maxillarfortsatz kurz, etwa bis in die Mitte der Einbuchtung des Seitenrandes des Capitulum reichend, mit dem dünnen Ende mässig nach oben gebogen; Luftsäcke kürzer als der nach hinten wenig verbreiterte Pharynx, mit knieförmig aufwärts gebogenem, freiem Ende. Grundglied der Mandibel nach hinten stark verschmälert, mit flacher Rundung abschliessend. Augenkapseln stark genähert, scheinbar zu einem Chitinschild verschmolzen; am Hinterrande mit einem sehr engen Spalt, am Vorderrande mit 2 vorspringenden, durch einen Einschnitt getrennten Haarhöckern; Durchbruch der Augenkapseln nach innen sehr gross, die ganze Unterseite einnehmend; Augenlinsen mittelgross, die vordere kurz eirund, die hintere elliptisch. — ♂ unbekannt. — ♀ 1 mm l.

Deutsch-Ost-Afrika (Quilimane).

E. erythrina (H. Luc.) 1846 *Hydrachna e.*, H. Lucas in: Expl. Algérie, An. artic. *v.* 1 p. 313 t. 22 f. 6.

Algerien.

E. protendens Berl. 1888 *Eylais extendens var. p.*, Berlese in: Bull. Soc. ent. Ital., *v.* 20 p. 49.

Brasilien.

E. spinipons Thor 1897 *Eylais s.*, Thor in: Arch. Naturv. Christian., *v.* 20 nr. 3 p. 9 | 1899 *E. s.*, Thor in: Arch. Naturv. Christian., *v.* 21 nr. 5 t. 17 f. 164.

♀. Der E. discreta sehr nahe verwandt, vielleicht Varietät davon. Augenbrücke mit den Vorderrändern der Augenkapseln fast geradlinig abschneidend, in der Mitte mit 2 kleinen spitzen Zähnchen. 4. Glied des Maxillarpalpus ausser den bei E. discreta auftretenden 7 Borsten noch 3 oder 4 andere, dazwischen gestellte tragend.

Norwegen (Myrtjern bei Arendal).

4. Gen. **Piersigia** Protz

1896 *Piersigia* (Typ.: *P. limophila*), Protz in: Zool. Anz., *v.* 19 p. 410 | 1890 *P.*, Piersig in: Zool., *v.* 22 p. 434.

Integument weich, Dorsalfläche mit zahlreichen, porösen Platten und Leisten in symmetrischer Anordnung (Fig. 5). Laterale Doppelaugen je in einer Chitinkapsel eingeschlossen, kein medianes Punktauge vorhanden. Capitulum breit, kaum rüsselförmig verlängert, mit grosser, kreisförmiger Mundöffnung auf der Unterfläche. Endglied des Maxillarpalpus nicht scherenförmig oder gezähnelt, mit einigen Borsten an der abgestumpften, distalen Spitze. Mandibeln 2-gliedrig, nicht mit einander verwachsen. Epimeren in 4 Gruppen angeordnet. Beine ohne Schwimmhaare, mit zahlreichen Dornen und Borsten. Genitalhof zwischen den hinteren Epimerengruppen gelegen, mit je 2 Napffelder aufweisenden Genitalplatten (Fig. 6); Genitalnäpfe zahlreich.

Deutschland.

1 Art.

1. **P. limophila** Protz 1896 *P. l.*, Protz in: Zool. Anz., *v.* 18 p. 410 f. 7—10.

Rumpf oval, niedergedrückt. Integument fein wellig liniiert, ein dichtes Geflecht zarter, unter 60° sich kreuzender Chitinfäden bedeckend. Rücken mit ca. 30 Platten und Leisten (Fig. 5); intraoculare Panzerplatte am grössten, mit den Augenkapseln und mit 2 vor ihr und 2 neben ihr liegenden kleinen Plättchen durch Chitinleisten zu einem Gerüst verbunden. Distales End-

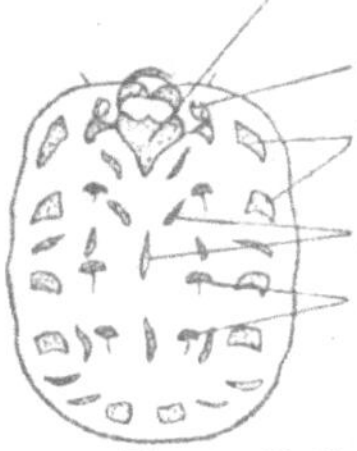

Fig. 5. **P. limophila.** ♀, Rückenseite des Rumpfes.

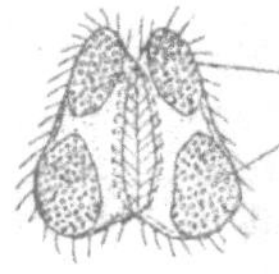

Fig. 6. **P. limophila.** ♀, Genitalhof.

glied des Maxillarpalpus in das vorhergehende leicht eingesenkt. Distales Endglied der Mandibel mit stumpf kegelförmiger Spitze. Krallen der Beine doppelt, sichelförmig, ohne Nebenzähne. Genitalklappen (Fig. 6) durch eine Querleiste in 2 ungleiche Felder, ein vorderes und ein hinteres, geschieden; beide Felder mit zahlreichen, kurzgestielten Genitalnäpfen. Färbung ziegelrot. Geschlecht unbekannt. — 2 mm l., 1,4 mm br.

Deutschland (Sumpf zwischen Liepe und Oderberg und bei Grünau in der Mark).

5. Gen. **Bargena** Koen.

1893 *Bargena* (Typ.: *B. mirifica*), Koenike in: Mt. Mus. Hamburg, *v.* 10 nr. 2 p. 47.

Rumpf gepanzert, mit Rückenbogenfurche und einer medianen Bauchfurche (Fig. 7). Integument warzig. Laterale Augenpaare weit aus einander gerückt, erhoben; hinteres Auge grösser; kein medianes Punktauge vorhanden. Capitulum ohne rüsselförmige Verlängerung. Maxillarpalpus scherenförmig, mit grossem Grundgliede. Epimeren auf 4 Gruppen verteilt. Genitalhof mit einer die Genitalöffnungen verdeckenden Genitalplatte.

Afrika.

1 Art.

1. **B. mirifica** Koen. 1893 *B. m.*, Koenike in: Mt. Mus. Hamburg, *v.* 10 nr. 2 p. 47 t. 3 f. 35—41.

♂. Rumpf oval. Panzer fein porös. Rückenbogenfurche nach vorn offen, nach hinten mit 2, ein glockenförmiges Panzerstück einschliessenden Ausläufern. Integument mit niedrigen Papillen besetzt. Mediane Bauchfurche (Fig. 7) vorn stark verbreitert, das Capitulum, das 1.—3. Bein, sowie den Genitalhof in sich aufnehmend, nach hinten rinnenförmig verengt. Doppelaugen vom Panzer nicht bedeckt, hervorgewölbt. 3. Glied des 1.—3. Beines verkürzt, nur das 1. Bein ohne Schwimmborsten; Krallen der Beine doppelt, sichelförmig, ohne Nebenzähne. Genitalplatten herzförmig, mit 160 μ langer, die nach hinten gerichtete Spitze spaltender Genitalöffnung. Färbung rot. — ♀ unbekannt. — ♂ 1 mm l., 880 μ br., 680 μ h.

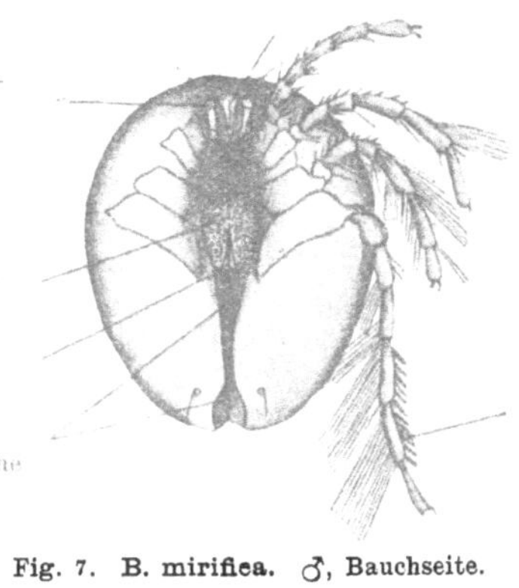

Fig. 7. B. mirifica. ♂, Bauchseite.

Sansibar.

6. Gen. **Hydrachna** Müll.

1776 *Hydrachna* (part.), O. F. Müller, Zool. Dan. Prodr., p. 188 | 1781 *H.*, O. F. Müller, Hydrachnae, p. 59 | 1854 *H.*, Bruzelius, Beskr. Hydrach., p. 46 | 1875 *H.*, P. Kramer in: Arch. Naturg., *v.* 41 I p. 330 | 1880 *H.*, Neuman in: Svenska Ak. Handl., n. ser. *v.* 17 nr. 3 p. 109 | 1884 *H.*, Krendowskij in: Trav. Soc. Univ. Kharkow, *v.* 18 p. 339 | 1897 *H.*, Piersig in: SB. Ges. Leipzig, *v.* 22/23 p. 70, 97 | 1900 *H.*, Piersig in: Zool., *v.* 22 p. 436 | 1796 *Hydrachne* (Typ.: *H. cruenta*), Latreille, Précis Caract. Ins., p. 182.

Rumpf kugelig, hochgewölbt. Integument weich, meist papillös, mit oder ohne Panzerplatten und Leisten auf dem vorderen Teile des Rückens. Augen einer Seite in eine Chitinkapsel eingeschlossen; am Stirnrande ein unpaares, median gelegenes Sinnesorgan unbekannter Funktion. Capitulum (Fig. 8, p. 38) saugrüsselartig, lang ausgezogen, mit der Mundöffnung an der Spitze. Mandibel eingliedrig, stilettartig; Maxillarpalpus scherenförmig endigend, vom 1. bis zum letzten Gliede an Stärke abnehmend; Beine kurz, die letzten 3 Paare mit Schwimmborsten (Fig. 8, p. 38); 3. Glied des 1.—3. Beines gekürzt; Krallen der Beine sichelförmig. Epimeren auf 4 Gruppen verteilt. Genitalhof zwischen den hinteren Epimeren, von 2 mehr oder weniger innig zu einer Scheibe verwachsenen Genitalplatten verdeckt. — Nph. dem Im. ähnlich, aber mit getrennten Genitalplatten und ohne Genitalöffnung. — Lv. mit dorsoventral plattgedrücktem Capitulum von ungewöhnlicher Grösse, welches dem Rumpfe sehr beweglich eingelenkt ist und beim Schwimmen gegen den Bauch des Tieres umgeklappt wird. Maxillarpalpus 5-gliedrig, mit doppelter Endkralle. Mundöffnung vorn auf der Ventralfläche des Capitulum gelegen, eine fast kreisrunde Scheibe bildend. Mandibel mit grossem Grundgliede und stark hakenförmig gekrümmtem Endgliede. Sämtliche Epimeren durch schmale Abstände von einander getrennt. Beine 5-gliedrig, mit je einer scharf gebogenen Kralle. Rückenfläche von Rumpf und Capitulum von einem porösen Panzer bedeckt; das weiche Integument wellig liniiert. Schmarotzt und verpuppt sich auf im Wasser lebenden Insekten und deren Nph. und Lv.

Europa, Asien und Afrika.

33 sichere, 5 unsichere Arten und 1 Varietät.

Übersicht der sicheren Arten:

1	Integument mit Papillen — 2.		
	Integument ohne Papillen, glatt	1. **H. levigata**	p. 38
2	Vordere Hälfte des Rückens ausser den Haarplatten ohne schild- und leistenförmige Verhärtungen — 3.		
	Vordere Hälfte des Rückens mit Verhärtungen — 10.		
3	Körperfarbe rot, mit symmetrisch geordneten, schwarzen Flecken	2. **H. geographica**	p. 38
	Körperfarbe rot, ohne symmetrische Fleckenzeichnung — 4.		
4	Hautpapillen abgestumpft oder abgerundet — 5.		
	Hautpapillen kegelförmig zugespitzt — 9.		
5	Genitalplatten nur hinten verschmolzen oder durch eine Brücke verbunden — 6.		
	Genitalplatten bis auf eine mässig tiefe, mediane Einkerbung vollständig miteinander verwachsen — 7.		
6	Rumpf ca. 2,4 mm l.	3. **H. denudata**	p. 39
	Rumpf ca. 3,1 mm l.	4. **H. signata**	p. 39
7	Hintere Medialecke der 4. Epimere lang und schmal ausgezogen, am freien Ende ein wenig verbreitert	5. **H. perniformis**	p. 40
	Hintere Medialecke der 4. Epimere nicht zungenförmig verlängert — 8.		
8	Hintere Medialecke der 4. Epimere keilförmig zugeschrägt, am Ende mehr oder weniger abgerundet	6. **H. fissigera**	p. 40
	Hintere Medialecke der 4. Epimere breit abgestutzt	7. **H. piersigi**	p. 40
9	Hautpapillen dicht stehend, meist stachelspitzig, von mässiger Grösse	8. **H. inermis**	p. 41
	Hautpapillen weitläufig angeordnet, auffallend gross, dornartig schief nach hinten gerichtet	9. **H. spinosa**	p. 41
10	Mit einer unpaaren Panzerplatte auf dem vorderen Teile des Rückens — 11.		
	Mit paarigen, lateral gelegenen Verhärtungen auf dem vorderen Teile des Rückens — 18.		
11	Panzerplatte durch eine hintere, tiefe Einbuchtung fast völlig in zwei symmetrische Hälften geschieden — 12.		
	Panzerplatte ohne tiefe Einbuchtungen — 14.		
12	Vorderrand der Panzerplatte zwischen den Augen keilförmig vorspringend — 13.		
	Vorderrand der Panzerplatte geradlinig, quer abgestutzt	10. **H. uniscutata**	p. 41
13	Hintere Ausläufer der Panzerplatte leisten- oder schwielenartig verdickt, spitz ausgezogen . .	11. **H. bohemica**	p. 41
	Hintere Ausläufer ohne schwielenartige Verdickung, mit abgestumpften Enden	12. **H. paludosa**	p. 42
14	Panzerplatte mehr als doppelt so breit wie lang.	13. **H. acutula**	p. 42
	Panzerplatte weniger als doppelt so breit wie lang — 15.		
15	Hinterrand der Panzerplatte flach abgestutzt oder mit einer medianen Hervorwölbung — 16.		
	Hinterrand der Panzerplatte mit einer flachen, medianen Einbuchtung — 17.		

16	Panzerplatte mit je einer Einbuchtung am vorderen Seitenrande	14. **H. scutata**	p. 42
	Panzerplatte ohne solche Einbuchtungen	15. **H. dilatata**	p. 43
17	Vorderrand der Panzerplatte zwischen den Augen breit zungenförmig vorspringend	16. **H. cruenta**	p. 43
	Medianer Vorsprung breit abgeflacht und kurz	17. **H. schneideri**	p. 43
18	Verhärtungen auf der vorderen Rückenfläche leistenartig schmal — 19.		
	Verhärtungen mehr oder weniger verbreitert, nicht leistenartig ausgezogen, Platten bildend — 24.		
19	Leisten auffallend kurz oder zum Teil verkümmert, nicht $1^1/_2$ mal so lang wie die Augenkapsel — 20.		
	Leisten lang — 21.		
20	Leisten grossenteils zwischen den Augen gelegen, mit der vorderen Haarplatte verschmolzen	18. **H. leegei**	p. 44
	Leisten weit nach hinten gerückt, von den hinteren Ansatzstellen der Augenmuskeln ausgehend	19. **H. maculifera**	p. 44
21	Oberfläche der wellig verlaufenden Leisten mit zahlreichen, nach vorn gerichteten Zapfen	20. **H. comosa**	p. 45
	Oberfläche ohne solche Zapfenbildung — 22.		
22	Leisten mit knotigen oder wallartigen Verdickungen ihrer Unterseite	21. **H. crassipalpis**	p. 45
	Leisten ohne solche Verdickungen, gekörnelt — 23.		
23	Leisten etwa in der Mitte winkelig lateralwärts und kurz wieder zurückgebrochen	22. **H. bivirgulata**	p. 45
	Leisten nur etwas lateralwärts gekrümmt	23. **H. regulifera**	p. 45
24	Platten nicht länger als die Augenkapseln, von geringer Breite, an beiden Enden stumpfspitzig, mit leistenartiger Verdickung, etwa das Doppelte ihrer Länge hinter den Augen gelegen	24. **H. extorris**	p. 46
	Platten merkbar grösser als die Augenkapseln, nach hinten verjüngt — 25.		
25	Hinterende der ebenso breiten wie langen, schief lateralwärts gebogenen Platten stark gekürzt, eine stumpfgerundete, wenig vorspringende Ecke bildend; Integument nur an der Vorderhälfte des Rumpfes mit Papillen besetzt	25. **H. amplexa**	p. 46
	Hinterende der Platten mehr oder weniger ausgezogen; Integument an allen ungepanzerten Stellen mit Papillen besetzt — 26.		
26	Papillen lang, stäbchenartig	26. **H. aspratilis**	p. 46
	Papillen nicht stäbchenartig — 27.		
27	Papillen zugespitzt — 28.		
	Papillen abgestumpft oder abgerundet — 29.		
28	Papillen kegelförmig; Hinterende der Platten des Vorderrückens medialwärts gebogen, zungenförmig abgerundet	27. **H. distincta**	p. 47
	Papillen stachelspitzig, häufig gekrümmt; Hinterende der Platten des Vorderrückens annähernd nach hinten gerichtet, am Ende breit abgerundet	28. **H. thoni**	p. 47
29	Platten in ihrer Verlängerung nach hinten bandartig bis zum abgerundeten, schwach medialwärts gekrümmten Ende verlaufend	29. **H. conjecta**	p. 47
	Platten in ihrer hinteren Hälfte keilförmig zugeschrägt — 30.		

30	Vorderer Teil des Medialrandes einer jeden Platte stark konkav ausgeschnitten	30. **H. biscutata** . . . p. 48
	Vorderer Teil des Medialrandes einer jeden Platte fast gerade oder nur mit unbedeutenden Ein- und Ausbiegungen versehen — 31.	
31	Papillen breit abgeplattet, zum Teil schief nach hinten gerichtet	31. **H. atra** . . . . . p. 48
	Papillen klein und abgerundet — 32.	
32	Platten auf der vorderen Hälfte des Rückens nahe dem Vorderrande des Rumpfes, mit einer leistenartigen Verdickung an der Lateralkante . . .	32. **H. globosa** . . . . p. 48
	Platten auf der vorderen Hälfte des Rückens vom Vorderrande des Rumpfes stark abgerückt, ohne leistenartige Verdickung an der Lateralkante .	33. **H. propinqua** . . p. 49

1. **H. levigata** Koen. 1897 *H. l.*, Koenike in: Zool. Anz., *v.* 20 p. 395 | 1900 *H. l.*, Piersig in: Zool., *v.* 22 p. 438 t. 50 f. 178a—e.

♂. Integument glatt, ohne Papillen. Panzerplatte auf der vorderen Rückenfläche doppelt, verkümmert, leistenartig schmal und weit nach hinten gerückt. Augenkapsel sehr flach. Schnabelteil des Capitulum wenig gekrümmt, mehr als doppelt so lang wie der Grundteil desselben; letzterer auffallend kurz und niedrig, hinter der Höhe der Schnabelwurzel zurückbleibend. Mandibel 1,7 mm l., mit einem Auswuchs an der konvexen Seite der Klaue. Maxillarpalpus um $3^1/_3$ Endglieder über die Spitze des Capitulum hinausragend; 1. und 2. Glied mässig stark und innen mit einer grossen Längsfalte ausgestattet. 4. Epimere schmal, hintere Medialrandecke mit ziemlich breiter Verlängerung. Spitze des herzförmigen Genitalhofes nicht über die Fortsätze der 4. Epimere hinausreichend; die median zusammengewachsenen Genitalplatten am Hinterende in grosser Ausdehnung nach innen umgeschlagen, eine Tasche bildend; letztere stark behaart. Genitalnäpfe zahlreich, vorn dichter stehend als hinten. — ♀ unbekannt. — ♂ 3,5 mm l.

Nordsee-Insel Juist.

2. **H. geographica** Müll. 1776 *H. g.*, O. F. Müller, Zool. Dan. Prodr., p. 190 nr. 2270 | 1781 *H. g.*, O. F. Müller, Hydrachnae, p. 59 t. 8 f. 3—5 | 1834 *H. g.*, Hahn, Arach., *v.* 2 p. 51 t. 59 f. 175 | 1837 *H. g.*, C. L. Koch, C. M. A., fasc. 14 f. 13 | 1867 *H. g.*, L. Figuier, Tabl. Nat., *v.* 6 p. 66 f. 93 | 1880 *H. g.*, Neuman in: Svenska Ak. Handl., n. ser. *v.* 17 nr. 3 p. 111 t. 14 f. 2 | 1900 *H. g.*, Piersig in: Zool., *v.* 22 p. 439 t. 42 f. 122a—h.

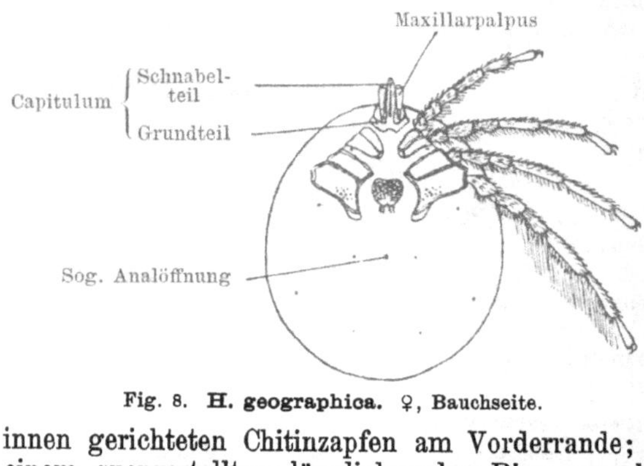

Fig. 8. **H. geographica.** ♀, Bauchseite.

♀. Rumpf kugelig, hochgewölbt. Hautpapillen abgerundet. Doppelaugen ca. 1 mm von einander entfernt; Augenkapsel fast nierenförmig, 290 µ l., 220 µ br., mit stark verdicktem Lateralrand und einem schief nach vorn und innen gerichteten Chitinzapfen am Vorderrande; medianes Sinnesorgan von einem quergestellten, länglichrunden Ring umgeben; nahe der der Mitte des Rückens zugekehrten Seite der Augenkapsel eine längliche Haarplatte und ein kleiner Chitinfleck. Schnabelteil des Capitulum (Fig. 8) ein wenig kürzer als der Maxillarpalpus. Mandibel wenig gekrümmt, am distalen Ende dorsal zackig gesägt. Maxillarpalpus besonders am 3. Gliede stark behaart; Zahnfortsatz des 4. Gliedes kürzer als das 5. Glied. Medialer Rand der 3. Epimere verdickt, mit einem schmalen, schräg nach vorn gerichteten Fortsatz. Hintere Medialrandecke der 4. Epimere abgestumpft, mit breitem Chitinsaum auf der Unterseite. Borstenbesatz der Beine reichlich. Genitalhof ca. 835 μ br. und 610 μ l., herzförmig (Fig. 8); Genitalplatten mit einander verwachsen; Ovipositor zum Teil mit höckeriger Cuticula bedeckt, 580 μ l., 368 μ br.; Genitalnäpfe zahlreich, nach der Mitte der verschmolzenen Platten zu allmählich verschwindend; letztere zu beiden Seiten der am Hinterrande gelegenen Genitalöffnung je 18—22 Borsten tragend, wenige andere stehen auf der Fläche der beiden Platten. Färbung rot, mit regelmässig angeordneten, schwarzen Flecken. — ♂. Genitalplatten nach hinten verlängert, mit gespaltener Spitze und reichlicherem Borstenbesatz. — ♂ ca. 6 mm l.; ♀ 8 mm l., 7 mm br.

Europa.

3. **H. denudata** Piersig 1896 *H. d.*, Piersig in: Zool. Anz., *v.* 19 p. 441 | 1897 *H. d.*, Piersig in: Zool. Anz., *v.* 20 p. 353 | 1897 *H. d.*, Koenike in: Zool. Anz., *v.* 20 p. 397 | 1900 *H. d.*, Piersig in: Zool., *v.* 22 p. 442.

♀. Integument mit abgerundeten Papillen und ohne Panzerbildungen auf der vorderen Rückenfläche. Augenkapseln schmal; Fortsatz des Augenkapselrandes kurz und breit. Schnabelteil des Capitulum so stark gekrümmt, dass seine Spitze tiefer als der Hinterrand des Capitulum liegt; Grundteil des Capitulum $^{3}/_{5}$ so lang wie der Schnabelteil, hoch und schmal, nur wenig breiter als der Grund des Schnabelteiles; Ausschnitt des ventralen Hinterrandes des Capitulum 512 μ l. und ungemein schmal, der des dorsalen Hinterrandes ebenso lang, vorn spitz. Maxillarpalpus ähnlich wie bei H. globosa; Haarbesatz dürftig. 4. Epimere schmal, mit schmaler Verlängerung der hinteren Medialrandecke und langem, spitzem, subkutanem Fortsatz am Hinterrande. Genitalplatten nur vorn durch einen mässig tiefen Ausschnitt getrennt. Färbung rot. — ♂ unbekannt. — ♀ 2,5 mm l.

Deutschland (Teiche bei Grosszschocher bei Leipzig).

4. **H. signata** Koen. 1898 *H. s.*, Koenike in: Abh. Senckenb. Ges., *v.* 21 II p. 394 t. 25 f. 102—103.

♂. Integument mit winzigen, rundlichen Papillen, ohne Panzerbildungen auf dem vorderen Rücken. Augen am Vorderrande des Rumpfes, 500 μ von einander entfernt. Capitulum mit langem, dünnem, stark ventralwärts gebogenem Schnabelteil. Mandibel ebenfalls kräftig gebogen, ca. 1 mm l., an der Spitze deutlich gezähnelt. Maxillarpalpus 640 μ l., etwa mit den beiden Endgliedern über die distale Spitze des Capitulum hinausragend, ähnlich gestaltet wie bei H. leegei; 2. Glied am proximalen Ende in der Seitenansicht merklich dicker; Endglied über den Zahnfortsatz des 4. Gliedes etwas hinausreichend. Hintere Medialrandecke der 4. Epimere wenig ausgezogen, ähnlich gestaltet wie bei H. spinosa. Beine sehr kurz. Genitalplatten bis auf eine mässig tiefe Einkerbung des Vorderrandes und der 260 μ l. Genitalöffnung verschmolzen, eine 540 μ l. und 560 μ br. herzförmige Scheibe bildend; hintere Enden der Herzspitze subkutan mit einander verwachsen. — ♀ mit breit herzförmigem, ca. 400 μ br. und 300 μ l. Genitalhof; Genitalplatten bis auf einen kurzen, medianen Einschnitt des Vorderrandes völlig mit einander verwachsen, mit zahlreichen Genitalnäpfen besetzt, von denen 2 am Hinterrande durch ihre aussergewöhnliche Grösse auffallen; neben der Genitalöffnung je ein kräftiges Haarbüschel. Ei elliptisch, 208 μ l. und 144 μ br. — Nph. mit getrennten Genitalplatten, sonst wie das ♀. — ♂ 3 mm l.; ♀ 3,1 mm l.; Nph. 2,2 mm l.

Madagaskar (Majunga und Reis-See bei Amparangidro).

5. **H. perniformis** Koen. 1895 *H. p.*, Koenike in: Rev. biol. Nord France, *v.* 7 p. 144 t. 8 f. 7, 8.

♀. Integument mit abgerundeten Papillen und ohne Panzerbildungen auf dem vorderen Rücken. Capitulum über letzteren stark hervorragend. Maxillarpalpus dünn; 1. Glied wenig dicker als das 2.; 1.—3. Glied fast gleich lang; vorletztes Glied sehr kurz, Zahnfortsatz jedoch über das 5. Glied etwas hinausragend; Haarbewaffnung des Maxillarpalpus sehr dürftig. 4. Epimere mit annähernd zungenförmiger, lang ausgezogener, leicht gebogener hinterer Medialrandecke und stark verbreitertem Lateralrand, im Umriss fast schinkenförmig. Genitalplatten reich mit Näpfen besetzt, von einander entfernt, hinten durch ein feinporöses Querstück verbunden und mit einem Büschel kurzer, zurückgebogener Haare ausgestattet. Beine mit zum Teil gefiederten Schwimmborsten. Färbung rot. — ♂ unbekannt. — ♀ 2,2 mm l.

Ägypten (Kanal auf dem Wege von Kairo nach den Pyramiden von Gizeh).

6. **H. fissigera** Koen. 1898 *H. f.*, Koenike in: Abh. Senckenb. Ges., *v.* 21 II p. 396 t. 25 f. 104—106.

♀. Integument auf der vorderen Hälfte des Rumpfes dicht mit winzigen, abgerundeten Papillen besetzt, die nach hinten zu allmählich in grössere, ca. 14 μ hohe, kegelförmige Zäpfchen übergehen. Panzerplatten fehlen. Augenabstand 380 μ. Schnabelteil des Capitulum am Grunde verdickt, im Verlaufe nach vorn mässig gekrümmt. Mandibel ca. 1,755 mm l., an der distalen Spitze dunkel gebräunt und stark gezähnelt. Maxillarpalpus 970 μ l., das distale Ende des Schnabelteils des Capitulum nur um die 2 kurzen Endglieder überragend. Hintere Medialrandecke der 4. Epimere breit fortsatzartig ausgezogen und mit einem subkutanen, zahnartigen Vorsprung ausgestattet. Genitalplatten nur hinten auf kurze Strecke mit einander verwachsen; Genitalhof ca. 330 μ l. und 620 μ br., am Hinterrande fast geradlinig abgestutzt, mit zahlreichen Genitalnäpfen, von denen 2 aussergewöhnlich grosse am weitesten nach hinten geschoben sind; Haarbüschel zu beiden Seiten der Genitalöffnung dürftig. Ei kugelrund, 380 μ im Durchm. — ♂ mit herzförmigem, ca. 585 μ l. und 630 μ br. Genitalhofe; grössere Genitalnäpfe am Hinterrande der Genitalplatte nicht vorhanden. — Nph. mit getrennten, 320 μ l. und 160 μ br. Genitalplatten. — ♂ 3,0 mm l.; ♀ 3,6 mm l.; Nph. 1,5—2,6 mm l.

Madagaskar (Majunga und Amparangidro).

7. **H. piersigi** Koen. 1897 *H. p.*, Koenike in: Zool. Anz., *v.* 20 p. 397 | 1900 *H. p.*, Piersig in: Zool., *v.* 22 p. 442 t. 50 f. 181 a—d.

♂. Mit H. denudata nahe verwandt. Augenkapsel breit, mit einem langen und dünnen Fortsatz am Rande. Grundteil des Capitulum $^3/_4$ so lang wie der Schnabelteil, letzterer schwach gekrümmt, mit der distalen Spitze den ventralen Hinterrand des Capitulum in seiner Verlängerung nicht erreichend; eckiger Vorsprung seitlich am Grunde des Schnabelteils nicht vorhanden; Grundteil des Capitulum niedrig und breit, wesentlich breiter als der Grund des Schnabelteils. Ausschnitt des ventralen Hinterrandes des Capitulum 240 μ l. und von ansehnlicher Breite, der des dorsalen Hinterrandes 304 μ l. und in der Tiefe abgerundet. 4. Epimere schmal, mit breiter Verlängerung der hinteren Medialrandecke; subkutaner Fortsatz daselbst kürzer und spitzer als bei H. denudata. Genitalplatten vorn fast bis zur Hälfte getrennt, an der hinteren Spitze nach vorn umgebogen und hinter der Genitalöffnung mit einander verwachsen; die Umbiegung kurz. Haarbesatz um die Genitalöffnung reichlich. Farbe wie bei H. denudata. — ♀ mit nur hinten verwachsenen Genitalplatten. — ♂ & ♀ 2—2,5 mm l.

Sachsen (Schwarze Lache bei Grosszschocher).

8. **H. inermis** Piersig 1895 *H. i.*, Piersig in: Zool. Anz., *v.* 18 p. 302 | 1900 *H. i.*, Piersig in: Zool., *v.* 22 p. 444 t. 42 f. 124.

Rumpf kugelig, hochgewölbt. Integument mit eng neben einander gestellten, stachelspitzigen, hohen Papillen bedeckt, ausser je 2 Haarplättchen unweit des medialen Augenkapselrandes ohne chitinöse Verhärtungen auf der vorderen Rückenfläche. Schnabelteil des Capitulum wenig kürzer als der Maxillarpalpus; letzterer 1,6 mm l. Mandibel 2,25 mm l. 1. Glied des Maxillarpalpus mit 2 kurzen, kräftigen Säbelborsten; Haarbewaffnung an den übrigen Gliedern dürftig; Zahnfortsatz des vorletzten Gliedes schwach gekrümmt, fast so lang wie das Endglied. Ränder der Epimeren stark verdickt; hintere Medialrandecke der 4. Epimere ausgezogen, am Ende breit abgerundet. Genitalplatten völlig verwachsen, eine ca. 420 μ l. und 640 μ br., stumpf herzförmige Scheibe bildend; Hinterrand derselben stark verdickt, mit einer Anzahl steifer Borsten. Färbung ein sammetartiges, dunkles, oft schwärzliches Rot. — ♂ 3,8—4 mm l.; ♀ 5 mm l.

Deutschland (Waldlachen bei Grosszschocher bei Leipzig).

9. **H. spinosa** Koen. 1893 *H. s.*, Koenike in: Mt. Mus. Hamburg, *v.* 10 nr. 2 p. 48 t. 3 f. 32, 33.

♂. Integument mit langen, dornartigen, weitläufig angeordneten, rückwärts gerichteten Zapfen besetzt, ohne Chitinverhärtungen auf der vorderen Rückenfläche. Seitenaugen ohne deutliche Augenkapseln. Schnabelteil des Capitulum schwach gekrümmt. Maxillarpalpus sehr kurz, nur wenig über die Spitze des Schnabelteils des Capitulum hinausragend. 4. Epimere mit keilförmig zugeschrägter hinterer Medialrandecke. Genitalplatten zu einer lang herzförmigen Scheibe verschmolzen, deren zugespitztes Hinterende tief gespalten ist und zahlreiche Borsten trägt. — ♀ unbekannt. — ♂ 2,5 mm l.

Sansibar (Sumpf bei Mathews).

10. **H. uniscutata** Thor 1897 *H. u.*, Thor in: Arch. Naturv. Christian., *v.* 19 nr. 11 p. 19 t. 1 f. 1.

Seitliche Rückenplatten wie bei H. paludosa vorn durch eine breite Brücke verbunden, deren Vorderrand quer abgestutzt ist; Hinterrand mit medianem 5. Auge. Geschlecht unbekannt. — 3 mm l., 2,6 mm br.

Norwegen (im Mosseelv bei Vansjö).

11. **H. bohemica** Thon 1899 *H. b.*, Thon in: Zool. Anz., *v.* 22 p. 497 f. 2,1.

♂. Integument dick, mit zahlreichen, fast viereckigen Papillen besetzt. Panzerplatte auf der vorderen Rückenfläche 595 μ l. und 480 μ br., nach hinten in 2 spitz endigende, je eine dicke Längsschwiele tragende Fortsätze auslaufend. Medianauge am vorspringenden Vorderrande der Panzerplatte.

Capitulum 640 μ l., mit 560 μ br. Grundteil; Schnabelteil fast gerade, überall gleich breit, 120 μ im Durchm. Maxillarpalpus stämmig; Längenverhältnis des 1.—4. Gliedes wie 18,5 : 16,5 : 21 : 9. Mandibel 800 μ l., sehr breit. 4. Epimere ziemlich kurz aber breit, mit kurzer, abgestumpfter Medialrandecke. Genitalhof 390 μ l. und 370 μ br.; Genitalöffnung kurz, klaffend; Genitalnäpfe viel grösser als bei den anderen Hydrachna-Arten, auf die zwei vorderen Drittel der Genitalplatte verteilt; hinteres Drittel derselben von kurzen und starren Borsten sehr dicht bedeckt. — ♀ unbekannt. — ♂ 1,9 mm l.

Böhmen (Teich Podmytzky).

12. **H. paludosa** Thon 1899 *H. p.*, (Thon in:) Piersig in: Zool., *v.* 22 t. 50 f. 186 | 1899 *H. p.*, Thon in: Zool. Anz., *v.* 22 p. 498.

♂. Integument mit abgerundeten oder undeutlich kegelförmigen, schief nach hinten gerichteten Papillen. Seitliche Panzerplatten auf der vorderen Rückenfläche nach vorn zu durch eine breite Brücke verschmolzen; Vorderrand derselben breit zungenförmig zwischen den beiden Seitenaugen nach vorn vorspringend, Hinterrand mit dem Medianauge. Panzer 762 μ l., 672 μ br. Abstand der beiden Doppelaugen 384 μ. Capitulum mit mässig gekrümmtem Schnabelteil. Mandibel 960 μ l. Maxillarpalpus 688 μ l. Hintere Medialrandecke der 4. Epimere in einen schmalen Fortsatz auslaufend. Genitalplatten zu einer herzförmigen, 480 μ br. und 518 μ l. Scheibe mit flach ausgebuchtetem Vorderrande verschmolzen; Herzspitzen hinter der ca. 250 μ l. Genitalöffnung anscheinend nicht mit einander verwachsen. Färbung rot. — ♀ unbekannt. — ♂ 2,5—3 mm l.

Böhmen (ein kleiner Teich bei den Bädern in Laun).

13. **H. acutula** Koen. 1895 *H. a.*, Koenike in: Rev. biol. Nord France, *v.* 7 p. 142 f. 2—6.

Integument mit dicht stehenden, grossen, spitzen Papillen, in Gestalt ähnlich denen bei H. spinosa; Panzerplatte der vorderen Rückenfläche auffallend breit, mit flach vorgewölbtem Vorderrand und schwach konkavem Hinterrande. Medianauge dem Vorderrande sehr genähert. Die 3 ersten Glieder des Maxillarpalpus sehr dick; das mittlere davon ausgerüstet mit kurzen Dornen auf der Streckseite und 3 gefiederten Borsten auf der Aussenfläche. 4. Epimere mit stark verlängerter und auffallend verbreiterter hinterer Medialrandecke. Genitalplatten des ♂ zu einer birnförmigen 500 μ l. Scheibe verschmolzen; Genitalnäpfe nur auf der vorderen Hälfte derselben vorhanden; Genitalplatte des ♀ fast herzförmig, leicht abgestutzt am Vorderrande, mit einem spaltförmigen Einschnitt am Hinterrande. — ♂ & ♀ 2,2—2,6 mm l., 2,2 mm br., 2,15 mm h.

Afrika.

14. **H. scutata** Piersig 1897 *H. s.*, Piersig in: Zool. Anz., *v.* 20, p. 61 | 1900 *H. s.*, Piersig in: Zool., *v.* 22 p. 445 t. 42 f. 125a—b | 1898 *H. propinqua* (non Koenike 1898!), Thor in: Arch. Naturv. Christian., *v.* 20 nr. 12 p. 8 | 1899 *H. bi-nominata* Thor in: Arch. Naturv. Christian., *v.* 21 nr. 5 p. 18 t. 7 f. 75—80.

Integument mit kegelförmig zugespitzten, ziemlich dicht stehenden, 12—15 μ hohen Papillen. Unpaare Panzerplatte auf der vorderen Rückenfläche stärker ausgebuchtet und ausgeschnitten als bei H. schneideri, zwischen den Augen bogenförmig vorspringend, hinten quer abgeschnitten oder mässig vorgewölbt, ohne Einbuchtung; hintere Hälfte mit je einer leistenartigen, schwach gebogenen Schwiele in der Gegend der hinteren Ansatzstelle des Augenmuskels. Hintere Medialrandecke der 4. Epimere keilförmig zulaufend, mit mehr oder weniger breit abgerundeter Spitze. Genitalplatten zu einer am Vorderrande schwach herzförmig ausgerandeten Scheibe verwachsen, beim ♀ mehr breit als lang, beim ♂ von verkehrt birnförmiger Gestalt; zwischen den Genitalnäpfen und am Hinterrande zahlreiche Borsten. Färbung ziegelrot mit dunklem Anfluge. — ♂ 2,5—2,6 mm l.; ♀ 2,8—3,2 mm l.

Deutschland (Teiche bei Grosszschocher bei Leipzig und bei Ziegenrück in Thüringen) und Norwegen (Höla bei Mosby, Kraagenesvand bei Lister, Horpestadvand in der Vogtei Jaederen, bei Stavanger und bei Bergen).

15. **H. dilatata** Daday 1898 *H. d.*, Daday in: Term. Füzetek, *v.* 21 Anhangsheft p. 115 f. 55a—c.

♂. Rumpf kugelig, am Vorderrande flach und breit ausgebuchtet. Integument mit ziemlich weitläufig stehenden, schief nach hinten gerichteten, stumpfspitzigen Papillen besetzt. Panzerplatte auf der vorderen Fläche des Rückens eine quergestellte Ellipse darstellend, deren nach vorn gekehrte Seite eine breit abgerundete, zwischen den Doppelaugen gelegene Hervorwölbung aufweist. Capitulum und Maxillarpalpus ohne besondere Merkmale; zahnartiger Fortsatz des 4. Gliedes des letzteren kürzer als das 5. Glied. Hintere Medialrandecke der 5. Epimere keilförmig zugeschrägt. Genitalhof herzförmig, am Vorderrande schwach ausgebuchtet; Genitalplatten hinter der Genitalöffnung mit einander verwachsen; Genitalnäpfe zahlreich und klein. — ♀ unbekannt. — ♂ 2—1,2 mm l.

Ceylon (Sümpfe in der Umgebung des Kalawewa-Sees).

16. **H. cruenta** Müll., Krend. ? 1776 *H. c.*, O. F. Müller, Zool. Dan. Prodr., p. 190 nr. 2273 | ? 1781 *H. c.*, O. F. Müller, Hydrachnae, p. 63 t. 9 f. 1 | 1884 *H. c.*, Krendowskij in: Trav. Soc. Univ. Kharkow, *v.* 18 p. 343 t. 8 f. 22 | ? 1796 *Hydrachne c.*, Latreille, Précis Caract. Ins., p. 182.

♂. Rückenpanzer zwischen den Augen breit zungenförmig vorgewölbt, hinter derselben am breitesten, mit nach hinten mässig konvergierenden Seitenrändern und schwach eingebogenem Hinterrande. Färbung ziegelrot. — ♂ & ♀ 2—2,5 mm l.

Russland.

17. **H. schneideri** Koen. 1895 *H. s.*, Koenike in: Abh. Ver. Bremen, *v.* 13 p. 233 f. 8—11 | 1900 *H. s.*, Piersig in: Zool., *v.* 22 p. 447 t. 49 f. 164a—c.

Integument mit dicht stehenden, meist stumpf zugespitzten, nach hinten geneigten Papillen besetzt. Panzerplatte der vorderen Rückenfläche zwischen den Augen umfangreich, mit vorspringendem Vorder- und geradem oder flach ausgebuchtetem Hinterrande. 1. und 2. Glied des Maxillarpalpus dick, letzteres mit zahlreichen kurzen Borsten auf der Streckseite und 2 Borsten auf der Aussenfläche; 3. Glied schlanker, mit 2 oder 3 Härchen auf der Beugeseite. 4. Epimere an der hinteren Medialrandecke breit abgestutzt. Genitalplatten beim ♀ eine mehr breite als lange, hauptsächlich zwischen den 3. Epimeren gelegene Scheibe bildend, die am Vorderrande eine kaum nennenswerte Ausbuchtung aufweist; Genitalnäpfe sehr zahlreich. Genitalhof des ♂ annähernd birnförmig, mit dem gespaltenen Hinterende den Hinterrand der 4. Epimere nicht erreichend. Färbung rot.

Diese Art zerfällt in 2 Unterarten:

17a. **H. schneideri schneideri** Koen. 1895 *H. s.*, Koenike in: Abh. Ver. Bremen, *v.* 13 p. 233 f. 8—11 | 1900 *H. s.*, Piersig in: Zool., *v.* 22 p. 447 t. 49 f. 164a—c.

Panzerplatte auf der vorderen Rückenfläche vorn breit abgestutzt vorspringend, mit fast parallel verlaufenden Seitenrändern und in der Mitte konkav ausgeschnittenem Hinterrande. Schnabelteil des Capitulum wenig nach unten gebogen. Grundglied des Maxillarpalpus am Grunde wenig dicker als am distalen Ende; letzteres fast so dick wie das Grundglied. Hintere Medialecke der 4. Epimere stark ausgezogen, deutlich umrandet, vom Hinterrande durch einen flachen Vorsprung abgesetzt. Genitalhof des ♀ 400 μ br. und 240 μ l., der des ♂ 400 μ br. und 350 μ l. Genitalöffnung des ♂ 128 μ l., ähnlich gestaltet wie bei H. leegei. Ei kugelrund, 170 μ im Durchm. — ♂ 2,2 mm l.; ♀ 2,6 mm l.

Deutschland (Schanzengraben auf Norderney, Borkum).

17b. **H. schneideri scorikowi** Piersig 1900 *H. s. var. s.*, Piersig in: Annuaire Mus. St.-Pétersb., *v.* 4 p. 438 t. 22 f. 1—9 (1899).

Panzerplatte auf der vorderen Rückenfläche zwischen den Augen breit vorgewölbt oder unregelmässig gezackt, sehr häufig undeutlich konturiert, am Hinterrande entweder geradlinig abgestutzt oder unregelmässig winkelig ausgeschnitten, etwa 900 μ br. und 580 μ l. Schnabelteil des Capitulum ziemlich stark gekrümmt. Mandibel 830 μ l., in der Mitte 92 μ br. Grundglied des Maxillarpalpus am Grunde verbreitert; 3. Glied auf der Streckseite nur wenig länger als das 2. (206 μ : 186 μ). 4. Epimere am schief nach hinten und medialwärts gerichteten Ende undeutlich umrandet; Hinterrand nahe der breit abgestutzten, hinteren Medialecke ohne jene eigenartige Vorbiegung, welche die typische Form kennzeichnet. Genitalhof des ♀ 430 μ br. und 320 μ l., der des ♂ 560 μ br. und 590 μ l. Spitzen der Genitalplatten des ♂ hinter der Genitalöffnung mit einander verwachsen. Ei länglichrund, etwa 225 μ l. und 160 μ br. — ♂ 2,2—2,3 mm l.; ♀ 2,7 mm l.

Russland (Rjepnóje-See, Sljepnóje-See).

18. **H. leegei** Koen. 1895 *H. l.*, Koenike in: Abh. Ver. Bremen, *v.* 13 p. 230 f. 4—7 | 1900 *H. l.*, Piersig in: Zool., *v.* 22 p. 448 t. 49 f. 163a—d.

Integument mit kleinen, stumpf abgerundeten Papillen dicht besetzt; Chitinverhärtungen auf der vorderen Rückenfläche paarig auftretend, jederseits vorn neben dem Medialrande der Augenkapseln beginnend, mit der daselbst befindlichen, stärker chitinisierten Haarplatte verschmolzen, nur mässig nach hinten ragend, undeutlich gebrochen. 2. Glied des Maxillarpalpus merklich schwächer als das 1. Glied, dürftig behaart. Hintere Medialrandecke der 4. Epimere keilförmig, wenig verlängert. Genitalplatten beim ♀ nur am tief ausgebuchteten Hinterrande zusammenhängend, nach hinten nicht über die Epimeren hinausragend; beim ♂ bis auf die 160 μ lange Genitalöffnung mit einander verwachsen, eine herzförmige Deckplatte bildend. Färbung ziegelrot. — ♂ 1,8 mm l.; ♀ 2 mm l.

Deutschland (grosse Viehtränke auf der Bill in Borkum).

19. **H. maculifera** Piersig 1897 *H. m.*, Piersig in: Zool. Anz., *v.* 20 p. 354 f. 8 | 1900 *H. m.*, Piersig in: Zool., *v.* 22 p. 450 t. 49 f. 174.

♀. Leistenförmige Panzerbildungen wie bei H. leegei verkümmert, jederseits über der hinteren Ansatzstelle des Augenmuskels gelegen, nach vorn allmählich verschwindend, wenig länger als die Augenkapseln; Hautpapillen abgestumpft. Genitalplatten nur am Hinterende verschmolzen, zwischen den 3. und 4. Epimeren gelegen; 4. Epimere mit ausgezogener, am Ende abgestutzter, hinterer Medialrandecke. Färbung ziegelrot. — ♂ unbekannt. — ♀ 2,5 mm l.

Deutschland (Teiche bei Grosszschocher bei Leipzig).

20. **H. comosa** Koen. 1896 *H. c.*, Koenike in: Zool. Anz., *v.* 19 p. 359 | 1900 *H. c.*, Piersig in: Zool., *v.* 22 p. 451 t. 49 f. 173 a—c.

♂. Integument mit stumpf abgerundeten Papillen; Panzerplatten der vorderen Rückenfläche paarig, 800 μ l., stabartig schmal, fast wellig gekrümmt, hinter dem Haarwall medial von den Doppelaugen beginnend, etwas nach hinten aus einander laufend, mit zahlreichen, nach vorn geneigten Chitinzapfen; medianes Auge nahe dem Stirnrande. Maxillarpalpus 1,1 mm l., wie bei H. leegei geformt, doch 2. und 3. Glied merklich schlanker. 2. und 3. Epimere gleich breit; hintere Medialrandecke der 4. Epimere breit keilförmig; 1.—4. Bein 1,8, 2,5, 2,7 und 3,2 mm l.; Genitalplatten mit einander verschmolzen, eine herzförmige Deckplatte bildend, nach hinten weit über die Epimeren hinausragend, mit bedeutend tieferem Einschnitt am Vorderrand als bei dem ♂ von H. leegei, zu beiden Seiten der Genitalöffnung stark behaart. — ♀ unbekannt. — ♂ 2,7 mm l., 2,5 mm br.

Deutschland.

21. **H. crassipalpis** Piersig 1897 *H. c.*, Piersig in: Zool. Anz., *v.* 20 p. 352 f. 4—7 | 1900 *H. c.*, Piersig in: Zool., *v.* 22 p. 452 t. 49 f. 175 a—c.

♀. Integument mit niedrigen, stumpfen Papillen dicht besetzt; Leisten der vorderen Rückenfläche wellig gekrümmt, bis zu der hinteren Ansatzstelle der Augenkapseln reichend, mit zahlreichen, tiefer gelegenen, knotigen Verdickungen und Unebenheiten. Genitalplatten nur hinten vereinigt, viel breiter als lang, nicht ganz bis an die ausgezogene, am Ende abgestutzte hintere Medialrandspitze der 4. Epimere heranreichend. — Färbung ziegelrot. — ♂ unbekannt. — ♀ 2,3—2,5 mm l.

Deutschland.

22. **H. bivirgulata** Piersig 1897 *H. b.*, Piersig in: Zool. Anz., *v.* 20 p. 60 | 1900 *H. b.*, Piersig in: Zool., *v.* 22 p. 453 t. 42 f. 126 a, b.

♀. Papillen des Integuments klein, stumpf abgerundet. Panzerleisten auf der vorderen Rückenfläche etwa in der Mitte winkelig lateralwärts und wieder zurück gebrochen, so lang wie bei H. crassipalpis, doch ohne auffallende Verdickungen und Höckerbildungen. Hintere Medialrandecke der 4. Epimere am Ende breit abgerundet. Genitalplatten nur hinten vereinigt. Färbung ziegelrot. — ♂ unbekannt. — ♀ 3,2—4,1 mm l.

Deutschland.

23. **H. regulifera** Koen. 1897 *H. r.*, Koenike in: Zool. Anz., *v.* 20 p. 396 | 1900 *H. r.*, Piersig in: Zool., *v.* 22 p. 453 t. 50 f. 176 a—c.

♀. Integument mit kleinen, abgerundeten Papillen. Panzerleisten 400 μ l., etwas lateralwärts gebogen, 600 μ von einander und 450 μ von den 224 μ l., nach hinten verschmälerten und am Hinterrande lateralwärts gekrümmten Augenkapseln entfernt; gegenseitiger Abstand der letzteren 600 μ; Fortsatz des Kapselrandes sehr kurz und breit. Schnabelteil des Capitulum lang und kräftig gebogen, mit der distalen Spitze tiefer gehend als die hintere Ventralfläche des Capitulum. Mandibel 2 mm l., im vorderen Drittel stark gekrümmt. Maxillarpalpus mit starkem 1. Gliede. Epimeren zusammen

1,8 mm l.; 3. Epimere $^4/_5$ so breit wie die 4.; hintere Medialrandecke der 4. Epimere von mittlerer Länge und Breite, mit breitem, saumartigem, nicht spitz vorspringendem, subkutanem Fortsatz. — ♂ unbekannt. — ♀ 2,5—3 mm l.

Umgegend von Bremen.

24. **H. extorris** Koen. 1897 *H. e.,* Koenike in: Zool. Anz., *v.* 20 p. 396.

♀. Integument mit äusserst kleinen, kegelförmigen Papillen dicht bedeckt. Panzerplatten der vorderen Rückenfläche von geringer Breite und nur 240 μ l., wenig auffällig gebogen, an beiden Enden stumpf zugespitzt, mit einer kräftig chitinisierten, über den Panzerrand zapfenartig hinausragenden Leiste auf der konvexen Seite und einer rundlichen, flächenartigen Verbreiterung mit einem durchscheinenden, eine Borste aufweisenden Fleck auf der entgegengesetzten, konkaven Seite; gegenseitiger Abstand der beiden Platten 855 μ. Seitenaugen mit den 450 μ entfernten Panzerplatten ein Rechteck bildend. Augenkapsel 240 μ l., auf dem Vorderrande ein breiter, mässig langer und medialwärts gebogener Fortsatz; sein freies Ende geradlinig. Schnabelteil des Capitulum 900 μ l., doppelt so lang wie der Grundteil, seitlich am Grunde stark eingeschnürt und hier stark abwärts gekrümmt, distales Ende desselben nur wenig unter den Hinterrand des Capitulum herabgehend; Grundteil des Capitulum vorn sehr breit, rechtwinkelig zum Schnabelteil stehend; Einlenkungsgruben des Maxillarpalpus sehr gross, fast die ganze Oberseite des Grundteils des Capitulum einnehmend. 1. und 2. Glied des Maxillarpalpus stark. Hinterende der Mandibel rechtwinkelig umgebogen. Epimeren etwa das vordere Drittel der Ventralfläche bedeckend; hintere Medialrandspitze der schmalen 4. Epimere sehr kurz und von mässiger Breite; subkutaner Fortsatz stumpfspitzig. Genitalhof breit herzförmig, mit abgeflachter Spitze, vorn nur flach ausgeschnitten; Ovipositor mit scharfspitzigen Zähnchen dicht besetzt. Sog. Analöffnung 540 μ von den Epimeren entfernt. Körperfarbe wahrscheinlich rot. — ♂ unbekannt. — ♀ 4,2 mm l., 4 mm br., 3,6 mm h.

Deutschland.

25. **H. amplexa** Koen. 1898 *H. a.,* Koenike in: Abh. Senckenb. Ges., *v.* 21 II p. 399 t. 25 f. 107, 108.

Nph. Integument nur am Vorderrande des Rumpfes mit kleinen, abgerundeten Papillen dicht besetzt, sonst glatt. 2 Panzerplatten auf der Rückenfläche, jede von geringer Länge, aber ansehnlicher Breite. Abstand der beiden Seitenaugen 352 μ. Capitulum 448 μ l., mit einem kurzen und fast geraden Schnabelteil. Mandibel ebenfalls nur wenig gekrümmt, etwa 560 μ l. Maxillarpalpus das distale Ende des Schnabelteils nur wenig überragend; zahnartiger Fortsatz des 4. Gliedes zu einem stumpfen Höcker verkümmert. Hintere Medialrandecke der 4. Epimere in einen langen Fortsatz ausgezogen; Hinter- und Lateralrand der 4. Epimere mit breitem, subkutanem Saume. Halbkreisförmige Genitalplatten getrennt, jederseits an die 2. und 3. Epimere dicht herangerückt, mit fast geradem Medialrande. — ♂ & ♀ unbekannt. — Nph. 1,3 mm l., 1,2 mm br., 1,2 mm h.

Madagaskar (Majunga).

26. **H. aspratilis** Koen. 1897 *H. a.,* Koenike in: Zool. Anz., *v.* 20 p. 395 | 1900 *H. a.,* Piersig in: Zool., *v.* 22 p. 461 t. 50 f. 179a—c.

Nph. Etwas kleiner, als die Nph. von H. globosa. Hautpapillen von der Fläche gesehen als Punkte erscheinend, in Wirklichkeit auffallend lange, stäbchenartige Gebilde. Panzerplatten der vorderen Rückenfläche ähnlich wie bei H. globosa, doch von der Verbreiterung hinter der Augenbucht an kräftiger einwärts gebogen, im hinteren Drittel an Breite nicht abnehmend. Schnabelteil des Capitulum kaum so lang wie der Grundteil, unbedeutend gekrümmt. 1. Glied des Maxillarpalpus mässig stark; Zahnfortsatz des 4. Gliedes ungewöhnlich dünn. Vordere Medialrandspitze der 3. Epimere nicht vorspringend; hintere Medialrandecke der 4. Epimere wenig breiter als bei H. globosa. Genitalplatten getrennt, jederseits den Epimeren angelagert, mit zahlreichen Genitalnäpfen, davon der an der hinteren Medialrandecke gelegene besonders gross. — ♂ und ♀ unbekannt. — Nph. 0,8—1 mm l.

Insel Juist.

27. **H. distincta** Koen. 1897 *H. d.*, Koenike in: Zool. Anz., *v.* 20 p. 394 | 1900 *H. d.*, Piersig in: Zool., *v.* 22 p. 460 t. 50 f. 180a—c.

♀. Integument mit grossen, dicht stehenden, kegelförmigen Papillen bedeckt. Panzerplatten des Vorderrückens wie bei H. globosa. Fortsatz des Augenkapselrandes mit verdicktem Ende. Schnabelteil des Capitulum dick und kürzer als der grosse Grundteil. Maxillarpalpus kurz und gedrungen. 3. Epimere etwa $^3/_5$ so breit wie die 4.; letztere nicht nur an der hinteren Medialrandecke, sondern am gesamten Medialrande stark bauchig verbreitert, in der Gestalt an die 4. Epimere von H. schneideri erinnernd. Genitalhof wie beim ♀ von H. globosa, jedoch etwas kürzer. — ♂ unbekannt. — ♀ 2,9 mm l.

Holstein (Drecksee bei Plön).

28. **H. thoni** Piersig 1899 *H. t.*, Piersig in: Zool. Anz., *v.* 22 p. 550 f. 7—9 | 1900 *H. t.*, Piersig in: Zool., *v.* 22 t. 50 f. 188.

Nph. Rumpf kugelig. Integument mit 8 μ hohen, scharfspitzigen, häufig gekrümmten Papillen besetzt. Panzerplatten auf der vorderen Rückenfläche der Form nach wie bei H. distincta, ca. 544 μ l. und 256 μ br. Schnabelteil des Capitulum mässig gekrümmt. Mandibel 830 μ l. Genitalplatten 336 μ l., halbkreisförmig, durch eine mediane Spalte von einander geschieden; Medialrand der Platten durchbrochen, Lateralrand in Zusammenhang mit der 3. und 4. Epimere stehend. 4. Epimere an der hinteren Medialrandecke schräg abgestutzt. Färbung rot. — ♂ und ♀ unbekannt. — Nph. 1,2—1,5 mm l.

Böhmen.

29. **H. conjecta** Koen. 1895 *H. c.*, Koenike in: Rev. biol. Nord France, *v.* 7 p. 145 t. 8 f. 9—11 | 1900 *H. c.*, Piersig in: Zool., *v.* 22 t. 50 f. 177a—f 1899 *K. koenikei*, Thor in: Arch. Naturv. Christian., *v.* 21 nr. 5 p. 17 t. 7 f. 70—74.

♀. Integument mit gröberen Zäpfchen besetzt; letztere teils stumpf abgerundet, teils scharf zugespitzt, am Rande der hinteren Rumpfhälfte wie die Zähne einer Säge vorspringend. Panzerplatten der vorderen Rückenfläche ca. 670 μ l. und vorn ca. 160 μ br., nach hinten mehr oder weniger unvermittelt durch Brechung und Einbiegung des Medialrandes bandartig verschmälert, in schwacher Krümmung medialwärts biegend, hier 80 μ br.; Capitulum 608 μ l., Schnabelteil desselben wenig gekrümmt. Mandibel 348 μ l., ziemlich breit und nur schwach gebogen. Maxillarpalpus mit verhältnismässig kurzem 3. Gliede (208 μ l.). Augenkapsel mit vorspringendem Muskelansatzzapfen. Hintere Medialrandecke der 4. Epimere breit abgeschrägt. Genitalplatten zu einer 368 μ br. und 239 μ l. Scheibe verschmolzen, deren Vorderrand eine kurze keilförmige Einkerbung zeigt, während der mit Borsten reich ausgestattete Hinterrand flach ausgerandet erscheint; zwischen den zahlreichen kleinen Genitalnäpfen einzelne Borsten. Färbung rot. — ♂ mit breit herzförmigem Genitalhof, dessen Vorderrand kurz eingekerbt ist; Herzspitzen hinter der schlitzförmigen Genitalöffnung verwachsen. — ♂ 2,8 mm l.; ♀ 3—3,3 mm l.; Nph. 1,4 mm l.

Deutschland (Borkum), Norwegen (Kraagenesvand, Lister) und Syrien (El Ateibeh bei Damaskus).

30. **H. biscutata** Thor 1897 *H. b.*, Thor in: Arch. Naturv. Christian., *v.* 19 nr. 11 p. 19 t. 1 f. 1, 2.

Nph. Panzerplatten der vorderen Rückenfläche etwa halb so breit wie lang; Medialränder derselben vorn tief ausgebuchtet, nach hinten von einer vorspringenden Ecke aus fast geradlinig aus einander laufend; Lateralrand ganz unbedeutend ausgebuchtet. Hintere Medialrandecke der 4. Epimere keilförmig zugespitzt. Genitalplatten von einander getrennt, scheibenartig. — ♂ & ♀ unbekannt. — Nph. 1,9 mm l., 1,8 mm br.

Norwegen (Arendal).

31. **H. atra** Thon 1899 *H. a.*, (Thon in:) Piersig in: Zool., *v.* 22 t. 50 f. 187 a—c | 1899 *H. a.*, Thon in: Zool. Anz., *v.* 22 p. 499 f. 3.

♂. Integument mit breit abgestumpften oder schief sägeförmig nach hinten gerichteten Papillen besetzt. Panzerplatten auf der vorderen Rückenfläche denen von H. globosa sehr ähnlich, 520 μ l., 306 μ br., fast dreieckig, mit gebrochenem Medialrande und keilförmig zugeschrägtem, an der Spitze abgestumpftem Hinterrande. Capitulum mässig gekrümmt, 714 μ l., am Grunde 255 μ br. Mandibel 960 μ l.; Längenverhältnis des 2. und 3. Gliedes des Maxillarpalpus wie 11 : 15; 3. Glied etwa halb so dick wie das 2. 4. Epimere an der hinteren Medialrandecke keilförmig zugespitzt, mit breitem subkutanem Vorsprunge. Genitalplatten eine fast kreisförmige, 503 μ l. und 435 μ br. Scheibe mit schwach herzförmig ausgeschnittenem Vorderrande; Genitalöffnung mässig lang; Hinterenden der Genitalplatte hinter derselben anscheinend nicht verwachsen. Färbung tief dunkelrot. — ♀ unbekannt. — ♂ 1,87 mm l.

Böhmen (Teich bei Goltsch-Jenikau).

32. **H. globosa** (Geer) 1778 *Acarus aquaticus globosus*, Geer, Mém. Hist. Ins., *v.* 7 p. 146 t. 9 f. 11, 12 | 1783 *A. a. g.*, Goeze in: Geer, Abh. Gesch. Ins., *v.* 7 p. 61 t. 9 f. 11, 12 | 1854 *Hydrachna globosa*, Bruzelius, Beskr. Hydrach., p. 47 t. 5 f. 1—4 | 1884 *H. g.*, Krendowskij in: Trav. Soc. Univ. Kharkow, *v.* 18 p. 340 t. 8 f. 21 | 1893 *H. g.*, Kramer in: Arch. Naturg., *v.* 59 I p. 4—8 t. 1 f. 1—5 (Lv.) | 1895 *H. g.*, Koenike in: Abh. Ver. Bremen, *v.* 13 p. 228 f. 1—3 | 1900 *H. g.*, Piersig in: Zool., *v.* 22 p. 455 t. 42 f. 123—d | 1793 *Trombidium globator*, J. C. Fabricius, Ent. syst., *v.* 2 p. 46 nr. 23 | 1805 *Atax g.*, J. C. Fabricius, Syst. Antl., p. 376 | 1804 *Hydrachna globulus*, Hermann, Mém. apt., p. 56 t. 6 f. 15 | 1834 *H. g.*, Hahn, Arach., *v.* 2 p. 51 t. 59 f. 137 | 1878 *H. g.*, Krendowskij in: Trav. Soc. Univ. Kharkow, *v.* 12 p. 55, 56 | 1834 *H. miniata*, Hahn, Arach., *v.* 2 p. 51 t. 59 f. 136.

♀. Hautpapillen des Integuments klein und stumpf abgerundet. Paarige Panzerplatten der vorderen Rückenfläche jederseits hinter dem Auge unregelmässig dreiseitig, vorderes Drittel des Medialrandes nicht konkav eingebogen, fast gerade, die dem Auge zugekehrte Seite ausgebuchtet. Hintere Medialrandecke der 4. Epimere keilförmig ausgezogen; Genitalplatten völlig verwachsen, eine Scheibe bildend, beim ♀ viel breiter als lang, quer elliptisch, beim ♂ fast eiförmig, mit spaltförmiger Genitalöffnung am Hinterende. Färbung ziegelrot. — ♂ 2—2,1 mm l.; ♀ 2,3 mm l., 2 mm br.

Europa.

33. **H. propinqua** Koen. 1898 *H. p.*, Koenike in: Abh. Senckenb. Ges., *v.* 21 II p. 391 t. 28 f. 169—173.

Nph. Rumpf lang eiförmig. Integument mit kleinen rundlichen Papillen besetzt. Paarige Panzerplatten auf der vorderen Rückenfläche auffallend weit nach hinten gerückt, etwa 144 μ vom Vorderrande des Rumpfes entfernt, ähnlich gestaltet wie bei H. globosa, ca. 400 μ l. und am Hinterende mit je einer kräftigen, borstenartigen Verdickung am Lateralrande. Capitulum 256 μ l.; Ausschnitt am Hinterende der Ventralfläche desselben tiefer als derjenige der Dorsalfläche; Schnabelteil des Capitulum länger, dünner und mehr gebogen als bei H. globosa. Mandibel 368 μ l., nicht so gekrümmt wie bei H. globosa; Haken am Hinterende fast eckig. Maxillarpalpus wenig länger als der Schnabelteil des Capitulum, 3. Glied sehr kräftig gebaut, aber schlank. 4. Epimere mit ungewöhnlich schmaler, hinterer Medialrandecke. Lage und Gestalt der Genitalplatten wie bei der Nph. von H. globosa. — ♀ und ♂ unbekannt. — Nph. 1 mm l., 0,8 mm br., 0,8 mm h.

Madagaskar (Morondava) und Nossi-Bé.

H. coccinea Hald. 1843 *H. c.*, Haldeman in: P. Ac. Philad., *v.* 1 p. 196.

Amerika.

H. cronebergi Koen. 1878 *H. globosa* (err., non Geer 1778!), Croneberg in: Izv. Obshch. Moskov., *v.* 29 p. 9—37 t. 1—3 f. 10, 11, 25, 34, 35, 44, 45, 55—57 | 1897 *H. cronebergi*, Koenike in: Zool. Anz., *v.* 20 p. 394.

Schnabelteil des Capitulum gerade und kürzer als der Grundteil desselben; dieser durch ein Paar eigentümliche Fortsätze ausgezeichnet, mit einem nach vorn zu plötzlich stark verbreiterten Einschnitt der dorsalen Wandung; Einschnitt der ventralen Wandung stark verengt.

Russland.

H. sp., C. L. Koch 1837 *H. globosa* (err., non Geer 1778!), C. L. Koch, C. M. A., fasc. 14 f. 15.

Unterscheidet sich von H. globosa durch die den Schnabelteil des Capitulum an Länge doppelt überragenden Maxillarpalpen.

Deutschland (Umgegend von Regensburg in Bayern).

H. sp., Berl. 1883 *H. globosa* (err., non Geer 1778!), Berlese, A. M. S., fasc. 5 nr. 8.

Unterscheidet sich von H. globosa durch spitze Hautpapillen.

Italien (Fiumicello).

H. rostrata H. Luc. 1846 *H. r.*, H. Lucas in: Expl. Algérie, An. artic. *v.* 1 p. 313—315.

Algerien (Waldlachen am Tonga-See bei Lacalle).

6. Gen. **Diplodontus** Ant. Dug.

1834 *Diplodontus* (part.), Ant. Dugès in: Ann. Sci. nat., ser. 2 *v.* 1 p. 17, 148 | 1854 *D.*, Bruzelius, Beskr. Hydrach., p. 44 | 1880 *D.*, Neuman in: Svenska Ak. Handl., n. ser. *v.* 17 nr. 3 p. 108 | 1882 *D.*, G. Haller in: Mt. Ges. Bern, 1881 II p. 45 | 1897 *D.*, Piersig in: SB. Ges. Leipzig, *v.* 22/23 p. 95 | 1899 *D.*, Piersig in: Zool., *v.* 22 p. 379 | 1837 *Hydrodroma* (part.), C. L. Koch, C. M. A., fasc. 14 f. 7—11.

Rumpf breit oval bis kreisrund, niedergedrückt, mit weichem, papillösem Integument. Augen einer Seite weit aus einander gerückt, nicht in besonderen Kapseln eingeschlossen. Schnabelteil des Capitulum einen kegelförmig zulaufenden Rüssel bildend, mit der Mundöffnung am Vorderrande. Fortsatz des 4. Gliedes des Maxillarpalpus mit dem Endglied eine ziemlich langschenklige Schere bildend. Epimeren auf 4 Gruppen verteilt (Fig. 9), mit Haarreihen besetzt. Beine kurz und dünn, zum Teil mit Schwimmborsten besetzt. Genitalöffnung ziemlich lang, hinter der 4. Epimere liegend, seitlich von 2 breit sichelförmigen, zusammen eine verkehrt herzförmige Figur bildenden Genitalplatten eingefasst (Fig. 9); jede Platte mit zahlreichen Genitalnäpfen.

Europa, Afrika und Asien.

1 sichere und 2 unsichere Arten.

1. **D. despiciens** (Müll.) 1781 *Hydrachna d.* + *H. umbrata* (part.), O. F. Müller, Hydrachnae, p. 58 t. 6 f. 8; p. 82 t. 11 f. 6 | 1882 *Diplodontus d.*, Koenike in: Abh. Ver. Bremen, *v.* 8 p. 36 Anm. 2 | 1899 *D. d.*, Piersig in: Zool., *v.* 22 p. 380 t. 41 f. 118 a—f; t. 42 f. 118 g | 1834 *D. filipes*, Ant. Dugès in: Ann. Sci. nat., ser. 2 *v.* 1 p. 17, 148 t. 10 f. 1—4 | 1854 *D. f.*, Bruzelius, Beskr. Hydrach., p. 45 t. 4 f. 9—12 | 1878 *D. f.*, Krendowskij in: Trav. Soc. Univ. Kharkow, *v.* 12 p. 9, 59 t. 1 f. 2, 3 (Nph.) | 1880 *D. f.*, Neuman in: Svenska Ak. Handl., n. ser. *v.* 17 nr. 3 p. 108 t. 13 f. 3 | 1882 *D. f.*, Berlese, A. M. S., fasc. 3 nr. 7 | 1837 *Hydrodroma adspersa* + *H. umbrata* + *H. astroidea* + *H. radiata* (Nph.), C. L. Koch, C. M. A., fasc. 14 f. 7—11 | 1842 *H. umbrata*, C. L. Koch, Übers. Arach., *v.* 3 p. 32 t. 4 f. 17 | 1875 *Nesaea villosa*, P. Kramer in: Arch. Naturg., *v.* 41 I p. 309 t. 9 f. 18 (Nph.).

Im. Integument mit kleinen, abgerundeten, 16 μ hohen Papillen besetzt. Augen dunkel pigmentiert, jederseits weit von einander abgerückt, das vordere über den Vorderrand des Rumpfes ventralwärts gerückt. Capitulum klein, schnabelförmig ausgezogen; Mundrand fein gerillt, ventral mit einer kurzen Fiederborste. Maxillarpalpus kurz und dünner als die Beine. Beine dünn und mässig lang; Kralle mit einem dorsalen Nebenzahn. Genitalplatten des ♀ mit geradem, die des ♂ mit schwach konvexem Medialrande (Fig. 9). Färbung rot, mit rosettenartigem, undeutlichem, schwärzlichem Rückenfleck. — Nph. mit 4 grossen, im Viereck stehenden Genitalnäpfen. — Lv. Rumpf weichhäutig, liniiert, mit Borstenreihen besetzt. Capitulum klein, mit dicken, 2-gliedrigen Mandibeln. Maxillarpalpus scherenförmig. Seitenaugen dicht neben einander stehend, gross; Medianauge fehlt. Epimeren von einander getrennt, jede mit 1 Borste. Beine ohne Schwimmborsten, aber mit zahlreichen schief abstehenden Borsten besetzt; Kralle sichelförmig gekrümmt, zwischen 2 borstenförmigen Nebenkrallen stehend. Sog. Analöffnung hinter den Epimeren, gleich weit von diesen und dem Hinterrande des Rumpfes entfernt. — ♀ 2 mm l., 1,7 mm br.; ♂ etwas kleiner; Lv. beim Ausschlüpfen 180 μ l.

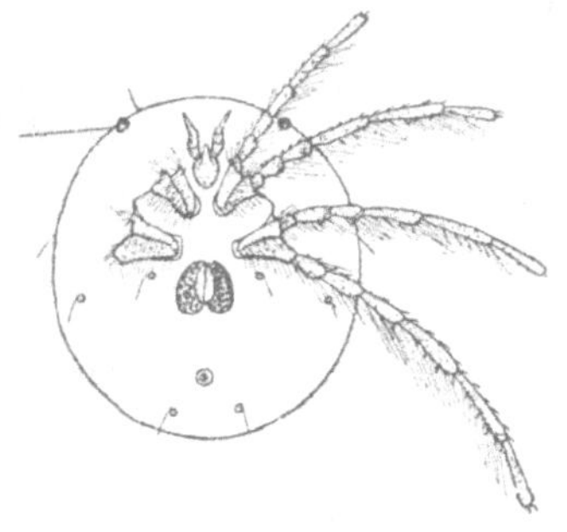

Fig. 9. **D. despiciens.** ♂, Bauchseite.

Die Larve verlässt das Wasser und schmarotzt auf Luftinsekten.

Europa, Afrika und Asien.

D. mendax Ant. Dug. 1834 *D. m.*, Ant. Dugès in: Ann. Sci. nat., ser. 2 *v.* 1 p. 17, 149.

Möglicherweise eine Hydryphantes-Art.

Frankreich.

D. fuscatus Thon 1900 *D. f.*, Thon in: Rozpr. České Ak., ser. 2 *v.* 9 nr. 15 p. 49.

Böhmen.

7. Gen. **Thyas** C. L. Koch

1835 *Thyas* (Typ.: *T. venusta)*, C. L. Koch, C. M. A., fasc. 5 f. 18 | 1842 *T.*, C. L. Koch, Übers. Arach., *v.* 3 p. 36 | 1897 *T.*, Piersig in: SB. Ges. Leipzig, *v.* 22/23 p. 96 | 1899 *T.*, Piersig in: Zool., *v.* 22 p. 396 | 1874 *Bradybates* (Typ.: *B. truncatus*), Neuman in: Forh. Skand. Naturf., 1873 p. 409 | 1892 *Zschokkea* (Typ.: *Z. oblonga*), Koenike in: Zool. Anz., *v.* 15 p. 321 | 1898 *Euthyas*, Piersig in: Zool. Anz., *v.* 21 p. 575.

Rumpf mehr oder weniger niedergedrückt. Integument papillös, mitunter mit plattenartigen Verhärtungen. Schnabelteil des Capitulum saugrüsselförmig ausgezogen, seltener abgestutzt, am Vorderende von der Mundöffnung durchbohrt. Maxillarpalpus scherenförmig. Epimeren auf 4 Gruppen verteilt. Beine reich beborstet, ohne Schwimmborsten. Ausser den beiden, von je einer Kapsel umschlossenen Seitenaugen noch ein punktförmiges Medianauge. Jede der beiden Genitalklappen mit 3, bei den einzelnen Arten verschieden gruppierten Genitalnäpfen oder -Knöpfen ausgestattet. Kein äusserer, ins Auge fallender Geschlechtsdimorphismus.

Die Larven verlassen das Wasser und schmarotzen an Luft-Insekten.

Europa und Nord-Amerika.

7 sichere und 1 unsichere Art.

Übersicht der sicheren Arten:

1	Medianauge von einer scharf umgrenzten Panzerplatte umschlossen — 2.		
	Medianauge frei in das Integument eingebettet, von einem schmalen Panzerringe oder einem scheibenförmigen, undeutlich abgegrenzten, grösseren, fein porösen Panzerflecke umgeben — 4.		
2	Augenplatte fast leistenartig schmal, nach vorn und hinten zugespitzt	1. **T. longirostris**	p. 51
	Augenplatte flächenhaft ausgebreitet — 3.		
3	Augenplatte mit 2 fingerförmig nach hinten gerichteten Fortsätzen	2. **T. vigilans**	p. 52
	Augenplatte unregelmässig scheibenförmig, ohne Fortsätze	3. **T. thoracata**	p. 52
4	Genitalnäpfe sitzend — 5.		
	Genitalnäpfe kurz gestielt	4. **T. pedunculata**	p. 52
5	Hinterrand der 4. Epimere ohne eckigen Vorsprung — 6.		
	Hinterrand der 4. Epimere eckig gebrochen	5. **T. oblonga**	p. 52
6	Vordere Medialrandspitze der 1. Epimere mit einer grösseren Anzahl kurzer, steifer Dornen oder Stachel besetzt	6. **T. dentata**	p. 52
	Vordere Medialrandspitze der 1. Epimere mit nur wenigen gekrümmten Borsten ausgestattet . . .	7. **T. venusta**	p. 53

1. **T. longirostris** Piersig 1895 *T. l.*, Piersig in: Zool. Anz., *v.* 18 p. 147 | 1899 *T. l.*, Piersig in: Zool., *v.* 22 p. 397 t. 43 f. 128a—c | 1897 *Bradybates truncatus* (err., non Neuman 1874!), Thor in: Arch. Naturv. Christian., *v.* 20 nr. 3 p. 11.

Integument derb, mit stumpf abgerundeten Papillen besetzt. Medianauge auf einer schmalen, schiffchenartigen, nach vorn und hinten spitz auslaufenden Panzerplatte gelegen, mit doppelsternig angeordneten Pigmentkörperchen. Schnabelteil des Capitulum lang ausgezogen. Epimeren reich beborstet. Genitalklappen nach hinten verbreitert, mit je 1 Genitalnapf am Vorder- und Hinterende und in der Mitte des Medialrandes. Färbung rot. — ♂ 2,1 mm l., 1,5 mm br.; ♀ 2,4 mm l., 1,65 mm br.

Deutschland (Lachen im Ratsholze bei Leipzig-Connewitz und in den Rittergutswaldungen bei Grosszschocher) und Schweden.

2. **T. vigilans** Piersig 1896 *T. v.*, Piersig in: Zool. Anz., *v.* 19 p. 441 | 1899 *T. v.*, Piersig in: Zool., *v.* 22 p. 398 t. 45 f. 135 a—e.

Im. Integument weich, mit abgerundeten Papillen besetzt. Medianauge stark pigmentiert, gross, von einem Hof und einer rundlichen Platte umgeben, die nach hinten in 2 schmale, fingerförmige, nahe bei einander stehende Fortsätze ausläuft. Beine sehr kurz, letztes noch nicht die Rumpflänge erreichend. Schnabelteil des Capitulum kurz. Medialer Genitalnapf einer jeden Genitalklappe den hinteren Genitalknöpfen stark genähert. Färbung scharlachrot. — Nph. mit 4 Genitalnäpfen. — ♀ 1,2 mm l., 0,85 mm br.

Deutschland (Dresdener Heide) und England.

3. **T. thoracata** Piersig 1896 *T. thoracatus*, Piersig in: Zool. Anz., *v.* 19 p. 441 | 1900 *T. thoracata*, Piersig in: Zool., *v.* 22 p. 403 t. 45 f. 134 a—d.

Im. Integument papillös, mit einer Anzahl in 4 Längsreihen geordneter, rundlicher Panzerplatten auf dem Rücken, deren 1., zwischen den Seitenaugen gelegene, das Medianauge umschliesst. Schnabelteil des Capitulum kurz. Genitalhof ähnlich wie bei der vorhergehenden Art. Färbung rot. — Nph. mit 4 Genitalnäpfen. — Im. 1,2 mm l.; Nph. 0,7 mm l.

Sachsen (Waldlachen bei Grosszschocher und Leipzig-Connewitz).

4. **T. pedunculata** Koen. 1895 *T. p.*, Koenike in: Abh. Ver. Bremen, *v.* 13 p. 192 t. 1 f. 24—28.

Im. Integument mit abgerundeten, dicht stehenden Papillen. Rückenfläche des Rumpfes mit einer grösseren Anzahl in Längsreihen geordneter, feinporöser Panzerflecke, von denen die randständigen grösser sind, als die der Medianlinie genäherten; Panzerfleck zwischen den Seitenaugen ähnlich wie bei Hydrachna scutata, das Medianauge umschliessend. Schnabelteil des Capitulum $^1/_4$ so lang wie der Rumpf. Beine kurz, selbst das letzte kürzer als der Rumpf, doch nicht so kurz wie bei T. vigilans. Krallen an dem 3. und 4. Bein ungewöhnlich gross. Genitalnäpfe auffallend gross (Durchm. ca. 40 μ), auf Stielen sitzend, zu dreien hinter einander geordnet; Genitalklappen annähernd dreieckig, mit nach der Genitalöffnung gerichteter, abgerundeter Spitze. — Ei kugelrund, 150 μ im Durchm. — ♂ 640 μ l.; ♀ 1,3 mm l., 850 μ br., 600 μ h.

Nord-Amerika (Kit-a-mun River).

5. **T. oblonga** (Koen.) 1892 *Zschokkea o.*, Koenike in: Zool. Anz., *v.* 15 p. 321 f. 1, 2 | 1900 *Thyas o.*, Piersig in: Zool., *v.* 22 t. 45 f. 142.

♀. Integument papillös, wie gekörnelt aussehend, ohne Panzerflecke. Medianauge ohne Panzerring. Schnabelteil des Capitulum breit, porös, ohne rüsselförmige Verlängerung, kurz abgestutzt, am Vorderrande mit einem Wulst, der den unteren Mundrand bildet. Epimeren porös, die 4. am Hinterrande mit stumpf vorspringender Spitze. Genitalklappen nach hinten verbreitert, vorn mit je einem, hinten mit je 2 Genitalnäpfen. Färbung rötlich. — ♂ unbekannt. — ♀ 1 mm l., 700 μ br.

Schweiz (Bach am Plassecken-Pass).

6. **T. dentata** Thor 1897 *T. d.*, Thor in: Arch. Naturv. Christian., *v.* 20 nr. 3 p. 9 t. 3 f. 24—29.

♀. T. venusta in der Körperform ähnlich, Rücken niedergedrückt. Integument papillös; Ansätze zu unregelmässigen Panzerbildungen vorhanden. Medianauge dunkel, in gleicher Höhe mit dem Hinterrande der Kapseln der Seitenaugen liegend. Maxillarpalpus ohne auffallende Besonderheiten; zahnartiger Fortsatz des 4. Gliedes klein. Häutiger Fortsatz der Mandibel schmal und spitz, kürzer als bei den anderen Arten. 1. Epimere an der ausgezogenen vorderen Medialrandspitze mit etwa 12 kurzen, zahnartigen Dornen oder Stacheln, die in 3 Reihen geordnet sind. Genitalhof mit schmalen, nach hinten mässig verbreiterten Genitalklappen; letztere am lateralen Hinterrande länger als am medialen, zwischen den beiden Hinterecken flach ausgerandet und mit langen Borsten ausgestattet; jede Genitalklappe mit 3 Genitalnäpfen, einem am Vorderende und 2 in der hinteren Ausbuchtung, nicht neben einander, sondern der am weitesten nach hinten gelegene zum Teil verborgen, dicht hinter dem andern. Körperfarbe rot, Beine, Maxillarpalpus und Capitulum lichter gefärbt. — ♂ unbekannt. — ♀ 1—1,8 mm l., 0,8—1,4 mm br.

Norwegen (Gjersjö bei Saetre).

7. **T. venusta** C. L. Koch 1836 *T. v.*, C. L. Koch, C. M. A., fasc. 5 f. 18 | 1842 *T. v.*, C. L. Koch, Übers. Arach., *v.* 3 p. 36 t. 4 f. 20 | 1897 *T. v.*, Piersig in: SB. Ges. Leipzig, *v.* 22/23 p. 96 | 1899 *T. v.*, Piersig in: Zool., *v.* 22 p. 400 t. 43 f. 127a—l | 1874 *Bradybates truncatus*, Neuman in: Forh. Skand. Naturf., 1873 p. 409 | 1875 *B. t.*, Neuman in: Öfv. Ak. Förhandl., *v.* 32 nr. 2 p. 104 | 1880 *B. t.*, Neuman in: Svenska Ak. Handl., n. ser. *v.* 17 nr. 3 p. 114 t. 14 f. 4 | 1892 *B. t.*, Piersig in: Zool. Anz., *v.* 15 p. 152, 342 f. 2 (Lv., Nph.).

Im. Medianauge von einem dünnen Panzerring umgeben, einsternig. Schnabelteil des Capitulum mässig lang, vorn abgestutzt; Borsten auf den Epimeren nicht so reichlich wie bei T. longirostris; Genitalklappen nach hinten etwas verbreitert, mit je einem Knopf an den beiden Enden und einem Genitalnapf am Hinterende des Medialrandes, kurz vor dem dort befindlichen, mehr lateral gelegenen Knopfe. Rumpf vorn mit Schulterecken. Färbung rot. — Nph. rot gefärbt, mit nur 4 Genitalnäpfen und schwächer entwickelten Genitalklappen. Rumpf ohne Schulterecken. — Lv. mit stark entwickeltem Medianauge. Integument weich, liniiert, mit zahlreichen, in Längsreihen geordneten Fiederborsten von ungewöhnlicher Länge versehen. Capitulum mässig gross. Maxillarpalpus 5-gliedrig, distalwärts an Stärke abnehmend; Endglied an der Spitze hakenförmig gebogen; vorletztes Glied vorn in einen Zapfen verlängert, der auf der Streckseite eine lange feine Borste trägt und in 4 zum Teil gefiederte Borsten ausläuft. Beine mit zahlreichen Fiederborsten ausgestattet; Endglied in einen Krallenstiel fortgesetzt, der eine sichelförmig gekrümmte Mittelkralle und 2 seitlich gestellte, an der Spitze kolbig verdickte, schwach gebogene Haare trägt. Färbung hochrot. — ♂ 1,3 mm l.; ♀ bis 2 mm l., 1,4 mm br.; Nph. 1 mm l.; Lv. 250 μ l., 190 μ br.

Nach Verlassen des Wassers schmarotzt die Lv. an Fliegen, Mücken und Köcherfliegen.

Deutschland (Waldlachen bei Grosszschocher und Leipzig-Connewitz), Schweden und Norwegen (Gjersjö-elv bei Saetre).

T. stolli Koen. 1895 *T. s.*, Koenike in: Abh. Ver. Bremen, *v.* 13 p. 194 t. 2 f. 29—32 | 1897 *T. s.*, Thor in: Arch. Naturv. Christian., *v.* 20 nr. 3 p. 11 | 1900 *T. s.*, Piersig in: Zool., *v.* 22 p. 405 t. 49 f. 157.

T. venusta sehr ähnlich, unterscheidet sich von derselben nur durch geringere Grösse (1,2 mm l.), durch eine etwas schmälere Genitalöffnung und durch ganz geringfügige Abweichungen im Bau und in der Ausstattung des Maxillarpalpus und der Epimeren, so dass man sie vielleicht nur als Varietät der genannten Art ansehen kann.

Deutschland, Norwegen (Waldtümpel zwischen Röd und Woxen bei Kristiania und Nord-Amerika (North Rock, Old Man River, Rocky Mountains in Canada).

8. Gen. **Panisus** Koen.

1896 *Panisus*, Koenike in: Zool. Anz., *v.* 19 p. 356 | 1900 *P.*, Piersig in: Zool., *v.* 22 p. 406.

Integument papillös, mit mehr oder minder entwickelten Panzerbildungen (Fig. 10). Ohne Medianauge. Genitalplatten meist sehr schmal, mit ihren Medialrändern sich häufig nicht berührend. Sonst wie Thyas.

Europa und Nord-Amerika.

4 Arten.

Übersicht der Arten:

1	Mit einer wulstartigen Verdickung des Integuments zwischen den Lateralenden der 2. und 3. Epimeren	1. **P. petrophilus**	p. 54
	Ohne solchen Wulst — 2.		
2	Rücken und Bauch mit zahlreichen, in Reihen angeordneten Panzerplatten — 3.		
	Rücken und Bauch mit je einer einzigen Panzerplatte	3. **P. cataphractus**	p. 55
3	Mit 6, hinter einander gelagerten Platten hinter der interocularen Panzerplatte längs des Mittelrückens	2. **P. michaeli**	p. 54
	Mit 5, wie die Punkte auf einem Würfel angeordneten Platten an gleicher Stelle	4. **P. torrenticolus**	p. 55

1. **P. petrophilus** (Michael) 1895 *Thyas p.*, Michael in: P. zool. Soc. London, p. 174 t. 7—9 f. 1—28 | 1896 *Panisus p.*, Koenike in: Zool. Anz., *v.* 19 p. 356.

Integument mit kleinen, rundlichen Papillen besetzt; auf Rücken und Bauch zahlreiche, rundliche Panzerplatten (Fig. 10); in der Medianlinie ein grosses, scheibenförmiges Panzerschild zwischen den Augen und 2 kleinere weiter nach hinten, am Rande jederseits 4; hintere Bauchfläche mit 4 Panzerplatten. Seitenaugen randständig (Fig. 10); Augenkapsel grossenteils mit rotem Farbstoff angefüllt. Ventrales Hinterende des Capitulum abgerundet, doppelt so lang wie breit. Maxillarpalpus ähnlich wie bei Thyas, mit nur wenigen Borsten. 4. Epimere nach hinten keilförmig ausgezogen. Genitalhof weit nach vorn gerückt, zwischen den 3. und 4. Epimeren gelegen; Genitalklappen leistenartig schmal, porös, vorn und in der Mitte jederseits der Genitalöffnung einen kleinen Genitalnapf seitlich begrenzend; 3. grösseres Napfpaar am Hinterende des Genitalhofes an der Lateralseite der Genitalklappen. Rumpf rötlich, Beine gelb gefärbt. Kein äusserlicher Geschlechtsdimorphismus. — ♂ 1 mm l., 650 μ br., 400 μ h.; ♀ 1,35 mm l., 700 μ br., 500 μ h.; 1.—4. Bein des ♂ 380, 500, 650 und 850 μ l.

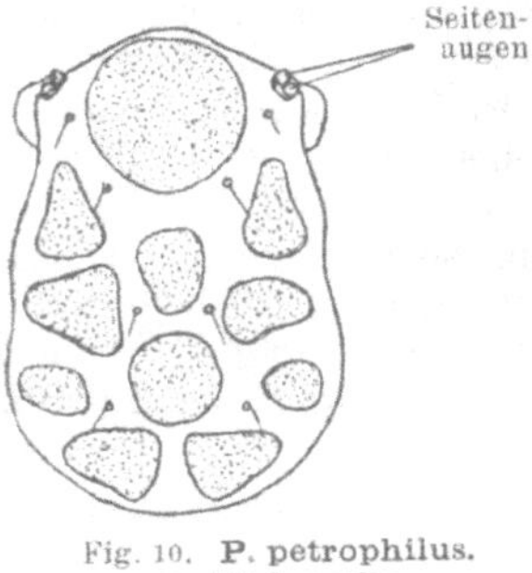

Fig. 10. P. petrophilus. ♀. Rückenseite.

England (Sturzbäche an der Küste bei Land's End in Cornwall).

2. **P. michaeli** Koen. 1896 *P. m.*, Koenike in: Zool. Anz., *v.* 19 p. 356.

Rumpf breit oblong, mit Schulterecken. Integument wie bei der vorigen Art, doch ohne die wulstartige Verdickung zwischen der Augengegend und der 2. und 3. Epimere; Panzerplatte zwischen den Seitenaugen wie bei

P. petrophilus; statt der beiden dahinter liegenden Platten der Vergleichsart 3 Paar kleinere, rundliche Panzerplatten zu beiden Seiten der Medianlinie; Randplatten jederseits 5, das eine Paar vor der vorderen Mittelplatte gelegen. Seitenaugen randständig; Augenkapsel rot gefärbt, mit nur punktförmigen Pigmentflecken. Ventralfläche des Capitulum breiter als bei der vorigen Art und von kaum mehr als halber Länge. 2. Glied des Maxillarpalpus dicker als bei P. petrophilus; Streckseite des 2. Gliedes mit 6 starken Fiederborsten, 2 davon mehr nach der Aussenseite stehend; Beine mit sichelförmigen Krallen, das 3. ausserdem noch mit langer, krallenartig gekrümmter Borste. Genitalhof nicht so weit vorgerückt wie bei P. petrophilus, wulstartig emporgewölbt, mit schmalen, porösen Genitalklappen; letztere hinten mit einem medialen, am freien Ende verbreiterten, stark behaarten Fortsatz; vor und hinter demselben je ein grosser, runder Genitalnapf; ein dritter am Vorderende der Genitalplatten. Grösse und Farbe wie bei P. petrophilus.

Schweiz (Landwasser bei Davos).

3. **P. cataphractus** (Koen.) 1895 *Thyas cataphracta*, Koenike in: Abh. Ver. Bremen, *v.* 13 p. 196 t. 2 f. 33—35 | 1896 *Panisus c.*, Koenike in: Zool. Anz., *v.* 19 p. 356.

Integument mit zahlreichen, niedrigen Papillen besetzt, auf dem Rücken zu einem derben porösen Panzer erhärtet, dessen Oberfläche dicht warzig erscheint; Bauchpanzer dünner, ohne Flecken- und Porenzeichnung; am Hinterrande des Rumpfes 2 ovale Drüsenhöfe; Abstand der Augen von einander 300 μ. Schnabelteil des Capitulum vorn stumpf kegelförmig. Maxillarpalpus kaum $^1/_4$ so lang wie der Rumpf, schlank; Fortsatz des vorletzten Gliedes ungewöhnlich dünn und spitz, nur wenig kürzer als das bewegliche Endglied. Beine sehr kurz; das 1. noch nicht halb so lang wie der Rumpf, das 4. merklich kürzer als der Rumpf; Kralle sichelförmig, am letzten Bein auffallend gross. Am vorderen und hinteren Ende der nach hinten verbreiterten Genitalklappen je ein grosser Genitalnapf, ein 3. auf der Mitte der Medialseite derselben. Sog. Analöffnung 300 μ hinter dem Genitalhof. Färbung wahrscheinlich rot. — Geschlecht unbekannt. — Im. 1,2 mm l., 880 μ br., 200 μ h.

Nord-Amerika (kleiner Bach des Old Man River).

4. **P. torrenticolus** Piersig 1898 *P. t.*, Piersig in: Zool. Anz., *v.* 21 p. 451 | 1900 *P. t.*, Piersig in: Zool., *v.* 22 p. 408 t. 49 f. 158a—c.

♀. In Form und Grösse mit P. michaeli übereinstimmend. Integument papillös. Rückenpanzerung ähnlich wie bei P. michaeli; grosse Platte zwischen den Augen mit breitem, flachbogig vorspringendem, fast geradem Vorderrande, nach hinten verschmälert, am Hinterrande mehr oder weniger abgestutzt; statt der 6 paarig angeordneten, dahinter liegenden, kleinen, rundlichen Panzerplatten längs des Mittelrückens nur 5, wie die Punkte auf einem Würfel gruppierte Platten; Randplatten jederseits 5, hinterstes Paar anscheinend verschmolzen. Bauchfläche am Hinterende zu beiden Seiten mit je einer grösseren und einer kleineren Platte. Seitenaugen randständig, nur zum Teil mit rotem Farbstoff angefüllt. Capitulum breit, mit mässig ausgezogenem Schnabelteil. Maxillarpalpus ohne besondere Kennzeichen. Epimeren wie bei den Thyas-Arten. Beine mässig lang; Krallen einfach sichelförmig, vom 1.—4. Bein an Grösse zunehmend; Endborste am Endgliede des 3. und 4. Beines schwach gebogen, nicht krallenartig lang. Genitalhof zwischen den hinteren Epimeren-Gruppen gelegen, etwa 225 μ l. und 145 μ br., mit ziemlich breiten, nach vorn sich verschmälernden, porösen, am Medialrande bewimperten Genitalklappen; diese hinten quer abgestutzt, im Gegensatze zu P. michaeli ohne sichtbaren, medialen, am freien Ende verbreiterten, stark behaarten Fortsatz, mit je einem grösseren Genitalnapf am Vorder- und Hinterende und einem 3. am Medialrande, der über der Mitte der Genitalklappen nach hinten geschoben und bei geschlossenen Genitalklappen nicht sichtbar ist. Färbung rot mit schwachem, schwärzlichem Anflug auf Rücken und Bauch, Beine und Maxillarpalpus gelbbräunlich. — ♂ unbekannt. — ♀ 1,1—1,3 mm l.

Deutschland (Amselbach bei Rathen an der Elbe und Scheidebach bei Geyersdorf im Erzgebirge).

9. Gen. **Thyopsis** Piersig

1900 *Thyopsis* (Typ.: *T. cancellata*), Piersig in: Zool., *v.* 22 p. 409.

Integument papillös. Rücken mit einer grossen, derben, von zahlreichen, polygonalen Öffnungen gitterartig durchbrochenen Panzerplatte (Fig. 11). Seitenaugen vom Vorderrande des Rumpfes weit abgerückt. Medianauge nicht wahrnehmbar. 4. Epimere nicht grösser als die 3. Genitalplatten nach hinten verbreitert, hinten ohne einen medialen Fortsatz. Sonst wie Thyas.

Deutschland.

1 Art.

1. **T. cancellata** (Protz) 1896 *Thyas c.*, Protz in: Zool. Anz., *v.* 19 p. 408 f. 5, 6 | 1898 *Thyopsis c.*, Piersig in: Zool., *v.* 22 p. 409 t. 49 f. 159 a—c.

♀. Rumpf breit oval. Integument mit kleinen, stumpf kegelförmigen Zäpfchen besetzt, deren Spitzen nach hinten geneigt sind. Öffnungen im Rückenpanzer in der Mitte grösser, zu Gruppen vereinigt, die in 4 Längsreihen angeordnet sind (Fig. 11). Augenkapseln medial von den beiden lateralen Feldern liegend. Capitulum ziemlich breit, mit kurzem Schnabelteil, wie der Maxillarpalpus und die Beine fein porös. Ränder der Epimeren bewimpert. Beine sehr kurz, das 4. kaum so lang wie der Körper. Borstenbewaffnung wie bei Thyas. Genitalöffnung seitlich von 2 dreiseitigen Genitalklappen begrenzt; 3 Genitalnäpfe an jeder Klappe, einer am Vorderende, der 2. an der hinteren Lateralecke, der 3. an der hinteren Medialecke. Sog. Analöffnung gleich weit vom Genitalhof und dem Hinterrande des Rumpfes entfernt. Färbung rot. — ♂ unbekannt. — ♀ 1,5 mm l., 1,2 mm br.

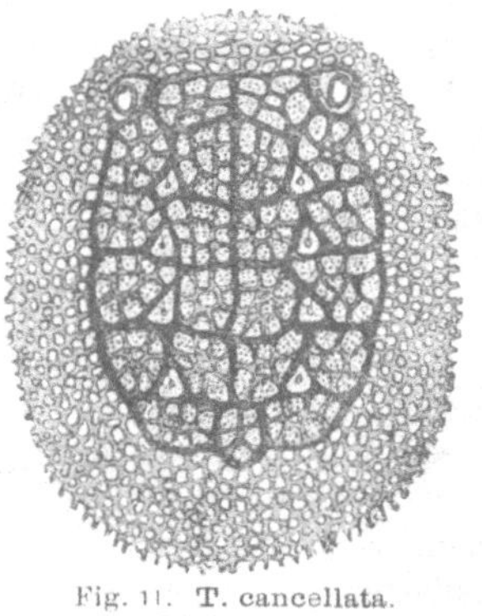

Fig. 11. T. cancellata. ♀, Rückenpanzer.

Ostpreussen (Fürstenteich bei Königsberg).

10. Gen. **Pseudothyas** Thor

1899 *Pseudothyas* (Typ.: *P. trabecula*), Thor in: Arch. Naturv. Christian., *v.* 21 nr. 5 p. 14.

Rumpf niedergedrückt. Rücken und Bauch ohne Panzerplatten, doch mit einer schwach gebogenen, quer gestellten Leiste hinter den Augen. Medianauge fehlt. Sonst wie Thyas.

Norwegen.

1 Art.

1. **P. trabecula** Thor 1899 *P. t.*, Thor in: Arch. Naturv. Christian., *v.* 21 nr. 5 p. 14 t. 6 f. 61, 62.

Integument papillös. Querleiste auf der vorderen Rückenfläche dicht hinter den Augen gelegen, ca. 580 μ l., jederseits bis zum Lateralrande der Augenkapsel reichend, sehr schmal und schwach nach vorn gekrümmt. Capitulum nach hinten undeutlich abgesetzt. Genitalklappen nach hinten verbreitert, mit je 1 Genitalnapf am Vorderende und je 2 am Hinterende. Genitalhof ähnlich wie bei Thyas dentata. Beine ohne Schwimmborsten. Augenabstand 430 μ. Färbung ziegelrot. — Geschlecht unbekannt. — Im. 1,5 mm l., 1,25 mm br.

Norwegen.

11. Gen. **Partnunia** Piersig

1897 *Partnunia* (Typ.: *P. angusta*), Piersig in: SB. Ges. Leipzig, *v.* 22/23 p. 52 | 1900 *P.*, Piersig in: Zool., *v.* 22 p. 410.

Rumpf lang oval (Fig. 12). Integument papillös. Grundteil des Capitulum ventral nach hinten abgerundet, Schnabelteil kurz, mit einer kreisförmigen Mundöffnung am Vorderende. Maxillarpalpus und Epimeren wie bei Thyas. Beine mit zahlreichen Borsten, doch ohne Schwimmhaare; Endglieder nach aussen verbreitert, mit Sichelkrallen. Genitalhof zwischen den 2 hinteren Epimerengruppen gelegen; Genitalöffnung mit seitlichen Genitalklappen; längs der Genitalöffnung jederseits eine Reihe sitzender Genitalnäpfe, am hinteren Ende 2 Büschel langgestielter Genitalnäpfe von länglich runder Gestalt.

Schweiz.

1 Art.

1. **P. angusta** (Koen.) 1893 *Thyas a.*, Koenike in: Zool. Anz., *v.* 16 p. 94 f. 1, 2 | 1897 *Partnunia a.*, Piersig in: SB. Ges. Leipzig, *v.* 22/23 p. 52 | 1900 *P. a.*, Piersig in: Zool., *v.* 22 p. 410 t. 51 f. 196a, b.

Fig. 12. P. angusta ♀. Bauchseite.

Integument mit niedrigen, abgestumpften Papillen. Abstand der beiden Seitenaugen 300 μ. Medianauge wahrscheinlich fehlend. Beine kurz, letztes noch nicht so lang wie der Rumpf (Fig. 12); Endglied mit grosser Krallengrube und grossen Sichelkrallen. Genitalöffnung 64 μ l., jederseits mit 7 sitzenden und 4—6 gestielten Genitalnäpfen (Fig. 12); Medialrand der schmalen Genitalklappen mit sehr kurzen Härchen besetzt; Lateralrand eine einzige lange Borste tragend. Färbung wahrscheinlich rot. — ♀ (?) 1,1 mm l., 640 μ br.

Schweiz (Partnun-See).

12. Gen. **Protzia** Piersig

1897 *Protzia* (Typ.: *P. eximia*), Piersig in: SB. Ges. Leipzig, *v.* 22/23 p. 52 | 1900 *P.*, Piersig in: Zool., *v.* 22 p. 411.

Integument mit kleinen, kegelförmigen Papillen besetzt. Medianauge nicht immer vorhanden. Schnabelteil des Capitulum und Maxillarpalpus ähnlich wie bei Thyas. Beine ohne Schwimmborsten. Epimeren auf 4 Gruppen verteilt (Fig. 13), die 2 hinteren auffallend weit nach hinten gerückt. Genitalhof dicht hinter den 1. Epimeren beginnend, gross, jedoch nicht bis zu den 4. Epimeren reichend, ohne oder mit schmalen Genitalklappen; jederseits der

Genitalöffnung eine grössere Anzahl gestielter Genitalnäpfe (Fig. 13), die hinteren länger als die vorderen. ♂ kleiner als das ♀, mit Penisgerüst und reicherem Borstenbesatz an dem Maxillarpalpus.

Deutschland.

2 Arten.

Übersicht der Arten.

Mit Medianauge und Genitalklappen . . . . 1. **P. eximia** . . . . . p. 58
Ohne Medianauge und Genitalklappen . . . . 2. **P. invalvaris** . . . p. 58

1. **P. eximia** (Protz) 1896 *Thyas e.*, Protz in: Zool. Anz., *v.* 19 p. 25 f. 4—7 | 1897 *Protzia e.*, Piersig in: SB. Ges. Leipzig, *v.* 22/23 p. 52 | 1900 *P. e.*, Piersig in: Zool., *v.* 22 p. 412 t. 45 f. 143.

Im. Rumpf niedergedrückt, im Umriss ähnlich wie Thyas venusta. Rücken mit 20, in 4 Längsreihen geordneten Drüsenhöfen. Epimeren, Maxillarpalpus, Capitulum und Beine porös. Abstand der beiden Seitenaugen 300 μ; Medianauge vom Stirnrand abgerückt. 4. Glied des Maxillarpalpus beim ♀ auf der Aussenseite kahl, beim ♂ mit 7, in 2 Gruppen angeordneten feinen und langen Borsten; 5. Glied aus 2 hakenförmigen Zapfen bestehend. 4. Epimeren auffallend weit nach hinten gerückt (Fig. 13). Beine kurz, selbst das 4. nicht so lang wie der Körper; Krallen sichelförmig gekrümmt, einem langgestielten Löffel gleichend, dessen Vorderrand in der Mitte in einen längeren Zinken ausläuft, dem sich jederseits 7 kleinere und feinere, nach aussen immer niedriger werdende Spitzen anschliessen. Jederseits der Genitalöffnung 10—15 eiförmige, gestielte Genitalnäpfe und eine schmale Genitalklappe. Sog. Analöffnung in der Mitte zwischen Genitalhof und Hinterrand des Rumpfes. Färbung ziegelrot. — ♀ 0,9—1 mm l., 650—680 μ br.; ♂ etwas kleiner.

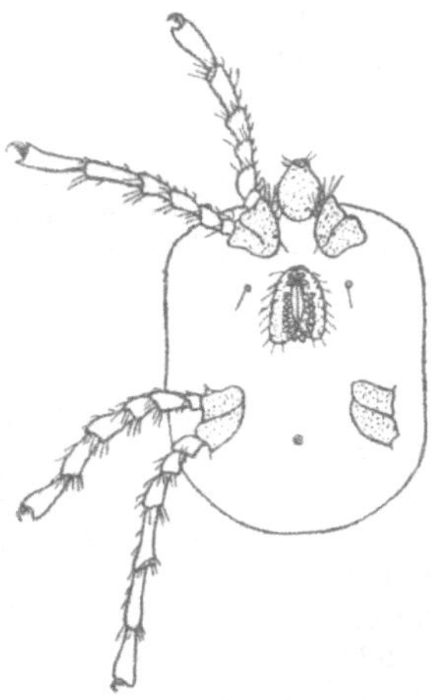

Fig. 13. P. eximia. ♀. Bauchseite.

Deutschland (Nonnenfliess im Eberswalder Forst).

2. **P. invalvaris** Piersig 1898 *P. i.*, Piersig in: Zool. Anz., *v.* 21 p. 452 | 1900 *P. i.*, Piersig in: Zool., *v.* 22 p. 413 t. 45 f. 137a—b.

♀. Körperumriss und Integument wie bei P. eximia. Rücken stark niedergedrückt. Seitenaugen mässig gross; Augenkapsel am Rande rötlich, nach innen schwärzlich; Abstand beider Seitenaugen 380 μ; Medianauge nicht wahrnehmbar, wahrscheinlich verkümmert. Capitulum schmal und lang ausgezogen, samt den benachbarten Epimeren weit vorgestreckt. Maxillarpalpus noch nicht $^1/_3$ der Körperlänge erreichend. Epimeren und Beine wie bei P. eximia. Schaufelteil der Krallen bis an das stielartige Grundstück gerippt. Genitalhof zwischen den vorderen und hinteren Epimeren gelegen, ungemein lang, ohne seitliche Genitalklappen, aber mit zahlreichen (30—36), gestielten, knopfartigen Genitalnäpfen auf jeder Seite der Genitalöffnung. Färbung rötlich, Beine und Maxillarpalpus gelblich, im Leibesinnern mit einem fast orangefarbenen, am abgetöteten Tier tropfenartig sich zusammenballenden Pigment anscheinend öliger Natur. — ♂ mit einer geringeren

Anzahl (15—25) von Genitalnäpfen. — ♂ 0,9—1 mm l.; ♀ 1,1—1,3 mm l., in der Gegend der hinteren Epimeren 800—850 μ br.

Deutschland (im Scheidebach bei Geyersdorf im mittleren Erzgebirge, in der Loisach bei Garmisch und in den Bächen bei Ziegenrück am Südende des Thüringer Waldes).

13. Gen. **Eupatra** Koen.

1884 *Diplodontus* (part.), Ant. Dugès in: Ann. Sci. nat., ser. 2 *v.* 1 p. 17, 148 | 1896 *Eupatra,* Koenike in: Zool. Anz., *v.* 19 p. 357 | 1898 *E.*, Koenike in: Abh. Senckenb. Ges., *v.* 21 II p. 380 | 1899 *E.*, Piersig in: Zool., *v.* 22 p. 384.

Integument papillös. Augenplatte fehlt; Medianauge wie bei Hydrachna in die weiche Haut eingebettet. Seitenaugen weit von einander entfernt, jederseits in eine zweiteilige Kapsel eingeschlossen. Schnabelteil des Capitulum kurz rüsselförmig, mit scheibenartiger Mundöffnung am abgestutzten Vorderende. Mandibel mit ungewöhnlich langem und messerartig geradem Endgliede und schwachem, nicht knieförmig gebogenem Grundgliede. Maxillarpalpus wie bei Hydryphantes und Thyas. Beine mit Schwimmborsten und einfacher Sichelkralle. Genitalhof (Fig. 14, p. 60) in einer von den 4 Epimeren gebildeten Mittelbucht gelegen. Genitalplatten breit mondsichelförmig die Genitalöffnung umschliessend, mit zahlreichen kleinen Genitalnäpfen; grosse Näpfe fehlen. Kein äusserer Geschlechtsdimorphismus vorhanden. Penisgerüst des ♂ nur 1 Paar grosse, schräg nach vorn gerichtete Seitenarme aufweisend. — Nph. mit vielen Näpfen auf den beiden getrennt gelagerten Genitalplatten.

Deutschland, Frankreich, Syrien, Ost-Afrika, Madagaskar, Ceylon.

4 Arten.

Übersicht der Arten:

1	Rumpflänge bis zu 2 mm — 2.	
	Rumpflänge bis zu 4 und 5 mm — 3.	
2	Genitalplatten am Vorderende mit einem grösseren Genitalnapf	1. **E. silvestrii** . . p. 59
	Genitalplatten nur mit zahlreichen kleinen Genitalnäpfen	2. **E. schaubi** . . . p. 60
3	Maxillarpalpus im 2. und 3. Gliede stärker als die Grundglieder des 1. Beines	3. **E. scapularis** . p. 60
	Maxillarpalpus nicht so stark wie die Grundglieder des 1. Beines	4. **E. opima** . . . p. 61

1. **E. silvestrii** (Daday) 1898 *Hydryphantes s.*, Daday in: Term. Füzetek, *v.* 21 Anhangsheft p. 113 f. 54.

♀. Rumpf länglich rund, vorn breiter. Integument mit winzigen, niedrigen Papillen. Capitulum mässig gross, nach vorn in einen kurzen dicken Rüssel auslaufend. Mundöffnung kreisrund. Maxillarpalpus sehr kurz; Zahnfortsatz des 4. Gliedes verkümmert, bedeutend kürzer als das Endglied, dessen Mitte einen Kranz kleiner und feiner Börstchen trägt; 2. Glied etwa so lang wie das schwächere 4.; letzteres am inneren Vorderende 2 Fiederborsten aufweisend; 3. Glied kaum halb so lang wie das vorhergehende, mit einer Fiederborste auf der Beugeseite. 1. und 2. Epimere am Hinterende in einen gemeinsamen breiten, rückwärts gerichteten Fortsatz auslaufend, dessen freies Ende der Medianlinie der Bauchfläche zugebogen ist. Beine ziemlich kurz und dünn; 1. Bein ohne Schwimmborsten. Genitalhof in einer durch die 4 Epimeren gebildeten Bucht gelegen; Genitalplatten zusammen eine verkehrt herzförmige, stark verbreiterte Figur bildend; Genitalnäpfe zahlreich und klein, je 1 grösserer Napf an der Vorderspitze einer jeden Genitalplatte. Färbung wahrscheinlich rot. — ♂ unbekannt. — ♀ 2 mm l., 1,75 mm br.

Ceylon (Sümpfe in der Umgebung des Kalawewa-Sees).

2. **E. schaubi** (Koen.) 1893 *Hydryphantes s.*, Koenike in: Mt. Mus. Hamburg, *v.* 10 nr. 2 p. 37 t. 3 f. 30 | 1896 *Eupatra s.*, Koenike in: Zool. Anz., *v.* 19 p. 357 | 1898 *E. s.*, Koenike in: Abh. Senckenb. Ges., *v.* 21 II p. 387 t. 24 f. 98.

. Im. Integument wie bei den anderen Arten mit sehr niedrigen Papillen dicht besetzt. Medianauge frei in die weiche Haut gebettet. Schnabelteil des Capitulum kurz und dick, Grundteil von nahezu rechteckiger Gestalt, mit abgerundeten Ecken, nach hinten wenig verschmälert und am Hinterende schwach ausgebuchtet; Mundöffnung mit 4 kurzen Borsten, am distalen Ende des Capitulum gelegen. Maxillarpalpus auf der Innenseite des 2. Gliedes mit 2 kräftigen, grob gefiederten Borsten und 2 bedeutend kleineren Fiederborsten. Genitalhof beim ♀ 200 μ l. und 300 μ br., beim ♂ 160—240 μ l. und 250—330 μ br.; Genitalplatten mit zahlreichen kleinen Näpfen besetzt, breit sichelförmig, zusammen eine Figur bildend, die im Umriss an die Schnittfläche eines senkrecht halbierten Apfels erinnert. — Nph. in der Gestalt dem Im. ähnlich. Maxillarpalpus am inneren Vorderrande mit einer Verdickung und nur 2 Borsten, die verschieden lang und grob gefiedert sind. Genitalhof aus 2 rundlichen, schwach chitinisierten, 128 μ von einander abgerückten Genitalplatten mit je 30 Genitalnäpfen bestehend; zwischen beiden Platten ein kreisrunder Fleck von 21 μ Durchm. Färbung rot. — ♂ 1,2—1,3 mm l.; ♀ 1,8—2 mm l.; Nph. 0,9 mm l.

Ost-Afrika (Quilimane) und Madagaskar (Amparangidro und Morondava).

3. **E. scapularis** (Ant. Dug.) 1834 *Diplodontus s.*, Ant. Dugès in: Ann. Sci. nat., ser. 2 *v.* 1 p. 17, 150 t. 10 f. 5—12 | 1889 *D. s.*, T. Barrois in: Rev. biol. Nord France, *v.* 1 p. 393 f. 1—5 | 1896 *Eupatra s.*, Koenike in: Zool. Anz., *v.* 19 p. 357 | 1899 *E. s.*, Piersig in: Zool., *v.* 22 p. 384 t. 45 f. 138a—f.

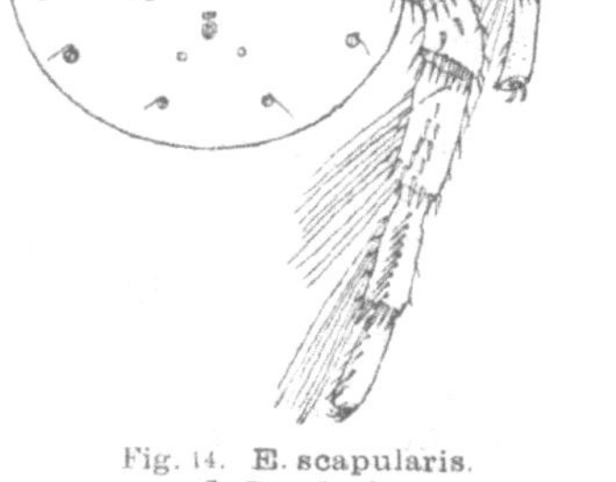
Fig. 14. E. scapularis. ♂, Bauchseite.

Integument mit kleinen, zum Teil schief nach hinten gerichteten, zugespitzten Papillen dicht besetzt. Seitenaugen ca. 1,35 mm von einander abstehend. Capitulum (Fig. 14) vorn in einen kurzen Rüssel auslaufend; Ventralfläche mit abgerundeten Hinterecken und flach ausgeschweiftem Hinterrande; Mundöffnung scheibenartig, mit 4 kurzen, dicken Borsten und zahlreichen, äusserst feinen Härchen besetzt. Mandibel wie bei E. schaubi mit fast geradem Endgliede, letzteres mehr als halb so lang wie das nur schwach knieförmig gebogene Grundglied. Maxillarpalpus am Grunde dicker als das 1. Bein; Zahnfortsatz am 4. Gliede des Maxillarpalpus fast so lang wie das Endglied. 1. und 2. Epimere hinten je einen gemeinsamen, nach der Medianlinie gerichteten Fortsatz aussendend. Genitalplatten (Fig. 14) ausser am gewulsteten Medialrande überall mit kleinen Näpfen besetzt, zusammen eine stark verkürzte, breit herzförmige, mit der Spitze nach vorn gerichtete, beim ♂ 252 μ l. und 350 μ br., beim ♀ 350 μ l. und 500 μ br. Figur bildend; Medialrand der Genitalplatten beim ♂ konkav eingebogen, beim ♀ geradlinig, mit feinen Haaren besetzt, am Hinterende ein Büschel kräftiger Borsten tragend. Färbung rot. — ♂ 3—4 mm l., ♀ 4—5 mm l.

Frankreich (Montpellier, Groffliers am Pas de Calais), Deutschland (Teich bei Wilhelmshafen) und Syrien (Umgebung von Damaskus).

4. **E. opima** Koen. 1896 *E. o.*, Koenike in: Zool. Anz., *v.* 19 p. 357 | 1898 *E. o.*, Koenike in: Abh. Senckenb. Ges., *v.* 21 II p. 382 t. 24 f. 90—96.

Im. Integument sehr dicht mit kleinen Papillen besetzt. Abstand der Seitenaugen 1,3 mm. Capitulum mit kurzem, etwas ventralwärts gebogenem Schnabelteil. Mandibel aus einem fast geraden Endglied und einem schlanken, am Hinterende hakenförmig gebogenen, ungeknieten Grundgliede bestehend. Maxillarpalpus schlank, im 2. und 3. Gliede dünner als das 1. Bein; 2. Glied am inneren Vorderrande mit 5 oder 6 ungefiederten, kräftigen Borsten. Gemeinsamer Fortsatz der 1. und 2. Epimere nach hinten gerichtet; 4. Epimere weiter nach der Mittellinie der Bauchfläche reichend als die 3. Beine kräftig gebaut. Genitalhof aus 2 mondsichelförmigen Genitalplatten von beträchtlicher Breite bestehend, die die Genitalöffnung umschliessen, mit Vorder- und Hinterenden einander berühren und eine Figur bilden, die im Umriss an 2 sich teilweise deckende, kreisrunde Scheiben erinnert. Genitalplatten ausser am Medialrande mit zahlreichen kleinen Näpfen besetzt; Medialrand mit einer Längsreihe feiner Borsten und einem Büschel längerer Borsten nahe dem Hinterende. ♂ mit Penisgerüst von beträchtlicher Länge (400 μ) und Höhe (240 μ), aus birnförmigem Bulbus und 2 ungemein langen und schräg lateral gerichteten Seitenarmen bestehend. — Nph. dem Im. ähnlich. Integument weniger dicht mit Papillen besetzt. Maxillarpalpus am inneren Vorderrande des 2. Gliedes nur mit 2 kräftigen Borsten, welche säbelförmig gekrümmt und dicht gefiedert sind. Genitalhof aus 2, etwa 96 μ von einander abgerückten, fast kreisrunden Platten mit einem Durchm. von 144 μ bestehend; Zahl der Genitalnäpfe auf jeder Platte etwa 40. Färbung wahrscheinlich rot. — ♂ 3,2 mm l.; ♀ 3—4 mm l., 2,8—3 mm br., 2,4—2,5 mm h.; Nph. 1,2 mm l.; Ei 112 μ im Durchm.

Ost-Afrika und Madagaskar (Majunga und Amparangidro).

14. Gen. **Hydryphantes** C. L. Koch

1842 *Hydryphantes* (part.), C. L. Koch, Übers. Arach., *v.* 3 p. 30 | 1892 *H.*, Koenike in: Zool. Anz., *v.* 15 p. 321 | 1893 *H.*, Koenike in: Mt. Mus. Hamburg, *v.* 10 nr. 2 p. 3 | 1897 *H.*, Piersig in: SB. Ges. Leipzig, *v.* 22/23 p. 95 | 1899 *H.*, Piersig in: Zool., *v.* 22 p. 386 | 1880 *Hydrodroma*, Neuman in: Svenska Ak. Handl., n. ser. *v.* 17 nr. 8 p. 112 | 1882 *H.*, G. Haller in: Mt. Ges. Bern 1881 II, p. 47 | 1887 *H.*, Barrois & Moniez, Cat. Hydrach., p. 36 | 1884 *Diplodontus*, Krendowskij in: Trav. Soc. Univ. Kharkow, *v.* 18 p. 330.

Rumpf oval, leicht niedergedrückt. Integument mit papillösen Zäpfchen bedeckt. Augen einer Seite einander sehr genähert, in eine länglich runde Chitinkapsel eingeschlossen. Medianauge von einer symmetrisch geformten, grösseren oder kleineren Panzerplatte (Augenplatte) umschlossen. Beine reich beborstet, mit Schwimmborsten. Genitalklappen mit 3, 4 oder mehr an- oder aufgelagerten Genitalnäpfen. Sonst wie Thyas.

Europa, Afrika, Madagaskar.

17 sichere und 6 unsichere Arten.

Übersicht der sicheren Arten.

1	Mit zahlreichen kleinen Genitalnäpfen auf jeder Genitalklappe — 2.		
	Mit einer geringen Anzahl grösserer Genitalnäpfe auf jeder Genitalklappe — 4.		
2	Mit einer dritten, 2 Genitalnäpfe tragenden Genitalplatte hinter der Genitalöffnung	1. **H. berlesei** . . .	p. 63
	Ohne dritte Genitalplatte — 3.		
3	Augenplatte eine schmale Querleiste bildend, die an den lateralen Enden je einen leistenförmigen Fortsatz schief nach hinten und nach vorn aussendet	2. **H. incertus** . . .	p. 63
	Augenplatte nicht leistenartig verschmälert, am Vorderende vorgewölbt, hinten mit einer, von 2 langen, nach hinten gerichteten Fortsätzen seitlich begrenzten, tiefen, mittleren Einbuchtung	3. **H. helveticus** . .	p. 64
4	Jede Genitalklappe mit mehr als 3 Genitalnäpfen — 5.		
	Jede Genitalklappe mit nur 3 Genitalnäpfen — 6.		
5	Jede Genitalklappe mit 7 Genitalnäpfen	4. **H. flexuosus** . . .	p. 64
	Jede Genitalklappe mit 6 Genitalnäpfen	5. **H. skorikowi** . . .	p. 64
	Jede Genitalklappe mit 5 Genitalnäpfen	6. **H. thoni**	p. 64
	Jede Genitalklappe mit 4 Genitalnäpfen	7. **H. octoporus** . .	p. 65
6	Augenplatte wesentlich länger als breit	8. **H. hellichi**	p. 65
	Augenplatte annähernd so breit oder breiter als lang — 7.		
7	Hintere Fortsätze der Augenplatte abgetrennt . .	9. **H. draco**	p. 65
	Hintere Fortsätze der Augenplatte nicht abgetrennt — 8.		
8	Hintere Ausbuchtung der Augenplatte mehr als halb so tief wie breit — 9.		
	Hintere Ausbuchtung nicht halb so tief wie breit — 12.		
9	Hintere Ausbuchtung der Augenplatte mehr als ein Drittel der Gesamtlänge derselben einnehmend — 10.		
	Hintere Ausbuchtung von geringerer Tiefe, Vorderrand der Augenplatte flachbogig vorgewölbt	10. **H. planus**	p. 65
10	Vorderrand der Augenplatte in der Mitte nur schwach vorgewölbt, vordere Seitenecken lateral stark vorspringend	11. **H. placationis** . .	p. 66
	Vorderrand der Augenplatte in der Mitte stark vorgewölbt — 11.		
11	Mittlere Hervorwölbung des Vorderrandes der Augenplatte kreisbogenförmig, über die breit abgerundeten, wenig vortretenden Seitenecken nach vorn kräftig hervorragend	12. **H. friči**	p. 66
	Mittlere Hervorwölbung des Vorderrandes der Augenplatte nicht kreisbogenförmig, über die lateral stark vorspringenden, eckig abgestumpften Seitenecken wenig oder gar nicht nach vorn hinausragend	13. **H. dispar**	p. 66
12	Augenplatte annähernd so lang wie breit	14. **H. prolongatus** . .	p. 67
	Augenplatte breiter als lang — 13.		

13	Vorderrand der Augenplatte mit einer schwachen, mittleren Hervorwölbung und seitlich stark vorspringenden, abgerundeten Seitenecken, hintere Ausbuchtung kreisbogenförmig ausgeschnitten, von kurzen, keilförmig zugespitzten Fortsätzen begrenzt	15. **H. bayeri**	p. 67
	Vorderrand der Augenplatte flach bogenförmig, fast gerade, mit breit abgerundeten, seitlich mässig ausgezogenen Seitenecken — 14.		
14	Hintere Ausbuchtung der Augenplatte kreisbogenförmig ausgeschnitten; Maxillarpalpus schlank und dünn	16. **H. tenuipalpis** . .	p. 67
	Hintere Ausbuchtung flach, von dem geraden oder wenig gebogenen Hinterrande der Augenplatte und den kurzen keilförmigen hinteren Fortsätzen gebildet	17. **H. ruber**	p. 68

1. **H. berlesei***) Piersig 1886 *Hydrodroma punicea* (err., non *Hydrachna* p. C. L. Koch 1837!), Berlese, A. M. S. fasc. 30 nr. 10.

Im. Integument mit spitzen Papillen. Augenplatte wie bei H. ruber gestaltet, mit flacher hinterer Ausbuchtung und kurzen Fortsätzen. Zahn am vorletzten Gliede des Maxillarpalpus nicht so lang wie das Endglied, dünn und mässig gebogen. Genitalöffnung von 2 unregelmässig elliptischen, zahlreiche Genitalnäpfe tragenden Genitalplatten und einem 3., nach hinten gerückten, medianen, keilförmigen Panzerstück mit 2 Genitalnäpfen begrenzt. Färbung rot. — 2 mm l.

Italien (Umgegend von Padua).

2. **H. incertus** Koen. 1893 *H. i.*, Koenike in: Mt. Mus. Hamburg, *v.* 10 nr. 2 p. 40 t. 3 f. 31 | 1898 *H. i.*, Koenike in: Abh. Senckenb. Ges., *v.* 21 II p. 388 t. 24 f. 101.

Im. Rumpf fast kugelig, nach vorn etwas verjüngt; Bauchfläche abgeflacht. Integument mit kleinen, wenig entwickelten Papillen. Augenplatte eine mässig breite Querleiste bildend, die an den seitlichen Enden schief nach vorn und hinten je einen schmalen Fortsatz ausschickt. Abstand der Seitenaugen 410 μ. Capitulum 240 μ l. und 210 μ br., nach vorn in einen kurzen und dicken, 21 μ l. Schnabelteil auslaufend, der rechtwinklig zur Ventralfläche des Capitulum steht. Mundscheibe am distalen Ende des Schnabelteils 72 μ breit. Hinterrand der Ventralfläche des Capitulum schwach ausgebuchtet. Mandibel 320 μ l. Maxillarpalpus 420 μ l., am Grunde etwas stärker als das 1. Bein; 4. Glied merklich schlanker als die dicken 3 ersten Glieder, mit einem Zahnfortsatz, der ebenso lang wie das Endglied ist. Epimeren reich mit Borsten besetzt; 1. und 2. Epimere nach hinten in einen gemeinschaftlichen schmalen Fortsatz auslaufend; 4. Epimere am Hinterrande flach ausgerandet. Genitalhof 250—275 μ l., gewölbt; Genitalplatten mit den Medialrändern einander berührend, nach hinten mässig verbreitert, auf ihrer Oberfläche zahlreiche Genitalnäpfe besitzend, die bis zum Medialrande reichen; neben der 210 μ l. Genitalöffnung 2 Paar in die weiche Haut eingebettete Genitalnäpfe, das eine vorn, das andere etwa in der Mitte. Penisgerüst des ♂ 154 μ l. Färbung dunkelrot. — Nph. mit 4, im Rechteck liegenden, kreisrunden Genitalnäpfen. — ♂ 1,57 mm l., 1,48 mm br., 1,21 mm h.; ♀ 1,8 mm l.; Nph. 0,92 mm l., 0,84 mm br.

Ost-Afrika (Sumpf Litololi-tukuli bei Quilimane), Insel Nossi-Bé bei Madagaskar.

---

*) Nom. nov. — Nach Berlese benannt. R. Piersig.

3. **H. helveticus** (Haller) 1882 *Hydrodroma helvetica*, G. Haller in: Mt. Ges. Bern. 1881 II p. 49 t. 3 f. 6, 8, 9, 11 | 1899 *Hydryphantes helveticus*, Piersig in: Zool., v. 22 p. 395.

Augenplatte in der Mitte des Vorderrandes stark bogenförmig vorspringend; Vorderecken seitlich merklich ausgezogen, abgerundet; Hinterecken infolge einer hinteren tiefen und breiten medianen Einbuchtung leistenartig schmal nach rückwärts ragend. Genitalplatten vorn und hinten fast gleich breit, an beiden Enden abgerundet, mit konkavem Medial- und konvexem Lateralrande; Fläche einer jeden Platte mit zahlreichen, kleinen Genitalnäpfen bedeckt. Färbung rot. — Geschlecht unbekannt. — Im. ca. 2,2 mm l., 1,7 mm br.

Schweiz (Egelmoos bei Bern).

4. **H. flexuosus** (Koen.) 1885 *Hydrodroma flexuosa*, Koenike in: Abh. Ver. Bremen, v. 9 p. 222 | 1896 *Hydryphantes flexuosus*, Koenike in: Forschber. Plön, v. 4 p. 226 f. 14, 15 | 1899 *H. f.*, Piersig in: Zool., v. 22 p. 394 t. 44 f. 132 a, b | 1900 *H. f.*, Piersig in: Annuaire Mus. St.-Pétersb., v. 4 p. 485 t. 22 f. 12 | 1900 *H. f.*, Piersig in: Zool. Anz., v. 23 p. 209.

Hautpapillen stumpf kegelförmig, klein. Augenplatte ähnlich wie bei H. helveticus, hintere Ausbuchtung jedoch nicht ganz so tief. Genitalplatten nach hinten verbreitert, vorn und am Medialrande mit je 1, hinten mit 5 randständigen Genitalnäpfen, von denen 2 unter dem Plattenrande halb verborgen liegen. Färbung rot. — ♂ & ♀ 1,5 mm l., 1,2 mm br.

Deutschland (Teich bei Jaderberg in Oldenburg, Tümpel bei Ruhleben in Holstein), Böhmen.

5. **H. skorikowi** Piersig 1900 *H. flexuosus var. s.*, Piersig in: Annuaire Mus. St.-Pétersb., v. 4 p. 485 t. 22 f. 10.

Integument mit abgerundeten, niedrigen Papillen dicht besetzt. Augenplatte vorn etwa 500 μ br., in der Mitte des Vorderrandes stark vorgewölbt, mit lateral weit vorspringenden abgerundeten Seitenecken und 256 μ tiefer Hinterrandbucht. Capitulum auf der Ventralfläche 360 μ l., mit kurzem Schnabelteil. Maxillarpalpus kräftig gebaut; Längenverhältnis des 1.—5. Gliedes auf der Streckseite wie 5 : 11 : $6^1/_2$: 14 : 3; 2. Glied auf der Beugeseite stark gekürzt; 4. Glied nach dem distalen Ende verjüngt, mit kurzem, mässig entwickeltem Zahnfortsatz, der viel kürzer als das Endglied ist. Beine reich mit Borsten und Schwimmborsten besetzt. Genitalklappen 290 μ l., mit 6 Genitalnäpfen, von denen 1 am verjüngten Vorderende, 1 etwas hinter der Mitte des Medialrandes und 4 auf dem hinteren Teil der Platte längs des Lateralrandes liegen. Färbung wahrscheinlich rot. — ♀ 1,7—1,9 mm l.; ♂ etwas kleiner.

Russland (Seen bei Slaviansk).

6. **H. thoni** Piersig 1899 *H. flexuosus* (err., non Koenike 1885!), Thon in: Rozpr. České Ak., ser. 2 v. 8 nr. 45 p. 32 t. 2 f. 5—7 | 1900 *H. f. var. thoni*, Piersig in: Annuaire Mus. St.-Pétersb., v. 4 p. 486 t. 22 f. 11 | 1900 *H. t.*, Piersig in: Zool. Anz., v. 23 p. 209.

♀. Integument mit stumpf kegelförmigen Papillen dicht besetzt. Augenplatte ähnlich gestaltet wie bei H. skorikowi, am Vorderende ca. 370 μ br., mit 160 μ tiefer Hinterrandbucht. Capitulum mit kurzem Schnabelteil, auf der Ventralfläche ca. 306 μ l. Längenverhältnis des 1.—5. Gliedes des Maxillarpalpus wie 3 : 7 : 5 : 10 : 2; 4. Glied nach vorn zu verjüngt, mit schwach entwickeltem Zahnfortsatz, der nur etwa halb so lang wie das Endglied ist. Genitalklappen 272 μ l., nach hinten verbreitert, mit je 5 Genitalnäpfen, von denen 1 am Vorderende, 1 hinter der Mitte des Medialrandes und 3 am hinteren Lateralrande sitzen. Färbung ziegelrot. — ♂ mit ca. 240 μ l. Genitalklappen und deutlichem Penisgerüst. — ♂ 1,3 mm l.; ♀ 1,6—1,8 mm l.; Nph. 1 mm l.

Deutschland (Teiche bei Arnsdorf in der Dresdener Heide) und Böhmen (Tümpel bei Goltsch-Jenikau).

7. **H. octoporus** Koen. 1896 *H. o.*, Koenike in: Zool. Anz., *v.* 19 p. 358 | 1899 *H. o.*, Piersig in: Zool., *v.* 22 p. 394 t. 44 f. 133 | 1899 *H. o.*, Thon in: Rozpr. České Ak., ser. 2 *v.* 8 nr. 45 p. 35 t. 2 f. 8, 9.

♀. Rumpf länglich eiförmig. Integument mit kleinen abgestumpft kegelförmigen Papillen dicht besetzt, wie beschuppt erscheinend. Augenplatte ähnlich wie bei H. dispar. Schnabelteil des Capitulum kurz. Genitalklappen mit je 4 Genitalnäpfen, 1 am Vorderende, 1 auf der Medialseite und 2 am hinteren Lateralrande. Färbung rot. — ♂ unbekannt. — ♀ 1,4—1,6 mm l.

Deutschland (Borkum, Juist, Umgegend von Bremen) und Böhmen (Teich bei Podebrad).

8. **H. hellichi** Thon 1899 *H. h.*, Thon in: Zool. Anz., *v.* 22 p. 101 | 1899 *H. h.*, Piersig in: Zool., *v.* 22 t. 50 f. 192a, b | 1899 *H. h.*, Thon in: Rozpr. České Ak., ser. 2 *v.* 8 nr. 45 p. 17 t. 1 f. 10—11.

♂. Integument mit kleinen, rundlichen Papillen dicht bedeckt. Augenplatte 660 μ l. und 400 μ br., mit bogenförmig vorspringendem, von stumpfen Seitenecken begrenztem Vorderrande und 155 μ tiefer, zungenförmig ausgeschnittener Einbuchtung des Hinterrandes; hintere Fortsätze keilförmig zugeschrägt, in scharfe Spitzen auslaufend. Capitulum auf der Ventralfläche 374 μ l.; Schnabelteil kegelförmig, mit kleiner Mundöffnung. Maxillarpalpus 420 μ l.; 1.—3. Glied sehr stämmig gebaut, fast gleich lang; 4. Glied schlanker und länger, am distalen Streckseitenende mit sichelförmig gebogenem Zahnfortsatz, der nur wenig kürzer ist als das Endglied. Genitalhof 340 μ l.; Genitalklappen schmal; Genitalnäpfe klein, ähnlich gelagert wie bei H. dispar. Analplatte sehr dick. Färbung dunkelrot. — ♀ unbekannt. — Nph. mit 4 Genitalnäpfen und 2 durch eine Brücke verbundenen, unvollkommen entwickelten Genitalklappen. — ♂ 1,5—1,6 mm l.; Nph. 750—780 μ l.

Böhmen (Teiche bei Goltsch-Jenikau und Podebrad).

9. **H. draco** Thor 1899 *H. d.*, Thor in: Arch. Naturv. Christian., *v.* 21 nr. 5 p. 15 t. 6 f. 64, 65.

Integument papillös. Augenplatte am Vorderrande flachbogig vorspringend, fast gerade, nach hinten ziemlich gleichmässig verschmälert, mit quer abgestutztem, von abgerundeten Seitenecken eingefasstem Hinterrande; an Stelle der hinteren Fortsätze in geringem Abstande vom Hinterrande der Augenplatte 2 verkümmerte, dreieckige, dünne Panzerplättchen ohne Borsten. Augenplatte vorn ungefähr $2^1/_2$ mal so breit wie hinten. Sonst wie H. ruber. Färbung rot. — Nph. unbekannt. — Im. ca. 1,8—2 mm l.

Norwegen (Bogstadvand bei Kristiania).

10. **H. planus** Thon 1899 *H. p.*, Thon in: Rozpr. České Ak., ser. 2 *v.* 8 nr. 45 p. 26 t. 2 f. 10—12 | 1899 *H. p.*, Piersig in: Zool., *v.* 22 t. 51 f. 194.

♀. Rumpf niedergedrückt, lang oval. Integument papillös. Augenplatte 370 μ l. und 325 μ br., mit fast geradem Vorderrande und breiten, stumpf endigenden hinteren Fortsätzen, die eine ca. 110 μ tiefe mittlere Ausbuchtung des Hinterrandes seitlich begrenzen. Seitenaugen den Vorderecken des Augenschildes sehr nahe. Capitulum ähnlich wie bei H. hellichi, etwa 290 μ l. Maxillarpalpus 400 μ l.; 1.—3. Glied fast gleich stark und lang; 4. Glied 2 mal so lang und wenig schwächer als das 3., mit sehr kurzem, breitem Zahnfortsatz. Genitalklappen 250 μ l., nach vorn zu verjüngt; Genitalnapf am Vorderende und am Medialrande einer jeden Platte sehr klein, der hintere etwas grösser. Färbung dunkelrot. — ♂ und Nph. unbekannt. — ♀ 1,2—1,3 mm l.

Böhmen (Tümpel beim Unter-Počernicer Teiche).

11. **H. placationis** Thon 1899 *H. p.*, Thon in: Zool. Anz., *v.* 22 p. 101 | 1899 *H. p.*, Piersig in: Zool., *v.* 22 t. 51 f. 195 | 1899 *H. p.*, Thon in: Rozpr. České Ak., ser. 2 *v.* 8 nr. 45 p. 26 t. 2 f. 1—4.

♀. Rumpf breit oval. Integument mit abgerundeten Papillen, die lose neben einander sitzen. Augenplatte 470 μ br. und 420 μ l., mit flach welligem Vorderrande, lateral stark vorspringenden, breit abgerundeten vorderen Seitenecken und 200 μ tiefer, mittlerer Einbuchtung des Hinterrandes, dessen nach hinten gerichtete Fortsätze in ihren Umrissen an einen auf kurzem Halse sitzenden Vogelkopf erinnern. Capitulum 400 μ l., mit sehr kurzem, ventralwärts gebogenem, die breite Mundöffnung tragendem Schnabelteil. Mandibel 450 μ l. Maxillarpalpus klein, nur 460 μ l., dürftig beborstet. Beine kürzer als bei anderen Hydryphantes-Arten. Genitalhof 340 μ l.; hinterer Rand der Genitalklappen breit abgerundet, die Lateralränder wellenförmig gebogen; jeder der 3 Genitalnäpfe von anderer Grösse, der hinterste ganz aussergewöhnlich entwickelt, der am Vorderende gelegene am kleinsten. Färbung leuchtend rot. — Nph. unbekannt. — ♂ 1,2—1,4 mm l.; ♀ 1,8—2,1 mm l.

Böhmen (Teiche bei Schlan und Goltsch-Jenikau).

12. **H. friči** Thon 1899 *H. f.*, Thon in: Zool. Anz., *v.* 22 p. 102 | 1899 *H. f.*, Piersig in: Zool., *v.* 22 t. 50 f. 191 | 1899 *H. f.*, Thon in: Rozpr. České Ak., ser. 2 *v.* 8 nr. 45 p. 23 t. 1 f. 12—14.

♂. Integument dicht mit kleinen Papillen bedeckt. Augenplatte etwa $^1/_3$ der Rückenfläche des Rumpfes einnehmend, 340 μ l. und 400 μ br.; Vorderrand derselben in der Mitte kreisbogenförmig vorgewölbt, jederseits unter Bildung einer flachen Einbuchtung in die breit abgerundete, merklich zurückstehende kurze Seitenecke übergehend; hintere Fortsätze entenkopfähnlich, eine 180 μ tiefe mittlere Einbuchtung des Hinterrandes seitlich begrenzend. Capitulum 306 μ l. Maxillarpalpus ähnlich wie bei H. dispar, ca. 400 μ l. Genitalhof 240 μ l.; Genitalklappen hinten sehr breit, nach vorn sich bedeutend verjüngend, mit geradem Lateralrande; vorderer Genitalnapf klein, schmäler als das benachbarte Ende der Genitalklappe, dessen Fortsätze ihn umfassen; Borstenbesatz auf der Oberfläche der Genitalklappe fehlend. Färbung rot. — ♀ unbekannt. — Nph. mit 4 Genitalnäpfen. — ♂ 1,17 mm l.

Böhmen (Teich bei Goltsch-Jenikau).

13. **H. dispar** (Schaub) 1888 *Hydrodroma d.*, Schaub in: SB. Ak. Wien, *v.* 97 I p. 98—151 t. 1—6 | 1894 *Hydryphantes d.*, Piersig in: Zool. Anz., *v.* 17 p. 414 | 1896 *H. d.*, Pisařovic in: SB. Böhm. Ges., nr. 17 p. 6 | 1899 *H. d.*, Piersig in: Zool., *v.* 22 p. 392 t. 44 f. 131 | 1899 *H. d.*, Thon in: Rozpr. České Ak., ser. 2 *v.* 8 nr. 45 p. 19 f. 3.

♀. Integument mit abgerundeten Papillen besetzt. Augenplatte 306 μ l. und am Vorderende 370 μ br., etwa 1/4 der Länge des Rumpfes einnehmend; mittlere Hervorwölbung des Vorderrandes nicht kreisbogenförmig abgerundet, sondern fast breit keilförmig vorspringend, mit abgerundeter Spitze; vordere Seitenecken seitlich ausgezogen, eckig, fast in gleicher Höhe mit dem mittleren Vorsprunge liegend; hintere Fortsätze der Augenplatte sehr lang, in eine mehr oder weniger scharfe Spitze auslaufend; Hinterrandbucht ca. 190 μ tief. Capitulum mit kurzem, breitem Schnabelteil und grosser Mundöffnung. Maxillarpalpus kurz und sehr stämmig, besonders das 2. und 3. Glied; 4. Glied um die Hälfte dünner als das vorhergehende. Genitalklappe nach vorn nur mässig verschmälert, Lateralrand im hinteren Drittel stumpfwinklig gebrochen; vorderer Genitalnapf gross, breiter als das Vorderende der Genitalklappe; Oberfläche der letzteren zahlreiche Borsten tragend. Färbung rot. — ♂ 1,32 mm l.; ♀ 1,8 mm l.; Nph. 1 mm l.

Deutschland (Teiche bei Grossschocher und Borsdorf in der Umgegend von Leipzig), Schweiz (Bern), Böhmen (Teiche bei Goltsch-Jenikau und Lomnitz) und Norwegen (Höla bei Mosby unfern Kristiansand).

14. **H. prolongatus** Thon 1899 *H. ruber var. p.*, Thon in: Zool. Anz., *v.* 22 p. 101 | 1899 *H. r. var. p.*, Thon in: Rozpr. České Ak., ser. 2 *v.* 8 nr. 45 p. 13 t. 2 f. 13 | 1899 *H. r. var. p.*, Piersig in: Zool., *v.* 22 t. 50 f. 193b.

♂. Integument dicht mit abgerundeten, kleinen Papillen besetzt. Augenplatte auffallend gross, 600 μ l. und 580 μ br., hintere Fortsätze keilförmig zugespitzt, mit einer tiefen, länglichen Furche versehen, deren Ränder stark verdickt sind; Haarbörstchen nicht auf dem Fortsatze sitzend, sondern weiter nach vorn dem verdickten Seitenrande eingefügt; Vorderrand der Augenplatte nach der Mitte zu ein wenig vorgewölbt. Schnabelteil des 440 μ l. Capitulum ziemlich lang. Maxillarpalpus 560 μ l., ähnlich wie bei H. ruber gebildet, doch das 4. Glied etwas kürzer und gerader. Genitalklappen breiter als bei H. ruber, ca. 320 μ l.; Borsten am Medialrande sehr kurz und dünn. Färbung rot. — ♀ unbekannt. — ♂ 1,63 mm l.

Böhmen (Umgegend von Podebrad).

15. **H. bayeri** Pisařovic 1896 *H. b.*, Pisařovic in: SB. Böhm. Ges., nr. 17 p. 6 f. 5, 6 | 1899 *H. b.*, Piersig in: Zool., *v.* 22 t. 50 f. 189a, b | 1899 *H. b.*, Thon in: Rozpr. České Ak., ser. 2 *v.* 8 nr. 45 p. 15 t. 1 f. 5—9.

♂. Integument mit kleinen abgerundeten Papillen dicht besetzt. Augenplatte vorn stark verbreitert (470 μ br.), Vorderrand in der Mitte breit vorgewölbt; Hinterrandbucht kreisbogenförmig ausgeschnitten, von kurzen, keilförmig zugespitzten, hinteren Fortsätzen begrenzt. Seitenaugen ziemlich gross. Capitulum 380 μ l., in einen kurzen, mässig gebogenen Schnabelteil auslaufend. Mandibel 480 μ l. Maxillarpalpus 440 μ l.; 2. und 3. Glied fast gleich lang; 4. Glied etwas dünner als die vorhergehenden und doppelt so lang wie das 3. Glied, mit schwach gebogenem, spitzem Zahnfortsatz, der etwa halb so lang ist wie das Endglied. Genitalhof 320 μ l.; Genitalklappen schmal, mit zahlreichen, langen Borsten an den Medialrändern. Färbung ziegelrot. — ♀ unbekannt. — Nph. mit Genitalnäpfen, sonst wie das ♂. — ♂ 1,16 mm l.; Nph. 600—750 μ l.

Böhmen (Gitschiner Teich, Teich bei Neuhaus, Tümpel bei Podebrad).

16. **H. tenuipalpis** Thon 1899 *H. ruber var. t.*, Thon in: Zool. Anz., *v.* 22 p. 101 | 1899 *H. r. var. t.*, Thon in: Rozpr. České Ak., ser. 2 *v.* 8 nr. 45 p. 12 t. 1 f. 3, 4 | 1899 *H. t.*, Piersig in: Zool., *v.* 22 t. 50 f. 190a, b.

♂. Integument papillös. Augenplatte am flach bogigen Vorderrande 560 μ breit, mit einer kreisbogenförmig ausgeschnittenen mittleren Hinterrandbucht, ähnlich wie bei H. bayeri. Capitulum 440 μ l., mit mässig langem, am Ende abgestutztem, ventralwärts gebogenem Schnabelteil. Mandibel mit langem Klauenglied. Maxillarpalpus 630 μ l., schlank und dünn; 1. und 2. Glied fast gleich lang; 3. Glied etwas länger als das 2. Glied; 4. Glied fast doppelt so lang wie das vorhergehende; Endglied nur wenig länger als der Zahnfortsatz des 4. Gliedes. Epimeren und Genitalhof ohne besondere Kennzeichen. Färbung rot. — ♀ unbekannt. — ♂ 1,4 mm l.

Böhmen (Umgebung von Podebrad).

17. **H. ruber** (Geer) 1778 *Acarus aquaticus r.*, Geer, Mém. Hist. Ins., *v.* 7 p. 141 t. 9 f. 3—11 | 1783 *A. a. r.*, Goeze in: Geer, Abh. Gesch. Ins., *v.* 7 p. 59 t. 9 f. 3—6 | 1880 *Hydrodroma rubra*, Neuman in: Svenska Ak. Handl., n. ser. *v.* 17 nr. 3 p. 112 t. 14 f. 1 | 1882 *H. r.*, G. Haller in: Mt. Ges. Bern, 1881 I p. 48 t. 3, f. 2—5, 7 | 1891 *H. r.*, Berlese, A. M. S., fasc. 58 nr. 5 | 1891 *H. r.*, P. Kramer in: Zacharias, Tier- u. Pflanzenw. Süssw., *v.* 2 p. 44 f. 4 (Lv.) | 1892 *H. r.*, Piersig in: Zool. Anz., *v.* 15 p. 152, 341 | 1894 *Hydryphantes ruber*, Koenike in: Abh. Ver. Bremen, *v.* 13 p. 227 | 1894 *H. r.*, Koenike in: Zool. Anz., *v.* 17 p. 262 | 1896 *H. r.*, Pisařovic in: SB. Böhm. Ges., nr. 17 p. 6 | 1897 *H. r.*, Daday in: Result. Erforsch. Balatonsees, *v.* 1 p. 201 | 1897 *H. r.*, Thor in: Arch. Naturv. Christian., *v.* 19 nr. 11 p. 17 | 1897 *H. r.*, Thor in: Arch. Naturv. Christian., *v.* 20 nr. 3 p. 12 | 1899 *H. r.*, Thon in: Rozpr. České Ak., ser. 2 *v.* 8 nr. 45 p. 3 t. 1 f. 1, 2 | 1899 *H. r.*, Piersig in: Zool., *v.* 22 p. 388 t. 44 f. 130a—f t. 50 f. 193a | 1781 *Hydrachna umbrata*, O. F. Müller, Hydrachnae, t. 11 f. 6 | 1870 *Hydrodroma u.*, Neuman in: Öfv. Ak. Förh., nr. 2 p. 110 | 1897 *H. u.*, Oudemans in: Tijdschr. Ent., *v.* 40 p. 243 | 1837 *Hydrodroma plicatula* + ? *Hydrachna punicea*, C. L. Koch, C. M. A., fasc. 14 f. 12, 17 | 1842 ? *Hydryphantes puniceus* + *H. plicatulus* + *H. cruentus*, C. L. Koch, Übers. Arach., *v.* 3 p. 31 | 1884 *Diplodontus impressus*, Krendowskij in: Trav. Soc. Univ. Kharkow, *v.* 18 p. 334.

Im. Rumpf breit oval (Fig. 15). Integument dicht mit kleinen, abgerundeten Papillen besetzt. Augenplatte ca. 400 μ l. und 560 μ br., mit schwach gebogenem, fast geradem Vorderrande und keilförmig ausgezogenen Hinterrandfortsätzen; Ecken der Platte je eine Borste tragend. Medianauge über die Mitte der Augenplatte nach vorn gerückt. Capitulum 320 μ l. und 160 μ br. Maxillarpalpus $^1/_4$ so lang wie der Rumpf, nicht so dick wie die benachbarten Beinglieder, mit einer Anzahl gekrümmter Borsten besetzt. Beine mit zahlreichen, besonders an den distalen Enden der Glieder gehäuften, zum Teil gefiederten Dornborsten und mit Schwimmborstenreihen. Genitalöffnung 320 μ l., jederseits von einer seitlich beweglichen, nach hinten breiter werdenden Genitalklappe begrenzt (Fig. 15); jede Klappe vorn und hinten mit je einem grossen, sitzenden, knopfförmigen Genitalnapf, ein dritter nahe der Mitte des Medialrandes. ♀ und ♂ ohne äussere Geschlechtsunterschiede. Färbung rot, oft mit dunklem Anfluge. — Nph. mit 4 Genitalnäpfen. — Lv. ähnlich wie bei Thyas, doch mit kürzeren Rücken- und Bauchborsten, rot gefärbt. — ♂ 1,5 mm l., 1,2 mm br.; ♀ 2,2 mm l., 1,5 mm br.; Nph. 1 mm l.; Lv. 280 μ l. (eben ausgeschlüpft und mit Einschluss des Capitulum), 145 μ br.

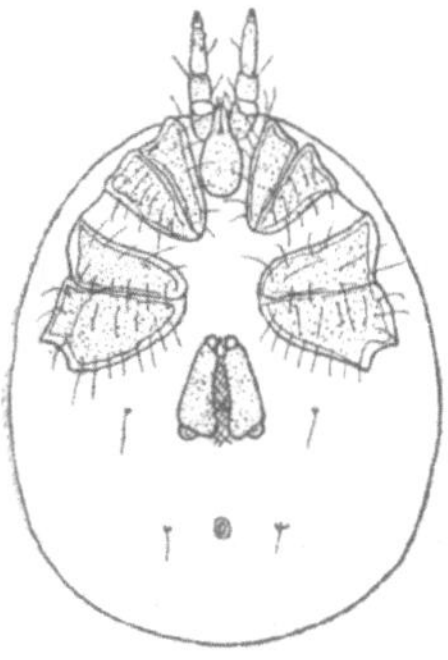

Fig. 15. H. ruber. ♀, Bauchseite.

Die Lv. verlässt das Wasser, um an Luft-Insekten zu schmarotzen.

Europa (in Waldlachen und Wiesentümpeln, besonders im Frühjahre).

H. chrysis (Théis) 1832 *Hydrachna c.*, Théis in: Ann. Sci. nat., *v.* 27 p. 1 t. 1 f. 2. Frankreich.

H. clypeatus Thor 1899 *H. c.*, Thor in: Arch. Naturv. Christian., *v.* 21 nr. 5 t. 6 f. 66—69.

Im. Augenplatte ähnlich wie bei H. ruber, doch hinten beinahe so breit wie vorn; geradliniger Hinterrand der Platte mit den kurzen, keilförmigen, hinteren Fortsätzen eine flache Einbuchtung bildend; Augenplatte 340 μ l., 342 μ br. Capitulum mit kurzem Schnabelteil. 4. Glied des Maxillarpalpus reichlich doppelt so lang wie das 3. Glied. Genitalhof, Genitalklappen und Genitalnäpfe kleiner als bei H. ruber. Färbung rot. — Im. 1,3 mm l., 1 mm br.

Norwegen.

H. hilaris C. L. Koch 1840 *H. h.*, C. L. Koch, C. M. A., fasc. 37 f. 18.

Süd-Deutschland (Graben am Birkelgut bei Regensburg).

H. impressus (Müll.) 1781 *Hydrachna impressa*, O. F. Müller, Hydrachnae, p. 64 t. 9 f. 2, 3.

Dänemark (in Gewässern bei Frederiksdal auf Seeland).

H. scaber (Hald.) 1843 *Hydrachna s.*, Haldeman in: P. Ac. Philad., *v.* 1 p. 184. Nord-Amerika.

H. tomentosus (H. Luc.) 1846 *Hydrachna tomentosa*, H. Lucas in: Expl. Algérie, An. artic. *v.* 1 p. 313—15 t. 22 f. 9.

Algerien (Tümpel am Wege von Lacalle nach Bona).

15. Gen. **Tanaognathus** Wolcott

1900 *Tanaognathus* (Typ.: *T. spinipes*), Wolcott in: Tr. Amer. micr. Soc., *v.* 21 p. 193.

Rumpf dorsoventral zusammengedrückt. Integument dünn, mit einem Netzwerk von chitinösen Stäbchen, das durch eine Ringfurche in einen kleineren, dorsalen und einen allseitig auf den Rücken übergreifenden, grösseren, ventralen Teil geschieden ist. Capitulum mit den unteren Vorderecken einen nach vorn und oben gebogenen, schnabelartigen Vorsprung bildend. Zahnartige Verlängerung des 4. Gliedes des Maxillarpalpus etwa ein Drittel so lang wie das Endglied. Epimeren dicht an einander gerückt, aber durch Nähte deutlich von einander geschieden. Beine mit wenigen Schwimmborsten. Genitalöffnung hinter der 4. Epimere, sehr kurz, ohne eigentliche Lefzen und Genitalplatten, jederseits schief nach hinten und lateralwärts zahlreiche, kleine, in die Körperhaut gebettete Genitalnäpfe.

Nord-Amerika.

1 Art.

1. **T. spinipes** Wolcott 1900 *T. s.*, Wolcott in: Tr. Amer. micr. Soc., *v.* 21 p. 194 t. 11 f. 22; t. 12 f. 25—28.

Rumpf flachgedrückt; Rücken weniger gewölbt als der Bauch. Integument sehr dünn, ein ziemlich weitmaschiges Netzwerk von kurzen Chitinstäbchen besitzend, das von einer fein linierten, zarten Cuticula überzogen ist. Rückenbogen dem Körperende sehr nahe. Augen gross, 284 μ von einander abstehend. Capitulum ziemlich lang, auf der Ventralseite nach vorn in einen schnabelartigen, mit dem distalen Ende dorsalwärts gebogenen Fortsatz ausgezogen, der etwas kürzer als das Capitulum ist; Vorderrandborsten zwischen den Maxillarpalpen entspringend, kräftig gebogen, mit den Spitzen auf der Dorsalfläche des Fortsatzes aufliegend. Maxillarpalpus kurz, Grundglied ungewöhnlich stämmig; nachfolgende Glieder allmählich an Dicke abnehmend;

2. Glied länger als das 3.; 4. Glied kürzer als das 3., am inneren distalen Ende der Streckseite mit einem zahnartigen Fortsatz, der etwa ein Drittel so lang ist wie das 5. Glied; letzteres in drei undeutliche Zähnchen auslaufend. Borstenbesatz des Maxillarpalpus sehr dürftig. Epimeren deutlich umrandet, bis auf einen schmalen Raum hinter den Hinterenden des 2. und 3. Paares dicht an einander gerückt; 4. Epimere am Hinterende eckig vorspringend, mit einer lateral zungenförmig vorspringenden Einlenkungsstelle des 4. Beines. Beine ziemlich stämmig, das erste ungewöhnlich lang und das 4. verhältnismässig gekürzt. 1.—4. Bein: 704, 770, 775 und 816 μ l.; 5. Glied ganz allgemein länger als das 6., in der Mitte etwas verdickt; 6. Glied schwach beugeseitenwärts gebogen; Kralle des 1. Beines einfach, ohne Nebenzahn, nur am Grunde gebogen, reichlich halb so lang wie das 6. Glied, degenförmig nach vorn gerichtet; Krallen des 2.—4. Beines klein, einfach sichelförmig; Beugeseite des 3., 4. und 5. Gliedes des 4. Beines mit 2 oder 3 Schwimmborsten und einer Anzahl hinter einander stehender Fiederborsten. Genitalöffnung sehr kurz, ca. 71 μ l., ohne eigentliche Lefzen; jederseits von ihr ein annähernd halbkreisförmiges Feld zahlreicher, kleiner, in die Haut gebetteter Genitalnäpfe; auf der medialen Seite dieses Feldes stehen 2 winzige Börstchen und ein sehr langes Haar. Sog. Analöffnung unweit des Hinterrandes des Rumpfes. Färbung hellrot, Beine grünlich blau. — ♀ unbekannt. — ♂ (?) 668 μ l.

Nord-Amerika (Soft-water Lake bei den Grand Rapids in Michigan).

16. Gen. **Mamersa** Koen.

1898 *Mamersa* (Typ.: *M. testudinata*), Koenike in: Abh. Senckenb. Ges., *v.* 21 II p. 372.

Integument getüpfelt, mit einem spröden, porösen Panzer, der aus zahlreichen Schildern besteht. Seitenaugen weit aus einander gerückt; Medianauge fehlt. Capitulum von ähnlichem Bau wie bei Thyas, dorsale Wandung jedoch hinten ohne Fortsätze. Muskelzapfen des Maxillarpalpus nicht am Medialrande der Ansatzgrube des Maxillarpalpus, sondern in der Tiefe derselben sitzend; Endigung des Maxillarpalpus wie bei Thyas. Mandibel 2-gliedrig, im Grundgliede nicht knieförmig gebogen. Epimeren ein zusammenhängendes Plattengebiet bildend; 4. Epimere dreieckig. Beine mit Schwimmborsten, Krallen sichelförmig. Genitalhof zum Teil zwischen den 4. Epimeren gelegen; Genitalplatten nicht beweglich eingelenkt, mit zahlreichen kleinen Genitalnäpfen. — Epimeren der Nph. auf 4 Gruppen verteilt; Abstand zwischen der 2. und 3. Epimere gross. Genitalplatten weit aus einander gerückt, mit zahlreichen Näpfen.

Süd-Afrika, Madagaskar.

1 Art.

1. **M. testudinata** Koen. 1898 *M. t.*, Koenike in: Abh. Senckenb. Ges., *v.* 21 II p. 373 t. 23 f. 80—84.

♀. Rumpf kurz eiförmig. Integument getüpfelt, mit vielen derben Haarhöckern besetzt, von denen 14 am Körperrande sichtbar werden. Panzer in eine beträchtliche Zahl verschieden grosser und von einander abweichend geformter Platten zerlegt, wodurch das Tier ein schildkrötenartiges Aussehen erhält. Rückenfläche mit 12 Randplatten und 6 Mittelplatten, von denen die vorderste, unregelmässig sechseckige, am umfangreichsten, die hinterste sehr klein ist. Bauchpanzer auf der Bauchfläche aus 2 grossen Randplatten und 6 kleinen Platten bestehend, die samt den 4 Epimeren den Genitalhof umschliessen. Epimeren einer jeden Seite lateral von einer grösseren Platte begrenzt. Vor dem Genitalhof ein winziges Panzerstück. Seitenaugen 290 μ von einander entfernt, sehr klein und randständig. Capitulum 200 μ l., nach vorn und abwärts gerichtet; Schnabelteil kegelförmig. Ventrale Wandung des Capitulum nach hinten stark flächenartig verbreitert. Muskelansatzzapfen in der Tiefe der Ansatzgrube des Maxillarpalpus. Mandibel 270 μ l., mit dünnem, nicht knieförmig gebogenem Grundgliede, das am Vorderende ein durchsichtiges, spitzes Häutchen besitzt. Maxillarpalpus wie bei Thyas; Grundglied ungewöhnlich lang, etwa so lang wie das 3. Glied. Epimeren dicht an einander gerückt, mit den benachbarten Panzerplatten verwachsen, bei ausgewachsenen Tieren undeutlich von einander abgegrenzt; 4. Epimere mit einer lateralen Verbreiterung. Beine wie bei Thyas. Genitalhof 240 μ l., in der Gestalt an denjenigen von Diplodontus despiciens erinnernd; Genitalplatten mit zahlreichen kleinen Genitalnäpfen besetzt, in ihrer ganzen Ausdehnung mit der Bauchwand verwachsen. Sog. Analöffnung 112 μ hinter dem Genitalhof. — ♂ unbekannt. — Nph. mit länglich eirundem Rumpfe. Integument papillös; an Stelle der mit den Rändern einander berührenden Panzerplatten, kleinere, mehr oder weniger abgerückte, grossporige Schilder; grösste Panzerplatte auf dem Rücken durch eine mediane Naht in zwei Seitenplatten zerlegt. Epimeren auf 4 Gruppen verteilt; 4. Epimere an der Lateralseite ohne Verbreiterung. Genitalhof aus 2 elliptischen, 123 μ l., zahlreiche Genitalnäpfe tragenden Platten bestehend, die weiter nach hinten gerückt sind als beim Im.; gegenseitige Entfernung der Genitalplatten vorn 62 μ, hinten 154 μ. Färbung wahrscheinlich rot. — ♀ 800 μ l., 670 μ br., 430 μ h.; Nph., 550 μ l., 330 μ br.

Süd-Afrika (Quilimane), Madagaskar (Majunga und Morondava).

17. Gen. **Krendowskija** Piersig

1895 *Krendowskia* (corr.: *Krendowskija*) (Typ.: *K. latissima*), Piersig in: Zool. Anz., *v.* 18 p. 147 | 1897 *K.*, Piersig in: Zool., *v.* 22 p. 18 | 1900 *K.*, Wolcott in: Tr. Amer. micr. Soc., *v.* 21 p. 178 | 1897 *Geayia* (Typ.: *G. venezuelae*), Thor in: Bull. Mus. Paris, *v.* 3 p. 11.

Integument hart, spröde und grossporig, mit Rückenfurche. Capitulum einer vorstreckbaren, rüsselartigen, dem Vorderende des Rumpfes entspringenden Verlängerung beweglich aufsitzend. Maxillarpalpus klein und gedrungen gebaut; 5. Glied krallenförmig, mit der vorspringenden distalen Beugeseitenecke des 4. Gliedes eine Art Zange bildend. Mandibel zweigliedrig. Epimeren auf 4 Gruppen verteilt; 4. Epimere auffallend gross, eine tiefe mittlere Bucht freilassend, in welcher der Genitalhof gelegen ist. Beine mit Schwimmborsten. Genitalöffnung gross, mit grossen, klappenartigen Lefzen, welche auf ihrer Oberfläche 3 oder 4, hinter einander stehende Genitalnäpfe und längs ihres lateralen Randes je eine Borstenreihe tragen. Sog. Analöffnung nahe dem Hinterrande des Rumpfes.

Nord- und Süd-Amerika, Russland.

3 Arten.

Übersicht der Arten:

1	Rumpf ebenso breit wie lang; Lateralränder des Genitalhofes wellig gebogen	1. **K. latissima** . . p. 72
	Rumpf nicht ganz so breit wie lang; Lateralränder des Genitalhofes nicht wellig gebogen — 2.	
2	Länge des Maxillarpalpus 148 μ	2. **K. ovata** . . . . p. 72
	Länge des Maxillarpalpus 110 μ	3. **K. venezuelae** . p. 73

1. **K. latissima** Piersig 1884 *Arrenurus punctator* (err., non C. L. Koch 1837!), Krendowskij in: Trav. Soc. Univ. Kharkow, *v.* 18 p. 324 t. 7 f. 11 | 1895 *Krendowskia latissima*, Piersig in: Zool. Anz., *v.* 18 p. 147 | 1897 *K. l.*, Piersig in: Zool., *v.* 22 p. 18.

Fig. 16. K. latissima. ♂. Bauchseite.

♂. Rumpf gewölbt, breit oval, nach vorn stark verjüngt, ohne Einbuchtung am Vorderrande. Integument mit Poren, die sich zu 2 und 3 zu einem Gang vereinigen. 1. Epimere mit stumpfer Vorderecke; 4. Epimere mit einem schmalen Streifen bis zur Medialecke der 3. reichend. Genitallefzen plattenartig, gemeinschaftlich eine breit elliptische Scheibe mit welligem Lateralrande bildend; jederseits der Genitalöffnung 3 flachbogig hinter einander gelagerte Genitalnäpfe. Färbung lichtgrün. — ♀ unbekannt. — ♂ ca. 1—1,2 mm l.

Süd-Russland.

2. **K. ovata** Wolcott 1900 *Krendowskia o.*, Wolcott in: Tr. Amer. micr. Soc., *v.* 21 p. 181 t. 9 f. 1—7.

Im. Rumpf breit eiförmig; Rücken stark gewölbt. Integument panzerartig; Rückenfurche elliptisch, bei einem 1 mm grossen ♂ etwa 835 μ l. und 651 μ br.; Hautborsten auf kleinen, abgerundeten Papillen stehend. Augen ziemlich nahe an einander gerückt, gegenseitiger Abstand nur 190 μ. Capitulum 240 μ l., auf einem lang vorstreckbaren, beweglichen, ca. 400 μ l., weichhäutigen Halse sitzend, etwa $^2/_3$ so breit wie dieser und durch eine Einschnürung von demselben abgesetzt, am ventralen Vorderende in einen Vorsprung ausgezogen, dessen distales Ende fast zum 5. Gliede des Maxillarpalpus heranreicht. Mandibel 265 μ lang, unregelmässig und in eine doppelte Klaue auslaufend. Maxillarpalpus verhältnismässig klein und gedrungen, reichlich $^1/_4$ so dick wie lang; 1.—4. Glied fast gleich stark; 1. Glied sehr kurz; 2. Glied länger als das 3. oder 4., mit je einer langen Borste auf der Streck- und auf der Innenseite; 3. Glied nur etwa halb so lang wie das 4., ebenfalls auf der Innenfläche eine lange Borste tragend; 4. Glied mit einer vorspringenden distalen Beugeseitenecke, gegen welche das kurze, stämmige, am verjüngten freien Ende mit einem kurzen Stachel bewehrte, beweglich eingelenkte 5. Glied eingeschlagen werden kann. Epimeren reichlich die Hälfte der Bauchfläche einnehmend; 1. Paar in der Medianlinie durch eine chitinöse Rinne verbunden; hintere Epimeren-Gruppen von einander abgerückt; 4. Epimere nicht bis an das mediale Ende der 3. sich erstreckend, sondern am vorderen Medialrande eine Einbuchtung bildend, die von dem Mündungshofe einer Hautdrüse eingenommen wird. Beine ziemlich kurz, nur das 4. Paar länger als der Rumpf; 5. Glied des 3. Beines und 4. und 5. Glied des 4. Beines länger als das 6. Glied; Borstenbewaffnung der Glieder reichlich, vom 1.—4. Bein an Stärke zunehmend; Kralle gleichmässig gekrümmt, mit einem Nebenzahn auf der konvexen Seite nahe der Spitze. Genitalhof 281 μ l., zum grössten Teil in einer weiten, von den 4. Epimeren gebildeten Bucht gelegen; Genitalöffnung durch 2 klappenartige Lefzen verschlossen, die auf ihrer Oberfläche am lateralen Rande beim ♀ je 4, beim ♂ je 3 Genitalnäpfe tragen; lateraler Rand verdickt, auf seinem Rücken etwa 12 kleine Borsten tragend. Färbung dunkelbraun oder dunkelgrün, mit schwärzlichen Rückenflecken. — ♂ 925 μ l.; ♀ 1 mm l.

Nord-Amerika (Power's Lake und Crooked Lake bei den Grand Rapids in Michigan).

3. **K. venezuelae** (Thor) 1897 *Geayia v.*, Thor in: Bull. Mus. Paris, *v.* 3 p. 12 f. 1—6 | 1900 *Krendowskia v.*, Wolcott in: Tr. Amer. micr. Soc., *v.* 21 p. 179.

♀. Rumpf fast kugelig, nach vorn verjüngt. Capitulum mit Hals 770 µ l.; Maxillarpalpus 110 µ l.; Rückenfurche oval. Vordere Epimerengruppen in der Mittellinie durch einen Zwischenraum geschieden; 4. Epimere bis an das mediale Ende der 3. heranreichend. Färbung grünlichgelb mit schwarzen Flecken (einer vorn und 4 innerhalb des Rückenbogens). — ♂ unbekannt. — ♀ 1—1,3 mm l., 1,1—1,2 mm br., 1 mm h.

Venezuela (Seen bei Luria).

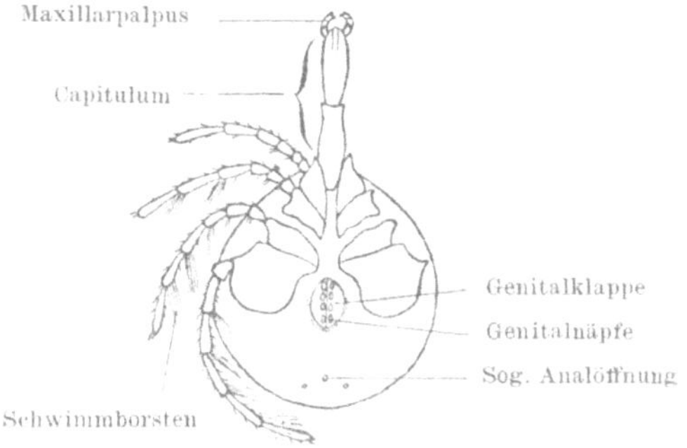

Fig. 17. **K. venezuelae.** ♀, Bauchseite.

17. Gen. Arrhenurus Ant. Dug.

1834 *Arrenurus* (corr.: *Arrhenurus*), Ant. Dugès in: Ann. Sci. nat., ser. 2 *v.* 1 p. 17 | 1842 *A.*, C. L. Koch, Übers. Arach., *v.* 3 p. 18 | 1854 *A.*, Bruzelius, Beskr. Hydrach., p. 20 | 1875 *A.*, P. Kramer in: Arch. Naturg., *v.* 41 I p. 288 | 1882 *A.*, G. Haller in: Mt. Ges. Bern, 1881 I p. 40 | 1884 *A.*, Krendowskij in: Trav. Soc. Univ. Kharkow, *v.* 18 p. 314 | 1897 *A.*, Piersig in: SB. Ges. Leipzig, *v.* 22/23 p. 89 | 1898 *A.*, Piersig in: Zool., *v.* 22 p. 272 | 1880 *Anuranià*. Neuman in: Svenska Ak. Handl., n. ser. *v.* 17 nr. 3 p. 95 | 1900 *A.*, Thon in: Verh. D. zool. Ges., p. 108.

Rumpf verschieden gestaltet, beim ♂ (Fig. 19, 20, 21) nach hinten in einen mehr oder weniger gegliederten Anhang sich fortsetzend, nicht selten mit auffallenden Rückenhöckern. Bauchpanzer dorsalwärts übergreifend, durch eine, beim ♂ auf den Anhang übertretende, nach hinten meist offene, beim ♀ aber allseitig geschlossene Rückenbogenfurche vom kleineren Rückenpanzer geschieden. Panzerporen gross, oft zu 2 oder 3 zusammenlaufend. Capitulum unter der Mundöffnung mit einem, durch ein Häutchen verschlossenen, keilförmigen Einschnitt. Maxillarpalpus kurz und stämmig; 4. Glied am längsten, distale Beugeseitenecke abgeplattet, eckig vorspringend, Innenborste und 2 randständige Tasthärchen tragend, im Verein mit dem beweglich eingelenkten, klauenförmig zugespitzten Endgliede eine Art Zange oder Schere bildend. Vordere Epimeren hinter dem Capitulum in der Mittellinie des Rumpfes verwachsen. An den 3 letzten Beinpaaren in der Regel Schwimmborsten; 4. Glied am 4. Bein des ♂ meist mit einer sporn- oder zapfenartigen, ein Haarbüschel tragenden Verlängerung am distalen Beugeseitenende. Genitalhof (Fig. 18, p. 83) beim ♀ ein Stück hinter der 4. Epimere gelegen, mit 2, eine fast kreisrunde Scheibe bildenden, platten Lefzen und flügelförmigen, lateral gerichteten, zahlreiche winzige Genitalnäpfe aufweisenden Genitalplatten, beim ♂ an die Grenze zwischen Rumpf und Anhang gerückt, mit schmalen Lefzen und ebenfalls lateral ziehenden Genitalplatten, gewöhnlich begleitet von einem, meist rinnen- oder zapfenartigen Gebilde (Petiolus), das als accessorisches Begattungsorgan Verwendung findet und entweder an dem Hinterrande oder in einer dorsalen Vertiefung (Mulde) des Anhanges entspringt, und von einem oder mehreren hyalinen Häutchen oder Anhängseln, deren Ansatzstelle meist über, seltener unter oder neben dem Petiolus liegt. Zu beiden Seiten des Petiolus nicht selten je eine eigentümliche Borste (Krummborste). Rumpfanhang des ♂ entweder nach hinten zu verjüngt oder durch seitliche Wülste oder Vorsprünge (Eckfortsätze) mehr oder weniger verbreitert.

Europa, Afrika, Asien, Amerika und Melanesien.

90 sichere und 48 unsichere Arten, 4 Unterarten.

Übersicht der sicheren Arten (nur die ♂ sind berücksichtigt):

1 { Anhang des Rumpfes mehr oder weniger walzenförmig, in der Mitte mit rundlichem Querschnitt — 2.
Anhang nicht walzenförmig, Querschnitt an gleicher Stelle nicht rundlich — 15.

2 { Hinterrand des Anhanges mit frei hervorragendem Petiolus . . . . 1. **A. rudiferus** . . . . p. 81
Hinterrand des Anhanges ohne frei hervorragenden Petiolus — 3.

3 { Anhang bis zum Hinterrande von fast gleicher Breite — 4.
Anhang nach dem freien Ende hin verbreitert — 5.
Anhang am freien Ende schmäler als in der bauchig verdickten Mitte — 7.

4 { Hinterrand des Anhanges mit tiefem, medianem Einschnitte . . . . 2. **A. concavus** . . . . p. 82
Hinterrand des Anhanges ohne medianen Einschnitt, Rücken des Anhanges stark erhöht 3. **A. globator** . . . . . p. 82

5 { Hinterende des Anhanges fast beil- oder meisselförmig verbreitert, mit deutlichen, wenig abgerundeten Seitenecken, etwa so breit wie die Mitte . . . . 4. **A. securiformis** . . . p. 83
Hinterende des Anhanges ohne deutlich vorspringende Seitenecken, Seitenränder in breiter Rundung in den flach ausgebuchteten Hinterrand übergehend — 6.

6 { Anhang mit einer kräftigen wulstartigen Verdickung hinter dem stark eingeschnürten Grunde . . . . 5. **A. geniculatus** . . . p. 84
Anhang hinter dem schwach eingeschnürten Grunde wenig verdickt . . . . 6. **A. corniger** . . . . . p. 84

7 { Hinterende des Anhanges hinter der lateralen Einschnürung durch deutlich vorspringende, schwach abgerundete Seitenecken verbreitert — 8.
Hinterende des Anhanges hinter der schwachen lateralen Einschnürung wenig oder gar nicht verbreitert, mit stark abgerundeten Seitenecken — 9.

8 { Höckeraufsatz auf dem Hinterende des Anhanges von oben gesehen herzförmig, seine Spitze nach vorn gerichtet . . . . 7. **A. cylindratus** . . . p. 84
Höckeraufsatz auf dem Hinterende des Anhanges nach vorn breit abgestutzt, mit nach hinten divergierenden, zungenförmigen Seitenwülsten . . . . 8. **A. krameri** . . . . . p. 85

9 { Hinterrand des Anhanges mit einer medianen Einbuchtung oder Kerbe — 10.
Hinterrand ohne mediane Einbuchtung, nach der Mitte zu mehr oder weniger vorgewölbt — 13.

10 Medianer Einschnitt des Hinterrandes etwa $^1/_5$ des Anhanges spaltend . . . . 9. **A. dahli** . . . . . . p. 85
Mediane Einbuchtung oder Einkerbung des Hinterrandes keine so tiefe Spalte hervorrufend — 11.

11 Hinterrand stark verschmälert, mit winzigen, eng neben einander gerückten, spitzen Vorsprüngen und flacher medianer Einbuchtung 10. **A. conicus** . . . . . p. 86
Vorsprünge am mässig verschmälerten Hinterrande des Anhanges ziemlich gross, abgerundet, durch eine deutliche mediane Kerbe von einander geschieden — 12.

12 Hinterrandvorsprünge des Anhanges die zurücktretenden Seitenecken stark nach hinten überragend . . . . 11. **A. caudatus** . . . . . p. 87
Hinterrandvorsprünge nur wenig über die Seitenecken hinausragend . . . . 12. **A. stjördalensis** . . . p. 88

13 Hinterrand des Anhanges zu beiden Seiten der vorgewölbten Mitte mit je einem durchsichtigen Anhängsel — 14.
Hinterrand des Anhanges ohne durchsichtige Anhängsel, in der Mitte mit breiter, flacher Vorwölbung . . . . 13. **A. tubulator** . . . . p. 88

14 Durchsichtige Anhängsel am Hinterrande des Anhanges bläschenförmig, breit abgestutzt oder abgerundet . . . . 14. **A. zachariae** . . . . p. 88
Durchsichtige Anhängsel an gleicher Stelle kegelförmig zugespitzt . . . . 15. **A. moebii** . . . . . . p. 89

15 Petiolus am Hinterrand oder an der Ventralseite des Anhanges entspringend — 16.
Petiolus einer dorsalen Mulde des Anhanges eingefügt oder fehlend — 53.

16 Anhang am distalen Ende, infolge seitlicher, schief nach hinten gerichteter Vorsprünge oder Wülste (Eckfortsätze), ebenso breit oder breiter als an dem mehr oder weniger eingeschnürten Grunde — 17.
Anhang distal an Breite abnehmend — 50.

17 Mit 2 spitz zulaufenden, hornförmigen, nach vorn oder hinten schwach übergebogenen Rückenhöckern auf der Mitte oder am Hinterende der dorsalen Panzerplatte — 18.
Mit abgerundeten Rückenhöckern — 30.

18 Rückenhöcker gegabelt, winzig klein, fast verkümmert; Petiolus ungewöhnlich gross, mit ankerförmigem Endstück . . . . 16. **A. berolinensis** . . . p. 89
Rückenhöcker nicht gabelspitzig, mehr oder weniger kräftig entwickelt; Petiolus ohne ankerförmiges Endstück — 19.

19 Hörner des Rückenhöckerpaares am Grunde verschmolzen, nur die einander sehr genäherten Spitzen gesondert — 20.
Hörner des Rückenhöckers von einander abgerückt, durch eine mehr oder weniger tiefe und breite mediane Furche von einander geschieden — 25.

20	Lateraler Abfall der Rückenhöcker ohne stark entwickelten Nebenhöcker — 21.		
	Das fast einspitzig erscheinende, sehr grosse, kappenförmige Rückenhöckerpaar jederseits von einem deutlich wahrnehmbaren Nebenhöcker begleitet	17. **A. maximus**	p. 89
21	Hyalines Häutchen über dem Petiolus mit fast parallelen Seitenrändern und schwach bogig ausgeschnittenem, von scharfen Ecken begrenztem Hinterrande	18. **A. cuspidifer**	p. 90
	Hyalines Häutchen mit verschmälertem, von undeutlichen, abgerundeten Seitenecken eingefasstem Hinterrande — 22.		
22	Schlauchförmiges Gebilde am Petiolus zahnartig über den Hinterrand desselben hinausragend	19. **A. compactus**	p. 90
	Schlauchförmiges Gebilde nicht zahnartig über den Hinterrand hinausragend — 23.		
23	Petiolus am Hinterende stark abgerundet . .	20. **A. leuckarti**	p. 91
	Hinterrand des Petiolus von den Seitenrändern mehr oder weniger deutlich abgesetzt — 24.		
24	Petiolus am Hinterende mässig verbreitert, mit abgerundeten Ecken	21. **A. maculator**	p. 91
	Petiolus stark verbreitert, Ecken wenig abgestumpft	22. **A. battilifer**	p. 92
25	Hinterrand des Anhanges über dem Petiolus mit einem nach hinten gleich breiten, in drei gleich lange, scharfe Spitzen auslaufenden, eine scharfkantige, mediane Leiste tragenden, starren Gebilde und 2 breiten, bis zu den Eckfortsätzen sich hinziehenden häutigen Lamellen; Rückenhöcker weit nach hinten gerückt, von mässiger Höhe . . .	23. **A. orientalis**	p. 92
	Hinterrand des Anhanges über dem Petiolus mit einem hyalinen Häutchen — 26.		
26	Hyalines Häutchen über dem Petiolus mit verschmälertem Hinterrande — 27.		
	Hyalines Häutchen mit verbreitertem Hinterrande — 29.		
27	Petiolus seitlich mit je einem schmalen, durchsichtigen Saum, ungemein dick	24. **A. altipetiolatus** . . .	p. 93
	Petiolus ohne lateralen Saum — 28.		
28	Petiolus meisselförmig; Krummborsten bis hinter den Petiolus reichend	25. **A. tetracyphus** . . .	p. 94
	Petiolus am Hinterrande stachelspitzig ausgezogen; Krummborsten kürzer als der Petiolus	26. **A. lautus**	p. 94
	Petiolus am merkbar verbreiterten Hinterende mit deutlichen, lateral etwas ausgezogenen Hinterrandecken; schlauchförmiges Gebilde in der Petiolusrinne median über den Hinterrand des Petiolus zahn- oder höckerartig hinausragend	27. **A. ornatus**	p. 95
29	Petiolus nach hinten mässig verbreitert, abgerundet, mit einer Einbuchtung am Hinterrande	28. **A. crenatus**	p. 95
	Petiolus auffallend lang, in der Mitte etwas verbreitert, mit abgerundetem Hinterende; neben dem hyalinen Häutchen jederseits ein kugeliges, gelblich durchscheinendes Gebilde	29. **A. barroisi**	p. 96

30	Mit hyalinem Häutchen über dem Petiolus und spornartigem Fortsatz am 4. Gliede des 4. Beines — 31.		
	Ohne hyalines Häutchen über dem Petiolus; 4. Bein mit oder ohne Sporn — 44.		
31	Hyalines Häutchen mit verbreitertem Hinterrand und mehr oder weniger spitz ausgezogenen Seitenecken — 32.		
	Hyalines Häutchen mit verschmälertem Hinterrand und meist stumpfen oder abgerundeten Seitenecken — 39.		
32	Petiolus nach dem freien Ende hin wenig verbreitert, fast meisselförmig, mit geraden oder schwach konkav ausgebogenen Seitenrändern — 33.		
	Petiolus nach dem freien Ende hin kolbig oder spatelförmig verdickt — 36.		
33	Auf der Mitte des Rückens ausserhalb der Rückenbogenfurche jederseits ein massiger, hornförmiger Höcker mit abgerundeter Spitze; Hinterrandecken des Petiolus in lateral gerichtete Zähnchen ausgezogen . .	30. **A. frustrator**	p. 96
	Mitte des Rückens an gleicher Stelle ohne massige, hornförmige Höcker; Hinterrandecken nicht in laterale Spitzen ausgezogen — 34.		
34	Krummborsten neben dem Petiolus kürzer als dieser — 35.		
	Krummborsten ebenso lang wie der fast mörserstösserförmige Petiolus; Hinterrand des letzteren breit abgerundet vorspringend, mit stumpfen Seitenecken	31. **A. neumani**	p. 97
35	Hinterrand des Petiolus fast abgestutzt, mit stumpfen Seitenecken	32. **A. radiatus**	p. 97
	Hinterrand des Petiolus eckig ausgeschnitten, mit ziemlich scharfen, nach hinten gerichteten Seitenecken	33. **A. tricuspidator** . .	p. 98
36	Krummborsten an der Spitze gabelteilig — 37.		
	Krummborsten zu beiden Seiten des Petiolus ungegabelt — 38.		
37	Petiolus am verbreiterten freien Ende jederseits mit einem lateral gerichteten Zahn. . . .	34. **A. bidens**	p. 99
	Petiolus ohne laterale Zähne, am verschmälerten Hinterrande mit einer, von deutlichen Ecken begrenzten, flachen Einbuchtung	35. **A. claviger**	p. 100
38	Hinterrand des Petiolus abgerundet in die Seitenränder übergehend	36. **A. virens**	p. 100
	Hinterrand des Petiolus stumpf keilförmig ausgezogen	37. **A. edentator**	p. 100
39	Petiolus an den Seitenrändern mit durchscheinendem Saum oder sonstigen hautartigen Anhängen — 40.		
	Petiolus ohne solche Gebilde — 41.		
40	Petiolus mit einem rundlichen, flügelartig schief lateral und nach hinten vorspringenden hyalinen Hautfortsatz	38. **A. abbreviator** . . .	p. 101
	Petiolus durch breite, laterale, durchscheinende Säume spatelförmig verbreitert	39. **A. latipetiolatus** . .	p. 101

41 Petiolus meissel- oder mörserstösserförmig, mit stumpf abgerundeten Hinterrandecken — 42.
Petiolus anders gestaltet — 43.

42 Hyalines Häutchen nach hinten stark verschmälert, ohne deutliche Seitenecken; Petiolus wie bei A. maculator . . . . . . 40. **A. affinis** . . . . . p. 102
Hyalines Häutchen mit deutlich nach hinten ausgezogenen Ecken, nur hier durchsichtig; Petiolus kurz, meisselförmig . . . . 41. **A. robustus** . . . . p. 102

43 Mit Krummborsten neben dem, an den beiden Hinterrandecken in je einen seitlich gerichteten, zahnartigen Fortsatz auslaufenden Petiolus . . . . 42. **A. bruzelii** . . . . . p. 102
Ohne Krummborsten neben dem am Hinterende lochartig ausgeschnittenen, zungenförmigen Petiolus . . . . 43. **A. papillator** . . . . p. 103

44 Mit einem spornartigen Fortsatz am 4. Gliede des 4. Beines — 45.
Ohne spornartigen Fortsatz an gleicher Stelle — 46.

45 Petiolus am verbreiterten Ende jederseits mit einem dünnen Ausläufer versehen; Anhang kurz, mit stark gekürzten, wenig über den Hinterrand hinausragenden Eckfortsätzen 44. **A. vávrai** . . . . . p. 104
Petiolus aus einem zapfenartigen, mit dem freien Ende nach unten gekrümmten, dunkel gefärbten Grundteil und einem hyalinen, hautartigen, zäpfchentragenden, nach dem ausgebuchteten Hinterrande schaufelartig verbreiterten Endteil bestehend; Anhang jederseits mit einem grösseren oberen und einem kleineren unteren Eckfortsatz . . . 45. **A. pudens** . . . . . p. 104

46 Mit hyalinen Hautgebilden an oder unter dem Petiolus — 47.
Ohne hyaline Hautgebilde an gleicher Stelle; Anhang undeutlich vom Rumpfe abgesetzt — 49.

47 Petiolus auf einer kugeligen medianen Vorwölbung der Hinterrandbucht des Anhanges eingelenkt; hyalines Häutchen jederseits des Petiolus breit abgerundet vorspringend, ohne Krummborsten — 48.
Petiolus in der Tiefe einer schmalen medianen Hinterrandbucht eingelenkt, am freien Ende kurz gegabelt, jederseits mit 2 an demselben angewachsenen, hyalinen Häutchen; Krummborsten kürzer als der Petiolus . . . . . 46. **A. stuhlmanni** . . . p. 105

48 Petiolus ankerförmig . . . . 47. **A. albator** . . . . . p. 105
Petiolus mit keilförmig ausgezogenem Hinterende . . . . 48. **A. crassicaudatus** . p. 106
Petiolus am Hinterende herzförmig ausgeschnitten . . . . 49. **A. cordatus** . . . . p. 106
Petiolus nach dem freien Ende zu gleichmässig verbreitert, mit einem von deutlichen Seitenecken eingefassten, bogig ausgeschnittenen Hinterrande . . . . 50. **A. krendowskiji** . . p. 107

49 Hinterende des schwach kolbigen Petiolus mit einem medianen, lochartigen Einschnitt; Krummborsten verkümmert, kaum gebogen 51. **A. pustulator** . . . p. 107
Petiolus nach dem freien Ende zu stark verschmälert, zugespitzt; Krummborsten fehlen 52. **A. fimbriatus** . . . p. 107

50 Petiolus zwischen den Genitalplatten eingelenkt, mit dem freien Ende nach einer Seite gekrümmt . . . . 53. **A. obliquus** . . . . p. 108
Petiolus hinter den Genitalplatten eingelenkt, am freien Ende nicht nach der Seite umgebogen — 51.

51 Anhang sehr kurz; Petiolus auf einer flachen medianen Hervorwölbung des ventralen Hinterrandes des Anhangs, jederseits mit einem kleinen, ohrartigen Anhängsel ausgestattet; hyalines Häutchen über dem Petiolus fehlend; 5. und 6. Glied des 4. Beines umgebildet . . . . 54. **A. auritus** . . . . . p. 109
Anhang stumpf kegelförmig nach hinten verschmälert; Petiolus auf beiden Seiten von je einem ungewöhnlich verdickten Haargebilde begrenzt; hyalines Häutchen über dem Petiolus vorhanden; Endglieder des 4. Beines nicht umgebildet — 52.

52 Anhang vom Rumpfe undeutlich abgesetzt; hyalines Häutchen nach hinten durch ausgezogene Hinterrandecken nicht verbreitert . . . . 55. **A. nobilis** . . . . . p. 109
Anhang vom Rumpfe deutlich abgesetzt, merkbar schmäler als das Hinterende des Rumpfes; hyalines Häutchen nach hinten verbreitert . . . . 56. **A. kanei** . . . . . . p. 110

53 Vorderrücken mit 2 auffallend grossen, hornförmigen Höckern ausserhalb des Rückenbogens — 54.
Vorderrücken ohne solche Hörner — 56.

54 Anhang am Grunde eingeschnürt, nach hinten verbreitert und mit einem wellig vorspringenden, jederseits 2 flache Einbuchtungen aufweisenden Hinterrande . . 57. **A. laticodulus** . . . p. 110
Anhang vom Rumpfe undeutlich abgesetzt, in 2 durch eine breite Mittelbucht getrennte Eckfortsätze auslaufend — 55.

55 Eckfortsätze, von der Seite gesehen, nach hinten sich merkbar verjüngend . . . . . 58. **A. bicornutus** . . . p. 110
Eckfortsätze, von der Seite gesehen, nach hinten kaum verschmälert . . . . 59. **A. lohmanni** . . . . p. 111

56 Hinterende des Anhanges mit einer medianen Einkerbung oder Einbuchtung; 4. Bein ohne Sporn am 4. Gliede — 57.
Hinterende des Anhanges ohne jede mediane Einkerbung oder Einbuchtung — 68.

57 2. Glied des Maxillarpalpus auf der Innenfläche mit einem bürstenartigen Haarpolster — 58.
2. Glied des Maxillarpalpus an gleicher Stelle nur mit einzelnen Säbelborsten — 61.

58 { Petiolus frei über den Hinterrand des Anhanges hinausragend, mit Haaren besetzt . . . . 60. **A. hungaricus** . . . p. 111
Petiolus in der dorsalen Mulde des Anhanges verborgen oder fehlend — 59.

59 { Anhang nach hinten stark verschmälert — 60.
Anhang nur wenig verschmälert, medianer Einschnitt des Hinterrandes eng und tief; Petiolus spatelförmig . . . . 61. **A. sinuator** . . . . p. 112

60 { Ende des Anhanges in 2, einen medianen, lochartigen Einschnitt seitlich umfassende, mit den Spitzen einander zugeneigte Hörner auslaufend . . . . 62. **A. forpicatus** . . . p. 112
Ende des wellig abgerundeten Anhanges mit einem tiefen, gleich breiten, medianen Einschnitt . . . . 63. **A. setiger** . . . . . p. 113

61 { Medianer Einschnitt am Hinterrande des Anhanges eine tiefe Spalte oder Kerbe bildend — 62.
Medianer Einschnitt am Hinterrande des Anhanges von geringer Tiefe — 67.

62 { Mediane Spalte des Anhanges nach einer starken Verengung in der Tiefe plötzlich lochartig erweitert — 63.
Mediane Spalte in der Tiefe nur wenig oder gar nicht erweitert — 65.

63 { Seitenränder der medianen Spalte des Anhanges einander sehr genähert, bis zur Umbiegung in den Hinterrand parallel laufend — 64.
Seitenränder der medianen Spalte nur hinter der lochartigen Erweiterung einander stark genähert, nach hinten stark divergierend, stumpfeckig in die Seitenränder des Anhanges übergehend; Petiolus am distalen Ende zugespitzt . . . . 64. **A. voeltzkowi** . . . p. 114

64 { Anhang nach hinten stark verjüngt, ohne hyalinen Saum am Hinterrande; Petiolus mit paarig auftretenden, geraden, parallel gerichteten, freien Enden . . . . 65. **A. plenipalpis** . . . p. 114
Anhang nach hinten mässig verjüngt, breit abgerundet, mit hyalinem Saume am Hinterrande; Petiolus in 2, mit den Spitzen zangenartig sich zuneigende Zahnfortsätze sich gabelnd . . . . 66. **A. limbatus** . . . . p. 115

65 { Mit deutlich wahrnehmbarem, von hyalinen Hautgebilden umgebenem Petiolus — 66.
Petiolus und hyaline Hautgebilde nicht wahrnehmbar . . . . 67. **A. bisulcicodulus** . p. 116

66 { Freies Ende am medianen Teil des Petiolus stumpf abgerundet . . . . 68. **A. novus** . . . . . p. 116
Freies Ende am medianen Teil des Petiolus zugespitzt . . . . 69. **A. madarászi** . . . p. 116

67 { Hinterrand des Anhanges mit flacher medianer Einbuchtung . . . . 70. **A. stecki** . . . . . p. 117
Hinterrand mit spaltförmig schmalem, winzigem Einschnitt an gleicher Stelle . . . . . . 71. **A. bifidicodulus** . . p. 117
Hinterrand mit sperrig offener, von deutlich abgesetzten, rundlichen Vorsprüngen seitlich eingefasster, medianer Einkerbung . . . . 72. **A. integrator** . . . p. 118

68 4. Bein am 4. Gliede ohne Sporn — 69.
4. Bein am 4. Gliede mit Sporn — 71.

69 Endglied des 4. Beines sichelförmig gekrümmt, an der konkaven Seite mit abstehenden, gekrümmten Borsten besetzt . . . . 73. **A. pectinatus** . . . p. 118
Endglied des 4. Beines ohne jede auffallende Umbildung — 70.

70 Anhang wie bei A. bifidicodulus, medianer Teil des Hinterrandes jedoch bogig vorgewölbt; Innenfläche des 2. Gliedes des Maxillarpalpus nur mit einigen Säbelborsten . . . 74. **A. solidus** . . . . . p. 119
Anhang kurz, wenig schmäler als der Rumpf, nach hinten schwach verjüngt; 2. Glied des Maxillarpalpus mit einem Haarpolster auf der Innenfläche . . . . 75. **A. knauthei** . . . . p. 120

71 Medianer Teil des Hinterrandes des Anhanges jederseits von einer Kerbe begrenzt . . . 76. **A. nodosus** . . . . p. 120
Hinterrand ohne Einkerbung in die Seitenränder übergehend — 72.

72 Rückenbogenfurche hinten geschlossen . . . 77. **A. castaneus** . . . . p. 120
Rückenbogenfurche hinten offen — 73.

73 Anhang am Hinterrande ungefähr halb so breit wie am Grunde . . . . 78. **A. truncatellus** . . p. 121
Anhang am Hinterrande verjüngt, etwa 1/3 so breit wie am Grunde . . . . 79. **A. oblongus** . . . . p. 121

1. **A. rudiferus** Koen. 1898 *Arrenurus r.,* Koenike in: Abh. Senckenb. Ges., v. 21 II p. 336 t. 22 f. 51—54; t. 27 f. 145—149.

♂. Rumpfanhang ohne Eckenfortsätze 300 μ l., am Grunde kräftig eingeschnürt, fast so hoch wie der Rumpf, auf der Dorsalfläche etwa in der Mitte mit 2 neben einander gelegenen, 80 μ von einander abgerückten, umfangreichen, aber niedrigen Höckern, am Hinterende schräg abgestutzt, auf der Ventralseite etwas vorspringend; höckerartige Eckenfortsätze ein wenig medial und aufwärts gerichtet. Petiolus unterhalb der Eckenfortsätze eingelenkt, ca. 112 μ l., am Grunde verschmälert, nach dem freien Ende hin keulenförmig verdickt und hier jederseits mit 2 Widerhaken versehen, die dem Petiolus das Aussehen eines Quirls geben, in Wirklichkeit aber in verschiedener Höhe an einer Leiste entspringen, welche fortsatzartig nach unten über den Petiolus hinausragt. Krummborsten neben dem Petiolus, kurz vor dem freien Ende gebrochen und mit den Spitzen schief lateral und nach oben weisend. Haarhöcker über dem Petiolus 80 μ aus einander gerückt, ein zweites, tiefer stehendes Paar zum Teil verdeckend. Mediane Mulde zwischen den unteren Höckern mit 2 nach hinten vorstehenden Zapfen, die ein drittes, kleineres Zäpfchen seitlich begrenzen. Rücken des Rumpfes überall von fast gleicher Höhe, nur am Hinterende mit 2 neben einander befindlichen, abgerundeten, niedrigen Höckern. Rückenbogenfurche 190 μ vom Vorderrande des Rumpfes entfernt, mit den Hinterenden auf die Eckenfortsätze des Anhangs übergreifend. Augenabstand 200 μ. Maxillarpalpus ähnlich gestaltet wie bei A. globator, am distalen Medialrande des 2. Gliedes 3 Borsten aufweisend. 4. Epimere am Hinterrande in eine kräftige Ecke ausgezogen. 4. Glied des 4. Beines 208 μ l., in einen 16 μ l. Fortsatz verlängert, der am Grunde dick ist und spitz endigt; 5. und 6. Glied zusammen etwa so lang wie das vorhergehende. Genitalplatten die Genitalöffnung völlig umschliessend, in ihrem Verlaufe lateralwärts stark verschmälert und spitz endigend. — ♀ mit elliptischem Rumpfe; Vorderrand nicht ausgerandet, sondern flach abgerundet. Poren des Hauptpanzers dicht stehend, von geringer Weite. Rückenbogenfurche elliptisch. Augenabstand 224 μ. Mandibel 144 μ l. Maxillarpalpus wie bei dem ♂. Genitalplatten sehr lang, in ihrem Verlaufe lateralwärts nur schwach nach hinten abgelenkt. Lefzen viel breiter als lang, zusammen eine querliegende Ellipse darstellend, deren Enden mehr oder weniger abgeflacht sind. Färbung bläulichgrün. — ♂ (ohne Petiolus) 750 μ l., 560 μ br., 290 μ h.; ♀ 900 μ l., 670 μ br., 560 μ h.

Madagaskar (Morondava und Majunga).

2. **A. concavus** Koen. 1893 *Arrenurus c.*, Koenike in: Mt. Mus. Hamburg, *v.* 10 nr. 2 p. 11 t. 1 f. 7—10 | 1898 *A. c.*, Koenike in: Abh. Senckenb. Ges., *v.* 21 II p. 321 t. 21 f. 34, 35.

♂. Rumpf mit fast parallelen Seitenflächen und flach ausgebuchtetem Vorderrande. Anhang walzenförmig, nur wenig schwächer als der Rumpf, am Grunde ohne Einschnürung, am freien Ende ähnlich gestaltet wie bei A. forpicatus; mediane Spalte am Hinterrande des Anhanges, von der Ventralseite gesehen, in der Tiefe lochartig erweitert, mit einem kurzen Zäpfchen; Dorsalfläche des Anhanges hinten abgeschrägt, eine Mulde bildend, in deren Tiefe 2 Felder neben einander liegen, die sich durch ihr fein poröses, lichtes Aussehen von der Umgebung deutlich abheben und je eine Drüsenmündung tragen. Rückenbogenfurche 176 μ vom Vorderrande des Rumpfes entfernt, mit dem Hinterende sich weit auf den Anhang fortsetzend. Augen gross, 208 μ von einander entfernt. Maxillarpalpus am distalen Innenrande des 2. Gliedes 3 Borsten tragend. 4. Glied des 4. Beines wenig verlängert, mit 70 μ l. Fortsatz. Genitalöffnung 54 μ l. Genitalplatten an den Seitenflächen weit emporgreifend, nach den freien Enden nur wenig an Breite abnehmend. — ♀. Dem ♀ von A. globator sehr ähnlich, aber auf der hinteren Hälfte des Rückens mit einer Vertiefung, die etwa in der Mitte des Rumpfes flach beginnt und bis an den Hinterrand desselben reicht; Seitenränder dieser Mulde durch 3 darauf befindliche Höcker wellig verlaufend. Ventralfläche des Rumpfes mit einer flachen Erhebung; Hinterrand durch 4 flache Wülste ein eckiges Aussehen erhaltend. Capitulum 60 μ l., vom Vorderrande des Rumpfes stark abgerückt. Gegenseitiger Abstand der Seitenaugen 288 μ. Färbung gelblichgrün bis bläulichgrün. — ♂ 960 μ l., 520 μ br., 480 μ h.; ♀ 890 μ l., 830 μ br., 500 μ h.

Deutsch-Ost-Afrika (Sumpf nördlich von der Stadt Bagamoyo) und Madagaskar (Majunga, Morondava und Amparangidro).

3. **A. globator** (Müll.) 1776 *Hydrachna g.*, O. F. Müller in: Zool. Dan. Prodr., p. 188 nr. 2242 | 1781 *H. g.*, O. F. Müller, Hydrachnae, p. 27 t. 1 f. 1—5 | 1805 *Atax g.*, J. C. Fabricius, Syst. Antl., p. 370 | 1854 *Arrenurus g.*, Bruzelius, Beskr. Hydrach., p. 31 t. 3 f. 3 | 1880 *Arrhenurus g.*, Neuman in: Svenska Ak. Handl., n. ser. *v.* 17 nr. 3 p. 88 t. 10 f. 2 | 1882 *Arrenurus g.*, Berlese, A. M. S., fasc. 2 nr. 6 | 1882 *A. g.*, George in: Sci. Gossip, *v.* 18 p. 272 f. 194—202 | 1898 *A. g.*, Piersig in: Zool., *v.* 22 p. 279 t. 28 f. 72 | 1900 *A. g.*, Thon in: Verh. D. zool. Ges., p. 110 f. 2, 6 | 1793 *Trombidium variator*, J. C. Fabricius, Ent. syst., *v.* 2 p. 403 | 1837 *Arrenurus tubulator* (err., non *Hydrachna t.* O. F. Müller 1776!) + *A. globator* + *A. stellaris* (err., non *Hydrachna s.* O. F. Müller 1776!), C. L. Koch in: C. M. A., fasc. 12 f. 19; fasc. 13 f. 22—24 | 1875 *A. globator* + *A. reticulatus*, P. Kramer in: Arch. Naturg., *v.* 41 I p. 317, 320 t. 9 f. 23 a, b, 27 a, b (♀).

♂. Rumpf nach vorn verjüngt, mit breiter, flacher Ausbuchtung am Vorderrande. Anhang 290 μ l. und 340 μ h., am Grunde eingeschnürt, nach hinten zu von fast gleicher Breite (240 μ); Hinterrand mit je einer schwachen Einbuchtung in der Mitte und an den beiden Seiten, Rückenfläche stark erhöht, nach hinten anfangs ganz sanft, kurz vor dem Ende aber steil in eine kurze Mulde abfallend, deren Tiefe einige kleine Höcker und einen winzigen Zapfen, den verkümmerten Petiolus, birgt; freies Ende des Rumpfanhanges mit 8 langen Haaren. Rückenbogen auf die Seitenfläche des Anhanges übergreifend. Epimeren $^3/_4$ der Ventralfläche einnehmend. Beine kräftig gebaut. Genitalhof an der Grenze zwischen Rumpf und Anhang gelegen. Genitalplatten die kleine Genitalöffnung umfassend, quer gestellt, auf die Seitenflächen des Rumpfes übergreifend und einen Wulst in dem lateralen Winkel zwischen Rumpf und Anhang bildend, hier 6 oder 7 Borsten tragend. Färbung grünlich oder bläulich, mit bräunlichen Flecken auf dem Rücken. — ♀. Rumpf breit oval, vorn flach eingebuchtet (Fig. 18). Höcker und Buckel wie bei dem ♂ flach und unbedeutend, Hautborsten sehr fein und lang. Augenabstand 220 μ. Capitulum fast so breit wie lang (100 μ). Maxillarpalpus 130 μ l., Innenfläche des 2. Gliedes mit 3 Borsten; Tasthärchen am Vorderende des 4. Gliedes einfach knieförmig gebogen, in eine feine Spitze auslaufend. Epimeren auf der vorderen Hälfte der Ventralfläche. Genitalhof (Fig. 18) hinter dem Epimerengebiet; Genitalöffnung 112 μ l.; Lefzen zusammen eine fast kreisförmige, abgeplattete Scheibe bildend, in den Lateralecken je ein dünnes Panzerplättchen aufweisend; Genitalplatten schief nach hinten und lateral gerichtet, nach dem freien Ende hin verschmälert, am Vorderende mit 3, am Hinterrande mit 7 oder 8 feinen Härchen. — ♂ 750 μ l. (einschl. Anhang), 435 μ br.; ♀ 800 μ l., 656 μ br.

Fig. 18.
A. globator. ♀, Bauchseite.

Europa.

4. **A. securiformis** Piersig 1837 *Arrenurus buccinator* (err., non *Hydrachna b.* O. F. Müller 1776!), C. L. Koch, C. M. A., fasc. 13 f. 7, 8 | 1894 *A. b.*, Piersig in: Zool. Anz., *v.* 17 p. 215 | 1895 *A. b.*, P. Kramer in: Zool. Anz.. *v.* 18 p. 1 f. | 1894 *A. securiformis,* Piersig in: Zool. Anz., *v.* 17 p. 377 | 1897 *A. s.*, Piersig in: SB. Ges. Leipzig, *v.* 22/23 p. 90 | 1898 *A. s.*, Piersig in: Zool., *v.* 22 p. 282 t. 29 f. 75 | 1895 *A. festivus,* Koenike in: Zool. Anz., *v.* 18 p. 379 f. 2.

♂. Anhang des Rumpfes 440 μ l., am Grunde mässig eingeschnürt, ebenso hinter der Mitte, am Hinterende beilförmig verbreitert; Hinterrand schwach wellig vorspringend, mit einer mittleren und 2 auf die beiden Seiten verteilten, äusserst flachen Einbuchtungen, von deutlichen, wenn auch abgerundeten Seitenecken begrenzt. Dorsalfläche des Rumpfes mässig gewölbt, ohne hervorragende Erhebungen, Dorsalfläche des Anhanges seicht ausgebogen, mit einem abgerundeten Höcker vor der sehr kurzen Endmulde; Ventralseite mässig gewölbt. Zahl der Borsten des Anhangs: 8. Maxillarpalpus auf der Innenfläche des 2. Gliedes am Vorderrande neben der Beugeseite mit 4 steifen Borsten; Tasthaare des 4. Gliedes ungegabelt, nur verdickt. Genitalhof ohne besondere Eigentümlichkeit. Färbung am Rumpfende und am Ende des Anhanges blau, allmählich in ein lichtes Gelbgrün übergehend; Anhangsende blassbläulich; Rückenflecken bräunlich, eine grosse gelblichweisse, länglich runde Stelle auf dem Vorderrücken seitlich umschliessend; Maxillarpalpus und Beine bläulich. — ♀. Rumpf breit oval, mit schwach abgestutztem

Vorderrande. Maxillarpalpus und Beine ohne abweichende Merkmale; 4. Bein, wie bei allen ♀ der Gattung, ohne Sporn. Genitalplatten mässig lang, flügelförmig, mit abgerundeten freien Enden; Genitalnäpfe sehr klein. Färbung ähnlich wie beim ♂, auf dem Vorderrücken mit einem gelblich weissen Fleck. — ♂ 1,16 mm l., 600 μ br.; ♀ 1,2 mm l.

Deutschland (Teiche bei Grosszschocher bei Leipzig, Teich bei Klein-Timmendorf in Holstein, Stadtwerder bei Bremen) und England.

5. **A. geniculatus** Koen. 1898 *Arrenurus g.*, Koenike in: Abh. Senckenb. Ges., *v.* 21 II p. 333 t. 22 f. 49, 50.

♂. Rumpf nahezu kreisrund, am Vorderrande mit 2 auffallend nahe (90 μ) beisammen stehenden Höckern, zwischen denen eine tiefe Einbuchtung liegt. Seitenränder des Rückens nicht wulstartig erhaben. Anhang unmittelbar hinter dem stark eingeschnürten Grunde verdickt, im Verlaufe nach hinten zunächst schwach verschmälert, dann aber immer breiter werdend, wodurch derselbe einen spatelförmigen Umriss erhält; freies Ende des Anhanges breit abgerundet, mit einer mittleren Einbuchtung. Rücken über der vorderen Verdickung höckerartig sich erhebend, in Verbindung mit der stark eingeschnürten Ventralseite den Anhang in der Seitenansicht fast gekniet erscheinen lassend. Hinterrandmulde steil, ohne Petiolus. Rückenbogenfurche hinten geschlossen; dorsale Panzerplatte 290 μ br. und 250 μ l. Augen hinter den Stirnhöckern gelegen, 170 μ von einander entfernt. Ventralfläche des Capitulum mit einer tiefen, medianen Spalte des Vorderrandes. Mandibel 120 μ l., wovon 48 μ auf das Klauenglied entfallen. 2. Glied des Maxillarpalpus ausser 3 kürzeren Haaren nahe der Beugeseite etwa in der Mitte eine lange Borste tragend. Epimeren, bis auf die letzte, mit lang ausgezogenen Vorderecken. 4. Glied am 4. Bein wenig verlängert, ohne spornartigen Fortsatz; Endglied an der Aussenseite ungefähr in der Mitte ein Büschel halblanger, starker Borsten tragend. Genitalhof ohne besondere Merkmale. Sog. Analöffnung auf der Unterseite des Anhanges unweit der Ausbuchtung des Hinterrandes. Färbung dunkel grünlichgelb. — ♀ unbekannt. — ♂ 900 μ l. (einschl. des 450 μ l. Anhanges), 480 μ br., 400 μ h.

Insel Nossi-Bé bei Madagaskar (Djabala-See).

6. **A. corniger** Koen. 1894 *Arrenurus c.*, Koenike in: Zool. Anz., *v.* 17 p. 276 f. 9.

♂. Anhang des Rumpfes ähnlich wie bei A. geniculatus, Verdickung hinter dem mässiger eingeschnürten Grunde und mediane Ausbuchtung am Hinterrande weniger ausgeprägt; am Grunde auf dem Anhang ein breiter, kegelförmiger Aufsatz; kurz vor dem Hinterende des Anhanges auf demselben 3 niedrige Höcker neben einander; in der steilen dorsalen Anhangsmulde ein kleiner, spitz endigender Petiolus. Rückenbogenfurche auf die Unterseite des Anhanges übergreifend, geschlossen. 1. und besonders 2. Epimere mit langem, nach vorn ragendem, hornförmigem Fortsatz. Genitalhof am Hinterrande des Rumpfes. Sog. Analöffnung auf der Unterseite des Anhanges nahe dem Hinterrande. Färbung dunkelgrün, Maxillarpalpus und Beine lichter grün. — ♀ unbekannt. — ♂ 800 μ l. (einschl. des 370 μ l. Anhanges).

Brasilien (Rio Grande do Sul).

7. **A. cylindratus** Piersig 1896 *Arrenurus c.*, Piersig in: Zool. Anz., *v.* 19 p. 441 | 1898 *A. c.*, Piersig in: Zool., *v.* 22 p. 288 t. 40 f. 112 | 1897 *A. buccinator* (err., non *Hydrachna b.* O. F. Müller 1776!), George in: Sci. Gossip, *v.* 4 nr. 43 p. 187 f. 1 -3.

♂. Rumpf nach vorn stark verjüngt, mit schmalem, abgestutztem Vorderrande. Anhang 480 μ l., an der Einschnürung des Grundes 224 μ, an der bauchigen Verdickung 260 μ und am mässig verbreiterten Hinterende 192 μ br. Lateraler Winkel zwischen Rumpf und Anhang von einem deutlich vorgewölbten Wulst eingenommen; Hinterrandecken des Anhanges abgerundet, weniger deutlich vorspringend als bei A. securiformis; Hinterrand selbst mit 2 kleinen, abgerundeten, eine mediane Einkerbung seitlich begrenzenden, eng an einander gerückten Vorsprüngen. Dorsalfläche des Rumpfes und des Anhangs ähnlich wie bei A. securiformis. Dorsaler Höcker auf dem Anhange keilförmig, nach hinten sich gabelnd, eine nach hinten herzförmig abgegrenzte Vertiefung umschliessend. 2. Glied des Maxillarpalpus mit 2 oder 3 steifen Borsten. Sporn am 4. Bein verhältnismässig kurz. Genitalplatten breit, an den Seitenflächen des Rumpfes emporsteigend. Färbung gelblich grün, oft bläulich; Flecken bräunlich, Malpighisches Gefäss gelblich. — ♀. Rumpf breit oval. Rückenbogen vom Vorderrande des Rumpfes 210 μ abgerückt. Genitalhof 144 μ l.; Genitalplatten breit, etwa 208 μ weit lateral und nach hinten reichend, am freien Ende abgerundet. — ♂ 1,15 mm l., 736 μ br., 560 μ h.; ♀ 1,04 mm l.

Deutschland, Schweiz, England, Irland.

8. **A. krameri** Koen. 1895 *Arrenurus k.*, Koenike in: Abh. Ver. Bremen, *v.* 13 p. 182 t. 1 f. 16—20.

♂. Rumpf ähnlich wie bei A. securiformis; Rücken mässig gewölbt, jederseits mit einem Längswall. Anhang 530 μ l., am Grunde und in geringerem Masse auch kurz vor dem Hinterende und den daselbst befindlichen abgerundeten Seitenecken eingeschnürt. Hinterrand des Anhanges dreiteilig; Seitenteile nach hinten konvergierend, mässig eingebuchtet, ohne scharfe Ecken in den quer gestellten, flach doppelbogig ausgeschnittenen Mittelteil umbiegend; Höckerpaar vor der Endmulde des Anhanges gerundet, fast verschmolzen, jederseits durch einen Wall mit einem mehr lateral und nach hinten gerückten Höcker verbunden; zwischen den Höckern in der Senkung 2 stark mit Chitin umrandete, etwas erhabene, je eine Oeffnung tragende Gebilde. Rückenbogen nach hinten offen, auf die Seitenwandungen des Anhanges übergreifend. Maxillarpalpus ohne Borsten auf der Innenseite nahe der Beugeseite, jedoch mit einer Borste am Vorderrande. Genitalhof mit wulstigen Genitalplatten von ansehnlicher Breite, zum Teil den Winkel zwischen Rumpf und Anhang ausfüllend. Sog. Analöffnung am äussersten Ende des Anhanges. Färbung grünlich oder bläulich. — ♀ unbekannt. — ♂ 1,36 mm l., 670 μ br.

Nord-Amerika (Sumpf am Flathead River).

9. **A. dahli** Piersig 1898 *Arrenurus d.*, Piersig in: Zool. Anz., *v.* 21 p. 569.

♂. Umriss des Rumpfes an A. cylindratus erinnernd. Rückenbogen hinten anscheinend geschlossen, eine länglich runde Rückenplatte einschliessend. Anhang 464 μ l., am Grunde eingeschnürt, nach dem hinteren Ende sich mässig verjüngend; am Grunde 148 μ, in der Mitte 192 μ und am Ende 160 μ br.; Hinterrandecken stark abgerundet; Hinterrand mit einem 64 μ tiefen, bis zum Grunde fast gleich breiten, medianen Einschnitt und 2 denselben begrenzenden, kleinen Vorsprüngen. Rücken des Rumpfes nach hinten allmählich abfallend, am Hinterende der Rückenplatte einen nach hinten steil abfallenden, stumpf kegelförmig geformten, mässig hohen Doppelhöcker mit je einer rückwärts gebogenen Borste auf den abgerundeten Kuppen.

Anhang, im Anblicke von der Seite, nach dem distalen Ende an Dicke zunehmend, auf der Unterseite, etwa in der Mitte, mit einer leichten Anschwellung, auf der Oberseite, kurz vor der steilen Endmulde, 2 dicht an einander gerückte, fast verschmolzene, je eine Borste tragende, keilförmig emporragende Höcker aufweisend; Anhangsmulde vorn anscheinend von einem kreisförmigen Randwulst begrenzt, an der Lateralseite der letzteren jederseits ein rundliches, stigmenartiges Gebilde; Dicke des Anhanges in der Mitte 190 μ, am Ende 208 μ. Maxillarpalpus auf der Innenfläche des 2. Gliedes mit einigen Borsten. Seitenaugen 160 μ von einander entfernt. 1. und 2. Epimere mit zahnartig ausgezogenen Vorderrandecken. 4. Bein mit anscheinend verkümmertem Sporn oder Fortsatz am 4. Glied; dieses Glied 82 μ, das 5. 96 μ, das 6. 80 μ l. Genitalhof wie gewöhnlich gelagert. Genitalplatten bis auf die Seitenwandungen des Rumpfes übergreifend, in der Rücken- oder Bauchlage des Tieres als abgerundete, je eine lange Borste aufweisende Höcker am Vorderende der Einschnürung am Grunde des Anhanges auftretend. Borstenbesatz auf Rumpf, Anhang und an den Beinen wie gewöhnlich. Färbung wie bei A. globator. — ♀. Rumpf breit länglich rund, fast kreisförmig. Vorderrand des Rumpfes schwach abgestutzt; Hinterrand durch 4 eckig vorspringende Höcker in 3 bogig ausgeschnittene Teile zerlegt, von denen der mittlere etwa 144 μ br. erscheint. Rückenbogen vom Vorderrande des Rumpfes ca. 120 μ abgerückt, eine länglich runde Rückenplatte umschliessend; letztere auf der hinteren Hälfte mit 2 Paar hinter einander gestellten, etwa 160 μ von einander abgerückten, niedrigen, je eine Borste tragenden Höckern. Augenabstand 160 μ. Epimeren, Capitulum und Maxillarpalpus wie bei dem ♂. Genitalhof mit breiten, zusammen eine 120 μ l. und ebenso breite Scheibe bildenden, abgeplatteten Lefzen, deren Vorder- und Hinterenden je ein feines, dreieckiges Plättchen tragen; Genitalplatten zungenförmig in fast gleicher Breite schief nach hinten und seitwärts gerichtet, am freien Ende abgerundet, die Seitenflächen des Rumpfes nicht erreichend. Sog. Analöffnung zwischen Genitalhof und Hinterrand der Bauchfläche, seitlich von 2, je 1 Haar tragenden Höckern begleitet, deren Spitzen am Hinterrande noch sichtbar sind. Borstenbesatz ohne besondere Kennzeichen. Färbung wie beim ♂. — ♂ 800 μ l., 400 μ br., 352 μ h.; ♀ 600 μ l., 530 μ br.

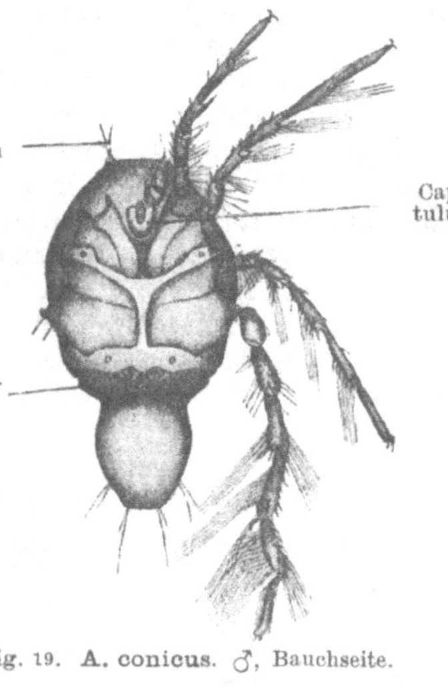

Fig. 19. A. conicus. ♂, Bauchseite.

Bismarck- und Salomons-Inseln.

10. **A. conicus** Piersig 1893 *Arrenurus sp.*, Piersig in: Zool. Anz., *v.* 16 p. 311 f. 3 | 1894 *A. conicus*, Piersig in: Zool. Anz., *v.* 17 p. 214 | 1897 *A. c.*, Piersig in: SB. Ges. Leipzig, *v.* 22/23 p. 90 | 1898 *A. c.*, Piersig in: Zool., *v.* 22 p. 291 t. 28 f. 73 | 1899 *A. c.*, Thor in: Arch. Naturv. Christian., *v.* 21 nr. 5 p. 26.

♂ (Fig. 19, 20). Rumpfanhang halb so lang wie der Rumpf, hinter der bauchigen Verdickung stark verjüngt; Hinterrand desselben auffallend schmal, mit 2 winzigen, eckigen, durch eine flache mediane Kerbe von einander getrennten Vorsprüngen und unbedeutenden, abgerundeten Seitenecken; Rücken des Anhanges (Fig. 20) hinten mit ganz flachen Höckern, vorn gewölbt, Unterseite stark konvex gebogen. Maxillarpalpus auf der Innenfläche des 2. Gliedes, auf der der Beugeseite zugekehrten Hälfte, mit 5 schwachen Borsten, 3 am Vorderrande, 2 zurückstehend. Genitalplatten auffallend breit. Färbung lichtgrün bis grünlichgelb, in der Einschnürung zwischen Rumpf und Anhang bräunlich oder bläulich. — ♀. Umriss breit oval. Genitalöffnung 144 μ l.; Lefzen zusammen eine 160 μ br. Scheibe bildend, Genitalplatten mässig lang. Färbung wie beim ♂. — ♂ 1,15 mm l., 610 μ br.; ♀ 1,12 mm l.

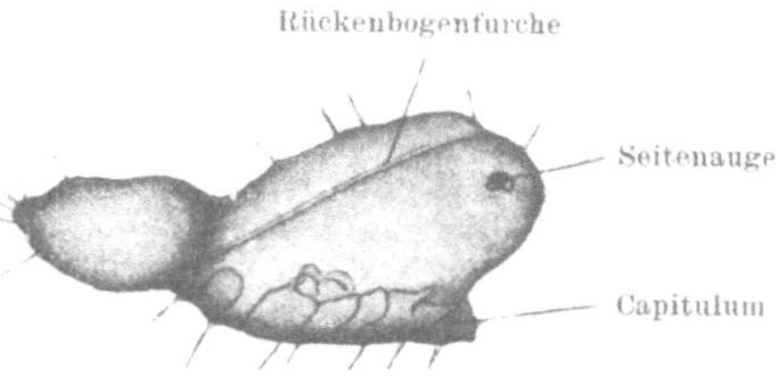

Fig. 20.
A. conicus. ♂, Seitenansicht des Rumpfes.

Sachsen (Schwarze Lache an der langen Gasse zwischen Altenberg und Zinnwald, Wiesentümpel bei Seyda im östlichen Erzgebirge) und Norwegen (Waldtümpel zwischen Röd und Woxen, Teich bei Saetre).

11. **A. caudatus** (Geer) ?1776 *Hydrachna buccinator,* O. F. Müller, Zool. Dan. Prodr., p. 188 nr. 2244 | ?1781 *H. b.,* O. F. Müller, Hydrachnae, p. 30 t. 3 f. 1 | 1882 *Arrenurus b.,* George in: Sci. Gossip, *v.* 18 nr. 216 p. 273 f. 203 | 1888 *A. b.,* Berlese, A. M. S., fasc. 51 nr. 5 | 1778 *Acarus caudatus* + *A. aquaticus maculatus,* Geer, Mém. Hist. Ins., *v.* 3 p. 139, 147 t. 9 f. 1, 2 (♂), 13 | 1783 *A. c.* + *A. a. m.,* Goeze in: Geer, Abh. Gesch. Ins., *v.* 7 p. 58, 61 t. 9 f. 1, 2, 13, 14 | 1793 *Trombidium caudatum,* J. C. Fabricius, Ent. syst., *v.* 2 p. 399 | 1805 *Atax caudatus,* J. C. Fabricius, Syst. Antl., p. 366 | 1835 *Arrenurus c.,* C. L. Koch, C. M. A., fasc. 2 f. 24 | 1880 *Arrhenurus c.,* Neuman in: Svenska Ak. Handl., n. ser. *v.* 17 nr. 3 p. 85 t. 12 f. 2 | 1891 *Arrenurus c.,* P. Kramer in: Zacharias, Thier- u. Pflanzenw. Süssw., *v.* 2 p. 24 f. 2b | 1895 *A. c.,* Koenike in: Abh. Ver. Bremen, *v.* 13 p. 184 t. 1 f. 21, 22 | 1897 *A. c.,* Piersig in: SB. Ges. Leipzig, *v.* 22/23 p. 90 | 1898 *A. c.,* Piersig in: Zool., *v.* 22 p. 285 t. 29 f. 74; t. 31 f. 82 | 1899 *A. c.,* Thor in: Arch. Naturv. Christian, *v.* 21 nr. 5 t. 9 f. 88.

♂. Umriss des Rumpfes wie bei der vorigen Art. Anhang am Grunde eingeschnürt, vor der Mitte am stärksten verdickt, nach dem freien Ende hin allmählich sich verjüngend, 510 μ l. und 226 μ br.; Hinterrandecken des Anhanges abgerundet, wenig hervorstehend; Hinterrand mit 2 durch eine mediane Kerbe von einander getrennten, stark vorspringenden, runden Höckern, die durch je eine flache, schräg verlaufende Einbuchtung von den Seitenecken abgerückt sind; Höckerpaare hinter der dorsalen Anschwellung des Anhanges der Zahl nach wie bei A. krameri; vorderes Paar abgerundet, eng verschmolzen, im Anblicke von oben einen fächerartig gestreiften, dunklen Fleck darstellend; hinteres Paar merkbar niedriger als bei der Vergleichsart, gleichfalls in einer Senkung ein Drüsenpaar zwischen sich nehmend, das von einer liniierten Haut überdeckt und in der Mitte und nach hinten von Leisten abgegrenzt wird. Maxillarpalpus auf der Innenfläche des 2. Gliedes mit 7 Borsten. Färbung neutral- bis dunkelblau, am Vorderrücken und auf den letzten $^2/_3$ des Anhanges leuchtend orangegelb; Höcker des Anhanges und die Mulde dunkler als die Umgebung; Maxillarpalpus und Beine bläulich. — ♀. Rumpf breit oval, am Vorderrande zwischen den Stirnborsten kaum merkbar abgestutzt. Rücken flach gewölbt, ohne besondere Erhebungen oder Vertiefungen. Beine kurz und stämmig. Genitalplatten mässig lang, ähnlich gestaltet wie bei A. securiformis. Färbung dunkelblau, mit einem orangegelben Fleck am Vorder- und Hinterende des Rückens. — Nph. mit weichem

Integument. Maxillarpalpus wie bei dem Im. scherenförmig. Epimeren auf 3 Gruppen verteilt; Genitalhof aus 2 an einen medianen Panzerfleck sich dachförmig anlehnenden Genitalplatten von länglicher Gestalt bestehend. Jede Genitalplatte mit 12—15 Genitalnäpfen. Färbung himbeerrot, Epimeren etwas dunkler. — Lv. fast kreisrund, mit kleinem Capitulum. Haarborsten auf dem der Endkralle des Maxillarpalpus gegenüberliegenden Zapfen sehr lang und gefiedert. 1. und 2. Epimere völlig vom Bauchpanzer abgegliedert. Analplatte rundlich, mit 2 vorderen und hinteren seitlichen Einbuchtungen. Färbung rot. — ♂ 1,3 mm l., 640 μ br.; ♀ 1,25—1,35 mm l.; Nph. 700 μ l., 650 μ br.; Lv. 220 μ l.

Dänemark, Schweden, Norwegen, Deutschland (Teiche bei Grosszschocher und Leipzig-Connewitz), Böhmen, Frankreich, Italien, Schweiz, England.

12. **A. stjördalensis** Thor 1899 *Arrenurus s.*, Thor in: Arch. Naturv. Christian., *v.* 21 nr. 5 p. 24 t. 9 f. 89, 90.

♂. Dem A. caudatus sehr nahe stehend. Rumpf etwas gedrungener als bei dieser Art. Rückenbogen unregelmässiger ausgebuchtet. Grund des Anhanges kräftiger eingeschnürt, die bauchige Mitte deshalb scheinbar dicker. Dorsale Mulde des Anhanges nach vorn zu nicht von einem halbkreisförmigen Wulst umgeben, sondern daselbst 2 eng neben einander gestellte, durch eine mediane Einsattelung getrennte, rundliche Höcker aufweisend, hinter denen ein kleines, petiolus-ähnliches, zäpfchenartiges Gebilde sich bemerkbar macht. Seitenecken des Hinterrandes fast ebenso weit nach hinten reichend wie die beiden mittleren Vorsprünge, die durch eine tiefe Einbuchtung von einander geschieden sind. Färbung ähnlich wie bei A. caudatus. — ♀ etwas gedrungener gebaut als bei dieser Art. Rückenbogen unregelmässig eingebogen. — ♂ 1,5 mm l.; ♀ 1,6 mm l.

Norwegen (Stjördalselv bei Throndhjem).

13. **A. tubulator** (Müll.) 1776 *Hydrachna t.*, O. F. Müller, Zool. Dan. Prodr., p. 188 nr. 2243 | 1781 *H. t.*, O. F. Müller, Hydrachnae, p. 29 t. 2 f. 6 | 1899 *Arrenurus t.*, Piersig in: Zool., *v.* 22 p. 489 t. 40 f. 116 | 1898 *A. medio-rotundatus*, Thor in: Arch. Naturv. Christian., *v.* 20 nr. 12 p. 10 | 1899 *A. m.-r.*, Thor in: Arch. Naturv. Christian., *v.* 21 nr. 5 p. 25 t. 9 f. 91—93.

♂. Rumpf vorn schwach abgestutzt; Anhang 416 μ l., am Grunde wenig eingeschnürt, vor der Mitte am dicksten, nach hinten verjüngt, am Grunde 304 μ, vor der Mitte 312 μ, quer über denselben 264 μ br.; Hinterrand des Anhanges in der Mitte bogig vorspringend, von abgerundeten, kaum nennenswert hervortretenden Seitenecken begrenzt. Vorsprung des Hinterrandes 144 μ br. Färbung grünlich. — ♀ unbekannt. — ♂ 1,2—1,3 mm l. (einschl. des 416 μ l. Anhanges), 650 μ br.

Deutschland (Teiche bei Schlaupitz in Schlesien), Schweiz, Dänemark und Norwegen (Teich bei Saetre unweit Oppegaard).

14. **A. zachariae** Koen. 1886 *Arrenurus z.*, Koenike in: Z. wiss. Zool., *v.* 43 p. 277 t. 9 f. 12—16 | 1897 *A. z.*, Piersig in: SB. Ges. Leipzig, *v.* 22/23 p. 90 | 1897 *A. z.*, George in: Sci. Gossip, n. ser. *v.* 4 nr. 43 p. 188 f. 4 | 1898 *A. z.*, Piersig in: Zool., *v.* 22 p. 290 t. 29 f. 76.

♂. Rumpfanhang 460 μ l., am Grunde mässig eingeschnürt, nach der Mitte zu verdickt, von hier ab nach dem Ende allmählich sich verjüngend; Hinterrand des Anhanges in der Mitte bogig vorspringend, jederseits mit einem hyalinen, oblongen Anhängsel, von zurückstehenden, abgerundeten, wenig vorspringenden Seitenecken eingefasst; Höcker auf dem Hinterrande des Anhanges sehr niedrig, flach gewölbt, allmählich zur Endmulde abfallend;

in der Mulde ein kurzer Zapfen, der, von der Seite gesehen, am freien Ende kolbig verdickt erscheint. Genitalplatten bis in die lateralen Winkel zwischen Anhang und Rumpf reichend, daselbst mit je einem Haar ausgerüstet. Färbung grünlich. — ♀. Rumpf länglich oval, mit je einer flachen Einbuchtung in der Augengegend. Maxillarpalpus, wie beim ♂, mit 3 Borsten auf der Innenseite des 2. Gliedes. Genitalöffnung 168 μ l. — Genitalplatten wenig länger als breit, am Lateralrande breit abgerundet. — ♂ 1,15 mm l. (einschl. Anhang), 600 μ br.; ♀ 1,1 mm l., 870 μ br.

Sachsen (Wüster Teich bei Rehefeld im Erzgebirge), Schlesien, Böhmen und England.

15. **A. moebii** Piersig 1899 *Arrenurus m.*, Piersig in: Zool. Anz., *v.* 22 p. 549 f. 1, 2 | 1899 *A. m.*, Piersig in: Zool., *v.* 22 t. 51 f. 199.

♂. Dem A. zachariae nahe verwandt; Hinterrand des Anhanges jedoch statt der bläschenartigen Anhängsel zu beiden Seiten der vorgewölbten Mitte mit 2 spitz zulaufenden, nach dem freien Ende hin durchscheinend werdenden, schief nach hinten gerichteten Zäpfchen. Anhang auf der Dorsalseite in der Mitte kräftiger gewölbt als bei A. zachariae. Petiolus, von oben gesehen, kegelförmig zugespitzt, von der Seite als kurzes, nach hinten schwach verbreitertes, glatt abgeschnittenes Stäbchen sich darstellend. 4. Glied des 4. Beines mit spornartigem Fortsatz. Genitalplatten ähnlich wie bei A. conicus. Färbung grünlich, mit lichteren und dunkleren Flecken auf dem Rücken. — ♀ unbekannt. — ♂ 1,1 mm l. (einschl. des Anhanges), 580 μ br., 340 μ h.

Süd-Deutschland (Kaltenbach-See bei Gompelscheuer im Schwarzwald).

16. **A. berolinensis** Protz 1896 *Arrenurus b.*, Protz in: Zool. Anz., *v.* 19 p. 407 f. 1—4 | 1898 *A. b.*, Piersig in: Zool., *v.* 22 p. 294 t. 39 f. 108.

♂. Rumpf gedrungen, vorn und in der Augengegend flache Einbuchtungen aufweisend. Rumpfanhang auffallend kurz und breit, mit stumpfen, wenig vortretenden Seitenecken. Rücken des Rumpfes stark erhöht, in der Mitte mit 2 winzigen, zweispitzigen Höckern, weiter hinten noch 2 ca. 208 μ von einander abgerückte, je eine lange, nach hinten gerichtete Borste tragende Erhebungen aufweisend. Hyalines Häutchen über der Wurzel des Petiolus verkümmert, mit spitzen Seitenecken. Petiolus 384 μ l., am Grunde und in der Mitte mässig verdickt, Hinterende aus 2 seitenständigen, schief nach hinten und lateral gerichteten Ecken und einem tiefer entspringenden, ankerförmigen Mittelstück sich zusammen setzend. Krummborsten schwach gebogen, nur bis zur Hälfte des Petiolus reichend. Augenabstand 340 μ. Genitalplatten lang und schmal, in den lateralen Winkeln zwischen Anhang und Rumpf je einen deutlichen Wulst bildend. Färbung saftgrün, Epimeren und Petiolus gelblichgrün, Maxillarpalpus und Beine hellgrün. — ♀ unbekannt. — ♂ 800 μ l., 750 μ br.

Nord-Deutschland (im Fenn des Grunewald-Sees bei Berlin).

17. **A. maximus** Piersig 1886 *Arrenurus tricuspidator* (err., non *Hydrachna t.* O. F. Müller 1776!), Berlese, A. M. S., fasc. 23 nr. 8 | 1894 *A. t.*, Koenike in: Zool. Anz., *v.* 17 p. 260, 274 | 1895 *A. t.*, Koenike in: Zool. Anz., *v.* 18 p. 377 | 1896 *A. t.*, Koenike in: Forschber. Plön, *v.* 4 p. 219 | 1894 *A. maximus*, Piersig in: Zool. Anz., *v.* 17 p. 118 f. 7 p. 373 | 1895 *A. m.*, Piersig in: Zool. Anz., *v.* 18 p. 140 | 1897 *A. m.*, Piersig in: SB. Ges. Leipzig, *v.* 22/23 p. 91 | 1898 *A. m.*, Piersig in: Zool., *v.* 22 p. 295 t. 34 f. 87.

♂. Rumpf vorn eingebuchtet, im vordersten Drittel sich stark nach hinten verjüngend, mit auffallend grossem, fast einspitzig erscheinendem, jederseits von einem lateral gestellten, deutlich wahrnehmbaren Nebenhöcker begleitetem, kappenförmig nach vorn übergebogenem Doppelhöcker auf dem Rücken. Anhang stark vom Rumpf abgesetzt, von beträchtlicher Länge, mit schief nach hinten divergierenden, den bogenförmig vorspringenden Hinterrand merkbar überragenden, stumpfspitzigen Seitenecken; Querdurchmesser des Anhanggrundes 700 μ; Abstand der Seitenecken 816 μ. Petiolus auf der Mitte des Hinterrandes sitzend, nach dem freien Ende immer breiter werdend, mit geradem Hinter- und ebensolchen Seitenrändern, in seiner hinteren Hälfte auf der Unterseite nach oben abgeschrägt, dabei etwas nach oben gebogen; Petiolus 225 μ l. und am freien Ende 96 μ br. Krummborste neben dem Petiolus mit der Spitze nach innen gekrümmt, annähernd bis zu den Hinterrandecken des Petiolus heranreichend. Zwischen Petiolus und Hinterrandwinkel jederseits 2 Langborsten, 2 kürzere auf der Medialseite der Seitenecken. Hyalines Häutchen über dem Petiolus nach hinten mässig verbreitert, mit deutlichen Ecken. Höcker auf der Oberseite des Anhanges nahe dem Hinterrande mit doppelter Kuppe, 2 Börstchen tragend. Maxillarpalpus auf der Beugeseite des 2. Gliedes mit 4, im Viereck gestellten Borsten. 3. Bein kürzer als das 2. Färbung rot mit undeutlichen, schwärzlichen Flecken auf dem Rücken. — ♀. Rumpf umgekehrt wappenschildförmig. Hinterrand sehr breit, in der Mitte bogig vorspringend, an den Seiten flach ausgeschweift, durch deutliche Ecken von den Seitenrändern abgesetzt; Vorderrand schwach eingebuchtet, verschmälert. Rücken gewölbt, mit flach abgerundeten Höckern ausserhalb des Rückenbogens. Sog. Analöffnung zwischen 2 Aufwölbungen liegend. Genitalöffnung 176 μ l.; Lefzen zusammen eine 240 μ breite Scheibe bildend; Genitalplatten lateralwärts allmählich an Breite zunehmend, mit abgerundeten Enden. — Nph. fast kreisrund, mit schwärzlich angeflogenen Epimeren, sonst rot. — ♂ 1,725 mm l. (ohne Petiolus 1,5 mm.), 1 mm br.; ♀ 1,85 mm l., 1,6 mm br.; Nph. 0,9—1,1 mm l.

Deutschland (Teiche bei Grosszschocher bei Leipzig), Italien (bei Padua), Böhmen.

18. **A. cuspidifer** Piersig 1896 *Arrenurus c.*, Piersig in: Zool. Anz., *v.* 19 p. 441 | 1898 *A. c.*, Piersig in: Zool., *v.* 22 p. 298 t. 40 f. 113.

♂. Rumpf am Vorderrand und in der Gegend der Augen eingebuchtet. Seitenecken des Anhanges in eine abgerundete Spitze auslaufend, Hinterrand stark bogig vorspringend; Grund des Anhanges 448 μ br., grösste Breite 544 μ. Rücken des Rumpfes mit 2, an der Spitze nach vorn übergebogenen, stumpfen, in den Kuppen 470 μ von einander entfernten Höckern. Petiolus der Gestalt nach ähnlich wie bei der vorigen Art, 100 μ l. und am Hinterende 76 μ br., etwas nach oben gebogen. Hyalines Häutchen über dem Petiolus mit flach ausgeschnittenem, von deutlichen Seitenecken eingefasstem Hinterrande. Zweikuppiger Doppelhöcker auf dem Anhang abgerundet. Borsten an den Seitenecken wie bei A. maculator; ebenso die Krummborsten neben dem Petiolus. Färbung grünlich. — ♀ unbekannt. — ♂ 1,008 mm l., 736 μ br, 640 μ h.

Deutschland, Schweiz und Irland.

19. **A. compactus** Piersig 1894 *Arrenurus c.*, Piersig in: Zool. Anz., *v.* 17 p. 117 f. 5 | 1897 *A. c.*, Piersig in: SB. Ges. Leipzig, *v.* 22/23 p. 91 | 1898 *A. c.*, Piersig in: Zool., *v.* 22 p. 300 t. 33 f. 86 | 1900 *A. c.*, Thon in: Rozpr. České Ak., ser. 2 *v.* 9 nr. 15 p. 43.

♂ (Fig. 21, 22). Rumpf vorn eingebuchtet, mit stark abgerundeten Seitenfortsätzen; Anhang kurz; Seitenfortsätze am Ende abgerundet und daselbst 2 Borsten aufweisend (Fig. 22), nur wenig über den mittleren Hinterrand des Anhanges hinausragend. Rückenhöcker ähnlich wie bei der vorigen Art, jedoch kleiner und mehr an die Rumpfmasse heran gerückt; Abstand der Spitzen von einander 180—190 μ. Petiolus (Fig. 21, 22) am Grunde nur halb so breit wie kurz vor dem birnförmig abgerundeten Hinterrande. Schlauchförmiges Gebilde im Petiolus stachelspitzig nach hinten ragend. Hyaliner Anhang ohne deutliche Hinterrandecken, nach hinten verschmälert. Anhangshöcker über dem hyalinen Häutchen mit abgerundeten Kuppen und mässig langem Borstenpaar. Krummborsten etwa so lang wie der Petiolus. Maxillarpalpus mit 4 Borsten auf der Innenfläche des 2. Gliedes; Ecke am Vorderrande des 4. Gliedes stachelspitzig ausgezogen, mit gebrochenen Tasthärchen. 4. Glied des 4. Beines gedrungen gebaut, nicht so lang wie das 3. Glied. Genitalplatten bis in den lateralen Winkel zwischen Rumpf und Anhang reichend und daselbst eine gekrümmte Borste tragend. Färbung blaugrün. — ♀ dem ♀ von A. maculator sehr ähnlich. — ♂ 900 μ l. (bis zur Mitte des Hinterrandes des Rumpfanhanges), 740 μ br., 610 μ h.; ♀ 1—1,2 mm l.

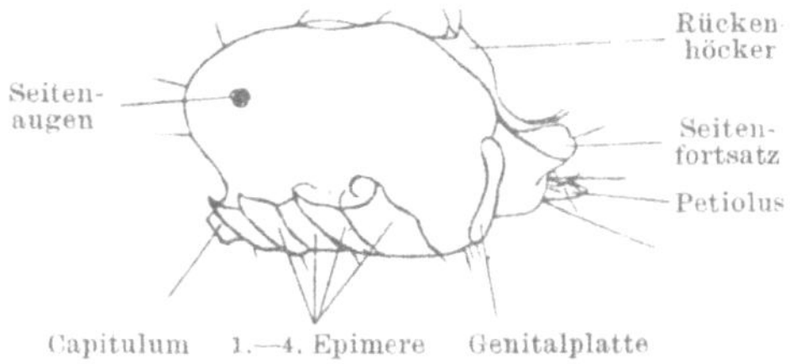

Fig. 21.
A. compactus. ♂, Seitenansicht des Rumpfes.

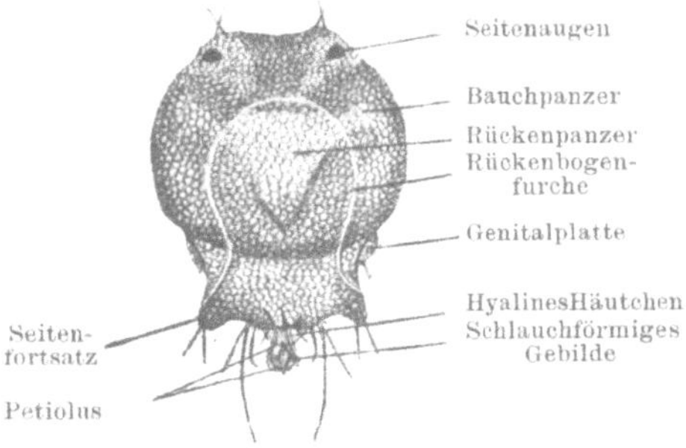

Fig. 22. **A. compactus.** ♂, Rückenseite.

Holstein, Sachsen, Thüringen (Teiche bei Ziegenrück), Böhmen.

20. **A. leuckarti** Piersig 1894 *Arrenurus l.*, Piersig in: Zool. Anz., *v.* 17 p. 114 | 1897 *A. l.*, Piersig in: SB. Ges. Leipzig, *v.* 22/23 p. 91 | 1896 *A. l.*, Koenike in: Forschber. Plön, *v.* 4 p. 221 | 1898 *A. l.*, Piersig in: Zool., *v.* 22 p. 306 t. 35 f. 91.

♂. Vorderrand des Rumpfes breit abgestutzt, kaum merkbar ausgebuchtet. Anhang nicht ganz so gedrungen wie bei der vorigen Art, mit breiten, am freien Ende abgerundeten Seitenecken. Petiolus 112 μ l., mit schwach kolbig verdicktem, abgerundetem Hinterende, ohne flachen Höcker auf seiner Unterseite; Krummborsten mit der Spitze nach hinten und lateral gebogen; Spitzen der am Grunde verschmolzenen Rückenhöcker dicht neben einander stehend. Hyalines Häutchen wie bei der vorigen Art; Doppelhöcker auf dem Anhang mit abgerundeten Kuppen, ein langes Borstenpaar tragend. 2. Glied des Maxillarpalpus mit 5 Borsten an der Innenfläche, 4. Glied mit geknieten Tasthärchen und mit verdickter Ecke der Aussenfläche. Seitlicher Wulst der Genitalplatten in dem Winkel zwischen Rumpf und Anhang mit einer Borste. Färbung bläulichgrün. — ♀ wie bei A. maculator gebaut. — ♂ 800 μ l., 592 μ br., 544 μ h.

Deutschland (Teiche bei Hirschsprung bei Altenberg im östlichen Erzgebirge).

21. **A. maculator** (Müll.) 1776 *Hydrachna m.*, O. F. Müller, Zool. Dan. Prodr., p. 189 nr. 2248 | 1781 *H. m.*, O. F. Müller, Hydrachnae, p. 34 t. 2 f. 3 | 1837 *Arrenurus m.* C. L. Koch, C. M. A., fasc. 12 f. 17, 18 | 1881 *A. m.*, Koenike in: Z. wiss. Zool., *v.* 35 p. 619 Anm. 3 | 1887 *A. m.*, Koenike in: Schr. Ges. Danzig, n. ser. *v.* 7 t. 1 f. 7—9 | 1889 *A. m.*, Berlese, A. M. S., fasc. 52 nr. 9 | 1895 *A. m.*, Piersig in: Zool. Anz., *v.* 18 p. 146 f. 3 |

1898 *A. m.*, Piersig in: Zool., *v.* 22 p. 302 t. 35 f. 90 | 1834 *A. viridis*, Ant. Dugès in: Ann. Sci. nat., ser. 2 *v.* 1 p. 155 t. 10 f. 18—23 | 1837 *A. calcarator* + *A. frondator*, C. L. Koch, C. M. A., fasc. 12 f. 22, 23; fasc. 13 f. 2 (Nph.) | 1875 *A. tricuspidator* (err., non *Hydrachna t.* O. F. Müller 1776!), P. Kramer in: Arch. Naturg., *v.* 41 I p. 318 t. 9 f. 24 | 1880 *Arrhenurus kjerrmanni*, *A. kjermanni* (corr. *kjerrmani*), Neuman in: Svenska Ak. Handl., n. ser. *v.* 17 nr. 3 p. 83 t. 6 f. 3 | 1895 *Arrenurus decipiens*, Piersig in: Zool. Anz., *v.* 18 p. 146.

♂. In Gestalt und Ausrüstung der vorigen Art sehr nahe stehend. Rückenhöcker mit den Spitzen ein wenig weiter (50 μ) aus einander gerückt. Petiolus 160 μ l., am Hinterende fast abgestutzt, mit abgerundeten, aber deutlichen Seitenecken. Borstenpaar auf dem doppelkuppigen Höcker des Anhanges kürzer; Anhang selbst 240 μ l.; Seitenecken keilförmig zugespitzt, an der stumpfen Spitze mit 2 Borsten von mässiger Länge. 2. Glied des Maxillarpalpus auf der Innenfläche mit 5 gefiederten Borsten, 3 in der Nähe der Beugeseite, 1 in der Mitte, die letzte noch mehr vom distalen Ende abgerückt, nicht weit von der Streckseite; oberes Tasthärchen am 4. Gliede gabelspitzig. Färbung grünlich oder bläulich. — ♀ verkehrt wappenschildförmig, dem ♀ von A. compactus sehr ähnlich. Lefzen in den Lateralwinkeln mit deutlich wahrnehmbaren Panzerplättchen. Genitalplatten flügelförmig, an den freien Enden stumpf abgerundet. — Nph. ohne besondere Kennzeichen, hell grünlich mit dunkleren Epimeren, Genitalplatten und Hautdrüsenhöfen. — ♂ 0,95 mm l., 720—750 μ br., 520—530 μ h.; ♀ 1—1,1 mm l.; Nph. 600 μ l.

Deutschland, Böhmen, Ungarn, Skandinavien, Russland, Frankreich, Italien, England und Irland.

22. **A. battilifer** Koen. 1896 *Arrenurus b.*, Koenike in: Forschber. Plön, *v.* 4 p. 221 f. 7—9 | 1898 *A. b.*, Piersig in: Zool., *v.* 22 p. 305 t. 35 f. 92 | 1900 *A. viridis* (non Ant. Dugès 1834!), Piersig in: Zool. Anz., *v.* 23 p. 210.

♂. Der vorhergehenden Art sehr ähnlich, doch kräftiger gebaut. Seitenecken des Anhanges massig, wenig über den mittleren Hinterrand desselben vorspringend. Enden der Genitalplatten in den lateralen Winkeln zwischen Rumpf und Anhang nur als mässiger Wulst hervortretend. Rückenhöcker noch kräftiger entwickelt als bei A. maculator; gegenseitige Entfernung der Spitzen 80 μ. Aussenseite jeder Höckerhälfte, wie bei A. maculator, auf halber Höhe eine Anschwellung aufweisend. Haarhöckerpaar über dem gleichgestalteten, hyalinen Häutchen vom Hinterrande des Anhangs etwas weiter abgerückt, bei Stirnstellung des Tieres breit herzförmig, nicht aber wie bei A. maculator birnförmig erscheinend. Petiolus 105 μ l. und an dem fast schaufelförmig verbreiterten Hinterende 110 μ br., in der Seitenansicht gerade nach hinten verlaufend. Leisten auf der Rückenfläche des Petiolus näher zusammen stehend als bei A. maculator. Oberes Tasthärchen am Vorderrande des 4. Gliedes des Maxillarpalpus nicht gegabelt. Färbung dunkelgrün oder gelblichgrün. — ♀ unbekannt. — ♂ 1,2—1,3 mm l., 830 μ br., 700 μ h.

Deutschland (Teiche bei Grosszschocher bei Leipzig, Tümpel auf einer Moorwiese bei Steinberg unweit Plön) Schweiz, Dänemark (Seeland).

23. **A. orientalis** Daday 1898 *Arrenurus o.*, Daday in: Term. Füzetek, *v.* 21 Anhangsheft p. 106 f. 52.

♂. Rumpf vorn breit abgestutzt und flach ausgebuchtet; Hinterrandecken des Rumpfes am Grunde des sehr kurzen Anhangs nicht vorstehend; Eckfortsätze des letzteren kurz und schwach, mit einem kleinen Vorsprung auf der Medialseite nahe bei der abgerundeten, durch eine kleine Einbuchtung getrennten Spitze; Hinterrand des Anhangs flach ausgebuchtet, jederseits des

Petiolus 2 verschieden lange Borsten und ein breites, durchsichtiges Hautgebilde tragend, das sich zwischen dem Petiolus und dem entsprechenden Eckfortsatz flächenartig ausbreitet und nach hinten abgerundet abschliesst, mit dem Medialrande des Eckfortsatzes aber nicht im Zusammenhange steht. Petiolus ungewöhnlich gross, etwa 208 μ l. und 88 μ br., von oben gesehen in der Mitte schwach bauchig verbreitert, am freien Ende dorsalwärts in 2 feine Spitzen auslaufend, die durch eine die Oberfläche des Petiolus bis zum Grundteil spaltende Rinne geschieden sind, ventralwärts aber 2 leierschwanzähnliche, seitwärts ausgebogene, etwas gedrehte Lamellen aussendend, deren Hinterränder fein sägeartig gezähnelt sind; Petiolus in der Seitenansicht aus einem 128 μ l., schief nach hinten und oben gerichteten, ziemlich dicken Grundstück und einem 96 μ l., rechtwinklig schief nach unten gebrochenen Endstück bestehend, dessen obere Lateralecken die oben erwähnten Zähnchen, die unteren Lateralecken jedoch die schräg nach oben weisenden, gezähnelten, 52 μ l. Lamellen aussenden. Über dem Petiolus, an Stelle des hyalinen Häutchens, ein anscheinend chitinöses, durchscheinendes, in drei Zacken endigendes, im Verlaufe nach hinten gleich breites Gebilde, dessen Mitte eine mediane, scharfkantige Leiste trägt, die sich bis in die Spitze der mittleren Zacke verfolgen lässt. Rückenbogen des Rumpfes nach hinten offen, auf die Seitenwandungen der Eckfortsätze des Anhanges übergreifend. Dorsale Panzerplatte an der Grenze zwischen Rumpf und Anhang mit 2 kleinen von einander abgerückten, kuppenförmigen Höckern, deren Spitzen schwach umgebogen sind, und mehreren borstentragenden Wärzchen, von denen 2 in der Medianlinie der Rückenfläche und 2 auf jeder Seite, in der Nähe des Rückenbogens liegen. Maxillarpalpus sehr klein; Endglied schwach gebogen, auf der Unterseite einen starken, kurzen Nebenzahn tragend. Epimeren fast die ganze Ventralfläche bedeckend. Beine lang, das 1. etwas länger als das 2.; 4. Glied am 4. Bein mit stark ausgezogenem Fortsatz. Genitalöffnung klein, von seitwärts verlaufenden, schmalen Genitalplatten begrenzt, die bis an den Seitenrand des Rumpfes reichen. — ♀. Dem ♀ von A. affinis nahe stehend. Rumpf oval, nach vorn stark verjüngt, am Vorderrande eine deutliche Ausbuchtung tragend; Hinterrand jederseits durch einen stark vorstehenden, höckerartigen Vorsprung begrenzt, der auf seiner abgerundeten Spitze eine lange Borste trägt. Rücken mit 3 Paar Erhebungen, von denen die vorderen und mittleren ausserhalb, die hinteren jedoch innerhalb des Rückenbogens liegen; letzterer eiförmig, am Vorderende jederseits mit einer Einbiegung. Bauchfläche ohne grössere Erhebungen. Genitalplatten schmal, von den Lefzen zunächst schief nach hinten und lateral laufend, mit dem freien Ende aber stärker nach der Seite gebogen. Färbung dunkel bläulichgrün; Beine und Maxillarpalpus heller. — ♂ 800 μ l., ? μ br., 410 μ h.; ♀ 2 mm l., 1,7 mm br.

Ceylon (Sümpfe in der Umgebung des Kalawewa-Sees).

24. **A. altipetiolatus** Piersig 1898 *Arrenurus a.*, Piersig in: Zool. Anz., *v.* 21 p. 572.

♂. Rumpf vorn ausgebuchtet, mit 2 Haarhöckern in der Einsattelung. Augengegend vorgewölbt. Anhang kurz und gedrungen, am Grunde mässig eingeschnürt, mit kurzen, keilförmig schief nach hinten und aussen vorspringenden Eckfortsätzen. Anhang am Grunde 640 μ, am Hinterende 670 μ br. Rücken von vorn nach hinten mässig ansteigend, etwa 830 μ l., im letzten Viertel mit 2 neben einander gestellten, mächtigen, hornförmigen Höckern, deren ca. 510 μ aus einander stehende Spitzen schwach nach hinten gebogen sind; Abfall der Höcker zum Anhang sehr steil, fast senkrecht. Maxillarpalpus auf der Innenseite des 2. Gliedes einige Borsten aufweisend. Epimeren und Capitulum ohne besondere Auszeichnungen. 4. Bein mit einem 112 μ l. geraden Sporn am 4. Gliede. Genitalhof am Hinterrande der Bauchfläche; Genitalöffnung 80 μ l., Genitalplatten in der Mitte am breitesten, mit einer keilförmigen Einbuchtung am Hinterrande. Petiolus auf der Unterseite des Anhanges, etwa 96 μ vom Genitalhof entfernt, eingelenkt, im Grunddrittel an Breite mässig zunehmend (grösste Breite 112 μ), weiter nach hinten unter Bildung von stumpfen Ecken sich verjüngend, in 2 hinter einander liegende, schräg nach oben und hinten zeigende Zähnchen auslaufend, an den Seiten von je einem schmalen, durchsichtigen, hautartigen Saume begrenzt, in der Seitenlage als eine an der Wurzel 188 μ hohe, etwa 176 μ weit nach hinten ragende, auf der Oberseite 2 Zäpfchen tragende, halbkreisförmige Scheibe erscheinend. Über dem Petiolus ein nach hinten verschmälertes, am Hinterrande ausgeschnittenes hyalines Häutchen. Höckerpaar am oberen Hinterrande des Anhanges 2 abgerundete, ca. 80 μ von einander abstehende, je ein langes Haar tragende Kuppen aufweisend. Augen gross und schwarz pigmentiert (Durchm. 80 μ). Färbung ähnlich wie bei A. maculator. — ♀ unbekannt. — ♂ 1,3 mm l., 850 μ br., 760 μ h.

Bismarck-Inseln.

25. **A. tetracyphus** Piersig 1894 *Arrenurus t.*, Piersig in: Zool. Anz., *v.* 17 p. 377 f. 2 | 1898 *A. t.*, Piersig in: Zool., *v.* 22 p. 308 t. 35 f. 89.

♂. Rumpf breit und massig, vorn flach eingebuchtet; Anhang kurz, am Grunde stark eingeschnürt; Seitenecken schief nach hinten und lateral gerichtet, mit abgerundeter Spitze, mit 2 mittellangen Haaren auf der Lateralseite; mittlerer Hinterrand des Anhanges 300 μ br., gerade, nur wenig von den Seitenecken überragt. Petiolus kurz (128 μ l.), nach hinten meisselförmig verbreitert, mit fast geradem, von stumpf abgerundeten Ecken eingefasstem Hinterrande, am Grunde 80 μ, am Hinterende 120 μ br. Schlauchförmiges Gebilde am Petiolus ähnlich wie bei A. maculator, ein wenig über den Hinterrand des Petiolus flachbogig hinausragend. Hyalines Häutchen kaum breiter als der Grund des Petiolus, mit fast parallelen Seitenrändern und einem von deutlichen Seitenecken eingefassten, schwach ausgeschnittenen Hinterrande. Rückenhöcker wie bei A. compactus geformt, sehr weit (320 μ) aus einander stehend; an Stelle des Doppelhöckers über dem hyalinen Häutchen ebenfalls 2 etwa 120 μ von einander entfernte Einzelhöcker. Gekrümmte Seitenborsten neben dem Petiolus ziemlich fein, mit ihren Enden bis hinter den Petiolus reichend. Färbung rotbraun, mit dunkleren Flecken auf dem Rücken; Anhang etwas heller; Beine und Petiolus braun. — ♀ unbekannt. — ♂ 928 μ l., 760 μ br.

Sachsen (Lehmlache bei Grosszschocher bei Leipzig), Westpreussen (Grochowoer See).

26. **A. lautus** Koen. 1895 *Arrenurus l.*, Koenike in: Abh. Ver. Bremen, *v.* 13 p. 172 t. 1 f. 1—5.

♂. Rumpf ähnlich wie bei A. tetracyphus; Anhang am Grunde ebenfalls stark eingeschnürt, kurz, mit nur mässig über den geraden Hinterrand hinausragenden Seitenecken von stumpf kegelförmiger Gestalt. Rücken des Rumpfes und Anhanges auffallend erhöht. Rückenhöcker weit auseinander gerückt, klein, ohne Haarbesatz. Anhangshöcker von einander abgerückt, ziemlich lang, an den Spitzen durchsichtig, je 1 feines Härchen tragend, von einem darunter stehenden, kleineren Höckerpaar begleitet. Petiolus 160 μ l., einer Lanzenspitze ähnelnd, mit einem stachelspitzig ausgezogenen, von lateral vorspringenden Ecken begrenzten Hinterrande. Schlauchförmiges Gebilde in der Petiolusrinne einer dunklen Leiste aufsitzend, schräg nach hinten und oben stark über die Seitenränder des Petiolus emporragend, mit seitlichen Fortsätzen und einem zungenförmig nach hinten gerichteten Mittelstück am freien Ende. Hyalines Häutchen über dem Petiolus nach hinten verschmälert, am Hinterrande schwach ausgebuchtet und mit stumpfen Seitenecken. Borstenbewaffnung des Anhanges ähnlich wie bei A. tetracyphus. Krummborsten neben dem Petiolus nur schwach gekrümmt, bis an die hinteren Seitenecken des Petiolus reichend. Hinterrand des Anhanges mit einem einzigen Langborstenpaar. 2. Glied des Maxillarpalpus auf der Innenfläche, nahe der Beugeseite und dem Vorderrande 2 lange Borsten aufweisend. 4. Glied am 4. Bein doppelt so lang wie das 5. Färbung grün und grünlichgelb; Petiolus grünlich durchscheinend. — ♀ unbekannt. — ♂ 1,04 mm l., 780 μ br. 670 μ h.

Nord-Amerika (kleiner See unweit des Pincher Creek).

27. **A. ornatus** George 1882 *Arrenurus viridis* (err., non Ant. Dugès 1834!), George in: Sci. Gossip, *v.* 18 nr. 216 p. 213 f. 209—211 | 1900 *A. ornatus*, George in: Sci. Gossip, n. ser. *v.* 7 p. 204 f. 1—9.

♂. Dem A. battilifer sehr ähnlich. Seitenecken des Anhanges wenig über den mittleren Hinterrand desselben hinausragend, am freien Ende abgerundet. Rückenhöcker ähnlich wie bei A. compactus, nur wenig höher als der Vorderrücken; gegenseitige Entfernung der Spitzen 170—190 μ. Haarhöckerpaar über dem hyalinen Häutchen einen schmalen, doppelkuppigen, mittleren, schief nach hinten gerichteten Vorsprung bildend. Petiolus 128 μ l., am Grunde 48 μ, am Hinterende 104 μ br. mit schwach konkaven Seitenrändern und mässig gebogenem, konvexem Hinterrande, dessen Mitte von einer feinen Spitze des schlauchartigen Gebildes des Petiolus überragt wird; letzte zwei Drittel des Petiolus stumpfwinkelig nach oben gebrochen, mit einem in der Seitenansicht bemerkbaren hyalinen, rundlichen, nach unten gerichteten Vorsprung. Tasthärchen anscheinend einfach gekniet. Färbung bläulich bis gelblichgrün. — ♀ an das von A. neumani erinnernd; Vorderrand des Rumpfes ohne Einbuchtung. Genitalplatten ähnlich wie beim ♀ von A. virens. Maxillarpalpus 210 μ l. 1. Bein 880 μ l., 2. Bein 1,04 mm l. — ♂ 0,83—0,9 mm l., 0,7—0,75 mm br.; ♀ 1,12 mm l., 960 μ br.

England und Irland.

28. **A. crenatus** Koen. 1896 *Arrenurus c.*, Koenike in: Forschber. Plön, p. 224 f. 12, 13 | 1898 *A. c.*, Piersig in: Zool., *v.* 22 p. 310 t. 39 f. 107 | 1896 *A. mrázeki*, Pisařovic in: SB. Böhm. Ges., nr. 17 p. 4 f. 1, 3, 4.

♂. Umriss des Rumpfes ähnlich wie bei A. tetracyphus. Rückenhöcker mässig hoch, weniger nach vorn geneigt als bei der Vergleichsart, auch etwas enger zusammen und mehr vom Hinterrande des Rumpfes abgerückt. Anhang kurz und gedrungen; Seitenecken nur wenig über den mittleren Hinterrand des Anhanges hinausragend. Petiolus 130—140 μ l., nach dem freien Ende fast birnförmig an Breite zunehmend und nach oben gebogen; am Hinterrande mit einer flachen Einbuchtung, die bei schräger Stirnstellung des Tieres als Kerbe erscheint. Schlauchförmiges Gebilde im Petiolus den Hinterrand nicht erreichend, mit einem emporragenden, stachelförmig nach oben und hinten gerichteten Endstücke. Krummborsten bis an das hintere Ende des Petiolus reichend. Hyalines Häutchen nach hinten verbreitert, mit deutlich ausgezogenen, einen ausgebuchteten Hinterrand begrenzenden Seitenecken. Unter den eng zusammengerückten Höckern des Anhangrückens noch ein, etwas weiter auseinander gerücktes Höckerpaar. Hintere Enden der Genitalplatten in die lateralen Winkel zwischen Rumpf und Anhang wulstartig vorspringend. Färbung ziegelrot. — ♀ unbekannt. — ♂ 1,10—1,20 mm l., 770 μ br., 580 μ h.

Deutschland (Grosser Plöner See in Holstein), Böhmen.

29. **A. barroisi** Koen. 1894 *Arrenurus b.*, Koenike in: Zool. Anz., *v.* 17 p. 276 f. 7.

♂. Rumpf vorn abgestumpft. Anhang am Grunde stark eingeschnürt, mit langen, den Hinterrand merkbar überragenden Seitenecken. Petiolus auffallend lang (300 μ), in der Mitte am stärksten gekniet, das freie Ende aufwärts gerichtet, oben muldenartig vertieft. Krummborsten das Ende des Petiolus nicht erreichend. Hyalines Häutchen stark vortretend, mit scharfen Ecken und merkbar ausgeschnittenem Hinterrande. Über dem hyalinen Häutchen jederseits ein blasenartiges, durchscheinendes Gebilde von gelblicher Farbe. Hinter den Augen, in der Medianlinie des Rumpfes ein breit gewölbter Höcker und beiderseits von derselben ein flacher Wulst. Vor dem Anhange 2 nach vorn übergeneigte, spitze Rückenhöcker, deren Spitzen 240 μ aus einander liegen. Auf dem Anhang, über dem hyalinen Häutchen ein kräftiges Höckerpaar mit 2 Borsten. — ♀ unbekannt. — ♂ 1,4 mm l.

Syrien (Phiala-See).

30. **A. frustrator** Koen. 1898 *Arrenurus f.* Koenike in: Abh. Senckenb. Ges., *v.* 21II p. 351 t. 23 f. 66—69; t. 29 f. 180—184.

♂. Rumpf nach vorn stark verjüngt, am Vorderrande tief ausgebuchtet, mit stark nach hinten vorspringenden Hinterrandecken, die merklich über die Grenze von Rumpf und Anhang hinausreichen und dadurch den letzteren ungewöhnlich kurz erscheinen lassen. Bauchfläche ein wenig schmäler als die Rückenfläche; diese mit 2 am Grunde 640 μ von einander abgerückten Höckern besetzt, deren abgerundete Spitzen etwas nach hinten gebogen sind. Rumpfanhang 640 μ br. und 190 μ l., viel niedriger als der Rumpf; Eckenfortsätze in halber Höhe des Körpers sitzend, von ansehnlicher Dicke, seitlich jedoch zusammengedrückt. Petiolus 150 μ l., unterhalb der Eckenfortsätze auf der Ventralseite des Anhanges so weit nach vorn gerückt, dass sein distales Ende nur bis an den Hinterrand des Anhanges reicht. Freies Ende des Petiolus wie bei A. bruzelii, mit 2 seitlich gerichteten Zähnchen, die ein zweites, tiefer stehendes Paar verdecken. Hyalines Häutchen bis an den Grund des Petiolus reichend. Hinterrand des Anhanges mit 2 Haarhöckern, die denselben in 3 gleiche Abschnitte zerlegen. Rückenbogen vom Vorderrande des Rumpfes 320 μ entfernt, eine lang elliptische dorsale Panzerplatte umschliessend, mit den Hinterenden auf die Seitenflächen der Eckenfortsäze übergreifend. Augenabstand 270 μ. Streckseite des 4. Gliedes des Maxillarpalpus sattelartig ausgerandet; distaler Rand der Innenseite des 2. Gliedes mit 2 Borsten, eine 3. Borste nahe der Beugeseite. 4. Glied des 4. Beines mässig verlängert (256 μ l.), am distalen Ende in einen 96 μ l., spornartigen Fortsatz auslaufend; 5. Glied nicht gekürzt, so lang wie das Endglied. Genitalöffnung 80 μ l.; Genitalplatten nur vorn die Lefzen berührend, in ihrem Verlaufe nach den Seitenrändern des Rumpfes allmählich schmäler werdend. Sog. Analöffnung unmittelbar hinter dem Genitalhofe. Färbung grünlichgelb. — ♀. Rumpf breit oval, mit 4 abgerundet vorspringenden Höckern am Hinterrande; am Vorderrande tief ausgebuchtet. Augenabstand

368 μ. Epimeren mit den Eigentümlichkeiten des ♂. Genitalöffnung 144 μ l., von halbkreisförmigen Lefzen umgeben, die zusammen eine apfelförmige Scheibe bilden. Genitalplatten von mässiger Länge, in schwachem Bogen schief nach hinten und lateral ziehend, nach dem freien Ende hin verschmälert. Sog. Analöffnung 112 μ hinter dem Genitalhofe. — Nph. Rumpf kurz eiförmig, ansehnlich dick. Integument mit niedrigen, rundlichen Papillen dicht besetzt; Hautdrüsen deutlich hervortretend. Capitulum auf der Ventralseite hinten einen breiten, aber kurzen, flächenartig verbreiterten Fortsatz aufweisend, der am freien Ende ausgebuchtet ist. Mandibel 176 μ l. Maxillarpalpus von dem des Imago abweichend, ohne Einsattelung der Streckseite des 4. Gliedes. Epimeren $^3/_5$ der Ventralfläche des Rumpfes bedeckend. Genitalplatten gross und nach der Seite gekrümmt, sehr zahlreiche Genitalnäpfe tragend. Sog. Analöffnung nahe am Genitalhof. — ♂ 950 μ l. (ohne Seitenecken), 870 μ br., 650 μ h.; ♀ 1,3 mm l., 1,2 mm br., 960 μ h.; Nph. 800 μ l.

Madagaskar (Majunga), Nossi-Bé (Djabala-See).

31. **A. neumani** Piersig 1837 *Arrenurus emarginator* (err., non *Hydrachna e.,* O. F. Müller 1776!), C. L. Koch, C. M. A., fasc. 13 f. 9, 10 | 1880 *Arrhenurus e.,* Neuman in: Svenska Ak. Handl., n. ser. *v.* 17 nr. 3 p. 81 t. 7 f. 3 | 1884 *Arrenurus e.,* Krendowskij in: Trav. Soc. Univ. Kharkow, *v.* 18 p. 525 | 1895 *A. neumani,* Piersig in: Zool. Anz., *v.* 18 p. 147 | 1896 *A. n.,* Pisařovic in: SB. Böhm. Ges., nr. 17 p. 4 | 1897 *A. n.,* Thor in: Arch. Naturv. Christian., *v.* 19 nr. 11 p. 27 | 1898 *A. n.,* Piersig in: Zool., *v.* 22 p. 313 t. 30 f. 78 | 1900 *A. n.,* Thon in: Verh. D. zool. Ges., p. 110 f. 1 | 1900 *A. n.,* Thon in: Rozpr. České Ak., ser. 2 *v.* 9 nr. 15 p. 44 f. 1—6.

♂. Rumpfanhang kurz, am Grunde stark eingeschnürt; Seitenecken desselben breit, schief nach hinten und lateral gerichtet, mit dachförmig abgeschrägten freien Enden, den mässig breiten Hinterrand des Anhangs deutlich überragend. Petiolus 160 μ l., am freien Ende 96 μ br., mit flach bogenförmig vorspringendem, von deutlichen Seitenecken begrenztem Hinterrande, unten flach konkav gebogen, auf dem Rücken eine niedrige, eckige Erhebung bildend. Krummborsten bis zur Spitze des Petiolus oder wenig darüber hinausreichend. Hyalines Häutchen mit ausgezogenem, spitzem Hinterrande. Seitenecken mit je 1 Borste an der Lateralseite der Spitze und auf der Medialseite; Hinterrand wie bei A. maculator beborstet. Rückenhöcker mässig hoch, breit gerundet. Höcker über dem hyalinen Häutchen zu einem ein eng neben einander gerücktes Borstenpaar tragenden, gewölbten Vorsprunge verschmolzen. Hinter den Augen zu beiden Seiten der vorderen Hälfte des Rückenpanzers je eine flache Wallbildung. 2. Glied des Maxillarpalpus auf der Innenfläche mit 5 gefiederten Borsten; oberes Tasthärchen des 4. Gliedes mehr oder weniger deutlich gegabelt. 4. Glied des 4. Beines länger als alle anderen. Genitalhof wie bei A. compactus. Färbung rot. — ♀ im Umriss ähnlich dem ♀ von A. affinis, nur mit stumpfen Hinterrandecken; Rücken ziemlich hoch gewölbt, doch ohne hervorragende Erhebungen. Genitalöffnung 192 μ l. Genitalplatten 240 μ l. und 190 μ br. Lefzen zusammen eine 208 μ br. Scheibe bildend, in den Ecken mit kleinen dreieckigen Plättchen. — ♂ 1,08 mm l., 830 μ br., 660 μ h.; ♀ 1,25 mm l., 1,1 mm br.

Deutschland, Schweden, Finnland, Frankreich, Oesterreich-Ungarn, Schweiz, England.

32. **A. radiatus** Piersig 1894 *Arrenurus r.,* Piersig in: Zool. Anz., *v.* 17 p. 118 f. 6 | 1895 *A. r.,* Koenike in: Abh. Ver. Bremen, *v.* 13 p. 227 | 1898 *A. r.,* Piersig in: Zool., *v.* 22 p. 311 t. 33 f. 85.

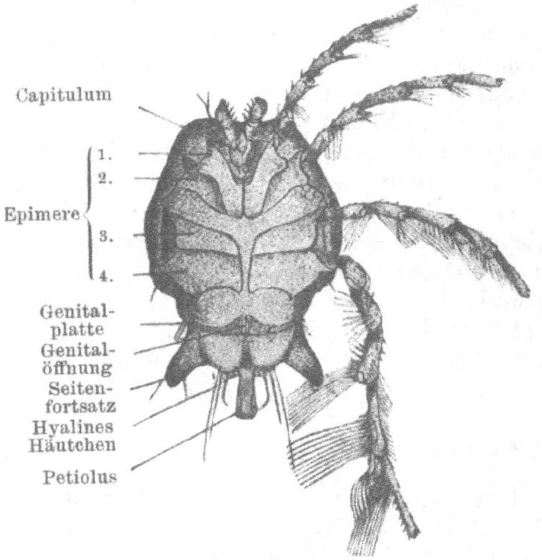

Fig. 23. **A. radiatus.** ♂, Bauchseite.

♂ (Fig. 23). Rumpf vorn eingebuchtet; Anhang an der Wurzel eingeschnürt, mit kräftigen, den in der Mitte bogig vorspringenden Hinterrand merkbar überragenden Seitenfortsätzen, die auf der konvexen Lateral- und der fast geraden Medialseite eine Borste aufweisen (Fig. 23). Petiolus 208 µ l., mehr ventralwärts eingelenkt, mit geraden, schwach nach hinten divergierenden Seitenrändern und quer abgestutztem, von abgerundeten Ecken seitlich eingefasstem Hinterrande, ziemlich stark nach unten gebogen. Hyalines Häutchen mit scharfen Lateralecken. Krummborsten neben dem Petiolus, das Ende desselben nicht erreichend. Rückenhöcker mässig hoch, gewölbt. Doppelhöcker über dem hyalinen Häutchen am Grunde innig verschmolzen, mit abgerundeten, je eine kurze Borste tragenden Kuppen. 2. Glied des Maxillarpalpus mit 5 Borsten auf der Innenfläche (Fig. 24); Tasthaare gekniet, nicht gegabelt. 4. Glied am 4. Bein am längsten. Färbung rot bis rotbraun, seltener gelbrot, Beine und Maxillarpalpus häufig mit einem Anflug ins Bläuliche. — ♀. Rumpf breit oval; Vorderrand desselben wenig abgestumpft, Hinterrand lateral kaum merkbar abgeflacht. Lefzen eine fast kreisrunde Scheibe bildend, mit 4 winkelständigen, dreieckigen Plättchen; Genitalplatten medial am breitesten, in der Mitte verschmälert, am Lateralende leicht kolbig angeschwollen. — ♂ 1,12 mm l. (ohne Petiolus), 880 µ br., 800 µ h.; ♀ 1,09 mm l., 960 µ br.

Fig. 24. **A. radiatus.** ♂, Capitulum und Maxillarpalpen.

Deutschland, Schweiz, Oesterreich.

33. **A. tricuspidator** (Müll.), Bruzelius ?1776 *Hydrachna t.*, O. F. Müller, Zool. Dan. Prodr., p. 189 nr. 2249 | ?1781 *H. t.*, O. F. Müller, Hydrachnae, p. 35 t. 8 f. 2 | ?1835 *Arrenurus t.*, C. L. Koch, C. M. A., fasc. 2 f. 22 | 1854 *A. t.*, Bruzelius, Beskr. Hydrach., p. 21 t. 2 f. 1—4 | 1884 *A. t.*, George in: Sci. Gossip, *v.* 20 p. 80 f. 44 | 1898 *A. t.*, Piersig in: Zool., *v.* 22 p. 316 t. 32 f. 83 | 1886 *A. bicuspidator*, Berlese, A. M. S., fasc. 23 nr. 8 nota | 1894 *A. b.*, Koenike in: Zool. Anz., *v.* 17 p. 261 | 1896 *A. b.*, Koenike in: Forschber. Plön, *v.* 4 p. 219 | 1899 *A. b.*, Thor in: Arch. Naturv. Christian., *v.* 21 nr. 3 p. 27 | 1896 *A. rugosus*, Protz in: Schr. Ges. Danzig, n. ser. *v.* 9 p. 269 f. 1—4 | 1897 *A. bituberosus*, Piersig in: SB. Ges. Leipzig, *v.* 22/23 p. 92 | 1897 *A. b.*, E. Nordenskjöld in: Acta Soc. Fauna Fenn., *v.* 15 p. 6.

♂. Rumpf nach vorn stark verjüngt, flache Einbuchtungen an und zwischen den Augen aufweisend. Anhang eingeschnürt, etwa 500 µ br. mit keilförmigen, den konvexen Hinterrand des Anhanges merkbar überragenden Seitenecken. Petiolus 160 µ l., nach hinten allmählich an Breite zunehmend, in 2 durch eine Einkerbung getrennte, 96 µ von einander entfernte seitliche

Spitzen auslaufend, das schlauchförmige Gebilde im Petiolus den Hinterrand des letzteren nicht erreichend. Hyalines Häutchen nach hinten verbreitert, mit scharf ausgezogenen Seitenecken. Krummborsten nicht ganz so lang wie der Petiolus. Borsten auf dem Anhang ähnlich verteilt wie bei A. neumani. Kuppen der abgerundeten, mässig hohen Rückenhöcker 240 μ von einander entfernt, mit je einer nach hinten gekrümmten Borste. Dorsalpanzer vor den Rückenhöckern merkbar eingesenkt. Doppelhöcker auf dem Anhange mit eng neben einander gelagerten Kuppen. Lateraler Winkel zwischen Rumpf und Anhang zum Teil ausgefüllt durch die wulstigen Enden der Genitalplatten, auf denen je 4 Borsten sitzen. 2. Glied des Maxillarpalpus auf der Innenfläche mit 6 Borsten besetzt. Tasthärchen des 4. Gliedes gekniet, nicht gegabelt. Epimeren nicht selten mit streifigen Unebenheiten. Hinterrand der 4. Epimere oft undeutlich und verschwommen. Genitalhof wie bei A. neumani. Färbung rot. — ♀ dem ♀ von A. neumani sehr ähnlich. Genitalöffnung 160 μ l.; Lefzen in den Winkeln mit auffallend grossen Plättchen; Genitalplatten die Lefzen umklammernd, am distalen Ende schwach nach vorn gebogen, breit abgerundet. — ♂ 1,12 mm l. (ohne Petiolus), 860 μ br., 720 μ h.; ♀ 1,3 mm l., 1,1 mm br.

Deutschland, Dänemark, Norwegen, Schweden, Finnland, Böhmen, England.

34. **A. bidens** Koen. 1898 *Arrenurus b.*, Koenike in: Abh. Senckenb. Ges., *v.* 21 II p. 349 t. 22 f. 65.

♂. Dem ♂ von A. bruzelii ähnlich. Rumpf nach vorn zu verschmälert, am Stirnrande tief ausgebuchtet; Hinterrandecken scharf hervortretend; Ventralfläche flach; Rücken jederseits ausserhalb des Rückenbogens einen niedrigen Höcker aufweisend. Rumpfanhang wie bei A. bruzelii, jedoch über dem nach hinten verbreiterten, scharf ausgezogene Seitenecken aufweisenden, hyalinen Häutchen mit einem hohen, kräftigen, 2 Borsten tragenden Höcker, der jederseits von einem kleineren, stark chitinisierten Vorsprunge begrenzt wird. Auf der Ventralseite des Anhanges zu beiden Seiten des Grundes des Petiolus je ein starker Wulst mit einer langen Borste, die neben der Krummborste des Petiolus als Randborste auf einem kleinen, durchscheinenden Vorsprung erscheint. Petiolus nicht über die Eckenfortsätze des Anhanges nach hinten hinausragend, am distalen Ende stark verbreitert, jederseits des bogig vorspringenden Hinterrandes mit einem seitlich gerichteten Zähnchen ausgestattet; auf der Oberseite des Petiolus ein in der Seitenansicht zapfenartig erscheinendes Gebilde; Krummborsten den Petiolus umfassend, äusserst dick und am Ende gabelig gespalten. Maxillarpalpus ähnlich wie bei A. concavus, Grundglied jedoch schwächer; 2. Glied auf der Beugeseite, mehr einwärts, mit 3 halblangen Borsten. Epimeren wie bei A. bruzelii. 4. Glied des 4. Beines stark verlängert, mit einem Fortsatz ausgestattet, der fast so lang wie das gekürzte 5. Glied ist. Genitalhof ohne besondere Merkmale. Sog. Analöffnung in der Mitte zwischen Petiolus und Genitalöffnung. — ♀. Rumpf breit eiförmig, nach vorn stark verjüngt; Vorderrand ausgebuchtet; Hinterrandecken höckerartig vortretend. Höcker auf dem Rücken ausserhalb des Rückenbogens sich erhebend, spitzer und höher als bei A. pectinatus. Rückenbogen elliptisch, etwa 300 μ vom Vorderrande des Rumpfes entfernt. Lefzen des Genitalhofes 160 μ l. und 176 μ br., eine apfelförmige Scheibe bildend. Sog. Analöffnung unweit des hinteren Körperrandes. Färbung rötlich gelb. — ♂ 680 μ l. (ohne Petiolus), 750 μ br.; ♀ 960 μ l., 850 μ br., 720 μ h.

Insel Nossi-Bé bei Madagaskar (Djabala-See).

35. **A. claviger** Koen. 1885 *Arrenurus c.*, Koenike in: Abh. Ver. Bremen, *v.* 9 p. 219 | 1897 *A. c.*, Piersig in: SB. Ges. Leipzig, *v.* 22/23 p. 92 | 1898 *A. c.*, Piersig in: Zool., *v.* 22 p. 321 t. 39 f. 104 | 1899 *A. c.*, Thor in: Arch. Naturv. Christian., *v.* 21 nr. 3 p. 26 | 1900 *A. c.*, Thon in: Rozpr. České Ak., ser. 2 *v.* 9 nr. 15 p. 45 f. 1—3 (♀).

♂. Rumpf wie bei A. tricuspidator geformt; Anhang am Grunde 560 μ br., Seitenecken desselben keilförmig, in eine mehr oder weniger abgerundete Spitze auslaufend. Petiolus 144 μ l., am freien Ende klöppelartig verdickt (70 μ br.), mit einer von deutlichen Ecken begrenzten, hinteren Einkerbung. Hyalines Häutchen mit ungewöhnlich lang ausgezogenen Seitenecken. Krummborsten bis hinter den Petiolus reichend, mit den Spitzen sich fast berührend, an der Aussenseite nahe dem hinteren Ende ein kurzes Gabelästchen aussendend. Rückenhöcker am Grunde verschmolzen, mit den abgerundeten, niedrigen Kuppen 160 μ von einander abgerückt. Doppelhöcker auf dem Anhang abgerundet, 2 winzige, 96 μ von einander entfernte Haarborsten tragend; darunter noch wie bei A. tricuspidator und anderen Arten, ein 2. Höckerpaar meist undeutlich wahrnehmbar. 2. Glied des Maxillarpalpus auf der Innenfläche mit 5 oder 6 gefiederten Borsten. Tasthaare des 4. Gliedes ähnlich wie bei dem ♂ von A. maculator. Färbung braunrot, mit schwärzlichen Flecken. — ♂ 1,1 mm l. (ohne Petiolus), 770 μ br., 672 μ h.

Deutschland (Teiche bei Brandis am Kohlenberge), Frankreich, Böhmen (Elbtümpel bei Neratovice und Čelakovice), Norwegen (Tjern nahe bei Vanse kirke, Lister).

36. **A. virens** Neuman 1880 *A. v.*, Neuman in: Svenska Ak. Handl., n. ser. *v.* 17 nr. 3 p. 81 | 1885 *Arrenurus crassipetiolatus*, Koenike in: Abh. Ver. Bremen, *v.* 9 p. 216 | 1894 *A. c.*, Koenike in: Zool. Anz., *v.* 17 p. 276 f. 8 | 1897 *A. c.*, Piersig in: SB. Ges. Leipzig, *v.* 22/23 p. 92 | 1897 *A. c.*, George in: Sci. Gossip, ser. 2 *v.* 4 p. 264 f. 1 | 1898 *A. c.*, Piersig in: Zool., *v.* 22 p. 319 t. 32 f. 84.

♂. Rumpf nach vorn stark verjüngt, mit einer Einbuchtung zwischen den Augen. Anhang stark eingeschnürt, am Grunde 570 μ br.; bogenförmig vorspringender Hinterrand von den langen, keilförmigen Seitenecken stark überragt. Petiolus mehr ventralwärts eingelenkt, 228 μ l. und 160 μ br., spatelförmig, mit abgerundetem Hinterende. Schlauchförmiges Gebilde in der Petiolusrinne nicht über den Hinterrand der letzteren hinausragend. Krummborsten den Petiolus hinten umfassend. Hyalines Häutchen mit scharf ausgezogenen Seitenecken. Beide Borsten an den Seitenecken des Anhanges auf der Medialseite. Rückenhöcker flach gewölbt, ihre Endborsten 400 μ von einander entfernt. 2. Glied des Maxillarpalpus mit 5 Haarborsten; Tasthärchen des 4. Gliedes kurz über dem Grunde stumpfwinklig nach oben umgebrochen. Genitalplatten bis an den Seitenrand des Rumpfes herantretend, keinen Wulst in dem lateralen Winkel zwischen Rumpf und Anhang bildend. Färbung rotbraun, mit undeutlichen schwärzlichen Flecken; Petiolus braun, an den Rändern oft blaugrün; Epimeren oft dunkel gefleckt. — ♀ mit nur schwacher Ausbuchtung am Vorderrande des Rumpfes und wenig hervortretenden Hinterrandecken. Genitalöffnung 196 μ l.; Lefzen mit dreieckigen Plättchen in den Ecken; Genitalplatten 144 μ br. und doppelt so lang. Querdurchm. des Genitalhofes 736 μ. — ♂ 1,21 mm l. (ohne Petiolus), 900 μ br., 800 μ h.; ♀ 1,5 mm l., 1,32 mm br.

Deutschland, Schweden, Frankreich, Böhmen.

37. **A. edentator** Berl. 1883 *Arrenurus e.*, Berlese, A. M. S., fasc. 5 nr. 7.

♂. Rumpfanhang am Grunde stark eingeschnürt; Seitenecken stumpf zugespitzt, mässig lang, auf jeder Seite mit je einer Borste; Hinterrand in der Mitte vorspringend. Petiolus lang, am keilförmig zugespitzten Ende etwas verdickt, mehr ventralwärts eingelenkt. Hyalines Häutchen mit Lateralecken. Krummborsten stark, bis an oder über die Spitze des Petiolus reichend. Rückenhöcker und Anhangshöcker flach gewölbt. Färbung grün, mit schwärzlichen Flecken. — ♀ unbekannt. — ♂ 700 μ l.

Italien (Gräben bei Padua).

38. **A. abbreviator** Berl. 1888 *Arrenurus a.*, Berlese, A. M. S., fasc. 51 nr. 3 | 1894 *A. a.*, Koenike in: Zool. Anz., *v.* 17 p. 260 | 1898 *A. a.*, Piersig in: Zool., *v.* 22 p. 327 t. 39 f. 106.

♂. Rumpf gedrungen, ungewöhnlich erhöht, mit niedrigen, flach gewölbten Rückenhöckern. Anhang am Grunde stark eingeschnürt, 512 μ br.; Seitenecken schief lateral und nach hinten gerichtet, am freien Ende abgestutzt und daselbst 2 Ecken bildend. Hinterrand des Anhanges von den Seitenecken wenig überragt, jederseits des Petiolus in 2 verschieden grosse, über einander stehende, eckige Vorsprünge zerfallend, die je eine lange Haarborste tragen. Petiolus ventralwärts eingelenkt, am Grunde stark verbreitert, in der Mitte verjüngt, am Ende nach einer schwachen Verdickung in eine Spitze auslaufend, mit einem flügelartigen, schief lateral und nach hinten gerichteten, abgerundeten, hyalinen Hautgebilde an beiden Seiten seiner hinteren Hälfte und mit einer 2., wasserhellen Membran, die sich vom Hinterrande des Anhanges bis zur kolbigen Verdickung des Petiolus hinzieht und hier in eine Spitze ausläuft; Form des stark erhöhten Petiolus in der Seitenlage kahnschnabelförmig. Hyalines Häutchen über dem Petiolus nach hinten verschmälert, mit einem schwach bogig ausgeschnittenen, von deutlichen Seitenecken eingefassten Hinterrande. Hinterrandhöcker des Anhanges dicht neben einander stehend. Krummborsten länger als der Petiolus. Färbung grünlich. — ♀ unbekannt. — ♂ 1 mm l. (ausschl. Petiolus), 848 μ br.

Italien (in Brunnen des Botanischen Gartens zu Padua), Deutschland (Hessen-Darmstadt).

39. **A. latipetiolatus** Piersig 1898 *Arrenurus l.*, Piersig in: Zool. Anz., *v.* 21 p. 573.

♂. Rumpf am Vorderrande verjüngt, stark eingebuchtet; Anhang am Grunde mässig eingeschnürt, hier 592 μ br., kurz, mit ähnlichen Eckenfortsätzen wie A. lautus; letztere 656 μ von einander entfernt. Rücken des Rumpfes stark gewölbt. Rückenbogen vom Vorderrande 288 μ abstehend, eine 592 μ breite Panzerplatte einschliessend. Höcker auf der hinteren Hälfte des Rückenpanzers sehr niedrig, ca. 400 μ von einander entfernt, je eine feine Borste tragend. Anhangshöcker ebenfalls klein, 112 μ von einander entfernt. Augen 288 μ von einander abstehend. Maxillarpalpus, Capitulum und Epimeren ohne besondere Kennzeichen. 4. Glied des 4. Beines mit Sporn. Genitalhof an gewöhnlicher Stelle, mit quer gestellten, im lateralen Verlaufe ganz wenig nach hinten sich ziehenden, fast gleich breiten Genitalplatten, die auf die Seitenflächen des Rumpfes übergreifen; Genitalöffnung 88 μ lang. Petiolus 208 μ l. und 160 μ br., ventral am Hinterrande des Anhanges, 128 μ hinter dem Genitalhof eingelenkt, an der Wurzel stielartig schmal, dann plötzlich durch seitliche, hautartige Säume stark verbreitert, nach hinten fast halbkreisförmig abschliessend, in der Seitenansicht am Grunde 80 μ dick, nach dem freien Ende merkbar schwächer werdend, scheinbar aus einer oberen, kürzeren und einer unteren, längeren Lage bestehend, mit zunächst gerade nach hinten gerichteter, dann schwach nach oben gebrochener Ober- und Unterseite. Krummborsten schwach gebogen. Hyalines Häutchen sehr schmal, fast verkümmert. Borstenbesatz auf dem Anhang ähnlich wie bei A. radiatus; untere Borsten des Hinterrandes jederseits auf Höckern stehend, deren gegenseitiger Abstand 350 μ beträgt. Färbung ähnlich wie bei A. maculator. — ♀ unbekannt. — ♂ 1,12 mm l. (ohne Petiolus), 960 μ br.

Bismarck-Inseln.

40. **A. affinis** Koen. 1887 *Arrenurus a.*, Koenike in: Schr. Ges. Danzig, n. ser. *v.* 7 p. 1 t. 1 | 1897 *A. a.*, Piersig in: SB. Ges. Leipzig, *v.* 22/23 p. 92 | 1898 *A. a.*, Piersig in: Zool., *v.* 22 p. 324 t. 34 f. 88.

♂. Anhang des Rumpfes stark eingeschnürt, 210 μ l., Seitenecken schief lateral und nach hinten gerichtet, an den keilförmigen Spitzen abgerundet, den flachen Hinterrand des Anhanges nur mässig überragend. Petiolus 144 μ l., an der Wurzel verschmälert, nach hinten gleichmässig an Breite zunehmend, mit schwach konvexem, von abgerundeten Ecken eingefasstem, 96 μ br. Hinterrande. Schlauchförmiges Gebilde im Petiolus am Hinterrande des letzteren flach bogig vorspringend, von der Seite gesehen als höckerartiger Aufsatz erscheinend. Krummborsten kürzer als der Petiolus. Hyalines Häutchen wie bei A. lautus nach hinten verschmälert, mit fast unmerklich ausgeschnittenem, von stumpfen Winkeln begrenztem Hinterrande. Borstenbesatz des Anhanges ähnlich wie bei A. radiatus, doch ist die Medialborste der Seitenecken etwas mehr von der Spitze abgerückt. Rückenhöcker von einander abgerückt, mässig gewölbt, oben abgestutzt. Über dem hyalinen Häutchen auf dem Hinterrande des Anhanges 2 nicht verschmolzene Höckerpaare, das untere kleiner als das obere, je ein Borstenpaar tragend. 2. Glied des Maxillarpalpus mit 5 Borsten. Tasthärchen gekniet, nicht gegabelt. Färbung zinnoberrot, Epimeren kaffeebraun, Maxillarpalpus und Beine bräunlich gelb; Petiolus oft bläulich umrandet. — ♀. Rumpf nach vorn verjüngt, mit breitem, von Seitenecken eingefasstem Hinterrande. Genitalhof ähnlich wie bei A. radiatus. Lefzen in den Winkeln mit Plättchen. — ♂ 920 μ l. (ohne Petiolus), 720 μ br., 640 μ h.; ♀ 1,2 mm l., 1,08 mm br., 880 μ h.

Deutschland (Karrasch-See bei Deutsch-Eylau), Böhmen (Gewässer bei Podebrad, Borkovic und Veseli).

41. **A. robustus** Koen. 1894 *Arrenurus r.*, Koenike in: Zool. Anz., *v.* 17 p. 275 f. 6 | 1898 *A. r.*, Piersig in: Zool., *v.* 22 p. 324 t. 39 f. 110.

♂. Ähnlich A. compactus, Rumpf nebst Anhang noch gedrungener. Am Seitenrande des Rumpfes vor dem Anhange 2 flache Wülste. Petiolus kurz (80 μ l.) und kräftig, am Vorder- und Hinterrande verbreitert, meisselförmig. Schlauchförmiges Gebilde in der Petiolusrinne den Hinterrand nicht erreichend. Hyalines Häutchen nur an den scharf vorspringenden Ecken, durchsichtig, mit flach ausgebuchtetem Hinterrande. Rückenhöcker flach gewölbt, mit breitem Grunde. Höcker über dem hyalinen Häutchen 200 μ von einander entfernt. Färbung grünlich bis gelblichgrün; Beine, Maxillarpalpus und Petiolus lichtgrün. — ♀ unbekannt. — ♂ 1 mm l.

Deutschland, Schweiz, Böhmen.

42. **A. bruzelii** Koen. 1837 *Arrenurus albator* (err., non O. F. Müller 1776!), C. L. Koch, C. M. A., fasc. 12 f. 15, 16 | 1884 *A. a.*, Krendowskij in: Trav. Soc. Univ. Kharkow, *v.* 18 p. 321 t. 7 f. 13, 14 | 1882 *A. emarginator* (err., non *Hydrachna e.* O. F. Müller 1776!), G. Haller in: Mt. Ges. Bern, 1881 II p. 43 t. 2 f. 16 | 1885 *A. bruzelii*, Koenike in: Abh. Ver. Bremen, *v.* 9 p. 221 | 1887 *A. b.*, Barrois & Moniez, Cat. Hydrach.,

p. 25 | 1897 *A. b.*, Piersig in: SB. Ges. Leipzig, *v.* 22/23 p. 93 | 1897 *A. b.*, George in: Sci. Gossip, ser. 2 *v.* 4 p. 264 f. 2a—d | 1898 *A. b.*, Piersig in: Zool., *v.* 22 p. 328 t. 39 f. 109 | 1900 *A. b.*, Thon in: Rozpr. České Ak., ser. 2 *v.* 9 nr. 15 p. 43 | 1888 *A. malleator*, Berlese, A. M. S., fasc. 51 nr. 4.

♂. Rumpf vorn flach ausgebuchtet, mit 2 niedrigen, aus gemeinsamem Grunde herausgewachsenen Rückenhöckern, deren abgerundete Kuppen ca. 160 μ auseinander stehen. Anhang wie bei A. maculator. Petiolus etwa 160 μ l., von der Wurzel allmählich an Breite zunehmend, im letzten Viertel wieder sich etwas verjüngend, mit einem flach bogenförmig abgestutzten Hinterende, dessen Seitenecken in je ein lateral gerichtetes, mit der feinen Spitze rückwärts gekrümmtes, zierliches Zähnchen auslaufen. Krummborsten nicht so lang, wie der Petiolus. Seitenecken des Anhanges mit je einer Borste auf der Medial- und Lateralseite. Hyalines Häutchen ähnlich wie bei A. maculator. Höcker über dem hyalinen Häutchen eng verschmolzen, vom Hinterrande des Anhanges etwas abstehend; tiefer gelegen noch ein kegelförmig zugespitztes Zapfenpaar. Maxillarpalpus mit 3 Borsten auf der Innenfläche des 2. Gliedes; Tasthärchen nicht gegabelt, nur gekniet. Färbung bläulichgrün, Flecken auf dem Rücken kaffeebraun, verschwommen. — ♀ der Gestalt nach an das ♀ von A. affinis erinnernd, verkehrt wappenschildförmig. — ♂ 1 mm l. (ohne Petiolus), 820 μ br., 630 μ h.; ♀ 1,2 mm l.

Deutschland, Skandinavien, Süd-Russland, Böhmen, Frankreich, Italien, Schweiz.

43. **A. papillator** (Müll.) 1776 *Hydrachna p.*, O. F. Müller, Zool. Dan. Prodr., p. 189 nr. 2253 | 1781 *H. p.*, O. F. Müller, Hydrachnae, p. 39 t. 3 f. 6 | 1793 *Trombidium p.*, J. C. Fabricius, Ent. syst., *v.* 2 p. 404 | 1805 *Atax p.*, J. C. Fabricius, Syst. Antl., p. 370 | 1879 *Arrenurus p.*, Krendowskij in: Trav. Soc. Univ. Kharkow, *v.* 12 p. 238 t. 1 f. 5—11 | 1897 *A. p.*, Piersig in: SB. Ges. Leipzig, *v.* 22/23 p. 93 | 1898 *A. p.*, Piersig in: Zool., *v.* 22 p. 331 t. 30 f. 77 | 1874 *Acercus elegans*, Neuman in: Förh. Skand. Naturf., 1873 p. 408 (Nph.) | 1880 *Arrhenurus papillator* + *Anurania elegans*, Neuman in: Svenska Ak. Handl., n. ser. *v.* 17 nr. 3 p. 91 t. 9 f. 1; p. 95 t. 14 f. 3 (Nph.).

♂. Rumpf vorn und in den Augengegenden abgeflacht. Anhang ca. 660 μ br. und nur 100 μ l.; Seitenecken desselben abgerundete, unbedeutende Vorsprünge mit je 2 Borsten bildend; Hinterrand des Anhanges mit einer einzigen, medianen Einbuchtung. Petiolus 140 μ l. und 80 μ br., am schwach verbreiterten, abgerundeten Hinterrande einen kreisförmigen Einschnitt aufweisend. Hyalines Häutchen sehr kurz, sein Hinterrand flach ausgebuchtet, von abgerundeten Seitenecken eingefasst. Jederseits des Petiolus am Hinterrande des Anhanges 2 Borstenhaare, keine Krummborsten. Rumpfrücken hoch, hinten steil in die kaum nennenswerte, von den seitlich aufgebogenen Seitenecken begrenzte Anhangsmulde abfallend; im Grunde der Mulde ein Doppelhöcker mit abgerundeten, auf gemeinschaftlichem Grunde ruhenden Kuppen, von denen jede eine lange Borste trägt. Dorsaler Hinterrand des Anhanges weiter nach hinten ragend, als der ventrale. Maxillarpalpus auf der Innenfläche des 2. Gliedes mit 6 Borsten; Tasthaare nur gekniet. Genitalplatten nicht bis auf die Seitenfläche des Rumpfes übergreifend, am proximalen Vorder- und Hinterrande mit je 5 feinen Borsten ausgestattet. Färbung in der Jugend rot, später rotbraun bis kaffeebraun. — ♀ breit oval, ohne alle Einbuchtungen und Vorsprünge; Rücken ziemlich hochgewölbt. Genitalöffnung 160 μ l.; Genitalplatten schief nach hinten und lateral gerichtet, bis an das breit abgerundete distale Ende gleich breit. — Nph. prachtvoll scharlachrot gefärbt, Epimeren, Maxillarpalpen, Capitulum, Beine und Genitalplatten schwarz. Rumpf kreisrund. Hautdrüsenöffnungen von schwarzen

Höfen umgeben. — ♂ 1,24 mm l., 1,01 mm br., 690 μ h.; ♀ 1,9 mm l., 1,6 mm br.; Nph. 0,8—1 mm l.

Dänemark, Deutschland (Kiesgruben bei Paunsdorf-Leipzig in der Nähe des Louisenhölzchens, alter Steinbruch bei Grosszschocher), Schweden, Süd-Russland.

44. **A. vávrai** Thon 1899 *Arrenurus v.*, Thon in: Zool. Anz., *v.* 22 p. 496 f. 1 | 1899 *A. v.*, Piersig in: Zool., *v.* 22 t. 51 f. 200 a—e.

♂. Dem A. robustus nahe verwandt. Vorderrand des Rumpfes mit breiter, flacher Einbuchtung und wenig vortretenden, abgerundeten Seitenecken; Hinterrandecken stark abgerundet; Höcker auf dem hinteren Teile des Rückens unbedeutend, mit je einem kleinen, nach vorn gebogenen Börstchen versehen. Rumpfanhang kurz und breit (170 μ), mit wenig vortretenden, den Hinterrand kaum überragenden Seitenecken. Petiolus 110 μ l., am Grunde schmal, nach hinten verbreitert (63 μ br.), mit schwach bogenförmig vorspringendem Hinterrande, der breit abgerundet in die Seitenränder übergeht, und 2 kurzen, dünnen Ausläufern, die stiftartig zu beiden Seiten des Hinterrandes über die Petiolusrinne hinausragen. Dorsale Anhangsmulde mit 2 kleinen Haarhöckern. Krummborsten neben dem Petiolus länger als dieser. Maxillarpalpus 285 μ l.; 2. Glied auf der Innenfläche mit 6 langen, glatten Borsten. Beine dünn; 4. Glied des 4. Beines am distalen Ende mit spornartigem Fortsatz. Genitalplatten schmal, streifenförmig. Färbung rötlich. Beine und Epimeren grünlich. — ♀ dem ♀ von A. neumani sehr ähnlich. — ♂ 900 μ l., 765 μ br., 635 μ h.; ♀ 1—1,2 mm l.

Böhmen (Tümpel bei der Ziegelei in Schlan).

45. **A. pudens** Koen. 1898 *Arrenurus p.*, Koenike in: Abh. Senckenb. Ges., *v.* 21 II p. 344 t. 22 f. 59—64.

♂. Rumpf am Stirnende und an den vorderen Seitenrändern flach eingebuchtet, in der Augengegend vorgewölbt, auf dem Rücken, ausserhalb des Rückenbogens, mit einem vorderen und einem hinteren Paar fast kegelförmiger, grosser Höcker, von denen das letztere schief nach oben und hinten gerichtet ist; Rumpfanhang deshalb scheinbar mit einem oberen, grösseren und einem tiefer stehenden, unteren Paar Eckenfortsätze. Dorsale Panzerplatte des Rumpfes einen 320 μ l. Querwall aufweisend, der in der Seitenansicht als niedriger Höcker erscheint. Rumpfanhang kurz, Eckenfortsätze nur wenig über den Hinterrand desselben hinausragend. Petiolus in der Mitte des abgestutzten Hinterendes des Anhanges eingelenkt, am Grunde schief nach oben gerichtet, im Verlaufe nach dem distalen Ende hin bogenförmig nach unten ziehend, aus 2 Stücken bestehend, aus einem zapfenförmigen, stark chitinisierten Grundteile von dunkler Färbung und einem hautartigen, durchscheinenden Endteile, dessen laterales freies Ende stark abwärts gekrümmt und schaufelartig verbreitert ist; Hinterrand desselben scheinbar ausgerandet, in Wirklichkeit muldenartig vertieft, mit Zapfenbesatz, ähnlich dem des Integuments von Diplodontus despiciens. Krummborsten schwach, nicht so lang wie der Petiolus. Hyalines Häutchen über dem Petiolus fehlend. Rückenbogen zwischen dem vorderen Höckerpaare des Rumpfes beginnend, mit den Hinterenden am Hinterrande des Anhanges verschwindend. Capitulum ungemein schlank. Grundglied der kräftigen Mandibel stark gekniet. Maxillarpalpus mit starkem Grundgliede; 3. Glied auf dem äusseren, distalen Rande eine schwimmhaarartige lange Borste tragend; 4. Glied am distalen Ende neben dem Endgliede einen zahnartigen Vorsprung aufweisend, der wie die abgerundete vordere Beugeseitenecke völlig durchsichtig ist; letztere an Stelle der kräftigen

Schwertborste eine auffallend lange und feine, schwimmhaarartige Borste aufweisend. 1. und 3. Bein etwa 800 μ, 2. und 4. Bein 960 μ l.; Endglieder des 1. und 2. Beines ungemein schlank, nach dem distalen Ende hin verjüngt, mit vielen Borsten besetzt; 4. Glied des 4. Beines mit 150 μ l., dünnem Fortsatz. Genitalhof vom gewöhnlichen Bau stark abweichend; Genitalplatten quer gestellt, mit einem medialen nach hinten gerückten Ausläufer, der auf dem Rumpfanhang erst zwischen den beiden Eckenfortsätzen sein Ende erreicht und hier mit der stark verdeckten Genitalöffnung abschliesst. Sog. Analöffnung unmittelbar hinter der Genitalöffnung gelegen. Färbung gelblichgrün bis lebhaft meergrün. — ♀. Rumpf am Vorderrande ausgebuchtet, mit wulstigen Vorderecken; Hinterrand jederseits einen schief lateral und nach hinten gerichteten, zapfenförmigen Höcker tragend, der ausserhalb des Rückenbogens gelegen ist. Abstand beider Höcker 770 μ. Auf der Bauchseite des Rumpfes, unmittelbar am Hinterrande, nahe neben einander 2 flache Haarwälle mit schwimmhaarartigen Borsten. 4. Epimere unterhalb der Einlenkungsstelle des 4. Beines ein Büschel Borsten aufweisend. Genitalhof sehr breite, am Lateralrande mehrfach eckige Lefzen besitzend; Genitalöffnung 135 μ l.; Genitalplatten ähnlich wie bei A. gibbus, zunächst nach hinten parallel zur Medianlinie verlaufend, dann aber rechtwinklig lateralwärts umbiegend. — ♂ 950 μ l. (ohne Petiolus), 800 μ br., 640 μ h.; ♀ 1,3 mm l., 1,1 mm br., 950 μ h.

Insel Nossi-Bé bei Madagaskar (Djabala-See).

46. **A. stuhlmanni** Koen. 1893 *Arrenurus s.*, Koenike in: Mt. Mus. Hamburg, *v.* 10 nr. 2 p. 5 t. 1 f. 1, 2 | 1898 *A. s.*, Koenike in: Abh. Senckenb. Ges., *v.* 21 II t. 28 f. 165—168.

♂. Rumpf vorn merklich ausgebuchtet. Rücken mit 4 Höckern, 2 niedere unmittelbar vor dem Anhange, 2 höhere im vorderen Drittel. Anhang auffallend breit (300 μ) und dick (260 μ h.), aber sehr kurz (100 μ), der Gestalt nach an den von A. maculator erinnernd; Seitenecken fast garnicht über den Hinterrand des Anhanges vorspringend. Petiolus in der Mitte des Grundteils des Anhanges eingelenkt, aus einem stielförmigen, an der Ansatzstelle verdickten, am freien Ende gabelförmig abschliessenden Mittelstück bestehend, dem auf der Unterseite eine schmale, nach hinten sich verbreiternde Leiste aufliegt und von dessen Seitenrändern je eine durchsichtige Membran ausgeht; jederseits des Petiolus noch ein wasserheller Hautfortsatz, der nach vorn spitz zuläuft und ebenfalls mit dem proximalen Rande an den Petiolus angewachsen ist; neben dem Petiolus auf beiden Seiten je ein langer, zapfenartiger, eine äusserst kräftige, nach dem Petiolus hin gekrümmte Borste tragender Haarwall. Krummborste nicht so lang wie der Petiolus. 4. Glied am 4. Bein ohne Sporn. Färbung schön dunkel blaugrün, Beine und Maxillarpalpus heller, Ventralfläche grünlichgelb, Petiolus schmutziggelb. — ♀ unbekannt. — ♂ 580 μ l. (ausschl. Petiolus), 470 μ br., 450 μ h.

Sansibar (Sumpf Kibueni).

47. **A. albator** (Müll.) 1776 *Hydrachna a.*, O. F. Müller, Zool. Dan. Prodr., p. 189 nr. 2247 | 1781 *H. a.*, O. F. Müller, Hydrachnae, p. 33 t. 2 f. 1, 2 | 1793 *Trombidium a.*, J. C. Fabricius, Ent. syst., *v.* 2 p. 403 | 1805 *Atax a.*, J. C. Fabricius, Syst. Antl., p. 369 | 1854 *Arrenurus a.*, Bruzelius, Beskr. Hydrach., p. 29 t. 3 f. 2 | 1883 *A. a.*, George in: Sci. Gossip, *v.* 19 p. 10 f. 16, 17 | 1897 *A. a.*, Piersig in: SB. Ges. Leipzig, *v.* 22/23 p. 93 | 1898 *A. a.*, Piersig in: Zool., *v.* 22 p. 335 t. 31 f. 79 | 1883 *A. crassicaudatus* (err., non P. Kramer 1875!), George in: Sci. Gossip, *v.* 19 p. 10 f. 18.

♂. Rumpf vorn mit breiter, flacher Ausbuchtung; Anhang auffallend kurz, am Grunde eingeschnürt (390 μ br.), mit keilförmig stumpfen, schwach nach hinten divergierenden Seitenecken, zwischen denen ein merklich ausgebuchteter Hinterrand liegt, der in der Mitte halbkugelförmig vorspringt. Petiolus am freien Ende auf beiden Seiten in einen hakenförmig nach vorn umgebogenen Zahnfortsatz auslaufend, fast ankerförmig, in der Mitte des Hinterrandes mit einem kleinen runden Knöpfchen. Unterhalb des Petiolus 2 grosse, in der Mittellinie verwachsene, blasig durchscheinende, bis an den Petioluskopf heranreichende, bogig vorspringende Hautgebilde. Jede Hälfte des Anhanges mit 5 Borsten (3 verschieden grosse am Hinterrande und 2 schwächere zu beiden Seiten der abgerundeten Spitze der Seitenecken); Krummborsten nicht vorhanden. Rücken des Rumpfes hochgewölbt, nach hinten allmählich abfallend, ohne nennenswerte Höckerbildungen. Anhangsmulde sehr kurz, in der Tiefe einen dem äussersten Hinterrande des Rumpfes aufsitzenden, am Grunde verschmolzenen, niedrigen Doppelhöcker bergend. 2. Glied des Maxillarpalpus auf der Innenfläche am Vorderrande mit einem kreisförmigen, bürstenartigen Haarpolster; Tasthärchen am 4. Gliede gekniet, an der Knickung mit stumpfeckig vorspringender Verdickung. 4. Bein ohne Fortsatz am 4. Gliede. Genitalplatten nahezu bis an die Seitenfläche des Rumpfes heranreichend. Färbung gelblich bis grünlichgelb; Flecken auf dem Rücken bräunlich; Hinterteil des Rumpfes oben bläulich; Epimeren und Genitalplatten oft blau umrandet; Anhang lichter als der Rumpf. — ♀. Der Form nach wie bei A. crassipetiolatus, ohne deutlich vorspringende Hinterrandecken. Genitalöffnung 128 μ l.; Genitalplatten mit den distalen Enden merklich nach vorn gebogen. Färbung wie beim ♂, mit einer blauen Binde über dem Rücken von einer Hinterrandecke zur anderen. — ♂ 750 μ l. (ausschl. Petiolus), 560 μ br., 420 μ h.; ♀ 800 μ l., 690 μ br.

Dänemark, Schweden, Norwegen, Deutschland, Böhmen, Schweiz.

48. **A. crassicaudatus** P. Kram. 1875 *Arrenurus c.,* P. Kramer in: Arch. Naturg., *v.* 41 I p. 318 t. 9 f. 26 | 1897 *A. c.,* George in: Sci. Gossip, n. ser. *v.* 4 nr. 43 p. 188 f. 7 | 1898 *A. c.,* Piersig in: Zool., *v.* 22 p. 339 t. 31 f. 80 | 1897 *A. gilvator,* Thor in: Arch. Naturv. Christian., *v.* 19 nr. 11 p. 28 t. 1 f. 9 t. 2 f. 21.

♂. Dem A. albator sehr ähnlich. Petiolus von der Wurzel bis zum letzten Drittel wenig verbreitert, dann scharf zugespitzt, fast lanzenspitzenförmig. Färbung und Ausstattung ähnlich wie bei A. albator. Maxillarpalpus auf der Innenfläche des 2. Gliedes ohne Haarpolster, nur mit einer einzigen langen Borste. — ♀ wie bei A. albator. — ♂ 800 μ l., 565 μ br., 468 μ h.; ♀ 820 μ l., 695 μ br.

Deutschland (Teiche bei Grosszschocher bei Leipzig, Grosser Plöner See, Tümpel am Parnass bei Plön, Umgegend von Schleusingen in Thüringen), Böhmen, Norwegen (Östensjö bei Aas).

49. **A. cordatus** Piersig 1892 *Arrenurus sp.,* Piersig in: Zool. Anz., *v.* 15 p. 342 f. 7 | 1894 *A. cordatus,* Piersig in: Zool. Anz., *v.* 17 p. 215, 373 | 1896 *A. c.,* Pisařovic in: SB. Böhm. Ges., nr. 17 p. 5 | 1897 *A. c.,* Piersig in: SB. Ges. Leipzig, *v.* 22/23 p. 93 | 1898 *A. c.,* Piersig in: Zool., *v.* 22 p. 340 t. 31 f. 81 | 1900 *A. c.,* Thon in: Rozpr. České Ak., ser. 2 *v.* 9 nr. 15 p. 47 | 1894 *A. latus* (err., non Barrois & Moniez 1887!), Koenike in: Zool. Anz., *v.* 17 p. 274 | 1895 *A. l.,* Koenike in: Zool. Anz., *v.* 18 p. 377.

♂. A. crassicaudatus sehr ähnlich. Petiolus 120 μ l., mit kolbig verbreitertem, herzförmig ausgeschnittenem Hinterende. 2. Glied des Maxillarpalpus auf der Innenfläche mit bürstenartigem Haarpolster. — ♀ unbekannt. — ♂ 760 μ l., 563 μ br., 472 μ h.

Deutschland (Wüster Teich bei Rehefeld im östlichen Erzgebirge), Böhmen (Gitschiner Teich, Teich bei Jankow, Hloubetiner Teich).

50. **A. krendowskiji** Piersig*) 1884 *Arrenurus crassicaudator* (err., non *A. crassicaudatus* P. Kramer 1875!), Krendowskij in: Trav. Soc. Univ. Kharkow, *v.* 18 p. 322 t. 7 f. 9.

♂. A. cordatus sehr ähnlich. Petiolus nach hinten verbreitert, sein Hinterrand ähnlich ausgeschnitten wie bei A. tricuspidator. — ♀ unbekannt. — ♂ 750 μ l.

Süd-Russland.

51. **A. pustulator** (Müll.) 1776 *Hydrachna p.*, O. F. Müller, Zool. Dan. Prodr., p. 188 nr. 2246 | 1781 *H. p.*, O. F. Müller, Hydrachnae, p. 32 t. 3 f. 3 | 1793 *Trombidium p.*, J. C. Fabricius, Ent. syst., *v.* 2 p. 403 | 1805 *Atax p.*, J. C. Fabricius, Syst. Antl., p. 369 | 1835 *Arrenurus p.*, C. L. Koch, C. M. A., fasc. 2 f. 21 | 1854 *A. p.*, Bruzelius, Beskr. Hydrach., p. 28 t. 2 f. 9 t. 3 f. 1 | 1880 *A. p.*, Neuman in: Svenska Ak. Handl., n. ser. *v.* 17 nr. 3 p. 78 t. 7 f. 1 | 1897 *A. p.*, Piersig in: SB. Ges. Leipzig, *v.* 22/23 p. 93 | 1897 *A. p.*, Thor in: Arch. Naturv. Christian., *v.* 19 nr. 11 p. 26 | 1898 *A. p.*, Piersig in: Zool., *v.* 22 p. 342 t. 37 f. 97.

♂. Rumpfumriss einem Rechteck mit vorn stark abgeschrägten, hinten abgerundeten Ecken gleichend; Vorderrand schmal, flach eingebuchtet. Anhang ohne nennenswerte Einschnürung am Grunde, so breit wie der Rumpf, mit breit abgerundeten Seitenecken und wenig vertieftem, in der Mitte buckelartig vorspringendem Hinterrande. Petiolus 160 μ l. und 112 μ br., am Hinterende schwach kolbig verdickt und mit einem mittleren, lochartigen Einschnitt versehen. Krummborsten verkümmert, kaum gebogen. Rücken ungewöhnlich erhöht, nach hinten allmählich abfallend, nach vorn über die Augengegend vorgewölbt, ohne bedeutende Höcker innerhalb des Rückenbogens, am Abhange nach der sehr kurzen Anhangsmulde ein flacher Doppelhöcker mit 2 kurzen Borsten. Über dem Petiolus noch 2 winzige Erhebungen. 2. Glied des Maxillarpalpus mit 5 Borsten auf der Innenfläche. Färbung ziegelrot. — ♀ breit eirund, mit einer Einbuchtung am Vorderrande. Genitalplatten medial zugespitzt, lateral gleich breit, am distalen Ende abgerundet. Färbung rotbraun. — ♂ 1,36—1,4 mm l. (nach Bruzelius 2 mm, nach Neuman 1,5 mm l.), 830 μ br., 1,04 mm h.; ♀ 1,6 mm l.

Deutschland (Schwarze Lache hinter Rolandts Ziegelei bei Leipzig-Grosszschocher, Tümpel am Parnass bei Plön), Dänemark, Schweden, Norwegen (Sagtjern bei Elverum, Praestesjö bei Rena, Kjemsjö bei Koppang, Afskaaken bei Lillehammer), Finnland, Schweiz, Oesterreich.

52. **A. fimbriatus** Koen. 1885 *Arrenurus f.*, Koenike in: Abh. Ver. Bremen, *v.* 9 p. 220 | 1896 *A. f.*, Koenike in: Forschber. Plön, *v.* 4 p. 218 f. 5, 6 (♂) | 1897 *A. f.*, Piersig in: SB. Ges. Leipzig, *v.* 22/23 p. 93 | 1898 *A. f.*, Piersig in: Zool., *v.* 22 p. 345 t. 37 f. 99 (♀).

♂. Rumpf vorn ohne Einbuchtung; nach hinten ohne deutliche Einschnürung in einen gleich breiten Anhang übergehend; Seitenecken desselben breit abgerundet, einen in der Mitte vorspringenden, ausgebuchteten Hinterrand merkbar überragend. Petiolus von oben 72 μ, von unten 100 μ l.,

*) Nom. nov. Nach Krendowskij, zu Ehren des Entdeckers. R. Piersig.

nach hinten nadelförmig verjüngt, scheinbar von faseriger Struktur, von der Seite gesehen an den Petiolus von A. abbreviator erinnernd, mit Leisten, die wie die Adern eines Orthopteren-Flügels nach dem bogig ausgezackten Rande verlaufen. Rücken des Petiolus nach dem freien Ende hin stark abfallend. Rücken des Rumpfes hoch gewölbt, nach der sehr kurzen Anhangsmulde steil abgeschrägt. Rückenhöcker niedrig, mit den Kuppen 208 μ von einander entfernt. 4. Bein ohne Fortsatz am 4. Gliede. Genitalplatten nicht den Seitenrand des Rumpfes erreichend. Färbung grünlich, Petiolus gelblich durchscheinend. — ♀ ähnlich wie bei A. globator, doch ohne Einbuchtung am Vorderrande. Genitalöffnung 128 μ l.; Genitalplatten die Lefzen lateral umfassend, in gleicher Breite lateral und nach hinten ziehend, ca. 88 μ br. und 168 μ l. Färbung bläulichgrün, Epimeren bräunlich, Rückenflecken schwärzlich; Analhof oft hellblau, desgleichen die Beine, Endglieder jedoch bräunlich. — Nph. grünlichgelb mit dunkleren Flecken. — ♂ 722—762 μ l., 490—500 μ br., 430—435 μ h.; ♀ 750 μ l., 630 μ br.; Nph. 400 μ l.

Deutschland (Nordwestlicher Tümpel im Steinbruch zu Leipzig-Kleinzschocher, Grosser Plöner See, Tümpel auf einer Moorwiese beim Steinberg unweit Plön, Umgebung von Bremen, Teich bei Peine), Dänemark (Teich bei Lyngby auf Seeland).

53. **A. obliquus** Koen. 1898 *Arrenurus o.*, Koenike in: Abh. Senckenb. Ges., *v.* 21 II p. 356 t. 23 f. 70—72; t. 29 f. 179.

♂. Der Körpergestalt nach dem A. crassicaudatus ähnlich. Vorderrand des Rumpfes ohne Einbuchtung. Rücken, besonders hinten, stark buckelig gewölbt, mit einem medianen Längswall und erhabenen Seitenrändern. Rumpfanhang kurz, Eckenfortsätze nur wenig hervortretend, Hinterrand in der Mitte eingekerbt; über der Einkerbung ein kurzer, spitzer Chitinzapfen, der jederseits von einer mittellangen, über den Hinterrand hinausragenden Borste begleitet wird. Petiolus zwischen den Genitalplatten eingelenkt, eigenartig durch seine seitwärts umgebogene Spitze, mit gerader Ober- und gewölbter Unterfläche; an der ersteren eine dicke, an der letzteren eine dünne chitinartige Schicht aufweisend; ventrale Schicht kurz vor der Spitze des Petiolus abzweigend, stark gekrümmt; seitliche Verbindung der chitinartigen Schichten membranös und durchscheinend. Petiolus innen hohl. Hyalines Häutchen anscheinend fehlend. Krummborste wenig den Petiolus überragend. Rückenbogen wie bei A. albator. Augen wie bei A. crassicaudatus gelegen, 160 μ von einander entfernt. Mandibel 90 μ l. Maxillarpalpus 170 μ l., von geringer Dicke. 4. Glied schmal, Endglied gespalten, mit einer kurzen, nach vorn gebogenen Borste auf der Beugeseite; Borstenbesatz der Glieder sehr spärlich. Epimeren $^3/_4$ der Ventralfläche des Rumpfes bedeckend. 1.—4. Bein 400, 450, 480 und 530 μ l.; 4. Glied des 4. Beines ohne Verlängerung und spornartigen Fortsatz. Genitalhof durch 2 kurze, isoliert liegende Genitalplatten gekennzeichnet. Genitalöffnung schwer bemerkbar. Sog. Analöffnung nur 14 μ von der Genitalöffnung entfernt. Färbung gelblichgrün, Hinterrand des Rumpfes leuchtend grün. — ♀. Dem ♀ von A. concavus sehr ähnlich, doch ohne eckige Vorsprünge am Hinterrande; Vorderrand des Rumpfes abgerundet; Rücken und Bauch mässig gewölbt. 4. Epimere wie beim ♂ an der Medialkante verschmälert. Genitalplatten erheblich kürzer als bei A. concavus, 96 μ l. und 96 μ br.; Genitalöffnung ebenfalls 96 μ l. Sog. Analöffnung 112 μ vom Genitalhof entfernt. — Nph. Rumpfumriss kurz eiförmig. Integument weich, mit niedrigen, rundlichen Tüpfeln dicht besetzt. Hintere Epimerengruppen sehr weit von einander abgerückt. Genitalplatten ungemein kurz, je 15 dicht stehende Genitalnäpfe tragend. —

♂ 500 μ l. (einschl. Anhang), 480 μ br., 400 μ h.; ♀ 670 μ l., 600 μ br., 500 μ h.; Nph. 450 μ l.

Insel Nossi-Bé bei Madagaskar (Djabala-See).

54. **A. auritus** Koen. 1898 *Arrenurus a.*, Koenike in: Abh. Senckenb. Ges., v. 21 II p. 340 t. 22 f. 55—58; t. 27 f. 137—141.

♂. Rumpf ähnlich wie bei einem Arrhenurus-Weibchen geformt, gedrungen und kräftig; Vorderrand stark zurücktretend, vom Capitulum überragt; Rücken stark gewölbt, ohne Höcker, nach hinten steil abfallend. Rumpfanhang nur aus einem die Mitte des Hinterrandes einnehmenden, wulstartigen Vorsprunge bestehend, auf dem der massige, ungemein dicke, 192 μ l., am Grunde 144 μ, am Ende 192 μ br., an der Wurzel 147 μ und am Ende 103 μ hohe Petiolus sitzt; letzterer ohne Rinne auf der Oberseite, am freien Ende jederseits ein ohrartiges, durchscheinendes und undeutlich geadertes Anhängsel besitzend, das vorn auf der Unterseite des Petiolus beginnt und sich an der Seite desselben bogenförmig schräg nach hinten und oben hinzieht. Hyalines Häutchen nicht vorhanden. Krummborste nur schwach entwickelt, nach hinten umgebogen. Eckenfortsätze des Anhanges fehlend, scheinbar durch die dadurch zur Geltung kommenden, breit abgerundeten Hinterrandecken des Rumpfes ersetzt; diese und jede Seite des Petiolus-Wulstes 2 lange Borsten tragend. Rückenbogen nicht auffindbar, weil der Panzer noch nicht vollständig erhärtet war. Abstand der Augen 256 μ. 4. Glied des Maxillarpalpus kürzer als die drei ersten Glieder zusammen, einen kräftigen Höcker auf der Streckseite nahe dem Grunde und einen zahnartigen Vorsprung an der distalen Ecke der Beugeseite aufweisend; Endglied dünn und schwach gekrümmt. Endglied des 4. Beines wie bei A. pectinatus hakig gebogen; 5. Glied auf der Beugeseite bauchig erweitert und daselbst ausser mit halblangen Säbelborsten noch mit einem starken Büschel Schwimmborsten ausgestattet; 4. Glied ohne spornartigen Fortsatz. Genitalöffnung 80 μ l., von 2 nach hinten verbreiterten Lefzen begrenzt; Genitalplatten 416 μ l., anfänglich so breit wie die Genitalöffnung, lateralwärts allmählich verschmälert, am freien Ende wieder verbreitert, leicht wellig lateralwärts und wenig nach hinten ziehend. Sog. Analöffnung am Grunde des Petiolus. Färbung grünlichgelb. — ♀. Rumpf am verschmälerten Vorderrande ausgebuchtet, hinter den Augen seitlich etwas eingezogen; mittlerer Teil des Hinterrandes breit wulstartig über die abgerundeten hinteren Körperecken hinausragend; Rücken 2 Paar niedrige Höcker aufweisend, das eine in der Augengegend, das andere auf dem vorderen Teile der dorsalen Panzerplatte. Rückenbogen lang eiförmig, eine 1,35 mm l. und 900 μ br. Platte umschliessend. Abstand der Augen von einander 500 μ. Mandibel 340 μ l. Maxillarpalpus mit dem des ♂ übereinstimmend. Epimeren die vordere Hälfte der Bauchfläche bedeckend. Lefzen eine apfelförmige Scheibe bildend; Genitalplatten mässig lang. Sog. Analöffnung in der Mitte zwischen Genitalhof und Hinterrand des Rumpfes. — ♂ 1,2 mm l. (ohne Petiolus), 1,1 mm br., 1,05 mm h.; ♀ 1,9 mm l., 1,6 mm br., 1,5 mm h.

Madagaskar (Majunga).

55. **A. nobilis** Neuman 1880 *A. n.*, Neuman in: Svenska Ak. Handl., n. ser. v. 17 nr. 3 p. 92 t. 10 f. 1.

♂. Rumpf eirund, vorn abgerundet, nach hinten in einen langen und breiten, kegelstumpfförmigen, undeutlich abgesetzten Anhang übergehend. Petiolus lang, am hinteren, schwach verbreiterten Ende quer abgestutzt.

Krummborsten sehr stark, mit den Spitzen sich hinter dem Petiolus fast berührend. Hyalines Häutchen nach hinten nicht verbreitert, ohne vorspringende Hinterrandecken. Färbung grün mit schwärzlichen Rückenflecken; Petiolus gelblich. 4. Glied des 4. Beines mit Fortsatz. — ♀ unbekannt. — ♂ 1 mm l.

Schweden (Mälar-See bei Kungshamn).

56. **A. kanei** Halbert 1900 *Arrenurus k.*, Halbert in: Irish Natural., *v.* 9 p. 95 f. 1—4.

♂. Sehr nahe mit A. nobilis verwandt. Rumpfanhang 220 μ l., an dem 320 μ breiten Grunde viel schmäler als das Hinterende des Rumpfes, deshalb deutlicher abgesetzt. Haargebilde neben dem auf der Ventralseite des Anhanges eingefügten 180 μ l. Petiolus etwa halb so dick wie der letztere, am freien Ende schwach kolbig angeschwollen. Hyalines Häutchen 40 μ l., nach hinten verbreitert, mit kräftig vorspringenden, schief gerichteten Hinterrandecken und einem in der Mitte schwach vorgebogenen Hinterrande. Jederseits des hyalinen Häutchens einen zapfenförmigen, schräg nach der Seite umgebogenen, chitinigen Vorsprung aufweisend. Hinterrand der kurzen, dorsalen Anhangsmulde 2 kleine, neben einander stehende, niedrige, abgerundete Höckerchen mit je einer Borste aufweisend. Färbung gelblich bis grünlich, mit rötlichbraunen Flecken. — ♀. Umriss des Rumpfes ähnlich wie bei A. sinuator und A. albator, jedoch nach vorn zu stärker verjüngt. — ♂ 1,2 mm l. (einschl. Anhang), 880 μ br.; ♀ 1,4 mm l., 1,08 mm br.

Irland (Upper Lough Erne, Dartrey Lough in der Grafschaft Monaghan).

57. **A. laticodulus** Piersig 1898 *Arrenurus l.*, Piersig in: Zool. Anz., *v.* 21 p. 571.

♂. Vorderrand des Rumpfes abgestutzt, durch 2 vorstehende Haarhöcker in 3 flache Einbuchtungen zerfallend; Anhang am Grunde stark eingeschnürt, hier ca. 640 μ br., am meisten an den Anhang von A. sinuator erinnernd, nach hinten an Breite zunehmend, an der Einbiegungsstelle der Seitenränder in den schwach bogenförmig vorspringenden, durch 3 abgerundete Anschwellungen in 4 flache Einbuchtungen zerlegten Hinterrand etwa 830 μ br., ohne eigentliche Mulde, auf der Oberseite mit 2, durch eine schmale, median verlaufende Rinne unvollständig getrennten, von vorn nach hinten ziehenden Wülsten ausgestattet, von der Seite gesehen, etwa 640 μ h. und 400 μ l., in breiter, halbkreisförmiger Rundung schief nach hinten und oben weisend und am Hinterrande einen eckigen Vorsprung tragend. Auf dem hochgewölbten Vorderrücken des Rumpfes 2 durch eine tiefe Einbuchtung getrennte, ca. 480 μ hohe, mit den Spitzen 640 μ von einander abstehende, hornförmige Höcker ausserhalb des Rückenbogens. Erhebungen auf dem Hinterrücken unbedeutend. Petiolus nicht wahrnehmbar. Capitulum, Maxillarpalpus und Epimeren ohne besondere Merkmale. 4. Bein anscheinend mit Sporn. Genitalhof wie bei anderen ♂ der Gattung. Augenabstand 320 μ. Färbung bläulichgrün. — ♀ unbekannt. — ♂ 1,36 mm l., 930 μ br., 820 μ h.

Bismarck-Inseln.

58. **A. bicornutus** Piersig 1898 *Arrenurus b.*, Piersig in: Zool. Anz., *v.* 21 p. 570.

♂. Rumpfform des schief von oben gesehenen Tieres ganz eigenartig; Vorderrand tief und breit ausgebuchtet, seitlich von 2 mächtigen, schief nach vorn und lateral gerichteten, hörnerartigen Fortsätzen begrenzt; Seitenrand in der Mitte schwach bogig vorspringend, vorn und hinten mässig eingebuchtet; Hinterrand flach konkav, ebenfalls von 2 schief lateralwärts weisenden, keilförmigen Eckfortsätzen eingefasst. Rückenbogen etwa 160 μ vom Vorderrande des Rumpfes entfernt, mit den Hinterenden auf die Seitenflächen der Eckfortsätze übergreifend; letztere in der Seitenansicht ca. 430 μ l., am Grunde ca. 400 μ dick, nach hinten an Stärke abnehmend, in eine der Oberseite näher gelegene Spitze auslaufend, deren nach unten gekehrter Teil flach ausgebuchtet ist und mit der gekürzten Unterfläche einen stumpfen Winkel bildet. Auf dem Rücken mit zwei 430 μ hohen, fast senkrechten, vorn abgeschrägten, je in eine schwach nach hinten geneigte Spitze auslaufenden, ausserhalb des Rückenbogens stehenden Höckern (die hörnerartigen Fortsätze), deren Abstand an den distalen Enden ca. 900 μ beträgt. Abstand der Augen von einander 288 μ. 4. Bein ohne Sporn am 4. Gliede. Genitalhof am Hinterrande der Bauchfläche, mit quer gestellten Genitalplatten. Petiolus fehlend. Sog. Analöffnung in der durch die Eckfortsätze gebildeten Bucht. Färbung bläulichgrün. — ♀ unbekannt. — ♂ 800 μ l. (einschl. Eckfortsätze des Rumpfes 1,2 mm), 840 μ br., 720 μ h.

Bismarck-Inseln.

59. **A. lohmanni** Piersig 1898 *Arrenurus l.*, Piersig in: Zool. Anz., *v.* 21 p. 572.

♂. A. bicornutus sehr ähnlich, jedoch Vorderhörner und Eckfortsätze im Anblicke schief von oben abgestutzt; erstere scheinbar mit 2 in verschiedener Höhe liegenden, eckigen Vorsprüngen, letztere am Hinterrande nur mit einem einzigen kleinen Höcker. Rückenhöcker in der Seitenlage von ähnlicher Gestalt wie bei A. bicornutus, aber gedrungener, am distalen Ende stärker abgeschrägt. Rückenhörner bis zur Abschrägung 320—380 μ, von der Abschrägung bis zur schief nach hinten gerichteten Spitze 470 μ h.; Breite der Hörner an ihrem Grunde 490 μ. Eckfortsätze bei gleicher Lage an der Wurzel ca. 390 μ dick, auf der Oberseite 600 μ, auf der Unterseite 360 μ l., nach hinten fast gar nicht sich verjüngend, mit 420 μ hohem, durch einen oberen, mittleren und unteren Vorsprung in 2 ausgerandete Teile zerlegtem, quer abgestutztem Hinterrande. Färbung bläulichgrün. — ♀ unbekannt. — ♂ 1,4—1,5 mm l., 1,15—1,25 mm br., 900 μ h.

Bismarck-Inseln.

60. **A. hungaricus** Daday 1897 *Arrenurus h.*, Daday in: Result. Erforsch. Balatonsees, *v.* 2 p. 4 f. 1, 2.

♂. Vorderrand des Rumpfes nach der Mitte zu breit keilförmig zugeschrägt, in breiter Rundung in die Seitenränder übergehend; letztere etwa in der Mitte ein wenig eingebuchtet. Hinterrand des Rumpfes in der Medianlinie stärker ausgebuchtet. Rücken ohne grössere Erhebungen. Dorsale Panzerplatte sehr klein, weit von dem Vorderrande und den Seitenrändern des Rumpfes abstehend, am Hinterrande mit einer medianen Vertiefung, die jederseits von einem abgerundeten, eine lange Borste tragenden Höcker begrenzt wird. Anhang kurz und vom Rumpf undeutlich abgesetzt, ohne laterale Einschnürung am Grunde, mit bogig vorspringenden Seitenrändern und welligem Hinterrande, der eine grössere, kreisbogenförmig ausgeschnittene, mittlere und 4 auf beide Seiten verteilte, flachere Einbuchtungen besitzt. Vorsprünge neben dem medianen Ausschnitt mit je einer kurzen, etwas nach innen gekrümmten Borste. Dorsale Panzerplatte vorn 2, in der Mitte 6 symmetrisch geordnete Borsten aufweisend. Petiolus einer kurzen dorsalen Anhangsmulde entspringend, den Hinterrand der mittleren Einbuchtung frei überragend, lanzettförmig, dicht mit feinen Härchen besetzt. Maxillarpalpus kurz und dick; Innenfläche des 2. Gliedes mit einem Haarpolster;

Endglied auf der Aussenseite in der Nähe der Endspitze einen fingerartigen Fortsatz aussendend, von dessen Grund eine kräftige Borste ausgeht; Beugeseite am Grunde mit einem Nebenzahn. Beine ohne besondere Kennzeichen; ohne Fortsatz am 4. Gliede des 4. Beines. Genitalplatten bandartig nach den Seitenrändern des Hinterleibes ziehend. Färbung bläulichgrün. — ♀ unbekannt. — ♂ 700 μ l., 600 μ br.

Ungarn (Plattensee bei Balaton-Szt-György).

61. **A. sinuator** (Müll.) 1776 *Hydrachna s.,* O. F. Müller, Zoöl. Dan. Prodr., p. 189 nr. 2251 | 1781 *H. s.,* O. F. Müller, Hydrachnae, p. 37 t. 2 f. 5 | 1837 *Arrenurus s.,* C. L. Koch, C. M. A., fasc. 12 f. 21 | 1883 *A. s.,* George in: Sci. Gossip, *v.* 19 p. 10 f. 13—15 | 1884 *A. s.,* Krendowskij in: Trav. Soc. Univ. Kharkow, *v.* 18 p. 323 t. 7 f. 10 | 1886 *A. s.,* Berlese, A. M. S., fasc. 23 nr. 9 | 1898 *A. s.,* Piersig in: Zool., *v.* 22 p. 350 t. 38 f. 101 | 1879 *A. biscissus,* Lebert in: Bull. Soc. Vaudoise, ser. 2 *v.* 16 p. 327—371 t. 10 f. 7 | 1896 *A. similis,* Pisařovic in: SB. Böhm. Ges., nr. 17 p. 5 f. 2.

♂. Rumpf von der Mitte nach vorn stark verjüngt, am Vorderrande flach ausgebuchtet. Anhang $^1/_3$ so lang wie der Rumpf, am Grunde wenig eingeschnürt, fast so breit wie der Rumpf, mit welligem Seiten- und ziemlich breitem, fast geradem Hinterrande; letzterer in der Mitte einen tiefen, sehr engen, in der Tiefe lochartig erweiterten Einschnitt aufweisend (bei frisch ausgeschlüpftem ♂ ist der Spalt weit). Petiolus gross, spatelförmig, in der Anhangsmulde verborgen und schwer wahrnehmbar. Rücken des Rumpfes hinten mit einem niedrigen, am Grunde mit einander verschmolzenen Höckerpaar. Anhangsmulde ebenfalls mit 2 schwachen Erhebungen. Panzer grossporig. Rückenpanzer ungemein klein, auf der hinteren Hälfte der Dorsalfläche liegend. Rückenbogen hinter dem Doppelhöcker verschwindend, nur ein schmales Band freilassend, das den Rückenpanzer mit dem Panzer des Anhanges verbindet. 2. Glied des Maxillarpalpus mit Haarpolster auf der Innenfläche; Tasthärchen des 4. Gliedes gekniet. 4. Bein ohne Fortsatz am 4. Gliede. Färbung lehmgelb bis grünlichgelb; Hinterrücken mit blauem Bande; Anhang heller gefärbt, mitunter bläulich berandet. — ♀ dem von A. albator nahe stehend. Rumpf nach vorn verjüngt, nach hinten verbreitert, ohne Einbuchtung am Vorderrande. Hinterrandecken wenig hervortretend, stark abgerundet. Genitalöffnung 160 μ l. Genitalplatten den inneren Genitalhof völlig umklammernd, lateral rasch an Breite abnehmend, am distalen Ende etwas angeschwollen. Färbung wie beim ♂, Hinterrücken mit blauem Bande. — ♂ 750 μ l. (ausschl. Petiolus), 550 μ br.; ♀ 1 mm l., 800 μ br., 512 μ h.

Dänemark, Deutschland, Süd-Russland, Schweiz, Frankreich, England und Böhmen.

62. **A. forpicatus** Neuman 1880 *A. f.,* Neuman in: Svenska Ak. Handl., n. ser. *v.* 17 nr. 3 p. 90 t. 6 f. 2 | 1882 *Arrenurus f.,* G. Haller in: Mt. Ges. Bern, 1881 II p. 44 t. 2 f. 15 | 1897 *A. f.,* Thor in: Arch. Naturv. Christian., *v.* 19 nr. 11 p. 27 (♀) | 1898 *A. f.,* Piersig in: Zool., *v.* 22 p. 347 t. 37 f. 98 | 1900 *A. f.,* Piersig in: Zool. Anz., *v.* 23 p. 210 | 1881 *A. perforatus,* George in: Sci. Gossip, *v.* 17 p. 269 f. 149 | 1883 *A. p.,* George in: Sci. Gossip, *v.* 19 p. 11 f. 19, 20 | 1894 *A. madei,* Koenike in: Zool. Anz., *v.* 17 p. 261 f. 1.

♂. Rumpf vorn verjüngt, ausgebuchtet; Anhang 420 μ br., am Grunde eingeschnürt, von seiner Verbreiterung aus nach hinten mehr oder weniger wellig verjüngt, sein Hinterrand in der Mitte mit tiefem, nach vorn lochartig sich erweiterndem Einschnitt, der von 2, mit den Spitzen einander zugekehrten Hörnern eingefasst wird, die an den Schnabelteil einer Hufzange erinnern. Seitenränder des Anhanges stark aufgebogen, eine tief ausgehöhlte

Mulde einschliessend. Petiolus in dieser Mulde, sehr klein, meisselförmig, wie bei A. sinuator auf jener, den Rückenpanzer mit dem Panzer des Anhanges verbindenden Brücke sitzend und vielleicht nur ein leistenartiger Teil derselben. Jede Anhangshälfte mit 3 langen Haaren. Rückenbogen wie bei A. sinuator nicht auf die Aussenflächen des Anhanges oder der Seitenecken übergreifend, sondern in die Tiefe der Mulde bis zur Brücke gehend. Maxillarpalpus auf der Innenfläche des 2. Gliedes mit Haarpolster; 4. Glied des 4. Beines ohne spornartigen Fortsatz. Genitalplatten wulstartig auf die Seitenflächen des Rumpfes übergreifend, den lateralen Winkel zwischen letzterem und dem Anhange grossenteils ausfüllend. Färbung ziegelrot bis rotbraun. — ♀ breit eirund. Rückenbogen elliptisch. Maxillarpalpus auf der Innenfläche des 2. Gliedes wie beim ♂ mit Haarpolster. Färbung rotbraun bis gelblichgrün. — ♂ 0,75—1 mm l., 675 μ br., 640 μ h.; ♀ 1,1--1,2 mm l.

Die Art zerfällt in 2 Unterarten:

62a. **A. forpicatus forpicatus** Neuman 1880 *A. f.*, Neuman in: Svenska Ak. Handl., n. ser. *v.* 17 nr. 3 p. 90 t. 6 f. 2 | 1882 *Arrenurus f.*, G. Haller in: Mt. Ges. Bern, 1881 II p. 44 t. 2 f. 15 | 1896 *A. f.*, Koenike in: Forschber. Plön, *v.* 4 p. 215 f. 4 | 1898 *A. f.*, Piersig in: Zool., *v.* 22 p. 347 t. 37 f. 98.

♂. Seitenränder des Anhanges nach hinten stark konvergierend, ohne Eckenbildung in den Hinterrand übergehend. Endhörner zu beiden Seiten der medianen birnförmigen Ausbuchtung des Hinterrandes stärker vorspringend. Petiolus in der Anhangsmulde mit einer knotigen Anschwellung vor dem freien Ende. Abstand der Augen von einander 190 μ.

Schweden, Norwegen, Finnland, Deutschland, Schweiz und England.

62b. **A. forpicatus perforatus** George 1881 *Arrenurus p.*, George in: Sci. Gossip, *v.* 17 p. 269 f. 149 | 1900 *A. forpicatus p.*, Piersig in: Zool. Anz., *v.* 23 p. 210 | 1894 *A. madei*, Koenike in: Zool. Anz., *v.* 17 p. 261 f. 1 | 1895 *A. m.*, Koenike in: Zool. Anz., *v.* 18 p. 376 | 1896 *A. m.*, Koenike in: Forschber. Plön, *v.* 4 p. 215 f. 3.

♂. Seitenränder des Anhanges gerade, fast miteinander parallel laufend, am Hinterrande eine abgerundete, aber deutliche Ecke bildend. Endhörner zu beiden Seiten der medianen birnförmigen Ausbuchtung stark verkürzt. Hinterrand der breit abgestutzt erscheinenden Genitalplatten in den Seitenecken zwischen Rumpf und Anhang weniger wulstartig vorspringend als bei der typischen Form. Petiolus ohne knotige Anschwellung vor dem freien Ende, ca. 20 μ l. Gegenseitiger Abstand der beiden Doppelaugen 270 μ.

England, Deutschland, Böhmen.

63. **A. setiger** Koen. 1895 *Arrenurus s.*, Koenike in: Abh. Ver. Bremen, *v.* 13 p. 178 t. 1 f. 11—13.

♂ Rumpf ohne vordere Einbuchtung; Anhang klein, am Grunde wenig eingeschnürt, nach hinten stark verjüngt, 200 μ l. (ventral gemessen) und am Grunde 400 μ br., mit einem ziemlich tiefen offenen Einschnitt in der Mitte des Hinterrandes und je einer flachen Einbuchtung an den Seitenrändern. Rücken des Rumpfes erhöht, nach hinten flach abfallend, mit 2 flachen Erhebungen. Seitenränder des Anhanges nur wenig nach oben umgebogen, nach hinten an Höhe abnehmend; Anhangsmulde auf den hinteren Teil des Anhanges beschränkt, sehr flach; jede Anhangshälfte mit 3 Haarborsten, die längste davon neben der hinteren Einkerbung. Innenfläche des 2. Gliedes des Maxillarpalpus ein bürstenartiges Haarpolster aufweisend. 3. Bein kürzer als das 2. Genitalhof von beträchtlicher Ausdehnung; Genitalöffnung 80 μ l.,; Genitalplatten auffallend breit, an den Rumpfseiten sich emporziehend, nach den distalen Enden verschmälert, hier wulstartig vorspringend. Färbung gelblich oder grünlichgelb (?). — ♀ unbekannt. — ♂ 800 μ l., 640 μ br.

Nord-Amerika (kleiner See in der Nähe des Pincher Creek).

64. **A. voeltzkowi** Koen. 1898 *Arrenurus v.*, Koenike in: Abh. Senckenb. Ges., *v.* 21 II p. 328 t. 21 f. 41—44.

♂. Rumpf mit Anhang eiförmig; Vorderrand des ersteren schwach abgestutzt. Rücken hoch gewölbt, auf der Mitte ausserhalb des Rückenbogens flach höckerartig empor gewölbt. Anhang am Grunde nicht so breit wie das Hinterende des Rumpfes, hier etwa 288 μ, am freien Ende 165 μ hoch; Hinterrand mit medianer Spalte, deren Ränder von der lochartigen Erweiterung aus nach hinten stark divergieren. Über dem Durchbruch des Anhanges mit einer flach ausgerandeten, einen Zapfen nach hinten aussendenden Membran, die in der Seitenansicht sich als häutiger Cylinder darstellt und den zapfenförmigen, schräg aufwärts gerichteten Petiolus umschliesst. Unterseite des Anhanges in der Medianlinie mit Längsrinne, die bis zum Genitalhof hinanreicht und nach vorn zu sich allmählich verflacht. Rückenbogen hinten geschlossen. Gegenseitiger Abstand der Augen 210 μ. Maxillarpalpus schlank; Innenfläche des 2. Gliedes mit 4 oder 5 Borsten; vordere Beugeseitenecke des 4. Gliedes scharf gebrochen; Tastbörstchen am Vorderrande desselben Gliedes nicht gabelig; Endglied dünn, wenig gebogen. 4. Glied des 4. Beines ohne spornartigen Fortsatz. Genitalöffnung 51 μ l.; Genitalplatten auf den Rücken des Rumpfes übergreifend, das Hinterende fast vollständig umschliessend. Sog. Analöffnung auf der Unterseite des Anhanges in der Tiefe der Rinne, 64 μ von der Genitalöffnung entfernt. — ♀. Rumpf breit eiförmig, mit abgestutztem, verschmälertem Vorderrande, flachen Einbuchtungen hinter den Augen und am seitlichen Hinterrande. Rücken mit 2 über die Mitte nach vorn gerückten, rundlichen Höckern. Rückenbogen lang elliptisch, 190 μ vom Vorderrande des Rumpfes abgerückt. Abstand der Augen von einander 290 μ. Genitalspalte 130 μ l.; Lefzen halbkreisförmig, vorn und hinten je ein dünnes, feinporöses Panzerplättchen besitzend. Genitalplatten schief lateral und nach hinten gerichtet, vorn die Lefzen randartig umfassend. Sog. Analöffnung nahe am Hinterrande des Rumpfes. Färbung gelblichgrün, Maxillarpalpus und Beine lichtgrün. — ♂ 800 μ l., 600 μ br., 480 μ h.; ♀ 1 mm l., 880 μ br., 640 μ h.

Madagaskar (Morondava).

65. **A. plenipalpis** Koen. 1893 *Arrenurus p.*, Koenike in: Mt. Mus. Hamburg, *v.* 10 nr. 2 p. 16 t. 1 f. 13, 14 | 1898 *A. p.*, Koenike in: Abh. Senckenb. Ges., *v.* 21 II p. 324 t. 21 f. 36—40; t. 29 f. 177.

♂. Dem A. forpicatus und A. voeltzkowi nahestehend. Rumpf in der Bauchansicht eiförmig; Vorderrand ohne Ausbuchtung, Hinterrandecken fehlend. Ventralseite des Rumpfes flach; Rücken nur wenig gewölbt, nach vorn zu sich etwas abflachend, mit einem niedrigen Längswall in der Medianlinie, der hinten beiderseits von je einem Höcker mit kurzer Borste begrenzt wird. Anhang am Grunde so breit wie das Hinterende des Rumpfes, nach hinten bedeutend verschmälert und rund abschliessend, mit wellig geformtem Lateralrand, am Grunde 300 μ, am freien Ende 150 μ hoch. Anhang oben muldenartig ausgehöhlt und in der Mittellinie bis über die Mitte hinaus gespalten. Hinterrandeinschnitt auf der Ventralseite des Anhanges als eine breite und tiefe Rille auftretend, die nach vorn zu mit einem rundlichen Loch abschliesst; über dem letzteren in der Anhangsmulde ein durchscheinendes, am Rande ausgebuchtetes, seitlich bis zur Mitte der Spalte sich fortsetzendes Häutchen, das in der Seitenansicht sich als ein im Querschnitt länglich runder, schräg aufwärts gerichteter Kanal darstellt, aus dem ein dunkles, petiolusartiges Gebilde hervorragt; letzteres erweist sich bei Rückenansicht als paarig; am Grunde des Anhanges, median, ein mit einander verwachsenes Höckerpaar; zu beiden Seiten der Durchlöcherung des Anhanges ein dreieckiges, feinporöses Feld. Abstand der Augen von einander 210 μ. 2. Glied des Maxillarpalpus auf der Innenfläche mit mehreren Borsten; 4. Glied am distalen Ende stark verbreitert; Tasthärchen am Vorderrande verkümmert. 4. Glied des 4. Beines ohne spornartigen Fortsatz. Genitalöffnung 51 μ l., von schmalen Lefzen umgeben; Genitalplatten ungemein lang, im Verlaufe lateralwärts stark verschmälert, sich bis auf den Rücken fortsetzend und daselbst erst in der Nähe der Mittellinie endigend. Sog. Analöffnung im Loche des Rumpfanhanges. — ♀. Rumpf in der Bauchansicht am Vorderrande nicht eingebuchtet, hinter den Epimeren stark verjüngt, Seitenränder von da ab wellig zu dem stark verkürzten, abgestutzten, flach ausgebuchteten Hinterrande ziehend. Rückenbogen eiförmig, vom Vorderrande des Rumpfes 210 μ abgerückt. Gegenseitiger Abstand der Augen 225 μ. Genitalöffnung 120 μ l., von fast halbkreisförmigen Lefzen seitlich begrenzt, die vorn und hinten je ein feinporöses Panzerplättchen tragen; Genitalplatten ziemlich breit und kurz, durch Ausläufer die Lefzenscheibe völlig umfassend; Winkel zwischen Genitalplatte und Hinterrand der Lefzenscheibe jederseits durch einen rundlichen Höcker ausgefüllt. — Nph. eirund, am Hinterende jederseits mit einer schwachen Ausrandung. Integument fein liniiert. Hautdrüsenhöfe sich deutlich abhebend; zwischen den Analdrüsen und seitlich von den Genitalplatten je ein Paar kleine, zapfenförmige Haarhöcker. Gegenseitiger Abstand der Augen 128 μ. Beine kürzer als der Rumpf. Genitalhof aus 2 mit den Spitzen sich berührenden, langen und schmalen Genitalplatten bestehend, die je 15 kleine Genitalnäpfe tragen. Färbung gelblichgrün; Maxillarpalpus und Beine lichtgrün. — ♂ 800 μ l., 570 μ br., 500 μ h.; ♀ 800 μ l., 650 μ br., 510 μ h.; Nph. 480 μ l., 400 μ br.

Madagaskar (Majunga, Morondava, Djabala-See auf der Insel Nossi-Bé), Deutsch-Ost-Afrika (Quilimane).

66. **A. limbatus** Koen. 1898 *Arrenurus l.*, Koenike in: Abh. Senckenb. Ges., *v.* 21 II p. 331 t. 22 f. 45—48; t. 28 f. 156, 157.

♂. Rumpf gedrungener als bei den vorhergehenden Arten; Vorderrand kräftig ausgebuchtet, von 2 deutlich vortretenden Stirnecken begrenzt; Seitenränder in der Mitte stark bauchig vortretend, ohne Bildung von Hinterrandecken in den Hinterrand übergehend. Rücken in der Mitte am höchsten, wie bei A. voeltzkowi ausserhalb des Rückenbogens einen flachen Höcker aufweisend. Rumpfanhang am Grunde 380 μ br. und 280 μ hoch, nach hinten zu wenig verschmälert und mit einem schmalen, vollkommen durchsichtigen, hautartigen Saum abschliessend; letzterer nach hinten die umfangreiche, tiefe dorsale Anhangsmulde begrenzend; Seitenränder des Anhanges breit abgerundet in den median tief gespaltenenen Hinterrand übergehend; Hinterrandseinschnitt in der Tiefe lochartig erweitert; über dem ansehnlichen Durchbruch mit einem durchsichtigen, häutigen Cylinder von ähnlicher Beschaffenheit wie bei A. plenipalpis; Petiolus innerhalb des Hautcylinders am freien Ende gabelförmig geteilt, nicht über dessen Rand hinausragend; Unterseite des Anhanges in der Medianlinie ohne Rinne. Borstenbesatz wie bei A. voeltzkowi. Rückenbogen hinten geschlossen und wie bei A. plenipalpis daselbst ausgebuchtet. Abstand der Augen 240 μ. Mandibel 113 μ l. Maxillarpalpus ungewöhnlich kurz, mit kräftigem Grundgliede; 2. Glied nur mit wenigen Borsten besetzt; innere Tastborste am Vorderrande des 4. Gliedes gegabelt. 4. Glied am 4. Bein ohne spornartigen Fortsatz. Genitalöffnung 48 μ l.; Genitalplatten ebenso ausgedehnt wie bei A. plenipalpis, doch dicker und breiter. Sog. Analöffnung auf dem Rumpfanhang unmittelbar über dem Durchbruche liegend. Färbung gelblichgrün, Maxillarpalpus und Beine heller. — ♀ unbekannt. — ♂ 700 μ l., 580 μ br., 430 μ h.

Madagaskar (Majunga).

67. **A. bisulcicodulus** Piersig 1892 *Arrenurus b.*, Piersig in: Zool. Anz., *v.* 15 p. 152 f. 1 | 1898 *A. b.*, Piersig in: Zool., *v.* 22 p. 353 t. 38 f. 102.

♂. Rumpf vorn seicht ausgebuchtet. Anhang merklich schmäler als der Rumpf, nach hinten nur mässig an Breite abnehmend; Einschnitt in der Mitte des Hinterrandes viel tiefer als bei A. setiger, gleichmässig breit, den Anhang fast in 2 symmetrische Hälften teilend; der bogenförmig in den Hinterrand übergehende Seitenrand des Anhanges fein wellig aus- und eingebuchtet. Rumpfrücken vorn gewölbt, nach hinten allmählich abfallend, unter schwacher Höckerbildung in den auf beiden Seiten muldenförmig aufgebogenen Anhang übergehend, auf dessen ausgehöhltem Grunde 2 kleine Höcker mit je einer Borste sich erheben. Haarbesatz auf jeder Anhangshälfte aus 4 ungleich grossen Borsten bestehend, mediale Borste am kräftigsten. Petiolus nicht wahrnehmbar. 2. Glied des Maxillarpalpus auf der Innenfläche nur 2 Borsten aufweisend. 3. Bein kürzer als das 2. Genitalöffnung klein; Genitalplatten schmal, den Seitenrand des Rumpfes nicht erreichend. Färbung bläulich, mit kaffeebraunen Flecken; Epimeren, Maxillarpalpus, Beine und Genitalplatten bräunlich. — ♀ unbekannt. — Nph. blassrot gefärbt, kugelig, wenig von anderen Nph. der Gattung abweichend. — ♂ 575 μ l., 512 μ br.; Nph. 380 μ l.

Deutschland (Waldlache an der Linie im Leipzig-Connewitzer Holze), Schweiz.

68. **A. novus** George 1884 *Arrenurus n.*, George in: Sci. Gossip, *v.* 20 p. 80 f. 47.

♂. Rumpf mit Anhang verkehrt eiförmig, ohne Einbuchtung am Vorderrande; Rücken ziemlich stark gewölbt, anscheinend ohne starke Erhebungen. Anhang vom Rumpfe undeutlich abgesetzt, auf der Oberseite eine kurze, steile Mulde bildend, mit einem 160 μ tiefen, 48—80 μ br. medianen Einschnitt am stumpf abgerundeten Hinterrande. Augenabstand 280 μ. 2. Glied des Maxillarpalpus auf der Innenseite ohne Haarpolster, nur mit wenigen Borsten ausgestattet. Epimeren den grössten Teil der Bauchfläche einnehmend. 4. Bein am 4. Gliede ohne Sporn. Genitalhof am Hinterrande des Rumpfes. Petiolus in der Tiefe der Anhangsmulde 128 μ l., am keulig verdickten Hinterende mit einer medianen Einbuchtung, die jederseits von einem an die Fresszangen der Dytiscus-Larve erinnernden, nach innen gebogenen Zahn eingefasst wird. Krummborsten über dem Petiolus etwa $^1/_2$ so lang wie dieser. Färbung bläulichgrün bis gelblich, mit braunen Flecken auf dem Rücken. — ♀ unbekannt. — ♂ 930 μ l., 750 μ br.

England.

69. **A. madarászi** Daday 1898 *Arrenurus m.*, Daday in: Term. Füzetek, *v.* 21 Anhangsheft p. 99 f. 49.

♂. Rumpf mit Anhang fast eiförmig; Vorderrand abgerundet, ohne Einbuchtung; Hinterrandecken des Rumpfes stark bauchig über den am Grunde schmäleren Anhang hinaustretend; Rücken ohne besonders eigenartige Höcker oder Buckel, nach hinten flach abfallend. Anhang mit tiefer, medianer Spalte am Hinterende, nach hinten verjüngt; Seitenränder in breitem Bogen ohne Grenze in den Hinterrand übergehend; Endspitzen beider Anhangshälften nach dem mittleren Einschnitt zu abgerundet; letzterer in der Tiefe erweitert, am distalen Ende mehr oder weniger sperrig; Anhangsmulde in der Mitte ein kreisförmiges, durchsichtiges, plattenförmiges Gebilde tragend, das etwas über das Vorderende des Einschnitts des Anhanges hinausragt, am Hinterrande eine tiefe, mediane Spalte zu haben scheint und eine quer liegende, in der Mitte eckig gebrochene Linie aufweist. Maxillarpalpus kurz und dick; 2. Glied schwach, auf der Innenseite mit 3 mässig langen Borsten; 3. Glied sehr kurz, ohne Borstenbesatz; 4. Glied äusserst kräftig gebaut, am distalen Ende ungewöhnlich verbreitert; Endglied stark krallenartig gebogen, auf der Mitte der Beugeseite mit einer kräftigen, bis zum Ende der Hauptkralle reichenden Nebenkralle. 3. Bein etwas kürzer als das 2.; 4. Bein am 4. Gliede ohne Fortsatz. Genitalplatten bis auf die Oberseite des Rumpfes übergreifend, in den lateralen Winkeln zwischen Rumpf und Anhang einen deutlichen Wulst bildend. — ♀. Rumpf in der Rückenlage breit eiförmig, am Vorderrande ausgebuchtet, am Hinterrande breit abgerundet, ohne alle Höckerbildungen und sonstige Erhebungen. Rückenbogen hinten undeutlich wahrnehmbar, im vorderen Drittel mit einer seitlichen Einschnürung. Beine kurz. Genitalplatten schmal, fast in gerader Richtung mehr lateral als nach hinten sich hinziehend. Färbung grünlichbraun. — ♂ 1 mm l.; ♀ 1,5 mm l.

Ceylon (Sümpfe in der Umgebung des Kalawewa-Sees).

70. **A. stecki** Koen. 1894 *Arrenurus s.*, Koenike in: Zool. Anz., *v.* 17 p. 274 f. 5 | 1898 *A. s.*, Piersig in: Zool., *v.* 22 p. 355 t. 36 f. 95.

♂. Rumpf vorn ohne Einbuchtung, vorgewölbt; Anhang undeutlich vom Rumpf abgesetzt, mit diesem ein verkehrtes Oval bildend, schwach wellig gerandet, am Hinterende nur flach ausgebuchtet. Epimeren scheinbar warzig, undeutlich umgrenzt. Genitalhof mit schwach sich abhebenden, den lateralen Körperrand erreichenden, gleich breiten Genitalplatten. 4. Bein ohne Fortsatz am 4. Gliede. Färbung lichtgrün; Endglied der Beine bräunlich. — ♀ in Gestalt und Färbung dem ♀ von A. globator gleichend. Endglied der Beine bräunlich. Genitalplatten des weiter nach hinten gelegenen Genitalhofes breiter und kürzer als bei A. globator. Lefzen ohne Auszeichnung. — ♂ 550 µ l.; ♀ 700 µ l.

Schweiz (Moosseedorf-See bei Bern).

71. **A. bifidicodulus** Piersig 1884 *Arrenurus integrator* (err., non *Hydrachna i.* O. F. Müller 1776!), George in: Sci. Gossip, *v.* 20 p. 80 f. 46 | 1894 *A. i.*, Piersig in: Zool. Anz., *v.* 17 p. 215 | 1897 *A. i.*, Piersig in: SB. Ges. Leipzig, *v.* 22/23 p. 94 | 1897 *A. bifidicodulus,* Piersig in: Zool. Anz., *v.* 20 p. 59 | 1898 *A. b.*, Piersig in: Zool., *v.* 22 p. 356 t. 36 f. 93.

♂. Rumpf vorn schwach abgestutzt; Anhang ähnlich wie bei der vorigen Art, ein abgerundeter Vorsprung mit welligem Rande, in der Mitte des Hinterrandes kurz eingeschnitten; jede Anhangshälfte 2 flache Ausbuchtungen und 4 Borsten aufweisend, von denen die innerste am längsten ist; Seitenränder des Anhanges aufgebogen, eine Mulde seitlich einfassend, zu der der mässig gewölbte Rücken langsam abfällt; Anhang am Grunde 400 µ br., auf der Bauchseite 178 µ l. Rückenhöcker am Hinterende des

Rumpfes eng verschmolzen, mit einem Borstenpaar auf der Kuppe; unter dem Rückenhöcker 2 kleine schief medial gerichtete Spitzen. Rückenbogen auf den Anhang übergreifend. 2. Glied des Maxillarpalpus innen mit 2 Säbelborsten. 4. Glied des 4. Beines ohne Sporn. Genitalplatten gleich breit bis an den Seitenrand des Rumpfes sich hinziehend. Färbung bläulich. Flecken bräunlich; Endglied der Beine oft ebenso. — ♀ eirund, ohne nennenswerte Einbuchtungen vorn und an den Seiten; Rücken mässig gewölbt, ohne Höcker und ohne auffallende wellige Formen. Genitalöffnung 144 μ l.; Lefzen mit Plättchen; Genitalplatten nicht den Seitenrand des Rumpfes erreichend. Färbung wie beim ♂. — ♂ 900 μ l., 660 μ br., 480 μ h.; ♀ 1,04 mm l., 830 μ br.

Deutschland (Waldlachen bei Grosszschocher-Leipzig).

72. **A. integrator** (Müll.) 1776 *Hydrachna i.,* O. F. Müller, Zool. Dan. Prodr., p. 189 nr. 2252 | 1781 *H. i.,* O. F. Müller, Hydrachnae, p. 38 t. 3 f. 7 | 1793 *Trombidium i.,* J. C. Fabricius. Ent. syst., *v.* 2 p. 402 | 1805 *Atax i.,* J. C. Fabricius, Syst. Antl., p. 368 | 1837 *Arrenurus i.,* C. L. Koch, C. M. A., fasc. 13 f. 12 | 1887 *A. i.,* Barrois & Moniez, Cat. Hydrach., p. 25 | 1894 *A. i.,* Koenike in: Zool. Anz., *v.* 17 p. 260 | 1895 *A. i.,* Koenike in: Abh. Ver. Bremen, *v.* 13 p. 178 t. 1 f. 14—15 | 1896 *A. i.,* Koenike in: Forschber. Plön, *v.* 4 p. 215 f. 2 | 1899 *A. i.,* Thor in: Arch. Naturv. Christian., *v.* 21 nr. 5 p. 27 | 1899 *A. bifidicodulus* (err., non Piersig 1894!), George in: Sci. Gossip, ser. 2 *v.* 6 p. 210 f. 2, 3.

♂. Rumpf vorn nur flach ausgebuchtet; Anhang auf der Bauchseite 160 μ l. und am Grunde 330 μ br., der Gestalt nach ähnlich wie bei A. bifidicodulus, jedoch die Einkerbungen des Seitenrandes in der Tiefe winkelig gebrochen, nicht gerundet, die einzelnen Bogenstücke viel schärfer ausgeprägt. Medianer Einschnitt am Hinterende sperriger und breiter als bei A. bifidicodulus, von abgerundet nach hinten ragenden, deutlichen Vorsprüngen begrenzt. Rumpfrücken in der Medianlinie mit einem länglichen Wall innerhalb des Rückenbogens, am Hinterrande steil in die Anhangsmulde abfallend; Rücken und Anhangsmulde auf der Oberseite durch eine gut sichtbare, leicht nach hinten gebogene Trennungslinie von einander abgesetzt; jeder Randbogen des Anhanges mit einem Borstenpaar. 2. Glied des Maxillarpalpus auf der Innenfläche mit 3 steifen Borsten; Endglied in 2 Spitzen auslaufend; Tasthärchen einfach gekniet. 3. Bein so lang wie das 2.; 4. Bein am 4. Gliede ohne Sporn. Genitalplatten am distalen Ende abgerundet, schwach nach hinten gebogen, den Seitenrand des Rumpfes nicht erreichend. Färbung bläulich bis bläulichgrün. — ♀ unbekannt. — ♂ 800 μ l., 650 μ br.

Deutschland (Tümpel auf einer Moorwiese beim Steinberg unweit Plön, Graben auf einer Moorwiese bei Gremsmühlen in Holstein), Dänemark, Norwegen (Teich bei Saetre unweit Ljan), Frankreich.

73. **A. pectinatus** Koen. 1893 *Arrenurus p.,* Koenike in: Mt. Mus. Hamburg, *v.* 10 nr. 2 p. 20 t. 1 f. 15 | 1898 *A. p.,* Koenike in: Abh. Senckenb. Ges., *v.* 21 II p. 319 t. 21 f. 30—33; t. 29 f. 178.

♂. Rumpf in der Rückenansicht fast halbkreisförmig; hintere Seitenecken stark hervortretend; Vorderrand stark verschmälert, nicht ausgerandet; Augengegend wulstartig über den Vorderrand vorspringend. Rückenhöckerpaar ausserhalb des Rückenbogens, 560 μ von einander entfernt, wenig hervortretend. In der Mitte des dorsalen Rückenpanzers noch eine stärkere Erhebung. Rumpfanhang an denjenigen von A. integrator erinnernd, am Grunde viel schmäler als der Rumpf und deshalb deutlich abgesetzt, am wenig verschmälerten Hinterende flach ausgebuchtet, vom Grunde bis zum distalen Ende fast gleichmässig an Dicke abnehmend; Anhangsmulde in der Mittellinie mit einem niedrigen Höcker. Rückenbogen auffallend klein, hinten geschlossen, annähernd kreisförmig, mit einem Durchm. von 400 μ. Abstand der Augen 256 μ. 2. Glied des Maxillarpalpus auf der Beuge- und Innenseite stark aufgetrieben und daselbst mit kräftigen, an der Spitze verbreiterten und umgebogenen Borsten dicht besetzt. 4. Glied des 4. Beines ohne Fortsatz, Endglied sichelförmig einwärts gekrümmt und an der konkaven Seite auf den 2 äusseren Dritteln mit gebogenen, abstehenden Borsten besetzt, die sich nach dem distalen Ende hin stufenweise verkürzen; proximales Ende desselben Gliedes eine kurze und dicke Borste tragend. Genitalöffnung 112 μ l.; Genitalplatten nur vor derselben nahe zusammentretend, sonst von den Lefzen stark abgerückt, von ansehnlicher Breite, lateral sich erheblich verschmälernd, nur bis an die lateralen Winkel zwischen Rumpf und Anhang heranreichend, keinen Wulst hervorrufend. Sog. Analöffnung in der Mitte der Ausbuchtung des Rumpfanhanges, jederseits von einem winzigen Höckerchen mit kurzem Börstchen begrenzt. — ♀. In der Rückenlage von ähnlicher Gestalt wie A. gibbus. Hinterrandecken wulstartig hervortretend. Rücken stark gewölbt, mit einem kräftigen Höckerpaar, dessen Kuppen 440 μ Abstand zwischen sich lassen. Augen auf wulstartigen Erhebungen sitzend, die in der Seitenlage als Hörnchen erscheinen. 2. Glied des Maxillarpalpus stark fortsatzartig verbreitert und daselbst an der Vorderkante mit zahlreichen kurzen Borsten kammartig besetzt. Genitalplatten breit und kurz, schief nach hinten und lateralwärts gerichtet, zungenförmig abgerundet. Färbung grün bis dunkelgrün. — Nph. Rumpf kurz eiförmig. Integument weich und glatt. Hautdrüsenhöfe wenig hervortretend. Augenabstand 208 μ. Maxillarpalpus wie beim ♀. Median verwachsenes 1. Epimerenpaar nach hinten einen gemeinsamen Fortsatz aussendend; sämtliche Epimeren gross- und dichtporig. Genitalhof aus 2 langen und schmalen Genitalplatten bestehend, die median zusammenhängen und schräg nach hinten und lateralwärts gerichtet sind; jede Platte mit ca. 15 Genitalnäpfen. Sog. Analöffnung 112 μ hinter dem Genitalhofe. — ♂ 880 μ l. (einschl. Anhang), 770 μ br., 570 μ h.; ♀ 0,85—1 mm l., 750—900 μ br.; Nph. 680 μ l., 520 μ br.

Sansibar (Sumpf südlich links von der Chaussee in der Höhe der Kaffeehäuser), Madagaskar (Majunga und Amparangidro).

74. **A. solidus** Piersig 1894 *Arrenurus s.*, Piersig in: Zool. Anz., *v.* 17 p. 117 f. 4 | 1896 *A. s.*, Pisařovic in: SB. Böhm. Ges., nr. 17 p. 5 | 1897 *A. s.*, Piersig in: SB. Ges. Leipzig, *v.* 22/23 p. 94 | 1898 *A. s.*, Piersig in: Zool., *v.* 22 p. 361 t. 36 f. 95 | 1899 *A. integrator* (err., non *Hydrachna i.* O. F. Müller 1776!), George in: Sci. Gossip, ser. 2 *v.* 6 p. 200 f. 1.

♂. A. bifidicodulus sehr ähnlich, jedoch der mediane Hinterrand des Anhanges nicht eingekerbt, sondern bogenförmig vorspringend. Im Grunde der Anhangsmulde ein nach hinten gerichteter, zahnartig zugespitzter Zapfen (Petiolus); jede Anhangshälfte mit 5 Borsten, die mediale davon am längsten. 2. Glied des Maxillarpalpus nur mit 3 Borsten; Tasthärchen fast garnicht gebrochen. 3. Bein nur wenig kürzer als das 2.; 4. Bein ohne Sporn. Genitalplatten etwas kürzer und breiter als bei A. bifidicodulus. Färbung wie bei dieser Art. — ♀ von dem von A. bifidicodulus kaum zu unterscheiden. — ♂ und ♀ von gleicher Grösse wie bei A. bifidicodulus.

Deutschland (Waldlachen bei Grosszschocher bei Leipzig), Böhmen (Moortümpel bei Prachow unweit Gitschin).

75. **A. knauthei** Koen. 1895 *Arrenurus k.*, Koenike in: Zool. Anz., *v.* 18 p. 379 f. 3 | 1898 *A. k.*, Piersig in: Zool., *v.* 22 p. 362 t. 38 f. 103.

♂. Rumpf vorn gewölbt, mit flachen Einbuchtungen an den Augen; Anhang kurz, sehr breit, auf der Oberseite muldenartig ausgehöhlt, nur undeutlich vom Rumpf abgesetzt; Hinterrand jederseits des breiten und flachen mittleren Hinterrandes mit nur einer schwachen Einkerbung und 4 Borsten. Rückenbogen hinten offen, auf den Anhang übergreifend und daselbst verschwindend. Rücken stark gewölbt, in der Mitte am höchsten, nach hinten stark abfallend, ohne Erhebungen. Augen weit nach hinten gerückt, im Anblick von oben hart an den Vorderrand des Rückenbogens herangerückt, 180 µ von einander entfernt. 2. Glied des Maxillarpalpus auf der Innenfläche mit dichtem Haarpolster. 4. Bein ohne Sporn. Epimeren und Genitalhof wie bei A. setiger. Genitalöffnung 56 µ l.; Genitalplatten breit, den Seitenrand des Rumpfes nicht erreichend. Färbung gelblichbraun, die Seiten lila bis dunkelblau, der Anhang weisslich. — ♀ unbekannt. — ♂ 880 µ l., 570 µ br., 480 µ h.

Deutschland (Sumpf bei Schlaupitz in Schlesien, nordwestlicher Tümpel im Steinbruche bei Kleinzschocher bei Leipzig).

76. **A. nodosus** Koen. 1896 *Arrenurus n.*, Koenike in: Zool. Anz., *v.* 19 p. 358 | 1898 *A. n.*, Piersig in: Zool., *v.* 22 p. 363 t. 40 f. 114.

♂. A. knauthei sehr ähnlich, jedoch die Genitalplatten am lateralen Rande des Rumpfes wulstartig vortretend und daselbst mit 2 Borsten besetzt. Hinterrand des Anhanges ohne Kerben, und die Borsten auf demselben näher zusammen gerückt. Rückenbogen hinten offen, die freien Enden vor dem Anhangswulst auf die Rumpfseiten übergreifend. Rücken und Bauch stark gewölbt, ersterer mit einer flachen Erhebung senkrecht über dem Zwischenraume zwischen Epimeren und Genitalhof. 2. Glied des Maxillarpalpus auf der Innenfläche ohne Haarpolster. 4. Bein am 4. Gliede mit Fortsatz, an dessen Grunde innen 2 halblange, kräftige Säbelborsten stehen. Genitalhof mit sehr langen, an den Seitenflächen des Rumpfes hoch emporsteigenden Genitalplatten. Färbung grünlich. — ♀ unbekannt. — ♂ 600 µ l., 400 µ br., 360 µ h.

Deutschland, Dänemark (Teich im Stor Skov unweit Frederiksdal).

77. **A. castaneus** Neuman 1880 *A. c.*, Neuman in: Svenska Ak. Handl., n. ser. *v.* 17 nr. 3 p. 93 t. 9 f. 3 | 1894 *Arrenurus c.*, Koenike in: Zool. Anz., *v.* 17 p. 261 | 1898 *A. c.*, Piersig in: Zool., *v.* 22 p. 364 t. 36 f. 96.

♂. Rumpf von oben gesehen langgestreckt oval, vorn breit abgerundet, beinahe abgestutzt; Anhang vom Rumpfe nur ganz undeutlich abgesetzt, sein Hinterrand ohne Einkerbungen. Rücken mässig gewölbt, vorn ohne auffallende Höckerbildungen, an der Grenze zwischen Rücken und Anhang mit 2 kegelförmig abgestutzten Haarhöckern, in geringem Abstande von einander; hinter denselben 2 Hautdrüsenöffnungen mit Haarborste, ein anderes Paar weiter lateralwärts ohne eine solche. Jede Anhangshälfte 2 Randborsten aufweisend. Rückenbogen hinten geschlossen. 2. Glied des Maxillarpalpus ohne Haarpolster. 4. Bein mit Sporn. Färbung kastanienbraun, Beine und Maxillarpalpus graubraun. — ♀ breit oval ohne nennenswerte Einbuchtungen am Vorder- und Hinterrande des Rumpfes. Genitalöffnung 128 µ l.; Genitalplatten mit konkavem Vorder-, konvexem Hinterrande und breit abgerundetem, distalem Ende. — ♂ 850 µ l., 550 µ br.; ♀ 950—980 µ l., 800 µ br.

Deutschland (Egelswoog bei Langen), Schweden (Björkelund, Brunsbo bei Skara).

78. **A. truncatellus** (Müll.) 1776 *Hydrachna truncatella,* O. F. Müller, Zool. Dan. Prodr., p. 190 nr. 2268 | 1781 *H. t.,* O. F. Müller, Hydrachnae, p. 57 t. 7 f. 6 | 1895 *Arrenurus truncatellus,* Koenike in: Zool. Anz., *v.* 18 p. 380 | 1896 *A. t.,* Koenike in: Forschber. Plön, *v.* 4 p. 213 f. 1 | 1898 *A. t.,* Piersig in: Zool., *v.* 22 p. 368 t. 40 f. 111.

♂. Anhang vom vorn breit abgerundeten Rumpfe nur undeutlich abgesetzt, wodurch letzterer sehr schlank erscheint; vom Vorderende nach hinten macht sich eine allmähliche Verjüngung des Rumpfes bemerkbar; Seitenränder vor und hinter dem Genitalhofe schwach bauchig vortretend; distales Ende des Anhanges abgestutzt, 290 μ br. und 80 μ h.; Hinterrand in breiter Rundung in die Seitenränder übergehend. Rücken des Tieres gleichmässig gewölbt. Anhangsmulde kurz, ihr Rand nach dem Rücken zu von einer Anschwellung mit doppelter Kuppe eingenommen. Anhang mit 8 verschieden langen Randborsten. Rückenbogen hinten offen, auf die Seitenwülste des Anhanges übergreifend. 4. Bein mit Fortsatz am 4. Gliede; 5. Glied gekrümmt, aber nicht verkürzt. Genitalplatten auf die Seitenflächen des Rumpfes sich fortsetzend. Färbung grüngelb bis bläulichgrün; Rückenflecke schwärzlich, meist verwischt. — ♀ annähernd eirund, vorn breit abgerundet, ohne Einbuchtungen und Abstumpfungen. Rücken mässig gewölbt. Färbung wie beim ♂; um die Augen meist ein lichter Hof. — ♂ 850—900 μ l., 530—545 μ br., 380—400 μ h.; ♀ 0,99—1,1 mm l., 800 μ br.

Die Art zerfällt in 2 Unterarten:

78a. **A. truncatellus truncatellus** (Müll.) 1776 *Hydrachna truncatella,* O. F. Müller, Zool. Dan. Prodr., p. 190 nr. 2268 | 1781 *H. t.,* O. F. Müller, Hydrachnae, p. 57 t. 7 f. 6 | 1895 *Arrenurus truncatellus,* Koenike in: Zool. Anz., *v.* 18 p. 380 | 1896 *A. t.,* Koenike in: Forschber. Plön, *v.* 4 p. 213 f. 1 | 1898 *A. t.,* Piersig in: Zool., *v.* 22 p. 368 t. 40 f. 111.

♂. Hinterrand des Rumpfanhanges ohne durchsichtige Bläschen.

Dänemark, Deutschland (Tümpel bei Gautzsch unweit Leipzig, Tümpel hinter dem Tivoli bei Neumünster, Stadtheide unweit Plön, Sumpf mit eisenhaltigem Wasser bei Schlaupitz in Schlesien, Chausseegraben zwischen Lehe und Borgfeld bei Bremen, tote Weichsel bei Schwetz in Westpreussen, Gräben bei Osche und Warlubien, Umgegend von Berlin).

78b. **A. truncatellus georgei** Piersig 1884 *Arrenurus t.,* George in: Sci. Gossip, *v.* 20 p. 80 f. 45 | 1900 *A. t. georgei,* Piersig in: Zool. Anz., *v.* 23 p. 210.

♂. Hinterrand des Rumpfanhanges jederseits mit einem kleinen, bläschenartigen, hyalinen Vorsprunge.

England.

79. **A. oblongus** Piersig 1893 *Arrenurus o.,* Piersig in: Zool. Anz., *v.* 16 p. 311 f. 2 | 1896 *A. o.,* Pisařovic in: SB. Böhm. Ges., nr. 17 p. 5.

♂. A. truncatellus sehr ähnlich, jedoch der Anhang hinten stärker verjüngt, $^1/_3$ so lang wie der Rumpf. Dieser vorn breit abgestutzt, bis zur 3. Epimere an Breite zunehmend, an den Augen abgeflacht, von der 4. Epimere an seitlich eingeschnürt, in der Gegend der lateralen Enden der schwach wulstartig vortretenden Genitalplatten wieder anschwellend; Seitenränder des Anhanges nach hinten konvergierend, in der Mitte mit einer Hervorwölbung; Hinterrand abgestutzt, schmäler als bei A. truncatellus, in stumpfeckiger Rundung in die Seitenränder übergehend. Rücken hinter den Vorderrandwülsten eingesenkt; Dorsalpanzer vorn wellenartig gewölbt, nach dem Anhang allmählich abfallend und daselbst mit einem kleinen Höckerpaar versehen;

Anhangsmulde ebenfalls ein Höckerpaar tragend; jede Anhangshälfte mit 4, paarweise eng zusammen gestellten Borsten ausgestattet. 2. Glied des Maxillarpalpus mit 3 Innenborsten. 3. Bein kürzer als das 2.; am drittletzten Gliede des 4. Beines befindet sich ein Anhang. Die Genitalplatten sind lang und schmal und umfassen mit ihren Enden den Seitenrand des Körpers. Färbung ähnlich wie bei A. albator. — ♀ unbekannt. — ♂ 0,95 mm l., 0,55 mm br., 0,45 mm h.

Deutschland (in einem alten Weidenbruche bei Gautzsch in Sachsen), Böhmen.

80. **A. halberti** Piersig 1900 *Arrenurus h.*, Piersig in: Zool. Centralbl., *v.* 7 p. 561, 795.

♂. Rumpf vorn breit abgerundet. Anhang ca. 430 μ l., an der Wurzel 304 μ, an seiner Anschwellung 320 μ und am Hinterende 256 μ br.; dem gleichen Gebilde von A. tubulator sehr ähnlich. Hinterrand des Anhanges mit kurzen, schwach stumpfwinklig vorspringenden Seitenecken und einem ca. 160 μ breiten, bogig nach hinten vorspringenden Mittelstück. Rücken des Anhanges über dem Grunde am höchsten gewölbt, nach hinten auf einer Strecke von 240 μ dachförmig abfallend, von da ab steil in eine ca. 86 μ l. Mulde hinabsteigend und daselbst zwei neben einander stehende, 80 μ von einander entfernte Haarhöcker bildend. Am Hinterende des Anhanges jederseits 4 Borsten, von denen eine vor der unbedeutenden lateralen Einschnürung des Anhanges steht, zwei an den Seitenecken und eine auf dem mittleren Hinterrandvorsprunge entspringen. Maxillarpalpus mit einem dichten Haarpolster auf der Innenfläche des 2. Gliedes; 4. Glied mit einer abgerundeten distalen Beugeseitenecke, die eine schwach S-förmig gebogene Säbelborste trägt; oberes Tasthärchen ungleich gegabelt, unteres gekniet. Rücken des 4. Gliedes vorn mit 2 feinen Borsten; 5. Glied in 2 ungleich lange Zinken auslaufend. Genitalplatten breit, nicht auf die Seitenflächen des Rumpfes übergreifend. Färbung gelblich bis bläulichgrün. — ♀ unbekannt. — ♂ 1,12 mm l. (einschliesslich des 432 μ l. Anhanges), 688 μ br.

Deutschland (Kaltenbach-See bei Gompelscheuer im Schwarzwald), Irland.

81. **A. ampliatus** Koen. 1895 *Arrenurus a.*, Koenike in: Rev. biol. Nord France, *v.* 7 p. 141 t. 8 f. 1.

♀. Rumpf nach vorn verjüngt, mit schmalem, abgestutztem Vorderrande, an den Lateralenden der 4 Epimeren am breitesten, nach hinten merkbar verschmälert, mit in der Mitte vorgewölbtem, von wenig vorspringenden, abgerundeten Seitenecken begrenztem Hinterrande. Rücken leicht gewölbt, auf jeder Seite mit einer flachen Aufwölbung. Rückenbogen geschlossen, länglich rund, vom Vorderrande des Rumpfes 130 μ, vom Hinterrande 30 μ entfernt. Genitalhof mit grossen Plättchen auf den Lefzen; Genitalplatten nach dem distalen Ende hin verschmälert und daselbst mit einer Einbuchtung des Vorderrandes. Färbung bläulichgrün mit je einem gelblichen, ovalen Fleck auf Rücken und Bauch. — ♂ unbekannt. — ♀ 800 μ l., 670 μ br., 450 μ h.

Syrien (Sümpfe von Aïn el Mousaieh im Norden des Sees von Hoûleh).

82. **A. ceylonicus** Daday 1898 *Arrenurus c.*, Daday in: Term. Füzetek, *v.* 21 Anhangsheft p. 102 f. 50.

♀. Rumpf in der Rückenlage mit einem Umriss ähnlich wie bei dem ♀ von A. sinuator; Vorderende breit abgerundet, nur eine schmale seichte Einbuchtung aufweisend; Hinterrand jederseits eingebuchtet, unter Bildung einer deutlichen stumpfen Ecke in die Seitenränder übergehend. Auf dem Vorderrücken ausserhalb des länglich ovalen Rückenbogens 2 kleine Höcker. Augen auf niedrigen Wülsten sitzend. Sog. Analöffnung seitlich von 2, je mit einer Borste versehenen Emporwölbungen begrenzt. Maxillarpalpus ähnlich wie bei A. pectinatus; 2. Glied auf der Innenseite, nach vorn zu, einen rundköpfigen Fortsatz mit zahlreichen, kurzen und steifen Borsten aufweisend; 4. Glied am distalen Ende verbreitert, am Aussenrande ausgebuchtet, mit stark nach aussen und vorn ausgezogener, an der Spitze abgerundeter, vorderer Beugeseitenecke. Genitalplatten breit und kurz, schief lateral und nach hinten gerichtet. Färbung grünlich. — ♂ unbekannt. — ♀ 1,2 mm l.

Ceylon (Sümpfe in der Umgegend des Kalawewa-Sees).

83. **A. congener** Daday 1898 *Arrenurus c.*, Daday in: Term. Füzetek, *v.* 21 Anhangsheft p. 111 f. 53.

♀. Umriss des Rumpfes in der Rückenlage wie bei dem ♀ von A. bruzelii. Vorderrand verschmälert, mit flacher Einbuchtung; Hinterrand breit bogig, jederseits von einem fast zapfenförmig vorspringenden Rückenhöcker begrenzt; Rücken ohne erhebliche Buckel und Wülste. Rückenbogen vom Vorderrande weit abstehend, verkehrt eiförmig, am verjüngten Vorderende abgestutzt und mit einer flachen Einbuchtung versehen. Bauchseite zwischen der 2. und 3. Epimere und dem Genitalhof, sowie neben der sog. Analöffnung je eine höckerförmige Erhebung aufweisend. Maxillarpalpus und Beine ohne besondere Merkmale. Genitalplatten quer gestellt, am Lateralrande der Lefzen am breitesten, in der Mitte vorn und hinten ausgebuchtet, nach dem abgerundeten freien Ende hin wieder mässig verbreitert und schwach nach vorn umgebogen. Färbung dunkelgrün. — ♂ unbekannt. — ♀ 1,8 mm l.

Ceylon (Sümpfe in der Umgebung des Kalawewa-Sees).

84. **A. cupitor** Koen. 1898 *Arrenurus c.*, Koenike in: Abh. Senckenb. Ges., *v.* 21 II p. 361 t. 21 f. 150—155.

♀. Rumpf bei Rückenansicht im Umriss an das ♀ von A. plenipalpis erinnernd, jedoch gedrungener gebaut. Vorderrand nicht ausgebuchtet; Rücken wenig gewölbt, mit einem niedrigen Höckerpaar auf dem hinteren Teile der dorsalen Panzerplatte. Rückenbogen länglich oval, mit dem breiten Ende nach vorn gerichtet. Augenabstand 192 μ. Ventralfläche des Capitulum 144 μ l., am Vorderrande einen winzigen, halbkreisförmigen medianen Ausschnitt aufweisend, über dem eine hyaline Membran liegt; Hinterrand einen unpaaren flächenartigen Fortsatz aussendend. Paariger Fortsatz der Rückenfläche des Capitulum ungemein kurz. Mandibel 123 μ l. Maxillarpalpus klein; 2. Glied auf der Innenfläche mit mehreren Borsten; vordere Beugeseitenecke wenig vorspringend, mit langer, gerader Schwertborste; Tasthärchen am Vorderrande desselben Gliedes umgebogen, von auffallender Grösse. 4. Epimere in der Mitte des Hinterrandes eine lang ausgezogene, scharfe Ecke aufweisend. Beine wie beim ♀ von A. globator, doch etwas kräftiger gebaut und weniger beborstet. Durchbruch des Bauchpanzers für die Lefzen einen schmalen und hohen, apfelförmigen Umriss zeigend. Genitalplatten ungemein breit und kurz, annähernd wie bei A. conicus gestaltet, sich lateralwärts und stark nach hinten erstreckend, mit zahlreichen Genitalnäpfen, die in Grösse und Anordnung den Panzerporen gleichen. Sog. Analöffnung nahe am Hinterrande des Abdomen gelegen. Färbung lichtgrün. — ♂ unbekannt. — ♀ 700 μ l., 650 μ br., 540 μ h.

Madagaskar (Morondava).

85. **A. farsilis** Koen. 1898 *Arrenurus f.*, Koenike in: Abh. Senckenb. Ges. *v.* 21 II p. 363 t. 28 f. 159—164.

♀. Rumpf ausserordentlich gedrungen, fast ebenso breit wie lang. Vorderrand schmal und fast gerade abgestutzt. Hinterende jederseits mit breiter, abgerundeter Ecke, auf der eine schwimmhaarartige Borste steht. Sog. Analöffnung seitlich von je einem starken Haarhöcker begrenzt, ähnlich wie bei dem ♀ von A. gibbus. Rückenfläche mässig gewölbt, ohne Höckerbildung. Bauchfläche schmäler als der Rücken. Rückenbogen elliptisch, etwa 129 μ vom Vorderrande des Rumpfes abstehend. Augenabstand 256 μ. Ventralfläche des Capitulum hinten mit langem, flächenartigem Fortsatz; medianer Einschnitt am Vorderrande keilförmig. Mandibel 144 μ l. (einschl. des 64 μ l. Endgliedes). Maxillarpalpus ähnlich wie bei A. plenipalpis; Grundglied ungemein lang und dünn; 2. Glied auf der Innenfläche mit mehreren Borsten; 4. Glied am distalen Ende stark verbreitert; Borste der vorderen Beugeseitenecke doppelt gekrümmt; Tasthärchen gross. 5. Glied sehr lang und dünn. 4. Epimere nicht breiter als die 3., mit gerader Hinterkante. Beine von mittlerer Länge, die beiden letzten Paare reich mit Schwimmborsten besetzt. Genitalhof wie bei A. ampliatus, doch mit kürzeren Genitalplatten ausgestattet; letztere ziehen in fast gleicher Breite mehr lateralwärts als nach hinten; Lefzen mit grossen Panzerplättchen in den Ecken. Färbung lebhaft dunkel blaugrün. — ♂ unbekannt. — ♀ 880 μ l., 800 μ br., 700 μ h.

Djabala-See auf der Insel Nossi-Bé bei Madagaskar.

86. **A. gibbus** Koen. 1893 *Arrenurus g.*, Koenike in: Mt. Mus. Hamburg, *v.* 10 nr. 2 p. 8 t. 1 f. 3—6.

♀. Rumpf mit deutlich vorspringenden Hinterrandecken. Vorderrand nicht abgestutzt. Rücken stark erhöht, mit 4 auffallend grossen Höckern, das vordere Paar mit abgerundeten Kuppen vor dem Rückenbogen, mit einem gegenseitigen Abstand von 730 μ lateralwärts gerichtet und durch einen brückenartigen Damm mit einander verbunden, das hintere am Hinterende des Dorsalpanzers in einer gegenseitigen Entfernung von 500 μ schief nach hinten ragend, mit Kuppen von der Gestalt abgeschrägter Kegelstümpfe. Rumpfborsten meist auf deutlichen Höckern eingelenkt. Maxillarpalpus klein; 2. Glied auf der Innenfläche mit 3 Borsten, 2 am Vorderrande, die 3. etwas mehr zurückstehend. Genitalöffnung ungewöhnlich kurz (130 μ l.). Genitalplatten sehr schmal, vom Hinterrande der Lefzen zuerst schief nach hinten und dann im flachen Bogen lateralwärts ziehend. Färbung dunkelgrün; Beine heller; Epimeren gelblich. — ♂ unbekannt. — ♀ 1,5 mm l., 1,3 mm br., 1 mm h. (ohne Rückenhöcker).

Insel Muemba bei Sansibar.

87. **A. interpositus** Koen. 1895 *Arrenurus i.*, Koenike in: Abh. Ver. Bremen, *v.* 13 p. 176 t. 1 f. 6—10.

Jugendliches ♂, dessen Form noch nicht völlig ausgebildet ist, an A. nobilis erinnernd. Petiolus von oben gesehen von ähnlicher Gestalt wie bei A. affinis, jedoch mit schärfer hervortretenden Hinterrandecken. Schlauchförmiges Gebilde in der Petiolusrinne am freien Ende von kurz birnförmiger Gestalt, über den Hinterrand und die Höhe des Petiolus nur wenig hinausragend; Petiolus 100 μ l., am Grunde 130 μ h., am Hinterende 160 μ h. Krummborsten kurz vor den Hinterrandecken des Petiolus ein- und aufwärts gebogen, mit den schief nach vorn gerichteten, gleich starken, zackigen, freien Enden einander fast berührend. Hyalines Häutchen scheinbar nicht vorhanden. Hinterrand des Anhanges mit einem 100 μ von einander entfernten Höckerpaare, dem weiter hinten ein 2. folgt; zwischen den vorderen Höckern ein Borstenpaar. Innenfläche des 2. Gliedes des Maxillarpalpus mit 7 Borsten. 4. Bein mit einem Fortsatz am 4. Gliede. Genitalöffnung 96 μ l.; Genitalplatten auf die Seitenfläche des Rumpfes übergreifend. Färbung hellgelb mit blaugrünlichem Anfluge; Petiolus dunkelblaugrün. — ♀ unbekannt. — ♂ 1 mm l., 700 μ br.

Nur ein nicht völlig ausgewachsenes ♂ bekannt.

Nord-Amerika (kleiner See unweit des Pincher Creek).

88. **A. rostratus** Daday 1898 *Arrenurus r.*, Daday in: Term. Füzetek, *v.* 21 Anhangsheft p. 104 f. 51.

♀. Umriss des Rumpfes in der Rückenlage ähnlich wie bei A. gibbus und A. emarginator. Vorderrand in einen stark hervortretenden, zugespitzten Fortsatz auslaufend; Hinterrand seitlich von schwach vorspringenden Höckern oder Ecken eingefasst; Seitenränder vor und hinter den Augen schwach ausgebuchtet; Augen auf niedrigen Wülsten stehend. Rücken ohne bemerkenswerte Erhebungen oder Mulden. Rückenbogen oval, nach hinten undeutlich verlaufend. Hautdrüsenöffnungen zwischen den Epimeren und dem Genitalhofe, sowie zu beiden Seiten der sog. Analöffnung auf niedrigen Höckern ausmündend. 4. Epimere mit ausgerandetem Hinterrande. Maxillarpalpus sehr klein; 2. Glied mit nur wenigen Borsten auf der Innenfläche; 4. Glied nach dem distalen Ende hin verbreitert, am Vorderrande flach ausgebuchtet, so dass die vordere, an der Spitze abgerundete Beugeseitenecke stark ausgezogen erscheint; Endglied wenig gekrümmt. Beine kurz. Genitalhof auf der Mitte des Hinterleibes gelegen; die kurze Genitalöffnung von halbkreisförmigen Lefzen seitlich begrenzt; Genitalplatten ungemein kurz, mit ihrem freien Ende mehr nach hinten als lateralwärts gerichtet. Genitalnäpfe kleiner als die Panzerporen. Färbung dunkel blaugrün. — ♂ unbekannt. — ♀ 900 μ l.

Ceylon (Sümpfe in der Umgebung des Kalawewa-Sees).

89. **A. sarcinatus** Koen. 1898 *Arrenurus s.*, Koenike in: Abh. Senckenb. Ges., *v.* 21 II p. 359 t. 21 f. 142—144.

♀. Rumpf in der Bauchlage an denjenigen von A. gibbus erinnernd, jedoch etwas schlanker, auch treten die hinteren Körperecken sowie das anhangsartig über diese hinausragende Hinterende minder stark vor. Rücken in der hinteren Hälfte innerhalb des Rückenbogens wulstartig gewölbt; letzterer lang eiförmig, vom Vorderrande des Rumpfes 560 μ entfernt beginnend. Abstand der sehr kleinen Augen 600 μ. 2. Glied des Maxillarpalpus am Vorderrande der Innenfläche nur 2 Borsten aufweisend; 4. Glied so lang wie die 3 vorhergehenden zusammen, mit einer leichten, höckerartiger Anschwellung auf der Mitte der Streckseite, am distalen Ende nicht verbreitert, ohne zahnartigen Vorsprung an der Aussenecke der Beugeseite, Tasthärchen am Vorderrande winzig, gegen das 5. Glied des Maxillarpalpus gebogen; letzteres nahe der distalen Spitze stark hakig gekrümmt. 4. Epimere lateralwärts in fast gleicher Breite verlaufend, auf der Oberfläche mit flachen, warzenartigen Erhebungen, am Hinterrande ungefähr in der Mitte etwas vorgewölbt. Beine mässig lang. Genitalhof 200 μ vom Epimerengebiet abgerückt; Lefzen zusammen einen kurz birnförmigen Umriss zeigend; Genitalplatten kurz, lateral und ein wenig nach hinten zeigend, mit zahlreichen, winzigen Näpfen besetzt. Sog. Analöffnung in der Mitte zwischen Genitalhof und dem Hinterrande des Rumpfes. Rücken ähnlich gefärbt wie A. globator, Bauchfläche von vorn nach hinten die Übergänge von grün zu gelb zeigend; Rumpfränder leuchtend grün gefärbt. — ♂ unbekannt. — ♀ 2—2,1 mm l., 1,7 mm br., 1,5 mm h.

Madagaskar (Majunga).

90. **A. singalensis** Daday 1898 *Arrenurus s.*, Daday in: Term. Füzetek, *v.* 21 Anhangsheft p. 97 f. 48.

♀. Rumpf annähernd achteckig, vorn und hinten abgeschrägt; Vorderrand verkürzt, flach ausgebuchtet, jederseits von einer abgerundeten Erhebung begrenzt; Seitenrand hinter dieser Erhebung flach eingebogen; Hinterrand stark verkürzt, abgestutzt, stumpfeckig in den fast geradlinig abgeschrägten Teil des Seitenrandes übergehend. Rücken ohne bemerkenswerte Erhebungen; Rückenbogen lang eiförmig, völlig geschlossen, gleich weit vom Vorder- wie vom Hinterrande des Rumpfes entfernt. Maxillarpalpus klein, 2. Glied mit 4 Borsten auf der Innenfläche; 4. Glied fast so lang wie die beiden vorhergehenden Glieder, mit stumpfeckig ausgezogenen distalen Beugeseitenecken; Endglied wenig gekrümmt, auf der Beugeseite einen Nebenzahn aussendend. Epimeren klein; 4. Epimere mit stumpfer Ecke am Hinterrande. Genitalhof in der Mitte des Hinterleibs gelegen; Lefzen länglich rund; Genitalplatten die Lefzenscheibe umfassend, lateralwärts verschmälert, fast den Seitenrand des Rumpfes erreichend, am distalen Ende leicht nach vorn umgebogen. Färbung schmutzigblau mit bräunlichen Flecken. — ♂ unbekannt. — ♀ 1 mm l.

Ceylon (Sümpfe in der Umgebung des Kalawewa-Sees).

A. abruptus Barrois & Moniez 1887 *Arrenurus a.*, Barrois & Moniez, Cat. Hydrach., p. 27.

♂. Ähnelt in der Form A. neumani. Petiolus einer an beiden Enden abgestutzten Ellipse gleichend, die in eine zahnartige Spitze ausläuft, ohne indess die seitenständigen Krummborsten zu erreichen. Hyalines Häutchen wie bei A. maculator, aber kürzer und breiter. Rückenhöcker abgerundet. Hinterrandecken des Rumpfes scharf gebogen. Hinterrandhöcker des Anhanges ähnlich wie bei A. maculator. Färbung grün. — ♀ unbekannt. — ♂ ca. 1—1,2 mm l.

Nord-Frankreich (Sumpf bei Santes).

A. angulator C. L. Koch 1837 *Arrenurus a.*, C. L. Koch, C. M. A., fasc. 13 f. 6 | 1880 *Arrhenurus a.*, Neuman in: Svenska Ak. Handl., n. ser. *v.* 17 nr. 3 p. 94 t. 6 f. 1.

♀. Der Form nach wie A. maximus. Färbung ockergelb bis gelbbräunlich; Flecken schwärzlich. — ♂ unbekannt. — ♀ 1,2 mm l., 1,1 mm br.

Deutschland (Zweibrücken), Schweden.

A. annulator C. L. Koch 1837 *Arrenurus a.*, C. L. Koch, C. M. A., fasc. 12 f. 14.

♀. Mittelgross, eiförmig, mit undeutlichen Hinterrandecken. Färbung oliv, Flecken rostrot bis dunkelbraun; Maxillarpalpus und Beine grünlich. — ♂ unbekannt.

Deutschland (Graben auf dem Bruderwehr bei Regensburg).

A. anomalus Barrois & Moniez 1887 *Arrenurus a.*, Barrois & Moniez, Cat. Hydrach., p. 31.

♂. Der Form nach A. integrator nahe stehend. Anhang breit und abgerundet, undeutlich vom Rumpfe abgesetzt. Poren und Augen gross. 4.—6. Glied am 4. Bein etwa gleich lang. Sporn oder Fortsatz vorhanden. Petiolus fehlt. — ♀ unbekannt. — ♂ 500 μ l., 250 μ br.

Nord-Frankreich (Fretin).

A. arcuator C. L. Koch 1837 *Arrenurus A.*, C. L. Koch, C. M. A., fasc. 13 f. 4.

Ein unbestimmbares ♀, vielleicht zu A. globator gehörig.

Deutschland (Umgegend von Regensburg).

A. bidentatus Piersig 1854 *Arrenurus emarginator* (err., non *Hydrachna e.* O. F. Müller 1776!), Bruzelius, Beskr. Hydrach., p. 26 t. 2 f. 5—8 | 1898 *A. bidentatus*, Piersig in: Zool. Anz., *v.* 21 p. 575.

♂. Rumpf vorn ausgebuchtet, breit und massig. Anhang stark abgesetzt, am Grunde wesentlich schmäler als der Rumpf, mit keilförmig zugespitzten Seitenecken und tief ausgebuchtetem, in der Mitte vorspringendem Hinterrande. Rückenhöcker gerundet. Petiolus nach hinten mässig verbreitert, etwas schief nach unten und hinten gerichtet, am abgerundeten Hinterende ähnlich wie bei A. bruzelii jederseits mit einem kleinen, seitlich vorspringenden, schwach gebogenen Zahn. Hyalines Häutchen nach hinten wenig oder gar nicht verschmälert. Anhangshöcker verschmolzen, von einem tiefer stehenden, aus einander gerückten, spitzen Höckerpaar begleitet. Färbung mennigrot, mit verschwommenen schwärzlichen Rückenflecken; Maxillarpalpus und Beine ockergelb. — ♀ wie bei A. maximus. Genitalplatten klein, mit den breit abgerundeten Enden schief lateral und nach hinten gerichtet. Färbung wie beim ♂. — ♂ & ♀ 1,5 mm l.

Süd-Schweden.

A. campanulatus Barrois & Moniez 1887 *Arrenurus c.*, Barrois & Moniez, Cat. Hydrach., p. 28.

♂. Rumpf breiter als lang, massig. Seitenecken des Anhanges kurz und dick, beinah so breit wie der von A. crassipetiolatus, der Form nach an einen Glockenklöppel erinnernd. Schlauchförmige Gebilde in der Petiolusrinne wenig über den Hinterrand des Petiolus hinausragend, am freien Ende schalenförmig. Färbung rot mit schwärzlichen Flecken. — ♀ unbekannt. — ♂ 785 μ l. (ausschl. Petiolus), 725 μ br.

Nord-Frankreich (Grand-Carré bei Lille).

A. chavesi Th. Barrois 1887 *Arrenurus c.*, Th. Barrois, Matér. Açores, nr. 1 p. 13.

Ein jugendliches, noch unausgebildetes ♀ mit unvollkommen entwickeltem Hautpanzer, letzterer als chitinöses Netzwerk auftretend. Rumpf der Form nach wie bei A. globator. Maxillarpalpus kurz (319 μ l.) und dick; Endglied 66 μ l.; 4. Glied ausserordentlich breit (93 μ), am distalen Ende verbreitert. 4. Epimeren bis auf 73 μ Abstand an einander gerückt, 552 μ br. und 190 μ l. Genitalhof 732 μ br.; Genitalöffnung 186 μ l., Lefzen zusammen 253 μ br.; Länge der Genitalplatten vom Lateralrande der Lefzen bis zum abgerundeten Ende 298 μ, vom Vorder- bis zum Hinterrande 173 μ br.; Durchm. der Genitalnäpfe 10 μ. Färbung durchscheinend blassgrün, Augen schwarz. — ♂ unbekannt. — Nph. mit ovalem Umriss des Rumpfes. Genitalhof 266 μ br., wie bei A. gotlandicus. — ♀ 1,55 mm l., 1,18 mm br.; Nph. 823 μ l., 769 μ br.

Azoren (kleiner Kratersee am Fusse des Pico de Carvâo).

A. chlorophaeator C. L. Koch 1837 *Arrenurus c.*, C. L. Koch, C. M. A., fasc. 13 f. 13.

♀. Mittelgross, fast regelmässig oval; Rücken gewölbt. Färbung dunkelgrün, am Vorderrande gelblich, Beine bläulich. — Unbestimmbar. Wahrscheinlich einer dem A. integrator nahe stehenden Form zugehörig.

Deutschland (Umgegend von Regensburg).

A. cuspidator (Müll.) 1776 *Hydrachna c.*, O. F. Müller, Zool. Dan. Prodr., p. 188 nr. 2245 | 1781 *H. c.*, O. F. Müller, Hydrachnae, p. 31 t. 2 f. 4.

♂. Rumpf vorn breit abgestutzt, hinten eingezogen. Anhang mit keilförmig zugespitzten Seitenecken. Rückenhöcker ähnlich wie bei A. maculator. Petiolus hinten breit und abgestutzt. Färbung bräunlich oder graubraun. Mittelgross. — ♀ unbekannt.

Dänemark.

A. cyanipes (H. Luc.) 1846 *Hydrachna c.*, H. Lucas in: Expl. Algérie, An. artic. *v.* 1 p. 313—15 t. 22 f. 8.

Unbestimmbares ♀.

Algier (Sümpfe am Tonga-See bei Lacalle).

A. decorator C. L. Koch 1837 *Arrenurus d.*, C. L. Koch, C. M. A., fasc. 12 f. 13.

♀. Rumpf breit eiförmig, mit schwachen Hinterrandecken. Färbung gelb, vorn heller; Stirnfleck rostbraun; Seitenflecken auf dem Rücken dunkelbraun; Maxillarpalpus und Beine grünlich. Klein. — Unbestimmbar.

Deutschland (Umgegend von Regensburg).

A. decurtator Moniez 1892 *Arrenurus d.*, Moniez in: Rev. biol. Nord France, *v.* 4 p. 520.

♂. A. papillator sehr ähnlich. 4. Glied des 4. Beines mit langem, kräftigem, gebogenem Fortsatz (Sporn). Färbung bläulichgrün, auf der Bauchseite bräunlichgelb. — ♀ unbekannt. — ♂ 1—1,2 mm l., 0,9—1,1 mm br.

Frankreich (Bourg d'Ault, Somme).

A. dimidiator C. L. Koch 1837 *Arrenurus d.*, C. L. Koch, C. M. A., fasc. 13 f. 18.

Sehr klein. — Unbestimmbar. Wahrscheinlich eine Nph.

Deutschland (Graben auf dem Bruderwehr bei Regensburg).

A. dissimilis Barrois & Moniez 1887 *Arrenurus d.*, Barrois & Moniez, Cat. Hydrach., p. 31.

♂. Erinnert in der Gestalt an A. castaneus. Anhang breiter als bei dieser Art, mit 4 Borsten am Hinterende. Färbung wahrscheinlich bläulich oder grünlich. — ♀ unbekannt. — ♂ 810 μ l., 460 μ br.

Nord-Frankreich (Gewässer bei Saint-Venant).

A. ellipticus C. L. Koch 1837 *Arrenurus e.*, C. L. Koch, C. M. A., fasc. 13 f. 14.

♀. Mittelgross, oval. Färbung olivengrün, Rückenpanzer braun, Flecken schwärzlich; Vorderende gelblich. — Unbestimmbar.

Deutschland (Umgegend von Regensburg).

A. emarginator (Müll.) 1776 *Hydrachna e.*, O. F. Müller, Zool. Dan. Prodr., p. 189 nr. 2250 | 1781 *H. e.*, O. F. Müller, Hydrachnae, p. 36 t. 3 f. 4.

♂. Anhang vom Rumpf undeutlich abgesetzt, mit ähnlichen, abgerundeten Seitenecken wie bei A. fimbriatus. Petiolus nach hinten wenig verbreitert, am freien Ende abgestutzt. Färbung rot. — ♀ unbekannt. — ♂ von mittlerer Körpergrösse.

Dänemark.

A. errator Thor 1897 *Arrenurus e.*, Thor in: Arch. Naturv. Christian., *v.* 19 nr. 11 p. 29.

♂. Soll einen von A. albator abweichenden Petiolus haben. Beschreibung fehlt.

Norwegen.

A. ferrugator C. L. Koch 1837 *Arrenurus f.*, C. L. Koch, C. M. A., fasc. 14 f. 5.

Sehr kleine, unbestimmbare Nph.

Deutschland (Teich bei Strassberg unweit Geisenfeld in Bayern).

A. fragilis Thor 1899 *Arrenurus f.*, Thor in: Arch. Naturv. Christian., *v.* 21 nr. 5 p. 27 t. 9 f. 94, 95.

♀. Wie A. neumani, doch ohne ausgebildeten Anhang, so dass der Petiolus frei über den hinteren Körperrand hinausragt. Wahrscheinlich mit einem frisch ausgeschlüpften ♀ der Vergleichsart übereinstimmend. — ♂ unbekannt.

Norwegen.

A. furvator C. L. Koch 1837 *Arrenurus f.*, C. L. Koch, C. M. A., fasc. 12 f. 11, 12.

♂. Nahe verwandt mit A. integrator; Anhang kurz und breit, bogenförmig nach hinten vorspringend, ohne bemerkenswerte Einbiegungen. Färbung vorn gelblich, hinten rostrot. — ♀ eiförmig.

Deutschland (Graben auf dem Bruderwehr bei Regensburg).

A. gotlandicus (Neuman) 1875 *Acercus g.*, Neuman in: Vet. Ak. Förh., nr. 2 p. 102 | 1880 *Anurania gotlandica*, Neuman in: Svenska Ak. Handl., n. ser. *v.* 17 nr. 3 p. 96 t. 11 f. 3.

Der Nph. von A. bruzelii sehr ähnlich. — 900 μ l., 800 μ br.

Schweden (West-Gotland, Insel Gotland).

A. hyalinator C. L. Koch 1837 *Arrenurus h.*, C. L. Koch. C. M. A., fasc. 13 f. 1.

Unbestimmbare Nph.

Deutschland (Umgegend von Regensburg).

A. incisus Barrois & Moniez 1887 *Arrenurus i.*, Barrois & Moniez, Cat. Hydrach., p. 29.

♂. Nahe verwandt mit A. bisulcicodulus. Anhang undeutlich vom Rumpfe abgesetzt, mit einem 130 μ tiefen und 50 μ br., medianen Einschnitt am abgestutzten Hinterende. Petiolus gerade, in der Tiefe der Anhangsmulde. Färbung bläulich, mit braunen Rückenflecken. 4. Bein ohne Sporn. — ♀ unbekannt. — ♂ 870 μ l., 660 μ br.

Nord-Frankreich (Sumpf bei Criquebeuf).

A. latus Barrois & Moniez 1887 *Arrenurus l.*, Barrois & Moniez, Cat. Hydrach., p. 30.

♂. Nahe verwandt mit A. papillator. Anhang sehr breit, mit dem Petiolus 90 μ l.; 2 grosse knollenförmige Verdickungen zwischen den Seitenecken und dem Petiolus. Hyalines Häutchen sehr breit, abgerundet, bis fast an die Spitze des Petiolus heranreichend. 1. Bein sehr kurz; 4. Bein ohne Fortsatz am 4. Gliede. Färbung dunkelgrün mit braunen Flecken. — ♀ unbekannt. - ♂ 1 mm l., etwas weniger br.

Nord-Frankreich (Grand-Carré bei Lille, Pont-à-Vendin).

A. lobator C. L. Koch 1837 *Arrenurus l.*, C. L. Koch, C. M. A., fasc. 14 f. 1.

Unbestimmbare Nph.

Deutschland (Umgegend von Regensburg).

A. lugubris (Müll.) 1776 *Hydrachna l.*, O. F. Müller, Zool. Dan. Prodr., p. 190 nr. 2267 | 1781 *H. l.*, O. F. Müller, Hydrachnae, p. 56 t. 7 f. 5.

Jugendliches, A. globator nahestehendes, unbestimmbares ♀.

Dänemark.

A. mutator C. L. Koch 1837 *Arrenurus m.*, C. L. Koch, C. M. A., fasc. 14 f. 2, 3.

Unbestimmbare Nph.

Deutschland (Umgegend von Regensburg).

A. notabilis Barrois & Moniez 1887 *Arrenurus n.*, Barrois & Moniez, Cat. Hydrach., p. 32.

Jugendliches ♂, dem A. nodosus oder A. furvator nahestehend. Rumpfanhang abgerundet, 260 μ l. und 870 μ br. Petiolus 110 μ l. Hautporen gross (20 μ im Durchm.) und oval. 4. Bein am 4. Gliede mit schwach gekrümmtem Sporn. Färbung blassgrün. — ♀ unbekannt. — ♂ 1 mm l.

Nord-Frankreich (Graben bei St.-Amand).

A. oblitterator C. L. Koch 1837 *Arrenurus o.*, C. L. Koch, C. M. A., fasc. 13 f. 3.

Unbestimmbares ♀.

Deutschland (Graben auf dem Bruderwehr bei Regensburg).

A. psittacator C. L. Koch 1837 *Arrenurus p.*, C. L. Koch, C. M. A., fasc. 14 f. 4.

Unbestimmbare Nph.

Deutschland (bei Geisenfeld in Bayern).

A. pulchellus Barrois & Moniez 1887 *Arrenurus p.*, Barrois & Moniez, Cat. Hydrach., p. 33.

♀. Unreif. Rumpf breit elliptisch. Haut liniiert, mit chitinösem Netzwerk, dessen Maschen polyedrisch geformt sind. Färbung orangerot. — ♂ unbekannt. — ♀ 1 mm l., 785 μ br.

Nord-Frankreich (Sumpf von Fretin).

A. punctator C. L. Koch 1837 *Arrenurus p.*, C. L. Koch, C. M. A., fasc. 12 f. 10.

Unbestimmbar.

Deutschland (Schlossgraben beim Birkelgut unweit Regensburg).

A. regulator Thor 1899 *Arrenurus r.*, Thor in: Arch. Naturv. Christian., *v.* 21 nr. 5 p. 25.

♂. Nahe verwandt mit A. truncatellus und A. oblongus. Rumpf ohne Einbuchtungen; Rückenbogen regelmässig, hinter den Augen beginnend. Hinterende des Rückens nach dem Anhang abfallend, daselbst mit 2 kleinen und 2 etwas grösseren, rundlichen Höckerchen. In der Tiefe der Anhangsmulde 2 kleine Erhebungen, sowie einige Haarhöckerchen und ein winziger Zapfen, der möglicherweise der Petiolus ist. Genitalplatten breit, am freien Ende schwach nach vorn umgebogen, dicht hinter dem Epimeralgebiet gelegen. 4. Glied des 4. Beines mit spornartigem Fortsatz, ähnlich wie bei A. oblongus. Färbung dunkelbraun. — ♀ nicht beschrieben. — ♂ 1,1 mm l., 660 μ br.

Norwegen (Waldtümpel zwischen Röd und Woxen in Vestre Aker, Hannesvand unweit Woxen).

A. regulus Barrois & Moniez 1887 *Arrenurus r.*, Barrois & Moniez, Cat. Hydrach., p. 27.

♂. Rumpfanhang ohne deutliche Seitenecken. Petiolus wie bei A. maculator, etwas kürzer (55 μ l.). Hyalines Häutchen ebenfalls wie bei der Vergleichsart. Rückenbogen in der Mitte seitlich eingezogen, mit dem Hinterende an den Seitenflächen des Anhanges verschwindend. Über dem hyalinen Häutchen ein breiter Wulst von lebhaft blauer Färbung. Färbung wie bei A. maculator. — ♀ unbekannt. — ♂ 1 mm l., 600 μ br.

Nord-Frankreich (Sumpf an der Strasse von Yvetot nach Allouville).

A. reticulatus P. Kram. 1875 *Arrenurus r.*, P. Kramer in: Arch. Naturg., *v.* 41 I p. 263 t. 9 f. 27 a.

Unbestimmbare Nph.

Thüringen.

A. rubiginosus C. L. Koch 1835 *Arrenurus r.*, C. L. Koch, C. M. A., fasc. 2 f. 23.

Sehr klein, gelb mit rotbraunen Flecken, Vorderende grünlich. Unbestimmbare Nph.

Deutschland (Graben auf dem Bruderwehr bei Regensburg).

A. rutilator C. L. Koch 1837 *Arrenurus r.*, C. L. Koch, C. M. A., fasc. 14 f. 6.

Ungemein klein, ockergelb mit rostroten Flecken. Malpighisches Gefäss gelblich. Unbestimmbare Nph.

Deutschland (Birkelguter Weiher bei Regensburg).

A. sagulator C. L. Koch 1837 *Arrenurus s.*, C. L. Koch, C. M. A., fasc. 13 f. 5.

Unbestimmbar.

Deutschland (Schwarzbach bei Zweibrücken).

A. sica Barrois & Moniez 1887 *Arrenurus s.*, Barrois & Moniez, Cat. Hydrach., p. 30.

♂. Rumpfanhang so rückgebildet, dass er von oben gesehen nur 2 kurze Seitenecken aufweist und der Petiolus unmittelbar dem Hinterrande des Rumpfes eingefügt erscheint; Petiolus wie ein scharf zugespitzter Wurfspiess, am Grunde verbreitert, mit Grundhöcker 70 μ l. 4. Bein ohne Sporn. Färbung dunkelgrün, mit dunkelbraunen Flecken. — ♀ unbekannt. — ♂ 500 μ l., 400 μ br.

Nord-Frankreich (Le Grand-Carré bei Lille, Pont-à-Vendin).

A. spectabilis Barrois & Moniez 1887 *Arrenurus s.*, Barrois & Moniez, Cat. Hydrach., p. 32.

♂. Verwandt mit A. anomalus und A. furvator. Anhang sehr breit und kurz, in seiner ganzen Ausdehnung abgerundet, vom Rumpfe nur sehr undeutlich abgesetzt. Panzerporen gross, oval (16 μ im Durchm.). Genitalplatten medial schmal, lateral stark verbreitert. 4. Glied am 4. Bein ohne Sporn. Färbung blau, bei unbewaffnetem Auge fast rosa. — ♀ unbekannt. — ♂ 610 μ l., 510 μ br.

Nord-Frankreich (Graben bei St.-Amand).

A. spissus Barrois & Moniez 1887 *Arrenurus s.*, Barrois & Moniez, Cat. Hydrach., p. 29.

♂. Nähert sich in der Gestalt dem A. neumani. Seitenecken des Anhanges scheinbar ziemlich kurz, weil stark nach oben gebogen. Petiolus nach hinten verbreitert, am freien Ende abgerundet 100 μ l. Endglied des Maxillarpalpus wie bei A. pustulator. 4. Glied des 4. Beines 500 μ l., mit stark gebogenem Sporn; 5. Glied breit, 2 stachlige Haarkämme aufweisend, 150 μ l. Färbung rot. — ♀ unbekannt. — ♂ 1,55 mm l.

Nord-Frankreich.

A. stellaris (Müll.) 1776 *Hydrachna s.*, O. F. Müller, Zool. Dan. Prodr., p. 190 nr. 2263 | 1781 *H. s.*, O. F. Müller, Hydrachnae, p. 52 t. 6 f. 3.

Rumpf kugelig. Färbung blau. — Unbestimmbares ♀.

Dänemark.

A. sulcator Krendowskij 1884 *Arrenurus s.*, Krendowskij in: Trav. Soc. Univ. Kharkow, *v.* 18 p. 324.

♂. Nahe verwandt mit A. sinuator. Rumpf vorn eingebuchtet; Anhang breit und kurz, auf Ober- und Unterseite abgeplattet, $^1/_5$ so lang wie der Rumpf, ohne Buckel und ohne Petiolus, sein Hinterrand abgerundet, mit tiefem Einschnitt in der Mitte. Rumpfrücken ohne Höcker. 4. Glied des 4. Beines ohne Fortsatz. Färbung ziegelrot, Beine heller. — ♀ unbekannt. — ♂ 640 μ l.

Süd-Russland.

A. tuberculatus Lebert 1879 *Arrenurus t.*, Lebert in: Bull. Soc. Vaudoise, ser. 2 *v.* 16 p. 360 t. 10 f. 6, 6a.

Breit oval. Färbung grünlich. Unbestimmbares ♀, vielleicht zu A. sinuator gehörig.

Französische Schweiz (Genfer See).

A. variegator C. L. Koch 1837 *Arrenurus v.*, C. L. Koch, C. M. A., fasc. 12 f. 24.

Unbestimmbare Nph.

Deutschland (Hohengebrachinger Weiher bei Regensburg).

A. vigorans Koen. 1898 *Arrenurus v.*, Koenike in: Abh. Senckenb. Ges., *v.* 21 II p. 366 t. 29 f. 185—190.

Nph. Rumpf kurz eiförmig, Vorder- und Hinterrand breit abgerundet. Integument mit sehr niedrigen, rundlichen Papillen äusserst dicht besetzt. Vorderecken des Capitulum kräftig vorspringend, breit abgerundet; medianer Einschnitt des Vorderrandes tief und breit, mit membranösem Einsatze. In der Nähe der Mundöffnung ein häutiges, hyalines Anhängsel fibrillärer Struktur, möglicherweise nur ein Fremdkörper; Ventralfläche des Capitulum hinten einen ungewöhnlich kurzen, am freien Ende abgerundeten Fortsatz aussendend. Dorsale Wandung mit kurzen, kräftigen Fortsätzen am Hinterende. Mandibel 168 µ l., wovon $^1/_3$ auf das Endglied entfällt. Maxillarpalpus wie bei A. obliquus, durch die geringe Dicke des 4. Gliedes am distalen Ende auffallend; Beugeseitenecke desselben Gliedes noch mehr zurücktretend als bei A. gibbus. Innenfläche des 2. Gliedes nur mit einer Borste. Endglied 2-teilig, auf der Streckseite eine steife, krumme Borste aussendend. Epimeren auf der vorderen Bauchhälfte; das mit einander verschmolzene 1. Paar stark eckig nach hinten ragend; 4. Epimere am Medialende breiter als bei A. gibbus; Ecke an dem Hinterrande wenig vorragend. Genitalhof den Epimeren mehr genähert als dem Hinterrande des Rumpfes, aus 2 umfangreichen Genitalplatten mit zahlreichen Genitalnäpfen bestehend. Sog. Analöffnung vom Genitalhofe weit abgerückt. Färbung unbekannt. — ♂ und ♀ unbekannt. — Nph. 950 µ l., 900 µ br., 800 µ h.

Djabala-See auf der Insel Nossi-Bé bei Madagaskar.

A. sp., C. L. Koch 1837 *Arrenurus truncatellus* (err., non *Hydrachna truncatella* O. F. Müller 1776!), C. L. Koch, C. M. A., fasc. 13 f. 15.

♂. Rumpfanhang ähnlich wie bei A. integrator, etwas länger, vom Rumpfe durch eine Einschnürung deutlich abgesetzt, mit welligem Rande und einer medianen, seitlich von Ecken eingefassten Einkerbung des Hinterrandes. 4. Bein ohne Sporn. Färbung grünlich. — ♀ unbekannt. — Grösse etwa wie bei A. solidus.

Deutschland (Weintinger Wiesen bei Regensburg).

19. Gen. **Aturus** P. Kram.

1875 *Aturus* (Typ.: *A. scaber*), P. Kramer in: Arch. Naturg., *v.* 41 I p. 309 | 1897 *A.*, Piersig in: SB. Ges. Leipzig, *v.* 22/23 p. 156 | 1898 *A.*, Piersig in: Zool., *v.* 22 p. 254.

Rumpf am Hinterende mit kurzem, medianem Einschnitt. Rückenpanzer fast so gross wie die Dorsalfläche des Rumpfes, durch eine Rückenbogenfurche vom Bauchpanzer geschieden. Epimeren zu einer einzigen Platte vereinigt, nach der Mitte zu vollständig verschmolzen, nur zwischen den 3 vorderen Paaren längere, die Medianlinie der Ventralfläche jedoch nicht erreichende Grenznähte. Maxillarpalpus auf der Beugeseite des 2. Gliedes mit einer zapfenartigen Erhebung. Genitalhof am Hinterende der Bauchplatte. Genitalnäpfe zahlreich, längs des hinteren Körperrandes sich fast bis zur Einlenkungsstelle des 4. Beines hinziehend, von einer Borstenreihe begleitet; Genitalöffnung beim ♂ mit oder ohne keulenförmige Haargebilde am Hinterende. Beine kurz, meist ohne Schwimmborsten, nur mit kurzen Borsten ausgestattet. 4. Bein des ♂ ungemein kräftig entwickelt, mit auffallend geformten Borsten ausgestattet; 5. Glied auf der Aussenseite meist stark verdickt. Sog. Analöffnung rückenständig.

Deutschland, Nord-Amerika.

4 Arten.

Übersicht der Arten (nur die ♂ sind berücksichtigt):

1 { Mit keulenförmigen Anhängseln am Hinterrande des Rumpfes — 2.
  { Ohne solche Anhängsel . . . . 1. **A. scaber** . . . . p. 133

2	Mit 6 oder 7 keulenförmigen, fächerartig gruppierten Anhängseln auf jeder Seite des medianen Einschnittes des Hinterrandes	2. **A. mirabilis** . . .	p. 134
	Mit nur 2 keulenförmigen Anhängseln zu beiden Seiten des medianen Einschnittes des Hinterrandes — 3.		
3	Fünftes Glied des 4. Beines am Grunde mit 3, an der Spitze verbreiterten und gezackten Borsten	3. **A. intermedius** . .	p. 135
	Fünftes Glied des 4. Beines an gleicher Stelle ohne solche Borsten	4. **A. natangensis** . .	p. 136

1. **A. scaber** P. Kram. 1875 *A. s.*, P. Kramer in: Arch. Naturg., *v.* 41 I p. 309 t. 8 f. 3 (♀) | 1897 *A. s.*, Piersig in: SB. Ges. Leipzig, *v.* 22/23 p. 157 (♂) | 1898 *A. s.*, Piersig in: Zool., *v.* 22 p. 255 t. 27 f. 68; t. 40 f. 117 (Nph.) | 1899 *A. s.*, Thor in: Arch. Naturv. Christian., *v.* 21 nr. 5 p. 28.

♀ (Fig. 25). Dem ♀ von A. mirabilis sehr ähnlich. Rumpf breit oval, am Stirnrande leistenartig vorspringend; Hinterrand in der Mitte mit einem kurzen, schmalen, seitlich von durchsichtigen Hautplättchen begrenzten Einschnitt (32 μ l.). Rücken mässig gewölbt. Augenabstand 72 μ. Capitulum ähnlich wie bei Axonopsis complanata, am Hinterrande mit 2 kleinen Fortsätzen (Fig. 25). Maxillarfortsatz etwa $^1/_2$ so lang wie der Rumpf; 2. Glied wie bei A. mirabilis gestaltet; 4. Glied auf der Beugeseite mit 2 niedrigen, etwas über die Mitte nach vorn gerückten, je eine gekrümmte Borste tragenden Höckern; Endglied zweispitzig. Epimeren wie bei der Vergleichsart. Beine kürzer als der Rumpf, ohne Schwimmborsten. Genitalhof (Fig. 25) jederseits

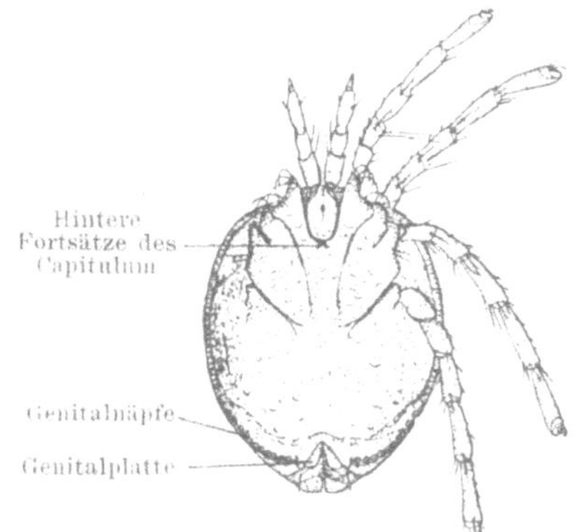

Fig. 25. A. scaber. ♀, Bauchseite.

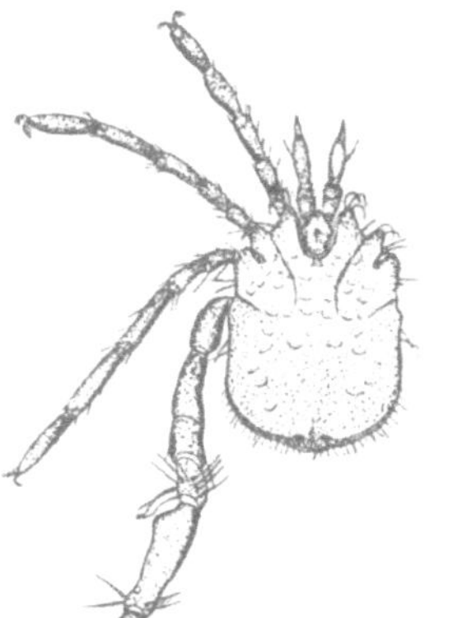

Fig. 26. A. scaber. ♂, Bauchseite.

der Genitalöffnung ein dreieckiges Plättchen aufweisend; unterhalb desselben eine winzige Borste. Genitalnapf-Reihe 162 μ l., mit je 14—16, im Durchm. 18 μ grossen Genitalnäpfen, die lateralen 8 paarig neben einander geordnet. Färbung grünlich oder rötlich. — ♂ (Fig. 26) in Gestalt und Ausrüstung wesentlich vom ♀ abweichend. Vorderrand des Rumpfes breit abgerundet, in der Mitte vorspringend, unter Bildung von Schulterecken in den flach konkav eingebogenen Seitenrand übergehend. Rumpf nach hinten sich allmählich verbreiternd, fast kreisbogenförmig abschliessend, mit einem medianen

Einschnitt am Hinterrande. Rückenpanzer auf der hinteren Hälfte 2 divergierende, ca. 100 μ lange Leisten besitzend, deren Vorder- und Hinterenden je eine sehr lange und kräftige Krummborste aufweisen; Mitte der Leiste auf beiden Seiten von einer gleichen Borste begleitet. Rücken zwischen den beiden Leisten nach hinten flach muldenartig abfallend, in der Tiefe der Mulde mit einem Zäpfchen, welches die sog. Analöffnung trägt. Augenabstand 60 μ. Capitulum 80 μ l. und 68 μ br., nach hinten einen Fortsatz aussendend, der an den Fuss eines Weinglases erinnert (Fig. 26). Oberfläche der Epimeren schuppig uneben. 3. Bein ohne Schwimmborsten; 4. Bein überaus kräftig entwickelt, 736 μ l.; 1.—3. Glied von gewöhnlicher Bildung, aber aussergewöhnlich stark gebaut; das 4. sehr gekürzt, ausser 7—8 mässig langen Borsten auf der Beugeseite noch 2 der Streckseite genäherte schwach S-förmig gebogene Borsten tragend, von denen die eine sehr breit und an der Spitze schraubig gedreht ist; 5. Glied am längsten, auf der Streckseite, am proximalen Ende stark verdickt, allmählich abfallend und am distalen Ende eine seichte Einbiegung bildend, auf der Innenseite mässig gewölbt, mit dürftigem Borstenbesatz; Endglied fast so lang wie das vorhergehende, auf der Aussenseite mit einem schief nach hinten geneigten Haarhöcker, auf der Innenseite mit 3 breiten Borsten; Krallen dreizinkig, am 4. Bein ungewöhnlich gross (110 μ l.), aber von einfacherer Form; Krallenscheide des 4. Beines tief gespalten, auf den beiden Enden je ein langes Borstenhaar tragend. Genitalhof ohne dreieckige Plättchen. Einkerbung des Hinterrandes kurz, von stark chitinisierten Ecken seitlich eingefasst. Färbung rötlich. — Nph. Integument liniiert. Epimeren auf 4 Gruppen verteilt, von denen die vorderen nur durch eine schmale, mediane Spalte von einander geschieden sind. Rücken hinter den Augen mit einem grösseren Schilde, hinter dem noch 2 Paar kleinere Panzerplatten folgen, die im Geviert ein Paar Hautdrüsenhöfe umgrenzen. 4 Genitalnäpfe, je 2 am lateralen Hinterrande, dicht neben einander. — ♂ 330—350 μ l., 280—290 μ br.; ♀ 450—500 μ l., 360—380 μ br., 210 μ h.; Nph. 288 μ l., 208 μ br.

Thüringen (Ziegenrück), Sachsen (Erzgebirge), Norwegen. In stark fliessenden Bächen.

2. **A. mirabilis** Piersig 1895 *A. scaber* (err., non P. Kramer 1875!), Koenike in: Abh. Ver. Bremen, *v.* 13 p. 186 t. 1 f. 23 | 1897 *A. mirabilis* Piersig in: SB. Ges. Leipzig, *v.* 22/23 p. 157.

♀. Rumpf verkehrt eiförmig, Hinterende zuweilen spitz ausgezogen, mit einer Einkerbung in der Mitte. Rücken flach gewölbt; Rückenbogenfurche vom Vorderrande des Rumpfes etwas abgerückt, an den Seiten jedoch mit dem Rande zusammenfallend; Längsseiten des Rückenbogens mit je 4, von je einem Haare begleiteten Drüsenmündungen. Porenöffnungen des Panzers 1 μ im Durchm. Stirnborsten auf kleinen Höckern sitzend, 45 μ l. Abstand der Seitenaugen beim ausgewachsenen ♀ 140 μ. Capitulum ohne hintere Fortsätze. Maxillarpalpus halb so lang wie der Rumpf, mit einem nach auswärts gerichteten Zapfen auf der Beugeseite des 2. Gliedes; Beugeseite des 4. Gliedes im vorderen Drittel mit abgeflachter Stelle, die am hinteren Ende eine am Grunde kräftige Borste trägt; Endglied zweispitzig. Distale Fortsätze der 1. und 2. Epimere mit je 1 oder 2 kräftigen, stark nach hinten gekrümmten Haarborsten; 4. Epimere ungemein ausgedehnt, am ventralen Hinterleibsende nur einen schmalen Streifen freilassend. Beine mit dreizackigen Krallen. Genitalhof der Gattung entsprechend, ca. 140 μ l. — ♂ im Bau und in der Ausrüstung des Genitalhofes und des 4. Beines vom ♀ wesentlich abweichend. Epimeralgebiet die Ventralfläche des Rumpfes vollständig bedeckend. 3. Bein am 5. Gliede eine stattliche Reihe von Schwimmborsten aufweisend; 1.—3. Glied des 4. Beines von normaler Bildung; 4. Glied am distalen Ende keulenartig verdickt und mit einem Besatz zahlreicher Borsten ausgestattet; 5. Glied in der Mitte verdickt und gebogen, vom proximalen Teile der Beugeseite ein Paar ungewöhnlich breite Haargebilde mit geschlitzten Rändern und eine kräftige, an der Spitze umgebogene, lange Säbelborste aussendend, auf der Beugeseite mit einigen halblangen Haaren und am distalen Ende mit kurzen Borsten. Genitalhof mit 2 vorn zusammenhängenden, nach hinten aus einander gehenden, über den Körperrand hinausragenden Genitalplatten, die auf ihrer Mitte je einen Genitalnapf tragen und am freien Ende mit den Schwimmborsten ähnlichen Borsten besetzt sind; jederseits der Genitalöffnung vor den Genitalplatten ein Bündel keulenartiger Haargebilde von fächerartiger Ausbreitung; Genitalnapf-Reihen längs des hinteren Körperrandes von ausserordentlich langen, am Grunde zwiebelartig verdickten, auffällig gekrümmten Haaren begrenzt. — Nph. Rumpf fast kreisrund. Rückenbogenfurche schon vorhanden, hinten geschlossen. Integument liniiert. Sog. Analöffnung dicht am Rückenbogen. Epimeren nicht eine zusammenhängende Platte bildend; 1. Epimeren verschmolzen, die übrigen nur an einander gerückt; hintere Medialecke der am Hinterrande quer abgeschnittenen 4. Epimere breit abgerundet, in der Mitte einen spitzwinkligen Teil der liniierten Oberhaut zwischen sich und der gegenüberliegenden freilassend. Genitalhof am Hinterende des Rumpfes gelegen, mit 4 paarig hinter einander gestellten, dicht zusammen gedrängten, in die weiche Haut gebetteten Genitalnäpfen von 30 μ Durchm. Zwischen den Genitalnäpfen in der Medianlinie der Bauchfläche ein Skelettkörperchen. — ♂ 370 μ l., 300 μ br.; ♀ ca. 450 μ l.; Nph. 220 μ l.

Nord-Amerika (Kit-a-mun River und Flathead River).

3. **A. intermedius** Protz 1900 *A. i.*, Protz in: Zool. Anz., *v.* 23 p. 598 f. 1, 2.

♂. Umriss des Rumpfes wie bei A. mirabilis. Hinterrand in der Mitte mit tiefem Einschnitt; die dadurch gebildeten Ecken nicht nach hinten vorragend. Einschnitt auf der Bauchseite von einer stark hervortretenden Leiste umsäumt. Rücken 3 Borstenpaare tragend, von denen das vorderste gegabelt ist. Rückenbogen jederseits mit 4 dicht hinter einander liegenden Drüsenmündungen. 3. Bein am 5. Gliede mit Schwimmborsten und mit 2 dem distalen Ende genäherten kräftigen Borsten, deren eingerollte Spitzen bis zum Krallengrunde reichen. 4. Bein sehr kräftig entwickelt, mit 3 sehr langen, kräftigen Borsten am distalen Innenende des 4. Gliedes, von denen die längste fast gerade verläuft und mit ihrer schwach gedrehten Spitze bis über die Mitte des nächstfolgenden Gliedes hinausreicht; zweite Borste kürzer, aber blattartig verbreitert; dritte Borste am schwächsten, am Grunde stark umgebogen; 5. Glied deutlich gekrümmt, nicht verdickt, am Grunde der Aussenseite 3 kräftige, an der verbreiterten Spitze grob gezackte Borsten aufweisend, auf der Beugeseite mit 5 verkümmerten Schwimmhaaren und einer an das distale Ende gerückten breiten, gekrümmten, an der freien Spitze einwärts gerollten Borste. Alle Beine mit dreizinkiger Doppelkralle versehen. Epimeren wie bei A. mirabilis. Genitalnäpfe dicht am seitlichen Hinterrande gelegen, etwas grösser als bei der Vergleichsart, aber geringer an Zahl (9 auf jeder Seite); besondere Genitalplatten nicht vorhanden; jederseits der Genitalspalte noch 2 Genitalnäpfe, von denen der hintere merkbar grösser als der vordere ist. Wie bei A. mirabilis am Hinterrande des Rumpfes zahlreiche lange Borsten, die jedoch nicht so kräftig sind.

Über den durch die Genitalspalte gebildeten Ecken je 2 keulenförmige, lateral gekrümmte Gebilde, die anscheinend dünnhäutige mit Flüssigkeit gefüllte Hohlräume darstellen. Penisgerüst vorhanden. — ♀ im Umriss fast kreisförmig. Hinterrand mit kleinem Vorsprunge, der in der Mitte eine seichte Einbuchtung zeigt, welche auf der Bauchseite von einem kurzen, geraden Dorn überragt wird. Jederseits am Hinterrande 11—12 Genitalnäpfe. Färbung rötlich oder gelblichbraun. ♂ 380 μ l., 300 μ br., ♀ 400—430 μ l.

Deutschland (Omaza-Fliess bei Heiligenbeil).

4. **A. natangensis** Protz 1900 *A. n.*, Protz in: Zool. Anz., *v.* 23 p. 600 f. 3.

♂. Rumpf vorn am breitesten, nach hinten zu verschmälert; Seitenrand in den Hinterrand mit stumpfen, abgerundeten Ecken übergehend. Medianer Einschnitt des Hinterrandes wie bei A. intermedius, mit etwas mehr vortretenden Seitenecken. Epimeren, Genitalnäpfe und Borstenbesatz wie bei A. intermedius. 3. Bein am distalen Ende des 5. Gliedes mit einer einzigen, sehr langen an der Spitze umgerollten Borste. 4. Bein wie bei der Vergleichsart geformt, es fehlen jedoch die 3 gezackten Borsten des 5. Gliedes und die breite, eigentümlich gekrümmte Borste am distalen Ende desselben; die 3 eigentümlichen Säbelborsten am distalen Ende des 4. Gliedes noch kräftiger als bei A. intermedius. Penisgerüst vorhanden. — ♀ breit elliptisch. Hinterrand in der Mitte mit ganz schwacher Einbuchtung und 2 kurzen Borsten. Jederseits etwa 12 Genitalnäpfe, etwas vom Körperrande abgerückt. Färbung rötlich oder gelblichbraun. — ♂ 380 μ l., 280 μ br.

Deutschland (Kellermühler Fliess bei Tapiau).

20. Gen. **Midea** Bruz.

1854 *Midea* (Typ.: *M. orbiculata*), Bruzelius, Beskr. Hydrach., p. 35 | 1880 *M.*, Neuman in: Svenska Ak. Handl., n. ser. *v.* 17 nr. 3 p. 65 | 1881 *M.*, Koenike in: Z. wiss. Zool., *v.* 35 p. 603 | 1898 *M.*, Piersig in: Zool., *v.* 22 p. 267 | 1900 *M.*, Soar in: Sci. Gossip, ser. 2 *v.* 7 p. 85 | 1885 *Asperia* (Typ.: *A. lemani*), G. Haller in: Vierteljahrschr. Ges. Zürich, *v.* 30 p. 12.

Rumpf kreisrund bis breit oval, gewölbt. Bauchpanzer dorsalwärts übergreifend, vom kleineren Rückenpanzer durch eine dorsale Rückenbogenfurche geschieden. Maxillarpalpus mit dünnen Gliedern. Epimeren zusammenhängend; die 4. ähnlich wie bei Limnesia geformt, Einlenkungsstelle des 4. Beines jedoch nicht am abgerundeten Hinterende, sondern an der vorderen Hälfte der Lateralseite. Beine kurz, zum Teil mit Schwimmborsten; Endglied am 3. Bein des ♂ verkürzt und nach der Beugeseite hin gebogen, mit grossen, schwach gekrümmten Krallen und einigen Borsten auf der Verdickung am Grunde der Beugeseite (Greifglied). Genitalhof zwischen den hinteren Epimeren anfangend; Genitalöffnung ungewöhnlich gross, beim ♀ mit lichtgefärbten Lefzen und sichelförmigen Genitalplatten, annähernd einer median gerichteten Ellipse gleichend; jede Genitalplatte mit 12—15 Genitalnäpfen; Genitalhof des ♂ rund, Lefzen vorn in je eine zipfelförmige Klappe auslaufend, daselbst auf der Medialseite mit 6 Genitalnäpfen; 4—6 andere vorn auf dem Genitalhofe.

Mittel- und Nord-Europa.

1 Art.

1. **M. orbiculata** (Müll.) 1776 *Hydrachna o.*, O. F. Müller, Zool. Dan. Prodr., p. 190 nr. 2266 | 1781 *H. elliptica* + *H. o.*, O. F. Müller, Hydrachnae, p. 54 t. 7 f. 1, 2; p. 55 t. 7 f. 3, 4 | 1793 *Trombidium orbiculatum*, J. C. Fabricius, Ent. syst., *v.* 2 p. 405 | 1805 *Atax orbiculatus*, J. C. Fabricius, Syst. Antl., p. 371 | 1854 *Midea orbiculata*, Bruzelius, Beskr. Hydrach., p. 36 t. 3 f. 5—7 | 1880 *M. o.*, Neuman in: Svenska Ak. Handl., n. ser. *v.* 17 nr. 3 p. 65 t. 11 f. 1 | 1881 *M. o.*, Koenike in: Z. wiss. Zool., *v.* 35

p. 600 | 1892 *M. o.*, Piersig in: Zool. Anz., *v.* 15 p. 338 f. 1, 2 (Lv., Nph.) | 1897 *M. o.*, Soar in: Int. J. Micr., ser. 3 *v.* 7 p. 382 t. 21 f. 1—8 | 1885 *M. elliptica*, Koenike in: Zool. Anz., *v.* 8 p. 691 | 1889 *M. e.*, Schaub in: SB. Ak. Wien, *v.* 98 p. 174 | 1897 *M. e.*, Thor in: Arch. Naturv. Christian., *v.* 19 nr. 11 p. 33 | 1898 *M. e.*, Piersig in: Zool., *v.* 22 p. 267 t. 26 f. 66 | 1900 *M. e.*, Soar in: Sci. Gossip, ser. 2 *v.* 7 p. 85 f. 6—9 | 1885 *Asperia lemani* + *Nesaea koenikei*, G. Haller in: Vierteljahrschr. Ges. Zürich, *v.* 30 p. 12 t. 1 f. 9 p. 14 t. 1 f. 10—12.

♀. Integument sehr fein liniiert; Panzer porös; Drüsenhöfe mit langen, feinen Borsten besetzt. Jederseits des Genitalhofes 2 dicht neben einander stehende Drüsenöffnungen (Fig. 27). Capitulum ähnlich wie bei Mideopsis. Maxillarpalpus annähernd so stark wie die Grundglieder des 1. Beines, nicht ganz $^1/_3$ so lang, wie der Rumpf; 4. Glied viel schlanker als die vorhergehenden, nach unten gebogen, auf der Beugeseite mit 2 sehr langen und feinen Haarborsten näher dem proximalen als dem distalen Ende des Gliedes. Endglied sehr kurz, ähnlich wie bei Piona aduncopalpis geformt. 1. Epimeren hinten verschmolzen, mit den nachfolgenden zusammenhängend. Epimeralplatte eine tiefe und breite mittlere Hinterrandbucht bildend. Beine vom 1.—4. an Länge zunehmend; Krallen zweizinkig, Aussenzahn spitz, Innenzahn stumpf abgerundet. Genitalhof mit 225 µ l. Genitalöffnung; Genitalnäpfe auf den 37 µ br. Genitalplatten reihenweise hinter und neben einander geordnet. Sog. Analöffnung dem Hinterrande des Rumpfes genähert. Färbung bläulich oder grünlich, an den Rändern lichter werdend; Malpighisches Gefäss als grosser, gelblicher oder weisslicher, nach hinten etwas verjüngter oder länglich runder Fleck durchscheinend; Epimeren, Maxillarpalpus, Beine und Genitalplatten bräunlich, Rückenflecken kaffeebraun. — ♂ durch eine Umbildung des 3. Beines und durch eine abweichende Gestalt des Genitalhofes vom ♀ verschieden. 3. Bein länger als das 2., mit verkürztem Endglied; letzteres auf dem proximalen Rande der tief ausgebuchteten Unterseite mit 3 dolchartigen Borsten, die in der Tiefe von 2 Haaren begleitet werden. — Nph. der von Mideopsis orbicularis sehr ähnlich, jedoch wie der Im. jederseits zwischen Genitalhof und der 4. Epimere mit 2 neben einander gelagerten Drüsenhöfen. Färbung lichtbräunlich, Flecken schwärzlich. Malpighisches Gefäss vorn abgerundet, hinten keilförmig zugespitzt, von weisslicher Farbe, oft gelblich geadert. Integument liniiert. — Lv. wie bei Mideopsis orbicularis, jedoch nicht kreisrund, sondern oval. Analplatte 10 µ l., 12,6 µ br. — ♂ 656 µ l., 582 µ br.; ♀ 800 µ l. 700 µ br.; Nph. 480 µ l., 460 µ br.; Lv. 240 µ l., 202 µ br.

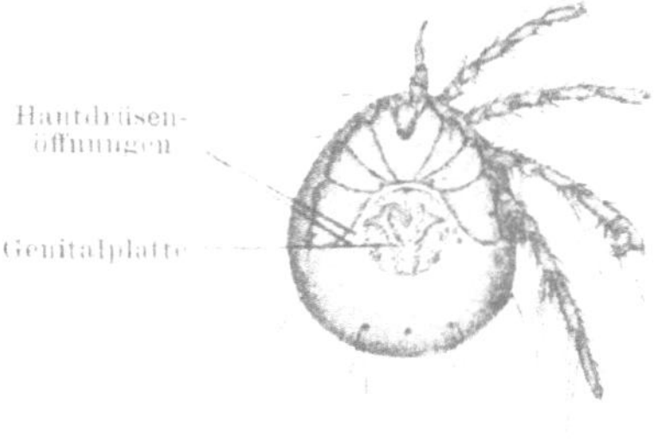

Fig. 27. M. orbiculata. ♂. Bauchseite.

Dänemark, Skandinavien, Deutschland, Oesterreich-Ungarn, Frankreich, Schweiz, England.

21. Gen. **Torrenticola** Piersig

1897 VI *Torrenticola* (Typ.: *T. anomala*), Piersig in: SB. Ges. Leipzig, *v.* 22/23 p. 155 | 1898 *T.*, Piersig in: Zool., *v.* 22 p. 259 | 1898 *T.*, Koenike in: Abh. Senckenb. Ges., *v.* 21 II p. 376 | 1897 x *Rusetria* (Typ.: *R. spinirostris*), Thor in: Arch. Naturv. Christian., *v.* 20 nr. 3 p. 20 | 1899 *Atractides* (err., non C. L. Koch 1837!), Thor in: Arch. Naturv. Christian., *v.* 21 nr. 5 p. 29.

Rumpf verkehrt eiförmig, mehr oder weniger niedergedrückt, gepanzert, mit einer Einschnürung zwischen Rücken- und Bauchhälfte. Rückenpanzer durch eine Rückenbogenfurche vom grösseren Bauchpanzer geschieden, mit 4 verschieden gestalteten, symmetrisch angeordneten Panzerplatten am Stirnrande. Epimeren (Fig. 28) dicht an einander gerückt, zum Teil verschmolzen, nach hinten zu mit dem allgemeinen Bauchpanzer zusammenhängend. 1. Epimeren hinter dem Capitulum verwachsen, von dem dahinter liegenden Epimeralgebiet deutlich abgegliedert, mit ungemein lang ausgezogenen, weit über den Vorderrand des Rumpfes hinausragenden Vorderspitzen. 2. und 3. Epimere nur an den Lateralenden schwach abgegrenzt, in der Medianlinie entweder in eine gemeinschaftliche Medialecke auslaufend oder mit den Medialrändern eine Längsfurche begrenzend, die von dem keilförmigen Hinterende der 1. Epimere bis zum Genitalhof läuft; 4. Epimere ohne sichtbare Grenze in den Bauchpanzer übergehend, den Genitalhof völlig umschliessend. Capitulum mit sehr lang ausgezogenem Schnabelteil, weit über die Vorderspitzen der 1. Epimere hinausreichend. Maxillarpalpus kaum so stark wie die Grundglieder des 1. Beines, mit je einem Zapfen auf der Beugeseite des 2. und 3. Gliedes. Beine ohne Schwimmborsten. Krallen wie bei Piona zweihakig. Genitalhof (Fig. 28) in einer allseitig umschlossenen Bucht gelegen, in dem Hinterrandwinkel der 3. Epimere beginnend. Genitalöffnung von 2, zusammen eine stumpfkantige oder rundliche Scheibe darstellenden, flach gewölbten Genitalklappen verdeckt, jederseits mit 6 Genitalnäpfen längs des Lefzenrandes. Sog. Analöffnung zwischen Genitalhof und dem Hinterrande des Rumpfes gelegen.

Deutschland, Norwegen, Deutsch-Ost-Afrika.

2 sichere, 1 unsichere Art.

Übersicht der sicheren Arten:

Schnabelteil des Capitulum stark ausgezogen; Beugeseite des 4. Gliedes des Maxillarpalpus mit Haarhöckern . . . 1. **T. anomala** . . . p. 138

Schnabelteil des Capitulum nicht stark ausgezogen; 4. Glied des Maxillarpalpus auf der Beugeseite ohne Haarhöcker . . . . 2. **T. microstoma** . . p. 139

1. **T. anomala** (C. L. Koch) 1837 *Atractides anomalus*, C. L. Koch, C. M. A., fasc. 11 f. 10 | 1897 *Torrenticola anomala*, Piersig in: SB. Ges. Leipzig, *v.* 22/23 p. 155 | 1898 *T. a.*, Piersig in: Zool., *v.* 22 p. 260 t. 27 f. 69.

♀ (Fig. 28). Rückenpanzer oval; mittlere Panzerplatte auf dem Vorderrücken von trapezoider Gestalt, die seitlichen Platten fast dreieckig, je eine Pore aufweisend; Hauptplatte des Rückens mit 2 Reihen von Drüsenmündungen und 2 Häufchen rundlicher Höckerchen auf der Mitte. Abstand des Rückenbogens vom Körperrande 320 μ. Abstand der Augen von einander 160 μ; jedes Doppelauge in eine dreieckige Kapsel eingeschlossen. Capitulum mit Maxillarpalpus etwa $^1/_2$ so lang wie der Rumpf (320 μ), 80 μ br.; Unterseite mit medianer Firste und seitlichen inselartigen Unebenheiten; Hinterrand breit abgerundet. Maxillarpalpus etwa $^1/_3$ so lang wie der Rumpf; 2. Glied am längsten, mit 18 μ l., eine lange Borste tragendem, zugespitztem Zapfen auf der Beugeseite dicht am Vorderrande; 3. Glied ebenfalls mit einem Zapfen,

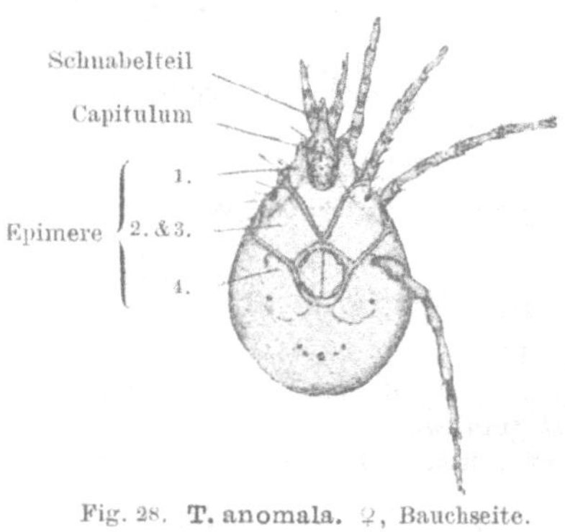

Fig. 28. T. anomala. ♀, Bauchseite.

auf dem ein langes Haar steht; 4. Glied mit 4 dicht neben und hinter einander gestellten Haarhöckern, die auf der Beugeseite etwas über die Mitte nach vorn gerückt sind; Endglied auffallend kurz, in 3 gekrümmte Krallen auslaufend. Epimeren der Gattung entsprechend; gemeinschaftliches Hinterende der 1. Epimeren keilförmig, Vorderenden je ein langes, gebogenes Haar aussendend, das Capitulum lateral und dorsal umfassend und über demselben eine am Vorderrande zahnartig ausgezogene Brücke bildend; 2. und 3. Epimeren fast völlig verschmolzen, nach innen in einer Spitze endigend; 4. Epimere mit dem übrigen Bauchpanzer verschmolzen. Genitalhof 176 μ l. und fast ebenso br.; jede Lefze mit 6 länglichen Genitalnäpfen. Sog. Analöffnung dem Hinterrande des Rumpfes genähert. Färbung gelb, Flecken bräunlich bis dunkelbraun, verschwommen. Malpighisches Gefäss gelblich, gegabelt. — ♂ nur wenig vom ♀ abweichend. Hinterende der 1. Epimere nicht bis zum Genitalhof reichend; 2. und 3. Epimere mit den Medialrändern eine mediane Furche begrenzend. — ♂ 600 μ l., 530 μ br.; ♀ 750 μ l., 650 μ br.

Rheinpfalz (Schwarzbach bei Zweibrücken), Thüringen (Bäche bei Ziegenrück), Sachsen (Scheidebach bei Geyersdorf im Annaberger Bezirke).

2. **T. microstoma** Koen. 1898 *T. m.*, Koenike in: Abh. Senckenb. Ges., *v.* 21II p. 378 t. 24 f. 85—89.

Rumpf eiförmig, hinten breiter als vorn; Bauchfläche stärker gewölbt als der Rücken. Am Vorderrande 2 schräg lateral gerichtete Höcker, mit je einer steifen, nach hinten gekrümmten Borste. Grosse Linse des Augenpaares lateral neben dem Höcker, von der der anderen Seite 184 μ entfernt. Hautpanzer fein porös, wie bei T. anomala in eine an den Rändern einwärts gebrochene Rücken- und Bauchplatte zerfallend, die durch eine nach hinten sich allmählich vertiefende Rinne oder Furche von einander abgerückt sind. Bogenförmig gelagerte Panzerstücke auf dem vorderen Teil des Rückens kleiner als bei T. anomala. Wie bei dieser auf der Mitte des Rückenpanzers neben der Mittellinie je eine Gruppe von 7 kleinen Höckerchen, die wahrscheinlich Drüsenmündungen umschliessen. Bauchpanzer glatt, ohne Unebenheiten. Schnabelteil des 112 μ l. und 48 μ br. Capitulum kurz, die Spitzen des 1. Epimerenpaares bei weitem nicht erreichend. Maxillarpalpus seitlich stark zusammengedrückt, kaum halb so dick wie das 1. Bein, in der Seitenansicht jedoch von ansehnlicher Dicke, mit den Endgliedern nur wenig über die Vorderspitzen des 1. Epimerenpaares hinausragend; 2. und 3. Glied am distalen Beugeseitenende mit je einer kräftigen, nicht auf einem Höcker stehenden Borste; 4. Glied auf der Beugeseite ohne Höcker und Borsten. 4. Epimere verhältnismässig schmal, aber langgestreckt, nur auf sehr kurzer Strecke mit der 3. Epimere zusammenhängend, schräg nach hinten und medial verlaufend und den Genitalhof umklammernd, mit den Hinterenden einander bis auf 45 μ genähert, am abgerundeten Hinterrande breiter als am Vorderrande; zahnartiger Vorsprung des Vorderrandes an der brückenartigen Verbindung des ersten Epimerenpaares fehlend. Beine wenig kürzer als bei T. anomala; Endglieder distal verbreitert; Behaarung der Beine nur aus Dolchborsten von mässiger Länge bestehend, die meist in kranzartiger Anordnung an den distalen Gliedenden sich vorfinden. Genitalhof 144 μ l. und 152 μ br. über die Bauchfläche emporgewölbt; Genitalplatten am Medialrande gerade, am Lateralrande gekrümmt; neben der Genitalöffnung jederseits 6 längliche, schmale Genitalnäpfe in die Haut eingebettet, meist durch die porösen Genitalplatten verdeckt. — Geschlecht unbekannt. — Im. 700 μ l., 600 μ br., 380 μ h.

Deutsch-Ost-Afrika (Bach bei Mbonda, Unguu).

T. spinirostris (Thor) 1897 *Rusetria s.*, Thor in: Arch. Naturv. Christian., *v.* 20 nr. 3 p. 21 t. 3 f. 30—36 | 1899 *Atractides s.*, Thor in: Arch. Naturv. Christian., *v.* 21 nr. 5 p. 31.

♂. Mit T. anomala sehr nahe verwandt. Bogenförmig angeordnete Panzerstücke auf dem Vorderrücken von einander und vom Hauptpanzer durch breite Lücken geschieden. Beugeseite des 4. Gliedes des Maxillarpalpus nur mit 2 Borsten. Sonst wie T. anomala. Färbung orangegelb mit braunen Flecken auf dem Rücken; Vorderende weiss, ebenso das durchschimmernde Malpighische Gefäss; Beine hellgelb. — ♀ unbekannt. — ♂ 800—900 µ l., 570—600 µ br.

Norwegen (Ljanselv bei Gjersrud, Sandvikselv, Isielv, Aasaelv etc.).

22. Gen. **Xystonotus** Wolcott

1900 *Xystonotus* (Typ.: *X. asper*), Wolcott in: Tr. Amer. micr. Soc., *v.* 21 p. 185.

Rumpf elliptisch, dorsoventral abgeplattet. Integument panzerartig erhärtet, von zahlreichen feinen Poren durchsetzt, die unregelmässig verlaufen und sich häufig verästeln; Rückenpanzer durch eine Ringfurche von dem dorsalwärts übergreifenden Bauchpanzer geschieden. Capitulum klein. Maxillarpalpus kurz und stämmig; 2. Glied sehr dick; 4. Glied länger als das 2., mit einem Zapfen am Grunde der Beugeseite. Epimeren zu einer einzigen Platte vereinigt, durch Nähte von einander abgegrenzt; 4. Epimere nach hinten mit dem Bauchpanzer zusammenhängend. Beine ohne Schwimmhaare. Genitalhof breit birnförmig; Genitalöffnung jederseits durch eine breit sichelförmige Genitalklappe begrenzt, deren Medialrand 3 hinter einander stehende Genitalnäpfe nur unvollständig überdeckt.

Nord-Amerika.

1 Art.

1. **X. asper** Wolcott 1900 *X. a.*, Wolcott in: Tr. Amer. micr. Soc., *v.* 21 p. 186 t. 10 f. 8—14.

♀. Rumpf breit elliptisch, an beiden Enden abgerundet, dorsoventral zusammengedrückt. Integument aus einer dünnen, hier und da feine unregelmässig verlaufende Linien aufweisenden Cuticula und einem sehr dicken Panzer bestehend, der von zahlreichen, verästelten Poren durchbrochen wird; Rückenbogen elliptisch; Hinterrand des Rumpfes mit 3 kräftigen Borsten auf jeder Seite. Augen mässig gross, etwa 190 µ von einander entfernt. Capitulum ziemlich schmal, nach hinten abgerundet abschliessend, mit einem spitzen, aber wenig hervorragenden Schnabelteil. Mandibel klein, ca. 100 µ l., Grundglied unregelmässig, am hinteren Ende in eine keilförmige Spitze ausgezogen, Krallenglied scharf zugespitzt. Maxillarpalpus 148 µ l., 1. Glied etwa so lang wie das 3., kaum halb so stark wie das sehr dicke 2., mit einer geraden Borste auf der Streckseite; 2. Glied fast quadratisch, mit 3 steifen Borsten auf dem Rücken; 3. Glied sehr kurz, nur wenig dünner als das 2., am distalen Rande und auf der Streckseite je eine Borste tragend; 4. Glied etwas länger als das 2., nach dem distalen Ende hin gleichmässig an Stärke abnehmend, mit einem schief nach vorn gerichteten, schwach gebogenen Zapfen am Grunde der Beugeseite, der nahe seiner etwas zurückgebogenen Spitze 2 Borsten aufweist; 5. Glied etwas länger als das 3., am verjüngten distalen Ende in 3 undeutliche Zähnchen auslaufend. Epimeren zwar zu einer einzigen Platte vereinigt, aber durch Nähte von einander scharf abgegrenzt; 1. und 2. Epimere lang und schmal. erstere vorn mit einer scharfen Ecke; 4. Epimere nach hinten zu vom allgemeinen Bauchpanzer nicht deutlich abgesetzt. 1.—4. Bein 337 µ, 393 µ,

490 μ und 678 μ l., ohne Schwimmhaare, nur mit verschieden langen, steifen Borsten besetzt, die sich besonders an den distalen Gliedenden häufen, deren Rand wie bei Arrhenurus nicht selten zahnartige Vorsprünge besitzt; Kralle mit einem längeren, dünnen, scharf zugespitzten, äusseren, und einem kürzeren, flachen, fast spatelförmig endigenden, inneren Zahn. Genitalhof etwa 143 μ br., am Hinterende der Bauchfläche gelegen; Genitalöffnung 127 μ l., lateral von flachen, fast sichelförmigen Genitalklappen begrenzt, an deren Medialrändern je 3 elliptische, hinter einander gelegene Genitalnäpfe stehen, die von den Genitalplatten nur unvollständig überdeckt werden. Zwischen Genitalhof und der 4. Epimere jederseits ein länglichrunder Drüsenmündungshof. Sog. Analöffnung am Hinterrande des Rumpfes. Färbung wahrscheinlich bläulich oder gräulich. — ♂ unbekannt. — ♀ 610 μ l., 493 μ br.

Nord-Amerika (Lake St. Clair).

23. Gen. **Mideopsis** Neuman

1880 *Mideopsis* (Typ.: *M. depressa*), Neuman in: Svenska Ak. Handl., n. ser. *v.* 17 nr. 3 p. 67 | 1897 *M.*, Piersig in: SB. Ges. Leipzig, *v.* 22/23 p. 88 | 1898 *M.*, Piersig in: Zool., *v.* 22 p. 262 | 1900 *M.*, George in: Sci. Gossip, ser. 2 *v.* 6 p. 45.

Rumpf fast kreisrund, dorsoventral zusammengedrückt, auf dem Rücken flach ausgemuldet. Bauchpanzer allseitig auf die Oberseite des Rumpfes übergreifend, vom kleineren Rückenpanzer durch eine geschlossene Rückenbogenfurche getrennt. Epimeren zusammenhängend, zum Teil verschmolzen, vorn und an den Seiten wie bei Axonopsis durch eine Einschnürung vom eigentlichen Vorderrumpfe abgesetzt, nach hinten allmählich zur ventralen Hinterleibsfläche abfallend, symmetrisch umschrieben. Maxillarpalpus kurz und dünn; 2. Glied ohne Zapfen auf der Beugeseite; 4. Glied mit Haarhöckern. Beine kurz, zum Teil mit Schwimmborsten ausgerüstet. Genitalhof in einer flachen, von dem Hinterrande des letzten Epimeren-Paares gebildeten Bucht beginnend; Genitalöffnung jederseits von 3 hinter einander gestellten, lateral von einer sichelförmigen, schmalen Genitalklappe eingefassten länglichen Genitalnäpfen begleitet (Fig. 29). Kein äusserlicher Geschlechtsdimorphismus.

Europa, Nord-Amerika.

1 Art.

1. **M. orbicularis** (Müll.) 1776 *Hydrachna o.*, O. F. Müller, Zool. Dan. Prodr. p. 190 nr. 2262 | 1781 *H. o.*, O. F. Müller, Hydrachnae, p. 51 t. 5 f. 3– 4 | 1891 *Mideopsis o.*, Koenike in: Zool. Anz., *v.* 14 p. 257 | 1895 *M. o.*, Koenike in: Abh. Ver. Bremen, *v.* 13 p. 191 | 1898 *M. o.*, Piersig in: Zool., *v.* 22 p. 263 t. 26 f. 67 | 1900 *M. o.*, George in: Sci. Gossip, ser. 2 *v.* 6 p. 43 f. 1, 2 | 1880 *M. depressa*, Neuman in: Svenska Ak. Handl., n. ser. *v.* 17 nr. 3 p. 67 t. 5 f. 1 | 1892 *A. d.*, Piersig in: Zool. Anz., *v.* 15 p. 338 f. 3, 4 (Lv., Nph.).

Im. Rumpfumriss wellig, ohne Einbuchtungen. Panzer porös, fast narbig uneben. Haare der Drüsenhofplättchen sehr lang und fein, am Rande des Rumpfes gut sichtbar. Augenabstand 300—320 μ. Capitulum nach hinten ohne sichtbare Fortsätze. Maxillarpalpus kaum stärker als die Grundglieder des 1. Beines; 4. Glied am längsten, mit Höckern etwa in der Mitte der Beugeseite, der innere grösser als der äussere; Endglied zweispitzig; Streckseitenborsten des 2. und 3. Gliedes kräftig entwickelt, fein gefiedert. Sämtliche Epimeren (Fig. 29) von einander deutlich durch Nähte abgegrenzt, nur

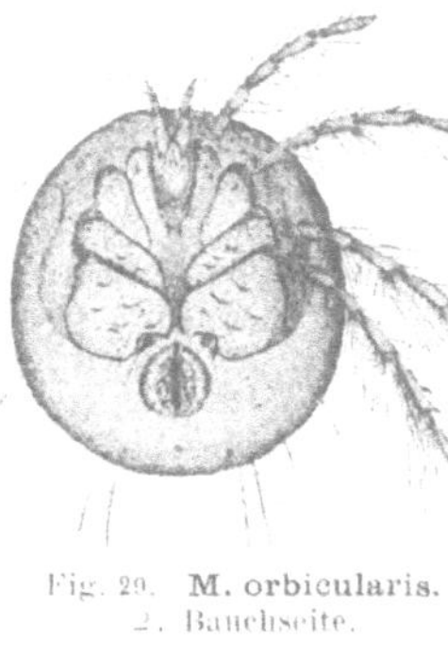

Fig. 29. M. orbicularis. ♀. Bauchseite.

das 1. Paar nach hinten ohne sichtbare Grenzen in ein schmales, alle Epimeren verbindendes Sternum-artiges Stück übergehend; 1. Epimere mit spitzer Lateralecke, die übrigen am distalen Ende abgerundet. 3. Bein etwas kürzer als das 2.; Krallen zweizinkig. Genitalöffnung 190 μ l., Genitalklappen mit je 7 oder 8 Haaren besetzt. Sog. Analöffnung am Hinterrande des Rumpfes. — Nph. Rücken ohne muldenartige Vertiefung. Integument liniiert, ohne Panzerbildungen. Epimeren auf 3 Gruppen verteilt, eine vordere und 2 hintere. Genitalhof aus 2, mit den Medialrändern an einander gelagerten, je 2 Genitalnäpfe tragenden Genitalplatten bestehend, der Form nach an einen Schmetterling erinnernd. Zwischen Genitalhof und der 4. Epimere jederseits nur eine Hautdrüsenmündung. Haare wie beim Im. Farbe blass rötlich, Flecke sehr gross, schwärzlich, Malpighisches Gefäss gelblichweiss, gegabelt. — Lv. Capitulum klein, unter dem vorgeschobenen Vorderrumpfe verborgen. Der der Kralle des Maxillarpalpus gegenüber liegende Zapfen des vorletzten Gliedes mit 2 kräftigen Borsten; Endborsten fast so lang wie der Rumpf. 1. und 2. Epimere vom Bauchpanzer völlig geschieden. Beine kurz und stämmig. Analplatte nach vorn halbkreisförmig abgeschlossen, nach hinten mit breitem, flachem, in der Mitte vorgewölbtem Rande abschliessend. Farbe bläulich. — ♀ 1 mm l., 900 μ br.; ♂ etwas kleiner; Nph. 512 μ l., 464 μ br.; Lv. 250—260 μ l.

Dänemark, Deutschland, Skandinavien, Süd-Finnland, Oesterreich-Ungarn, Frankreich, Nord-Amerika.

24. Gen. **Axonopsis** Piersig

1893 *Axonopsis* (Typ.: *A. complanata*), Piersig in: Zool. Anz., *v.* 16 p. 310 | 1894 *A.*, Piersig in: Zool. Anz., *v.* 17 p. 372 | 1897 *A.*, Piersig in: SB. Ges. Leipzig, *v.* 22/23 p. 87 | 1898 *A.*, Piersig in: Zool., *v.* 22 p. 245 | 1898 *A.*, George in: Sci. Gossip, ser. 2 *v.* 5 p. 193.

Rumpf oval, niedergedrückt, am Hinterrande mit einer mittleren Einkerbung. Panzer porös, durch eine vorn offene und hinter den Augen auf die Bauchfläche übergreifende Rückenbogenfurche (Fig. 30, p. 143) in eine dorsale und ventrale Platte geschieden. Epimeren nur an den lateralen Enden gesondert, nach hinten ohne deutliche Abgrenzung in den allgemeinen Bauchpanzer übergehend, durch eine vordere, auf die Seiten übergehende Einschnürung vom ventralen Teil des Vorderrumpfes merklich abgehoben; vorderes Ende der 1. Epimere stark vorspringend, das Capitulum weit überragend, gezähnelt und mit gekrümmten Borsten besetzt (Fig. 30). Maxillarpalpus ohne Zapfen an der Beugeseite des 2. Gliedes; 4. Glied nicht löffelförmig umgebildet. Beine kurz; 2.—4. Bein mit wenig Schwimmborsten. Genitalhof am Hinterende des Rumpfes; jede der beiden Genitalplatten mit 4 Genitalnäpfen. Kein äusserlicher Geschlechtsdimorphismus.

Dänemark, Deutschland.

1 Art.

1. **A. complanata** (Müll.) 1781 *Hydrachna c.*, O. F. Müller, Hydrachnae, p. 74 t. 10 f. 7—8 | 1893 *Brachypoda c.*, Koenike in: Zool. Anz., *v.* 16 p. 461 | 1897 *Axonopsis c.*, Piersig in: SB. Ges. Leipzig, *v.* 22/23 p. 87 | 1898 *A. c.*, Piersig in: Zool., *v.* 22 p. 246 t. 25 f. 65 | 1898 *A. c.*, George in: Sci. Gossip, ser. 2 *v.* 5 nr. 55 p. 193 f. 1, 2 | 1893 *A. bicolor*, Piersig in: Zool. Anz., *v.* 16 p. 309 f. 1 p. 395 (Lv.).

♀ (Fig. 30). Integument in eine äussere dünne, wellenförmig liniierte farblose Membran und einen darunter gelagerten porösen Panzer zerfallend. Augen rot pigmentiert, 160 μ von einander abstehend. Capitulum ohne sichtbare, hintere Fortsätze, mit grosser Mundöffnung; Maxillarpalpus $^1/_3$ der Rumpflänge übertreffend; 2. Glied stark verdickt; 4. Glied am längsten, mit einer mittleren Anschwellung der Beugeseite und 2, weiter nach vorn gerückten, auf kleinen Wärzchen stehenden, kräftigen Borsten; Endglied schwach nach unten gebogen, zugespitzt, 2 winzige Nägel tragend. Beine und Epimeren porös, erstere vom 1.—4. an Länge zunehmend; Krallen mit verbreiterten Grundteil und einem kürzeren, äusseren Nebenzahn. Genitalöffnung am Hinterleibsende eine mediane Einkerbung hervorrufend. Sog. Analöffnung rückenständig. Färbung dunkelblau mit einem gelblichweissen Querbande über dem Rücken. Rückenbogenfurche und Hinterende des Rumpfes heller; Beine und Maxillarpalpus bläulich oder bräunlich. — ♂ schlanker. — Nph. Rumpf vorn abgestutzt, verkehrt eiförmig. Integument grob wellenförmig liniiert. Rückenpanzer klein, scharf umgrenzt, von grossen Poren durchbrochen. Epimeren wie bei der Nph. von Frontipoda musculus in der Medianlinie getrennt. Drüsenhöfe kräftig entwickelt mit je einer starken Borste besetzt. Genitalhof vom Hinterleibsende abgerückt, mit 2 etwa 36 μ von einander entfernten, fast quer gestellten ovalen Genitalplatten mit je 2 Genitalnäpfen. Sog. Analöffnung über den Hinterrand des Rumpfes hervortretend. Färbung nur am Rande blau; Flecken grünlichgelb; Malpighisches Gefäss weisslich; Beine und Maxillarpalpus hellgelb; Epimeren dunkel neutralblau. — Lv. oval. 1. Epimere abgetrennt. Analplatte nach vorn stumpf zugespitzt, nach hinten in der Mitte bogenförmig vorspringend. Hinterrandborsten mässig lang, auf Zapfen eingelenkt. Färbung bläulich. — ♀ 450 μ l., 400 μ br.; ♂ nur wenig kleiner; Nph. 300 μ l., 260 μ br., 160 μ h.; Lv. 200 μ l., 150 μ br.

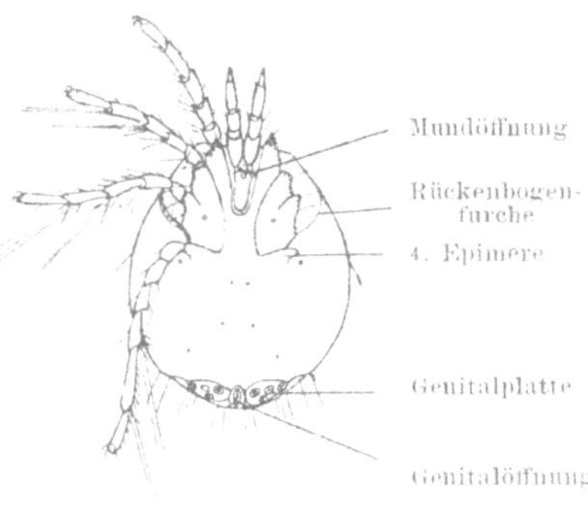

Fig. 30. A. complanata. ♀, Bauchseite.

Deutschland (Schwarze Lache hinter Rohlandts Ziegelei bei Grosszschocher. Ammersee bei Murnau in Ober-Bayern, Tümpel am Parnass bei Plön in Holstein) Böhmen (Elbtümpel zwischen Čelakovice und Toušen), Dänemark (Seeland), England.

25. Gen. **Albia** Thon

1899 *Albia* (Typ.: *A. stationis*), Thon in: Zool. Anz., *v.* 22 p. 100 | 1899 *A.*, Piersig in: Zool., *v.* 22 p. 489 | 1899 *A.*, Thon in: Rozpr. České Ak., ser. 2 *v.* 8 nr. 34 p. 1 t. 1 f. 1—5.

Rumpf stark niedergedrückt. Hautpanzer wie bei Axonopsis, in eine Rücken- und Bauchplatte zerfallend. Maxillarpalpus kurz; 4. Glied schlank, etwas gebogen, am inneren Rande mit 2 feinen langen Borsten. Epimeren (Fig. 31, p. 144) mit einander verwachsen, 4. Paar sehr lang, bis zum Hinterende des Rumpfes reichend und dort nur Platz für den Genitalhof lassend, ohne merkbare Grenzen in das ventrale Panzerschild übergehend. Genitalhof wie bei Axonopsis gelegen; Genitalöffnung gross und breit; Genitalplatten dreieckig, mit zahlreichen, ziemlich grossen Genitalnäpfen besetzt. Beine kurz, wenige kurze Stacheln und Schwimmborsten tragend.

Böhmen.

1 Art.

1. **A. stationis** Thon 1899 *A. s.*, Thon in: Zool. Anz., *v.* 22 p. 100 | 1899 *A. s.*, Piersig in: Zool., *v.* 22 p. 490 t. 45 f. 183 | 1899 *A. s.*, Thon in: Rozpr. České Ak., ser. 2 *v.* 8 nr. 34 p. 1 t. 1 f. 1—5.

♀ (Fig. 31). Umriss des Rumpfes eiförmig. Integument wie bei Axonopsis oder Brachypoda. Capitulum am Hinterrande der Unterseite einen langen Fortsatz aussendend. Mundöffnung gross und breit. Maxillarpalpus 220 μ l.; 2. und 3. Glied stark verdickt, am inneren Rande mit granulierter Haut versehen; 4. Glied annähernd so lang wie das 2., an der Innenfläche 2 feine, lange Borsten tragend. 1. Epimere von den übrigen durch eine Furche abgetrennt, welche sich in der Medianlinie mit der gegenüberliegenden verbindet und zum Genitalhof hinzieht. Letzterer 323 μ br.; Genitalöffnung gross, von Lefzen begrenzt, deren Medialränder faltig sind. Genitalplatten dreieckig, mit den Lefzen verwachsen, etwa je 30 Genitalnäpfe aufweisend. 2.—4. Bein am vorletzten Gliede mit einigen Schwimmborsten; Kralle ähnlich wie bei Piona. Sog. Analöffnung sehr klein, am Ende des Rumpfes liegend. Färbung durchscheinend gelblich; Rückenflecken kaffeebraun; Malpighisches Gefäss bläulichweiss; Augen schwarz. — ♂ unbekannt. — ♀ 940 μ l., 660 μ br.

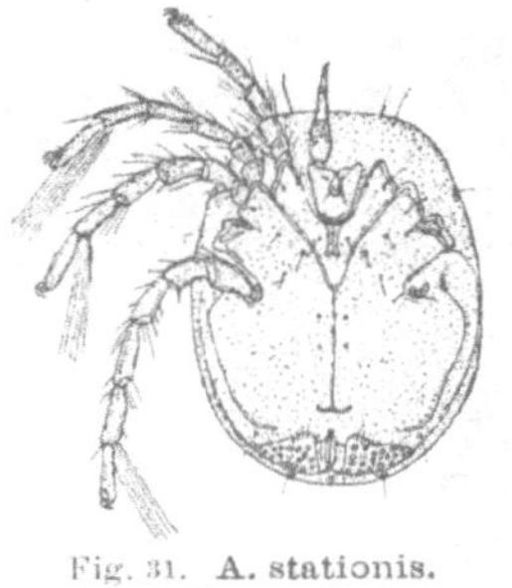

Fig. 31. A. stationis. ♀, Bauchseite.

Böhmen (Elbe bei Podebrad).

26. Gen. **Brachypoda** Lebert

1875 *Axona* (Typ.: *A. viridis*) (non Stål 1864, Hemiptera), P. Kramer in: Arch. Naturg., *v.* 41 I p. 310 | 1879 *Brachypoda* (Typ.: *B. paradoxa*), Lebert in: Bull. Soc. Vaudoise, ser. 2 *v.* 16 p. 340, 374 | 1897 *B.*, Piersig in: SB. Ges. Leipzig, *v.* 22/23 p. 87 | 1898 *B.*, Piersig in: Zool., *v.* 22 p. 249 | 1900 *B.*, Soar in: Sci. Gossip, ser. 2 *v.* 6 p. 209.

Rumpf verkehrt eiförmig. Panzer und Gliederung der Epimeren ähnlich wie bei Axonopsis. Maxillarpalpus mit schief nach aussen gerichteten Zapfen auf der vorderen Hälfte der Beugeseite des 2. Gliedes und löffelförmig gebildetem 4. Gliede. Beine kurz, reich beborstet, mit Schwimmborsten; ♂ mit schwach gekrümmtem 4. Gliede des 4. Beines (Fig. 32), auf der Beugeseite desselben eine gleich breite, abgestumpft endigende, auffallend lange, mässig gebogene Greifborste in Gesellschaft mit 2 bedeutend kürzeren Borsten, an dem über die Einlenkungsstelle des 5. Gliedes hinaus verlängerten, distalen Ende 2 schwertförmige, breite Dornen und ein nach unten vorgeschobener dreieckiger Fortsatz; 5. Glied am stärksten, nach aussen anschwellend. Genitalhof beim ♀ am Hinterende der Ventralfläche, beim ♂ weit abgerückt davon, an dem bogenförmig gestalteten Abfall der 4. Epimere; Genitalplatten mit je 3 Genitalnäpfen.

Fig. 32. B. versicolor. ♂, 4. Bein.

Europa.

1 Art.

1. **B. versicolor** (Müll.) 1776 *Hydrachna v.*, O. F. Müller, Zool. Dan. Prodr., p. 191 nr. 2285 | 1781 *H. v.*, O. F. Müller, Hydrachnae, p. 77 t. 6 f. 6 | 1793 *Trombidium v.*, J. C. Fabricius, Ent. syst., *v.* 2 p. 400 | 1805 *Atax v.*, J. C. Fabricius, Syst. Antl., p. 367 | 1837 *Arrenurus v.* + ?*A. jaculator* + ?*A. venustator* (Nph.), C. L. Koch, C. M. A., fasc. 13 f. 16, 17, 19—21 | 1854 *A. v.*, Bruzelius, Beskr. Hydrach., p. 33 t. 3 f. 4 | 1880 *Axona v.*, Neuman in: Svenska Ak. Handl., n. ser. *v.* 17 nr. 3 p. 74 t. 11 f. 2 | 1881 *A. v.*, Koenike in: Z. wiss. Zool., *v.* 35 p. 628 | 1881 *A. v.*, P. Kramer in: Z. Naturw., *v.* 44 p. 22 t. 4 f. 5, 6 (♂) | 1882 *A. v.*, G. Haller in: Mt. Ges. Bern, 1881 II p. 57 t. 3 f. 13, 14; t. 4 f. 1—3 | 1884 *A. v.*, Krendowskij in: Trav. Soc. Univ. Kharkow, *v.* 18 p. 311 t. 7 f. 15 | 1892 *A. v.*, Piersig in: Zool. Anz., *v.* 15 p. 153 f. 3 (Nph.) p. 339 f. 5 (Lv.) | 1896 *Brachypoda v.*, Koenike in: Forschber. Plön., *v.* 4 p. 226 | 1897 *B. v.*, Piersig in: SB. Ges. Leipzig, *v.* 22/23 p. 87 | 1898 *B. v.*, Piersig in: Zool., *v.* 22 p. 250 t. 25 f. 64 | 1898 *B. v.*, Soar in: Sci. Gossip, ser. 2 *v.* 6 p. 209 f. 1—3 | 1900 *B. v.*, Thon in: Rozpr. České Ak., *v.* 9 Classe 2 nr. 15 p. 39 f. 1—3 | 1875 *Axona viridis*, P. Kramer in: Arch. Naturg., *v.* 41 I p. 311 t. 9 f. 19 | 1879 *Brachypoda paradoxa*, Lebert in: Bull. Soc. Vaudoise, ser. 2 *v.* 16 p. 376 t. 11 f. 13 (♂).

♀. Panzer fein porös. Capitulum ohne sichtbare hintere Fortsätze. Maxillarpalpus $^1/_3$ so lang wie der Rumpf, die Dicke des 1. Beines übertreffend; 4. Glied am längsten; Ausbuchtung auf der Beugeseite desselben am äusseren Rande mit einer kräftigen Borste, einer schwächeren auf der entgegengesetzten Seite, Streckseite mit feinen Härchen ausgestattet; Endglied in 3 winzige Krallen auslaufend. Oberfläche der Epimeren wellig uneben. Genitalhof beim ♀ am Hinterende des Rumpfes eine Einkerbung hervorrufend. Sog. Analöffnung rückenständig. Färbung grünlichblau bis blau, Flecken undeutlich verschwommen. bräunlich; Malpighisches Gefäss gegabelt, weisslich; Mundöffnung rötlich; Maxillarpalpus und Beine bläulich oder bräunlich. — ♂ (Fig. 33) durch seine langgestreckte Form vom ♀ verschieden, ohne Einkerbung am Hinterrande. Beine und Genitalhof der Gattung entsprechend. Krallen zweizinkig. — Nph. Epimeralplatte durch eine mediane Spalte in 2 Hälften geschieden. Genitalhof mit je 2 Genitalnäpfe tragenden, ovalen Genitalplatten neben einem medianen Skelettkörperchen. Rumpf niedergedrückt, fast kreisrund, nur unvollkommen gepanzert; Rücken mit einer undeutlich umgrenzten, gefelderten, rundlichen Panzerplatte. Mündungshöfe der Hautdrüsen erhöht. Epimeren sich nach hinten unter der wellig liniierten äusseren Membran als allmählich verschwindende Panzerschicht fortsetzend. — Lv. eiförmig, dorsoventral zusammengedrückt. Nur die 1. Epimere völlig abgetrennt, die 2. nur teilweise gesondert. Analplatte schwer wahrnehmbar, undeutliche Borsten am Hinterrande des Rumpfes $^2/_3$ so lang wie der Rumpf. Maxillarpalpus mit Ausnahme der kräftigen Seitenborsten ärmlich behaart. Färbung bläulich. — ♀ 500—555 µ l., 400—420 µ br.; ♂ wenig kleiner; Nph. 300 µ l.; Lv. 220 µ l., 200 µ br.

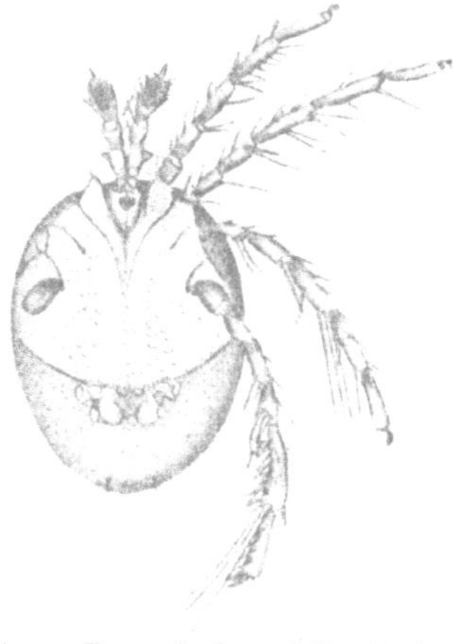
Fig. 33. B. versicolor. ♂, Bauchseite.

Dänemark, Deutschland, Russland, Oesterreich-Ungarn, Finnland, Skandinavien, Frankreich, Grossbritannien, Italien, Schweiz.

27. Gen. **Ljania** Thor

1898 *Ljania* (Typ.: *L. bipapillata*), Thor in: Arch. Naturv. Christian., *v.* 20 nr. 13 p. 3.

Rumpf flachgedrückt, länglich rund. Integument bis auf die Rückenbogenfurche zu einem porösen Panzer erhärtet. Seitenaugen nur mässig von einander abgerückt. Maxillarpalpus dünn, ähnlich wie bei Lebertia gebildet. Epimeren wie bei Axonopsis dem allgemeinen Bauchpanzer aufgelagert, durch Nähte mehr oder weniger deutlich von einander abgegrenzt; 4. Epimere am längsten, vom Bauchpanzer deutlich abgehoben, mit einer eine Drüsenöffnung tragenden Einbuchtung neben der hinteren Medialecke und einem zungenförmig breit nach hinten gezogenen Hinterende. Genitalhof in einer vom Bauchpanzer gebildeten Bucht hart am Hinterrande des Rumpfes, mit einer langen Genitalöffnung und 2 dreiseitigen, je 3 Genitalnäpfe tragenden Genitalplatten. Hinterrand des Rumpfes auf Rücken und Bauch jederseits mit einem kegelförmigen Zapfen und einer medianen, von 2 vorspringenden Plättchen (Analklappen) begrenzten Einkerbung.

Norwegen, Ostpreussen, Brandenburg.

1 Art.

1. **L. bipapillata** Thor 1898 *L. b.*, Thor in: Arch. Naturv. Christian., *v.* 20 nr. 13 p. 4 | 1899 *L. b.*, Thor in: Arch. Naturv. Christian., *v.* 21 nr. 5 p. 28 t. 10 f. 96—100.

Im. Rumpf elliptisch, vorn abgestutzt. Integument hart und porös, durch die Rückenbogenfurche in einen Rücken- und einen Bauchpanzer geteilt. Auf der Bauchseite von der 3. Epimere an nach vorn ein ähnlicher ringförmiger Einschnitt wie bei Axonopsis oder Brachypoda. Capitulum kurz und ohne eigentlichen Schnabelteil. Maxillarpalpus am Ende des 3. Gliedes mit einem schwachen Zahn und einigen langen Haaren; 4. Glied etwa $1^1/_3$ so lang wie das 2., auf der Beugeseite nur mit einer halblangen Borste unweit des Grundes, distale Hälfte der Streckseite mit 4 oder 5 Borsten. Beine nur mit kurzen Stacheln und Borsten besetzt. Genitalplatten ausser den 3 Genitalnäpfen noch ca. 10 kleine Poren aufweisend. Analklappen und Papillen am Hinterrande des Rumpfes stark vorstehend. Färbung gelblichweiss mit dunkelbraunen Rückenflecken; Malpighisches Gefäss bläulichweiss durchschimmernd; Beine fast durchsichtig. Geschlecht unbekannt. — Im. 650 μ l., 550 μ br.

Norwegen (Gjersrudelv bei Ljan), Ostpreussen, Brandenburg.

28. Gen. **Lebertia** Neuman

1879 *Pachygaster* (Typ.: *P. tau-insignitus*) (non Meigen 1803, Diptera!), Lebert in: Bull. Soc. Vaudoise, ser. 2 *v.* 16 p. 371 | 1880 *Lebertia* (Typ.: *L. insignis*) Neuman in: Svenska Ak. Handl., n. ser. *v.* 17 nr. 3 p. 68 | 1897 *L.*, Piersig in: Zool., *v.* 22 p. 233 | 1900 *L.*, Soar in: Sci. Gossip, ser. 2 *v.* 6 p. 45 | 1897 [Subgen.?] *Pseudolebertia* (Typ.: *Lebertia glabra*), Thor in: Arch. Naturv. Christian., *v.* 20 nr. 3 p. 19 | 1900 Subgen. *P.* (Typ.: *Lebertia tau-insignita*) + *Pilolebertia* (Typ.: *Lebertia insignis*), Thor in: Nyt Mag. Naturv., *v.* 38 fasc. 3 p. 271.

Rumpf oval. Integument weich oder zu einem biegsamen dichten Panzer erhärtet. Beugeseite des 2. Gliedes des Maxillarpalpus ohne Zapfen. Sämtliche Epimeren dicht an einander gerückt, zum Teil mit einander verschmolzen (Fig. 34, p. 148); 4. Epimere annähernd viereckig, in der Mitte der Bauchfläche mit der 3. Epimere eine tiefe Bucht für den Genitalhof bildend. Jederseits der Genitalöffnung 3 hinter einander gestellte, längliche Genitalnäpfe, in der Ruhe von einer Genitalklappe überdeckt. Kein auffallender äusserlicher Geschlechtsdimorphismus.

Deutschland, Oesterreich-Ungarn, Schweiz, Frankreich, Grossbritannien, Skandinavien, Nord-Amerika, Syrien.

6 sichere, 7 unsichere Arten und 2 unsichere Unterarten.

Übersicht der sicheren Arten:

1 { Integument mit 10 schwarzen, symmetrisch angeordneten Flecken auf dem Rücken . . . . 1. **L. oudemansi** . . p. 147
Integument ohne solche Fleckenbildung - 2.

2	Integument liniiert — 3.	
	Integument papillös	2. **L. papillosa** . . . p. 147
3	Liniierung des Integumentes sehr fein, die Linien punktirt	3. **L. polita** . . . . . p. 148
	Liniierung des Integuments durch schmale, kürzere oder längere Leistchen hervorgerufen — 4.	
4	Leistchen auffallend dick, schon bei schwacher Vergrösserung gut sichtbar	4. **L. rugosa** . . . . p. 148
	Leistchen mässig erhöht, nur bei stärkerer Vergrösserung gut sichtbar — 5.	
5	Hinterende der 2. Epimere an der Genitalbucht fast keilförmig zulaufend	5. **L. tauinsignita** . . p. 148
	Hinterende der 2. Epimere an der Genitalbucht schmal abgestutzt	6. **L. insignis** . . . . p. 149

1. **L. oudemansi** Koen. 1897 *L. o.*, Koenike in: Tijdschr. Ent., *v.* 40 p. 240 f. 1—2.

♀. Rumpf beinahe kreisrund, dorsoventral stark zusammengedrückt. Integument wie bei L. tauinsignita, auf dem Rücken 10 schwarze, symmetrisch geordnete Flecken aufweisend. Capitulum und Maxillarpalpus ähnlich wie bei der Vergleichsart. Epimeren-Gebiet etwa 800 μ l. und 1 mm br. Abstand zwischen Genitalbucht und dem Hinterende des Capitulum 256 μ. 4. Epimere am Hinterrande flach ausgebuchtet; Ansatzstelle des 4. Beines weiter nach hinten gerückt; 2. Epimere am Hinterende (an der Genitalbucht) sehr viel breiter als bei L. tauinsignita. Mediale Trennungsfurche zwischen der 2. und 3. Epimere kürzer und mehr quer gestellt; die dicht an einander liegenden Vorderecken der 1. und 2. Epimere lateralwärts gebogen. Genitalhof ohne auffallende Merkmale, mit sehr grossem, sichelförmigem Skelettkörper vor den 272 μ l., fein porösen, am Medialrande bewimperten Genitalklappen. Färbung unbekannt. — ♂ unbekannt. — ♀ 1,5 mm l.

Norwegen (Hammerfest).

2. **L. papillosa** Piersig 1898 *L. p.*, Piersig in: Zool. Anz., *v.* 21 p. 13 | 1900 *L. p.*, Piersig in: Zool., *v.* 22 p. 476 t. 40 f. 174.

♀. Rumpf länglich eirund, gewölbt. Integument mit kleinen, abgerundeten Papillen dicht besetzt, bei schwacher Vergrösserung wie betüpfelt erscheinend. Capitulum einen kurzen Saugrüssel darstellend. Maxillarpalpus $^1/_4$ so lang wie der Rumpf, schwächer als die Grundglieder des 1. Beines; am distalen Ende der Beugeseite des 2. Gliedes eine sehr lange, fein gefiederte Borste; 3. Glied mit 5 langen, gefiederten Borsten nahe der Streckseite auf der Innenfläche und einer ebensolchen am distalen Beugeseitenende; 4. Glied länger als das 2., auf der Beugeseite ein winziges Wärzchen mit feinen Härchen tragend, am distalen Innenende einen breiten, stumpf zugespitzten Zapfen aussendend; Endglied fast keilförmig zulaufend, mit 3 undeutlichen, feinen Nägeln. Epimeren eine Bauchplatte bildend; die Epimeren das Capitulum seitlich und hinten umfassend, hinter demselben zusammenstossend vorn spitz ausgezogen, mit einem, dem Lateralrande angelagerten, gleich breiten Streifen, der nach vorn zu das Epimerenende wiederholt, nach hinten aber unter die nachfolgende Epimere tritt und bis zu jener Stelle verfolgt werden kann, wo in einer keilförmigen, randständigen Einbuchtung zwischen der 2. und 3. Epimere eine Drüse ausmündet; 2. Epimere von der 1. durch eine Naht geschieden, bis zur Genitalbucht sich erstreckend, in der Mitte mit der 3. völlig verschmolzen; die 4. mehr oder weniger deutlich abgegliedert, grösser als alle anderen, mit einem, von der abgerundeten hinteren

Medialecke schief lateralwärts und nach vorn verlaufenden Hinterrande; Einlenkungsstelle des 4. Beines weit nach vorn gerückt. Beine und Maxillarpalpus porös. Schwimmborsten verkümmert oder fehlend. Genitalklappen mit bewimpertem Rande. Färbung rötlich braun. — ♂ kleiner, mit reicherem Schwimmborstenbesatz am 4. Bein. — ♀ 1 mm l., 650 μ br.; ♂ kleiner.

In den Gebirgsbächen des Südabhanges der Hohen Tatra.

3. **L. polita** Piersig 1897 *L. p.*, Piersig in: Zool. Anz., *v.* 20 p. 351 | 1900 *L. p.*, Piersig in: Zool., *v.* 22 p. 474 t. 40 f. 173.

Rumpf eirund, gewölbt. Integument äusserst fein liniiert, fast glatt, zu einer dünnen, biegsamen Haut erhärtet, die dem Zerquetschen des Tieres merkbaren Widerstand entgegensetzt; feine Linien bei starker Vergrösserung sich in Punktreihen auflösend, Integument deshalb porös erscheinend. Maxillarpalpus, Epimeren, Beine und Genitalhof wie bei der vorigen Art. Borstenbesatz des Maxillarpalpus kräftiger. 4. Bein mit deutlichen Schwimmborsten. Färbung saftgrün; Malpighisches Gefäss weisslich, undeutlich durch die Haut schimmernd. — ♀ 800—900 μ l., 540—570 μ br.; ♂ nur wenig kleiner.

Thüringen (Saalemühlgraben bei Ziegenrück).

4. **L. rugosa** Piersig 1897 *L. r.*, Piersig in: Zool. Anz., *v.* 20 p. 351 | 1900 *L. r.*, Piersig in: Zool., *v.* 22 p. 475.

Rumpf länglich eirund, niedergedrückt. Integument grob liniiert wie bei Hygrobates calliger; Leistchen auf der Oberfläche des Integumentes verschieden lang, an den Enden sich gabelnd und allmählich verschwindend, zwischen den Augen durch Querstäbchen netz- oder gitterartig mit einander verbunden. Färbung dunkelbraun, nach vorn zu gelblich durchscheinend werdend. Epimeren, Maxillarpalpus und Genitalhof wie bei der vorigen Art. Beine ohne Schwimmborsten. — ♀ 1,1 mm l., 750 μ br.; ♂ wenig kleiner.

In den Bächen des mittleren sächsischen Erzgebirges.

5. **L. tauinsignita** (Lebert) 1879 *Pachygaster tau-insignitus*, Lebert in: Bull. Soc. Vaudoise, ser. 2 *v.* 16 p. 371 t. 9 f. 11, 11a | 1881 *P. t.*, Koenike in: Z. wiss. Zool., *v.* 35 p. 627 t. 30 f. 7 | 1882 *P. tau-insignatus*, G. Haller in: Mt. Ges. Bern, 1881 II p. 70 | 1892 *P. t.*, Piersig in: Zool. Anz., *v.* 15 p. 339 (Nph.) | 1897 *Lebertia tau-insignita*, Piersig in: Zool., *v.* 22 p. 233 t. 20 f. 51 | 1900 *L. dubia*, Thor, En ny hydrachnide-slegt og andre nye arter, Kristiania, p. 4 Anm. | 1900 *L. d.*, Thor in: Nyt Mag. Naturv., *v.* 38 fasc. 3 p. 270.

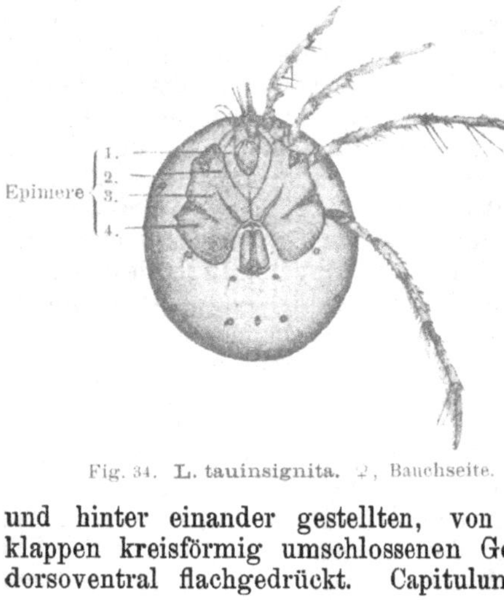

Fig. 34. L. tauinsignita. ♀, Bauchseite.

Im. Rumpf fast kugelig oder eirund, Rücken gewölbt. Integument mit schmäleren, unansehnlicheren Leistchen, die nur bei stärkerer Vergrösserung wahrnehmbar sind. Maxillarpalpus ohne besonders auffallende Abweichungen. Epimerengebiet annähernd so lang wie breit (Fig. 34). Beine mit Schwimmborsten. Genitalhof wie bei den anderen Arten. Färbung rot oder braun. — Nph. der Im. ähnlich. Genitalhof jedoch mit 4 ganz eng neben und hinter einander gestellten, von schmalen, unvollkommenen Genitalklappen kreisförmig umschlossenen Genitalnäpfen. — Lv. (Fig. 35) eirund, dorsoventral flachgedrückt. Capitulum klein; Maxillarpalpus reichlich mit langen Borsten ausgestattet; 4. Glied dem krallenartigen Endgliede gegenüber mit stumpfen, 4 Borsten tragenden Höcker, längste bis an das Hinterende der 1. Epimere reichend. 1.—3. Bein 300 μ, 330 μ und 370 μ l., kräftig gebaut, mit einzelnen Dornborsten und Schwimmborsten ausgestattet. Analplatte undeutlich umrandet, auf einen hinteren schnabelartigen Fortsatz des Rumpfes sich fortsetzend. Färbung bläulich. — ♂ nicht über 1 mm l.; ♀ 1,3—1,4 mm l., 1,15—1,2 mm br.; Nph. 500 μ l., 480 μ br.; Lv. 310 μ l., 220 μ br.

Deutschland, Skandinavien, Schweiz, Oesterreich - Ungarn, Frankreich, Grossbritannien, Nord-Amerika, Syrien.

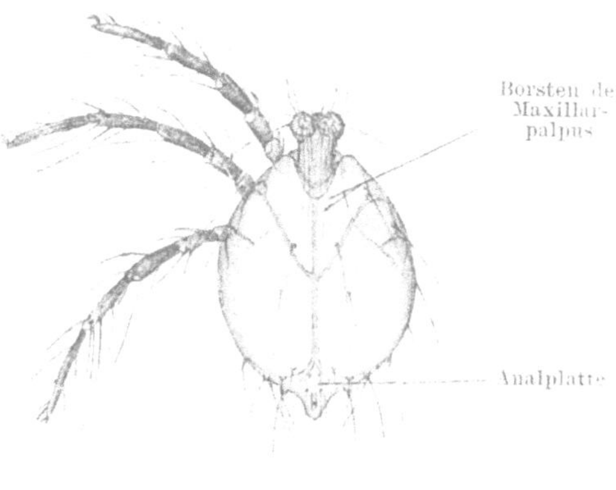

Fig. 35. L. tauinsignita. Larve, Bauchseite.

6. **L. insignis** Neuman 1880 *L. i.*, Neuman in: Svenska Ak. Handl., n. ser. *v.* 17 nr. 3 p. 69 t. 8 f. 4.

Im. Rumpf breit oval, Rücken niedergedrückt. Integument fein liniiert. Maxillarpalpus 400 μ l., dünner als die Grundglieder des 1. Beines. Epimeren $^2/_3$ der Bauchfläche einnehmend. Hinterende der 2. Epimere etwas breiter als bei L. tauinsignita. Hinterrand der 4. Epimere wie bei L. oudemansi flach eingebogen. 1. Bein 800 μ, 4. 1,4 mm l.; sämtliche Beine mit Schwimmborsten. Genitalhof ohne besondere Merkmale. Färbung rot mit bräunlichen Rückenflecken, zwischen den Augen rosenrot. — Geschlecht unbekannt. — Im. 1,1 mm l., 900 μ br.

Skandinavien (Bäche bei Brobacka unweit Skara, Ostersund, Quickjock, Åsunden).

L. brevipora Thor 1899 *L. b.*, Thor in: En ny hydrachnide-slegt og andre nye arter, Kristiania, p. 3 t. 18 f. 170, 171 | 1900 *L. b.*, Thor in: Nyt Mag. Naturv., *v.* 38 fasc. 3 p. 269, 274.

Integument entweder runzelig-warzig, mit kleinen Chitinleistchen oder mit schwachen, länglichen Papillen ausgestattet, unter denen man sehr feine Pünktchen wahrnehmen kann. Maxillarpalpus dünn. Epimeren wie bei L. insignis gebildet; 2. Paar mit breiten Hinterenden; 4. Epimere am Hinterende nach dem Lateralrande zu flach eingebuchtet. Beine mit Schwimmborsten. Genitalhof mit kleinen kurzen Genitalnäpfen, die auf einer umfangreichen Verdickung ruhen. Sog. Analöffnung von einem schmalen, stark verdickten Chitinrand umgeben. Färbung gelblichbraun mit dunkleren Rückenflecken und graugelber Bauchseite; Malpighisches Gefäss gelb durchschimmernd, nach den Augen hin verzweigt. — ♂ 1 mm l., 0,8 mm br.; ♀ 1,1—1,5 mm l., 1—1,2 mm br.

Norwegen (Myrer bei Suleim im Baeverdal, Lom im Gudbrandsdal, Alten in Finmarken, in Oksfjordvand, im Balsfjord auf Tromsö, Teich im Stjördal bei Throndhjem.

L. contracta Thor 1900 *L. c.*, Thor in: Nyt Mag. Naturv., *v.* 38 fasc. 3 p. 274 f. 5, 6.

Im. Integument dünn, wahrscheinlich fein punktiert. Maxillarpalpus und Beine schwächer als bei L. vigintimaculata. Epimeralgebiet sehr breit und deshalb scheinbar gekürzt und zusammengedrängt. 1. Epimerenpaar weit nach hinten gerückt, mit den Hinterenden beinahe bis an das Genitalfeld reichend; Furche zwischen der 3. und 4. Epimere stark nach der Seite hin gerichtet. 3. und 4. Bein am 4. und 5. Gliede nur eine geringe Anzahl Schwimmborsten (je 2—6) aufweisend. Genitalhof kurz und breit, fast kreisrund. Färbung lichtbraun. Geschlecht unbekannt. — Im. 1 mm l., 800 μ—900 μ br.

Norwegen (Bach nahe bei Hegre in der Vogtei Throndhjem).

L. fimbriata Thor 1899 *L. f.*, Thor, En ny hydrachnide-slegt og andre nye arter, Kristiania, p. 5 t. 18 f. 172, 173 | 1900 *L. f.*, Thor in: Nyt Mag. Naturv., *v.* 38 fasc. 3 p. 274.

Im. Integument glatt, mit feinen Pünktchen versehen. Maxillarpalpus ohne besondere Kennzeichen. 1. Epimerenpaar kurz, durch einen grossen Abstand von der Genitalbucht geschieden. 3. und 4. Bein öfters mit vereinzelten (1—3) Schwimmborsten am 4. und 5. Gliede. Genitalklappen hinten auf der Innenseite mit eigentümlich gezackten oder gefransten Gebilden von unbekannter Bedeutung, von denen das eine sich in ein feines Röhrchen zu verlängern scheint und in eine Pore mündet; lateraler Klappenrand mit je 3 Poren. Färbung licht bräunlich. Geschlecht unbekannt. — Im. 700 μ l., 550—600 μ br.

Norwegen (Ljanselv bei Kristiania und Isdalelv bei Bergen).

L. glabra Thor 1897 *L. (? Pseudolebertia) g.*, Thor in: Arch. Naturv. Christian., *v.* 20 nr. 3 p. 19.

Rumpf fast kreisrund. Beine ohne Schwimmborsten. Hinterende der 2. Epimere zugespitzt. Lateraler Hinterrand der 4. Epimere wie bei L. insignis. Färbung bleich, fast durchscheinend. — Geschlecht unbekannt. — Im. 700 μ l., 550 μ br.

Norwegen (Thomaselv bei Vadsö, Ost-Finmarken).

L. porosa Thor 1900 *L. p.*, Thor in: Nyt Mag. Naturv., *v.* 38 fasc. 3 p. 273 t. 10 f. 3, 4.

Im. Integument sehr dick, wie bei L. vigintimaculata zum Teil lineare Falten bildend, dicht mit starken Pünktchen oder Poren übersät, die gröber und auffälliger sind als bei allen anderen Lebertia-Arten. Maxillarpalpus und Beine sehr dick, letztere mit reichem Schwimmborsten-Besatz. Epimeren wie bei L. insignis, doch die Trennungslinie zwischen der 3. und 4. Epimere etwas mehr lateralwärts gerichtet. 4. Epimere bisweilen hinten mit einer kleinen Einbiegung neben der grossen Pore. Genitalhof wie bei L. insignis. Färbung dunkelbraun mit gelbem Rückenstreifen. — Im. 1,4 mm l., 1,2—1,3 mm br.

Diese Art zerfällt in 2 Unterarten:

L. porosa porosa Thor 1900 *L. p.*, Thor in: Nyt Mag. Naturv., *v.* 38 fasc. 3 p. 273 f. 3, 4.

Beine gelblich oder bräunlich gefärbt.

Norwegen (Fluss bei Vanse Kirke in der Vogtei Lister).

L. porosa obscura Thor 1900 *L. p. var. o.*, Thor in: Nyt Mag. Naturv., *v.* 38 fasc. 3 p. 273.

Beine dunkelblaugrün.

Norwegen (Fluss bei Vanse Kirke in der Vogtei Lister).

L. stigmatifera Thor 1900 *L. s.*, Thor in: Nyt Mag. Naturv., *v.* 38 fasc. 3 p. 275 t. 11 f. 7—9.

Im. Integument fein liniiert, mit kurzen, zum Teil gegabelten Chitinleistchen. Mündungshof hinter der Mitte der 4. Epimere nicht frei in die Haut gebettet, sondern mit dem Hinterrande der 4. Epimere verschmolzen oder sogar mehr oder weniger weit nach der Plattenmitte hingerückt. Maxillarpalpus, Beine und Körpergestalt ähnlich wie bei L. glabra. Genitalhof fast birnförmig; Genitalklappen am lateralen Rand eine grössere Anzahl (10—12) ansehnlicher Poren aufweisend. Färbung blassgelb mit zahlreichen braunen Flecken; Rückenstreifen breit, aber undeutlich. — ♀ 0,7 mm l., 0,5—0,6 mm br.; ♂ 0, 65 mm l., 0,58 mm br.

Norwegen (Kleiner Bach bei Storvandet in der Umgegend von Hammerfest).

L. vigintimaculata Thor 1900 *L. 20-m.* (corr.: *vigintimaculata*), Thor in: Nyt Mag. Naturv., *v.* 38 fasc. 3 p. 272 t. 10 f. 1, 2.

Im. Integument ziemlich dick, fein punktiert und durchscheinend. Rücken mit ähnlicher Fleckenzeichnung wie L. oudemansi; Zahl der Flecken aber nicht 12. sondern 20. Maxillarpalpus ungefähr so dick wie das 1. Bein. Epimeren wie bei L. insignis gestaltet. Das 3. und 4. Bein mit einer Anzahl Schwimmborsten (6—12) am 4. und 5. Gliede. Genitalhof ohne besondere Merkmale. Färbung dunkelbraun mit schmalen, dunklen Rückenstrichen. Geschlecht nicht ermittelt. — Im. 1,5 mm l., 1,3—1,4 mm br.

Norwegen (Storvand bei Hammerfest und Hannesvand bei Senjen).

29. Gen. **Frontipoda** Koen.

1837 *Marica* (part.) (non Hübner 1816, Lepidoptera!), C. L. Koch, C. M. A., fasc. 12 | 1891 *Frontipoda*, Koenike in: Zool. Anz., *v.* 14 p. 19 | 1897 *F.*, Piersig in: SB. Ges. Leipzig, *v.* 22/23 p. 86 | 1898 *F.*, Piersig in: Zool., *v.* 22 p. 241 | 1898 *F.*, Koenike in: Zool. Anz., *v.* 21 p. 265 | 1900 *F.*, Soar in: Sci. Gossip, ser. 2 *v.* 6 p. 138.

Rumpf hochgewölbt, seitlich stark zusammengedrückt, lang oval. Integument bis auf eine, von den Stirnborsten über den Rücken zum Genitalhofe laufende mediane Längsfurche (Rückenfurche) gepanzert. Seitenaugen einander sehr genähert. Ventrale Fläche des Capitulum hinten in einen breiten Fortsatz ausgezogen. Maxillarpalpus kurz, Endglied 2-spitzig. Beine am Vorderende der Bauchfläche nicht hinter, sondern fast über einander eingelenkt; 4. Bein an Stelle der Kralle mit einer Schwertborste ausgestattet. Epimeren (Fig. 36, p. 152) völlig mit einander verschmolzen und als Panzer den ganzen Rumpf bis auf die Längsfurche einhüllend. Jederseits der Genitalöffnung 3 den Lefzenrändern eingefügte, längliche Genitalnäpfe, die von 2 an der Lateralseite beweglich eingelenkte Genitalklappen überdeckt werden. Ohne äusseren, scharf hervortretenden Geschlechtsdimorphismus. Penisgerüst ohne unpaaren Fortsatz und ohne ein Paar kurzer Seitenäste; an Stelle der langen Seitenäste ein Paar kurze, kräftig gebogene Haken. Sog. Analöffnung auf einem Panzerplättchen liegend. Nph. je nach dem Geschlechte verschieden gestaltet.

Europa.

1 Art.

1. **F. musculus** (Müll.) 1776 *Hydrachna m.*, O. F. Müller, Zool. Dan. Prodr., p. 191 nr. 2283 | 1781 *H. m.*, O. F. Müller Hydrachnae, p. 75 t. 10 f. 5—6 | 1793 *Trombidium m.*, J. C. Fabricius, Ent. syst., *v.* 2 p. 402 | 1805 *Atax m.*, J. C. Fabricius, Syst. Antl., p. 368 | 1837 *Marica m.*, C. L. Koch, C. M. A., fasc. 12 f. 5 | 1880 *M. m.*, Neuman in: Svenska Ak. Handl., n. ser. *v.* 17 nr. 3 p. 72 t. 10 f. 4 | 1892 *M. m.*, Piersig in: Zool. Anz., *v.* 15 p. 153 (Nph.); p. 341 f. 6 (Lv.) | 1896 *Frontipoda m.*, Koenike in: Forschber. Plön, *v.* 4 p. 228 | 1896 *F. m.*, Pisařovic in: SB. Böhm. Ges., nr. 17 p. 8 | 1898 *F. m.*, Koenike in: Zool. Anz., *v.* 21 p. 266 | 1900 *F. m.*, Soar in: Sci. Gossip, ser. 2 *v.* 6 p. 138 f. 10—12.

Integument fein liniiert. Rückenfurche weichhäutig, mit Ausnahme der dort gelagerten Drüsenhöfe. Capitulum ca. 112 μ l. und 64 μ br. Maxillarpalpus etwa $^1/_6$ so lang wie der Rumpf, in Bau und Ausstattung wie bei Oxus strigatus. Beine vom 1.—4. gleichmässig an Länge zunehmend; Borsten an den Gliedern meist gefiedert, zum Teil ungewöhnlich lang; Krallen mit kleinem äusseren und inneren Nebenzahn. Borste am Endgliede des 4. Beines (Fig. 36 p. 152) 112 μ l. Genitalhof auf einem länglich runden, mit der Rückenfurche in Verbindung stehenden, weichhäutigen Felde. Genitalöffnung 170 μ l., lateral von ähnlichen Genitalklappen begrenzt wie bei Oxus strigatus. Sog. Analöffnung sehr klein, auf einer schmalen, nach hinten spitz zulaufenden Analplatte (Fig. 36) gelegen, von 4 Drüsenhöfen umgeben. Färbung rötlich, bräunlich oder grünlich, mit schwärzlichem

Anflug auf dem Rücken; Rückenfurche heller. — ♂ ohne äusserliche Geschlechtsunterschiede, nur kleiner. — Nph. des ♂ mit auffallend zugespitztem Vorderende und Rückenfurche. 3. und 4. Epimeren auch in der Rückenansicht bemerkbar; Epimeralplatte in der Medianlinie gespalten, auf den Rücken übergreifend, von gleicher Ausdehnung wie beim Im. Genitalbucht tief, aber mässig breit; Genitalhof ungefähr kreisrund, mit 4, von schmalen, sichelförmig gebogenen, bewimperten Genitalklappen begrenzten, paarig hinter einander gestellten Genitalnäpfen. Sog. Analöffnung dem Genitalhof sehr genähert. — Nph. des ♀ breit eiförmig, ohne Zuspitzung des Vorderendes. Hinteres Drittel der Bauchfläche ungepanzert. Epimeren an den Seiten des Rumpfes nicht bis zum Rücken emporreichend. Genitalbucht sehr tief und weit. Genitalhof wie bei der Nph. des ♂ ebenfalls mit 4 paarig hinter einander gestellten Genitalnäpfen, der Gestalt nach an denjenigen von der Nph. von Oxus strigatus erinnernd. Sog. Analöffnung vom Genitalhof weit abgerückt. Färbung bräunlich oder grünlich, mit schwärzlichem Anflug; Epimeren, Maxillarpalpus und Beine bläulichgrün. — Lv. blaugrün gefärbt, nach Bildung der Epimeren und Ausstattung der Beine der Lv. von Oxus strigatus nahestehend. 1. Epimere sich weit nach hinten erstreckend. Analplatte sehr klein, undeutlich umgrenzt. Borsten des Rumpfes lang, aber sehr dünn. Capitulum klein; Fortsatz des vorletzten Gliedes gegenüber der Kralle des Endgliedes des Maxillarpalpus statt mit Haarborsten mit kurzen, kräftigen Dornen besetzt. Beine kurz und stämmig, mit starken Säbelborsten und meist paarig stehenden Schwimmborsten besetzt. — ♀ 0,9—1 mm l., 500—570 μ br., 720—770 μ h.; ♂ etwas kleiner; Nph. des ♂ 400 μ l., 240 μ br., 290 μ h.; Nph. des ♀ 400 μ l.; Lv. 300 μ l.

Fig. 36. F. musculus. ♀. Bauchseite.

Dänemark, Deutschland, Skandinavien, Oesterreich, Frankreich, Grossbritannien, Italien, Süd-Russland, Finnland.

30. Gen. **Gnaphiscus** Koen.

1898 *Gnaphiscus* (Typ.: *G. setosus*), Koenike in: Zool. Anz., *v.* 21 p. 267 | 1900 *G.*, Piersig in: Zool., *v.* 22 p. 487 | 1899 *Gauriscus* (laps.), Thor in: Arch. Naturv. Christian., *v.* 21 nr. 5 p. 32.

Ähnlich Frontipoda. Längsfurche auf dem Rücken vorhanden (Rückenfurche). Capitulum nach hinten in einen breiten Fortsatz auslaufend; Einlenkungsstelle des Maxillarpalpus aussen mit einem Vorsprung. Maxillarpalpus und Beine wie bei Oxus und Frontipoda. Epimeren beim ♂ wie bei Frontipoda, beim ♀ wie bei Oxus. Analplatte fehlend. Penisgerüst des ♂ mit paarigen Längsleisten; Lateralseite derselben 2 Fortsätze aussendend. Epimeralplatte der Nph. durch eine mediane Spalte in 2 symmetrische Hälften zerlegt. Nph. nach Grösse und Gestalt geschlechtlich verschieden.

Deutschland, Schweiz, Norwegen.

1 Art.

1. **G. setosus** Koen. 1898 *G. s.*, Koenike in: Zool. Anz., *v.* 21 p. 267 | 1900 *G. s.*, Thon in: Rozpr. České Ak., *v.* 9 Classe 2 nr. 15 p. 29 | 1899 *Gauriscus s.*, Thor in: Arch. Naturv. Christian., *v.* 21 nr. 5 p. 32.

♂. Vorderende des sonst lang ovalen Rumpfes spitz ausgezogen, vom Rücken gesehen die Vorderenden der Epimeren nicht bedeckend. Auf dem Rücken eine schmale, aber tiefe, median verlaufende Längsfurche, dorsal als dreifache Linie sichtbar. Hinterer Fortsatz des Capitulum nicht so breit wie bei Frontipoda musculus und an den Seitenrändern kräftiger ausgerandet. 2. Glied der 113 µ l. Mandibel annähernd so lang wie das Grundglied; letzteres hart am Vorderende stark verdickt; der Innenrand der Mandibulargrube einen kleinen Höcker aufweisend. Maxillarpalpus wesentlich schwächer als die Beine; 4. Glied etwa so lang wie das 2., schwach verdickt. Epimeren weniger ausgebreitet als bei Frontipoda musculus, nicht so weit nach hinten reichend, auf dem Rücken zwischen den Rändern einen grösseren Abstand bewahrend; Vorderende der 1. Epimere mit 2 langen, steifen, lateral gekrümmten Borsten und einem fast blattartig verbreiterten, weichen, kuhhornartig gedrehten Haargebilde versehen. Bucht am Hinterrande der Epimeren (Genitalbucht) elliptisch und bis auf einen geringen Abstand der Längsränder vollständig geschlossen. Endglied des 1. Beines schwach S-förmig gekrümmt; Schwertborste am distalen Ende des 4. Beines kaum kürzer als das 6. Glied. Sog. Analöffnung in der Nähe des hinteren Körperrandes, in die weiche Haut gebettet. Färbung ähnlich wie bei Frontipoda musculus. — ♀. Vorderende des Rumpfes weniger verschmälert als beim ♂. Epimeren bei Rückenansicht nicht über den Körperrand vorstehend, auf der Bauchseite ebenso ausgedehnt wie beim ♂, an den Seiten des Rumpfes nicht bis auf den Rücken emporsteigend. Genitalbucht wie bei Oxus hinten offen, glockenförmig. Genitalhof hinten zur Hälfte aus der Genitalbucht herausragend. Jederseits der Genitalöffnung 3 sehr längliche und schmale Genitalnäpfe. Sog. Analöffnung unmittelbar hinter dem Genitalhofe gelegen. — Nph. des ♂ in der Rückenansicht dem ♂ ähnelnd. 4. Glied des Maxillarpalpus schwach verdickt. Epimeren am Hinterende und hinsichtlich der daselbst befindlichen Genitalbucht an die Verhältnisse von der Nph. des O. strigatus erinnernd, ziemlich weit nach hinten reichend; Vorderende der 1. Epimere anscheinend nur mit einer langen, steifen Krummborste und einem fast blattartig verbreiterten weichen Haargebilde. Genitalhof mit 4 Genitalnäpfen, innerhalb der Genitalbucht liegend. Sog. Analöffnung reichlich um die Hälfte der Länge des Genitalhofes weiter nach hinten gerückt. — Nph. des ♀. Vorderende weniger spitz als bei der Nph. des ♂, verhältnismässig noch breiter als beim ♀. Lateralenden der Epimeren den Körperrand nicht überragend; Epimeren die vordere Bauchhälfte oder wenig mehr bedeckend, nicht auf den Rücken übergreifend, sonst wie bei der Nph. des ♂. Genitalhof 52 µ l., nur halb aus der Genitalbucht herausragend. Sog. Analöffnung reichlich um die Länge des Genitalhofes von diesem abgerückt. — ♂ 600 µ l., 320 µ br., 400 µ h.; ♀ 700 µ l., 400 µ br., 450 µ h.; Nph. des ♂ 400 µ l., 200 µ br.; Nph. des ♀ 450 µ l.

Schweiz (Landshut, Teiche bei Baetterkinden), Schlesien (kleiner Koppenteich), Böhmen (Goltsch Jenikau), Norwegen (Bach zwischen dem 2. und 3. Kirchwasser in Süd-Varanger).

31. Gen. **Oxus** P. Kram.

1877 *Oxus*, P. Kramer in: Arch. Naturg., *v.* 43 I p. 240 | 1879 *O.* (Typ.: *O. oblongus*), P. Kramer in: Arch. Naturg., *v.* 45 I p. 5 | 1897 *O.*, Piersig in: SB. Ges. Leipzig, *v.* 22/23 p. 85 | 1898 *O.*, Piersig in: Zool., *v.* 22 p. 237 | 1898 *O.*, Koenike in: Zool. Anz., *v.* 21

p. 269 | 1900 *O.*, Soar in: Sci. Gossip, ser. 2 *v.* 6 p. 177 | 1880 *Pseudomarica* (Typ.: *P. formosa*) Neuman in: Svenska Ak. Handl., n. ser. *v.* 17 nr. 3 p. 70.

Rumpf weichhäutig, länglich oval, dorsoventral oder lateral zusammen gedrückt. Sämtliche Epimeren zu einer, den grössten Teil der Ventralfläche bedeckenden Panzerplatte (Epimeralplatte) (Fig. 37, p. 156) verwachsen, in der Mitte des Hinterrandes mit einer den Genitalhof tragenden, tiefen Einbuchtung. Beine kurz, an der Seitenwandung des Rumpfes nicht hinter, sondern mehr über einander eingelenkt, mit zahlreichen Säbelborsten an den distalen Enden der Glieder; 4. Bein ohne Krallen. Jederseits der Genitalöffnung meist 3 hinter einander gestellte Genitalnäpfe, zum Teil von lateral eingelenkten, beweglichen, mondsichelförmigen Genitalklappen überdeckt.

Europa, Ost-Afrika, Ceylon, Bismarck-Archipel.

8 sichere, 3 unsichere Arten.

Übersicht der sicheren Arten:

1	Mit 3 Genitalnäpfen jederseits der Genitalöffnung — 2.		
	Mit nur 2 Genitalnäpfen jederseits der Genitalöffnung	1. **O. quadriporus**	p. 154
2	Höhe des Rumpfes nicht so gross wie die Breite — 3.		
	Höhe des Rumpfes ebenso gross oder grösser als die Breite — 4.		
3	Sog. Analöffnung genau zwischen den 2 Analdrüsen gelegen	2. **O. strigatus**	p. 155
	Sog. Analöffnung nicht genau zwischen den beiden Analdrüsen gelegen, weiter nach vorn gerückt	3. **O. ovalis**	p. 156
4	Vorderende der 1. Epimere mit kurzen, stumpfen und geraden Borsten	4. **O. nodigerus**	p. 156
	Vorderende der 1. Epimere mit längeren, spitzen und krummen Borsten — 5.		
5	Randborsten am Hinterende des Rumpfes kürzer als $1/3$ der Rumpflänge — 6.		
	Randborsten an gleicher Stelle länger als $1/3$ der Rumpflänge	5. **O. longisetus**	p. 157
6	Bucht am Hinterende der Epimeren tief, den Genitalhof zum grössten Teil in sich aufnehmend	6. **O. stuhlmanni**	p. 157
	Bucht der Epimeren flach, nur wenig vom Genitalhof in sich aufnehmend — 7.		
7	Bucht am Hinterrande der Epimeren seicht bogenförmig ausgeschnitten und sehr breit, durch nur schwach vorspringende, stumpfe Seitenecken begrenzt	7. **O. ceylonicus**	p. 157
	Bucht am Hinterrande der Epimeren kreisbogenförmig ausgeschnitten und schmal, von breit abgerundeten, kräftig vorspringenden Seitenecken begrenzt	8. **O. tenuisetis**	p. 157

1. **O. quadriporus** Piersig*) 1879 *O. oblongus* (non *Marica oblonga* C. L. Koch 1837!), P. Kramer in: Arch. Naturg., *v.* 45 I p. 5 t. 1 f. 2 | 1898 *O. o.*, Koenike in: Zool. Anz., *v.* 21 p. 269 | 1900 *O. o.*, Piersig in: Zool., *v.* 22 p. 438.

♀. Rumpf lang oval. Integument weich. Rücken mässig gewölbt, nicht so hoch wie die Breite des Rumpfes. Maxillarpalpus sehr klein, schwächer als die Grundglieder des 1. Beines; 4. Glied am längsten; Borstenbesatz wie bei der folgenden Art. Epimeralplatte 128 μ l.; vorderer Fortsatz der

*) Nom. nov. R. Piersig.

1. Epimere mit 2 verschieden grossen Borsten. Genitalhof jederseits der Genitalöffnung mit nur 2 Genitalnäpfen. Färbung grünlich und bräunlich, Epimeren und Beine bläulichgrün. — ♂ unbekannt. — ♀ 800 μ l.

Deutschland.

2. **O. strigatus** (Müll.) 1776 *Hydrachna strigata,* O. F. Müller, Zool. Dan. Prodr., p. 191 nr. 2279 | 1781 *H. s.,* O. F. Müller, Hydrachnae, p. 71 t. 10 f. 1, 2 | 1835 *Marica s.,* C. L. Koch, C. M. A., fasc. 5 f. 23 | 1892 *Frontipoda s.,* Koenike in: Zool. Anz., *v.* 15 p. 263 | 1896 *F. s.,* Koenike in: Forschber. Plön, *v.* 4 p. 228 | 1897 *Oxus strigatus,* Piersig in: SB. Ges. Leipzig, *v.* 22/23 p. 86 | 1897 *O. s.,* Piersig in: Zool., *v.* 22 p. 238 t. 24 f. 61 b, d--g | 1898 *O. s.,* Koenike in: Zool. Anz., *v.* 21 p. 269 | 1900 *O. s.,* Soar in: Sci. Gossip, ser. 2 *v.* 6 p. 177 f. 1--3 | 1837 *Marica confinis* + *M. oblonga,* C. L. Koch, C. M. A., fasc. 12 f. 7, 9 | 1880 *Pseudomarica formosa,* Neuman in: Svenska Ak. Handl., n. ser. *v.* 17 nr. 8 p. 71 t. 5 f. 2 | 1892 *P. f.,* Piersig in: Zool. Anz., *v.* 15 p. 153 (Nph.) | 1893 *P. f.,* Piersig in: Zool. Anz., *v.* 16 p. 398 (Lv.).

♀. Rumpf lang eiförmig. Integument weich, mit winzig kleinen, weit aus einander stehenden Spitzchen oder Höckerchen besetzt. Liniierung äusserst fein, kaum wahrnehmbar. Augen in der Nähe des seitlichen Vorderrandes gelegen, mit einem Abstand von 145 μ. Capitulum ca. 160 μ l. und 64 μ br., mit flach bogenförmig vorspringendem, fast abgestutztem, durch stumpfe Ecken von den Seitenrändern abgesetztem Hinterrande. Maxillarpalpus sehr klein, 110 μ l., schwächer als die Grundglieder des 1. Beines; 1.—3. Glied nach den distalen Enden zu anschwellend; 4. Glied am längsten, in der Mitte schwach bauchig verdickt, distalwärts sich allmählich verjüngend; Endglied in eine Spitze mit 2 feinen Nägelchen auslaufend; sämtliche Glieder, mit Ausnahme der nur feine Haare tragenden beiden letzten, auf der Streckseite mit kräftigen Borsten und langen Haaren. Epimeren nur an den freien Enden abgegliedert, zusammen eine nach den Rumpfseiten stark umgebogene Epimeralplatte bildend, die Einlenkungsstellen der Beine schief über einander geordnet. Vorderer Fortsatz der 1. Epimere mit 2 kurzen, breiten Haaren. Beine kurz und stämmig; 4. Bein kürzer als der Rumpf; Borstenbesatz besonders an den distalen Enden der Glieder sehr reich; Endborste des krallenlosen 4. Beines fast so lang wie das Endglied (160 μ), wie alle anderen Borsten gefiedert. Genitalhof fast vollständig in der von der Epimeralplatte gebildeten medianen Bucht gelegen, 190 μ l.; jederseits der Genitalöffnung 3 längliche Genitalnäpfe, von den am Medialrand bewimperten, auf der Lateralfläche je 4 Borsten tragenden Genitalklappen meist nur unvollständig überdeckt. Färbung wechselnd, meist bläulichgrün, nach hinten ins Gelbliche übergehend; Flecken bräunlich oder schwärzlich; Malpighisches Gefäss gelblich bis gelbgrau; Maxillarpalpus, Capitulum, Beine, Epimeren und Genitalklappen von bläulicher oder grünlicher Farbe. — ♂. Epimeren 144 μ vom Hinterrande des Rumpfes abgerückt. Genitalhof 96 μ l., merkbar kürzer als beim ♀. Penisgerüst 192 μ l., ähnlich gebaut wie bei Frontipoda musculus, jedoch die kurzen Seitenäste nicht hakig umgebogen. Sog. Analöffnung genau zwischen den beiden Analdrüsenhöfen gelagert. — Nph. mit 4, paarig hinter einander gestellten, von unvollkommen ausgebildeten Genitalklappen umschlossenen Genitalnäpfen, dem Im. ähnlich. — Lv. oval. 1. Epimere von der Epimeralplatte vollständig abgegliedert. Analplatte undeutlich wahrnehmbar. Capitulum sehr klein, Maxillarpalpus mit dürftigem Borstenbesatz. — ♂ ca. 640 μ l., 400 μ br., 290 μ h.; ♀ 0,9—1 mm l., 600—670 μ br.; Lv. 220 μ l.

Deutschland, Dänemark, Skandinavien, Frankreich, England, Oesterreich, Schweiz, Italien.

3. **O. ovalis** (Müll.) 1776 *Hydrachna o.*, O. F. Müller, Zool. Dan. Prodr., p. 190 nr. 2264 | 1781 *H. o.*, O. F. Müller, Hydrachnae, p. 53 t. 10 f. 3—4 | 1898 *Oxus o.*, Koenike in: Zool. Anz., *v.* 21 p. 271 | 1899 *O. o.*, Thor in: Arch. Naturv. Christian., *v.* 21 nr. 2 p. 33 | 1900 *O. o.*, Piersig in: Zool., *v.* 22 p. 482 t. 24 f. 61 a, c.

Der vorigen Art sehr ähnlich. ♀ (Fig. 37). Rumpf lang oval, gedrungener als bei O. strigatus. Hinterer Fortsatz des Capitulum wie bei der Vergleichsart. Vorderende der 1. Epimeren lateral mit eckigem Vorsprunge, medial mit 2 kurzen verbreiterten Borsten. Genitalhof in einer breit abgerundeten Bucht gelegen, nach vorn etwas verschmälert, ca. 175 μ l., Färbung des Tieres grünlichgelb, mit bräunlichen oder schwärzlichen, verschwommenen Rückenflecken, Maxillarpalpus, Capitulum, Beine und Epimeren bläulich. — ♂ mit 128 μ langem, überall gleich breitem Genitalhofe. Penisgerüst 208 μ l., mit kurzen nicht hakig gebogenen, kräftigen Seitenästen, ohne inneres Spiralgebilde; Bulbus jederseits mit einem bis ans Ende reichenden Skelettbogen. Sog. Analöffnung nicht zwischen den Analdrüsenhöfen gelegen, sondern weiter nach vorn gerückt. — ♂ 850 μ l., 560 μ br., 450 μ h.; ♀ ca. 1 mm l., 630 μ br., 520 μ h.

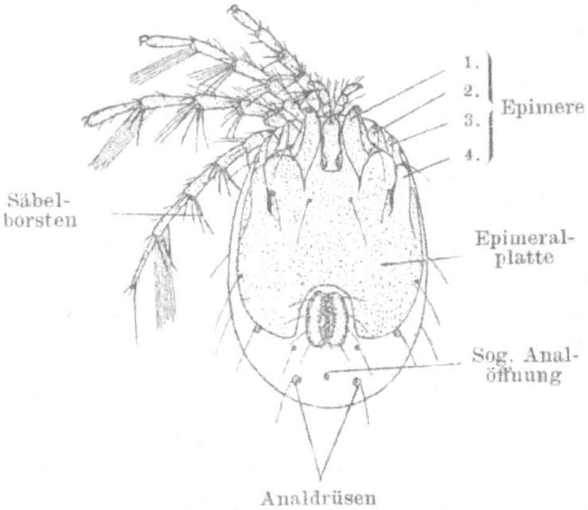

Fig. 37. O. ovalis. ♀, Bauchseite.

Dänemark (Seeland), Deutschland (Umgegend von Leipzig und Bremen, Moritzburger Teiche bei Dresden), Schweiz (Gerzensee), Norwegen.

4. **O. nodigerus** Koen. 1898 *O. n.*, Koenike in: Zool. Anz., *v.* 21 p. 272 | 1900 *O. n.*, Piersig in: Zool., *v.* 22 p. 485.

♀. Rumpf vom Rücken gesehen eiförmig, vom Bauch gesehen lang elliptisch, jedoch nicht so schlank wie bei O. strigatus. Vorderrand sehr schmal. Integument fein liniiert. Randborsten am hinteren Rumpfende auffallend kurz. Hinterer Fortsatz des Capitulum an den Seitenrändern je mit einer deutlichen Anschwellung, die von der Seite gesehen als Zahn erscheint. Fortsätze der dorsalen Wandung des Capitulum lateralwärts weisend, über die Seitenränder desselben hinausragend; vor der Einlenkungsstelle des Maxillarpalpus ein durchscheinender, am Grunde breiter, in eine scharfe Spitze auslaufender Vorsprung. Mandibel 183 μ l., mit 64 μ l. Klauengliede. 4. Glied des Maxillarpalpus schlanker als bei O. strigatus; Borste auf der Streckseite des 1. Gliedes gefiedert. Epimeren nur wenig mehr als die vordere Hälfte der Bauchfläche einnehmend; Vorderende der 1. Epimere wie bei O. strigatus mit kurzen, abgstumpften Borsten. Genitalbucht nach hinten nur wenig verbreitert. Endglied des 4. Beines ausser 2 verschieden langen Dornborsten noch mit einer endständigen, die halbe Gliedlänge übertreffenden Schwertborste. Genitalklappen schmal, schwach sichelförmig gebogen, etwa 176 μ l., am Lateral- und Medialrande mit einer feinen Wimperreihe ausgestattet; zu beiden Längsseiten der Genitalöffnung je 3 kleine, längliche, in die weiche Körperhaut gebettete Genitalnäpfe. Färbung wie bei O. strigatus. ♂ unbekannt. — ♀ 1,1 mm l., 0,6 mm h.; Ei kugelig, 160 μ im Durchm.

Deutschland (Borkum).

5. **O. longisetus** (Berl.) 1886 *Pseudomarica longiseta, P. quadriseta,* Berlese, A. M. S., fasc. 28 nr. 10 | 1894 *Frontipoda l.,* Koenike in: Zool. Anz., *v.* 17 p. 263 | 1897 *Oxus longisetus,* Piersig in: Zool., *v.* 22 p. 240 t. 24 f. 63 | 1898 *O. l.,* Könike in: Zool. Anz., *v.* 21 p. 272 | 1900 *O. l.,* Soar in: Sci. Gossip, ser. 2 *v.* 6 p. 178 f. 4.

Umriss des Rumpfes wie bei O. nodigerus. Capitulum hinten am Fortsatz mit zahnartig vorstehenden Ecken. Vorderende der 1. Epimere mit 2 langen, krummen Borsten. 4 Hinterrandborsten auffallend lang. Endborste des 4. Beines $^1/_3$ so lang wie das Endglied. Medialer Rand der Genitalklappen fein behaart. Färbung wie bei O. strigatus. — ♂ 650 μ l., 480 μ br., 480 μ h.; ♀ 0,9—1 mm l.

Ober-Italien, Deutschland, England, Schweiz.

6. **O. stuhlmanni** (Koen.) 1895 *Frontipoda s.,* Koenike in: D.-O.-Afr., *v.* 4 nr. 6 p. 5 t. 1 f. 12—15.

Im. Rumpf oval, Rücken mässig gewölbt. Integument weich. Capitulum 180 μ l., länglich rund, am Hinterende in der Mitte zungenartig vorgewölbt, an den Ecken nach hinten zapfenartig ausgezogen. Maxillarpalpus wie bei der vorigen Art gebaut; 2. Glied mit 4 Borsten auf der Streckseite, die vorderste davon eigentümlich zurückgekrümmt. Epimeren wie bei O. strigatus verschmolzen, eine flachere Genitalbucht bildend; laterale Ecke der 1. Epimere mit 2 ziemlich langen, kräftigen, gekrümmten Borsten besetzt, am Grunde des vorderen Fortsatzes der 2. Epimere eine lange feine Borste. Hinterrand des Rumpfes 4 mässig lange Haare tragend. Beine wie bei O. strigatus; Schwertborste am Endgliede des 4. Beines bedeutend hinter der halben Länge des Gliedes zurück stehend; Krallen mit innerem, kurzem Nebenzahn. Genitalhof ohne besondere Merkmale. — Im. 0,9—1,2 mm l., 500 μ br., 600 μ h.

Deutsch-Ost-Afrika (Victoria-Nyansa?).

7. **O. ceylonicus** (Daday) 1898 *Frontipoda ceylonica,* Daday in: Term. Füzetek, *v.* 21 Anhangsheft p. 96 f. 47a—f.

Rumpf von oben gesehen eiförmig, hinten etwas breiter als vorn. Vordere Bauchfläche bis zum Genitalhofe gerade, dann nach hinten abgeschrägt. Ventralfläche des Capitulum länglich rund, am Hinterrande einen Fortsatz aussendend, der sich nach hinten verbreitert und am Hinterrande herzförmig ausgeschnitten ist. Maxillarpalpus sehr klein, reich beborstet; 4. Glied spindelförmig, gegen das distale Ende zu verjüngt, mit zahlreichen, feinen und kurzen Börstchen besetzt; Endglied in mehrere feine Zähnchen auslaufend. Ausbuchtung am Hinterrande des Epimeralpanzers sehr breit, flach bogenförmig ausgeschnitten, von mehr oder minder scharfeckigen Seitenecken begrenzt. 2. Bein kürzer als das 1.; Säbelborste am distalen Ende des 6. Gliedes des 4. Beines nicht halb so lang wie das Glied selbst. Genitalhof vorn das Epimeralgebiet berührend, am Vorderende etwas breiter als hinten; Genitalklappen auf der Oberfläche und am Medialrande mit zahlreichen kurzen Börstchen besetzt. Färbung wahrscheinlich grünlich oder bräunlich. — Im. 1 mm l.

Ceylon (Sümpfe in der Umgebung des Kalawewa-Sees).

8. **O. tenuisetis** Piersig 1898 *O. t.,* Piersig in: Zool. Anz., *v.* 21 p. 525 | 1900 *O. tenuisetus,* Piersig in: Zool., *v.* 22 p. 484 t. 47 f. 146.

♀. Rumpf länglich eiförmig. Integument fein liniiert. Vorderende des Rumpfes mässig verschmälert. Randborsten am Hinterende des Rumpfes 192 μ l., sehr fein. Augenabstand 272 μ. Hinterer Fortsatz des Capitulum ohne deutliche knotenförmige Verdickungen, flächenartig. Längenverhältnis des 1.—5. Gliedes des Maxillarpalpus auf der Streckseite wie 12 : 15½ : 15 : 21 : 6; Borste auf dem 1. Gliede anscheinend nicht gefiedert. Epimeren die grössere Hälfte der Bauchseite einnehmend; Vorderende der 1. Epimere wie bei O. longisetus mit 2 langen, gekrümmten Borsten. Genitalbucht sehr flach. Endglied des 4. Beines 256 μ l., mit einer 104 μ l., sehr fein gefiederten, endständigen Schwertborste. Genitalklappen 176 μ lang, schwach sichelförmig gekrümmt, am Lateralrande verdickt; hier und am Medialrande fein bewimpert. Jederseits der Genitalöffnung 3 kleine, längliche, in die Haut gebettete Genitalnäpfe (52 μ, 48 μ und 36 μ l.). Färbung gelblich oder bräunlich, mit verschwommenen, dunklen Flecken auf dem Rücken. Beine, Epimeren, Maxillarpalpus, Capitulum und Genitalklappen bläulich. — ♂ unbekannt. — Ei kugelig. — ♀ 1,44 mm l., 1 mm br., 1,12 mm h.; Ei 112—115 μ im Durchm.

Deutschland (Umgegend von Leipzig und Dresden).

O. koenikei Thor 1899 *O. k.*, Thor in: Arch. Naturv. Christian., *v.* 21 nr. 5 p. 84.

Diese Art, die möglicherweise mit O. tenuisetis zu vereinigen ist, hat kürzere Borsten auf der Vorderspitze der 1. Epimere. Borsten am hinteren Rumpfende viel kürzer als bei der Vergleichsart. Nähere Beschreibung fehlt.

Norwegen (Teich bei Bygdö unweit Kristiania).

O. pictus (Daday) 1898 *Frontipoda picta*, Daday in: Term. Füzetek, *v.* 21 Anhangsheft p. 94 f. 46a—g.

Wahrscheinlich eine Nph. — Rumpf von oben gesehen eiförmig, vorn bedeutend breiter als hinten. Rücken mässig gewölbt, Bauchfläche eben, hinter dem Genitalhof etwas abgeschrägt. Integument weich; Drüsenmündungshöfe deutlich hervortretend. Ventrale Fläche des Capitulum länglich sechseckig. Maxillarpalpus klein; 2., 3. und 4. Glied fast gleich lang, 2. Glied jedoch dicker als die anderen; 5. Glied in 2 Spitzchen endigend. Hinterrand des Epimeralpanzers schwach wellenförmig gebogen, fast quer abgestutzt, nur in der Mitte mit einer flachen engen Einkerbung. Beine ziemlich lang; 1. Bein kürzer als das 2., Kralle auf der konvexen Seite mit kurzem Nebenzahn; Endglied des 4. Beines an Stelle der Kralle eine Säbelborste aussendend, die fast so lang wie das Glied selbst ist. Genitalhof frei hinter der Ausbuchtung des Epimeralpanzers liegend, aus 2 kleinen Klappen bestehend; Genitalnäpfe wurden nicht beobachtet, doch sind wahrscheinlich 2 Paar vorhanden. Färbung gelblich bis grünlich, mit braunen Flecken auf dem Rücken. — ♂ und ♀ unbekannt. — Nph. (?) 600 μ l.

Ceylon (Sümpfe in der Umgebung des Kalawewa-Sees).

O. plantaris Thor 1900 *O. p.*, Thor in: Nyt Mag. Naturv., *v.* 38 fasc. 3 p. 277 t. 11 f. 10—12.

Im. Körpergrösse, Gestalt und Färbung ungefähr wie bei O. ovalis. An der Vorderspitze der 1. Epimere 2 verschieden grosse Borsten; die lateral gestellte wie bei O. ovalis, die mediale dagegen länger und klauenförmig nach der Medianlinie hingebogen. Genitalnäpfe der Form nach wie bei Lebertia brevipora, mit ihrem kleineren gewölbten lateralen Teile auf einer merkbar breiteren Unterlage ruhend. — Geschlecht nicht unterschieden. — Im. 0,9—1,2 mm l.

Norwegen (Gjersjö in der Nähe von Ljan bei Kristiania).

32. Gen. **Teutonia** Koen.

1889 *Teutonia* (Typ.: *T. primaria*), Koenike in: Zool. Anz., *v.* 12 p. 104 | 1890 *T.*, Koenike in: Arch. Naturg., *v.* 56ɪ p. 75 | 1897 *T.*, Piersig in: SB. Ges. Leipzig, *v.* 22/23 p. 85 | 1897 *T.*, Piersig in: Zool., *v.* 22 p. 219 | 1900 *T.*, Soar in: Sci. Gossip, ser. 2 *v.* 6 p. 44.

Rumpf weichhäutig. Augen einer Seite mit einander verschmolzen. 2. Glied des Maxillarpalpus mit kegelförmig zugespitztem Zapfen auf der Beugeseite. 4. Epimere von viereckiger Gestalt, am Medialrande von einer Drüsenöffnung durchbrochen (Fig. 38); Hof um die letztere beim ♂ geschlossen, beim ♀ mit einer nach dem Medialrande der Epimere gerichteten Rinne. Endglied des 4. Beines ohne deutliche Krallen. Schwimmborsten vorhanden. Jederseits der Genitalöffnung 3 hinter einander gestellte, von beweglichen Genitalklappen lateral verdeckte Genitalnäpfe.

Deutschland, Norwegen, England.

2 sichere und 1 unsichere Art.

Übersicht der sicheren Arten:

Genitalklappen annähernd so lang wie die Genitalöffnung . 1. **T. primaria** . . p. 159
Genitalklappen nur $^2/_3$ so lang wie die weiter nach vorn reichende Genitalöffnung . . . . 2. **T. subalpina** . p. 160

1. **T. primaria** Koen. 1889 *T. p.*, Koenike in: Zool. Anz., *v.* 12 p. 104 | 1890 *T. p.*, Koenike in: Arch. Naturg., *v.* 56 I p. 76 t. 5 f. 1—9 | 1892 *T. p.*, Piersig in: Zool. Anz., *v.* 15 p. 155, 410 (Lv., Nph.) | 1894 *T. p.*, Koenike in: Zool. Anz., *v.* 17 p. 262 1897 *T. p.*, Piersig in: Zool., *v.* 22 p. 219 t. 21 f. 55 | 1900 *T. p.*, Soar in: Sci. Gossip. ser. 2 *v.* 6 p. 44 f. 1—4.

Rumpf oval, Rücken stark gewölbt. Integument fein liniiert. Capitulum trichterförmig, hinten undeutlich abgetrennt. Maxillarpalpus $^1/_3$ so lang wie der Rumpf; 2. Glied am dicksten, kaum dicker als die Grundglieder des 1. Beines, auf der Beugeseite mit einem schlanken, 80 μ langen, spitzen Zapfen (Fig. 38) 3. Glied länger als das 2.; 4. Glied viel dünner als das 3., fast so lang wie die 3 Grundglieder zusammen, mit einer Anzahl hinter einander gestellter, feiner und kurzer Härchen auf der Beugeseite; Endglied in eine nach unten gekrümmte Spitze auslaufend. Epimeren auf der vorderen Bauchfläche; 1. Epimeren hinten auf kurze Strecke mit einander verwachsen, jede in Gemeinschaft mit der 2. einen hinteren, schief lateral zeigenden, keilförmigen Fortsatz aussendend (Fig. 38); 3. Epimere in fast gleicher Breite medialwärts ziehend; 4. Epimere am grössten, mit deutlichem, durch eine scharfe Ecke geschiedenem Medial- und Hinterrande. Beine reich beborstet, nur das 1.—3. mit Krallen; diese mit einen kürzeren, stumpfen Innenzahn. Genitalhof zum Teil zwischen den 4. Epimeren gelegen; Genitalöffnung 240 μ l.; Genitalklappen nach hinten fast gar nicht verbreitert; Genitalnäpfe länglich. Färbung lehmgelb, Flecken kastanienbraun, Malpighisches Gefäss gelblich, Maxillarpalpus, Capitulum, Beine und Genitalklappen nicht selten bläulich angehaucht. — ♂ mit den in der Gattungskennzeichnung angegebenen Abweichungen. Genitalhof im Gegensatz zum ♀ mit kleiner vorderer Querspange. Genitalklappen nach hinten merkbar an Breite zunehmend. — Nph. dem Im. ähnlich, mit 4 paarig hinter einander gestellten, verkümmerten Genitalnäpfen. — Lv. fast kreisrund, Capitulum auffallend klein, wie bei den anderen Ataciden-Lv. gebildet; Borsten auf dem dem Endgliede gegenüberliegenden Zapfen des 4. Gliedes des Maxillarpalpus sehr lang und gefiedert. Rücken- und Bauchschild kreisförmig. Rumpfborsten sehr kräftig

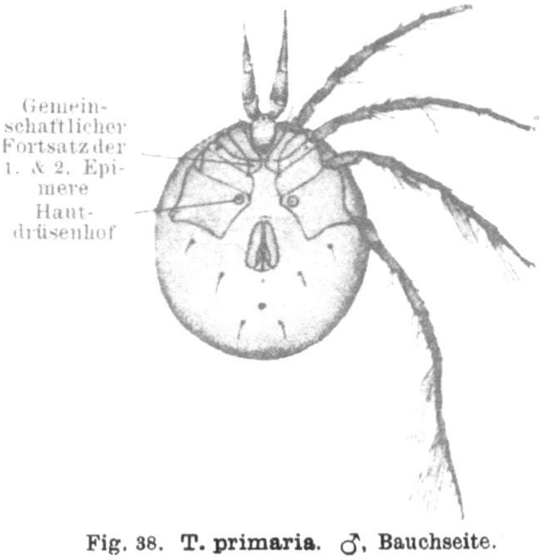

Fig. 38. **T. primaria.** ♂. Bauchseite.

entwickelt. Analplatte deutlich umgrenzt. Färbung bläulich. — ♂ 1,1 mm l.; ♀ 1,5 mm l., 1,2 mm br.; Nph. 700 μ l., 600 μ br., 450 μ h.; Lv. 270 μ l.

Deutschland, Norwegen, England.

2. **T. subalpina** Thor 1897 *T. s.*, Thor in: Arch. Naturv. Christian., *v.* 19 nr. 11 p. 21 t. 1 f. 4—5.

♀. Der vorigen Art sehr ähnlich. Genitalklappen jedoch vorn die Genitalöffnung nicht begrenzend, nur $^2/_3$ so lang wie diese, Genitalnäpfe nur den Platz unter den Genitalklappen einnehmend; Genitalhof nach hinten mässig verbreitert; vordere Querspange, wie bei T. primaria, gross. Hof der am Medialrande der 4. Epimere auftretenden Hautdrüsenöffnung breit geöffnet, ohne Rinne. Maxillarpalpus 500 μ l.; Zapfen auf der Beugeseite des 2. Gliedes desselben stumpfer und am Grunde breiter. Endglied des 4. Beines mit kürzeren Borsten als bei T. primaria. Färbung ähnlich wie bei dieser. — ♂ unbekannt. — ♀ 1,3—1,5 mm l., 1—1,2 mm br.

Norwegen.

T. comica Thor 1897 *T. c.*, Thor in: Arch. Naturv. Christian., *v.* 20 nr. 3 p. 14.

Genitalhof weiter nach vorn gerückt, völlig zwischen den 4. Epimeren liegend. 4. Glied des rechten 4. Beines mit einer starken Krümmung und einer mit langen Haaren besetzten Verdickung, ähnlich wie bei den ♂ von Laminipes.

Wahrscheinlich nur eine Missbildung.

Norwegen (Elv beim Rusasetervand).

33. Gen. **Sperchon** P. Kram.

1877 *Sperchon*, P. Kramer in: Arch. Naturg., *v.* 43 I p. 240 | 1879 *S.* (Typ.: *S. squamosus*), P. Kramer in: Arch. Naturg., *v.* 45 I p. 2 | 1886 *S.*, Koenike in: Z. wiss. Zool., *v.* 43 p. 279 | 1897 *S.*, Piersig in: Zool., *v.* 22 p. 222 | 1900 *S.*, Soar in: Sci. Gossip, ser. 2 *v.* 6 p. 233.

Rumpf eiförmig, weichhäutig, seltener mit Panzerplatten auf dem Rücken. Epimeren (Fig. 39, p. 164) meist auf 4 Gruppen verteilt; die 4. am grössten, nach hinten sich verschmälernd; Einlenkungsstelle des 4. Beines weit nach hinten verlegt, mit der hinteren Lateralecke oder mit dem Hinterende der 4. Epimere zusammen fallend. Beine in der Regel nur mit kurzen Dornborsten, ohne Schwimmborsten. Maxillarpalpus kräftig gebaut, einem sehr beweglichen Capitulum aufsitzend; 2. Glied auf der Beugeseite mit einem mehr oder weniger entwickelten Zapfen oder Vorsprung; 4. Glied auf gleicher Seite mit 2 hinter einander gestellten, eingelassenen Stiften (Taststiften). Genitalhof demjenigen von Lebertia ähnlich, zwischen den hinteren Epimeren-Gruppen gelegen.

Deutschland, Oesterreich-Ungarn, Schweiz, Grossbritannien, Norwegen, Azoren, Nord-Amerika.

14 sichere und 2 unsichere Arten.

Übersicht der sicheren Arten:

1	Rumpf ohne umfangreichere Panzerplatten — 2.	
	Rumpf ganz oder teilweise stark gepanzert — 12.	
2	3. Glied des Maxillarpalpus mit 3 kurzen Dornborsten auf der Beugeseite	1. **S. setiger** . . . . p. 161
	3. Glied des Maxillarpalpus ohne solche Borsten an gleicher Stelle — 3.	
3	Integument glatt, ohne Zäpfchen und Spitzchen, zuweilen zu einem dünnen, porösen Panzer erhärtet — 4.	
	Integument mit Zäpfchen oder Chitinspitzchen — 5.	

4	3. Glied des Maxillarpalpus merkbar länger als das 4. Glied; Analdrüsenhöfe in die Körperhaut gebettet	2. **S. tenuipalpis** . .	p. 162
	3. Glied des Maxillarpalpus kürzer als das 4. Glied; Analdrüsenhöfe auf je einer 3-eckigen Panzerplatte gelegen	3. **S. thori**	p. 162
5	Mündungshöfe der Hautdrüsen auffallend entwickelt und stark verdickt — 6.		
	Mündungshöfe der Hautdrüsen nicht aussergewöhnlich entwickelt und verdickt — 9.		
6	Beugeseite des 2. Gliedes des Maxillarpalpus mit deutlichem Zapfen — 7.		
	Zapfen an gleicher Stelle verkümmert, kaum höckerartig	4. **S. mutilus** . . .	p. 163
7	Integument vorn mit scharfspitzigen Zäpfchen bedeckt	5. **S. brevirostris** .	p. 163
	Integument überall mit kurzen, abgestumpften oder abgerundeten Zäpfchen bedeckt — 8.		
8	Integument stark verdickt, kräftig gitterartig erscheinend	6. **S. pachydermis** .	p. 164
	Integument nicht stark verdickt, fein netzartig erscheinend	7. **S. glandulosus** .	p. 164
9	Integument mit Zäpfchen- oder Tüpfelbildung — 10.		
	Integument mit kleinen, von zahlreichen feinen Chitinspitzchen oder Härchen umrandeten Felderchen — 11.		
10	Zäpfchen des Integuments dünn und spitz . . .	11. **S. squamosus** . .	p. 167
	Zäpfchen des Integuments dick und abgestumpft	12. **S. longirostris** . .	p. 167
11	Maxillarpalpus auf der Beugeseite des 3. Gliedes mit zahlreichen, feinen, winzigen Zähnchen; Zapfen auf der Mitte der Beugeseite des 2. Gliedes	8. **S. denticulatus** .	p. 165
	Maxillarpalpus ohne solche Zähnelung auf der Beugeseite des 3. Gliedes; Zapfen des 2. Gliedes mehr dem distalen Ende genähert	9. **S. tenuabilis** . .	p. 165
12	Rücken mit 2 kleinen, hinter einander liegenden, scharf umgrenzten Panzerplatten	13. **S. parmatus** . . .	p. 167
	Rücken von einer grösseren Panzerplatte fast völlig bedeckt — 13.		
13	Capitulum hinter der Ansatzstelle des Maxillarpalpus jederseits mit einem zäpfchenartigen Vorsprunge; Hautpanzer porös	14. **S. clupeifer** . . .	p. 168
	Capitulum an gleicher Stelle ohne Falte oder Vorsprung; Hautpanzer porenlos	10. **S. hispidus** . . .	p. 166

1. **S. setiger** Thor 1898 *S. s.*, Thor in: Arch. Naturv. Christian., *v.* 20 nr. 12 p. 6 | 1899 *S. s.*, Thor in: Arch. Naturv. Christian., *v.* 21 nr. 5 p. 21 t. 8 f. 82—85 | 1900 *S. s.*, Soar in: Sci. Gossip, ser. 2 *v.* 6 nr. 68 p. 234 f. 7.

♀. Rumpf eiförmig, ohne Abstumpfung am Vorderrande. Integument netzartig gefeldert; wie bei S. hispidus, jedes Feldchen von feinen Spitzchen eingerahmt. Ausser den von Höfen umgebenen Hautdrüsenmündungen noch 6 kleine Panzerplättchen und einige fast punktförmige Panzerflecke. Capitulum vorn nur kurz ausgezogen. Maxillarpalpus mit sehr dickem 2. und 3. und sehr dünnem 4. und 5. Gliede; Zapfen auf der Beugeseite des 2. Gliedes kurz, von kegelförmiger Gestalt; 3. Glied ausser dem ungewöhnlich starken Borstenbesatz auf der Streckseite und den Seiten noch mit 3 (seltener 4) Borsten oder Dornen auf der Mitte der Beugeseite, 2 davon (seltener 3) auf der inneren, 1 oder 2 auf der äusseren Kante; Stifte auf der Beugeseite des 4. Gliedes wohl entwickelt, der hintere etwa in der Mitte, der andere gleichweit vom distalen Ende des Gliedes und der Mitte entfernt. 4. Epimere viereckig; Genitalhof ohne besondere Auszeichnung. Färbung gleichmässig hellgelb, Panzerungen dunkler; Malpighisches Gefäss kaum sichtbar. — ♂ mit verhältnismässig grösseren Epimeren. — ♀ 700—750 μ l.; ♂ nur wenig kleiner.

Norwegen (Roslandsaa im Bezirk Jaederen), England (Suffolk) und Schottland.

2. **S. tenuipalpis** Koen. 1895 *S. t.*, Koenike in: Abh. Ver. Bremen, *v.* 13 p. 204 t. 2 f. 42—47.

♀. Rumpf breit eiförmig, am schmalen Vorderende jederseits mit stark vortretendem, breitem Wulst und darauf sitzender, kurzer Stirnborste; Rücken stark gewölbt. Integument ohne Tüpfel, glatt; Drüsenhöfe stark entwickelt, in 4 Längsreihen über den Rücken geordnet. Seitenaugen randständig. Capitulum mässig ausgezogen, ohne wulstartige Verdickung am Vorderende und ohne abwärts gehende Falten an den hinteren Seitenrändern, an deren Stelle ein kurzer Fortsatz getreten ist; hintere Ausbuchtung der Unterseite sehr flach, die der Oberseite jedoch auffallend tief, aber ohne seitlichen Fortsatz. Maxillarpalpus reichlich $^1/_2$ so lang wie der Rumpf; 3. Glied länger als das 4. und merklich schwächer als das 2.; Zapfen auf der Mitte der Beugeseite des 2. Gliedes lang und kräftig; Endglied mit 2 nach unten gekrümmten, hinter einander stehenden Haken. Vordere Medialecke der 3. Epimere stark ausgezogen; letztere mit einer Drüsenmündung am Vorderrande; 4. Epimere fast viereckig, mit einer deutlichen, hinteren Medialecke. Beine mässig lang, das 4. so lang wie der Rumpf; Borstenbesatz sehr dürftig; Krallen mit verbreitertem Stiel und 2 Zähnchen, von denen das innere kürzer ist. Genitalhof kurz (140 μ l.); Genitalklappen nach hinten verbreitert, am Medialrande mit etwa 12 kurzen Borsten besetzt. — ♂ unbekannt. — ♀ 950 μ l., 880 μ br., 700 μ h.

Canada.

3. **S. thori** Koen. 1898 *S. hispidus* (err., non Koenike 1895!), Thor in: Arch. Naturv. Christian., *v.* 20 nr. 12 p. 7 (♂) | 1899 *S. h.*, Thor in: Arch. Naturv. Christian., *v.* 21 nr. 5 p. 21 (♂) | 1900 *S. thori*, Koenike in: Nyt Mag. Naturv., *v.* 38 fasc. 3 p. 288 t. 12 f. 5—10.

♂. Rumpf eiförmig mit abgestutztem Vorderende aber ohne sog. Schulterecken. Integument 5—7 μ dick, panzerartig, auf der Oberfläche glatt, ohne Felderung; ausser 2 grösseren dreieckigen Chitinfeldern mit abgestumpften Ecken in der Nähe der Analdrüsenhöfe noch ansehnlich entwickelte Hautdrüsenplatten, die allerdings nicht ganz die Grösse wie die bei S. glandulosus erreichen. Capitulum 179 μ l. und 122 μ br., nach hinten stärker verschmälert als das gleiche Organ bei S. hispidus; Schnabelteil des Capitulum kurz, am Grunde nicht so breit wie bei S. hispidus, aber wesentlich höher; ventraler Rand der Mundöffnung eckig vorspringend; Seitenwandungen des Capitulum in der Mitte je mit einer einzigen winzigen Falte, hinter der nach der oberen Wandung zu ein kleiner Höcker steht; Hinterrand der Ventralfläche des Capitulum nicht ausgebuchtet, sondern abgerundet. Die hinten über die dorsale Wandung des Capitulum emporragende Seitenwand mit einer unbedeutenden Ausbuchtung. Am Hinterrande der oberen Wandung des Capitulum jederseits ein kurzer, lateralwärts gerichteter Fortsatz. Zapfen der Einlenkungsstelle des Maxillarpalpus sehr kräftig gebaut, mit nach vorn weisender Spitze. Einlenkungsgrube des Maxillarpalpus am Vorderende erweitert, am Hinterende gerade abgeschnitten, in der Tiefe mit einer schmalen, diagonal verlaufenden Chitinleiste. Mundrinne von vorn nach hinten stetig an Weite zunehmend. Pharyngealöffnung birnförmig. Mandibel 194 μ l.; Klauenglied am Grunde verdickt, mit einem nach hinten gerichteten Fortsatz auf der Streckseite, am freien Ende scharfspitzig; hyalines Häutchen nicht so breit wie bei S. hispidus; Grundglied der Mandibel ohne höckerartigen Vorsprung auf der Lateralseite der Mandibulargrube; letztere nicht bis zum Hinterende des Grundgliedes reichend, ohne vorstehenden Aussenrand, an beiden Rändern vielmehr ausgerandet. Maxillarpalpus 368 μ l.; Längenverhältnis des 1.—5. Gliedes desselben wie 1 : 6 : 7 : 10 : 2; nur 3. Glied deutlich porös; 2. und 3. Glied besonders kräftig gebaut; Zapfen auf der Beugeseite des 2. Gliedes 48 μ l., nahe der Spitze 2 feine Haare tragend; Beugeseite des 4. Gliedes mit deutlich aus der Haut hervortretenden Taststiftchen, das eine in der Mitte, das andere unweit des distalen Gliedendes stehend; 5. Glied winzig, wie bei den anderen Sperchonarten mit zweispitzigem distalen Ende; Borstenbesatz des Maxillarpalpus ziemlich reich, insbesonders auf der Streckseite des 2. Gliedes, aus kurzen, feinen Haaren und Dolchborsten bestehend. Epimeren auf 4 Gruppen verteilt, etwa die vordere Bauchhälfte einnehmend; 4. Epimere annähernd rechtwinklig zur Medianlinie des Rumpfes gerichtet, mit schärferer hinterer Medialecke als bei S. hispidus; 3. Epimere ohne Einbuchtung an der vorderen Medialecke. 1.—4. Bein 480 μ, 510 μ, 640 μ und 850 μ l.; 6. Glied der Beine am distalen Ende etwas verdickt; Schwimmborsten fehlend; Kralle wie bei S. glandulosus, doch ohne Zähnelung. Genitalhof 118 μ l.; vor der Genitalöffnung mit einem chitinösen Querriegel; Medialrand der Genitalklappen je eine Borstenreihe tragend; alle 6 Genitalnäpfe eine deutliche Porenöffnung aufweisend; Penisgerüst vorhanden. Sog. Analöffnung zwischen den beiden dunkel gefärbten, dreiseitigen Chitinflecken gelegen, ohne Hof und weiter vom Hinterrande der Bauchfläche gelegen als bei S. hispidus. Färbung wie bei S. hispidus. — ♀ unbekannt. — ♂ 520 μ l., 430 μ br.

Norwegen (Roslandsaa bei Jaederen).

4. **S. mutilus** Koen. 1895 *S. m.*, Koenike in: Rev. Suisse Zool., *v.* 3 p. 425 t. 13 f. 10—12 | 1900 *S. m.*, Piersig in: Zool., *v.* 22 p. 478 t. 47 f. 149.

Rumpf elliptisch, Rücken und Bauch flach. Integument dick und derb, Tüpfelchen kurz und stumpf; Hautdrüsenhöfe gross, warzenartig vorspringend; 4. und 5. Paar der Mündungshöfe der Hautdrüsen zusammen annähernd ein Quadrat bildend. Augen am Vorderrande des Rumpfes vorspringend. Capitulum vorn mässig ausgezogen, mit 4 seitlichen Falten, enger Mundrinne und länglicher Pharyngealöffnung. Maxillarpalpus $^{3}/_{5}$ so lang wie der Rumpf; 2. Glied mit stark verkümmerten, papillenartigen, an der Spitze ein winziges Härchen tragenden Zapfen und 3 scharfspitzigen Dornborsten auf der äusseren Beugeseite; 4. Glied lang, Stifte der Beugeseite schwach, diese in 3 fast gleiche Teile zerlegend. 1. Epimere hinter dem Capitulum mit einander verschmolzen. Beine und Genitalhof ohne besondere Kennzeichen. — Im. 950 μ l., 690 μ br., 480 μ h.

Rhätikon (Bäche der Sulzfluh und Mieschbrunnen).

5. **S. brevirostris** Koen. 1887 *S. glandulosus* (err., non Koenike 1886!), Th. Barrois, Matér. Açores, nr. 1 p. 6 | 1895 *S. brevirostris*, Koenike in: Rev. Suisse Zool., *v.* 3 p. 416 t. 13 f. 1—2 | 1900 *S. b.*, Piersig in: Zool., *v.* 22 p. 477 t. 47 f. 148.

Im. Rumpf eiförmig, hinten am breitesten, ohne Schulterecken; Bauch und Rücken stark gewölbt. Integument mit niedrigen Tüpfeln besetzt, die am vorderen Teile des Rumpfes in 8 μ lange, spitzige Zäpfchen umgebildet sind. Hautdrüsenhöfe gross, porös, gewölbt; 4. dorsales Paar 560 μ von einander entfernt. Capitulum mit ausserordentlich kurzem Schnabelteil, vor der Ansatzstelle des Maxillarpalpus wulstartig verbreitert; seitliche Falten sehr zahlreich, schwach hervortretend; Hinterrand der Unterseite des Capitulum ausgebuchtet, von breit abgerundeten Seitenecken begrenzt; obere Wandung des Capitulum hinten tief ausgeschnitten, gekürzt, mit zahnartig ausgezogenen Seitenecken. Maxillarpalpus dicht- und grossporig, $^1/_2$ so lang wie der Rumpf; 2. Glied sehr lang und schlank (330 μ l.), in der Länge fast den 4 anderen Gliedern gleichkommend; Endglied länger als bei anderen Arten (65 μ), mit verkümmerten Häkchen auf der Beugeseite; Stifte der Beugeseite des 4. Gliedes winzig klein, der eine in der Mitte, der andere zwischen dieser und dem distalen Gliedende stehend; Zapfen des 2. Gliedes im oberen Drittel spitz, weiter unten sich plötzlich verdickend; Dornborsten an der Aussenseite am Grunde des Zapfens auf einer kräftigen Papille eingefügt. Epimeren, Beine und Genitalhof ohne besondere Auszeichnung. — Nph. mit 4 Genitalnäpfen und ohne stark entwickelte Hautdrüsenhöfe. — Im. 1,5 mm l., 1,24 mm br.

Rhätikon, Azoren (Sturzbäche der Küste).

6. **S. pachydermis** Piersig 1899 *S. p.*. Piersig in: Zool. Anz., *v.* 22 p. 550 f. 3—6 | 1900 *S. p.*, Piersig in: Zool., *v.* 22 t. 47 f. 185.

♀. Rumpf breit eiförmig mit schwach angedeuteten Schulterecken. Integument auffallend dick, mit stumpfen, niedrigen Papillen besetzt, bei Quetschpräparaten grob gitterartig erscheinend. Hautdrüsenhöfe verdickt, nur wenig anders gelagert als bei S. brevirostris. Gegenseitiger Abstand der Augen 350 μ. 2. Glied des Maxillarpalpus auf der Beugeseite einen kräftigen kegelförmigen Zapfen aufweisend, der gleichmässig nach der Spitze zu abnimmt; 4. Glied so lang wie bei S. brevirostris, in Ausstattung und Stellung der Taststifte auf der Beugeseite keine Abweichungen darbietend. Vordere Epimerengruppen hinter dem Capitulum mit breitem Saume einander berührend, nicht durch eine Brücke mit einander verschmolzen. Färbung rötlich oder bräunlich. — ♂ unbekannt. — ♀ 1,3 mm l., 960 μ br.

Hohe Tatra (Grosser Kohlbach).

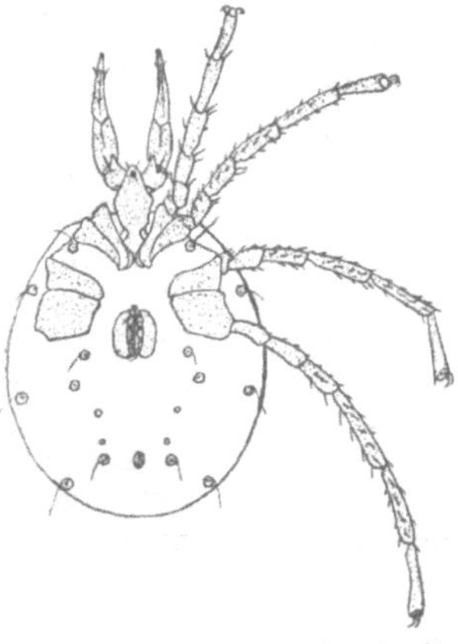

Fig. 39. S. glandulosus ♀, Bauchseite.

7. **S. glandulosus** Koen. 1886 *S. g.*, Koenike in: Z. wiss. Zool., *v.* 43 p. 279 t. 9 f. 17—24 | 1897 *S. g.*, Piersig in: Zool., *v.* 22 p. 224 t. 21 f. 54.

♀ (Fig. 39). Rumpf eirund, mit schwachen Andeutungen von Schulterecken; Rücken mässig gewölbt. Integument mit kleinen, stumpfen Zapfen dicht bedeckt. Hautdrüsenhöfe wie bei S. brevirostris angeordnet, jedoch gegenseitiger Abstand des 4. dorsalen Drüsenpaares geringer. Capitulum kurz schnabelartig, mit einer wulstartigen Verdickung an der distalen Spitze und 5 oder 6 Falten an jeder hinteren Seitenwandung; Ventralfläche am Hinterrande flach eingebuchtet, mit abgerundeten Seitenecken; dorsale Wandung des Capitulum hinten ähnlich wie bei S. mutilus gestaltet; Pharyngealöffnung lang, nach hinten schmaler werdend; Mundrinne und Ansatzstelle des Maxillarpalpus wie bei S. brevirostris. Maxillarpalpus $^1/_3$ so lang wie der Rumpf; 2. Glied mit ähnlichen Zapfen wie bei S. brevirostris, auf der Aussenseite am Grunde eine kräftige Dornborste, auf der Innenseite 2—3 feine Härchen tragend; 4. Glied schlanker und länger als das 3., auf der Unterseite ungefähr in der Mitte des 2. Gliedes nicht weit aus einander stehende, kurze, kräftige Stifte aufweisend; Endglied ähnlich wie bei S. mutilus. Beine, Epimeren und Genitalhof ohne besondere Merkmale. — ♂ vom ♀ äusserlich nicht verschieden. — Nph. dem Im. ähnlich, mit 4 Genitalnäpfen. — ♂ 800 μ l.; ♀ 1,2 mm l.

Deutschland, Schweiz, Oesterreich, Nord-Amerika.

8. **S. denticulatus** Koen. 1895 *S. d.*, Koenike in: Rev. Suisse Zool., *v.* 3 p. 422 t. 13 f. 8, 9 | 1900 *S. d.*, Piersig in: Zool., *v.* 22 p. 479 t. 47 f. 150.

♀. Rumpf eiförmig, am spitzen Vorderende flach ausgebuchtet, mit Schulterecken; Rücken mässig gewölbt. Hautdrüsenhöfe nicht stark entwickelt. Integument wie beschuppt aussehend, netzartig gefeldert; jedes Feldchen mit zahlreichen winzigen Härchen eingefasst. Capitulum vorn stark rüsselförmig ausgezogen, hinten gedrungen gebaut; Hinterrand der Unterseite des Capitulum flach ausgebuchtet, mit abgerundeten Seitenecken; Falten an den hinteren Seitenflächen fehlend; Mundrinne sehr eng; Pharyngealöffnung lang, vorn merklich breiter als hinten; Hinterrand der dorsalen Wandung des Capitulum in der Mitte mit einer tiefen, seitlich je von einem langen, nach hinten gerichteten Fortsatz begrenzter Ausbuchtung. Maxillarpalpus fein porös, von mehr als halber Rumpflänge, Längenverhältnis der Glieder wie bei S. glandulosus, Endglied 48 μ l.; Zapfen auf der Beugeseite des 2. Gliedes dünn, am Grunde kaum kräftiger als an der Spitze, etwa 48 μ l., die Mitte des Gliedes einnehmend ähnlich wie bei S. tenuipalpis, auf halber Höhe mit einer auffallend langen Borste und einem feinen Härchen; 3. Glied wie bei den meisten Hygrobates-Arten auf der Beugeseite eigentümlich gezähnelt; Stifte des 4. Gliedes ungemein kräftig, nahe an einander gerückt (gegenseitiger Abstand 41 μ); Endglied mit je einem Zahn auf der Mitte und am distalen Ende der Beugeseite. Epimeren $^1/_3$ der Bauchfläche einnehmend; 1. Paar hinter dem Capitulum nicht verschmolzen. Genitalhof zwischen den hinteren Epimeren-Gruppen gelagert, 224 μ l.; Genitalklappe vorn sehr schmal, an der Medialkante abgerundet, nur auf kurze Strecke die gegenüber liegende berührend, vorn von dieser abstehend; Genitalnäpfe in Zahl und Gestalt wie bei S. glandulosus, hinterer beinahe kreisrund, von der Genitalklappe nicht bedeckt. — ♂ unbekannt. — Nph. Am 4. Gliede des Maxillarpalpus auf der Mitte der Beugeseite nur ein Stift. 2. Epimere wie beim Im. mit hinterem Fortsatze. Genitalhof mit 4 Genitalnäpfen. — ♀ 1 mm l., 800 μ br.; Nph. 600 μ l.

Schweiz (Umgegend von Bern).

9. **S. tenuabilis** Koen. 1898 *S. hispidus* (err., non Koenike 1895!), Thor in: Arch. Naturv. Christian., *v.* 20 nr. 12 p. 7 (♀) | 1899 *S. h.*, Thor in: Arch. Naturv. Christian., *v.* 21 nr. 5 p. 21 | 1900 *S. tenuabilis*, Koenike in: Nyt Mag. Naturv., *v.* 38 fasc. 3 p. 292.

♀. Rumpf wahrscheinlich eiförmig, nach vorn stark verjüngt, ohne sog. Schulterecken. Integument weich, ein Hautpanzer nirgends wahrnehmbar. Hautdrüsenhöfe nicht besonders entwickelt. Oberfläche des Integuments mit netzartiger Felderung; jedes Feldchen von sechseckigem Umrisse, wie bei S. hispidus mit sehr winzigen Chitinspitzchen eingefasst. Stirnrand unweit des Doppelauges jederseits einen winzigen Haarhöcker aufweisend; antenniforme Borste ca. 16 μ l., von dolchartiger Gestalt; zwischen dem Höcker und dem Auge ein randständiges, langes, feines Haar. Augenabstand 368 μ. Capitulum 224 μ l. und 146 μ br., nach hinten nur wenig sich verschmälernd; Schnabelteil des Capitulum noch länger als bei S. clupeifer, an der ventralen Seite der Mundöffnung nicht vorsprungartig verlängert, etwas kräftiger nach unten gebogen; Hinterrand der Ventralfläche des Capitulum in der Mitte eine flache Ausbuchtung aufweisend; Fortsätze der oberen Wandung des Capitulum stark lateralwärts gerückt, so dass sie jederseits als zahnartiger Vorsprung sich bemerkbar machen; Hinterrand der oberen Wandung des Capitulum tief ausgebuchtet; Durchtrittsstelle des Pharynx gross und von elliptischer Form; Einlenkungsstellen der Maxillarpalpen von ansehnlicher Länge, mit dünnen, an der Spitze nach vorn umgebogenen Zapfen. Mandibel 256 μ l.; Klauenglied mässig gebogen, auf beiden Flachseiten mit zweireihiger Zähnelung, am Grunde beugeseitenwärts in einen etwas gekrümmten Fortsatz verlängert. Mandibelhäutchen am Vorderende des Grundgliedes nach unten umgebogen; Grundglied der Mandibel auf der Aussenseite der Mandibelgrube eine starke, bauchige Erweiterung und auf der Gegenseite eine entsprechende Einbuchtung aufweisend. Maxillarpalpus 656 μ l., 2. und 3. Glied fast doppelt so dick wie die Grnndglieder des 1. Beines; 1.—5. Glied der Länge nach sich wie 6 : 28 : 40 : 48 : 7 verhaltend; Zapfen auf der Beugeseite des 2. Gliedes 67 μ l., ähnlich gestaltet wie bei S. clupeifer, doch ist die Abschrägung der Spitze weniger steil, sodass dieselbe spitzer erscheint; Borstenbesatz des Zapfens wie bei S. clupeifer. Epimeren sehr klein, zusammen kaum das vordere Drittel der Bauchfläche einnehmend, mit grossen Zwischenräumen zwischen den einzelnen Gruppen; Medialenden des 1. Epimerenpaares ziemlich weit von einander abgerückt; 2. Epimere am Hinterrande von einem breiten Saume begleitet; 4. Epimere ohne deutlich ausgebildete hintere Medialrandecke, sondern daselbst flach abgerundet, am Hinterrande ohne Haarhöcker. Beine im Verhältnis merkbar kürzer als bei S. clupeifer, vom 1.—4. Paare 750 μ, 864 μ, 1,024 mm und 1,2 mm messend; Endglied durchgängig etwas kürzer als das vorhergehende, nach der Krallengrube zu nur wenig verdickt; Borstenbesatz der Beine dürftig, nur aus kurzen, meist geraden Dolchborsten bestehend; Kralle zweizinkig, am Grunde stark verbreitert. Genitalhof zwischen den hinteren Epimerengruppen gelegen; Genitalklappen ca. 144 μ l., am Medialrande mit ziemlich langen, steifen Borsten besetzt; Genitalnäpfe wie bei S. clupeifer gestaltet, das hintere Paar ebenfalls nur zum Teil von den Genitalklappen bedeckt. Sog. Analöffnung, sehr weit vom Genitalhofe entfernt, unweit des Hinterrandes des Rumpfes gelegen. Färbung wahrscheinlich wie bei S. clupeifer. — Ei kugelrund, 160 μ im Durchm., mit harter, spröder Schale umgeben, die nach zwei einander gegenüber liegenden Seiten der Oberfläche je einen kurzen, abgerundeten, flügelartigen Fortsatz von chitinöser Beschaffenheit und bräunlicher Färbung aussendet, der sich in einem durchsichtigen, dünnen Saum verliert. — ♂ unbekannt. — ♀ 1,2 mm l., 1 mm br.

Norwegen (Roslandsaa bei Jaederen).

10. **S. hispidus** Koen. 1895 *S. h.*, Koenike in: Zool. Anz., *v.* 18 p. 385 f. 11 | 1900 *S. h.*, Piersig in: Zool., *v.* 22 p. 227 t. 47 f. 151 | 1900 *S. h.*, Koenike in: Nyt Mag. Naturv., *v.* 38 fasc. 3 p. 284 t. 12 f. 1—4.

Im. Rumpf breit eiförmig, fast kreisrund; Integument netzartig gefeldert wie bei S. denticulatus, aber die Härchen am Rande der Felder länger, die Oberfläche deshalb rauh erscheinend. Capitulum, Maxillarpalpus, Epimeren, Beine und Genitalklappen grossporig. Augenabstand 250 μ. Capitulum kurz, ohne blattartigen Fortsatz an der Spitze; Unterseite des Capitulum am

Hinterrande breit abgerundet vorspringend; dorsale Wandung des Capitulum nach hinten flach ausgeschnitten, Fortsätze kürzer und dünner als bei S. glandulosus, schief lateralwärts gerichtet; Seitenfalten fehlend; Mundrinne weiter als bei S. glandulosus; Pharyngealöffnung kreisrund. Zapfen an der Beugeseite des 2. Gliedes des Maxillarpalpus sehr lang (80 μ), mit einem starken und einem feinen Haare ausgestattet. Beine kräftig, Endglied am distalen Ende verdickt; Krallen wie bei S. glandulosus, aber der blattartige Grundteil stärker verbreitert. — Im. 650 μ l.

Schlesien (in der kleinen Iser).

11. **S. squamosus** P. Kram. 1879 *S. s.*, P. Kramer in: Arch. Naturg., *v.* 45 I p. 2 t. 1 f. 1 | 1895 *S. s.*, Koenike in: Rev. Suisse Zool., *v.* 3 p. 420 t. 13 f. 7 | 1897 *S. s.*, Piersig in: Zool., *v.* 22 p. 229 | 1900 *S. s.*, Soar in: Sci. Gossip, ser. 2 *v.* 7 p. 234 f. 4—6.

Im. Rumpf hochgewölbt, fast kugelig. Integument mit feinen und dünnen Zäpfchen, ohne stark entwickelte Hautdrüsenhöfe. Schnabelteil des Capitulum lang ausgezogen, ohne wulstartige Verdickung vor der Ansatzstelle des Maxillarpalpus und ohne deutliche hintere Lateralecken; Seitenfalten nicht vorhanden. Maxillarpalpus auf der Beugeseite des 2. Gliedes mit zapfenartigem Vorsprung und mit 2 Stiften an gleicher Stelle des 4. Gliedes, die Beugeseite desselben in 3 etwa gleiche Teile zerlegend. Epimeren nur $^1/_3$ der Bauchfläche einnehmend, am Rande leistenartig verdickt; 4. Epimere fast dreieckig. Beine mässig lang; Krallen sichelförmig, ohne Nebenzähne. Genitalhof durch mondsichelförmige Genitalklappen seitlich verschlossen. — Im. 1 mm l.

Thüringen (Bach bei Schleusingen), Norwegen (Bach zwischen Ramsaas und Ringsaas, Teich bei Hammerfest, Tromsdalelv), England (im Epping-Forst und in Lincolnshire).

12. **S. longirostris** Koen. 1895 *S. l.*, Koenike in: Rev. Suisse Zool., *v.* 3 p. 420 t. 13 f. 3—6 | 1900 *S. l.*, Piersig in: Zool., *v.* 22 p. 481 t. 47 f. 152.

Im. Integument ohne stark entwickelte Drüsenhöfe, mit kräftigen, abgestumpften Kegeln gleichenden Zäpfchen dicht besetzt. Augenabstand 240 μ. Capitulum noch kräftiger schnabelartig ausgezogen als bei der vorigen Art, vor der Einlenkungsstelle des Maxillarpalpus wulstartig nach hinten anschwellend, ohne Seitenfalten, nur mit einem kräftigen, kegelförmigen, nach vorn gerichteten Fortsatz an der hinteren Seitenwandung; Hinterrand der Unterseite des Capitulum nicht ausgebuchtet, fast abgestutzt; Mundrinne schmal mit einer Kerbe nahe dem Vorderende. Maxillarpalpus $^1/_2$ so lang wie der Rumpf; 3. Glied so lang wie das folgende; Endglied stark gekürzt; Zapfen an der Beugeseite am Grunde hohl, Spitze auf der Vorderseite abgesetzt, an dieser Stelle eine lange Borste tragend; Stifte des 4. Gliedes die Beugeseite in 3 gleiche Teile teilend; gegenseitiger Abstand der Stifte 64 μ. Beine und Genitalhof wie bei S. glandulosus, Epimeren wie bei S. squamosus. — Im. 800 μ l., 600 μ br.

Rhätikon (Garschina-See).

13. **S. parmatus** Koen. 1895 *S. p.*, Koenike in: Abh. Ver. Bremen, *v.* 13 p. 202 t. 2 f. 40—41.

♀. Integument glatt, ohne Zäpfchen und stark entwickelte Drüsenhöfe, aber mit 2 hinter einander stehenden Rückenplatten, die vordere etwa so gelagert wie bei den Hydryphantes-Arten, einem stumpfen, die Basis nach hinten kehrenden, gleichschenkligen Dreieck mit abgerundeten Ecken gleichend, die hintere grössere fast scheibenförmig mit quer abgestutztem

Vorderende. Capitulum schlanker als bei S. glandulosus. Maxillarpalpus reichlich $^1/_2$ so lang wie der Rumpf; Beugeseitenzapfen des 2. Gliedes länger und am Grunde schwächer als bei S. glandulosus und daselbst ohne Borsten; Stifte des 4. Gliedes klein, die vordere Hälfte der Unterseite desselben in 2 ungleiche Abschnitte teilend; Endglied merklich kürzer als bei S. glandulosus, mit 2 weit von einander entfernten Zähnchen. Epimeren, Beine und 240 μ l. Genitalhof ähnlich wie bei S. glandulosus. — ♂ unbekannt. — ♀ 1,2 mm l.

Nord-Amerika (Kit-a-mun River).

14. **S. clupeifer** Piersig 1896 *S. c.*, Piersig in: Zool. Anz., *v.* 19 p. 438 | 1898 *S. c.*, Piersig in: Zool., *v.* 22 p. 227 t. 27 f. 128.

♂. Rumpf fast kreisrund, mit breitem Stirnrande. Integument netzartig gefeldert, jedes Feldchen von 18—25 Spitzchen eingefasst; Rückenfläche fast völlig von einem rundlichen, grossporigen Panzer bedeckt, der ohne scharfe Umgrenzung allmählich in das weiche Integument übergeht; hintere Ventralfläche ebenfalls nicht selten mit subcutanen Panzerbildungen. Hautdrüsen nicht hervortretend. Augen klein, schwarz pigmentiert, 216 μ von einander entfernt. Capitulum wie bei S. denticulatus beiderseits mit einem kleinen, kegelförmigen, schief nach vorn gerichteten Zapfen am hinteren Seitenrande, hinten mit breiter Rundung endigend. Maxillarpalpus von mehr als halber Rumpflänge (375 μ), dicker als die Grundglieder des 1. Beines; Längenverhältnis der Glieder wie 3 : 13 : 17 : 23 : 5; Zapfen auf der Beugeseite des 2. Gliedes 48 μ l. und 16 μ dick, mit einer langen, kräftigen und 2 dünnen Borsten nahe der Spitze; letztere nur nach der Unterseite zu abgeschrägt; Stifte des 4. Gliedes nach vorn gerückt, die vordere, kleinere Beugeseitenhälfte in 2 ungefähr gleich grosse Teile zerlegend; vor und hinter dem hinteren Stift je ein feines kurzes Härchen. 4. Epimere fast rechteckig, mit steil nach hinten verlaufendem Medial-, quer abgestutztem Hinterrande und abgerundeter, annähernd rechtwinkliger Medialecke. Genitalhof zwischen den beiden hinteren Epimeren-Gruppen gelegen, mit 128 μ l. und 40 μ br. Genitalklappen; jede Lefze mit 3 hinter einander gestellten Genitalnäpfen, die beiden vorderen länglich rund, der hinterste scheibenförmig; letzterer fast unverdeckt. Beine und Krallen ohne besondere Kennzeichen. Färbung grünlichgelb bis bräunlich. — ♀ auf dem Rücken oft ohne Panzerung. Epimeren weiter aus einander gerückt. — ♂ 650—750 μ l.; ♀ nur wenig grösser.

Thüringen (Bäche bei Ziegenrück), Sachsen (Erzgebirge).

S. elegans Thor 1898 *S. e.*, Thor in: Arch. Naturv. Christian., *v.* 20 nr. 12 p. 5 | 1899 *S. e.*, Thor in: Arch. Naturv. Christian., *v.* 21 nr. 5 p. 21 t. 8 f. 81.

Im. Rumpf länglich rund. Zapfen auf der Beugeseite des 2. Gliedes des Maxillarpalpus sehr lang, länger noch als bei S. denticulatus und S. hispidus, an der Spitze 1 langes und 2 kürzere Haare tragend; hinterer Taststift auf der Beugeseite des 4. Gliedes etwa in der Mitte stehend, der vordere nahe an das distale Ende des Gliedes gerückt. Struktur des Integuments, Färbung und Grösse u. s. w. nicht angegeben.

Norwegen (Gjersrudelv bei Ljan).

S. lineatus Thor 1899 *S. l.*, Thor, En ny hydrachnide-slegt og andre nye arter, Kristiania, p. 3 t. 18 f. 169a—b.

Dem S. brevirostris Koen. sehr ähnlich. Integument auf der Oberfläche mit feinen, dicht neben einander liegenden, zum Teil gekrümmten Linien bedeckt, selbst am Vorderrande keine Papillen oder Spitzchen. Die Mündungshöfe der Hautdrüsen sind entweder schwach chitinisiert oder nur matt gefärbt, nur 2 Paar Chitinplättchen auf dem Rücken des Rumpfes haben einen bläulichen Anflug. Maxillarpalpus ein wenig stämmiger als bei S. brevirostris; Zapfen auf der Beugeseite des 2. Gliedes jedoch etwas schwächer; hinter dem hinteren Taststifte des 4. Gliedes stehen 2—3 winzige Borsten. Genitalnäpfe kürzer als bei S. brevirostris, nicht zusammenstossend; der mittelste beinah halbkugelförmig auf einer Unterlage sitzend. Färbung gelblich. Im. 1,2—1,5 mm l., 1—1,2 mm br.

Norwegen (Illmandalsbaek und Stor-Ula in Rondane).

34. Gen. **Pseudosperchon** Piersig*)

1897 *Sperchonopsis* (Typ.: *S. verrucosa*) (non *Sperchopsis* J. L. Leconte 1861, Coleoptera!), Piersig in: SB. Ges. Leipzig, *v.* 22/23 p. 52 | 1897 *S.*, Piersig in: Zool., *v.* 22 p. 230.

Rumpf weichhäutig, papillös, mässig gewölbt. Hautdrüsenhöfe warzenartig vorspringend (Fig. 40), mit grobhöckeriger Oberfläche. Capitulum, Maxillarpalpus, Beine, Epimeren und Genitalklappen porös. 2. Glied des Maxillarpalpus (Fig. 41) auf der Beugeseite mit Zapfen; 4. Glied auf gleicher Seite nahe dem Grunde mit einem kräftigen, schräg nach vorn weisenden Zapfen; Endglied mit Häkchen. Epimeren auf 4 Gruppen verteilt, die 4. annähernd dreieckig. Genitalhof nach Lage und Gestalt wie bei Sperchon.

Deutschland.

1 Art.

1. **P. verrucosus** (Protz) 1896 *Sperchon v.*, Protz in: Zool. Anz., *v.* 19 p. 23 f. 1—4 | 1897 *Sperchonopsis verrucosa*, Piersig in: Zool., *v.* 22 p. 231 t. 20 f. 53.

Im. Rumpf länglich oval; Schulterecken deutlich hervortretend (Fig. 40), Rücken mässig gewölbt, Bauch flach. Integument mit winzigen Papillen bedeckt, dazwischen fein liniiert. Hautdrüsenhöfe bis zu 80 μ br. und 65 μ dick, 4 davon jederseits am dorsalen Seitenrande besonders stark entwickelt (Fig. 40). Capitulum, Maxillarpalpus, Beine, Epimeren und Genitalklappen mit zahlreichen Poren. Seitenaugen weit von einander entfernt. Maxillarpalpus (Fig. 41) ähnlich geformt wie bei Sperchon; Zapfen auf der Beugeseite des 2. Gliedes lang, unterhalb der kurzen, abgesetzten Spitze eine kräftige Säbelborste tragend; 4. Glied nur wenig länger als das 3., auf der Beugeseite nahe dem proximalen Ende mit kräftigem, schräg nach vorn gerichtetem Zapfen; Spitze desselben abgestumpft, eine feine Borste und etwas tiefer noch ein Härchen aussendend; Endglied kurz, mit 2 hakig nach unten gekrümmten Zähnen. 1. Epimere vorn spitz ausgezogen, hier eine Anzahl langer beweglicher Borsten aufweisend; 4. Epimere fast dreieckig. Beine wie bei Sperchon; Krallen 2-zinkig. Genitalhof zwischen

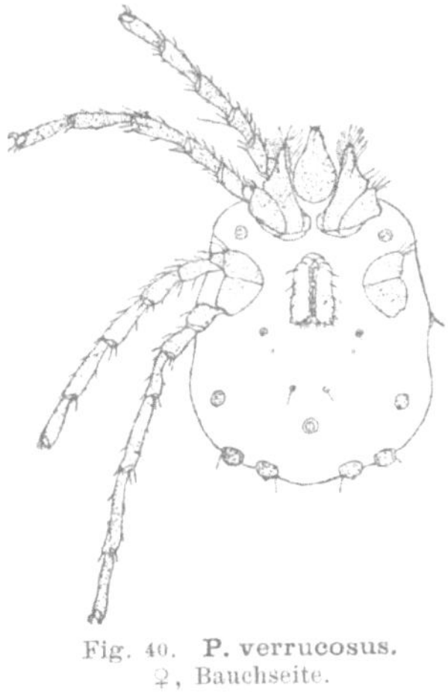

Fig. 40. P. verrucosus. ♀, Bauchseite.

Fig. 41. P. verrucosus. ♀, Maxillarpalpus

*) Nom. nov. — Ψευδός + σπέρχων. — Der Gattungsname Sperchopsis (= Sperchonopsis) ist durch J. L. Leconte (1861, Class. Col. N. Amer., p. 47) vergeben. R. Piersig.

den hinteren Epimeren-Gruppen gelegen. Färbung hellbräunlich; Capitulum, Drüsenhöfe, Epimeren und Genitalklappen tief violett oder braun gefärbt. — Nph. dem Im. ähnlich, Rumpf breiter, Schulterecken als stark aufgetriebene Wülste vorspringend; Drüsenhöfe schon kräftig entwickelt, von konischer Form. Genitalhof mit 4 paarig hinter einander gestellten Genitalnäpfen. — Lv. von kurz eiförmiger Gestalt. Integument sehr deutlich liniiert, mit 24 Drüsenöffnungen auf dem Rücken und langen Borsten. Maxillarpalpus kurz und dick; 4. Glied hakenförmig, an der Spitze kompakt; 5. Glied sehr klein, stummelförmig, vom Hakenfortsatz des vorhergehenden Gliedes überragt, mit 5 ungleich gestalteten Borsten besetzt. Krallen der Beine zweizinkig. — Im. 1 mm l., Nph. 420 μ l.; Lv. 200—250 μ l.

Nord-Deutschland, Thüringen (Bäche bei Ziegenrück), Sachsen.

35. Gen. **Limnesia** C. L. Koch

1835 *Limnesia* (part.), C. L. Koch, C. M. A., fasc. 2 f. 19 | 1842 *L.*, C. L. Koch, Übers. Arach., *v.* 3 p. 27 | 1854 *L.*, Bruzelius, Beskr. Hydrach., p. 39 | 1880 *L.*, Neuman in: Svenska Ak. Handl., n. ser. *v.* 17 nr. 3 p. 97 | 1897 *L.*, Soar in: Int. J. Micr., ser. 3 *v.* 7 p. 23 | 1897 *L.*, Piersig in: SB. Ges. Leipzig, *v.* 22/23 p. 84 | 1897 *L.*, Piersig in: Zool., *v.* 22 p. 202 | 1898 *L.*, Koenike in: Abh. Senckenb. Ges., *v.* 21 II p. 401 | 1874 *Campognatha* (Typ.: *C. foreli*) (part.), Lebert in: Bull. Soc. Vaudoise, *v.* 13 p. 61.

Rumpf oval, weichhäutig. Augen einer Seite durch einen nur kleinen Abstand geschieden. 2. Glied des Maxillarpalpus auf der Beugeseite in der Regel mit einem Stift (Fig. 42, p. 173). 4. Epimere dreiseitig, mit schief lateral und nach hinten gerichteter, als Einlenkungsstelle für das 4. Bein dienender Spitze und einer Drüsenöffnung in der mit der 3. Epimere gemeinschaftlichen Medialecke. Endglied des 4. Beines ohne Krallen, in eine kurz vor dem Ende mit einer Langborste ausgestattete Spitze auslaufend. 3. und 4. Bein mit Schwimmborsten. Genitalhof in einer, von den 4 Epimeren gebildeten Bucht; Genitalöffnung durch 2 seitliche, flache Genitalklappen mit je 3 oder 4 Genitalnäpfen verschlossen; Genitalklappen beim ♀ am Medialrande gerade, beim ♂ flach konkav ausgeschnitten, an den Enden aber stark genähert oder durch eine Brücke verbunden.

Europa, Nord- und Mittel-Amerika, Ost-Afrika, Madagaskar.

12 sichere und 14 unsichere Arten.

Übersicht der sicheren Arten (in erster Linie für ♀ geltend):

1	Ohne Stift auf der Beugeseite des 2. Gliedes des Maxillarpalpus	1. **L. laeta**	p. 171
	Mit Stift an gleicher Stelle — 2.		
2	Stift schief nach vorn oder winkelrecht gerichtet — 3.		
	Stift schief nach hinten gerichtet — 10.		
3	Stift auf einem Zapfen oder Höcker sitzend — 4.		
	Stift ohne Grundhöcker — 8.		
4	Genitalhof vorn mit 2 hakig endigenden Fortsätzen	2. **L. armata**	p. 171
	Genitalhof ohne solche Fortsätze — 5.		
5	Jede Genitalplatte mit 4 Genitalnäpfen; Integument mit feinen Stacheln dicht besetzt	3. **L. aspera**	p. 172
	Jede Genitalplatte mit 3 Genitalnäpfen; Integument ohne Stachelbesatz — 6.		
6	Integument fein liniiert oder mit winzigen Spitzchen besetzt — 7.		
	Integument fazettiert	4. **L. lorea**	p. 172

7	Färbung rot, Epimeren und Beine mit schwärzlichem Anfluge	5. **L. histrionica** . . p. 173
	Färbung hellgelblich oder grünlich, mit bräunlichen oder schwärzlichen Rückenflecken. . .	6. **L. undulata** . . . p. 174
8	Rumpf auf der hinteren Hälfte des Rückens mit einer kleinen, unregelmässig umrandeten Panzerplatte	7. **L. scutellata** . . p. 174
	Ohne Panzerplatte auf der hinteren Hälfte des Rückens — 9.	
9	Gegenseitiger Abstand zwischen dem vorderen und mittleren Genitalnapfe viel grösser als die grösste Breite der Genitalplatte (Genitalhof des ♂ breit elliptisch; vorderer und mittlerer Genitalnapf mässig weit von einander abgerückt)	8. **L. connata** . . . p. 175
	Gegenseitiger Abstand beider Genitalnäpfe geringer als die grösste Breite der Genitalplatte (Genitalplatten des ♂ hinter der allseitig umschlossenen Genitalöffnung mit einander verwachsen und stark verbreitert, am gemeinschaftlichen Hinterrande herzförmig ausgeschnitten	9. **L. lucifera** . . . p. 175
10	Stift auf der Beugeseite des 2. Gliedes des Maxillarpalpus spitz, schwach zurückgekrümmt . . .	10. **L. maculata** . . . p. 176
	Stift abgestumpft, gerade — 11.	
11	Endglied des 4. Beines mit 5 oder 6 mittellangen Fiederborsten auf der Beugeseite	11. **L. koenikei** . . . p. 177
	Endglied des 4. Beines mit 3 oder 4 verkümmerten Börstchen	12. **L. campanulata** . p. 178

1. **L. laeta** Stoll 1887 *L. l.*, Stoll in: Biol. Centr.-Amer., Arach. Acar., p. 14, 48 t. 8 f. 2.

♂. Rumpf eirund, fast kugelig; Rücken gewölbt. Maxillarpalpus kurz, so dick wie die Grundglieder des 1. Beines, ohne Höcker und Stift auf der Beugeseite des 2. Gliedes, mit einer Anschwellung auf der Grundhälfte der Beugeseite des 4. Gliedes. Beine ziemlich kurz; Endglied des 4. Beines mit nicht gliedlanger Borste nahe der Spitze. Genitalklappen zu einer breiten, fünfeckigen, nach vorn keilförmig zulaufenden Scheibe verschmolzen, die in der vorderen Hälfte von einer auffallend kurzen Genitalöffnung durchbrochen wird; Genitalnäpfe jederseits 3, im Dreieck stehend. Färbung hellgelb durchscheinend, Rückenflecken schwärzlich, Malpighisches Gefäss gelb, an den Enden der Ästchen weisslich. — ♀ unbekannt. — ♂ 1,2 mm l.

Guatemala.

2. **L. armata** Koen. 1895 *L. a.*, Koenike in: D.-O.-Afr., *v.* 4 p. 7.

♀. Rücken und Bauch hoch gewölbt. Capitulum weit vorgeschoben, von aussergewöhnlicher Grösse. Maxillarpalpus lang, dicker als die Grundglieder des 1. Beines; Zapfen etwa in der Mitte der Beugeseite des 2. Gliedes niedrig, einen schief nach vorn gerichteten, dünnen und spitzen Stift tragend. 4. Glied am längsten, Beugeseite in der proximalen Hälfte mässig verdickt, weiter distal 3 winzige Haarhöckerchen aufweisend; Endglied mit kurzem soliden Haken am distalen Ende der Streckseite. Epimeren fast $^2/_3$ der Bauchfläche bedeckend; die 1. hinter dem Capitulum mit einander verwachsen, jede in Gemeinschaft mit der 2. einen schnabelartig, lateralwärts gekrümmten Fortsatz ausschickend; 3. Epimere medial sich verbreiternd. Pore am Medialrande derselben weiter vom Medialrande fort und nach hinten gerückt als die benachbarte Haarpapille; 4. Epimere vorn ungemein breit, auf die

Seitenfläche des Rumpfes übergreifend. Beine mässig lang, schwach beborstet; das 4. krallenlos; Krallen der anderen Beine klein, stark gekrümmt, auf der Innen- und Aussenseite mit je einem kleinen Nebenzahn. Genitalhof zwischen den 4. Epimeren liegend; Genitalklappen je 3, bogig hinter einander liegende Genitalnäpfe tragend, vorn in einen hakigen, 128 μ l. Fortsatz verlängert, der wahrscheinlich als Stech- oder Klammerorgan dient; Lateralende des Fortsatzes mit 2 Krallen bewehrt, Seitenfläche 3 Härchen tragend. — ♂ unbekannt. — ♀ 860 μ l., 550 μ h.

Ost-Afrikanisches Seengebiet.

3. **L. aspera** Koen. 1898 *L. a.*, Koenike in: Abh. Senckenb. Ges., *v.* 21 II p. 407 t. 25 f. 114—117.

♂. Rumpf eiförmig, Rücken stark gewölbt, Bauch flach. Integument mit 2,8 μ l., kegelförmigen Spitzchen dicht besetzt. Stirnborsten 48 μ l. Gegenseitiger Abstand der Augen vorn 130 μ, hinten 144 μ; Lücke zwischen den Augen einer Seite 21 μ; Linse des Vorderauges gross und kugelig, vorn seitlich aufsitzend, die des Hinterauges viel kleiner, nach hinten gerichtet. Capitulum ohne besondere Abweichungen. Mandibel 216 μ l., Vorderglied auffallend kurz und dünn. Maxillarpalpus 268 μ l., wenig dicker als die Grundglieder des 1. Beines; Beugeseite des 4. Gliedes mit 3 neben einander stehenden, je eine Borste tragenden Höckern; 2. Glied mit einem mässig hohen Höcker ausgestattet, auf dessen Höhe ein kurzer, zugespitzter Stift sitzt; distales Ende der Beugeseite des vorletzten Gliedes einen kleinen, rechtwinklig abstehenden schiefen Stift aussendend; Endglied zweispitzig. Epimeren die vordere Hälfte der Bauchfläche bis an den Stirnrand bedeckend; gegenseitiger Abstand zwischen der 2. und 3. Platte sehr schmal. Länge der Beine vom 1. bis zum 4. Paare: 430 μ, 510 μ, 510 μ und 640 μ; Borstenbesatz derselben ähnlich wie bei L. connata; nur das 5. Glied des 3. Beines und das 4. und 5. Glied des 4. Beines mit einigen Schwimmhaaren; Dolch- und Schwertborsten des 3. und 4. Beines häufig gefiedert; Endglied des 4. Beines auf der Innenseite, unweit der krallenlosen Spitze eine lange Borste aussendend; Krallen klein, auf der Innen- und Aussenseite je einen kleinen Nebenzahn besitzend. Genitalhof ähnlich wie bei L. connata, jedoch nach dem Hinterende zu verhältnismässig breiter; Genitalplatten bläulich, vor und hinter der 80 μ l. Genitalöffnung mit einander verwachsen, mit je 4 Genitalnäpfen, von denen 2 vorn und 2 hinten gelagert sind; vor der Genitalöffnung ein schwarzer Punkt, hinter derselben deren 2. — ♀. Höcker auf der Beugeseite des 4. Gliedes niedriger als bei dem ♂. Genitalhof aus 2 etwa 160 μ l., nach hinten verbreiterten Genitalplatten bestehend, die ebenfalls vorn und hinten je 2 Genitalnäpfe tragen; Genitalstützkörper am Vorderende der Genitalöffnung gross und sichelförmig. Ei kugelrund, 120 μ im Durchm. — Nph. Integument ohne Zapfenbesatz. Höcker auf der Beugeseite des 2. Gliedes des Maxillarpalpus ohne Stift. Capitulum wie beim Im. mit kräftigem Höckerpaar vor der Einlenkungsstelle des Maxillarpalpus. Genitalhof aus 2 in der Mittellinie mit einander verwachsenen, kurzen, je 2 Genitalnäpfe tragenden Genitalplatten bestehend; zwischen den beiden hinteren Näpfen 2 wahrscheinlich näpfchenartige, sehr winzige Gebilde. Färbung wie bei dem Im. gelblich, Beine und Maxillarpalpus grünlich. — ♂ 600 μ l., 500 μ br.; ♀ 650 μ l.; Nph. 350 μ l.

Insel Nossi-Bé bei Madagaskar (Djabala-See).

4. **L. lorea** Thor 1899 *L. l.*, Thor in: Arch. Naturv. Christian., *v.* 21 nr. 5 p. 23 t. 8 f. 86—87.

♂. L. undulata sehr nahe stehend. Integument netzartig gezeichnet. Stift auf der Beugeseite des 2. Gliedes des Maxillarpalpus länger als bei der Vergleichsart; 4. Glied auf derselben Seite zwischen dem distalen Ende und den dort auftretenden beiden Borsten mit einer grösseren Einbuchtung. Hinteres Ende der 1. Epimere ohne Saum. Genitalplatten vorn und hinten zusammengewachsen, eine fast apfelschnittförmige Scheibe bildend, mit geradlinigen Medialrändern. Färbung gelblich mit dunklen Rückenflächen; Beine und Maxillarpalpus bläulich. — ♀ unbekannt. — ♂ 1,3—1,6 mm l.

Norwegen (Avtjern, Ringerike).

5. **L. histrionica** (Herm.) 1804 *Hydrachna h.*, Hermann, Mém. apt., p. 55 t. 2 f. 2 | 1834 *Atax histrionicus*, Ant. Dugès in: Ann. Sci. nat., ser. 2 *v.* 1 p. 146 t. 10 f. 13—17 | 1854 *Limnesia histrionica*, Bruzelius, Beskr. Hydrach., p. 40 t. 4 f. 2—5 | 1880 *L. h.*, Neuman in: Svenska Ak. Handl., n. ser. *v.* 17 nr. 3 p. 98 t. 13 f. 1 | 1892 *L. h.*, Piersig in: Zool. Anz., *v.* 15 p. 411 (Lv.) | 1897 *L. h.*, Piersig in: Zool., *v.* 22 p. 205 t. 23 f. 60 | 1900 *L. h.*, Soar in: Sci. Gossip, ser. 2 *v.* 6 p. 17 f. 1—4 | 1835 *L. fulgida*, C. L. Koch, C. M. A., fasc. 2 f. 19 | 1886 *L. f.*, Berlese in: A. M. S., fasc. 28 nr. 8 | 1884 *L. maculata*, Krendowskij in: Trav. Soc. Univ. Kharkow, *v.* 18 p. 304 t. 7 f. 4 (♂), 7 (Nph.) 8 (Lv.) | 1897 *L. longipalpis*, Soar in: Int. J. Micr., *v.* 7 p. 23 t. 3 f. 6—9.

♀ (Fig. 42). Rumpf oval, ohne Einbuchtungen; Rücken hochgewölbt. Integument sehr fein liniiert. Capitulum 270 μ l. und 190 μ br. Maxillarpalpus $^1/_3$—$^1/_2$ so lang wie der Rumpf, fast doppelt so stark wie die Grundglieder des 1. Beines. Zapfen auf der Beugeseite des 2. Gliedes 28 μ l., mit einem 20 μ l. Stift ausgestattet, schief nach vorn gerichtet; 4. Glied doppelt so lang wie das 2., schlank gebaut, auf der Beugeseite zwischen Mitte und distalem Ende mit 2 kleinen, fast neben einander gelagerten Haarhöckern; Stift am distalen Innenrande desselben Gliedes winzig, mit der feinen Spitze nach unten weisend; Endglied mit 3 Zähnchen. Hinterer Medialrand der 1. Epimere mit breitem, bis an die Medianlinie herantretendem Saume, von dem der gegenüberliegenden 1. Epimere nur durch eine feine Spalte getrennt; 3. und 4. Epimere mit gemeinschaftlichem Medialende; Drüsenöffnung unmittelbar neben dem stumpfen Winkel, mit welchem die Grenznaht zwischen der 3. und 4. Epimere nach vorn umbiegt. Beine vom 1.—4. gleichmässig an Länge zunehmend; Endglied des 4. Beines auf der Beugeseite 4 oder 5 Haare aufweisend, das distale die Gliedspitze weit überragend. Genitalhof länglich, vorn flach, hinten breit abgerundet; Genitalklappen mit geradem Medial- und vorn konkavem, hinten konvexem Lateralrande; vorderer Genitalnapf durch einen, seinem Durchm. gleichkommenden Abstand von den zusammengerückten 2 hinteren Genitalnäpfen geschieden. Färbung rot, Rückenflecke verwischt, Epimeren, Genitalklappen, Capitulum, Maxillarpalpus und Beine meist schwärzlich gefärbt. — ♂. Maxillarpalpus und Beine länger als beim ♀. Genitalöffnung 176 μ l., von schmalen Lefzen verschlossen. Genitalklappen vorn und hinten mit einander verwachsen, zusammen einen Umriss bietend wie die Schnittfläche eines in seiner Längsrichtung halbierten Apfels; Genitalnäpfe wie bei dem ♀ verteilt. — Nph. mit 4, auf 2 mit einander verschmolzenen, dachförmig sich aneinander lehnenden Genitalplatten

Fig. 42. L. histrionica. ♀, Bauchseite.

verteilten Genitalnäpfen. Beugeseite des 2. Gliedes des Maxillarpalpus ohne Höcker und Stift. — Lv. dorsoventral stark zusammen gedrückt. Augen einer Seite schon geschieden. Borstenbesatz auf Rücken und Bauch sehr dürftig. 1. Epimere auffallend breit, weit nach hinten sich erstreckend und dort von der nachfolgenden nicht deutlich abgetrennt; die 2. sehr schmal, unvollkommen abgegliedert. 1. und 2. Bein am Vorderrande des Rumpfes eingelenkt, vom 3. weit abgerückt; Endglied mit 3 Krallen. Analplatte undeutlich umgrenzt, oval. Hinterrandborsten etwa $^1/_3$ so lang wie der Rumpf. Färbung gelbbräunlich bis bläulich. — ♀ 1,5—2 mm l., 1,3—1,8 mm br.; ♂ kaum $^1/_2$ so gross; Nph. 600—750 µ l.; Lv. 320 µ l., 150 µ br.

Deutschland, Frankreich, Oesterreich-Ungarn, Schweiz, Süd-Russland, Finnland, Skandinavien, England, Schottland.

6. **L. undulata** (Müll.) 1781 *H. undulata,* O. F. Müller, Hydrachnae, p. 80 t. 11 f. 1 | 1836 *Limnesia u.,* C. L. Koch, C. M. A., fasc. 6 f. 14 | 1895 *L. u.,* Koenike in: Abh. Ver. Bremen, *v.* 13 p. 206 t. 2 f. 48 | 1896 *L. u.,* Koenike in: Forschber. Plön, *v.* 4 p. 228 | 1897 *L. u.,* Piersig in: Zool., *v.* 22 p. 209 t. 22 f. 57 | 1804 *Hydrachna erythrophthalma,* Hermann, Mém. apt., p. 57 t. 3 f. 3 | 1870 *Limnesia pardina,* Neuman in: Öfv. Ak. Förh., *v.* 27 p. 109 | 1880 *L. p.,* Neuman in: Svenska Ak. Handl., n. ser. *v.* 17 nr. 3 p. 101 t. 1 f. 3 | 1887 *L. p.,* Barrois & Moniez, Cat. Hydrach., p. 35 | 1879 *L. variegata* + *L. tesselata* + *L. triangularis* + *L. cassidiformis,* Lebert in: Bull. Soc. Vaudoise, ser. 2 *v.* 16 p. 344, 349 t. 11 f. 2; p. 350 t. 11 f. 3; p. 355 t. 11 f. 4 | 1881 *L. calcarea,* Koenike in: Z. wiss. Zool., *v.* 35 p. 622 | 1884 *L. tigrina,* Krendowskij in: Trav. Soc. Univ. Kharkow, *v.* 18 p. 303 t. 7 f. 5—6.

♀. Rumpf breit oval, hinten prall abgerundet. Integument fein liniiert. Capitulum breit. Maxillarpalpus ungefähr doppelt so dick wie die Grundglieder des 1. Beines, $^1/_2$ so lang wie der Rumpf; kegelförmiger Zapfen auf der Beugeseite des 2. Gliedes länger als bei L. histrionica, mit eingelassenem, stumpf zugespitztem Stift an der Spitze. Genitalöffnung ca. 240 µ l., Genitalklappen zusammen eine wappenförmige Figur wie bei der Vergleichsart bildend; Vorderer Genitalnapf durch einen Abstand von den beiden hinteren getrennt. Färbung gelblich durchscheinend, manchmal grünlich; Rückenflecke schwärzlich, das weisslich gefärbte Malpighische Gefäss umschliessend. — ♂ kleiner, nur durch den Genitalhof äusserlich abweichend, Genitalklappen vor und hinter der Genitalöffnung breit verwachsen, zusammen eine fast kreisrunde Scheibe bildend, die vorn eine flache Einkerbung trägt; Genitalnäpfe bogenförmig hinter einander gelagert, der vordere durch einen mässigen Abstand vom mittleren geschieden; jede Genitalklappe am Lateralrande mit zahlreichen feinen Härchen. — Nph. grünlich gefärbt, dem gleichen Entwickelungsstadium von L. histrionica sehr ähnlich. — ♂ 1,1—1,4 mm l.; ♀ 1,6—2 mm l; Nph. 600—750 µ l.

Mittel-Europa, England, Skandinavien, Süd-Russland, Nord-Amerika.

7. **L. scutellata** Koen. 1898 *L. s.,* Koenike in: Abh. Senckenb. Ges., *v.* 21 II p. 401 t. 25 f. 109, 110.

♂. Rumpf lang eiförmig, am Vorderrande nicht schmäler als am Hinterrande. Integument zu Panzerbildungen neigend. Auf der hinteren Hälfte des Rückens eine kleine, unregelmässig umrandete, 100—120 µ l. längswellig gerillte Platte von feinporiger Beschaffenheit. Linse des vorderen Auges birnförmig. Capitulum mit sehr kurzem Schnabelteile. Mandibel 225 µ l., ähnlich gestaltet wie bei L. aspera. Maxillarpalpus 272 µ l.; Stift auf der Beugeseite des 2. Gliedes ohne deutlichen Grundhöcker, weit nach der Aussenseite gerückt. Zwischenraum zwischen der 2. und 3. Epimere fehlend; 1. Epimerenpaar hinter dem Capitulum auf längerer Strecke dicht neben einander herlaufend; 3. Epimere medial nicht eckig vorstehend. Längenverhältnis des 1.—4. Beines: 460 μ, 640 μ, 580 μ und 850 μ; Endglied des 4. Beines auf der Beugeseite mit einigen kurzen, dicht anliegenden Dornborsten, doch ohne lange Säbelborste unweit der krallenlosen Spitze. Fiederborsten am 4. Beine fehlend; 1. und 2. Bein auf der Unterseite des 1. Gliedes je 1 kräftige, mittellange, an der Spitze gemshornartig gekrümmte Borste aufweisend; Krallen innen und aussen mit Nebenzahn. Genitalhof auffallend gross, zwischen den 4. Epimeren gelegen, etwa 240 μ l. und 256 μ br.; Genitalplatten die Lefzen nach hinten weit überragend und daselbst an Breite zunehmend, durch ein feinporöses, am Hinterrande bogenförmig vorspringendes Zwischenpanzerstück mit einander verbunden, mit je 3 im Dreieck geordneten Genitalnäpfen; Genitalöffnung 80 μ l. Sog. Analöffnung 150 μ vom Genitalhof entfernt, hinter den Analdrüsenhöfen gelegen. Färbung rötlich oder bräunlich. Beine, Epimeren und Maxillarpalpus bläulich. — ♀. Rücken ebenfalls mit einer kleinen Panzerplatte auf der hinteren Hälfte, jedoch kleiner und ungefähr kreisrund (Durchm. 64 μ). 3. Epimere ohne vorstehende Medialecke, doch daselbst mit einem Fortsatz in fussartiger Form. Länge des 1.—4. Beines: 510 μ, 800 μ, 800 μ und 1,1 mm; Grundglied des 1. und 2. Beines ohne gemshornartig gekrümmte Borste. Genitalhof 192 μ l. und 160 μ br., ähnlich gestaltet wie bei L. campanulata. — Ei kugelrund, 120 μ im Durchm. Sog. Analöffnung 420 μ vom Genitalhof entfernt. — Nph. unbekannt. — ♂ 700 μ l., 530 μ br.; ♀ 1,1 mm l., 800 μ br.

Madagaskar (Morondava).

8. **L. connata** Koen. 1895 *L. c.*, Koenike in: Zool. Anz., *v.* 18 p. 383 f. 8 | 1896 *L. c.*, Koenike in: Forschber. Plön, *v.* 4 p. 229 f. 16 | 1897 *L. c.*, Piersig in: Zool., *v.* 22 p. 217 t. 22 f. 58 | 1899 *L. c.*, Thor in: Arch. Naturv. Christian., *v.* 21 nr. 5 p. 22 | 1900 *L. c.*, Soar in: Sci. Gossip, ser. 2 *v.* 6 p. 19 f. 11—14 | 1900 *L. c.*, Thon in: Rozpr. České Ak., *v.* 9 Classe 2 nr. 15 p. 36.

♀. Rumpf kurz eiförmig, hinten ungemein breit. Integument fein liniiert. Capitulum sehr breit (96 μ). Maxillarpalpus auf der Beugeseite des 2. Gliedes mit scharfspitzigem Stift ohne Grundhöcker; 4. Glied auf der Beugeseite ganz vorn 2 grössere Borsten und einige winzige Härchen tragend; Endglied zweispitzig. 1. Epimeren mit ihren abgerundeten Medialenden sich fast berührend; Medialende der 3. Epimere mit einer Drüsenöffnung und einem weiter lateral stehenden Börstchen. Beine spärlich behaart; Schwimmborsten nicht in Büscheln, sondern vereinzelt auftretend. Genitalhof 160 μ l., auffallend lang gestreckt; vordere Genitalnäpfe hart am Vorderrande der Genitalklappen, von den beiden hinteren, am entgegengesetzten Ende gelagerten Genitalnäpfen durch einen grossen Abstand geschieden; Genitalklappen mit flach konkaven Lateralrändern. Färbung gelblich bis hellbräunlich, Rückenflecke braun, Malpighisches Gefäss weisslich. — ♂. Maxillarpalpus 2/3 so lang wie der Rumpf, 2. Glied annähernd so lang wie das 4. Genitalhof in der Mitte der Bauchfläche; Genitalklappen an beiden Enden mit einander verwachsen; vorderer Genitalnapf ebenfalls durch einen grösseren Abstand vom mittleren getrennt, letzterer aber nicht schief neben, sondern vor dem hinteren Genitalnapf; am Lateralrande der Genitalklappen zahlreiche feine Härchen. — ♂ 500—600 μ l., 430—480 μ br.; ♀ 620 μ l., 520 μ br.

Borkum, Oldenburg, Holstein, Sächsisches Erzgebirge bei Annaberg, Böhmen, England, Norwegen.

9. **L. lucifera** Koen. 1898 *L. l.*, Koenike in: Abh. Senckenb. Ges., *v.* 21 II p. 404 t. 25 f. 111—113.

♂. Rumpf kurz eiförmig, am Vorderende erheblich schmäler als am Hinterende; Rücken stark gewölbt, hinten steil abfallend; Bauchfläche fast gerade. Augen schwarz oder leuchtend feuerrot erscheinend. Capitulum mit einem ziemlich langen, am Grunde recht dicken Schnabelteil ausgestattet. Mandibel 304 μ l., schlanker als bei L. scutellata; Grundglied ohne knieartigen Vorsprung. Maxillarpalpus etwas dicker als die Grundglieder des 1. Beines, ca. 275 μ l.; Stift auf der Beugeseite des 2. Gliedes kürzer und schwächer und mehr nach der Innenseite gerückt als bei der Vergleichsart; 2. und 3. Glied mit reichem Borstenbesatz auf der Streckseite; Borsten auf der Beugeseite des 4. Gliedes weit nach vorn gerückt, sehr kräftig entwickelt; rechtwinklig abstehendes Zähnchen am distalen Ende desselben Gliedes vorhanden. Epimeren wie bei L. scutellata über den Vorderrand des Rumpfes hinausragend; 2. und 3. Epimere einander der Länge nach berührend; 1. Epimerenpaar hinter dem Capitulum nur kurz (80 μ), einander dicht gegenüber stehend; 3. Epimere medial eckig vorspringend. Länge des 1.—4. Beines: 550 μ, 620 μ, 590 μ und 860 μ; Endglied des 4. Beines ohne lange Borste nahe der distalen Spitze, jedoch mit einigen ziemlich langen, abstehenden Borsten auf der Innenseite; gemshornartig gekrümmte Borste auf dem Grundgliede des 1. und 2. Beines fehlend; mittlere Glieder des 3. und 4. Beines an dem distalen Ende einige deutlich gefiederte Borsten aufweisend; an der Krallengrube des 3. Beines ebenfalls eine solche; Krallen mit einem ziemlich kräftigen, anliegenden, äusseren und inneren Nebenzahn. Genitalhof ähnlich wie bei dem ♂ von L. scutellata, etwa 192 μ l. und 216 μ br.; Genitalöffnung und Lefzen von den Genitalplatten völlig eingeschlossen; letztere sich weit nach hinten erstreckend, am Hinterende verbreitert, mit je 3, im Dreieck angeordneten Genitalnäpfen, in der Mittellinie hinter der 96 μ l. Genitalöffnung auf eine annähernd gleiche Strecke mit einander verschmolzen. Sog. Analöffnung 200 μ vom Genitalhof entfernt. Färbung grünlich gelbbraun; Beine, Epimeren und Maxillarpalpus bläulichgrün. — ♀. 2. und 3. Epimere von einander abgerückt. Länge des 1.—4. Beines: 560 μ, 720 μ, 690 μ und 1 mm. Genitalhof im Umriss wie bei L. koenikei, mit ausgeschweiften lateralen Längsseiten, etwa 192 μ l. und 160 μ br.; zwischen dem vorderen und dem mittleren Genitalnapf ein grösserer Abstand als bei der Vergleichsart. Sog. Analöffnung 330 μ vom Genitalhof abgerückt. Ei kugelrund, 144 μ im Durchm. — Nph. in 2 verschiedenen Grössen auftretend. Pigmentkörper der Augen rot, doch ohne das Feuer bei Betrachtung im Dunkelfelde. Beugeseite des 2. Gliedes des Maxillarpalpus ohne Stift. Genitalhof mit 4 auf 2 in der Medianlinie verwachsenen Platten verteilten Genitalnäpfen. 4. Bein weniger Schwimmborsten besitzend als der Im. — ♂ 720 μ l., 610 μ br., 510 μ h.; ♀ 950 μ l., 800 μ br.; Nph. 500 μ oder 400 μ l.

Insel Nossi-Bé bei Madagaskar (Djabala-See), Madagaskar (Majunga).

10. **L. maculata** (Müll.) 1776 *Hydrachna m.,* O. F. Müller, Zool. Dan. Prodr., p. 191 nr. 2289 | 1781 *H. m.*, O. F. Müller, Hydrachnae, p. 81 t. 11 f. 3 | 1793 *Trombidium maculatum,* J. C. Fabricius, Ent. syst., *v.* 2 p. 406 | 1805 *Atax maculatus,* J. C. Fabricius, Syst. Antl., p. 366 | 1854 *Limnesia maculata,* Bruzelius, Beskr. Hydrach., p. 42 t. 4 f. 6—8 | 1897 *L. m.,* Piersig in: Zool., *v.* 22 p. 211 t. 23 f. 59 | 1900 *L. m.,* Soar in: Sci. Gossip, ser. 2 *v.* 6 p. 18 f. 5—7 | 1900 *L. m. var. depressa,* Thon in: Rozpr. České Ak., *v.* 9 Classe 2 nr. 15 p. 37 | 1875 *L. undulata* + *L. m.,* P. Kramer in: Arch. Naturg., *v.* 41 I p. 312 t. 9 f. 20, 21 | 1836 *Limnesia venustula* + *L. rutilata* + *L. phoenicea* + *L. attalica* + *L. maculata* + *L. cyanipes* + *L. vitellina* + *L. modesta* + *L. affinis,* C. L. Koch, C. M. A., fasc. 6 f. 10—12, 15, 16, 19—21; fasc. 7 f. 7 | 1879 *L. magna,* P. Kramer in: Arch. Naturg., *v.* 45 I p. 10 t. 1 f. 4.

Integument fein liniiert. Maxillarpalpus etwa $^1/_4$ der Länge des Rumpfes erreichend, so dick wie die Grundglieder des 1. Beines; Höcker auf der Beugeseite des 2. Gliedes breit kegelförmig aufsteigend, samt dem in der Spitze eingelassenen Stift nach unten und hinten zeigend; 3. Glied ungefähr so lang wie das 2.; Beugeseite des 4. und längsten Gliedes neben den beiden unbedeutenden Haupt-Haarhöckern noch eine Anzahl winziger Haarwärzchen aufweisend; Haupthöcker weit über die Mitte des Gliedes nach vorn gerückt, der äussere mehr als der innere; Streckseite und Innenfläche gleichfalls mit einigen Haarwärzchen; Endglied spitz auslaufend mit winzigen Nägeln. Capitulum klein. 1. Epimeren lang, am Hinterende stark einander genähert, nur durch einen gleichmässig schmalen Spalt von einander geschieden; Abgliederung der 3. Epimere von der 4. bis zum Medialende deutlich zu verfolgen. Beine reich beborstet. Genitalhof ca. 280 μ l.; Genitalklappen ähnlich wie bei L. histrionica, nach hinten am Lateralrande etwas breitbauchiger, mit zahlreichen, auf grossen Höckern stehenden, im Gegensatz zu L. histrionica mehr auf den Medialraum der Platte beschränkten, sehr langen und feinen Haaren. Färbung rot, meist mit sehr verwischten schwärzlichen Rückenflecken; Maxillarpalpus, Beine, Epimeren, Capitulum und Genitalklappen bräunlich. — ♂ mit 180 μ l. Genitalöffnung; Genitalklappen mit konkavem Medialrande und einer vom Hinterrande des 1. Genitalnapfes bis zum mittleren Medialrande des nachfolgenden sich ziehenden, bogenförmig angeordneten Borstenreihe nebst einigen anderen Haaren. — Nph. mit einem ähnlichen Genitalhofe wie bei dem gleichen Entwickelungsstadium von L. histrionica. Ohne Zapfenhöcker auf der Beugeseite des 2. Gliedes des Maxillarpalpus. — Lv. länglich; Hinterende des Rumpfes in eine lange, abgerundete Spitze ausgezogen; sonst wie bei L. histrionica. — ♂ 1 mm l.; ♀ 1,5—2 mm l.; Nph. 850 μ l., 710 μ br.

Deutschland, Schweden, Oesterreich-Ungarn, Russland, Finnland, Frankreich, England, Schweiz, Italien.

Mit 1 Varietät:

10α. **L. maculata var. depressa** Thon 1900 *L. m. var. d.*, Thon in: Rozpr. České Ak., *v.* 9 Classe 2 nr. 15 p. 37.

Im. Rücken sehr flach, nur 500 μ h. Färbung dunkelrot. — Im. 1,2 mm l.

Böhmen (Goltsch-Jenikau, Borkowitz).

11. **L. koenikei** Piersig 1894 *L. k.*, Piersig in: Zool. Anz., *v.* 17 p. 115 | 1895 *L. k.*, Koenike in: D.-O.-Afr., *v.* 4 nr. 6 p. 9 f. 5—8 | 1896 *L. k.*, Pisařovic in: SB. Böhm. Ges., nr. 17 p. 7 | 1897 *L. k.*, Piersig in: Zool., *v.* 22 p. 215 t. 22 f. 56 | 1899 *L. k.*, Thor in: Arch. Naturv. Christian., *v.* 21 nr. 5 p. 22 | 1900 *L. k.*, Soar in: Sci. Gossip, ser. 2 *v.* 6 p. 19 f. 11—14 | 1897 *L. venustula*, Thor in: Arch. Naturv. Christian., *v.* 19 nr. 11 p. 24.

♀. Integument sehr fein liniiert. Capitulum 190 μ l. und 110 μ br.; Mundöffnung gross, ihr Rand rot gefärbt. Maxillarpalpus $^1/_3$ so lang wie der Rumpf, $1^1/_2$ mal so dick wie die Grundglieder des 1. Beines; Höcker auf der Beugeseite des 2. Gliedes wulstartig; Stift bis zum abgestumpften Ende fast gleich stark, gerade; 4. Glied am längsten, auf der Beugeseite mit einigen weit nach vorn gerückten winzigen Haarwällen, auf denen Borsten von ungleicher Länge und Stärke stehen. Vordere Epimeren ähnlich wie bei L. maculata. Beine mässig lang, mit reichlichem Haar- und Borstenbesatz; Endglied des 4. Beines wie in der Übersicht der Arten angegeben. Genitalhof etwa die Mitte der Ventralfläche einnehmend, 190 μ l. und 160 μ br., nach hinten bauchig verbreitert; Genitalnäpfe ähnlich wie bei L. maculata gelagert. Färbung schmutzig gelb bis grünlich; Flecken schwärzlich, mit einander verschmolzen, nur um die rot pigmentierten Augen und an den Hinterenden des Rumpfes lichte Stellen frei lassend; Malpighisches Gefäss gelblich oder weisslich, mehr oder weniger reich verzweigt auf Rücken und Bauch durchscheinend. — ♂. Genitalhof mit halbmondförmig gebogenen Genitalklappen, die Genitalöffnung völlig umschliessend. — Nph. der gleichen Jugendform von L. maculata ähnlich, jedoch wie der Im. gefärbt. — ♀ 1—1,2 mm l., 800—880 μ br.

Deutschland, Oesterreich-Ungarn, Skandinavien, Finnland, England, Nord-Amerika.

Mit 1 Varietät:

11 *a.* **L. koenikei var. gibbosa** Thon 1900 *L. k. var. g.*, Thon in: Rozpr. České Ak., *v.* 9 Classe 2 nr. 15 p. 36 f. 1, 2.

Rumpf birnförmig; Rücken vorn eingesattelt, hinten stark gewölbt. — Im. 850 μ l.

Böhmen (Goltsch-Jenikau und Schlan).

12. **L. campanulata** Koen. 1895 *L. c.*, Koenike in: D.-O.-Afr., *v.* 4 nr. 6 p. 9 f. 1—4.

♀. Der vorigen Art sehr ähnlich. Borstenbesatz der Beine dürftiger, am 4. Bein an Stelle der zahlreichen Fiederborsten nur halblange und kurze Borsten ohne deutliche Fiederung. Genitalklappen zusammen eine fast elliptische, 176 μ l. Platte bildend, seltener nach hinten verbreitert wie bei L. koenikei. Haarwärzchen nicht wie bei dieser Art in der hinteren Medialecke der 3. Epimere, sondern wie die benachbarte Pore dem Vorderrande stark genähert. — ♂. Genitalklappen vor und hinter der 93 μ l. Genitalöffnung mit einander verwachsen; Genitalhof 128 μ l., von glockenförmiger Gestalt, hinten beträchtlich breiter (192 μ) als vorn. — ♀ 800 μ l.; ♂ merkbar kleiner.

Ost-Afrika (Bukóba).

L. albella C. L. Koch 1836 *L. a.*, C. L. Koch, C. M. A., fasc. 6 f. 24.

Unbestimmbare Nph. — Deutschland (Hohengebrachinger Weiher bei Regensburg).

L. calcarea (Müll.) 1776 *Hydrachna c.*, O. F. Müller, Zool. Dan. Prodr., p. 191 nr. 2286 | 1781 *H. c.*, Müller, Hydrachnae, p. 78 t. 11 f. 5.

Zeichnet sich durch ein auffallend langes 2. Glied des Maxillarpalpus aus. — Dänemark.

L. fenestrata C. L. Koch 1836 *L. f.*, C. L. Koch, C. M. A., fasc. 6 f. 23.

Unbestimmbare Nph. — Deutschland (Hohengebrachinger Weiher bei Regensburg).

L. guatemaltica Stoll 1887 *L. g.*, Stoll in: Biol. Centr.-Amer., Arach. Acar., p. 13, 47 t. 7 f. 2.

Nph. — Guatemala.

L. longipalpis C. L. Koch 1836 *L. l.*, C. L. Koch, C. M. A., fasc. 7 f. 8.

Nph. — Deutschland (Hohengebrachinger Weiher bei Regensburg).

L. longipes Neuman 1885 *L. l.*, Neuman in: Göteborgs Vetensk. Handl., *v.* 20 p. 13.

Rumpf wenig gewölbt, verkehrt eiförmig. Maxillarpalpus etwa so dick wie die Beine, bis zum Grunde des 5. Gliedes des 1. Beines reichend, wie bei L. maculatus ausgerüstet. Epimeren mehr als die vordere Hälfte der Bauchfläche bedeckend, über den Vorderrand des Rumpfes hinausragend, in der Mittellinie stark genähert. Beine sehr lang, das 4. doppelt so lang wie der Rumpf, viel dichter mit Borsten und Schwimmborsten versehen als bei L. maculata. Genitalhof zwischen den 3. Epimeren beginnend, mit dem Hinterende nicht über die Einlenkungsstellen des 4. Beines hinausragend, breit herzförmig mit Genitalnäpfen wie bei der Vergleichsart. Färbung rotgelb mit undeutlichen schwarzen Flecken, Beine und Maxillarpalpus weisslichgelb. — Im. 850 μ l.

Dänemark (Hulsö).

L. marmorata Neuman 1880 *L. m.*, Neuman in: Svenska Ak. Handl., n. ser. *v.* 17 nr. 3 p. 102 t. 12 f. 1.

Maxillarpalpus kaum so dick wie die Grundglieder des 1. Beines, $^1/_3$ so lang wie der Rumpf; 2. Glied auf der Beugeseite mit einem unbedeutenden Höcker und einem darauf sitzenden, winzigen, rückwärts gerichteten, spitzen Stift, ähnlich wie bei L. maculata. Genitalhof wie bei der Vergleichsart. Färbung grau, Flecken bräunlich, Malpighisches Gefäss weisslichgrau, von weissen und rosenroten Adern netzartig durchzogen. — Im. 2—2,3 mm l., 1,7—1,9 mm br.

Schweden (Mälar-See bei Kungshamn).

L. minutissima C. L. Koch 1836 *L. m.*, C. L. Koch, C. M. A., fasc. 6 f. 17.

Frisch ausgeschlüpfte Nph. — Bayern (Hohengebrachinger Weiher bei Regensburg).

L. oblonga C. L. Koch 1836 *L. o.*, C. L. Koch, C. M. A., fasc. 6 f. 18.

Unbestimmbare Art, der L. maculata sehr nahe verwandt.

Deutschland (Schlösselweiher bei Regensburg).

L. puteorum Stoll 1887 *L. p.*, Stoll in: Biol. Centr.-Amer., Arach. Acar., p. 14, 48 t. 7 f. 3.

Maxillarpalpus mittellang, kaum so dick wie die Grundglieder des 1. Beines; 2. Glied mit einem schief nach vorn geneigten, schwach gebogenen, in das Integument unmittelbar eingelassenen, spitzen Stift; Beugeseite des 4. Gliedes wahrscheinlich ohne Haarhöcker. Genitalhof ähnlich wie bei L. maculata. Färbung gelbbraun, Flecken schwärzlich, verschwommen, Malpighisches Gefäss weisslich, wenig verzweigt. Endglied des 4. Beines nahe der Endspitze mit einem mässig langen Haar. — ♂ unbekannt. — ♀ 1 mm l.

Guatemala.

L. sacra C. L. Koch 1836 *L. s.*, C. L. Koch, C. M. A., fasc. 6 f. 22.

Unbestimmbare Nph. — Deutschland (Hohengebrachinger Weiher bei Regenburg).

L. tigrina C. L. Koch 1836 *L. t.*, C. L. Koch, C. M. A., fasc. 6 f. 13.

Maxillarpalpus nicht dicker als die Grundglieder des 1. Beines. Färbung gelblich, Flecken schwärzlich, Maxillarpalpus und Beine unrein grün. Grösse wie L. maculata.

Deutschland (Graben auf dem Bruderwehr bei Regensburg).

L. tricolor Lebert 1879 *L. t.*, Lebert in: Bull. Soc. Vaudoise, ser. 2 *v.* 16 p. 347.

Im. Maxillarpalpus kurz und mässig dick, kaum $^1/_3$ so lang wie das 1. Bein, 2. Glied mit einem kegelförmigen Zapfen auf der Beugeseite; 4. Glied am längsten und dünnsten. 1. Bein länger als das 2., das 4. länger als das 3., letztere beide mit Schwimmborsten, 4. Bein angeblich mit kurzen Krallen. Augen einer Seite beinahe verschmolzen, von denen der anderen Seite 500 μ entfernt. Färbung rötlich, mit einem weissen doppelten Kranz und zahlreichen schwarzen Flecken und Punkten auf dem Rücken. Malpighisches Gefäss reich verzweigt. Genitalhof mit sechs Genitalnäpfen. Geschlecht nicht angegeben. — Im. 1 mm l., 750 μ br.

Schweiz (Genfer See, in der Uferzone bis 8 m Tiefe).

L. sp., Stoll 1887 *L. longipalpis* (err., non C. L. Koch 1836!), Stoll in: Biol. Centr.-Amer., Arach. Acar. p. 13, 47 t. 9 f. 2.

Maxillarpalpus lang, etwa so dick wie die Grundglieder des 1. Beines; 2. Glied gedrungen, auf der Beugeseite mit einem auf einem Höcker sitzenden, nur wenig nach vorn geneigten Stift; 4. Glied schlank, mit 2 nahe bei einander stehenden, mässig hohen Haarhöckern auf der Beugeseite. Genitalhof ähnlich wie bei L. maculata, nach hinten mässig verbreitert; zwischen dem 1. und 2. Genitalnapf ein deutlicher Abstand. Endglied des 4. Beines mit 2 mässig langen Borsten nahe der Spitze. Färbung hellgelb, durchscheinend, Flecken schwärzlich, Mapighisches Gefäss schwefelgelb. — ♂ unbekannt. — ♀ 500 μ l.

Guatemala.

36. Gen. **Limnesiopsis** Piersig

1897 *Limnesiopsis* (Typ.: *L. anomala*), Piersig in: Zool., *v.* 22 p. 204.

Integument dicht mit Spitzen besetzt. Augen einer Seite weit aus einander gerückt. Stift auf der Beugeseite des 2. Gliedes des Maxillarpalpus ohne Höcker dem Integument eingefügt. Epimeren im allgemeinen wie bei Limnesia; Drüsenöffnung jedoch nicht auf dem Medialende der 3., sondern der 4. Epimere. Beine reich beborstet; Krallen mit einem winzigen äusseren und 5 inneren Nebenzähnen. Genitalhof mit zahlreichen kleinen, auf 2 Genitalplatten verteilten Genitalnäpfen.

Canada.

1 Art.

1. **L. anomala** (Koen.) 1895 *Limnesia a.*, Koenike in: Abh. Ver. Bremen, *v.* 13 p. 207 t. 2 f. 49—53 | 1896 *L. a.*, Koenike in: Forschber. Plön, *v.* 4 p. 236 | 1897 *Limnesiopsis a.*, Piersig in: Zool., *v.* 22 p. 204.

Integument mit 10 µ l. Spitzchen. Maxillarpalpus etwa $^1/_2$ so lang wie der Rumpf; Stift auf der Beugeseite des 2. Gliedes rechtwinklig abstehend, spitz zulaufend. 4. Glied fast so lang wie die 3 Grundglieder zusammen genommen, auf der Beugeseite vorn mit 2 ungleich starken Haarborsten nebst einigen feinen Härchen. Schwimmborsten am 2. Bein vereinzelt, am 3. und 4. Bein reichlich auftretend; Endglied des 4. Beines ausser einer langen Borste nahe dem krallenlosen, distalen Ende mit 6 Schwimmborsten besetzt; Fiederborsten in so reicher Anzahl wie bei Limnesia koenikei. Genitalhof beim ♀ nur 350 µ l., mit 2 nicht mit einander verwachsenen, aber hinter der Genitalöffnung einander stark genäherten, sichelförmig gebogenen Genitalklappen und 288 µ l. Genitalöffnung, beim ♂ 160 µ l. Genitalhof 580 µ br., von Gestalt herzförmig mit nach vorn gerichteter, abgestumpfter, eine mittlere, flache Einkerbung tragender Spitze; Genitalplatten in der Medianlinie an beiden Enden auf längerer Strecke zusammen gewachsen, eine Naht noch erkennen lassend; Genitalöffnung in der Mitte des Genitalhofes, klein, nur 160 µ l. — ♂ & ♀ bis 2 mm l.

Canada (Mecches Lake).

37. Gen. **Koenikea** Wolcott

1900 *Koenikea* (Typ.: *K. concava*), Wolcott in: Tr. Amer. micr. Soc., *v.* 21 p. 189.

Rumpf fast kreisrund, dorsoventral stark zusammen gepresst, mit einer flachen Ausmuldung auf dem Rücken. Integument panzerartig erhärtet, von zahlreichen, feinen, nicht verästelten, gleich gerichteten Poren durchbrochen; Rückenpanzer durch eine Ringfurche vom dorsalwärts übergreifenden Bauchpanzer geschieden. Ventrales Vorderende des Capitulum beim ♀ auffallend verlängert und einen dorsalwärts gebogenen, spitz zulaufenden Fortsatz bildend, beim ♂ nur in einen kurzen Vorsprung ausgezogen. Epimeren beim ♀ auf jeder Seite an einander stossend, nur in der Medianlinie mehr oder weniger von einander abgerückt, beim ♂ zu einer einzigen Platte verschmolzen, bei der nur das hintere Plattenpaar durch Nähte völlig abgegrenzt ist, während die vorderen Epimeren mit ihren proximalen Enden und medialen Rändern unvollkommen von einander geschieden sind. Beine mit Schwimmborsten. Genitalöffnung hinter den Epimeren, durch ähnliche, abgeplattete Lefzen seitlich verschlossen, wie bei den Arrhenurus-Weibchen; Genitalnäpfe zahlreich und klein, jederseits des lateralen Randes der Lefzen in die Körperhaut eingebettet.

Nord-Amerika.

1 Art.

1. **K. concava** Wolcott 1900 *K. c.,* Wolcott in: Tr. Amer. micr. Soc., *v.* 21 p. 190 t. 11 f. 15—21, t. 12 f. 23—24.

Rumpf nur wenig länger als breit, auf dem abgeplatteten Rücken flach muldenartig ausgehöhlt, ohne Einbuchtungen am Vorder- und Hinterende. Rückenpanzer durch eine parallel mit dem Körperende laufende Ringfurche von dem allseitig nach oben übergreifenden Bauchpanzer abgesetzt. Mündungshöfe der Hautdrüsen schwach ausgebildet, mit je einer feinen Borste. Stirnrandborsten stärker ausgebildet. Seitenaugen mässig von einander abgerückt, mit einem Abstande von ca. 200 μ. Capitulum des ♀ durch eine schnabelartige Verlängerung des distalen Endes der Ventralseite ausgezeichnet, die, schwach sichelartig nach oben gebogen, nach vorn in eine Spitze ausläuft und auf ihrem Rücken eine mediane Rinne aufweist, in dieser bewegen sich die verlängerten dünnen Krallenglieder der Mandibeln. Capitulum des ♂ ohne diesen hornartigen Vorsprung. Maxillarpalpus beim ♀ 210 μ l., ungewöhnlich schlank und dünn; 2. Glied am längsten und kräftigsten, aber nur wenig dicker als das kurze Grundglied, mit 2 Borsten auf dem Rücken; 3. Glied etwa halb so lang wie das 4., auf der Innenfläche ein langes, feines Haar tragend; 4. Glied auf der Beugeseite mit einem schief nach vorn gerichteten Zapfen, der auf seiner Spitze eine kurze, gerade Borste besitzt; Endglied mit 3 Nägeln, von denen die beiden unteren auf einander aufliegen. Epimeren beim ♀ nur in der Medianlinie des Rumpfes von einander mehr oder weniger abgerückt; 1. Paar nur durch eine enge Spalte von einander geschieden; 4. Epimere mit stumpfer Hinterrandecke. Epimeren des ♂ zu einer Platte verschmolzen; 1. Paar mit abgestumpften Vorderecken, in der Medianlinie völlig verwachsen; 1.—3. Paar an den proximalen Enden ohne Naht in einander übergehend; 4. Epimeren in der Medianlinie und nach vorn zu deutlich abgegliedert, von unregelmässig fünfeckiger Gestalt. Beine ziemlich kurz, vom 1. bis zum 4. beim ♀ 571 μ, 637 μ, 719 μ und 826 μ l., beim ♂ 464 μ, 566 μ, 597 μ und 663 μ messend; wenige Schwimmborsten am 5. Gliede des 3. und am 4. und 5. Gliede des 4. Beines. Borsten und Fiederborsten in mässiger Anzahl, am 4. Beine am zahlreichsten auftretend. Genitalöffnung beim ♀ 143 μ, beim ♂ 122 μ l., von abgeplatteten, chitinösen Lefzen begrenzt, die zusammen eine vorn schwach zugespitzte, hinten flach abgestutzte, kreisförmige, 117—133 μ br. Scheibe bilden, von deren lateralen Rändern je ein flügelförmiges Feld zahlreicher, in die Haut eingebetteter, kleiner Genitalnäpfe ausgeht. Sog. Analöffnung am hinteren Rumpfende. Färbung wahrscheinlich bläulich oder grünlich. — ♂ 618 μ l., 584 μ br.; ♀ 685 μ l., 618 μ br.

Nord-Amerika (Lake St. Claire in Michigan, Reed's-Fisk's, Lamberton, Power's und Dean's Lake bei den Grand Rapids in Michigan).

38. Gen. **Atractides** C. L. Koch

1837 *Atractides* (part.), C. L. Koch, C. M. A., fasc. 11 f. 16 | 1842 *A.,* C. L. Koch, Übers. Arach., *v.* 3 p. 22 | 1897 *A.,* Piersig in: SB. Ges. Leipzig, *v.* 22/23 p. 82 | 1897 *A.,* Piersig in: Zool., *v.* 22 p. 186 | 1898 *A.,* Koenike in: Abh. Senckenb. Ges., *v.* 21 II p. 416 t. 26 f. 128—130 | 1900 *A.,* Soar in: Sci. Gossip, ser. 2 *v.* 6 p. 79 | 1880 *Megapus* (Typ.: *M. spinipes*), Neuman in: Svenska Ak. Handl., n. ser. *v.* 17 nr. 3 p. 63 | 1899 *M.,* Thor in: Arch. Naturv. Christian., *v.* 21 nr. 5 p. 38.

Rumpf eiförmig oder elliptisch. Integument weich oder zu einem biegsamen oder spröden feinporösen Panzer umgewandelt. Maxillarpalpus ebenso dick oder dünner als die Grundglieder des 1. Beines; 3. Glied länger als das 2. Vordere Epimeren-Gruppen hinter dem Capitulum verwachsen; 4. Epimere am Hinterrande quer abgestutzt. 1. Bein länger als das nachfolgende, mit umgewandeltem 5. und 6. Gliede. Genitalhof vom hinteren Bauchrand abgerückt; Genitalplatten sichelförmig oder dreiseitig, beim ♂ die Genitalöffnung umschliessend (Fig. 43, p. 183).

Deutschland, Schweden, Nord-Frankreich, Süd-Ost-Afrika.

5 sichere, 1 unsichere Art.

Übersicht der sicheren Arten:

1	Maxillarpalpus mit Höckerbildungen auf der Beugeseite der mittleren Glieder — 2.		
	Maxillarpalpus ohne Höckerbildungen an gleicher Stelle — 3.		
2	Beugeseite des 2. Gliedes des Maxillarpalpus mit kräftigem doppelkuppigen Höcker	1. **A. nodipalpis** . .	p. 182
	Beugeseite des 2. und 3. Gliedes mit je einem verschieden gestalteten Höcker	2. **A. gibberipalpis** .	p. 182
3	Integument fein liniiert	3. **A. spinipes** . . .	p. 183
	Integument fein porös — 4.		
4	Integument zu einer biegsamen, dünnen, lederartig zähen Panzerdecke umgebildet	4. **A. loricatus** . . .	p. 184
	Integument zu einer spröden, derben Panzerdecke umgebildet	5. **A. thoracatus** . .	p. 184

1. **A. nodipalpis** (Thor) 1899 *Megapus n.*, Thor in: Arch. Naturv. Christian., *v.* 21 nr. 5 p. 39 t. 17 f. 120, 121.

♂. Rumpf breit oval bis oval. Integument fein liniiert. 2. Glied des Maxillarpalpus mit einem kräftigen, doppelkuppigen, an den Spitzen abgerundeten Höcker auf der Beugeseite; 3. Glied ohne jede Höcker- oder Zapfenbildung; 4. Glied am Grunde stark eingezogen, nach vorn schnell an Stärke zunehmend, sodass auf der Beugeseite unweit des proximalen Endes ein schwacher, stumpf winkliger Vorsprung entsteht, der eine kräftige, gebogene Borste trägt; vordere Borste bedeutend schwächer entwickelt; Borste auf der Innenfläche des 4. Gliedes mittellang, wenig gebogen. Bildung des 1. Beines und des Genitalhofes wie bei A. spinipes. Färbung gelblich mit brauner Fleckenzeichnung und stark verzweigtem, hellgelblichem Malpighischem Gefässe. — ♀ unbekannt. — ♂ 560—600 μ l.

Norwegen.

2. **A. gibberipalpis** Piersig 1898 *A. g.*, Piersig in: Zool. Anz., *v.* 21 p. 523.

♀. Rumpf breit oval. Integument weich, fein liniiert. Maxillarpalpus etwas schwächer als die Grundglieder des 1. Beines, etwa $^1/_3$ so lang wie der Rumpf; Längenverhältnis des 1.—4. Gliedes wie 3 : 20 : 22 : 25 : 9 (auf der Streckseite gemessen); 2. Glied am distalen Ende der Beugeseite mit einem quer gestellten, doppelkuppigen Höcker; 3. Glied auf der gleichen Seite etwa in der Mitte mit einem kurzen, an der Spitze abgerundeten Zapfen. Haarborsten auf der Beugeseite des 4. Gliedes sehr lang; Streckseite desselben Gliedes mit zahlreichen Härchen besetzt; Borste auf der Innenfläche dolchartig. 5. Glied des 1. Beines 224 μ l., bis zum letzten Viertel an Dicke zunehmend, dann wieder verjüngt; Degenborsten an der am stärksten erhöhten Stelle der Beugeseite 104 μ und 92 μ l.; 6. Glied mit konkaver Beuge- und schwach konvexer Streckseite, ca. 144 μ l., mit 3 Borsten auf der Beugeseite und ziemlich grosser Doppelkralle am distalen Ende. Genitalöffnung mit mittelgrosser Genitalöffnung. Genitalplatten sichelförmig, je 3 bogig hinter einander gestellte Genitalnäpfe tragend. Färbung bräunlich, Malpighisches Gefäss gelblich oder weisslich durchschimmernd, wenig verzweigt. — ♂. Epimeren enger zusammen gerückt, etwa die Hälfte der Bauchfläche einnehmend. Maxillarpalpus und Capitulum wie beim ♀. 1.—4. Bein 720 μ, 592 μ, 704 μ und 992 μ l. Seitenaugen gross, schwärzlich, etwa 128 μ von einander abstehend. Genitalhof 184 μ l. und 140 μ br.; Genitalöffnung von den vorn und hinten verschmolzenen Genitalplatten allseitig umschlossen. ♂ 608 μ l., 320 μ br.; ♀ 720—750 μ l.

Sachsen (kleine Mittweida bei Nitzschhammer).

3. **A. spinipes** C. L. Koch 1837 *A. s.*, C. L. Koch, C. M. A., fasc. 11 f. 16 | 1842 *A. s.*, C. L. Koch, Übers. Arach., *v.* 3 t. 2 f. 10 | 1894 *A. s.*, Piersig in: Zool. Anz., *v.* 17 p. 116, 376 f. 1 (Lv.) | 1897 *A. s.*, Piersig in: Zool., *v.* 22 p. 186 t. 18 f. 45 | 1875 *Nesaea s.*, P. Kramer in: Arch. Naturg., *v.* 41 I p. 297 t. 8 f. 7 (Nph.) | 1880 ***Megapus s.***, Neuman in: Svenska Ak. Handl., n. ser. *v.* 17 nr. 3 p. 64 t. 1 f. 4 | 1899 ***M.*** *s.*, Thor in: Arch. Naturv. Christian., *v.* 21 nr. 5 p. 39 | 1883 *Atractides s.* + *A. ovalis*, Koenike in: Abh. Ver. Bremen, *v.* 8 p. 32, 33 | 1887 *A. o.*, Barrois & Moniez, Cat. Hydrach., p. 20 | 1895 *A. o.*, Koenike in: Abh. Ver. Bremen, *v.* 13 p. 211 t. 3 f. 58, 59.

♀. Maxillarpalpus $^1/_3$ so lang wie der Rumpf, nicht so dick wie die Grundglieder des 1. Beines. 4. Glied auf der Beugeseite 2 hinter einander gestellte, auf winzigen Höckern stehende Borsten tragend, mit einer kräftigen Säbelborste auf der Innenfläche, ein wenig über die Mitte nach vorn gerückt in der Nachbarschaft der vorderen Beugeseitenborste, ausserdem mit zahlreichen feinen Härchen auf dem Rücken; Endglied fast nur halb so dick, wie das distale Ende des 4. Gliedes, zweispitzig. 3. Epimere keilförmig, mit der medialen Spitze weit nach hinten gezogen, die 4. fast dreieckig, am Vorderrande, etwa in der Mitte von einer Drüsenöffnung durchbohrt. 1. Bein länger als das 2.; vorletztes Glied am längsten (176 μ), nach dem distalen Ende verdickt, mit 2 kräftigen Degenborsten am distalen Ende der Beugeseite; Endglied auffallend schwach und kurz (120 μ), nach der Beugeseite zu gekrümmt, mit sehr kleinen Krallen. Genitalhof mitten auf der hinteren Bauchfläche; Genitalöffnung 170 μ l., von flach gewölbten, breiten Lefzen verschlossen; Genitalplatten schmal sichelförmig, mit je 3 in einem schwachen Bogen hinter einander gestellten Genitalnäpfen und einigen an den Rändern verteilten feinen Börstchen. Sog. Analöffnung nahe dem hinteren Körperende. Färbung licht topasgelb, Flecken dunkel kaffeebraun; Malpighisches Gefäss baumartig verästelt, gelblich. — ♂ vom ♀ äusserlich nur durch einen abweichenden Genitalhof (Fig. 43) unterschieden; Genitalplatten die bedeutend kleinere Genitalöffnung völlig umschliessend. 4. Glied des Maxillarpalpus dicker als beim ♀. — Nph. mit 4 auf 2 Genitalplatten verteilten Genitalnäpfen, dem Im. sehr ähnlich. — Lv. den Atax-Lv. entsprechend. Abtrennung der 1. und 2. Epimere unvollkommen. Analplatte gross, einem fast rechtwinkligen Kreisausschnitt mit nach hinten gekehrter, breit abgestutzter Spitze gleichend. — ♂ 560 μ l., 450 μ br.; ♀ 1—1,5 mm l., 0,8—1,1 mm br.

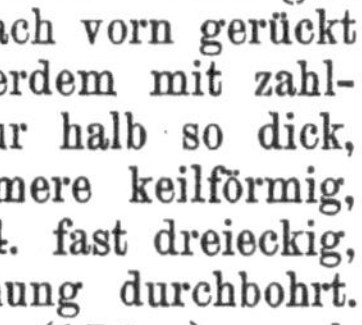

Fig. 43. A. spinipes. ♂, Genitalhof.

Deutschland, Schweiz, Ungarn, Nord-Frankreich, England, Schweden, Nord-Amerika.

4. **A. loricatus** Piersig 1898 *A. l.*, Piersig in: Zool. Anz., *v.* 21 p. 12 | 1900 *A. l.*, Piersig in: Zool., *v.* 22 t. 46 f. 182.

♀. Der vorigen Art sehr ähnlich. Integument biegsam, feinporös, bräunlich gefärbt, anscheinend glatt und 12 μ dick. Maxillarpalpus annähernd so dick wie die Grundglieder des 1. Beines, in der Bauart mit dem der vorigen Art übereinstimmend, nicht ganz $^1/_2$ so lang wie der Rumpf; Degenborsten auf der Innenseite des 4. Gliedes etwa in der Mitte stehend. Epimeren wenig abweichend. Vorletztes Glied des 1. Beines 156 μ l., Endglied wesentlich kürzer (100 μ l.), nicht ganz so schwach wie bei A. spinipes, Genitalöffnung 160 μ l.; Genitalplatten etwas kürzer und breiter, fast dreiseitig; der mittlere Genitalnapf mehr lateralwärts gerückt. — ♂ wie bei A. spinipes mit völlig umschlossener Genitalöffnung. Färbung bräunlichgelb, Malpighisches Gefäss weisslich, wenig verzweigt, Flecken chokoladenfarbig, Beine heller. — ♂ 480 μ l., 390 μ br.; ♀ 630 μ l., 480 μ br.

Ungarn (Zuflüsse des Felker-Sees in der Hohen Tatra).

5. **A. thoracatus** Koen. 1898 *A. t.*, Koenike in: Abh. Senckenb. Ges., *v.* 21 II p. 416 t. 26 f. 128—130.

♂. Rumpf von oben gesehen elliptisch, am Vorderrande 2 vorstehende, je eine breite Dolchborste tragende, kräftige Höcker; zwischen den Haarhöckern ausgebuchtet; Bauch- und Rückenfläche nur wenig gewölbt. Integument mit derbem, sprödem, fein porösem Panzer unter der weichen Oberhaut; Rückenpanzer die ganze Oberseite bedeckend; Rückenbogenfurche deshalb am Rumpfrande und nur in der Seitenlage des Tieres sichtbar. Gegenseitiger Abstand der ansehnlichen, unter dem Panzer liegenden Augen 88 μ. Capitulum winzig, in einen dünnen, langen Schnabelteil ausgezogen; hintere Fortsätze der oberen Wandung des Capitulum ausserordentlich lang und schwach. Mandibel 192 μ l., mit einem ungeknieten, am Hinterrande hakig gebogenen, dünnen Grundgliede und einem kräftigen, stark gebogenen Endgliede. Maxillarpalpus schwächer als die Grundglieder des 1. Beines, ähnlich gebaut wie diejenigen des ♂ von A. spinipes, 4. Glied jedoch in der Seitenansicht erheblich schwächer; Beugeseite desselben Gliedes auswärts 2 feine Borsten und auswärts zwischen denselben 1 kurze Dolchborste tragend; Endglied 2-spitzig. Epimeren ein wenig über den Vorderrand des Rumpfes hinausragend, mehr als die vordere Bauchhäfte bedeckend, etwa 280 μ l., eng an einander gerückt, nur hinten zwischen sich ein kleines Stück Bauchfläche freilassend; 2. und 3. Epimere nur am lateralen Ende durch eine Furche geschieden, sonst völlig verschmolzen; 2. Epimere viel weiter nach hinten sich erstreckend als die vorderste, mit der 3. gemeinschaftlich endigend. Beine mit porösem Integument, kürzer als bei A. spinipes, ohne besondere Merkmale; Krallen wie bei Atúrus scaber. Genitalhof vom Epimeralgebiet weit abgerückt, hinten breit abgerundet, vorn in eine stumpfe Spitze ausgezogen, breiter als lang; Genitalöffnung von den Genitalplatten völlig umschlossen, ca. 51 μ l.; letztere je 3 Genitalnäpfe tragend, die kleiner als bei der Vergleichsart sind. — ♀. Rumpf elliptisch; Höcker am Vorderrande nicht vorstehend, keine Ausbuchtung begrenzend. Integument weich, ohne Panzerbildungen. Gegenseitiger Abstand der Augen 120 μ. Capitulum und Maxillarpalpus wie beim ♂, nur grösser. Epimeralgebiet 280 μ l., nicht so weit nach hinten reichend; hintere Platten mehr aus einander gerückt, gegenseitiger Abstand der hinteren Medialecken der 4. Epimeren 80 μ (beim ♂ nur 32 μ); vordere Medialecke deutlicher hervortretend; 2. und 3. Epimere nur auf kurzer Strecke einander berührend; erstere hinten nicht über die

1. Epimere hinausragend. Genitalhof der Lage und Grösse nach wie bei A. spinipes; Genitalnäpfe nicht in einer Reihe hinter einander, sondern wie beim ♂ angeordnet; Genitalöffnung 112 μ l., vorn mit einem dicken, mondsichelförmigen Stützkörper abschliessend. — Nph. oval. Maxillarpalpus mit verbreitertem 4. Gliede. Epimeralgebiet ähnlich wie beim ♀, etwa 134 μ l.; Abstand der Medialecken der 4. Epimeren 80 μ. Medialrand der letzteren abgerundet, ohne vorspringende Ecke. Kralle des 4. Beines etwas grösser als am vorhergehenden. Genitalhof wie bei A. spinipes. Färbung unbekannt. — Ei kugelig, 103 μ im Durchm. — ♂ 500 μ l., 380 μ br., 250 μ h.; ♀ 670 μ l., 480 μ br.; Nph. 380 μ l.

Insel Nossi-Bé bei Madagaskar (Djabala-See).

A. tener (Thor) 1899 *Megapus t.*, Thor in: Arch. Naturv. Christian., *v.* 21 nr. 5 p. 39 t. 17 f. 119.

♂. Unterscheidet sich von A. spinipes durch schwächeren Bau, kleineren Maxillarpalpus, besonders aber durch das 6. Glied des 1. Beines, das nur sehr schwach gekrümmt ist. Genitalhof unregelmässig gebaut, auf der einen Genitalplatte nur 2 Genitalnäpfe. — ♀ unbekannt. — Grösse wie bei A. spinipes.

Möglicherweise mit A. spinipes zu vereinen.

Norwegen (Isi-elv in Laerum).

39. Gen. Capobates Thor

1898 *Capobates* (Typ.: *C. sarsi*), Thor in: Arch. Naturv. Christian., *v.* 20 nr. 5 p. 3 | 1898 *C.*, Thor in: Forh. Selsk. Christian., nr. 1 p. 3 | 1899 *Caprobates* (laps.), Brown in: Zool. Record, *v.* 35 Arach. p. 34.

Nahe verwandt mit Hygrobates. Rumpf verkehrt eirund, weichhäutig. Seitenaugen wie bei Atractides. Capitulum mit den Epimeren verwachsen; 3. Epimere unmittelbar an die 2. stossend. Epimeren wie bei Atax, ungewöhnlich lang, weit nach hinten reichend. Maxillarpalpus über $^2/_3$ so lang wie der Rumpf, dicker als die Grundglieder des 1. Beines; 2. Glied mit einem kegelförmigen, an der Spitze abgestumpften Zapfen auf der Beugeseite; 4. Glied sehr schlank, merkbar länger als das 2.; Zähnelung auf der Beugeseite des 2. und 3. Gliedes fehlend. Beine sehr lang, ohne eigentliche Schwimmborsten, aber mit einzelnen langen Borsten besetzt; 2. Bein am kürzesten. Genitalhof beim ♂ am Hinterende der Bauchfläche; Genitalplatten die Genitalöffnung umschliessend, mit je 3 Genitalnäpfen und zahlreichen Haarpapillen. Sog. Analöffnung auf dem Rücken.

Süd-Afrika.

1 Art.

1. **C. sarsi** Thor 1898 *C. s.*, Thor in: Arch. Naturv. Christian., *v.* 20 nr. 5 p. 3 t. 4 f. 1—5.

♂. Rumpf eirund, vorn schwach ausgebuchtet. Maxillarpalpus ca. 600 μ l., in der Gestalt an Hygrobates erinnernd; Zapfen auf der Beugeseite des 2. Gliedes glatt, ca. 40 μ l., wie die Beugeseite des 3. Gliedes ohne Zähnelung; 4. Glied mit 2 kurzen Borsten auf winzigen Höckern nahe dem distalen Gliedende. Epimeren über den Vorderrand des Rumpfes vorstehend. 1.—4. Bein 1,6 mm, 1,5 mm, 1,75 mm und 2 mm l.; Borsten an den Beinen oft paarweise stehend. Genitalhof ca. 150—200 μ l. und 300 μ br., vorn flach ausgerandet, hinten breit gerundet; Genitalnäpfe rundlich, ca. 30 μ im Durchm.; Zahl der Borsten jederseits 15—20. Sog. Genitalöffnung jederseits von einer Borste begleitet. Färbung nicht bekannt. — ♀ unbekannt. — ♂ 700—900 μ l., 600—800 μ br.

Pond in Cape Flats, bei Kapstadt.

40. Gen. **Hygrobates** C. L. Koch

1837 *Hygrobates*, C. L. Koch, C. M. A., fasc. 10 | 1842 *H.*, C. L. Koch, Übers. Arach., *v.* 3 p. 14 | 1854 *H.*, Bruzelius, Beskr. Hydrach., p. 37 | 1880 *H.*, Neuman in: Svenska Ak. Handl., n. ser. *v.* 17 nr. 3 p. 61 | 1897 *H.*, Piersig in: SB. Ges. Leipzig, *v.* 22/23 p. 82 | 1897 *H.*, Piersig in: Zool., *v.* 22 p. 191 | 1874 *Campognatha* (Typ.: *C. foreli*) (part.), Lebert in: Bull. Soc. Vaudoise, *v.* 13 p. 93 | 1897 *Rivobates* (Typ.: *R. norvegicus*), Thor in: Arch. Naturv. Christian., *v.* 19 nr. 11 p. 39.

Rumpf rund oder breit oval, weichhäutig. 2. Glied des Maxillarpalpus auf der Beugeseite meist mit einem kegelförmigen Zapfen, dieser sowie das Vorderende des 3. Gliedes in der Regel mit feinen Spitzchen besetzt. Vordere Epimeren-Gruppen mit einander verwachsen (Fig. 44, p. 187). Beine ohne eigentliche Schwimmborsten. Genitalhof jederseits der Genitalöffnung mit einer breit sichelförmigen, oder fast dreiseitigen, je 3 oder mehr Genitalnäpfe tragenden Genitalplatte; beim ♂ sind beide Genitalplatten vorn und hinten mit einander verschmolzen. Malpighisches Gefäss in der Regel stark verzweigt.

Europa, Nord-Amerika und Mittel-Asien.

11 sichere, 7 unsichere Arten, 2 Unterarten, 2 Varietäten.

Übersicht der sicheren Arten:

1	Jede Genitalplatte mit nur 3 Genitalnäpfen — 2.		
	Jede Genitalplatte mit mehr als 3 Genitalnäpfen — 8.		
2	Maxillarpalpus am Vorderrande der Beugeseite des 4. Gliedes mit Zapfen oder höckerartiger Verdickung — 3.		
	Maxillarpalpus an gleicher Stelle ohne Zapfen oder höckerartige Verdickung — 7.		
3	4. Epimere unregelmässig dreiseitig, mit medial gerichteter Spitze	1. **H. trigonicus**	p. 187
	4. Epimere unregelmässig fünfeckig, mit mehr oder weniger deutlichem Medialrande — 4.		
4	Integument facettiert	2. **H. reticulatus**	p. 187
	Integument liniiert — 5.		
5	Zapfen auf der Beugeseite des 4. Gliedes des Maxillarpalpus kegelförmig zugespitzt — 6.		
	Zapfen zu einem abgerundeten, höckerigen Vorsprung umgebildet	3. **H. albinus**	p. 187
6	Liniierung der Haut fein; Beugeseitenborsten des 4. Gliedes des Maxillarpalpus fast nebeneinander	4. **H. longipalpis**	p. 188
	Liniierung der Haut sehr grob; Beugeseitenborsten des 4. Gliedes des Maxillarpalpus deutlich hinter einander	5. **H. calliger**	p 188
7	Maxillarpalpus auf der Beugeseite des 2. und 3. Gliedes mit zahlreichen feinen Zähnchen	6. **H. nigromaculatus**	p. 189
	Zähnelung fast völlig verschwunden	7. **H. exilis**	p. 190
8	Mit nur 5 Genitalnäpfen auf jeder Genitalplatte	8. **H. decaporus**	p. 190
	Mit 9—15 Genitalnäpfen auf jeder Genitalplatte	9. **H. multiporus**	p. 190
	Mit mehr als 15 Genitalnäpfen auf jeder Genitalplatte — 9.		
	Mit deutlichem Zapfen am Vorderende der Beugeseite des 2. Gliedes des Maxillarpalpus . .	10. **H. polyporus**	p. 190
	Ohne deutlichen Zapfen an gleicher Stelle, nur mit verdicktem Vorderrande	11. **H. norvegicus**	p 191

1. **H. trigonicus** Koen. 1895 *H. t.,* Koenike in: Zool. Anz., *v.* 18 p. 383 f. 9 | 1897 *H. t.,* Piersig in: Zool., *v.* 22 p. 198 t. 20 f. 50 | 1900 *H. t.,* Soar in: Sci. Gossip, ser. 2 *v.* 6 p. 138 f. 8, 9.

♀. Rumpf breit elliptisch ohne Einbuchtungen. Maxillarpalpus kaum $^1/_2$ so lang wie der Rumpf, in Bau und Ausrüstung wie bei H. longipalpis. Zapfen und Beugeseite des 3. Gliedes deutlich gezähnelt; Endglied in 2 Nägel auslaufend. Epimeren undeutlich netzartig punktiert; die 4. (Fig. 44) dreiseitig, ohne eigentliche Medialseite, Vorder- und Hinterrand in einer medial gerichteten Spitze zusammenstossend; 3. Epimere nicht bis an das Medialende der letzten heranreichend. Beine mässig lang. Genitalhof (Fig. 44) ein Stück hinter den Epimeren gelegen; Genitalöffnung 120 μ l.; Genitalplatten sichelförmig schmal mit 3 bogenförmig hinter einander gelagerten Genitalnäpfen. — ♂ unbekannt. — ♀ 650 μ l., 500 μ br.

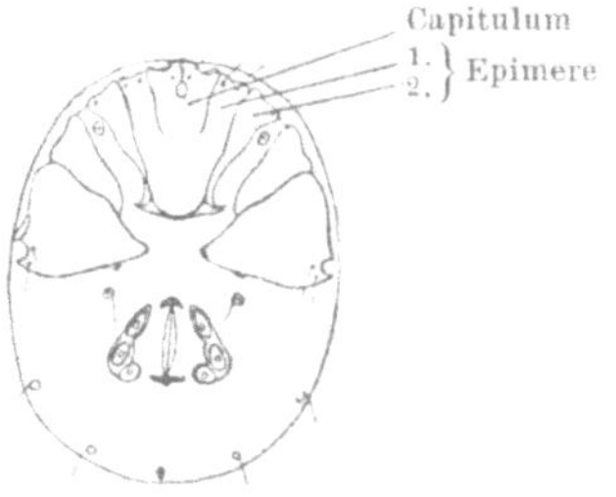

Fig. 44. **H. trigonicus.** ♀, Bauchseite.

Deutschland (Schlesien), Norwegen, England.

2. **H. reticulatus** (P. Kram.) 1879 *Nesaea reticulata,* P. Kramer in: Arch. Naturg., *v.* 45 I p. 11 t. 1 f. 8 (Nph.) | 1892 *Hygrobates reticulatus,* Koenike in: Zool. Anz., *v.* 15 p. 268 | 1897 *H. r.,* Piersig in: Zool., *v.* 22 p. 197 t. 19 f. 48 | 1900 *H. r.,* Soar in: Sci. Gossip, ser. 2 *v.* 6 p. 138 f. 6, 7 | 1882 *H. gracilis,* G. Haller in: Mt. Ges. Bern, 1881 II p. 68.

Integument mit netzartiger Linienzeichnung. Maxillarpalpus lang; Zapfen auf der Beugeseite des 2. Gliedes auffallend lang und schlank, wie die Unterseite desselben und des 3. Gliedes mit zahlreichen feinen Zähnchen besetzt; 4. Glied lang gestreckt, mit 2 weit hinter einander gestellten Borsten auf der Beugeseite. Genitalhof wie bei H. longipalpis. — ♂ 0,9—1,4 mm l., 0,85—1 mm br.; ♀ 1,2—2 mm l., 0,9—1,3 mm br.; Nph. 650—700 mm l.

Deutschland, Schweiz, England.

3. **H. albinus** Thor 1897 *H. a.,* Thor in: Arch. Naturv. Christian., *v.* 19 nr. 11 p. 36 t. 1 f. 11; t. 2 f. 12, 22.

♀. Maxillarpalpus lang und schlank; 2. Glied auf der Beugeseite vorn höckerartig vorgewölbt, ohne deutlichen Zapfen; Zähnelung auf dem Höcker und der distalen Beugeseitenhälfte des 2. und 3. Gliedes reichlich. Epimeren wie bei H. longipalpis; 4. Epimere auf der Oberfläche 6—10 rundliche Erhöhungen ohne Poren aufweisend. Genitalöffnung 150—160 μ l.; Genitalplatten den Lateralrand der Lefzen fast völlig umfassend, breit sichelförmig; Genitalnäpfe nicht hinter einander gestellt, die beiden letzten quer neben einander, der vordere mit diesen ein Dreieck bildend; Genitalhof eine verkehrt herzförmige Figur bildend. — ♂ mit den typischen Abweichungen. — ♀ 170 μ l., 110 μ br.; ♂ kleiner.

Norwegen (Waldbach zwischen Kjemsjö und Storsjö etc.).

Mit 2 Varietäten:

3a. **H. albinus var. albofasciata** Thor 1897 *H. a. var. albo-fasciatus,* Thor in: Arch. Naturv. Christian., *v.* 19 nr. 11 p. 38.

Malpighisches Gefäss den grösseren Teil des Rückens einnehmend, stark verzweigt.

3β. **H. albinus var. epimerosa** Thor 1897 *H. a. var. epimerosus,* Thor in: Arch. Naturv. Christian., *v.* 19 nr. 11 p. 39.

Epimeren den grössten Teil der Bauchseite einnehmend. Genitalhof nahe dem Hinterrande des Rumpfes gelegen. Jugendliche Form.

4. **H. longipalpis** (Herm.) 1804 *Hydrarachna l.,* Hermann, Mém. apt., p. 55 t. 3 f. 1 t. 9 f. P. | 1881 *Hygrobates l.,* Koenike in: Z. wiss. Zool., *v.* 35 p. 617 Anm. 2 | 1882 *H. l.,* G. Haller in: Mt. Ges. Bern., 1881 II p. 66 | 1887 *H. l.,* Barrois & Moniez, Cat. Hydrach., p. 20 | 1892 *H. l.,* Piersig in: Zool. Anz., *v.* 15 p. 154 | 1897 *H. l.,* Piersig in: Zool., *v.* 22 p. 192 t. 19 f. 47 | 1835 *Nesaea scapularis,* C. L. Koch, C. M. A., fasc. 5 f. 21 | 1837 *Hygrobates galbinus* + *H. rotundatus* + *H. iconicus* + *H. varians,* C. L. Koch, C. M. A., fasc. 10 f. 14—16; fasc. 11 f. 22—24 (Nph.) | 1841 *H. O-nigrum* + *H. V-brunneum,* C. L. Koch, C. M. A., fasc. 37 f. 14, 15 (Nph.) | 1854 *H. rotundatus,* Bruzelius, Beskr. Hydrach., p. 38 t. 4 f 1 | 1880 *H. r.* + *H. impressus,* Neuman in: Svenska Ak. Handl., n. ser. *v.* 17 nr. 3 p. 62, 63 t. 4 f. 4 | 1874 *Campognatha foreli,* Lebert in: Bull. Soc. Vaudoise, *v.* 13 p. 61 t. 1, 2 | 1875 *Nesaea dentata,* P. Kramer in: Arch. Naturg., *v.* 41 I p. 304 t. 8 f. 13 | ?1878 *Campognatha schnetzleri,* Lebert in: Bull. Soc. Vaudoise, *v.* 15 p. 502 | 1879 *C. s.* + *Nesaea lutescens,* Lebert in: Bull. Soc. Vaudoise, ser. 2 *v.* 16 p. 341 t. 10 f. 1; p. 365 t. 11 f. 9.

♀. Rumpf breit oval, vorn zwischen den Augen schwach eingebuchtet, Rücken hochgewölbt. Integument mit feiner, schwer wahrnehmbarer Liniierung. Maxillarpalpus $1^1/_2$ mal so dick wie die Grundglieder des 1. Beines, $^1/_2$—$^1/_3$ so lang wie der Rumpf; kegelförmiger Zapfen an dem vorderen Ende der konkav ausgebuchteten Beugeseite des 2. Gliedes ca. 40 μ l., von breitem Grunde sich erhebend, wie die Beugeseite des 3. Gliedes mit zahlreichen feinen Spitzchen besetzt; 4. Glied am längsten, auf der Beugeseite mit 2, über die Mitte des Gliedes nach vorn gerückten, durch eine schmale Firste getrennten, fast neben einander gelagerten Haarborsten; Endglied mit 3 Nägeln. Capitulum nach hinten wenig verschmälert, ohne sichtbare Grenzen in das vereinigte, eine Mittelnaht entbehrende gemeinschaftliche Hinterende der 1. Epimeren übergehend. 4. Epimere mit kurzem Medialrande und einer grossen, vergitterten Pore am Vorderrande. Beine vom 1.—4. an Länge zunehmend. Genitalhof hinter dem Epimeren-Gebiet; Genitalöffnung 160 μ l., seitlich von breiten, gewölbten Lefzen verschlossen; Genitalplatten breit sichelförmig, mit 3 grossen Genitalnäpfen, der mittlere dem hinteren lateral schief angelagert. Färbung schmutziggelb, Flecken braun, Malpighisches Gefäss reich verzweigt, hellgelb bis bräunlich. — ♂ mit schlankeren Beinen. — Nph. dem ♀ ähnlich. Rumpf fast kreisrund. Genitalhof aus 2 länglich runden, nach vorn einander zugeneigten, durch einen Abstand getrennten Genitalplatten mit je 2 dicht an einander gelagerten Genitalnäpfen bestehend. — Lv. vom Atax-Typus. Analplatte sehr gross, einem symmetrischen Trapez gleichend, nach hinten sich verschmälernd; Hinterrandborsten lang und kräftig entwickelt, auf grossen, beweglichen Zapfen sitzend. Färbung bläulich. — ♂ 1,3 mm l., 1,1 mm br.; ♀ 1,8—2,5 mm l., 1,5—2,1 mm br.; Nph. 700 μ l., 624 μ br., 530 μ h.; Lv. 350 μ l., 190 μ br.

Deutschland, Schweiz, Nord-Frankreich, England, Finnland, Süd-Russland, Oesterreich, Ungarn, Syrien, Palästina, Nord-Amerika.

5. **H. calliger** Piersig 1896 *H. c.,* Piersig in: Zool. Anz., *v.* 19 p. 439 | 1897 *H. c.,* Piersig in: Zool., *v.* 22 p. 200 t. 27 f. 127 | 1899 *H. c.,* Thor in: Arch. Naturv. Christian., *v.* 21 nr. 5 p. 36.

♀. Rumpf breit oval. Integument auf der Oberfläche mit schmalen, verhältnismässig hohen, lang ausgezogenen Leistchen, bei schwacher Vergrösserung als grobe Liniierung erscheinend; Leistchen am Körperrande als feine Spitzchen hervortretend. Maxillarpalpus reichlich $^1/_3$ so lang wie der Rumpf, nur wenig dicker als die Grundglieder des 1. Beines; kegelförmiger Zapfen auf der Beugeseite des 2. Gliedes etwa 30 μ l., mit einer Anzahl Spitzchen besetzt; Beugeseite des 3. Gliedes ebenfalls gezähnelt; 4. Glied auf der Beugeseite mit 2 merkbar hinter einander stehenden, je eine feine Haarborste tragenden, winzigen Höckern; Endglied zweispitzig. Epimeren mit stark verdickten Rändern und subkutanen Säumen. Medialrand der 4. Epimere kurz, vom Vorderrande stumpfwinklig abgesetzt. Genitalhof kurz hinter dem Epimerengebiet beginnend; Genitalöffnung 160 μ l. an den Enden mit kräftigen Stützkörpern; Genitalplatten 135 μ l., annähernd nierenförmig, mit je 3 Genitalnäpfen, 2 davon am Lateralrande, der 3. auf der Medialseite neben dem hinteren gelegen. Färbung hellgelb bis hellgrün, Flecken schwärzlich, Malpighisches Gefäss nicht so verzweigt, wie bei H. longipalpis. — ♂ mit 80 μ l., von schmalen Lefzen verschlossener Genitalöffnung. Genitalplatten zusammen eine breit herzförmige, mit der stumpfen Spitze nach vorn gerichtete Figur bildend, etwa 200 μ br. — ♂ 640 μ l., 540 μ br.; ♀ 800 μ l., 720 μ br.

Thüringen (Bäche bei Ziegenrück), Sachsen (Bäche bei Annaberg), Norwegen (Sandvikselv in Baerum bei Christiania).

6. **H. nigromaculatus** Lebert 1879 *H. n.*, Lebert in: Bull. Soc. Vaudoise, ser. 2 *v.* 16 p. 342 | 1882 H. *n.*, G. Haller in: Mt. Ges. Bern, 1881 II p. 67 | 1896 *H. n.*, Koenike in: Forschber. Plön, *v.* 4 p. 230 | 1897 *H. n.*, Piersig in: Zool., *v.* 22 p. 199 t. 19 f. 49.

Rumpf breit eiförmig, am Vorderrande flach ausgebuchtet. Integument ein liniiert. Maxillarpalpus $^1/_4$—$^1/_6$ so lang wie der Rumpf, ungefähr so stark wie die Grundglieder des 1. Beines; 2. Glied ohne oder mit stark verkümmerten Beugeseitenzapfen. 4. Epimere fast dreieckig; Medialrand derselben nur durch eine wenig ins Auge fallende Ecke vom queren Hinterrand abgesetzt. Genitalhof hinter den Epimeren; Genitalplatten mehr oder weniger sichelförmig, mit 3 Genitalnäpfen. Färbung hellbraun bis gelb, Flecken braun; Malpighisches Gefäss ungemein verzweigt, hellgelblich. — ♂ mit den typischen Abweichungen.

Die Art zerfällt in 2 Unterarten:

6a. **H. nigromaculatus nigromaculatus** Lebert 1879 *H. n.*, Lebert in: Bull. Soc. Vaudoise, ser. 2 *v.* 16 p. 343 | 1882 *H. n.*, G. Haller in: Mt. Ges. Bern, 1881 II p. 67.

Vordere Epimerengruppe auffallend lang, mit dem breit abgerundeten kaum verschmälerten Hinterende fast bis auf die Höhe des hinteren Randes der 4. Epimeren reichend. Maxillarpalpus sehr klein und kurz; das 2. und 3. Glied auf der Beugeseite fast glatt, nur mit dürftiger Zähnelung; an Stelle des Höckers auf der Beugeseite des 2. Gliedes eine niedrige Emporwölbung; vorletztes Glied kaum $1^1/_2$ mal so lang wie das 3. Glied. Beine lang und sehr schlank. — ♀ 2—2,5 mm l.

Schweiz (Genfer See).

6b. **H. nigromaculatus ramosus** Piersig 1897 *H. n. var. r.*, Piersig in: Zool., *v.* 22 p. 199 t. 19 f. 49 | 1899 *H. n.*, Thor in: Arch. Naturv. Christian., *v.* 21 nr. 5 p. 35.

Vordere Epimerengruppe nicht auffallend lang, mit dem verschmälerten, abgerundeten Hinterende noch nicht einmal den Vorderrand der 4. Epimere erreichend. Maxillarpalpus $^1/_4$ so lang wie der Rumpf; 2. Glied ohne Beugeseitenzapfen, aber wie das 3. Glied mit zahlreichen feinen Spitzchen auf der

Unterseite besetzt; 4. Glied annähernd doppelt so lang wie das vorhergehende. Beine mittellang. — ♀ 1,2—1,3 mm l.

Deutschland (Grosser Plöner See an der Schlossgartenecke, Vierer See), Norwegen (Ranebaek bei Tjötta).

7. **H. exilis** Koen. 1895 *H. e.*, Koenike in: Abh. Ver. Bremen, *v.* 13 p. 213 t. 3 f. 60—61.

♀. Rumpf eiförmig. Integument fein liniiert, am Hinterrande ventralwärts 2 an die Steissdrüsen von Atax crassipes erinnernde, flache, spaltförmige Drüsenmündungshöfe. Maxillarpalpus ca. $^1/_2$ so lang wie der Rumpf; ohne Zapfen am 2. Gliede; Zähnelung auf der Beugeseite dieses und des 3. Gliedes fehlend; Borsten auf der Beugeseite des 4. Gliedes schief neben einander vor der Mitte des Gliedes, die eine wesentlich stärker als die andere; Endglied mit 2 langen Nägeln. Epimeren eng an einander gerückt, die 3. ungemein lang, mit der 4. einen gemeinschaftlichen Medialrand bildend; wie diese schief zur Medianlinie der Bauchfläche geneigt, in der Mitte gekniet und von da an medial wesentlich verschmälert. Genitalöffnung 170 μ l., ein Stück hinter den Epimeren beginnend. Genitalplatten fast nierenförmig, viel kürzer als bei H. longipalpis und nicht bis an das Vorderende der Genitalöffnung reichend; hintere Genitalnäpfe medial fast neben dem mittleren gelagert. — ♂ unbekannt. — ♀ 500—750 μ l.

Canada (Flathead River).

8. **H. decaporus** Koen. 1895 *H. d.*, Koenike in: Abh. Ver. Bremen, *v.* 13 p. 215 t. 3 f. 62, 63.

♀. Integument glatt wie bei H. longipalpis. Maxillarpalpus kürzer als bei dieser Art, besonders das 4. Glied; das 2. am distalen Ende der Beugeseite mit höckerartig abgerundeten, niedrigen Zapfen; Zähnelung am 2. und 3. Gliede wesentlich schwächer, nur bei starker Vergrösserung sichtbar. Epimeren $^1/_3$ der Ventralfläche bedeckend, die 4. hinten quer abgeschnitten. Beine dünn, spärlich beborstet; einzelne Schwimmborsten vorhanden. Genitalöffnung 300 μ l., 1 mm weit vom Hinterrande der Epimeren gelegen. Genitalplatten nierenförmig, nach vorn etwas verjüngt, je 5 Genitalnäpfe tragend, von denen der am hintern Medialrande gelegene $^1/_2$ so gross wie die anderen ist. — ♂ unbekannt. — Grösse wie H. longipalpis.

Nord-Amerika (Sumpf in der Nähe des Flathead River).

9. **H. multiporus** Koen. 1895 *H. m.*, Koenike in: Abh. Ver. Bremen, *v.* 13 p. 216 t. 3 f. 64.

♂. Epimeren-Gebiet klein, 4. Epimere annähernd quadratisch, mit quer gestellter Hinterkante. Genitalhof in der Mitte der Ventralfläche, von breit herzförmiger Gestalt, die stumpfe Spitze nach vorn kehrend; 160 μ l. und 240 μ br. Genitalöffnung 80 μ l., allseitig von den Genitalplatten umgeben. Jede Genitalplatte mit 9—12 Genitalnäpfen. — ♀ unbekannt. — ♂ 1 mm l.

Nord-Amerika (Kit-a-mun River).

10. **H. polyporus** Piersig 1898 *H. p.*, Piersig in: Zool. Anz., *v.* 21 p. 524 | 1899 *H. p.*, Piersig in: Zool., *v.* 22 p. 473 t. 47 f. 147a—d.

♀. Rumpf breit oval, fast rund, vorn kaum abgestutzt. Integument liniiert. Maxillarpalpus etwa $^1/_4$ stärker als die Grundglieder des 1. Beines, 335 μ l.; 2. Glied auf der vorderen Beugeseite mit einem 24 μ hohen, kegelförmigen Zapfen; dieser sowohl als die distale Beugeseitenhälfte des 3. Gliedes dicht mit feinen Zähnchen besetzt; 4. Glied am längsten (184 μ), etwa 40 μ dick, auf der Beugeseite, etwas über die Mitte nach vorn gerückt, 2 gekrümmte Borsten tragend. Seitenaugen mässig gross, rot und schwarz pigmentiert, 272 μ von einander entfernt. Epimeren $^1/_3$ oder wenig mehr der Bauchfläche einnehmend. 4. Epimere nach der Medianlinie des Bauches zu verschmälert, in breit abgerundeter Spitze endigend. Genitalhof mitten auf der hinteren Bauchfläche; Genitalöffnung 272 μ l., vorn und hinten von kräftigen Skeletkörperchen gestützt; Genitalplatten ca. 172 μ l. und 96 μ br. halbkreisförmig, mit der fast geraden Schnittlinie medialwärts gekehrt, je 20—24 kleine, dicht an einander gedrängte Genitalnäpfe tragend; gegenseitiger Abstand der Genitalplatten vorn 248 μ, hinten 182 μ oder weniger. Malpighisches Gefäss nur mässig verzweigt. Sog. Analöffnung ein Stück hinter dem Genitalhofe. Färbung hellrötlich bis braun mit weisslichen Flecken und verästelten Zweigen auf dem Rücken; Beine und Maxillarpalpus heller. — ♂. Mit einer von den Genitalplatten allseitig umschlossenen, 120 μ l. Genitalöffnung; Genitalhof 272 μ l. und 208 μ br. — ♂ 900 μ l., 770 μ br.; ♀ 1,12 mm l., 900 μ br., 768 μ h.

Sachsen (Quelle im Forste bei Crottendorf im Erzgebirge).

11. **H. norvegicus** (Thor) 1897 *Rivobates n.*, Thor in: Arch. Naturv. Christian., *v.* 19 nr. 11 p. 39 t. 1 f. 10; t. 2 f. 20 | 1899 *R. n.*, Thor in: Arch. Naturv. Christian. *v.* 21 nr. 5 p. 36 t. 11 f. 110—114.

♀. Mit den Merkmalen der Gattung. Genitalhof fast wie bei der vorigen Art, aber mit 19—25 Genitalnäpfen, 260 μ l. und 340 μ br. Färbung gelbbraun, Flecken dunkelbraun, den ganzen Rücken bedeckend, Malpighisches Gefäss stark verzweigt, weisslich. — ♂ im Bau des äusseren Genitalhofes mit dem ♂ anderer Hygrobates-Arten übereinstimmend. — ♀ 260 μ l., 340 μ br.; ♂ merkbar kleiner.

Norwegen (Waldbach zwischen Kjemsjö und Storsjö).

H. borealis Thor 1897 *H. b.*, Thor in: Arch. Naturv. Christian., *v.* 19 nr. 11 p. 36.

Mit schmalem, langem, von zahlreichen feinen Spitzchen bedecktem Zapfen auf der Beugeseite des 2. Gliedes des Maxillarpalpus; die ganze Unterseite des 3. Gliedes und der distale Beugeseitenteil des 2. Gliedes sehr dicht mit feinen Spitzchen besetzt. Färbung durchscheinend hell; Flecken lichter als bei H. longipalpis. Sonst wie die Vergleichsart. Grösse nicht angegeben. Wahrscheinlich eine jugendliche Form von H. gracilis oder H. longipalpis.

Norwegen (Gewässer um Trondhjem).

H. cometes C. L. Koch 1837 *H. c.*, C. L. Koch, C. M. A., fasc. 10 f. 23, 24.

Mit Schwimmborsten an den Hinterbeinen. — Unbestimmbar.

Deutschland (Islinger Weiher bei Regensburg).

H. inaequalis C. L. Koch 1837 *H. i.*, C. L. Koch, C. M. A., fasc. 11 f. 20, 21.

Nicht einmal der Gattung nach mit Sicherheit zu bestimmen.

Deutschland (Schwarzbach bei Zweibrücken in der Pfalz).

H. longiporus Thor 1898 *H. l.*, Thor in: Arch. Naturv. Christian., *v.* 20 nr. 12 p. 3 | 1899 *H. l.*, Thor in: Arch. Naturv. Christian., *v.* 21 nr. 5 p. 36 t. 9 f. 107, 109.

♂. Rumpf breit oval. Integument fein liniiert. Maxillarpalpus ohne eigentlichen Zapfen auf der Beugeseite des 2. Gliedes, nur mit etwas vorgewölbtem Vorderrande, Zähnelung hier und auf der Beugeseite des 3. Gliedes etwas stärker als bei H. nigromaculatus und H. albinus. Epimeren über die Hälfte der Bauchfläche einnehmend, eng an einander gerückt, nur zwischen der 2. und 3. ein ca. 40 µ breiter Abstand, wie der Maxillarpalpus und die Genitalplatten netzartig gefeldert; jedes Feld von feinen Pünktchen eingefasst. 4. Epimere sehr gross, fünf- oder sechseckig, mit gebogenem, zackigem Rande. Beine lang, das 4. ca. 2,1 mm messend. Genitalplatten wie bei anderen ♂ der Gattung vorn und hinten miteinander verwachsen, an beiden Vereinigungspunkten tief ausgebuchtet und in jeder Einbuchtung je einen kräftigen Stachel tragend. Genitalöffnung lang und schmal. Jede Genitalplatte neben einer Anzahl Borsten 3 Genitalnäpfe aufweisend; letztere auffallend lang und schmal, besonders der hintere, der Genitalöffnung genäherte (150 µ l. und 40 µ br.), der von dem benachbarten durch einen beträchtlichen Zwischenraum getrennt ist; vorderer Genitalnapf etwas medialwärts geneigt, der hintere, lateral gelagerte, schief lateral weisend. Färbung wie bei H. reticulatus. — ♀ unbekannt. — Nph. dem Im. ähnlich, mit 4 Genitalnäpfen. — ♂ 0,9—1,4 mm l., 0,8—1,1 mm br.

Norwegen (Roslandsaa, Mühlgraben bei Neseim und bei Naerbo Station im Bezirk Jaederen).

H. lutescens C. L. Koch 1841 *H. l.*, C. L. Koch, C. M. A., fasc. 37 f. 13.

Unbestimmbar.

Deutschland (Zweibrücken in Rheinbayern).

H. rufifrons C. L. Koch 1837 *H. r.*, C. L. Koch, C. M. A., fasc. 10 f. 8 | 1885 *H. r.*, Neuman in: Göteborgs Vetensk. Handl., *v.* 20 p. 11.

♂. Rumpf fast kreisrund. Epimeren über den Vorderrand des Rumpfes hervorstehend. Maxillarpalpus länger als die halbe Rumpflänge, etwas dicker als die Grundglieder des 1. Beines: Zapfen auf der Beugeseite des 2. Gliedes kurz und dick, an der Spitze mit mehreren Zähnchen; Unterseite des 3. Gliedes ebenfalls gezähnelt. Genitalöffnung lang, am Vorderende ohne Querriegel. Genitalplatten halbmondförmig, zusammen eine herzförmige Figur bildend, deren Breite grösser ist als die Länge. — Färbung weisslich durchscheinend mit rötlichbraunen Flecken, zwischen den Augen rötlich. — ♂ 860 µ l.

Deutschland und Dänemark (Seeland).

H. squamifer Thor 1898 *H. s.*, Thor in: Arch. Naturv. Christian., *v.* 20 nr. 12 p. 4.

♀. Sehr nahe verwandt mit H. longiporus, vielleicht dessen ♀. Maxillarpalpus jedoch mit schwächerem Zapfen auf der Beugeseite des 2. Gliedes. Genitalnäpfe wie bei H. longipalpis. Integument fein liniiert. Epimeren der Gestalt nach wie bei H. longiporus. Grösse und Färbung nicht angegeben.

Norwegen (an gleicher Stelle wie H. longiporus).

41. Gen. **Tyrrellia** Koen.

1895 *Tyrrellia* (Typ.: *T. circularis*), Koenike in: Abh. Ver. Bremen, *v.* 13 p. 198.

Integument papillös. Rücken mit Panzerplatte. Capitulum, Maxillarpalpus, Epimeren und Beine porös. Mundöffnung scheibenartig erweitert, weit nach vorn gerückt. Endglied des Maxillarpalpus spitz; 2. Glied auf der Beugeseite mit Stift (Fig. 45), Epimeren auf 4 Gruppen verteilt, die 4. lateral stark ausgedehnt, wie die 3. medial und nach hinten gerichtet. Beine ohne Schwimmborsten, 4. Bein an der hinteren Medialecke der 4. Epimere eingelenkt. Krallen ohne Nebenhaken. Genitalhof in einer von den Epimeren gebildeten medianen Bucht gelegen. Genitalöffnung durch 2, wenige Genitalnäpfe tragende, seitlich an einander gelagerte Genitalplatten verschlossen.

Nord-Amerika.

1 Art.

1. **T. circularis** Koen. 1895 *T. c.*, Koenike in: Abh. Ver. Bremen, *v.* 13 p. 199 t. 2 f. 36—38.

♀ (Fig. 45). Rumpf fast kreisrund. Hautpapillen 2,8 μ hoch, abgerundet. 2 Panzerplatten, die eine auf der vorderen Hälfte des Rückens, mässig gross, einem spitzwinklig gleichschenkligen Dreieck mit nach vorn gerichteter abgerundeter Spitze und bogig vorspringenden Seitenlinien gleichend, dessen schwach ausgezogene Hinterecken mit je einem winzigen kugeligen Gebilde abschliessen, die andere weit nach hinten gerückt, viel kleiner, von eiförmiger Gestalt, mit einem Einschnitt am Hinterende. Capitulum abgestutzt. Maxillarpalpus auf der Beugeseite des 2. Gliedes in der Mitte mit einem 16,8 μ l. Stift; 4. Glied auf der Beugeseite weit nach vorn gerückt eine kräftige, der Spitze des Maxillarpalpus zugebogene Borste nebst einigen feinen Härchen, auf der Innenfläche eine ebenfalls mit Härchen besetzte schmale Leiste aufweisend; Endglied ohne Nägel. 4. Epimere etwas grösser als die ähnliche 3., mit völlig abgerundeten Ecken; hintere Medialecke 4 Borsten tragend. Beine sehr kurz, nur mit kurzen Borsten besetzt; 1. Bein noch nicht $^1/_2$ so lang wie der Rumpf, mit auffallend verkürztem Endgliede; Krallen in der Mitte stark gebogen. Genitalöffnung ziemlich gross; Genitalplatten porös, von lang dreieckiger Form, zusammen eine Figur bildend wie die Durchschnittfläche eines Apfels, mit den geraden Medialseiten sich gegenseitig berührend; Genitalnäpfe gross, einer vorn und 2 hinten neben einander gelegen. Sog. Analöffnung in der Mitte zwischen Genitalhof und dem hinteren Körperrande. — ♂ unbekannt. — ♀ 1,2 mm l., 1 mm br., 880 μ h.; das kugelige Ei 120 μ im Durchm.

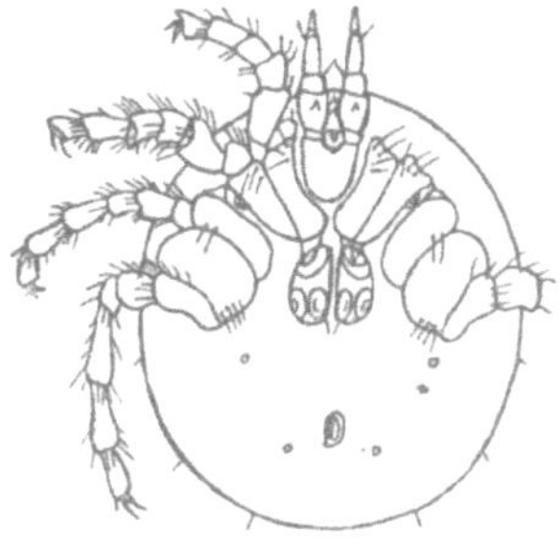

Fig. 45. T. circularis. ♀, Bauchseite.

Nord-Amerika (Pond at Dechenes).

42. Gen. **Hydrochoreutes** C. L. Koch

1835 *Spio* (non J. C. Fabricius 1785, Verm.!), C. L. Koch, C. M. A., fasc. 5 f. 16 | 1837 *Hydrochoreutes*, C. L. Koch, C. M. A., fasc. 11 f. 11 | 1842 *H.*, C. L. Koch, Übers. Arach., *v.* 3 p. 16 1880 *H.*, Neuman in: Svenska Ak. Handl., n. ser. *v.* 17 nr. 3 p. 57 | 1897 *H.*, Piersig in: SB. Ges. Leipzig, *v.* 22/23 p. 73 | 1897 *H.*, Piersig in: Zool., *v.* 22 p. 73.

Rumpf des ♀ oval, des ♂ (Fig. 46, p. 194) stumpf abgerundet sechsseitig, weichhäutig. Maxillarpalpus und Beine sehr lang und schlank (Fig. 46, p. 194); 4. Glied des 3. Beines (Fig. 47, p. 194) des ♂ stark umgebildet, auf der Streckseite auffallend über die Einlenkungsstelle des 5. Gliedes hinausragend, am distalen Ende der Beugeseite und auf dem genannten Fortsatze mit je einer ungewöhnlich starken, gebogenen Borste. Genitalhof nur beim ♀ vom Hinterrande des Rumpfes abgerückt, beim ♂ mit einem dreiteiligen Petiolus (Fig. 48, p. 195); jederseits der Genitalöffnung nur 3 auf schmalen Genitalplatten eingefügte Genitalnäpfe. Epimeren auf 4 Gruppen verteilt.

Europa.

3 sichere und 1 unsichere Art.

Übersicht der sicheren Arten:

Petiolus am distalen Ende mit geradem und hinten breit abgestutztem Mittelstück und 2 kürzeren, randständigen Spitzen . . . . 1. **H. ungulatus** . p. 194

Petiolus am distalen Ende mit schmalem, dorsal ein wenig emporgekrümmtem, in der Tiefe einer Einkerbung beginnendem Mittelstück und 2 dasselbe überragenden randständigen Spitzen . . . . **2. H. krameri** . . p. 195

Petiolus wie bei der vorhergehenden Art, Mittelstück keilförmig, länger als die randständigen, winzigen Spitzen . **3. H. incertus** . . p. 196

1. **H. ungulatus** (C. L. Koch) 1836 *Spio ungulata*, C. L. Koch, C. M. A., fasc. 5 f. 17 | 1842 *Hydrochoreutes ungulatus*, C. L. Koch, Übers. Arach., *v.* 3 p. 17 t. 2 f. 6 | 1897 *H. u.*, Piersig in: Zool., *v.* 22 p. 75 t. 6 f. 9 | 1900 *H. u.*, Soar in: Sci. Gossip, ser. 2 *v.* 6 p. 178 f. 5—8 | 1837 *H. palpalis* + *H. globulus* (Nph.) + *H. bilobus* (Nph.) + *H. filipes* (♀) + *H. cruciger* (♀), C. L. Koch, C. M. A., fasc. 11 f. 11—15 | 1892 *H. cruciger*, Piersig in: Zool. Anz., *v.* 15 p. 417 (Nph.) | 1837 *Nesaea hemisphaerica*, C. L. Koch, C. M. A., fasc. 9 f. 11 | 1875 ? *Nesaea striata* + ? *N. brachiata*, P. Kramer in: Arch. Naturg., *v.* 41ı p. 299, 300 t. 8 f. 9, 10 | 1895 *Hydrochoreutes sp.*, Piersig in: Zool. Anz., *v.* 18 p. 21 f. 1—4 (Lv. und Nph.) | 1899 *H. acutus*, Thor in: Arch. Naturv. Christian., *v.* 21 nr. 5 p. 48.

Im. Integument weichhäutig, liniiert. Maxillarpalpus bei trächtigen ♀ fast so lang wie der Körper, bei jugendlichen ♀ dagegen bedeutend länger;

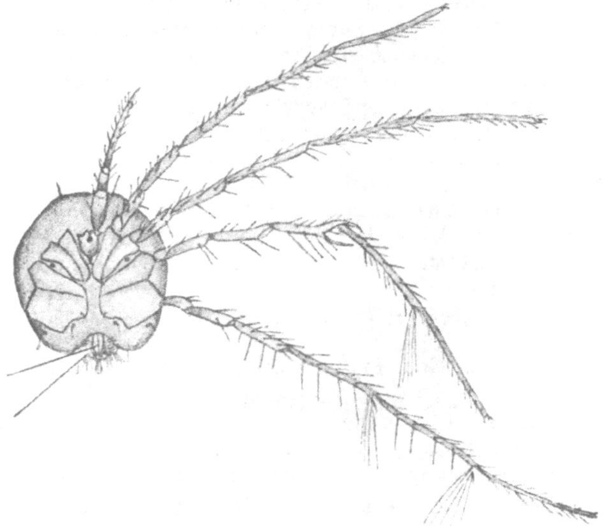

Fig. 46. H. ungulatus. ♂, Bauchseite.

4. Glied ungefähr so lang wie die 3 ersten zusammen, mit einer grösseren Anzahl Degenborsten und mit 2 unbedeutenden, weit hinter einander stehenden, je ein feines Haar tragenden Höckern. 3. Bein des ♀ kürzer als die beiden ersten. Genitalhof des ♀ kurz hinter den Epimeren, mit breiten, zusammen eine Ellipse bildenden, gewölbten Lefzen und schmalen, sichelförmigen, je 3 hinter einander gestellte Genitalnäpfe tragenden Genitalplatten; Genitalhof beim ♂ (Fig. 46) am Hinterende der Bauchfläche, mit ovalen, ebenfalls je 3 Genitalnäpfe tragenden Genitalplatten und einem dreiteiligen Petiolus (Fig. 48);

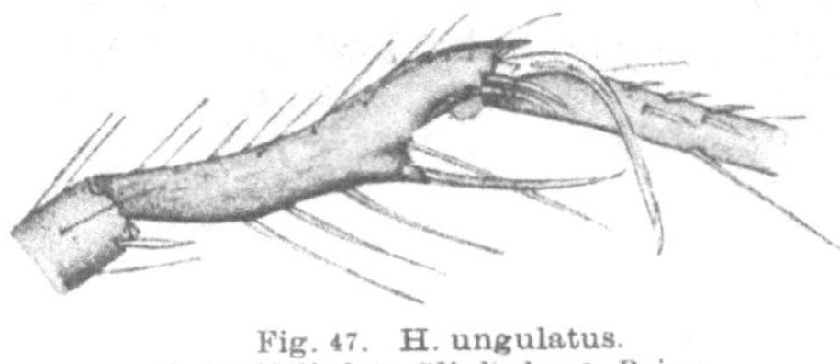

Fig. 47. H. ungulatus. ♂, Greifglied (4. Glied) des 3. Beines.

Mittelstück des letzteren lang, von 2 winkelförmig gebrochenen, seitlich beweglichen, am hinteren Schenkel fast löffelförmigen, schwach schraubig gedrehten Chitingebilden eingefasst. 3. Bein des ♂ (Fig. 46) länger als das 1. und 2., 4. Glied (Fig. 47) zu einem Greiforgan umgebildet; Säbelborste der Beugeseite (Fig. 47) schwach säbelförmig gebogen, spitz, Säbelborste der

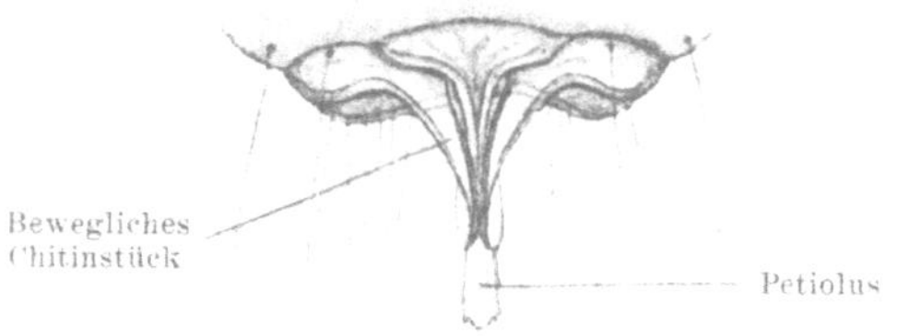

Fig. 48. H. ungulatus. ♂, Hinterende des Rumpfes.

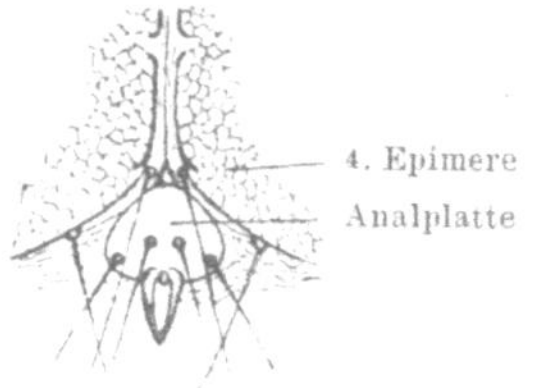

Fig. 49. H. ungulatus. Lv., Analfeld.

distalen Verlängerung stark gebogen; unmittelbar hinter der Ansatzstelle der letzteren 2 seitlich auf Höcker eingelenkte Säbelborsten; Krallen sämtlicher Beine zweizinkig. Färbung hellgelblich mit dunklen Rückenflecken und gelblichem Malpighischem Gefäss. — Nph. mit 4, auf 2 dachförmig an einander gelagerten Genitalplatten verteilten Genitalnäpfen. — Lv. wie bei Atax; 2. Epimere fast völlig gesondert; Analplatte (Fig. 49) rundlich, hinten breiter als vorn, mit einer keilförmig nach hinten gerichteten Rinne am Hinterrande. — ♂ 600 µ l., 560 µ br.; ♀ 1,6 mm l., 1,25 mm br.; Nph. 0,8—1 mm l.

Europa (Teiche bei Altenberg im Erzgebirge).

2. **H. krameri** Piersig 1895 *H. sp.*, Piersig in: Zool. Anz., *v.* 18 p. 23 f. 5—8 | 1897 *H. k.*, Piersig in: Zool., *v.* 22 p. 79 t. 7 f. 10 | 1900 *H. k.*, Soar in: Sci. Gossip, ser. 2 *v.* 6 p. 179 f. 9.

Im. ♀ wie bei der vorigen Art. Maxillarpalpus kürzer (Fig. 50), 4. Glied schwächer beborstet, hinterer Haarzapfen der Beugeseite stärker entwickelt. Sichelförmige Genitalplatten am Hinterende nicht eckig ausgezogen, sondern abgerundet. — ♂ mit etwas kürzerem Petiolus, sein distales Ende nur wenig über die beweglichen Seitenteile hinausragend, mit deutlichen, nach hinten gerichteten, randständigen Spitzen und kurzem, zapfenförmig dorsal umgebogenem, in der Tiefe einer Kerbe befindlichem Mittelstück. Grosse Säbelborste der Beugeseite des Greifgliedes schwach S-förmig gebogen, an der Spitze stumpf abgerundet; diejenige der distalen Verlängerung der Streckseite wie bei der vorigen Art; die übrigen Borsten schwächer, hart an den Vorderrand gerückt. Färbung wie bei der Vergleichsart. — Nph. der von H. ungulatus sehr ähnlich. — Lv. desgleichen, jedoch die Analplatte nur mit einer Schwiele am Hinterrande. — ♂ 550 µ l., 520 µ br.; ♀ 1,3 mm l., 1,1 mm br., 900 µ h.; Nph. 0,7—1 mm l.

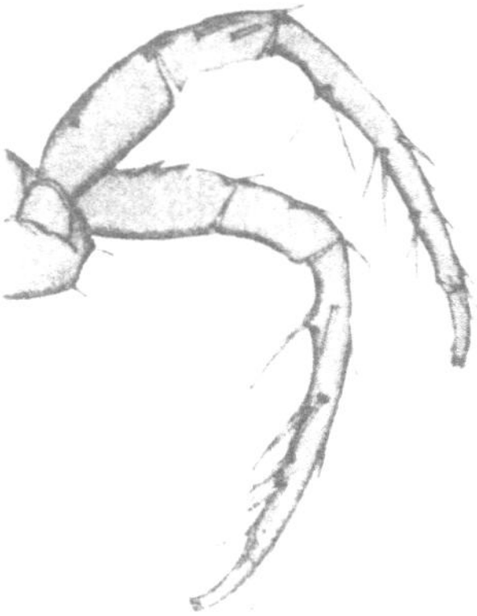

Fig. 50. H. krameri. ♀, Maxillarpalpen.

Deutschland (Teiche bei Grosszschocher-Leipzig).

3. **H. incertus** Piersig 1880 *H. ungulatus* (err., non C. L. Koch 1842!) + *? H. filipes* + *? H. cruciger*, Neuman in: Svenska Ak. Handl., n. ser. *v.* 17 nr. 3 p. 60, 61 t. 4 f. 1; p. 58 t. 4 f. 3; p. 59 t. 4 f. 2 | 1897 *H. incertus, H. incerust* (laps.), Piersig in: Zool. Anz., *v.* 20 p. 338 f. 5 | 1897 *H. incertus*, Piersig in: Zool., *v.* 22 p. 75.

♂. Der vorigen Art sehr ähnlich. Hinterrand des Petiolus mit einer vorspringenden, keilförmigen, mittleren Spitze und 2 undeutlichen, zurückstehenden, seitlichen Ecken. Die beiden einfachen Borsten auf dem distalen Fortsatze der Streckseite des Greifgliedes noch kräftiger als bei H. ungulatus. — ♀ unbekannt. — ♂ 560 μ l.

Schweden (Brobacka bei Skara).

H. ephippiatus (C. L. Koch) 1836 *Spio ephippiata*, C. L. Koch, C. M. A., fasc. 5 f. 16.

Unbestimmbar.

Deutschland (Graben auf dem Bruderwehr bei Regensburg).

43. Gen. **Wettina** Piersig

1892 *Wettina* (Typ.: *W. macroplica*), Piersig in: Zool. Anz., *v.* 15 p. 410 | 1897 *W.*, Piersig in: SB. Ges. Leipzig, *v.* 22/23 p. 76 | 1897 *W.*, Piersig in: Zool., *v.* 22 p. 182.

Bau des Epimerengebiets (Fig. 51) ähnlich wie bei Tiphys, aber der Hinterrand der 4. Epimere bogenförmig abgerundet, ohne scharf ausgezogene Hinterrandecke; Einlenkungsstelle des 4. Beines weit nach vorn geschoben. 1. Bein bei beiden Geschlechtern stark gekürzt, mit einem eigentümlich gebogenen, bauchig verdickten Endgliede, das eine ungewöhnlich grosse, zweizinkige Doppelkralle trägt. ♂ ohne umgebildetes 4. Bein. Genitalplatten breit sichelförmig, mit je 3 Genitalnäpfen, beim ♂ die Genitalöffnung völlig umfassend.

Deutschland, Schweiz, England.

1 Art.

1. **W. macroplica** Piersig 1892 *W. m.*, Piersig in: Zool. Anz., *v.* 15 p. 410 f. 1, 2 | 1893 *W. m.*, Piersig in: Zool. Anz., *v.* 16 p. 393 | 1893 *W. m.*, Koenike in: Zool. Anz., *v.* 16 p. 461 | 1894 *W. m.*, Piersig in: Zool. Anz., *v.* 17 p. 107 | 1897 *W. m.*, Piersig in: Zool., *v.* 22 p. 183 t. 18 f. 44 | 1898 *W. m.*, George in: Sci. Gossip, ser. 2 *v.* 5 p. 33 f. 1—4 | 1893 *Acercus macroplicus*, Koenike in: Zool. Anz., *v.* 16 p. 27.

♀ (Fig. 51). Rumpf oval, Integument fein liniiert. Stirnborsten auf Höckern stehend. Hinterer ventraler Fortsatz des Capitulum keilförmig; Maxillarpalpus $^1/_3$ so lang wie der Rumpf; 4. Glied länger als das 2., auf der Beugeseite, näher dem Grunde als dem distalen Ende, mit einer schwertförmig zugespitzten Borste und einem, auf winzigem Höcker stehenden Haar ausgerüstet, am distalen Ende der Innenfläche einen gebogenen Chitindorn aufweisend; Endglied mit 3 Nägeln. 4. Epimere am Bogen des Hinterrandes mit undeutlichem, subkutanem Fortsatz. 1. Bein nur $^1/_2$ so lang wie der Rumpf; Schwimmborsten am 2.—4. Bein. Genitalöffnung 176 μ l., von grossen, gewölbten Lefzen verschlossen; Genitalplatten fast dreieckig, mit je 3 in die Ecken gestellten Genitalnäpfen. Färbung kaffeebraun mit schwärzlichen Flecken und gelblichem Malpighischen Gefäss. — ♂ in Form, Färbung und Gliederbau mit dem ♀ übereinstimmend. Genitalöffnung nur 80 μ l., mit schmaleren Lefzen, von den Genitalplatten völlig

Fig. 51. W. macroplica. ♀, Bauchseite.

eingeschlossen. — Nph. eirund. Genitalhof aus einem Skelettkörperchen und 2 von einander abgerückten, je 2 Genitalnäpfe tragenden, länglich runden, nach hinten divergierenden Genitalplatten bestehend. — Lv. winzig klein. 1. Epimere ganz, die 2. nur vom Lateralrande her abgegliedert. Analplatte halbkreisförmig, mit dem schwach ausgebuchteten Durchmesser nach hinten gekehrt. Beine reich mit kräftigen, dolchartigen Dornen und Borsten besetzt. — ♂ 620 μ l.; ♀ 750 μ l., 560 μ br.; Nph. 480 μ l., 370 μ br.; Lv. 220 μ l., 180 μ br.

Deutschland (Schwarze Lache an der langen Gasse zwischen Altenberg und Zinnwald im Erzgebirge), Schweiz, England.

44. Gen. **Pionacercus** Piersig

1894 *Pionacercus* (Typ.: *P. leuckarti*), Piersig in: Zool. Anz., *v.* 17 p. 213 | 1897 *P.*, Piersig in: SB. Ges. Leipzig, *v.* 22/23 p. 80 | 1897 *P.*, Piersig in: Zool., *v.* 22 p. 162 | 1900 *P.*, Soar in: Sci. Gossip, n. ser. *v.* 7 p. 302.

Rumpf weichhäutig, zuweilen mit Neigung zu Panzerbildungen; Lagerungsverhältnisse der Epimeren beim ♀ (Fig. 52, p. 199) wie bei der Gattung Curvipes; Epimeren des ♂ median mit einander verwachsen, eine Bauchplatte bildend. 4. Bein des ♂ ähnlich umgebildet wie bei Tiphys, mit mehr oder weniger verdicktem, reich beborstetem 4. und 5. Gliede und gekrümmtem, mit Dornen besetztem Endgliede. Jederseits der Genitalöffnung 3 Genitalnäpfe, beim ♀ auf unregelmässig drei- oder vierseitigen Genitalplatten vereinigt.

Deutschland, Nord-Frankreich, Dänemark, Norwegen, Schweiz, England.

4 sichere und 1 unsichere Art, 2 Unterarten.

Übersicht der sicheren Arten:

♂:

1	4. Bein auf der Streckseite des Endgliedes mit 9 oder 10 + 1 oder 2 kurzen, ungleich langen, abgestumpften Borsten	1. **P. leuckarti**, ♂ . . .	p. 198
	An gleicher Stelle mit einer geringeren Anzahl Borsten — 2.		
2	4. Glied des 4. Beines ohne spornartigen Fortsatz am distalen Ende — 3.		
	4. Glied des 4. Beines mit spornartigem Fortsatz am distalen Ende	2. **P. vatrax**, ♂	p. 199
3	4. Bein auf der Streckseite des Endgliedes mit 4 Borsten	3. **P. uncinatus**, ♂ . . .	p. 199
	4. Bein auf der Streckseite des Endgliedes mit 6 + 1 Borsten	4. **P. norvegicus**, ♂ . .	p. 200

♀:

1	4. Glied des Maxillarpalpus viel länger als das 2.	2. **P. vatrax**, ♀	p. 199
	4. Glied des Maxillarpalpus annähernd so lang wie das 2. Glied — 2.		
2	Endglied des 1. Beines dünn und schlank — 3.		
	Endglied des 1. Beines schwach bauchig verdickt	3. **P. uncinatus**, ♀ . . .	p. 199
3	Innerer Haarhöcker auf der Beugeseite des vorletzten Gliedes des Maxillarpalpus ein wenig weiter vom distalen Ende abgerückt als der äussere	1. **P. leuckarti**, ♀ . . .	p. 198
	Innerer Haarhöcker auf der Beugeseite des vorletzten Gliedes des Maxillarpalpus vor dem äusseren; letzterer am Ende des Grunddrittels gelegen, ziemlich kräftig vorspringend	4. **P. norvegicus**, ♀ . .	p. 200

1. **P. leuckarti** Piersig 1892 *Piona sp.*, Piersig in: Zool. Anz., *v.* 15 p. 342 | 1894 *Pionacercus leuckarti,* Piersig in: Zool. Anz., *v.* 17 p. 213 f. 1, 2 | 1897 *P. l.,* Piersig in: Zool., *v.* 22 p. 163 t. 17 f. 43 | 1900 *P. l.,* Soar in: Sci. Gossip., ser. 2 *v.* 7 p. 302 f. 1—3 | 1894 *Acercus l.,* Koenike in: Zool. Anz., *v.* 17 p. 272 f. 1.

♀. Rumpf oval. Integument liniiert; auf der vorderen Rückenfläche 2 kleine, unregelmässige, oft nicht deutlich abgegrenzte Panzerplättchen. Maxillarpalpus etwas stärker als die Grundglieder des 1. Beines, $^1/_3$ so lang wie der Rumpf. Haarhöcker auf der Beugeseite des 4. Gliedes klein, dem distalen Ende des Gliedes näher als dem Grunde; am vorderen Innenrande einen kurzen, dolchartigen Zahn tragend; Endglied in 3 kleine Nägel auslaufend, von denen der auf der Streckseite gelegene, etwas emporstehende, von dem distalen Ende merkbar abgerückt ist. 4. Epimeren mit breiter Ecke am Hinterrande. Krallen des 1.—4. Beines am Grunde blattförmig verbreitert, mit spitzem Aussen- und stumpfem Innenzahn. Genitalöffnung hinter dem Epimerengebiet beginnend; Genitalplatten unregelmässig vier- oder dreiseitig, mit abgerundeten Ecken. Färbung durchscheinend gelblichbraun; Flecken braun oder schwärzlich; Malpighisches Gefäss gelblich oder weisslich. — ♂. Epimeren dicht an einander gerückt, mehr oder weniger zu einer zusammenhängenden Bauchplatte verwachsen; 4. Epimere ungewöhnlich gross, weit nach hinten sich erstreckend, mit dem in einer mittleren Einbuchtung liegenden Genitalhofe verschmolzen. Genitalöffnung ziemlich gross, von schmalen Lefzen verschlossen; Genitalnäpfe gross, 2 am Hinterrande, der 3. auf der Mitte der Genitalplatte gelegen; hinter der Genitalöffnung eine flache Vertiefung oder Ausmuldung. 3. Bein verkürzt, mit behaartem Endgliede und umgeänderten kleinen Krallen; 4. Bein ähnlich wie bei Acercus geformt, 4. und 5. Glied kolbig verdickt, mit zahlreichen, zum Teil gefiederten Borsten und Schwimmborsten, die beim 4. Gliede auf Aussen- und Innenseite, beim 5. Gliede nur auf letzterer stehen; Endglied im vorderen Drittel stark gebogen, verhältnismässig dünn, auf der Streckseite auf einer am Grunde des Gliedes beginnenden, stärkeren oder schwächeren Anschwellung mit 10 oder 11 in einer Reihe geordneten stumpfen Borsten, denen weiter vorn in der dort auftretenden Konkavität 1 oder 2 ebenso gestaltete zugesellt sind; Krallen verkümmert, aber vorhanden. — Nph. mit je 2 Genitalnäpfe tragenden, an ein median gelegenes Skelettkörperchen sich anlehnenden, länglichen Genitalplatten.

Die Art zerfällt in 2 Unterarten:

1a. **P. leuckarti leuckarti** Piersig 1892 *Piona sp.*, Piersig in: Zool. Anz., *v.* 15 p. 342 | 1894 *Pionacercus leuckarti,* Piersig in: Zool. Anz., *v.* 17 p. 213 f. 1, 2 | 1897 *P. l.,* Piersig in: Zool., *v.* 22 163 t. 17 f. 43 | 1900 *P. l.,* Soar in: Sci. Gossip, ser. 2 *v.* 6 p. 302 f. 1—3 | 1894 *Acercus l.,* Koenike in: Zool. Anz., *v.* 17 p. 272 f. 1.

♀. Haarhöcker auf der Beugeseite des 4. Gliedes des Maxillarpalpus klein, nur der innere, etwas weiter nach hinten gerückte, deutlich vorspringend. Gemeinsamer Fortsatz der 1. und 2. Epimere mässig lang, schwach nach hinten und lateral gekrümmt. Genitalnäpfe verhältnismässig gross. — ♂ auf dem Rücken nicht selten eine sehr dünne, fein poröse, undeutlich umgrenzte Panzerplatte tragend, in der Regel weichhäutig oder auf dem hinteren Teile des Rückens ein Paar undeutliche Panzerflecke aufweisend. Haarhöcker auf der Beugeseite des 4. Gliedes des Maxillarpalpus noch niedriger als beim ♀. 2. und 4. Glied auf der Streckseite ca. 86—90 µ l. Endglied des 3. Beines verkürzt und etwas verdickt, mit feinen Härchen mehr oder weniger dicht besetzt; Dornen auf der Streckseite des 6. Gliedes des 4. Beines nach dem distalen Ende hin fast gleichmässig an Länge zunehmend, nur die beiden letzten, schon jenseits der Verdickung des Gliedes stehenden etwas verkürzt. — ♂ 600 μ l., 480 μ br.; ♀ 850 μ l., 670 μ br.

Deutschland (Schwarzer Teich bei Altenberg im Erzgebirge, Teich bei Nitzschhammer im Mittweida-Thale), Schweiz, Norwegen, England.

1b. **P. leuckarti scutatus** Thor 1898 *P. scutatus,* Thor in: Arch. Naturv. Christian., *v.* 20 nr. 12 p. 8 | 1899 *P. s.,* Thor in: Arch. Naturv. Christian., *v.* 21 nr. 5 p. 41 t. 14 f. 138—142; t. 15 f. 143—145.

♀. Maxillarpalpus bedeutend stärker als die Grundglieder des 1. Beines; Beugeseite des 4. Gliedes mit etwas kräftigeren Haarhöckern als bei der typischen Form, mehr gegen das distale Ende vorgerückt. Genitalhof vom Epimerengebiet weniger weit abgerückt; Genitalnäpfe kleiner. Vordere Epimeren am Hinterende mit ziemlich langem, hakenförmig gekrümmtem Fortsatz. — ♂. Endglied des 3. Beines nur schwach verdickt und weniger beborstet; 4. und 5. Glied des 4. Beines nur mit glatten Borsten besetzt, 6. Glied an der Grundhälfte der Streckseite nur schwach verdickt. — ♂ 610 μ l.; ♀ 845 μ l.

Norwegen (Roslandsaa im Bezirk Jaederen, Vanse, Lister).

2. **P. vatrax** (Barrois & Moniez) 1887 *Acercus v.,* Barrois & Moniez, Cat. Hydrach., p. 10 | 1900 *Pionacercus v.,* Soar in: Sci. Gossip, n. ser. *v.* 7 p. 303 f. 5, 6.

♀ wie bei der vorigen Art. Maxillarpalpus 295 μ l.; 4. Glied am längsten. Genitalöffnung 173 μ l.; Genitalplatten gross, mit je 3, im Durchm. 33 μ grossen Genitalnäpfen. — ♂. Maxillarpalpus 403 μ l., 4. Glied 173 μ l. Epimeren wie bei P. uncinatus. Endglied des 1. und 2. Beines kurz, bauchig verdickt; 4. Glied des 4. Beines auf der Beugeseite mit einem langen abgestutzten Fortsatz, Endglied gebogen, mit 4 stumpfen Dolchborsten auf der Erhöhung am Grunde der Streckseite. Jederseits der Genitalöffnung 3 auf schwer sichtbaren Genitalplatten stehende Genitalnäpfe. — ♂ 575 μ l., 450 μ br.; ♀ 608 μ l.

Nord-Frankreich (Sümpfe von Fretin bei Lille), England (Norfolk Broads).

3. **P. uncinatus** (Koen.) 1885 *Acercus u.,* Koenike in: Abh. Ver. Bremen, *v.* 9 p. 215 | 1894 *A. u.,* Koenike in: Zool. Anz., *v.* 17 p. 272 f. 2—4 | 1897 *Pionacercus u.,* Piersig in: Zool., *v.* 22 p. 167 t. 10 f. 26 | 1899 *P. u.,* Thor in: Arch. Naturv. Christian., *v.* 21 nr. 5 p. 41 | 1900 *P. u.,* Soar in: Sci. Gossip, ser. 2 *v.* 7 p. 302 f. 4.

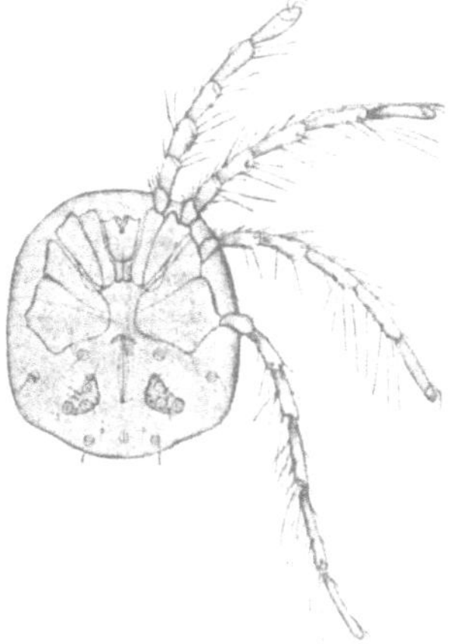

Fig. 52. **P. uncinatus.** ♀, Bauchseite.

♀ (Fig. 52). Dem der vorigen Art sehr ähnlich, Endglied des 1. Beines jedoch bauchig verdickt. Genitalplatten annähernd dreiseitig, mit abgerundeten Ecken. Hinterrand der 4. Epimere stumpfer. Maxillarpalpus $^1/_3$ so lang wie der Rumpf, stärker als die Grundglieder des 1. Beines; Beugeseite des 4. Gliedes nahe dem Vorderende mit 2 winzigen Haarhöckern, Endzahn nicht wahrnehmbar; 5. Glied der Form nach wie bei Piona aduncopalpis. Färbung bläulichgrün, Flecken braun, Malpighisches Gefäss gelblich, Epimeren an den Rändern lebhaft blaugrün, Maxillarpalpus und Beine bläulich, Endglieder der Beine bräunlich. — ♂ breit eiförmig, fast kreisrund. Doppelaugen ungewöhnlich gross. Epimeren wie bei Tiphys liliaceus zu einer Bauchplatte verschmolzen; 4. Epimere am Hinterrande nicht abgerundet, wie bei der vorhergehenden Art, sondern eckig gebrochen, eine stumpfwinkelige mittlere Einbuchtung bildend. 3. Bein etwas gekürzt; 4. Bein der Form nach wie bei dem ♂ von P. leuckarti, doch nur mit wenigen (6 oder 7) Schwimmborsten an der Beugeseite des vorletzten Gliedes; Endglied auf der tief ausgebogenen Streckseite mit 4 kurzen, kräftigen, abgestumpften Dornborsten; Krallen verkümmert. Genitalöffnung 44 μ l.; Genitalnäpfe ohne Genitalplatten. — ♂ 410 μ l., 360 μ br.; ♀ 600 μ l., 500 μ br.

Deutschland (Mühlenteiche bei Varel), England (Llyn-y-Gades in North Wales), Norwegen (Storaker bei Mandal).

4. **P. norvegicus** Thor 1898 *P. n.*, Thor in: Arch. Naturv. Christian., *v.* 20 nr. 12 p. 9 | 1899 *P. n.*, Thor in: Arch. Naturv., *v.* 21 nr. 5 p. 42 t. 15 f. 147—154.

♀. Dorsalfläche mit dünnen, fast verschwindenden Skelettbildungen. 4. Glied des Maxillarpalpus am Grunde der Beugeseite mit 2 kräftigen, je eine Borste tragenden Höckern, weiter distal eine Borste ohne Höcker; Streckseite wie bei P. leuckarti einige feine Härchen aufweisend; Endglied mit 3 Zähnchen, von denen das der Streckseite am nächsten liegende nicht zurücksteht. Genitalhof zum grössten Teil in einer von den am Hinterrande eckig ausgezogenen 4. Epimeren gebildeten medianen Bucht gelegen; Genitalplatten unregelmässig dreiseitig und gross; Genitalnäpfe in Dreiecksform geordnet, 2 davon am Hinterrande der Genitalplatte, einer an der vorderen Ecke gelegen. — ♂ bezüglich des Integuments und der Bildung des Maxillarpalpus wie beim ♀. 4. und 5. Glied des 4. Beines etwas weniger reichlich beborstet als bei P. leuckarti, 6. Glied auffallend schwach gekrümmt, am distalen Ende kolbig angeschwollen und daselbst mit verkümmerten Krallen. — Grösse etwas geringer als bei P. leuckarti.

Norwegen (Mölledalen bei Ljan).

P. sinuosus Thor 1898 *P. s.*, Thor in: Arch. Naturv. Christian., *v.* 20 nr. 12 p. 10 | 1899 *P. s.*, Thor in: Arch. Naturv. Christian., *v.* 21 nr. 5 p. 42 t. 17 f. 165.

♀. Hinteres Körperende auf beiden Seiten tief ausgebuchtet; jede Einbuchtung durch 2 abgerundete Vorsprünge in 3 Abschnitte geteilt. Sonst wie P. leuckarti. Färbung hellgelb, durchscheinend. — ♂ unbekannt. — Grösse wie bei P. leuckarti. Kriecht träge auf dem Grunde.

Norwegen (Gjersrudelv, Ljan).

45. Gen. **Laminipes** Piersig*)

1835 *Tiphys* (part.), C. L. Koch, C. M. A., fasc. 5 f. 20 | 1880 *Piona* (err. non C. L. Koch 1842!) (part.), Neuman in: Svenska Ak. Handl., n. ser. *v.* 17 nr. 3 p. 51 | 1892 *P.*, Piersig in: Zool. Anz., *v.* 15 p. 153 | 1892 *P.*, Koenike in: Zool. Anz., *v.* 15 p. 266 | 1897 *P.*, Piersig in: Zool., *v.* 22 p. 139.

Rumpf weichhäutig, oval. 4. Glied des Maxillarpalpus mit 2 mehr oder weniger deutlichen Haarhöckern auf der Beugeseite und einem zahnartigen Zapfen am Innenrande des distalen Endes (Fig. 53, p. 201). Epimeren auf 4 Gruppen verteilt, beim ♂ (Fig. 53) einander stark genähert und infolge der ungewöhnlichen Entwickelung des letzten Paares den grössten Teil der Ventralfläche einnehmend. 4. Bein des ♂ meist mit einem verbreiterten, mehr oder weniger abgeplatteten 4. Gliede. Krallen wie bei Piona mit verbreitertem Grundteil und einem spitzen äusseren und einem stumpfen inneren Zahn. Schwimmborsten vorhanden. Genitalplatten beim ♀ meist sichelförmig den Lateralrand der Lefzen begleitend, beim ♂ unregelmässig drei-

*) Nom. nov. — Lamina + pes. R. Piersig.

seitig und die von den 4. Epimeren gebildete mediane Bucht völlig ausfüllend; in beiden Geschlechtern mit je 3 Genitalnäpfen auf jeder Seite der Genitalöffnung.

Europa.

5 Arten.

Übersicht der Arten:

1	♂. 4. Glied des 4. Beines nur mässig verbreitert, am distalen Ende der Streckseite mit einer auffallend langen, säbelförmigen Dornborste	1. **L. ensifer** . . .	p. 201
	♂. 4. Glied des 4. Beines ungewöhnlich verbreitert, plattenartig, ohne jene Dornborste — 2.		
2	Färbung rot oder rotbraun — 3.		
	Färbung gelblich oder hellbräunlich — 4.		
3	♂. 4. Glied des 4. Beines breit länglichrund, ohne vorspringende Ecken; ♀ mit hellrötlichem dreieckigen Rückenfleck	2. **L. ornatus** . .	p. 202
	♂. 4. Glied des 4. Beines annähernd dreieckig; ♀ mit rotem, nach vorn zu lichterem Rücken und undeutlichen, schwärzlichen Flecken	3. **P. latipes** . . .	p. 202
4	♂. 4. Glied des 4. Beines an beiden Enden breit abgestutzt, fast viereckig, am distalen Ende mit 2 Dornen; ♀ mit kurzen, breit sichelförmigen, fast dreieckigen Genitalplatten	4. **P. torris** . . .	p. 203
	♂. 4. Glied des 4. Beines an den Enden stumpf abgerundet	5. **P. scaurus** . .	p. 204

1. **L. ensifer** (Koen.) 1895 *Piona ensifera*, Koenike in: Zool. Anz., *v.* 18 p. 375 f. 1 | 1899 *P. e.*, Thor in: Arch. Naturv. Christian., *v.* 21 nr. 5 p. 41 | 1897 *P. ensiformis*, Piersig in: Zool., *v.* 22 p. 141 t. 10 f. 27 t. 18 f. 46.

♀. Maxillarpalpus kaum so stark wie die Grundglieder des 1. Beines, $^1/_3$ so lang wie der Rumpf; 4. Glied kurz und stämmig, ohne eigentliche Haarhöcker, nur mit einer kurzen, starken Borste auf der Beugeseite und einem schwach dolchartig nach unten gebogenen, ca. 20 μ l. Zapfen am distalen Innenrande. Beine ziemlich kurz, mit grossen Krallen bewehrt. Genitalöffnung 175 μ l.; Genitalplatten sichelförmig, die Genitalnäpfe hinter einander stehend. — ♂ (Fig. 53). Epimeren eng zusammengerückt. Medialrand der beiden hinteren Paare lang; laterale Hinterrandecken der 4. Epimeren breit abgerundet. 3. Bein verkürzt; 4. Bein mit kräftigen Grundgliedern, 4. Glied nur schwach verbreitert, nach dem distalen Ende verdickt, dort auf der Streckseite mit einer säbelartig gekrümmten, kräftigen Borste von ansehnlicher Länge; 5. Glied doppelt so lang wie das 4., mit 6—7 steifen Borsten und 8 Schwimmborsten; Endglied dicht mit kleinen Börstchen besetzt. Genitalhof aus der Epimerenbucht nach hinten merkbar hervorragend; Genitalplatten dünn, besonders im Umkreise der schmalen Genitalöffnung. Färbung helllila. — ♂ 600 μ l., 480 μ br., 380 μ h.; ♀ 1 mm l.

Fig. 53. L. ensifer. ♂, Bauchseite.

Schlesien (Teich bei Schlaupitz), Norwegen (Gjersrudtjern bei Ljan).

2. **L. ornatus** (C. L. Koch) 1835 *Tiphys o.*, C. L. Koch, C. M. A., fasc. 5 f. 20 | 1897 *T. o.*, Oudemans in: Tijdschr. Ent., *v.* 40 p. 244 | 1842 *Acercus o.*, C. L. Koch, Übers. Arach., *v.* 3 p. 24 t. 5 f. 20 | 1884 *Nesaea ornata*, Krendowskij in: Trav. Soc. Univ. Kharkow, *v.* 18 p. 296 t. 7 f. 1 | 1887 *Piona o.*, Barrois & Moniez. Cat. Hydrach., p. 16 | 1892 *P. o.*, Koenike in: Zool. Anz., *v.* 15 p. 267 | 1897 *P. o.*, Piersig in: Zool., *v.* 22 p. 143 t. 16 f. 41 | 1900 *P. o.*, Soar in: Sci. Gossip, ser. 2 *v.* 7 p. 48 f. 1—4 | 1880 *P. fusca*, Neuman in: Svenska Ak. Handl., n. ser. *v.* 17 nr. 3 p. 52 t. 3 f. 2 | 1887 *P. loricata*, Barrois & Moniez, Cat. Hydrach., p. 18.

♀. Rumpf eiförmig; Integument deutlich liniiert. Maxillarpalpus so stark wie das 1. Bein, $^1/_4$—$^1/_3$ so lang wie der Rumpf; 4. Glied länger als das 2., auf der Beugeseite mit 2 kleinen, einer Anschwellung aufsitzenden Haarhöckern, am distalen Innenrande mit kräftigen Dolchborsten; Endglied in 3 kleine Nägel auslaufend. Epimeren auf der vorderen Hälfte der Bauchfläche; das 4. Paar am Hinterrande spitz ausgezogen und dadurch eine tiefe, mittlere Bucht bildend. Haarbesatz der Beine reich; Kralle gross. Genitalöffnung 260 μ l., hinter dem Epimerengebiet beginnend; Genitalplatten sichelförmig, schmal, mit 3 im Bogen gestellten Genitalnäpfen. Färbung rot oder rotbraun, mit einem dreieckigen lichten Fleck auf dem Rücken, Maxillarpalpus, Epimeren und die Grundglieder der Beine neutralblau, Endglieder bräunlich. — ♂ mit ähnlichem Körperumriss wie das ♀. 4. Epimere weit nach hinten sich erstreckend, ungewöhnlich gross, am Hinterrande nach Bildung einer mittleren Bucht bogenförmig zum Lateralrand umbiegend. 3. Bein gekürzt; 4. Bein mit 3 kurzen stämmigen Grundgliedern, 4. Glied 288 μ l. und 176 μ br., eine elliptische Platte darstellend, mit sehr zahlreichen feinen und langen Haaren an den schmalen Seiten und einer Anzahl Borsten und Dornen auf den breiten Flächen und am distalen Ende; 5. Glied nach aussen keulenförmig verdickt, daselbst ein Büschel von Schwimmborsten und ein farbloses, kappenartig aufsitzendes Gebilde tragend; Endglied schwach gebogen, mit kleinen Krallen bewehrt. Färbung wie beim ♀, doch ohne einen so deutlich auftretenden, dreieckigen Rückenfleck. Genitalnäpfe in Form eines Dreiecks gestellt; hinter der Genitalöffnung eine seichte Vertiefung. — Nph. Genitalplatten einem medianen Skelettkörperchen zugeneigt, länglich rund, vorn 60 μ von einander abgerückt, mit je 2 Genitalnäpfen. — Lv. eiförmig, plattgedrückt; nur die 1. Epimeren völlig abgetrennt, die 2. medial mit der 3. verwachsen. Analplatte mit zackigem Rande. Capitulum 78 μ l. Färbung bläulichgelb. — ♂ 1 mm l., 800 μ br.; ♀ 2,2 mm l., 1,63 mm br.; Nph. 740 μ l., 600 μ br.; Lv. 320 μ l., 220 μ br.

Nord- und Mittel-Europa, Süd-Russland.

3. **L. latipes** (Müll.) 1776 *Hydrachna l.*, O. F. Müller, Zool. Dan. Prodr., p. 191 | 1781 *H. l.*, O. F. Müller, Hydrachnae, p. 76 t. 8 f. 1 | 1885 *Piona l.*, Neuman in: Göteborgs Vetensk. Handl., *v.* 20 p. 7 | 1887 *P. l.*, Barrois & Moniez, Cat. Hydrach., p. 17 | 1892 *P. l.*, Koenike in: Zool. Anz., *v.* 15 p. 267 | 1897 *P. l.*, Piersig in: Zool., *v.* 22 p. 148 t. 17 f. 42 | 1900 *P. l.*, Soar in: Sci. Gossip, ser. 2 *v.* 7 p. 48 f. 5 | 1880 *P. abnormis*, Neuman in: Svenska Ak. Handl., n. ser. *v.* 17 nr. 3 p. 56 t. 8 f. 3.

♀. Maxillarpalpus $^1/_4$ so lang wie der Rumpf; 4. Glied am längsten, Haarhöcker auf der Beugeseite etwas über die Mitte nach vorn geschoben, schief neben einander gestellt, Zahn am distalen Ende gross, säbelartig gebogen; Endglied nach vorn verjüngt, mit 3 winzigen Nägeln. Genitalöffnung 176 μ l., von gewölbten Lefzen verschlossen; Genitalplatten sichelförmig, mit 3 bogig hinter einander gestellten Genitalnäpfen, die Genitalöffnung seitlich nicht völlig umfassend. Färbung rot, Flecken schwärzlich, meist undeutlich und verwischt, Vorderteil rötlich gelb durchscheinend. — ♂ (Fig. 54) breit oval, mit einer

Einbuchtung des Vorderrandes, Rücken flach, hintere Bauchfläche schräg abfallend. Maxillarpalpus $^1/_3$ so lang wie der Rumpf. Epimeren zusammengerückt, ähnlich wie bei der vorhergehenden Art gestaltet; die 3. und 4. in der Medianlinie zusammenstossend; die 4. mit einer allmählich verschwindenden, von der hinteren Medialecke ausgehenden, schief lateral und nach vorn gerichteten Falte. Genitalhof mit dem nur wenig vorspringenden, eine sehr flache Bucht bildenden Hinterrande der 4. Epimeren innig verwachsen; Genitalplatten quer gestellt, mit 3 Genitalnäpfen, 2 davon am Hinterrande, einer in der Mitte. 3. Bein verkürzt; 4. Glied des 4. Beines fast dreieckig, 176 μ l., 192 μ br., nach der der Beugeseite zugekehrten Ecke immer dünner werdend, mit zahlreichen Schwimmborsten und anderen Borsten, besonders auf der Streckseite und an dem distalen Ende; 5. Glied lang, 8 Schwimmborsten tragend, mit einem spitzen Fortsatz am distalen Ende; Kralle des Endgliedes sehr klein. Färbung rot, selten mit Flecken. — ♂ 640 μ l., 480 μ br.; ♀ 1 mm l., 950 μ br., 800 μ h.

Fig. 54. L. latipes. ♂, Bauchseite.

Deutschland, Dänemark, Schweden, Frankreich, England, Italien.

4. **L. torris** (Müll.) 1776 *Hydrachna l.*, O. F. Müller, Zool. Dan. Prodr., p. 191 | 1781 *H. t.*, O. F. Müller, Hydrachnae, p. 69 t. 6 f. 4 | 1793 *Trombidium t.*, J. C. Fabricius, Ent. syst., *v.* 2 p. 401 | 1884 *Nesaea t.*, Krendowskij in: Trav. Soc. Univ. Kharkow, *v.* 18 p. 297 | 1892 *Piona t.*, Koenike in: Zool. Anz., *v.* 15 p. 266 f. 2 | 1897 *P. t.*, Piersig in: Zool., *v.* 22 p. 152 t. 16 f. 40 | 1880 *P. mira*, Neuman in: Svenska Ak. Handl., n. ser. *v.* 17 nr. 3 p. 55 t. 2 f. 1 | 1899 *P. bullata*, Thor in: Arch. Naturv. Christian., *v.* 21 nr. 5 p. 40 t. 13 f. 129—137.

♀. Rumpf breit eirund; Integument liniiert; Haare auf den Hautdrüsenplatten sehr lang und dünn. Maxillarpalpus $^1/_3$ so lang wie der Rumpf, etwa $1^1/_2$ mal so stark wie die Grundglieder des 1. Beines. 4. Glied nur wenig länger als das 2., mit 2 neben einander stehenden, ungleich hohen Haarhöckern auf der Beugeseite und einem kräftig entwickelten, spitz zulaufenden, dolchartig gebogenen Zapfen am inneren Vorderrande. Genitalöffnung unmittelbar hinter den 4. Epimeren, 160 μ l.; Genitalplatten kurz, fast dreieckig, mit 3 in den Ecken stehenden Genitalnäpfen; vor der Vorderspitze der Genitalplatten am Lateralrande der Lefzen ein kleines Haarplättchen. Färbung durchscheinend bräunlichgelb, dunkel gefleckt; Maxillarpalpus, Epimeren, Beine bläulich. — ♂ mit denselben Merkmalen, wie bei den vorigen Arten. Maxillarpalpus 195 μ l., 4. Glied auf der Beugeseite mit kräftigen Haarhöckern. Epimeren vom Vorderrande des Rumpfes abgerückt, das 4. Paar am Hinterrande eine vom Genitalhof eingenommene Bucht bildend; 3. Bein auffallend gekürzt, Endglied schwach gebogen, mit zahlreichen Härchen bedeckt; 4. Glied des 4. Beines plattenartig verbreitert, 128 μ l., von unregelmässig viereckiger Gestalt, auf dem nach aussen gekehrten konkaven Rande und auf dem grössten Teile der Innenseite mit zahlreichen, sperrig abstehenden, in Reihen geordneten Schwimmborsten, am Aussenrande 2 kräftige Dornen aussendend; 5. Glied 196 μ l., mit einem Büschel von Schwimmborsten versehen, am distalen Ende ähnlich wie bei der vorigen

Art gebildet. Färbung lichter als beim ♀. — ♂ 580 μ l., 440 μ br.; ♀ 800 μ l., 670 μ br.

Dänemark, Schweden, Norwegen, Deutschland, Süd-Russland.

5. **L. scaurus** (Koen.) 1892 *Piona scaura*, Koenike in: Zool. Anz., *v.* 15 p. 266 f. 1 | 1898 *P. s.*, Piersig in: Zool., *v.* 22 p. 156 t. 10 f. 28 | 1899 *P. s.*, Thor in: Arch. Naturv. Christian., *v.* 21 nr. 5 p. 40 t. 12 f. 122—128.

♂. Der vorigen Art ungemein ähnlich. 4. Glied des 4. Beines mehr gerundet, annähernd breit oval; dolchartige Borsten neben der Einlenkungsstelle des 5. Gliedes nicht vorhanden; letztes und vorletztes Glied auf der Streckseite stärker behaart als bei der Vergleichsart, 5. Glied ohne Schwimmborsten. — ♀ unbekannt.

Nord-Deutschland (Moorgraben bei Rotenburg), Norwegen (Waldtümpel zwischen Röd und Woxen, Graben bei Ljan).

46. Gen. Pionopsis Piersig

1835 *Tiphys* (part.), C. L. Koch, C. M. A., fasc. 5 f. 19 | 1894 *Pionopsis* (Typ.: *P. lutescens*), Piersig in: Zool. Anz., *v.* 17 p. 216 | 1897 *P.*, Piersig in: SB. Ges. Leipzig, *v.* 22/23 p. 82 | 1897 *P.*, Piersig in: Zool., *v.* 22 p. 156 | 1900 *P.*, Soar in: Sci. Gossip, ser. 2 *v.* 7 p. 84.

Rumpf weichhäutig, eirund; Maxillarpalpus auf der Beugeseite des 4. Gliedes mit 2 Haarhöckern, Endzahn am distalen Innenrande nicht $^1/_2$ so lang wie das mit 3 Nägeln versehene 5. Glied. Epimeren und Genitalhof ähnlich wie bei Laminipes. Verkürzung des 3. Beines des ♂ unbedeutend; 4. Bein des ♂ am 4. Gliede (Greifglied) ohne Verbreiterung, 5. Glied gekrümmt (Fig. 55), mit einer Anzahl zweispitziger, gedrungener Borsten seitlich am distalen Ende.

Mittel-Europa, Schweden, Süd-Russland, England.

1 Art.

1. **P. lutescens** (Herm.) 1804 *Hydrachna l.*, Hermann, Mém. apt., p. 57 t. 6 f. 7 | 1834 *Atax l.*, Ant. Dugès in: Ann. Sci. nat., ser. 2 *v.* 1 p. 146 | 1881 *Nesaea l.*, Koenike in: Z. wiss. Zool., *v.* 35 p. 621 Anm. 5 | 1883 *Piona l.*, Koenike in: Abh. Ver. Bremen, *v.* 8 p. 35 Anm. 2 | 1898 *P. l.*, Thor in: Arch. Naturv. Christian., *v.* 20 nr. 3 p. 26 | 1897 *Pionopsis l.*, Piersig in: Zool., *v.* 22 p. 157 t. 15 f. 39 | 1900 *P. l*, Soar in: Sci. Gossip, ser. 2 *v.* 7 p. 84 f. 1 | 1835 *Tiphys decoratus*, C. L. Koch, C. M. A., fasc. 5 f. 19 (jugendl. ♀) | 1837 *T. chloropus* + *T. 9-maculatus*, C. L. Koch, C. M. A., fasc. 10 f. 11 (jugendl. ♀), 13 | 1875 *Piona flavescens*, Neuman in: Öfv. Ak. Förh., nr. 2 p. 102 | 1880 *P. f.* + *P. lapponica*, Neuman in: Svenska Ak. Handl., n. ser. *v.* 17 nr. 3 p. 54 t. 2 f. 4 | 1875 *Nesaea trinotata*, P. Kramer in: Arch. Naturg., *v.* 45 I p. 302 t. 8 f. 10.

♀. Integument fein liniiert. Maxillarpalpus $^1/_4$—$^1/_5$ der Rumpflänge; 4. Glied am längsten, mit dürftig entwickelten Haarhöckern auf der Beugeseite (ein wenig über die Mitte nach vorn geschoben) und einem Zahn am distalen Innenende auf erhöhtem Grunde, nicht halb so lang wie das Endglied. Beine gleichmässig vom 1.—4. an Länge zunehmend. Genitalöffnung 190 μ l., hinter den Epimeren gelegen; Genitalplatten breit sichelförmig, fast dreieckig, kurz, mit je 3 Genitalnäpfen. Färbung wechselnd, gelblich, grünlich oder lehmfarben hellbraun; Flecken schwärzlich, zusammenhängend, Malpighisches Gefäss gelblich; Maxillarpalpus, Beine und Epimeren bläulich. — ♂. Maxillarpalpus $^2/_3$ so lang wie der Rumpf, stärker als die Grundglieder

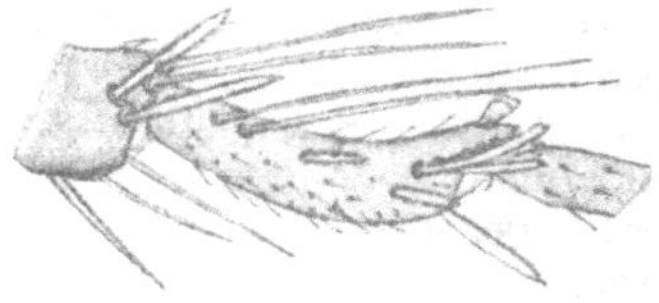

Fig. 55. P. lutescens. ♂, 5. Glied des 4. Beines.

des 1. Beines. Epimeren eng an einander gerückt, die 4. mit ihrem Hinterende eine halbkreisförmige Bucht bildend, nach hinten bogig abgerundet, mit je 2 neben einander gestellten, kurzen Dornborsten am hinteren Medialwinkel. Jederseits der 80 μ l. Genitalöffnung eine zungenförmige breite Genitalplatte mit 3 Genitalnäpfen. 3. Bein gekürzt, 4. Bein mit den Merkmalen der Gattung, 5. Glied (Fig. 55) durch ein kappenförmiges, auf einem Wall aufsitzendes, hyalines Anhängsel ausgezeichnet an gleicher Stelle wie der distale Fortsatz bei Laminipes; Endglied am längsten, auf der Beugeseite mit 5 langen abstehenden Borsten besetzt. Färbung lichter als beim ♀. Genitalhof wie bei der Nph. von L. ornatus. — Lv. mit fast vollständiger Abgliederung der 2. Epimere. Analplatte ähnlich wie bei Laminipes. — ♂ 620 μ l., 490 μ br.; ♀ 1,8—2 mm l., 1,3—1,4 mm br.; Nph. 580 μ l., 450 μ br.

Deutschland, Schweden, Norwegen, Süd-Russland, Ungarn, Böhmen, Schweiz, Italien, Frankreich, England.

47. Gen. **Atax** F.

1805 *Atax* (part.), J. C. Fabricius, Syst. Antl., p. 366 | 1834 *A.*, Ant. Dugès in: Ann. Sci. nat., ser. 2 *v.* 1 p. 145 | 1842 *A.*, C. L. Koch, Übers. Arach., *v.* 3 p. 8 | 1854 *A.*, Bruzelius, Beskr. Hydrach., p. 8 | 1868 *A.*, Claparède in: Z. wiss. Zool., *v.* 18 p. 446 | 1875 *A.*, P. Kramer in: Arch. Naturg., *v.* 41 I p. 292 | 1880 *A.*, Neuman in: Svenska Ak. Handl., n. ser. *v.* 17 nr. 3 p. 20 | 1882 *A.*, G. Haller in: Mt. Ges. Bern, 1881 II p. 75 | 1897 *A.*, Piersig in: SB. Ges. Leipzig, *v.* 22/23 p. 71 | 1897 *A.*, Piersig in: Zool., *v.* 22 p. 41 | 1899 *A.*, Wolcott in: Stud. Univ. Nebraska, nr. 30, 31 p. 193 | 1900 *A.*, Soar in: Sci. Gossip, ser. 2 *v.* 6 p. 363 | 1843 *Unionicola*, Haldeman, Zool. Contr., nr. 1 p. 2.

Rumpf meist weichhäutig, seltener mit mehr oder weniger ausgedehnten Panzerbildungen, rund oder oval, am Hinterrande breit abgerundet, abgestutzt oder median ausgebuchtet. 1. Bein gewöhnlich auffallend dick, bei den freilebenden Arten in der Regel (Ausnahme: A. pectinatus) mit auf Zapfen seitlich eingelenkten, beweglichen Degenborsten, bei den parasitisch lebenden Arten meist mit einfachen Borsten ohne besonders entwickelte Einlenkungshöcker. 2. Bein gewöhnlich länger als das 3. Maxillarpalpus kräftig gebaut, bei den parasitischen Arten meist von ungewöhnlicher Dicke; 4. Glied in der Regel mit mehr oder minder entwickelten Haarhöckern; 5. Glied kurz, sehr häufig mit 3 Nägeln versehen. Epimeren auf 4 Gruppen verteilt; 4. Epimere gross und annähernd rechteckig, von der 3. unvollständig abgetrennt. Genitalhof gewöhnlich am Hinterrande der Bauchfläche gelegen (Fig. 56, p. 211), nur ausnahmsweise davon abgerückt. Genitalöffnung jederseits von 1 oder 2 Genitalplatten begrenzt; mit 10, 12 oder zahlreichen Genitalnäpfen. — ♀ neben der Genitalöffnung kürzere oder längere Borsten oder Stacheln aufweisend, die bei der Eiablage Verwendung finden. — Larve das Wasser nicht verlassend.

Europa, Nord- und Süd-Amerika, Ost-Asien, Palästina, Ost-Afrika.

27 sichere und 10 unsichere Arten, 6 Unterarten.

Übersicht der sicheren Arten:

1	Jederseits der Genitalöffnung 5 Genitalnäpfe — 2.	
	Jederseits der Genitalöffnung 6 Genitalnäpfe — 16.	
	Jederseits der Genitalöffnung zahlreiche Genitalnäpfe — 21.	
2	Integument von meist 5- oder 6-eckigen Poren durchbrochen, hinter den Epimeren panzerartig verhärtet	1. **A. perforatus** . . . p. 208
	Integument ohne solche Poren und Panzerbildungen — 3.	

3	Endglieder der Beine am distalen Ende der Streckseite mit einem häutigen, durchsichtigen, muldenartig ausgehöhlten Anhängsel	2. **A. fossulatus** . . .	p. 208
	Endglieder ohne solches Anhängsel — 4.		
4	Seitenwandungen der Krallenscheide über die Einlenkungsstelle der Krallen stark vorgewölbt — 5.		
	Seitenwandungen der Krallenscheide zurückstehend oder die Einlenkungsstelle der Krallen nach vorn nur unbedeutend überragend — 6.		
5	Verlängerung der Krallenscheide bis zum Krallengrunde gespalten	3. **A. fissipes**	p. 209
	Verlängerung der Krallenscheide ungespalten	4. **A. procurvipes** . . .	p. 209
6	Maxillarpalpus dick und gedrungen, mindestens so stark wie die Grundglieder des 1. Beines — 7.		
	Maxillarpalpus schwächer als die Grundglieder des 1. Beines — 12.		
7	Krallen der Beine mit Nebenzahn — 8.		
	Krallen der Beine einfach, ohne Nebenzahn .	5. **A. strictus**	p. 209
8	Krallen der Beine mit einem inneren langen Nebenzahn; 4. Glied des 4. Beines beim ♂ verdickt und leicht einwärts gekrümmt	6. **A. intermedius** . . .	p. 209
	Krallen der Beine mit einem äusseren kleinen Nebenzahn — 9.		
9	Mit zapfenförmig vorspringenden Höfen der Steissdrüsenmündungen am Hinterrande des Rumpfes	7. **A. tricuspis**	p. 210
	Ohne solche am Hinterrande des Rumpfes vorspringende Höfe der Steissdrüsenmündungen — 10.		
10	4. Glied des Maxillarpalpus auf der Beugeseite mit einem ungewöhnlich langen, zapfenförmig schief nach vorn gerichteten, das distale Ende des Gliedes überragenden äusseren Haarhöcker, der $^2/_3$ der Länge des Endgliedes erreicht	8. **A. digitatus**	p. 211
	4. Glied des Maxillarpalpus auf der Beugeseite ohne solchen langen, zapfenförmigen, äusseren Haarhöcker — 11.		
11	Haarhöcker auf der Beugeseite des 4. Gliedes des Maxillarpalpus klein und unbedeutend	9. **A. bonzi**	p. 211
	Haarhöcker an gleicher Stelle kurze, kräftige, kegelförmige Vorsprünge bildend; 4. Glied des stämmigen 4. Beines samt den vorhergehenden verdickt, zahlreiche Borsten tragend; 5. Glied stark verkürzt, auf der Streckseite mit 2 gebogenen, dicken und langen Säbelborsten; 6. Glied sehr lang und schlank	10. **A. abnormipes** . . .	p. 211
12	4. Glied des Maxillarpalpus auf der Beugeseite mit 2 deutlichen Haarhöckern — 13.		
	4. Glied des Maxillarpalpus an gleicher Stelle nur mit 1 deutlichen Haarhöcker — 15.		
13	Integument panzerartig erhärtet	11. **A. lynceus**	p. 212
	Integument weich — 14.		

14	Hinterrand des Rumpfes mit zapfenförmig vorspringenden Höfen der Steissdrüsenmündungen	12. **A. aculeatus**	p. 212
	Hinterrand des Rumpfes ohne vorspringende Höfe der Steissdrüsenmündungen	13. **A. figuralis**	p. 213
15	1. Bein verdickt, mit auf Höckern stehenden Degenborsten	14. **A. singalensis** . . .	p. 214
	1. Bein nicht verdickt und ohne Borstenhöcker	15. **A. schmackeri** . . .	p. 214
16	Krallen der Beine auf der konkaven Seite kammartig gezähnelt	16. **A. pectinatus** . . .	p. 215
	Krallen der Beine nicht kammartig gezähnelt — 17.		
17	Mit zapfenförmig vorspringenden Steissdrüsenhöfen. 18.		
	Ohne zapfenförmig vorspringende Steissdrüsenhöfe — 19.		
18	Mit 2 Haarhöckern auf der Beugeseite des 4. Gliedes des Maxillarpalpus	17. **A. crassipes**	p. 215
	Mit nur 1 Haarhöcker daselbst	18. **A. dentipalpis** . . .	p. 217
19	1. Bein mit auf zapfenförmigen Höckern stehenden Degenborsten	19. **A. jheringi**	p. 217
	1. Bein ohne solche Zapfenbildungen — 20.		
20	5. Glied des Maxillarpalpus am distalen Streckseitenende in einen ungemein langen, hakig umgebogenen Nagel oder Zahn verlängert	20. **A. harpax**	p. 217
	5. Glied des Maxillarpalpus an gleicher Stelle ohne einen solchen auffallenden Nagel . .	21. **A. rugosus**	p. 218
21	Jederseits der Genitalöffnung etwa 8—10 Genitalnäpfe; 4. Bein beim ♂ mit Umbildungen am 4. und 5. Gliede	22. **A. indistinctus** . . .	p. 218
	Jederseits der Genitalöffnung etwa 20 und mehr Genitalnäpfe — 22.		
22	Mit Schwimmborsten am 4. Beine; ♀ mit 2 Stechborsten jederseits der Genitalöffnung	23. **A. ampullariae** . . .	p. 218
	Ohne Schwimmborsten an den Beinen; ♀ mit 1—3 Stechborsten jederseits der Genitalöffnung — 23.		
23	5. Glied des Maxillarpalpus nach dem distalen Ende hin verbreitert, fast quadratisch, vorn an der Beugeseite in einen keilförmigen, schief nach unten gerichteten Zahn ausgezogen, mit 2 langen, gekrümmten, klauenartigen Nägeln; Beine, besonders beim ♀, mit mehr oder weniger deutlich gefiederten Borsten ausgestattet	24. **A. serratus**	p. 218
	5. Glied des Maxillarpalpus nach vorn verjüngt, am distalen Ende der Beugeseite nicht in einen grossen Zahn ausgezogen; Nägel klein — 24.		
24	1. Bein nicht bemerkenswert dicker als die anderen; Endglied der Beine gerade; Krallen gross und mit einem langen inneren Nebenzahn	25. **A. ypsilophorus** . .	p. 219
	1. Bein bemerkenswert dicker als die anderen, nach dem Endgliede zu an Stärke abnehmend; letzteres schlank, mehr oder weniger gebogen; Krallen klein und mit kleinem äusseren Nebenzahn — 25.		

25	2. Glied des Maxillarpalpus etwa doppelt so dick wie das 3.; äusserer Nebenzahn der Kralle der Beine klein, weit nach vorn gerückt	26. **A. arcuatus**	p. 220
	2. Glied des Maxillarpalpus noch nicht $1^1/_2$ mal so dick wie das 3.; äusserer Nebenzahn der Kralle der Beine $^2/_3$ so lang wie der Hauptzahn	27. **A. tumidus**	p. 221

1. **A. perforatus** Koen. 1890 *A. p.*, Koenike in: Zool. Anz., *v.* 13 p. 426.

♀. Integument von meist fünf- oder sechseckigen Poren durchbrochen. Zwischen der annähernd gleichen 3. und 4. Epimere eine breite und tiefe Furche; hinter der 4. Epimere ein Panzerstück, das nach vorn scharf abgegrenzt ist, nach hinten aber allmählich verschwindet. Krallen der Beine schmal, kräftig gebogen, ohne Nebenzahn. Genitalöffnung jederseits mit 5 Genitalnäpfen, die auf 2 Platten verteilt sind. — ♂ unbekannt. — ♀ 500 μ l., 370 μ br.

Schmarotzt auf Anodonta latimarginata. Süd-Amerika (Rio Grande do Sul).

2. **A. fossulatus** Koen. 1895 *A. f.*, Koenike in: Abh. Ver. Bremen, *v.* 13 p. 221 t. 3 f. 68—71 | 1899 *A. f.*, Wolcott in: Stud. Univ. Nebraska, nr. 30, 31 p. 226, 243 t. 30 f. 24—26.

♀. Rumpf lang eiförmig, vorn und hinten breit abgerundet; Rücken stark gewölbt. Integument weich. Capitulum breit, mit kurzem ankerförmigen Fortsatz am Hinterende der ventralen Wandung. Mandibel 280 μ l. Maxillarpalpus sehr dick und kräftig, $^1/_3$ so lang wie der Rumpf; 4. Glied kaum so lang wie das 2., mit einem kräftig vorspringenden inneren und einem kleinen äusseren Haarhöcker auf der Beugeseite nahe dem Vorderende des Gliedes; Stift am distalen Innenrande klein und zugespitzt; Endglied in 3 kleine Nägel auslaufend, auf der Beugeseite mit einer Borste bewehrt. Epimeren die vordere Hälfte der Bauchseite bedeckend; 3. und 4. Epimere an die von A. crassipes erinnernd, mit den Medialrändern nach hinten divergierend. Beine mässig lang, das 3. nicht verkürzt; Endglied des 4. Beines dem vorletzten Gliede an Länge gleich; Grundglieder sämtlicher Beine verdickt, die distalen Glieder wesentlich dünner, Endglied nach aussen fast zugespitzt; Schwimmborsten nicht vorhanden; 1. Bein ohne höckerartige Einlenkungsstellen der Borsten; Kralle des 1. Beines klein, ziemlich stark gekrümmt, mit einem äusseren, kräftigen Nebenzahn, an den übrigen Beinen gross, wenig gebogen, mit auffallend kleinem Nebenzahn auf der konvexen Seite kurz vor der Spitze; Krallenscheiden fehlen, statt derselben an dem distalen Gliedende ein häutiges, durchsichtiges, muldenartig ausgehöhltes Anhängsel mit steifen, borstenartigen Gebilden an den Aussenrändern. Epigynium nahe dem Hinterleibsende, ohne sichtbare Genitalplatten; Genitalöffnung 250 μ l., jederseits mit 5 Genitalnäpfen, 4 davon hinter einander gestellt, der 5. hinten auf der Medialseite des 4.; nur 2 Stechborsten vorhanden. — ♂ mit nierenförmigen Genitalplatten; die beiden vorderen Genitalnäpfe durch einen schmalen Zwischenraum von den 3 hinteren getrennt; Medialrand einer jeden Genitalplatte mehrere kurze Borsten tragend. Färbung gelblich mit dunkleren Rückenflecken. — Nph. dem ♀ sehr ähnlich. Maxillarpalpus etwas schlanker. Genitalhof 4 paarig hinter einander gelagerte Genitalnäpfe von ansehnlicher Grösse aufweisend. — ♂ 1,1—1,3 mm l.; ♀ 1,4—1,6 mm l.; Nph. 800—900 μ l.

Schmarotzt auf zahlreichen Anodonta- und Unio-Arten. Nord-Amerika.

3. **A. fissipes** Koen. 1891 *A. f.*, Koenike in: Zool. Anz., *v.* 14 p. 15.

1. Bein kurz und dick; Endglied desselben vorsprungartig über die Einlenkungsstelle der grossen Doppelkralle verlängert, bis dahin gespalten, ohne Borsten an der Spitze; Krallen des 2.—4. Beines auffallend klein. 4. Epimere ungewöhnlich schmal. ♀ mit 10 Genitalnäpfen, die auf 2 Genitalplatten längs des gebogenen Lateralrandes hinter einander gelegen sind; Medialrand der Genitalplatten gerade, in der Mitte mit einem nach vorn und lateral gerichteten, gerundet abschliessenden Einschnitt. — Grösse wie bei A. intermedius.

Schmarotzt auf Anodonta latimarginata. Süd-Amerika (Rio Grande do Sul).

4. **A. procurvipes** Koen. 1890 *A. p.*, Koenike in: Abh. Ver. Bremen, *v.* 13 p. 222 t. 3 f. 72.

Maxillarpalpus kurz und dünn, 4. und 5. Glied mit mehreren Zapfen. 1. Bein stark verkürzt, dicker als das 2.—4. Bein; Endglieder der Beine stark über die Einlenkungsstelle der Doppelkralle hinausragend, an der Spitze mit 3 krummen Borsten; Krallen des 1. Beines kräftig, mit knieförmiger Krümmung in der Mitte, an der konvexen Seite mit Nebenzahn; dieser bei den anderen Krallen kurz vor der Spitze. ♂ mit 10 Genitalnäpfen auf 2 die Genitalöffnung umgebenden Genitalplatten; ♀ mit gleicher Anzahl von Genitalnäpfen auf 4 Platten verteilt; Medialrand der Platten leistenartig verdickt und mit 6 kleinen Genitalnäpfen (jederseits vorn 2, hinten 1), während die 10 grösseren Genitalnäpfe an den gebogenen Lateralrand der Genitalplatten gerückt sind. — Grösse wie bei A. intermedius.

Schmarotzt auf Anodonta gigantea. Süd-Amerika.

5. **A. strictus** Wolcott 1898 *A. s.*, Wolcott in: Stud. Univ. Nebraska, nr. 6 p. 283 | 1899 *A. s.*, Wolcott in: Stud. Univ. Nebraska, nr. 30, 31 p. 229, 243 t. 30 f. 27, 28.

♀. Ähnelt dem A. fossulatus. Rumpf breiter, fast oval. Maxillarpalpus schlanker als bei der Vergleichsart; Endglied kräftiger gebogen. Epimeren verhältnismässig kürzer und breiter. Beine kürzer und dünner, nach den freien Enden nicht so an Dicke abnehmend wie bei A. fossulatus; 6. Glied des 1. Beines nach dem distalen Ende nicht allmählich anschwellend, sondern in der Mitte sich verjüngend und an der Spitze wieder verbreitert; 1. Bein kaum stärker als die anderen; Kralle länger und dünner als bei der Vergleichsart, die des 1. Beines anscheinend einfach, nicht doppelzähnig; Borsten an den Beinen nicht so zahlreich, aber länger. Jederseits der Genitalöffnung 5 bogenförmig in einer Linie hinter einander stehende Genitalnäpfe, die beiden hinteren nicht neben einander. — ♀ 835 μ l.; ♂ kleiner.

Schmarotzt auf Muscheln. Nord-Amerika (Grand Rapids in Michigan, Teiche bei Lincoln, Blue River bei Milford in Nebraska).

6. **A. intermedius** Koen. 1850 *A. ypsilophora* (err., non *A. ypsilophorus* Bonz 1783!), P. J. van Beneden in: Mém. Ac. Belgique, *v.* 24 p. 3 f. 1—33 | ?1884 *A. y.*, Krendowskij in: Trav. Soc. Univ. Kharkow, *v.* 18 p. 266 | 1882 *A. intermedius*, Koenike in: Abh. Ver. Bremen, *v.* 7 p. 265 | 1897 *A. i.*, Piersig in: Zool., *v.* 22 p. 46 t. 1 f. 2 | 1899 *A. i.*, Wolcott in: Stud. Univ. Nebraska, nr. 30, 31 p. 214 t. 29 f. 11—13 | 1900 *A. i.*, Soar in: Sci. Gossip, ser. 2 *v.* 7 p. 18 f. 1, 2.

Rumpf breit eiförmig oder elliptisch, vorn abgerundet. Integument weich, beim ♀ fein liniiert, auf den Epimeren fein netzförmig geadert, beim ♂ durchweg undeutlich facettiert. Maxillarpalpus wenig dicker als die Grundglieder des 1. Beines, reichlich $^1/_3$ so lang wie der Rumpf; 4. Glied auf der Beugeseite nahe dem distalen Ende mit 2 Haarhöckern und 1 kleinen

Stift; Endglied mit 3 Nägeln. Epimeren beim ♀ ungefähr die vordere Bauchfläche einehmend, beim ♂ sich weit nach hinten erstreckend, nur Platz für den Genitalhof freilassend; 4. Epimere fast viereckig, mit den Medialrändern wenig divergierend. Degenborsten auf der Beugeseite der Glieder des 1. Beines auf niedrigen Höckern eingefügt; 4. Glied des 4. Beines beim ♂ verdickt und leicht einwärts gekrümmt; Krallen der Beine mit grossem inneren Nebenzahn; Seitenwandungen der Krallenscheide erhöht, mit je einem spitzen Dorn auf dem oberen Rande. Genitalöffnung am Hinterleibsende; 12 Genitalnäpfe, beim ♂ auf 2 breiten sichelförmigen Genitalplatten eingefügt. Färbung durchscheinend gelblich mit bräunlichen Rückenflecken und weisslich durchscheinendem, Malpighischem Gefässe.

Schmarotzt auf Anodonta cellensis Pfeiff. und anderen Muscheln. Mittel-Europa, England, Süd-Russland und Nord-Amerika.

Die Art zerfällt in 2 Unterarten:

6a. **A. intermedius intermedius** Koen. 1850 *A. ypsilophora* (err., non *A. ypsilophorus* Bonz 1783!), P. J. van Beneden, Mém. Ac. Belgique, *v.* 24 p. 3 f. 1—33 | 1882 *A. intermedius,* Koenike in: Abh. Ver. Bremen, *v.* 7 p. 265 | 1897 *A. i.,* Piersig in: Zool., *v.* 23 p. 46 t. 1 f. 2.

♀. Haarhöcker auf der Beugeseite des 4. Gliedes des Maxillarpalpus annähernd von gleicher Grösse und wenig vorspringend, der innere vom distalen Ende des Gliedes weiter abgerückt als der äussere. 4. Bein am distalen Ende des 4. und 5. Gliedes mit wenigen halblangen Schwimmborsten. — ♀ 800 µ l., 640 µ br.; ♂ etwas kleiner.

Mittel-Europa und Süd-Russland.

6b. **A. intermedius wolcotti** Piersig 1899 *A. i.,* Wolcott in: Stud. Univ. Nebraska, nr. 30, 31 p. 214 t. 29 f. 11—13 | 1900 *A. i. var. wolcotti,* Piersig in: Zool. Anz., *v.* 23 p. 211.

♀. Äusserer (nach Wolcott der innere) Haarhöcker breit zungenförmig vorspringend, ungewöhnlich gross und am freien Ende fast abgestutzt; innerer Haarhöcker klein und niedrig; Stift am distalen Innenrande desselben Gliedes zugespitzt, auf kaum bemerkbarem Höcker stehend. 4. Bein ohne eigentliche Schwimmborsten. — ♂. Äusserer Haarhöcker auf der Beugeseite des 4. Gliedes des Maxillarpalpus noch höher und schlanker als beim ♀. — ♂ 501 µ l.; ♀ 752—760 µ l.

Nord-Amerika (St.-Clair-See, Grand Rapids, White Lake, Muskegon County in Michigan, Blue River bei Milford, Umgegend von Lincoln in Nebraska).

7. **A. tricuspis** Koen. 1895 *A. t.,* Koenike in: Zool. Anz., *v.* 18 p. 386 f. 12 | 1897 *A. t.,* Piersig in: Zool., *v.* 22 p. 60 t. 1 f. 14.

Dem A. aculeatus sehr nahestehend, aber Genitalnäpfe der hinteren Genitalplatten in eine Reihe gestellt. Stechborsten auf der spitz ausgezogenen Medialecke der vorderen Genitalplatten nahe der Spitze fast neben einander gestellt. — ♂ unbekannt. — ♀ 550 µ l., 350 µ br.

Auf Bivalven. Deutschland.

8. **A. digitatus** Koen. 1898 *A. d.,* Koenike in: Abh. Senckenb. Ges., *v.* 21 II p. 419 t. 26 f. 131—134.

♀. Rumpf annähernd oval, vorn und hinten abgeflacht, von der Mitte her nach beiden Enden abgeschrägt. Integument weich, ohne Panzerbildungen. Gegenseitiger Abstand der Augen ca. 172 µ. Capitulum ähnlich wie bei A. crassipes. Maxillarpalpus etwas dicker als die Grundglieder des

1. Beines; 4. Glied kaum länger als das 2., auf der Mitte der Beugeseite mit einem sehr langen, stark seitwärts gerichteten, zapfenförmigen äusseren Haarhöcker; innerer Haarhöcker niedrig, eine längere Borste aussendend; distales Ende desselben Gliedes innen einen ziemlich langen Höcker mit einem in der Spitze eingelassenen stumpfen Stift aufweisend; Nägel des Endgliedes verkümmert. Borstenausstattung des Maxillarpalpus dürftig. Epimerengebiet 400 µ l., der Gestalt nach ähnlich wie bei A. crassipes. Beine wie bei der Vergleichsart. Genitalhof auf dem Hinterleibe, dicht am Rumpfende; Genitalnäpfe der vorderen Genitalplatten neben einander gelagert; mittlerer Genitalnapf der Hinterplatten etwas vorgerückt; vorspringende Medialecke jeder vorderen Genitalplatte 3 steife Borsten tragend. — ♂ unbekannt. — ♀ 700 µ l., 500 µ br.

Djabala-See auf der Insel Nossi-Bé bei Madagaskar.

9. **A. bonzi** Clap. 1869 *A. b.*, Claparède in: Z. wiss. Zool., *v.* 18 p. 451 t. 30—32 | 1882 *A. b.*, Koenike in: Abh. Ver. Bremen, *v.* 7 p. 265 | 1897 *A. b.*, Piersig in: Zool., *v.* 22 p. 48 t. 1 f. 1.

A. intermedius sehr ähnlich, aber Medialränder der 4. Epimeren nach hinten stärker divergierend (Fig. 56). Krallen der Beine mit äusserem, kleinem Nebenzahn. Haarhöcker auf der Beugeseite des 4. Gliedes des Maxillarpalpus noch winziger als bei der Vergleichsart. Gestalt, Grösse und Färbung wie bei A. intermedius.

Schmarotzt auf Unio pictorum L. Mittel-Europa.

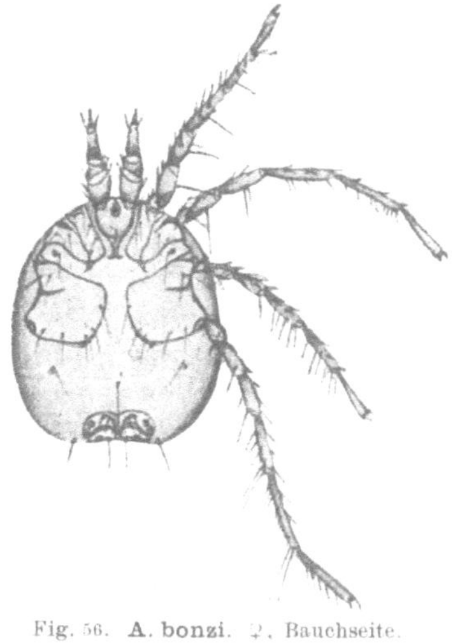
Fig. 56. A. bonzi. ♀, Bauchseite.

10. **A. abnormipes** Wolcott 1898 *A. a.*, Wolcott in: Stud. Univ. Nebraska, nr. 6 p. 280 f. 2 | 1899 *A. a.*, Wolcott in: Stud. Univ. Nebraska, nr. 30, 31 p. 218, 242, 243 t. 29 f. 13—15.

♀. Rumpf breit birnförmig, vorn und hinten breit abgerundet; Rücken gewölbt. Integument netzartig gefeldert. Gegenseitiger Abstand der Augen 143 µ. Hinterer Fortsatz der ventralen Wandung des mittelgrossen Capitulum ziemlich breit. Maxillarpalpus schlank, nicht ganz $^1/_2$ so lang wie der Rumpf, mit langem 4. Gliede; 5. Glied breit, am distalen Beugeseitenende in einen schief nach unten gerichteten eckigen Zahn auslaufend, vorn 2 grosse gekrümmte, krallenartige Nägel tragend. Epimeren den grössten Teil der Bauchfläche einnehmend, auf der Oberfläche fein netzartig gefeldert; Integument zwischen den einzelnen Plattengruppen verdickt und dieselben mit einander verbindend. Beine kurz und dick, das 4. am längsten, etwa $^1/_5$ länger als der Rumpf; Krallen stark gebogen, mit einem äusseren, ca. $^1/_5$ von der Spitze abgerückten Nebenzahn. Genitalhof am Hinterende des Rumpfes gelegen; Zahl der Genitalplatten und Genitalnäpfe wie bei A. figuralis. — ♂. Rumpf deutlich birnförmig, hinten tief ausgebuchtet. Maxillarpalpus und Beine länger als beim ♀. 4.—6. Glied des 4. Beines auffallend umgebildet; 4. Glied an den distalen $^2/_5$ seitlich zusammengedrückt und daselbst mit 6 sehr kräftigen, das 5. Glied an Länge erreichenden, auf der Streckseite in 2 Reihen angeordneten Dornborsten, Beugeseite mit etwa 9 kurzen Borsten; 5. Glied kurz, an der Wurzel dünner als am distalen Ende, mit 2 sehr kräftigen, gekrümmten Borsten auf der Streckseite, einer Borstenreihe längs der Beugeseite und einem Büschel feiner Haare am distalen Ende; 6. Glied sehr dünn und ziemlich lang. Genitalhof am Hinterende des Rumpfes; Genitalöffnung in einer Einbuchtung gelegen. Genitalplatten einer Seite verschmolzen, vorn 2, hinten 3 Genitalnäpfe tragend. — ♂ 445—550 μ l.; ♀ 600—700 μ l.

Schmarotzt auf Anodonta- und Unio-Arten. Nord-Amerika (St. Clair-See und Grand Rapids in Michigan, Oshkosh in Wisconsin, Chautauqua-See und bei Cheektowaga, New-York).

11. **A. lynceus** Koen. 1895 *A. l.*, Koenike in: D.-O.-Afr., *v.* 4 nr. 6 p. 15 f. 3—5.

Körperform wie bei A. crassipes; hervorstehende Steissdrüsenhöfe vorhanden; Integument panzerartig erhärtet, ohne Poren. Maxillarpalpus reichlich $^1/_2$ so lang wie der Körper, ähnlich gebaut wie bei A. figuralis, jedoch der innere Haarzapfen des 4. Gliedes im Grunde mit dem weiter vorn gelegenen Chitinhöcker nicht verschmolzen, bedeutend niedriger als dieser. Epimeren wie bei A. crassipes, die vordere Bauchhälfte bedeckend. 10 Genitalnäpfe, beim ♀ auf 4, beim ♂ auf 2 Genitalplatten verteilt; vordere Genitalplatten des ♀ mit einer lateralen Vorder- und einer medialen Hinterecke, mit einfach gebogenem Vorder- und wellig gebogenem Hinterrande; hinteres Plattenpaar dreieckig, mit 3 in einer Reihe gestellten Genitalnäpfen an der hinteren, schräg verlaufenden Seite; Epiandrium nahe dem Hinterrande des Körpers; Genitalplatten vorn und hinten mit einander verschmolzen, wie bei den anderen ♂ der Gattung die Genitalöffnung völlig umfassend; die beiden vorderen Genitalnäpfe auf jeder Seite hinter einander liegend, von der hinteren Gruppe durch einen Abstand getrennt; hintere Genitalnäpfe dicht zusammengedrängt, 2 nahe am Hinterrande, der 3. in der Mitte davor. ♂ ohne Zapfen auf dem 4. Gliede des Maxillarpalpus und ohne auf Höcker gestellte Degenborsten am 1. Bein. — ♂ 400 μ l.; ♀ 500 μ l.

Ost-Afrika (Kirima, N. W. Albert-Edward-See).

12. **A. aculeatus** Koen. 1868 *A. crassipes* (err., non *Hydrachna crassipes* O. F. Müller 1776!), Claparède in: Z. wiss. Zool., *v.* 18 p. 471 t. 33 f. 1—3 (juv.) | 1890 *A. aculeatus*, Koenike in: Zool. Anz., *v.* 13 p. 140 | 1895 *A. a.*, Koenike in: Zool. Anz., *v.* 18 p. 386 f. 13 | 1897 *A. a.*, Piersig in: Zool., *v.* 22 p. 59 t. 1 f. 13 | 1899 *A. a.*, Wolcott in: Stud. Univ. Nebraska, nr. 30, 31 p. 210 t. 28 f. 3—6 | 1899 *A. taverneri*, Soar in: J. Quekett Club, *v.* 7 p. 219 t. 12 f. 1—7.

♀. Ähnelt A. crassipes. Maxillarpalpus nicht so dick wie die Grundglieder des 1. Beines. Gemeinschaftlicher Fortsatz der 1. und 2. Epimere sich weit nach hinten erstreckend, bis zur 3. oder 4. Epimere reichend. Genitalhof mit 4 Genitalplatten, von denen das vordere Paar je 2, das hintere je 3 Genitalnäpfe trägt; jede vordere Genitalplatte mit der spitz ausgezogenen hinteren Medialecke über den Hinterrand des Rumpfes hinausragend und daselbst mit 2 fast hinter einander gestellten, breiten Stechborsten besetzt. — ♂ jederseits mit nur einer, nieren- oder mondsichelförmig gestalteten Genitalplatte. Färbung durchscheinend hellgelblich mit undeutlichen schwärzlichen Rückenflecken. — Nph. wie bei A. crassipes, Epimeren jedoch wie beim ♀.

Schmarotzt auf Muscheln, lebt jedoch auch frei im Wasser. — Deutschland, England, Nord-Amerika.

Die Art zerfällt in 2 Unterarten:

12a. **A. aculeatus aculeatus** Koen. 1868 *A. crassipes* (err., non *Hydrachna crassipes* O. F. Müller 1776!), Claparède in: Z. wiss. Zool., *v.* 18 p. 471 t. 33 f. 1—3 (parasitisch lebendes jugendliches ♀) | 1890 *A. aculeatus*, Koenike in: Zool. Anz., *v.* 13

p. 386 f. 13 | 1897 *A. a.*, Piersig in: Zool., *v.* 22 p. 59 t. 1 f. 13 | 1898 *A. taverneri*, Soar in: J. Quekett Club, *v.* 7 p. 219 t. 12 f. 1—7.

Im. Maxillarpalpus kürzer und gedrungener als bei A. crassipes, mehr dem von A. figuralis ähnlich; 3. Glied mit einer langen, ungefiederten Säbelborste auf der Innenseite näher dem Grunde und der Dorsalseite als dem distalen Rande; 4. Glied länger als das 2., innerer Haarhöcker weit niedriger als der zapfenförmig schief nach aussen und vorn gerichtete äussere Haarhöcker; Stift am distalen, der Beugeseite genäherten Innenrande auf einem ziemlich langen Zapfen eingelenkt, der mehr als doppelt so hoch ist wie der innere davon abgerückte Haarhöcker. Endglied mit 3 annähernd gleich langen, krallenartigen Nägeln. Beine etwas kürzer als bei A. crassipes; das 2. Bein viel länger als das 1., Krallen der Beine mit äusserem Nebenzahn. Stechborsten mässig lang, die hinterste, an der Spitze gelegene schwach S-förmig gebogen, breiter als die weiter zurück stehende. Genitalnäpfe der hinteren Genitalplatten in einer Reihe am Hinterrande neben einander stehend, der mittelste seltener etwas vorgerückt. — ♂ 750 μ l.; ♀ 1 mm l.

Deutschland (Tote Arme der Pleisse bei Leipzig-Connewitz), Schweiz, England (Teich in Highams Park in London).

12b. **A. aculeatus sayi** Piersig*) 1899 *A. a.*, Wolcott in: Stud. Univ. Nebraska, nr. 30, 31 p. 210 t. 28 f. 4—6.

♀. Maxillarpalpus ein wenig schlanker und verhältnismässig länger als bei A. crassipes; 4. Glied kürzer als das 2., innerer Haarhöcker etwa halb so hoch wie der äussere; Aussenfläche und distales Streckseitenende mit je einer langen, ungefiederten Säbelborste; Endglied schlanker als bei der Stammform, nach vorn kräftiger verjüngt und daselbst mit 4 Nägeln bewehrt, von denen der oberste verkümmert, der nächstfolgende am längsten und dünnsten ist. Beine stämmiger als bei A. crassipes; 4. Glied des 1. Beines länger als das 5. und 6.; letzteres nicht ganz so schlank wie bei der Vergleichsart, weniger gebogen und an der Spitze ein wenig verbreitert. Genitalnäpfe der Vorderplatten fast hinter einander am Aussenrande gelegen, die der hinteren Platten in Dreiecksform geordnet, 2 am Hinterrande und einer mehr nach der Mitte zu liegend; hintere Medialrandecken der vorderen Genitalplatten in je einen kegelförmigen Fortsatz ausgezogen, der an seiner Spitze einen kurzen, dicken, lanzenspitzenförmigen, scharf zugespitzten Dorn trägt und an seinem Grunde auf der Medialseite von einem kleinen, stachelartigen Vorsprunge des Fortsatzes begleitet wird; am dorsalen Hinterrande der fortsatzartig verlängerten Medialrandecke der vorderen Genitalplatte noch ein langer, dolchartig zugespitzter, wenig gebogener Dorn von etwa gleicher Länge wie der an der Spitze. — ♂ 500—600 μ l.; ♀ 650—750 μ l.

Nord-Amerika (Grand River, Grand rapids, Rogue River in Michigan).

13. **A. figuralis** C. L. Koch 1836 *A. f.* + *A. lobatus* (Nph.) + *A. diaphanus* (Nph.), C. L. Koch, C. M. A., fasc. 7 f. 10, 18, 19 | 1882 *A.*, *f.*, Koenike in: Abh. Ver. Bremen, *v.* 7 p. 265 | 1897 *A. f.*, Piersig in: Zool., *v.* 22 p. 57 t. 4 f. 6 | 1900 *A. f.*, Soar in: Sci. Gossip, ser. 2 *v.* 6 p. 365 f. 8.

Wie A. crassipes, doch ohne vorspringende Steissdrüsenmündungen und mit kürzerem Maxillarpalpus; 4. Glied des letzteren auf der Beugeseite mit einem niedrigen, im Grunde mit dem davorstehenden langen haarlosen

---

*) Nom. nov. — Die Abgliederung dieser zu Ehren Thomas Say's benannten Unterart musste erfolgen, weil die europäische Form von der amerikanischen merkbar abweicht. R. Piersig.

Chitinhöcker verschmolzenen Innenzapfen. Beine nicht so lang wie bei der Vergleichsart. Genitalöffnung (Fig. 57) jederseits mit 5 Genitalnäpfen, welche beim ♀ auf 2, beim ♂ auf einer Genitalplatte gelegen sind; Epigynium am Hinterrande des Rumpfes; vordere Genitalplatte von dreieckiger Gestalt mit 2 am Vorderrande gelegenen Genitalnäpfen, hintere Genitalplatte fünfeckig mit 1 Napf in der Mitte und 2 anderen hart am Lateralrande; auf der hinteren Medialecke der vorderen Genitalplatte 2, auf der entsprechenden Stelle der hinteren Platte 1 Stechborste. Epiandrium ähnlich wie bei A. crassipes mit 2 mondsichelförmigen, vorn und hinten verschmolzenen Genitalplatten, zusammen eine die Genitalöffnung völlig umschliessende apfelförmige Figur bildend; hinterer Napf der vorderen Gruppe nicht wie bei A. lynceus der Medianlinie mehr genähert als der vordere, sondern weiter lateral; Genitalnäpfe der hinteren Gruppe von der vorderen abgerückt, 2 davon am Lateralrande, der 3. medial neben den vorderen gelegen. Färbung wie bei A. crassipes, doch kräftiger. — Nph. mit 4 Genitalnäpfen und ohne zapfenförmig vorspringende Steissdrüsenmündungen. — ♂ 1 mm l.; ♀ 1,2—1,35 mm l., 900—975 μ br., 1 mm h.; Nph. 600—650 μ l.

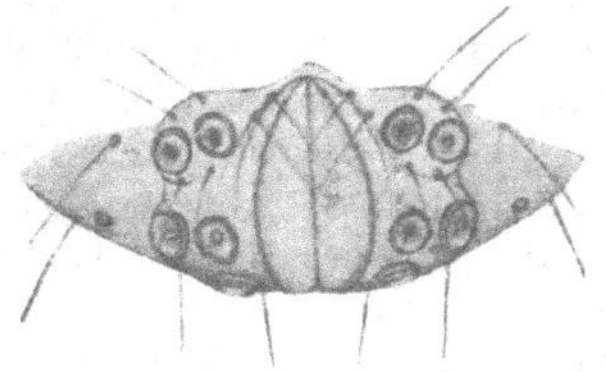

Fig. 57. A. figuralis. ♂, Genitalhof.

Mittel-Europa (Ritterguts-Teich bei Kosputhen in Sachsen).

14. **A. singalensis** Daday 1898 *A. s.*, Daday in: Term. Füzetek, *v.* 21 Anhangsheft p. 88 f. 43.

♀. Rumpf länglich eiförmig, vorn und hinten fast gleichförmig abgerundet. Mündungshöfe der Analdrüsen und Steissdrüsen zapfenförmig vorspringend. Maxillarpalpus ziemlich kurz, viel dünner als die Grundglieder des 1. Beines; 2. Glied am dicksten, wenig kürzer als das 4., das am distalen Ende innen auf der Beugeseite einen starken, zugespitzten Haarhöcker und daneben einen kleineren, stumpfen borstenlosen Zapfen trägt; Endglied auffallend lang, mehr als $1/2$ so lang wie das 4. Glied, mit 3 gleichlangen, kräftigen Nägeln am freien Ende. Epimeren die halbe Bauchfläche bedeckend. Hinterrand der 4. Epimere flach ausgebuchtet, mit wenig vorspringender, abgerundeter Medialecke. 1. Bein kräftiger als die anderen; Degenborsten seitlich auf Zapfen eingelenkt; Endglied nach aussen zu verdickt, auf der Beugeseite leicht konkav gebogen. 2. und 3. Bein am 4. und 5. Gliede, 4. Bein am 3.—5. Gliede Schwimmborsten tragend; Krallen der Beine wie bei A. crassipes. Jederseits der langen Genitalöffnung 2 Genitalplatten, die vordere 2, die hintere 3 Genitalnäpfe tragend, die ähnlich geordnet sind wie bei A. aculeatus. — ♂ unbekannt. — ♀ 800 μ l.

Ceylon (Sümpfe in der Umgebung des Kalawewa-Sees).

15. **A. schmackeri** Koen. 1895 *A. s.*, Koenike in: Zool. Anz., *v.* 18 p. 389 f. 14, 15.

♀. Integument weich. Umriss des Rumpfes von oben gesehen ähnlich wie bei A. crassipes, jedoch wahrscheinlich ohne vorspringende Drüsenmündungen; Maxillarpalpus mässig lang (240 μ), 4. Glied wie bei A. dentipalpis, in der Mitte der Beugeseite mit nur einem langen, ein feines Haar tragenden Zapfen; 2. Glied länger als bei der Vergleichsart; 3. Glied mit 2 langen Borsten; die 3 Nägel des Endgliedes sehr klein; Epimeren wie bei A. crassipes, doch die 4. wesentlich kürzer. Beine so lang wie bei

A. crassipes, das 3. wenig kürzer als das 2.; 1. Bein nicht verdickt, ohne zapfenförmige Einlenkungsstellen der Degenborsten; Borstenbesatz der Beine sehr spärlich, wenige Schwimmborsten an den distalen Enden der mittleren Glieder des 4. Beines. Genitalöffnung am Hinterende des Rumpfes von ähnlicher Gestalt wie bei A. crassipes, jedoch mit nur 5 Genitalnäpfen jederseits. Färbung ähnlich wie bei A. crassipes. — ♂ unbekannt. — ♀ 500 μ l., 400 μ br.

China (Hills, fliessendes Gewässer 12 Stunden von Shanghai).

16. **A. pectinatus** Wolcott 1898 *A. p.*, Wolcott in: Stud. Univ. Nebraska nr. 6 p. 280 f. 1 | 1899 *A. p.*, Wolcott in: Stud. Univ. Nebraska, nr. 30, 31 p. 212, 242 t. 28 f. 7--10.

♀. Ähnelt im Körperumriss und in der Gestalt des Genitalhofes dem A. crassipes. Integument weich. Maxillarpalpus mehr als $^2/_5$ so lang wie der Rumpf, viel dicker als die Grundglieder des 1. Beines; 2. Glied am längsten und dicksten; Haarhöcker auf der Beugeseite des 4. Gliedes nahe dem distalen Ende, sehr klein und unbedeutend; Stift am vorderen Innenrande desselben Gliedes kurz und zugespitzt; Endglied mit 4 sehr kurzen, stumpfen Nägeln. Beine kürzer als bei A. figuralis; 1. Bein etwas dicker als die anderen, Degenborsten nicht auf Höckern seitlich eingelenkt, merkbar kürzer als bei A. figuralis; Endglied der Beine kürzer als die 5. Glieder; Krallen des 1. Beines plattenartig verbreitert, auf der konkaven Seite kammartig gezähnelt, die des 2.—4. Beines grösser, schlanker und einfacher. Genitalhof wie bei A. crassipes. Färbung tief olivenbraun; Epimeren, Genitalhof, Beine und Maxillarpalpus tief bläulich bis schwärzlich; Malpighisches Gefäss gelbbraun. Genitalnäpfe beim ♀ auf 4 Genitalplatten verteilt, sowohl auf den vorderen als auf den hinteren in Dreiecksform angeordnet. Zapfenförmige Mündungshöfe der Steissdrüsen fehlend. — ♂ schlanker als das ♀. Sämtliche Beine länger als der Rumpf. Jederseits der Genitalöffnung nur 1 mondsichelförmige Genitalplatte, auf der die 6 Genitalnäpfe in 2 Gruppen gesondert sind. — ♂ 700—800 μ l.; ♀ 800 μ bis 1,1 mm l.

Freilebend. Nord-Amerika (St. Clair-See, in einer Tiefe von 2—4 m, Umgegend von New-Baltimore in Michigan).

17. **A. crassipes** (Müll.) 1776 *Hydrachna c.*, O. F. Müller, Zool. Dan. Prodr., p. 189 nr. 2254 | 1781 *H. c.*, O. F. Müller, Hydrachnae, p. 41 t. 4 f. 2 | 1793 *Trombidium c.*, J. C. Fabricius, Ent. syst., *v.* 2 p. 400 | 1805 *Atax c.*, J. C. Fabricius, Syst. Antl., p. 366 | 1842 *A. c.*, C. L. Koch, Übers. Arach., *v.* 3 t. 1 f. 1 | 1854 *A. c.*, Bruzelius in: Beskr. Hydrach., p. 8 t. 1 f. 1--4 | 1879 *A. c.*, Lebert in: Bull. Soc. Vaudoise, ser. 2 *v.* 16 p. 368 t. 11 f. 10, 10a | 1880 *A. c.*, Neuman in: Svenska Ak. Handl., n. ser. *v.* 17 nr. 3 p. 21 t. 1 f. 1 | 1881 *A. c.*, Koenike in: Zool. Anz., *v.* 4 p. 356 | 1882 *A. c.*, Koenike in: Abh. Ver. Bremen, *v.* 7 p. 267 | 1883 *A. c.*, Berlese, A. M. S., fasc. 4 nr. 7 | 1883 *A. c.*, George in: Sci. Gossip, *v.* 19 p. 180 f. 114—117 | 1888 *A. c.*, Schaub in: SB. Ak. Wien, *v.* 97 I p. 31, 38, 41 t. 5 f. 6, 7 | 1897 *A. c.*, Piersig in: Zool., *v.* 22 p. 52 t. 3 f. 5 | 1899 *A. c.*, Wolcott in: Stud. Univ. Nebraska, nr. 30, 31 p. 205, 242 t. 28 f. 1—3 | 1900 *A. c.*, Soar in: Sci. Gossip, ser. 2 *v.* 6 p. 363 f. 1—4 | 1836 *A. elegans* + *A. c.* + *A. truncatus* + *A. albidus* + *A. confluens* (Nph.), C. L. Koch, C. M. A., fasc. 7 f. 12, 21—24 | 1840 *A. truncatellus*, C. L. Koch, C. M. A., fasc. 37 f. 17 (Nph).

Im. Rumpf oval; Integument weich, fein liniiert. Steissdrüsenmündungen zapfenförmig vorspringend. Maxillarpalpus kräftig gebaut, doch bedeutend schwächer als das Grundglied des 1. Beines; Haarzapfen auf der Beugeseite des vorletzten Gliedes (Fig. 58) sehr lang, desgleichen der Chitinhöcker am distalen Innenrande; letzterer vom inneren Haarzapfen deutlich abgerückt; 3. Epimere fast dreieckig. Beine sehr lang, das 1. sehr stämmig gebaut, mit auf Höckern eingelenkten, kräftigen Degenborsten; 3. und 4. Bein mit wenigen Schwimmborsten am 4. und 5. Gliede. Genitalöffnung des ♂ jederseits von einer sichelförmigen Genitalplatte eingefasst, welche 6 auf 2 Gruppen verteilte Genitalnäpfe trägt. Genitalöffnung des ♀ von 4, paarig hinter einander gestellten, je 3 Genitalnäpfe aufweisenden Genitalplatten begrenzt; Medialrand der vorderen Genitalplatten mit 2 kräftigen Stechborsten, hintere Genitalplatten mit nur 1 Stechborste. Färbung ein sehr lichtes, fast durchscheinendes Hellgelb; Rückenflecke schwarz, Malpighisches Gefäss gelb. — Nph. mit 4 Genitalnäpfen auf 2 aus einander gerückten, sehr dünnen ovalen Genitalplatten. — Lv. (Fig. 59) lang oval; Capitulum klein; Maxillarpalpus dick, mit krallenförmigem Endgliede; Augen gross, schwarz pigmentiert. Integument liniiert, auf dem Rücken zu einer Panzerdecke erhärtet. Epimeren bis an das Hinterende heranreichend, einen durch eine mediane Furche in 2 symmetrische Hälften zerlegten gefelderten Bauchpanzer bildend; 1. Epimere völlig, die 2. nur am Rande von den übrigen Epimeren abgesetzt. Hinterleibsende ventral unbedeckt, ein länglichrundes Analfeld tragend, von zahnartigen, über den Hinterrand des Rumpfes hinausreichenden Fortsätzen des Bauchpanzers seitlich eingefasst; Borsten am Hinterrande etwa $^1/_2$ so lang wie der Rumpf. Beine mit einzeln stehenden Schwimmborsten und kräftigen Fiederborsten besetzt; mittlere, schwach gebogene Kralle der Beine von 2 dünnen Nebenkrallen

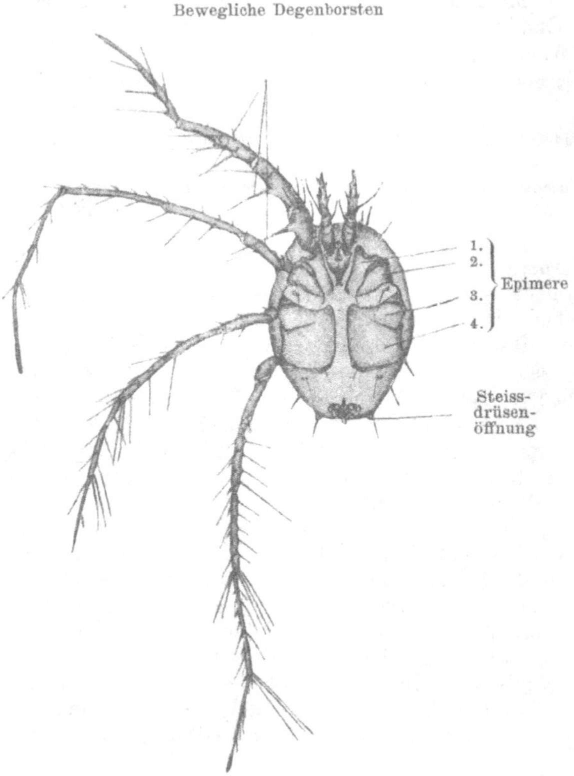

Fig. 58. A. crassipes. ♀, Bauchseite.

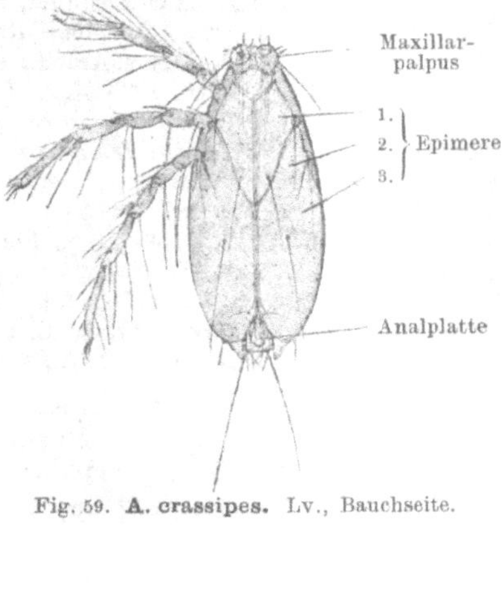

Fig. 59. A. crassipes. Lv., Bauchseite.

eingefasst. Färbung licht bläulich. — ♂ 1 mm l.; 700 μ br.; ♀ 1,5 mm l., 1,1—1,2 mm br.; Nph. 500—600 μ l.; Lv. 250 μ l.

Europa, Palästina, Nord-Amerika.

18. **A. dentipalpis** Stoll 1887 *A. d.*, Stoll in: Biol. Centr.-Amer., Arach. Acar. p. 10, 47 t. 10 f. 1.

Rumpf eiförmig, fast kugelig; Steissdrüsen vorspringend; Integument weich, mit porenartigen Punkten übersät. Maxillarpalpus schwächer als die benachbarten Beine; Beugeseite des 4. Gliedes des Maxillarpalpus nur mit einem langen, schief nach vorn gerichteten Haarzapfen. Genitalplatten mit 12 auf 4 Gruppen verteilten Genitalnäpfen; am Ende der Genitalöffnung jederseits 3 Stechborsten. Sonst wie A. crassipes; Färbung durchscheinend bräunlich weiss, mit schwarzen Rückenflecken und gelblichem, Malpighischem Gefäss. — Im. 750 μ l.

Guatemala.

19. **A. jheringi** Koen. 1890 *A. j.*, Koenike in: Zool. Anz., *v.* 13 p. 427.

♂. Ähnelt A. crassipes, jedoch ohne zapfenförmig vorspringende Steissdrüsen. 3. und 4. Epimere gross, median nahe zusammen gerückt. Genitalplatten zusammen 12 Genitalnäpfe tragend, mondsichelförmig. — ♀ unbekannt. — Grösse nicht besonders angegeben, wie A. crassipes?

Schmarotzt auf Bivalven. Süd-Amerika (Rio Grande do Sul).

20. **A. harpax** Koen. 1898 *A. h.*, Koenike in: Abh. Senckenb. Ges., *v.* 21 II p. 421 t. 26 f. 135, 136.

♀. Rumpf eiförmig; Stirnrand breiter als das Hinterende. Vorstehende Höfe der Steissdrüsenmündungen fehlen. Capitulum in der Mitte des Vorderrandes mit 48 μ l. Vorsprunge; hinterer Fortsatz der ventralen Wandung des Capitulum ungewöhnlich kurz. Maxillarpalpus kurz und kräftig, am Grunde fast dreimal so dick wie die Grundglieder des 1. Beines; 1. und 3. Glied am kürzesten; 2. Glied länger als das 4., dessen Beugeseite 2 zapfenartige Haarhöcker von mässiger Grösse und einen kurzen Stift trägt; innerer Haarhöcker und Stift seitlich abstehend; Endglied in 3 Nägel auslaufend, von denen der oberste ungemein verlängert und hakig umgebogen ist, während die beiden tiefer liegenden, winzig kleinen nach unten und seitwärts gerichtet sind. Epimeren die vordere Hälfte der Bauchfläche einnehmend, nach vorn zu den Stirnrand des Rumpfes etwas überragend; 2. und 4. Epimere mit je einem dünnen, hakigen Fortsatz. Beine sehr dünn und schlank, doch nicht so lang wie bei A. crassipes. 4. Bein mit sehr langem Endgliede; 1. Bein vor allem im 2. und 4. Gliede verdickt, doch nicht so stark wie bei der Vergleichsart, ohne zapfenförmige Haarhöcker und nur wenige Schwertborsten aufweisend; Borstenbewaffnung des 2. bis 4. Beines sehr dürftig; wenige Schwimmborsten am 3. und 4. Bein; Krallen der Beine wie bei A. crassipes, am 1. Bein am kleinsten. Genitalhof vom Hinterrande der Bauchfläche etwas abgerückt; jederseits der Genitalöffnung 2 durch einen schmalen Abstand getrennte Genitalplatten. Genitalnäpfe der vorderen Platten in einer Reihe neben einander liegend, die der hinteren Platten in Dreiecksform angeordnet; Drüsen neben dem Genitalhofe kräftig entwickelt. — ♂ unbekannt. — Nph. mit weiter aus einander gerückten Epimeren; hintere Plattengruppen 64 μ von einander abgerückt. Genitalhof mit 4 Genitalnäpfen; vorderes Paar mit einem gegenseitigen Abstande von 48 μ, hinteres 32 μ von einander entfernt. — ♀ 800 μ l., 640 μ br.; Nph. 400 μ l.

Djabala-See auf der Insel Nossi-Bé bei Madagaskar.

21. **A. rugosus** Koen. 1890 *A. r.*, Koenike in: Zool. Anz., *v.* 13 p. 426.

Integument nicht porös. 3. Epimere kleiner als die 4.; hinter der letzteren keine panzerartige Verdickung des Integuments. Genitalöffnung beiderseits mit je 6 Genitalnäpfen, welche beim ♂ auf 2 breit sichelförmigen Platten, beim ♀ zu 3 auf 4 paarig hinter einander gestellten Platten stehen. — Grösse?

Schmarotzt auf Anodonta latimarginata. Süd-Amerika (Rio Grande do Sul).

22. **A. indistinctus** Wolcott 1898 *A. i.*, Wolcott in: Stud. Univ. Nebraska, nr. 6 p. 281 f. 3 | 1899 *A. i.*, Wolcott in: Stud. Univ. Nebraska, nr. 30, 31 p. 221, 243 t. 29 f. 16, 17.

♀. Dem A. abnormipes sehr nahe stehend. Rumpf oval bis breit oval. Integument weich, fein netzartig gefeldert. Capitulum und Mandibel ähnlich wie bei der Vergleichsart. Maxillarpalpus ziemlich schlank, doch gedrungener als bei A. abnormipes; Haarhöcker auf der Beugeseite des 4. Gliedes etwas kräftiger vorspringend. Epimerengruppen mehr aus einander gerückt; die vorderen hinter dem Capitulum einander nicht so genähert wie bei A. abnormipes. Beine ziemlich lang und kräftig, das 4. annähernd $^{2}/_{5}$ länger als der Rumpf. Nebenzahn auf der konvexen Seite der Kralle etwa $^{1}/_{3}$ von der Spitze des Hauptzahnes abgerückt. Genitalhof jederseits mit 2 Genitalplatten, die vordere davon mit 3, die hintere mit 6 Genitalnäpfen. — ♂. Beine länger als der Rumpf, vom 1.—4. Paare beim ♀ 698 μ, 890 μ, 870 μ und 1,02 mm, beim ♂ 785 μ, 1,066 mm, 1,05 mm, 1,076 mm messend; 5. Glied des 4. Beines stark gekürzt, mit einer Reihe Säbelborsten auf der Beugeseite und nur einer abstehenden, dicken, von einigen kleineren Borsten umgebenen langen Borste auf der Streckseite; 2. und 3. Glied besonders an der distalen Hälfte reichlich mit Säbelborsten und Dornen besetzt. Jederseits der Genitalöffnung gewöhnlich mit 7 undeutlich in 2 Gruppen gesonderten Genitalnäpfen. — ♂ 675—750 μ l., 550—620 μ br.; ♀ 825—870 μ l., 630—650 μ br.

Schmarotzt auf Unioniden. Nord-Amerika (St. Clair-See in Michigan, Illinois River bei Havana, Spoon River in Illinois, Cedar River bei Mt. Vernon in Jowa).

23. **A. ampullariae** Koen. 1890 *A. a.*, Koenike in: Zool. Anz., *v.* 13 p. 364.

Rumpf stark gewölbt, fast kugelig. Maxillarpalpus kurz und gedrungen, mit Haarhöcker aussen am distalen Ende des 4. Gliedes. Nur das 4. Bein mit Schwimmborsten; Krallen der Beine gross, mit kleinem, fast an die Spitze gerücktem, äusserem Nebenzahn. Zahlreiche Genitalnäpfe, beim ♀ auf 4 paarig hinter einander gelagerten Platten, beim ♂ auf 2 Platten verteilt; innere Ecken der Genitalplatten des ♀ mit je 1 Stechborste besetzt. — ♀ 1 mm l., 0,8 mm br.; ♀ etwas kleiner.

Schmarotzt auf Ampullaria. — Süd-Amerika (Rio Grande do Sul).

24. **A. serratus** Wolcott 1898 *A. s.*, Wolcott in: Stud. Univ. Nebraska, nr. 6 p. 282 f. 4 | 1899 *A. s.*, Wolcott in: Stud. Univ. Nebraska, nr. 30, 31 p. 223 t. 30 f. 19—23.

♀. Ähnelt dem A. abnormipes und dem A. indistinctus im Bau des Maxillarpalpus und in der Gestalt der Krallen. Rumpf oval. Integument netzartig gefeldert. Maxillarpalpus stark und gedrungen. Epimeren nur $^{2}/_{3}$ der Bauchfläche bedeckend. Beine dünn und ziemlich kurz, das 4. noch nicht so lang wie der Rumpf. Borsten zum Teil gefiedert; Kralle mit äusserem, etwa $^{1}/_{3}$ von der Spitze entferntem Nebenzahn. Genitalhof breiter als lang, mit je 2 Genitalplatten auf jeder Seite der Genitalöffnung; hintere

Medialecke der vorderen Platte in einen keilförmigen, zurückgebogenen Fortsatz ausgezogen, an dessen stumpfer Spitze eine kurze, breite Borste sitzt; Zahl der Genitalnäpfe wechselt von 8 und 12 bis 6 und 17. — ♂. 4. Bein etwa $^1/_8$ länger als der Rumpf; Zahl der Fiederborsten an den Gliedern grösser als beim ♀; Endglied mit einer Reihe sehr abstehender, lanzettförmiger, scharf gefiederter Borsten; 4. Glied des 4. Beines mit 3 stark keulenförmigen Haargebilden. Genitalhof ebenfalls jederseits der Genitalöffnung mit je 2 Genitalplatten. Zahl der Genitalnäpfe auf denselben wechselnd von 12 und 25 zu 15 und 31. Färbung bläulichgrün, Beine hell blaugrün. — ♂ 850—860 µ l.; ♀ 1,1—1,2 mm l.

Schmarotzt auf Unio occidens Lea, Unio coccineus Hild., Unio undulatus Barnes, Unio alatus Say und Margaritana deltoides Lea. Nord-Amerika (St. Clair-See und Grand Rapids in Michigan, Cheektowaga im Staate New-York, Cedar River bei Mt. Vernon im Staate Jowa).

25. **A. ypsilophorus** (Bonz) 1783 *Acarus y.*, Bonz in: N. Acta Ac. Leop., *v.* 7 p. 52 | 1863 *A. y.*, Garner in: Rep. Brit. Ass., 33. Meet. p. 114 | 1869 *Atax y.*, Claparède in: Z. wiss. Zool., *v.* 18 p. 449 t. 33 f. 4, 8—15 | 1880 *A. y.*, Neuman in: Svenska Ak. Handl., n. ser. *v.* 17 nr. 3 p. 26 t. 1 f. 2 | 1889 *A. y.*, Girod in: Bull. Soc. Zool. France, *v.* 14 p. 107—110 | 1897 *A. y.*, Piersig in: Zool., *v.* 22 p. 43 t. 2 f. 3 | 1899 *A. y.*, Wolcott in: Stud. Univ. Nebraska, nr. 30, 31 p. 233, 243 t. 31 f. 31—33 | 1797 *Trombidium notatum*, Rathke in: Skr. Naturh.-Selsk., *v.* 4 p. 175 t. 10 | 1821 *?Hydrachna triangularis*, Say, Amer. Ent., *v.* 2 p. 9 | 1824 *Limnochares anodontae*, C. Pfeiffer, Naturg. Moll., *v.* 2 p. 27 t. 1 | 1827 *Hydrachna concharum*, C. Baer in: N. Acta Ac. Leop., *v.* 13 p. 590 t. 29 | 1884 *Atax c.*, Krendowskij in: Trav. Soc. Univ. Kharkow, *v.* 18 p. 267 | 1836 *?Hydrachna formosa*, Dana & Whelpley in: Amer. J. Sci., *v.* 30 p. 354 | 1843 *Unionicola oviformis* + *U. lactea*, Haldeman, Zool. Contr., p. 1 f. 1—8.

Rumpf lang eirund. Integument weich, mit feiner Liniierung. Unterseite des Capitulum kelchförmig. Maxillarpalpus $^1/_4$ so lang wie der Rumpf, merklich dicker als das 1. Bein, 4. Glied mit 2 je eine Borste tragenden, niedrigen Höckern nahe am distalen Ende auf der Beugeseite und einem haarlosen Chitinhöcker auf dem distalen Innenrande. Grenznaht zwischen der 3. und 4. Epimere nach dem gemeinschaftlichen Medialrande verlaufend; 4. Epimere sehr lang. 1. Bein kürzer als der Rumpf und nur wenig dicker als das 2.; 3. Bein kürzer und schwächer als das 2., aber länger als das 1. 4. Glied des 1.—3. Beines und 5. Glied des 4. Beines am längsten; Borstenausstattung der Beine reich, auf Zapfen eingefügte Degenborsten jedoch fehlend. Schwimmborsten kurz und nur vereinzelt auftretend; distales Ende der 6. Glieder der Beine infolge Erhöhung der Seitenwandungen der Krallenscheide keulenförmig verdickt; Krallen der Beine wie bei A. intermedius mit einem sperrig abstehenden, langen, inneren Nebenzahn. Genitalöffnung von 2, vorn und hinten sich berührenden, breit sichelförmigen, 16—25 Genitalnäpfe tragenden Genitalplatten begrenzt, die zusammen eine mehr breite als lange Scheibe bilden; Medialrand einer jeden Genitalplatte beim ♀ gerade und wulstartig verdickt, in der Mitte lippenartig vorspringend und eine kurze Schwiele oder Furche quer über die Platte aussendend, die jedoch die Genitalnäpfe nicht erreicht; lippenartiger Vorsprung mehrere Borsten tragend, eine kleine vorn am Anfange, 2 längere in der Mitte vor der Querfurche und 1 ebenso lange oder längere hinter der Genitalöffnung, wo der Medialrandwulst bedeutend zurücktritt. Genitalplatten des ♂ ohne wulstig verdickten Medialrand, mit wenigen feinen Borsten; Genitalnäpfe nur die laterale Hälfte der Genitalplatten einnehmend. Färbung schmutzig gelb, mit braunen Rückenflecken und gegabeltem, gelb durchschimmerndem, Malpighischem Gefässe. — Nph. lang oval. Genitalhof mit 4 auf 2 etwa 52 µ l. und

32 μ br. Genitalplatten verteilten Genitalnäpfen; gegenseitiger Abstand der 2 Borsten tragenden Platten vorn 64 μ. — ♂ 1,1—1,3 mm l., 800—900 μ br.; ♀ 1,3—1,9 mm l., 1—1,25 mm br.; Nph. 600—800 μ l., 350—420 μ br., 320—400 μ h.

Die Art zerfällt in 2 Unterarten:

25a. **A. ypsilophorus ypsilophorus** (Bonz) 1783 *Acarus y.*, Bonz in: N. Acta Ac. Leop., *v.* 7 p. 52 | 1869 *Atax y.*, Claparède in: Z. wiss. Zool., *v.* 18 p. 449 t. 33 f. 4, 8—15 | 1897 *A. y.*, Piersig in: Zool., *v.* 22 p. 43 t. 2 f. 3.

Äusserer Haarhöcker auf der Beugeseite des 4. Gliedes des Maxillarpalpus nur wenig höher als der innere; Borsten des 2. und 3. Gliedes mehr oder weniger deutlich gefiedert; unterer Nagel des Endgliedes ziemlich so gross wie der mittlere. Oberer Rand der Krallenscheiden des 4. Beines je mit einem winzigen, an seiner Spitze keulig verdickten Börstchen. Borsten auf der Mitte des wulstartig vorspringenden Medialrandes der Genitalplatten mindestens so lang wie der Querdurchmesser einer jeden Platte, nur wenig kürzer als die 3. Borste hinter der Genitalöffnung. ♂ hinter den 4. Epimeren mit panzerartig verdicktem Integument, das hier wie auf den Epimeren netzartig gefeldert ist. Neigung zu Panzerbildungen auf dem Rücken.

Schmarotzt auf Anodonta cygnea L. und A. cellensis Pfeiff. Europa.

25b. **A. ypsilophorus haldemani** Piersig 1899 *A. y.*, Wolcott in: Stud. Univ. Nebraska, nr. 30, 31 p. 233 t. 13 f. 31—33 | 1900 *A. y. var. haldemani*, Piersig in: Zool. Anz., *v.* 23 p. 212.

Äusserer Haarhöcker auf der Beugeseite des 4. Gliedes des Maxillarpalpus viel kräftiger vorspringend als der innere, stark zurückstehende; unterer Nagel am distalen Ende des 5. Gliedes merkbar kleiner als der mittlere. Oberer Rand der Krallenscheide des 4. Beines kein an seiner Spitze kolbig verdicktes Börstchen aufweisend. Stechborsten auf der Mitte der wulstartig vorspringenden Medialränder der Genitalplatten viel kürzer als das hinterste Stechborstenpaar, nicht halb so lang wie der Querdurchmesser jeder Platte. ♂ hinter den 4. Epimeren ohne Panzerbildungen.

Schmarotzt hauptsächlich auf Anodonten, seltener auf Unioniden und Margaritana. Nord-Amerika (St. Clair-See, Round Lake bei Charlevoix, Grand Rapids in Michigan, Illinois River bei Havana in Illinois, Cedar River in Jowa, Teiche bei Lincoln in Nebraska).

26. **A. arcuatus** Wolcott 1898 *A. a.*, Wolcott in: Stud. Univ. Nebraska, nr. 6 p. 284 f. 5 | 1899 *A. a.*, Wolcott in: Stud. Univ. Nebraska, nr. 30, 31 p. 231 t. 31 f. 29, 30.

♀. Gestalt des Rumpfes wie bei A. fossulatus und A. ypsilophorus. Maxillarpalpus und Epimeren ähnlich wie bei der letztgenannten Art. Beine sehr lang und ziemlich schwach, vom 1.—4. Paare an Länge zunehmend, nur mit kleinen, dürftigen Borsten besetzt; Endglieder aller Beine gekrümmt, am 4. Bein etwa um 30°, nach dem distalen Ende hin schwächer werdend; Krallenscheiden verbreitert, auf ihren vorgewölbten Rändern je eine kräftige, gebogene, lanzettförmige Borste tragend. Krallen der Beine kurz, dick und zweizinkig. Genitalhof am Hinterende der Bauchfläche ca. 224 μ l. und 255 μ br., ähnlich wie bei A. ypsilophorus, aber die Genitalnäpfe grösser und zahlreicher (30—35) und einen grösseren Teil der Genitalplatte einnehmend; in der Mitte des Lateralrandes einer jeden Genitalplatte 2 besonders grosse Genitalnäpfe; Stechborsten am Medialrande der Genitalplatten stark, gebogen und zugespitzt. — ♂ nur mit 22—25 Genitalnäpfen auf jeder Platte. Färbung wie bei A. ypsilophorus. — ♂ 1,1—1,2 mm l.; ♀ 1,25—1,5 mm l.

Schmarotzt auf Unioniden, Anodonten und Margaritana marginata. Nord-Amerika (Grand Rapids, bei Charlevoix, Rogue River, White Lake in Michigan).

27. **A. tumidus** Wolcott 1898 *A. t.*, Wolcott in: Stud. Univ. Nebraska, nr. 6 p. 285 f. 6 | 1899 *A. t.*, Wolcott in: Stud. Univ. Nebraska, nr. 30, 31 p. 236 t. 31 f. 34, 35; t. 32 f. 36—38.

♀. Rumpf länglich oval. Integument weich. Augen klein und schwarz, weit von einander abgerückt. Maxillarpalpus sehr dick und kurz; 4. Glied ungemein stämmig gebaut, nur wenig schwächer als das 3., Haarhöcker auf der Beugeseite fast neben einander, der äussere keilförmig vorspringend, der innere stark zurücktretend; Stift am distalen Innenrande verkümmert; 5. Glied ziemlich lang, kräftig gebogen, am abgestutzten freien Ende mit 4 winzigen Nägelchen. Epimeren an die von A. arcuatus erinnernd. Beine schwach, kürzer als der Rumpf; 2. Bein länger als das 3.; Krallen der Beine kurz und dick, mit 2 Zähnen, von denen der innere kräftiger und etwas länger als der äussere ist; distale Enden der 6. Glieder verbreitert, auf den fast eckig vorspringenden Rändern der Krallenscheide je eine ähnliche Borste tragend wie bei A. arcuatus. Genitalhof nach Lage, Gestalt und Ausstattung mit Genitalnäpfen am meisten demjenigen der eben genannten Art gleichend; Zahl der Genitalnäpfe auf jeder Platte beim ♀ 40—42, beim ♂ 33—35; Genitalplatten des ♂ nierenförmig, von den Genitalnäpfen grösstenteils besetzt, die des ♀ am Medialrande in je einen langen, schnabelförmigen Fortsatz ausgezogen, dessen konvexer oberer Rand 4 feine Borsten trägt, von denen die letzte an der Spitze des Vorsprunges eingelenkt ist. Färbung lichtbraun mit zahlreichen weissen Linien; Malpighisches Gefäss nicht durchschimmernd. — ♂ 1,1—1,25 mm l.; ♀ 1,6—1,8 mm l.

Schmarotzt in Margaritana deltoides Lea, Anodonta fragilis Lam., A. edentula Say und A. ovata Lea. Nord-Amerika (St. Clair-See, bei Ann Arbor, Intermediate Lake bei Ellsworth und Grand Rapids in Michigan).

A. grossipes (Müll.) 1776 *Hydrachna g.*, O. F. Müller, Zool. Dan. Prodr., p. 189 nr. 2255 | 1781 *H. g.*, O. F. Müller, Hydrachnae, p. 43 t. 4 f. 3.

Möglicherweise mit Atax figuralis zu vereinen.

Dänemark (Frederiksdal auf Seeland).

A. humerosus (Hald.) 1843 *Unionicola humerosa*, Haldeman, Zool. Contr., p. 2 f. 11.

Muschelschmarotzer. Vielleicht synonym mit A. ypsilophorus.

Nord-Amerika.

A. kochi Thor 1898 *A. k.*, Thor in: Arch. Naturv. Christian., *v.* 20 nr. 12 p. 7.

Im. Sehr nahe verwandt mit Atax crassipes, nur wesentlich kleiner und schmächtiger. Hintere Genitalplatten von länglicher Form, mit 3 in einen schwachen, die Konkavität nach aussen kehrenden Bogen geordneten Genitalnäpfen; Genitalnäpfe auf der vorderen Genitalplatte wie bei A. crassipes in Dreieckstellung.

Wahrscheinlich nur eine Varietät von A. crassipes.

Norwegen (Gjersrudtjern bei Ljan).

A. lugubris (Hald.) 1843 *Unionicola l.*, Haldeman, Zool. Contr., p. 2.

Muschelschmarotzer. — Nord-Amerika.

A. minimus C. L. Koch 1836 *A. m.*, C. L. Koch, C. M. A., fasc. 7 f. 20.

Wahrscheinlich frisch ausgeschlüpfte Nph. von A. figuralis.

Deutschland (Umgegend von Regensburg).

A. personatus (Hald.) 1843 *Unionicola personata*, Haldeman, Zool. Contr., p. 2 f. 10.

Muschelschmarotzer. — Nord-Amerika.

A. proximus (Hald.) 1843 *Unionicola proxima*, Haldeman, Zool. Contr., p. 2.

Muschelschmarotzer. — Nord-Amerika.

A. reticulatus (Hald.) 1843 *Unionicola reticulata*, Haldeman, Zool. Contr., p. 3.

Muschelschmarotzer. — Nord-Amerika.

A. symmetricus (Hald.) 1843 *Unionicola symmetrica*, Haldeman, Zool. Contr., p. 3.

Muschelschmarotzer. — Nord-Amerika.

A. unicolor (Hald.) 1843 *Unionicola u.*, Haldeman, Zool. Contr., p. 3.

Nord-Amerika.

48. Gen. **Neumania** Lebert

1879 *Neumania*, Lebert in: Bull. Soc. Vaudoise, ser. 2 *v.* 16 p. 340, 357 | 1897 *N.*, Oudemans in: Tijdschr. Ent., *v.* 40 p. 249 | 1897 *N.*, Thor in: Arch. Naturv. Christian., *v.* 19 nr. 11 p. 58 | 1894 *Cochleophorus*, Piersig in: Zool. Anz., *v.* 17 p. 216 | 1897 *C.*, Piersig in: Zool., *v.* 22 p. 60.

Integument weich, mit mehr oder weniger grosser Neigung zu Panzerbildungen, meist mit feinen, scharfen Chitinspitzchen besetzt, seltener glatt. Maxillarpalpus dünner als die Grundglieder des 1. Beines, in der Regel mit unbedeutenden Haarhöckern auf der Beugeseite des 4. Gliedes. Die ersten beiden Beinpaare an der Beugeseite ihrer mittleren Glieder mit 2 Reihen, auf Höckern seitlich eingelenkter, nicht selten spiralig gerillter, meist abgestumpfter Degenborsten; Verkürzung des 3. Beines gering; Krallen der Beine einfach, ohne Nebenhaken; 4. Bein in der Regel eine kleinere oder grössere Anzahl von Fiederborsten aufweisend. 3. Epimere durch eine bis zum Medialrande verlaufende deutliche Naht von der 4. abgegliedert; letztere gewöhnlich breiter als lang. Genitalhof des ♀ vom Hinterrande des Rumpfes abgerückt, beim ♂ wie bei Atax gelegen. Genitalplatte jederseits der grossen Genitalöffnung beim ♀ meist rundlich, mit mehr oder weniger zahlreichen Genitalnäpfen besetzt, beim ♂ breit sichel- oder nierenförmig, die Genitalöffnung völlig umschliessend. Stechborsten an den Lefzen oder an den Medialrändern der Genitalplatten fehlend.

10 sichere Arten, 1 unsichere Art und 1 Varietät.

Europa, Afrika, Nord- und Mittel-Amerika.

Übersicht der sicheren Arten:

♀:

1 { Genitalplatten mit den lateral benachbarten Drüsenhöfen nicht verwachsen — 2.
Genitalplatten mit denselben verwachsen . . . 1. **N. spinipes, ♀** . . . p. 223 }

2 { Genitalplatten mit nur 6 Genitalnäpfen . . . 2. **N. paucipora, ♀** . . p. 224
Genitalplatten mit zahlreichen Genitalnäpfen — 3. }

3 { Tasthaare der Beugeseite des 4. Gliedes des Maxillarpalpus auf deutlich vorspringenden, spitzen Höckern — 4.
Tasthaare der Beugeseite des 4. Gliedes des Maxillarpalpus auf winzigen Chitinwärzchen eingelenkt — 8.

4 { Haarhöcker schräg neben einander gestellt — 5.
Haarhöcker in grösserem Abstande schräg hinter einander gestellt — 6.

5 { Vor jeder mit 35—45 Genitalnäpfen besetzten Genitalplatte 3 in die weiche Haut gebettete Härchen . . . . 3. **N. triangularis**, ♀ . p. 225
Ohne Haarbesatz vor jeder mit 25—30 Genitalnäpfen ausgestatteten Genitalplatte . . . . 4. **N. simulans**, ♀ . . . p. 225

6 { Genitalplatten mit je 12—15 Genitalnäpfen, länglichrund; hinterer Haarhöcker etwa in der Mitte der Beugeseite des 4. Gliedes des Maxillarpalpus sich erhebend, vorderer nahe an das distale Ende gerückt . . . . 5. **N. nodosa**, ♀ . . . . p. 225
Genitalplatten mit weit zahlreicheren Genitalnäpfen — 7.

7 { Genitalplatten mit 30—35 Genitalnäpfen, länglichrund, mit breit abgestutztem Medialrande; Haarhöcker die Beugeseite des 4. Gliedes des Maxillarpalpus in 3 annähernd gleiche Teile teilend . . . . 6. **N. alticola**, ♀ . . . p. 226
Genitalplatten mit 35—45 Genitalnäpfen, scheibenförmig, am Medialrande breit abgestumpft; vor der Vorderecke 2 in die Haut gebettete Härchen; Haarhöcker des 4. Gliedes des Maxillarpalpus die vordere Hälfte einnehmend . . . . 7. **N. limosa**, ♀ . . . . p. 226

8 { Vor jeder mit 15—25 Genitalnäpfen besetzten Genitalplatte in der weichen Haut 4 Härchen 8. **N. vernalis**, ♀ . . . p. 227
Raum vor den mit je 80—90 Genitalnäpfen besetzten Genitalplatten ohne Haarbesatz 10. **N. callosa**, ♀ . . . . p. 227

♂.

1 { Genitalhof vom Hinterrande des Rumpfes deutlich abgerückt — 2.
Genitalhof am Hinterrande der Bauchfläche gelegen — 3.

2 { 3. Glied des 4. Beines verdickt . . . . 8. **N. vernalis**, ♂ . . . p. 227
3. Glied des 4. Beines nicht verdickt . . . . 9. **N. verrucosa**, ♂ . . p. 227

3 { Genitalnäpfe annähernd gleich gross . . . . . 1. **N. spinipes**, ♂ . . . p. 223
2 Genitalnäpfe auf jeder Genitalplatte merklich grösser als die anderen — 4.

4 { Beide Genitalnäpfe hart am Lateralrande einer jeden Genitalplatte gelegen . . . . 3. **N. triangularis**, ♂ . p. 225
Beide Genitalnäpfe vom Lateralrande abgerückt, der Mitte stark genähert . . . . 7. **N. limosa**, ♂ . . . . p. 226

1. **N. spinipes** (Müll.) 1776 *Hydrachna s.*, O. F. Müller, Zool. Dan. Prodr., p. 189 nr. 2257 | 1781 *H. s.*, O. F. Müller, Hydrachnae, p. 44 t. 4 f. 4—5 | 1793 *Trombidium s.*, J. C. Fabricius, Ent. syst., *v.* 2 p. 404 | 1805 *Atax s.*, J. C. Fabricius, Syst. Antl., p. 370 Anm. | 1881 *A. s.*, Koenike in: Z. wiss. Zool., *v.* 35 p. 624 | 1897 *Cochleophorus s.*, Piersig

in: Zool., *v.* 22 p. 62 t. 5 f. 8 | 1900 *C. s.*, Soar in: Sci. Gossip, ser. 2 *v.* 7 p. 18 f. 2—4 | 1897 *Neumania s.*, Thor in: Arch. Naturv. Christian., *v.* 19 nr. 11 p. 58 | 1835 *Atax freniger,* C. L. Koch, C. M. A., fasc. 2 f. 22 | 1836 *A. falcatus* + *A. fastuosus* + *A. pictus* + *A. hyalinus,* C. L. Koch, C. M. A., f. 9, 15—17 | 1837 *A. furcula,* C. L. Koch, C. M. A., fasc. 11 f. 18, 19 | 1840 *A. bifasciatus,* C. L. Koch, C. M. A., fasc. 37 f. 16 (Nph.) | 1875 *A. coeruleus,* P. Kramer in: Arch. Naturg., *v.* 41 I p. 294 t. 8 f. 5 | 1884 *A. c.*, Krendowskij in: Trav. Soc. Univ. Kharkow, *v.* 18 p. 265 | 1879 *Neumania nigra* + *N. alba,* Lebert in: Bull. Soc. Vaudoise, ser. 2 *v.* 16 p. 357, 359 t. 10 f. 5.

Im. Integument mit zahlreichen winzigen Spitzen besetzt; Capitulum am ventralen Hinterrande mit zierlichem, nach hinten spitz zulaufendem Fortsatz; Maxillarpalpus klein; 4. Glied mit 2 benachbarten, schief neben einander stehenden Haarhöckern auf der Beugeseite und einem stumpfen Zapfen am distalen Ende; 3. Glied mit langen Fiederborsten. Epimeren deutlich maschenartig gefeldert; medialer gemeinschaftlicher Fortsatz der 1. und 2. Epimere ungewöhnlich lang, sehr häufig bis in die Mitte des Medialrandes der letzten Epimere reichend; Hinterrand der 4. Epimere quer abgestutzt, mit zahnartigem Fortsatz in der Mitte. Beine mittellang; das 3. etwas kürzer als das 1.; Schwimmborsten an dem 3. und 4. Beine vorhanden. Genitalöffnung beim ♀ ca. 250 μ l., von gewölbten Lefzen verschlossen, jederseits mit einer scheibenförmigen, am Medialrande abgeplatteten, 28—40 Genitalnäpfe tragenden Genitalplatte, die mit dem benachbarten, stark chitinisierten Drüsenmündungshofe verschmolzen ist. Genitalhof des ♂ am Hinterleibsende gelegen; Genitalplatten vor und hinter der Genitalöffnung verschmolzen, nicht mit den seitlichen Drüsenhöfen verbunden, mit zahlreichen Genitalnäpfen. Färbung gelblich oder bläulich durchscheinend, mit schwarzen Rückenflecken und weisslich gelbem, Malpighischem Gefäss. — Nph. Mit 12 auf 2 Genitalplatten verteilten Genitalnäpfen; Epimerengruppen durch grosse Abstände getrennt. — Lv. oval, wie bei Atax mit Rücken- und Bauchpanzer; Endborsten am Hinterrande 210 μ l.; 1. Epimere bis zur Medianfurche gesondert. Analfeld oval. Borstenbesatz des von der Bauchplatte unbedeckten dreieckigen Raumes an der Hinterleibsspitze wie bei der Ataxlarve. Beine kurz, reich beborstet; Krallen der Beine aus einer fast rechtwinklig gebrochenen, kräftigen Mittelkralle und 2 dünnen Seitenkrallen gebildet; Krallenstiel mit einem chitinösen, schwach gebogenen Zahn. Färbung bläulich durchscheinend. — ♂ 700 μ l., 500 μ br.; ♀ 1,30 mm l., 1,12 mm br.; Nph. ca. 500 μ l.; Lv. 260 μ l., 176 μ br.

Europa.

Mit 1 Varietät:

1a. **N. spinipes var. scutifera** Thon 1900 *N. s. var. s.*, Thon in: Rozpr. České Ak., *v.* 9 Classe 2 nr. 15 p. 28 f. 1, 2.

Im. Integument auf Rücken und Bauch völlig oder teilweise panzerartig verdickt. Hautdrüsenhöfe stark verbreitert und deutlich umgrenzte rundliche Schilderchen bildend. — ♀ 660 μ l.; ♂ 640 μ l.

Böhmen (Tümpel zwischen Chlumetz und Wittingau).

2. **N. paucipora** (Koen.) 1896 *Atax pauciporus,* Koenike in: D.-O.-Afr., *v.* 4 nr. 6 p. 14 f. 1, 2.

♀. Integument weich; Mündungshöfe der Hautdrüsen kegelförmig erhaben; Maxillarpalpus sehr kurz und dünn, 2. Glied fast ebenso lang wie das 4.; dieses auf der Beugeseite innen am distalen Ende mit einem grösseren, zugespitzten, borstenlosen Höcker, und auf der Mitte der Beugeseite mit einem 2., auffallend kleinen Höcker. Epimeren die halbe Bauchfläche bedeckend;

Fortsätze der vorderen Epimerengruppen bis über den Vorderrand der 4. Epimere reichend. 3. Bein nicht verkürzt, etwa so lang wie das 4. und wie dieses ohne Fiederborsten. Genitalhof des ♀ auf der Mitte des Hinterleibes, mit 2 kleinen, nur je 6 Genitalnäpfe tragenden Genitalplatten. Genitalöffnung 200 μ l. — ♂ unbekannt. — ♀ 1 mm l., 800 μ br.

Ost-Afrika (Bussiri).

3. **N. triangularis** (Piersig) 1893 *Atax t.*, Piersig in: Zool. Anz., *v.* 16 p. 395 | 1894 *Cochleophorus deltoides*, Piersig in: Zool. Anz., *v.* 17 p. 214 | 1897 *C. d.*, Piersig in: Zool., *v.* 22 p. 67 t. 4 f. 7.

Im. Ähnelt der N. spinipes in Bezug auf die Gestalt der Epimeren, der Anzahl der Genitalnäpfe und den Borstenbesatz der Beine; Drüsenmündungshöfe jedoch schwächer chitinisiert. Augen gross, schwarz pigmentiert, auch bei Rückenlage des Tieres sichtbar. Maxillarpalpus mit weniger entwickelten Borsten als bei N. spinipes; Haarhöcker der Beugeseite des 4. Gliedes kräftiger, weiter nach vorn gerückt; Chitinzapfen am Vorderende desselben Gliedes kräftig entwickelt, grösser als bei der Vergleichsart; hakenartiger Fortsatz des Hinterrandes der 4. Epimere (Fig. 60) auffallend gross. Genitalöffnung des ♀ 270 μ l.; Genitalplatten (Fig. 60) wie bei N. spinipes, mit 35—40 Genitalnäpfen, mit den benachbarten Drüsenhöfen nicht zusammenhängend; vor den Genitalplatten 3 in die Haut gebettete Härchen. Genitalhof des ♂ wie bei N. spinipes, am Hinterende des Körpers gelegen. Färbung des Rumpfes durchscheinend hellgelb, fast durchsichtig, Rückenflecke dunkelbraun, Malpighisches Gefäss blassrötlich. — Nph. mit nur 2 Genitalnäpfen auf jeder der beiden vorn mit einander verschmolzenen Genitalplatten. — Lv. wie bei N. spinipes, doch mit teilweise abgegliederter 2. Epimere. — ♂ 900 μ l.; ♀ 150 μ l.

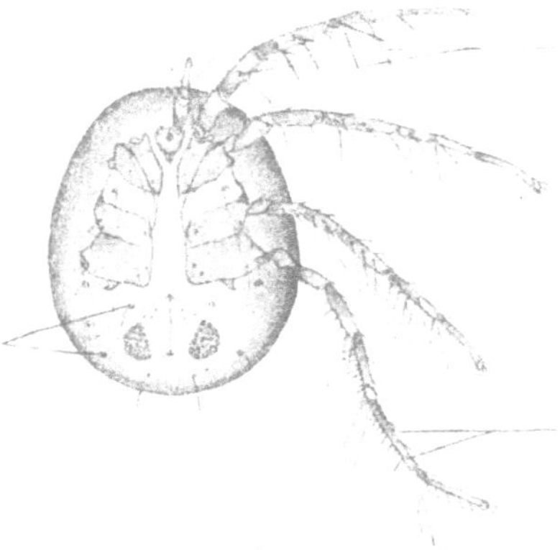

Fig. 60. N. triangularis. ♀. Bauchseite.

Deutschland.

4. **N. simulans** (Koen.) 1893 *Atax s.*, Koenike in: Mt. Mus. Hamburg, *v.* 10 nr. 2 p. 25 t. 2 f. 19, 20.

♀. Mit N. spinipes sehr nahe verwandt. Integument ohne Chitinspitzchen; Stirnborsten sehr kurz; 4. Glied des Maxillarpalpus am Vorderende auf der Beugeseite nur einen hornartigen Wall ohne Chitinzapfen aufweisend; Endglied mit stark verkümmerten Nägeln. 3. Bein ohne Verkürzung; Genitalplatten beim ♀ nicht mit den benachbarten Drüsenmündungshöfen verschmolzen. — ♂ unbekannt. — ♀ 850 μ l., 720 μ br.

Ost-Afrika (Sumpf bei Quilimane).

5. **N. nodosa** (Daday) 1898 *Atax nodosus*, Daday in: Term. Füzetek, *v.* 21 Anhangsheft p. 85 f. 41, 42.

♀. Rumpf länglich eiförmig, hinten breit abgerundet. Maxillarpalpus sehr kurz und bedeutend dünner als die Grundglieder des 1. Beines; 2. Glied nur wenig kürzer als das 4., welches am distalen Ende innen auf der Beugeseite mit einem kleinen, ziemlich stumpfen und unweit von diesem mit einem längeren, zugespitzten Haarhöcker versehen ist; Endglied lang, innen und aussen fast in der Mitte je eine feine Borste tragend und an der Spitze mit 3 kurzen Nägeln von gleicher Länge bewehrt. Beine auffallend lang, das 1. dicker als das 3. und 4., das 2. fast so dick wie das 1.; Degenborsten des 1. und 2. Beines auf Höckern eingelenkt, an der Spitze nicht abgestumpft; 5. Glied des 1. Beines ungemein lang, länger als das 4. Glied, nach dem distalen Ende hin verjüngt und daselbst schwach S-förmig gebogen; 5. Glied des 3. Beines und 3.—5. Glied des 4. Beines am distalen Ende der Beugeseite mit je 1 Fiederborste; Krallen der Beine einfach sichelförmig. Genitalhof nahe am Hinterrande der Bauchfläche; Genitalöffnung ziemlich lang, von gewölbten, zusammen eine Ellipse darstellenden Lefzen verschlossen; Genitalplatten mehr oder weniger oval oder elliptisch, mit etwa 13—15 Genitalnäpfen. Drüsenhöfe neben den Genitalplatten gewölbt, deutlich abgerückt. Färbung dunkelbraun oder grünlich. — ♂ unbekannt. — ♀ 1 mm l.

Ceylon (Colombo-See, Gewässer in der Nähe des Kalawewa-Sees).

6. **N. alticola** (Stoll) 1887 *Atax alticolus* + *A. septem-maculatus* + *A. s. var. ypsilon*, Stoll in: Biol. Centr.-Amer., Arach. Acar., p. 9 t. 7 f. 1; p. 10 t. 8 f. 1; t. 9 f. 1.

♀. Der N. spinipes ähnlich. Genitalplatten mit 35—40 Genitalnäpfen, darunter 10—12 grösseren, nicht mit den lateral benachbarten Drüsenmündungshöfen verbunden. Maxillarpalpus auf der Beugeseite des 4. Gliedes mit 2 deutlichen, hinter einander gestellten Haarhöckern. — ♂ unbekannt. — Nph. mit 5 Genitalnäpfen auf jeder der beiden in der Medianlinie verschmolzenen Genitalplatten. — ♀ 750 μ l.

Zentral-Amerika.

7. **N. limosa** (C. L. Koch) 1836 *Atax limosus*, C. L. Koch, C. M. A., fasc. 7 f. 13, 14 | 1886 *A. l.*, Berlese, A. M. S., fasc. 31 nr. 8 | 1895 *A. l.*, Koenike in: Forschber. Plön, *v.* 4 p. 232 | 1897 *Cochleophorus l.*, Piersig in: Zool., *v.* 22 p. 468 t. 5 f. 11.

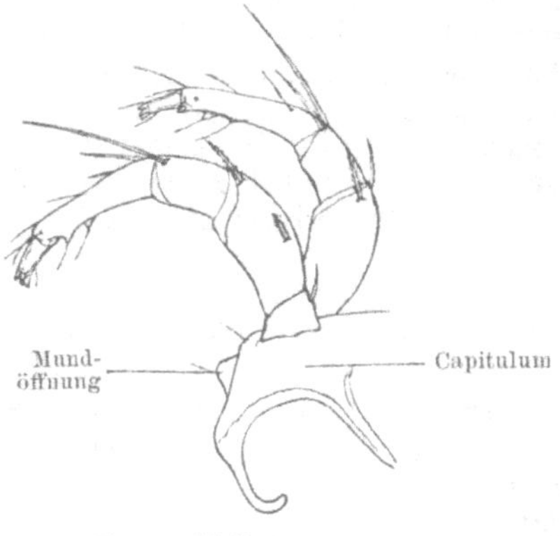

Fig. 61. N. limosa.
Capitulum mit den Maxillarpalpen.

♀. Der N. triangularis sehr ähnlich; vor den Genitalplatten jedoch nur 2 feine Börstchen. Genitalnäpfe zahlreich, 2 etwas grössere vom Lateralrande der Platte abgerückt, der Mitte der Platte genähert. Haarhöcker auf der Beugeseite des 4. Gliedes des Maxillarpalpus (Fig. 61) weit nach vorn gerückt, hinter einander stehend, Chitinhöcker am distalen Ende klein, aber deutlich abstehend. Färbung von der der Vergleichsart wenig abweichend. — ♂. Genitalhof wie bei N. triangularis, die beiden grösseren Genitalnäpfe jedoch vom Lateralrande der Genitalplatte abgerückt. — Nph. mit 6 oder 7 Genitalnäpfen auf jeder Platte. — ♂ 1 mm l., 750 μ br.; ♀ 1,5 mm l., 1,2 mm br.; Nph. 600 μ l.

Mittel- und Süd-Europa (Hauptteich im Steinbruch zu Kleinzschocher bei Leipzig, Grosser Plöner See, Tümpel am Parnass bei Plön in Holstein).

8. **N. vernalis** (Müll.) 1776 *Hydrachna v.*, O. F. Müller, Zool. Dan. Prodr., p. 189 nr. 2259 | 1781 *H. v.*, O. F. Müller, Hydrachnae, p. 48 t. 5 f. 1 | 1793 *Trombidium vernale*, J. C. Fabricius, Ent. syst., *v.* 2 p. 404 | 1805 *Atax vernalis*, J. C. Fabricius, Syst. Antl., p. 370 | 1836 *A. v.*, C. L. Koch, C. M. A., fasc. 7 f. 11 | 1893 *A. v.*, Piersig in: Zool. Anz., *v.* 16 p. 395 | 1880 *A. v.* + *Nesaea despiciens*, Neuman in: Svenska Ak. Handl., n. ser. *v.* 17 nr. 3 p. 25, 32 t. 3 f. 4 | 1897 *Cochleophorus v.*, Piersig in: Zool., *v.* 22 p. 68 t. 2 f. 4.

Im. Rumpf breit eiförmig, fast kreisrund; Integument dicht mit feinen Spitzen besetzt, fast behaart erscheinend; Drüsenmündungshöfe stark chitinisiert; Maxillarpalpus dünn; 4. Glied kürzer als das 2., auf der Beugeseite mit 2 weit nach vorn gerückten, fast neben einander gelagerten, auf winzigen Wärzchen eingelenkten Borsten und einem an das distale Ende vorgeschobenen, sehr kleinen Chitinhöcker. Epimeren der hinteren Gruppen stark verbreitert; die 4. mit quer verlaufendem Hinterrande; medialer gemeinschaftlicher Fortsatz der 1. und 2. Epimeren mässig lang, schwer sichtbar. ♀ mit ähnlichem Genitalfelde wie N. spinipes; Genitalplatten jedoch etwas kleiner und nur 15—20 Genitalnäpfe tragend; zwischen dem Vorderende der Genitalöffnung und der Genitalplatten jederseits 4 feine, in die Haut gebettete Härchen. Genitalöffnung des ♂ ebenfalls vom Hinterrande des Rumpfes abgerückt, von den je 20—30 Genitalnäpfe tragenden Genitalplatten völlig umfasst; letztere zusammen eine quer gestellte Ellipse bildend. 3. Glied am 4. Beine des ♂ ungewöhnlich stark. Färbung gelblich mit dunkelbraunen Rückenflecken und rötlichem, Malpighischem Gefässe. — Nph. wie bei N. triangularis mit nur 2 Genitalnäpfen auf jeder Genitalplatte. — ♂ 1—1,1 mm l., 780 μ br.; ♀ 1,3—1,6 mm l., 1,3 mm br.; Nph. 500—700 μ l.

Dänemark, Schweden, Norwegen (Teiche bei Lone unweit Bergen, bei Oppegaard, bei Nordsaeter, Waldtümpel bei Kristiania zwischen Röd und Woxen), Deutschland (Teiche bei Grosszschocher bei Leipzig, Tümpel auf einer Moorwiese beim Steinberg unweit Plön), Böhmen (Teiche bei Neuhaus und Gitschin), Frankreich.

9. **N. verrucosa** (Koen.) 1895 *Atax verrucosus*, Koenike in: Zool. Anz., *v.* 18 p. 390 f. 16 | 1896 *A. v.*, Pisařovic in: SB. Böhm. Ges., nr. 17 p. 11 | 1897 *Cochleophorus v.*, Piersig in: Zool., *v.* 22 p. 71.

♂. Rumpf elliptisch. Integument dicht mit ungemein langen, haarförmigen, gekrümmten Chitinspitzchen besetzt; Drüsenmündungshöfe warzenartig erhöht; sog. Analöffnung ebenfalls stark warzenartig vortretend. Capitulum mit langem, äusserst schmalem Fortsatz am ventralen Hinterrande. Maxillarpalpus $^1/_3$ so lang wie der Rumpf; 4. Glied ohne Höcker. Epimeren nicht wie bei der vorigen Art netzartig gefeldert, die 4. lateral an Breite zunehmend. 3. Glied des 4. Beines nicht verdickt. Genitalhof nach Lage und Gestalt wie bei N. vernalis, aber die Genitalplatten meist mit mehr Genitalnäpfen. — ♀ unbekannt. — ♂ 540 μ l., 480 μ br.

Deutschland (Sumpf bei Lauterbach in Schlesien), Böhmen (Sumpf bei Neuhaus).

10. **N. callosa** (Koen.) 1895 *Atax callosus*, Koenike in: Zool. Anz., *v.* 18 p. 391 f. 17 | 1897 *Cochleophorus c.*, Piersig in: Zool., *v.* 22 t. 5 f. 8.

♀. Integument wie bei N. vernalis dicht mit feinen Chitinspitzen besetzt; Doppelaugen auf dem Bauche deutlicher sichtbar als auf dem Rücken, gegenseitiger Abstand 400 μ. Capitulum auffallend klein. Maxillarpalpus etwa $^1/_3$ so lang wie der Rumpf; auf der Beugeseite des 4. Gliedes, nur wenig vom distalen Ende entfernt ein kräftiger, 20 μ l. und fast rechtwinkelig abstehender Zapfen mit eingesenkter Spitze; unmittelbar hinter diesem 2 nicht auf Höckern stehende Haare. Epimeren netzförmig punktiert;

gemeinschaftlicher Fortsatz der 1. und 2. Epimere mässig lang, nicht bis zur 4. Epimere reichend. Genitalöffnung sehr lang (150 μ); Genitalplatten vorn wesentlich breiter als hinten, vorn einen merklich grösseren gegenseitigen Abstand aufweisend; jede Genitalplatte mit 80—90 Genitalnäpfen; Drüsenmündungshöfe lateral vom Lateralrande der Genitalplatten fehlend. Färbung grünlichgelb. — ♂ unbekannt. — Nph. mit 128 μ l., lateral gerichteten, dünnen, je 9 Genitalnäpfe tragenden Genitalplatten. — ♀ 12 mm l., 880 μ br.; Nph. 450 μ l.

Deutschland (Stadtwerder bei Bremen).

N. ciliata Thor 1897 *N. c.*, Thor in: Arch. Naturv. Christian., *v.* 19 nr. 11 p. 59.

♀. Genitalplatten mit je 16—18 Genitalnäpfen. — ♀ 1,5 mm l., 1,3 mm br. Möglicher Weise mit dem ♀ von N. vernalis zu vereinen.

Norwegen.

49. Gen. **Ecpolus** Koen.

1898 *Ecpolus* (Typ.: *E. tuberatus*), Koenike in: Abh. Senckenb. Ges., *v.* 21 II p. 368.

Rumpf wie bei Arrhenurus mit einem dicken, spröden und porösen Hautpanzer; auf dem Rücken mit zahlreichen Höckern, am Hinterrande verbreitert und deutliche Seitenecken bildend. Seitenaugen weit von der Medianlinie des Rumpfes abgerückt und vom Panzer überdeckt; kein unpaares Auge. Capitulum in einen Schnabel ausgezogen, am Hinterrande der ventralen Wandung einen unpaaren Fortsatz aussendend. Endglieder des Maxillarpalpus nicht scheren- oder zangenartig. Mandibel mit grossem 2. Gliede. Epimeren auf 4 Gruppen verteilt. Bein panzerartig umkleidet und porös, beim ♂ ohne besondere geschlechtliche Auszeichnungen; 1. und 2. Bein wie bei Neumania mit stumpfen Schwertborsten. Krallen der Beine ohne Nebenhaken, einfach sichelförmig. Genitalhof am Hinterende der Bauchfläche gelegen. Genitalnäpfe zerstreut in das Integument gebettet, klein und zahlreich. Lefzen des ♂ kleiner als die des ♀.

Madagaskar.

1 Art.

1. **E. tuberatus** Koen. 1898 *E. t.*, Koenike in: Abh. Senckenb. Ges., *v.* 21 II p. 369 t. 23 f. 73—79.

♂. Umriss des Rumpfes wie bei einem ♀ von Arrhenurus mit vortretenden Hinterrandecken; Vorderrand 2 höckerartig vorspringende Stirndrüsenmündungen mit je einer kurzen, dicken Borste und hinter denselben 2 kräftige Augenwülste aufweisend. Seitenränder des Rückens mit je 3 hohen, abgerundeten Höckern, Hinterende mit zahlreichen kleineren Erhebungen. Sog. Analöffnung jederseits von einem Drüsenhöcker begrenzt, mit denselben über den Hinterrand des Rumpfes hinausragend. Integument zu einem allseitig zusammen hängenden, bis 14 μ dicken Panzer erhärtet; Rückenbogenfurche fehlend. Hautporen dicht zusammen gerückt, mit länglich runden, etwa 28 μ grossen Öffnungen. Gegenseitiger Abstand der Augen 112 μ. Capitulum 134 μ l., am Hinterrande der ventralen Wandung einen ungewöhnlich langen und dünnen Fortsatz aussendend, der am freien Ende mit einem Querriegel endigt. Schnabelteil des Capitulum nur in der Seitenlage gut erkennbar, am Grunde dünn, nach vorn zu schwach abwärts gebogen. Seitenwandungen des Capitulum leistenartig weit nach hinten gezogen, etwa so lang wie der Fortsatz der unteren Wandung. Mandibel 130 μ l.; 2. Glied sehr lang;

Grundglied ungekniet, mit einem eckigen Vorsprung auf der Unter- und einem kleinen Höcker auf der Oberseite. Maxillarpalpus klein und dünn, der Gestalt und Bewaffnung nach an das gleiche Organ von Neumania spinipes erinnernd; 4. Glied in der Mitte der Beugeseite einen winzigen Haarhöcker und am distalen Ende einen kleinen, zugespitzten Stift tragend; Endglied in 3 winzige Nägelchen auslaufend. Epimeren fein porös, zum Teil undeutlich umrandet, auf 4 Gruppen verteilt, die in der Medianlinie nahe zusammen treten; 1. und 2. Epimere mit den zackigen Vorderecken über den Rand des Rumpfes hinausragend; 4. Epimere hinten quer abgestutzt. Beine mittellang; das 3. etwas verkürzt. Schwertborsten des 1. und 2. Beines auf einer Seite schwach gerillt; nur das 1. Bein ohne Schwimmborsten. 5. Glied des 3. Beines am distalen Ende eine halblange, einseitig gefiederte Borste aufweisend. Krallen der Beine mässig gross, dünn und ohne Nebenzahn, die des 3. Beines grösser als die anderen. Genitalhof am hinteren Rumpfende gelegen; Genitalplatten nicht vorhanden, die zahlreichen kleinen Genitalnäpfe vielmehr zerstreut in dem Integument eingebettet und einen ansehnlichen Raum einnehmend. Genitalöffnung 41 μ l., von schmalen, nach hinten an Breite abnehmenden Lefzen eingefasst. Am Hinterrande des Genitalhofes zahlreiche Borsten. Sog. Analöffnung in der Mitte des hinteren Körperrandes auf einem höckerartigen Vorsprunge. — ♀. Epimerengebiet ungleich grösser als beim ♂ (433 μ : 350 μ). Einlenkungsstelle des 4. Beines mehr nach vorn gerückt, Hinterrand der 4. Epimere deshalb nicht ganz geradlinig. Rückenhöcker und Analdrüsenhöcker merklich niedriger als beim ♂. Genitalöffnung 82 μ l.; Lefzen grösser und hinten am breitesten; Haarbesatz fehlend. Ei kugelrund, sehr dickschalig (11 μ), 120 μ im Durchm. — ♂ 500 μ l., 400 μ br.; ♀ 550 μ l., 435 μ br.

Djabala-See auf der Insel Nossi-Bé bei Madagaskar.

50. Gen. **Encentridophorus** Piersig

1897 *Encentridophorus* (Typ.: *Atax spinifer*), Piersig in: Zool. Anz., *v.* 20 p. 60.

Integument weich; Epimeren auf 4 Gruppen verteilt (Fig. 62), der Gestalt nach ähnlich wie bei der Gattung Neumania; medialer Fortsatz der vorderen Epimerengruppen nicht lang ausgezogen. Maxillarpalpus dicker als die Grundglieder des 1. Beines. 1. und 2. Bein ohne spiralig gerillte Degenborsten; Endglied des 4. Beines (Fig. 63) ohne Kralle, mit einem Endstachel ausgerüstet. Genitalöffnung (Fig. 62) unmittelbar hinter den Epimeren gelegen, ohne Genitalplatten, Genitalnäpfe vielmehr einzeln in die weiche Haut eingebettet, wenig zahlreich.

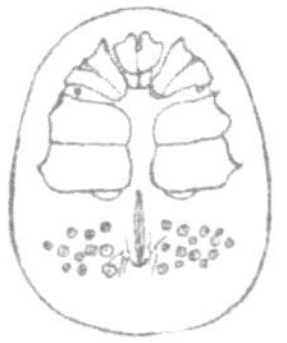

Fig. 62. E. spinifer. ♀, Bauchseite.

Fig. 63. E. spinifer. Endglied des 4. Beines.

Ost-Afrika.

1 Art.

1. **E. spinifer** (Koen.) 1893 *Atax s.*, Koenike in: Mt. Mus. Hamburg, *v.* 10 nr. 2 p. 23 t. 2 f. 16—18 | 1897 *Encentridophorus s.*, Piersig in: Zool. Anz., *v.* 20 p. 60.

♀ (Fig. 62). Integument glatt, ohne Chitinspitzchen. Maxillarpalpus von mehr als halber Rumpflänge; 4. Glied so lang wie die 3 ersten zusammen, auf der Beugeseite distal ein schräg nach vorn gerichteter, 20 μ l. Zapfen mit einem an der abgerundeten Spitze eingesenkten Stift und 2 auf flachen Wällen stehenden Borsten; Endglied mit 2 Spitzen, daher fast scherenförmig. 1. und 2. Bein ohne Höcker, nur mit einfachen Borsten bewehrt. 2. und 3. Bein mit

Schwimmborsten; Krallen der Beine einfach sichelförmig, am 4. Beine fehlend; Endglied des 4. Beines mit geradem, 10 μ l., dickem Endstachel (Fig. 63). Genitalöffnung gross, $^1/_5$ so lang wie der Rumpf. — ♂ unbekannt. — Nph. Genitalplatten dachförmig an einander gelegt, auf der Mitte zwischen dem Epimerengebiet und dem Hinterrande der Bauchfläche gelegen und mit je nur einem Genitalnapfe. — ♀ 900 μ l.; Nph. 400 μ l.

Sansibar (kleines Wasserloch ohne Vegetation dicht am Wasserleitungsbache).

51. Gen. **Najadicola** Piersig

1897 *Najadicola* (Typ.: *Atax ingens*), Piersig in: Zool. Anz., *v.* 20 p. 60 | 1899 *N.*, Wolcott in: Stud. Univ. Nebraska, nr. 30, 31 p. 195.

Integument weich. Maxillarpalpus dicker als das 1. Bein, sehr kräftig gebaut. Vordere Epimerengruppen (Fig. 64) ohne lang nach hinten gezogene mediale Fortsätze; hintere Gruppen viel breiter als lang; 4. Epimere mit einer plattenartigen Verbreiterung lateral von der Anheftungsstelle des 4. Beines. Beine dürftig behaart, ohne auf Höcker eingelenkte Degenborsten. Genitalhof kurz hinter den Epimeren, mit flügelförmigen, quer gestellten, napfreichen Genitalplatten, die beim ♂ (Fig. 65) die Genitalöffnung umschliessen, beim ♀ (Fig. 64) aus einander gerückt sind.

Nord-Amerika.

1 Art.

1. **N. ingens** (Koen.) 1895 *Atax i.*, Koenike in: Abh. Ver. Bremen, *v.* 13 p. 219 t. 3 f. 65—67 | 1897 *Najadicola i.*, Piersig in: Zool. Anz., *v.* 20 p. 60 | 1899 *Atax (N.) i.*, Wolcott in: Stud. Univ. Nebraska, nr. 30, 31 p. 238 t. 32 f. 39—43.

♀. Maxillarpalpus sehr kurz, $^1/_5$ der Rumpflänge messend, in der Form an den von Atax ypsilophorus erinnernd; 4. Glied ungemein dick, ebenso lang wie das 2.; Endglied mit 4 Nägeln. 4. Epimere hinten flach abgerundet; Maxillarpalpus und Epimeren porös. Beine kurz, mit dürftigem Borstenbesatz, ohne Schwimmborsten; Krallen der Beine stark gekrümmt, ohne Nebenzahn. Genitalhof beim ♀ (Fig. 64) mit fast dreieckigen, lateral keilförmig ausgezogenen Genitalplatten; Genitalnäpfe zahlreich, 2 wesentlich grösser als die anderen, von einem Hofe umgeben. — ♂. Genitalhof (Fig. 65) wie beim ♀ dicht hinter den Epimeren; Genitalplatten in der Medianlinie zusammenstossend, hier 350 μ br., in der vorderen Hälfte die 140 μ lange Genitalöffnung umschliessend. 4. Glied des 4. Beines etwas verdickt. — Nph. mit 2 Paar Genitalnäpfen hinter den Epimeren. — ♂ 1,5—1,65 mm l.; ♀ 2,25—2,5 mm l. (trächtig 5—6 mm l.).

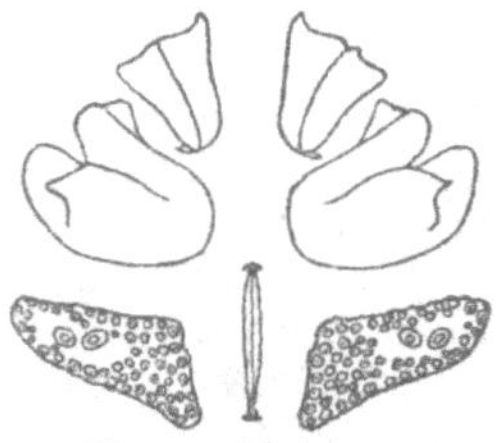

Fig. 64. N. ingens. ♀, Epimeren und Genitalhof.

Fig. 65. N. ingens ♂, Genitalhof.

Schmarotzt auf Unio- und Anodonta-Arten. Nord-Amerika (Grand Rapids, Long Lake bei Kalamazoo, Intermediate Lake bei Ellsworth in Michigan).

52. Gen. **Feltria** Koen.

1892 *Feltria* (Typ.: *F. minuta*), Koenike in: Zool. Anz., *v.* 15 p. 323 | 1898 *F.*, Piersig in: Zool., *v.* 22 p. 369.

Rumpf eirund, niedergedrückt; Integument liniiert; unter der Oberhaut nicht selten ein derber Panzer von zelliger Beschaffenheit; Rücken mit mehr oder weniger grosser Panzerplatte, am Hinterrande und auf der Bauchfläche häufig kleinere Panzerplättchen. Capitulum glockenförmig, mit hinteren, ventralen Fortsätzen; Mundöffnung weit nach vorn gerückt; Maxillarpalpus ohne auffallende Kennzeichen. Augen klein. Epimeren (Fig. 66, p. 234) in 4 Gruppen gelagert, die 1. hinter dem Capitulum nicht verwachsen, die 4. Epimeren an der Lateralseite beträchtlich breiter als medial, hinten quer abschliessend. Beine ohne Schwimmborsten. Genitalhof von ungewöhnlich grosser Ausdehnung, dem Hinterrande des Rumpfes stark genähert, wo er meist eine flache, mittlere Einkerbung hervorruft; Genitalplatten breit flügelförmig, mit zahlreichen Genitalnäpfen, beim ♂ die Genitalöffnung völlig umschliessend; sog. Analöffnung rückenständig.

Lebt in fliessenden Gebirgswässern. Alpen, Karpathen, Sächsisches Erzgebirge, Skandinavische Gebirge.

10 Arten.

Übersicht der Arten:

1	Mit deutlich ausgeprägter Rückenbogenfurche . .	1. **F. minuta**	p. 231
	Ohne deutliche Rückenfurche — 2.		
2	Genitalhof vom Hinterrande des Rumpfes deutlich abgerückt — 3.		
	Genitalhof am Hinterende der Bauchfläche gelegen, beim ♀ eine mehr oder minder tiefe mediane Einkerbung des hinteren Körperrandes hervorrufend; sog. Analöffnung rückenständig — 4.		
3	Sog. Analöffnung bauchständig	2. **F. composita** . .	p. 232
	Sog. Analöffnung hinterrandständig	3. **F. circularis** . .	p. 232
4	Rückenpanzer etwa in der Mitte oder weiter vorn am breitesten — 5.		
	Rückenpanzer mehr nach dem Hinterende zu am breitesten	4. **F. zschokkei** . .	p. 233
5	Maxillarpalpus schwächer als die Grundglieder des 1. Beines	5. **F. clipeata** . . .	p. 233
	Maxillarpalpus mehr oder weniger stärker als die Grundglieder des 1. Beines — 6.		
6	Haarhöcker auf der Beugeseite des 4. Gliedes des Maxillarpalpus etwa in der Mitte des Gliedes stehend	6. **F. setigera** . . .	p. 234
	Haarhöcker weiter nach vorn gerückt — 7.		
7	Paarige Panzerschildchen hinter dem Rückenpanzer fehlend	7. **F. georgei**	p. 234
	Paarige Panzerschildchen hinter dem Rückenpanzer vorhanden — 8.		
8	Paarige Panzerschildchen hinter dem Rückenpanzer von dessen Hinterrande merkbar abgerückt — 9.		
	Paarige Panzerschildchen hinter dem Rückenpanzer demselben stark genähert	8. **F. rubra**	p. 235
9	Rückenpanzer fast oval, mit dem breiten Ende nach hinten gerichtet	9. **F. muscicola** . .	p. 235
	Rückenpanzer von der Mitte her nach beiden Enden breit keilförmig verjüngt und an den Spitzen abgerundet	10. **F. scutifera** . . .	p. 236

1. **F. minuta** Koen. 1892 *F. m.,* Koenike in: Zool. Anz., *v.* 15 p. 323 f. 3, 4.

♀. Rumpf kurz oval, fast kreisrund. Am Vorderrande des Rumpfes 2 von einander 60 μ weit entfernte Drüsenzapfen mit lateral eingelenkter, kräftiger Borste. Auf der Rückenfläche verläuft, 30 μ vom Körperrande entfernt, der Rückenbogen, der in der hinteren Hälfte und vorn zwischen den kleinen, schwarz pigmentierten Augen Vorsprünge besitzt. Hinter dem Rückenpanzer ein durch einen flachen, mittleren Wulst getrenntes Höckerpaar. Unter dem Integument eine Schicht, die ein derbes, zelliges Gefüge zeigt. Maxillarpalpus etwa so stark wie die Grundglieder des 1. Beines; Beugeseite des 4. Gliedes mit einer nach vorn gerückten Borste. 1. Epimere ungewöhnlich lang, stark vorspringend; die 4. mit dreifach so langer Lateral- wie Medialkante. Beine mässig lang, stämmig gebaut; Endglied merklich verdickt, mit einer Doppelkralle ähnlich wie bei Piona ausgestattet. Genitalhof sehr gross, fast bis an das ventrale Hinterleibsende reichend. Genitalöffnung ungewöhnlich lang (100 μ), von sichelförmigen Lefzen verschlossen; Genitalplatten mit den breit abgerundeten Lateralenden völlig auf die Seitenflächen des Rumpfes übergreifend, von ungemein zahlreichen kleinen Genitalnäpfen bedeckt. Färbung blassrötlich. — ♂ unbekannt. — ♀ 350 μ l., 320 μ br., 150 μ h.; Ei 130 μ im Durchm.

Brunnen bei Partnun in der Schweiz.

2. **F. composita** Thor 1898 *F. c.*, Thor in: Arch. Naturv. Christian., *v.* 20 nr. 3 p. 27 t. 3 f. 37—41.

♀. Rumpf fast kreisrund; Rücken flachgedrückt; am Vorderrande des Rumpfes 2 kräftige Haarhöcker. Integument weich, bis auf eine die Rumpfform annähernd wiederholende Panzerplatte auf dem Rücken. Maxillarpalpus ähnlich wie bei F. minuta, mit nur einem Haar auf der Beugeseite des 4. Gliedes; 5. Glied dreispitzig. 4. Epimere ohne Vorsprung an der Hinterkante. Beine wie bei F. minuta. Genitalhof gross, vom Hinterrande der Bauchfläche merkbar abgerückt, mit flügelförmigen, quer gestellten, medial und lateral verschmälerten Genitalplatten, den Seitenrand des Rumpfes nicht erreichend; ausser den 60—70 winzigen Genitalnäpfen etwa in der Mitte auf jeder Genitalplatte noch ca. 12 dichtgestellte, noch kleinere, narbenartige Gebilde. Sog. Analöffnung in der Mitte zwischen Genitalhof und hinterem Körperrande gelegen, nicht zapfenförmig vorspringend. Färbung weisslichgelb, zum Teil durchscheinend; mittlere Bauchfläche wie die Endglieder der Beine dunkler; Magen auf dem Rücken als dunkler, ringförmiger Fleck mit ausgebuchtetem Aussenrand (ähnlich wie bei Diplodontus despiciens) durchschimmernd. Malpighisches Gefäss einen dicken, vorn kurz gegabelten, weissen Streifen bildend. Augen schwarz. — ♂ unbekannt. — ♀ 500—600 μ l., 400—460 μ br.

Norwegen (Thomaselv bei Vadsö in Ost-Finmarken).

3. **F. circularis** Piersig 1898 *F. c.*, Piersig in: Zool. Anz., *v.* 21 p. 568 | 1899 *F. c.*, Piersig in: Zool., *v.* 22 p. 372 t. 46 f. 140.

♀. Rumpf fast kreisrund. Rücken sehr flach. Integument deutlich liniiert. Am Stirnrande 2 stumpfe, 90 μ von einander abstehende Haarhöcker mit kurzer Borste. Sämtliche Hautdrüsenmündungen mit Höfen versehen. Rücken mit einer unregelmässig umrandeten, länglich runden, 300 μ l. und 240 μ br. Panzerplatte und 2 dahinter gelagerten, quer gestellten, länglichen, unregelmässig dreiseitigen, 100 μ l. und 40 μ br. Panzerplättchen. Maxillarpalpus nur wenig stärker als die Grundglieder des 1. Beines, etwa 190 μ l.; 4. Glied auf der Beugeseite mit 2 Borsten zwischen Mitte und distalem Ende; Endglied undeutlich dreispitzig. Epimeren ohne besonders auffallende Abweichungen vom gewöhnlichen Bau. Abstand der hinteren Panzerplättchen von der Panzerplatte 56 μ. Vorderecke der 1. Epimeren mit langem, gebogenem Haar. Genitalhof fast gleich weit von den Epimeren und dem Hinterrande des Rumpfes entfernt, mit flügelförmig gestellten Genitalplatten; letztere wie bei F. composita ausser zahlreichen Genitalnäpfen, etwas medial von der Mitte eine Gruppe winziger Höckerchen (10—14) aufweisend, die bei auffallendem Lichte wie leuchtende Pünktchen erscheinen. Genitalöffnung 100 μ l., vorn von einem medial gerichteten, schmalen Stützkörper begrenzt, hinten mit einer breiten, stark ausgebildeten, quer gestellten Skelettspange abschliessend; Abstand der Genitalplatten von einander ca. 56 μ. Hinter der 4. Epimere am Lateralrande des Rumpfes befindet sich jederseits eine kleine Panzerplatte, auf der sich ebenfalls eine Gruppe winziger Höckerchen bemerkbar macht. Sog. Analöffnung am Hinderrande des Rumpfes. Färbung blassrötlich bis gelblich durchscheinend. — ♂ unbekannt. — ♀ 400 μ l., 320 μ br.

Deutschland (Kleine Mittweida bei Nitzschhammer im Erzgebirge).

4. **F. zschokkei** Koen. 1896 *F. z.*, Koenike in: Zool. Anz., *v.* 19 p. 360.

♀. Rumpf eiförmig, am Hinterende eine durch die Genitalöffnung hervorgerufene, seichte, mittlere Einkerbung. Integument deutlich liniiert. Panzer weniger ausgebildet als bei F. minuta; auf der Rückenfläche eine eiförmige Platte, 240 μ l. und 160 μ br., mit dem breiten Ende nach hinten gekehrt, zwischen den Doppelaugen beginnend und vom Hinterrande des Rumpfes 140 μ abstehend; sonst ist die Rückenfläche weichhäutig. Drüsenhöfe warzen- oder zapfenartig erhaben. Abstand der kleinen Doppelaugen von einander 116 μ. Maxillarpalpus ein wenig stärker als die Grundglieder des 1. Beines, fast so lang wie das 5. Glied desselben; 4. Glied auf der Beugeseite nahe dem distalen Ende mit 2 neben einander stehenden Borsten; 5. Glied zweispitzig. Epimeren wie bei F. minuta, weit nach vorn gerückt; gegenseitiger Abstand der 4. Epimeren 87 μ. Beine nur mit kurzen, zum Teil gefiederten Dornborsten, die meist am distalen Gliedende gruppiert sind; Kralle kräftig, gross, Hauptzahn mit breitem inneren und dünnem äusseren Nebenzahn. Genitalhof 96 μ weit vom Hinterrande der 4. Epimere abgerückt; Genitalöffnung endständig; Genitalplatten dreieckig, erheblich kleiner als bei F. minuta, vorn 64 μ, hinten 112 μ von einander abgerückt; Genitalnäpfe nicht ganz so zahlreich wie bei F. minuta. Sog. Analöffnung rückenständig. Färbung rötlich. — ♂ unbekannt. — ♀ 450 μ l., 320 μ br.

Gebirgsbäche des Kaunser-, Pitz- und Oetzthals in Tirol.

5. **F. clipeata** Piersig 1898 *F. c.*, Piersig in: Zool. Anz., *v.* 21 p. 9 | 1899 *F. c.*, Piersig in: Zool., *v.* 22 t. 51 f. 198.

♀ (Fig. 66). Rumpf länglich rund, fast oval, hinten mit einer flachen Einkerbung; Integument liniiert. Dorsale Panzerplatte 280 μ l. und 260 μ br., hinten birnförmig verschmälert, am Vorderende jederseits mit einer Einbuchtung; diese von einer Drüsenplatte fast völlig ausgefüllt; hinter der Rückenplatte noch 2 kleine, längliche, medial und nach hinten gerichtete, je einen höckerigen Drüsenhof tragende Panzerplättchen, die durch einen mittleren Abstand getrennt sind. Am hinteren Lateralrande der Rückenplatte 2 quer neben einander gestellte, rundliche Drüsenhöfe, ein grösserer länglich runder noch weiter nach vorn, in unmittelbarer Nähe der hinteren grossen Pore der Dorsalplatte. Randzone des Rückens weichhäutig. Epimeren mit stark verdicktem Rande. Abstand der Seitenaugen von einander 80 μ. Maxillarpalpus schwächer als das 1. Bein, ungefähr halb so lang wie der Rumpf;

4. Glied am längsten, mit 2 kräftigen, auf Höckern stehenden Borsten etwa auf der Mitte der Beugeseite, die äussere davon mehr zurückstehend. Genitalhof am Hinterrande des Rumpfes; Genitalöffnung in der Bauchansicht 80 μ l., von breiten Lefzen seitlich eingeschlossen, auf den Rücken übergreifend. Genitalplatten breit, mit zahlreichen Genitalnäpfen. Hinter der 4. Epimere 2 Drüsenhofplatten, deren eine weiter lateral und nach hinten gerückt ist; zwischen den Medialecken der 4. Epimeren ein schwärzlicher, punktförmiger, medianer Panzerfleck. Stirnborsten auf dicken, stumpfen Zapfen entspringend, mit den Spitzen einander zugeneigt. Färbung rötlich. — ♂ unbekannt. — Nph. fast länglich rund wie bei Oxus strigatus. Stirnrand des Rumpfes mit mittlerer, von keilförmigen Ecken begrenzter Einbuchtung, vorn nach den Seitenrändern abgeschrägt. Rücken ohne deutlich abgegrenzte Panzerplatte. Epimeren dünn, zum Teil undeutlich umgrenzt. Genitalhof mit 2 lateral gestellten, unregelmässig dreiseitigen, an den Ecken abgerundeten Genitalplatten, die mehrere Genitalnäpfe tragen. — ♀ 380 μ l., 270 μ br.; Nph. 225 μ l., 195 μ br.

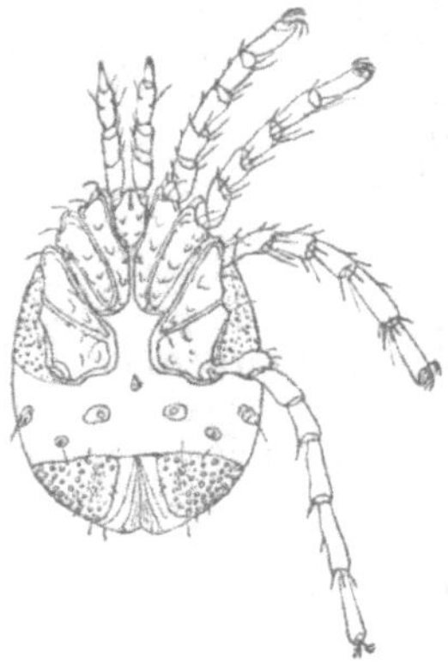
Fig. 66. F. clipeata. ♀, Bauchseite.

Giessbäche am südlichen Abhange der Hohen Tatra.

6. **F. setigera** Koen. 1896 *F. s.*, Koenike in: Zool. Anz., *v.* 19 p. 361.

♀. Sehr nahe verwandt mit F. zschokkei. Rumpf kurz eiförmig mit vorgewölbtem Stirnrande und tiefer Einkerbung in der Mitte des Hinterrandes. Drüsenhöfe mässig gewölbt. Liniierung des Integuments weniger deutlich, die Linien punktiert erscheinend. Rückenpanzer der Gestalt nach ähnlich wie bei F. minuta, aber 208 μ br., vom Hinterende des Rumpfes 96 μ entfernt. Augenabstand nur 51 μ. 2. Glied des Maxillarpalpus am distalen Ende auf der Beugeseite stark bauchig, 4. Glied in der Mitte mit deutlichem Haarwall. 1. Epimere am Lateralrande 2 auffallend stark gekrümmte, dicke, inkrustiert erscheinende Haargebilde tragend; Hinterrand der 4. Epimere nicht ganz gerade, in der Mitte vielmehr wulstartig vortretend; gegenseitiger Abstand der 4. Epimeren 64 μ. Genitalöffnung am Hinterrande des Rumpfes, nach dem Rücken emporsteigend; Genitalplatten von einander weit abgerückt, der Form nach wie bei F. zschokkei, jedoch nicht so lang und weniger Genitalnäpfe tragend. Färbung rötlich. — ♂ unbekannt. — ♀ 430 μ l., 350 μ br.

Gletscherbäche des Kaunser-, Pitz- und Oetzthals in Tirol.

7. **F. georgei** Piersig 1899 *F. g.*, Piersig in: Zool. Anz., *v.* 22 p. 548.

♂. Rumpf von oben gesehen breit oval, ohne bedeutenden Einschnitt am Hinterende. Am Vorderrande mit 2 ca. 32 μ von einander abgerückten, breiten und niedrigen Drüsenhöckern ausgerüstet, auf welchen lateral je eine kräftige, schief nach oben und medial gerichtete Borste entspringt. Sämtliche Hautdrüsenhöfe schwach verdickt, zum Teil höckerartig vorspringend. Oberhaut deutlich liniiert. Rücken nur flach gewölbt, mit einer verkehrt eiförmigen, ca. 280 l. und 200 μ br. Panzerplatte, am seitlichen Vorderrande die schwarz pigmentierten, 60 μ von einander abstehenden Seitenaugen überdeckend. Paarige Panzerschildchen fehlend oder vielmehr mit dem Hauptpanzer völlig verschmolzen. Hinterer Fortsatz der ventralen Wandung des Capitulum mässig lang ausgezogen, jederseits am freien Ende in eine kräftige Spitze umgebogen.

Maxillarpalpus merkbar stärker als die Grundglieder des 1. Beines, doch nicht so dick wie bei dem ♂ von F. rubra; 4. Glied am längsten, mindestens eben so breit wie das 2. Glied, mit 2 feinen, nach vorn gebogenen, auf stumpfen Höckern eingefügten, schief neben einander gestellten Tastborsten, beide ziemlich weit nach dem Vorderende der Beugeseite vorgerückt; Endglied in 2 oder 3 undeutliche Zähnchen auslaufend, jederseits ein winziges Börstchen tragend. Epimeren dicht an einander gerückt; 4. Paar nur durch einen 24 μ br. Zwischenraum getrennt. Stützkörperchen und Drüsenhöfe wie bei F. rubra gelegen. Beine ohne Schwimmborsten. Endglied des 3. Beines wie bei F. muscicola mit einem Höcker auf der Beugeseite, der von 3, in eine gemeinschaftliche Spitze auslaufenden, dicht an einander gelagerten, kräftigen Dornborsten besetzt ist. Genitalplatten die kurze Genitalöffnung völlig umschliessend, am Vorderrande ähnlich verlaufend wie bei F. rubra, etwa 120 μ l. und 200 μ br., Genitalnäpfe zahlreich. Sog. Analöffnung am Hinterrande, fast rückenständig.

Süd-Deutschland und Tirol (Bäche im Ammerwald-Thal südlich von Linderhof).

8. **F. rubra** Piersig 1898 I *F. r.*, Piersig in: Zool. Anz., *v.* 21 p. 10 | 1900 *F. r.*, Piersig in: Zool., *v.* 22 t. 51 f. 197.

♂ (Fig. 67). Rumpf kurz eiförmig, vorn mit einer Einbuchtung, Hinterrand in der Mitte flach eingekerbt. Stirnborsten auffallend dick, dornenartig, auf abgestumpften, breiten Höckern stehend. Hautdrüsenhöfe stark verdickt, buckelig. Integument liniiert. Bauchseite mit subkutaner, zelliger, biegsamer Chitinschicht. Rückenpanzer in der Mitte am breitesten; Hinterrand desselben jederseits von der stumpf ausgezogenen Mitte flach bogig ausgeschnitten. Nebenplatten 76 μ l. und 40 μ br., dicht angelagert. Augenabstand 72 μ. Maxillarpalpus merkbar dicker als die Grundglieder des 1. Beines; 2. Glied am stärksten, kürzer als das 4.; Haarhöcker auf der Beugeseite des letzteren nahe dem distalen Ende, wenig bemerkbar. Epimeren eng zusammengerückt, $^2/_3$ der Bauchfläche einnehmend; 3. und 4. Epimeren median durch einen schmalen Abstand geschieden. Beine stämmig, ohne besondere Auszeichnungen. Genitalhof etwa 28 μ hinter den Epimeren, am ventralen Hinterleibsende gelegen; Genitalöffnung 28 μ l., nicht bis zum Hinterrande des Rumpfes heranreichend, von schmalen Lefzen begrenzt. Genitalplatten vor und hinter der kurzen Genitalöffnung durch breite Brücken mit einander verbunden, breit zungenförmig bis an den Lateralrand des Rumpfes sich hinziehend, mit zahlreichen Genitalnäpfen; Genitalhof 250 μ br.; Drüsenhöfe des Lateralrandes vor den distalen Enden der Genitalplatten gross, länglich rund. Medianer Panzerfleck und Analdrüsenhöfe klein. Sog. Analöffnung rückenständig. Färbung rot. — ♀ unbekannt. — ♂ 368 μ l., 300 μ br.

Fig. 67. F. rubra. ♂, Bauchseite.

Giessbäche der Hohen Tatra (Kleiner und grosser Kohlbach).

9. **F. muscicola** Piersig 1898 IX *F. rubra* (err., non Piersig 1898 I!), *F. muscicola*, Piersig in: Zool. Anz., *v.* 21 p. 526, 547 | 1899 *F. m.*, Piersig in: Zool., *v.* 22 p. 375 t. 46 f. 139.

♀. Rumpf verkehrt eirund, Vorderrand mit vorspringenden, 64 μ von einander entfernten Haarhöckern. Integument weich, grob liniiert. Rückenpanzerplatte 240 μ l. und 168 μ br., fast oval, vom Hinterrande des Rumpfes 120 μ abgerückt. Paarig auftretende Plättchen hinter der grossen Rückenplatte 72 μ br. und 46 μ l., abgerundet dreieckig, mit je einer Hautdrüsenöffnung. Capitulum mit ziemlich langem hinteren ventralen Fortsatz, am freien Ende jederseits in eine fast lateral gerichtete Spitze ausgezogen. Maxillarpalpus etwas dicker als die Grundglieder des 1. Beines, ca. 200 μ l., 1.—5. Glied auf der Streckseite gemessen 12 μ, 64 μ, 28 μ, 80 μ und 48 μ l.; 4. Glied mit 2 über die Mitte nach vorn gerückten, auf winzigen Höckern stehenden, schief neben einander gestellten Borsten; 5. Glied undeutlich dreispitzig. Epimeren ohne besondere Kennzeichen. 1. Bein ca. 300 μ, 4. Bein ca. 480 μ l. Krallen mit äusserem und innerem Nebenzahn. Genitalhof am hinteren Bauchende, daselbst eine flache mediane Einkerbung hervorrufend, etwa 92 μ von den Epimeren entfernt. Genitalplatten vorn halb so weit wie hinten von einander entfernt, abgerundet dreieckig, fast kreisförmig, 100 μ br. und 92 μ l., mit zahlreichen kleinen Genitalnäpfen. Augen schwärzlich, 64 μ von einander entfernt. Färbung rot, auf den Rücken mitunter mit schwärzlichem Anfluge; Maxillarpalpus, Beine und Capitulum lichter. — ♂ mit abweichendem Genitalhof; Genitalplatten die Genitalöffnung völlig umschliessend, mit den verschmolzenen Vorderenden einen medianen, nach den Epimeren gerichteten keilförmigen Vorsprung bildend. Genitalhof 212 μ br., 144 μ l. Maxillarpalpus 192 μ l.; 1. Bein ca. 272 μ, 4. Bein ca. 448 μ l.; Endglied des 3. Beines mit einem schief gerichteten, höckerigen Vorsprung auf der Beugeseite. — Nph. mit 2 je 3—5 Genitalnäpfe tragenden Genitalplatten. — ♂ 367 μ l., 264 μ br.; ♀ 410—420 μ l., 308—316 μ br.; Nph. 275 μ l.; Ei elliptisch, 144 μ l.

Sachsen (Kleine Mittweida bei Nitzschhammer im Erzgebirge).

10. **F. scutifera** Piersig 1898 *F. s.*, Piersig in: Zool. Anz., *v.* 21 p. 11 | 1899 *F. rotunda,* Piersig in: Zool., *v.* 22 t. 47 f. 184.

♀. Rumpf eiförmig; Hinterende mit flacher Einkerbung. Integument liniiert. Drüsenhöfe wenig erhaben. Stirnborsten auf dicken, abgestumpften Zapfen stehend. Dorsale Panzerplatte 300 μ l., nach vorn und hinten verjüngt, in der Mitte 270 μ br., vom Hinterrande des Rumpfes 144 μ entfernt. Nebenplatten abgerückt, kleiner als bei F. clipeata, etwa 88 μ l., jede mit einer höckerigen Hautdrüsenmündung. Augenabstand 120 μ. Maxillarpalpus etwas dicker als das 1. Bein und halb so lang wie der Rumpf; 4. Glied mit 2 weit nach vorn gerückten, neben einander stehenden Haaren auf der Beugeseite. Epimeren stark chitinisiert; hintere Gruppen 86 μ von einander entfernt; 1. Epimere am Lateralende mit 1 oder 2 starken, manchmal inkrustierten, gekrümmten Haaren. Beine kräftig gebaut; Fiederung der Borsten nicht bemerkbar. Genitalhof am Rumpfende, gross; Lefzen zusammen 110 μ br.; Genitalplatten breit, nur hinten den Lateralrand des Rumpfes erreichend, mit zahlreichen Genitalnäpfen. Färbung rötlich. — ♂ unbekannt. — ♀ 510 μ l., 400 μ br.

Ungarn (Bäche des Süd-Abhanges der hohen Tatra).

53. Gen. **Tiphys** C. L. Koch

1835 *Tiphys* (part.), C. L. Koch, C. M. A., fasc. 5 f. 19 | 1897 *T.,* Oudemans in: Tijdschr. Ent., *v.* 40 p. 248 | 1842 *Acercus,* C. L. Koch, Übers. Arach., *v.* 3 p. 23 | 1897 *A.,* Piersig in: SB. Ges. Leipzig, *v.* 22/23 p. 79 | 1897 *A.,* Piersig in: Zool., *v.* 22 p. 169 | 1900 *A.,* Soar in: Sci. Gossip, ser. 2 *v.* 7 p. 260 | 1882 *Forelia,* G. Haller in: Mt. Ges. Bern, 1881 II p. 58.

Integument weich, mit Neigung zu Panzerbildungen. 1.—3. Epimere lang und schmal, weit nach hinten reichend (Fig. 68, p. 240); 4. Epimere der 3. lateral angelagert, mit dieser gemeinschaftlich eine hintere Medialrandspitze bildend, die gewöhnlich in eine scharfe Ecke ausgezogen ist; beim ♂ sämtliche Epimeren durch eine mediane Panzerung zusammenhängend. 4. Bein des ♂ mit keilförmig verdicktem, vorletztem und auf der Streckseite ausgehöhltem, gebogenem Endgliede; letzteres mit einer Anzall (2—10) kurzer stumpfer Dornborsten ausgestattet, beim Schwimmen und in der Ruhe schief nach aussen und dorsalwärts gerichtet. Genitalöffnung jederseits von zahlreichen auf Genitalplatten vereinigten Genitalnäpfen begleitet.

9 sichere und 5 unsichere Arten.

Übersicht der sicheren Arten:

♂:

1	Integument ohne auffallende Panzerbildungen — 2.		
	Integument mit umfangreichen Panzerbildungen — 3.		
2	Endglied des 4. Beines auf der proximalen Verdickung mit 3 stumpf endigenden Dornborsten und mit 7 oder 8 Borsten auf dem distalen Ende der Aushöhlung	1. **T. liliaceus,** ♂ . . .	p. 238
	Endglied des 4. Beines auf der proximalen Verdickung mit 2 beweglich eingelenkten, am freien Ende schwach hakig gebogenen Dornborsten und mit 2, seltener 3 Borsten auf der distalen Seite der Aushöhlung . .	2. **T. ligulifer,** ♂	p. 239
3	Rückenfläche ausser mit zahlreichen, symmetrisch verteilten, kleinen Panzerplatten noch mit einer grossen Panzerplatte zwischen den Augen	3. **T. cetratus,** ♂	p. 239
	Rückenfläche von einer einzigen, grossen Panzerplatte bedeckt — 4.		
4	Vorletztes Glied des 4. Beines mit 2 auffallend starken, nach auswärts gerichteten Säbelborsten	4. **T. ahumberti,** ♂ . .	p. 240
	Vorletztes Glied nur mit gewöhnlichen Borsten oder Haaren — 5.		
5	Endglied des 4. Beines mit 2 grösseren, abstehenden, gebogenen Dornborsten und einer tieferstehenden, schwächeren 3. auf der proximalen Verdickung und mit 5—7 kleinen Borsten auf der konvexen Seite der Krümmung	5. **T. cassidiformis,** ♂ .	p. 240
	Endglied des 4. Beines mit 3 gebogenen, kräftigen Dornborsten auf der proximalen Verdickung und 4 oder 5 Borsten in der Mitte der Aushöhlung	6. **T. koenikei,** ♂ . . .	p. 240

♀:

1	Mit einer länglich runden Panzerplatte hinter jedem Auge	3. **T. cetratus,** ♀ . . .	p. 239
	Ohne solche Panzerplatten — 2.		
2	Endglied des 1. und 2. Beines dünn und schlank	1. **T. liliaceus,** ♀ . . .	p. 238
	Endglied des 1. und 2. Beines bauchig verdickt — 3.		

3	Integument mehr oder weniger deutlich gefeldert	7. **T. mutatus**, ♀	p. 241
	Integument deutlich liniiert — 4.		
4	Mit einem 3 Härchen tragenden Panzerfleck vor der vorderen Spitze einer jeden Genitalplatte	5. **T. cassidiformis**, ♀ .	p. 240
	Ohne solche haartragenden Panzerflecke — 5.		
5	Endglied des 1. Beines mit einer Einkerbung auf der Streckseite	9. **T. gibberipes**, ♀ . . .	p. 242
	Endglied des 1. Beines ohne diese Einkerbung auf der Streckseite — 6.		
6	Äussere Haarhöcker auf der Beugeseite des 4. Gliedes des Maxillarpalpus annähernd $^3/_4$ der Beugeseitenlänge von dem proximalen Ende des Gliedes abgerückt	2. **T. ligulifer**, ♀	p. 239
	Äusserer Haarhöcker $^2/_3$ von dem proximalen Ende des Gliedes entfernt	8. **T. triangularis**, ♀ . .	p. 241

1. **T. liliaceus** (Müll.) 1776 *Hydrachna liliacea,* O. F. Müller, Zool. Dan. Prodr., p. 190 nr. 2275 | 1781 *H. l.,* O. F. Müller, Hydrachnae, p. 66 t. 9 f. 5, 6 | 1893 *Acercus liliaceus,* Koenike in: Zool. Anz., *v.* 16 p. 27 (Nph.) | 1897 *A. l.,* Piersig in: SB. Ges. Leipzig, *v.* 22/23 p. 79 | 1897 *A. l.,* Piersig in: Zool., *v.* 22 p. 171 t. 8 f. 15 | 1900 *A. l.,* Soar in: Sci. Gossip, ser. 2 *v.* 7 p. 261 f. 4, 5 | 1837 *Tiphys latipes,* C. L. Koch, C. M. A., fasc. 10 f. 22 | 1842 *Acercus l.,* C. L. Koch, Übers. Arach., *v.* 3 p. 24 | 1885 *A. l.,* Koenike in: Abh. Ver. Bremen, *v.* 9 p. 215 Anm. 1, 2 | 1887 *A. l.,* Moniez in: Feuille Natural., *v.* 18 p. 164 | 1893 *A. l. (liliaceus),* Piersig in: Zool. Anz., *v.* 16 p. 394 (Lv.) | 1885 *Nesaea l.,* Neuman in: Göteborgs Vetensk. Handl., *v.* 20 p. 7.

♀. Rumpf eiförmig. Integument liniiert. Maxillarpalpus etwa $1^1/_2$ mal so dick wie die Grundglieder des 1. Beines, $^1/_3$ so lang wie der Rumpf; auf der Mitte der Beugeseite des 4. Gliedes 2 schief neben einander stehende Haarhöcker, am distalen Ende ein auf einer Erhöhung eingelassener Chitinstift von mässiger Grösse; 2. Glied dem 4. an Länge gleich; Endglied mit 3 Nägeln. Epimeren auf 4 Gruppen verteilt, von einander abgerückt; medialer Fortsatz der vorderen Gruppen mit der Spitze nach hinten weisend. 1.—4. Bein gleichmässig an Länge zunehmend, nur das 1. ohne Schwimmborsten. Genitalöffnung gross, unmittelbar hinter den Epimeren beginnend, von breiten, gewölbten Lefzen verschlossen; Genitalplatte am Medialrande am breitesten, flügelförmig, abgerundet, schief lateral gerichtet, mit ca. 18—25 Genitalnäpfen, an der Medial- und Vorderecke wenige Härchen tragend. Färbung durchscheinend gelblich, Flecken schwärzlich; Malpighisches Gefäss gelblich. — ♂ verkehrt birnförmig, vorn ausgebuchtet; Rücken flach; Maxillarpalpus $^1/_3$ so lang wie der Rumpf, gedrungener gebaut als beim ♀, in Form und Ausstattung übereinstimmend. Epimeren vom Vorderrande des Rumpfes abgerückt, $^2/_3$ der Bauchfläche einnehmend, zu einer einzigen Platte verschmolzen, medial undeutlich von einander abgesetzt; Endglied des 3. Beines wenig verkürzt, mit kleineren Krallen; 1.—3. Glied des 4. Beines kurz, nach aussen kolbig verdickt, annähernd gleich gross; 4. und 5. Glied wesentlich grösser und stärker; 6. Glied am Grunde verdickt, nach dem distalen Ende hin plötzlich verschmälert, mit einer Einbuchtung auf der Streckseite; auf der Verdickung 3, am distalen Ende der Aushöhlung 7 oder 8 kurze, stumpfe Borsten; Schwimmborsten nur am 2.—4. Bein. Genitalhof dicht an den Hinterrand der 4. Epimeren herangerückt; Genitalöffnung klein, von schmalen Lefzen verschlossen; Genitalplatte mehr als doppelt so lang wie breit, schief lateral und nach hinten verlaufend, mit je 18—24 Genitalnäpfen. Färbung etwas lichter als beim ♀. — Nph. Genitalhof ähnlich wie bei Piona fuscata, jedoch mit 6 auf beide Genitalplatten verteilten Genitalnäpfen. — Lv. oval; 1. Epimeren völlig, die 2. nur teilweise vom Bauchpanzer abgegliedert. Analplatte der Form nach eine quer gestellte, an den Enden zugespitzte Ellipse. Beine kurz, mit dornenartigen Borsten und vereinzelten Schwimmborsten. Färbung bläulich. — ♂ 650 μ l., 480 μ br.; ♀ 0,8—1 mm l., 700 μ br.; Nph. 300 μ l., 250 μ br.; Lv. 225 μ l., 160 μ br.

Europa.

2. **T. ligulifer** (Piersig) 1897 *Acercus l.*, Piersig in: Zool. Anz., *v.* 20 p. 352 f. 1—3 | 1900 *A. l.*, Piersig in: Zool., *v.* 22 p. 470 t. 49 f. 167 | 1900 *A. l.*, Soar in: Sci. Gossip, ser. 2 *v.* 7 p. 260 f. 1, 2.

♀. T. liliaceus sehr ähnlich, doch mit bauchig verdicktem Endglied an dem 1. und 2. Bein. Maxillarpalpus $^1/_3$ so lang wie der Rumpf, dicker als die Grundglieder des 1. Beines; Beugeseite des 4. Gliedes des Maxillarpalpus vorgewölbt, mit kleinen Haarhöckern; Endglied dreispitzig. Genitalplatten kürzer als bei der Vergleichsart, unregelmässig dreiseitig, mit abgerundeter Lateralecke, zungenförmig, schief lateral weisend, 12—15 Genitalnäpfe tragend. — ♂ lang oval. Maxillarpalpus halb so lang wie der Rumpf, nur wenig dicker als das 1. Bein; vorletztes Glied auf der Beugeseite nach innen zu abgeflacht, auf der Oberseite behaart; Endglied auf der Aussenseite fast löffelförmig verbreitert. Beine, Epimeren und Genitalhof wie bei T. liliaceus. Sog. Analöffnung frei, ca. 60 μ vom hinteren Rande des Genitalhofes abgerückt, mit einem Chitinringe von 24 μ im Durchm.; Genitalöffnung 80 μ l.; auf jeder Genitalplatte 12—15 Genitalnäpfe. Endglied des 1. und 2. Beines bauchig verdickt; auf der Streckseite des 4. Beines eine ungemein entwickelte, breite, ca. 145 μ lange, schwach schraubig gedrehte Borste; Endglied mit 2 beweglichen, an der Spitze hakig gebogenen Dornborsten, die neben spitzen Chitinzacken eingelenkt sind. — ♂ 550 μ l., 400 μ br.; ♀ 900 μ l., 620 μ br.

Sachsen (Teiche am Wege von Kleinrückerswalde nach Königswalde bei Annaberg im Erzgebirge), Grossbritannien (Lake Distrikt und bei Oban).

3. **T. cetratus** (Koen.) 1895 *Acercus c.*, Koenike in: Zool. Anz., *v.* 18 p. 384 f. 10 | 1898 *A. c.*, Piersig in: Zool., *v.* 22 p. 181 t. 27 f. 71.

♀. Eirund mit einer Einbuchtung zwischen den lateral und nach oben gebogenen Stirnborsten. Integument liniiert; hinter jedem Auge zu einer ovalen Platte erhärtet; Maxillarpalpus nicht ganz $^1/_3$ so lang wie der Rumpf, dicker als die Grundglieder des 1. Beines, mit seinem Endgliede schief lateral zeigend. Epimeren und Genitalhof ähnlich wie bei T. liliaceus. Genitalöffnung 176 μ l.; Genitalplatte mit stark vorspringender hinterer Medialecke. Endglied des 1. und 2. Beines bauchig verdickt, mit grosser Krallengrube und entsprechender Kralle. — ♂ verkehrt eirund, mit tiefer Einbuchtung des Vorderrandes; Stirnborsten auf kräftigen Höckern stehend. Interoculare Platte porös, mit symmetrischen Ein- und Ausbuchtungen, an die dorsale Panzerplatte der Hydryphantes-Arten erinnernd, mit den hinter den Augen liegenden Panzerbildungen zusammenhängend; Drüsenmündungshöfe und Muskelansatzstellen ebenfalls zu kleinen Plättchen erhärtet. Maxillarpalpus merkbar dicker als die Grundglieder des 1. Beines. Epimeren und Genitalhof wie bei T. liliaceus gestaltet. Genitalplatte etwas breiter, jede ca. 24 Genitalnäpfe umschliessend, durch einen Chitinsaum mit der sog. Analöffnung, den Analdrüsenhöfen und den Lateralrändern der Epimeren verbunden. Endglied des 1. und 2. Beines verdickt; 4. Bein ähnlich wie bei T. ligulifer gebaut, doch ohne die grosse Borste am 4. Gliede. Endglied auf der proximalen Verdickung ausser den beiden grösseren Dornborsten etwas tiefer noch 2 dünnere Borsten von gleicher Länge tragend, auf der konvexen Seite mit 7 kurzen, stumpfen Dornborsten ausgerüstet. — ♂ 580 μ l., 470 μ br.; ♀ 900 μ l., 620 μ br.

Deutschland, Schweiz.

4. **T. ahumberti** (Haller) 1882 *Forelia a.*, G. Haller in: Mt. Ges. Bern, 1881 II p. 60 t. 1 f. 8; t. 4 f. 7, 8.

♂ verkehrt birnförmig, nur wenig länger als breit; dorsale Panzerplatte fast kreisrund. Maxillarpalpus nicht dicker oder kaum so dick wie die Grundglieder des 1. Beines, halb so lang wie der Rumpf, nach dem distalen Ende hin nicht lateral gebogen. 2.—4. Glied des 4. Beines an Länge abnehmend; 5. Glied fast 2 mal so lang wie das 4., nach dem distalen Ende kolbig verdickt, an der Streckseite, ungefähr in der Mitte, mit 2 starken und langen, neben einander stehenden, nach auswärts gerichteten, säbelförmigen Dornborsten; Endglied ähnlich wie bei dem ♂ von T. ligulifer. Epimeren median verschmolzen, die 4. nach hinten ohne subkutanen Fortsatz. Genitalhof wie bei dem ♂ von T. liliaceus, mit zahlreichen Genitalnäpfen; — ♀ unbekannt. — ♂ 590 μ l.

Schweiz (Genfer See).

5. **T. cassidiformis** (Haller) 1882 *Forelia c.*, G. Haller in: Mt. Ges. Bern, 1881 II p. 59 t. 4 f. 4—6, 9 | 1895 *Acercus c.*, Koenike in: Zool. Anz., *v.* 18 p. 384 | 1896 *A. c.*, Koenike in: Forschber. Plön, *v.* 4 p. 233 | 1897 *A. c.*, Piersig in: Zool., *v.* 22 p. 177 t. 8 f. 17 | 1900 *A. c.*, Soar in: Sci. Gossip, ser. 2 *v.* 7 p. 261 f. 3 | 1900 *A. c.*, George in: Natural. N.-Engl., p. 254.

♀ (Fig. 68). Rumpf oval, vorn abgestutzt; Integument liniiert. Maxillarpalpus mit dem distalen Ende auswärts gebogen. 4. Epimere am Hinterrande in eine lange Spitze ausgezogen, mit einem zahnartigen subkutanen Fortsatz.

Fig. 68. T. cassidiformis. ♀, Bauchseite.

Fig. 69. T. cassidiformis. ♂, Bauchseite.

Beine wie bei T. ligulifer. Genitalöffnung 134 μ lang; Genitalplatten lateral etwas breiter als beim ♀ von T. liliaceus, vor der abgestumpften vorderen Medialecke mit je einem abgerückten, 3 Härchen tragenden Panzerplättchen.

Färbung von der Vergleichsart wenig verschieden. — ♂ (Fig. 69) oval. Integument liniiert; dorsale Panzerplatte oval, wenig kleiner als die Dorsalfläche; Epimeren, Genitalhof und sog. Analöffnung verschmolzen, lateral und hinten von einem Panzersaum umgeben. Analdrüsenhöfe frei. 1.—4. Bein an Länge stetig zunehmend; Grundglieder des 4. Beines kurz und stämmig gebaut, am 4. Gliede auf der Aussenseite am Ende eine starke und breite und eine schwächere, schräg nach hinten gerichtete Säbelborste; 5. Glied 112 μ l., am distalen Ende verdickt; 6. Glied ähnlich geformt wie beim ♂ von T. ligulifer, mit 2 kräftigen, säbelförmig gebogenen Dornen auf der basalen Verdickung und einer abstehenden Borste nicht weit davon in der Tiefe der Konkavität; Unterseite desselben Gliedes mit 4 oder 5 kurzen Borsten. Genitalhof mit 80 μ langer Genitalöffnung; Genitalplatten ca. 76 μ br., flügelförmig, über die Hinterrandecken der 4. Epimere hinausragend. — ♂ 540 μ l., 420 μ br.; ♀ 650 μ l., 490 μ br.

Deutschland (Grosser Plöner See in Holstein), Schweiz (Genfer See).

6. **T. koenikei** (Barrois & Moniez) 1887 *Acercus k.*, Barrois & Moniez, Cat. Hydrach., p. 13.

♂. T. liliaceus nahe verwandt. Maxillarpalpus kurz, etwa $^1/_3$ der Rumpflänge; Endglied mit 2 Nägeln. Endglied des 1. und 2. Beines bauchig verdickt; 4. Glied des 4. Beines gebogen, auf der proximalen Erhöhung der Streckseite 3 gebogene Dornborsten und weiter nach der vertieften Mitte zu noch 4 oder 5 schwächere Borsten tragend. Panzerbildungen ähnlich wie bei T. cassidiformis; Rückenplatte oval, Bauchplatte die Epimeren, den Genitalhof und die sog. Analöffnung umschliessend. Genitalöffnung 66 μ l.; Genitalplatten je 13—16 Genitalnäpfe tragend. — ♀ unbekannt. — ♂ 677 μ l., 549 μ br.

Nord-Frankreich (Sümpfe von Fretin bei Lille).

7. **T. mutatus** Piersig*) 1893 *Acercus brevipes* (non *Nesaea b.* Neuman 1880!), Piersig in: Zool. Anz., *v.* 16 p. 394 | 1897 *A. b.*, Piersig in: Zool., *v.* 22 p. 176 t. 8 f. 16.

♀. Integument netzartig gefeldert; Maxillarpalpus etwas stärker als die Grundglieder des 1. Beines, $^1/_4$ so lang wie der Rumpf; äusserer Beugeseitenhöcker des 4. Gliedes einer Verdickung aufsitzend, innerer viel tiefer liegend, klein, einer Firste aufsitzend; Chitinstift des Endhöckers am gleichen Gliede zahnartig. 4. Epimere am Hinterrand in eine scharfe und lange Ecke ausgezogen. Beine sehr kurz, Endglied des 1. und 2. Beines bauchig verdickt, jedoch nicht so kräftig gebaut wie beim ♀ von T. cassidiformis. Genitalhof nur wenig über die von den 4. Epimeren gebildete Bucht hinausragend; Genitalplatte mehr als doppelt so lang wie breit, zungenartig, in gleicher Breite schief lateral und nach hinten sich ziehend, 13—15 Genitalnäpfe tragend, von denen einer, abgerückt von den übrigen, die Vorderspitze ausfüllt. Sog. Analöffnung in der Mitte zwischen Genitalhof und Körperende liegend. Färbung ähnlich wie bei T. liliaceus. — ♂ unbekannt. — ♀ 850 μ l., 650 μ br.

Sachsen (Grosser Teich im Steinbruch zu Kleinzschocher bei Leipzig, Pleisse bei Altnaundorf).

8. **T. triangularis** (Piersig) 1896 *Acercus t.*, Piersig in: Zool. Anz., *v.* 19 p. 440 | 1897 *A. t.*, Piersig in: Zool., *v.* 22 p. 180 t. 8 f. 18.

---

*) Nom. nov. R. Piersig.

♀. Dem T. ligulifer sehr ähnlich, vielleicht nur eine Varietät desselben. Maxillarpalpus (Fig. 70) $^1/_4$ so lang wie der Rumpf; 4. Glied nicht länger als das 2.; Haarhöcker weit nach vorn geschoben, der innere merkbar tiefer liegend als der äussere; Chitinstift am inneren Vorderrande klein, zahnartig. Hinterrandecken der 4. Epimere kräftig ausgezogen, mit keilförmigem, etwas lateral gebogenem subkutanen Zahn. Beine mässig lang, distales Endglied des 1. und 2. Beines bauchig verdickt. Genitalöffnung 208 µ l.; Genitalplatte nicht länger als breit, wie bei T. ligulifer gestaltet, mit mehr oder weniger tief ausgebuchtetem Medialrande. Färbung durchscheinend gelblich, Flecke schwärzlich; Malpighisches Gefäss hellgelb bis weisslich. — ♂ unbekannt. — ♀ 1,05 mm l., 724 µ br.

Fig. 70. T. triangularis. ♀, Maxillarpalpen.

Sachsen (Steinbruch bei Kleinzschocher-Leipzig).

9. **T. gibberipes** (Protz) 1900 *Acercus g.*, Protz in: Zool. Anz., *v.* 23 p. 600 f. 4.

♀. Rumpf eiförmig. Integument liniiert. Maxillarpalpus etwa halb so lang wie der Rumpf, der Gestalt nach wie bei T. triangularis, 2. und 3. Glied sehr stark. Epimeren ähnlich wie bei T. cassidiformis, doch ist die 4. Epimere nicht so weit nach hinten ausgezogen. 1. Bein fast körperlang, durch die Dicke seiner Glieder auffallend, letztes Glied am distalen Ende auf der Streckseite stark wulstig aufgetrieben, mit einer sehr grossen, zweizinkigen Doppelkralle ausgerüstet; 2.—4. Bein an Länge zunehmend, letztes fast doppelt so lang wie das erste; Kralle des 2. Beines gleichfalls auffallend gross, die übrigen bedeutend kleiner; Einlenkungsstelle des 4. Beines ungewöhnlich weit nach vorn gelegen. Genitalplatten mit je 15 Genitalnäpfen wie bei T. mutatus. Färbung gelblich mit dunkleren Rückenflecken. — ♂ unbekannt. — ♀ 560 µ l., 480 µ br.

Deutschland (Kellermühler Fliess bei Tapiau).

T. brevipes (Neuman) 1880 *Nesaea b.*, Neuman in: Svenska Ak. Handl., n. ser. *v.* 17 nr. 3 p. 49 t. 2 f. 3 | 1897 *Acercus dubius*, Piersig in: Zool. Anz., *v.* 20 p. 334 f. 1.

♀. T. triangularis sehr nahestehend. Rumpf sehr gewölbt, eiförmig. Maxillarpalpus dicker als die Glieder des 1. Beines; Haarhöcker auf der Beugeseite des 4. Gliedes kaum wahrnehmbar; 5. Glied ohne Nägel. Epimeren und Genitalhof annähernd wie bei der Vergleichsart. 1. und 2. Bein mit bauchig verdicktem distalen Endgliede. — ♂ unbekannt. — ♀ 1 mm l.

Schweden (Asunden bei Ulricehamn).

T. podagricus C. L. Koch 1837 *T. p.*, C. L. Koch, C. M. A., fasc. 11 f. 8, 9.

Unbestimmbare Art.

Deutschland (Wiesengraben bei Zweibrücken).

T. sagulatus C. L. Koch 1837 *T. s.*, C. L. Koch, C. M. A., fasc. 11 f. 7.

Unbestimmbare Art.

Deutschland (bei Regensburg).

T. trifurcalis C. L. Koch 1837 *T. t.*, C. L. Koch, C. M. A., fasc. 10 f. 18.

Unbestimmbare Art.

Deutschland (Graben auf dem Bruderwehr bei Regensburg).

T. vatrax C. L. Koch 1837 *T. v.*, C. L. Koch, C. M. A., fasc. 10 f. 21.

Maxillarpalpus sehr lang und schlank. 4. Glied des 4. Beines mit einem langen gekrümmten, stumpf endigenden Fortsatz auf der Streckseite; Endglied gebogen.

Deutschland (Graben auf dem Bruderwehr bei Regensburg).

54. Gen. Huitfeldtia Thor

1898 *Huitfeldtia* (Typ.: *H. rectipes*), Thor in: Arch. Naturv. Christian., *v.* 20 nr. 7 p. 3.

♀. Rumpf oval. Integument weichhäutig. Augen wie bei Piona. Maxillarpalpus ohne irgendwelche Zapfen- oder Höckerbildung; 3. Glied mit einem ungewöhnlich langen Haar auf der Aussenseite; 4. Glied am distalen Innenende mit dolchartigem Chitinzahn von mässiger Länge, auf der Beugeseite mit 2 weit nach vorn gerückten kleinen Borsten. Epimeren und Beine wie bei Piona. Genitalhof in der von den 4. Epimeren gebildeten Bucht beginnend, mit grosser Genitalöffnung und sichelförmigen Genitalplatten; auf jeder Platte 8—10 Genitalnäpfe. ♂ vom ♀ äusserlich nur durch die geringere Grösse und durch den Genitalhof unterschieden. Genitalplatten wie bei Atax und Neumania die kleinere Genitalöffnung völlig umschliessend. Krallen einfach.

Norwegen.

1 Art.

1. **H. rectipes** Thor 1898 *H. r.*, Thor in: Arch. Naturv. Christian., *v.* 20 nr. 7 p. 4 t. 5 f. 1—7.

♀. Integument fein liniiert. Capitulum klein, mit kurzem Fortsatz am Hinterrande. Mundöffnung klein. Maxillarpalpus 270 μ l., anscheinend etwas schwächer als die Grundglieder des 1. Beines; 4. Glied annähernd so lang wie das 2.; 3. Glied mit sehr langer Aussenborste; 5. Glied mit 3 oder 4 undeutlichen Spitzen. Epimeren auf der vorderen Hälfte der Bauchfläche liegend, die einzelnen Gruppen durch breite Abstände geschieden; 4. Epimere mit breiter Hinterrandecke. 1.—4. Bein 1,15 mm, 1,27 mm, 1,3 mm und 1,4 mm l., alle mit Schwimmborsten. Abstand der Doppelaugen 260 μ. Genitalöffnung von sehr breiten, halbmondförmigen, gewölbten Lefzen verschlossen; Genitalplatten sichelförmig, mit ca. 8—10 Genitalnäpfen und nur wenigen Haarhöckern. Färbung unbestimmt. — ♂ etwas kleiner, mit verkehrt herzförmigem Genitalhofe; Genitalplatten vorn und hinten verschmolzen, ausser der gleichen Anzahl von Genitalnäpfen zahlreiche Haarhöcker aufweisend. — ♀ 1,2 mm l., 1 mm br.; ♂ etwas kleiner.

Norwegen (Söndfjord).

55. Gen. Piona C. L. Koch

1835 *Nesaea* (non Lamarck 1812, Polychaeta!) (part.), C. L. Koch, C. M. A., fasc. 5 f. 21 | 1842 *N.*, C. L. Koch, Übers. Arach., *v.* 3 p. 10 | 1854 *N.*, Bruzelius, Beskr. Hydrach., p. 14 | 1875 *N.*, P. Kramer in: Arch. Naturg., *v.* 41 I p. 297 | 1879 *N.*, Lebert in: Bull. Soc. Vaudoise, ser. 2 *v.* 16 p. 364 | 1880 *N.*, Neuman in: Svenska Ak. Handl., n. ser. *v.* 17 nr. 3 p. 29 | 1884 *N.*, Krendowskij in: Trav. Soc. Univ. Kharkow, *v.* 18 p. 272 | 1842 *Piona*, C. L. Koch, Übers. Arach., *v.* 3 p. 13 | 1891 *Curvipes*, Koenike in: Zool. Anz., *v.* 14 p. 20 | 1897 *C.*, Piersig in: SB. Ges. Leipzig, *v.* 22/23 p. 74 | 1897 *C.*, Piersig in: Zool., *v.* 22 p. 80 | 1899 *C.*, Soar in: Sci. Gossip, ser. 2 *v.* 5 p. 255.

Rumpf in der Regel weichhäutig, mit meist liniiertem Integument, selten zu Panzerbildungen neigend. Maxillarpalpus auf der Beugeseite des 4. Gliedes gewöhnlich mit 2, ausnahmsweise mit mehreren Haarhöckern und einem, am distalen Innenrande auf einem Höcker aufsitzenden Stift. Genitalhof unmittelbar hinter den 4. Epimeren, deren Hinterrand winklig gebrochen ist und einen mehr oder weniger entwickelten Fortsatz aussendet. — ♂ sehr häufig mit einer tiefen Grube (Samentasche) unmittelbar hinter der Genitalöffnung (Fig. 72, p. 257) und einem stark gebogenen, mit zahlreichen Borsten ausgestatteten 4. Gliede am 4. Beine (Greifglied) (Fig. 71). Endglied des 3. Beines meist merklich verkürzt, mit stark umgebildeten oder verkümmerten Krallen und reicherer Behaarung. Schwimmborsten in der Regel vorhanden. Genitalnäpfe meist auf Platten vereinigt, seltener in die weiche Haut eingebettet.

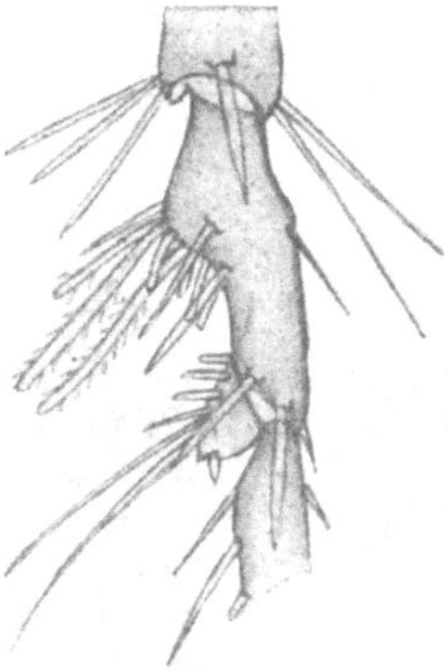

Fig. 71. P. thoracifera. ♂, Greifglied (4. Glied) des 4. Beines.

Europa, Nord- und Mittel-Amerika, Afrika, Asien.

33 sichere und 37 unsichere Arten, 2 Unterarten.

Übersicht der sicheren Arten:

♀:

1	Ohne Genitalplatten, alle Genitalnäpfe frei in die Körperhaut gebettet — 2.	
	Genitalnäpfe teilweise oder insgesamt auf Genitalplatten vereinigt — 6.	
2	Krallen der Beine einfach sichelförmig, ohne Nebenzahn.	1. P. horváthi, ♀ . . . p. 249
	Krallen der Beine mit innerem Nebenzahn — 3.	
3	Maxillarpalpus stärker als die Grundglieder des 1. Beines — 4.	
	Maxillarpalpus kaum so stark oder schwächer als die Grundglieder des 1. Beines — 5.	
4	Maxillarpalpus viel stärker als die Grundglieder des 1. Beines; 2. und 3. Glied auf der Beugeseite stark verkürzt	2. P. aduncopalpis, ♀ . p. 249
	Maxillarpalpus wenig stärker als die Grundglieder des 1. Beines; 2. und 3. Glied auf der Beugeseite nicht auffallend verkürzt .	3. P. conglobata, ♀ . . p. 249
5	Jederseits der Genitalöffnung etwa 10—15 Genitalnäpfe, von denen der vorderste merkbar grösser ist als die anderen . . .	4. P. caligifera, ♀ . . . p. 250
	Jederseits der Genitalöffnung etwa 25—30 Genitalnäpfe, von denen der vorderste die anderen an Grösse nicht übertrifft	5. P. numulus, ♀ . . . p. 251
6	2 Genitalplatten vorhanden — 7.	
	4 Genitalplatten vorhanden, die vorderen häufig klein, mit nur einem Genitalnapf, seltener zu einem, wenige Härchen tragenden Panzerfleck verkümmert — 22.	
	Genitalplatten mehr oder weniger scheibenförmig oder unregelmässig dreiseitig, annähernd so lang wie breit — 8.	

7	Genitalplatten zungen- oder flügelförmig schief lateral und nach hinten gerichtet, merkbar länger als breit — 14.	
	Genitalplatten sichelförmig gebogen, den Lateralrand der Lefzen mehr oder weniger umfassend — 16.	
8	Maxillarpalpus klein, schwächer als die Grundglieder des 1. Beines	6. **P. carnea,** ♀ . . . . p. 251
	Maxillarpalpus gross, mehr oder weniger stärker als die Grundglieder des 1. Beines — 9.	
9	Mit mehreren grösseren Zapfen auf der Beugeseite des 4. Gliedes des Maxillarpalpus . .	7. **P. uncata,** ♀ . . . . p. 252
	Mit nur 2 grösseren, je ein Haar tragenden Höckern auf der Beugeseite des 4. Gliedes des Maxillarpalpus — 10.	
10	Maxillarpalpus dreimal so dick wie die Grundglieder des 1. Beines, stark ventralwärts gekrümmt	8. **P. clavicornis,** ♀ . . p. 252
	Maxillarpalpus annähernd $1^{1}/_{2}$ bis 2 mal so dick wie die Grundglieder des 1. Beines — 11.	
11	Genitalplatten mit 13—20 Genitalnäpfen — 12.	
	Genitalplatten weit zahlreichere Genitalnäpfe tragend — 13.	
12	Alle Genitalnäpfe annähernd von gleicher Grösse	9. **P. coccinoides,** ♀ . . p. 253
	Genitalnapf am Vorderende einer jeden Genitalplatte grösser als alle anderen	10. **P. controversiosa,** ♀ p. 253
13	Epimeren, Genitalplatten und Gliedmassen schwärzlich oder bläulich gefärbt	11. **P. longipalpis,** ♀ . . p. 253
	Epimeren, Genitalplatten und Gliedmassen bräunlich oder rötlich gefärbt	12. **P. nodata,** ♀ . . . . p. 254
14	Genitalplatten jederseits den Lateralrand der Lefzen völlig umfassend, am proximalen Ende durch eine lang ausgezogene Vorderecke stark verbreitert, mit 10—12 Genitalnäpfen, von denen einer weit nach vorn gerückt ist . .	13. **P. forcipata,** ♀ . . . p. 255
	Genitalplatten den Lateralrand der Lefzen nicht völlig umfassend, am proximalen Ende wenig verbreitert, mit über 20 Genitalnäpfen — 15.	
15	Genitalplatten doppelt so lang wie breit. . .	14. **P. alata,** ♀ . . . . . p. 256
	Genitalplatten nicht $1^{1}/_{2}$ mal so lang wie breit	15. **P. fallax,** ♀ . . . . p. 256
16	Einbuchtung der Genitalplatten ohne Genitalnäpfe — 17.	
	Einbuchtung der Genitalplatten mit 1—5 frei in die Körperhaut eingebetteten Genitalnäpfen — 18.	
17	Maxillarpalpus etwa so dick wie die Grundglieder des 1. Beines	16. **P. fuscata,** ♀ . . . . p. 256
	Maxillarpalpus merkbar stärker als die Grundglieder des 1. Beines	17. **P. tarda,** ♀ . . . . . p. 257
18	Beugeseite des 4. Gliedes des Maxillarpalpus mit nur einem kleinen Haarzapfen und 4 auf winzigen Wärzchen eingelenkten Härchen	18. **P. clathrata,** ♀ . . . p. 258
	Beugeseite des 4. Gliedes des Maxillarpalpus mit 2 deutlichen Haarzapfen — 19.	

19	Haarzapfen schief hinter einander gestellt . .	19. **P. guatemalensis,** ♀ p. 258
	Haarzapfen schief neben einander stehend — 20.	
20	Jede Genitalplatte mit mehr als 50 Genitalnäpfen	20. **P. disparilis,** ♀ . . . p. 258
	Jede Genitalplatte mit bedeutend weniger Genitalnäpfen — 21.	
21	Färbung hellgelblich durchscheinend, mit bräunlichen Rückenflecken und gelblichem Malpighischen Gefäss; Genitalplatten mit je 15—20 Genitalnäpfen	21. **P. rotunda,** ♀ . . . p. 259
	Färbung bräunlich, mit grossen, verschwommenen, schwärzlichen Rückenflecken und undeutlichem Malpighischen Gefäss; Beine und Maxillarpalpus meist bläulich gefärbt; Genitalplatten mit je 18—25 Genitalnäpfen	22. **P. obturbans,** ♀ . . p. 259
22	Maxillarpalpus annähernd so stark wie die Grundglieder des 1. Beines	23. **P. rufa,** ♀ . . . . . . p. 260
	Maxillarpalpus merklich dicker als die Grundglieder des 1. Beines — 23.	
23	Haarhöcker auf der Beugeseite des 4. Gliedes des Maxillarpalpus einander genähert, schräg neben einander — 24.	
	Haarhöcker auf der gleichen Stelle deutlich von einander abgerückt, schräg hinter einander — 26.	
24	Hintere Genitalplatten quergestellt, nicht sichelförmig gekrümmt — 25.	
	Hintere Genitalplatten sichelförmig gekrümmt, kaum 8 oder 9 Genitalnäpfe tragend, mit 1—3 freien Genitalnäpfen in der nach vorn gerichteten Einbuchtung; vordere Genitalplatten nur 3 Härchen aufweisend, von dem dicht dahinter liegenden, freien Genitalnapf deutlich abgetrennt	24. **P. paucipora,** ♀ . . p. 260
25	Hintere Genitalplatten breit, unregelmässig dreiseitig, nach dem distalen Ende hin schwach verjüngt; vordere Genitalplatten meist nur mit einem Genitalnapf	25. **P. thoracifera,** ♀ . . p. 261
	Hintere Genitalplatten schmal, nach dem distalen Ende hin schwach verbreitert; vordere Genitalplatten meist mit 4 oder 5 Genitalnäpfen	26. **P. setacea,** ♀ . . . . p. 261
26	Vordere und hintere Genitalplatten fast gleich gross, unregelmässig, mit je 3 oder 4 Genitalnäpfen, lateral von 8—12 frei in die Körperhaut gebetteten Genitalnäpfen bogenförmig begleitet	27. **P. stuxbergi,** ♀ . . p. 262
	Vordere Genitalplatten wesentlich kleiner als die hinteren, meist nur 1, seltener 2 Genitalnäpfe tragend; ohne laterale, in die Haut gebettete Genitalnäpfe — 27.	
27	Hintere Genitalplatten wie bei P. thoracifera mit eckig gebrochenem Vorder- und abgerundetem Hinterrande, flügelförmig schief nach hinten und lateral gerichtet; vordere Genitalplatten mit je 1 Genitalnapf . . .	28. **P. neumani,** ♀ . . . p. 262

	Genitalplatten wie bei P. rotunda, die hintere grössere Hälfte aber von der meist nur 1 Genitalnapf tragenden Vorderspitze durch einen freien Abstand getrennt	29. **P. circularis,** ♀ . . . p. 263

♂:

1	Genitalnäpfe einzeln in die Haut gebettet . .	2. **P. aduncopalpis,** ♂ . p. 249
	Genitalnäpfe auf 2, die Genitalöffnung umfassenden oder lateral begrenzenden Genitalplatten gelegen — 2.	
2	Genitalhof mit einer deutlich ausgeprägten Samentasche — 3.	
	Samentasche verkümmert — 21.	
3	Öffnung der Samentasche nach hinten stark abgeflacht, ohne deutliche Grenzen in den Panzerstreifen übergehend, der dort die beiden Genitalplatten verbindet — 4.	
	Öffnung der Samentasche deutlich umrandet — 8.	
4	Das Plattengebiet des Genitalhofes in der Mitte der Bauchfläche auch die sog. Analöffnung mit einschliessend — 5.	
	Sog. Analöffnung von dem Plattengebiet des Genitalhofes deutlich abgegrenzt — 7.	
5	Mit 3 gleich langen Schwimmborsten an dem distalen Ende der Beugeseite des Greifgliedes am 4. Beine — 6.	
	3. Schwimmborste am Greifgliede des 4. Beines merklich gekürzt; Genitalplatte bis zur Einlenkungsstelle des 4. Beines übergreifend	25. **P. thoracifera,** ♂ . . p. 261
6	Sog. Analöffnung dem Genitalhofe sehr genähert, lateral von den Genitalplatten begrenzt	22. **P. obturbans,** ♂ . . p. 259
	Sog. Analöffnung vom Genitalhofe merklich abgerückt, von den Genitalplatten nicht eng begrenzt	3. **P. conglobata,** ♂ . . p. 249
7	Jede Genitalplatte mit 24—30 Genitalnäpfen	21. **P. rotunda,** ♂ . . . . p. 259
	Jede Genitalplatte mit 45—60 Genitalnäpfen	20. **P. disparilis,** ♂ . . . p. 258
8	Öffnung der Samentasche mit 2 lateralen und einer hinteren Ausbuchtung, an ein dreilappiges Blatt mit abgerundeten Spitzen erinnernd — 9.	
	Öffnung der Samentasche ohne auffallende Ausbuchtungen — 12.	
9	Endglied des 3. Beines mit einer grossen, korkzieherartig gedrehten Kralle	12. **P. nodata,** ♂ . . . . p. 254
	Endglied des 3. Beines nicht mit einer solchen Kralle — 10.	
10	Maxillarpalpus auf der Beugeseite des 4. Gliedes mit 4 oder 5 grösseren Haarhöckern . . .	7. **P. uncata,** ♂ . . . . p. 252
	Maxillarpalpus auf der Beugeseite des 4. Gliedes nur mit 2 grösseren Haarhöckern — 11.	
11	Maxillarpalpus nur wenig dicker als die Grundglieder des 1. Beines; Greifglied des 4. Beines mit 3 Schwimmborsten am distalen Beugeseitenende	16. **P. fuscata,** ♂ . . . . p. 256

	Maxillarpalpus viel dicker als die Grundglieder des 1. Beines; Greifglied des 4. Beines mit 5 Schwimmborsten am distalen Beugeseitenende	10. **P. controversiosa,** ♂ p. 253
12	Öffnung der Samentasche schiffchenartig hinten und vorn zugespitzt	14. **P. alata,** ♂ . . . . . p. 256
	Öffnung der Samentasche nicht schiffchenartig zugespitzt — 13.	
13	Öffnung der Samentasche kreisförmig, länglich- oder eirund — 14.	
	Öffnung der Samentasche annähernd halbkreisförmig, nach vorn abgeplattet und mit abgerundeten Lateralecken	9. **P. coccinoides,** ♂ . . p. 253
14	Öffnung der Samentasche breiter als lang — 15.	
	Öffnung der Samentasche länger als breit — 17.	
15	Maxillarpalpus schwächer als die Grundglieder des 1. Beines, klein; Öffnung der Samentasche kirschenförmig; Greifglied des 4. Beines meist mit 9 Schwimmborsten am distalen Ende der Beugeseite	6. **P. carnea,** ♂ . . . . p. 251
	Maxillarpalpus dicker als die Grundglieder des 1. Beines; mit nur 3 Schwimmborsten am Greifgliede — 16.	
16	Öffnung der Samentasche wie bei P. carnea .	29. **P. circularis,** ♂ . . . p. 263
	Öffnung der Samentasche eine quer gestellte Ellipse bildend	28. **P. neumani,** ♂ . . . p. 262
17	Maxillarpalpus merklich dicker als die Grundglieder des 1. Beines — 18.	
	Maxillarpalpus wenig oder gar nicht dicker als die Grundglieder des 1. Beines — 19.	
18	Endglied des 3. Beines stark gekürzt, mit 2 verkümmerten und umgebildeten Krallen .	11. **P. longipalpis,** ♂ . . p. 253
	Endglied des 3. Beines mässig gekürzt, mit 3 verkümmerten und umgebildeten Krallen .	15. **P. fallax,** ♂ . . . . . p. 256
19	Endglied des Maxillarpalpus mit einem ungewöhnlich grossen, beweglich eingelenkten hakenförmigen Fortsatz, fast scherenförmig	13. **P. forcipata,** ♂ . . . p. 255
	Endglied des Maxillarpalpus mit kleinen Nägeln bewaffnet — 20.	
20	Maxillarpalpus sehr schlank, fast so lang wie der Rumpf; Genitalplatten die kleine, länglichrunde, fast spatelförmige Samentasche nicht umschliessend, sondern davon abgerückt	31. **P. dadayi,** ♂ . . . . p. 263
	Maxillarpalpus nicht ½ mal so lang wie der Rumpf; Genitalplatten die grosse Samentasche völlig umschliessend	23. **P. rufa,** ♂ . . . . . p. 260
21	Genitalplatten von unregelmässiger, flügelförmiger Gestalt, am freien Ende mit einer Einbuchtung, je 6 oder 7 Genitalnäpfe tragend	30. **P. coacta,** ♂ . . . . p. 263
	Genitalplatten am freien Ende breit zungenförmig abgerundet — 22.	
22	Jede Genitalplatte 18—20 Genitalnäpfe tragend	19. **P. guatemalensis,** ♂ p. 258
	Jede Genitalplatte etwa 8—10 Genitalnäpfe tragend	4. **P. caligifera,** ♂ . . . p. 250

1. **P. horváthi** (Daday) 1898 *Curvipes h.* (part.), Daday in: Term. Füzetek, *v.* 21 Anhangsheft p. 90 f. 44 | 1900 *C. h.*, Piersig in: Zool. Anz., *v.* 23 p. 211.

♀. Rumpf länglich eiförmig, vorn nur wenig schmäler als hinten. Integument weich. Maxillarpalpus etwa 1/2 mal so lang wie der Rumpf; 4. Glied um 1/4 länger als das 2., am Distalende und auf der Beugeseite mit einem schräg nach vorn gerichteten Zapfen, der an seinem abgerundeten distalen Ende eine kurze, am Grunde jedoch eine ziemlich lange Borste trägt; Borstenbesatz der anderen Glieder spärlich; 5. Glied 2-spitzig, oberer Nagel kürzer und etwas zurückstehend. 4. Epimere fast rechteckig, am Hinterrande in der Mitte mit einer kaum bemerkenswerten stumpfen Ecke. Beine mässig lang, doch alle länger als der Rumpf; Schwimmborsten am 4. und 5. Gliede des 2. und am 3., 4. und 5. Gliede des 3. und 4. Beines; Endglied des 4. Beines sehr dünn, gegen die distale Spitze zu verjüngt, mit schwach entwickelten, mehr stachelförmigen Krallen; Krallen des 1.—3. Beines einfach sichelförmig. Jederseits der langen Genitalöffnung, hinter der Mitte des Genitalhofes beginnend, etwa 8—10 verschieden grosse, zerstreut in die weiche Körperhaut eingebettete Genitalnäpfe, die fast bis zum Lateralrande des Rumpfes heranreichen. — ♂ unbekannt. — ♀ 1,5 mm l.

Ceylon (Sümpfe in der Umgebung des Kalawewa-Sees).

2. **P. aduncopalpis** (Piersig) 1894 *Nesaea (Curvipes) a.*, Piersig in: Zool. Anz., *v.* 17 p. 116 f. 2—4 | 1897 *Curvipes a.*, Piersig in: Zool., *v.* 22 p. 88 t. 14 f. 36 | 1901 *C. a.*, George in: Sci. Gossip, ser. 2 *v.* 7 p. 295 f. 22, 23.

Im. Rumpf eirund, weichhäutig. Maxillarpalpus beim ♀ mehr als 2 mal so dick wie die Grundglieder des 1. Beines; 2. und 3. Glied auf der Beugeseite stark verkürzt; 4. Glied am längsten, schlank, mit kleinen, hinter einander gestellten, warzenförmigen Haarhöckern auf der Beugeseite; Endglied ungemein kurz, undeutlich zweizähnig. Maxillarpalpus des ♂ nicht so stark wie beim ♀, nach unten gekrümmt, nach vorn allmählich an Dicke abnehmend, mit 2 schief hinter einander gestellten, auf erhöhtem Grunde sich erhebenden Haarhöckern und einem vom distalen Vorderende merkbar abgerückten Zapfen auf der Beugeseite des 4. Gliedes. Genitalöffnung jederseits von 10—12 Genitalnäpfen umgeben. Samentasche des ♂ klein, fast kreisrund, auf beiden Seiten von einem grösseren Genitalnapf begleitet. Beine mittellang; beim ♂ 3. Bein am längsten, mit ungemein langem vorletzten Gliede und kolbig verdicktem Endgliede; Greifglied des 4. Beines des ♂ mit 3 Schwimmborsten am distalen Beugeseitenende. Färbung rotbraun, mit gelblich durchschimmerndem Malpighischen Gefässe. — Nph. mit 2 länglich runden, je 2 Genitalnäpfe tragenden, von einander abgerückten Genitalplatten. — ♂ 700 μ l., 450 μ br.; ♀ 1,3 mm l., 1 mm br.; Nph. 500 μ l., 440 μ br.

Im Frühjahr auftretend. Deutschland (Teich in einer Kiesgrube bei Paunsdorf auf dem Wege nach dem Louisenhölzchen bei Leipzig, Wassergräben bei Gautzsch), England.

3. **P. conglobata** (C. L. Koch) 1836 ? *Nesaea pulchra* + *N. c.*, C. L. Koch, C. M. A., fasc. 8 f. 9, 10; fasc. 9 f. 7 (♂) | 1880 *N. p.*, Neuman in: Svenska Ak. Handl., n. ser. *v.* 17 nr. 3 p. 37 t. 6 f. 4 (♀) | 1894 *Curvipes conglobatus*, Koenike in: Zool. Anz., *v.* 17 p. 270 | 1897 *C. c.*, Piersig in: Zool., *v.* 22 p. 92 t. 15 f. 38 | 1899 *C. g.*, Soar in: Sci. Gossip, ser. 2 *v.* 5 p. 327 f. 26—30 | 1875 *Nesaea mollis*, P. Kramer in: Arch. Naturg., *v.* 41 I p. 307 t. 9 f. 16 (♀) | 1879 *N. pachydermis*, P. Kramer in: Arch. Naturg., *v.* 45 I p. 12 t. 1 f. 7 a, b (♂) | 1883 *N. luteola* (err., non C. L. Koch 1836!), Koenike in: Abh. Ver. Bremen, *v.* 8 p. 32.

Im. Rumpf eiförmig; Integument grob liniiert; Hautdrüsenhöfe stark chitinisiert. Maxillarpalpus ungefähr 1 1/2 mal so dick wie die Glieder der beiden ersten Beine. — ♀ mit deutlich von einander abgerückten Epimerengruppen; auf der Beugeseite des 4. Gliedes des Maxillarpalpus 2 schief neben einander gestellte Haarhöcker und ein innerer nach vorn gerückter Chitinzapfen. Genitalöffnung gross, von flach gewölbten, zusammen eine Ellipse bildenden Lefzen verschlossen; Genitalnäpfe zerstreut in die Haut gebettet, selten zu 2 oder 3 verbunden. Beine mittellang, mit Schwimmborsten. — ♂ mit eng zusammengerückten Epimerengruppen; Haarzapfen auf der Beugeseite des 4. Gliedes des Maxillarpalpus auf breitem, erhöhtem Grunde. Endglieder des 1. und 2. Beines schwach kolbig angeschwollen, Endglied des gekürzten 3. Beines als Samenüberträger benutzt, mit umgebildeten Krallen; Greifglied des 4. Beines mit 3 Schwimmborsten auf der Verlängerung des distalen Beugeseitenendes. Genitalhof des ♂ unmittelbar hinter den Epimeren. Öffnung der Samentasche breiter als lang, ohne deutliche Grenze in eine Chitinplatte übergehend, welche die sog. Analöffnung und meist auch die dort gelegenen Drüsenplatten mit umschliesst; Genitalplatten bis an die Hinterrandecken der 4. Epimeren reichend, lateral breit abgerundet, mit je 16—20 Genitalnäpfen. Färbung wechselnd, gelblich, bräunlich oder bläulichgrün, mit schwärzlichen Rückenflecken; Epimeren und Gliedmassen meist bläulich. — Nph. mit 4 auf 2 länglich runden, dachförmig gegen einander geneigten, von einander abgerückten Genitalplatten verteilten Genitalnäpfen. — Lv. mit verkehrt herzförmiger Analplatte. — ♂ 520 μ l., 410—420 μ br.; ♀ 1,1 mm l., 0,8 mm br.; Nph. 350—420 μ l., 300—340 μ br.

Europa.

4. **P. caligifera** (Koen.) 1898 *Curvipes caligifer,* Koenike in: Abh. Senckenb. Ges., v. 21 II p. 410 t. 26 f. 118—123.

♀. Rumpf eiförmig oder elliptisch. Integument weich. Gegenseitiger Abstand der Augen 225 μ. Maxillarpalpus nicht stärker als die Grundglieder des 1. Beines; 4. Glied nur wenig länger als das 2., auf der Beugeseite nahe der Mitte 2 neben einander stehende, recht niedrige Haarhöcker und am distalen Innenrande einen Stift tragend; Endglied mit winzigen Nägelchen. Borstenbesatz des Maxillarpalpus sehr dürftig. Epimeren die vordere Hälfte der Bauchfläche bedeckend; 3. Epimere in der Mitte des Hinterrandes einen keilförmigen Fortsatz aussendend; 4. Epimere am umfangreichsten, mit lang ausgezogenen, spitzen Hinterrandecken. Beine fast gleich lang; 5. Glied merklich verjüngt; Schwimmborsten nur an dem 1.—3. Bein; 4. Bein am distalen Ende des 4. Gliedes 6 kürzere und stärkere Borsten aufweisend; Krallen des 1.—3. Beines sehr lang (112 μ), beim 4. nur 64 μ messend. Genitalöffnung ungemein lang (192 μ); Genitalnäpfe ähnlich angeordnet wie bei P. rotunda, doch nicht auf Platten eingefügt, sondern frei in die Körperhaut gebettet. Sog. Analöffnung 112 μ hinter dem Genitalhofe. — ♂. Umriss des Rumpfes elliptisch, Rücken und Bauch gleich stark gewölbt. Augen mit sehr grossen Linsen (Längsachse derselben 64 μ), dicht am vorderen Seitenrande des Rumpfes gelegen, etwa 176 μ von einander entfernt. Capitulum mässig gross. Mandibel 192 μ l. Maxillarpalpus wie bei dem ♀. Epimeren ein wenig über den Stirnrand des Rumpfes hinausragend; 1. Epimere mit ihren hinteren Fortsätzen der Form nach wie ein Stiefel; 2. und 3. Epimere nur unbedeutend von einander abgerückt; 3. und 4. Epimere wie bei dem ♀ gestaltet; Abstand der beiden hinteren Plattengruppen 32 μ. Beine lang; 3. Bein unerheblich gekürzt, mit einem 113 μ l. Endgliede, das am distalen Ende einen 34 μ langen, schwach gebogenen Stachel trägt; 4. Glied des 4. Beines 176 μ lang, nur schwach ausgebuchtet, am proximalen Ende der

Ausbuchtung mit einigen verschieden langen Dolchborsten ausgerüstet; distales Ende 3 lange Schwertborsten aufweisend, in deren Nähe in der Aushöhlung 3 kurze Borsten stehen; 1.—3. Bein mit Schwimmhaaren. Krallen des 1. und 2. Beines auffallend gross, etwa 72 μ lang. Genitalhof in der, durch die stark vortretenden Ecken der 4. Epimeren gebildeten Bucht gelegen, aus 2 schwach verdickten, in der Medianlinie völlig verwachsenen, die 48 μ lange Genitalöffnung umschliessenden Genitalplatten bestehend; Samentasche verkümmert, nur eine flache Vertiefung bildend; jederseits etwa 8 oder 9 verschieden grosse Genitalnäpfe. Sog. Analöffnung 41 μ von dem Genitalhof entfernt. — Nph. Maxillarpalpus stark abweichend, verhältnismässig kräftiger gebaut; 2. Glied länger; Endglied mit ungewöhnlich grossen Nägeln, von denen der an der Streckseite am längsten ist und auffallender Weise am Grunde des 5. Gliedes entspringt. Fortsatz am Hinterende des Capitulum kürzer als beim ♀. Genitalhof aus 2 langen und schmalen, schwach verdickten Genitalplatten mit je 2 im Durchm. 16 μ betragenden Genitalnäpfen bestehend; jede Platte je nach der Grösse der Nph. 56—88 μ l. Beine wie beim ♀. — ♂ 700 μ l., 500 μ br., 480 μ h.; ♀ 1,1 mm l., 770 μ br., 750 μ h.; Nph. 400—550 μ l.

Madagaskar (Majunga, Amparangidro).

5. **P. numulus** (Stoll) 1887 *Nesaea n.*, Stoll in: Biol. Centr.-Amer., Arach. Acar., p. 12, 47 t. 11 f. 2.

♀. Rumpf rundlich mit einer Abstufung am Vorderrande. Integument scheinbar siebartig durchlöchert. Epimerenränder zum Teil stark verdickt und dunkel gefärbt. Maxillarpalpus kaum so stark wie die Grundglieder des 1. Beines, nur mit einem Haarhöcker auf der Beugeseite des 4. Gliedes nahe dem distalen Ende; Endglied mit 2 Nägeln. Beine gedrungen; Endglied des 4. Beines auf der Beugeseite nahe der Spitze etwas ausgehöhlt; Schwimmborsten reichlich vorhanden. Genitalöffnung mit panzerartig verdickten Lefzenrändern, jederseits von 25—30 unregelmässig zerstreuten Genitalnäpfen umgeben. Färbung lichtgelb mit bräunlichen Rückenflecken. — ♂ unbekannt. — ♀ 750 μ l.

Mittel-Amerika.

6. **P. carnea** (C. L. Koch) 1836 *Nesaea c.*, C. L. Koch, C. M. A., fasc. 8 f. 24 | 1884 *N. c.*, Krendowskij in: Trav. Soc. Univ. Kharkow, *v.* 18 p. 283 | 1887 *Curvipes carneus,* Piersig in: Zool., *v.* 22 p. 97 t. 11 f. 29 | 1899 *C. c.*, Soar in: Sci. Gossip, ser. 2 *v.* 5 p. 329 f. 34, 35 | 1880 *Nesaea brevipalpis* + *N. alpina,* Neuman in: Svenska Ak. Handl., n. ser. *v.* 17 nr. 3 p. 38, 44 | 1896 *Curvipes alpinus,* Koenike in: Forschber. Plön, *v.* 4 p. 231 | 1897 *C. niger*, Thor in: Arch. Naturv. Christian., *v.* 19 nr. 6 p. 49 t. 2 f. 13—15.

♀. Rumpf eiförmig, hochgewölbt; Integument fein liniiert. Augen auffallend gross. Maxillarpalpus auffallend klein, schwächer als die Glieder der beiden ersten Beine; 4. Glied lang und schlank, auf der Beugeseite ausser einem vorn eingelenkten Stift noch 2 dürftige, warzenähnliche Haarhöcker, der eine nahe dem distalen Ende, der andere etwa in der Mitte des Gliedes; Endglied mit 3 Nägeln. Epimeren auf der vorderen Hälfte der Bauchfläche, die 4. mit scharfeckig ausgezogenem Hinterrande. Beine mässig lang, reich mit einfachen Borsten und Schwimmborsten ausgerüstet. Genitalöffnung ca. 320 μ l., in einer durch die 4. Epimeren gebildeten Bucht beginnend, am Hinterende jederseits mit einer unregelmässig scheibenförmigen, 200 μ br. und 160 μ l., 18—24 Genitalnäpfe tragenden Genitalplatte. Färbung schmutzig lehmgelb; Rückenflecke dunkelbraun, zusammenfliessend, das Malpighische Gefäss fast verdeckend; Maxillarpalpus und Beine, sowie die Genitalplatten meist bräunlich, die Epimeren schwach bläulich gefärbt. — ♂. Körperform und Färbung wie beim ♀; Capitulum und Epimeren vom Vorderrande des Rumpfes stark abgerückt. Maxillarpalpus $^1/_4$ so lang wie der Rumpf. Epimeren eng zusammengerückt. 1.—4. Bein 1,58 mm, 1,66 mm, 1,31 mm, 1,47 mm l.; vorletztes Glied des 3. Beines am längsten, an der vorderen Beugeseitenhälfte mit ca. 12 verkürzten Schwimmborsten und 3 kurzen Säbelborsten, 2 weitere in der Mitte; Endglied desselben Beines nur schwach verdickt nach dem distalen Ende hin mit kleinen, stark umgeänderten, scharf gekrümmten Krallen; 4. Bein sehr stämmig gebaut; distales Beugeseitenende des Greifgliedes mit 9 Schwimmborsten. Epiandrium dicht an den Hinterrand der 4. Epimeren herangerückt, zum Teil mit demselben verschmolzen; Öffnung der Samentasche länglich rund, 136 μ br.; Genitalplatten vor und hinter der Samentasche mit einander verschmolzen, jede ca. 15 ungleich grosse Genitalnäpfe tragend. Sog. Analöffnung vom Genitalhof abgerückt. — Nph. lichter gefärbt als die Im., rötlichbraun; Genitalplatten mit je 2 Genitalnäpfen, dachförmig gegen einander geneigt nach hinten divergierend. — ♂ 1,8 mm l.; ♀ 2,5 mm l., 1,6 mm br.; Nph. 1 mm l.

Deutschland, Böhmen, Russland, Dänemark, Grossbritannien.

7. **P. uncata** (Koen.) 1888 *Nesaea u.*, Koenike in: Abh. Ver. Bremen, *v.* 10 p. 273 t. 3 | 1897 *Curvipes uncatus*, Piersig in: Zool., *v.* 22 p. 101 t. 10 f. 25 | 1899 *C. u.*, Soar in: Sci. Gossip, ser. 2 *v.* 5 p. 266 f. 15—18 | 1889 *Nesaea viridis*, Th. Barrois in: Rev. biol. Nord France, *v.* 1 p. 9 | 1893 *Curvipes v.*, Steck in: Mt. Ges. Bern, p. 35.

Im. Integument undeutlich gekörnelt, an manchen Stellen mit leistenartigen, winzigen, einzeln stehenden schwielenförmigen Panzerbildungen. Maxillarpalpus halb so lang wie der Rumpf, dicker als das Grundglied des 1. Beines, Beugeseite des 4. Gliedes mit 2 Paar Haarhöckern; Beine länger als der Rumpf. Färbung wechselnd, bald apfelgrün, bald braun oder rötlich mit dunklem Rückenfleck. — ♀ mit einer 250 μ l. Genitalöffnung; Genitalplatten zu beiden Seiten der hinteren Hälfte der Genitalöffnung, der Form nach wie bei P. carnea, mit etwa 15—25 kleinen Genitalnäpfen; vor einer jeden Genitalplatte 6 oder 7 feine Härchen, einzeln in die weiche Haut gebettet. — ♂ mit eng zusammengerückten Epimerengruppen. 3. Bein am kürzesten, mit schwach gekrümmtem Endglied und stark umgebildeten Krallen, die eine mit 2, die andere mit 3 Zähnen; Greifglied des 4. Beines am distalen Beugeseitenende mit 5 Schwimmborsten; Genitalhof dicht an die Epimeren herangerückt, zum Teil mit ihnen verschmolzen; Öffnung der Samentasche epheublattförmig, 190 μ l. und 113 μ br., allseitig von den Genitalplatten umschlossen; jede Genitalplatte mit 20—24 Genitalnäpfen; Penisgerüst deutlich durch die Haut schimmernd. — Nph. mit einem Genitalhof wie P. carnea. — ♂ 1 mm l.; ♀ 1,62 mm l., 1,4 mm br.

Deutschland, Böhmen, Schweden, Frankreich, England.

8. **P. clavicornis** (Müll.) 1776 *Hydrachna c.*, O. F. Müller, Zool. Dan. Prodr., p. 189 nr. 2256 | 1781 *H. c.*, O. F. Müller, Hydrachnae, p. 44 t. 6 f. 7 | 1887 *Nesaea c.*, Barrois & Moniez, Cat. Hydrach., p. 7.

♀. Maxillarpalpus ungemein dick, stark nach unten gekrümmt; 2. Glied nicht ganz so lang wie das 4. Epimeren klein, nicht ganz die vordere Hälfte der Bauchfläche einnehmend. Genitalöffnung 225 μ l., jederseits von einer 10—12 Genitalnäpfe tragenden Genitalplatte begrenzt. Färbung gelblich oder bräunlich, Epimeren, Beine und Genitalplatten lebhaft veilchenblau. — ♂ unbekannt. — ♀ 1,5 mm l., 950 μ br.

Frankreich (Umgebung von Lille, Armentières und Groffliers).

9. **P. coccinoides** (Thor) 1898 *Curvipes c.*, Thor in: Arch. Naturv. Christian., *v.* 20 nr. 3 p. 31 t. 3 f. 42—47.

♀. Rumpf breit oval. Integument weich, liniiert. Capitulum kelchförmig, gross. Maxillarpalpus ungefähr $1^1/_2$ mal so dick wie die Grundglieder des 1. Beines, halb so lang wie der Rumpf; 2. Glied sehr dick, 4. mit 2 grossen, kegelförmigen Haarhöckern, annähernd in gleicher Stellung wie bei P. nodata, und einem Zapfen am distalen Ende. Epimeren die vordere Hälfte der Bauchseite einnehmend; die 2. am lateralen Hinterrande mit einer tiefen Einbuchtung, die 4. mit breiter Hinterrandecke. Beine wie bei den anderen Piona-Arten. Genitalhof hinter den Epimeren beginnend; Genitalplatten der Gestalt nach an diejenigen von P. nodata und P. uncata erinnernd; Genitalnäpfe annähernd von gleicher Grösse, ca. 16 auf jeder Platte. Färbung rostrot mit dunkelbraunen Flecken; Beine gelblichbraun; Malpighisches Gefäss wenig hervortretend. — ♂. Die 4. Epimeren hinten in der Medianlinie mit einander verwachsen, vorn nur durch einen schmalen Spalt geschieden. Genitalplatten unter sich und am gemeinschaftlichen Vorderende mit den Epimeren verwachsen; Öffnung der Samentasche breiter als lang, im Umriss an die senkrechte Durchschnittsfläche eines Seeigels (Echinus esculentus) erinnernd, mit der Abplattung nach vorn gerichtet. Endglied des gekürzten 3. Beines gebogen, nach aussen kolbig verdickt, eine verkümmerte Kralle tragend. — ♂ 650 μ l.; ♀ 800 μ l., 750 μ br.; Nph. 700 μ l., 620 μ br.

Norwegen (Klosterwasser in Südvaranger, Folla bei Lilleelvedal).

10. **P. controversiosa** (Piersig) 1897 *Curvipes controversiosus,* Piersig in: SB. Ges. Leipzig, *v.* 22/23 p. 78 | 1897 *C. c.,* Piersig in: Zool., *v.* 22 p. 137 t. 13 f. 34.

♀. Rumpf oval, vorn eingebuchtet, mässig gewölbt; Integument anscheinend fein gekörnt. Maxillarpalpus dicker als die Beine; Beugeseite des 4. Gliedes etwa in der Mitte mit 2 ansehnlichen Haarhöckern und einem Chitinwall mit eingelassenem Chitinstift am Vorderende. Genitalöffnung 288 μ l., hinten jederseits von einer scheibenförmigen Genitalplatte begrenzt, deren Vorder- und Medialecke keilförmig ausgezogen ist; 13—15 Genitalnäpfe, darunter ein grösserer an der Vorderspitze. — ♂ der Gestalt nach wie das ♀; Genitalhof wie bei P. uncata, mit 9—12 Genitalnäpfen auf jeder Genitalplatte. 3. Bein am kürzesten, Endglied am distalen Ende verdickt, mit stark veränderten Krallen; Greifglied des 4. Beines mit 5 oder 6 Schwimmborsten am verlängerten distalen Beugeseitenende. Färbung wechselnd, grünlich oder bräunlich, Rückenflecke schwärzlich. — ♂ 1,2 mm l., 950 μ br.; ♀ 1,6 mm l., 1,2 mm br.

Deutschland (Umgegend von Leipzig, Insel Borkum).

11. **P. longipalpis** (Krend.) 1854 *Nesaea coccinea* (err., non C. L. Koch 1836!), Bruzelius, Beskr. Hydrach., p. 15 t. 1 f. 5—9 | 1880 *N. c.,* Neuman in: Svenska Ak. Handl., n. ser. *v.* 17 nr. 3 p. 33 | 1882 *N. c.,* G. Haller in: Mt. Ges. Bern, 1881 II p. 73 | 1884 *N. longipalpis,* Krendowskij in: Trav. Soc. Univ. Kharkow, *v.* 18 p. 291 t. 7 f. 2 | 1897 *Curvipes l.,* Piersig in: SB. Ges. Leipzig, *v.* 22/23 p. 75, 77 | 1897 *C. l.,* Piersig in: Zool., *v.* 22 p. 103 t. 13 f. 33 | 1899 *C. l.,* Soar in: Sci. Gossip, ser. 2 *v.* 5 p. 265 f. 12—14 | 1897 *C. bruzelii,* Thor in: Arch. Naturv. Christian., *v.* 19 nr. 11 p. 45.

Rumpf breit oval, hochgewölbt. Integument mit winzigen Höckerchen auf dem Rücken, die an den Seiten in schmale Leistchen übergehen. Maxillarpalpus von halber Rumpflänge, etwa $1^1/_2$ mal so dick wie die Grundglieder des 1. Beines; 4. Glied am längsten, auf der Beugeseite etwa in der Mitte ihrer Länge mit 2 langen, schief nach vorn und nach der Seite gerichteten Haarzapfen, ähnlich wie bei Atax crassipes, am distalen Ende mit einem kleinen, einen Chitinstift tragenden Höcker. Epimeren stark gepanzert, mit warziger Oberfläche. Beine reich beborstet, mit zahlreichen Schwimmborsten. — ♀ mit 460 μ l. Genitalöffnung unmittelbar hinter dem Epimerengebiet; Genitalplatten unregelmässig länglich rund mit deutlich hervortretender Medialspitze, ca. 570 μ l. und 370 μ br., von zahlreichen kleinen Genitalnäpfen besetzt, unter denen 2, einer in der Mitte, der andere ganz vorn, grösser als alle übrigen sind. — ♂ mit verkehrt eiförmiger, 250 μ l. und 170 μ br. Öffnung der Samentasche. Genitalplatten wie bei den vorigen Arten mit einander und mit dem hinteren Medialrande des Epimerengebietes verschmolzen, zahlreiche Genitalnäpfe tragend, deren Grössenverhältnis ähnlich ist wie bei dem ♀. 3. Bein in allen Gliedern, besonders aber im Endgliede verkürzt; dieses kaum halb so lang wie das vorletzte, 20 Schwimmborsten tragende Glied. Krallen des 3. Beines sehr stark verkümmert. Greifglied des 4. Beines am keilförmig verlängerten distalen Beugeseitenende mit 6 oder 7 Schwimmborsten. Färbung rot; Maxillarpalpus, Epimeren und Genitalplatten schwärzlich. — Nph. mit 2 aus einander gerückten, nach hinten stark divergierenden länglich runden Genitalplatten, welche je 2 Genitalnäpfe tragen. — Lv. wie bei den vorigen Arten mit nicht völlig abgegliederten 2. Epimeren und verkehrt herzförmigem, stark verbreitertem Analfelde. — ♂ 2,3 mm l., 2 mm br.; ♀ 2,5—3,1 mm l., 2,2—2,5 mm br.; Nph. 1—1,1 mm l., 750 μ br.

Deutschland, Böhmen, Frankreich, Grossbritannien, Schweden, Norwegen, Süd-Russland.

12. **P. nodata** (Müll.) 1776 *?Hydrachna trifurcalis + H. n.*, O. F. Müller, Zool. Dan. Prodr., p. 189 nr. 2261; p. 191 nr. 2280 | 1781 *?H. t. + H. n.*, O. F. Müller, Hydrachnae, p. 50 t. 5 f. 2; p. 72 t. 8 f. 6 | 1883 *Nesaea n.*, Koenike in: Abh. Ver. Bremen, *v.* 8 p. 33 | 1894 *N. n.*, Piersig in: Zool. Anz., *v.* 17 p. 110 | 1894 *Curvipes nodatus*, Koenike in: Zool. Anz., *v.* 17 p. 271 | 1897 *C. n.*, Piersig in: SB. Ges. Leipzig, *v.* 22/23 p. 75, 77 | 1897 *C. n.*, Piersig in: Zool., *v.* 22 p. 108 t. 11, 12 f. 30, 31 | 1899 *C. n.*, Soar in: Sci. Gossip, ser. 2 *v.* 5 p. 226 f. 1—11 | 1836 *Nesaea coccinea + N. longicornis*, C. L. Koch, C. M. A., fasc. 8 f. 11, 12; fasc. 9 f. 14, 15 | 1882 *N. c.*, Berlese, A. M. S., fasc. 1 nr. 8 | 1884 *N. c.*, Krendowskij in: Trav. Soc. Univ. Kharkow, *v.* 18 p. 286—289 | 1837 *N. rosea*, C. L. Koch, C. M. A., fasc. 10 f. 7 | 1842 *N. r.*, C. L. Koch, Übers. Arach., *v.* 3 t. 1 f. 2 (♂), 3 (♀) | 1880 *N. r.*, Neuman in: Svenska Ak. Handl., n. ser. *v.* 17 nr. 3 p. 42 t. 3 f. 1 | 1879 *N. binotata*, P. Kramer in: Arch. Naturg., *v.* 45 I p. 11 t. 1 f. 5a—c | 1882 *N. b.*, G. Haller in: Mt. Ges. Bern, 1881 II p. 74 | 1879 *N. magna*, Lebert in: Bull. Soc. Vaudoise, ser. 2 *v.* 16 p. 364 t. 9 f. 8.

♀. Integument deutlich liniiert. Maxillarpalpus fast doppelt so stark wie die Grundglieder des 1. Beines, in Gestalt und Ausstattung ähnlich wie bei P. longipalpis, jedoch ist der Höcker mit Chitinstift am distalen Ende der Beugeseite des 4. Gliedes höher. Epimeren wie bei der Vergleichsart. Beine kräftig entwickelt und reich beborstet. Genitalhof des ♀ wenig abweichend von P. longipalpis, wie bei dieser zwischen dem Vorderende der Genitalöffnung und den Genitalplatten je 2 in die Haut gebettete Härchen. — ♂ mit deutlicher Einbuchtung des Vorderrandes zwischen den Augen. Maxillarpalpus mehr als halb so lang wie der Rumpf. Epimeren eng zusammengerückt. Genitalhof ähnlich gestaltet wie bei P. uncata, jedoch die Genitalplatten mit mehr Genitalnäpfen, von denen 2 grössere an gleicher Stelle wie bei P. longipalpis stehen. Beine reich beborstet. Endglied des 3. Beines stark gebogen und am Ende verdickt, mit umgebildeten Krallen; ein Zahn der letzteren korkzieherartig gebogen, auffallend gross; Greifglied des 4. Beines mit 6 oder 7 Schwimmborsten am distalen Ende der Beugeseite. Färbung rot bis hellbraun, am Vorder- und Hinterende des Rumpfes jedoch meist durchscheinend hellgelb; Maxillarpalpus und Beine bräunlich,

Epimeren meist rötlich oder bräunlich. — Nph. mit 4 auf 2 länglich runden, zackig gerandeten und vorn sich berührenden Genitalplatten aufgelagerten Genitalnäpfen. — Lv. wie bei der vorigen Art.

Diese Art zerfällt in 2 Unterarten:

12a. **P. nodata nodata** (Müll.) 1776 *Hydrachna n.*, O. F. Müller, Zool. Dan. Prodr., p. 191 nr. 2280 | 1781 *H. n.*, O. F. Müller, Hydrachnae, p. 72 t. 8 f. 6 | 1883 *Nesaea n.*, Koenike in: Abh. Ver. Bremen, *v.* 8 p. 33 | 1897 *Curvipes nodatus*, Piersig in: Zool., *v.* 22 p. 108 t. 11, 12 f. 30, 31 | 1836 *Nesaea coccinea*, C. L. Koch, C. M. A., fasc. 8 f. 11, 12 | 1837 *N. rosea*, C. L. Koch, fasc. 10 f. 7 | 1880 *N. r.*, Neuman in: Svenska Ak. Handl., n. ser. *v.* 17 nr. 3 p. 42 t. 3 f. 1.

Ebenso gross wie P. longipalpis. Meist lebhaft rot gefärbt, mit lichtgelben Höfen am Vorder- und Hinterende des Rumpfes. Nebenhöcker auf der Beugeseite des 4. Gliedes des Maxillarpalpus stark verkümmert. — ♂ 1,5—1,6 mm l., 1,2—1,28 mm br.; ♀ 2—3 mm l., 1,7—2,25 mm br.; Nph. 1,1—1,2 mm l., 800 μ br.

Deutschland, Böhmen, Dänemark, Schweden, Süd-Russland, Frankreich, Italien, Schweiz, England.

12b. **P. nodata imminuta** (Piersig) 1880 *Nesaea longicornis* (err., non C. L. Koch 1836!) (part.), Neuman in: Svenska Ak. Handl., n. ser. *v.* 17 nr. 3 p. 45 t. 2 f. 2 | ? 1896 *N. l.*, Soar in: Int. J. Micr., *v.* 6 p. 143 t. 1 f. 1—3 | 1899 *Curvipes l.*, Soar in: Sci. Gossip, ser. 2 *v.* 5 p. 360 | 1897 *Curvipes nodatus var. imminutus*, Piersig in: Zool. Anz., *v.* 20 p. 337 f. 4.

Merkbar kleiner als die Stammform. Meist lichtgelblich durchscheinend gefärbt, mit braunen Rückenflecken. Maxillarpalpus auf der Beugeseite des 4. Gliedes mit einem kleinen, unter sich ungleichen, schief neben einander gestellten Haarhöckerpaar vor den grossen Haarzapfen. — ♂ 1,2—1,25 mm l.; ♀ 1,8—2 mm l.

Schweden, Deutschland, England.

13. **P. forcipata** (Koen.) 1893 *Curvipes forcipatus*, Koenike in: Mt. Mus. Hamburg, *v.* 10 nr. 2 p. 29 t. 2 f. 21—25.

♀. Integument weich und glatt; Maxillarpalpus kaum $^1/_3$ so lang wie der Rumpf; 2. Glied desselben ebenso lang wie das 4.; letzteres mit 2 Haarzapfen auf der Mitte der Beugeseite und einer kurzen Chitinspitze am Vorderende; Endglied mit 4 verschieden langen Nägeln, von denen der auf der Streckseite am längsten ist. Alle Beine fast gleich lang und mit Schwimmborsten versehen; Krallen ausserordentlich gross. Genitalplatten die Genitalöffnung und die Lefzen von vorn bis hinten seitlich begrenzend, nach vorn zahnartig spitz zulaufend, hier mit einem Genitalnapf besetzt, nach hinten verbreitert, zungenförmig schief lateral abgerundet und hier etwa 10 Genitalnäpfe tragend. — ♂ mit einer eigentümlichen Umbildung des Maxillarpalpus; Endglied desselben mit einem langen beweglichen Haken auf der Streckseite, welche eine Art Zange oder Schere darstellt. Endglied des 3. Beines am distalen Ende mit einem 40 μ l., kräftigen, schwach gebogenen Stachel, einer Krummborste und 2 kleineren Börstchen. Greifglied des 4. Beines nur mässig gekrümmt, spärlich beborstet, am distalen Beugeseitenende nur 3 mässig lange Schwimmborsten aufweisend. Genitalhof dicht an das Epimerengebiet herangerückt. Öffnung der Samentasche oval, hinten breit abgestutzt, allseitig von den je 7—10 Genitalnäpfe tragenden Genitalplatten umschlossen; letztere zungenförmig, schief lateral gerichtet, mit quer gestelltem Hinterrande. — ♂ 850 μ l., 620 μ br.; ♀ 1,3 mm l., 1,1 mm br.

Deutsch-Ost-Afrika (Sumpf nördlich von der Stadt Bagamoyo).

14. **P. alata** (Thor) 1897 *Curvipes alatus,* Thor in: Arch. Naturv. Christian., *v.* 19 nr. 11 p. 56 t. 2 f. 18—19.

♀. Maxillarpalpus kurz und dick, mit 2 kleinen Haarzapfen und einem Höcker auf der Beugeseite des 4. Gliedes; Lefzen der Genitalöffnung lateral begrenzt von schmalen, flügelförmigen, etwa 21—28 Genitalnäpfe umschliessenden Genitalplatten. — ♂ mit einer kleinen, schmalen, elliptischen, vorn und hinten zugespitzten Öffnung der Samentasche, die von 2 flügelförmigen, schief lateral und nach hinten gerichteten, am freien Ende breit abgerundeten, je 30—40 Genitalnäpfe tragenden Genitalplatten lateral umschlossen wird; Genitalnäpfe bis auf 2 grössere, in der Längsachse der Genitalplatten gelegene, klein, dem Plattenrande genähert; Genitalhof vom Epimerengebiet völlig abgerückt. Färbung hellgelb mit dunkelbraunen Rückenflecken und gelblich durchschimmerndem, gegabeltem, Malpighischem Gefässe. — ♂ 900 μ l., 800 μ br.; ♀ 750 μ l., 600 μ br.

Norwegen (Himesjö unweit Aasta in Osterdalen. Sognsvand, Langvand unweit Ler bei Throndhjem).

15. **P. fallax** (Thon) 1899 *Curvipes f.,* Thon in: Zool. Anz., *v.* 22 p. 352.

♀. Der P. longipalpis nahe stehend. Rumpf breit oval, hinten breit abgerundet. Maxillarpalpus 710 μ l., ähnlich wie bei P. longipalpis ausgerüstet, jedoch auf der Beugeseite des 4. Gliedes einen kleinen Haarhöcker mehr aufweisend. 1.—4. Bein etwa 1,29 mm, 1,53 mm, 1,59 mm und 1,70 mm l., Epimerengebiet 680 μ l. Genitalplatten ähnlich wie bei P. nodata, jedoch bedeutend grösser (250 μ br.), die 220 μ l. Genitalöffnung lateral begrenzend. — ♂. Rumpf vorn etwas abgestutzt, hinten breit abgerundet. Maxillarpalpus 460 μ l., ohne den kleinen Haarhöcker des ♀. Beine stämmig gebaut; 1.—3. Glied des 3. Beines annähernd gleich lang, mit zahlreichen Borsten versehen, 4. Glied doppelt so lang wie das 3., eine Reihe von etwa 13 langen Schwimmborsten tragend; 5. Glied bedeutend länger als das 4., fast ohne Dornborsten, nur mit etwa 18 Schwimmborsten ausgerüstet, die nach dem distalen Ende des Gliedes hin an Länge zunehmen; Endglied ziemlich lang, überall gleich breit, mit zahlreichen, winzigen Borsten und am distalen Ende mit einer feinen, längeren Borste besetzt, 3 umgebildete Krallen besitzend, von denen 2 länger und weniger gebogen sind, während die mittlere sehr kurz und dick ist und eine starke Krümmung aufweist. Epimerengebiet $^2/_3$ der Bauchfläche bedeckend, etwa 620 μ l. Genitalhof wie bei P. longipalpis; Genitalöffnung 70 μ l. — ♂ 900 μ l.; ♀ 1,36 mm l.

Böhmen (Teich Municky bei Frauenberg).

16. **P. fuscata** (Herm.) 1804 *Hydrachna f.*, Hermann, Mém. apt., p. 58 t. 6 f. 9 | 1836 *Nesaea nodata* (err., non O. F. Müller 1776!) + *N. f.*, C. L. Koch, C. M. A., fasc. 8 f. 15, 16; fasc. 9 f. 21, 22 | 1854 *N. f.*, Bruzelius, Beskr. Hydrach., p. 18 | 1891 *Curvipes fuscatus,* Koenike in: Zool. Anz., *v.* 14 p. 253 f. 1 | 1897 *C. f.,* Piersig in: Zool., *v.* 22 p. 14 t. 12 f. 32 | 1899 *C. f.,* Soar in: Sci. Gossip, ser. 2 *v.* 5 p. 292 f. 19—23.

♀. Integument liniiert. Augen klein. Maxillarpalpus $^1/_4$ so lang wie der Rumpf, wenig dicker als die Grundglieder des 1. Beines; 4. Glied des Maxillarpalpus kaum grösser als das 2., mit 2 deutlichen Haarhöckern auf der Mitte der Beugeseite (der innere weiter nach vorn gerückt) und einem mit einer Spitze bewehrten Zapfen am distalen Innenrande. Epimeren auf der vorderen Hälfte der Bauchfläche gelegen, mit welligen Unebenheiten auf der Oberfläche; die 4. am Hinterrand in eine scharfe Spitze ausgezogen. Beine kräftig gebaut, schlank, sämtliche mit Schwimmborsten; Krallen von ansehnlicher Grösse. Epigynium hinter dem Epimerengebiet beginnend, in seinem äusseren Umriss verkehrt herzförmig; Genitalöffnung 210 μ l., von gewölbten Lefzen verschlossen; Genitalplatten unregelmässig sichelförmig, nach vorn spitz zulaufend, mit je 8—12 Genitalnäpfen und einer Anzahl Härchen am Vorder- und Hinterende. Färbung rostbraun, auf dem Rücken dunkler. — ♂ (Fig. 72) mit längeren Gliedmassen; Maxillarpalpus $^1/_3$ so lang wie der Rumpf, mit kräftigeren Haarhöckern auf der Beugeseite des 4. Gliedes. 3. Bein wenig kürzer als das 2., mit kurzem, am Ende kolbig verdicktem Endglied und verkümmerten oder umgebildeten Krallen, von denen die eine 2 winzige, stark gekrümmte Zähne besitzt, während die andere neben einem fast borstenförmigen gekrümmten Nebenhaken einen unter rechtem Winkel gebogenen, kräftigen, schwach S-förmigen Aussenzahn von beträchtlicher Grösse aufweist. 4. Bein kürzer als das 2.; Greifglied am verlängerten,

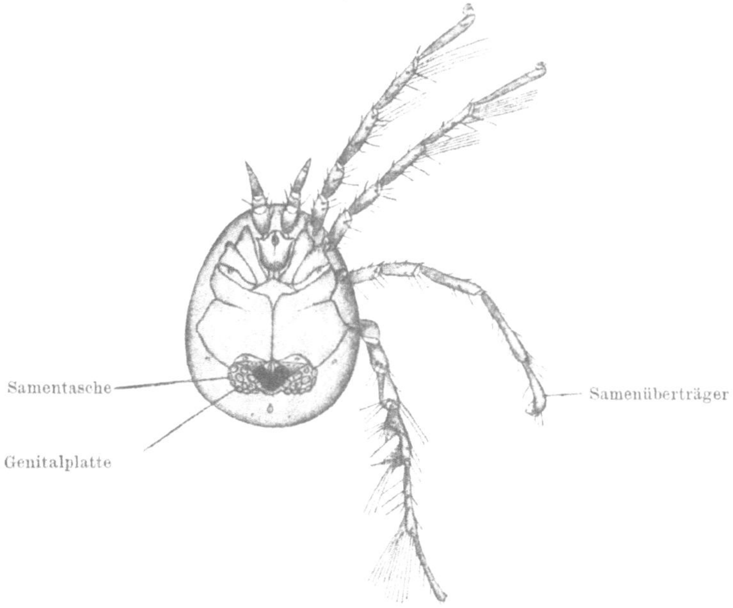

Fig. 72. P. fuscata. ♂, Bauchseite.

distalen Beugeseitenende mit einer einfachen Borste und 3 Schwimmborsten. Epiandrium hart an den Hinterrand des Epimerengebietes herangerückt, in der Medianlinie mit ihm verschmolzen; Öffnung der Samentasche der Form nach an P. uncata erinnernd, etwa 128 μ l. und 96 μ br. Genitalplatten vorn mit ihren je 3 Härchen tragenden Spitzen sich berührend, hinter der Öffnung der Samentasche durch einen schmalen, wulstartigen Steg mit einander verbunden, jede mit 8—12 Genitalnäpfen. Färbung rotbraun. — Nph. dem ♀ ähnelnd, doch ohne Genitalöffnung; Genitalplatten länglich rund, von einander abgerückt, nach hinten divergierend, mit je 2 Genitalnäpfen. — ♂ 830 μ l., 580 μ br.; ♀ 1,3—2 mm l., 1,05—1,3 mm br., 850 μ h.; Nph 720 μ l., 510 μ br.

Im Frühjahr in kleinen Tümpeln und Teichen. Europa, Nord-Amerika.

17. **P. tarda** (Thon) 1899 *Curvipes tardus*, Thon in: Zool. Anz., *v.* 22 p. 351.

♀. Der P. obturbans sehr ähnlich. Rumpf fast kugelförmig. Augen nahe am Vorderrande des Rückens gelegen, weit von einander abgerückt.

Capitulum 160 μ l. Mandibel 190 μ l. Maxillarpalpus sehr stark, fast $^2/_3$ so lang wie der Rumpf; 1. Glied kurz; 2. Glied 3 mal so dick wie die Grundglieder des 1. Beines; 4. Glied kegelförmig zulaufend, mit 2 Haarhöckern auf der Beugeseite und einem Stift am distalen Innenende; 5. Glied schmal und klein. Beine mässig stark, 1.—4. Bein 720 μ, 760 μ, 820 μ und 900 μ l., mit zahlreichen, starken Dornborsten, aber nur wenigen, kurzen Schwimmborsten. Epimerengebiet 340 μ l., fast $^2/_3$ der Bauchfläche bedeckend. Jederseits der 100 μ l. Genitalöffnung eine sichelförmige Genitalplatte mit grossen Genitalnäpfen; Genitalhof dicht hinter den Epimeren. Sog. Analöffnung gross. — ♂ unbekannt. — ♀ 560 μ l.

Böhmen (Kleiner Tümpel bei Chlumetz).

18. **P. clathrata** (Koen.) 1893 *Curvipes clathratus,* Koenike in: Mt. Mus. Hamburg, *v.* 10 nr. 2 p. 33 t. 3 f. 26—29.

♀. Integument glatt, bei durchfallendem Lichte gitterartig gefeldert. Maxillarpalpus kaum halb so lang wie der Rumpf; 4. Glied auf der Mitte der Beugeseite mit einem unansehnlichen, niedrigen Haarhöcker, vor demselben 2 Paar auf winzige Tüpfel gestellte Börstchen; Chitinzapfen am inneren Vorderrande fehlend. Epimerengebiet vom Vorderrande des Rumpfes merkbar abgerückt. Beine kurz und stämmig, am 4. und 5. Gliede mit dünnen Büscheln von Schwimmborsten; Kralle des 4. Beines am kleinsten. Epigynium wie bei der vorigen Art verkehrt herzförmig; Genitalöffnung 154 μ l., von gewölbten Lefzen verschlossen; Genitalplatten sichelförmig, mit der Vorderspitze das Vorderende der Genitalöffnung nicht erreichend, durch einen medialen, 2 Genitalnäpfe tragenden, schief nach hinten gerichteten Fortsatz eine meist 3 Genitalnäpfe aufweisende, weiche Hautstelle fast völlig umschliessend; Zahl der Genitalnäpfe jederseits 18—21. — ♂ unbekannt. — ♀ 850 μ l., 590 μ br., 560 μ h.

Sansibar (Sumpf südlich links von der Chaussee in der Höhe der Kaffeehäuser).

19. **P. guatemalensis** (Stoll) 1887 *Nesaea g.*, Stoll in: Biol. Centr.-Amer., Arach.-Acar. p. 11 t. 10 f. 2; t. 11 f. 1 | 1895 *Curvipes g.*, Koenike in: Abh. Ver. Bremen, *v.* 13 p. 209 t. 2 f. 54—56.

♀. Rumpf oval; Integument wie bei der vorigen Art; Maxillarpalpus stämmig; 4. Glied auf der Beugeseite mit 2 schräg hinter einander stehenden, deutlichen Haarhöckern und einem an das Vorderende gerückten, auf einem Chitinwall eingelassenen Stift. Endglied mit 2 über einander stehenden Nägeln, 3. Nagel auf der Streckseite verkümmert und zurückstehend. Epigynium ähnlich wie bei P. clathrata; Genitalnäpfe zum grossen Teil auf sichelförmigen Genitalplatten gelegen, wenige davon auf der Medialseite der letzteren frei in die Körperhaut gebettet; Genitalöffnung 280 μ l. — ♂ mit elliptischer, vorn und hinten zugespitzter, scheinbar verkümmerter Öffnung der Samentasche; Genitalplatten vor und hinter der Genitalöffnung zusammentreffend, zungenförmig schief lateral und nach hinten gerichtet, mit 18—22 verschieden grossen Genitalnäpfen. — ♂ 600—800 μ l.; ♀ 0,75—1 mm l.

Guatemala, Nord-Amerika (Sumpf in der Nähe des Flathead River).

20. **P. disparilis** (Koen.) 1895 *Curvipes d.*, Koenike in: Zool. Anz., *v.* 18 p. 380 f. 4 | 1898 *C. d.,* Thor in: Arch. Naturv. Christian., *v.* 20 nr. 3 p. 30.

Mit P. guatemalensis nahe verwandt. Maxillarpalpus merkbar dicker als die Grundglieder des 1. Beines; 4. Glied gedrungen gebaut, mit mässig grossen Haarhöckern und kräftigem Zapfen auf der Beugeseite. — ♂. Bau des Genitalhofes ähnlich wie bei P. rotunda, jedoch ragen die mit einander verwachsenen Genitalplatten lateral weit über die Hinterrandecken der

4. Epimeren hinaus und zeigen eine tiefe mittlere Einbuchtung am Hinterrande; bis zu 55—60 Genitalnäpfe jederseits der nach hinten verflachten Öffnung der Samentasche. Endglied des 3. Beines mit kleinen, stark gekrümmten, umgeänderten Krallen. — ♀ mit lateral stark ausgedehntem Genitalhofe, in der Gestalt dem der vorigen Arten ähnlich, doch mit der dreifachen Anzahl von Genitalnäpfen; Genitalöffnung 176 μ l. — Färbung gelblich, Maxillarpalpus und Beine, sowie das Epimerengebiet und die Genitalplatten bräunlich. — ♂ 900 μ l.; ♀ 1,2 mm l.

Schweiz, Süd-Deutschland (Christle-See im Allgäu), Norwegen (Staavivand bei Bärum).

21. **P. rotunda** (P. Kram.) 1879 *Nesaea r.*, P. Kramer in: Arch. Naturg., *v.* 45 I p. 12 t. 1 f. 6 | 1893 *Curvipes rotundus* + *C. pachydermis*, Koenike in: Mt. Mus. Hamburg, *v.* 10 nr. 2 p. 35 Anm. | 1893 *C. r.*, Koenike in: Zool. Anz., *v.* 16 p. 463 | 1897 *C. r.*, Piersig in: Zool., *v.* 22 p. 118 t. 9 f. 19 | 1880 *Nesaea longicornis* (err., non C. L. Koch 1836!) (part.), Neuman in: Svenska Ak. Handl., n. ser. *v.* 17 nr. 3 p. 45 t. 2 f. 2.

Im. Integument fein liniiert; Maxillarpalpus fast $1\frac{1}{2}$ mal so dick wie die Grundglieder des 1. Beines; 4. Glied nur wenig länger als das 2., mit 2 über die Mitte nach vorn gerückten Haarhöckern und einem am distalen Ende gelegenen Zapfen auf der Beugeseite; Endglied mit 3 deutlichen Nägeln. Mündungen der Hautdrüsen und der sog. Analöffnung mit breiten Chitinhöfen. ♀ mit verkehrt herzförmigem Genitalhofe, ähnlich wie bei P. clathrata; jederseits der 240 μ l. Genitalöffnung 15—20 Genitalnäpfe, davon 1—3 in die weiche Haut gebettet, die anderen auf einer sichelförmigen Panzerplatte. ♂ mit einer vorn länglich runden, nach hinten glockenförmig sich erweiternden, ohne deutlich sichtbare Grenzen in den Hinterrand des Epiandriums übergehenden Öffnung der Samentasche; Analplatte frei. 3. Bein länger als die vorhergehenden, mit langem vorletzten und stark gekürztem letzten Gliede; Krallen des Samenüberträgers ähnlich wie bei P. fuscata, die eine mit einem ungewöhnlich langen (64 μ) Aussenzahn; Greifglied des 4. Beines am distalen Beugeseitenende mit 3 Schwimmborsten. Färbung hellgelblich durchscheinend, Rückenflecken bräunlich, Malpighisches Gefäss gelblich. — Nph. mit einem Genitalhof, der aus einem Skelettkörperchen und 2 von einander abgerückten, schief nach hinten divergierenden, je 2 Genitalnäpfe tragenden Genitalplatten besteht. — ♂ 800 μ l., 640 μ br.; ♀ 1,1 mm l., 860 μ br.; Nph. 480—600 μ l.

Finnland, Skandinavien, Deutschland, Schweiz, Frankreich, Böhmen, Ungarn.

22. **P. obturbans** (Piersig) 1896 *Curvipes o.*, Piersig in: Zool. Anz., *v.* 19 p. 439 | 1897 *C. o.*, Piersig in: Zool., *v.* 22 p. 135 t. 10 f. 23 | 1899 *C. o.*, Soar in: Sci. Gossip, ser. 2 *v.* 5 p. 328 f. 31—33.

Rumpf eirund. Integument liniiert. — ♀ dem von P. rotunda ungemein ähnlich. — ♂. Maxillarpalpus stämmig gebaut; Haarhöcker des 4. Gliedes auf stark erhöhtem Grunde, nach vorn zu von 2 Paar Nebenhöckern begleitet, ähnlich wie bei P. conglobata. 1.—4. Bein nach hinten an Länge zunehmend; Endglied des 3. Beines (Fig. 73) gekürzt, nur $\frac{1}{2}$ so lang wie das vorhergehende, mit kleinen, stark gekrümmten Krallen. Genitalhof mit gekürzter, nach hinten undeutlich abgegrenzter Öffnung der Samentasche. Genitalplatten wie bei P. rotunda, ziemlich weit nach hinten reichend,

Fig. 74. P. obturbans. ♀, Genitalhof.

Fig. 73. P. obturbans. ♂, Endglied des 3. Beines.

mit der sehr genäherten sog. Analöffnung und den Analdrüsenhöfen durch eine subkutane Panzerplatte zusammenhängend; Zahl der Genitalnäpfe (Fig. 74) auf jeder Platte 18—24. Färbung gelblich oder grünlichbraun; Epimeren, Beine und Maxillarpalpus meist bläulich; Rückenflecke schwärzlich, stark zusammenfliessend, den Rücken fast völlig bedeckend. — ♂ 640 μ l., 500 μ br., 450 μ h.; ♀ 1—1,1 mm l., 750 μ br.

Sachsen (Teich im Steinbruch von Kleinzschocher bei Leipzig), Grossbritannien.

23. **P. rufa** (C. L. Koch) 1835 *Nesaea r.*, C. L. Koch, C. M. A., fasc. 5 f. 22 (♂) | 1887 *N. r.*, Barrois & Moniez, Cat. Hydrach., p. 7 | 1842 *Piona r.* + *P. ovata* (err., non *Hydrachna o.* O. F. Müller 1776!), C. L. Koch, Übers. Arach., *v.* 3 p. 13 | 1897 *Curvipes rufus*, Piersig in: SB. Ges. Leipzig, *v.* 22/23 p. 75, 77 | 1897 *C. r.*, Piersig in: Zool., *v.* 22 p. 123 t. 14 f. 37 | 1899 *C. r.*, Soar in: Sci. Gossip, ser. 2 *v.* 5 p. 293 f. 24, 25 | 1836 *Nesaea variabilis* (part.) ♀ + *N. ovata* (err., non *Hydrachna o.* O. F. Müller 1776!) + *N. convexa* + *N. luteola*, C. L. Koch, C. M. A., fasc. 8 f. 8, 13, 14; fasc. 9 f. 18, 19 | 1840 *Nesaea dubia*, C. L. Koch, C. M. A., fasc. 37 f. 12 (♀) | 1875 *N. elliptica* + *N. aurea*, P. Kramer in: Arch. Naturg., *v.* 41 I p. 304, 308; t. 8 f. 14, t. 9 f. 17 | 1880 *N. decorata*, Neuman in: Svenska Ak. Handl., n. ser. *v.* 17 nr. 3 p. 39 t. 8 f. 1 | 1883 *N. variabilis*, Koenike in: Ab. Ver. Bremen, *v.* 8 p. 32 | 1892 *Curvipes v.*, Koenike in: Zool. Anz., *v.* 15 p. 267 Anm. 2 | 1894 *C. v.* + *C. luteolus*, Koenike in: Zool. Anz., *v.* 17 p. 270 | 1899 *C. v.* + *C. rufus*, Thor in: Arch. Naturv. Christian., *v.* 21 nr. 5 p. 45.

♀. Integument liniiert. Rumpf länglich oval, am Vorderrande abgestumpft. Maxillarpalpus wenig dicker als die Grundglieder des 1. Beines, etwa $^1/_4$ so lang wie der Rumpf; innerer Haarhöcker des 4. Gliedes des Maxillarpalpus höher und mehr nach vorn gerückt als der äussere; Endglied mit 3 deutlichen Nägeln. Beine mässig lang, mit grossen Krallen. Genitalhof mit 230 μ l. Genitalöffnung; 4 Genitalplatten, die 2 hinteren unregelmässig nierenförmig, die konkave Seite der Genitalöffnung zukehrend, mit etwa 8—12 verschieden grossen Genitalnäpfen; mehr nach vorn gerückt jederseits noch eine kleine, länglich runde, an dem Vorderende keilförmig zugespitzte, einen Genitalnapf tragende Genitalplatte. — ♂ oval, vorn breit abgestutzt, mit grossen, schwarz pigmentierten Augen. Maxillarpalpus mehr als halb so lang wie der Rumpf, mit kräftigeren, aber nicht auf erhöhtem Grunde stehenden Haarhöckern auf der Beugeseite des 4. Gliedes; Zapfen wie bei dem ♀ am Vorderrande. Epiandrium dicht an das Epimerengebiet herangerückt; Öffnung der Samentasche ein am Hinterende abgestutztes Oval bildend, mit abgeflachten Lateralrändern; Genitalplatten wie bei P. rotunda flügelartig gerundet, von je 8—12 Genitalnäpfen eingenommen, die meisten davon an den Rand gestellt, nur wenige in der Mitte, 3 den Lateralrand der Öffnung der Samentasche begleitend. 3. Bein gekürzt, mit kurzem Endglied und 220 μ l. vorletztem Gliede; Krallen verkümmert, die äussere mit langem Aussenzahn; Greifglied des 4. Beines an der Verlängerung des Beugeseitenendes mit 3 Schwimmborsten. Färbung sehr wechselnd, bald rötlich, grünlich oder bräunlich, in der Regel mit lichten Höfen um die Augen. — Nph. mit 2 hinter einander gestellten Skelettkörperchen und 2 länglich runden, von einander abgerückten, je 2 Genitalnäpfe tragenden Genitalplatten. — ♂ 600 μ l., 480 μ br.; ♀ 1,25 mm l., 880—900 μ br., 800 μ h.; Nph. 520 μ l., 440 μ br.

Schweden, Norwegen, Deutschland, Frankreich, Grossbritannien, Böhmen, Ungarn, Italien.

24. **P. paucipora** (Thor) 1898 *Curvipes pauciporus*, Thor in: Arch. Naturv. Christian., *v.* 20 nr. 3 p. 31 t. 3 f. 49—50.

♀. Sehr nahe verwandt mit P. circularis. Hintere, sichelförmige Genitalplatten mit höchstens 8 in einer Reihe stehenden Genitalnäpfen, nach vorn eine tiefe Einbuchtung mit 2—4 freistehenden Genitalnäpfen bildend; vordere Genitalplatten klein, nur je 3 Borsten tragend, von einem dahinterliegenden, in die Körperhaut gebetteten Genitalnapf deutlich abgerückt. Haarhöcker auf der Beugeseite des 4. Gliedes des Maxillarpalpus annähernd neben einander, mit seitlich eingelenkten Haaren, ohne kleine Nebenhärchen wie bei P. circularis; 3. Glied mit einer sehr langen, glatten Borste am distalen Ende der Streckseite; alle übrigen, kürzeren Borsten wie bei P. rotunda gefiedert. Färbung unbekannt. — ♂ unbekannt. — ♀ 1 mm l.

Norwegen (Jäderen).

25. **P. thoracifera** (Piersig) 1893 *Nesaea sp.*, Piersig in: Zool. Anz., *v.* 16 p. 396 f. 1 | 1893 *Curvipes neumani* (part.), Koenike in: Zool. Anz., *v.* 16 p. 462 | 1894 *C. sp.*, Piersig in: Zool. Anz., *v.* 17 p. 108 | 1895 *C. thoracifer*, Piersig, Beiträge zur Kenntnis der in Sachsen einheimischen Hydrachniden-Formen, Inaug.-Diss. Leipzig, p. 45 | 1897 *C. t.*, Piersig in: Zool., *v.* 22 p. 128 t. 9 f. 20 | 1895 *C. discrepans*, Koenike in: Zool. Anz., *v.* 18 p. 382 f. 5, 6 | 1899 *C. luteolus*, Thor in: Arch. Naturv. Christian., *v.* 21 nr. 5 p. 46.

Im. Integument liniiert; Rumpf eiförmig. — ♀. Maxillarpalpus $^1/_3$ so lang wie der Rumpf, $1^1/_2$ mal so dick wie die Glieder des 1. und 2. Beines; 4. Glied kürzer als das 2.; Endglied mit 3 Nägeln. 1. Epimeren hinter dem Capitulum an einander stossend, anscheinend verschmolzen, mit undeutlichen Konturen. Genitalöffnung 160 μ l., von 2 breiten, gewölbten Lefzen verschlossen und mit 4 Genitalplatten; hinten jederseits eine flügelartige, quer gestellte, unregelmässig zwei- oder dreiseitige, etwa 20 Genitalnäpfe tragende Genitalplatte, deren Vorderrand in stumpfer Spitze nach vorn gerichtet ist oder ausgebuchtet erscheint, während der Hinterrand in weitem Bogen nach der Medial- und Lateralecke verläuft; vordere Genitalplatten wie bei P. rufa. Beine mässig lang, vom 1.—4. an Länge zunehmend. — ♂. Epimerengruppen eng zusammengerückt. Maxillarpalpus von halber Rumpflänge, ähnlich wie bei P. conglobata gebaut; auf der bauchig verdickten Beugeseite des 4. Gliedes innen und aussen je 3 annähernd hinter einander gestellte, nach vorn an Grösse abnehmende Haarhöcker, die auf der Aussenseite höher sind, als auf der Innenseite; Stift am distalen Ende des Gliedes mässig gross. Epimerengebiet mit dem Epiandrium, mit der sog. Analöffnung und den an dem Hinterrande, der 4. Epimere gelegenen Drüsenhöfen zu einer geschlossenen, starken Panzerplatte verschmolzen; Genitalplatten lateral noch bis über die Einlenkungsstelle des 4. Beines übergreifend; Öffnung der Samentasche nach hinten sich erweiternd, ohne deutliche Abgrenzung in das dahinter liegende Gebiet der Bauchfläche übergehend; Genitalplatten mit je 20—25 Genitalnäpfen. 3. Bein nur wenig kürzer als das 2., mit stark gekrümmten, verkümmerten Krallen; Greifglied des 4. Beines am distalen Beugeseitenfortsatz mit 3 Schwimmborsten, 2 längeren und einer kurzen. Färbung von ♀ und ♂ hellgrünlich durchscheinend, Rückenflecke bräunlich, Malpighisches Gefäss weisslich gelb. — Nph. mit 2 Skelettkörperchen an Stelle der Genitalöffnung und 2 von einander abgerückten, nach hinten divergierenden, je 3 Genitalnäpfe aufweisenden, zackig gerandeten Genitalplatten von länglich runder Gestalt. — ♂ 610 μ l., 510 μ br.; ♀ 830 μ l., 640 μ br.

Deutschland (Wüster Teich bei Rehefeld im östlichen Erzgebirge), Schweiz.

26. **P. setacea** (Koen.) 1898 *Curvipes setaceus*, Koenike in: Abh. Senckenb. Ges., *v.* 21 II p. 414 t. 26 f. 124—127.

♀. Rumpf länglich rund oder kurz eiförmig, hinten merkbar breiter als vorn. Augen klein, etwa 200 μ von einander entfernt. Capitulum 272 μ l., am Hinterrande der ventralen Wandung einen langen Fortsatz aussendend. Mandibel 352 μ l., mit einem kräftigen, stark gekrümmten Hakengliede. Maxillarpalpus ziemlich lang, dicker als die Grundglieder des 1. Beines. 2. Glied fast so lang wie das 4.; letzteres auf der Mitte der Beugeseite mit 2 neben einander befindlichen, von einigen feinen Härchen umgrenzten Haarhöckern, von denen der äussere der kräftigere ist; distaler Innenrand desselben Gliedes einen schwachen Höcker mit Stift besitzend; Nägel des Endgliedes sehr klein. Epimerengebiet etwas über den Stirnrand des Rumpfes hinausragend, ungefähr 700 μ l.; vordere Plattengruppen hinten je einen rundlichen Fortsatz aussendend; gegenseitiger Abstand der 4. Epimeren 160 μ. 1. Bein etwa so lang wie der Rumpf, das 4. nur wenig länger; sämtliche Gliedmassen vom 1. bis zum 4. Paare in steigender Menge mit breiten Dolch- und Schwertborsten besetzt. Schwimmborsten fehlen; Krallen wie bei P. rotunda, die des 4. Beines merklich kleiner als die der anderen. Genitalhof in der von den Hinterrandecken der 4. Epimeren gebildeten Bucht gelegen, mit einer 176 μ l. Genitalöffnung; Genitalnäpfe wie bei P. rufa auf 4 Genitalplatten verteilt, von denen die 2 hinteren etwa 20 Näpfe tragenden eine langgestreckte Gestalt haben und rechtwinklig zur ventralen Mittellinie gerichtet sind, die beiden vorderen, wesentlich kleineren, ebenfalls länglichen Platten jedoch schräg vor- und einwärts gerichtet sind und nur je 4 oder 5 Näpfe besitzen. Sog. Analöffnung 176 μ von der Genitalöffnung entfernt. — ♂ unbekannt. — ♀ 1,5 mm l., 1,35 mm br.

Madagaskar (Reis-See bei Majunga).

27. **P. stuxbergi** (Piersig) 1897 *Curvipes s.*, Piersig in: Zool. Anz., *v.* 20 p. 335 f. 2, 3.

♀. Ähnelt der P. conglobata. Rumpf breit eiförmig. Integument sehr derb und liniiert. Beine kurz; Endglied des 1. und 2. Beines nicht kolbig angeschwollen, schlank. Maxillarpalpus kaum $1^1/_2$ mal so stark wie die Glieder des 1. und 2. Beines; auf der Beugeseite des 4. Gliedes des Maxillarpalpus 2 schief hinter einander stehende Haarzapfen und ein mässig grosser Stift am distalen Ende. Epimeren dick, mit verdickten Rändern. Genitalöffnung auffallend kurz (100 μ), an den Enden mit grossen Stützkörpern ausgestattet; hintere Genitalplatten unregelmässig viereckig, mit je 4 Genitalnäpfen, von den vorderen, fast dreiseitigen, grösseren, je 3 Genitalnäpfe tragenden Genitalplatten durch einen nur schmalen Abstand geschieden; Zahl der weiter lateral stehenden, in die weiche Haut eingebetteten Genitalnäpfe 8—12. Analhof gross, stark chitinisiert. — ♂ unbekannt. — ♀ 720 μ l.

Schweden.

28. **P. neumani** (Koen.) 1883 *Nesaea neumanii*, Koenike in: Abh. Ver. Bremen, *v.* 8 p. 35 | 1893 *Curvipes neumani*, Koenike in: Zool. Anz., *v.* 16 p. 462 f. 1—3.

♀. Der P. thoracifera täuschend ähnlich, jedoch sind die Haarzapfen auf der Beugeseite des 4. Gliedes des Maxillarpalpus hinter einander gestellt. — ♂ ohne Verschmelzung des Analhofes und der benachbarten Drüsenhöfe mit dem Genitalhof, dieser vorn mit dem Epimerengebiet zusammenhängend; Öffnung der Samentasche sehr kurz, doppelt so breit wie lang, mit flachem, langem Hinterrande und kürzerem Vorderrande. Genitalplatten mit je 12—15 Genitalnäpfen, hinter der Öffnung der Samentasche durch einen breiten Steg mit einander verbunden. Endglied des 3. Beines verkürzt, leicht gekrümmt, mit kleinen, weniger stark gekrümmten Krallen ohne blattartige Verbreiterung des Krallengrundes. Maxillarpalpus auf der Beugeseite des 4. Gliedes mit einer grösseren Zahl von auf erhöhtem Grunde stehenden Haarhöckern, die in eine innere und äussere, nach vorn zu abfallende Reihe geordnet sind und von denen die der Innenseite des Maxillarpalpus höhere und zusammenhängende Spitzen aufweist; Stift am distalen Ende des Gliedes vorhanden. — Grösse und Färbung wie bei P. conglobata.

Deutschland (Michaelstein im Harz).

29. **P. circularis** (Piersig) 1896 *Curvipes c.*, Piersig in: Zool. Anz., *v.* 19 p. 440 | 1897 *C. c.*, Piersig in: Zool., *v.* 22 p. 134 t. 9, 10 f. 22 | 1899 *C. c.*, Soar in: Sci. Gossip, ser. 2 *v.* 5 p. 360 f. 37, 38.

♀. Integument liniiert. Augen mittelgross. Maxillarpalpus wie bei P. rotunda, Haarhöcker auf der Beugeseite des 4. Gliedes jedoch schief hinter einander gestellt. Genitalhof ähnlich wie bei P. rufa. Färbung wie P. rotunda. — ♂ ähnlich dem von P. conglobata; Umgrenzung der Öffnung der Samentasche wie bei P. carnea; Genitalplatten wie bei P. uncata. Fortsatz am distalen Beugeseitenende des Greifgliedes mit 3 ungefähr gleichlangen Borsten. — ♂ 650 μ l., 480 μ br.; ♀ 1 mm l.

Deutschland (Teiche bei Grosszschocher-Leipzig), Grossbritannien (Oban in Schottland).

30. **P. coacta** (Koen.) 1895 *Curvipes coactus,* Koenike in: Zool. Anz., *v.* 18 p. 382 f. 7 | 1897 *C. c.,* Piersig in: Zool., *v.* 22 p. 133 t. 10 f. 24.

♂. Rumpf kurz eiförmig, fast kreisrund; Maxillarpalpus 280 μ l. und dicker als die Grundglieder des 1. Beines; 4. Glied auf der Beugeseite mit 2 von je einem Härchen besetzten Höckern, wie bei Curvipes disparilis, (doch sind sie etwas weiter aus einander gerückt) und einem Höcker mit Stift am distalen Ende; Endglied nach der Spitze kegelförmig zulaufend, mit 2 winzigen Nägeln. Epimeren auf der vorderen Hälfte der Bauchfläche stark chitinisiert. Endglied des 1. und 2. Beines nicht verdickt; Doppelkrallen des 3. Beines sehr klein, jede Kralle mit 2 stark gekrümmten Zähnen. Genitalhof mit dem Epimerengebiet durch ein schmales, schwach chitinisiertes Zwischenstück verbunden; Genitalöffnung 50 μ l.; Samentasche völlig verkümmert; die beiden flügelartigen Genitalplatten in der Medianlinie des Rumpfes nicht mit einander verwachsen, jede mit etwa 6 Genitalnäpfen. Färbung wie bei P. conglobata, Endglieder der Beine rötlich gelb. — ♀ unbekannt. — ♂ 450 μ l.

Borkum.

31. **P. dadayi** (Piersig) 1898 *Curvipes horváthi* (part.), Daday in: Term. Füzetek, *v.* 21 Anhangsheft p. 92 f. 45 (♂) | 1900 *C. dadayi,* Piersig in: Zool. Anz., *v.* 23 p. 211.

♂. Rumpf eiförmig, vorn und hinten fast gleichmässig abgerundet. Integument fein liniiert. Capitulum gross und breit, anscheinend ohne Fortsatz am Hinterrande der ventralen Wandung. Maxillarpalpus fast so lang wie der Rumpf, nur wenig dicker als die Grundglieder des 1. Beines; 4. Glied um $^1/_9$ länger als das 2., mit 3 vom distalen Gliedende merkbar abgerückten, hinter einander gestellten, kleinen Haarhöckern auf der Beugeseite; Endglied $^1/_5$ mal so lang wie das 4., schwach nach unten gekrümmt, nach der distalen Spitze nur schwach sich verjüngend, mit 3 über einander stehenden Nägeln; Borstenbesatz des Maxillarpalpus dürftig. Epimerengebiet $^3/_4$ der Bauchfläche bedeckend. Sämtliche Platten dicht an einander gerückt, die hinteren in der Medianlinie völlig verschmolzen. Hinterrand der 4. Epimeren in der Mitte eine flache Bucht bildend, wellig gebogen bis zur Umbiegung in den Seitenrand ziehend. Beine vom 1.—4. Paare kaum merklich an Länge zunehmend; 1. Bein mit kurzen Borsten besetzt, nur am distalen Ende des 4. Gliedes eine verkümmerte Schwimmborste tragend; 2. Bein am 5. Gliede 3 Schwimmborsten aufweisend; Endglied des 3. Beines nur halb so lang wie das 5., das gleich dem 4. am distalen Ende wenige Schwimmborsten besitzt (3 und 2), mit umgebildeten Krallen, die an die von P. rotunda erinnern; 4. Bein ziemlich stämmig gebaut, 4. Glied am abgerundeten distalen Ende der Beugeseite mit 2 Schwimmborsten und einer kürzeren Borste; Borstenbesatz in der Ausbuchtung des Greifgliedes dürftig; 5. Glied mit 4 Schwimmborsten. Genitalplatten mit den Hinterrändern der 4. Epimeren zusammenhängend, sehr zahlreiche, kleine Genitalnäpfe tragend, von der Genitalöffnung und der daran sich anschliessenden, länglich runden, kleinen Samentasche durch einen freien Zwischenraum geschieden. — ♀ unbekannt. — ♂ 800 μ l.

Ceylon (Sümpfe in der Umgebung des Kalawewa-Sees).

32. **P. ambigua** (Piersig) 1894 *Curvipes sp.*, Piersig in: Zool. Anz., *v.* 17 p. 215 f. 34 | 1894 *C. ambiguus*, Piersig in: Zool. Anz., *v.* 17 p. 372 | 1897 *C. a.*, Piersig in: Zool., *v.* 22 p. 138 t. 20 f. 52 | 1899 *C. a.*, Soar in: Sci. Gossip, ser. 2 *v.* 5 p. 330 f. 36.

Nph. — Rumpf breit oval. Integument grob liniiert. Capitulum gross. Maxillarpalpus 260 μ l., so dick wie bei P. aduncopalpis und P. clavicornis; 2. Glied auf der Streckseite stark gewölbt, hier 96 μ, an der Beugeseite jedoch nur 48 μ l.; 4. Glied 80 μ l., nach vorn sich verjüngend, auf der Beugeseite mit 2 schief nach vorn gerichteten Haarhöckern, von denen der äussere weiter zurück steht, und einem vom Vorderrande merkbar abgerückten Zapfen mit eingelassenem Stift; Endglied schwach hakenförmig nach unten gekrümmt, in einen einzigen, weit vorgeschobenen, mittleren Nagel auslaufend, auf der Streckseite weiter zurück 2 kleine Nebennägel aufweisend. Epimeren mit verdicktem Rande. Beine stark beborstet, mittellang. Genitalhof aus einem mittleren Skelettkörperchen und 2 aus einander gerückten, annähernd dreieckigen Genitalplatten mit je 3 in die Ecken gestellten Genitalnäpfen. Färbung rotbraun, Malpighisches Gefäss gelblich. — ♂ und ♀ unbekannt. — Nph. 600 μ l., 490 μ br.

Sachsen, England, Irland.

33. **P. laminata** (Thor) 1900 *Curvipes laminatus*, Thor in: Nyt Mag. Naturv., *v.* 38 nr. 4 p. 371 t. 16 f. 17, 18.

♀. Rumpf ähnlich wie bei P. carnea gestaltet, eiförmig, hochgewölbt. 1.—3. Glied des Maxillarpalpus wie bei P. fuscata, 4. Glied ein wenig länger und schwächer, auf der Beugeseite mit 2 Haarhöckern, die mit denen von P. fuscata und P. annulata annähernd übereinstimmen; Chitinhöcker am distalen Ende desselben Gliedes schief nach vorn und unten gerichtet. Epimeren stärker punktiert als bei P. fuscata. Subkutaner Fortsatz an der hinteren Ecke der 4. Epimere ziemlich breit, meist an der Spitze gespalten. Genitalplatten stark verbreitert, kräftig chitinisiert, mit sichelförmig gebogenem Lateral- und Hinterrand und unregelmässig ausgebuchtetem Medialrande, nach vorn zu mehr oder weniger spitz zulaufend; jede Platte mit 12—20 Genitalnäpfen, von denen der vorderste und 2 oder 3 in der Mitte gelegene grösser als die anderen sind; vordere Ecke der feinporösen Genitalplatte etwa 4, hintere Ecke medial gewöhnlich 5 kurze Borsten tragend; Haarplättchen zuweilen von dem Vorderende der Genitalplatte teilweise abgelöst, dann meist 2 Borsten aufweisend. Sog. Analöffnung näher dem Genitalhof als dem Hinterrande der Bauchfläche, von einem breiten, häufig nach vorn verlängerten Chitinhof umgeben. Färbung, ähnlich wie bei P. carnea, schwarzbraun mit helleren grauen Flecken. — ♂ und Nph. unbekannt. — ♀ 1,8 mm l., 1,3 mm br.

Norwegen (Teich in Sörkjosen auf Tromsö).

P. affinis (C. L. Koch) 1836 *Nesaea a.,* C. L. Koch, C. M. A., fasc. 8 f. 21 | 1842 *Piona a.,* C. L. Koch, Übers. Arach., *v.* 3 p. 13.

Nymphe. — Deutschland (Graben auf dem Bruderwehr bei Regensburg).

P. alpicola (Neuman) 1880 *Nesaea a.,* Neuman in: Svenska Ak. Handl., n. ser. *v.* 17 nr. 3 p. 37.

♀. Rumpf breit oval; Maxillarpalpus sehr lang und dicker als die Grundglieder des 1. Beines, 4. Glied mit ungewöhnlich grossen Höckern. Genitalhof mit kurzen und breiten, fast kreisförmigen Genitalplatten; Genitalnäpfe sehr zahlreich, eine kreisförmige Figur bildend. Beine lang, schon das 1. Paar länger als der Rumpf; 2.—4. Bein mit Schwimmborsten; Endglied sämtlicher Beine dünn und kürzer als das 5. Glied; Krallen ungewöhnlich klein. — ♂ unbekannt. — ♀ 1,3 mm l.

Schweden (Quickjock in Lappland).

P. alzatei (Alf. Dug.) 1884 *Atax a.,* Alf. Dugès in: Naturaleza, *v.* 6 p. 345 t. 8 f. 13, 14—19 (♀), 18 (Nph.), 10—12 (Lv.).

Eine anscheinend der P. conglobata nahestehende Form. — Mexico.

P. amoena (C. L. Koch) 1836 *Nesaea a.,* C. L. Koch, C. M. A., fasc. 8 f. 22 (♂), 23 (♀).

Deutschland (Graben auf dem Bruderwehr bei Regensburg).

P. annulata (Thor) 1900 *Curvipes annulatus,* Thor in: Nyt Mag. Naturv., *v.* 38 nr. 4 p. 369 t. 16 f. 13—16.

♀. Umriss des Rumpfes oval, kürzer als bei P. fuscata. Rücken flach gewölbt. Maxillarpalpus ähnlich wie bei P. fuscata, Haarhöcker jedoch etwas niedriger und der äussere ein wenig weiter nach hinten gerückt, Chitinzapfen am distalen Ende des Gliedes kürzer und nicht nach vorn, sondern nach der Beugeseite gerichtet. Epimeren klein, 4. Paar nicht weit nach hinten reichend, mit kurzer, stumpfer Hinterrandecke, aber stark entwickeltem, schief medial gerichtetem subkutanen Fortsatze. Chitinbogen vor der langen Genitalöffnung zwischen den hinteren Medialrandecken des 4. Epimerenpaares gelegen; Genitalplatten sichelförmig gebogen, sehr schmal, mit 7—12 fast gleich grossen Genitalnäpfen, von denen 1 oder 2 frei in der medialen Einbuchtung stehen; Haarplättchen vom Vorderende der Genitalplatten deutlich abgerückt; je 2 oder 3 Börstchen tragend. Hinter dem vordersten Genitalnapf und am medial umgebogenen Hinterende der Genitalplatte noch je 2 oder 3 kurze Borsten. Sog. Analöffnung unweit des Genitalhofes, von einem starken Chitinhof umgeben. Färbung bräunlich rot, heller als bei P. fuscata. — ♂ unbekannt. — Nph. mit ähnlichem Maxillarpalpus wie das ♀; Endglied desselben dicker als bei der Nph. von P. fuscata. Genitalplatten mit je 3 Genitalnäpfen, die ähnlich geordnet sind wie bei P. ambigua. ♀ 750 µ l., 600 µ br.; Nph. 500 µ l.

Norwegen (Wassergraben auf Brekke unweit Fredrikstad).

P. appendicola (P. Kram.) 1893 *Nesaea a.,* P. Kramer in: Arch. Naturg., *v.* 59 I p. 10 f. 7.

Lv. mit einem grossen, am freien Ende tief ausgeschnittenen Fortsatz am Hinterrande der Analplatte. — Nph. und Im. unbekannt.

Deutschland.

P. bella (C. L. Koch) 1836 *Nesaea b.,* C. L. Koch, C. M. A., fasc. 9 f. 9 (♂), 10 (♀).

Deutschland (Wernberger Mühlenweiher bei Regensburg).

P. bifasciata (C. L. Koch) 1836 *Nesaea b.,* C. L. Koch, C. M. A., fasc. 9 f. 16 | 1842 *Piona fasciata,* C. L. Koch, Übers. Arach., *v.* 3 p. 13.

Unbestimmbares ♀. — Deutschland (Mühlenweiher bei Wernberg).

P. borealis (Neuman) 1880 *Nesaea b.*, Neuman in: Svenska Ak. Handl., n. ser. *v.* 17 nr. 3 p. 44.

♀. Rumpf breit oval; Maxillarpalpus halb so lang wie der Rumpf; Genitalhof mit kurzer Genitalöffnung. Genitalplatten scheibenförmig, wie bei P. carnea gelagert, mit zahlreichen kleinen Genitalnäpfen. — ♂ unbekannt. — ♀ 1,6 mm l., 1,4 mm br.

Schweden (Quickjock in Lappland).

P. confluens (C. L. Koch) 1836 *Nesaea c.*, C. L. Koch, C. M. A., fasc. 8 f. 17.

Deutschland (Schlösselweiher bei Regensburg).

P. electa (C. L. Koch) 1837 *Tiphys electus*, C. L. Koch, C. M. A., fasc. 10 f. 17.

Unbestimmbare Nph. — Deutschland (Graben auf dem Bruderwehr bei Regensburg).

P. hieroglyphica (C. L. Koch) 1836 *Nesaea h.*, C. L. Koch, C. M. A., fasc. 8 f. 18.

Deutschland (bei Strassberg unweit Geissenfeld in Bayern).

P. incurvata (C. L. Koch) 1836 *Nesaea i.*, C. L. Koch, C. M. A., fasc. 9 f. 12.

Unbestimmbare Nph. — Deutschland (Gewässer bei Regensburg).

P. lacustris (C. L. Koch) 1836 *Nesaea l.*, C. L. Koch, C. M. A., fasc. 9 f. 17.

Nph. einer unbestimmbaren Art. — Deutschland (Mühlenweiher bei Wernberg).

P. lunipes (Müll.) 1776 *Hydrachna l.*, O. F. Müller, Zool. Dan. Prodr., p. 189 nr. 2260 | 1781 *H. l.*, O. F. Müller, Hydrachnae, p. 49 t. 5 f. 5, 6.

♂ einer unbestimmbaren Art. — Dänemark.

P. maculata (C. L. Koch) 1836 *Nesaea m.*, C. L. Koch, C. M. A., fasc. 8 f. 20.

Unbestimmbare Nph. — Deutschland (Graben auf dem Bruderwehr bei Regensburg).

P. minuta (C. L. Koch) 1836 *Nesaea m.*, C. L. Koch, C. M. A., fasc. 8 f. 19.

Unbestimmbare Nph. — Deutschland (bei Regensburg).

P. olivacea (C. L. Koch) 1836 *Nesaea o.*, C. L. Koch, C. M. A., fasc. 9 f. 8.

Möglicherweise Nph. von P. conglobata. — Deutschland (Graben auf dem Bruderwehr bei Regensburg).

P. ovata (Müll.) 1776 *Hydrachna o.*, O. F. Müller, Zool. Dan. Prodr., p. 190 nr. 2276 | 1781 *H. o.*, O. F. Müller, Hydrachnae, p. 68 t. 8 f. 7.

Dänemark.

P. pallescens (C. L. Koch) 1837 *Nesaea p.*, C. L. Koch, C. M. A., fasc. 10 f. 10.

Unbestimmbare Nph. — Deutschland (Hohengebrachinger Weiher bei Regensburg).

P. pellucida (Neuman) 1885 *Nesaea p.*, Neuman in: Göteborgs Vetensk. Handl., *v.* 20 p. 8.

♀. Rumpf eirund, vorn abgerundet, hinten jederseits mit einer schwachen Einbuchtung. Capitulum breiter als lang, Hinterrand der ventralen Wandung abgerundet, ohne deutlichen Fortsatz; Mundöffnung rot. Maxillarpalpus kurz, nur wenig dicker als die Grundglieder des 1. Beines; Haarhöcker auf der Beugeseite des 4. Gliedes klein. Epimeren die knappe Hälfte der Bauchfläche einnehmend. Beine kurz, das 4. nicht länger als der Rumpf, alle reichlich mit Borsten ausgestattet. Genitalöffnung kurz, jederseits mit 20—25 Genitalnäpfen, ähnlich angeordnet wie bei P. punctata. Sog. Analöffnung in der Mitte zwischen Genitalhof und Hinterrand der Bauchfläche gelegen. — ♂. Rumpf vorn etwas ausgebuchtet, am Hinterrande mit lateralen Einbuchtungen. Beine sehr lang; 4. beinahe doppelt so lang wie der Rumpf. Epimerengebiet $^3/_4$ der Bauchfläche einnehmend. Genitalhof unmittelbar hinter den 4. Epimeren gelegen; Genitalöffnung kurz, mit halbmondförmigen Lefzen, die zusammen eine kreisrunde Scheibe bilden, hinter der eine grosse, beinahe quadratische Samentaschenöffnung liegt; Genitalplatten annähernd rund, die Samentasche durch Ausläufer umschliessend, mit nicht so zahlreichen, aber grösseren Genitalnäpfen als beim ♀. — Färbung weisslich durchscheinend, selten gelblich, mit grossen, schwarzbraunen Rückenflecken; Maxillarpalpus, Beine und Epimeren bläulichgrau; sog. Analöffnung von einem gelben Hofe umgeben. — ♂ 800—900 μ l.; ♀ 1,4 mm l.

Seeland (Hulsö).

P. phalerata (C. L. Koch) 1836 *Nesaea p.*, C. L. Koch, C. M. A., fasc. 9 f. 24.

Unbestimmbare Nph. — Deutschland (bei Regensburg).

P. porcellana (C. L. Koch) 1840 *Nesaea p.*, C. L. Koch, C. M. A., fasc. 37 f. 10, 11.

Deutschland (bei Regensburg).

P. punctata (Neuman) 1880 *Nesaea p.*, Neuman in: Svenska Ak. Handl., n. ser. *v.* 17 nr. 3 p. 47 t. 5 f. 4.

♀ dem von P. conglobata sehr nahe stehend. Rumpf breit oval, Mündungshöfe der Hautdrüsen erhaben, sehr deutlich sichtbar. Epimeren wie bei P. fuscata. Maxillarpalpus dicker als die Grundglieder des 1. Beines, ungefähr $^1/_2$ so lang wie dieses; Haarhöcker auf der Beugeseite des 4. Gliedes klein, aber deutlich sichtbar. Beine kurz und dünn, nur das 4. mit Schwimmborsten. Genitalöffnung lang, vordere quer gestellte Skelettspange auffallend gross; Genitalnäpfe in die weiche Haut gebettet, ähnlich gruppiert wie bei P. conglobata, jederseits ca. 15, davon 3 oder 4 neben dem Hinterende der Genitalöffnung jederseits auf einer Platte vereinigt. Färbung weisslich durchscheinend, mit dunkelbraunen Rückenflecken, Saum der Mundöffnung rötlich-braun. — ♂ unbekannt. — ♀ 800 μ l.

Schweden (Teich bei Grodde im Kirchspiel Fleringe und bei Petes auf Gotland).

P. pusilla (Neuman) 1881 *Nesaea p.*, Neuman in: Svenska Ak. Handl., n. ser. *v.* 17 nr. 3 p. 46 t. 5 f. 5.

♀. Rumpf eiförmig, hochgewölbt, ohne deutliche Drüsenhöfe. Maxillarpalpus fast doppelt so dick wie die Grundglieder des 1. Beines; Haarhöcker auf der Beugeseite des 4. Gliedes sehr klein und undeutlich. Epimeren wie bei P. punctata. Beine kurz und dünn, 3. und 4. Bein mit Schwimmborsten; Krallen der Beine ungewöhnlich klein. Genitalöffnung sehr gross, mit kurzer vorderer Skelettspange. Genitalnäpfe jederseits in die weiche Haut gebettet (?), etwa 15 an Zahl. Färbung wechselnd. — ♂ mit winziger, länglich runder Genitalöffnung (oder Öffnung der Samentasche?). — ♂ ca. 400 μ l.; ♀ 800 μ l.

Schweden (Teich im Kirchspiel Föra auf Öland).

P. quinquemaculata (C. L. Koch) 1836 *Nesaea 5-maculata,* C. L. Koch, C. M. A., fasc. 9 f. 13.

Wahrscheinlich eine Nph. — Deutschland (Graben auf dem Bruderwehr bei Regensburg).

P. raropalpis (Thor) 1900 *Curvipes r.*, Thor in: Nyt Mag. Naturv., *v.* 38 nr. 4 p. 373 t. 17 f. 19.

♀. Dem ♀ von P. rotunda sehr ähnlich, 4. Glied des Maxillarpalpus jedoch abweichend gebaut, auffallend dünn, ohne alle Zähne, Höcker und Härchen auf der Beugeseite, mit einem langen, geraden Chitinstift am distalen Ende der Innenseite; 5. Glied anscheinend verkümmert, wie ein durchscheinendes, dünnes Häutchen gebildet, vorn abgerundet und ohne alle Endklauen oder Borsten. Genitalplatten sichelförmig, etwas breiter als bei P. rotunda, mit etwa 27—30 Genitalnäpfen, von denen 1—3 frei in der medialen Einbuchtung liegen; Vorderende einer jeden Platte mit 9, Hinterende mit 5 kurzen Börstchen. Sog. Analöffnung hinter der Genitalöffnung von einem breiten Chitinring umgeben, jederseits von 2 Hautdrüsenhöfen begleitet, deren Chitinwall je 2 Borsten trägt. — ♂ und Nph. unbekannt. — ♀ 1 mm l.

Wahrscheinlich eine Missbildung.

Norwegen (Teich auf Petersborg im Balsfjord nahe bei Tromsö).

P. rotundoides (Thor) 1898 *Curvipes r.*, Thor in: Arch. Naturv. Christian., *v.* 20 nr. 3 p. 30 t. 3 f. 48.

♀. Ähnelt sehr stark dem ♀ von P. rotunda, zählt aber auf jeder Genitalplatte 30—40 Genitalnäpfe; die nach vorn gerichtete Einbuchtung der Genitalplatten weist etwa 2—4 freie Genitalnäpfe auf.

Wahrscheinlich nur Varietät von P. rotunda oder P. obturbans.

Norwegen (Eidsfos, Bugn, Skarselv und Svantelv bei Bodö, Hindö, Sydvaranger).

P. spectabilis (Neuman) 1880 *Nesaea s.*, Neuman in: Svenska Ak. Handl., n. ser. *v.* 17 nr. 3 p. 40.

♀. Rumpf oval, sehr hoch, vorn ausgebuchtet. Maxillarpalpus sehr lang, bis an das 5. Glied des 1. Beines reichend, wenig dicker als die Grundglieder des letzteren; Beugeseite des 4. Gliedes mit winzigen Haarhöckern. Beine mittellang, 2.—4. mit Schwimmborsten. Genitalhof ähnlich wie bei P. nodata; Genitalplatten scheibenförmig, mit 30 Genitalnäpfen, von denen die 2 mittleren wesentlich grösser sind als die übrigen. Färbung hellgrün mit grossen braunen Rückenflecken. — ♂ mit schlankeren Beinen und ausgebreitetem Epimerengebiet. — ♂ 1,4 mm l., 1 mm br.; ♀ 2 mm l., 1,6 mm br.

Schweden (Åsunden bei Ulricehamn, Borga träsk auf Öland).

P. stellaris (P. Kram.) 1875 *Nesaea s.*, P. Kramer in: Arch. Naturg., *v.* 41 I p. 306 t. 9 f. 15.

♂. Integument des eirunden Rumpfes liniiert. Maxillarpalpus gross und stark; Beugeseite des 4. Gliedes mit 2 starken Höckern (nach Kramers Angabe „ein starker Höcker mit gabelig geteilter Spitze"). Epimerengruppen eng zusammengerückt. Öffnung der Samentasche länglich zusammengedrückt, 39 μ lang, jederseits von 13—15 Genitalnäpfen begleitet, deren vorderster merklich grösser als die übrigen ist. Beine mittellang, das 3. mit verkürztem Endglied und verkümmerten Krallen von winziger Grösse. Greifglied am 4. Beine stark ausgeschnitten, mit 2 Schwimmborsten am distalen verlängerten Beugeseitenende. — ♀ unbekannt. — ♂ 560 μ l.

Deutschland.

P. stjördalensis (Thor) 1897 *Curvipes s.*, Thor in: Arch. Naturv. Christian., *v.* 19 nr. 11 p. 54 t. 1 f. 16, 17.

♀ ähnelt dem von P. nodata. Maxillarpalpus 1/2 so lang wie der Rumpf und wie bei P. controversiosa gestaltet. Genitalöffnung mit breiter vorderer Querspange, gross; Genitalplatten länglich rund, mit abgestutztem Medialrande, flügelförmig vom hinteren Teile der Lefzen schief lateral und nach hinten ziehend und etwa 20—25 Genitalnäpfe tragend, von denen 2 grössere wie bei P. nodata gruppiert sind. — ♂ dem von P. nodata ungemein ähnlich, aber mit grösseren, weiter nach hinten reichenden etwa 25 Genitalnäpfe umschliessenden Genitalplatten. 3. Bein stark verkürzt. — ♂ 1,2 mm l., 900 μ br.; ♀ 1,4 mm l., 1 mm br.

Norwegen (Bucht des Stjördalselv zwischen Hell und Hegre bei Throndhjem).

P. trifurcalis (Müll.) 1776 *Hydrachna t.*, O. F. Müller, Zool. Dan. Prodr., p. 189 nr. 2261 | 1781 *H. t.*, O. F. Müller, Hydrachnae, p. 50 t. 5 f. 2.

Nach Koenike vielleicht eine Spielart von P. nodata. — Dänemark.

P. unguiculata (Neuman) 1880 *Nesaea u.*, Neuman in: Svenska Ak. Handl., n. ser. *v.* 17 nr. 3 p. 50 t. 5 f. 3.

♀. Rumpf oval, vorn mit flacher Einbuchtung. Maxillarpalpus sehr kurz, kaum halb so dick wie die Grundglieder des 1. Beines; Beugeseite des 4. Gliedes mit winzigen Haarhöckern; Endglied deutlich dreispitzig. Beine ziemlich kurz, nur das 4. mit Schwimmborsten; Krallen der Beine ungewöhnlich gross, am Grunde nicht blattartig verbreitert, mit 2 gleich grossen, dünnen, zugespitzten Zähnen; Krallengruben sehr lang und tief. Färbung gelblichgrau mit braunen Rückenflecken und gelblichem, Malpighischem Gefäss. — ♂ unbekannt. — ♀ 1,8 mm l., 1,3 mm br.

Schweden (Cisterne bei der 7. Schleuse des Göta-Kanals zwischen Lyrestad und Sjötorp).

P. variabilis (C. L. Koch) 1836 *Nesaea v.* (part.: ♂), C. L. Koch, C. M. A., fasc. 8 f. 7.

♂. Unbestimmbar, nicht übereinstimmend mit P. rufa, da das Greifglied am 4. Bein nicht 3, sondern 5 oder 6 Schwimmborsten am distalen Ende der Beugeseite trägt.

Deutschland (Teiche bei Regensburg).

P. viridis (C. L. Koch) 1836 *Nesaea v.*, C. L. Koch, C. M. A., fasc. 9 f. 23.

Gross, eiförmig. Maxillarpalpus lang, kaum so dick wie die Grundglieder des 1. Beines. Beine länger als der Rumpf. Färbung apfelgrün, Flecken schwärzlich, Malpighisches Gefäss grünlich; Epimeren, Maxillarpalpus und Beine grünlichblau.

Deutschland (Hohengebrachinger Weiher bei Regensburg).

P. viridula (C. L. Koch) 1837 *Nesaea v.*, C. L. Koch, C. M. A., fasc. 10 f. 9.

Unbestimmbare Nph. — Deutschland (Graben auf dem Bruderwehr bei Regensburg).

P. vivida (C. L. Koch) 1836 *Nesaea v.*, C. L. Koch, C. M. A., fasc. 9 f. 20.

Unbestimmbare Nph. — Deutschland (Hohengebrachinger Weiher bei Regensburg).

56. Gen. **Nautarachna** Moniez

1888 *Nautarachna* (Typ.: *N. asperrimum*), Moniez in: Rev. biol. Nord France, *v.* 1 p. 64.

Rumpf breit oval. Integument derb, dicht mit spitzen Zäpfchen bedeckt. Hautdrüsenöffnungen von je eine Borste tragenden Höfen umgeben. Augen mit nur einer Linse. Capitulum einem beweglichen Wulst aufsitzend, eine dorsal nur vorn geschlossene Röhre bildend. Mandibel ein- oder zweigliederig. Maxillarpalpus 5-gliederig; Endglied am distalen Ende scherenartig gespalten. Epimeren auf 4 Gruppen (Fig. 75) verteilt, klein. Genitalhof mit lateral gestellten, zahlreiche Genitalnäpfe tragenden Genitalplatten. Sog. Analöffnung zwischen Genitalhof und Hinterrand des Rumpfes.

Atlantischer Ocean.

1 einzige, nur als Nph. bekannte Art.

1. **N. asperrima** Moniez 1888 *N. asperrimum*, Moniez in: Rev. biol. Nord France, *v.* 1 p. 64 f. 1—3.

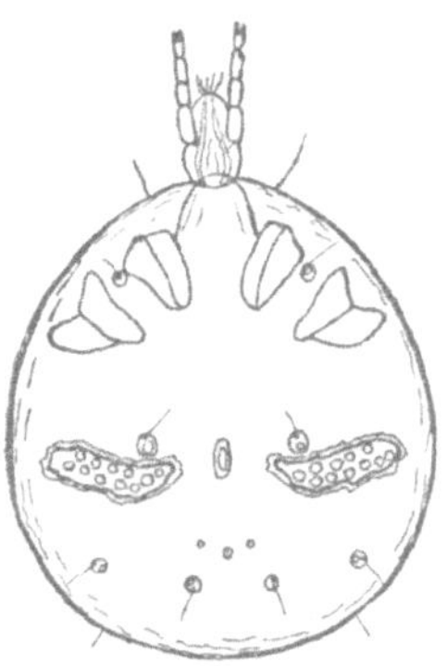

Fig. 75. N. asperrima. Nph., Bauchseite.

Nph. Capitulum 145 μ l., am Grunde sehr breit, nach vorn verjüngt, an der Spitze die kleine, von 4 Borsten umstellte Mundöffnung tragend. Maxillarpalpus ziemlich lang (250 μ) und dünner als die Beine; 1. Glied kurz, nach dem proximalen Ende hin eingeschnürt; 2. Glied am dicksten, 3 Borsten aufweisend, wenig kürzer als das 3. Glied; 4. Glied am längsten; Endglied fast so kurz wie das 1. Epimeren (Fig. 75) auf dem vorderen Drittel der Ventralfläche, von auffallend geringer Ausdehnung, medial keilförmig zulaufend; 4. Epimere kaum grösser als die 3. Beine kurz, das 4. wenig länger als der Rumpf; Endglied der Beine am distalen Ende ein wenig gebogen; Schwimmborstenbüschel nur am Grunde der Endglieder; vereinzelte Schwimmborsten noch am 4. und 5. Gliede; Krallen einfach, aber kräftig gebaut, mit einer dünnen Haut auf der konkaven Seite. Genitalplatten (Fig. 75) von der engen, wahrscheinlich noch geschlossenen Genitalöffnung abgerückt, länglich, fast schwach S-förmig gebogen, mit wellig unregelmässigem, von einem subkutanen Skelettsaum begleitetem Rande und 11—15 kleinen, runden Genitalnäpfen. Färbung grünlich; Malpighisches Gefäss blassgelb; Beine bläulich. — Im. unbekannt. — Nph. 660 μ l., 630 μ br.

Litoralzone des Atlantischen Oceans bei Cayeux-sur-mer im Departement Somme in Frankreich.

57. Gen. **Pontarachna** Phil.

1840 *Pontarachna* (Typ.: *P. punctulum*), R. A. Philippi in: Arch. Naturg., *v.* 61 p. 191 | 1880 *P.*, G. Haller in: Arch. Naturg., *v.* 461 p. 357 | 1889 *P.*, Schaub in: SB. Ak. Wien, *v.* 98 p. 165.

Rumpf hochgewölbt, kugelig, nach vorn mässig verjüngt. Integument glatt, farblos, weich. Seitenaugen wie bei der Gattung Piona, am vorderen Rumpfrande. Capitulum klein. Maxillarpalpus 5-gliedrig, 4. Glied am längsten, 5. Glied spitz zulaufend. Epimeren (Fig. 76) einer Seite dicht an einander gedrängt, zum Teil verschmolzen, nach hinten aus einander tretend und eine nach vorn keilförmig zugespitzte, mediane Bucht freilassend; 4. Epimere unregelmässig viereckig, nach hinten 2 schnabelförmig gebogene Fortsätze aussendend. Genitalöffnung von 2 einfachen Panzerbogen umgeben, beim ♂ von denselben völlig umschlossen. Genitalplatten und Genitalnäpfe, sowie Tracheen fehlen.

Atlantischer Ocean. Mittelmeer.

3 Arten.

Übersicht der Arten:

1	2. Glied des Maxillarpalpus länger als das 3. . . .	1. **P. punctulum** . p. 270
	2. Glied des Maxillarpalpus kürzer als das 3. — 2.	
2	5. Glied des Maxillarpalpus $^1/_4$ so lang wie das 4. .	2. **P. tergestina** . p. 271
	5. Glied des Maxillarpalpus $^1/_8$ so lang wie das 4. .	3. **P. lacazei** . . . p. 271

1. **P. punctulum** Phil. 1840 *P. p.*, R. A. Philippi in: Arch. Naturg., *v.* 61 p. 191 t. 4 f. 4, 5 | 1880 *P. p.*, *P. globula* (laps.), G. Haller in: Arch. Naturg., *v.* 461 p. 362 t. 17 f. 1—4 | 1889 *P. p.*, Schaub in: SB. Ak. Wien, *v.* 98 p. 166 t. 1 f. 1—7.

♀ (Fig. 76). Rumpf hoch gewölbt, kugelig, nach vorn verjüngt. Integument weich und glatt, ohne Färbung. Seitenaugen wie bei Atax. Stirnborsten sehr kräftig entwickelt. Maxillarpalpus stärker als die Beine; 1.—3. Glied kurz; 4. Glied lang gestreckt, nach dem verjüngten Ende gebogen, ohne Auszeichnung der Beugeseite; 5. Glied noch nicht halb so lang wie das 4., fast krallenförmig, am distalen Ende pinselförmig gespalten, mit mehreren dicht aneinander liegenden Nägeln; Haarbesatz spärlich. Capitulum mit kleiner, nach unten gekehrter Mundöffnung. Mandibel 180 μ l., zweigliedrig (1. Glied 139 μ l.), wie bei den meisten übrigen Hydrachniden geformt. Beine ohne eigentliche Schwimmborsten, mit starken, paarig auftretenden, stachelförmigen Haarborsten auf der Beugeseite. Krallen dreizinkig. 2. und 3. Epimere am medialen Ende völlig mit einander verschmolzen, sonst alle Epimeren durch Randleisten geschieden. 1. Epimere an der proximalen Spitze mit einem nach der Medianlinie gerichteten kleinen Zahnfortsatz; 4. Epimere am Hinterrande mit 2 grossen, schnabelförmig nach hinten verlaufenden, mit der Spitze leicht lateral gebogenen Ausläufern.

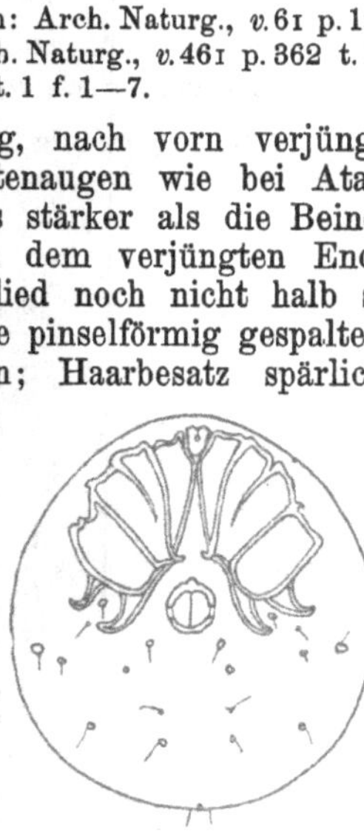

Fig. 76. **P. punctulum.** ♀, Bauchseite.

Genitalhof etwa in der Mitte der Ventralfläche, zwischen den medialen Eckfortsätzen der 4. Epimeren. Genitalöffnung klein, beim ♀ vorn und hinten samt den Lefzen durch je einen Skelettbogen begrenzt, deren Enden einander bis auf einen Abstand von 6 μ genähert sind, ohne fest zu verschmelzen; beim ♂ von einem länglich runden, 8 Poren tragenden Skelettring völlig umschlossen, und von einem Hof unregelmässig gestellter, feiner Haare umgeben. ♂ mit Penisgerüst. Sog. Analöffnung am äussersten Hinterende des Rumpfes. Malpighisches Gefäss weiss; Blindsäcke des Magens licht rotbraun. — ♀ 520 μ l., 470 μ br., 340 μ h.; ♂ kleiner.

Golf von Neapel.

2. **P. tergestina** Schaub 1889 *P. t.*, Schaub in: SB. Ak. Wien, *v.* 98 p. 171 t. 2 f. 7—12.

In Gestalt und Färbung der vorigen Art sehr nahe stehend. 3. Glied des Maxillarpalpus länger als das 2.; Endglied $^1/_4$ so lang wie das 4. Capitulum nicht flach gedrückt, sondern zu einem mit der Spitze nach unten gekrümmten, kegelförmigen Saugrüssel umgeformt. Mandibel zu aussergewöhnlich starken, zweigliedrigen, flachen, mit den Flächen senkrecht gestellten Stiletten umgebildet, bogenförmig in das Leibesinnere bis über die Genitalöffnung zurückreichend; 1. Glied und Endglied annähernd von gleicher Länge, zusammen etwa $^2/_3$ so lang wie der Rumpf; 1. Glied von dem massigen hinteren Ende aus zweischenkelig nach vorn verlaufend und daselbst zur Bildung eines Gelenkkopfes sich wieder vereinigend, 180 μ l. und bis 19 μ h.; Endglied gelenkig mit dem 1. verbunden, eine flache, 11 μ br. und 190 μ l., etwas gebogene, stilettförmige Klinge mit gezähnter Spitze bildend; Grundglied von einem, durch Zusammenrollen einer Skelettplatte entstandenen Stützgerüst getragen, das nach vorn in 2 starke, am freien Ende gabelförmig ausgeschweifte Schenkel ausläuft; Endglied scheidenförmig von einer oben offenen Rinne umgeben. Beine des ♂ schlanker als beim ♀, mit vereinzelten Schwimmborsten. Genitalöffnung des ♀ 60 μ l.; Stützkörper vor und hinter derselben wie bei den meisten Hydrachniden gestaltet, quer gestellt, nur mit kurzen, die Lefzen lateral nicht umfassenden Schenkeln. Genitalöffnung des ♂ von einem flächenhaft verbreiterten Skelettringe völlig umschlossen; jede laterale Ringhälfte in der Mitte eine grosse Pore aufweisend, die vorn und hinten von zahlreichen (18—20) kleinen Porenöffnungen begleitet wird. Weitere Umgebung des Genitalhofes ohne Haare. — ♀ 410 μ l.; ♂ etwas kleiner.

Hafen von Triest.

3. **P. lacazei** Moniez 1890 *P. l.*, Moniez in: Rev. biol. Nord France, *v.* 2 p. 358 f. 1, 2.

♂ P. tergestina sehr ähnlich. Augen scheinbar mit nur einer nach hinten gerichteten Linse und grossem Pigmentfleck. 5. Glied des Maxillarpalpus $^1/_3$ so lang wie das 4.; 3. Glied schwächer und kürzer als bei P. tergestina; 4. Glied breiter und kürzer; Haarbesatz sehr dürftig, nur eine einzige Borste am distalen Ende der Streckseite des 2. Gliedes. 4. Epimere mit einem medialen und lateralen Fortsatz; letzterer mit seiner Spitze nach der Medianlinie zu umgebogen. 2.—4. Bein mit vereinzelten Schwimmborsten an den vorletzten Gliedern. Genitalhof wie bei der Vergleichsart unregelmässig umrandet. Genitalplatten die Genitalöffnung völlig umschliessend, jede mit zahlreichen (28—31), annähernd gleichen Genitalnäpfen. Genitalöffnung vorn breiter als hinten. Färbung wahrscheinlich ähnlich wie bei P. tergestina. — ♀ unbekannt. — ♂ 315 μ l., 290 μ br.

Atlantischer Ocean (Banyuls-sur-Mer).

Gen. **Kongsbergia** Thor

1899 *Kongsbergia* (Typ.: *K. materna*), Thor, En ny Hydrachnide-slegt og andre nye arter, Kristiania, p. 1.

Integument ohne Panzerbildungen, mit feinen Linien bedeckt, die nach hinten zu in kräftige Runzeln übergehen und am Körperrande als scharfe Zähnchen oder Spitzchen sichtbar werden. Capitulum mässig gross. Maxillarpalpus gross, besonders das 2. und 4. Glied. Epimeren schwach chitinisiert und nicht immer deutlich umrandet. Beine ohne Schwimmhaare mit nur wenigen, an die distalen Gliedenden gerückten, kurzen Dornborsten; Oberfläche der Glieder schwach netzförmig gefeldert; Krallen gross, zweizinkig. Genitalhof am Hinterende der Bauchfläche, mit 2, je 14—17 Genitalnäpfe tragenden, unregelmässig scheibenförmigen Genitalplatten.

Norwegen.

1 unsichere Art.

K. materna Thor 1899 *K. m.*, Thor, En ny Hydrachnide-slegt og andre nye arter, Kristiania, p. 2 t. 18 f. 166.

Nph. Umriss des Rumpfes wie bei Aturus scaber. Maxillarpalpus lang, 4. Glied auf der Innenseite (Beugeseite?) mit einer Borste; 5. Glied lang und dünn, am distalen Ende in 2 winzige, gekrümmte Nägelchen auslaufend. Gemeinschaftliches Hinterende der 1. und 2. Epimere wie bei den Feltria-Arten hakenförmig sich weit nach hinten ziehend; hintere Epimerengruppen durch einen ziemlich grossen, medianen Abstand von einander abgerückt; Hinterrand der 4. Epimere mehr oder weniger deutlich lateral gerichtet. Genitalplatten unregelmässig rundlich, grösster Durchmesser derselben schief lateral und nach hinten gerichtet, mit 14—17 Genitalnäpfen; Genitalöffnung nicht vorhanden. Sog. Analöffnung zwischen den hinteren Hälften der Genitalplatten, jederseits von 2 Hautporen begrenzt, von denen die hintere, grössere, etwas weiter lateral liegt. Hinterrand des Rumpfes mit 2 mässig von einander abgerückten, kleinen Zäpfchen oder Papillen. Färbung wie bei Aturus scaber. — ♂ und ♀ unbekannt. — Nph. 230 μ l., 200 μ br.

Wahrscheinlich eine Feltria-Nymphe.

Norwegen (Laagen auf Kongsberg).

Fam. Halacaridae

1877 *Halacaridae,* Murray, Econ. Ent. Apt., p. 205 | 1889 *H.,* Lohmann in: Zool. Jahrb. Syst., *v.* 4 p. 313 | 1891 *H.,* Canestrini in: Atti Ist. Veneto, ser. 7 *v.* 2 p. 707 | 1892 *H.,* Trouessart in: Rev. Sci. nat. Ouest, p. 43.

Milben von gedrungener Gestalt, mit deutlich gesondertem, beweglich am Rumpfe eingelenktem Capitulum. Dieses mit einem kugeligen, dorsal geschlossenen Grundteil, der ventral in einen rinnenförmigen Schnabelteil nach vorn ausgezogen ist, und an dessen Vorderrande die Maxillarpalpen eingelenkt sind; letztere sind drei- oder viergliedrig, frei, jedes Glied ist an das Ende des anderen gefügt. Mandibel zweigliedrig, klauen- oder dolchförmig. Trachealleisten vorhanden; sie enthalten eine verkümmerte Luftkammer, von deren hinterem Ende je ein verkümmerter Tracheenstamm entspringt; ein eigentliches Tracheensystem fehlt. Rücken- und Bauchfläche stets gepanzert, aber in sehr verschiedenem Grade; meist trägt der Rücken eine vordere und eine hintere

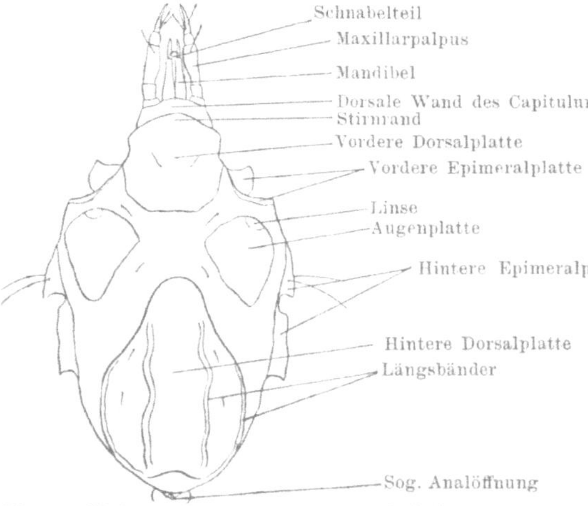

Fig. 77. Halacarus (Copidognathus) fabricii. Rückenseite.

Panzerplatte und 2 die Seitenaugen deckende Augenplatten; auf der Bauchfläche sind die Epimeren des 1. und 2. Beinpaares in der Regel zu einer einheitlichen Platte verschmolzen, während das 3. und 4. Bein jeder Seite eine gemeinsame Epimeralplatte besitzt. Die hintere Bauchfläche wird von einer die Genital- und Analöffnung tragenden Platte bedeckt. Ausser den Seitenaugen befindet sich unter der vorderen Dorsalplatte ein unpaarer Pigmentfleck; sehr selten fehlen die Augen ganz. Beine bei den Imagines sechsgliedrig, meist lateral in Ausschnitten des Rumpfes eingelenkt, zum Laufen und Klettern, nicht aber zum Schwimmen geeignet. — Larven-, Nymphen- und Ruhestadien den Imagines im wesentlichen ähnlich; ♂ und ♀ wenig verschieden. — Freilebende Räuber, Gelegenheitsparasiten, Ectoparasiten oder Pflanzenfresser. Im Meere, wenige im Süsswasser lebend.

Fig. 78. **Halacarus (Copidognathus) fabricii.** Seitenansicht des Rumpfes.

Gestalt (Fig. 77, 78) gestreckt oder gedrungen, flach oder gewölbt, meist von ovalem oder 6-seitigem Umriss. Capitulum deutlich vom Rumpfe abgesetzt (Fig. 79), frei beweglich, meist von mässiger Grösse, aber bei einzelnen Formen (Scaptognathus) die halbe Länge des übrigen Rumpfes erreichend. Eine Rumpffurche ist meist durch die Panzerung verdeckt; nur bei Scaptognathus ist sie wohl entwickelt, übt aber auf die Form des Rumpfes keinerlei Einfluss aus. Alle Beine sind lateral eingelenkt, so dass die Epimeralplatten meist auf die Rückenfläche übergreifen; das 1. und 2. Bein ist nach vorn, das 3. und 4. nach hinten gerichtet; fast immer ist das 1. Bein von den übrigen verschieden, oft weicht es sogar sehr stark von denselben ab (Acaromantis, Simognathus, Atelopsalis). Immer sind die Beine Schreit- und Kletterbeine, nie zum Schwimmen geeignet.

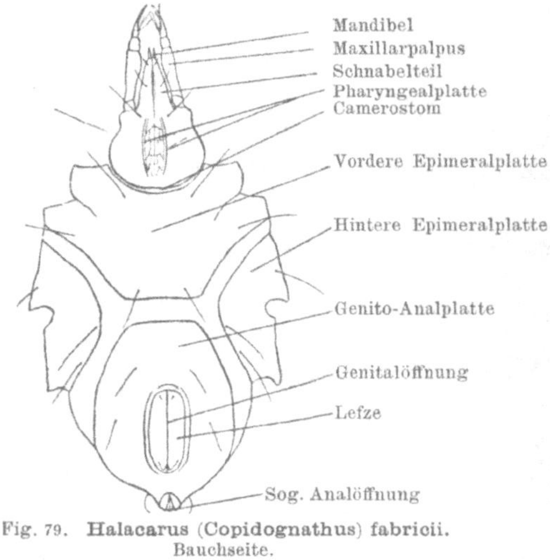

Fig. 79. **Halacarus (Copidognathus) fabricii.** Bauchseite.

Der Rumpf ist stets gepanzert; doch ist der Grad der Panzerung nach den Arten und dem Alter des Tieres ausserordentlich verschieden. Die Imagines (Im.) sind fast stets stärker gepanzert als die Larven und Nymphen (Lv. und Nph.). Bei den Im. sind typisch entwickelt (Fig. 77—79): eine vordere und eine hintere Dorsalplatte, zwei Augenplatten, eine vordere Epimeralplatte für die Muskulatur und Einlenkung des 1. und 2. Beinpaares und zwei hintere Epimeralplatten für die Befestigung des rechten und linken 3. und 4. Beines, endlich eine die hintere Bauchfläche deckende Genito-Analplatte. Je nach dem Grade der Panzerung werden die Platten kaum durch weiches, fein gefaltetes Integument geschieden und verschmelzen in seltenen Fällen auf der Bauchfläche mit einander zu einem einheitlichen Bauchpanzer (Rhombognathus notops), oder aber das weiche Integument gewinnt an Ausdehnung, schränkt die Panzerplatten auf kleine Flächen ein oder löst sie in einzelne Plättchen auf, so dass statt einer vorderen Epimeralplatte 4 Epimeralplatten (1 für jedes 1. und 2. Bein; Rhombognathus setosus) und statt der Genito-Analplatte eine Genital- und eine Analplatte entsteht. Die vordere Dorsalplatte bildet fast stets den Stirnrand (die dorsale Umrandung des Camerostom, Fig. 77) und bedeckt den medianen, unpaaren Pigmentfleck, welcher dem unpaaren Auge der Hydrachniden entspricht. Die Augenplatten tragen in ihrem vorderen Abschnitt, welcher die Seitenaugen bedeckt, die Linsen für dieselben (Fig. 77), doch können die Linsen auch fehlen, und bei Tiefseeformen schwinden selbst die Augen. Bei anderen Arten (Halacarus nationalis und H. humerosus) ist der die Linsen tragende Teil der Augenplatten buckelartig über die Fläche des übrigen Rumpfes erhoben. Über die Rückenfläche verteilt und je nach dem Grade der Panzerung auf Platten oder im weichen Integument sitzend, finden sich mehrere Paare von Rumpfborsten und Hautdrüsenmündungen. Systematisch wichtig ist nur die Zahl der am Rumpfrande dicht vor der Einlenkung des 3. Beines stehenden Borsten (Fig. 77). Von den Platten der Bauchfläche ist die Genito-Analplatte am bemerkenswertesten, da sie die grosse Genitalöffnung und meist am Hinterende des Rumpfes die ebenfalls grosse Analöffnung trägt (Fig. 79). Erstere wird in beiden Geschlechtern von grossen Lefzen geschlossen, an deren Medialseite meist 3 Paar kurz gestielte Saugnäpfe liegen. Nur in einem einzigen Falle finden sich wie bei den Hydrachniden Genitalnäpfe auf der Genitalplatte neben der Genitalöffnung (Halacarus hydrachnoides); sonst wird sie nur durch Borsten ausgezeichnet, deren Zahl und Stellung nach Geschlecht und Art wechselt und systematische Bedeutung besitzt. Die sog. Analöffnung springt meist papillenförmig am Hinterende des Rumpfes vor und wird ebenfalls durch 2 Deckklappen geschlossen. Bei den Lv. mündet in ihr thatsächlich auch der Enddarm aus; bei den Im. ist das bisher nicht nachgewiesen.

Wie bei den Hydrachniden wird die Cuticula des Integumentes aus mehreren Schichten gebildet. Meist tritt ein Unterschied in der Ausbildung derselben nicht hervor. Bei mehreren Arten aber erreicht die oberste Schicht eine sehr starke Entwickelung und bildet kammartige Aufsätze von alveolärer Struktur auf den Panzerplatten oder eine dichte Bekleidung des Integumentes mit feinen borstenartigen Fortsätzen. Bei Behandlung mit Kalilauge löst sich dieses Aussenskelett leicht von der inneren Cuticula los (Halacarus chevreuxi, H. hispidus, H. nationalis). Der Grad der Ausbildung dieses Aussenskelettes wechselt bei den Einzeltieren ziemlich stark, greift aber auch auf die Beine und selbst auf die Dornen und Borsten über (Fig. 82, p. 277).

Meist sind die Panzerplatten von regelmässig angeordneten feinsten Poren durchbrochen und durch zierliche Verdickungsleisten mit rosettenförmigen Skulpturen und polygonalen Feldern geschmückt. Durch die verschiedene Gruppierung und Ausbildung dieser Elemente, sowie die leisten- oder buckelförmige Erhebung einzelner Teile des Panzers entstehen Bänder,

Felder und Figuren auf den Panzerplatten, die zur Unterscheidung der Arten dienen können (Fig. 77).

Das Integument ist fast farblos, erhält bei den stark gepanzerten Formen aber einen gelblichen Ton. Die Färbung des Tieres wird daher wesentlich durch die Eingeweide bestimmt. Die traubigen Aussackungen des Magens sind bei den Rhombognathus-Arten tiefschwarz, bei den übrigen Gattungen meist rötlich gefärbt und bestimmen bei ihrer mächtigen Entwickelung die Gesamtfärbung des Tieres. Das Malpighische Gefäss stellt nur einen einfachen in der dorsalen Medianlinie bis zwischen die Seitenaugen verlaufenden, durch seinen Inhalt weisslich gefärbten, dünnen Strang dar, der wahrscheinlich in der Analöffnung ausmündet. Bei den ♀ können die milchigen Eier die ganze Bauchfläche und einen Teil des Rückens weiss färben. Die Muskulatur und die übrigen Eingeweide sind fast farblos. Das Augenpigment ist rot.

Das Capitulum (Fig. 79) ist stets sehr deutlich vom Rumpfe abgesetzt und beweglich im Camerostom eingelenkt. Ein Grundteil von meist kugeliger oder walzenförmiger Gestalt trägt an seinem ventralen Vorderrande den sehr verschieden geformten Schnabelteil und die Maxillarpalpen. Ersterer stellt eine dorsal offene Rinne dar, in welcher die 2-gliedrigen, gestreckten Mandibeln gleiten. Am Grunde des Schnabelteils mündet der Pharynx in die Rinne. Der Grundteil wird durch den Mandibelboden in eine dorsale und ventrale Abteilung zerlegt (Fig. 80, 81); die dorsale umschliesst die kräftigen, proximalen Enden der Grundglieder der Mandibeln und ein zartes Deckhäutchen für die Mandibeln.

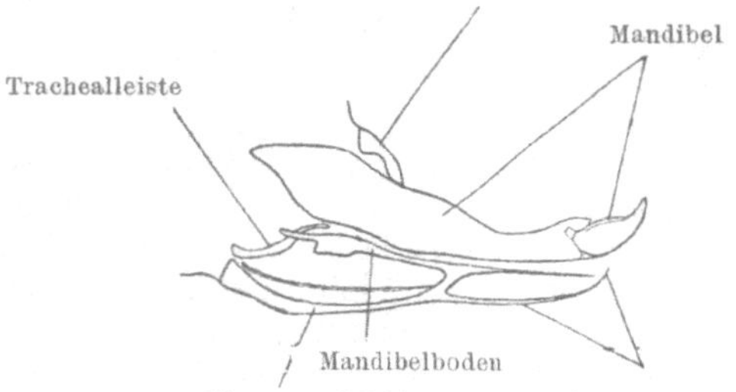

Fig. 80. Halacarus (Halacarus) basteri. Längsschnitt durch das Capitulum.

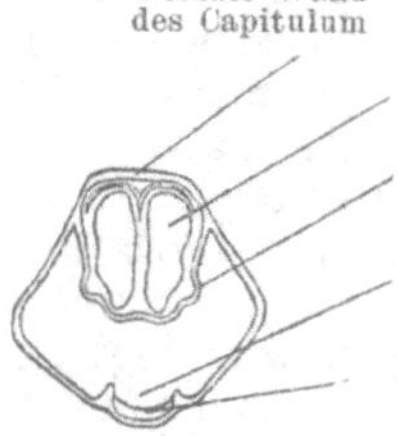

Fig. 81. Halacarus (Halacarus) basteri. Querschnitt durch den Grundteil des Capitulum.

Ihr dorsaler Vorderrand (Fig. 77) ist je nach der Einlenkungsstelle der Maxillarpalpen verschieden breit und durch seine Form oft systematisch wichtig. Die ventrale Abteilung enthält den Pharynx und dessen umfangreiche Saugmuskulatur. Die dorsale Wand des Pharynx ist durch die Ansätze der Muskeln zierlich gefeldert und scheint als gestreckte Platte durch die Ventralfläche des Grundteiles durch (Fig. 79). Am Hinterrande des Mandibelbodens zwischen und unter beiden Mandibeln liegen 2 stäbchenförmige Skelettteile, welche je einen Rest der Luftkammer enthalten und von deren hinterem Ende ein verkümmerter Tracheenstamm entspringt (Trachealleisten, Fig. 80). Ein ausgebildetes Tracheensystem fehlt den Halacariden. Die Maxillarpalpen sind meist lateral, unmittelbar neben dem Ursprunge des Schnabelteils eingelenkt; doch können sie dorsal emporrücken und dicht neben die dorsale Medianlinie zu liegen kommen, so dass ihre medianen Flächen sich berühren (Trouessartella); andererseits ist bei

Atelopsalis ihre Einlenkung weit ventral verschoben. Gewöhnlich sind die Maxillarpalpen 4-gliedrig; alle Glieder sind frei und in einer Reihe an einander gefügt; das 1. und 3. Glied ist sehr kurz, das 2. sehr lang, das 4. je nach den Gattungen verschieden geformt. Nur selten kommen 3-gliedrige Maxillarpalpen vor. Gestalt, Gliederung und Borstenbesatz der Maxillarpalpen sind systematisch sehr wichtig.

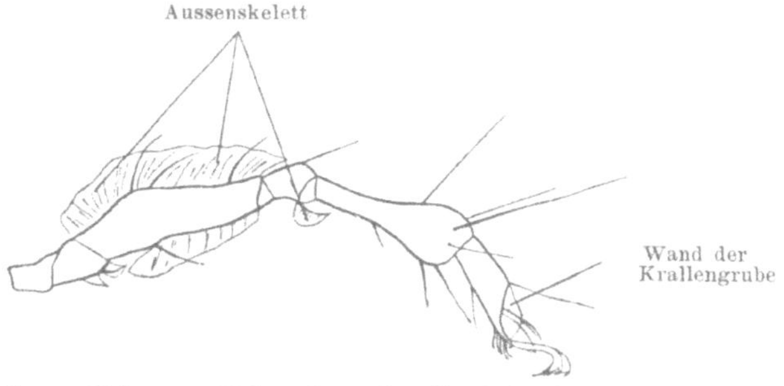

Fig. 82. Halacarus (Polymela) nationalis. Bein mit Aussenskelett.

Die Beine sind bei den Im. 6-gliedrig (Fig. 82). Das 1. und 2. Glied ist sehr kurz, ebenso in der Regel das 4., das 3. und 5. immer sehr lang; das Endglied ist sehr verschieden geformt und trägt fast stets 2 Krallen. Diese sind, wenn man von besonderen Ausbildungen am 1. Beinpaar absieht, sichelförmig gebogen, oft mit einem Nebenzahn an dem konvexen Rande ausgestattet und am konkaven gekämmt. Sie sind nicht direkt am distalen Ende des 6. Gliedes eingelenkt (Fig. 83), sondern sitzen beweglich einem unpaaren, kurzen Krallenmittelstück auf, das seinerseits in eine unbeweglich mit ihm verbundene Kralle ausgezogen sein kann. Erst das Krallenmittelstück ist durch ein Gelenk mit dem oft stielförmig ausgezogenen distalen Ende des Endgliedes verbunden. Doch kann sich in einigen Gattungen auch das stielförmige Ende noch selbständig abgliedern, so dass dann beide Krallen durch 2 Zwischenglieder (Krallenmittelstück und Zwischenstück) mit dem Endgliede verbunden sind, und es zur Ausbildung eines Tarsus wie bei den Insekten kommt. Beim Laufen ruht die Milbe auf dem distalen Ende des 6. Gliedes, nur das Krallenmittelstück und das Zwischenstück liegt der Unterlage flach auf. Die Krallen können sehr oft in eine Krallengrube (Fig. 82) am distalen Ende des 6. Gliedes verborgen werden. — Das 1. und 2. Bein ist nach vorn gerichtet, das 3. und 4. nach hinten. Meist ist das 1. und 2. Bein kräftiger als das 3. und 4., da sie sowohl beim Klettern wie beim Ergreifen und Festhalten der Beute die Hauptarbeit zu leisten haben. Den meisten Umformungen ist das 1. Bein unterworfen, das deshalb systematisch am wichtigsten ist. Von ganz besonderem Werte für die sichere Unterscheidung der Arten ist die Zahl und Anordnung der Borsten und Dornen auf dem 3. und 5. Gliede.

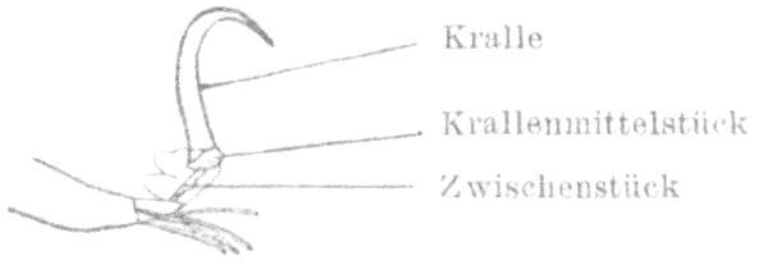

Fig. 83. Trouessartella falcata. Distales Beinende. (Die rechte Kralle ist entfernt.)

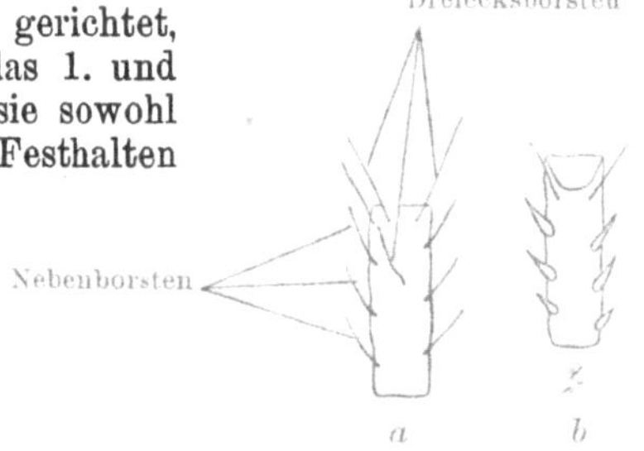

Fig. 84. Halacarus (Halacarus) basteri. Borstenbesatz des 5. Gliedes des 1. Beines. a Streckseite, b Beugeseite.

Auf der Streckseite kann man an beiden Gliedern im allgemeinen die sog. Dreiecksborsten und die Nebenborsten unterscheiden (Fig. 84a). Erstere sind so gestellt, dass ihre Wurzeln mit einander verbunden ein Dreieck bilden würden, dessen Spitze proximal, dessen Basis distal gerichtet ist. Die hintere Borste pflegt lang und dünn zu sein. Seitlich von den Dreiecksborsten können rechts und links andere Borsten auftreten: die Nebenborsten. Die Beugefläche trägt auf dem 3. Gliede nur wenige, gewöhnlich lange, steife Borsten, am 5. hingegen gehören die Anhänge je nach den Arten den verschiedensten Formen an (glatte gerade Borsten, glatte gerade Dornen, Dornen mit geschwungener Spitze, Fiederborsten und Fiederdornen, Höcker mit Borsten (Borstenhöcker)). Ihre Anordnung ist verschieden, doch stehen meist alle oder einige paarweise (Fig. 84b). Schwimmborsten fehlen völlig; die Beine werden nur zum Schreiten und Klettern benutzt. — Häufig sind Apophysen an der Beugefläche oder den Seitenflächen der Beinglieder, die entweder als Kämme und Leisten auftreten und das Festhalten der Beute oder das Umklammern der Algen sichern, oder als Schutzblätter die weichen Gelenkverbindungen der Glieder einscheiden (Fig. 85).

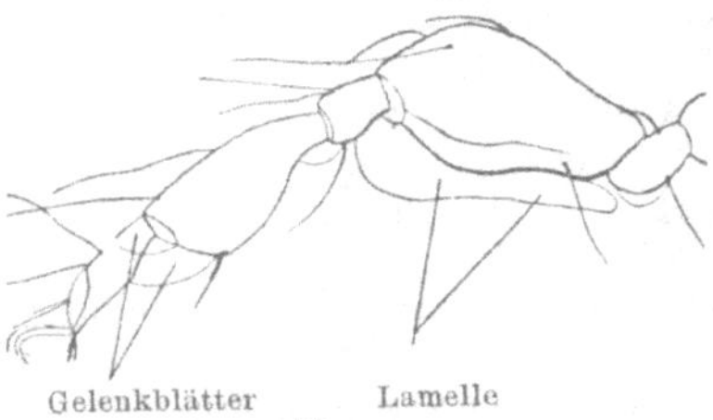

Fig. 85.
Halacarus (Copidognathus) gibbus var. remipes. Bein mit Lamellen und Gelenkblättern.

♂ und ♀ sind nur durch die verschiedene Ausbildung der Geschlechtsorgane und die verschiedene Ausrüstung der Umgebung der Genitalöffnung mit Borsten zu unterscheiden. Zuweilen weicht auch die Form der Genito-Analplatte oder der Genitalplatte beider Geschlechter von einander ab.

Die Eier werden von den ♀ mittelst eines grossen Ovipositors an oder in Gegenstände ihrer Umgebung abgelegt. Die sechsbeinige Larve entbehrt jeder Spur der äusseren Genitalien, alle Beine sind 5-gliedrig (2. und 3. Glied noch nicht getrennt), die Panzerung sehr viel schwächer als später. Durch ein Ruhestadium (1. Puppe), welches in der Haut der Larve durchgemacht wird, geht das Tier in das 1. Nymphenstadium über (1. Nph.), deren Genitalgegend durch ein Paar Saugnäpfe und eine seichte linienförmige Grube angedeutet ist und deren 1.—3. Bein bereits 6-gliedrig ist. Die 2. Puppe führt zur 2. Nph., deren Saugnäpfe um ein Paar vermehrt sind und deren 4. Bein ebenfalls volle Gliederzahl besitzt. Doch fehlt auch jetzt noch eine Genitalöffnung. Nach einer 3. Puppenruhe entsteht die Im. mit 3 Paar Saugnäpfen und grosser Genitalöffnung*). Für die Systematik ist es von grosser Bedeutung, dass die Lv. bereits in Bau und Form des Capitulum, sowie in der Form des Rumpfes und der Beine genau mit den Im. übereinstimmen, während die Panzerung und der Borstenbesatz von Rumpf und Beinen sich erst allmählich entwickelt. Es ist daher immer leicht, die Gattung, zu der eine Lv. gehört, zu bestimmen, während die Bestimmung der Art nur dann gelingt, wenn das Capitulum oder die Form des Rumpfes und der Beine Eigentümlichkeiten zeigt. Die wichtigsten Artkennzeichen wären daher in diesen 3 konstanten Punkten zu suchen; doch lässt sich bis jetzt, da von den meisten Arten

*) Trouessart fand bei Halacarus chevreuxi nur ♀ in den Puppenhüllen der 2. Nph. und schloss daraus, dass dieses Stadium nur den ♀ zukomme und den „femelles nubiles“ der Sarcoptiden entspräche. Wegen des konstanten Grössenunterschiedes zwischen 1. Nph. und 2. Nph. und der sehr grossen Zahl, in der man zu Zeiten 2. Nph. findet (bei Halacarus basteri vor dem Erscheinen der ♂ und ♀), während unter den Im. die ♀ gar nicht so gewaltig überwiegen (194 ♀ auf 100 ♂), halte ich wenigstens für H. basteri diese Auffassung für nicht wahrscheinlich. Bei der Seltenheit der Ruhestadien konnte ich spezielle Untersuchungen bisher nicht machen.

nur die Im. ausführlich beschrieben sind, eine derartige Artkennzeichnung nicht durchführen, so dass die nachfolgenden Bestimmungsschlüssel und, wo nicht anderes besonders bemerkt ist, auch die Artbeschreibungen lediglich für die geschlechtsreifen Formen gelten.

Mit Ausnahme von den pflanzenfressenden Rhombognathus-Arten sind alle Halacariden Räuber, welche ihre Beute mit den Mandibeln anspiessen und mittelst des Saugapparates ihres Pharynx aussaugen. Dabei halten sie ihre Nahrung mit dem 1. und 2. Beinpaar fest, die daher besonders kräftig und mit Borsten, Dornen und Lamellen vielfach auf der Beugeseite ausgerüstet sind. Die Rhombognathus-Arten zerdrücken dagegen mit ihren kurzen, dicken Maxillarpalpen die Pflanzenzellen, um deren Saft ebenfalls aufzuschlürfen. Die Fleischfresser kommen häufig an festsitzenden Tieren (Polypen, Schwämmen, Bryozoen, Ascidien) vor, bohren sich auch zuweilen in deren Körper ein und erscheinen so als Gelegenheitsparasiten. Als echter Parasit ist nur Halixodes chitonis bekannt, der an den Kiemen von Chitonen gefunden wurde.

Die Verbreitung der Halacariden ist in horizontaler wie vertikaler Hinsicht sehr gross. Von der Disko-Bai an der Westküste Grönlands (über 70° nördl. Br.) bis zum Kap Horn im Süden (55° südl. Br.) sind überall an den Küsten der Kontinente und der oceanischen Inseln Halacariden gefunden. Einzelne Arten haben einen sehr weiten Wohnbezirk (z. B. Halacarus chevreuxi: Atlantischer Ocean (Französ. Küste) und Pacifischer Ocean (Sydney)). Doch scheinen die Rhombognathus-Arten den tropischen Küsten, die Arten von Agaue den gemässigten Küsten zu fehlen. In Brackwasser gehen mehrere Arten weit hinein; im Süsswasser treten eigentümliche Arten auf, die aber denselben Gattungen wie die marinen angehören. — In vertikaler Beziehung treten die Halacariden bereits zwischen den bei Ebbe oder niedrigem Wasserstande trockengelegten Steinen und Algen auf und werden andererseits noch in der Tiefsee bei mehr als 1400 m Tiefe gefunden. Rhombognathus ist selbstverständlich an das Vorkommen von Algen gebunden. Mit der Tiefe treten neue Arten auf, oder es gewinnen Arten, die im flachen Wasser selten sind, das Übergewicht. Unter 1200 m wurden noch gefunden: 3 Arten Halacarus (H. abyssorum, H. gracilipes, H. oculatus), 1 Art Agaue (A. aculeata), 1 Art Atelopsalis (A. tricuspis), 1 Art Coloboceras (C. koehleri), 1 Art Trouessartella (T. falcata); also 7 Arten in 5 Gattungen; davon sind 3 Arten auch im flachen Wasser häufig, 4 (die durch Druck hervorgehobenen Arten) aber nur tiefer als 400 m gefunden.

Die grössten Arten sind 1—1,7 mm lang (Halacarus basteri und Halixodes chitonis)*), die kleinsten nur 250 μ (Halacarus lamellosus und H. pulcher). In den Kennzeichnungen sind die Massangaben wie bei den Hydrachniden (cfr. p. 6) abgekürzt.

10 Gattungen, 4 Untergattungen, 68 sichere und 15 unsichere Arten, 10 sichere und 2 unsichere Varietäten.

Übersicht der Gattungen:

1	2. Glied des Maxillarpalpus rinnen- oder löffelförmig, an der Innen- und Unterfläche ausgehöhlt, mit dem der anderen Seite einen röhrenförmigen Verschluss der Schnabelrinne herbeiführend . . .	1. Gen. **Halixodes** . . . . p. 280
	2. Glied des Maxillarpalpus andersartig — 2.	
2	Maxillarpalpen lateral oder ventral eingelenkt, an ihrem Grunde weit von einander getrennt — 3.	

*) Sowohl Packard (1871, in: Amer. J. Sci., ser. 2 *v.* 1) wie Chilton (1882, in: Tr. N. Zealand. Inst., *v.* 15) geben für 2 weitere Arten (Halacarus verrilli und H. truncipes) eine Grösse von fast 2 mm an (1,8 und 1,7 mm). Beide bemerken aber nicht, ob dieses Mass die Beine einschliesst oder nicht; für Chiltons Angaben ist es wahrscheinlich, dass die Rumpflänge allein gemeint ist, da er bei den Massangaben einer gleichzeitig beschriebenen zweiten Halacaride ausdrücklich Capitulum und Beine ausschliesst.

	Maxillarpalpen medial und dorsal eingelenkt, an ihrem Grunde sich unmittelbar oder nahezu berührend — 8.	
3	Maxillarpalpus 4-gliedrig — 4.	
	Maxillarpalpus 3-gliedrig — 6.	
4	Maxillarpalpus kurz, dem Capitulum eng anliegend; Krallen der Beine mittelst zweier Zwischenstücke mit dem Endgliede der Beine verbunden	2. Gen. **Rhombognathus** . p. 281
	Maxillarpalpus lang, frei beweglich am Capitulum eingelenkt; Krallen der Beine mittelst nur eines Zwischenstückes eingelenkt — 5.	
5	Rumpf flach und breit; 1. Bein doppelt oder mehr als doppelt so dick wie das 2. .	3. Gen. **Agaue** . . . . . . p. 283
	Rumpf gewölbt und meist gestreckt; 1. Bein nur wenig kräftiger als das 2.	4. Gen. **Halacarus** . . . . p. 286
6	Maxillarpalpus ventral eingelenkt, so dass die Grundglieder in der Rückenansicht verdeckt sind	5. Gen. **Atelopsalis** . . . p. 301
	Maxillarpalpus lateral eingelenkt, so dass die Grundglieder in der Rücken- und Bauchansicht unbedeckt sind — 7.	
7	Maxillarpalpus gestreckt; Schnabelteil des Capitulum vorn zugespitzt, Capitulum von gewöhnlicher Grösse	6. Gen. **Coloboceras** . . . p. 302
	Maxillarpalpus distal rechtwinklig geknickt; Schnabelteil vorn verbreitert, Capitulum von aussergewöhnlicher Grösse	7. Gen. **Scaptognathus** . . p. 302
8	Die Maxillarpalpen bilden mit dem pfriemenförmigen langen Schnabelteil des Capitulum eine Zange, deren dorsaler Arm in senkrechter Richtung bewegt wird .	8. Gen. **Trouessartella** . . p. 303
	Die Maxillarpalpen bilden keine Zange mit dem Schnabelteil des Capitulum — 9.	
9	1. Bein mit grossen Krallen	9. Gen. **Simognathus** . . . p. 304
	1. Bein ohne Krallen	10. Gen. **Acaromantis** . . . p. 304

1. Gen. **Halixodes** Brucker & Trt.

1897 *Agaue* (part.), Brucker in: C.-R. Soc. Biol., ser. 10 *v.* 4 p. 632 | 1899 *Halixodes* (Typ.: *H. chitonis*), Brucker & Trouessart in: C.-R. Soc. Biol., ser. 10 *v.* 6 p. 107.

Rumpf dorsal gewölbt. Maxillarpalpus 4-gliedrig, sehr kurz, kaum den Schnabelteil des Capitulum überragend, latero-dorsal am Capitulum eingelenkt; 2. Glied lang und nach aussen in eine löffelartige dünne Lamelle umgebildet, während der mittlere Teil dick und kräftig ist. Schnabelteil kürzer als die Mandibeln und am distalen Ende jederseits mit einem starken Zahn bewaffnet; Maxillarpalpen und Schnabelteil, wenn erstere sich median an einander legen, eine Röhre bildend, indem der löffelförmige Teil jedes Maxillarpalpus sich auf die Lateralränder des Schnabelteils legt. 1. Bein nicht auffällig von den anderen verschieden; Krallengrube stark entwickelt.

Ectoparasiten an den Kiemen von Chitonen. Pacifischer Ocean.

1 Art.

1. **H. chitonis** (Brucker) 1897 *Agaue c.*, Brucker in: C.-R. Soc. Biol., ser. 10 *v.* 4 p. 632 | 1899 *Halixodes c.*, Brucker & Trouessart in: C.-R. Soc. Biol., ser. 10 *v.* 6 p. 107 | 1900 *H. c.*, Brucker & Trouessart in: Bull. Soc. zool. France, *v.* 25 p. 42.

2. Nph. Panzerung sehr schwach. Rücken nur mit kleiner vorderer Dorsal- und 2 kleinen Augenplatten. Beine kurz; Krallen rechtwinklig gebogen, mit Nebenzahn und schwachem Kamm; Krallenmittelstück ohne mittleren Fortsatz. — Im. unbekannt. — Lv. 350—650 μ l.; 1. Nph. 700—800 μ l.; 2. Nph. 1—1,7 mm l. (einschl. Maxillarpalpus).

An den Kiemen von Chitonen (Cryptoconchus porosus Burron). Pacifischer Ocean (Neu-Seeland).

2. Gen. Rhombognathus Trt.

1855 *Pachygnathus* (part.) (non Ant. Dugès 1834!), Gosse in: Ann. nat. Hist., ser. 2 *v.* 16 p. 305 | 1888 *Rhombognathus* (Typ.: *Pachygnathus notops*), Trouessart in: C.-R. Ac. Sci., *v.* 107 p. 754 | 1889 *Aletes*, Lohmann in: Zool. Jahrb. Syst., *v.* 4 p. 319.

Maxillarpalpen an ihrem Grunde weit von einander abstehend, kurz, dem Capitulum eng anliegend; zwischen dem Endgliede der Beine und dem Krallenmittelstück ein stabförmiges Zwischenglied eingeschoben. Rumpf meist gedrungen, flach und breit. Kleine Tiere mit grünlichschwarz gefärbten Magenlappen.

Im Meere und Süsswasser (1 Art). Ostsee, Nordsee, nördl. Eismeer, nördl. Atlantischer Ocean; England.

8 sichere und 2 unsichere Arten, 2 unsichere Varietäten.

Übersicht der sicheren Arten:

1	Krallenmittelstück ohne vorderen Fortsatz — 2.		
	Krallenmittelstück wenigstens an dem 1. und 2. Beine in einen Zahn oder eine Kralle ausgezogen — 3.		
2	Stirnrand kapuzenartig vorgezogen, das Capitulum völlig verdeckend; jedes 1. und 2. Bein mit besonderer Epimere	1. **R. setosus**	p. 282
	Stirnrand nicht so weit vorgezogen, das Capitulum fast ganz freilassend; Epimeren des 1. und 2. Beines zu einer Platte verschmolzen . . .	2. **R. notops**	p. 282
3	Rumpf sehr gross (700 μ); im Süsswasser	3. **R. nigrescens** . .	p. 282
	Rumpf klein (weniger als 500 μ); im Meere — 4.		
4	Krallenmittelstück nur am 1. und 2. Bein in eine kleine Kralle ausgezogen — 5.		
	Krallenmittelstück an allen Beinen mit Fortsatz — 6.		
5	Krallenmittelstück mit nur kleiner Kralle. . . .	4. **R. pascens**	p. 282
	Krallenmittelstück mit grosser Kralle, die fast den Hauptkrallen gleichkommt	5. **R. trionyx**	p. 282
6	Krallenmittelstück mit grosser Kralle, die den Hauptkrallen fast gleichkommt; diese einfach sichelförmig	6. **R. armatus**	p. 282
	Krallenmittelstück mit einfachem Zahn oder einer Kralle, die sehr viel kleiner als die Hauptkrallen ist — 7.		
7	Krallen winklig gebogen, ohne Nebenzahn . . .	7. **R. seahami** . . .	p. 283
	Krallen einfach sichelförmig, mit Nebenzahn . .	8. **R. minutus** . . .	p. 283

1. **R. setosus** (Lohm.) 1889 *Aletes s.*, Lohmann in: Zool. Jahrb. Syst., *v.* 4 p. 326 t. 6 f. 47a—c; t. 7 f. 79, 80 | 1889 *Rhombognathus s.*, Trouessart in: Bull. sci. France Belgique, *v.* 20 p. 230.

Im. Rumpf gedrungen, plump; Panzerung schwach, jedes 1. und 2. Bein mit besonderer Epimere. Stirnrand kapuzenartig so weit vorgezogen, dass das Capitulum dadurch verdeckt wird. Krallenmittelstück ohne vorderen Fortsatz. — 319 μ l.

Marin. An Algen; Strand und Litoralregion bis 19 m Tiefe. Ostsee.

2. **R. notops** (Gosse). 1855 *Pachygnathus n.*, Gosse in: Ann. nat. Hist., ser. 2 *v.* 16 p. 305 t. 8 f. 1—4 | 1889 *Aletes n.*, Lohmann in: Zool. Jahrb. Syst., *v.* 4 p. 330 t. 8 f. 89, 94 | 1889 *Rhombognathus n.*, Trouessart in: Bull. sci. France Belgique, *v.* 20 p. 231 | 1897 *R. n.*, P. Kramer in: Bibl. zool., *v.* 20 p. 83.

Im. Rumpf gestreckt, mit starker Panzerung, ventral alle sonst getrennten Panzerplatten zu einer einzigen Platte verschmolzen. Krallenmittelstück ohne vorderen Fortsatz; Krallen sichelförmig. Vorderrand der dorsalen Wand des Capitulum zwischen dem Grunde der Maxillarpalpen gerade abgeschnitten. Nur am 5. Gliede des 1. Beines 2 Fiederborsten, sonst eine. — 340 μ l.

Marin. An Algen; Litoralregion. Atlantischer Ocean (England, Shetland-Inseln, Frankreich), westl. Ostsee, West-Grönland (Sermidlet Fjord, 71° nördl. Br.).

3. **R. nigrescens** (G. Brady) 1877 *Pachygnathus n.*, G. Brady in: P. zool. Soc. London, p. 26 t. 4 f. 4, 5 | 1889 *Aletes n.*, Lohmann in: Zool. Jahrb. Syst., *v.* 4 p. 328 | 1889 *Rhombognathus n.*, Trouessart in: Bull. sci. France Belgique, *v.* 20 p. 230.

Im. Rumpf breit, gedrungen; Krallenmittelstück mit stark entwickeltem Fortsatz; Krallen winklig gebogen und gekämmt. — 720 μ l.

Im Süsswasser. England.

4. **R. pascens** (Lohm.) 1889 *Aletes p.*, Lohmann in: Zool. Jahrb. Syst., *v.* 4 p. 322 t. 7 f. 64, 66, 70, 76, 78 | 1889 *Rhombognathus p.*, Trouessart in: Bull. sci. France Belgique, *v.* 20 p. 229.

Im. Rumpf breit, gedrungen, stark gepanzert, 1 vordere und 2 hintere Epimeralplatten. Krallenmittelstück nur an dem 1. und 2. Bein in eine kleine Kralle ausgezogen; Krallen winklig gebogen, gekämmt. — 340 μ l.

Marin. An Algen; Litoralregion bis zu 46 m Tiefe. Kanal, Atlantischer Ocean (Frankreich), Nord- und Ostsee.

5. **R. trionyx** Trt. 1900 *R. t.*, Trouessart in: Bull. Soc. zool. France, *v.* 25 p. 38.

Im. Krallenmittelstück nur an dem 1. und 2. Beine in eine starke, den Hauptkrallen fast gleiche Kralle ausgezogen; Krallen sichelförmig gebogen, ohne Kamm. — 350 μ l.

Marin. An Algen; Litoralregion. Bei Feuerland.

6. **R. armatus** Lohm. 1893 *R. a.*, Lohmann in: Ergeb. Plankton-Exp., *v.* 2 G a β p. 18.

2. Nph. Rumpf plump, gedrungen, hinten breit abgerundet; Panzerung wie bei R. pascens und R. seahami. Krallenmittelstück mit sehr langer, den Hauptkrallen fast gleicher Kralle; erstere einfach sichelförmig, sehr lang, dünn. — Im. nicht bekannt. — 2. Nph. 380 μ l.

Marin. An Pfahlwerk; Strandregion. Nordsee.

7. **R. seahami** (Hodge) 1860 *Pachygnathus s.*, Hodge in: Tr. Tyneside Club, *v.* 4 p. 319 t. 1 f. 1a—c | 1889 *Aletes s.*, Lohmann in: Zool. Jahrb. Syst., *v.* 4 p. 325 t. 8 f. 88, 91.

Im. Mit R. pascens sehr nahe verwandt, aber das Krallenmittelstück an allen Beinen in eine kleine Kralle verlängert. — 366 μ l.

Marin. An Algen; Litoralregion bis 46 m Tiefe. Atlantischer Ocean (Frankreich, England), Nord- und Ostsee.

8. **R. minutus** (Hodge) 1863 *Pachygnathus m.*, Hodge in: Tr. Tyneside Club, *v.* 5 p. 298 t. 2 f. 7, 8 | 1889 *Aletes m.*, Lohmann in: Zool. Jahrb. Syst., *v.* 4 p. 333 | 1889 *Rhombognathus m.*, Trouessart in: Bull. sci. France Belgique, *v.* 20 p. 232.

Bisher nur die Lv. bekannt. Krallenmittelstück mit kleinem Zahn; Krallen sichelförmig, mit Nebenzahn. — Lv. 280 μ l.

Marin. An Algen; Litoralregion. Nordsee (England).

R. longirostris Trt. 1888 *R. l.*, Trouessart in: C.-R. Ac. Sci., *v.* 107 p. 754.

Im. Capitulum länger als bei R. notops. Krallen mit Kamm. Panzerplatten glatt, ohne Felderung. — 550 μ l.

Marin. Litoralregion. Kanal (Frankreich).

R. magnirostris Trt. 1889 *R. m.*, Trouessart in: Bull. sci. France Belgique, *v.* 20 p. 231 | 1894 *R. m.?*, *R. notops var.?*, Trouessart in: Bull. Soc. Rouen, p. 153.

Im. Sehr ähnlich R. notops, aber kräftiger und an allen Beinen mit 2 Fiederborsten*). — 450 μ l.

Marin. An Algen; Litoralregion. Kanal (Frankreich), Atlantischer Ocean (Frankreich), Mittelmeer (Frankreich).

Mit 2 Varietäten:

R. magnirostris var. plumifera Trt. 1889 *R. m. var. p.*, Trouessart in: Bull. sci. France Belgique, *v.* 20 p. 231.

Im. Wie die Hauptform, aber mit 3 Fiederborsten an allen Beinen. — 380 μ l.

Marin. An Algen; Litoralregion. Bei Feuerland (Kap Horn).

R. magnirostris var. lionyx Trt. 1900 *R. m. l.*, Trouessart in: Bull. Soc. zool. France, *v.* 25 p. 38.

Im. Wie die vorige Form, aber Krallen aller Beine ohne Kamm. — 350 μ l.

Marin. An Algen; Litoralregion. Kanal (Frankreich).

3. Gen. **Agaue** Lohm.

1889 *Agaue* (Typ.: *A. parva*), Lohmann in: Zool. Jahrb. Syst., *v.* 4 p. 353 | 1889 *A.*, Trouessart in: Bull. sci. France Belgique, *v.* 20 p. 246 | 1893 *A.*, Lohmann in: Ergeb. Plankton-Exp., *v.* 2 G a β p. 85.

Maxillarpalpen an ihrem Grunde weit von einander abstehend, 4-gliedrig, lang, frei beweglich am Capitulum eingelenkt. Krallen mittelst des Krallenmittelstückes am Endgliede der Beine eingelenkt. 1. Bein doppelt oder

*) Trouessart giebt an, dass die Fiederborsten auf dem 3. Gliede ständen; wahrscheinlich liegt hier ein Versehen vor, da derartige Anhänge sonst auf das 5. und höchstens noch auf das 4. Glied beschränkt sind. Gemeint wird auch hier das 5. Glied sein, an dem auch R. notops am 1. Beine 2 Fiederborsten trägt. Vermutlich ist daher R. notops als Hauptform und R. magnirostris als Varietät derselben aufzufassen.

mehr als doppelt so dick wie das 2. und an dem dorsalen Rande der Innenfläche des 3.—6. Gliedes mit einer Reihe meist eigentümlich gestalteter Anhänge ausgerüstet. Rumpf flach und breit.

Marin. Atlantischer und Pacifischer Ocean, Mittelmeer, Kanal.

7 sichere und 2 unsichere Arten, 1 Varietät.

Übersicht der sicheren Arten:

1	1. Bein ohne Dornen am Innenrande der Streckseite — 2.		
	1. Bein mit Dornen am Innenrande der Streckseite — 3.		
2	Statt der Dornen Fiederborsten; Beugeseite mit Borstenbüscheln	1. **A. aculeata**	p. 284
	Statt der Dornen glatte Borsten; Beugeseite mit einfachen Dornen	2. **A. pugio**	p. 284
3	Schnabelteil die Spitze des Maxillarpalpus erreichend oder überragend; 2. Glied des Maxillarpalpus schlank	3. **A. brevipalpus**	p. 285
	Schnabelteil kürzer; 2. Glied des Maxillarpalpus geschwollen — 4.		
4	Krallenmittelstück mit sehr starkem Zahn; Dornen des 1. Beines auffällig stark	4. **A. hirsuta**	p. 285
	Krallenmittelstück mit kleinem oder ohne Zahn; Dornen des 1. Beines nicht auffällig gross — 5.		
5	Stirnrand ohne Spitze und über das Capitulum vorgezogen, dasselbe grösstenteils verdeckend	5. **A. cryptorhyncha**	p. 285
	Stirnrand in eine Spitze ausgezogen, aber das Capitulum grösstenteils freilassend — 6.		
6	Panzerung der Ventralfläche gleichmässig strukturiert; Stirnrand in einen starken Dorn ausgezogen	6. **A. microrhyncha**	p. 285
	Panzerung der Ventralfläche nur an besonderen Stellen gefeldert, die eine ornamentartige Zeichnung hervorrufen; Stirnrand nur in stumpfer Spitze vorgezogen	7. **A. ornata**	p. 285

1. **A. aculeata** Trt. 1896 *A. a.*, Trouessart in: Bull. Soc. zool. France, *v.* 21 p. 105 | 1896 *A. a.*, Trouessart in: Ann. Univ. Lyon, *v.* 26 p. 341 t. 10 f. 1 a—c; t. 11 f. 3.

Im. 1. Bein am Innenrande der Streckseite statt der Dornen flaumartig gefiederte Borsten tragend; Beugeseite der Glieder mit Büscheln feiner Borsten. Krallenmittelstück der Beine mit (♀) oder ohne (♂) Zahn. Stirnrand leicht wellig gebogen, ohne Spitze. Der Schnabelteil erreicht die Spitze der Maxillarpalpen nicht ganz. Augen wenig entwickelt. Rumpf hinter der Einlenkung des 1. und 2. Beines mit starken, Borstenbüschel tragenden Apophysen. — 550—570 μ l.

An Korallen auf Schlammgrund; Abyssalregion, 1220—1410 m Tiefe. Atlantischer Ocean (Gascogne).

2. **A. pugio** Trt. 1896 *A. p.*, Trouessart in: Act. Soc. Chili, *v.* 6 p. 61.

Im. 1. Bein am Innenrande der Streckseite statt der Dornen nur zarte, glatte Borsten tragend; Beugeseite dagegen mit wohl entwickeltem glatten Dorn am 3. und 5. Gliede. Krallen des 1. Beines kürzer als die der übrigen Beine. Der Schnabelteil erreicht die Spitze der Maxillarpalpen nicht. Stirnrand geradlinig abgestutzt. — 370 μ l.

An Algen; Litoralregion. Pacifischer Ocean (Chile).

3. **A. brevipalpus** Trt. 1889 *A. b.*, Trouessart in: Naturaliste, *v.* 11 p. 181 & in: Bull. sci. France Belgique, *v.* 20 p. 247 | 1893 *A. b.*, Lohmann in: Ergeb. Plankton-Exp., *v.* 2 G a β p. 87 | 1900 *A. b.*, Trouessart in: Bull. Soc. zool. France, *v.* 25 p. 47.

Im. 1. Bein mit kräftigen Dornen; Krallenmittelstück ohne Zahn. Schnabelteil und Maxillarpalpus schlank, 2. Glied des letzteren nicht geschwollen, 3. Glied mit kurzem dünnen Anhange; Schnabelteil die Spitze der Maxillarpalpen erreichend. Vordere und hintere Dorsalplatte durch weiten Abstand getrennt; Stirnrand mit sehr stumpfer Spitze. — 320—530 μ l.

An Algen und Korallen; Litoralregion (1 Stück in Abyssalregion bei 1220 m Tiefe!). Kanal (Frankreich), Mittelmeer (Frankreich), Atlantischer Ocean (Frankreich, Azoren, Canaren, Bermuda-Inseln, Brasilien), Pacifischer Ocean (Sydney).

4. **A. hirsuta** Trt. 1889 *A. h.*, Trouessart in: Naturaliste, *v.* 11 p. 181 & in: Bull. sci. France Belgique, *v.* 20 p. 247.

Im. 1. Bein mit auffällig kräftigen langen Dornen; Krallenmittelstück mit sehr kräftigem Zahn; Schnabelteil kurz, die Spitze der Maxillarpalpen nicht erreichend; letztere mit geschwollenen Gliedern und einem starken Anhange am 3. Gliede; Stirnrand mit scharfer, grosser Spitze. — 700—750 μ l.

An Algen; Litoralregion. Mittelmeer (Frankreich).

5. **A. cryptorhyncha** Trt. 1889 *A. c.*, Trouessart in: Bull. sci. France Belgique, *v.* 20 p. 248.

Im. A. hirsuta ähnlich, aber 1. Bein weniger lang und stark, wenngleich mit kräftigen Dornen. Panzerung stark, mit nur schmalen Zwischenräumen zwischen den Panzerplatten. Stirnrand ohne dornartige Spitze, aber nach vorn vorgezogen und das Capitulum grösstenteils verdeckend. Anhang am 3. Gliede des Maxillarpalpus sehr zart. — 680 μ l.

An Algen; Litoralregion. Feuerland (Kap Horn).

6. **A. microrhyncha** Trt. 1889 *A. m.*, Trouessart in: Naturaliste, *v.* 11 p. 181 & in: Bull. sci. France Belgique, *v.* 20 p. 248 | 1893 *A. m.*, Lohmann in: Ergeb. Plankton-Exp., *v.* 2 G a β p. 86 t. 11 f. 1, 2, 5—9.

Im. Schnabelteil und Maxillarpalpen wie bei A. hirsuta und A. cryptorhyncha, 3. Glied des Maxillarpalpus mit stabförmigem Anhange. Panzerung stark; Stirnrand mit starkem Dorn. 1. Bein sehr kräftig; Krallenmittelstück mit kurzem und schwachem Zahn. — 390—430 μ l.

An Algen und festsitzenden Tieren; Litoralregion bis zu 57 m Tiefe. Mittelmeer (Frankreich), Atlantischer Ocean (Bermuda-Inseln)*).

Mit 1 Varietät:

6α. **A. microrhyncha var. minor** Trt. 1894 *A. m. var. m.*, Trouessart in: Rev. biol. Nord France, *v.* 6 p. 175.

Im. Klein, etwa Halacarus rhodostigma vergleichbar; gestreckter in Gestalt des Rumpfes und in den 1. und 2. Beinen als die Hauptform.

An Algen und festsitzenden Tieren; Litoralregion bis zu 58 m Tiefe. Atlantischer Ocean (Frankreich), Kanal (Frankreich).

7. **A. ornata** Lohm. 1893 *A. o.*, Lohmann in: Ergeb. Plankton-Exp., *v.* 2 G a β p. 86 t. 11 f. 3, 4.

---

*) Trouessart führt irrtümlicher Weise auf meine Autorität hin auch Australien als Heimat dieser Art an (1894, in: Bull. Soc. Rouen, p. 169). Ich habe nur für A. brevipalpus diesen Fundort festgestellt (in: Ergeb. Plankton-Exp., *v.* 2 G a β p. 87).

Im. 1. Bein mit kräftigen Dornen; Schnabelteil und Maxillarpalpen wie bei A. hirsuta; Stirnrand nicht in eine dornartige Spitze ausgezogen, nur mit stumpfer Spitze; Krallenmittelstück ohne Zahn; Panzerung stark, ventrale Panzerplatten mit ornamentartiger Verteilung der Porenfelder. — 270 µ l.

An Algen; Litoralregion. Atlantischer Ocean (Bermuda-Inseln, Kapverden).

A. parva (Chilton) 1882 *Halacarus parvus*, Chilton in: Tr. N. Zealand Inst., *v.* 15 t. 22 B f. 1, 1 b | 1889 *Agaue parva*, Lohmann in: Zool. Jahrb. Syst., *v.* 4 p. 354.

Im. Im Vergleich mit den übrigen Arten der Gattung Agaue sind das 1. und 2. Bein nach der Zeichnung Chilton's sehr verschieden. Von Halacarus weichen die Maxillarpalpen ab.

Litoralregion. Pacifischer Ocean (Neu-Seeland).

A. parvirostris (Trt.) 1889 *Halacarus p.*, Trouessart in: Bull. sci. France Belgique, *v.* 20 p. 235 | 1896 *Agaue p.*, Trouessart in: Bull. Soc. zool. France, *v.* 21 p. 105.

Im. Maxillarpalpus und 1. Bein der Gattung entsprechend; Stirnrand ohne dornartigen Fortsatz; Schnabelteil die Spitze der Maxillarpalpen nicht erreichend. 1. Bein mit einfachen Dornen. — 400 µ l.

An Algen; Litoralregion. Pacifischer Ocean (Neu-Seeland).

4. Gen. **Halacarus** Gosse

1855 *Halacarus*, Gosse in: Ann. nat. Hist., ser. 2 *v.* 16 p. 27 | 1889 *H.*, Lohmann in: Zool. Jahrb. Syst., *v.* 4 p. 334 | 1871 *Thalassarachna* (Typ.: *T. verrilli*), Packard in: Amer. J. Sci., ser. 3 *v.* 1 p. 108.

Maxillarpalpen an ihrem Grunde weit von einander abstehend, 4-gliedrig, lang, frei beweglich. Krallen nur mittelst des Krallenmittelstückes am Endgliede der Beine eingelenkt. 1. Bein nur wenig kräftiger als das 2., alle Dornen desselben ventral gerichtet. Rumpf gewölbt und gestreckt.

Marin und im Süsswasser. In allen Meeren; 1 Art in Süsswasserbecken Deutschlands.

4 Untergattungen, 41 sichere und 6 unsichere Arten, 9 Varietäten.

Übersicht der Untergattungen:

1	4. Glied des Maxillarpalpus im distalen zugespitzten Abschnitt erheblich kürzer als im proximalen walzenförmigen Abschnitt	a. Subgen. **Pontacarus** . . p. 287
	4. Glied des Maxillarpalpus im distalen Abschnitt länger als im proximalen — 2.	
2	4. Glied des Maxillarpalpus im distalen Abschnitt wenig länger als im proximalen; Aussenskelett bildet waben- und dornenartige Bedeckungen der Panzerplatten und Beine	b. Subgen. **Polymela** . . . p. 287
	4. Glied des Maxillarpalpus im distalen Abschnitt erheblich länger; Aussenskelett fehlt — 3.	
3	4. Glied des Maxillarpalpus im distalen Abschnitt kräftig; 3. Glied mit medialem Anhange; Panzerung des Rumpfes meist schwach	c. Subgen. **Halacarus** . . . p. 289
	4. Glied des Maxillarpalpus im distalen Abschnitt dünn und sehr lang; 3. Glied ohne Anhang; Panzerung des Rumpfes meist sehr stark	d. Subgen. **Copidognathus** . p. 294

a. Subgen. **Pontacarus** Lohm.*)

Distaler Abschnitt des Endgliedes des Maxillarpalpus kürzer als der proximale walzenförmige Abschnitt; 3. Glied ohne medialen Dorn.

Marin. Atlantischer Ocean.

1 Art.

1. **H. (P.) basidentatus** Trt. 1900 *H. b.*, Trouessart in: Bull. Soc. zool. France, *v.* 25 p. 39.

Im. Gestalt der von H. (C.) fabricii ähnlich. 2. Glied des Maxillarpalpus mit starkem Dorn am Innenrande des distalen Endes; Schnabelteil des Capitulum das 3. Glied der Maxillarpalpen überragend. Panzerung des Rumpfes stark. 1. Bein mit schwachen Fiederborsten ähnlich H. (C.) fabricii. Krallengrube fehlt, Krallen ohne Kamm. — 400 μ l.

An Algen; Litoralregion. Atlantischer Ocean (Bahia).

b. Subgen. **Polymela** Lohm.**)

1889 Gen. *Leptopsalis* (part.), Trouessart in: Naturaliste, ser. 2 *v.* 11 p. 162 | 1889 Subgen. *L.* (part.), Trouessart in: Bull. sci. France Belgique, *v.* 20 p. 244 | 1893 *„Chevreuxi-Gruppe“*, Lohmann in: Ergeb. Plankton-Exp., *v.* 2 G a β p. 68 | 1894 Subgen. *Leptospathis* (part.), Trouessart in: Rev. biol. Nord France, *v.* 6 p. 174.

4. Glied des Maxillarpalpus im distalen Abschnitt wenig länger als im proximalen. Das Aussenskelett bildet Waben oder dornartige Bedeckungen der Panzerteile. Ventrale Anhänge des 5. Gliedes des 1. Beines bei den Im. fast stets in ungerader Zahl vorhanden. Genitalöffnung des ♂ mit reichem Borstenkranz.

Marin. Atlantischer, Pacifischer und Indischer Ocean.

6 Arten und 1 Varietät.

Übersicht der Arten:

1	4. und 5. Glied der Beine distal kugelig geschwollen — 2.		
	4. und 5. Glied der Beine distal nicht kugelig geschwollen, sondern nur verdickt — 5.		
2	3. Glied des Maxillarpalpus ohne Borsten — 3.		
	3. Glied des Maxillarpalpus mit dorsaler Borste — 4.		
3	Aussenskelett von wabiger Struktur, die Wände der Waben geschlossen; sehr stark entwickelt	2. **H. (P.) nationalis**	p. 288
	Aussenskelett von wabiger Struktur, aber die Wände in zahllose Dornen und Borsten zerspalten, so dass die Tiere auf den ersten Blick behaart erscheinen	3. **H. (P.) hispidus**	p. 288
4	Hintere Dorsalplatte der Im. schmal und vorn gerade abgeschnitten; 5. Glied des 2. Beines ventral mit nur 2 Paar Anhängen	4. **H. (P.) panopae**	p. 288
	Hintere Dorsalplatte sehr breit und vorn abgerundet, 5. Glied des 2. Beines ventral mit $2^1/_2$ Paar Anhängen	5. **H. (P.) chevreuxi**	p. 288

*) Subgen. nov. Pontus + acarus. H. Lohmann.

**) Nom. nov. Πολυμήλη, ein homerischer Frauenname. H. Lohmann.

5	3. Glied des Maxillarpalpus ohne Borste; Genito-Analplatte des ♀ einheitlich . .	6. **H. (P.) hypertrophicus** .	p. 289
	3. Glied des Maxillarpalpus mit Borste; Genito-Analplatte des ♀ hinter der Vulva eingeschnürt	7. **H. (P.) thalia**	p. 289

2. **H. (P.) nationalis** Lohm. 1893 *H. n.*, Lohmann in: Ergeb. Plankton-Exp., *v.* 2 G a β p. 70 t. 1, 2.

Im. Aussenpanzer sehr stark entwickelt, auf den Beinen und Panzerplatten des Rückens grosse kammförmige Aufsätze bildend, die aus rings geschlossenen, nur nach aussen offenen Waben bestehen (Fig. 82, p. 277). 4. und 5. Glied der Beine distal kugelig geschwollen, bei den Im. die Ventralfläche des 5. Gliedes des 1. Beines mit $2^1/_2$ Paar Anhängen, des 2. Beines mit 2 Paar, des 3. Gliedes des Maxillarpalpus borstenlos. Die Genito-Analplatte des ♀ mit nur wenigen Borsten vor oder im Umkreise der Vulva. — 410—630 μ l.

An Algen; Litoralregion. Atlantischer Ocean (Bermuda-Inseln, Amazonenstrom-Mündung.

3. **H. (P.) hispidus** Lohm. 1893 *H. h.*, Lohmann in: Ergeb. Plankton-Exp., *v.* 2 G a β p. 71 t. 3 f. 7, 9—11.

2. Nph. Aussenpanzer stark entwickelt, aber Wände der Waben in zahllose feine Borsten und Dornen zerspalten, so dass der Eindruck feiner Behaarung hervorgerufen wird. Beine wie bei der vorigen Art geformt, Im. indessen bis jetzt nicht bekannt. 3. Glied des Maxillarpalpus ohne Borste. — 2. Nph. 430 μ l. (die gleiche Grösse wie die 2. Nph. von H. (P.) nationalis).

An Algen; Litoralregion. Pacifischer Ocean (Sydney).

4. **H. (P.) panopae** Lohm. 1893 *H. p. forma setifera*, Lohmann in: Ergeb. Plankton-Exp., *v.* 2 G a β p. 72 t. 3 f. 1, 8; t. 4 f. 8—9.

Im. Aussenpanzer bildet auf dem sehr deutlich gefelderten Rückenpanzer und den Beinen Kämme, die aber meist wenig hervortreten nnd keine deutlich wabige Struktur zeigen; hintere Dorsalplatte der Im. vorn gerade abgeschnitten und schmal. Beine nach ihrer Form und dem Borstenbesatz des 5. Gliedes der 1. und 2. Beine wie bei H. (P.) nationalis. 3. Glied des Maxillarpalpus mit dorsaler Borste. — 470—590 μ l.

An Algen; Litoralregion. Atlantischer Ocean (Kapverden), Pacifischer Ocean (Sydney).

Mit 1 Varietät:

4a. **H. (P.) panopae var. squamifera** Lohm. 1893 *H. p. forma s.*, Lohmann in: Ergeb. Plankton-Exp., *v.* 2 G a β p. 73.

2. Glied des Maxillarpalpus mit gespaltener Schuppe. Panzerplatte des Rückens ungefeldert oder nur mit Spuren einer Felderung.

An Algen; Litoralregion. Atlantischer Ocean (Amazonenstrom-Mündung), Pacifischer Ocean (Sydney).

5. **H. (P.) chevreuxi** (Trt.) 1889 *Leptopsalis c.*, Trouessart in: Naturaliste, ser. 3 *v.* 11 p. 162 | 1889 *Halacarus (L.) c.*, Trouessart in: Bull. sci. France Belgique, *v.* 20 p. 245 | 1893 *H. c.*, Lohmann in: Ergeb. Plankton-Exp., *v.* 2 G a β p. 73 t. 4 f. 3—7, 10, 11, textf. 6 | 1900 *Leptospathis c.*, Trouessart in: Bull. Soc. zool. France, *v.* 25 p. 46.

Im. Kammbildung sehr variabel, bald sehr stark wie bei H. (P.) nationalis, bald ganz schwach wie bei der vorigen Art; ebenso Form der Beine; aber die hintere Dorsalplatte vorn abgerundet und sehr breit. 5. Glied am

2. Beine ventral ebensoviele Borsten wie am 1. Beine tragend. 3. Glied des Maxillarpalpus mit einfacher Borste. — 560—900 μ l.

An Algen und Korallen; Litoralregion und bis 500 m Tiefe. Kanal, Atlantischer Ocean (Frankreich, Azoren, Canaren), Mittelmeer (Frankreich), Pacifischer Ocean (Sydney, Chile).

6. **H. (P.) hypertrophicus** Lohm. 1893 *H. h.*, Lohmann in: Ergeb. Plankton-Exp., *v.* 2 G a β p. 74 t. 3 f. 2—4; t. 4 f. 1, 2.

Im. Aussenskelett wabig, von ausgefressenem, unregelmässigem Aussehen; Beine distal nur verdickt, nicht kugelig. Ventralfläche des 1. und 2. Beines am 5. Gliede mit nur 2 Paar Anhängen. 3. Glied des Maxillarpalpus borstenlos. Hintere Epimeralplatten tragen dorsal vor der Einlenkung des 3. Beines dicht neben einander 2 Borsten. Genito-Analplatte des ♀ einheitlich, ohne Einschnürung. — 488—535 μ l.

Korallenriff; Litoralregion. Indischer Ocean (Sansibar).

7. **H. (P.) thalia** Lohm. 1893 *H. thaleia* (corr. *thalia*), Lohmann in: Ergeb. Plankton-Exp., *v.* 2 G a β p. 75 t. 3 f. 5, 6.

Im. Aussenskelett wie bei H. (P.) chevreuxi und H. (P.) panopae; Gestalt und Borstenbesatz der Beine und hinteren Epimeralplatten wie bei H. (P.) hypertrophicus, aber die Genito-Analplatte des ♀ ist hinter der Vulva eingeschnürt und das 3. Glied des Maxillarpalpus trägt eine dorsale Borste. — 530—550 μ l.

Korallenriff; Litoralregion. Indischer Ocean (Sansibar).

c. Subgen. **Halacarus** Gosse

1855 Gen. *Halacarus* (part.), Gosse in: Ann. nat. Hist., ser. 2 *v.* 16 p. 27 | 1889 Subgen. *H.* (part.), Trouessart in: Bull. sci. France Belgique, *v.* 20 p. 234 | 1894 Subgen. *H.*, Trouessart in: Rev. biol. Nord France, *v.* 6 p. 169 | 1888 Gen. *Leptopsalis* (Typ.: *L. longipes*) (non Thorell 1882, Arach.!), Trouessart in: C.-R. Ac. Sci., *v.* 107 p. 755 | 1893 *„Spinifer-Gruppe"*, Lohmann in: Ergeb. Plankton-Exp., *v.* 2 G a β p. 80 | 1894 Subgen. *Leptospathis* (part.), Trouessart in: Rev. biol. Nord France, *v.* 6 p. 174 | 1894 *„Section des Spiniger"*, Trouessart in: Mém. Soc. Cherbourg, *v.* 29 p. 190.

Endglied des Maxillarpalpus im distalen Abschnitt erheblich länger als im proximalen Teil, kräftig; 3. Glied mit medialem Anhange. Panzerung des Rumpfes meist schwach; Aussenskelett fehlt. Ventrale Anhänge des 5. Gliedes des 1. Beines paarweise. Genitalöffnung des ♂ mit dichtem Borstenkranz.

Marin und im Süsswasser. Atlantischer, Pacifischer und Indischer Ocean; 1 Art in Süsswasserbecken Deutschlands.

14 Arten und 1 Varietät.

Übersicht der Arten:

1 { 4. Glied des 1. und 2. Beines lang, nur wenig kürzer als das 3. und das 5. Glied oder sogar länger als diese — 2.
4. Glied des 1. und 2. Beines kurz, erheblich kürzer als das 3. und das 5. Glied — 6.

{ Abstand zwischen den beiden vorderen und den beiden hinteren Beinpaaren sehr gross; letztere ventral eingelenkt; Stirnrand gerade abgeschnitten . . . . . . 8. **H. (H.) anomalus** . . . p. 291

2	Abstand zwischen den beiden vorderen und den beiden hinteren Beinpaaren normal, alle Beine lateral eingelenkt; Stirnrand in eine lange dornartige Spitze ausgezogen — 3.	
3	Ohne hintere Dorsalplatte und ohne Augenplatten; Genitalplatte des ♀ einfach oval und von der Analplatte gesondert . . .	9. **H. (H.) actenus** . . . . p. 291
	Mit hinterer Dorsalplatte und 2 Augenplatten; ♀ mit Genito-Analplatte — 4.	
4	Der Vorderrand der hinteren Dorsalplatte erreicht nur die Höhe der Einlenkung des 4. Beines; Genito-Analplatte des ♀ vorn tief ausgeschnitten	10. **H. (H.) oblongus** . . . p. 291
	Vorderrand der hinteren Dorsalplatte erreicht die Höhe der Einlenkung des 3. Beines; Genito-Analplatte des ♀ vorn nicht ausgeschnitten — 5.	
5	Genito-Analplatte des ♀ sehr kurz, die Einlenkung des 4. Beines lange nicht erreichend; 2 Poren der vorderen Dorsalplatte auf grossen kegelförmigen Papillen mündend	11. **H. (H.) ctenopus** . . . p. 291
	Genito-Analplatte des ♀ sehr lang, die Einlenkung des 4. Beines überragend; Poren nicht auf Papillen liegend	12. **H. (H.) borealis** . . . . p. 292
6	Stirnrand in eine nach vorn und oben gerichtete, dornartige Spitze ausgezogen .	13. **H. (H.) basteri** . . . . p. 292
	Stirnrand einfach abgerundet — 7.	
7	♀ mit Genitalnäpfen neben der Vulva; vordere und hintere Dorsalplatte nur durch eine schmale Linie weichen Integumentes getrennt; 5. Glied des 1. Beines bei der Im. ventral mit nur 2 Paar Anhängen	14. **H. (H.) hydrachnoides** . p. 292
	♀ nur mit Borsten neben der Vulva; Abstand der dorsalen Panzerplatten von einander meist breit; 5. Glied des 1. Beines bei der Im. ventral mit 3 oder mehr Paar Anhängen — 8.	
8	Stirnrand kapuzenartig über das Capitulum vorgezogen; 5. Glied des 1. Beines bei der Im. dorsal nur mit Dreiecksborsten, ventral mit 3 Paar Anhängen; Streifen zwischen den dorsalen Panzerplatten schmal	15. **H. (H.) capuzinus** . . . p. 292
	Keine kapuzenartige Verlängerung des Stirnrandes; 5. Glied des 1. Beines bei der Im. dorsal mit mehr Borsten, ventral mit 3 oder 4 Paar Anhängen; dorsale Panzerplatten weit von einander getrennt — 9.	
9	Vor der Einlenkung des 3. Beines stehen am Rumpfrande 3 Borsten; Rumpf und Beine mit zartem Haarflaum	16. **H. (H.) abyssorum** . . p. 293
	Vor der Einlenkung des 3. Beines steht nur 1 Borste am Rumpfrande; Rumpf und Beine ohne Flaum — 10.	

10 { 3. Glied des 1. Beines bei der Im. dorsal nur mit Dreiecksborsten . . . . 17. **H. (H.) floridearum** . . p. 293
3. Glied des 1. Beines bei der Im. dorsal mit mehr Borsten — 11.

11 { 3. Glied des 1. Beines bei der Im. dorsal mit nur 1 Borste hinter den Dreiecksborsten 18. **H. (H.) harioti** . . . . p. 293
3. Glied des 1. Beines bei der Im. mit 2 Borsten hinter den Dreiecksborsten — 12.

12 { Schnabelteil breit dreieckig; Panzerung nicht auffällig schwach — 13.
Schnabelteil schmal, parallelrandig; Panzerung sehr schwach. . . . . 21. **H. (H.) longipes** . . . . p. 294

13 { 3. Glied des Maxillarpalpus mit kräftigem Dorn. . . . . 19. **H. (H.) balticus** . . . . p. 293
3. Glied des Maxillarpalpus mit ganz kleinem kurzen Dorn, der leicht übersehen wird 20. **H. (H.) inermis** . . . . p. 293

8. **H. (H.) anomalus** Trt. 1894 *H. a.*, Trouessart in: Bull. Soc. Rouen, p. 156 t. 7 f. 2—2d.

Im. Langgestreckt, schmal. 1. und 2. Beinpaar ganz vorn, 3. und 4. ganz hinten am Rumpfe eingelenkt, und zwar die letzteren ventral; 4. Glied des 1. und 2. Beines lang, wenig kürzer als das 3. und 5. Stirnrand gerade abgeschnitten. Panzer sehr rückgebildet, hintere Dorsal- und vordere Epimeralplatte durch Streifen weichen Integumentes in rechte und linke Hälften geteilt; Genito-Analplatte fehlt. — 600 μ l.

Marin. An Algen; Litoralregion bis 9 m Tiefe. Kanal (Normandie).

9. **H. (H.) actenus** Trt. 1889 *H. actenos* (corr. *actenus*), Trouessart in: Bull. sci. France Belgique, *v.* 20 p. 239 | 1893 *H. a.*, Lohmann in: Ergeb. Plankton-Exp., *v.* 2 G a β p. 83 t. 10 f. 1, 2.

Im. Gestalt und Einlenkung der Beine normal. Stirnrand in eine lange dornartige Spitze ausgezogen. Panzerung sehr schwach, dorsal nur eine kleine vordere Dorsalplatte; Augen- und hintere Dorsalplatte fehlen; Genitalplatte des ♀ von der Analplatte gesondert und am Vorderrande einfach abgerundet. 1. Bein mit sehr kräftigen ventralen Dornen. — 500—750 μ l.

Marin. An Algen; Litoralregion, doch auch noch in 400—500 m Tiefe. Kanal (Frankreich), Atlantischer Ocean (Frankreich).

10. **H. (H.) oblongus** Lohm. 1893 *H. o.*, Lohmann in: Ergeb. Plankton-Exp., *v.* 2 G a β p. 83 t. 9 f. 1, 3; t. 10 f. 3, 7; textf. 9.

Im. Der vorigen Art ähnlich, aber Augenplatten und hintere Dorsalplatte vorhanden; letztere sehr schmal und in der Höhe der Einlenkung des 4. Beines mit einer Spitze endend. Die Genito-Analplatte des ♀ ist vorn tief bis zur Vulva ausgeschnitten. Der mediale Anhang des 3. Gliedes des Maxillarpalpus ist stab-, nicht dornförmig. — 420 μ l.

Marin. An Ascidien und Alcyonidien; Litoralregion. Pacifischer Ocean (Sydney).

11. **H. (H.) ctenopus** Gosse 1855 *H. c.*, Gosse in: Ann. nat. Hist., ser. 2 *v.* 16 p. 28 t. 3 f. 6—10 | 1893 *H. c.*, Lohmann in: Ergeb. Plankton-Exp., *v.* 2 G a β p. 82 t. 9 f. 2, 4, 5.

Im. Ähnlich H. (H.) actenus und H. (H.) oblongus, aber Panzerung noch stärker als bei der letzteren Art; hintere Dorsalplatte erreicht mit ihrer vorderen Spitze die Einlenkung des 3. Beines; auf der Stirnplatte stehen

2 grosse Hautporen auf zitzenförmigen grossen Papillen. Genito-Analplatte des ♀ sehr kurz, auf den hintersten Abschnitt des Rumpfes beschränkt. — 420—800 μ l.

Marin. An Algen; Litoralregion bis zu 64 m Tiefe. Nordsee (England), Kanal (England, Frankreich), Atlantischer Ocean (Shetland-Inseln, Irland, Frankreich).

12. **H. (H.) borealis** Trt. 1894 *H. b.*, Trouessart in: Mém. Soc. Cherbourg, *v.* 29 p. 191, 192 f. 1.

Im. Ähnlich den vorigen Arten; hintere Dorsalplatte gestreckt, vorn bis über die Einlenkung des 3. Beines sich erstreckend. Stirnrand mit auffällig langer Spitze. Vordere Dorsalplatte ohne zitzenförmige Papillen und 2. Bein mit sehr kräftigen ventralen Dornen. — 900 μ l.

Marin. An Algen; Litoralregion. Atlantischer Ocean (Island).

13. **H. (H.) basteri** (Johnst.) 1836 *Acarus b.*, G. Johnston in: Mag. nat. Hist., *v.* 9 p. 353 f. 51 a, b | 1889 *Halacarus spinifer*, Lohmann in: Zool. Jahrb. Syst., *v.* 4 p. 343 t. 8 f. 101, 102 | 1888 *H. ctenopus* (part.) + *H. globosus*, Trouessart in: C.-R. Ac. Sci., *v.* 107 p. 753, 754.

Im. 4. Glied des 1. und 2. Beines kurz, sehr viel kürzer als das 3. oder 5. Glied. Stirnrand in eine dornartige Spitze ausgezogen. Krallen des 1. Beines sehr klein und kräftig; 5. Glied des 1. Beines ventral mit 4 Paar Anhängen, von denen das vorderste borsten-, alle anderen kurz stachelförmig sind (Fig. 84, p. 277). Panzerung schwach, doch alle Platten vorhanden. Im. nur im Winter (Ostsee, Nordsee, Kanal). — 1—1,1 mm l.

Marin und im Brackwasser. An Algen; Litoralregion bis 46 m Tiefe. Ostsee (östl. bis Gotland), Nordsee, Kanal, Atlantischer Ocean (Frankreich); Kanal von Caen zum Meer (0,02⁰/₀ Salzgehalt).

Mit 1 Varietät:

13α. **H. (H.) basteri var. affinis** Trt. 1896 *H. spinifer var. a.*, Trouessart in: Bull. Soc. ent. France, p. 253.

Anhänge auf der Beugeseite der Glieder des 1. und 2. Beines sehr viel schlanker als bei der Hauptform und in eine lange dünne Spitze ausgezogen. Kleiner als die Hauptform. Im. nur im Winter.

Marin. An Algen; Litoralregion. Mittelmeer (Frankreich).

14. **H. (H.) hydrachnoides** Lohm. 1893 *H. h.*, Lohmann in: Ergeb. Plankton-Exp., *v.* 2 G a β p. 14, 85, textf. 11 a, b.

Im. 4. Glied des 1. und 2. Beines kurz, 5. Glied des 1. Beines nur mit Dreiecksborsten, ventral mit 2 Paar kräftigen Dornen. Am proximalen Ende der Krallengrube ein keulenförmiges Haar. Panzerung sehr stark, nur ganz schmale Lücken freilassend; vordere Dorsalplatte ohne vordere Spitze, hintere Dorsalplatte bis weit über die Einlenkung des 3. Beines nach vorn ausgedehnt. Abstand zwischen den vorderen und den hinteren Beinpaaren sehr viel grösser als bei der Mehrzahl der anderen Arten. Genitalplatte von der Analplatte getrennt; neben der Vulva 2 kleine Felder mit je 5 Genitalnäpfen. — 280 μ l.

Im Süsswasser. Auf Schlick. Holstein.

15. **H. (H.) capuzinus** Lohm. 1893 *H. c.*, Lohmann in: Ber. Komm. D. Meere, *v.* 6 p. 199 f. 1—5.

Im. 4. Glied des 1. und 2. Beines kurz, 5. Glied des 1. Beines dorsal nur mit Dreiecksborsten, ventral mit 3 Paar Anhängen, von denen 5 kräftige Dornen bilden, 1 distaler aber borstenförmig ist; Krallen des 1. Beines kleiner als die der anderen Beine und ohne Kamm. Panzerung stark; Stirnrand kapuzenartig über das Capitulum vorgezogen; vordere und hintere Dorsalplatte nur durch schmalen Streifen weicher Haut getrennt. Genito-Analplatte ohne Genitalnäpfe. — 280—300 µ l.

Marin. An Algen; Litoralregion bis 46 m Tiefe. Ostsee, besonders im östlichen Teile.

16. **H. (H.) abyssorum** Trt. 1896 *H. a.*, Trouessart in: Bull. Soc. zool. France, *v.* 21 p. 104 | 1896 *H. a.*, Trouessart in: Ann. Univ. Lyon, *v.* 26 p. 334 t. 9 f. 1a—d.

Im. Gestalt des Rumpfes und Länge, sowie Form der Beine durchaus an H. (H.) longipes erinnernd, mit dem die Art auch in der Form des Schnabelteils übereinstimmt. Stirnrand gerade abgeschnitten. Panzerung ziemlich stark, vordere und hintere Dorsalplatte nur durch geringen Abstand von einander getrennt; Augenplatten breit, Seitenaugen klein; medianes Auge fehlt (?). Rand des Rumpfes und die Beine durch zarten Borstenbesatz flaumartig. — 670—700 µ l.

Marin. Auf Korallen; Abyssalregion. Atlantischer Ocean (Gascogne).

17. **H. (H.) floridearum** Lohm. 1889 *H. f.*, Lohmann in: Zool. Jahrb. Syst., *v.* 4 p. 340 t. 8 f. 111, 115.

Im. 4. Glied des 1. und 2. Beines kurz, 5. Glied des 1. Beines dorsal mit Nebenborsten und Dreiecksborsten, ventral mit 3 Paar Anhängen. Streckseite des 3. Gliedes des 1. Beines nur mit Dreiecksborsten. Panzerung nicht stark, breite Lücken zwischen sich freilassend; vordere Dorsalplatte vorn einfach gerundet, aber etwas nach vorn vorgeschoben. — 450—500 µ l.

Marin. An Algen; Litoralregion bis zu 46 m Tiefe. Westl. Ostsee.

18. **H. (H.) harioti** Trt. 1889 *H. h.*, Trouessart in: Bull. sci. France Belgique, *v.* 20 p. 240.

Im. 4. Glied des 1. und 2. Beines kurz, 5. Glied des 1. Beines dorsal mit Nebenborsten und Dreiecksborsten, ventral mit 3 Paar Anhängen; Streckseite des 3. Gliedes des 1. Beines hinter den Dreiecksborsten mit einer weiteren Borste. Panzerung wie bei H. (H.) floridearum; vordere Dorsalplatte nicht vorgezogen. — 700 µ l.

Marin. An Algen; Litoralregion. Feuerland (Kap Horn), Pacifischer Ocean (Insel Saddle).

19. **H. (H.) balticus** Lohm. 1889 *H. b.*, Lohmann in: Zool. Jahrb. Syst., *v.* 4 p. 341 t. 8 f. 108, 119, 120, 123.

Im. Ähnlich der folgenden Art, auch in den Borsten der Beine; aber 5. Glied des 1. Beines ventral mit 4 Paar Anhängen; 3. Glied des Maxillarpalpus mit kräftigem medialen Dorn. Panzerung wie bei den vorigen Arten. — 560—650 µ l.

Marin. An Algen und Bryozoen; Litoralregion. Ostsee, Kanal, Atlantischer Ocean (Frankreich).

20. **H. (H.) inermis** Trt. 1888 *H. i.*, Trouessart in: C.-R. Ac. Sci., *v.* 107 p. 754 | 1889 *H. striatus*, Lohmann in: Zool. Jahrb. Syst., *v.* 4 p. 342 t. 8 f. 117, 118.

Im. 4. Glied des 1. und 2. Beines kurz. 5. Glied des 1. Beines dorsal mit Nebenborsten und Dreiecksborsten, ventral mit 3 Paar Anhängen; 3. Glied dorsal mit 2 Borsten hinter den Dreiecksborsten. Panzerung wie bei H. (H.) floridearum und H. (H.) harioti. 3. Glied des Maxillarpalpus mit ganz kurzem kleinen Dorn, der leicht übersehen wird. Vordere Dorsalplatte nicht über das Capitulum vorgezogen. — 610—700 μ l.

Marin. An Algen; Litoralregion bis zu 57 m Tiefe. Westl. Ostsee, Nordsee, Kanal, Atlantischer Ocean (Frankreich).

21. **H. (H.) longipes** (Trt.) 1888 *Leptopsalis l.*, Trouessart in: C.-R. Ac. Sci., *v.* 107 p. 755 | 1889 *Halacarus murrayi*, Lohmann in: Zool. Jahrb. Syst., *v.* 4 p. 338 t. 7 f. 83; t. 8 f. 86, 87.

Im. 4. Glied des 1. und 2. Beines kurz; 5. Glied des 1. Beines dorsal mit Nebenborsten und Dreiecksborsten, ventral mit 4 Paar langen und dünnen Anhängen; 3. Glied des 1. Beines dorsal mit 2 Borsten hinter den Dreiecksborsten und mit 2 ventralen Anhängen. Panzerung sehr schwach, vordere und hintere Dorsalplatte sehr kurz, so dass fast die ganze Rückenfläche ungepanzert ist. Augenplatten vorhanden. Schnabelteil schmal, parallelrandig und lang. 3. Glied des Maxillarpalpus mit dünnem und zartem Anhange. Im. nur im Winter (Ostsee, Kanal). — 520—1000 μ l.

Marin. An Algen, Bryozoen, Spongien etc.; Litoralregion bis 60 m Tiefe. Westl. Ostsee, Kanal.

d. Subgen. **Copidognathus** Trt.

1855 Gen. *Halacarus* (part.), Gosse in: Ann. nat. Hist., ser. 2 *v.* 16 p. 27 | 1888 Gen. *Copidognathus* (Typ.: *C. glyptoderma*), Trouessart in: C.-R. Ac. Sci., *v.* 107 p. 754 | 1894 Subgen. *C.*, Trouessart in: Rev. biol. Nord France, *v.* 6 p. 171 | 1891 *„Rhodostigma-Gruppe"*, Lohmann in: Ber. Komm. D. Meere, *v.* 6 p. 3, 4 | 1893 *„R.-Gruppe"*, Lohmann in: Ergeb. Plankton-Exp., *v.* 2 G a β p. 75.

Endglied des Maxillarpalpus im distalen Abschnitt erheblich länger als im proximalen, dünn und sehr lang; 3. Glied stets ohne Anhang. Panzerung des Rumpfes meist sehr stark, mit Neigung der Augenplatten sich nach hinten auszudehnen. An den Beinen oft Apophysen; Aussenskelett fehlt. Die ventralen Anhänge des 5. Gliedes des 1. Beines sind bei der Im. fast stets in ungerader Zahl vertreten. Genitalöffnung der ♀ mit sehr wenigen Borsten.

Marin. Atlantischer, Pacifischer und Indischer Ocean.

20 sichere und 2 unsichere Arten, 7 Varietäten.

Übersicht der sicheren Arten:

1	Augenplatten im lateralen vorderen Winkel zu einem stark vorspringenden Höcker ausgezogen, der die Linsen trägt . . .	22. **H. (C.) humerosus** . . .	p. 296
	Augenplatten ohne solchen Höcker — 2.		
2	Schnabelteil nahezu parallelrandig, schmal und lang; Augenplatten ohne hinteren Fortsatz — 3.		
	Schnabelteil dreieckig, breit und kurz; Augenplatten ohne oder mit schwanzartigem hinteren Fortsatz — 4.		
3	Distales Ende des 4. und 5. Gliedes des 1. Beines in kurze Schutzblätter ausgezogen	23. **H. (C.) glyptoderma** . .	p. 296
	Distales Ende des 4. und 5. Gliedes des 1. Beines ohne Fortsätze	24. **H. (C.) loricatus**	p. 296
4	1. und 2. Bein dünn und schlank — 5.		
	1. und 2. Bein kräftig, vor allem 3. und 5. Glied geschwollen — 6.		

5	Augenplatten in ein langes Band nach hinten ausgezogen, das den Hinterrand des Rumpfes erreicht	25. **H. (C.) gracilipes** . . .	p. 296
	Augenplatten ohne solchen Fortsatz . . .	26. **H. (C.) reticulatus** . . .	p. 297
6	Augenplatten schmal und lang, hinten scharf zugespitzt oder schwanzartig ausgezogen — 7.		
	Augenplatten breit und kurz, hinten meist breit abgerundet — 15.		
7	1. und 2. Bein mit sehr grossen blattförmigen Lamellen; dorsale Panzerplatten nur an wenigen Stellen gefeldert	27. **H. (C.) gibbus**	p. 297
	1. und 2. Bein ohne oder mit ganz schwachen Lamellen; dorsale Panzerplatten dicht mit Felderung bedeckt — 8.		
8	Augenplatten mit schwanzartiger Verlängerung, die über die Einlenkung des 3. Beines hinausragt	28. **H. (C.) oculatus**	p. 298
	Augenplatten ohne solche starke Verlängerung — 9.		
9	Schnabelteil kurz und breit, das distale Ende des 2. Gliedes des Maxillarpalpus bei weitem nicht erreichend; hintere Dorsalplatte ohne vortretende Längsrippen .	29. **H. (C.) rhodostigma** . .	p. 298
	Schnabelteil länger, wenigstens das Ende des 2. Gliedes erreichend; hintere Dorsalplatte meist mit vorspringenden Längsrippen — 10.		
10	Krallen der Beine mit Kamm — 11.		
	Krallen der Beine ohne Kamm — 12.		
11	Schnabelteil des Capitulum das distale Ende des 3. Gliedes des Maxillarpalpus erreichend	30. **H. (C.) longirostris** . .	p. 298
	Schnabelteil des Capitulum kaum das distale Ende des 2. Gliedes des Maxillarpalpus erreichend	31. **H. (C.) poucheti**	p. 298
12	Krallenmittelstück des 1. Beines mit einer Kralle, die fast ebenso stark ist wie die sehr kurzen Hauptkrallen	32. **H. (C.) manicatus** . . .	p. 299
	Krallenmittelstück des 1. Beines ohne Kralle oder mit einer Kralle, die viel kleiner ist als die Hauptkrallen — 13.		
13	Schnabelteil des Capitulum das distale Ende des 3. Gliedes des Maxillarpalpus noch um die Länge dieses Gliedes überragend	33. **H. (C.) bavayi**	p. 299
	Schnabelteil das 3. Glied nicht überragend — 14.		
14	Stirnrand gerade abgeschnitten; 500 µ l. .	34. **H. (C.) tabellio**	p. 299
	Stirnrand in eine stumpfe Spitze vorgezogen; 250—300 µ l.	35. **H. (C.) lamellosus** . . .	p. 299
15	1. und 2. Bein mit Gelenkblättchen . . .	36. **H. (C.) lohmanni** . . .	p. 299
	1. und 2. Bein ohne Gelenkblättchen — 16.		
16	1. und 2. Bein mit gleichmässiger Felderung der Glieder, ohne scharf umschriebene Bezirke von Poren — 17.		
	1. und 2. Bein nur mit scharf umschriebenen Porenbezirken — 19.		

17	Krallen am 1. Beine kürzer als an den übrigen Beinen	37. **H. (C.) fabricii** . . . . p. 299
	Krallen des 1. Beines ebenso lang wie die der übrigen Beine — 18.	
18	Krallengruben fehlen an den Hinterbeinen	38. **H. (C.) spinula** . . . . p. 300
	Krallengruben an den Hinterbeinen wohl entwickelt	39. **H. (C.) caudani** . . . . p. 300
19	Porenbezirke aus vielen Kreisen feiner Poren gebildet und an allen Beinen und an verschiedenen Gliedern	40. **H. (C.) speciosus** . . . p. 300
	Porenbezirke nur aus dicht gestellten Poren gebildet und auf die Ventralfläche des 3. Gliedes des 1. und 2. Beines beschränkt	41. **H. (C.) pulcher** . . . . p. 300

22. **H. (C.) humerosus** Trt. 1896 *H. h.*, Trouessart in: Bull. Soc. ent. France, *v.* 15 p. 250 | 1897 *H. h.*, Trouessart in: Bull. Soc. Rouen, p. 430 t. 11.

Im. In Bezug auf Gestalt und Beine H. (C.) gracilipes sehr ähnlich. Panzerung stark; Stirnrand gerade abgestutzt; Augenplatten breit mit stark vorgezogener, buckelförmig erhabener, lateraler Vorderecke und 2 Linsen auf dem Buckel; hintere Dorsalplatte mit nur 2 Längsbändern. 1. und 2. Bein schlank; Krallen an allen Beinen lang und dünn, fast ohne Nebenzahn und ohne Kamm; Krallengrube fehlt. — Nph. bereits mit dem Buckel der Augenplatten. — 398 μ l.

An Algen und Austern; Litoralregion bis zu 45 m Tiefe. Kanal, Mittelmeer (Rhone-Mündung), Atlantischer Ocean (Frankreich).

23. **H. (C.) glyptoderma** (Trt.) 1888 *C. g.*, Trouessart in: C.-R. Ac. Sci., *v.* 107 p. 755 | 1889 *Halacarus g.*, Trouessart in: Bull. sci. France Belgique, *v.* 20 p. 241 | 1893 *H. g.*, Trouessart, Au Bord de la Mer, p. 209 f. 92.

Im. Schnabelteil schmal und lang, nahezu parallelrandig. Panzerung nicht sehr stark, breite Lücken freilassend; Augenplatten breit, nicht verlängert. Distale Enden des 4. und 5. Gliedes des 1. Beines ventral in kurze Blättchen ausgezogen. 3. und 4. Bein ohne Fiederborsten. Endglied der Mandibel dolchförmig, gesägt. — 500 μ l.

Zwischen Austern; Litoralregion bis 9 m Tiefe. Kanal (Frankreich), Atlantischer Ocean (Frankreich).

24. **H. (C.) loricatus** Lohm. 1889 *H. l.*, Lohmann in: Zool. Jahrb. Syst., *v.* 4 p. 349 | 1893 *H. l.*, Lohmann in: Ber. Komm. D. Meere, *v.* 6 p. 199 Fussnote.

Im. Schnabelteil und Panzerung wie bei H. (C.) glyptoderma, aber Beine ohne Blättchen und Endglied der Mandibel einfach klauenförmig. Fiederborsten fehlen. — 520—550 μ l.

An Algen und Muschelpfählen; Litoralregion bis 23 m Tiefe. Westl. Ostsee.

25. **H. (C.) gracilipes** Trt. 1889 *H. g.*, Trouessart in: Bull. sci. France Belgique, *v.* 20 p. 243 | 1894 *H. g.*, Trouessart in: Rev. biol. Nord France, *v.* 6 p. 171.

Im. Schnabelteil breit, dreieckig, kurz. 1. und 2. Bein dünn und schlank, 5. Glied des 1. Beines ventral mit 2 Paar Anhängen. Panzerung stark; Augenplatten in ein langes hinteres Band ausgezogen, das den Hinterrand des Rumpfes erreicht. Hintere Dorsalplatte mit 2 Längsbändern. — 400—450 μ l.

An Algen und Bryozoen; Litoralregion und bis zu 1410 m Tiefe. Nordsee, Kanal, Atlantischer Ocean (Frankreich, Azoren, Senegambien), Mittelmeer (Frankreich).

Mit 2 Varietäten:

25α. **H. (C.) gracilipes var. quadricostata** Trt. 1894 *H. g. var. quadricostatus,* Trouessart in: Rev. biol. Nord France, *v.* 6 p. 171.

Hintere Dorsalplatte mit 4 vorspringenden Längsbändern; grösser als die Hauptform.

An denselben Orten und in denselben Tiefen wie die Hauptform.

25β. **H. (C.) gracilipes var. largiforata** Trt. 1900 *H. g. largiforatus,* Trouessart in: Bull. Soc. zool. France, *v.* 25 p. 42.

Hintere Dorsalplatte mit 2 Längsbändern, aber mit sehr weiten Grübchen, welche die ganze Oberfläche der Panzerplatte bedecken. Augenplatten nur wenig nach hinten verlängert.

Mittelmeer (Marseille).

26. **H. (C.) reticulatus** Trt. 1894 *H. r.,* Trouessart in: Mém. Soc. Cherbourg, *v.* 29 p. 197 f. 3a—c.

Im. Ähnlich der vorigen Art, vor allem durch die schlanken 1. und 2. Beine, aber die Augenplatten sind nicht verlängert. Panzerplatten gleichmässig gefeldert, mit Ausnahme der 2 Längsstreifen der hinteren Dorsalplatte. — 450 μ l.

An Algen; Litoralregion. Atlantischer Ocean (Island).

27. **H. (C.) gibbus** Trt. 1889 *H. g.,* Trouessart in: Bull. sci. France Belgique, *v.* 20 p. 244 | 1894 *H. g.,* Trouessart in: Bull. Soc. Rouen, p. 166 textf. 2; t. 9 f. 1, 1a, b | 1900 *H. g.,* Trouessart in: Bull. Soc. zool. France, *v.* 25 p. 46.

Im. Schnabelteil und Panzerung wie bei den vorigen Arten; Grundteil des Capitulum seitlich stark verbreitert. 1. und 2. Bein kräftig, mit geschwollenen Gliedern und sehr grossen Apophysen auf der Ventralfläche des 3. und 5. Gliedes. Apophysen an dem 3. und 4. Beine weniger stark. Die Panzerplatten zum grössten Teil ungefeldert. Augenplatten schmal, langgestreckt. Auf der vorderen Dorsalplatte eine Erhebung mit vorderer Spitze. — 450 μ l.

Auf Miesmuschelbänken; Litoralregion. Atlantischer Ocean (Frankreich, Azoren).

Mit 5 Varietäten:

27α. **H. (C.) gibbus var. britannica** Trt. 1894 *H. g. var. britannicus,* Trouessart in: Bull. Soc. Rouen, p. 166 f. 2, 2a.

Grundteil des Capitulum ohne Verbreiterungen. Beine kurz, sehr kräftig; nach der Abbildung Lamellen an dem 3. und 4. Beine ganz fehlend. — 400 μ l.

Litoralregion bis 25 m Tiefe. Kanal (Frankreich).

27β. **H. (C.) gibbus var. remipes** Trt. 1894 *H. g. var. r.,* Trouessart in: Bull. Soc. Rouen, p. 166 f. 3, 3a.

Grundteil des Capitulum mit schwachen Verbreiterungen. Beine kurz und kräftig; Lamellen an allen Beinen sehr stark (Fig. 85, p. 278). — 350 μ l.

An Algen; Litoralregion, flaches Wasser. Kanal, Mittelmeer (Frankreich).

27γ. **H. (C.) gibbus var. cataphracta** Trt. 1900 *H. g. cataphractus,* Trouessart in: Bull. Soc. zool. France, *v.* 25 p. 41.

Panzerung sehr stark; die vorspringenden Augenplatten in 2 Abschnitte geteilt, von denen der vordere die Augen trägt und fast vierseitig mit abgerundeten Ecken ist, während der hintere Abschnitt schmal und lang nach hinten ausgezogen erscheint. Beine schlank, Lamellen schwächer als bei der Hauptform. — 400 μ l.

An Korallen; Litoralregion. Nordost-Afrika (Djibouti).

27δ. **H. (C.) gibbus var. caulifera** Trt. 1896 *H. g. var. remipes* (err., non Trouessart 1894!), Trouessart in: Act. Soc. Chili, *v.* 6 p. 62 | 1900 *H. g. caulifer,* Trouessart in: Bull. Soc. zool. France, *v.* 25 p. 40.

Augenplatten ungeteilt und nach hinten in ein schmales langes Band ausgezogen. Beine denen von H. (C.) g. var. remipes gleichend, und ebenso lang oder etwas länger.

An Algen; Litoralregion. Atlantischer und Pacifischer Ocean (Bahia, Chile).

27ε. **H. (C.) gibbus var. majuscula** Trt. 1894 *H. g. var. majusculus,* Trouessart in: Bull. Soc. Rouen, p. 167.

Kräftiger und grösser als alle anderen Formen. — 500 μ l.

Litoralregion bis 45 m Tiefe. Mittelmeer (Frankreich).

28. **H. (C.) oculatus** Hodge 1863 *H. o.,* Hodge in: Tr. Tyneside Club, *v.* 5 p. 298 t. 25 f. 5, 6 | 1894 *H. o.,* Trouessart in: Bull. Soc. Rouen, p. 164 t. 8 f. 2, 2a | 1893 *H. rhodostigma* (part.), Lohmann in: Ergeb. Plankton-Exp., *v.* 2 G a β p. 75.

Im. Schnabelteil dreieckig, das distale Ende des 2. Gliedes des Maxillarpalpus erreichend oder übertreffend. 1. und 2. Bein kräftig, geschwollen. Panzerung sehr stark; Augenplatten in eine lange, schwanzartige Spitze nach hinten über die Einlenkung des 3. Beines ausgezogen. — 300—400 μ l.

An Algen und Muschelbänken; Litoral- und vielleicht auch Abyssalregion (Trouessart, 1896 in: Bull. Soc. zool. France, *v.* 18 p. 104, 105) bis zu 1410 m Tiefe. Ostsee, Nordsee (England), Kanal, Atlantischer Ocean (Frankreich).

29. **H. (C.) rhodostigma** Gosse 1855 *H. r.,* Gosse in: Ann. nat. Hist., ser. 2 *v.* 16 p. 27 t. 3 f. 1—5 | 1894 *H. r.,* Trouessart in: Bull. Soc. Rouen, p. 160 t. 8 f. 1, 1a.

Im. Der vorigen Art in Panzerung, Form der Beine und Gestalt sehr ähnlich. Aber Schnabelteil sehr kurz und breit und das distale Ende des 2. Gliedes des Maxillarpalpus bei weitem nicht erreichend. Augenplatten ohne schwanzartige Verlängerung, hinten einfach zugespitzt. Hintere Dorsalplatte ohne vorspringende Längsrippen, nur mit flachen Längsbändern. — 350—550 μ l.

An Algen und Austernbänken; Litoralregion bis 58 m Tiefe. Nordsee, Kanal, Atlantischer Ocean (Frankreich).

30. **H. (C.) longirostris** Trt. 1896 *H. (C.) l.,* Trouessart in: Bull. Soc. ent. France, p. 251.

Im. Mit H. (C.) tabellio und H. (C.) bavayi verwandt. Rumpf länglich oval, stark gepanzert. Beine ziemlich schlank, ohne Lamellen; Krallen gekämmt; 5. Glied des 2. Beines auf der Beugeseite mit 3 Anhängen, von denen die 2 inneren dornartig sind. Schnabelteil des Capitulum das distale Ende des 3. Gliedes des Maxillarpalpus erreichend. — 450 μ l.

An Algen; Litoralregion. Feuerland.

31. **H. (C.) poucheti** Trt. 1894 *H. p.,* Trouessart in: Mém. Soc. Cherbourg, *v.* 29 p. 193 f. 2a—c.

Im. H. (C.) rhodostigma ähnlich, aber erheblich kräftiger; hintere Dorsalplatte mit 2 breiten, vorspringenden Längsbändern, die hinten sich im Bogen vereinigen und mit einer 3-strahligen Erhebung der vorderen Dorsalplatte zusammen ein langgestrecktes medianes Oval umschliessen. Schnabelteil länger als bei H. (C.) rhodostigma, wenigstens das distale Ende des 2. Gliedes des Maxillarpalpus erreichend. Krallen der Beine gekämmt. — 500 μ l.

An Algen; Litoralregion. Atlantischer Ocean (Island, Labrador).

32. **H. (C.) manicatus** Trt. 1900 *H. m.*, Trouessart in: Bull. Soc. zool. France, *v.* 25 p. 38.

Im. Gestalt der von H. (C.) fabricii ähnlich. Hintere Dorsalplatte mit 2 Längsbändern. 3. Glied des 1. Beines stark geschwollen, fast kugelig. Krallen sehr kurz, die Kralle des Krallenmittelstückes fast an Grösse erreichend; alle Krallen ohne Kamm. — 350 μ l.

An Algen; Litoralregion. Pacifischer Ocean (Cochinchina).

33. **H. (C.) bavayi** Trt. 1896 *H. (C.) b.*, Trouessart in: Bull. Soc. ent. France, p. 251.

Im. H. (C.) tabellio und H. (C.) lamellosus sehr nahe stehend; Gestalt und Panzerung ähnlich H. (C.) longirostris; Augenplatten wie bei H. (C.) tabellio. 1. und 2. Bein kräftig, mit Lamellen; alle Anhänge borstenartig; Krallen ohne Kamm. Schnabelteil des Capitulum das distale Ende des 3. Gliedes des Maxillarpalpus noch um die Länge dieses Gliedes überragend. — 500 μ l.

An Algen; Litoralregion. Pacifischer Ocean (Cochinchina).

34. **H. (C.) tabellio** Trt. 1894 *H. t.*, Trouessart in: Bull. Soc. Rouen, p. 163 t. 8 f. 3, 3a.

Im. Nahe verwandt mit H. (C.) oculatus und H. (C.) rhodostigma. Schnabelteil das proximale Ende des 4. Gliedes des Maxillarpalpus erreichend. Hintere Dorsalplatte mit vorspringenden Längsrippen. Augenplatten ohne schwanzartige Verlängerung nach hinten. Stirnrand gerade abgeschnittten, nicht mit stumpfer Spitze. Krallen der Beine ohne Kamm. — 500 μ l.

An Algen; Litoralregion bis 9 m Tiefe. Kanal, Mittelmeer (Frankreich), Atlantischer Ocean (Frankreich, Senegambien*)).

35. **H. (C.) lamellosus** Lohm. 1893 *H. l.*, Lohmann in: Ergeb. Plankton-Exp., *v.* 2 G a β p. 79 t. 6 f. 1—9; t. 7 f. 1, 4.

Im. Sehr ähnlich H. (C.) tabellio, aber Stirnrand mit stumpfer Spitze und der Vorderrand der dorsalen Wand des Capitulum breit bogenförmig zwischen die Maxillarpalpen vorgezogen. 3. Glied des 1. und 2. Beines auf der Ventralfläche mit lamellösem Kamm. — 250—300 μ l.

An Algen und festsitzenden Tieren; Litoralregion. Atlantischer Ocean (Bermudas, Amazonenstrom-Mündung), Pacifischer Ocean (Sydney).

36. **H. (C.) lohmanni** Trt. 1889 *H. l.*, Trouessart in: Bull. sci. France Belgique, *v.* 20 p. 242.

Im. Schnabelteil erreicht das distale Ende des 2. Gliedes des Maxillarpalpus. Panzerung ist schwächer als bei den Arten 26—30; Augenplatten breit und kurz, am Hinterrande zugespitzt, aber ohne Fortsatz. 1. und 2. Bein sehr kurz und kräftig, 3. Glied mit ventraler Lamelle; 3. und 4. Bein mit Gelenkblättchen an den distalen Enden des 4. und 5. Gliedes. — 400 μ l.

An Algen; Litoralregion. Pacifischer Ocean (Neu-Seeland).

37. **H. (C.) fabricii** Lohm. 1889 *H. f.*, Lohmann in: Zool. Jahrb. Syst., *v.* 4 p. 347 t. 7 f. 81, 82 | 1893 *H. f.*, Lohmann in: Ergeb. Plankton-Exp., *v.* 2 G a β p. 77 t. 7 f. 2, 3; t. 8 f. 1—6 | 1900 *H. fabriciusi*, Trouessart in: Bull. Soc. zool. France, *v.* 25 p. 46.

Im. Schnabelteil breit dreieckig und kurz, kaum das distale Ende des 2. Gliedes des Maxillarpalpus erreichend. Panzerung breite Lücken freilassend.

*) Die afrikanischen Stücke hatten am 2. Beine ähnliche Lamellen wie H. (C.) lamellosus (Bull. Soc. Rouen, 1894, p. 163).

Augenplatten breit, hinten stumpf abgerundet; hintere Dorsalplatte vorn stark verschmälert, hinten stark verbreitert (Fig. 77—79, p. 273, 274). 5. Glied des 3. und 4. Beines mit kräftiger Fiederborste; 5. Glied des 1. Beines meist durch Fiederung und Basalhöcker der 2 medialen ventralen Dornen ausgezeichnet. Alle Beine ohne umschriebene Porenbezirke. — 430—520 μ l.

An Algen, auf Muschelbänken und Felsgrund; Litoralregion und bis 318 m Tiefe. Ostsee, Kanal, Atlantischer Ocean (Frankreich, Kapverden, Azoren), Mittelmeer (Frankreich).

38. **H. (C.) spinula** Trt. 1900 *H. s.*, Trouessart in: Bull. Soc. zool. France, *v.* 25 p. 41.

Im. Gestalt ähnlich der von H. (C.) rhodostigma, aber Augenplatten nahezu oval und hinten abgerundet. 1. Bein kräftiger als die übrigen, 2. und 3. sehr schlank. Nur 1. Bein mit ganz kleiner Krallengrube; Krallen ohne Kamm. — 320 μ l.

An Algen; Litoralregion. Pacifischer Ocean (Cochinchina).

39. **H. (C.) caudani** Trt. 1896 *H. c.*, Trouessart in: Bull. Soc. zool. France, *v.* 21 p. 104 | 1896 *H. c.*, Trouessart in: Ann. Univ. Lyon, *v.* 26 p. 338 t. 9 f. 2a, b; t. 11 f. 2a, b.

Im. Nach Gestalt des Rumpfes und der Beine nahe verwandt mit H. (C.) fabricii; aber 1. und 2. Bein schlanker als dort, Behaarung spärlicher und Krallen und Krallengruben an allen Beinen gleich gut ausgebildet. Stirnrand gerade abgeschnitten, nicht median stumpf vorgezogen. — 400—450 μ l.

An Bryozoen(?) auf Sand- und Kiesboden; Litoralregion bei 180 m Tiefe. Atlantischer Ocean (Gascogne).

40. **H. (C.) speciosus** Lohm. 1893 *H. s.*, Lohmann in: Ergeb. Plankton-Exp., *v.* 2 Ga β p. 78 t. 7 f. 5, 6.

Im. Ähnlich der vorigen Art, aber Schnabelteil das distale Ende des 2. Gliedes des Maxillarpalpus überragend; Panzerung wie bei H. (C.) fabricii. 3. und 4. Bein mit Fiederborste am 5. Gliede, 1. und 2. Bein ohne Fiederborsten und Basalhöcker; Beine bis auf scharf umschriebene Stellen von unregelmässiger Form völlig ohne gröbere Struktur, während dort Gruppen von Poren eng zusammen gestellt sind, vor allem auf der Aussenfläche des 3. und 5. Gliedes des 1. und 2. Beines. — 290—340 μ l.

Brackwasserform? — Amazonenstrom-Mündung zwischen Auftrieb aus der Mitte des Stromes (2 ♂, 1 ♀, 2 Nph.) und im offenen Meer (westl. Wurzel des Guinea-Stromes, 500 Seemeilen nordöstlich der brasilianischen Küste; 1 ♂). Zweifellos zwischen den Wasserpflanzen des Amazonenstromes bei Para lebend, aber von hier durch den Strom in das Meer hinausgetrieben; am Fundort im Fluss niedriger Salzgehalt (Flut 22,3, Ebbe 11,8‰).

41. **H. (C.) pulcher** Lohm. 1893 *H. p.*, Lohmann in: Ergeb. Plankton-Exp., *v.* 2 Ga β p. 77 t. 5 f. 1—8, textf. 7.

Im. Schnabelteil kurz und breit, das Ende des 2. Gliedes des Maxillarpalpus nicht erreichend. Panzerung etwas stärker als bei H. (C.) fabricii und H. (C.) speciosus; vordere und hintere Dorsalplatte berühren sich fast. Augenplatten hinten gerundet. 3. und 4. Bein am 5. Gliede mit breiter Fiederschuppe; 5. Glied des 1. Beines ohne Fiederborsten und Basalhöcker. Beine mit einem rundlichen Bezirk dicht gestellter Poren auf der Ventralfläche des 3. Gliedes des 1. und 2. Beines. — 250—300 μ l.

An Algen und festsitzenden Tieren; Litoralregion. Atlantischer Ocean (Bermudas, Ascension), Pacifischer Ocean (Sydney).

H. (C.) trouessarti Voinov 1896 *H. t.*, Voinov in: Bull. Soc. zool. France, *v.* 21 p. 128 | 1897 *H. t.*, Voinov in: Bull. Soc. Bucuresci, *v.* 6 p. 92.

Im. H. (C.) gracilipes var. quadricostata nahe stehend, aber Panzerung schwächer und Beine viel kürzer und kräftiger. Augenplatten schmal und hinten lang ausgezogen, mit je 3 Linsen; hintere Dorsalplatte mit 4 hellen Längsbändern, von denen 2 den Lateralrand begleiten; Genito-Analplatte kurz, oval. Dorsale Platten gefeldert, ventrale bis auf je 2 Felder auf den hinteren Epimeren punktiert. Am 5. Gliede des 2. Beines 2 kräftige Fiederborsten auf je einem Basalhöcker. — 546 μ l. (von der Spitze des Maxillarpalpus bis zum Hinterende des Abdomen!).

An Algen; Litoralregion, 1—2 m tief. Mittelmeer (Nisida).

H. (C.) sp., Lohm. 1893 *H. sp.*, Lohmann in: Ergeb. Plankton-Exp., *v.* 2 G a β p. 79 t. 10 f. 4—6 (Lv.) | 1897 *H. sp.*, P. Kramer in: Bibl. zool., *v.* 20 p. 82.

Lv. Eine durch die sehr starke Ausbildung der Panzerplatten auffällige Lv., die nach dem Bau des Capitulum sicher zu dem Subgen. Copidognathus gehört und wahrscheinlich in die nächste Verwandtschaft von H. (C.) fabricii zu stellen ist. — Lv. 170 μ l.; Kramer's Exemplar war fast doppelt so gross (330 μ).

Im Meere treibend und am Strande. Nordsee (52,9° nördl. Br., 36° östl. L.), Sermidlet-Fjord von West-Grönland (71° nördl. Br.).

Species incerti subgeneris.

H. granulatus Hodge 1863 *H. g.*, Hodge in: Tr. Tyneside Club, *v.* 5 t. 2 f. 1, 2.

An Algen; Litoralregion. Nordsee (England).

H. frontispinis Grube 1868 *H. f.*, Grube in: Abh. Schles. Ges., p. 123.

An Algen; Litoralregion. Atlantischer Ocean (Frankreich).

H. olivaceus Grube 1868 *H. o.*, Grube in: Abh. Schles. Ges., p. 121 t. 2 f. 2.

An Algen; Litoralregion. Atlantischer Ocean (Frankreich).

H. verrilli (Pack.), Trt. 1871 *Thalassarachna v.*, Packard in: Amer. J. Sci., ser. 3 *v.* 1 p. 108 | 1894 *Halacarus v.*, Trouessart in: Rev. biol. Nord France, *v.* 6 p. 169.

An Algen; Litoralzone. Atlantischer Ocean (Maine).

5. Gen. **Atelopsalis** Trt.

1896 *Atelopsalis* (Typ.: *A. tricuspis*), Trouessart in: Ann. Univ. Lyon, *v.* 26 p. 345.

Maxillarpalpen ventral am Grundteile des Capitulum eingelenkt, an ihrem Grunde weit von einander getrennt; nur 3-gliedrig, 2. Glied lang und schlank, 3. kurz und zugespitzt; distale Spitzen der Maxillarpalpen wenig über den Schnabelteil hinausragend; Schnabelteil kurz, breit dreieckig. Capitulum klein und kurz.

Marin. Atlantischer Ocean.

1 Art.

1. **A. tricuspis** Trt. 1896 *A. t.*, Trouessart in: Ann. Univ. Lyon, *v.* 26 p. 345 t. 10 f. 2a, b; t. 11 f. 4.

Im. 1. Bein länger und stärker als die übrigen; 3. Glied stark geschwollen und mit 3 kurzen dicken Dornen auf der Aussenfläche; 5. Glied mit 2 starken Dornen an derselben Stelle. Krallengrube fehlt an allen Beinen, Krallen sehr schlank, nur an dem 3. und 4. Beine schwach gekämmt. Panzerung stark; Augenplatten wohl entwickelt. — 280 μ l.

An Korallen auf Schlammgrund; Abyssalregion bei 1400 m Tiefe. Atlantischer Ocean (Gascogne).

6. Gen. **Coloboceras** Trt.

1889 *Coloboceras* (Typ.: *C. longiusculus*), Trouessart in: Bull. sci. France Belgique, *v.* 20 p. 233 | 1896 *C.*, Trouessart in: Ann. Univ. Lyon, *v.* 26 p. 348.

Maxillarpalpen an ihrem Grunde weit von einander getrennt, 3-gliedrig (2. und 3. Glied verwachsen), kurz; Schnabelteil verschieden geformt aber nie vorn verbreitert. Capitulum von gewöhnlicher Grösse. Krallen nur durch das Krallenmittelstück mit dem Endgliede der Beine verbunden.

Marin. Atlantischer Ocean.

2 Arten.

Übersicht der Arten:

Krallenmittelstück mit sehr entwickelter Kralle	1. **C. koehleri**	p. 302
Krallenmittelstück ohne Kralle	2. **C. longiusculus** .	p. 302

1. **C. koehleri** Trt. 1896 *C. k.*, Trouessart in: Bull. Soc. zool. France, *v.* 21 p. 105 | 1896 *C. k.*, Trouessart in: Ann. Univ. Lyon, *v.* 26 p. 348.

Im. Krallenmittelstück mit sehr entwickelter Kralle. Capitulum schlank, in die Länge gezogen. Augenplatten ohne Linsen; Augen fehlen gänzlich. Hinter den Augenplatten jederseits ein kleineres Panzerplättchen. Beine mit langen, glatten Dornen auf der Beugefläche des 5. Gliedes, wie bei Trouessartella falcata. Krallen sehr lang und schlank. — 800 μ l.

An Korallen auf Schlammgrund; Abyssalregion bei 1410 m. Atlantischer Ocean (Gascogne).

2. **C. longiusculus** Trt. 1889 *C. l.*, Trouessart in: Bull. sci. France Belgique, *v.* 20 p. 233.

Im. Krallenmittelstück ohne Kralle. Capitulum nicht lang gestreckt. Panzerung bisher nicht beschrieben. 5. Glied des 1. Beines mit ventralen Gelenkblättchen. Borstenbesatz der Beine spärlich. — 500 μ l.

Auf felsigem pflanzenlosen Grunde; Litoralregion. Atlantischer Ocean (Frankreich).

7. Gen. **Scaptognathus** Trt.

1889 *Scaptognathus* (Typ.: *S. tridens*), Trouessart in: Bull. sci. France Belgique, *v.* 20 p. 248 | 1894 *S.*, Trouessart in: Rev. biol. Nord France, *v.* 6 p. 176.

Maxillarpalpen an ihrem Grunde weit von einander abstehend, 3-gliedrig, lang, das distale Ende des 2. Gliedes ventralwärts rechtwinklig umgebogen in der Form einer Hacke. Schnabelteil lang, vorn verbreitert. Capitulum sehr gross, vom Rumpfe durch eine Einschnürung getrennt. Beine sämtlich dünn und zart.

Marin. Atlantischer Ocean, Kanal.

2 Arten.

Übersicht der Arten:

Umgebogenes Ende des 2. Gliedes des Maxillarpalpus lang . .	1. **S. tridens** .	p. 302
Umgebogenes Ende des 2. Gliedes des Maxillarpalpus sehr kurz	2. **S. hallezi** .	p. 303

1. **S. tridens** Trt. 1889 *S. t.*, Trouessart in: Bull. sci. France Belgique, *v.* 20 *v.* 249 | 1894 *S. t.*, Trouessart in: Rev. biol. Nord France, *v.* 6 p. 177 f. 2.

Im. Capitulum fast so gross wie der übrige Teil des Körpers; 2. Glied des Maxillarpalpus mit sehr langem umgeschlagenen Ende. — 750 μ l.

An Algen; Litoralregion. Atlantischer Ocean (Frankreich).

2. **S. hallezi** Trt. 1894 *S. h.,* Trouessart in: Rev. biol. Nord France, *v.* 6 p. 181 f. 1, 3, 4.

Im. Capitulum nur $^1/_8$ des ganzen Körpers betragend; 2. Glied des Maxillarpalpus mit ganz kurzem Ende. — 400—450 μ l.

An Algen und Bryozoen; Litoralregion bis zu 58 m Tiefe. Kanal (Frankreich).

8. Gen. **Trouessartella** Lohm.*)

1863 *Leptognathus* (Typ.: *L. falcatus*) (non Swainson 1839, Pisces!), Hodge in: Tr. Tyneside Club, *v.* 5 p. 298 t. 2 f. 3, 4 | 1879 *L.,* P. Kramer in: Arch. Naturg., *v.* 45 I p. 147 | 1875 *Raphignathus* (part.) (non Ant. Dugès 1834!), G. Brady in: P. zool. Soc. London, p. 307.

Maxillarpalpen am Grunde sich berührend und so geformt, dass sie mit dem pfriemenförmigen langen Schnabelteil zusammen eine Zange bilden, deren oberer Arm in senkrechter Richtung bewegt wird. Krallen der Beine mittels 2 Zwischenstücke (Krallenmittelstück und ein 2. Glied, Fig. 83, p. 277) mit dem Endgliede der Beine verbunden. Beine zart, kurz. Rumpf breit und flach.

Marin und im Süsswasser. Ostsee, Nordsee, Kanal, Atlantischer Ocean; Thüringen.

3 Arten.

Übersicht der Arten:

1	Panzerplatten stark gefeldert; im Süsswasser	1. **T. violacea** . .	p. 303
	Panzerplatten nicht gefeldert; marin — 2.		
2	Maxillarpalpus und Schnabelteil sehr lang und dünn	2. **T. falcata** . . .	p. 303
	Maxillarpalpus und Schnabelteil kurz und gedrungen	3. **T. kervillei** . .	p. 303

1. **T. violacea** (P. Kram.) 1879 *Leptognathus violaceus,* P. Kramer in: Arch. Naturg., *v.* 45 I p. 147 t. 8 f. 1—4.

Im. Panzerplatten deutlich gefeldert. — 880 μ l.

Im Süsswasser. An Algen. Süsswasserteich in Thüringen.

2. **T. falcata** (Hodge) 1863 *Leptognathus falcatus,* Hodge in: Tr. Tyneside Club, *v.* 5 t. 2 f. 3, 4 | 1888 *L. f.* + *L. marinus,* Lohmann in: Zool. Jahrb. Syst., *v.* 4 p. 356, 357 t. 8 f. 121, 122 | 1893 *L. f.,* Lohmann in: Ergeb. Plankton-Exp., *v.* 2 G a β p. 88 t. 12 | 1896 *L. f.,* Trouessart in: Ann. Univ. Lyon, *v.* 26 p. 351 | 1875 *Raphignathus f.,* G. Brady in: P. zool. Soc. London, p. 307 t. 42 f. 7—10.

Im. Panzerplatten ungefeldert. 5. Glied des 1. Beines ventral mit 3 Paar kräftigen Fiederborsten. Augenplatten mit je 2 Linsen. — 573—900 μ l.

Marin. An Algen und Korallen; Litoral- und Abyssalregion bis 500 m und vielleicht selbst 1410 m Tiefe. Ostsee, Nordsee, Kanal, Atlantischer Ocean (Shetland-Inseln, Frankreich).

Trouessart unterscheidet 2 Formen, die durch ihre Grösse verschieden sind und im Kanal neben einander vorkommen; die kleinere entspricht *L. marinus* Lohm. und wird von ihm als *var. marina* bezeichnet (1894, in: Rev. biol. Nord France, *v.* 6 p. 22).

3. **T. kervillei** (Trt.) 1894 *Leptognathus k.,* Trouessart in: Bull. Soc. Rouen, p. 170 t. 10 f. 1, 1 a, b | 1900 *L. k.,* Trouessart in: Bull. Soc. zool. France, *v.* 25 p. 47.

---

*) Nom. nov. — Zu Ehren des um unsere Kenntnisse der Acarinen wohl verdienten französischen Forschers E. L. Trouessart benannt. H. Lohmann.

Im. Panzerplatten ungefeldert. 5. Glied des 1. Beines ventral mit nur 1 Paar kräftigen Fiederborsten. Bis auf die Form des Capitulum T. falcata sehr ähnlich. — 600 μ l.

Marin. An Algen und auf Felsgrund; Litoralregion und bis 318 m Tiefe. Kanal (Frankreich), Atlantischer Ocean (Frankreich, Azoren).

9. Gen. **Simognathus** Trt.

1875 *Pachygnathus* (part.), G. Brady in: P. zool. Soc. London, p. 306 | 1889 *Simognathus* (Typ.: *S. sculptus*), Trouessart in: Naturaliste, ser. 2 *v.* 11 p. 162.

Fig. 86. **S. sculptus.** 1. Bein. (Nach Trouessart.)

Maxillarpalpen an ihrem Grunde sich berührend, kurz, keine Schere oder Zange mit dem kurzen Schnabelteil bildend. Endglied des 1. Beines (Fig. 86) mit 2 abnorm grossen starken Krallen, die mit einem starken ventralen Dorn des vorletzten Gliedes eine Klammer zu bilden vermögen.

Marin. Nordsee, Kanal, Atlantischer Ocean.

2 Arten.

Übersicht der Arten:

Augenplatten bei der Im. vorhanden	1. **S. sculptus** . .	p. 304
Augenplatten bei der Im. fehlend	2. **S. liomerus** . .	p. 304

1. **S. sculptus** (G. Brady) 1875 *Pachygnathus s.*, G. Brady in: P. zool. Soc. London, p. 306 t. 42 f. 1—6 | 1889 *Simognathus s.*, Trouessart in: Naturaliste, ser. 2 *v.* 11 p. 162 | 1889 *S. s.*, Trouessart in: Bull. sci. France Belgique, *v.* 20 p. 232.

Im. Panzerung stark, Augenplatten vorhanden. Endglied des 1. Beines ohne Krallengrube, aber mit 2 einfach sichelförmigen, sehr starken Krallen; 5. Glied sehr hoch und proximal stielartig verjüngt. Krallen des 2.—4. Beines ohne Kamm. — 565 μ l.

Auf felsigem Grunde; Litoralregion zwischen 10 und 65 m Tiefe. Nordsee (England), Atlantischer Ocean (Frankreich).

2. **S. liomerus** Trt. 1894 *S. leiomerus* (corr. *liomerus*), Trouessart in: Bull. Soc. Rouen, p. 153 t. 7 f. 1, 1 a, b.

Im. Panzerung stark, doch ohne Augenplatten; Endglied des 1. und 2. Beines wie bei S. sculptus, aber vorletztes Glied proximal nicht stielartig verjüngt. Krallen des 2.—4. Beines gekämmt. — Länge wie S. sculptus (zahlenmässig nicht angegeben).

An Algen; Litoralregion. Kanal (Frankreich).

10. Gen. **Acaromantis** Trt.

1893 *Acaromantis* (Typ.: *A. squilla*), Trouessart in: Naturaliste, ser. 2 *v.* 15 p. 207.

Maxillarpalpen an ihrem Grunde sich berührend, sehr klein, mit dem ebenfalls kurzen Schnabelteil keine Zange bildend. Endglied des 1. Beines bis auf einen krallenlosen Stumpf rückgebildet, während das 5. Glied sehr stark entwickelt ist und wie die Klinge eines Taschenmessers auf die Ventralfläche des 3. Gliedes zurückgeschlagen werden kann (Fig. 87).

Fig. 87. **A. squilla.** 1. Bein. (Nach Trouessart).

Marin. Atlantischer Ocean.

1 Art.

1. **A. squilla** Trt. 1893 *A. s.*, Trouessart in: Naturaliste, ser. 2 *v.* 15 p. 207 f. 1—3.

Panzerung stark, doch fehlen dorsal die Augenplatten und ventral sind die hinteren Epimeralplatten in 2 Abteilungen für das 3. und 4. Bein geschieden. 3. Glied des 1.—3. Beines mit ventraler Lamelle, 5. Glied des 1. Beines mit Fiederborste. — 380 μ l.

Auf felsigem Grunde; Litoralregion. Atlantischer Ocean (Frankreich).

Species dubiae Halacaridarum.

Acarus setosus Örst. 1844 *A. s.*, Örstedt, Region. mar., p. 67.

Marin. Litoralregion. Öresund (Kopenhagen).

Acarus zosterae F. 1781 *A. z.*, J. C. Fabricius, Spec. Ins., *v.* 2 p. 491.

Marin. An Algen; Litoralregion. Norwegen.

Halacarus gossei Haller 1886 *H. g.*, G. Haller in: Zool. Anz., *v.* 9 p. 54.

Marin. Litoralregion. Mittelmeer.

Halacarus truncipes Chilton 1882 *H. t.*, Chilton in: Tr. N. Zealand Inst., *v.* 15 t. 22 B f. 2, 2 a.

Diese Halacaride scheint sehr eigenartig gebaut und wird daher vielleicht noch einmal aufzufinden sein. Beine schlank, fast gleich lang und „beinahe gänzlich haarlos“, das distale Endglied aller Beine stumpf abgeschnitten, ohne Krallen (oder in Krallengrube verborgen? S. 1889, Trouessart in: Bull. sci. France Belgique, *v.* 20 p. 246), nur mit kurzen Borsten. Capitulum kegelförmig, ohne deutliche Trennung von Maxillarpalpen, Schnabelteil und Mandibel. — 1,7 mm l. (!)

Marin. Litoralregion. Pacifischer Ocean (Neu-Seeland).

Halacarus sp., Forel 1874 *Halacarus*, Forel in: Bull. Soc. Vaudoise, *v.* 13 p. 231, 232, 318.

„Cette espèce est très voisine d'une forme marine qui existe dans la Méditerranée.“

Im Süsswasser. Genfer See (vor Morges); 40 m Tiefe (1 Stück).

Zusätze und Berichtigungen.

Zu p. 33. — Als 36.—42. Sp. des 2. Gen. **Eulais** Latr. sind hinzuzufügen:

36. **E. hungarica** Daday 1901 *Eylais h.,* Daday in: Math. term. Értes., *v.* 19 p. 77 f. 1a—f.

Im. Augenkapseln mit ihren hinteren Hälften zusammenstossend, nach vorn divergierend und hier durch eine Augenbrücke verbunden, deren Vorderrand wie bei E. infundibulifera einen kurzen, zungenförmig abgerundeten mittleren Vorsprung aufweist; mediane Einbuchtung am Hinterende der Augenbrille flach und unbedeutend; Borstenpaar an die Medialränder der Augenkapseln herangerückt; vordere Augenlinsen lang gestielt, hintere sitzend. Ventraler Teil des Capitulum hinter der grossen, fast kreisförmigen Mundscheibe etwa so lang und breit wie der Durchmesser derselben, nur im vorderen Drittel grossporig; Maxillarfortsätze mässig lang. Pharynx breit, vor dem halbkreisförmig abgerundeten Hinterende mit einem kräftig entwickelten Chitinbogen; Luftsäcke lang, nur wenig gebogen. Vorsprung des 3. Gliedes des Maxillarpalpus abgerundet, mehr nach innen zu etwa ein Dutzend sehr kurzer Borsten tragend; äussere Borstenreihe des 4. Gliedes aus 7 Borsten bestehend, von denen 2 an den Vorderrand gerückt sind; innere Borstenreihe 4 oder 5 Degenborsten und eine Anzahl kürzerer Fiederborsten aufweisend, die besonders am distalen Ende dicht stehen; Endglied mit 4 kleinen Enddornen und wenigen Nebenborsten ausgestattet. 1.—5. Glied des Maxillarpalpus 170 μ, 180 μ, 200 μ, 350 μ und 200 μ l. Färbung rot. — Im. 3 mm l., 2,2 mm br.

Ungarn.

37. **E. dubia** Daday 1901 *Eylais d.,* Daday in: Math. term. Értes., *v.* 19 p. 80 f. 2a—c.

Im. Augenkapseln fast doppelt so lang wie breit, nur wenig von einander abgerückt, mit den vorderen Hälften durch eine Augenbrücke verbunden, die am Vorderrande einen mässig grossen, fast keilförmigen, an dem distalen Ende abgerundeten mittleren Vorsprung aussendet; mediane Einbuchtung am Hinterende der Augenbrille schmal und tief, nach vorn gerundet abschliessend; vordere Augenlinsen gestielt, hintere sitzend. Augenbrille vorn 330 μ, hinten 310 μ br. Vorsprung des 3. Gliedes des Maxillarpalpus schwach entwickelt, abgerundet, mit 6—8 kleinen, unansehnlichen Borsten auf der Innenseite; äussere Borstenreihe des 4. Gliedes aus 4 oder 5 Säbelborsten und 4 paarweise hinter einander gestellten Nebenborsten bestehend, innere Borstenreihe ausser einigen Fiederborsten 10 glatte Borsten zählend, von denen 2 dem distalen Rande genähert sind; Endglied mit 4 winzigen Enddornen; 1.—5. Glied des Maxillarpalpus 100 μ, 150 μ, 150 μ, 280 μ und 160 μ l. Färbung rot. — Im. 1,8—2,1 mm l., 1—1,5 mm br.

Ungarn.

38. **E. incisa** Daday 1901 *Eylais i.*, Daday in: Math. term. Értes., *v.* 19 p. 87 f. 5a—e.

Im. Augenkapseln fast parallel gerichtet, etwa wie bei E. bifurca von einander abgerückt; Vorderrand der Augenbrücke kegelstumpfförmig vorspringend; mediane Einbuchtung am hinteren Ende der Augenbrille ähnlich wie bei E. similis, nicht bis zur Mitte der Augenbrille reichend; Borstenpaar weit aus einander gerückt. Capitulum mässig gross; Pharynx von spatelförmigem Umriss, mit schwachem Chitinbogen vor dem abgerundeten Hinterende. Maxillarpalpus gedrungen gebaut; Vorsprung auf der Beugeseite des 3. Gliedes etwa 8 kurze Borsten aufweisend; äussere Borstenreihe des 4. Gliedes 6 Degenborsten zählend, innere Reihe ausser wenigen Fiederborsten 5 glatte Borsten besitzend; 5. Glied auffallend gekrümmt, mit 4 Endbörstchen; 1.—5. Glied des Maxillarpalpus 120—130 μ, 150 μ, 150—160 μ, 240—250 μ und 180—190 μ l. Färbung rot. — Im. 2 mm l., 1,2 mm br.

Ungarn.

39. **E. producta** Daday 1901 *Eylais p.*, Daday in: Math. term. Értes., *v.* 19 p. 89 f. 6a—e.

Im. Augenbrücke zwischen den schwach nach hinten divergierenden, nierenförmigen Augenkapseln annähernd so breit wie diese, mit einem verbreiterten, bis zur Mitte des Vorderrandes der Augenkapseln reichenden vorgewölbten Vorderrande, dessen zungenförmiger medianer Vorsprung jederseits von einer flachen Einbuchtung begrenzt wird, während der laterale Vorderrand flach wellig vorgebogen erscheint; mediane Einbuchtung am Hinterende der Augenbrille in 2 durch einen kleinen, zungenförmig nach hinten weisenden Zapfen von einander abgerückte Spitzen auslaufend. Augenbrille vorn schmäler als hinten. Ventralfläche des Capitulum hinter der Mundscheibe etwa zur Hälfte grossporig; Maxillarfortsätze kräftig entwickelt; das hintere Paar an den distalen Enden verbreitert; Luftsäcke fast gerade, sehr lang; Pharynx mit dickem Chitinbogen, am Hinterende halbkreisförmig abschliessend. 1.—5. Glied des Maxillarpalpus 160 μ, 200 μ, 220 μ, 450 μ und 250 μ l.; Vorsprung auf der Beugeseite des 3. Gliedes abgerundet, mit zahlreichen kleinen Borsten auf der Innenseite; Beugeseite des 4. Gliedes zwischen Grund und Mitte kräftig verdickt; äussere Borstenreihe 7 Degenborsten aufweisend, von denen 5 auf der distalen Seite der Anschwellung, 2 weit abgerückt am Vorderende des Gliedes stehen; 2 gleiche Borsten befinden sich auf der Aussenfläche des Gliedes hinter einander etwa auf der Mitte, während der distale Rand 3 Borsten trägt; die Innenfläche des 4. Gliedes besitzt ausser einer Längsreihe von 9 Degenborsten noch zahlreiche Borsten auf der vorderen Hälfte. Färbung rot. — Im. 3 mm l., 2,4 mm br.

Ungarn.

40. **E. longipons** Daday 1901 *Eylais l.*, Daday in: Math. term. Értes., *v.* 19 p. 94 f. 8a—e.

Im. Der E. hamata sehr ähnlich. Augenbrücke doppelt so lang wie die Augenkapseln, in der Mitte flach bogig nach hinten vorgewölbt; Vorderrand vor jedem Haarhöcker schwach bogig vorspringend; Augenkapseln nach hinten schwach divergierend. Capitulum mit grosser Mundscheibe; ventrale Fläche hinter der letzteren nur reichlich ein Drittel grossporig; vordere Maxillarfortsätze mässig lang, nur schwach gebogen; hintere Maxillarfortsätze nach oben und medial gekrümmt, am distalen Ende nicht verbreitert; Luftsäcke sehr lang; Pharynx nach hinten stark verbreitert, am hinteren Ende stumpf zugeschrägt, mit einem kräftig entwickelten Chitinbogen, dessen Seiten wie bei E. hamata je einen hakigen Zapfen aufweisen. Maxillarpalpus schlank; Vorsprung des 3. Gliedes mit etwa 8 oder 9 Börstchen; Aussenfläche des 4. Gliedes 6 paarig schräg neben einander gestellte Borsten tragend; Innenfläche mit 3 Borstenreihen, von denen die untere, der Beugeseite genäherte, 3 oder 4, die mittlere 5 und die obere 2 Borsten besitzt; distales Ende noch mit wenigen kürzeren Borsten; Endglied mit 5 Endbörstchen und einer Anzahl Seitenborsten. 1.—5. Glied des Maxillarpalpus 150 μ, 150 μ, 230 μ, 380 μ und 250 μ l. Färbung rot. — Im. 1,8—2,5 mm l., 1,4—2 mm br.

Ungarn.

41. **E. dadayi** Piersig*) 1901 *Eylais infundibulifera* (err., non Koenike 1897!), Daday in: Math. term. Értes., *v.* 19 p. 82 f. 3a—e.

Im. Augenbrille ähnlich gebaut wie bei E. infundibulifera, wulstiger Rand auf der Unterseite der Augenkapseln lateral jedoch nicht als bauchige Verdickung hervortretend; mediane Einbuchtung am Hinterende der Augenbrille flacher, fast winklig ausgeschnitten. Vorderende des Capitulum mit bogenförmigem Ausschnitt und gerundeten Seitenecken; Mundscheibe fast kreisförmig, am Hinterende mit einer flachen Einbiegung; ventrale Fläche hinter der Mundscheibe kaum zur Hälfte grossporig; vordere Maxillarfortsätze nicht weit nach hinten gerückt, am distalen Ende ohne Verbreiterung; hintere Maxillarfortsätze stark lateral gerichtet und nicht medial gebogen; Luftsäcke lang und schmal, am Hinterende schwach nach oben gebogen. Maxillarpalpus gedrungen gebaut; 1.—5. Glied 120 μ, 140 μ, 250 μ, 300 μ und 150 μ l.; Vorsprung auf der Beugeseite des 3. Gliedes etwa 12 kurze Borsten aufweisend; äusserer Beugeseitenrand mit 4 Degenborsten; innere Borstenreihe aus 2 Paar durch einen grösseren Abstand von einander abgerückte Degenborsten und 1 Fiederborste bestehend; auf der Innenfläche des Gliedes ausserdem noch ein wenig vor der Mitte 2 Langborsten und am distalen Ende 3 Fiederborsten; 5. Glied am freien Ende mit 5 Börstchen. Färbung rot. — Im. 2,8 mm l., 2 mm br.

Ungarn.

42. **E. acuta** Daday 1901 *Eylais infundibulifera var. a.*, Daday in: Math. term. Értes., *v.* 19 p. 84 f. 4a—f.

Im. Capitulum vorn flach ausgebuchtet, mit breit abgerundeten Seitenecken; Mundscheibe kreisförmig; vordere Maxillarfortsätze kurz, steil nach oben gerichtet, von unten gesehen mehr lateral als nach hinten weisend; hintere Maxillarfortsätze zu kurzen, zapfenförmigen

*) Nom. nov. Nach Eugen von Daday. R. Piersig.

Vorsprüngen verkümmert, die genau lateral und nach oben gerichtet sind; Pharynx spatelförmig, mit schwachem Chitinbogen vor dem abgerundeten Hinterende. Maxillarpalpus schlank, 1.—5. Glied 100 μ, 100 μ, 120 μ, 240 μ und 150—170 μ l.; distales Ende der Beugeseite des 3. Gliedes nur schwach verdickt, etwa 15—17 Börstchen tragend; 4. Glied mit 6 Degenborsten in der äusseren und 8 oder 9 Degenborsten in der inneren Reihe; Innen- und Aussenfläche sowie das Vorderende noch je 2 z. T. gefiederte Borsten aufweisend; 5. Glied mit 3 Endbörstchen. Augenbrücke so breit wie die Augenkapseln, am Vorderrande in der Mitte stachelspitzig ausgezogen; hintere mediane Einbuchtung der Augenbrille bis über die Mitte derselben nach vorn reichend, in der Tiefe zungenförmig abgerundet. Färbung rot. — Im. 1,8—2,2 mm l., 1,2—1,8 mm br.

Ungarn.

Als unsichere Arten sind dem Gen. **Eulais** Latr. hinzuzufügen:

E. insularis Thor 1899 *Eylais i.*, Thor, En ny Hydrachnide-slegt og andre nye arter, Kristiania, p. 8 t. 18 f. 176—178.

♀. Augenbrücke etwas an das gleiche Gebilde bei E. mutila erinnernd, sehr lang und schmal und in der Mitte bogenförmig verlaufend und dadurch am Vorderrande flach konkav ausgebuchtet. Muskelansatzzapfen rundlich, den konvexen Hinterrand der Augenbrücke in der Mitte etwas überragend. Borstenpaar die vorderen lateralen Winkel der Augenbrücke einnehmend. Länge der Augenbrücke sehr veränderlich. Vordere Augenlinse gross und lang gestielt. Augenkapseln am Lateralrande mit einer starken Einbuchtung. Hinterer Teil der Ventralfläche des Capitulum sehr kurz. Maxillarfortsätze lang und schmal. Pharynx weit nach hinten ragend. Luftsäcke schlank, nach dem distalen, schwach gebogenen Ende hin verjüngt. Maxillarpalpus dick und mittellang; 3. Glied auf dem Vorsprunge der Beugeseite etwa 12 Borsten tragend; 4. Glied mit 8 oder 9 Säbelborsten in der äusseren Reihe, während die innere Reihe 5 oder 6 Säbelborsten und 5—10 Fiederborsten aufweist; 5. Glied in 4 spitze Enddornen auslaufend. Färbung rot. — ♂ unbekannt. — ♀ 1,5—3,5 mm.

Schweden (Insel Öland).

E. occulta Thor 1899 *Eylais o.*, Thor, En ny Hydrachnide-slegt og andre nye arter, Kristiania, p. 8 t. 18 f. 179—181.

♀. Die breite, kurze und mit dem Vorderrande schwach keilförmig vorspringende Augenbrücke liegt unter der Haut verborgen. Augenlinsen gross, auf kurzen Stielen sitzend. Capitulum auf der Ventralfläche hinter der Mundscheibe stark verlängert. Pharynx gross. Vordere Maxillarfortsätze lang. Luftsäcke lang und schmal. Maxillarpalpus dünn und schlank; Vorsprung auf der Beugeseite des 3. Gliedes klein, etwa 12 schwach gefiederte Borsten tragend; 4. Glied auf der Aussenseite 6 lange Säbelborsten, auf der Innenseite 8—10 Säbelborsten und 5—12 Fiederborsten besitzend; 5. Glied mit reichem Borstenbesatz. Färbung rot. — ♂ unbekannt. — ♀ 3—4 mm l.

Schweden (Insel Öland).

E. tullgreni Thor 1899 *Eylais t.*, Thor, En ny Hydrachnide-slegt og andre nye arter, Kristiania, p. 7 t. 18 f. 174, 175.

♀. Augenkapseln ähnlich wie bei E. tenera, nur durch eine ungewöhnlich kurze und breite Brücke verbunden, vorn und hinten je durch eine tiefe und schmale, mediane Einbuchtung von einander geschieden, in der Mitte durch eine scharf hervortretende Querlinie in zwei, je eine Linse tragende Teile geteilt; Linsen ungestielt, mässig gross; Muskelzapfen auf der Unterseite der Augenbrücke abgerundet. Ventraler Teil des Capitulum hinter der Mundöffnung sehr kurz. Maxillarfortsätze von mittlerer Länge, das vordere Paar mit hakenförmig gebogenem Hinterende. Pharynx schmal und kurz, aber weit über den Hinterrand des

Capitulum und die hinteren Maxillarfortsätze hinausragend. Vorsprung des 3. Gliedes des Maxillarpalpus nur wenige (ca. 4) kurze Borsten aufweisend; 4. Glied mit 4 Säbelborsten in der äusseren Reihe und 3 Säbelborsten und 6 Fiederborsten in der inneren Reihe; ausserdem noch 1 Säbelborste am distalen Ende der Innenseite und 2 auf der Streckseite; 5. Glied 3 kleine, spitze Enddornen und wenige Seitenborsten tragend. Färbung rot. — ♂ unbekannt. — ♀ 2 mm l.

Schweden (Insel Öland).

Zu p. 33—35. — Die Nummern der Gattungen **Piersigia, Bargena, Hydrachna** sind (statt 4., 5., 6.) in 3., 4., 5. zu verwandeln.

Zu p. 53. — Als 8. Sp. des 7. Gen. **Thyas** C. L. Koch ist hinzuzufügen:

8. **T. pustulosa** Thor 1900 *T. p.*, Thor in: Nyt Mag. Naturv., *v.* 38 nr. 4 p. 385 t. 18 f. 33—36.

Im. Rumpf breit und niedergedrückt, mit nur schwach vortretenden Schulterecken. Integument weich, Papillen flach abgerundet und niedrig, keine schildartigen Panzerbildungen. Capitulum breit und stark, in einen ziemlich kurzen Schnabelteil auslaufend. Mandibel dick und stämmig, mit langem, kräftigem Klauengliede; letzteres auf der konkaven Seite nach dem distalen Ende zu gezähnelt. Maxillarpalpus kurz, 2. und 3. Glied viel dicker als die Grundglieder des 1. Beines; 5. Glied und zahnartiger Fortsatz des 4. Gliedes sehr dünn und länger als bei den meisten Thyas-Arten, etwa $^1/_3$ so lang wie das 4. Glied; Borstenbesatz des Maxillarpalpus dürftig. Epimeren ohne besondere Abweichungen. 1. und 2. Bein von normaler Stärke und Länge; 4. Bein und mehr noch das 3. Bein kurz und dünn; Borstenbewaffnung wie bei anderen Thyas-Arten. Genitalhof zwischen den hinteren Epimeren-Gruppen gelegen; Genitalklappen lang, nur wenig nach hinten verbreitert, mit schwach konvexem Medial- und entsprechend gebogenem, konkavem Lateralrande; am Vorder- und Hinterende einer jeden Genitalklappe je 2 hinter einander gelagerte Genitalnäpfe; hinteres Paar ungefähr in der Mitte des Hinterrandes in einer flachen Einbuchtung gelegen, von ungleicher Grösse; vorderes Paar einem subkutanen Fortsatz der Genitalklappe aufgelagert. Färbung dunkelrot. Geschlecht unbekannt. — Im. 900 μ l., 800 μ br.

Norwegen (Forselv im Balsfjord in der Vogtei Tromsö).

Als unsichere Art ist dieser Gattung hinzuzufügen:

T. valvata Thor 1899 *T. v.*, Thor, En ny Hydrachne-slegt og andre nye arter, Kristiania, p. 2 t. 18 f. 168.

Im. Integument wie bei T. oblonga mit niedrigen, abgerundeten Papillen dicht besetzt. Maxillarpalpus uud Epimeren wie bei T. venusta. Genitalklappen mit je 3 Genitalnäpfen, von denen der vordere die gewöhnliche Stellung einnimmt, die beiden hinteren jedoch auf besonderen dreieckigen Platten am abgeschrägten Hinterrande der Genitalklappe neben einander gelagert sind. Am Hinterende eines inneren Paares von Genitalklappen, das von den äusseren Genitalklappen überdeckt wird, noch ein viertes Paar Genitalnäpfe. Färbung rot. Geschlecht unbekannt. — Im. 1—1,5 mm l.

Norwegen (Faasentjern auf Kongsberg).

Zu p. 100. — Der Kennzeichnung der Sp. 35. **Arrhenurus claviger** Koen. ist anzufügen:

♀. Ähnlich geformt wie bei A. tricuspidator. Rumpf am Vorderrande stark verjüngt, mit unbedeutender flacher Einbuchtung; Hinterrand vom Lateralrande jederseits durch eine abgerundete Ecke deutlich abgesetzt, flachbogig, nur $^3/_4$ so breit wie der Rumpf. Genitalhof ähnlich wie bei dem ♀ von A. bruzelii. Färbung karminrot. — ♀ 1,3 mm l., 1,22 mm br., 0,82 mm h.

Zu p. 126. — Als 91.—96. Sp. des 17. Gen. **Arrhenurus** Ant. Dug. sind hinzuzufügen:

91. **A. geminus** George 1901 *Arrenurus g.*, George in: Sci. Gossip, ser. 2 *v.* 7 p. 293 f. 1—11.

♂. Dem A. cylindratus sehr ähnlich. Rumpf vorn abgerundet; Anhang am Grunde wenig eingeschnürt, in der Mitte mässig angeschwollen, am freien Ende mit abgerundeten, lateral etwas vorspringenden Seitenecken; Hinterrand in der Mitte eine kleine, bogenförmig ausgeschnittene Einkerbung aufweisend, die jederseits von einem schwach nach hinten vorgewölbten, abgerundeten Vorsprunge begrenzt wird; vor der Anhangsmulde auf dem Rücken zwei dicht neben einander gestellte, nur durch einen sehr schmalen, medianen Abstand von einander abgerückte leisten- oder rinnenartige Gebilde, die mit ihren Hinterenden auf einen nach vorn geöffneten, mittleren Querbogen treffen; letzterer lateral von je einem fast gleich grossen Seitenbogen begrenzt; Seitenwülste der Anhangsmulde nur beim lebenden Tiere gut sichtbar. Frisch ausgeschlüpfte ♂ am Ende des Anhanges mit 2 glasig durchscheinenden, kegelförmig nach hinten ragenden, mit den Spitzen divergierenden Anhängseln, die nach kurzer Zeit verschwinden und nur 2 runde Poren, augenscheinlich Drüsenmündungen, hinterlassen; Anhang, von der Seite gesehen, mit mässig hohem, abgerundetem Höcker vor der Anhangsmulde; in letzterer ein keilförmig zugespitzter, petiolus-ähnlicher Zapfen; Hinterende der Bauchseite des Anhanges mit einem zahnartig nach hinten gerichteten, winzigen Vorsprunge, der durch einen schmalen, kurzen Einschnitt von dem darüber liegenden Teile des Anhangsendes abgesetzt ist und eine schief nach hinten und unten weisende Borste trägt; Borstenbesatz sonst wie bei A. cylindratus. 2. Glied des Maxillarpalpus am distalen Ende der Beugeseite mit einer mittellangen Borste. 4. Glied des 4. Beines mit Sporn. Färbung bläulich; Rücken einen medianen dreieckigen Flecken aufweisend; Augen rot. — ♀ unbekannt. — ♂ 1,27 mm l., 660 μ br.

England (Lincolnshire).

92. **A. koenikei** Daday 1901 *Arrenurus k.*, Daday in: Term. Füzetek, *v.* 24 p. 54 f. 26 a—c.

♂. Dem A. dahli ähnlich, doch ohne mediane Spalte am Hinterende des Anhanges. Rumpf vorn abgestutzt, nach hinten zu verbreitert, hinter der Mitte nach dem Anhange hin allmählich sich verjüngend, ohne vorspringende Hinterrandecken in flachem Bogen in den Seitenrand des Anhanges übergehend. Rückenbogen hinten offen, auf die Seitenflächen des Anhanges übertretend. Anhang etwa $^2/_3$ so lang und nicht halb so breit wie der Rumpf, von der Wurzel bis zum Hinterende ganz unbedeutend verbreitert; Seitenränder des Anhanges kurz vor den schwach vorspringenden, je eine Borste tragenden Hinterrandecken merkbar eingeschnürt und dadurch vor denselben je eine kleine, laterale Einbuchtung hervorrufend; Anhangsmulde kurz, nach vorn zu von einem schief nach hinten und oben gerichteten doppelkuppigen

Höcker begrenzt, der ein Borstenpaar trägt. Rücken des Rumpfes gewölbt, ohne Höcker und Vorsprünge. Anhang, von der Seite gesehen, bis zu den Höckern am Vorderrande der Mulde fast gleich dick, Hinterrand unterhalb der eben genannten, schief nach hinten ragenden Haarhöcker ziemlich steil nach unten abfallend, scheinbar wellig; jeder Wellenhügel mit einer mittellangen Borste. Maxillarpalpus ziemlich klein, ohne besondere Merkmale. 1. Epimerenpaar nur am Hinterende sich berührend. 4. Bein am längsten, mit einem ziemlich langen Fortsatz am 4. Gliede; 5. Glied ebenfalls mit einem 2 Dornen tragenden Fortsatz am distalen Ende; 2.—4. Bein mit Schwimmborsten. Genitalöffnung klein; Genitalplatten als schmale Bänder nach dem Seitenrande des Rumpfes hinziehend, in der flachen Einbuchtung zwischen Rumpf und Anhang als flacher Wulst hervortretend. Färbung dunkelgrün. — ♀ unbekannt. — ♂ 1 mm l.

Deutsch-Neu-Guinea (Sago-Moor von Lemien).

93. **A. mülleri** Koen. 1901 *Arrenurus m.*, Koenike in: Zool. Anz., *v.* 24 p. 95.

♂. Nahe mit A. krameri verwandt, Rücken jedoch nicht gewölbt, sondern gleichmässig erhöht. Rumpfanhang annähernd 500 μ l., am Grunde lateral nur wenig eingeschnürt, in der Mitte schwach verdickt, sein freies Ende nicht ganz so breit wie der Grundteil; Hinterrand des Anhanges breit bogig vorspringend, in der Mitte eine deutliche Ausbuchtung aufweisend, von breit abgerundeten, mässig vorspringenden Seitenecken begrenzt; letztere auf dem Rücken mit einem Höcker; auf dem Anhang an gleicher Stelle wie bei A. krameri ein Doppelhöcker; in der Anhangsmulde medial 2 einander sehr genäherte Drüsenöffnungen am Fusse eines quer gestellten Walles, der fast die ganze Breite des Anhanges einnimmt und im Anblick von oben als ein grosser Bogen erscheint. Augen sehr gross, mit einem gegenseitigen Abstand von 192 μ. 1. Epimerenpaar hinter dem Capitulum verwachsen, mit seinen hinteren Ecken etwas lateral gerichtet; hinterer Längsrand der 2. Epimere gerade; Medialränder der 4. Epimeren nach hinten zu konvergierend. Genitalplatten den lateralen Körperrand nicht erreichend, in der Einschnürung zwischen Rumpf und Anhang keinen Wulst bildend. Färbung nicht angegeben. — ♀ unbekannt. — ♂ 1,07 mm l. (einschl. Anhang), 560 μ br., 496 μ h.

Deutschland (Tümpel in der Haake bei Harburg).

94. **A. paluster** Thor 1900 *Arrenurus p.*, Thor in: Nyt Mag. Naturv., *v.* 38 nr. 4 p. 379 t. 18 f. 25—27.

♂. Rumpf vorn abgerundet, nach hinten in einen sich allmählich verjüngenden, nicht deutlich abgesetzten, abgestutzten Anhang übergehend, der an denjenigen von A. truncatellus erinnert, aber bedeutend kürzer ist und einen schwach ausgerundeten, von abgerundeten, schwach vorgewölbten Seitenecken begrenzten Hinterrand besitzt. Rückenbogenfurche elliptisch, nach hinten offen, ohne den Seitenrand zu erreichen. Auf dem schmal muldenförmig vertieften Rücken des Anhanges 2 Paar kleine, knotenförmige Erhöhungen und 2 Paar Borsten, von denen das eine am Hinterrande, das andere an den Seitenrändern entspringt. Spornartiger Fortsatz am 4. Gliede des 4. Beines kurz; 5. Glied weniger gekrümmt als bei A. truncatellus. Genitalöffnung, Lefzen und Genitalplatten grösser als bei anderen Arrhenurus-Männchen, fast an ein weibliches

Genitalfeld erinnernd. Genitalplatten kurz und breit. am lateralen Lefzenrand etwas eingezogen, dann nach hinten verbreitert, am freien Ende allmählich sich verjüngend, den Seitenrand des Rumpfes nicht erreichend. Sog. Analöffnung dicht am Hinterende des Anhanges. — ♀. Umriss des Rumpfes elliptisch, mit der grössten Breite hinter dem 4. Beinpaar. Rückenbogenfurche hinten nicht geschlossen. Epimeren auf der Oberfläche mit unregelmässigen Unebenheiten, die grösser als die Poren sind. Maxillarpalpus klein. Genitalhof dicht hinter dem 4. Epimerenpaare; Genitalöffnung und Lefzen nur wenig grösser als bei dem ♂; Genitalplatten flügelförmig, lateral gerichtet und nach dem freien abgerundeten Ende wenig an Breite abnehmend. Sog. Analöffnung unweit des hinteren Bauchrandes gelegen. Färbung dunkelbraun mit unregelmässigen dunklen Flecken, ♀ mit grünlichem Anfluge. — ♂ 1,2 mm l., 910 μ br.; ♀ 1,3 mm l., 1,05 mm br.

Norwegen (Teich auf Petersborg nahe bei Josephwasser im Balsfjord in der Vogtei Tromsö).

95. **A. pseudomaculator** Piersig 1901 *Arrenurus maculator* (err., non O. F. Müller 1776!), Koenike in: Zool. Anz., *v.* 24 p. 95 | 1901 *Arrhenurus pseudomaculator*, Piersig in: Zool. Anz., *v.* 24 p. 218.

♂. Eckfortsätze des Rumpfanhanges dicker als bei A. maculator, mehr lateral gerichtet und nur unbedeutend über den Hinterrand des Anhanges hinausragend und mit diesem fast geradlinig abschliessend. Petiolus auf der Unterseite wie bei A. battilifer 2 Längsstreifen aufweisend; schlauchförmiges Gebilde in der Petiolusmulde hinten auffallend verbreitert und am distalen Ende schwach ausgerandet. 4. Glied des Maxillarpalpus am Vorderrande mit ungegabelten Tasthärchen. Fortsatz am 4. Gliede des 4. Beines gedrungener und kürzer als bei A. maculator. Färbung bläulich grün. — ♀ unbekannt. — ♂ 0,95—1,15 mm l.

Dänemark (Seeland).

96. **A. soari** George 1901 *Arrenurus s.*, George in: Sci. Gossip, ser. 2 *v.* 7 p. 294 f. 16—18.

♂. Rumpf vorn ohne Einbuchtung; Anhang fast so lang wie der Rumpf, am Grunde nur wenig schmäler als der letztere, nach hinten zu fast gleichmässig an Breite abnehmend, am freien Ende etwa nur halb so breit wie an der Wurzel; Hinterrand des Anhanges durch stumpfe undeutliche Ecken von den Seitenrändern abgesetzt, in der Mitte in eine scharfe, nach hinten gerichtete Stachelspitze ausgezogen, die sogar einen darunter liegenden, wulstartigen, ziemlich breiten, einen geradlinigen Hinterrand aufweisenden Vorsprung überragt; Anhangsmulde anscheinend sehr kurz, am Vorderrande 2 sichelförmig gebogene, nach vorn offene Leisten tragend, deren Medialenden in je eine kleine, nicht weit von der Medianlinie gestellte Pore auslaufen; vor den Chitinleisten ein Borstenpaar, ein zweites auf die Seitenränder des Anhanges verteilt; seitlicher Hinterrand mit je 2 Borsten, am Grunde des wulstartigen Vorsprunges jederseits in einer kleinen Einbiegung eine Pore tragend. Maxillarpalpus 170 μ l. Endglied des 1,28 mm l. 4. Beines am distalen Ende merkbar gebogen. Färbung bläulich, nach den Rändern dunkler werdend. — ♀ unbekannt. — ♂ 1,12 mm l., 520 μ br.

Wahrscheinlich ein noch nicht völlig ausgebildetes ♂.

England (Lincolnshire).

Als unsichere Art ist dem Gen. **Arrhenurus** Ant. Dug. hinzuzufügen:

A. coronator Thor 1900 *Arrenurus c.*, Thor in: Nyt Mag. Naturv., *v.* 38 nr. 4 p. 383 t. 18 f. 31, 32.

♂. Dem ♂ von A. halberti ähnlich. Vorderrand des Rumpfes vorgewölbt. Anhang am Grunde nur mässig eingeschnürt, dann lateral schwach verbreitert, nach hinten allmählich an Breite abnehmend, mit einer flachen Einschnürung vor dem verbreiterten Hinterende; Hinterrand des Anhanges gerade, fast flach ausgeschnitten, mit einem kleinen, warzenförmig vorspringenden, medianen Zäpfchen, ohne deutliche Seitenecken in die Seitenränder übergehend; Borstenbesatz des Anhanges wie bei den anderen nahe stehenden Arrhenurus-Arten; Anhangsmulde kurz, am Vorderrande mit 2 kleinen Höckern. Genitalhof wie bei A. stjördalensis, mit quer gestellten, elliptischen Genitalplatten. Sog. Analöffnung am Hinterende des Anhanges. Färbung unbekannt. — ♀ unbekannt. — ♂ 1,43 mm l. (einschl. Anhang), 780 μ br.

Norwegen (Waldteich zwischen Röd und Woxen in Vestre Aker bei Kristiania).

Zu p. 228. — Als 11. Sp. des 48. Gen. **Neumania** Lebert ist hinzuzufügen:

11. **N. multipora** (Daday) 1901 *Atax multiporus*, Daday in: Term. Füzetek, *v.* 24 p. 50 f. 24a—h.

♀. Rumpf annähernd kugelförmig, vorn breit abgerundet, nach hinten etwas verjüngt. Stirnborsten auf Höckern sitzend. Am hinteren Rumpfende jederseits 2 lange Schwimmborsten, die auf ungleichen Höckern entspringen. Rückenfläche mit 3 hinter einander geordneten Borstenpaaren. Bauchfläche an den 4. Epimeren kräftig emporgewölbt. Maxillarpalpus kurz und dünn, 2. und 3. Glied fast gleich lang, 4. Glied etwas länger und merkbar dünner, in der Mitte und nahe dem distalen Ende auf der Beugeseite einen kleinen Haarhöcker tragend; 5. Glied kurz, in 3 Zähnchen auslaufend; 3. Glied am Ende der distalen Streckseite eine lange, kräftige Borste aufweisend. Epimeren $^3/_4$ der Bauchfläche einnehmend; 4. Epimere fast viereckig, mehr als doppelt so gross wie die 3. Epimere, mit quer verlaufendem Hinterrande. Sämtliche Epimeren auf der Oberfläche mit spärlich verstreuten, weissen Härchen besetzt. 1. und 2. Bein etwas dicker als die nachfolgenden; 3. Bein am kürzesten, 4. Bein am längsten. Mittelglieder des 1. und 2. Beines mit kräftigen Degenborsten; 3. Bein am 2., 3. und 4. Gliede ebenfalls mit einigen, aber geringer entwickelten Degenborsten, am 4. und 5. Gliede mit je 5 oder 6 Schwimmborsten am distalen Beugeseitenende; 3., 4. und 5. Glied des 4. Beines auf der Beugeseite ausser mit einer Reihe kurzer Dornborsten am distalen Ende mit je einem Büschel Schwimmborsten ausgestattet, 6. Glied in der Mitte verschmälert, schwach sichelförmig gekrümmt; Krallen einfach sichelförmig. Genitalöffnung auf einem nach hinten gerichteten mittleren, jederseits von 8 Dornen begrenzten Vorsprung am Hinterrande des Rumpfes gelegen, annähernd herzförmig, in der Mitte mit einem kleinen, durchsichtigen Zäpfchen. Genitalplatten zwischen dem Genitalhügel und dem Hinterrande der 4. Epimere schief nach vorn und lateral sich hinziehend, von zahlreichen, kleinen Genitalnäpfen dicht bedeckt, zwischen denen mehrere feine Börstchen entspringen. Färbung gelblich oder bräunlich. — ♂ unbekannt. — ♀ 1,1 mm l., 1,1 mm br.

Deutsch-Neu-Guinea (Sago-Moor von Lemien).

Zu p. 265. — Als 34. Sp. des 55. Gen. **Piona** C. L. Koch ist hinzuzufügen:

34. **P. piersigi** (Daday) 1901 *Curvipes p.*, Daday in: Term. Füzetek, *v.* 24 p. 52 f. 25a—g.

♂. Rumpf eiförmig. Integument fein punktiert. Maxillarpalpus kurz und ziemlich dick; 4. Glied fast so lang wie das 2. und 3. zusammen, doch merkbar dünner als diese, auf der Beugeseite in der Mitte 2 schief nach vorn gerichtete, mässig grosse Haarhöcker aufweisend, ein dritter kleinerer Höcker am distalen Innenrande; 5. Glied mit 3 Zähnchen. Epimeren $^{2}/_{8}$ der Bauchfläche einnehmend, auf vier Gruppen verteilt, die nur durch schmale Zwischenräume von einander geschieden sind. 1.—3. Bein dünn, das 4. ziemlich dick; 6. Glied des 3. Beines nach dem distalen Ende hin auffallend verdickt, eine stark gekrümmte Doppelkralle und mehr nach der Streckseite eine geisselförmige, dicke Borste tragend. Öffnung der sog. Samentasche wie bei dem ♂ von P. uncata dreilappig; Genitalplatten etwa doppelt so lang wie breit, flügelförmig der medialen Hälfte des Hinterrandes der 4. Epimere folgend, mit zahlreichen, in Gestalt und Grösse verschiedenen Genitalnäpfen unregelmässig bedeckt. Auf dem schmalen Raume zwischen den Genitalplatten und den 4. Epimeren jederseits 2 neben einander gelagerte Poren. Sog. Analöffnung anscheinend dicht hinter der Samentasche gelegen. — ♀ mit verhältnismässig dünnen Beinen, die vom 1.—4. Paare an Länge zunehmen; 5. und 6. Glied des 4. Beines merkbar verlängert und verjüngt. Epimeren weiter aus einander gerückt; 4. Epimere mit keilförmig nach hinten ausgezogener Hinterrandecke. Genitalöffnung mit den Lefzen eine median gerichtete Ellipse darstellend; Genitalplatten kurz flügelförmig, mit 10 Genitalnäpfen, die, mit Ausnahme von 1 oder 2, längs des Lateralrandes der Platten gelagert sind. Färbung bräunlich oder gelblich. — Nph. wie bei P. conglobata mit 2, je 2 Genitalnäpfe und 3 Borsten tragenden, länglichen Genitalplatten, die nur wenig von einem runden, median gelagerten Chitinfleck abgerückt sind. — ♂ 1 mm l., 800 μ br.; ♀ 1,2 mm l., 1 mm br.

Deutsch-Neu-Guinea (Sago-Moor von Lemien).

Zu p. 265, Zeile 11 von unten. — Der Name der von P. Kramer beschriebenen Art lautet nicht *appendicola,* sondern **appendiculata.**

Alphabetisches Register.

Nomenclator generum et subgenerum.

Acaromantis E. L. Trouessart in: Naturaliste, ser. 2 *v.* 15 p. 207. 1893. Sp. un.: *A. squilla.*

Acercus C. L. Koch, Übers. Arach., *v.* 3 p. 23. 1842. Sp.: *A. podagricus, A. sagulatus, A. obscuratus, A. electus, A. trifurcalis, A. vatrax, A. geminus, A. ovatus, A. decoratus, A. 9-maculatus, A. ornatus, A. chloropus, A. marginepunctatus.* „In Beziehung des fehlenden Fortsatzes am Hinterrande . . . habe ich im Gegensatz zur Gattung Arrenurus den Namen Acercus gewählt."

Agane [pro: *Agaue* Lohmann 1889] R. Innes Pocock in: Zool. Rec., *v.* 25 Arach. p. 24. 1890.

Agaue Hans Lohmann in: Zool. Jahrb. Syst., *v.* 4 p. 353. 1889 IV 5. Sp. un.: *A. parva.*

Albia Karl Thon in: Zool. Anz., *v.* 22 p. 100. 1899 III 6. Sp. un.: *A. stationis.* „Albis = Elbe."

Aletes Hans Lohmann in: Zool. Jahrb. Syst., *v.* 4 p. 319. 1889 IV 5. Sp.: *A. pascens, A. seahami, A. setosus, A. nigrescens, A. notops, A. minutus.*

Anurania C. J. Neuman in: Svenska Ak. Handl., n. ser. *v.* 17 p. 95. 1880. Sp.: *A. elegans, A. gotlandica.*

Arrenurus Ant. Dugès in: Ann. Sci. nat., ser. 2 *v.* 1 p. 17. 1834. Sp.: *A. viridis, A. emarginator, A. albator.*

Arrhenurus pro: *Arrenurus* Ant. Dugès 1834. L. Agassiz, Nomencl. zool., Index p. 34. 1846.

Asperia G. Haller in: Vierteljahrsschr. Ges. Zürich, *v.* 30 p. 12. 1885. Sp. un.: *A. lemani.*

Atax Joh. Christ. Fabricius, Syst. Antl., p. 366. 1805. Sp.: *A. caudatus, A. crassipes, A. undulatus, A. maculatus, A. complanatus, A. versicolor, A. liliaceus, A. torris, A. nodatus, A. ovalis, A. truncatulus, A. strigatus, A. musculus, A. integrator, A. sinuator, A. tricuspidator, A. albator, A. pustulator, A. variator, A. globator, A. papillator, A. spinipes, A. vernalis, A. trifurcalis, A. stellaris, A. ellipticus, A. orbiculatus, A. lugubris, A. geographicus, A. abstergens, A. extendens, A. impressus, A. calcareus.*

Atelopsalis E. Trouessart in: Ann. Univ. Lyon, *v.* 26 p. 345. 1896. Sp. un.: *A. tricuspis.*

Atractides C. L. Koch, C. M. A., fasc. 11 f. 10. 1837. Sp.: *A. anomalus, A. spinipes, A. setiger.*

Aturus P. Kramer in: Arch. Naturg., *v.* 41 I p. 309. 1875. Sp. un.: *A. scaber.* „Aturus, wie Atax, ein Fluss in Gallien."

Axona P. Kramer in: Arch. Naturg., *v.* 41 I p. 310. 1875. Sp. un.: *A. viridis.* „Axona, wie Aturus und Atax, ein Fluss in Gallien."

Axonopsis R. Piersig in: Zool. Anz., *v.* 16 p. 310. 1893 VIII 14. Sp. un.: *A. bicolor.*

Bargena F. Koenike in: Mt. Mus. Hamburg, *v.* 10 I p. 47. 1893. Sp. un.: *B. mirifica.* „Bargeni = ein Volksstamm in Afrika in terra troglodytica."

Brachypoda Hermann Lebert in: Bull. Soc. Vaudoise, ser. 2 *v.* 16 p. 340. 1879. Sp. un.: *B. paradoxa.*

Bradybates C. J. Neuman in: Forh. Skand. Naturf., 1873 p. 409. 1874. Sp. un.: *B. truncatus.*

Campognatha H. Lebert in: Bull. Soc. Vaudoise, *v.* 13 p. 93. 1874. Sp. un.: *C. foreli.* „Le nom du genre indiquant le caractère fortement recourbé de la mandibule à sa base."

Capobates Sig Thor in: Arch. Naturv. Christian., *v.* 20 nr. 5 p. 3. 1898. Sp. un.: *C. sarsi.*

Caprobates [pro: *Capobates* Thor 1898] Albert Wm. Brown in: Zool. Rec., *v.* 35 Arach. p. 34. 1899.

Cochleophorus R. Piersig in: Zool. Anz., *v.* 17 p. 214, 216. 1894 VI 11. Sp.: *Atax spinipes, A. deltoides, A. vernalis.*

Coloboceras E. L. Trouessart in: Bull. sci. France Belgique, *v.* 20 p. 233. 1889. Sp. un.: *C. longiusculus.*

Copidognathus E. L. Trouessart in: C.-R. Ac. Sci., *v.* 107 p. 754. 1888. Sp. un.: *C. glyptoderma.*

Curvipes pro: *Nesaea* C. L. Koch 1835. F. Koenike in: Zool. Anz., *v.* 14 p. 20. 1891 I 19.

Diplodontus Ant. Dugès in: Ann. Sci. nat., ser. 2 *v.* 1 p. 17. 1834. Sp.: *D. scapularis, D. filipes, D. mendax.*

Ecpolus F. Koenike in: Abh. Senckenb. Ges., *v.* 21 II p. 368. 1898. Sp. un.: *E. tuberatus.* „Ἔκπωλος, Philosoph.

Encentridophorus R. Piersig in: Zool. Anz., *v.* 20 p. 60. 1897 III 1. Sp. un.: *Atax spinifer.* „ἡ ἐγκεντρίς-ίδος = der Fussstachel."

Eulais pro: *Eylais* Latreille 1796. L. Agassiz, Nomencl. zool., Index p. 147. 1846.

Eupatra F. Koenike in: Zool. Anz., *v.* 19 p. 357. 1896 VIII 17. Sp.: *Diplodontus scapularis, Hydryphantes schaubi, Eupatra opima.* „Εὐ-πάτρα, Tochter des Mithridates."

Euthyas R. Piersig in: Zool. Anz., *v.* 21 p. 575. 1898 XI 7.

Eylais [P. A.] Latreille, Précis Caract. Ins., p. 182. 1796. Sp. un.: *Hydrachne extendens.*

Feltria F. Koenike in: Zool. Anz., *v.* 15 p. 323. 1892 VIII 29. Sp. un.: *F. minuta.* „Stadt in Rhätien, jetzt Feltre."

Forelia G. Haller in: Mt. Ges. Bern. 1881 II p. 58. 1882. Sp.: *F. cassidiformis, F. ahumberti.* „Zu Ehren von Prof. Forel in Morges."

Frontipoda pro: *Marica* C. L. Koch 1837. F. Koenike in: Zool. Anz., *v.* 14 p. 19. 1891 I 19.

Gauriscus [pro: *Gnaphiscus* Koenike 1898] Sig Thor in: Arch. Naturv. Christian., *v.* 21 nr. 5 p. 32. 1899.

Geayia Sig. Thor in: Bull. Mus. Paris, *v.* 3 p. 11. 1897. Sp. un.: *G. venezuelae.*

Gnaphiscus F. Koenike in: Zool. Anz., *v.* 21 p. 267. 1898 IV 25. Sp. un.: *G. setosus.*

Halacarus Philip Henry Gosse in: Ann. nat. Hist., ser. 2 *v.* 16 p. 27. 1855. Sp.: *H. rhodostigma, H. ctenopus.* „ἅλς, the sea, and ἄκαρι, a mite."

Halixodes A. Brucker & E. Trouessart in: C.-R. Soc. Biol., ser. 10 *v.* 6 p. 107. 1899. Sp. un.: *H. chitonis.*

Huitfeldtia Sig Thor in: Arch. Naturv. Christian., *v.* 20 nr. 7 p. 3. 1898. Sp. un.: *H. rectipes.* „Til aere for dens opdager, hr. ferskvandsbiolog Huitfeldt-Kaas."

Hydrachna O. F. Müller, Zool. Dan. Prodr., p. 188. 1776. Sp.: *H. globator, H. tubulator, H. buccinator, H. cuspidator, H. pustulator, H. albator, H. maculator, H. tricuspidator, H. emarginator, H. sinuator, H. integrator, H. papillator, H. crassipes, H. grossipes, H. clavicornis, H. spinipes, H. longicornis, H. vernalis, H. lunipes, H. trifurcalis, H. orbicularis, H. stellaris, H. ovalis, H. elliptica, H. orbiculata, H. lugubris, H. truncatella, H. despiciens, H. geographica, H. impressa, H. extendens, H. cruenta, H. lunaris, H. liliacea, H. ovata, H. obscura, H. torris, H. strigata, H. nodata, H. obsoleta, H. complanata, H. musculus, H. latipes, H. versicolor, H. calcarea, H. fuscata, H. strigata, H. maculata, H. umbrata.* — [P. A.] Latreille, Précis Caract. Ins., p. 182. 1796. Sp. typ.: *Hydrachne cruenta.*

Hydrachne [pro: *Hydrachna* O. F. Müller 1776] [P. A.] Latreille, Précis Caract. Ins., p. 182. 1796.

Hydrarachna pro: *Hydrachna* O. F. Müller 1776. Jean-Fréderic Hermann, Mém. apt., p. 12, 52. 1804.

Hydrochoreutes C. L. Koch, C. M. A., fasc. 11 f. 11. 1837. Sp.: *H. palpalis, H. globulus, H. bilobus, H. filipes, H. cruciger.*

Hydrodroma C. L. Koch, C. M. A., fasc. 14 f. 7—11. 1837. Sp.: *H. adspersa, H. umbrata, H. astroidea, H. radiata, H. plicatula.*

Hydryphantes C. L. Koch, Übers. Arach., *v.* 3 p. 30. 1842. Sp.: *H. cruentus, H. puniceus, H. hilaris, H. plicatulus, H. despiciens.*

Hygrobates C. L. Koch, C. M. A., fasc. 10 f. 8. 1837. Sp.: *H. rufifrons, H. galbinus, H. rotundatus, H. cometus, H. varians, H. inaequalis, H. iconicus, H. lutescens, H. o-nigrum, H. v-brunneum.*

Koenikea Rob. H. Wolcott in: Tr. Amer. micr. Soc., *v.* 21 p. 189. 1900 VI. Sp. un.: *K. concava.*

Kongsbergia Sig. Thor, En ny Hydrachnide-slegt og andre nye arter, Kristiania, p. 1. 1899 VIII. Sp. un.: *K. materna.*

Krendowskia R. Piersig in: Zool. Anz., *v.* 18 p. 147. 1895 IV 22. Sp. un.: *K. latissima.* „Zu Ehren ihres Entdeckers, Krendowskij's."

Krendowskija pro: *Krendowskia* Piersig 1895. R. Piersig in: Tierreich, *v.* 13 p. 71. 1901 VI.

Laminipes pro: *Piona* Neuman 1880. R. Piersig in: Tierreich, *v.* 13 p. 200. 1901 VI. „Lamina + pes."

Lebertia C. J. Neuman in: Svenska Ak. Handl., n. ser. *v.* 17 nr. 3 p. 68. 1880. Sp. un.: *L. insignis.* „Uppkalladt efter Arachnologen och Hydrachnologen Professor Hermann Lebert i Breslau."

Leptognathus Hodge in: Tr. Tyneside Club., *v.* 5 p. 298. 1863. Sp. un.: *L. falcatus.*

Leptopsalis E. L. Trouessart in: C.-R. Ac. Sci., *v.* 107 p. 755. 1888. Sp. un.: *L. longipes.*

Leptopsalis *Subgen.* E. L. Trouessart in: Bull. sci. France Belgique, *v.* 20 p. 244. 1889. Sp. typ.: *L. chevreuxi.*

Leptospathis *Subgen.* pro: *Leptopsalis* Trouessart 1888. E. Trouessart in: Rev. biol. Nord France, *v.* 6 p. 174. 1894.

Libertia [pro: *Lebertia* Neuman 1880] O. P. Cambridge in: Zool. Rec., *v.* 17 Arach. p. 26. 1881.

Limnesia C. L. Koch, C. M. A., fasc. 2 f. 19. 1835. Sp.: *L. fulgida, L. venustula, L. rutilata, L. phoenicea, L. tigrina, L. undulata, L. attalica, L. maculata, L. minutissima, L. oblonga, L. cyanipes, L. vitellina, L. modesta, L. sacra, L. fenestrata, L. albella, L. affinis, L. longipalpis.*

Limnesiopsis R. Piersig in: Zool., *v.* 22 p. 204. 1897. Sp. un.: *L. anomala.*

Limnochares [P. A.] Latreille, Précis Caract. Ins., p. 181. 1796. Sp. un.: *Acarus aquaticus.*

Limnocharis [pro: *Limnochares* Latreille 1796] G. Haller in: Mt. Ges. Bern, 1881 II p. 33. 1882.

Ljania Sig Thor in: Arch. Naturv. Christian., *v.* 20 nr. 13 p. 3. 1898. Sp. un.: *L. bipapillata.*

Mamersa F. Koenike in: Abh. Senckenb. Ges., *v.* 21 II p. 372. 1898. Sp. un.: *M. testudinata.* „Μαμέρσα, Beiname der Athene."

Marica C. L. Koch, C. M. A., fasc. 5 f. 24. 1837. Sp.: *M. lepida, M. strigata, M. musculus, M. virescens, M. confinis, M. ovalis, M. oblonga.*

Megapus C. J. Neuman in: Svenska Ak. Handl., n. ser. *v.* 17 nr. 3 p. 63. 1880. Sp. un.: *M. spinipes.*

Midea Ragnar Magnus Bruzelius, Beskr. Hydrach., p. 35. 1854. Sp. un.: *M. orbiculata.*

Mideopsis C. J. Neuman in: Svenska Ak. Handl., n. ser. *v.* 17 nr. 3 p. 67. 1880. Sp. un.: *M. depressa.*

Najadicola R. Piersig in: Zool. Anz., *v.* 20 p. 60. 1897 III 1. Sp. un.: *Atax ingens.*

Nautarachna R. Moniez in: Rev. biol. Nord France, *v.* 1 p. 64. 1888. Sp. un.: *N. asperrimum.*

Nesaea C. L. Koch, C. M. A., fasc. 5 f. 21. 1835. Sp.: *N. scapularis, N. rufa, N. variabilis, N. pulchra, N. coccinea, N. ovata, N. convexa, N. nodata, N. confluens, N. hieroglyphica, N. minuta, N. maculata, N. affinis, N. amoena, N. carnea, N. conglobata, N. olivacea, N. bella, N. hemisphaerica, N. incurvata, N. 5-maculata, N. longicornis, N. bifasciata, N. lacustris, N. luteola, N. vivida, N. fuscata, N. viridis, N. phalerata, N. rosea, N. viridula, N. pallescens, N. porcellana, N. dubia.*

Neumania Herman Lebert in: Bull. Soc. Vaudoise, ser. 2 *v.* 16 p. 340, 357. 1879. Sp.: *N. nigra, N. alba.* „Dedié à l'hydrachnologiste suédois Dr. C.-J. Neuman, de Skara."

Oxus P. Kramer in: Arch. Naturg., *v.* 43 I p. 240. 1877. — P. Kramer in: Arch. Naturg., *v.* 45 I p. 5. 1879. Sp. un.: *O. oblongus.*

Pachygaster Herman Lebert in: Bull. Soc. Vaudoise, ser. 2 *v.* 16 p. 371. 1879. Sp. un.: *P. tau-insignitus.*

Panisus F. Koenike in: Zool. Anz., *v.* 19 p. 356. 1896 VIII 17. Sp.: *P. michaeli, Thyas cataphracta, T. petrophila.* „Fluss in Thessalien."

Partnunia [R.] Piersig in: SB. Ges. Leipzig, *v.* 22/23 p. 52. 1897. Sp. un.: *P. angusta.*

Piersigia A. Protz in: Zool. Anz., *v.* 19 p. 407, 410. 1896 IX 28. Sp. un.: *P. limophila.* „In Anerkennung der Verdienste R. Piersig's."

Pilolebertia *Subgen.* Sig Thor in: Nyt Mag. Naturv., *v.* 38 fasc. 3 p. 271. 1900. Sp. typ.: *Lebertia insignis.*

Piona C. L. Koch, Übers. Arach., *v.* 3 p. 13. 1842. Sp.: *P. rufa, P. affinis, P. ovata, P. viridis, P. fasciata.*

Piona C. J. Neuman in: Svenska Ak. Handl., n. ser. *v.* 17 nr. 3 p. 51. 1880. Sp.: *P. fusca, P. flavescens, P. lapponica, P. mira, P. abnormis.*

Pionacercus R. Piersig in: Zool. Anz., *v.* 17 p. 213. 1894 VI 11. Sp. un.: *P. leuckarti.*

Pionopsis R. Piersig in: Zool. Anz., *v.* 17 p. 214, 216. 1894 VI 11. Sp. un.: *P. lutescens.*

Polymela pro: *Leptopsalis* Trouessart 1889. H. Lohmann in: Tierreich, *v.* 13 p. 287. 1901 VI. „Πολυμήλη, ein homerischer Frauenname."

Pontacarus *Subgen.* H. Lohmann in: Tierreich, *v.* 13 p. 287. 1901 VI. Sp. un.: *Halacarus (P.) basidentatus.* „Pontus + acarus."

Pontarachna [R.] A. Philippi in: Arch. Naturg., *v.* 6 I p. 191. 1840. Sp. un.: *P. punctulum.*

Protzia [R.] Piersig in: SB. Ges. Leipzig, *v.* 22/23 p. 52. 1897. Sp. un.: *P. eximia.*

Pseudolebertia *Subgen.* Sig Thor in: Arch. Naturv. Christian., *v.* 20 nr. 3 p. 19. 1897. Sp. un.: *Lebertia glabra.*

Pseudomarica C. J. Neuman in: Svenska Ak. Handl., n. ser. *v.* 17 nr. 3 p. 70. 1880. Sp. un.: *P. formosa.*

Pseudosperchon pro: *Sperchonopsis* Piersig 1897. R. Piersig in: Tierreich, *v.* 13 p. 169. 1901 VI. „Ψευδός + σπέρχων."

Pseudothyas Sig. Thor in: Arch. Naturv. Christian., *v.* 21 nr. 5 p. 14. 1899. Sp. un.: *P. trabecula.*

Rhombognathus E. L. Trouessart in: C.-R. Ac. Sci., *v.* 107 p. 754. 1888. Sp. typ.: *Pachygnathus notops.*

Rivobates Sig. Thor in: Arch. Naturv. Christian., *v.* 19 nr. 11 p. 39. 1897. Sp. un.: *R. norvegicus.*

Rusetria Sig Thor in: Arch. Naturv. Christian., *v.* 20 nr. 3 p. 20. 1897. Sp. un.: *R. spinirostris.*

Scaptognathus E. L. Trouessart in: Bull. sci. France Belgique, *v.* 20 p. 248. 1889. Sp. un.: *S. tridens.*

Simognathus E. L. Trouessart in: Naturaliste, ser. 2 *v.* 11 p. 162. 1889. Sp. un.: *S. sculptus.*

Sperchon P. Kramer in: Arch. Naturg., *v.* 43 I p. 240. 1877. — P. Kramer in: Arch. Naturg., *v.* 45 I p. 2. 1879. Sp. un.: *S. squamosus.*

Sperchonopsis [R.] Piersig in: SB. Ges. Leipzig, *v.* 22/23 p. 52. 1897. Sp. un.: *S. verrucosa.*

Spio C. L. Koch, C. M. A., fasc. 5 f. 16. 1835. Sp.: *S. ephippiata, S. ungulata.*

Tanaognathus Rob. H. Wolcott in: Tr. Amer. micr. Soc., *v.* 21 p. 193. 1900 VI. Sp. un.: *T. spinipes.*

Teutonia F. Koenike in: Zool. Anz., *v.* 12 p. 104. 1889 II 18. Sp. un.: *T. primaria.*

Thalassarachna A. S. Packard in: Amer. J. Sci., ser. 3 *v.* 1 p. 108. 1871. Sp. un.: *T. verrilli.*

Thyas C. L. Koch, C. M. A., fasc. 5 f. 18 1835. Sp. un.: *T. venusta.*

Thyopsis R. Piersig in: Zool., *v.* 22 p. 409. 1900. Sp. un.: *T. cancellata.*

Tiphys C. L. Koch, C. M. A., fasc. 5 f. 19. 1835. Sp.: *T. decoratus, T. ornatus, T. chloropus, T. marginepunctatus, T. 9-maculatus, T. electus, T. trifurcalis, T. obscuratus, T. geminus, T. vatrax, T. latipes, T. sagulatus, T. podagricus.*

Torrenticola R. Piersig in: SB. Ges. Leipzig, *v.* 22/23 p. 155. 1897 VI. Sp. un.: *T. anomala.*

Trouessartella pro: *Leptognathus* Hodge 1863. H. Lohmann in: Tierreich, *v.* 13 p. 303. 1901 VI. „Zu Ehren von E. L. Trouessart."

Tyrrellia F. Koenike in: Abh. Ver. Bremen, *v.* 13 p. 198. 1895. Sp. un.: *T. circularis.*

Unionicola S. S. Haldeman, Zool. Contr., nr. 1 p. 1. 1843. Sp.: *U. oviformis, U. lactea, U. personata, U. humerosa, U. symmetrica, U. proxima, U. lugubris, U. unicolor, U. reticulata.*

Weltina [pro: *Wettina* Piersig 1892] R. I. Pocock in: Zool. Rec., *v.* 29 Arach. p. 36. 1893.

Wettina R. Piersig in: Zool. Anz., *v.* 15 p. 410. 1892 XI 14. Sp. un.: *W. macroplicus.* „Zu Ehren des Fürstenhauses Wettin."

Xystonotus Rob. H. Wolcott in: Tr. Amer. micr. Soc., *v.* 21 p. 185. 1900 VI. Sp. un.: *X. asper.*

Zschokkea F. Koenike in: Zool. Anz., *v.* 15 p. 321. 1892 VIII 29. Sp. un.: *Z. oblonga.*

Kolibri 360 GmbH
Ferdinand-Jühlke-Straße 7
99095 Erfurt, Deutschland
produktsicherheit@kolibri360.de

Das Deutsche

Handelsgesellschafts-Recht

insbesondere

das Recht der offenen, Commandit-, Commandit-Actien- und Actiengesellschaften

unter

Berücksichtigung der Entscheidungen des Reichs-Oberhandelsgerichts und der ausländischen Gesetzgebungen.

Von

Alwin Strey,

Handelsgesellschafts-Syndikus, vormals Kreisrichter.

Erste Abtheilung.

Einleitung und Allgemeiner Theil.

Berlin 1873.

Verlag von J. Guttentag (D. Collin).

Vorrede.

Den Gegenstand des vorliegenden Werkes bildet unser nationales Deutsches Handelsgesellschaftsrecht. Der Zweck des Werkes ist die Darstellung dieses Rechts, mit Bezugnahme auf ausländische Handelsgesetzgebungen. Den Hauptinhalt des Werkes nimmt demgemäss das Recht der **eigentlichen Handelsgesellschaften** ein:

der offenen Handelsgesellschaft,

der Commanditgesellschaft mit ihrer Unterart der Commanditgesellschaft auf Actien, und

der Actiengesellschaft;

enthalten im II. Buche des Allgemeinen Deutschen Handelsgesetzbuchs. Sodann begreift es aber auch:

die stille Gesellschaft und die Vereinigungen zu einzelnen Handelsgeschäften für gemeinschaftliche Rechnung,

Vergesellschaftungen, welche, wenn auch das Allgemeine Deutsche Handelsgesetzbuch sie eben nicht für Handelsgesellschaften erachtet, und sich mit ihnen im III. Buche abgesondert beschäftigt, indessen doch immer zu den Gesellschaften im Handel und zum Betriebe von Handelsgeschäften gehören, und die desshalb nicht mit Unrecht als **uneigentliche Handelsgesellschaften** bezeichnet werden.

Das Recht der Handelsgesellschaften ist unstreitig eine der wichtigsten Materien des Handelsrechts. Mit Recht hat man ihm desshalb im Allgemeinen Deutschen Handelsgesetzbuch eine abgesonderte Behandlung zu Theil werden lassen, und eine ausführlichere wie in manchen anderen Handelsgesetzbüchern. Es umfasst einhundertfünfundachtzig Artikel, und nimmt die Hälfte der vier ersten Bücher des Allgemeinen Deutschen Handelsgesetzbuches ein, — das fünfte Buch handelt bekanntlich ausschliesslich vom Seerecht —, die Hälfte der Vorschriften des eigentlichen Handelsrechts des Allgemeinen Deutschen Handelsgesetzbuchs ist also dem Handelsgesellschaftsrecht gewidmet.

Man könnte freilich fragen: Wozu so viele positive Gesetzesvorschriften in dieser Materie? Der Handel will Freiheit in allen seinen Beziehungen. Er bedarf dieser Freiheit zu seinem Gedeihen. Insbesondere können beengende positive Gesetzesbestimmungen und Gesetzesformen nur störende und nachtheilige Einflüsse üben. Die Handelsgeschäfte, die Verbindungen zum Betriebe von Handelsgeschäften sollen auf Treue und Glauben stehen, mehr auf Wort als auf Schrift; der Wille der Contrahenten soll als das Höchste gelten, ja der buchstäbliche Sinn des Ausdrucks, auch wenn er abweicht, soll ihm untergeordnet sein. Ueberall auf dem Gebiete der Association geht das Streben nach Freiheit der Bewegungen im Innern wie im Aeusseren. Und will man behaupten, dass dieses Streben nicht ein durch die Verhältnisse des Handels und in den Verhältnissen des Handels begründetes sei?

Indessen aus der Quelle der Vergesellschaftung strömen erfahrungsmässig mit ungeheuren Vortheilen auch gar viele höchst intricate und verwickelte Streitigkeiten. Das ist von jeher so gewesen. Die derben aber wahren altdeutschen Rechtssprüchwörter: „Gesammtes Gut, verdammtes Gut" und „Cumpanei ist Lumperei" deuten darauf hin. So war es damals, und heute ist's nicht anders. Mögen die Motive zur Eingehung einer Gesellschaft gewesen sein, welche sie wollen, die ursprüngliche Einmüthigkeit und Einigkeit der Gesellschafter und ihrer Interessen hält nicht immer, man kann sagen, selten, bis ans Ende aus; bald früher, bald später gehen Absichten und Interessen auseinander. Dazu finden sich dann noch äussere Einflüsse, welche sowohl auf die Mitglieder der Gesellschaft als auf das Ganze einwirken und das Wesen der Gesellschaft nachtheilig afficiren, ja oft zerstören. Der Fälle, wo von vorn herein böse Absichten vorwalten, mag nicht erst gedacht werden. Von Anfang an kann Alles noch so gut und aufrichtig gewollt und begonnen sein, die Verhältnisse sind aber stärker als die Menschen.

Was so eben gesagt worden ist, das betrifft nun aber vorzugsweise nur die eine Seite des Gesellschaftsverhältnisses, nämlich das Verhältniss der Gesellschafter untereinander, welches man auch das innere Gesellschaftsverhältniss nennt. Es ist jedoch auch noch die andere, die dem Publicum zugekehrte Seite zu betrachten, bestehend in den Beziehungen der Gesellschafter und der Gesellschaft zu dritten Personen, genannt das äussere Gesellschaftsverhältniss. Hier fordern die Gesellschaften vorzugsweise freie Bewegung. Sie verlangen ausdrückliche Anerkennung als ein selbstständiges Subject von Rechten und Verbindlichkeiten, sie fordern besondere Rechte und besondere Freiheiten; sie verlangen als besondere Körperschaften ihre eigene Autonomie, und sie müssen mit solchen Attributen ausgestattet sein, wenn sie ihren Zwecken und ihrer Prosperität entsprechend sich nach Aussen hin bewegen sollen.

Hiermit und in Anbetracht des bedeutenden Aufschwungs, der grossen Ausbreitung der Gesellschaften in der neuen Zeit, ist denn auch die Nothwendigkeit des Einschreitens der Gesetzgebungen gegeben. Sie werden veranlasst zum Einschreiten mit positiven und die Gesellschaftsverhältnisse des Handels besonders betreffenden Gesetzesbestimmungen, mit Aufstellung von besonderen Rechtsprincipien, theils im Interesse der Gesellschafter selbst, um ihre Verhältnisse unter einander zu regeln und die streitenden Gesellschafter wieder zu vereinigen, oder wenn es nicht anders geht, zu scheiden, theils und hauptsächlich aber im öffentlichen Interesse. In letzterer Beziehung wird ein Einschreiten sogar mit absolut zwingenden Gesetzesnormen nothwendig, und zwar, um die Verhältnisse dritten Personen gegenüber zu ordnen, um Ausschreitungen auf dem Gebiete der Autonomie und des Verfahrens zu hindern, um dem Publicum bestimmte Anhaltspunkte zu gewähren, welche Jedermann, der sich mit Gesellschaften einlässt, als vorhanden voraussetzen darf, und aus welchen ein Schluss gestattet ist auf maassgebende Situation innerer, sich sonst dem Einblick des Publicums entziehender Verhältnisse; sowie auch, um dem Publicum eine eigene Prüfung der ins Gewicht fallenden Umstände zu ermöglichen, damit es thunlichst selbst vor Gefahren und Schäden sich schützen kann, wenn es die nöthige Vorsicht übt.

In dieser Weise sind denn auch alle neueren Handelsgesetzgebungen thätig gewesen.

Es liegt aber weiter auf der Hand, dass es hierbei mit wenigen Gesetzesvorschriften nicht abgemacht ist. Ja, man macht dem Allgemeinen Deutschen Handelsgesetzbuch nicht mit Unrecht den Vorwurf, dass es an einigen Stellen, namentlich bei den Liquidationen der Gesellschaften zu kurz verfahren und zu cursorisch darüber hinweg gegangen ist.

Ferner aber halten sich bei solchem Einschreiten der Gesetzgebung die Interessen der Gesellschafter, die Freiheit ihres Willens, die Freiheit der Contractschliessung und die Freiheit der Bewegungen der Gesellschaften im Handel und Verkehr auf der einen Seite, und die Interessen des öffentlichen Wohls auf der anderen Seite derartig die Waage, dass ein Einschreiten der Gesetzgebung mit positiven, gar mit absolut zwingenden und mit rigorosen Normen sich niemals über das Maass des durchaus Nothwendigen erstrecken darf. Von einer Bevormundung der Handelsgesellschaften kann nie die Rede sein. Andernfalls fällt man aus der Scylla in die Charybdis und gelangt wohl gar zur gänzlichen Unterdrückung nützlicher Gesellschaften, oder man schlägt den Handel in verderbliche Fesseln, oder man giebt auch gewissermassen Veranlassung zu schädlichen Umgehungen des Gesetzes.

Jenachdem nun in diesen Beziehungen die Gesetzgebungen ihren Standpunkt eingenommen und gewahrt haben, werden ihre positiven Bestimmungen des Gesellschaftsrechts gerathen sein oder nicht.

Es hat sich vor drei Jahren, durch die Novelle vom Juni 1870, bei den Actiengesellschaften vornehmlich, eine wesentliche und tiefeingreifende Veränderung vollzogen durch die Abschaffung der Staatsgenehmigung und Staatsaufsicht, die Erklärung aller Actiengesellschaften für Handelsgesellschaften und die Einführung verschiedener sogenannter Normativvorschriften. Auch die Commandit-Actiengesellschaften sind überall der Staatsgenehmigung entledigt und gleichfalls durchweg für Handelsgesellschaften erklärt, im Uebrigen sind sie, eine auf ihre Erhaltung im Fall des Ausscheidens persönlich haftender Gesellschafter gerichtete Bestimmung ausgenommen, von der Novelle nicht berührt. Die offene Handelsgesellschaft und die gewöhnliche Commanditgesellschaft sind ganz unberührt geblieben.

Abgesehen von der Aufhebung der Staatsgenehmigung und Aufsicht, welche eine unbedingte Nothwendigkeit war, und zu welcher nie wieder zurückzukehren sein wird, sind jene Aenderungen in der grossen Mehrzahl nicht gerathen.

Es hat sich nach dem Erlass jener Novelle ein Treiben auf dem Gebiete der Actiengesellschaft, insbesondere im Gründungsstadium entwickelt in welchem Schwindel, Prellerei, Betrug, Habsucht und Geldgier, allgemach zu einem förmlichen System ausgebildet, in grossartigem Umfange ihr nichtsnutziges Wesen getrieben haben, zuletzt schon mit einer gewissen Frechheit. Die unausbleiblichen Folgen fangen jetzt an, sich zu zeigen. Mit der eingetretenen Börsenkrisis und durch dieselbe vollzieht sich jetzt der Fluch der bösen That. Die schwindelhaft etablirten, schlechten Händen anvertraut gewesenen Actienunternehmungen brechen zusammen, ungeheure Summen an socialem Capital und anderem Vermögen sind verloren und vergeudet, das leichtgläubige, vertrauensselige Publikum ist geprellt, betrogen, arg geschädigt, Viele sind gänzlich ruinirt.

Nun erhebt sich die öffentliche Stimme gegen die Gesetzgebung und dringt auf Abänderung und Verbesserung. Es ist das so der Lauf der Dinge. Die Geschichte des Actienwesens weist nach, dass die Actiengesellschaften nicht lange nach dem Entstehen und dann noch oftmals dergleichen Phasen durchgemacht haben. Auch die Actiengesellschaften haben ihre Entwickelungskrankheiten, welche durchgemacht werden müssen. Seit jeher ist die Gesetzgebung bemüht gewesen, wirksame Corrective zu schaffen, jedoch mit mehr oder weniger Erfolg; es ist bis jetzt aber keiner Gesetzgebung gelungen, ein durchweg wirksames Correctiv zu schaffen, wie man es wohl wünscht und von der Gesetzgebung verlangt; und es wird auch an der Möglichkeit, ein durchweg wirksames Correctiv zu schaffen, gezweifelt werden müssen. Eine Klippe, an welcher selbst die vorzüglichste Gesetzgebung scheitern wird, ist die Leichtgläubigkeit und Vertrauensseligkeit, geradezu gesagt die Dummheit und Blindheit des Publicums, verbunden mit der Sucht in Nichtsthun Geld zu verdienen. Nun ist es aber wieder der Lauf der menschlichen Dinge und in der menschlichen Natur begründet, dass die ins Unglück Gestürzten sich nicht ihrer eigenen Fehler zeihen, sondern die Gesetzgebung und Andere, welche sie ins Unglück gebracht haben, anklagen.

Eine der unglücklichsten Maassregeln, welche ergriffen worden sind, war die Staatsgenehmigung und die Staatsoberaufsicht bei den Actiengesellschaften. Sie nahm die Actiengesellschaften unter einen Zwang, ohne wirksame Hülfe zu bringen und dazu im Stande zu sein. Sie konnte das nicht leisten, was das Publicum in ihr fand und zu finden berechtigt sein mochte.

Wie aber wieder ganz natürlich, trat nun nach der Entfesselung der Actiengesellschaften und bei den unzureichenden, ja zur Umgehung gewissermaassen Anlass gebenden Normativvorschriften jener gefährliche Zustand ein, von welchem vorher gesprochen worden ist, eine Krankheit, welche zur Krisis gelangen musste, und die sich jetzt nahezu in der Krisis befindet.

Es sind sehr anerkennenswerthe Versuche zur Abänderung und Verbesserung der Actiengesetzgebung gemacht worden, man ist mehrseitig mit durchdachten und begründeten Abänderungs- und Verbesserungsvorschlägen herangetreten, staatsregierungsseitlich ist gleichfalls die Angelegenheit in die Hand genommen und es sind Vorschläge zur Begutachtung an competenten Stellen vorgelegt worden. Die Meinungen sind darüber getheilt, ob es schon jetzt überhaupt Zeit und opportun sei, mit Aenderung der Gesetzgebung vorzugehen und über die Art und Weise, wie eine etwaige Aenderung stattfinden soll.

Die Wichtigkeit dieser die Gemüther in weitesten Kreisen bewegenden Frage ist einleuchtend. Aber um an die Lösung derselben überhaupt herantreten zu dürfen, möchte doch vor Allem eine genaue Kenntniss der bestehenden Gesetzgebung, der Entwickelung, des Wesens, der Natur der Actiengesellschaften, und da diese Gesellschaftsart nur eine Modification der offenen Handelsgesellschaft ist, auch dieser, sowie den Handelsgesellschaften überhaupt, nothwendig sein.

Der Zeitpunkt der Aenderung der Gesetzgebung dürfte indess noch nicht heran gekommen, auch der Erfolg der vorgeschlagenen Aenderungen zweifelhaft sein. Vor allem wird aber die Gesetzgebung sich zu hüten haben vor einem allzuraschen Vorgehen, und vor Mitteln, hinter welchen sich am Ende vielleicht ein grosses Nichts befindet, die aber geeignet sind, die Wachsamkeit des Publicums einzuschläfern. Unstreitig ist aber wohl die eigene Vorsicht, die eigene Wachsamkeit, die Selbstprüfung das beste Mittel, sich vor Betrug, Prellerei und Schaden zu bewahren, und der Gesetzgebung wird die Aufgabe zufallen, dazu dem Publicum die Mittel zu gewähren. —

Es ist wohl einleuchtend und es darf wohl kein Wort mehr darüber verloren werden, wie wichtig es ist, das Wesen, die Entstehung und Bildung der Handelsgesellschaften, ihre Organisation und deren Getriebe, sowie die positiven Vorschriften des Handelsgesellschaftsrechts kennen und erkennen zu lernen, nicht blos für Juristen, Kaufleute und Mitglieder von Handelsgesellschaften, sondern auch für Jedermann, der sonst in Beziehungen mit Handelsgesellschaften kommen kann, der sich für dieselben, ihren Organismus, ihren Geschäftsbetrieb interessirt und darüber urtheilen will.

Indem nun das vorliegende Werk den Zweck verfolgt, eine solche Kenntniss und Erkenntniss zu ermöglichen und zu verbreiten, und zwar Jedermann, dem daran gelegen; soll es mir für die darauf verwendete Mühe genügen, wenn das Urtheil dahin ausfällt: Etwas zu jener Kenntniss und Erkenntniss beigetragen zu haben. Frühere Arbeiten von mir sind nachsichtig aufgenommen worden, und auch bei dieser wird mir eine nachsichtige Beurtheilung bei denen nicht fehlen, welche mit den Schwierigkeiten der Materie und solchen Arbeiten bekannt sind. Stets wird es von mir dankbar anerkannt werden, wenn mir begangener Irrthum nachgewiesen und mir zur Erkenntniss des Richtigen verholfen werden wird.

Was die Anordnung des Werkes anbelangt, so ist sie folgende:

Es ist eingetheilt in zwei Theile — Abtheilungen — einen Allgemeinen und einen Besonderen Theil; dem ersteren geht eine Einleitung vorher.

Die **Einleitung** befasst sich mit der Entstehung des Allgemeinen Deutschen Handelsrechts resp. seines Gesellschaftsrechts, seiner Einführung und der weiteren Gesetzgebung im früheren Norddeutschen Bunde und im Deutschen Reich.

Der **Allgemeine Theil** enthält allgemeine Lehren und Erörterungen: namentlich von der Definition des Begriffes „Handelsgesellschaft", von den besonders anerkannten Arten und Formen der Handelsgesellschaften, von dem Character der Handelsgesellschaft als juristische Person, dem Gegenstande des Unternehmens, dem Zweck der Handelsgesellschaften, ihren Firmen, ihrem Sitz, von den Eintragungen im Handelsregister, von der Novelle vom 11. Juni 1870, von dem äusseren und inneren Verhältniss der Handelsgesellschaften, ihren Beschlüssen, ihrem Ursprunge und ihrem Wesen, ihrer Organisirung und ihren Organen, von ihrem Anfang und ihrem Ende, von dem Gesellschaftsvermögen und von dem Grundcapital der Actiencommanditgesellschaften und der Actiengesellschaften; er schliesst mit Betrachtungen über die Vorschläge zur Abänderung und Verbesserung der Actiengesetzgebung, namentlich der in der Eisenacher Versammlung jüngst gefassten Beschlüsse und Resolutionen.

Der **Besondere Theil** wird die speciellen Gesetzesvorschriften des Zweiten und Dritten Buchs des Allgemeinen Deutschen Handelsgesetzbuchs unter Beibehaltung der Legalordnung mit Zusätzen und Erläuterungen in Commentarform enthalten. In einem Anhange werden sich die vollständigen Abdrücke von wichtigen Gesetzen und Verordnungen befinden.

Es erschien diese Aenderung zweckmässig für den practischen Gebrauch. Ein vollständiges Register folgt am Schlusse des Werks.

Ich habe nun noch die angenehme Pflicht der grössesten Dankbarkeit und Anerkennung zu erfüllen, welche ich den Verfassern der beiden vortrefflichen Commentare des Allgemeinen Deutschen Handelsgesetzbuchs zolle, den Herren: Dr. Friedrich von Hahn, Reichsoberhandelsgerichtsrath, früher Appellationsgerichtsrath und ordentlicher Professor in Jena; Dr. Aug. Anschütz, ordentlicher Professor der Rechte an der Universität Halle, und Dr. Freiherr von Völderndorff, Rath am Handels-Appellationsgericht in Nürnberg. Diese Commentare sind mir ein sicherer Leitfaden gewesen bei dem Durcharbeiten durch die schwierige Materie, sie haben mich zu dieser Arbeit angeregt und mir dieselbe wesentlich erleichtert.

Berlin, im November 1873.

A. St.

Inhalt der ersten Abtheilung.

Einleitung.

I. Allgemeiner Theil.

Einleitung.

Seit 1861 besitzt Deutschland in einem Allgemeinen Deutschen Handelsgesetzbuch ein Allgemeines Deutsches Handelsrecht, und wieder in diesem, als besonderer Theil, ein Allgemeines Deutsches Handels-Gesellschaftsrecht. Es gilt dasselbe mit einigen Modifikationen, welche es durch die Einführungsgesetze der einzelnen deutschen Staaten, und denjenigen Abänderungen, welche es durch die Reichsgesetzgebung erfahren hat, namentlich durch die, lediglich das Recht der Handelsgesellschaften betreffende, Novelle vom 11. Juni 1870, jetzt im ganzen Deutschen Reiche, als einheitliches nationales Deutsches Recht. Aufgehoben und verdrängt sind die meisten früher in diese Materie geltenden Particulargesetze, aufgehoben ist die fremdherrliche Gesetzgebung, die französische, der Code de commerce, welche in Rheinpreussen, Rhein-Pfalz, Bayern und Hessen sich seit dem Anfange des Jahrhunderts erhalten hatten.

Es erscheint nothwendig hier zunächst eine, die wesentlichen Momente enthaltende Geschichte der Entstehung des allgemeinen Deutschen Handelsgesetzbuches und seines Handelsgesellschaftsrechts voranzuschicken. Denn davon abgesehen, dass dieselbe an sich merkwürdig ist, giebt sie Aufschluss über die Quellen des Gesetzbuchs und ist auch von Wichtigkeit für das Verständniss seines Inhalts und dessen Interpretation.

I. Entstehungsgeschichte des Allgemeinen Deutschen Handelsgesetzbuches, seine Einführung und seine Materialien.

1. Ein Allgemeines Deutsches Handelsgesetzbuch war schon lange zum Bedürfniss geworden. Man hatte aber dazu nicht kommen können. Dies kann bei der früheren Situation Deutschlands mit seinen ursprünglich sechsunddreissig, vollständig souveränen, Staaten nicht viel Wunder nehmen. Mit Mühe ist im Jahre 1849 eine Allgemeine Deutsche Wechselordnung zu Stande gebracht. Das Streben war damals überhaupt einer Allgemeinen

Deutschen Gesetzgebung auf dem Gebiete des Privatrechts abhold. Noch heute ist ja immer nur ein geringer Theil der Privatrechtsgesetzgebung der Reichsgesetzgebung unterstellt, und der grössere Theil noch davon ausgeschlossen, obwohl der Reichstag wiederholt den Beschluss gefasst hat, die ganze Privatrechtsgesetzgebung der Reichsgesetzgebung anheimzugeben und somit auch ein einheitliches Deutsches Privatrecht zu schaffen.

Schon hatten zur Zeit der Emanation der Allgemeinen Deutschen Wechselordnung einige deutsche Staaten den Anfang gemacht, hinsichtlich des übrigen Handelsrechts ihren eigenen Weg zu gehen. Da kam im Jahre 1856 ein ernster und energischer Anstoss in der Richtung der gemeinsamen Handelsgesetzgebung, welcher glücklich zum Erfolge führte, obgleich, und zwar noch im letzten Stadium, das bereits entworfene und in zwei Lesungen durchberathene Gesetzbuch durch massenhafte Erinnerungen beinahe wenn nicht ganz vereitelt, so doch in weite Ferne gerückt wäre.

2. Das Allgemeine Deutsche Handelsgesetzbuch, und das in seinem zweiten und dritten Buch enthaltene Handelsgesellschaftsrecht, verdankt seine Entstehung einem, bei dem vormaligen Deutschen Bundestage in der Sitzung vom 21. Februar 1856, von Bayern gestellten Antrage auf Niedersetzung einer Commission zur Entwerfung der Vorlage eines Allgemeinen Deutschen Handelsgesetzbuches.

In Preussen hatte man bereits im Jahre 1850 einen Entwurf eines Handelsgesetzbuches für die Preussischen Staaten angefangen, und im Jahre 1856 vollendet. Dieser Entwurf wurde die Grundlage des Allgemeinen Deutschen Handelsgesetzbuchs, cf. Protokolle der Deutschen Bundesversammlung de 1856. S. 228.

3. Nachdem jener Antrag Bayerns unterm 17. April 1856 zum Bundesbeschluss erhoben worden war, wurden nach und nach von fast allen deutschen Bundesstaaten — zuerst von Oesterreich, Preussen, Bayern, Sachsen, Hannover, Württemberg, Nassau, Mecklenburg und Hamburg — Commissarien zur Berathung des projectirten Handelsgesetzbuchs nach Nürnberg entsendet. Unter diesen Commissarien befanden sich sowohl Rechtsgelehrte als Kaufleute. Den Vorsitz in dieser Versammlung, Conferenz bezeichnet, führte der Königlich Bayerische Commissar, Staatsminister der Justiz Dr. von Ringelmann; als zweiter Präsident fungirte der österreichische Commissar Dr. Ritter von Raule, Präsident des Handelsgerichts in Wien, und Referent war zuerst der Königlich Preussische Commissar, Geheimer Ober-Justiz- und vortragender Rath im Justiz-Ministerium Dr. Bischoff, später nach seinem, während der Berathungen erfolgten Tode, der Geheime Ober-Justizrath und Senatspräsident am Appellationsgerichtshofe zu Cöln Dr. Heimsoeth. Im ganzen haben sich an der Conferenz 59, von den einzelnen deutschen Regierungen denominirte, Commissarien, inclusive des Secretariats, betheiligt. Ein Verzeichniss derselben giebt **von Hahn** in seinem

Commentar zum Allg. Deutschen Handelsgesetzbuch Einleitung S. XLI. bis XLV. Darunter befinden sich der jetzige Preussische Justizminister, damals Ober-Justizrath in Hannover, Dr. Leonhardt, und der damalige Tribunalsrath in Königsberg, später Geheimer Ober-Justiz- und vortragender Rath im Preussischen Justizministerium, jetzt Präsident des Reichsoberhandelsgerichts, Dr. Pape, sowie von den jetzigen Mitgliedern des genannten Reichsoberhandelsgerichts, von Hahn, damals Hofrath und ausserordentlicher Professer, später Ober-Appellationsperichtsrath und ordentlicher Professor in Jena, dessen Commentar vorher und noch oft in diesem Werke citirt ist.

4. Am 15. Januar 1857 traten die Commissarien zusammen. Sie begannen ihre Berathungen am 21. Januar, und wählten von den beiden vorgelegten Entwürfen, deren einer von Preussen, der andere von Oesterreich eingebracht war, den Preussischen Entwurf zur Grundlage ihrer Berathungen cf. Protokolle der Commission zur Berathung eines Allgemeinen Deutschen Handelsgesetzbuchs. S. 10.

Dieser Preussische Entwurf ist, wie es in den Vorbemerkungen seiner Motive — V. — heisst, unter Beachtung und unter Prüfung des reichen wissenschaftlichen Materials der neueren Zeit, der Gutachten, Erinnerungen und Anträge der Kaufmannschaften, sowie des in den Sammlungen der Deutschen Gerichtspraxis niedergelegten Entscheidungen der Deutschen Gerichtshöfe, und der in den auswärtigen Staaten eingeführten Handels gesetzbücher aufgestellt worden. Von den letzteren sind zunächst das französische Handelsgesetzbuch — Code de commerce —, demnächst auch das holländische Handelsgesetzbuch — Wetboek van Koophandel de 1838, und das spanische Handelsgesetzbuch — Codigo di comercio — de 1829 benutzt; ausserdem aber auch noch die erste Abtheilung des Entwurfs eines Allgemeinen Deutschen Handelsgesetzbuchs für Deutschland, ausgearbeitet von der, durch das weiland Reichsministerium der Justiz, niedergesetzten Commission — Frankfurt 1849 —, sowie der Entwurf eines Handelsgesetzbuchs für Württemberg vom Jahre 1839 und ein für Oesterreich über einzelne Materien des Handelsrechts im Jahre 1849 verfasster Entwurf.

5. Der Preussische Entwurf erfuhr schon bei der ersten Lesung, und namentlich in dem Gesellschaftsrecht mehre sehr durchgreifende Abänderungen. Aus den drei ersten Büchern des Entwurfs waren in der ersten Lesung vier geworden, indem das bisherige zweite Buch „Von den Handelsgesellschaften" in Folge der Anerkennung der Commanditgesellschaft und der stillen Gesellschaft als zwei verschiedene Institute, in zwei Bücher getheilt ward; so dass das bisherige dritte Buch zum vierten wurde cf. Beilage Band zu den Protokollen etc. — v. Lutz'sche Ausgabe — Seite 141 — 206 und 207—246; Koch Commentar zum Allg. Deutschen Handelsgesetzbuch S. 2.

Eine von der Conferenz gewählte Redactionscommission bearbeitete nach der ersten Lesung der drei, nunmehr vier, ersten Bücher einen neuen Entwurf, welcher im Wesentlichen eine Redaction der Beschlüsse, ausserdem aber einige im Auftrage der Conferenz neu entworfene Bestimmungen enthielt, und auch noch einige von der Redactionscommission selbst proponirte Abweichungen von den gefassten Beschlüssen. Dieser Entwurf, Entwurf erster Lesung genannt, bildete die Basis der zweiten Lesung, und der aus dieser Lesung hervorgegangene Entwurf, Entwurf zweiter Lesung, wurde nach Schluss der Berathungen der Bundesversammlung vorgelegt und öffentlich bekannt gemacht. Demnächst erfolgten die Berathungen des Seerechts in einer besonderen Conferenz in Hamburg — Protocolle. S. 868. 1466. —

Während man es nun hinsichtlich des Seerechts an einer zweimaligen Lesung bewenden liess, beschloss man noch eine dritte der drei resp. vier ersten Bücher vorzunehmen cf. Protocolle etc. S. 859, 868, jedoch beschränkt auf diejenigen Erinnerungen, welche die Regierungen gegen den Entwurf zweiter Lesung an die Conferenz gelangen lassen würden cf. Protocolle etc. S. 361 ff. Dennoch waren dieser Erinnerungen sehr viele und mannigfaltige. Es übergaben dergleichen Erinnerungen sämmtliche Regierungen mit Ausschluss der Regierungen von Oesterreich, Nassau, Braunschweig, Sachsen-Altenburg und Frankfurt. Sie wurden zwar in 505 Nummern zusammengestellt, sind aber nicht sämmtlich einer Berathung unterzogen worden.

6. Hier war die Klippe, an welcher beinahe das ganze Werk gescheitert wäre. Die Zusammenstellung dieser Erinnerungen ergab, dass bei einem grossen Theil derselben der gemeinsam betretene Weg um das Ziel zu erreichen verlassen war, und dass sie in einer solchen Zahl, in einer solchen Ausdehnung und unter so vielfacher Wiederholung bereits durchberathener Dinge erhoben waren, dass sie, statt einen Abschluss auf den Grundlagen des Entwurfs herbeizuführen, abermalige Verhandlungen von unabsehbarer Dauer und Tragweite herbeirufen mussten. Dieselben würden, wenn es dabei überhaupt gelungen wäre, den Boden der Einigung festzuhalten, im günstigten Falle eine andere Arbeit geliefert haben, durch welche wiederum neue Lesungen und neue Verhandlungen veranlasst worden wären, welche übrigens auch von den einzelnen Regierungen schon in Aussicht gestellt waren. Das Zustandekommen des Gesetzbuches wäre hierdurch überhaupt in Frage gezogen, jedenfalls doch in eine unabsehbare Weite gerückt worden. Von diesen Erinnerungen betrafen nicht wenige, wesentliche Punkte unseres Gesellschaftsrechts.

Indessen diese drohende Gefahr wurde abgewendet. Bevor nämlich die erwähnte dritte Lesung stattfand, hatten die Regierungen von Oesterreich, Preussen und Bayern — im wesentlichen identische — Noten an die deutschen Regierungen ergehen lassen, in welchen das eben Erwähnte betont und hervorgehoben wurde, dass diese drei Regierungen sich entschlossen hätten, an dem vorliegenden Entwurf der Conferenz möglichst festzuhalten, und auf dem eine Gewähr für das Zustandekommen des Werks darbietenden und bestehenden Einverständniss entsprechenden Wege zu beharren; wobei in durchgreifende Veränderungen der Principien und des organischen Zusammenhangs des Entwurfs nicht eingegangen werden solle, Ansichten und Vorschläge, welche bereits bei der Conferenz durchberathen seien, nicht zu nochmaligen Debatten respective Abstimmungen wieder aufgenommen und dass die Bemängelung an Fassungen ohne praktische Bedeutung oder sonstige unerhebliche Dinge nicht zum Gegenstand von zeitraubenden und unzweckmässigen Verhandlungen des Plenums der Conferenz gemacht werden würden. Hierdurch sind die Erinnerungen so ziemlich characterisirt. Diese Noten, welche von erheblicher Bedeutung und Wirkung waren, finden sich vollständig abgedruckt in der Beilage zu Bd. IX der Protocolle etc. nach S. 5152.

7. Die dritte Lesung fand nun vom 19. November 1860 ab statt. Der sehr interessante Hergang vor und in dieser Lesung ist ausführlich dargestellt in: „Zur Geschichte des Entwurfs eines Allgemeinen Deutschen Handelsgesetzbuchs, vom Hofrath Dr. Heinrich Thöl, Professor der Rechte in Göttingen, Göttingen 1861."

Die grosse Mehrzahl der deutschen Regierungen hatte sich vorher schon mit dem in jenen Noten dargelegten Verfahren einverstanden erklärt; es kamen nur noch die nicht ausgeschiedenen Erinnerungen zur Berathung. Protocolle etc. S. 4507. 4512. 4493—4507. 4553. 4683. 5118. 5124. 5127. 5058. cf. auch v. Hahn a. a. O. Einleitung S. XXIII.

8. Die Nürnberger Conferenz gelangte demgemäss mit ihren Arbeiten zum Abschluss am 11. März 1861. Der daraus hervorgegangene „Entwurf eines Allgemeinen Deutschen Handelsgesetzbuchs" wurde mit Bericht vom 14. März 1861 der Bundesversammlung vorgelegt. Für seine unveränderte Annahme stimmten die grosse Mehrheit der deutschen Staaten, namentlich Oesterreich, Preussen, Bayern, Sachsen, Württemberg, Grossherzogthum Hessen und die Grossherzogl. Sächsische Staaten, Lübeck und Frankfurt; abfällig votirten Hannover, beide Mecklenburg, Bremen und Hamburg; einige Staaten blieben mit ihren Voten ausstehen. Protocolle der Deutschen Bundes-Versammlung de 1861 S. 109. 191—207. 400—406. 414. 577. Protocolle der Conferenz etc. S. 5148; Koch Commentar, Vorbericht S. 6, cf. v. Lutz, Vorrede zu den Conferenz-Protocollen etc.

Preussen führte demnächst, und zwar sehr bald, mittelst Einführungsgesetzes vom 24. Juni 1861, nebst Ministerial-Instruction vom 12. December 1861 diesen Entwurf als Gesetz mit Gesetzeskraft vom 1. März 1862 ab in seinen Staaten ein. S. Preuss. Gesetzsammlung pro 1861 S. 449—479 und Preuss. Justiz-Ministerialblatt pro 1861. Ferner v. Lutz, Protocolle etc. Bd. III, S. 1—27, sowie auch: Verhandlungen über die Entwürfe des Allg. Deutschen Handelsgesetzbuchs und eines Einführungsgesetzes zu demselben in den beiden Häusern des Landtags vom Jahre 1861, Berlin 1861. Die übrigen Bundesstaaten folgten allmählig nach; einige allerdings sehr spät, wie die nachfolgende Uebersicht der nach den Jahren geordneten Einführungsgesetze und Gesetzeskraftzeiten, die früheren zuerst, die späteren zuletzt, ergiebt:

9. In Gesetzeskraft ist das Allgemeine Deutsche Handelsgesetzbuch getreten:

	durch das Einführungsgesetz vom	
in Nassau am 1. März 1862 . . .	2. October 1861	Lutz S. 33— 39
im Königreich Sachsen am 1. März 1862	30. October 1861	„ „ 67— 72
in Sachsen-Coburg am 1. Juli 1862	19. Februar 1862	„ „ 144—150
im Königreich Bayern am 1. Juli 1862	10. Novbr. 1861	„ „ 43— 60
in Schwarzburg-Sondershausen am 1. September 1862	30. Mai 1862	„ „ 184—197
in Sachsen-Meiningen am 1. Septbr. 1862	25. Juni 1862	„ „ 153—162
in Waldeck am 1. October 1862 . .	11. Februar 1862	„ „ 487—494
in Anhalt-Bernburg 1. October 1862	14. Juli 1862	
Gesetzsammlung für Anhalt-Bernburg Bd. XIV, Nr. 1, S. 1—14.		
in Sachsen-Gotha am 1. December 1862	11. Juli 1862	„ „ 166—174
im Grossherzogthum Hessen am 1. Januar 1863	1. August 1862	„ „ 109—124
in Baden am 1. Januar 1863 . . .	6. August 1862	„ „ 129—140
in Frankfurt am 1. Januar 1863 . .	17. October 1862	„ „ 177—181
in Sachsen-Weimar am 1. April 1863	18. August 1862	„ „ 462—473
in Oesterreich, d. h. die ersten 4 Bücher am 1. Juli 1863	17. Decbr. 1862	„ „ 201—210
in Reuss jüng. Linie am 1. Juli 1863	23. Februar 1863	„ „ 438—448
in Braunschweig am 1. November 1863	14. Septbr. 1863	„ „ 232—245
in Hessen-Homburg am 1. Januar 1864	25. Aug. 1863	„ „ 232—248
in Anhalt-Dessau-Cöthen am 1. April 1864	1. Septbr. 1863	„ „ 219—230
in Lübeck am 1. Mai 1864	26. Octbr. 1863	„ „ 349—357
in Sachsen-Altenburg am 1. Mai 1864	21. Novbr. 1863	„ „ 450—460
in Mecklenburg-Schwerin		359—392
und		
Mecklenburg-Strelitz am 1. Juli 1864	28. Decbr. 1863	„ „ 395—411
in Oldenburg am 1. Octbr. 1864 .	18. April 1864	„ „ 414—424
in Lippe am 1. Octbr. 1864 . . .	20. April 1864	„ „ 339—347
in Schwarzburg-Rudolstadt am 1. Octbr. 1864	13. Mai 1864	„ „ 475—485
in Reuss ält. Linie am 1. Januar 1865	12. Mai 1862	„ „ 426—436
in Bremen am 1. Januar 1865 . .	11. Mai 1864	„ „ 247—259
in Hannover am 1. Januar 1865 .	5. Octbr. 1864	„ „ 300—310

	durch das Einführungsgesetz vom
in Württemberg am 15. Decbr. 1865	13. August 1865 Lutz S. I.—XXIII.
im Kurfürstenthum Hessen am 1. Januar 1865	3. Mai 1865 „ „ 327—337
in Hamburg am 1. Mai 1866 . .	22. Decbr. 1865 „ „ 261—276

Von einem Deutschen Staat, nämlich von Liechtenstein, hat sich in dieser Beziehung nie etwas hören lassen.

10. Als im Jahre 1866 Hannover, Kurfürstenthum Hessen, Nassau, Frankfurt, Hessen-Homburg und einige Theile von Bayern und Grossherzogthum Hessen mit dem Königreich Preussen vereinigt wurden, blieben die für diese Länder existirenden Einführungsgesetze in Kraft, mit Ausnahme, dass in der ehemaligen Enclave Kaulsdorff durch die Königl. Verordnung vom 22. Mai 1867 mit allen in dem Kreise Ziegenrück geltenden Gesetzen und in dem Oberamt Meisenheim (vormals Hessen-Homburgisch) durch die Königliche Verordnung vom 20. September 1867 mit allen im westrheinischen Theil des Regierungsbezirks Coblenz geltenden Gesetzen, auch das Preussische Einführungsgesetz eingeführt wurde. Ingleichen fand in allen annectirten Ländern und Ländertheilen die Einführung der Art. 10 und 11 des Preussischen Einführungsgesetzes unter Aufhebung der entgegenstehenden Bestimmungen statt cf. v. Hahn Commentar, Einleitung S. XXXV. XXXVI. In Schleswig-Holstein erlangte das Handelsgetzbuch erst mit dem 1. September 1867 Gesetzeskraft, durch die Königlich Preussische Einführungs-Verordnung in Lauenburg mit dem 1. Januar 1869 durch das Einführungsgesetz vom 21. October 1868 und in Schaumburg-Lippe sogar erst durch das Bundesgesetz und die Ausführungs-Verordnung vom 11. Dezember 1869; im Königl. Preuss. Jahde-Gebiet erhielt das Hannoversche Einführungsgesetz nebst den dasselbe abändernden und ergänzenden Bestimmungen Geltung durch das Gesetz vom 9. März 1870 cf. v. Hahn a. a. O. S. XXXIX.

Eine Zusammenstellung der Vorschriften der Einführungsgesetze, excl. Oesterreich und Schaumburg-Lippe befindet sich in „von Salpius“: die Ergänzung der Artikel der Wechselordnung und des Allg. Deutschen Handelsgesetzbuchs im Gebiet des Norddeutschen Bundes durch Bundes- und Landesgesetze, Berlin 1870. Bei von Lutz — s. vorher — ist das Preuss. Einführungsgesetz nicht ganz richtig mitgetheilt, — s. Publicationstag und Artikel 3. 9. 61. 68. 62; in Art. 3 existirt ein § 5 gar nicht; wahrscheinlich ist der Abdruck nach derjenigen Fassung gemacht, welche der Gesetzentwurf im Preuss. Herrenhause erhielt, cf. Koch Comm. Anm. 7 zu Art. 4 des Einführungsgesetzes. Ueberhaupt differiren in den Abdrücken die Publicationstage. Das Preuss. Einführungsgesetz findet sich vollständig in der Gesetzsammlung von 1861 S. 449—479 und die erwähnte Preuss. Ministerial-Instruction zu diesem Einführungsgesetze vom 12. December 1861 ist in dem Anhange zu diesem Werke abgedruckt. Sie ist sehr ausführlich, indessen, wie Koch Comment. Vorbericht S. 6 sehr richtig bemerkt, durch wörtliche Aufnahme vieler Bestimmungen des Allg. Deutschen Handelsgesetzbuchs unnöthig lang geworden.

In diesen Einführungsgesetzen sind, soweit es das Handelsgesetzbuch gestattet resp. ausdrücklich darauf im Handelsgesetzbuch hingewiesen ist, verschiedene, darunter auch manche in das Recht der Handelsgesellschaften einschlagende Abweichungen von den Normen des Handelsgesetzbuchs sowie Ergänzungen desselben getroffen; z. B. in Betreff der landesherrlichen Genehmigung der Commandit-Actien und der Actien-Gesellschaften, welche das Allgemeine Deutsche Handelsgesetzbuch zwar im Princip für nothwendig erklärte, es jedoch den einzelnen Landesregierungen anheimstellte, davon abzusehen — s. weiterhin im Allgemeinen Theil § 13 —, ferner bei der Eintragung von Eigenthum an Grund und Boden resp. dinglichen Rechten der Handelsgesellschaften — s. zu Art. 111 — und in Betreff der Auflösung durch Concurs, s. zu Art. 129. Die Bestimmungen dieser Einführungsgesetze sind noch in Kraft, soweit sie nicht durch das Bundesgesetz vom 5. Juni 1869 aufgehoben worden sind — s. weiterhin II. Nr. 1 — oder durch besondere Landesgesetze.

11. Der Preussische Entwurf des Handelsgesetzbuchs enthielt noch Bestimmungen über das Versicherungsrecht und die Flussschifffahrt, über das Concursverfahren und über die Gerichtsbarkeit in Handelssachen nach dem Vorgange des französischen und holländischen Handelsgesetzbuchs. Obwohl alle diese Materien zweifelsohne einen integrirenden Theil der Handelsgesetzgebung bilden, so wurden sie doch in der Conferenz schliesslich von der Berathung abgesetzt und blieben damit ausgeschlossen. Die Gründe anzuführen ist hier nicht der Ort, sie sind hier auch nicht von Wichtigkeit. Ersichtlich sind sie aus den Conferenz-Protocollen. S. auch v. Hahn Einleitung etc. S. XXIV ff.

12. Von immerhin noch besonderer Wichtigkeit sind die mehrfach schon erwähnten Protocolle der Nürnberger Conferenz.

Wenn auch die Arbeiten dieser Conferenz bereits über ein Jahrzehnt zurückliegen und vor der Praxis mit ihrer mannigfach klärenden Wirkung schon etwas zurückgetreten sind, so haben sie doch für die Interpretation gerade der hier vorliegenden Materie des Handelsgesellschaftsrechts immer noch eine grosse Bedeutung und werden wir noch oft auf die Conferenz-Protocolle zurückzukommen und in ihnen Aufklärung und Rath zu holen haben.

Sie sind die mühe- und verdienstvolle Arbeit des damaligen Königlich Bayerischen Kreis- und Stadtgerichts-Assessors, erster Secretair und Protocollführer der Conferenz, jetziger Königlich Bayerischer Staatsminister, J. von Lutz.

Anlangend ihren Inhalt, so ist in ihnen eine Berichterstattung über den Gang der Berathungen der Nürnberger Conferenz in ausführlicher und eingehender Weise gegeben.

Was ihre Abfassung betrifft, so ist die Anerkennung, welche dem Verfasser und Vollbringer dieses bedeutenden und schwierigen Werks gezollt wird eine allgemeine. Er hat die ihm zugefallene schwierige Arbeit mit eisernem Fleisse, der angestrengtesten Aufmerksamkeit beim Verfolgen der Verhandlungen, grosser Treue im Erfassen und Wiedergabe der Ansichten und Sicherheit im Zurechtfinden in den oft ganz verworrenen Debatten gelöst. Nach dem Beschlusse der Conferenz sollten die Protocolle zwar in thunlichster Länge abgefasst sein, aber doch ein treues Bild der stattgehabten Discussion geben, und insbesondere die Gründe für und wider die Entscheidung bestrittener Punkte enthalten. Das war leicht beschlossen, aber ein grosses und schweres Stück Arbeit; namentlich erforderte die Gruppirung der Gründe und Gegengründe eine wahre Kunstfertigkeit. Freilich, die Protocolle haben ihre Mängel, es mangelt ihnen hier und da an einer allseitigen Behandlung der debattirten Materien; es ist die eigentliche Absicht, welche bei den Beschlüssen die leitende war, manchmal nicht klar zu erkennen oder auch ganz im Dunkel gelassen. Man vermag die bei der Feststellung der Redaction gefassten neuen Beschlüsse nicht immer aus dem Protocoll zu ersehen, und dieser Mangel zeigt sich namentlich in den ersten Bänden. Doch diese Mängel liegen in der Versammlung selbst, ihren Beschlüssen und ihrem Verhalten, sie tangiren die Thätigkeit und Arbeit des Verfassers der Protocolle nicht. Cf. v. Hahn Commentar, Einleitung § 18.

13. Ausgaben sind von diesen Protocollen veranstaltet: erstlich eine Folio-Ausgabe für die Bundesregierungen und die Conferenzmitglieder; zweitens eine Octav-Ausgabe von v. Lutz, erschienen seit 1858 in den Verlag der Stahel'schen Buch- und Kunsthandlung in Würzburg. Beide Ausgaben sind in 9 Bände abgetheilt, die Pagina-Zahlen gehen, sehr zweckmässig für das Citiren durch sämmtliche Bände fort. Hinzugefügt ist ein Registerband — von v. Lutz — jedoch nur für die drei ersten Bände, und angeschlossen ein Beilage-Band, die preussischen und österreichischen Handelsgesetz-Entwürfe, die Entwürfe erster und zweiter Lesung und den Entwurf des Handelsgesetzbuchs enthaltend. In der von v. Lutz'schen Ausgabe findet sich auch noch ein Abdruck der Einführungsgesetze zum Allg. Deutschen Handelsgesetzbuch, fast aller, mit Ausnahme des von Anhalt-Bernburg; s. vorher Nr. 10.

14. Man benutzt diese Protocolle allgemein zur Interpretation des Handelsgesetzbuchs und sehr natürlich. Die Statthaftigkeit einer solchen Benutzung kann auch ebensowenig in Zweifel gezogen werden, wie die desfallsige Benutzung von Vorarbeiten eines Gesetzes, Verhandlungen der gesetzgebenden Factoren, Arbeiten von, mit Prüfung und resp. Begutachtung und Entwerfung eines Gesetzes beauftragten, Commissarien und Commissionen überhaupt. Nur Unverstand und Willkühr könnte eine solche Benutzung ausschliessen wollen. Sie wird denn auch verständiger Weise gar nicht in Zweifel gezogen. Aber über die Bedeutung, welche den Protocollen bei

dieser Interpretation einzuräumen ist, darüber kann man verschiedener Meinung sein, und darüber ist man nicht einig, man gesteht ihnen grössere oder geringere Bedeutung zu. Cf. v. Hahn Commentar, Einleitung S. LII ff.; Goldschmidt in seiner Zeitschrift etc. Band X.

15. Die Protocolle sind jedenfalls nur eine Privatarbeit, aber eine Privatarbeit von ganz besonderem inneren Werthe, insbesondere von vorzugsweiser Bedeutung bei der Interpretation des Handelsgesetzbuches und in dieser Beziehung ist sehr wichtig, die aus ihnen erkennbare Entstehungsgeschichte der einzelnen Bestimmungen sowie die allmähliche Entwickelung, Ausbildung und Läuterung der denselben zum Grunde liegenden Anschauungen. Indessen haben die aus den Verhandlungen der Conferenz ersichtlichen Meinungen und Willenserklärungen derselben nicht die Kraft einer authentischen Interpretation. Denn die ist ihnen nirgends ausdrücklich beigelegt, und hätten sie dieselbe, so müsste natürlich die doctrinelle Interpretation ausgeschlossen bleiben. Cfr. v. Hahn a. a. O.

Nach sehr eingehenden Erörterungen kommt v. Hahn nun zu dem Resultate: dass den in den Conferenz-Protocollen enthaltenen Erklärungen die Bedeutung gesetzgeberischer Willenserklärungen nicht zukomme, auch nicht den Erklärungen der Majorität oder den einstimmigen aller Mitglieder, selbst nicht denjenigen, deren Aufnahme als ausdrückliche protocollarische Erklärung beschlossen worden ist. Damit ist aber die Bedeutung der Protocolle zu sehr herabgedrückt. Das erkennt von Hahn auch selbst an, dass seine Ansicht über die Bedeutung der Protocolle nicht allgemein anerkannt, im Gegentheil, dass die entgegengesetzte Ansicht die herrschende sei, cfr. a. a. O. Einl. § 19, S. LV.

16. Die Protocolle können sehr wohl für die Interpretation maassgebende Willenserklärungen enthalten. Wenn freilich erhellte, dass der Wille der Regierungen der einzelnen Staaten resp. ihrer Gesetzgebungsfactoren, selbst wenn sie die Worte der Entwurfsverfasser unverändert annahmen, oder bei der Gutheissung und Publication des Gesetzes beibehielten, dennoch ein anderer war, als der Wille der Entwurfsverfasser, wenn sie also etwas Anderes wollten, als die Entwurfsverfasser wollten, dann kann dasjenige, was letztere gewollt haben, selbstverständlich keine Berücksichtigung finden und ist dann ohne Weiteres abgethan. Aber wenn solches nicht erhellt, wenn keine solche Differenz erkennbar gegeben hervortritt, wenn im Gegentheil die Erhebung des letzten Nürnberger Entwurfs zum Gesetz en bloc, ohne alle Erörterungen der einzelnen Fragen erfolgt ist, so bleibt nichts anderes als die Annahme: dass dasjenige zum Gesetz erhoben sei, was die Nürnberger Conferenz wollend gesagt hat. Cfr. Goldschmidt a. a. O. S. 45ff. Und sehr richtig fügt Goldschmidt hinzu: nicht etwa darum, weil die einzelnen Regierungen und Kammern die in den Protocollen und sonstigen Motiven enthaltenen Erörte-

rungen zu den ihrigen gemacht hätten, sondern aus dem Grunde, weil ein Gesetz nicht publicirte Worte, sondern einen in Worten publicirten Willen enthält; so dass also, wenn die gesetzgebenden Factoren der Einzelstaaten auch nicht willenlos die Worte des Nürnberger Entwurfs haben zum Gesetz erheben können, doch, da sie überall einen eigenen Willen nicht geäussert haben, nothwendig vorausgesetzt werden muss, dass sie den Willen der Nürnberger Conferenz als ihren eigenen haben angesehen wissen wollen. Goldschmidt a. a. O. v. Hahn Commentar etc. Einleitung S. LVI. LVII. Dass Letzterem so ist, dafür spricht die Verkündung des Entwurfs als Allgemeines Deutsches Gesetz, resp. in der betreffenden Monarchie geltendes Gesetz; cfr. Preuss. Ges.-Samml. pr. 1861, S. 449. — Eingangs-Worte — und die Verhandlungen in dem Preuss. Landtage, namentlich im Herrenhause, wo ein Mitglied — Götze — vor der Enbloc-Annahme warnte, die Gelegenheit aber, einen Willen zu äussern nicht ergriffen wurde und doch die Enbloc-Annahme erfolgte, cfr. Koch, Vorbericht zu seinem Commentar etc. S. 6.

Doch dieses Alles versteht sich vorbehaltlich einer unzweifelhaften Irrigkeit der Meinung der Conferenz. Sehr zutreffend bemerkt Koch in seinem Preuss. Privatrecht Bd. I. S. 73 (Berlin 1845) in dieser Beziehung über die Materialien der Gesetzgebung oder die Gründe und Gegengründe, soweit sie aus den Vorarbeiten oder sonstigen betreffenden Papieren ersichtlich sind.

„So sehr nützlich und fruchtbringend für das Verständniss der Gesetze dies unleugbar ist, wenn es mit Sachkenntniss geschieht, so legt man doch von einer Seite zu viel Gewicht darauf, wenn man die Meinungen und Aeusserungen der Verfasser und Theilnehmer an der Berathung für authentische Auslegungen der Gesetze ansieht. Hiervor ist zu warnen. Diese Gedankenmittheilungen haben für die Rechtswissenschaft nur den Werth einer literarischen Arbeit, und sind durchaus nicht maassgebend für das juristische Denken, noch sind sie eine Norm für das geltende Recht: sie haben nur soweit Geltung, **als sie vor dem Richterstuhle der Rechtswissenschaft wahr befunden werden.**

17. Die Interpretation des Allgemeinen Deutschen Handelsgesetzbuchs wird daher, wie schon gesagt, immer und zuvörderst in den Protocollen zu suchen sein, und wenn die Meinung der Conferenz aus den Protocollen klar erhellt, so wird diese auch bei der Interpretation wohl maassgebend sein müssen; es sei denn, dass es ganz zweifellos ist, dass diese Meinung eine irrige war. So lange aber das Irrthümliche sich nicht klar herausstellt, wird man wenigstens die Meinung dieser Conferenz prävaliren lassen müssen, und es kann nicht gerechtfertigt erachtet werden, bei einem blossen Widerstreit verschiedener Meinungen, einer, von der durch die Conferenz klar zu erkennen gegebenen, abweichenden Meinung den Vorzug zu geben. In dieser Weise hat auch das Reichs-Oberhandelsgericht die Conferenz-Protocolle benutzt und angewendet; z. B. im Erkenntniss vom

4. April 1871, Stegemann Rechtsprechung p. p. Bd. II. S. 89. Selbstverständlich ist es unzulässig, klar kundgegebene Meinungen der Conferenz, so ohne Weiteres mit einer gewissen Vornehmheit für irrige zu erklären; und ganz und gar verwerflich ist das, mehrfach in der Praxis vorgekommene, Suchen nach Analogien, wo keine vorhanden sind, und die gänzliche Ignorirung der Conferenz-Protocolle dabei; cfr. z. B. zu Art. 113.

18. Mit den Protocollen ist aber in der Praxis nicht so leicht umzugehen. Wer sich mit ihrer Benutzung beschäftigt hat, wird erfahren haben, dass es eine mühevolle Arbeit ist, dass man erst Alles über einen Artikel Gesagte beisammen haben, zusammenstellen und mit einander vergleichen muss, bevor man zu einem Resultat gelangt, und bevor man die Meinung der Conferenz erforscht oder — auch nicht erforscht. Letzteres kann nämlich auch vorkommen, und die ganze Arbeit ist vergeblich gethan. Man findet sich manchmal, wenn man sich bis zu der Stelle durchgearbeitet hat, wo man nun die decisive Meinung der Conferenz zu finden erwartet, im Stiche gelassen und von einer Lücke. Dieses mahnt aber zu grosser Vorsicht bei Benutzung der Protocolle und verbietet absolut die Benutzung einzelner Stellen derselben, ohne Betrachtung der Materie in ihrer Totalität.

Es ist hier nicht der Ort, auf das Verhalten der Conferenz näher einzugehen, auf deren Rechnung die vorerwähnten Mängel der Protocolle kommen. Das aber aus den Berathungen der Conferenz das Allgemeinen Deutsche Handelsgesetzbuch, oder ein Allgemeines Deutsches Handelsgesetzbuch wirklich hervorgegangen, das ist das Verdienst einzelner Capacitäten."

II. Die weitere Gesetzgebung im Norddeutschen Bunde und im Deutschen Reich.

Das Allgemeine Deutsche Handelsgesetzbuch wurde nach der Bildung des Norddeutschen Bundes zuerst in diesem, und demnächst in dem ganzen Deutschen Reiche eingeführt. Im Uebrigen beschränkte sich die Gesetzgebung, abgesehen von einer auf Revision des Allgemeinen Deutschen Handelsgesetzbuchs abzielenden Reichtags-Resolution, auf eine Novelle zu einem Theil des Gesellschaftsrechts und die Einsetzung eines obersten Gerichtshofes in Handelssachen. Von letzterem ist in III. besonders die Rede.

1. Die Verfassung des Norddeutschen Bundes bestimmt in Art. 4 Nr. 13, dass die gemeinsame Gesetzgebung über das Handels- und Wechselrecht der Beaufsichtigung Seitens des Bundes und der Gesetzgebung desselben unterliegen solle.

Demnächst und demgemäss wurde vom Reichstage des Norddeutschen Bundes der von Bürgers und Waldeck — den Referenten — formulirte, durch den Antrag der Abgeordneten Weissig, Becker (Oldenburg) resp.

Keyser angeregte Beschluss in der Sitzung vom 12. Juni 1868 dahin gefasst:

den Bundeskanzler aufzufordern, baldigst den Entwurf eines Gesetzes vorzulegen, durch welches das Allgemeine Deutsche Handelsgesetzbuch und die Allgemeine Deutsche Wechselordnung nebst der dazu gehörigen Novelle als gemeinsames Gesetz des Norddeutschen Bundes eingeführt, beziehungsweise da, wo sie bereits als Landesgesetze gelten, für Bundesgesetze erklärt werden.

Cfr. Reichstags-Verhandlungen 1868, Anlage Nr. 69. 116. 127 und Stenographische Berichte S. 392—396.

Der Reichskanzler legte denn auch schon dem Reichstage von 1869 im Namen des Bundespräsidiums einen vom Bundesrath beschlossenen „Entwurf eines Gesetzes, betreffend die Einführung der Allgemeinen Deutschen Wechselordnung, der Nürnberger Novelle und des Allgemeinen Deutschen Handelsgesetzbuchs als Bundesgesetze" nebst Motiven vor; und dieser Entwurf wurde in den Sitzungen vom 9. April, 7. und 10. Mai 1869 mit einer kleinen Veränderung angenommen. Cfr. Reichstagsverhandlungen 1869, Anlagen Nr. 66 S. 209—220, Nr. 130 S. 457—460, Nr. 158 S. 523, Nr. 173 S. 597—599, sowie Stenographische Berichte S. 261—266 S. 842—858. 897. 898.

Der Text des Gesetzes befindet sich im Bundes-Gesetzblatt pro 1869 S. 379—381 und ist in einem Anhange abgedruckt.

Das Gesetz ist unterm 5. Juni 1869 von dem Bundespräsidium ausgefertigt und am 12. August 1869 im Bundesgesetzblatt publicirt.

Nach § 6 dieses Gesetzes trat das Allgemeine Deutsche Handelsgesetzbuch mit dem 1. Januar 1870 als Bundesgesetz in Kraft.

Als nun aber das Deutsche Reich gegründet wurde, da wurden auch das Bundesgesetz, und mit ihm das Allgemeine Deutsche Handelsgesetzbuch nebst der Allgemeinen Deutschen Wechselordnung Deutsche Reichsgesetze.

In Baden, Südhessen und Württemberg trat die Gesetzeskraft am 1. Januar 1871, in Bayern am 13. Mai 1871 ein. Cfr. v. Hahn Commentar, Einleitung § 15 i. f. Was die einzelnen Bestimmungen des gedachten Reichseinführungsgesetzes betrifft, so sind sie das Handelsgesetzbuch belangend im Wesentlichen folgende:

Der § 1 dieses Gesetzes erklärt das Allgemeine Deutsche Handelsgesetzbuch zum Bundesgesetz und führt es in das gesammte Reichsgebiet ein, jedoch unbeschadet der Vorschriften des Bundesgesetzes über die Nationalität der Kauffahrteischiffe und ihre Befugniss zur Führung der Bundesflagge vom 25. October 1867 (Bundesgesetzblatt S. 35) und des Bundesgesetzes über die Aufhebung der Schuldhaft vom 29. Mai 1868 (Bundesgesetzblatt S. 237).

Nach § 2 bleiben in Kraft die bei oder nach Einführung des

Handelsgesetzbuchs in die einzelnen Bundesstaaten oder deren Landestheile im Wege der Landesgesetzgebung erlassenen Vorschriften, soweit sie nicht eine Abänderung einer Bestimmung des Handelsgesetzbuchs enthalten.

Für die Beurtheilung der Frage: ob in der That nur eine Ergänzung vorliegt, ist die in dem Landesgesetz ausgedrückte Absicht, das Handelsgesetzbuch zu ergänzen maassgebend. An der Natur dieser Vorschriften als landesgesetzliche ändert das Gesetz nichts; sie unterliegen auch der Aufhebung und Abänderung durch Landesgesetze, und Bundesgesetze gehen ihnen vor, auch die vor dem Zeitpunkt des Inkrafttretens des betroffenen Gesetzes erlassenen.

Soweit nicht in den §§ 3. 4 und 5 des vorliegenden Gesetzes eine Entscheidung getroffen ist, steht die Entscheidung der Frage: ob eine landesgesetzliche Vorschrift eine (zulässige) Ergänzung oder eine (unzulässige) Abänderung enthält allein bei dem Richter. Cfr. v. Hahn Reichseinführungs-Gesetz, Commentar LXII und LXIII. Noten 6 und 7.

Der § 3 erklärt insbesondere folgende auf die Einführung des Handelsgesetzbuchs sich beziehende landesgesetzlichen Vorschriften als ferner in Kraft bleibend:

1. Die Vorschriften, nach welchen unter Landesgesetzen im Sinne des Handelsgesetzbuchs nicht bloss die förmlichen Gesetze, sondern das gesammte Landesrecht zu verstehen, und in Ansehung der betreffenden Vorbehalte des Handelsgesetzbuchs die Erlassung maassgebender Vorschriften auf anderem Wege, als auf dem Wege der förmlichen Gesetzgebung, soweit dies nach dem Landesrecht zulässig, nicht ausgeschlossen ist.
2. Die Vorschriften, welche in Ansehung der Eintragung in das Handelsregister noch andere als die in dem Handelsgesetzbuch bestimmten Eintragungen zulassen oder gebieten. Cfr. in Betreff der Auflösung einer Handelsgesellschaft in Folge der Eröffnung des Gesellschaftsconcurses zu Art. 129.
3. Die Vorschriften, welche den Procuristen zur Ertheilung von Consensen vor den mit der Führung der Eigenthums- und Hypothekenbücher, oder der Schuld- und Pfandprotocolle beauftragten Behörden und Beamten nur für den Fall befugt erklären, dass demselben diese Befugniss besonders beigelegt ist. Cfr. Einführungsgesetz für Hannover § 9, für Holstein und Schleswig § 23, für Lauenburg § 23.
4. Die Vorschriften, welche bestimmen, dass die Vorschriften des Landesrechts über die rechtlichen Voraussetzungen für den Erwerb des Eigenthums an unbeweglichen Sachen durch die Bestimmung

des Handelsgesetzbuchs nicht berührt werden. Cfr. zu Art. 91 und zu Art. 111.

5. Die Vorschriften, welche die Anwendung des Artikels 295 des Handelsgesetzbuchs insoweit beschränken, als sie die abweichenden Vorschriften, welche das bürgerliche Recht für die zur Eintragung in das Hypothekenbuch bestimmten Schuldurkunden enthält, in Kraft erhalten.
6. Die Vorschriften, welche die Artikel 306 und 307 des Handelsgesetzbuchs auf Inhaberpapiere, so lange dieselben ausser Cours gesetzt sind, für nicht anwendbar erklären.
7. Die Vorschriften, welche bestimmen, dass unter Concurs im Sinne des Handelsgesetzes auch das Falliment des Rheinischen Rechts und das Debitverfahren des Bremischen Rechts zu verstehen sei. Cfr. zu Art. 122.
8. Die Vorschriften, welche bestimmen, dass durch die Artikel 313—316 des Handelsgesetzbuchs die im bürgerlichen Rechte in einem weiteren Umfange begründete Zulassung des Zurückbehaltungsrechts (Retentionsrechts) nicht berührt werden.

Ausserdem sollen zufolge § 4 in Geltung bleiben als Landesgesetze, auch insoweit sie Abänderungen des Handelsgesetzbuchs enthalten:

für das Grossherzogthum Mecklenburg-Schwerin:

die §§ 51—55 der die Publication des Handelsgesetzbuchs betreffenden Verordnung vom 28. December 1863.

für die freie Hansestadt Bremen:

die am 12. Februar 1866 publicirte, die Löschung der Seeschiffe betreffende obrigkeitliche Verordnung;

für die freie und Hansestadt Hamburg:

der § 50 des am 22. December 1865 publicirten Einführungsgesetzes zum Allgemeinen Deutschen Handelsgesetzbuch

und endlich bleiben laut § 5 auch unberührt:

die in Gemässheit der §§ 16 und 52 der unter dem 6. Juni 1864 von dem Senat der freien Hansestadt Bremen publicirten obrigkeitlichen Verordnung, betreffend die Einführung des Allgemeinen Deutschen Handelsgesetzbuchs, den Privatgläubigern eines Handelsgesellschafters in Ansehung des Vermögens einer Handelsgesellschaft zu der Zeit, zu welcher dieses Gesetz in Geltung tritt, zustehenden Pfand- und Vorzugsrechte. Cfr. zu Art. 120.

2. Noch waren also Bestimmungen in den Einführungsgesetzen aufrecht erhalten geblieben. Beide, sowohl das Allgemeine Deutsche Handelsgesetzbuch als die Allgemeine Deutsche Wechselordnung waren zweifellos revisionsbedürftig, es wurde deshalb mit jenem Bundesgesetze zugleich von dem damaligen Reichstage des Norddeutschen Bundes folgende Resolution angenommen:

„Den Bundeskanzler aufzufordern, die in dem gegenwärtigen Gesetze aufrecht erhaltenen Bestimmungen der Einführungsgesetze zu der Allgemeinen Deutschen Wechselordnung und zum Allgemeinen Deutschen Handelsgesetzbuch, sowie die letzteren Gesetzbücher selbst einer Revision zu unterwerfen und zu dem Behufe dem Reichstage eine Vorlage zu machen."

Indessen es ist dieser Resolution bis jetzt nicht Folge gegeben worden, abgesehen von dem Gesetz vom 11. Juni 1870, welches sich jedoch nur mit den Commanditgesellschaften auf Actien und den Actiengesellschaften, vorzugsweise mit der Aufhebung der staatlichen Genehmigung dieser Arten von Handelsgesellschaften beschäftigt.

3. Unterm 12. Mai 1870 legte nämlich das Bundespräsidium dem Reichstage des Norddeutschen Bundes den „Entwurf eines Gesetzes, betreffend die Commandit-Gesellschaften auf Actien und die Actiengesellschaften" mit Motiven vor, über welchen sehr schnell die drei Berathungen im Reichstage am 20. und 24. Mai 1870 stattfanden und dessen Annahme mit wenigen Emendationen in der Schlussabstimmung am 25. Mai stattfand. Das desfallsige Gesetz ward am 11. Juni 1870 vollzogen und am 25. Juni durch das Bundesgesetzblatt publicirt. Cfr. Reichstagsverhandlungen von 1870, Anlagen S. 645—660, Stenographische Berichte S. 1055—1075; 1180 bis 1182; 1187. Auch dieses Gesetz wurde mit der Gründung des Deutschen Reiches Reichsgesetz; es ist in den einzelnen Süddeutschen Ländern mit demselben Tage in Kraft getreten, als das Einführungsgesetz zum Handelsgesetzbuch u. s. w. als Reichsgesetz, in Baden also am 1. Januar 1871 ebenso in Württemberg und Südhessen, und in Bayern am 13. Mai 1871.

Diese Novelle zum Allgemeinen Deutschen Handelsgesetzbuch etablirte zwei grosse Principien, nämlich:

erstlich:

Ebensowenig die Commanditgesellschaften auf Actien als auch die Actiengesellschaften bedürfen zu ihrer Existenz und Rechtsbeständigkeit der staatlichen Genehmigung;

und zweitens:

Die Commanditgesellschaften auf Actien ebensowohl als die Actiengesellschaften gelten als Handelsgesellschaften, gleichviel ob der Gegenstand des Unternehmens in Handelsgeschäften besteht oder nicht.

Die äusserliche Anordnung wurde sehr zweckmässig dahin getroffen, dass man die modificirten Artikel des Handelsgesetzbuches in neuer an die Stelle der alten tretenden Fassung verkündete, und die Zusätze zu den betreffenden Artikeln durch Unterabtheilungen mit Buchstaben a. b. markirte. Cfr. § 1 der Novelle etc.

Näheres über die Modificationen des Handelsgesetzbuches durch diese

Novelle findet sich im Allgemeinen Theil dieses Werkes §§ 8, 13, 14, 15 und im Besonderen Theil bei den einzelnen Gesetzesvorschriften.

4. Hiermit ist die weitere Gesetzgebung im Reich in Betreff des Handelsgesetzbuchs bis jetzt am Ende, und die, in vorerwähnter Resolution beantragte, Revision steht noch zu erwarten. Man sprach schon im vorigen Jahre von Anträgen, welche um dem Schwindel bei Gründung von Actiengesellschaften zu steuern, im Reichstage (1872) eingebracht werden sollten, indessen es wurde davon wieder still, bis neuerlich der Abgeordnete Lasker die Sache wieder angeregt hat. Dergleichen Maassregeln haben aber ihre Schwierigkeiten, weil der Grund zu den Uebelständen, welche sich bei der Gründung verschiedener neuer Actiengesellschaften seit der Emanation der Novelle und dem Fortfall der staatlichen Genehmigung herausgestellt haben, wohl weniger in der Gesetzgebung und resp. im Gesetz liegt, als in der Leichtgläubigkeit und der übergrossen Vertrauensseligkeit des Publikums, welches sich durch die handgreiflichsten Schwindeleien ködern lässt. S. weiterhin § 13, Nr. 6 und Nr. 7, S. im Allgemeinen Theil.

III. Die Einsetzung des Reichs-Oberhandels-Gerichts.

1. Die Einsetzung eines obersten Gerichtshofes in Handelssachen erfolgte zunächst nur für den Norddeutschen Bund durch dessen Bundesgesetz vom 12. Juni 1869. Die Anregung dazu ging von dem Königreich Sachsen aus. Das Bundes-Oberhandels-Gericht. — jetzt Reichs-Oberhandels-Gericht — wurde in Leipzig installirt, bestand ursprünglich aus zwei Präsidenten, den früher Königl. Preuss. Geheimen-Ober-Justizrath Dr. Pape und dem früheren Ober-Appellations-Gerichtsrath Dr. Drechsler (Lübeck), welche Beiden noch jetzt fungiren, und aus 12 Räthen. Es entschied anfangs nur im Plenum, jetzt ist es wegen der sich häufenden Arbeit in zwei Senate getheilt, deren einem der Präsident Dr. Pape, dem anderen der Vice-Präsident Dr. Drechsler vorsitzt; diese Senate entscheiden unabhängig von einander und selbständig; wenn nicht bei entsprechenden Entscheidungen die Rechtsfrage vor das Plenum gebracht wird § 9 des Reichsgesetzes etc.

Die Wirksamkeit dieses Oberhandelsgerichtes begann laut Verordnung des Bundespräsidii vom 22. Juni 1870 — Bundesgesezblatt Nr. 22 — am 5. August 1870. Seit dem 1. Juli 1871 ist ihm das ganze Gebiet des Deutschen Reichs unterworfen, — cfr. die neue Verfassung für Deutschland welche auch das obenerwähnte Gesetz vom 12. Juni 1869 zum Reichsgesetz erklärt —, und durch das Gesetz vom 14. Juni 1871 Reichs-Ges.-Blatt Nr. 34 auch das in dem französischen Kriege 1870/71 neu- resp. wiedererworbenen Reichsland Elsass und Lothringen. Er hat demnächst durch Plenarbeschluss vom 2. September 1871 die Bezeichnung: Reichs-Oberhandels-Gericht angenommen, und Deutschland in ihm, wenn auch mit sachlich beschränkter Competenz, wieder einen Obersten Gerichtshof. Der einstmalige Oberste Gerichtshof für Deutschland, oder vielmehr für das „Heilige Römische Reich deutscher Nation", das viel, aber gerade nicht vortheilhaft, berufene „Reichskammergericht zu Wetzlar" war am 6. August 1806 mit dem heiligen Römischen-Reich, ihm selbst und Deutschland zum Frommen, aufgelöst worden.

2. Was die sachliche Competenz des Reichs-Oberhandels-Gerichts anbelangt, so ist sie, wie schon erwähnt, eine beschränkte. Sie erstreckt sich principiell nur auf bürgerliche Rechtsstreitigkeiten in Handelssachen. Sie umfasst nach heutigem Stande der Reichsgesetzgebung:

1. alle Klageansprüche aus einem Wechsel (Accept, Aval, Giro u. s. w.) im Sinne der Allgemeinen Deutschen Wechsel-Ordnung.
2. alle gegen einen Kaufmann (im Sinne des Art. 4 Allgemeines Deutsches Handels-Gesetzbuch,) aus dessen Handelsgeschäften, Art. 271 — 276 das., erhobenen Civilklagen;
3. alle für die erste Instanz Landesgesetzlich vor ein Handelsgericht gewiesenen (oder im concreten Falle unanfechtbar an ein solches gelangten) bürgerlichen Rechtsstreitigkeiten;
4. diejenigen bürgerlichen Rechtsstreitigkeiten (Civilklagesachen) in welchen durch die erhobene Klage ein Anspruch geltend gemacht wird, aus einem der nachfolgend bezeichneten Rechtsverhältnisse:
   a) aus dem Rechtsverhältnisse zwischen den Mitgliedern einer Handelsgesellschaft, zwischen dem stillen Gesellschafter und dem Inhaber des Handelsgewerbes, sowie zwischen den Theilnehmern einer Vereinigung zu einzelnen Handelsgeschäften oder eine Vereinigung zum Handelsbetriebe, — Art. 10 Allgemeines Deutsches Handelsgesetzbuch —, sowohl während des Bestehens als nach Auflösung des gesellschaftlichen Verhältnisses, imgleichen aus dem Rechtsverhältnisse zwischen den Liquidatoren oder den Vorstehern einer Handelsgesellschaft und der Gesellschaft oder deren Mitglieder;
   b) aus dem Rechtsverhältnisse, welches das Recht zum Gebrauche einer Handlungsfirma betrifft;
   c) aus dem Rechtsverhältnisse, welches durch Veräusserung eines bestehenden Handelsgeschäfts zwischen den Contrahenten entsteht;
   d) aus dem Rechtsverhältnisse zwischen dem Procuristen, dem Handlungsbevollmächtigten oder dem Handlungsgehilfen und dem Eigenthümer der Handlungsniederlassung, sowie aus dem Rechtsverhältnisse zwischen einer dritten Person und demjenigen, welcher ihr als Procurist oder Handlungsbevollmächtigter aus einem Handelsgeschäfte haftet. (Art. 55 Allgemeines Deutsches Handelsgesetzbuch;)

e) aus dem Rechtsverhältnisse, welches aus den Berufsgeschäften eines Handelsmaklers (im Sinne des Allgemeinen Deutschen Handelsgesetzbuchs;) zwischen diesem und den Partheien entsteht;

f. aus den Rechtsverhältnissen des Seerechts, insbesondere aus denjenigen, welche sich beziehen auf Rhederei, Rechte und Pflichten des Rheders, des Correspondent-Rheders und der Schiffsbesatzung, auf Bodmerei und Havarei, auf Schadensersatz im Falle des Zusammenstossens von Schiffen, auf Bergung und Hülfeleistung in Seenoth, auf Ansprüche der Schiffsgläubiger;

5. sonstige Civil-Sachen sobald solche mit einer dem Werthe nach höheren processualischen Handelssache zufolge: a. eine Klagehäufung oder b. eine Widerklage in demselben Verfahren und durch ein Erkenntniss zu erledigen sind. Cfr. § 14 Bundesgesetz von 12. Juni 1870;

6. die auf Grund des Bundesgesetzes vom 1. Juni 1870 beim Bundeskanzler-Amte in Berlin erhobenen und demnächst zum Rechtswege gediehenen Entschädigungsansprüche an den Norddeutschen Bundesfiscus wegen aufgehobener Flösserei-Abgaben. In diesem Processe bildet das Stadtgericht in Berlin die erste, das Reichsoberhandelsgericht die letzte Instanz;

7. in Nachdruckssachen — vom 1. Januar 1871 ab für das Gebiet des Norddeutschen Bundes, vom 1. Juli ab für das Deutsche Reich — sowie in allen übrigen Fällen einer durch das Bundesgesetz vom 11. Juni 1870 (Schutz des literarischen Eigenthums betreffend; Bundesgesetzblatt Nr. 506) vorgesehenen unerlaubten Nachbildung, Vervielfältigung, Verbreitung, Aufführung u. s. w., sowohl Civilklage auf Entschädigung wegen Nachdrucks oder sonstiger Verletzung eines Urheberrechts einschliesslich der Ansprüche wegen Bereicherung aus dem Nachdruck, und die Ansprüche auf Einziehung von Nachdrucksexemplaren u. s. w., als auch die Strafsachen, in denen das Vergehen des Nachdrucks, irgend welche Betheiligung daran, oder ein sonstiges Zuwiderhandeln gegen das obengedachte Gesetz vom 1. Juni 1870 den Gegenstand der Untersuchung ausmacht, oder es sich um Vernichtung von Nachdrucksexemplaren — § 21 d. Gesetzes — handelt.

8. Rechtsstreitigkeiten, welche in den zur Zuständigkeit des Reichs-Oberhandelsgerichts gehörigen Civilsachen entstehen: a. aus Widersprüchen dritter gegen einen Sicherheitsarrest oder eine Zwangsvollstreckung; b. durch Einwendungen Seitens des Klägers oder des Beklagten im Zwangsvollstreckungsverfahren; jedoch nur dann und insoweit, wenn oder als dieser Rechtsstreit ganz oder zum Theil nach § 13 des Gesetzes vom 12. Juni 1869 zur Competenz des Reichs-Oberhandelsgerichts gehört,

also unter die obigen Nummern 1—4 fällt. Cfr. § 15 des obengenannten Gesetzes.

Hierzu treten noch durch das Gesetz vom 14. Juni 1871, Reichsgesetzblatt Nr. 34

9. diejenigen Rechtsstreitigkeiten aus Elsass und Lothringen, welche früher zur Competenz des Cassations-Hofes in Paris gehörten; und
10. die bürgerlichen Rechtsstreitigkeiten, in welchen durch die Klage oder Widerklage ein Anspruch auf Grund des Gesetzes, betreffend die Verbindlichkeit zum Schadensersatz für die bei dem Betriebe der Eisenbahnen, Bergwerke u. s. w. herbeigeführten Tödtungen und Körperverletzungen, oder aus den in § 9 erwähnten landesgesetzlichen Bestimmungen geltend gemacht wird. Gesetz vom 7. Juni 1871, Reichs-Gesetzblatt Nr. 25.

In den Sachen Nr. 1—4. 9. 10 entscheidet das Reichs-Oberhandelsgericht in letzter Instanz, überhaupt tritt das Reichs-Oberhandelsgericht an die Stelle des obersten Landesgerichtshofes. §§ 12. 16. 18 Gesetz vom 12 Juni 1869 und § 32 Gesetz vom 11. Juni 1870. Doch der Begriff Handelssache, nach dem für das Reichs-Oberhandelsgericht geltenden Processgesetz, stimmt nicht mit dem Begriff von Handelssache nach dem Allgemeinen Deutschen Handelsgesetzbuch. Nach letzterem sind Wechselsachen keine Handelssachen, wohl aber Ansprüche eines Kaufmannes aus seinen Handelsgeschäften mit einem Nichtkaufmann, indessen nach jenem Processgesetz gehören die letzteren wieder nur zur Competenz des Reichs-Oberhandelsgerichts, wenn Nr. 3 zutrifft; und im Falle von Nr. 2 hängt diese Competenz wieder davon ab: wem die Stelle des Verklagten zugefallen ist.

Was das Verfahren anbelangt, welches vor dem Reichs-Oberhandelsgericht zu beobachten, so würde es hier zu weit führen dieses umständlich darzustellen. Wir können deshalb indessen auf die desfallsige Ausführung in Stegemann Rechtssprechung etc. Bd. I, S. 15 ff. verweisen und wollen nur Folgendes hervorheben.

Das Bundesgesetz bestimmt über dieses Verfahren in den §§ 16—21. Wenn der oberste Landesgerichtshof, z. B. das Ober-Tribunal in Berlin, bei welchem nach § 17 das Rechtsmittel über welches der oberste Gerichtshof zu entscheiden hat, instruirt wird, sich in der Sache für competent oder incompetent erklärt, so ist der desfallsige Beschluss unanfechtbar und die Sache dadurch der Cognition des Reichs-Oberhandelsgerichts entzogen. §§ 17. 21. Diese Anordnung ist keine glückliche, sie ist geeignet Schwankungen in der Praxis und Unsicherheiten hervorzubringen und hat sie hervorgebracht.

3. Hinsichtlich der Advocatur-Praxis beim Reichs-Oberhandelsgericht, so ist dazu jeder zur Zeit im Reichsgebiet überhaupt angestellte oder sonst landesrechtlich fest zugelassener Anwalt, Advocat — Rechts-Anwalt — befugt. § 10 des qu. Reichs-

gesetzes. Auch hier haben die Particular-Gesetzgebungen Schwierigkeiten verursacht, namentlich die Preussische Nichtigkeitsbeschwerde und Revisions-Gesetzgebung. Danach dürfen die Schriftsätze in diesen Instanzen nur von den bei dem Obertribunal angestellten Rechtsanwalten verfasst werden. Trotz der klaren Vorschrift des § 17 ist man nun auf die Meinung gekommen, dass die übrigen Advocaten überhaupt dergleichen Schriftsätze nicht verfassen dürften, auch dann, wenn das Obertribunal blos das Rechtsmittel instruirt. Dieser Ansicht ist aber das Reichs-Oberhandelsgericht entschieden entgegengetreten. Cfr. Erkenntniss des Reichs-Oberhandelsgerichts vom 31. Januar 1871, Stegemann Bd. I, S. 214 und Erkenntniss des Preussischen Obertribunals vom 5. Januar 1871. Misslicher ist die Lage wegen der Ungewissheit, in welcher man sich befindet: ob sich das Preussische Obertribunal in dieser oder jene Sache nicht für competent erklären wird. Da ist es vorzuziehen, die Schriftsätze doch von einem bei dem Obertribunal angestellten Anwalt verfassen zu lassen, denn, wenn das Obertribunal sich für competent erklärt, gelten die von anderen Advocaten verfassten Schriftsätze nicht, und das Rechtsmittel ist, wenn es sich um die Rechtfertigung handelte, verloren. Diese Ungewissheit ist eine der Hauptmängel des Gesetzes. Sie ist so gross, dass in einzelnen Sachen sogar zufällig Umstände einwirken können und man niemals recht weiss, wessen man sich zu versehen hat.

Die Vollmachten bei dem Reichs-Oberhandelsgericht sind stempelfrei.

Eine Staatsanwaltschaft existirt bei dem Reichs-Oberhandelsgericht noch nicht; es wird dafür durch den Präsidenten in einzelnen Fällen gesorgt. Dass aber Mitglieder des Reichs-Oberhandelsgerichts als Staatsanwalte oder in der Rolle derselben zu fungiren haben, das passt nicht zu ihrer Stellung. Cfr. § 20 des Reichsgesetzes.

I. Allgemeiner Theil.

A. Von dem Begriff der Handelsgesellschaft.

§ 1.

1. Das Allgemeine Deutsche Handelsgesetzbuch giebt keine Definition der Handelsgesellschaft; auch tritt es sogleich in die Lehre von der offenen Handelsgesellschaft ein, ohne Voranschickung von Grundsätzen, welche für alle Handelsgesellschaften als gemeinsame gelten. Nur in dem Art. 5, welcher sich aber im I. Buch, Erster Titel.; „Vom Handelstande“, des Allgemeinen Deutschen Handels Gesetzbuches befindet, ist eine allgemeine für alle Handelsgesellschaften geltende Vorschrift gegeben. — Siehe weiterhin unter E. §. 8. Alles dieses überlässt es der Doctrin. Hierin unterscheidet es sich wesentlich von dem Preussischen Entwurfe, welcher mit einem Abschnitt „Von Handelsgesellschaften im Allgemeinen“ beginnt — Erster Titel —, und darin folgende allgemeine Bestimmungen enthält:

Art. 85. Das Gesetz erkennt drei Arten von Handelsgesellschaften an und ausserdem Vereinigungen zu einzelnen Handelsgeschäften für gemeinsame Rechnung.

Art. 86. Die Handelsgesellschaften sind:
die offene Handelsgesellschaft,
die stille Handelsgesellschaft,
die Actien-Gesellschaft.

Art. 87. Jede Handelsgesellschaft hat als solche selbstständig ihre Rechte und Pflichten und ihr besonderes Vermögen; sie kann vor Gericht klagen und verklagt werden, sie kann auf ihren Namen Grundstücke und Forderungen erwerben.

Art. 88. Das Vermögen einer Handelsgesellschaft haftet den Gläubigern der Gesellschaft vorzugsweise. Die Privatgläubiger eines Gesellschafters haben nur auf dasjenige Anspruch, was demselben bei der Vertheilung des Gewinnes und der Auseinandersetzung zufällt.

Art. 89. Wer in eine bestehende Handelsgesellschaft eintritt, muss gleich jeden anderen Gesellschafter alle von der Gesellschaft vor seinem Eintritt eingegangenen Verbindlichkeiten anerkennen.

Art. 90. Der ordentliche Gerichtsstand einer Handelsgesellschaft ist bei dem Handelsgerichte des Orts, in welchem die Gesellschaft ihre Hauptniederlassung hat.

Dieser Abschnitt wurde von der Nürnbergen Conferenz gestrichen, und zwar in dem Streit über die Frage: ob die Handelsgesellschaften als juristische Personen zu characterisiren seien, oder nicht; freilich nach langer eingehender Debatte. Indessen finden sich die Bestimmungen dieses Abschnittes, theils unverändert, theils modificirt in dem Allgemeinen Deutschen Handelsgesetzbuch bei den Lehren von den einzelnen Gesellschaftsarten wieder. Es correspondiren: Entwurfs-Artikel 90 mit Art. 111. Alin. 2. Art. 164.; Alin. 2.: Art. 213. Alin. 2. Allgemeines Deutsches Handelsgesetzbuch: Art. 89. mit Art. 113. 166.; Art. 88. mit Art. 122. 169.; Art.: 89. ist ziemlich unverändert der Art. 213. hinsichtlich der Actiengesellschsften, und modificirt in Art. 111. hinsichtlich der offenen Handelsgesellschaft.

2. An und für sich bringt diese Anordnung gerade keinen Schaden, ebensowenig wie das Weglassen der Definition von „Handelsgesellschaft“ ein Mangel des Allgemeinen Deutschen Handelsgesetzbuches ist.

Auch das Französische Handelsgesetzbuch — code de commerce — giebt keine solche Definition, es enthält auch keinen Abschnitt mit dergleichen allgemeinen Bestimmungen wie der Preussische Entwurf, es spricht nur im III. Titel I. Abschnitt „Von den verschiedenen Gesellschaften und den sie betreffenden Rechten“ — dieser Abschnitt enthält aber auch die ganze besondere Lehre von den Handelsgesellschaften, denn es folgen im II. Abschnitt nur noch Bestimmungen: „Von den Streitigkeiten unter Gesellschaftern und wie sie zu entscheiden“ —, in den beiden Artikeln 18 und 19 folgende Allgemeine Bestimmungen daraus.

Art. 18. Der Gesellschaftsvertrag ist nach dem Civilrechte, den besonderen Vorschriften für den Handel und nach den Vereinbarungen der Partheien zu beurtheilen.

Art. 19. Das Gesetz erkennt drei Arten von Handelsgesellschaften an: die Gesellschaft unter einen Gesammtnamen, die Commanditgesellschaft, die anonyme Gesellschaft.

Dann geht es auf diese einzelnen Arten von Gesellschaften ein, und, enthält die dessfallsigen Bestimmungen in den Artikeln 20 bis 50.; auch nicht bei jeder einzelnen Art eine Definition derselben voranschickend; nur in Art. 20. hat es eine Art von Definition der Gesellschaft unter einem Gesammtnamen, und in Art. 23 eine Art von Definition der Commanditgesellschaft; was in Art. 29. 30 enthalten ist, kann keine Definition der „anonymen Gesellschaft genannt werden.

Das Holländische Handelsgesetzbuch — Wetboek van Koophandel — hat wohl einen besonderen Abschnitt „Allgemeine Bestimmungen“, III. Titel 1. Abtheilung, welche indessen nur zwei Artikel 14 und 15 umfasst, die ziemlich gleichlauten mit Art. 18. 19 Code de comm., nur in umgekehrter Reihenfolge; so dass Art. 14 Wetboek van Koophandel mit Art. 19 Code de comm.

und Art. 15. Wetboek van Koophandel mit Art. 18 Code de comm. harmonirt. Im Uebrigen verhält es sich ebenso wie der Code de comm., cfr. Art. 16. Wetboek van Koophandel und Art. 20 Code de comm.; Art. 19. Wetboek van Koophandel und Art. 23. Code de comm.; Art. 36. Wetboek van Koophandel und Art. 29. 30. Code de comm.

Art. 16. Wetboek van Koophandel. Die Gesellschaft unter einer Firma ist diejenige, welche zwei oder mehrere Personen eingehen, zu dem Zweck unter einem gemeinschaftlichen Namen Kaufmannshandel — Koophandel — zu betreiben.

Art. 19. Code de commerce: Die Gesellschaft unter einem Gesammtnamen ist diejenige, welche zwei oder mehrere Personen eingehen und welche den Zweck hat unter einer Gesellschaftsfirma Handel zu treiben.

Art. 19. Wetboek van Koophandel: Die Gesellschaft by wyze van geldschieting — auch en commandite genannt —, also Commanditgesellschaft, wird eingegangen zwischen einer Person oder zwischen mehreren hauptsächlich solidarisch haftenden Gesellschaften und einer oder mehreren anderen Personen, welche Geldeinlagen — Geldeinschüsse — machen, — geldschieters. —

Art. 23. Code de commerce: Die Commanditgesellschaft wird zwischen einem oder mehreren verantwortlichen und solidarischen Gesellschaftern und einem oder mehreren Gesellschaftern geschlossen, die blos Capital herschiessen und die Commanditaire oder Commanditgesellschaften genannt werden.

Dagegen:

Art. 36. Wetboek van Koophandel: Die namenlose Gesellschaft hat keine Firma, noch trägt sie den Namen von einem oder mehreren der Gesellschafter, sondern sie entlehnt ihre Benennung allein von dem Gegenstande ihrer Handelsunternehmung.

Art. 29. Code de commerce: Die anonyme Gesellschaft besteht nicht unter einem Gesellschaftsnamen, sie wird durch den Namen keines der Gesellschafter bezeichnet.

Art. 30. Sie wird nach dem Gegenstande ihrer Unternehmung benannt.

Während also die Art. 16 und 19 Wetboek van Koophandel und die Art. 19 und 23 Code de commerce hinsichtlich der Gesellschaften unter einer Firma, unter einem Gesammtnamen, sowie hinsichtlich der Commanditgesellschaft wenigstens etwas Positives enthalten, sprechen die Art. 36 Wetboek van Koophandel und Art. 29. 30 Code de commerce hinsichtlich der namenlosen, anonymen Gesellschaften nur negativ.

§ 2.

1. Will man definiren, so sind Handelsgesellschaften, früher auch Maskopeien*) genannt dauernde, d. h. nicht auf ein bestimmtes einzelnes Geschäft oder durch solches begrenzte, sondern entweder auf unbestimmte Zeit, bis zur Aufkündigung, oder auf eine bestimmte Dauer, eine bestimmte Anzahl von Jahren, eingegangene Vereinigungen Mehrer zum Betriebe eines gemeinschaftlichen Handelsgewerbes, zu gewissen der Gattung nach bestimmten Handelsunternehmungen, auf gemeinschaftliche Rechnung, auf Gewinn und Verlust. Cfr. Entscheidung des Obertribunals Berlin vom 2. Februar 1841, Entscheid. Bd. VII, S. 14 ff. Cfr. Art. 123 Nr. 5, Art. 175 Nr. 4, Art. 209 Nr. 3. Das Allgemeine Preussische Landrecht — II. 8. § 617 — bediente sich des allerdings weitgreifenden Ausdrucks „fortwährend" statt „dauernd".

Characteristisches Zeichen der Handelsgesellschaft ist die Vereinigung zum Betriebe eines gemeinschaftlichen Handelsgewerbes, und Handelsgewerbe deutet den dauernden Betrieb von Handelsgeschäften an.

2. Die sogenannten particulairen oder Gelegenheitsgesellschaften nämlich: die Vereinigungen Mehrer zu einem oder mehren einzelnen Geschäften, selbst Handelsgeschäften, auf gemeinschaftliche Rechnung — Association en participation, Conto a meta, Conto a terza — rechnet man nicht zur Categorie der Handelsgesellschaften, weil ihre einzelnen oder mehren Handelsgeschäfte als vereinzelte, zur Zeit der Eingehung der Vereinigung bereits als solche vereinzelten bestimmt zu bezeichnende, erscheinen, so dass in der Beendigung resp. Abwickelung dieser Geschäfte auch die Vereinigung ihr Ziel und Ende findet. Es fehlt bei ihnen also an dem Betriebe eines Handelsgewerbes, an dem vorher als characteristisches Merkmal hervorgehobenen dauernden Betriebe.

B. Von der Behandlung der Handelsgesellschaften im Allgemeinen Deutschen Handelsgetzbuch und anderen Handelsgesetzbüchern.

§ 3.

1. Das Allgemeine Deutsche Handelsgesetzbuch handelt die Lehre von den Handelsgesellschaften, abgesondert von den übrigen Handelsverträgen ab und widmet ihr einen besonderen Abschnitt, das II. Buch, Artikel 85 bis 249, unmittelbar hinter den Bestimmungen „Vom Handelsstande".

*) Das Holländische: „maatschap" oder „vennootschap" — von vennoot, Gesellschafter, auch „maatschappen." cf. Burgerlyk Wetboek III. Buch IX. Titel. „Van maatschap of vennootschap;" Wetboek van Koophandel I. Buch III. Titel. „Van vennootschap van Koophandel." Auch kommt „maatschappy" „maatschappyen vor, Wetb. v. Kooph. Art. 308. Maskopie ist heut zu Tage bei uns ungebräuchlich, ja es hat einen ominösen Beigeschmack.

Es liegt hierbei die Erwägung zum Grunde, dass die Handelsgesellschaft in der Gesetzgebung als eine eigene Persönlichkeit, als ein Subject von selbstständigen Rechten und Pflichten erscheint und angesehen werden muss. Ohne diese Anschauung, wenn man die Handelsgesellschaft lediglich von der Vertragsseite betrachten wollte, würde sich eine besondere Lehre von Handelsgesellschaften gar nicht aufstellen lassen; die Handelsgesellschaft wäre alsdann unter den Handelsverträgen abzuhandeln. Die Handelsgesellschaft würde auch ohne mit den, aus jener Anschauung sich ergebenden, Attributen versehen zu sein, sich im Verkehr gar nicht ihrer Natur und ihrem Zweck gemäss bewegen können. — Cfr. zu Art. 110. — Immerhin mögen auch Vereinigungen Mehrerer zu einem Handelsgeschäft oder zu mehreren einzelnen Handelsgeschäften ihren Zweck ganz gut und glücklich durchführen und erreichen, allein sobald der Zweck der Association der Betrieb eines Handelsgewerbes auf gemeinschaftliche Rechnung ist, muss dieselbe bei der Durchführung und Erreichung ihres Zwecks im Verkehr auf die erheblichsten Schwierigkeiten und Hindernisse stossen. Sie wird sich schwerfällig bewegen, ihre Thätigkeit wird gelähmt und oft der günstige Zeitpunkt zum Handeln ungenützt vorübergehen müssen. Denn die einzelnen Personen, aus welchen sie besteht, müssten in der Vereinzelung handeln. Man dürfte dann nicht als Eine Person auftreten und agiren, nicht als Personeneinheit, als Subject von selbstständigen Rechten und Pflichten, nicht sich so nach aussen hin präsentiren und Dritten gegenüber handeln können. Freilich auch die Handelsgesellschaft hat sich auf der Basis der römisch-rechtlichen Societät entwickelt. Indessen es ist das Bedürfniss des Verkehrs auf die Handelsgesellschaften gerade so wie auf alle Institute des Handelsrechts von so bestimmendem Einfluss gewesen, dass die Aehnlichkeiten mit der gewöhnlichen civilrechtlichen Gesellschaft allmählich in den Hintergrund getreten, ja gänzlich verwischt sind. Cfr. Motive zum Preussischen Entwurf S. 47. Mit den Begriffen und den Grundsätzen der römisch-rechtlichen Societät wäre im heutigen Handelsverkehr gar nicht mehr durchzukommen, und ebenso wenig mit den Grundsätzen der gewöhnlichen civilrechtlichen Gesellschaft, wie dieselbe nach den römischrechtlichen Begriffen gemodelt worden ist. Cfr. zu Art. 110; cfr. §§ 15. 16.

Der Handel ist, um den Ausdruck zu gebrauchen, ein eigenes, lebendiges und kräftiges Wesen, welches sich selbst eigen innerlich und äusserlich fort- und herausbildet, im steten Fortschritt stets neue Verhältnisse und Verbindungen erzeugend. Es duldet keinen Zwang veralteter Institutionen es lässt sich nicht bevormunden und keinen Zaum durch neue, auf anderem als auf eigenem Boden erwachsene Institutionen, Regulative und Normative anlegen. Daher zeigt sich auch Alles, was man hiervon ersonnen, erfunden und resp. zum Gesetz gemacht hat, in der Praxis des Handelsverkehrs von Unwerth, schwach, dem ersten Anlauf erliegend, ja oft vom Uebel, oft dasjenige gerade erzeugend, was man dadurch vermeiden wollte.

2. Mehrere Handelsgesetzbücher, namentlich das französische, der Code de commerce, und das holländische, das Wetboek van Koophandel, lehnen ihre Handelsgesellschaften noch im Wesentlichen an die gewöhnliche civilrechtliche Societät an. Sie behandeln die Handelsgesellschaften gewissermaassen nur als eine Unterart der civilrechtlichen Societät und gebem im Wesentlichen für die Handelsgesellschaften nur die besonderen Vorschriften resp. Abweichungen für den Handel cf. Art. 18, Code de comm. Das holländishe Handelsgesetzbuch befasst sich recht eigentlich nur mit der Regelung der Beziehungen der Handelsgesellschaften Dritten gegenüber, die Beziehungen der Gesellschafter unter sich sind im gemeinen Civilrecht, dem Burgerlyk Wetboek im 9. Titel, III. Buch, Artikel 1661 — 1689 geregelt, einen Fall, Art. 33 Wetboek v. Koophandel ausgenommen — betreffend das Recht der Liquidatoren fernere Einzahlung oder Nachschüsse zu fordern.

Denselben Weg hatte auch die Preussische Gesetzgebung in dem Allgemeinen Preussischen Landrecht eingeschlagen. Dort wurden die Vertragsgesellschaften, welche auf Erwerb ausgehen, die gewöhnliche civilrechtliche Societät im 17. Titel Theil I. § 169ff. — dritter Abschnitt des Titels — behandelt, die Eigenthümlichkeiten der Handelsgesellschaften, oder Handlungsgesellschaften, wie sie dort genannt sind, wurden im siebenten Abschnitt des achten Titels II. Theil von § 614 ab gegeben, wo es in dem angezogenen Paragraphen wörtlich heisst: Bei Handlungsgesellschaften finden die allgemeinen Vorschriften von Gesellschaftsverträgen überhaupt, insofern dieselben hier nicht abgeändert werden, Anwendung (cf. Thl. I. Tit. 17 § 186ff.)

Allein es hat sich herausgestellt, dass dieser Weg diese Behandlung der Handelsgesellschaften, verfehlt ist. Man ist in Widersprüche gerathen, sowohl mit dem Verkehrsleben als mit den Ansichten des Handelsstandes, und die Jurisprudenz hat in verschiedenen Fällen von den Bestimmungen des Civilrechts abgehen müssen. Auch hat man, wie z. B. in Frankreich, die Verhältnisse der Handelsgesellschaften hinterher durch Specialgesetze geordnet, die Gesetze von 1856 und vom 24. Juli 1867, von welchen das erstere mit sehr rigorosen Bestimmungen auftrat, indem man dadurch dem Schwindel steuern wollte, welche Rigorosität indessen nicht zum Ziele führte, die Gesellschaften nicht solider machte, sondern die hauptsächlich davon betroffene Gesellschaftsform, die Commandit-Actiengesellschaft fast vernichtete, weshalb denn auch in dem Gesetz vom 24. Juli 1867 von vielen dieser rigorosen Bestimmungen wieder abgesehen wurde.

C. Von den verschiedenen Arten der Handelsgesellschaften.

§ 4.

1. Fast alle neueren Handelsgesetzbücher resp. Handelsgesetzgebungen, ebenso Theorie und Praxis, vor Emanation des Allgemeinen Deutschen Handelsgesetzbuchs, erkennen regelmässig an und unterscheiden drei Arten von Handelsgellschaften, nämlich:

a. Diejenige Handelsgesellschaft, welche zwei oder mehre Personen eingehen mit dem Zweck, unter einer Gesellschaftsfirma Handel zu treiben. Die Gesellschaft wird benannt:

Gesellschaft unter einem Gesammtnamen — Societé en nom collectif —; Gesellschaft unter einer Firma — Venootschap onder eene Firma —; Societätshandlung unter einer Firma; cf. Art. 18, 19, 20, Code de comm., Art. 14, 16, Wetboek v. Kooph.; § 185 Tit. 17, Thl. I. Allg. Preuss. Landrecht; auch offene Handelsgesellschaft.

In dieser Gesellschaft herrscht unter allen Gesellschaftern persönliche und Solidarhaft. Es ist das eine Abweichung von den Grundsätzen der römisch-rechtlichen Societät — nomina activa et passiva ipso iure sunt divisa —; cf. Art. 22 Code de comm., im Gegensatz zu Art. 1, 1197, 1202 Code civil, Art. 18, Wetb. v. Kooph. im Gegensatz 1314, 1318, Burgerl. Wetb. In Deutschland hatte sich schon lange diese Solidarhaft bei dergleichen Gesellschaften gewohnheitsrechtlich festgesetzt. Im Allgemeinen Preuss. Landrecht ist zwar jener römisch-rechtliche Grundsatz in Betreff der Verträge überhaupt schon modificirt und bei von Mehren geschlossenen Verträgen allgemeine Solidarität als Regel aufgestellt — §§ 424, Tit. 5, Th. I. —; indessen in Betreff der gewöhnlichen civilrechtlichen Societät die Solidarhaft auch nur in Betreff derjenigen Socien angenommen, welche mit Dritten gemeinschaftlich contrahirt hatten. Cf. § 647, Tit. 8, Th. II.

b. Diejenige Gesellschaft, welche zwischen einem oder mehren verantwortlichen und solidarisch verhafteten Gesellschaftern und einem oder mehren anderen Gesellschaftern geschlossen wird, welche letzter nur Capital herschiessen und nicht weiter haften als mit dem hergegebenen Capital. Diese Gesellschaft nennt man:

Commanditgesellschaft, auch stille Gesellschaft, — societé en commandite, vennootschap by wyze van geldsdieting anders compagnieschap en commandite, Art. 18, 23, Code de comm. Art. 14, 19, Wetboek v. Koophandel.

Das Preuss. Landrecht kennt zwar diesen besonderen Namen nicht, obwohl es von dergleichen, nur Capital einschiessenden Gesellschaftern, den

„stillen Gesellschaftern" — associé en commandite — §§ 651, 652, Tit. 8, Th. II. spricht und also diese Gesellschaftsart auch schon kennt. Cf. Erkenntniss des Reichs-Oberhandelsgerichts vom 7. April 1872. Entscheid. Bd. 5, S. 366.

c. Diejenige Gesellschaft, welche unter keinen Gesellschaftsnamen sich bildete und besteht, die keine Firma hat, und durch den Namen keines Gesellschafters bezeichnet wird, die ihre Benennung vielmehr lediglich dem Gegenstande ihrer Handelsunternehmung entlehnt, in welcher bei keinem der Gesellschafter eine persönliche oder Solidarhaft vorhanden, sondern lediglich der durch das eingelegte Capital gebildete Fonds das äusserste des Verlustes ist. Diese Gesellschaft benennt man:

anonyme Gesellschaft, namenlose Gesellschaft — societé anonyme — Art. 18, 19. Code de comm., naamlose vennootschap Art. 14, 36. Wetboek van Koophandel, auch Actiengesellschaft.

Die Bezeichnung Actiengesellschaft findet sich in deutschen Particularrechten; das Allg. Preuss. Landrecht spricht noch nicht davon, aber das Specialgesetz vom 9. Novbr. 1843 ist besonders wegen der Actiengesellschaften erlassen, und es sind darin ihre Verhältnisse besonders geordnet und resp. auch in dem Eisenbahn-Gesetz vom 3. Novbr. 1838 in welchem letzteren sich noch die Benennung „anonyme Gesellschaft" findet. Die Benennung „Actiengesellschaft" kommt her von der Eintheilung des eingelegten und zusammen gebrachten Capitals, des sogenannten Grundcapitals, mit welchem die Gesellschaft fundirt ist, in einzelne Theile, Antheile, actions.

Man sieht, wie sich allmählich von der Personen-Gesellschaft, bei welcher die einzelnen Personen als solche und mit ihrem gesammten Vermögen haften, von der Gesellschaft unter einem Gesammtnamen, resp. unter einer Firma, offene Handelsgesellschaft, welche die Grundform bildet, der Uebergang zu der reinen Capitalsgesellschaft, der anonvmen, der Actien-Gesellschaft, durch die Commanditgesellschaft, stille Gesellschaft, vermittelt. Die englischen jointstock compagnies nach der Acte vom 17. August 1862. 25. 26. Vict. Cap. 89 und zwar die mit beschränkter Haftbarkeit — limited —; sowie in Frankreich die darnach gebildeten societés à responsabilité limitée, sind ähnliche Uebergangsformen. Die unbeschränkte Solidarhaft aller Gesellschafter sagte nicht Jedem zu, wegen ihrer Folgen. Auch musste man bei den aus vielen Personen bestehenden Gesellschaften die Geschäftsführung Einzelnen von ihren, resp. wohl gar Fremden — Nichtgesellschaftern — überlassen. Anderntheils ging wieder der Trieb bei Vielen dahin, mit der Geschäftsführung sich gar nicht zu befassen, die Mühen und Lasten derselben Einzelnen zu übertragen, selbst aber mit Nichtsthun und mit dem eingelegten Capital hohe Zinsen — Dividenden an gemachtem Gewinn — zu erzielen.

Dies waren also die von den Handelsgesetzbüchern resp. der Handelsgesetzgebung vor der Emanation des Allgemeinen Deutschen Handelsgesetzbuchs anerkannten Gesellschaftsarten resp. Formen.

2. Auserdem versagte man gesetzlich zwar auch den sogenannten gesellschaftlichen Vereinigungen auf gemeinschaftlichen Gewinn und Verlust nicht die Zugehörigkeit zu den handelsgesellschaftlichen Unternehmungen. Allein man entzog sie den gesetzlichen Bestimmungen über die vorgenannten drei Handelsgesellschaftsarten. Man hatte für sie überhaupt keine besonderen handelsrechtlichen Vorschriften, sondern überliess die Regelung ihrer Verhältnisse lediglich dem Abkommen, dem Vertrage, unter den Gesellschaftern, und wo vertragmässig nichts bestimmt war, die Vorschriften der bürgerlichen Gesetze eintreten. cfr. Art. 49. 50. Code de comm. Art. 49. 47. 45. Wetboek van Koophandel „handelingen voor gemeene rekening."

3. Die vorher unter No. 2. erwähnte stille Gesellschaft und die Commanditgesellschaft waren synonym und identisch, obgleich bei der letzteren hinsichtlich der vorhandenen mehren und sich resp. in der Firma nennenden Complementäre oder persönlich haftenden Gesellschafter die Gesellschaft zugleich als eine offene Handelsgesellschaft sich characterisirte; denn diese Complementäre hafteten persönlich und solidarisch für alle Verbindlichkeiten der Gesellschaft mit ihrem ganzen Vermögen. Die sogenannte anonyme Gesellschaft oder Actiengesellschaft dagegen bestand aus lauter stillen Gesellschaftern und war eine reine Capitalgesellschaft, in welcher Niemand persönlich haftete, sondern nur mit dem Capital gehaftet wurde.

§ 5.

1. Hierin und insbesondere auch in der vorerwähnten juristischen Terminologie hat nun das Allgemeine Deutsche Handelsgesetzbuch eine wesentliche Aenderung vorgenommen. Der Preussische Entwurf unterschied noch und erkannte als Handelsgesellschaften an, nach dem Vorgange der bisherigen neueren Handelsgesetzbücher, allein: die offene Handelsgesellschaft, die stille — Commandit- — Gesellschaft, die Actiengesellschaft; er erwähnte ausserdem noch die Vereinigungen zu einzelnen Handelsgeschäften für gemeinschaftliche Rechnung, ohne diese letzteren aber als Handelsgesellschaften anzuerkennen. Cf. S. 46. 98. Die stille Gesellschaft — Commanditgesellschaft — namentlich umfasste noch alle diejenigen Gesellschaften, bei welchen einer oder mehrere Gesellschafter — Complementäre — den Gesellschaftsgläubigern persönlich verpflichtet waren, während alle übrigen Gesellschafter — stille Gesellschafter, Commanditgesellschafter, Commanditisten, geldschieters cf. holländisches Wetboek van Koophandel Art. 19 — für die Gesellschaftsschulden nur mit ihrer Einlage hafteten, bei welchen das hergegebene Capital des stillen Gesellschafters in

das Vermögen des Complementärs überging und der stille Gesellschafter nur in Beziehung auf diesen und nur insofern als ein Gesellschafter erschien, als er am Gewinn und Verlust der Handlung nach Verhältniss seines eingeschossenen Capitals Theil nahm und für die Gesellschaftsschulden mit diesem Capital, jedoch auch nur bis zum Belaufe desselben aufzukommen hatte, ohne dass ihm Zuschüsse oder sonst eine mehre Verhaftung zugemuthet werden durften. Der Preussische Entwurf sah aber abweichend von dem gemeinen Recht die stille Gesellschaft auch nach aussen hin als eine Gesellschaft mit eigenem Gesellschaftsvermögen an, wie das französische, das holländische und das spanische Handelsgesetzbuch. Cf. Motive zum Preussischen Entwurf S. 76. und v. Hahn zu Art. 150 Vorbemerkung § 1.

Nun schied aber das Allgemeine Deutsche Handelsgesetzbuch, oder vielmehr die Nürnberger Conferenz, die Commanditgesellschaft von der stillen Gesellschaft, erstere als eine Unterart der offenen Handelsgesellschaft hinstellend und zählte die stillen Gesellschaften, welche nach Ausscheidung der Commanditgesellschaft noch übrig blieben, überhaupt nicht mehr zu den Handelsgesellschaften. Es fehlte diesen letzteren Gesellschaften auch das characteristische Merkmal der Handelsgesellschaften, die Vereinigung zu einem gemeinschaftlichen Handelsgewerbe. Denn bei diesen Gesellschaften betheiligt sich der stille Gesellschafter an dem Handelsgewerbe eines Anderen, ohne dass unter ihnen ein gemeinschaftliches Handelsetablissement besteht resp. entsteht. Es ist dies deutlich ausgesprochen in Art. 250, Alinea 1:

> „Eine stille Gesellschaft ist vorhanden, wenn sich Jemand an dem Betriebe des Handelsgewerbes eines Anderen mit einer Vermögenseinlage gegen Antheil an Gewinn und Verlust betheiligt.“

Gegen Art. 150, Alinea 1:

> „Eine Commanditgesellschaft ist vorhanden, wenn bei einem unter einer gemeinschaftlichen Firma betriebenen Handelsgewerbe eine oder mehrere Gesellschaften sich nur mit Vermögenseinlagen betheiligen — Commanditisten —, während bei einem oder mehreren Gesellschaftern die Betheiligung nicht in dieser Weise beschränkt ist — persönlich haftende Gesellschafter.

Wenn nun somit auch diese stille Gesellschaft und die bereits vorher erwähnten Vereinigungen Mehrerer zu einzelnen Handelsgeschäften, die particulaire Gesellschaft, von den Handelsgesellschaften ausgeschlossen sind und als besondere Rechtsinstitute angesehen werden, so bleiben sie nichts destoweniger doch immer Vergesellschaftungen zu Handelsgeschäften und können nicht mit Unrecht uneigentliche Handelsgesellschaften im Gegensatz zu jenen drei ausdrücklich anerkannten eigentlichen Handelsgesellschaften genannt werden. Cf. Anschütz, in Anschütz und

v. Völderndorffs Commentar zum Allgemeinen Deutschen Handelsgesetzbuch Bd. 2, S. 4. Sie sind immer Handelsgesellschaften im Handel und Behufs Handels.

2. Man kann zu dieser Classe uneigentlicher Handelsgesellschaften denn auch noch die in Art. 10, Allg. Dtsch. H.-G.-B. erwähnten Vergesellschaftungen zählen, die Vereinigungen zum gemeinschaftlichen Betriebe des Handelsgewerbes der Höker, Trödler, Hausirer und dergleichen Handelsleute von geringem Gewerbebetriebe, der Wirthe, gewöhnlichen Fuhrleute, gewöhnlichen Schiffer und Personen, deren Gewerbe nicht über den Umfang des Handels hinausgeht, der Kleinhändler, Handwerker, kleinen Handelsleute im Gegensatz zu den Grosshändlern und Vollkaufleuten. Freilich besteht zwischen den letzteren und den kleinen Handelsleuten in allen wesentlichen rechtlichen Beziehungen kein Unterschied, es entspringt sogar der Grosshandel aus dem Kleinhandel, aber auf die kleinen Handelsleute sollen bestimmte Vorschriften des Handelsgesetzbuchs, die von Firma, Handelsbüchern, Procura handelnden, nicht Anwendung finden, auch ihre Verbindungen zum Betriebe ihres Handelsgewerbes keine Handelsgesellschaft werden resp. sein. Cf. Art. 10, Allg. Deutsch. H.-G.-B. Doch wir werden später sehen, dass alle Commanditgesellschaften auf Actien und alle Actiengesellschaften, selbst wenn sie keine Handelsgeschäfte betreiben, dennoch Handelsgesellschaften sind, wozu sie die Novelle vom 11. Juni 1870 gestempelt hat. S. § 8. § 42.

3. Das Allgemeine Deutsche Handelsgesetzbuch erkennt hiernach drei Arten von Handelsgesellschaften als solche, als eigentliche Handelsgesellschaften an:

a) die offene Handelsgesellschaft, von welcher im I. Titel von den Artikeln 85—149 und in sechs Abschnitten gehandelt wird;

b) die Commanditgesellschaft mit ihrer Unterart der Commanditgesellschaft auf Actien, von welcher der II. Titel in den Artikeln 150—206 in zwei Abschnitten handelt;

c) die Actiengesellschaft, von welcher im III. Titel in den Artikeln 207—249 und 249a. in fünf Abschnitten die Rede ist.

Wir unterwerfen diese drei Arten von Handelsgesellschaften weiterhin §§ 19 ff. noch einer näheren Betrachtung hinsichtlich ihres Ursprungs, ihrer Entwickelung und ihrer Einrichtung.

4. Dagegen führt das Allgemeine Deutsche Handelsgesetzbuch auch die stille Gesellschaft und die Vereinigungen zu einzelnen Handelsgeschäften für gemeinschaftliche Rechnung in seinem III. Buch in zwei Abschnitten Art. 250—265 resp. 266—270 auf, wie dies die übrigen erwähnten Handelsgesetzbücher thun. Allein bei der stillen Gesellschaft tritt das handelsgesellschaftliche Verhältniss gar nicht nach aussen — dritten Personen gegenüber — hervor, sondern nur nach Innen — im Verhältniss

der Gesellschafter untereinander —, jedoch auch da nicht einmal in allen wesentlichen Richtungen. S. §§ 17 und 20.

5. Nur für die eben unter 1—3 erwähnten drei Arten von Handelsgesellschaften ist das Handelsregister im Allgemeinen Deutschen Handelsgesetzbuch bestimmt, die sogenannten uneigentlichen Handelsgesellschaften haben keinen Antheil an demselben und finden keine Stelle darin. Cfr. v. Hahn Commentar zu Art. 250 § 4; Preussische Ministerial-Instruction vom 12. December 1861 § 50. Anschütz a. a. O. Bd. 2, S. 15. Wegen der wirthschaftlichen Genossenschaften s. § 6, Nr. 1 und § 12, Nr. 4.

Es ist demnach Sache des Richters zu prüfen, ob eine ihm angemeldete Handelsgesellschaft zu einer jener drei Arten und zu welcher sie gehört.

6. In den Gesellschaftsverträgen kann freilich diese und jene Modification bestimmt werden, man kann auch gar wohl eine neue Art von Handelsgesellschaft vertragsmässig construiren, denn der Kreis der Handelsgesellschaften ist im Allgemeinen durch jene drei Arten mit nichten für geschlossen zu erachten; er wird durch jene allein auch nicht ausgefüllt. Allein was die gesetzlichen Beziehungen zu dem Allgemeinen Deutschen Handelsgesetzbuch betrifft, so muss die Gesellschaft entweder eine offene Handelsgesellschaft sein, oder eine Commandit- oder Commandit-Actiengesellschaft oder eine Actiengesellschaft, wenn sie dort als Handelsgesellschaft Anerkennung erfahren will. Modificationen oder neue Arten von Handelsgesellschaften finden vor dem Allgemeinen Deutschen Handelsgesetzbuch keine Anerkennung als solche und werden auch nicht in das Handelsregister eingetragen, nur eine besondere Art der Gesetzgebung könnte ihnen indessen die desfallsige Berechtigung verleihen, wodurch dann aber eine Vermehrung der obigen Categorien eingeführt wäre.

§. 6.

1. In gewisser Beziehung ist ein Fall solcher Vermehrung — vorher § 5. — die gesetzliche Anerkennung der sogenannten wirthschaftlichen Genossenschaften, welche wir hier zu erwähnen haben, wenn sie auch nicht in den Bereich des vorliegenden Werkes gehören, und deshalb hier nicht Gegenstand weiterer und eingehender Erörterung sein können. S. Anschütz a. a. o. darüber Bd. 2. S. 18 ff.

Durch diese mittelst eines besonderen Acts der Gestzgebung anerkannten und in ihren inneren und äusseren Verhältnissen regulirten Genossenschaften hat eine Vermehrung der obenerwähnten Kategorien in sofern stattgefunden, als sie zur Eintragung in eine neu creirte Abtheilung des Handelsregisters, das Genossenschaftsregister, welches einen, von dem zur Eintragung der eigentlichen Handelsgesellschaften bestimmten Gesellschaftsregister verschiedenen Theil des Handelsregisters bildet, erwiesen worden sind. Diese „Erwerbs- und Wirthschaftsgenossenschaften“ haben die Bezeichnung „Eingetragene Genossenschaft" und müssen dieselbe führen, wenn sie auf Eintragung in das Genossenschaftsregister Anspruch machen wollen.

Zuerst wurden sie für Preussen durch das Gesetz vom 27. Mai 1867 — Preuss. Ges.-Samml. 1867. S. 44 anerkannt. Es war, wie aus den Motiven hervorgeht, ein Act der Particulargesetzgebung neben dem Allg. D. H.-G.-B., durch welche den Genossenschaften die erforderliche freie Bewegung im öffentlichen Verkehr verschafft werden, und ihnen dadurch die Erreichung ihrer nützlichen Zwecke ermöglicht werden sollte. Ebenso ist aber dort auch ersichtlich, dass nur ein Particularrecht für diese Genossenschaften geschaffen, keine Aenderung des Handelsgesetzbuches eingeführt werden sollte, sondern nur ein neues neben demselben bestehendes Sonderrecht für die Rechtsverhältnisse einer dem Handelsgesetzbuche unbekannten Art von Gesellschaften.

Demnächst erfolgte durch das Bundesgesetz vom 4. Juli 1868 — Bundesgesetzblatt pro 1868. S. 415ff. die Anerkennung dieser Genossenschaften und die Regelung ihrer Verhältnisse für sämmtliche Staaten des damaligen Norddeutschen Bundes, und dann wurde in der Verfassung des Deutschen Reichs — Art. 80 — dieses Bundesgesetz zum Reichsgesetz erhoben cfr. Nr. 51. Reichsgesetzblatt pro 1871.

2. Die Frage: ob diese Genossenschaften; deren vornehmlich folgende Arten angeführt werden: Vorschuss- und Creditvereine; Rohstoff- und Magazinvereine; Vereine zur Anfertigung von Gegenständen und zum Verkaufe der angefertigten Gegenstände auf gemeinschaftliche Rechnung, sogenannte Productivgenossenschaften; Vereine zum gemeinschaftlichen Einkaufe von Lebensbedürfnissen im Grossen und Ablass in kleinen Portionen an ihre Mitglieder, sogenannte Consum-Vereine; endlich Vereine zur Herstellung von Wohnungen für ihre Mitglieder; Handelsgesellschaften sind: ist offen geblieben und absichtlich offen gelassen. Aus der Bestimmung in § 11. des Gesetzes vom 4. Juli 1868: „Genossenschaften gelten als Kaufleute im Sinne des Allgemeinen Deutschen Handelsgesetzbuches soweit dieses Gesetz keine abweichenden Vorschriften enthält", ist keineswegs herzuleiten, dass sie als Handelsgesellschaften im Sinne des Allgemeinen Deutschen Handelsgesetzbuches anzusehen sind. Man muss vielmehr, wenn man vor der erwähnten Frage steht: ob eine solche wirthschaftliche Genossenschaft, welche sich gebildet hat, als eine Handelsgesellschaft im Sinne des Allgemeinen Deutschen Handelsgesetzbuches zu erachten ist, dieselbe besonders betrachten, und dabei das Augenmerk vorzugsweise auf die Vorschriften des Allgemeinen Deutschen Handelsgesetzbuches richten. Denn nicht alle dergleichen Genossenschaften müssen absolut in das vorerwähnte Genossenschaftsregister eingetragen werden, es haben einen Anspruch darauf nur diejenigen, welche in ihre Firma den Zusatz „Eingetragene Genossenschaft" angenommen haben — §§. 1. 2. 71. Reichsgesetz vom 4. Juli 1868 —. Aber es kann auch eine solche Genossenschaft, welche in ihrer Firma diesen Zusatz hat, durch ihre Gliederung, die Regulirung ihrer

Organe, die Ordnung ihrer inneren und äusseren Verhältnisse, durch den Betrieb ihrer Geschäfte, trotzdem, dass sie sich bloss „Genossenschaft" nennt, dennoch sich als eine Handelsgesellschaft im Sinne des Allgemeinen Deutschen Handelsgesetzbuch characterisiren, und also keinen Platz in dem „Genossenschafts-Register" finden, sondern in das eigentliche Handelsregister gehören. Von den vorerwähnten Arten werden sich die Productiv-Genossenschaften und demnächst die Rohstoff-Vereine ihrer Natur und ihrem Geschäftsbetriebe nach vorzugsweise als Handelsgesellschaften characterisiren können. cfr. Anschütz a. a. O. S. 20. ff.

Uebrigens haben die Erwerbs- und Wirthschaftsgenossenschaften so ziemlich die wesentlichen Attribute einer Handelsgesellschaft, aber von jeder der drei vorerwähnten Handelsgesellschafts-Arten Etwas. Cf. § 2, Gesetz vom 4. Juli 1868, Art. 18 u. Art. 174. 208 des Allgem. Deutschen Handelsgesetzbuchs; §§ 3. 4, Gesetz vom 4. Juli 1868 und Art. 151 des Allgem. Deutschen Handelsgesetzbuchs; §§ 12 und Art. 150. 219 des Allg. Deutschen Handelsgesetzbuchs; §§ 17 ff., § 28 ff., Gesetz vom 4. Juli 1868. Etwas besonderes ist der Ausschluss der Genossenschafter wegen Verlustes der bürgerlichen Ehre, § 38 und die Auflösung durch Richterspruch auf Betreiben der höheren Verwaltungsbehörde § 35, Gesetz vom 4. Juli 1868.

3. Es findet bei den Genossenschaftern unbedingte persönliche und solidarische Verhaftung der einzelnen Genossenschafter Dritten gegenüber statt. Ob diese beizubehalten, darüber gehen die Ansichten auseinander. Der Juristentag 1869 fasste in dieser Beziehung eine ganz sachgemässe Resolution dahin gehend: dass ein solches persönliches und solidarisches Einstehen eines jeden einzelnen Genossenschafters für die Verpflichtungen der Genossenschaft mit seinem ganzen Vermögen zwar wünschenswerth sei und deshalb die bezügliche Bestimmung des Reichsgesetzes als angemessen erscheine — Amendement Gneist —; dass jedoch principiell der Bildung von Genossenschaften mit nur beschränkter Haftpflicht und freiem Austrittsrecht der Genossenschafter nichts entgegen stehe, sofern dafür Sorge getragen werde, dass den Genossenschaftsgläubigern ein jederzeit bestimmtes und bekanntes Minimal-Capital haftet — Amendement Goldschmidt —. Cfr. Verhandlungen des achten deutschen Juristentages II. Bd. (Berlin 1870) S. 60 ff., S. 92. 93.

D. Von dem Character der Handelsgesellschaften als juristische Personen.

§ 7.

1. Bei der Loslösung der Handelsgesellschaft von den Grundlagen der römisch-rechtlichen Societät, wie sie im Allgemeinen Deutschen Handelsgesetzbuch geschehen, ist eine Frage offen geblieben, nämlich die: unter

welche von den anerkannten Rechtsformen nun die so modificirte und ausgestattete Handelsgesellschaft zu subsumiren sei. — Brinkmann, Lehrbuch des Handelsrechts § 36. — Man ist insbesondere darüber nicht einig: ob man die Handelsgesellschaften als juristische Personen — moralische Person, corpus morale, Corporation — ansehen soll, oder nicht?

Die Frage ist mehr von theoretischer als practischer Bedeutung; indessen mag ihre practische Wichtigkeit sein welche sie will, sie kann hier nicht mit Stillschweigen übergangen werden, es ist zu ihr feste Stellung zu nehmen. Hinsichtlich der Actiengesellschaften ist sie unbedenklich zu bejahen, die Actiengesellschaften sind unzweifelhaft juristische Personen, und zwar von selbst. Ebenso ist aber auch rücksichtlich der offenen Handelsgesellschaften die Frage zu verneinen; sie sind keine juristische Personen. Verschiedener Meinung kann man sein in Betreff der Commanditgesellschaften und der Commandit-Actiengesellschaften, obwohl auch hier die Verneinung das Richtigere ist.

2. Die Fiction einer juristischen Persönlichkeit jeder Handelsgesellschaft ist unhaltbar; sagt sehr richtig das Reichs-Oberhandelsgericht in seinem Erkenntniss vom 17. Februar 1871. Entscheidund Bd. II, S. 39; Stegemann etc. Bd. 2, S. 56. In dem Preussischen Entwurf — Art. 85—90 s. § 1 — war es wohl indirect ausgesprochen, dass allen Handelsgesellschaften der Character der juristischen Person beiwohnen solle. Die Motive liessen es indessen wieder etwas zweifelhaft. Cfr. Motive S. 47. Die Nürnberger Conferenz strich die Artikel 85—90, hauptsächlich weil die Majorität sich weder direct noch indirect über die Frage nach der juristischen Person der Handelsgesellschaften aussprechen wollte. Das sehr reiche Material findet sich in den Conferenz-Protocollen S. 154—161. 176. 187—189. 197—204. 214—230. 268. 274—284. 1027. 1133—1144. 4520—4527. 4638—4639. Ein bestimmter Wille der Conferenz ist hiernach aus den Conferenz-Protocollen nicht zu erkennen, es ist namentlich nicht ersichtlich, dass den Handelsgesellschaften der Character der juristischen Persönlichkeit absolut hat abgesprochen werden sollen. Die Frage ist also als eine offene der Wissenschaft überlassen, wie dies auch in den Motiven zum Preussischen Einführungsgesetz — S. 41 — bemerkt wurde.

3. Und die Jurisprudenz? Nun in der ist man darüber auch nicht einig; wenigstes nicht in Betreff aller Arten von Handelsgesellschaften. Die Frage ist controvers, cfr. v. Hahn, Vorbemerkung zu Art. 110ff. § 28, — Thöl, § 44, Anm. 5 und Koch Comment. zum Allgemeinen Deutschen Handelsgesetzbuch, Anm. 40 und zu Art. 12, § 5 des Einführungsgesetzes, Anm. 35; O. Wächter Handelsrecht II. Th., § 31 und v. Kraewel das Allgemeine Deutschen Handelsgesetzbuchs etc. Halle, 1862 S. 95ff. sprechen allen Handelsgesellschaften die juristische Persönlichkeit ab. Im Uebrigen ist man so ziemlich einig: dass die Actiengesellschaften juristische Personen sind,

cfr. v. Hahn Comment. zu Art. 213, § 1, Anschütz a. a. O., Bd. 2, S. 8, Einl. § 4; Auerbach, das neue Handelsgesetz I. Abthl. S. 95; Brinkmann, Handelsrecht, § 36, Endemann, Handelsrecht § 35, II.; Lutz Comment. zum bayerischen Einführungsgesetz S. 119, 127. Beseler System des gemeinen Deutschen Privatrechts 2. Aufl. § 221. Bluntschli, 3. Ausgabe von Dahn § 137 Nr. III. Renaud, das Recht der Actiengesellschaften S. 101 ff., cfr. auch Gelpke, Zeitschrift für Handelsrecht, Hft. II. S. 1—76 (1852), und das Obertribunal in Berlin in verschiedenen Erkenntnissen, z. B. vom 29. September 1868, Striethorst Archiv, Bd. 72, S. 228; Entscheid. Bd. 61, S. 202, 203, vom 12. November 1863 a. a. O. Bd. 58, S. 16, vom 18. Juli 1865 a. a. O. Bd. 59, S. 330; 26. September 1871 a. a. O. Bd. 82, S. 335; und das Reichs-Oberhandelsgericht, Entscheidung vom 15. December 1871, Entscheidung Bd. 4, S. 310 ff. Sämmtlichen Handelsgesellschaften legen den Charakter der juristischen Persönlichkeit bei — Anschütz a. a. O., desgl. Brinkmann, Endemann, Lutz, Beseler, Bluntschli an den vorhin angeführten Stellen, auch das Obertribunal in Berlin scheint in einem Erkenntniss vom 18. Mai 1866, Busch, Archiv, Bd. X., S. 312 dahin zu zielen, ingleichem das Ober-Appellationsgericht zu Dresden in dem Erkenntniss vom 14. September 1865 und Busch's Archiv Bd. IX., S. 392; anders dagegen wieder das Obertribunal Berlin im Erkenntniss vom 13. Februar 1866, Entsch. Bd. 56, S. 289. Dagegen spricht von Hahn namentlich den offenen Handelsgesellschaften die juristische Persönlichkeit ab, cfr. Vorbemerkungen zu Art. 110 ff. § 25, S. 349; s. auch das Erkenntniss des Obertribunals Berlin, vom 13. Februar 1866.

4. Die sogenannten juristischen Personen haben etwas Nebelhaftes, Mystisches; die einzelnen Personen verschwimmen darin gänzlich, und es präsentirt sich blos das Gebild der Gedanken als ein corpus morale, corpus mysticum. Zwar ist's eine Person mit einer Rechtspersönlichkeit, aber ein unmündiges, an sich unbehülfliches Wesen, welches erst anderer individueller Personen bedarf, um seinen Willen zu äussern und in Rechten auftreten und handeln zu können; anderer Personen, welche auch die körperlichen Handlungen, Urkundenzeichnung, Firmazeichnung für das fictive Wesen verrichten müssen, und die sogar Fremde, zu diesem Dienste Angenommene, sein dürfen. Principiell geht denn auch die Verhaftung den Gesellschaftern nicht über das zusammengebrachte Gesellschaftsvermögen hinaus; ja dieser Capitalfonds allein ist es, welcher haftet.

Zwar gilt in Deutschland noch immer im Grossen und Ganzen die Ansicht: es könne eine juristische Persönlichkeit nur durch staatliche Mitwirkung, staatliche Genehmigung geschaffen werden. Das Allgemeine Preussische Landrecht hat sie von einer besonderen und ausdrücklichen Verleihung Seitens des Landesherrn abhängig gemacht, cfr. Allgemeines Landrecht Th. II., Tit. 6, § 25. Doch das kann hier in Betreff der Handelsgesellschaften nicht entscheidend sein. In der Novelle vom 11. Juni 1870 haben sich die deutschen Staaten der landesherrlichen Genehmigung der Commanditactiengesellschaften und der Actiengesellschaften begeben, schon früher nahmen mehre Staaten davon Abstand, s. § 13, namentlich Sachsen in dem Gesetz über die juristischen Personen, vom 15. Juni 1868; ebenso Oesterreich in dem Entwurf von 1868. Nicht um die Form der Handelsgesellschaften, sondern um den Gegenstand des Unternehmens handelte es sich nun rücksichtlich der Staatsgenehmigung. Es hat ferner schon viel früher und auch in Deutschland, als man sich im Vereinsleben, bei der beginnenden, sich so vielfach und vielgestaltig entfaltenden, dann aber im stetigen Fortschritte befindlichen Entwickelung derselben in den Schranken der römisch-rechtlichen Societät beengt fühlte und den Bann derselben durchbrochen hatte, gewohnheitsrechtlich mehrfach Anwendung der Regeln der Corporationen und der für diese besonderen Personengesammtheiten geltenden Grundsätze auch auf Vereinigungen stattgefunden, welche nach ihren Zwecken, nach der Art ihrer Verfassung und Verwaltung, insbesondere nach ihrer Stellung, welche die einzelnen Mitglieder der Gesammtheit gegenüber einnahmen, und nach dem Auftreten dieser Gesammtheit im Verkehre sich thatsächlich der Corporation im Sinne des römischen Rechts näherten, auch dann, wenn ein besonderer Act der Staatsgewalt, welche die juristische Persönlichkeit förmlich verlieh, nicht vorlag. Seuffert, Archiv, I. S. 314 VI., S. 2, XV., S. 205, XVIII. S. 3, XIX. S. 11. XX. S. 200, 201; Entscheidungen des Obertribunals Berlin, in Striethorst Archiv Bd. 2, S. 252. Bd. 42, S. 66, Bd. 58, S. 325. Bd. 61, S. 44. Bd. 70, S. 57, cfr. Erkenntniss des Reichs-Oberhandelsgerichts vom 1. December 1871, Entscheid. Bd. IV., S. 200—202. Es kam dies namentlich vor in Betreff der facultas standi in iudicio, der Fähigkeit solcher Vereine unter einem Gesammtnamen als Kläger oder Verklagte in Rechtsstreitigkeiten aufzutreten. Ja der Staat ist wohl die erste juristische Person, welche keine Staatsgenehmigung aufzuweisen hat. Doch auch dieses allein kann hier keine Entscheidung geben. Jene Vereine resp. Genossenschaften, welche den Charakter der juristischen Person gewohnheitsrechtlich an sich trugen, hatten ihn wegen ihres Wesens, wegen ihres Unternehmens und Zwecks, wegen ihrer Constitution und Institutionen. Auch mag im Allgemeinen der Satz richtig sein: dass, wenn die wesentlichsten charakteristischen Kennzeichen der juristischen Persönlichkeiten in den einzelnen Rechtsvorschriften über ein bestimmtes Rechtsinstitut wiederkehren, auf indirectem Wege die juristische Persönlichkeit derselben vom Recht selbst so gut und voll anerkannt ist, als im Fall einer directen und ausdrücklichen Ertheilung von Corporationsrechten, cfr. Anschütz a. a. O. Bd. II. S. 8 und Note 6. Aber man hat immer nach einem charakteristischen Zeichen zu suchen und da mag es gelten: dass jede Verbindung, welche sich für einen erlaubten Zweck, s. § 9, bildet, sobald dieser Zweck ein **unpersönlicher** ist, d. h. ein Zweck nicht einer oder mehrer individuell bestimmter Personen, sondern um den Interessen eines von vorn herein auf eine wechselnde und unbestimmte Zahl angelegten Personenkreises zu dienen resp. diese Interessen zu befriedigen, den Charakter einer juristischen Person an sich trägt, cfr. Goldschmidt, Verhandlungen des Juristentages 1869 etc. S. 51. Dann treten die einzelnen Personen ganz in den Hintergrund resp. verschwimmen in dem Ganzen, welches sich eben nur als ein solches Ganze, verschieden von seinen einzelnen, dem Wechsel unterworfenen Personen, als ein corpus morale, corpus mysticum, als Fiction, präsentirt. Dieses charakteristische Merkmal findet sich aber nur bei den Actiengesellschaften. Die offene Handelsgesellschaft, die Commanditgesellschaft, auch die Commandit-Actiengesellschaft haben ihre persönlich und solidarisch mit ihrem ganzen Vermögen haftenden Gesellschafter, welche scharf als Einzelpersonen aus dem Ganzen heraustreten, man kann deshalb auch nicht sagen, dass ihr Zweck ein unpersönlicher ist. Siehe indessen die entgegengesetzte Meinung von Anschütz a. a. O. Bd. 2. S. 13ff.

E. Von der Anwendbarkeit der für Kaufleute im Allgemeinen Deutschen Handelsgesetzbuch gegebenen Vorschriften auf die Handelsgesellschaften.

§ 8.

Der Artikel 5 des Allgemeinen Deutschen Handelgesetzbuchs erklärt die für Kaufleute gegebenen Bestimmungen als anwendbar auf alle Handelsgesellschaften.

Dieser Artikel 6 lautet in seiner jetzigen Fassung in der Novelle vom 11. Juni 1870:

> „Die in Betreff der Kaufleute gegebenen Bestimmungen gelten in gleicher Weise in Betreff der Handelsgesellschaften, insbesondere auch der Commanditgesellschaften auf Actien und der Actiengesellschaften.
>
> Dieselben gelten auch in Betreff der öffentlichen Banken in den Grenzen ihres Handelsbetriebes unbeschadet der für sie bestehenden Verordnungen.“

Hierzu ist Folgendes zu bemerken:

1. Im Preussischen Entwurf correspondirt Art. 3; im Entwurf I. Lesung Art. 3; im Entwurf II. Lesung Art. 4. Ueber die Entstehung des Artikels verhalten sich die Protocolle S. 13, 14, 538—540, 1259ff., 4629.

Ursprünglich lautete der Artikel im Allgemeinen Deutschen Handelsgesetzbuch anders. Es befanden sich im 1. Alinea hinter den Worten „insbesondere auch die Worte: „die Actiengesellschaften, bei welchen der Gegenstand des Unternehmens in Handelsgeschäften besteht.“ Diese wurden vermittelst der Novelle vom 11. Juni 1870 gestrichen und an ihre Stelle die jetzigen Schlussworte gesetzt, welche vorher gesperrt gedruckt sind. Grund dazu ist das bereits vorher S. 16 erwähnte Princip: die Commanditgesellschaften auf Actien ebensowohl wie die Actiengesellschaften gelten als Handelsgesellschaften, gleichviel ob der Gegenstand des Unternehmens in Handelsgeschäften besteht oder nicht.

2. Durch das Alinea 1 ist ausgesprochen, dass sämmtliche Handelsgesellschaften des Allgemeinen Deutschen Handelsgesetzbuchs, die offenen Handelsgesellschaften und die gewönliche Commanditgesellschaft, bei welchen der Gegenstand des Unternehmens der Betrieb eines Handelsgewerbes sein muss, die Commanditgesellschaften auf Actien und die reinen Actiengesellschaften, gleichviel ob der Gegenstand ihres Unternehmens in dem Betriebe eines Handelsgewerbes besteht oder nicht, als Kaufleute behandelt werden sollen, und dass auch sie also auf die Bestimmungen des Allgemeinen Deutschen Handelsgesetzbuchs, welche sich über die Rechte und Pflichten der Kaufleute überhaupt verhalten, namentlich was Buchführung, Firmen, Procuren, Zinsen, Eingehung und Erfüllung der Handelsgeschäfte, kaufmännisches Pfand- und Retentionsrecht betrifft u. a. m. Anwendung finden sollen.

Ueber die Entstehung dieses Alinea s. Protocolle S. 539, 1259, 1260, 1319, ferner von Hahn zu Art. 5, § 1; Anschütz-Völderndorff. Bd. 1, S. 46 ff.

3. Wir haben schon vorher gesehen — S. 37 — dass in dem zum Reichsgesetze erhobenen Genossenschaftsgesetz vom 4. Juli 1868, auch alle sogenannten wirthschaftlichen Genossenschaften, als Kaufleute behandelt werden sollen, und zwar gleichfalls wie die Commanditgesellschaften auf Actien und die reinen Actiengesellschaften ohne Rücksicht darauf, ob der Gegenstand ihres Unternehmens in Handelsgeschäften besteht oder nicht.

Die durch die Novelle vom 11. Juni 1870 eingeführte Neuerung erstreckt ihre Tragweite rücksichtlich des Handelsrechts weiter als bloss auf das Gebiet der Commanditgesellschaften auf Actien und der Actiengesellschaften, sie afficirt das ganze Gebiet des Handelsrechts des Allgemeinen Deutschen Handelsgesetzbuchs, durchbricht dessen streng geschlossene Grenzen, und geht darüber hinaus in das Gebiet des Allgemeinen bürgerlichen Rechts.

Das Gesetz, die gedachte Novelle, hat mit einem Machtspruch eine Fiction hergestellt oder doch herstellen wollen, hat etwas machen wollen, was in Wirklichkeit nicht existirt, nämlich eine Handelsgesellschaft, welche keine Handelsgeschäfte betreibt, und mit solchem Machtspruch und auf dem Wege einer solchen Fiction hat es einen Durchbruch des Gebiets des Handelsrechts unternommen. Dies ist das Bedenkliche, welches man in der fraglichen Bestimmung findet, und weshalb man Zweifel hegt, ob dieser Weg der richtige war, cfr. Endemann, Gesetz, betreffend die Commanditgesellschaften auf Actien und die Actiengesellschaften vom 11. Juni 1870, Berlin bei Kortkampf, 1870, S. 10. Damit ist die Sache aber noch nicht erledigt.

4. Man wird wohl zugeben müssen, das Etwas, was von Natur nicht existiren kann, dessen Existenz physisch unmöglich, was ein Unding ist, auch nicht fingirt werden kann. Man kann einem sechsjährigen Knaben keine Kinder fingiren, der keine haben kann. Warum soll dieser Satz nur von physischen und nicht auch von juristischen Undingen gelten? Man versagt den Leuten, welche physisch keine Kinder haben können, die Adoption — adoptio enim naturam imitatur —. Kann man vernünftiger Weise eine Actiengesellschaft fingiren ohne Actionäre? Kann man fingiren, die Hökerei und der Trödelbetrieb, der Grünkram, seien Bankgeschäfte? Die Novelle will also, wenn sie Handelsgesellschaften fingirt, welche keine Handelsgeschäfte betreiben, Etwas fingiren, was auf dem Gebiet des Handels und dem Gebiet des Handelsrechts ein Unding ist. Die Motive rechtfertigen diesen Schritt nicht, über deren juristischen Werth kann man überhaupt verschiedener Meinung sein. Man hat manches zur Rechtfertigung angeführt, aber Alles will nicht ausreichend erscheinen. Die Motivirung läuft darauf hinaus: den Bedenken, eine Gesellschaft als zu den Kaufleuten gehörig anzusehen, wenn ein Handelsunternehmen nicht vorliege, gegenüber müssten die Erwägungen durchgreifen, welche dazu geführt hätten, die Erwerbs- und Wirthschaftsgenossenschaften als Kaufleute gelten zu lassen; auch würde der Vortheil erreicht, dass man einen Eingriff in das Wesen des Handelsregisters vermeide, und die Rechtssicherheit befestigt (sic), da in vielfachen Fällen die Natur des Gegenstandes des Unternehmens zweifelhaft bleiben könne; oft sei die Grenze nicht leicht zu finden, und die sich bildenden Actiengesellschaften mischten schon jetzt mitunter Einzelheiten in die Zweckbestimmung ein, welche den Charakter von Handelsgeschäften hätten, blos um die Behandlung nach dem Handelsgesetzbuch zu erlangen; dazu komme noch, dass beachtenswerthe Stimmen sich dafür aussprächen, dass jede Actienverbindung, gleichviel welches ihr Zweck, als Handelsgesellschaft angesehen werden müsse — dabei werden blos die Allegate bei Renaud a. a. O. S. 165, Anm. 10, und Nürnberger, Protocolle S. 976 citirt — das Zusammenbringen des Capitals geschehe überall auf eine besondere, ursprünglich für Handelsunternehmungen gebräuchliche Art, und auch die besonderen Rechtsfolgen und Einrichtungen, welche sich hieran von selbst knüpften, stellten derartige Unternehmungen in die Categorie der Handelsassociationen; ein sehr grosser Theil der nicht handeltreibenden Actiengesellschaften bestehe aus Berg- und Hüttengesellschaften, welche entschieden einen industriellen Charakter trügen. Motive S. 32, 33.

Diese Motivirung ist keiner Bemerkungen bedürftig. Sie spricht überhaupt auch nur von Actiengesellschaften. Die Commanditgesellschaften auf Actien haben doch ihre persönlich haftenden Gesellschafter, welche, wenns mehre sind, die Gesellschaft als eine offene Handelsgesellschaft erscheinen lassen. Sollen die eigengearteten Institutionen der offenen Handelsgesellschaft, welche nur in dem Handel und dem Handelsgewerbebetriebe ihre Begründung und Rechtfertigung finden, auch so ohne Weiteres auf Gesellschaften angewendet werden, welche gar keine Handelsgeschäfte betreiben? S. z. Art 110ff.

Endemann a. a. O. meint zwar: die Scheidung handelsmässiger und nicht handelsmässiger Gesellschaften könne nicht aufrecht erhalten werden, weil die Grenzbestimmung practisch ganz unsicher und weil die verschiedene Gestaltung der Rechtssätze der inneren und äusseren Beziehungen je nach dem Zwecke der Vereinigung sich nicht rechtfertigen lasse. Er scheint damit, wenn er auch das vorerwähnte willkürliche Verfahren zugiebt, doch, practisch die Neuerung für nothwendig zu erachten.

Wenn nun auch nicht recht klar ist, was mit handelsmässigen Gesellschaften gemeint ist, und was mit nicht handelsmässigen Gesellschaften, so mag doch zugegeben werden, dass in Betreff derjenigen Actienvereine, deren Unternehmung nicht in Handelsgeschäften besteht, ein Nothstand insofern vorhanden war, als darüber in der That in Deutschland eine Einheit in der Gesetzgebung nicht bestand. Bei der Commanditgesellschaft auf Actien war aber ein solcher Nothstand nicht vorhanden; es hatten sich darauf bezüglich auch keine Schwierigkeiten herausgestellt. Commanditgesellschaften auf Actien werden sich höchst selten mit anderen Zwecken bilden als um Handelsgeschäfte zu betreiben, und wenn auch hier und da an die Bildung solcher Gesellschaften gegangen wurde, deren Unternehmen nicht in Handelsgeschäften bestand, so geschah es blos deshalb, weil man die landesherrliche Genehmigung, welche viele Schwierigkeiten machte, umgehen konnte. Die Motive zu der Novelle prägnosticiren ja auch der Commanditgesellschaft auf Actien beinahe ein gänzliches Verschwinden. S. Motive zum Preussischen Entwurf S. 23 und 31.

Indessen, wenn auch wirklich ein solcher Uebelstand vorhanden, so war er ausgebrochen und existirte auf dem Gebiete des allgemeinen bürgerlichen Rechts, nicht auf dem des Handelsrechts.

Wenn aber Endemann a. a. O. sagt: die Grenzbestimmung zwischen handlungsmässigen und nicht handlungsmässigen Gesellschaften sei ganz unsicher, so ist das nicht zuzugeben. Doch wenn er wieder die Verschiedengestaltung der Rechtssätze der innern und äussern Beziehungen je nach dem Zweck der Vereinigung nicht für gerechtfertigt hält, so ist das allerdings wohl zuzugeben; aber damit kann höchstens gerechtfertigt werden: dass man diejenigen Gesellschaften, welche nicht Handelsgesellschaften sind und nicht sein können, weil der Gegenstand ihres Unternehmens nicht in Handelsgeschäften besteht, auf demjenigen Boden neu construirt, auf welchem sie erwachsen sind, mag es auch sein, dass diese Construction analog den Handelsgesellschaften geschieht, d. h. auf dem Boden des allgemeinen bürgerlichen Rechts, nicht aber dass man sie mittelst eines Durchbruchs durch die ganz sicher und fest geschlossen gewesenen Grenzen des Handelsrechts, namentlich der Grenzen bei den Handelsgesellschaften, gleichsam wie durch eine gelegte Bresche aus dem Civilrecht in das Handelsrecht hineintreibt, wo sie keinen Boden finden und ein Unding sind, und dass man nun gar alle Regeln und Institutionen des kaufmännischen Handels auf sie anwenden lässt. Will man also damit entschuldigen: man habe der Praxis helfen wollen, nun dann mochte man das auf dem Gebiet des allgemeinen Civil-Rechts thun. Hat man doch die Genossenschaften nicht in das Gebiet des Handelsgesetzbuchs hineingetrieben. Die übrigen sogenannten Privat-Vereine welche noch der Regelung ihrer Rechts-Verhältnisse harren, hätten denn vielleicht auch noch draussen gewartet. Endemann giebt denn auch zu a. a. O.: das logisch Richtige wäre gewesen, wenn, um alle Vereine dieser Gattung zu treffen, das Gesetz sich als Stück des allgemeinen Civilrechts gerirt hätte.

5. Betrachten wir nun aber die Wirkung der fraglichen Neuerung nach § 5 bei ihrer practischen Handhabung.

Alle Institute und Vorschriften, welche blos für den Kaufmann und für den Handelsbetrieb eingerichtet, ausgestattet und resp. gegeben sind, gelten nun auch für Jemand, der keinen Handel betreibt, und für Geschäfte, welche dem Handel so fremd sind wie Pferdebohnen und Gold, z. B. für Dungabfuhrgeschäfte und dergleichen. Es werden angewendet daher auch die Procura und die Lehre von der Procura, die Bestimmungen über Handlungsgehilfen, das kaufmännische Pfand- und Retentionsrecht, die kaufmännischen Zinsen (Verzugs-), Gegenstände, welche früher ausschliesslich dem Handel eigen gewesen sind, welche sich nur auf dem Boden des Handels gebildet haben und nur für den Handel; ebenso auch alle materiell-rechtlichen Sätze, deren Anwendung nur von dem Begriffe des Kaufmanns abhängig ist. — Cfr. Art. 289—292. 297—302. 309. 315. 323. Cfr. Endemann, Handelsrecht § 5 Note 3a, § 13 Note 6 und a. a. O. S. 11.

Aus dem Wortlaut des Art. 5 in Vergleichung und Verbindung mit Art. 4 sind hier und da Zweifel entstanden, ob diese Anwendung so durchweg stattfinden müsse, oder ob nicht, wenn Art. 5 schlechtweg jede Commanditgesellschaft auf Actien und jede Actiengesellschaft als Kaufmann behandle, sich doch soviel von selbst verstehe, dass überall da, wo das Handelsgesetzbuch den Gewerbebetrieb eines Kaufmanns voraussetzt, die Anwendbarkeit der betreffenden Bestimmung auch für die eben genannten Gesellschaften erst mit der thatsächlichen Ausübung des Gewerbes gegeben sei. Man will sich deshalb gestatten zu sagen: Kaufleute wären die gedachten Gesellschaften zwar, wenn auch der Gegenstand ihres Unternehmens nicht in Handelsgeschäften bestehe; ob indessen ein Gewerbebetrieb im Sinne des IV. Buchs des Allgemeinen Deutschen Handelsgesetzbuchs vorliege, das könnte man als eine davon getrennte Thatsachenfrage ansehen. Cfr. Endemann, das Gesetz etc. S. 11. Allein diese Zweifel sind nicht begründet und durchaus abzuweisen, was auch von Endemann a. a. O. geschieht. v. Hahn ist derselben Meinung, cfr. zu Art. 5, § 3, Note 4. Es ist im Gegentheil nichts mehr und nichts minder jetzt, nach jener Neuerung, Recht, als:

Jede Commandit-Actiengesellschaft auf Actien und jede Actiengesellschaft ist eine Handelsgesellschaft, gleichviel welchen Zweck sie hat; sie steht, auch wenn sie keine Handelsgeschäfte betreibt dem Einzelkaufmann gleich, obwohl dieser nur dann Kaufmann ist, wenn er ein Handelsgewerbe betreibt; ihr Geschäft aber gilt, bestehe es worin es wolle, z. B. Pferdezucht und Pferderennen, Abfuhrwesen und Blumenzucht, wie das eines Kaufmanns; diese Gesellschaften bedürfen nur erst welchen Geschäftsbetrieb eröffnen, selbst wenn sie gar keinen Gewerbebetrieb haben, und sie erfreuen sich aller Rechte und Vorrechte des Kaufmanns.

Wenn das kein Missgriff ist, dann giebt es überhaupt keinen mehr.

Doch es ist dies nicht die einzige bedenkliche Neuerung, welche die Novelle vom 11. Juni 1870 in das Handelsgesellschaftsrecht gebracht hat; wir werden weiterhin noch auf andere stossen.

6. Es hatten wohl einige Einführungsgesetze die Bestimmungen des Handelsgesetzbuchs über Kaufleute und die Handelsgesellschafter weiter ausgedehnt, als dies im Handelsgesetzbuch geschehen war, z. B. das Württembergische — Art. 4 — auf diejenigen Personen und Erwerbsgesellschaften, welche Gegenstände eigener Production, sei es in Natur oder nach vorgängiger Verarbeitung gewerbsmässig und in einem die Formen des kaufmännischen Geschäftsbetriebes erforderlichen Umfang veräussern — aber ausgenommen der Verkauf eigener landwirthschaftlicher und Walderzeugnisse, wofern sie nicht im grösseren Betriebe umgesetzt und umgestaltet werden —; ferner das Hamburgische § 24, das Hannoversche § 20, auch das Lippesche § 16, wonach die Bestimmungen des Handelsgesetzbuchs über Commandit-Actiengesellschaften und Actiengesellschaften auf alle Erwerbsgesellschaften dieser Art Anwendung finden sollten, auch wenn der Gegenstand ihres Unternehmens nicht in Handelsgeschäften bestand; sodann und mit einigen Modificationen ähnlich die Einführungsgesetze für Holstein und Schleswig §§ 95—98 und für Lauenburg §§ 68—70, desgleichen für Oldenburg Art. 20 und für Bremen § 21 hinsichtlich der Ausdehnung der Vorschriften des II. Buchs von den Handelsgesellschaften auf alle Erwerbsgesellschaften — Bremen nimmt die Versicherungsgesellschaften auf Gegenseitigkeit aus, auf welche nur die Vorschriften seines Einführungsgesetzes über Eintragung der Gesellschafter und ihrer Vertreter nebst deren Folgen und Wirkungen resp. die der Nichteintragung in das Handelsregister in Anwendung kommen sollten —; allein diese Vorgänge können die fragliche Neuerung ebenfalls nicht rechtfertigen.

F. Von dem Gegenstand des Unternehmens, dem Zweck der Handelsgesellschaften.

§ 9.

1. Alle Handelsgesellschaften basiren sich auf Vertrag, sei es einen ausdrücklichen, sei es stillschweigenden. Der Gegenstand, der Zweck eines Vertrages darf weder dem öffentlichen Interesse zuwider, noch verboten, noch unsittlich sein; Verträge dem zuwider geschlossen sind nichtig; auch ist es unzulässig und macht dergleichen Verträge nicht zu gültigen, wenn auf das Aufhören eines solchen zur Zeit des Vertragsschlusses bestehenden sittlichen oder gesetzlichen Hindernisses gerechnet wird.

2. Es muss deshalb auch der Gegenstand des Unternehmens sowie resp. der Zweck einer jeden Handelsgesellschaft ein erlaubter sein, d. h. er darf nicht der öffentlichen Ordnung und den guten Sitten zuwiderlaufen; er darf gar nicht im Gesetze geradezu verboten sein. Sonst gilt Alles was vorher von der Nichtigkeit der Verträge gesagt ist auch in Betreff der Handelsgesellschaften. Cfr. l. 35, § 1 D. de V. O. (45. 1), l. 83. § 5 D. ibid. Preussisches Allgemeines Landrecht I. Tit. 4 §§ 6 ff., Tit. 5 § 39. Koch, Preussisches Privatrect Bd. I, S. 226 (§ 115). Puchta, Pandecten §. 220. Art. 1833. 1131. 1133. 1107 Code civil, Art. 14 Allgemeine Bepalingen, Art. 1371. 1373 Burgerlyk Wetboék, Art. 37 Wetboek van Koophandel. Das holländische Handelsgesetzbuch spricht es in Betreff der anonymen Handelsgesellschaften ausdrücklich aus. — Art. 37 a. a. O.

Mit einem Zweck, welcher unsittlich resp. gesetzlich verboten, also ein unerlaubter ist, kann sich also keine Gesellschaft bilden. In das Handelsregister darf und wird sie niemals eingetragen werden.

Dass die deutschen Staaten in der Novelle vom 11. Juni 1870 sich der staatlichen Genehmigung der Commandit-Actiengesellschaften und der Actiengesellschaften begeben haben, dass also eine staatliche Genehmigung bei keiner Handelsgesellschaft jetzt erforderlich, ist hier gleichgültig. Der Staat hat sich damit auch nicht mehr zu befassen, ob der Zweck ein erlaubter oder ein unerlaubter ist.

3. Die sogenannten Concessionsgewerbe d. h. diejenigen zu deren Betrieb eine staatspolizeiche Genehmigung erforderlich ist, fallen nicht unter den Begriff der gesetzlich verbotenen Zwecke, der unerlaubten im vorher gemeinten Sinn. Denn ein gesetzlich verbotener Zweck kann durch keine blosse Concession zu einem erlaubten werden. Der Gesellschaftsvertrag ist deshalb auch nicht nichtig, er ist sogar nicht einmal ungültig, unter allen Umständen und von Anfang an blos wegen des Zwecks, weil dieser

ein Gewerbe betrifft, zu welchem erst die staatspolizeiliche Concession eingeholt werden muss, bevor der Betrieb desselben begonnen werden darf. Nicht der Zweck ist unerlaubt, sondern nur der Betrieb ist ohne staatspolizeiliche Concession nicht gestattet. Freilich kann die Auflösung einer Gesellschaft hinterher eintreten, wenn die Concession versagt, und dadurch der Zweck der Gesellschaft unerreichbar, unmöglich wird. Zu diesen Concessionsgewerben gehören namentlich die Eisenbahnunternehmungen und verschiedene Fabrikgewerbe, deren Betrieb Gefahren für das Publicum mit sich führt, heut zu Tage auch noch das Versicherungsgewerbe. Siehe übrigens § 14.

4. Zweitens muss nach den Vorschriften des Handelsgesetzbuchs in seiner ursprünglichen Fassung der Gegenstand des Unternehmens der Handelsgesellschaften ausnahmslos in Handelsgeschäften bestehen. Es gab also nach dem Allgemeinen Deutschen Handelsgesetzbuch keine Handelsgesellschaften, deren Gegenstand des Unternehmens nicht in Handelsgeschäften bestand, welche nicht Handelsgeschäfte und zwar gewerbsmässig betrieben. Dies gilt auch noch heute in Betreff der offenen Handelsgesellschaften und der gewöhnlichen Commanditgesellschaften; der Gegenstand des Unternehmens dieser Arten von Handelsgesellschaften muss immer in Handelsgeschäften bestehen. S. zu Art. 85. 150.

Nur in Betreff der Commandit-Actiengesellschaften und der Actiengesellschaften ist durch die Novelle vom 11. Juni 1870 bestimmt, dass sie als Handelsgesellschaften gelten, wenn auch der Gegenstand des Unternehmens nicht in Handelsgeschäften besteht. Cfr. Art. 174. 208 a. a. O. Die früheren Gesetze, welche die Verhältnisse solcher Actiengesellschaften regelten, deren Gegenstand nicht in Handelsgeschäften bestand, namentlich das desfallsige Preussische Specialgesetz vom 15. Februar 1864, Gesetz-Sammlung S. 57 sind hierdurch obsolet geworden. Es giebt also jetzt Handelsgesellschaften, welche keine Handelsgeschäfte betreiben. S. S. 42ff.

G. Von der Firma der Handelsgesellschaften.

§ 10.

1. Das Recht der Firma ist ein Privilegium der Kaufleute. Das characteristische Merkmal der eigentlichen Handelsgesellschaften ist die gemeinschaftliche Firma Art. 85. 150; die stille Gesellschaft hat keine gemeinschaftliche Firma Art. 251; eine solche giebt es auch bei den Vereinigungen zu einzelnen Handelsgeschäften nicht Art. 269. Cfr. Art. 47—50, Code de commerce Art. 57 und 58, Wetboek van Koophandel.

Auch die in Betreff der Firmen für Kaufleute gegebenen Bestimmungen gelten in Betreff der Handelsgesellschaften. Cfr. Art. 5, s. § 8. u. S. 42ff.

2. Die Firma eines Kaufmanns ist der Name unter welchem er im

Handel seine Geschäfte betreibt und seine Unterschrift abgiebt, sagt Art. 15, und Art. 17 und 18 bestimmen über die Firmen der Handelsgesellschaft speciell:

„Art. 17. Die Firma einer offenen Handelsgesellschaft muss, wenn in dieselbe nicht die Namen sämmtlicher Gesellschafter aufgenommen sind, den Namen wenigstens eines der Gesellschafter mit einem das Vorhandensein einer Gesellschaft andeutenden Zusatze enthalten.

Die Firma einer Commanditgesellschaft muss den Namen wenigstens eines persönlich haftenden Gesellschafters mit einem das Vorhandensein einer Gesellschaft andeutenden Zusatze enthalten.

Die Namen anderer Personen, als der persönlich haftenden Gesellschafter dürfen in die Firma einer Handelsgesellschaft nicht aufgenommen werden; auch darf sich keine offene Handelsgesellschaft oder Commanditgesellschaft als Actiengesellschaft bezeichnen, selbst wenn das Capital der Commanditisten in Actien zerlegt ist.

Art. 18. Die Firma einer Actiengesellschaft muss in der Regel von dem Gegenstande ihrer Unternehmung entlehnt sein.

Der Name von Gesellschaftern oder anderen Personen darf in der Firma nicht aufgenommen werden."

3. Hierzu kommen noch folgende allgemeine Bestimmungen des Allgemeinen Deutschen Handelsgesetzbuchs über Firmen:

Art. 20. Jede neue Firma muss sich von allen an demselben Orte oder in derselben Gemeinde bereits bestehenden und in das Handelsregister eingetragenen Firmen deutlich unterscheiden.

Hat ein Kaufmann mit einem in das Handelsregister eingetragenen Kaufmann gleiche Vor- und Familiennamen, und will auch er sich derselben als seiner Firma bedienen, so muss er dieser einen Zusatz beifügen, durch welchen sich dieselbe von der bereits eingetragenen Firma deutlich unterscheidet.

Art. 21. Absatz 2. Besteht an dem Orte oder in der Gemeinde, wo die Zweigniederlassung errichtet wird, bereits eine gleiche Firma, so muss der Firma ein Zusatz beigefügt werden, durch welchen sie sich von jener bereits vorhandenen Firma deutlich unterscheidet.

Art. 22. Wer ein bestehendes Handelsgeschäft durch Vertrag oder Erbgang erwirbt, kann dasselbe unter der bisherigen

Firma mit oder ohne einen das Nachfolgeverhältniss andeutenden Zusatz fortführen, wenn der bisherige Geschäftsinhaber oder dessen Erben oder die etwaigen Miterben in die Fortführung der Firma ausdrücklich willigen.

Art. 23. Die Veräusserung einer Firma als solcher, abgesondert von dem Handelsgeschäft, für welches sie bisher geführt wurde, ist nicht zulässig.

Art. 24. Wenn in ein bestehendes Handelsgeschäft Jemand als Handelsgesellschafter eintritt, oder wenn ein Gesellschafter zu einer Handelsgesellschaft neu hinzutritt oder aus einer solchen austritt, so kann, ungeachtet dieser Veränderung, die ursprüngliche Firma fortgeführt werden.

Jedoch ist beim Austreten eines Gesellschafters dessen ausdrückliche Einwilligung in die Fortführung der Firma erforderlich, wenn sein Name in der Firma enthalten ist.

Art. 27. Wer durch den unbefugten Gebrauch einer Firma in seinen Rechten verletzt ist, kann den Unberechtigten auf Unterlassung der weiteren Führung der Firma und auf Schadensersatz belangen.

Ueber das Vorhandensein und die Höhe des Schadens entscheidet das Handelsgericht nach seinem freien Ermessen.

Das Handelsgericht kann die Veröffentlichung des Erkenntnisses auf Kosten des Verurtheilten verordnen.

Es ist zu diesen gesetzlichen Bestimmungen Folgendes zu bemerken:

4. Die Firma einer offenen Handelsgesellschaft.

a) Die Firma kann den vollen Namen — mit und ohne Vor- und Zunamen — aber auch blos den Familiennamen, bürgerlichen Namen — mit den Anfangsbuchstaben der Vornamen; auch blos den Familiennamen enthalten, beziehungsweise die Namen der Gesellschafter. Wittwen sind nicht auf ihren Familien- — Geburts- — namen beschränkt; sie können den Namen ihres verstorbenen Mannes mit dem Zusatze, welcher ihrem Wittwenstande entspricht, annehmen, was durch den im Art. 16 in Parenthese eingeschalteten Ausdruck „bürgerliche Namen“ ausgedrückt ist, cfr. Protocolle S. 35, 911. Ebenso dürfen geschiedene Frauen, wenn ihnen sonst nicht es verboten — cfr. Allgemeines Preussisches Landrecht, Thl. II, Tit. 1, § 742 — den Namen des gewesenen Ehemannes führen.

b) Der Zusatz, welcher das Vorhandensein einer Gesellschaft anzudeuten hat, besteht gewöhnlich in dem „et Compagnie“, mit den beliebten mannichfachen Abbreviaturen und Schnörkeln. Dieser, das Vorhandensein einer Gesellschaft andeutende Zusatz, muss stets vorhanden sein, wenn nicht die Namen sämmtlicher Gesellschafter in die Firma aufgenommen sind, also auch dann, wenn bei einer, aus mehr als zwei Personen bestehenden, offenen Handelsgesellschaft die Namen nur zweier Gesellschafter in der Firma enthalten sind, cfr. Protocolle S. 36. Ueberhaupt muss aus der Firma einer offenen Handelsgesellschaft erkennbar sein, dass es eine Handelsgesellschaft ist. Z. B. wenn die drei Personen Carl Friedrich, August Moritz, und Ferdinand Oehlenschläger die sämmtlichen Gesellschafter sind, so würde man es einer Firma: „Friedrich Moritz Oehlenschläger“ nicht ansehen, dass es eine Gesellschaftsfirma ist, denn es könnte eben so gut die Firma eines Einzelkaufmanns mit dem Vornamen Friedrich, Moritz und dem Zunamen Oehlenschläger sein. Anders, wenn die Firma lautet: Friedrich, Moritz et Oehlenschläger.

c) Die Societätsfirma ist auch ein Name, — cfr. Art. 17 — der zwar den Gesellschaftern für ihre Person nicht zusteht, den sie aber in Vertretung der Gesellschaft zu verpflichtenden Abschlüssen für letztere gebrauchen dürfen.

d) Die Firma ist kein Sachname. Sie ist nicht als unzertrennbar vom Geschäft anzusehen, insbesondere nicht in der Art, dass dieses Geschäft als ein abgeschlosses Ganze zu betrachten, zu welchem etwa als integrirende Theile nicht nur die Waaren, Vorräthe und Utensilien, sondern auch die ausstehenden Handlungsforderungen und contrahirten Handlungsschulden gehören, so dass nun dieses Ganze — aufgefasst als einheitlicher Complex — übertragen werden kann, und dass, welche Person auch immer der Träger einer solchen Firma sein möge, dadurch die Einheit an sich nicht alterirt werde, vielmehr unverändert und unzertrennt stehen bliebe. Man würde hierbei Handelsgeschäft und Handlungsvermögen verwechseln, welche aber weit unterschieden sind. Das Handelsgeschäft kann plötzlich verschwinden — durch Aufgeben des Geschäfts, Löschung der Firma, — das Handlungsvermögen bleibt unverändert. So z. B. Art. 147, cfr. Erkenntniss des Reichs-Oberhandelsgerichts vom 21. Februar 1871, Entsch. Bd. 2, S. 49 ff.

Nie kann jedoch die Firma ohne das Geschäft, wohl aber das Geschäft ohne die Firma veräussert werden. Cfr. Art. 23, cfr. v. Hahn zu Art. 23; Anschütz-Völderndorff Commentar etc., Bd. 1, S. 191.

e) Die Firma einer offenen Handelsgesellschaft ist allen Gesellschaftern derartig gemeinschaftlich und muss allen gemeinschaftlich sein, dass der Umstand: ob dieser oder jener Gesellschafter von der Geschäftsführung oder der Vertretung der Gesellschaft ausgeschlossen, in dieser Beziehung ganz gleichgültig bleibt.

Ueber die gemeinschaftliche Firma, namentlich auf die daraus für die Existenz einer offenen Handelsgesellschaft zu ziehenden Schlüsse, s. zu Art. 85, im besonderen Theil.

5. Die Anwendung des vorerwähnten Art. 27 Allgemeinen Deutschen Handelsgesetzbuchs setzt weder unbedingt voraus, dass die Rechtsverletzung durch unbefugten Gebrauch einer Firma das Vermögen betrifft,

noch dass die Nichtberechtigung zum Gebrauche der Firma darin ihren Grund hat, dass dieselbe Firma befugterweise von dem Verletzten geführt oder doch zu führen beabsichtigt wird. Wer ferner aus jenem — Art. 27 — gegebenem Rechte auf Schadensersatz weder Gebrauch machen kann noch will, darf dennoch auf Inhibirung der Firmafortführung gegen den hierzu nicht Befugten klagen, und zwar ohne Schadensnachweis, dann aber nur, wenn ihm ein Verbietungsrecht zusteht, was verletzt ist, in welchem Fall der Kläger eines solchen Rechts aus einem andern Grunde nachweisen muss, dass er zur Führung der fraglichen Firma befugt ist. Aber die Bezeichnung von Waaren mit der Firma eines andern, beziehungsweise die Verwendung von dergleichen Etiquetten ist als ein Gebrauch dieser Firma im Sinne des Art. 27 nicht anzusehen. Indessen, wenn die Firma in das Handelsregister eingetragen ist, so entscheidet der Wortlaut dieser Eintragung und der Inhaber dieser Firma kann, wenn er sich im Geschäftsverkehr eines abweichend lautenden Namens als Firma bedient hat, hieraus kein Recht darauf herleiten, auch die in solcher Weise modificirte Firma zu führen. Cfr. auch Art. 25 und 26, cfr. Entscheidung des Reichs-Ober-Handelsgerichts vom 9. December 1871. Entscheid. Bd. 4. S. 254ff. auch Entscheidung vom 22. Juni 1872. a. a. O. Bd. 6. S. 246ff.

Missbrauch einer Firma bei Bezeichnung von Waaren oder deren Verpackung ist nach § 287 Strafgesetzbuchs strafbar.

6. Die Firma einer Commanditgesellschaft und einer Commanditgesellschaft auf Actien.

a) Im Allgemeinen gilt hier das bei der Firma der offenen Handelsgesellschaft Gesagte.

Aber die Firma einer jeden Commanditgesellschaft muss den Namen mindestens eines persönlich haftenden Gellschafters, und dann noch einen, das Vorhandensein der Gesellschaft andeutenden Zusatz enthalten; die Namen anderer Personen dürfen in die Firma nicht aufgenommen werden, auch darf sich keine Commanditgesellschaft, selbst nicht die Commanditgesellschaft auf Actien, als Actiengesellschaft bezeichnen. Art. 17 Alinea 2 und 3.

Die positive Bestimmung dieser Vorschrift entspricht dem Princip der Wahrheit der Firma, welche dem wahren Sachverhältniss gemäss sein, und durch sich selbst schon ihren Träger kennbar machen soll; die negative Bestimmung soll Täuschungen vorbeugen. Steht danach der Name eines Commanditisten in der Firma, so muss er sich gefallen lassen, wie ein offener Gesellschafter angesehen zu werden, und haftet dann auch wie ein solcher, cfr. Art. 169 im besonderen Theil, wo das Weitere über diese Verhaftung nachzusehen ist.

Es muss ürigens auch dann, wenn die Namen von zwei oder mehren persönlich haftenden Gesellschaftern in der Firma stehen, dennoch der das Vorhandensein einer Gesellschaft andeutende Zusatz aufgenommen werden, cfr. Art. 36, und vorher I. Nr. 2, cfr. v. Hahn zu Art. 17 § 2, Anschütz-Völderndorff Comment. Bd. I. S. 154. Dass in der Firma aber ausgedrückt wird, die Gesellschaft sei eine Commanditgesellschaft, dass ist nicht nöthig. Finden sich die Namen von Personen in der Firma einer Commanditgesellschaft, welche weder persönlich haftende Gesellschafter sind, noch auch zu ihrem Commanditisten gehören, also Namen von ganz unbetheiligten Personen, welche an dem Geschäfte nicht in der angegebenen Stellung und Weise betheiligt sind, so hat das Handelsgericht disciplinariter einzuschreiten. Anschütz-Völderndorff a. a. O. S. 155.

Dass in der Firma die Bezeichnug „Commanditgesellschaft auf Actien“ enthalten ist, kann mit Bezug auf Alinea 3 Art. 17 keinem Bedenken unterliegen, cfr. Anschütz-Völderndorff a. a. O. Es kommt dies auch vor, aber selten; die Firma wird dadurch unnöthig lang. So hat z. B. die in Berlin domicilirte Commandit-Actiengesellschaft, Deutsche Handelsbank die Firma: „Deutsche Handelsbank, Commanditgesellschaft auf Actien. L. Lambrecht, R. Lange.“ Andere Beispiele finden sich bei Anschütz-Völderndorff a. a. O. Nur als Actiengesellschaft darf sich eine Commanditgesellschaft nicht bezeichnen. Wenn die Motive des Preussischen Entwurf bemerken, das Verbot, dass keine offene oder stille Handelsgesellschaft sich als Actiengesellschaft bezeichnen dürfe, bezwecke gefährliche Täuschungen des Publicums zu verhindern, so sind sie eben nicht glücklich gewählt, weil nicht immer zutreffend. Denn unter Umständen geht das Publicum sicherer bei der offenen Handelsgesellschaft und bei den Commanditgesellschaften, wo es sich die Personen der offenen Gesellschaften resp. der Complementäre, auch die der Commanditisten ansehen, und ihre Creditwürdigkeit prüfen kann, als bei den Actiengesellschaften, wo, wie die Vorgänge der Neuzeit erwiesen haben, dem Schwindel Thür und Thor offen steht. Aber eine Unwahrheit würde es sein, wenn eine Gesellschaft, welche keine Actiengesellschaft ist, sich in ihrer Firma als solche präsentirt, und das Princip der Wahrheit muss bei den Firmen aufrecht erhalten werden.

b) Als die Gesellschaft bezeichnender Zusatz bei den Commanditgesellschaften wird gewöhnlich auch das „& Comp.“ gewählt, doch liegt dieser Zusatz auch in dem: „Commanditgesellschaft“ oder „Commanditgesellschaft auf Actien.“ Nicht genügen würde es, wenn blos die Namen der persönlich haftenden Gesellschafter in die Firma aufgenommen wären, z. B. Deutsche Handelsbank, L. Lambrecht, R. Lange, weil dort der Gesellschaftszusatz fehlte. Selbstverständlich sind Zusätze in der Firma: wie Deutsche Handelsbank, Gewerbebank, Bankverein u. dergl. das Geschäft andeutende Vermerke nirgends verboten und der wahren Sachlage auch nicht widersprechend. Das Stadtgericht Berlin nahm Anstoss an dem „Direction“ in der Firma: „Direction der Preussischen Hypotheken-, Credit- und Bank-Anstalt, Commanditgesellschaft auf Actien, Hermann Henkel.“ Doch ohne gerechten

Grund, und das Kammergericht liess die Firma auch zu. Cfr. Busch Archiv Bd. X, S. 309; Anschütz a. a. O. Bd. 2, S. 323, Note 6. Es kann sogar nicht als unbedingt verboten erachtet werden, dass ein fremder Name in der Firma vorkommt, wenn nur deutlich erkennbar ist, dass er nicht zur Bezeichnung eines Gesellschafters dient, sondern zu anderen Zwecken, z. B. zur Bezeichnung des Geschäfts. Z. B. wenn eine Firma lautet: Carl Runkel, August Rübe & Co., vormals A. Süss'sche Zuckerfabrik. Cfr. vorher Nr. 1.

c) Das französische Handelsgesetzbuch untersagt gleichfalls die Aufnahme eines Commanditisten in der Firma — Art. 25 Code de commerce, ebenso das holländische, Art. 20 Wetboek van Koophandel aus dem Grunde, damit Dritte dadurch nicht in den Glauben gebracht werden können, er hafte wie ein persönlich haftender Gesellschafter, er habe mehr Geld eingeschossen als wirklich der Fall. Cfr. Note zu Art. 20 Wetboek van Koophandel von Schuller und Waller. Im französischen Handelsgesetzbuch ist keine Androhung hinzugefügt, im holländischen aber die gleiche wie in Art. 168, nämlich die der Verhaftung als offener Gesellschafter.

7. Die Firma einer Actiengesellschaft.

a) Die Firma einer Actiengesellschaft muss sich natürlich anders dastellen, wie die Firma der offenen Handelsgesellschaften und der Commanditgesellschaften, denn bei der Actiengesellschaft haften die einzelnen Actionäre den Gläubigern gar nicht persönlich, es giebt dort überhaupt Niemand, der persönlich und solidarisch haftet, die ganze Verhaftung beschränkt sich nur auf das eingeschossene Capital bei allen Gesellschaftern, die Gesellschaft ist reine Capitalgesellschaft. Jede Aufnahme des Namens einer bestimmten Person würde der Wahrheit zuwider sein und dazu verleiten können, diese Person als weiter haftend hinzustellen. Träger der Firma kann daher nie eine Person, sondern nur das ganze Actienunternehmen sein, und die Firma muss daher und kann nur diesem Unternehmen entlehnt sein. Das ist die namenlose Firma, die sogenannte Sachfirma. Cfr. Art. 18. Cfr. v. Hahn Commentar zu Art. 18, § 3.

Gleiche Grundsätze hat das französische Handelsgesetzbuch Art. 29 und 30 Code de commerce. „Die anonyme Gesellschaft besteht nicht unter einem Gesellschaftsnamen, sie wird durch den Namen keines der Gesellschafters bezeichnet. Sie wird nach dem Gegenstande ihrer Unternehmung benannt.“ Desgleichen auch das holländische Handelsgesetzbuch Art. 36 Wetboek van Koophandel, cfr. auch das frühere Preussische Gesetz vom 9. November 1843 über Actiengesellschaften § 5.

Eigentlich kennt das Allgemeine Deutsche Handelsgesetzbuch, wie das französische und holländische nur Namenfirmen; die Sachfirma ist eine Ausnahme. In diesem Sinne sagt auch das holländische Handelsgesetzbuch Art. 36 Wetboek van Koophandel: „die namenlose Gesellschaft hat keine Firma.

b) Der Art. 18 Allgemeines Deutsches Handelsgesetzbuch, welcher sich früher nur auf Actiengesellschaften bezog, deren Gegenstand des Unternehmens in Handelsgeschäften bestand, bezieht sich jetzt nach der Novelle vom 11. Juni 1870 cfr. Art. 5 auf alle Actiengesellschaften.

c) Der Art. 18 sagt; „in der Regel" müsse die Firma dem Gegenstande des Unternehmens entlehnt sein. Das französische und das holländische Handelsgesetzbuch bestimmen schlechthin, die Firma müsse dem Gegenstande des Unternehmens entlehnt sein. Auch der Preussische Entwurf enthielt die Worte „in der Regel" nicht, sie sind in der ersten Lesung hinzugefügt und sollen andeuten, dass auch die Annahme einer anderweiten kurzen und die Gesellschaft von anderen ähnlichen scharf unterscheidenden Firma nicht ausgeschlossen sei; deshalb sind Firmen, wie Phönix, Securitas u. dergl. allegorische und von dem hauptsächlichen Betriebe entnommene, nicht durchaus verboten. Ueber die Zulässigkeit solcher Firmen hat jetzt, nach Wegfall der staatlichen Genehmigung, das zur Eintragung der Gesellschaft berufene Handelsgericht zu entscheiden. Cfr. von Hahn Commentar a. a. O. § 2. Die Preussische Regierung monirt: wenn in einer Versicherungs-Actiengesellschaftsfirma das Wort „Anstalt" vorkommt, im Concessionsstadium: „Actiengesellschaft" soll es statt „Anstalt" heissen. Das Monitum ist durch und durch ohne irgend welche gesetzliche Begründung.

d) Das Verbot des zweiten Alinea Art. 18 lautet absolut und es ist deshalb namentlich verboten, auch nicht einmal den Namen einer anderen Person als eines Gesellschafters in die Firma aufzunehmen. Niemals darf der Name eines Actionärs in die Firma aufgenommen werden, auch nie der Name einer lebenden Person oder einer Person, welche existiren kann, so lange dadurch irgendwie eine irrige Auffassung des Publicums Raum erhält, diese Person als Inhaber oder Mitinhaber der Firma anzusehen. Denn der Zweck der Vorschrift ist ja der: dass zur Vermeidung von Täuschungen deutlich sich ergeben muss, es hafte keine Person mit ihrem Vermögen, sondern nur das Actiencapital. Es haben daher die im Berliner Handelsregister eingetragenen Firmen: „Appretur, Decatur und Färberei, Actiengesellschaft C. G. Ullrich" und „Waggonfabrik Gebr. Hoffmann & Co., Actiengesellschaft" cfr. S. 217 und 258 des Verzeichnisses der Eintragungen in das Handelsregister von Vehl, ihre Bedenken. Anders verhält es sich mit historischen oder den vorerwähnten allegorischen Namen, den Namen heidnischer Götter u. dergl., berühmter Männer der Vorzeit.. Cfr. v. Hahn a. a. O. § 4. Anschütz-Völderndorff Commentar Bd. I, S. 157. 158.

e) Ist der Gegenstand der Unternehmung in der Firma enthalten, so steht der sonstigen Verbindung mit anderen Bezeichnungen nichts im Wege, selbstverständlich mit Ausschluss der Personen-Namen.

Die Bezeichnung „Actien-Gesellschaft" ist nicht nothwendig, ein darauf hinzielender Antrag wurde in der Conferenz nicht angenommen. Indessen findet sich diese Bezeichnung sehr häufig in der Firma, um das Publicum darauf grade aufmerksam zu machen.

Nicht unzulässig sind Zusätze wie: Deutsche, Preussische u. dergl., auch „Königlich“, „Privilegirt“, wenn sonst die Voraussetzungen dazu vorhanden sind. In Hamburg war ehedem einmal der Zusatz: „Hamburgische“ verboten. Cfr. Brinkmann Handelsrecht S. 325, Note 12.

f) Man hat die Actiengesellschaftsfirmen sehr verschieden construirt. Dabei sind merkwürdige, ja komische Zusammenstellungen vorgekommen. Cfr. Anschütz-Völderndorff Bd. I, S. 157. Beispiele sind: Ludwigshafener Actien-Brauerei, Frankfurter Actien-Spritfabrik; als ob Actien gebraut und Actiensprit fabricirt würde. Freilich da der Actiengesellschaften in neuer Zeit so sehr viele aufgewachsen sind, hat man nach Firmen mit unterscheidenden Merkmalen zu suchen.

H. Von dem Sitz einer Handelsgesellschaft und ihrem Gerichtsstand; der Hauptniederlassung und Zweigniederlassungen.

§ 10.

1. Der Sitz der Gesellschaft — franz.: siege — holländ.: zetel — ist derjenige Ort, an welchem und von welchem aus das Handelsgewerbe oder das Unternehmen, welches den Zweck der Gesellschaft bildet, betrieben wird, der Ort, an welchem sich ihre Hauptniederlassung d. h. der Mittelpunkt ihres mercantilen Geschäftsbetriebes, Comtoir, Casse, Buchführung u. s. w. für das Gesammtunternehmen befindet, wo sich die innere und äussere Geschäftsführung der Gesellschaft concentrirt, und von wo der Geschäftsbetrieb ausgeht; wo — so zusagen — die Seele des Geschäftes. — Anschütz-Völderndorff, Bd. I. S. 164 und Anschütz a. a. O. Bd. 2. S. 85.; v. Hahn zu Art. 19. E. 3.; Protok. S. 4654—4662. Der Ort der Hauptniederlassung einer Gesellschaft wird nicht schwer erkennbar sein. Was das Allgemeine Deutsche Handelsgesetz bei den Gesellschaften Sitz, nennt es bei Einzelkaufleuten „Handelsniederlassung“. Art. 19. 86. 151. 176. 210.

2. Eine Handelsgesellschaft kann nur einen Sitz haben; also auch nur eine Hauptniederlassung. Cfr. Anschütz a. a. O. S. 85. Wenn eine Handelsgesellschaft nur eine Niederlassung überhaupt besitzt, so ist diese zugleich Hauptniederlassung und Sitz der Gesellschaft. Hat sie mehre Niederlassungen, so ist ihr Sitz dort, wo sich die Hauptniederlassung befindet, die übrigen Niederlassungen sind Zweigniederlassungen. Welche von den mehren Niederlassungen mit welchen eine Gesellschaft auftritt der Sitz der Gesellschaft ist, darüber entscheidet lediglich die Erklärung der Gesellschafter, nicht etwa der Umfang des Geschäftsbetriebes an den einzelnen Orten cfr. v. Hahn zu Art. 86. 25.

3. Durch den Sitz der Gesellschaft wird ihr Gerichtsstand bestimmt. Art. 111.; und bei demjenigen Handelsgericht, in dessen Be-

zirke er sich befindet, hat die Anmeldung resp. die erste Anmeldung der Gesellschaft zu erfolgen. Art. 21. Al. 3. Art. 86. — Art. 53. Nr. 1. des Preussischen Einführungsgesetzes bestimmt, dass Actiengesellschaften und Commanditactiengesellschaften, welche in Preussen errichtet worden und auch in Preussen ihren Sitz haben, auch als Preussische Unterthanen anzusehen sind, in Betreff des Rechts zur Führung der Flagge, doch müssen bei den Commanditactiengesellschaften auch die persönlich haftenden Gesellschaften Preussische Unterthanen sein. Dieser Satz wird auch allgemein gelten.

4. Wenn also eine Gesellschaft einen Ort als ihren Sitz ausdrücklich bezeichnet, so giebt sie auch zu erkennen, dass sie dort ihre Hauptniederlassung hat; bei jeder Gesellschaft aber ist in der Anmeldung zum Handelsregister anzugeben: wo sie ihren Sitz hat. Art. 86. Nr. 2. Art. 151. Nr. 3. Art. 175. Nr. 2. Art. 209. Nr. 1.

5. Hat eine Gesellschaft einen Sitz genommen, und errichtet sie dann noch an anderen Orten Handelsetablissements, welche von dem Geschäft an ihrem Sitze ressortiren resp. mit demselben in Verbindung stehen, so sind dies Zweigniederlassungen. Wegen der Zweigniederlassungen kommen die Vorschriften in Art. 21 zur Anwendung.

An demselben Orte ist die Gründung mehrerer Niederlassungen mit gleicher Firma nicht möglich. Art. 20.; cfr. v. Hahn zu Art. 21. § 1. Note. 1. Etabliren nun dieselben Gesellschafter mehre Handelsniederlassungen an verschiedenen Orten, unter verschiedenen Gesellschaftsfirmen, ja auch unter derselben Firma, so ist selbstverständlich jede eine besondere Handelsgesellschaft, eine besondere Niederlassung und als solche zu behandeln und zu beurtheilen: z. B. Meyer Levi & Comp. in Berlin, und Meyer Levi & Comp. in Hamburg: für jene ist Sitz und Hauptniederlassung in Berlin, für diese in Hamburg. Nur wenn eine bereits etablirte Gesellschaft z. B. Meyer Levi & Comp. in Berlin eine neue Niederlassung an einem anderen Orte errichtet, und diese als eine Zweigniederlassung der ersteren bezeichnet, dann kommen die Vorschriften für Zweigniederlassungen — Art. 21. 86. 152. 179. 198. 212. 214. — zur Anwendung.

6. Wenn eine Handelsgesellschaft mit Angabe ihres Sitzes angemeldet ist, wenn sie noch an anderen Orten Handelsetablissements errichtet, diese als Zweigniederlassung bezeichnet und in das Handelsregister als solche eintragen lässt, dann ist es klar was Haupt- und was Zweigniederlassung ist, oder vielmehr ob ein Nebenetablissement als Zweigniederlassung wirklich anzusehen ist. Wenn es aber in Frage kommt: ob dieses oder jenes Etablissement einer Gesellschaft als eine Zweigniederlassung anzusehen sei, z. B. wenn die Erklärung als solche und die Eintragung nicht erfolgt ist, dann findet man im Allgemeinen Deutschen Handelsgesetzbuch darüber keine Auskunft, man steht vielmehr im Dunkeln und vor Controversen. Dieser Zustand übt seine Wirkung auch aus auf die Art und Weise der Eintragung der Zweigniederlassungen in das Handelsregister.

Es können aber für die Entscheidung der Frage: ob ein Etablissement als Zweigniederlassung anzusehen sei, einige massgebende Anhaltspunkte bezeichnet werden. Dergleichen sind: dass ein Comtoir, eine Stelle errichtet ist, wo und von wo die Handelsgesellschaft ihre Geschäfte abzuschliessen oder zu erfüllen pflegt, mit einem Wort: wo sie zu Hause ist; ubi rerum ac fortunarum suarum, ad mercanturam spectantium, summam posuit (constituit); l. 7. C. de incolis et ubi quis domicilium (10 40). — v. Hahn zu Art. 19. § 2 —; ferner dass die Geschäfte selbstständig betrieben werden, nicht etwa als ein Theil eines anderen dort bereits betriebenen Geschäfts oder als ein Theil einer anderen Geschäftsführung; auch dass eine besondere Buchführung gehalten wird; man sagt nicht mit Unrecht: wo der Geschäftsbetrieb im Wesentlichen ein solcher ist, dass wenn nicht das Etablissement als Zweigniederlassung einer Gesellschaft, welche anderswo ihren Sitz hat, angesehen werden sollte, die Eintragung ohnehin nach der Vorschrift des Handelsgesetzbuchs im Handelsregister erfolgen müsste. — Cfr. Anschütz-Völderndorff Bd. I. S. 172—175. Dass gerade die persönlich haftenden Gesellschafter der Gesellschaft oder ihr Vorstand, oder einige der Gesellschafter resp. Vorstandsmitglieder persönlich am Orte der Zweigniederlassung thätig sind, ist nicht erforderlich, es können dort Procuristen die Geschäfte der Gesellschaft führen, selbst auch General- und andere Bevollmächtigte. Cfr. Anschütz-Völderndorff Bd. I., S. 175 Note 5. Blosse Fabrikationsstätten und Anstalten, gewöhnliche Agenturen, blosse Hülfsanstalten des Hauptgeschäftes, sind keine Zweigniederlassungen. Selbst in Betreff der General-Agenturen, der Special-Directionen, und wie dergleichen Institute sonst heissen mögen, kann man zweifelhaft sein. Sie sind in der That auch nicht als Zweigniederlassungen anzusehen, wenn nicht die vorerwähnten Merkmale vorhanden sind, und dann sicherlich nicht, wenn, wie es nicht selten vorkommt, „General-Agent“, „Haupt-Agent“ als ein blosser Titel vergeben ist, und der Titulirte weiter nichts besorgt als gewöhnliche Agenturgeschäfte. Ob ein solcher General-Agent sein Comtoir errichtet hat, ist gleichgültig, wenn nicht ein Comtoir der Gesellschaft etablirt worden ist, oder die Gesellschaft ausdrücklich dies Etablissement als Zweigniederlassung bezeichnet hat. In Folge besonderer partikularrechtlicher Vorschriften können auf solche General- und Hauptagenturen manche für Zweigniederlassungen geltende Sätze anzuwenden sein. Dergleichen Vorschriften kommen in einigen Landesgesetzgebungen vor, namentlich für Versicherungsgesellschaften, welche im Auslande ihren Sitz haben. So muss in Preussen nach den Concessionsbedingungen jede ausländische, zum Versicherungsgeschäftsbetriebe zugelassene, Versicherungsgesellschaft an einem inländischen Orte einen Generalbevollmächtigten mit besonderem Comtoir etabliren, welcher von diesem Orte aus alle Versicherungsverträge mit den Inländern abzuschliessen hat; und welcher der Staatsregierung gegenüber die Gesellschaft repräsentirt. Im Wesentlichen ebenso bestimmt die Grossherzoglich Sächische Verordnung vom 19. September 1860, ja fast in allen grösseren Deutschen Staaten finden sich ebensolche Partikulargesetze. Dass diese Geltung haben neben dem Allgemeinen Deutschen Handelsgesetzbuch darüber kann kein Zweifel sein, und es kann ein solches Etablissement ganz und gar den Charakter einer Zweigniederlassung tragen; um so mehr, als in dergleichen Fällen zugleich der Gerichtsstand durch die Wahl des Ortes, an welchem sich das Etablissement habilitirt, bestimmt wird. Cfr. v. Hahn zu Art. 21. § 2. Anschütz-Völderndorff Bd. I. S. 177. In Betreff der Nothwendigkeit der Eintragung solcher Generalagenturen, Hauptagenturen, Subdirectionen in das Handelsregister und die Art und Weise der Eintragung herrscht in der Praxis Verschiedenheit. So werden in Bayern nicht allgemein die Generalagenturen auswärtiger Versicherungsanstalten eingetragen. Cfr. Anschütz-Völderndorff a. a. O. Note 9. In Preussen wird die Firma der Gesellschaft eingetragen mit dem Vermerk der Errichtung einer Generalagentur und dem Namen des General-Bevollmächtigten.

Gewöhnliche Eisenbahnstationen, wenngleich sie Personentransport und Frachtverträge abschliessen, sind nicht als Zweigniederlassungen anzusehen, weil sie nur als ein Glied des ganzen Organismus der Eisenbahnverwaltung handeln. Doch können auch diese Etablissements, unter Hinzutritt besonderer Umstände und indem mit ihnen eine besondere Geschäftsverwaltung resp. Betrieb verbunden wird, den Charakter von Zweigniederlassungen immerhin annehmen. Cfr. v. Hahn zu Art. 21. § 2. Anschütz-Völderndorff a. a. O. S. 177.

Als besonders charakteristisches Merkmal einer Zweigniederlassung wird auch angeführt: dass das eine Etablissement in den Büchern des anderen als Creditor und Debitor gebucht wird — cfr. Anschütz-Völderndorff, a. a. O. S. 175. Note 5, — dagegen Endemann S. 81. Nr. 30, — doch als durchgreifend entscheidendes Merkmal kann dies nicht angesehen werden, denn ein solches Buchungsverhältniss kann auch in Betreff blosser Generalagenturen bestehen, namentlich bei Bank-Geschäften, welche an dem Orte ihres Sitzes dergleichen Generalagenturen errichten; wo sie Zweiganstalten nicht errichten können.

7. Die Bezeichnung einer Handelsniederlassung als Zweigniederlassung einer anderen enthält die Erklärung: dass die Personen der Inhaber beider Niederlassungen identisch, und dass ebenso die Bestimmungen des Gesellschaftsvertrages, des Statuts, dieselben sind. Es ist also der Austritt eines Gesellschafters oder der Eintritt eines neuen, das Ausscheiden und resp. der Eintritt eines Vorstandsmitgliedes sofort in Bezug auf beide Niederlassungen wirksam. Sollte erklärt werden, dass dergleichen Veränderungen nur für eine Niederlassung wirksam sein sollten, so würde, wenn es überhaupt angänglich wäre, der Nexus zwischen beiden dadurch als aufgehoben anzusehen sein. Cfr. v. Hahn zu Art. 21. § 3 und Note 5.

Doch wird diess dritten Personen gegenüber nur Wirkung haben, je nachdem die Eintragung und resp. auch in dem Handelsregister der Zweigniederlassung erfolgt ist, oder der Dritte anderweitig davon Kenntniss gehabt hat, oder es hat kennen müssen. S. § 13. 10—12. und bei Art. 87. IV. Unzulässig ist die Beschränkung der Vertretung der Gesellschaft hinsichtlich offener oder persönlich haftender Gesellschafter, resp. Vorstandsmitglieder einer Aktiengesellschaft, und Procuristen auf eine einzelne Zweigniederlassung insofern als sie Dritten gegenüber ganz unwirksam ist. Cfr. Art. 43. Alin. 2. 116. 231. Alin. 2.

8. Wenn eine bestehende Handelsgesellschaft an einem anderen Orte nun eine Zweigniederlassung etablirt, so genügt bei der Anmeldung der Firma die Anzeige: dass eine Zweigniederlassung errichtet sei, oder die einfach aber deutlich kundgegebene Absicht, dass eine Zweigniederlassung errichtet werde.

Am Orte der Zweigniederlassung wird die Firma der Handelsgesellschaft angemeldet und eingetragen, dabei aber als Sitz der Gesellschaft der Ort der Hauptniederlassung vermerkt. Daraus ergiebt sich zur Genüge der Charakter der Zweigniederlassung. Offene Gesellschafter, die persönlich haftenden Gesellschafter, die Vorstandsmitglieder, d. h. die, welche nicht von der Vertretung ausgeschlossen sind, müssen auch bei der Anmeldung der Zweigniederlassung am Ort derselben Firma zeichnen resp. ihre Unterschriften abgeben oder in beglaubigter Form einreichen, wie bei der Anmeldung der Gesellschaft am Orte des Sitzes. Andere Eintragungen mit Firmaänderung resp. mit Zusätzen zu der Firma: z. B. Vorsetzen vor der Firma: „Filiale", „Filiale der Pommerischen Hypothekenbank, Actiengesellschaft" sind nicht in Ordnung, denn so lautet die Firma der Gesellschaft nicht; das ist eine ganz andere Firma resp. Gesellschaft.

9. Es ist nach dem Alin. 3 des Art. 21. unerlässlich, dass, bevor die Eintragung der Firma am Orte der Zweigniederlassung erfolgen kann, die Firma der Gesellschaft an ihrem Sitze eingetragen ist; es muss diese letztere Eintragung also bei der Anmeldung der Firma am Orte der Zweigniederlassung nachgewiesen werden. Besteht am Orte, wo die Zweigniederlassung etablirt und eingetragen werden soll oder in der desfallsigen Gemeinde bereits eine gleiche Firma, so muss der Firma der ersteren ein, sie von der letzteren Firma deutlich unterscheidender Zusatz beigefügt werden cfr. Art. 21. Alin. 2.

Wenn eine Zweigniederlassung etablirt und die Firma der Gesellschaft am Orte der Zweigniederlassung eingetragen worden, so ist auch zum Handelsregister des Orts des Sitzes, der Hauptniederlassung, die Errichtung der Zweigniederlassung Behufs Eintragung anzumelden. Dass aber, bevor die Eintragung der Firma am Ort der Zweigniederlassung erfolgen kann, der Nachweis zu bringen, dass die Zweigniederlassung auch im Handelsregister am Orte des Sitzes der Gesellschaft eingetragen sei, das ist nicht erforderlich; obwohl man es hier und da verlangt. Nur dass die Firma resp. die Gesellschaft am Sitz überhaupt eingetragen, sei verlangt Art. 21. Alin. 3. Dieses Alinea hat übrigens keine so umfassende und strenge Bedeutung als man ihm beilegt. Es wurde erst in dritter Lesung beigefügt — Prot. S. 4661 —, und es ist ersichtlich: dass die Absicht dabei dahin gerichtet war: Unzuträglichkeiten und Beschädigungen zu vermeiden, welche daraus entstehen können, dass insbesondere bei Commanditgesellschaften, Commanditactiengesellschaften und Actiengesellschaften die Gesellschaft am Orte der Zweigniederlassung eingetragen wird, wogegen sie am Orte des Sitzes nicht eingetragen ist und man ihr resp. dort die Eintragung verweigert. Diese Argumente sind nicht überall zutreffend, sie haben eigentlich nur Bedeutung bei den genannten Gesellschaften, nicht bei der offenen Handelsgesellschaft. Cfr. Anschütz-Völderndorff Bd. I. S. 179, v. Hahn zu Art. 21. § 3. Das Alinea 3. Art. 21. ist desshalb namentlich in Betreff der offenen Handelsgesellschaft nicht von Erheblichkeit. In einzelnen Einführungsgesetzen: Bremen § 8, Hannover § 9, Oldenburg Art. 9, Mecklenburg § 14, Hamburg § 8, Schleswig-Holstein § 20, Lauenburg § 20 ist die Wirkung des Alinea 3 Art. 21. auf die Fälle beschränkt, wenn die Hauptniederlassung sich an einem Orte befindet, wo das Handelsgesetzbuch Kraft hat. Dass bei dem Eintrage der Zweigniederlassung die Hauptniederlassung namentlich auch einer offenen Handelsgesellschaft zugleich mit angezeigt werden muss, ist nicht anzuzweifeln, denn eine Zweigniederlassung ist ohne Hauptniederlassung nicht denkbar; in den Einführungsgesetzen von Bayern und Baden ist es ausführlich bestimmt; auch in der Preuss. Minist. Instruction § 31. Cfr. Anschütz-Völderndorff Bd. I. S. 183 und Note 25.

10. Wenn nun in andern Staaten als den vorher erwähnten, welche das Alinea 3. Art. 21. in der angegebenen Weise beschränkt haben, eine im Auslande domicilirte Gesellschaft die Eintragung an ihrem Sitze nicht nachweisen kann, weil dort Handelsregister nicht existiren, kann dann dennoch eine Zweigniederlassung auch ohne jenen Nachweis eingetragen werden? Die Frage ist zu bejahen. Dem Allgemeinen Deutschen Handelsgesetzbuch ist's nicht zuwider, sonst würden jene beschränkenden Particulargesetze keine Wirkung haben. Die Vorschriften des Allgemeinen Deutschen Handelsgesetzbuchs wirken überhaupt nur absolut in dem Bereiche, in welchem es Geltung hat. Fraglich ist dann ferner: ob die blosse Angabe des Sitzes der Gesellschaft genügt, oder ob die Existenz desselben überhaupt und zwar durch glaubhafte Urkunden nachgewiesen werden muss? Das letztere ist anzunehmen. Cfr. Anschütz-Völderndorff Bd. I. S. 179. 180. Siebenhaar Archiv. Bd. XII. S. 318. Vorausgesetzt ist hierbei, dass nicht Spezialgesetze in einzelnen Ländern bestehen, welche hinderlich sind. Ein solches Spezialgesetz besteht in Preussen, nemlich das vom 22. Juni 1861; aufrecht erhalten in der Gewerbeordnung des Bundes vom 21. Juni 1869

§ 12. Cfr. Bundesgesetzblatt 1869 Nr. 26. S. 245. Es bestimmt: dass juristische Personen des Auslandes, sofern nicht in Staatsverträgen ein Anderes besimmt ist, nur mit Erlaubniss des Ministerium in Preussen ein stehendes Gewerbe betreiben dürfen. Cfr. Preuss. Ges.-Samml. Nr. 1861. S. 441. Aehnliche Bestimmungen bestehen in Bayern in Betreff der Actiengesellschaften und Corporationen. Gewerbeinstruction von 1853 § 211. Doch diese Gesetze sprechen nur von juristischen Personen, und nur die Actiengesellschaft ist als solche anzusehen. Wir werden auch bei der Actiengesellschaft noch näher auf diese Vorschriften zurückkommen.

I. Von den Eintragungen im Handelsregister.

§ 12.

1. Eine jede Handelsgesellschaft muss zur Eintragung in das Handelsregister angemeldet, und in dasselbe eingetragen werden. Art. 86 ff., 151 ff., 176—178, 210—211. Bei der offenen Handelsgesellschaft und der Commanditgesellschaft tritt die rechtliche Wirksamkeit derselben im Verhältniss zu dritten Personen erst mit dem Zeitpunkte der Eintragung in das Handelsregister ein — ausgenommen, wenn die Gesellschaft schon früher ihre Geschäfte begonnen hat. Art. 110. 163.

Commanditactiengesellschaften und Actiengesellschaften gelangen durch die Eintragung in das Handelsregister überhaupt erst zu einer Existenz, und werden damit Handelsgesellschaften, wenn sie auch keine Handelsgeschäfte betreiben. Vorher existiren sie als solche Gesellschaften gar nicht. Art. 170. 211.; 174. 208.

Dass auch jede Zweigniederlassung einer Handelsgesellschaft in das Handelsregister eingetragen werden muss, davon ist vorher in § 11 gesprochen worden. — Art. 21. 86. 152. 179. 212.

2. Ausserdem müssen aber bei den Handelsgesellschaften noch verschiedene andere Eintragungen in das Handelsregister erfolgen. Alle diese Eintragungen geschehen auf Anmeldung bei dem betreffenden Handelsgerichte, nemlich dem des Sitzes der Gesellschaft resp. der Zweigniederlassung. Die Handelsgerichte können die Betheiligten dazu anhalten und im Unterlassungsfalle Ordnungsstrafen verhängen. Art. 86—89. 152—154. 174—179. 210—212. Art. 26. Man nennt den betreffenden Theil des Handelsregisters „das Gesellschaftsregister", cfr. Preussische Ministerial-Instruction vom 12. December 1861, Abschnitt I., § 6 und Abschnitt IV.; cfr. auch vorher § 6 No. 1.

Das Verfahren der Handelsgerichte ist in den einzelnen Deutschen Staaten, soweit nicht darüber Bestimmungen in die Einführungsgesetze aufgenommen worden sind, durch besondere Verordnungen geregelt, in

Preussen durch die eben erwähnte Ministerial-Instruction vom 12. December 1861.

Da in Preussen, obwohl das Handelsgesetzbuch bereits 12 Jahre in Kraft ist, noch keine Handelsgerichte existiren, mit Ausnahme des Bezirks des Appellationsgerichtshofes Cöln, so versehen die Gerichte I. Instanz die Stelle der Handelsgerichte, cfr. Art. 3 des Allgemeinen Deutschen Handels-Gesetzbuchs.

3. Ueberhaupt sind bei den Handelsgesellschaften folgende Anmeldungen und Eintragungen erforderlich:

a) Die Errichtung einer Handelsgesellschaft, sowie die Etablirung einer Zweigniederlassung:
  α) bei der offenen Handelsgesellschaft, Art. 86,
  β) bei der Commanditgesellschaft und der Commandit-Actiengesellschaft, Art. 151. 152. 176. 179,
  γ) bei der Actiengesellschaft, Art. 210. 212.

b) Die Aenderung der Firma, die Verlegung des Sitzes der Gesellschaft, der Eintritt eines neuen Gesellschafters:
  α) bei der offenen Handelsgesellschaft, Art. 87,
  β) bei der Commanditgesellschaft, Art. 155. 156.

c) Jede Gesellschaftsvertrags-Abänderung:
  α) bei der Commandit-Actiengesellschaft, Art. 198,
  β) bei der Actiengesellschaft, Art. 214.

d) Die Aufhebung der Befugniss, die Gesellschaft zu vertreten, sowie die Wiederertheilung der Vertretungsbefugniss rücksichtlich der offenen resp. der persönlich haftenden Gesellschafter:
  α) bei der offenen Handelsgesellschaft,
  β) bei der Commanditgesellschaft und der Commandit-Actiengesellschaft, Art. 115. 86. 87. No. 4, 150; Art. 153. Alin. 2, Art. 87;

e) Die Bestellung des Vorstandes der Actiengesellschaft, sowie die Aenderung seiner Mitglieder, Art. 233. 228.

f) Die Auflösung der Gesellschaft:
  α) bei der offenen Handelsgesellschaft. Art. 129,
  β) bei der Commanditgesellschaft und der Commandit-Actiengesellschaft, Art. 171. 201,
  γ) bei der Actiengesellschaft, die gänzliche, Art. 243, die Auflösung durch Vereinigung mit einer anderen Actiengesellschaft (Fusion), Art. 247 No. 4.

g) Das Ausscheiden oder die Ausschliessung:
  α) eines offenen Gesellschafters, Art. 129,
  β) eines persönlich haftenden Gesellschafters einer Commandit-

gesellschaft, Art. 170, sowie eines Commanditisten mit der ganzen Einlage als einen Theil, Art. 171.

h) Die partielle Zurückzahlung des Capitals resp. Grundcapitals:
   α) der Commandit-Actionaire, Art. 203,
   β) des Grundcapitals an die Actionaire einer Actiengesellschaft, Art. 278.

i) Die Ernennung der Liquidatoren; der Austritt eines Liquidators, das Erlöschen der Vollmacht eines Liquidators:
   α) bei der offenen Handelsgesellschaft, Art. 135,
   β) bei der Commanditgesellschaft und der Commandit-Actiengesellschaft, Art. 172. 205,
   γ) bei der Actiengesellschaft, Art. 244.

k) Die Fortsetzung einer Actiengesellschaft, Art. 214. Dies wird auch bei der Commandit-Actiengesellschaft eintreten müssen. Cfr. Art. 175 No. 4. Art. 198.

Durch Einführungsgesetze sind noch angeordnet:

die Eintragung der Auflösung durch Concurs (Oesterreich § 14), Preussen Art. 13. S. im Uebrigen die Anmerkungen zu Art. 129 in besonderem Theil.

Die Erfordernisse der Anmeldungen und resp. Eintragungen sind bei den einzelnen Gesellschaftsarten abgehandelt.

4. Was die Bedeutung des Handelsregisters und die Eintragungen im Allgemeinen anbelangt, so ist darüber Folgendes zu bemerken:

Das Handelsregister ist deshalb eingerichtet worden, um der Forderung des öffentlichen Interesses zu genügen, dass gewissen Rechtshandlungen der Handeltreibenden eine besondere Oeffentlichkeit gegeben werde, so dass sie Niemandem ohne seine eigene Verschuldung verborgen bleiben können. Das Handelsregister ist deshalb öffentlich, seine Einsicht Jedem in den gewöhnlichen Dienststunden gestattet, auch kann von den Eintragungen gegen Erlegung der Kosten eine Abschrift gefordert werden, die auf Verlangen zu beglaubigen ist. Art. 12.

In Preussen werden nach § 15 der Ministerial-Instruction vom 12. December 1861 auch auf Verlangen Atteste ertheilt, welche sowohl die Eintragung und ihren Inhalt unmittelbar bezeugen, sowie sich auch zugleich darauf erstrecken, ob und wiefern eine, die Wirksamkeit der Eintragung berührende, Thatsache oder Veränderung eingetragen sei, die dann vollständig in das Attest aufzunehmen sind.

Dass man die Handelsregister auch zu anderen Zeiten, als in den gewöhnlichen Dienststunden einsehen kann, dem steht nichts entgegen, doch liegt den Gerichten dazu keine Verpflichtung ob, es ist ihrem Arbitrium überlassen, und wird in Nothfällen nicht versagt werden.

Die Bekanntmachungen in dem Handelsregister haben den Zweck, Dritten die Möglichkeit zu gewähren, von ihnen Kenntniss zu nehmen, und denselben den Einwand abzuschneiden, dass sie von der zu veröffentlichenden Thatsache nicht hätten unterrichtet sein können. Cfr. Motive zum Preussischen Entwurfe Seite 10.

Deshalb muss das Handelsregister nebst seinen Beilage-Acten auch stets auf der Gerichtsstelle bleiben, und sind Versendungen ausgeschlossen. Sonst ist die Vorschrift des Art. 12 vereitelt. Werden anderswo Stücke aus den Beilage-Acten in extenso gebraucht, so müssen vidimirte Abschriften oder Auszüge gefertigt werden, mag ihrer bedürfen wer will; selbst wenn Staatsbehörden und Commissionen mit öffentlichem Charakter sie gebrauchen. Durch Entfernung von der Gerichtsstelle können übrigens auch Eintragungen und Vermerke im Handelsregister aufgehalten werden, zum grossen Nachtheile des Publicums und der Interessenten. Selbst im Wege der Disciplin darf solche Entfernung nicht angeordnet werden. Alles das ist dem Zweck des Handelsregisters und den Vorschriften des Allgemeinen Deutschen Handelsgesetzbuches zuwider.

Früher suchte man den obenerwähnten Zweck der Veröffentlichung durch Bekanntmachungen an die Kaufmannschaft des Orts, auf der Börse, oder durch deren Vorsteher, oder eine Anzeige bei Gericht, oder eine Einrückung in die Tageblätter der Provinz, in welcher die Handlung resp. die Gesellschaft ihren Sitz hatte, zu erreichen. Cfr. Allgemeines Preussisches Landrecht II., Tit. 8, §§ 503ff., 533ff., 618ff., 655ff. Das französische Handelsrecht verlangt bei den Handelsgesellschaften in der Regel die Einschreibung in gewisse, von den Handelsgerichten zu haltende Tabellen, und öffentlichen Anschlag im Audienzsaale des Gerichts, Code de com. Art. 2. 42. 66. 67. Auch das holländische und das spanische Handelsgesetzbuch, Wetboek van Koophandel Art. 33 ff., Codigo di comercio Art. 22ff., haben bei den Handelsgesellschaften die Einschreibung in öffentliche Register, welche in Holland bei den Arrondissementsgerichten resp. Cantongerichten gehalten werden müssen. Das spanische Handelsgesetzbuch hat die Führung der Handelsregister den Verwaltungsbehörden übertragen, alle übrigen Handelsgesetzgebungen, sachgemäss, den Gerichten. Cfr. v. Hahn zu Art. 12, § 3. Man veröffentlicht sonst dergleichen Thatsachen auch gewöhnlich noch durch Geschäfts-Circulaire, Zeitungs-Annoncen u. s. w.

Das Handelsregister hat zwar Aehnlichkeit mit den Hypothekenbüchern resp. den Grundbüchern nach der neuen Preussischen Grundbuch-Ordnung — 8. Mai 1872 —; mit Civilstandsregistern, Fideicommiss und andern Matrikeln, allein gleich ist es diesen Büchern und Registern nicht, weder in Bestimmung, noch in Wirkung. Auschütz-Völderndorff Bd. I., S. 101.

Cfr. v. Hahn zu Art. 12, § 2. Ansichten, dass das Handelsregister den Hypothekenbüchern gleichstehe in Bedeutung und Wirkung, dass es über Rechtsverhältnisse und deren Existenz unanfechtbar entscheide, stehen isolirt da und sind offenbar unrichtig.

In dem Hypothekengrundbuch werden nicht blos Thatsachen veröffentlicht, sondern auch Rechtsverhältnisse, z. B. dass auf dem Grundstück eine Hypothek, eine Grundschuld besteht; ferner, dass das Eigenthümerrecht, das Realrecht besteht. Cfr. No. 6.

Dass das „Genossenschaftsregister“, in welches die sogenannten wirthschaftlichen Genossenschaften eingetragen werden, eine neu creirte Abtheilung des Handelsregisters ist, verschieden von dem Gesellschaftsregister, in welchem die Handelsgesellschaften vermerkt werden — haben wir schon vorher § 6 S. 36 erwähnt; cfr. Gesetz vom 4. Juni 1868, §§ 4, 66 ff.

5. Im zweiten Titel, I. Buchs des Allgemeinen Deutschen Handelsgesetzbuchs, überschrieben „Von dem Handelsregister“ finden sich keine Bestimmungen über die Wirkung der Eintragung. Das kam so: Der preussische Entwurf enthielt dort einen Artikel (11) also lautend: „Eine Eintragung in das Handelsregister hat dritten Personen gegenüber erst dann eine rechtliche Wirkung, wenn die Bekanntmachung der Eintragung in den von dem Handelsgericht bestimmten öffentlichen Blättern erfolgt ist, und seitdem drei Tage verflossen sind. Diese Frist wird von dem Datum des Blattes an gerechnet, in welchem die Bekanntmachung zuerst erscheint. — Nach Ablauf dieser Frist kann Niemand die Unkenntniss der Eintragung für sich geltend machen. — Der Beweis einer früheren Kenntniss des Inhalts der Eintragung wird hierdurch nicht ausgeschlossen.“ — Wegen der Unbilligkeit der hierdurch aufgestellten Fiction, welche dem Dritten jeden Beweis seiner Nichtkenntniss abschneidet, und weil diese Bestimmung den gewünschten Schutz nicht verleiht, weil innerhalb der drei Tage die Interessen der Eintragenden sehr gefährdet erscheinen, wurde in dem Entwurf erster Lesung statt obigen Artikels folgender gleichbezifferter Artikel aufgenommen: „Eine Eintragung in das Handelsregister, welche in den von dem Handelsgericht bestimmten öffentlichen Blättern bekannt gemacht ist, hat gegen einen Dritten rechtliche Wirkung, wenn nach den Umständen anzunehmen ist, dass sie ihm ohne eigenes Verschulden nicht unbekannt bleiben konnte. — Der Beweis einer anderweiten Kenntniss des Inhalts der Eintragung wird hierdurch nicht ausgeschlossen.“ — Diese allgemeine, allen Eintragungen nur relative Wirkung beilegende Fassung wurde in zweiter Lesung angefochten, weil die Bestimmung bei vielen Arten von Eintragungen gegenstandslos, bei anderen ungerechfertigt sei, und diesem Artikel resp. dem darin ausgesprochenen Satze Begründung nur da zugeztanden, wo es sich um eine Aenderung oder Löschung der in das Handelsregister eingetragenen Verhältnisse handele. Dieses führte zur Streichung des Artikels. Protocoll

S. 898 ff. v. Hahn a. a. O. S. 57—59. Dagegen wurde eine Bestimmung überall aufgenommen, wo die Eintragung, die Aufhebung oder Veränderung eines bestehenden Rechtsverhältnisses in dem Allgemeinen Deutschen Handelsgesetzbuche vorgeschrieben ist, in Art. 25. 46. 87. 115. 129. 135. 155. 171. 233. Cfr. v. Hahn a. a. O. Anschütz-Völderndorff a. a. O. S. 106. 107.

Wir werden des Weiteren hierüber bei den einzelnen Artikeln 87 u. s. w. sprechen. Eine Aufstellung besonderer Bestimmungen über die civilrechtlichen Wirkungen dieser Eintragungen ist auch nicht nöthig, wie v. Hahn a. a. O. § 11 ausführt, weil nicht recht erfindlich ist, in welcher Weise das Nichtkennen dieser Eintragungen einem Dritten schaden kann, der mit derjenigen Person, welche sie betreffen, in ein Rechtsverhältniss tritt. Nur in einigen wenigen Fällen besonderer Art hat das Allgemeine Deutsche Handelsgesetzbuch der Eintragung eine besondere civilrechtliche Wirkung ausdrücklich verliehen, derartig, dass von derselben die Existenz resp. absolute Wirksamkeit eines bestimmten Rechtsverhältnisses abhängt, so dass es vor der Eintragung gar nicht vorhanden sein soll. Diese Fälle sind folgende:

a) erst mit dem Zeitpunkt der Eintragung entsteht die Haftbarkeit eines Commanditisten als solcher, d. h. die auf seine Einlage beschränkte, dem diese Beschränkung nicht kennenden Dritten gegenüber ein. Art. 163 Alin. 3.

b) die Commandit-Actiengesellschaft und die Actiengesellschaft erhalten erst mit der Eintragung ihre Existenz, keine derartige Gesellschaft besteht vor der Eintragung als solche. Art. 178. 211.

c) Abänderungen der Gesellschaftsverträge, der zu b erwähnten Gesellschaften äussern ihre rechtliche Wirkung erst vom Zeitpunkt der erfolgten Eintragung ab. Art. 198 Alin. 3. Art. 214 Alin. 3, resp. erst von da ab darf nach ihnen gehandelt werden.

d) die Verjährung des Allgemeinen Deutschen Handelsgesetzbuchs gegen frühere Handelsgesellschafter läuft erst von der Eintragung der Auflösung oder des Austritts ab. Art. 146 Alin. 3.

e) Folgende Fristen richten sich nach dem Zeitpunkt der Eintragung resp. fangen erst mit der Eintragung an:

aa) die der Vertheilung des Vermögens einer Commandit-Actiengesellschaft unter die Gesellschafter nach der Eintragung der Auflösung — nach Verlauf eines Jahres — Art. 202; desgleichen bei der theilweisen Zurückzahlung des Capitals der Commanditisten;

bb) ebenso bei der Actiengesellschaft, Art. 243. 246. 247. 248 — Eintragung; eigentlich von der mit ihr zusammenhängenden öffentlichen Bekanntmachung —, hinsichtlich der Vertheilung des Actiencapitals bei der Auflösung, der Fusion und der theilweisen Zurückzahlung.

Diese ausserordentliche Wirkung ist absolut, und absolut wirkend Dritten gegenüber, auf Kennen und Kennenmüssen kommt es nicht an. Auch über diese besonderen Wirkungen ist an den betreffenden Stellen Näheres zu finden.

6. Was die Eintragungen im Handelsregister bezüglich ihres Characters und ihrer civilrechtlichen Wirkungen betrifft, so ist man nun so ziemlich darüber einig:

> dass durch das Handelsregister nicht Rechtsverhältnisse — cfr. No. 4 am Ende — sondern nur Thatsachen, Rechtshandlungen, Rechtsacte veröffentlicht werden sollen, dass es zur Aufnahme der über gewisse Thatsachen und Rechtsverhältnisse abgegebenen Erklärungen dient. Cfr. Anschütz-Völderndorff Bd. I. S. 101. 102.; v. Hahn Comm. zu Art. 12 § 1.; Thöl, Handelsrecht Bd. I. S. 123.; Endemann, das Deutsche Handelsrecht S. 101.

Nicht über Rechtsverhältnisse haben die Handelsregister Aufschluss zu ertheilen, sondern nur über Thatsachen. Der Register-Richter hat sich deshalb auch nicht darum zu bekümmern, was in den vorliegenden Fällen Rechtens sei, noch gar steht es ihm zu, eine dessfallsige richterliche Entscheidung zu treffen, sondern er hat nur zu untersuchen und nachzuforschen, was die in Wirklichkeit vorhandene, erklärte, Thatsache sei, und zu prüfen, ob diese Thatsache äusserlich auch mit den gesetzlichen Vorschriften in Einklang steht, und ob sie in Betreff der handelsrechtlichen Vorschriften diejenige rechtliche Bedeutung hat, welche der Erklärende ihr beilegt. Cfr. Anschütz-Völderndorff a. a. O. S. 103. S. auch No. 9.

Sehr richtig bemerkt v. Hahn Comm. zu Tit. II. Vorbemerkung § 11 Note 12, dass durch die Eintragung in das Handelsregister allerdings eine öffentliche Urkunde entstehe, welche die abgegebene Erklärung enthalte, und dass das Gericht attestire, dass sie von denen, welche sie nach dem Gesetze abzugeben hätten, in der gesetzlich vorgeschriebenen Weise abgegeben sei, dass aber die Beweiskraft des Handelsregisters nicht weiter reiche, als die jeder anderen öffentlichen Urkunde, und dass darum seine Aechtheit denselben Angriffen unterliege, wie jede andere öffentliche Urkunde.

Die Eintragung in das Handelsregister bewirkt also nicht: dass dadurch Rechtsverhältnisse erst begründet werden oder dass solche erst entstehen, — die vorher No. 5 Litt. a—c erwähnten besonderen Verhältnisse ausgenommen, — ihre Wirkung ist nicht die: dass ein eingetragenes Rechtsverhältniss oder eine eingetragene Thatsache auch wirklich vorhanden ist, oder dass sie sich in Wirklichkeit so verhält, wie sie eingetragen steht.

Die eingetragenen Rechtsverhältnisse und Thatsachen sind nicht überalle Anfechtung erhaben. Die Eintragung in das Handelsregister hat vielmehr nur die Wirkung: dass jede im Vertrauen auf den veröffentlichten Inhalt des Handelsregisters vorgenommene Handlung, soweit sie mit den hierher bezüglichen Rechtsverhältnissen in Verbindung steht, in Ansehung Aller derer, welche nach den im Handelsregister befindlichen Eintragungen und im guten Glauben gehandelt haben, alle jene rechtlichen Wirkungen erzeugt, welche dieser vorgenommenen Handlung nach jenen Eintragungen zustehen, dass Niemand die Unkenntniss dessen, was im Handelsregister eingetragen ist, zu seinem Vortheile anführen kann, ausgenommen, er wäre nicht im bösen Glauben. Cfr. Anschütz-Völderndorff Bd. I. S. 108. v. Hahn a. a. O. § 11 und Note 12, sowie zu Art. 12 § 1.

Es handelt sich hier namentlich nur um die Fragen: welche Wirkung eine Eintragung in das Handelsregister für denjenigen hat, welcher sie bewirkt hat; resp. unter denjenigen, welche sie bewirkt haben, und welche Wirkung sie hat für denjenigen, welcher mit Jenem oder mit Jenen in einem Rechtsverhältniss zu stehen behauptet.

Die Frage: welche Wirkung eine Eintragung auf ein Rechtsverhältniss unter Dritten äussert, gehört nicht hierher; sie ist nach allgemeinen Rechtsvorschriften und Rechtsgrundsätzen zu beurtheilen und zu entscheiden. Cfr. v. Hahn Comm. zu Tit. II. Vorbemerkung § 2.

Aus dem Vorhergesagten ergiebt sich nun Folgendes:

a) Wenn eine rechtserzeugende Thatsache existirt, aber nicht in das Handelsregister eingetragen ist, obwohl sie eingetragen werden sollte, so existirt sie rechtlich trotzdem, die vorher erwähnten Ausnahmen unberücksichtigt gelassen. Beispielsweise existirt das Procuristenverhältniss, wenn es auch nicht in das Handelsregister eingetragen ist, mit rechtlicher Wirkung; es existirt ein neugewähltes Vorstandsmitglied einer Actiengesellschaft als solches, es existirt eine offene Handelsgesellschaft als solche ohne Eintragung, durch den Beginn ihrer Geschäfte;

b) Wenn ferner eine Thatsache, welche Rechte zu erzeugen geeignet ist, **nicht** existirt, aber im Handelsregister eingetragen ist, so verschafft auch die Eintragung kein Recht; jedoch dem gutgläubigen Dritten, namentlich demjenigen, welchem das wahre Sachverhältniss nicht bekannt war, kann die Nichtexistenz der eingetragenen Thatsache nicht entgegengesetzt werden, für ihn wird die Existenz der Thatsache fingirt. Es ist z. B. zum Handelsregister angemeldet, dass dem A. Procura ertheilt sei; die Thatsache ist nicht wahr, A. soll nur pro forma Procurist sein, aber nicht in Wirklichkeit. Dem Dritten gegenüber aber, welcher um die Simulation nicht weiss, gilt er als Procurist und der Principal muss gutheissen, was er als Procurist mit den gutgläubigen Dritten verhandelt und abgeschlossen hat. Ebenso ist es, wenn Jemand als offener Handelsgesellschafter oder persönlich haftender Gesellschafter einer Commandit- oder Commandit-Actiengesellschaft eingetragen ist, welcher bloss seinen Namen hergegeben hat, um dem Institut Credit zu verschaffen, der in Wirklichkeit aber entweder ganz neben der Gesellschaft steht, oder nur Commanditist ist. Dieser gilt dem gutgläubigen Dritten gegenüber als vollhaftender Gesellschafter.

c) Wenn nun eine Thatsache existirt, durch welche Rechte verändert oder aufgehoben werden, aber nicht in das Handelsregister eingetragen worden ist, so ist freilich an sich die Rechtsveränderung und die Rechtsaufhebung eingetreten, aber dem gutgläubigen Dritten, welcher auf die bisherige Eintragung im Handelsregister sich verlassen hat, kann sie nicht schädlich sein. Z. B. es scheidet ein offener Handelsgesellschafter aus, welcher zur Vertretung der Gesellschaft befugt war, oder es wird einem offenen Handelsgesellschafter die Befugniss zur Vertretung der Gesellschaft genommen, so ist allerdings mit der Vollziehung dieses Ereignisses auch die Vertretungsbefugniss erloschen; allein so lange die Eintragung nicht bewirkt ist, kann daraus einem gutgläubigen Dritten, welcher sich mit dem betreffenden Gesellschafter eingelassen hat, kein ihn benachtheiligender Einwand entgegengesetzt werden. Es scheidet ein Vorstandsmitglied bei einer Actiengesellschaft aus; es gilt als ausgeschieden und es gilt das an seine Stelle gewählte Vorstandsmitglied, namentlich im Innern der Gesellschaft, mit dem Augenblick des gehörig vollzogenen Austritts und der gehörig vollzogenen und acceptirten Wahl, als neues Vorstandsmitglied; aber was das erstere, solange die Eintragung nicht bewirkt war, mit gutgläubigen Dritten in den Grenzen seiner Vorstands-Machtvollkommenheit verhandelt und abgemacht hat, muss die Gesellschaft genehm halten. Cfr. Art. 25 u. 46. S. bei No. 12 und bei Art. 87.

Hier können schlimme Schäden entstehen, wenn die Beilageacten des Handelsregisters versendet sind, oder sonst aus Gründen sich nicht auf der Gerichtsstelle befinden, und der Registerrichter erklärt, dass er die Aenderung deshalb nicht eintragen könne.

d) Im umgekehrten Fall, wenn eine rechtsverändernde oder rechtsaufhebende Thatsache nicht existirt, aber doch in das Handelsregister eingetragen ist, so wird an und für sich die Rechtsveränderung resp. Rechtsaufhebung dadurch auch nicht hervorgebracht, eine derartige Eintragung ist vielmehr an und für sich rechtsunwirksam, aber auch hier kann der gutgläubige Dritte, welcher der Eintragung gefolgt war, keinen Schaden erleiden. Cfr. Art. 25 u. 46. S. bei No. 12 u. bei Art. 87. Cfr. Anschütz-Völderndorff. Bd. I. S. 109 ff.

7. Von den vorher erwähnten Fällen haben diejenigen eine besondere Wichtigkeit, in welchen nichtexistirende Thatsachen in das Handelsregister eingetragen sind. Es kann dies geschehen sein absichtlich, wissentlich, indem offenbar und bewusst unwahre Thatsachen zur Eintragung angemeldet und demgemäss eingetragen sind; es kann geschehen sein unabsichtlich, unwissentlich, indem man eine Thatsache für existirend hielt, welche in Wirklichkeit nicht existirte oder von Rechtswegen nicht existiren konnte. Bei Commandit-Actiengesellschaften und Actiengesellschaften werden dergleichen absichtlich gemachte unwahre Angaben bei der Eintragung an den Vorstandsmitgliedern resp. den Mitgliedern des Aufsichtsrathes mit Gefängniss bis 3 Monaten gestraft. Art. 206. 249, jedoch nur, wenn sie bei der ersten Eintragung der Gesellschaft resp. des Gesellschaftsvertrages vorgekommen sind. S. das Weitere bei diesen Artikeln u. §§ 25. 26.

Im Uebrigen muss derjenige, welcher eine solche Thatsache zur Eintragung in das Handelsregister angemeldet hat, oder mit dessen Wissen und Willen eine solche Eintragung geschehen ist, die Thatsache jedem gutgläubigen Dritten gegenüber ganz ebenso gelten lassen, als wenn die Thatsache wirklich existirte und alle Folgen davon tragen. — Ne ex dolo suo lucrentur. — Paulus l. 12 D. de dolo (4. 3.). Unter denjenigen, welche die falsche Eintragung ins Werk gesetzt haben, kann aber Keiner die Wirklichkeit der Thatsache behaupten, für sie existirt sie nicht. Marianus l. 36 D. ibid. Si duo dolo malo fecerint, invicem de dolo non agant. Was Lügner und Betrüger gelogen haben, gilt unter ihnen als Wahrheit.

8. Wenn es nun aber vorkommt, dass eine solche in Wirklichkeit nicht existirende Thatsache ohne Mitwirkung, ja vielleicht wider Wissen und Willen Jemandes in das Handelsregister eingetragen ist. Wie steht es damit? Was das Verhältniss zu demjenigen oder denjenigen betrifft, welche die Eintragung bewirkt haben, so ist es klar, dass hier die Thatsache nicht existirt. Aber im Verhältniss zu Dritten? Zum Beispiel A. und B. sind die wirklichen offenen Handelsgesellschafter der offenen Handelsgesellschaft mit der Firma: A. & Comp. Sie nehmen aber noch den C. hinzu, gehen mit ihm auf das Handelsgericht; C. wird für D. ausgegeben, denn D. besitzt viel Vermögen und grossen Credit, es wird nun erklärt und angemeldet A., B. und D. seien die offenen Handelsgesellschafter, die Gesellschaft aber werde, unter Ausschliessung des D. von der Geschäftsführung und Vertretung allein durch A. und B. vertreten; und demgemäss auch die Eintragung der offenen Handelsgesellschafter bewirkt dahin: Die offenen Handelsgesellschafter sind A., B. und D., von welchen

aber nur A. und B. allein zur Vertretung der Gesellschaft befugt sind und zwar jeder von ihnen Alleinbefugniss zur Vertretung hat. Letzteres versteht sich übrigens von selbst, wenn nicht ausdrücklich Collectivvertretung eingetragen ist. Haftet nun D. für die Verpflichtungen, welche A. resp. B. eingegangen sind?

Dem gutgläubigen Dritten müsste er doch haften; demjenigen, welcher den wahren Hergang kannte, freilich nicht. Hier kommt nun noch eine zweite Frage gleich mit zur Erörterung: Wenn D. Kenntniss von der falschen Eintragung erhielt und schwieg, bringt ihm dieser Umstand die obige Verhaftung ein? Auch diese Frage möchte man geneigt sein zu bejahen. Indessen beide Fragen sind zu verneinen, die letztere allerdings mit einer Modification. Die Eintragung in das Handelsregister bezeugt bloss Thatsachen, sie erzeugt keine Rechtsverhältnisse. Ist die Erklärung unwahr, so ist es auch die Thatsache, welche auf Grund derselben in das Handelsregister eingetragen ist. Durch eine solche falsche Erklärung kann aber Niemand zu einem offenen Gesellschafter gemacht werden, der es nicht ist. Eine Eintragung wie die vorher erwähnte kann ohne Betrug und ohne Fälschung nicht ermöglicht werden, und ebensowenig, wie Jemand aus einem gefälschten Wechsel verhaftet ist, überkommt er hier aus dem gegen ihn verübten Betruge irgend welche Verpflichtung. Ihn, wenn der Betrug und die Fälschung erwiesen sind, dennoch haften zu lassen und ihn mit dem Regress an die Betrüger und Fälscher zu verweisen, wäre durchaus ungerechtfertigt. Der D. ist gar nicht offener Gesellschafter, der Dritte ist durch A., B. und C. betrogen worden, und mag sich an diese wegen des Schadens, welchen er etwa erleidet, halten; auch wird es ihm freistehen, das geschlossene Geschäft wegen Betruges resp. Irrthums aufzuheben. Aber auch das blosse Nichtsthun kann, in Bezug auf die zweite Frage, dem D. an und für sich die Verhaftung noch nicht eintragen. Es giebt keinen Rechtssatz, der absolut lautet: Qui tacet consentit. S. übrigens in § 15 bei stillschweigenden Beschlüssen. Indessen weil jeder sein Verhalten so einzurichten hat, dass kein Anderer dadurch Schaden erleidet, und Beschädigungen eines Dritten sowohl durch positive Handlungen als auch durch Unterlassungen hervorgebracht werden, auch die Schadenersatzverpflichtung ebensowohl durch Handeln als durch Unterlassen entsteht, so kann dennoch unter besonderen Umständen für denjenigen, welcher von der Eintragung solcher falscher Thatsachen Kenntniss erhielt und schwieg, eine Verhaftung daraus entstehen. Es ist hier also der concrete Fall zu betrachten. Wenn z. B. in dem gegebenen Falle D. zugegen war, als A. oder B. mit einem Dritten contrahirten, und geschwiegen hat, oder wenn er schwieg, obwohl seiner gar noch als Gesellschafter erwähnt wurde, als A. resp. B. mit dem Dritten für die Gesellschaft abschlossen, so wird D. als mitverhaftet erachtet werden müssen; in letzterem Falle ist sogar sein dolus evident. Cfr. v. Hahn a. a. O. § 11 Note 12.

Auch wird Ratihabition, und zwar stillschweigende, angenommen werden können, da stillschweigende Ratihabition ebenso gültig ist als ausdrückliche, und Ratihabition immer rückwirkende Kraft hat. Paulus l. 142 D. de R. J. (50. 17.) Qui tacet non utique fatetur; sed tamen verum est eum non negare. — Ratihabitio retrotrahitur. — Justinianus l. 7 pr. C. ad. S. L. Macedon. (4. 20.) — cum nostra novella lege generaliter omnis ratihabitio prorsus retrotrahatur, et confirmet ea, quae ab initio subsecuta sunt. — Idem l. 25 C. de donat inter vir. et uxor. — et de ratihabitione (6. 16.) — sicut et alias ratihabitiones negotiorum gestorum ad illa reduci tempora oportet, in quibus contracta sunt. —

9. Aus dem vorher unter No. 5 Angeführten ergiebt sich, dass der Registerrichter kein Recht hat, über streitige Privatverhältnisse eine Entscheidung zu treffen. Dergleichen Streitigkeiten sind auf den gewöhnlichen Rechtsweg zu verweisen. Sollte in diesem Rechtswege dann Etwas festgestellt werden, was eine Anmeldung resp. Eintragung in das Handelsregister erheischt, dann hat der Registerrichter einzuschreiten und auf Anmeldung und Eintragung zu dringen.

Für Protestationen und Reservationen, Vorbemerkungen und dergleichen Annotirungen streitiger Rechte oder Rechtsvorbehalte, wie sie in Hypotheken-Grundbüchern vorkommen, findet sich im Handelsregister kein Platz. Cfr. Anschütz-Völderndorff a. a. O. S. 104.

10. Nach dem Zweck und der Einrichtung des Handelsregisters und nach den Vorschriften, welche sich in dem Allgemeinen Deutschen Handelsgesetzbuch hierüber, ferner über die Nothwendigkeit der Eintragungen, die Eintragungen selbst und ihre Veröffentlichung vorfinden, muss man von dem Grundsatze ausgehen:

> dass dasjenige was im Handelsregister eingetragen und bekannt gemacht worden ist, auch Jedermann bekannt sein muss.

Aber es ist dies nicht als ein abstracter Grundsatz hinzustellen. Es besteht nicht etwa eine Rechtsfiction: dass Jedermann, das im Handelsregister Eingetragene und Bekanntgemachte kennt. Es ist dies auch nirgends im Allgemeinen Deutschen Handelsgesetzbuch ausgesprochen oder ausgedrückt zu finden. Im Gegentheil es ist immerhin der Gegenbeweis zugelassen, dass Jemand auch Etwas, was im Handelsregister eingetragen worden und veröffentlicht ist, dennoch nicht gekannt resp. gewusst hat. Art. 25. 46.

11. An und für sich lässt sich aus dem Allgemeinen Deutschen Handelsgesetzbuch nicht entnehmen, dass Jedem allgemein eine Erkundigungspflicht nach dem Inhalt des Handelsregisters hat auferlegt werden sollen, resp. eine Verpflichtung diejenigen öffentlichen Blätter zu lesen, in welchen die Veröffentlichungen der Eintragungen zu erfolgen haben. Freilich es hat Jeder, welcher sich mit einem Anderen auf Rechtsgeschäfte einlassen will im Allgemeinen eine Verpflichtung, sich nach den Verhälnissen

seines Mitcontrahenten zu erkundigen; allein diese Verpflichtung reicht nicht weiter, als es die Vorsicht gebietet, und es ist, weil die Fälle verschieden sich gestalten, ein allgemeiner Maasstab deswegen überhaupt nicht festzustellen. Es muss vielmehr in jedem einzelnen Falle untersucht werden, ob mit der erforderlichen Vorsicht gehandelt worden ist, sei es dass diese Vorsicht allgemein geboten war, oder durch ganz besondere Umstände etwa eine grössere und stärkere Veranlassung dazu, vielleicht auch zu einer geschärften Aufmerksamkeit vorgelegen hat.

Man hat wohl allgemeine Grundsätze aufstellen wollen für einzelne Fälle, in welchen Kenntniss gewissermassen fingirt werden soll, und man ist dabei ziemlich weit gegangen, z. B. das Allgemeine Preussische Landrecht I. 5. § 34, wonach Jeder, welcher mit einer Person unter 18 Jahren Verträge schliesst, sich niemals mit der Unwissenheit ihres minderjährigen Alters entschuldigen soll. Indessen von solchen Fictionen finden wir im Allgemeinen Deutschen Handelsgesetzbuch in Betreff der Kenntniss vom Inhalte des Handelsregisters nichts.

12. Die beiden vorher in No. 6 litt. c. und d. und No. 10 erwähnten Artikel 25 und 46, handeln von der Aenderung der Firma oder der Aenderung der Inhaber der Firma — Art. 25 —, und dem Erlöschen der Procura — Art. 46. Sie enthalten ziemlich gleichlautend die Vorschrift: dass, wenn die Aenderung oder das Erlöschen nicht eingetragen und veröffentlicht ist, derjenige welcher sie einen Dritten entgegensetzen will, die vorhandene Kenntniss davon dem Dritten beweisen muss; wogegen, wenn sie eingetragen und veröffentlicht ist, der Dritte sie gegen sich gelten lassen muss, vorbehaltlich jedoch des seinerseits zu führenden Beweises, dass er sie weder gekannt habe, noch habe kennen müssen.

Auf diese beiden Vorschriften wird im Allgemeinen Deutschen Handelsgesetzbuch und besonders auch in dem hier vorliegenden Recht der Gesellschaften mehrfach Bezug genommen; und es ist namentlich das „Kennen müssen" das Hauptwort, um welches es sich bei der Frage dreht, ob sich Jemand mit der Nichtkenntniss von im Handelsregister eingetragenen und veröffentlichten Erklärungen entschuldigen darf. Wir kommen hierauf bei Art. 87 speziell zurück, wo uns zuerst die Bezugnahme auf obigen Artikel 25 begegnet.

Im Uebrigen ist bei der Betrachtung des einzelnen Falls zu untersuchen: ob diejenige Sorgfalt angewendet worden ist, welche den Umständen des Falls entspricht. Einen Anhaltspunkt findet man, und mit Recht, dafür: dass der Einzelne habe wissen müssen, was im Handelsregister eingetragen steht und veröffentlicht ist, darin, dass Andere die betreffende Kenntniss gehabt haben, nämlich Andere, welche in ähnlichen Verhältnissen sind, also für den gegebenen Fall, solche Personen, welche sich an demselben Ort befinden, welche eine ähnliche geschäftliche Stellung haben, oder bei welchen ein gleiches Interesse an der Kenntniss des Inhalts der fraglichen Eintragung in das Handelsregister angenommen werden kann. Umfang und locale Richtung des Geschäftsbetriebes, besondere Umstände, welche Zweifel erregen und Veranlassung geben konnten, Erkundigungen einzuziehen, Umstände, welche mit dem Gewöhnlichen sich nicht vereinigen lassen, oder welche einen abnormen Zustand andeuten, Alles solches kann ins Gewicht fallen. Der Kaufmann wird übrigens mehr Veranlassung haben müssen, das Handelsregister einzusehen, als ein Anderer. Cfr. v. Hahn zu Tit. II. Vorbem. §§ 5 ff.; Anschütz-Völderndorff Bd. I. S. 113 ff., cfr. auch die bei v. Hahn citirten: Ulpianus l. 6. D. de juris et facti ignorantia (22,6); Paulus l. 9. § 2 ibidem (nec stultis solere succurri sed errantibus § 5 ibid.); Ulpianus l. 11 § 3. D. de institoria act. (14. 3). Die letzte Stelle bezieht sich auf solche, von welchen öffentlich bekannt gemacht ist, dass Niemand sich mit ihnen auf Geschäfte einlassen soll — de quo palam proscriptum est ne cum eo contrahatur —, und da wird allerdings gesagt, dass Niemand mit Unkenntniss dessen, was Viele gelesen haben, gehört werden solle. Doch heute zu Tage passt das nicht überall. —

13. Soviel steht aber fest; wer nach dem Inhalt des Handelsregisters gehandelt hat, ist so lange ein Gutgläubiger bis ihm der böse Glauben bewiesen ist; wer nicht danach handelt, ist so lange ein Bösgläubiger, bis er das Gegentheil erwiesen hat. Bösgläubig kann der Erstere werden, wenn ihm nachgewiesen wird, dass er die Unrichtigkeit der eingetragenen Thatsachen gekannt habe, oder dass er aus anderen ihm bekannten Umständen sie leicht kennen konnte. Cfr. Anschütz-Völderndorff Bd. I. S. 114. In letzter Beziehung führt Anschütz das betreffende Beispiel an, dass von einem Kaufmann in Nürnberg vergessen war die Procura eines Procuristen löschen zu lassen, welcher Procurist Nürnberg verlassen, sich nach Paris begeben hatte, und dort Kellner in einem Café geworden war. Dort lies sich Jemand D., einem Wechsel von ihm per procura jenes Kaufmanns ausstellen und wollte nun den Letztern aus dem Wechsel in Anspruch nehmen. Er wurde gebührend abgewiesen, denn es wurde als bewiesen angenommen, dass D. gewusst habe: der Kellner im Pariser Café sei nicht mehr Procurist des Nürnberger Kaufmanns.

14. Die Eintragungen in das Handelsregister sind in der Regel zu veröffentlichen. Ausnahmen, in welchen keine Veröffentlichung nöthig ist, müssen im Handelsgesetzbuch ausdrücklich bestimmt sein. Die Veröffentlichung erfolgt dem ganzen Inhalte nach durch eine oder mehre Anzeigen in öffentlichen Blättern. — Art. 13. Allgemeines Deutsches Handelsgesetzbuch. —

Die Ausnahmen finden sich in Art. 151. Alin. 3 — Unterbleiben der Bekanntmachungen der Namen, des Standes und des Wohnortes der Commanditisten, sowie des Betrages ihrer Einlagen —; Art. 155. Alin. 2 — desgleichen bei Verlegung des Sitzes der Commanditgesellschaft oder der

Firma-Aenderung hinsichtlich der Commanditisten —; Art. 156. ebenso beim Eintritt und Art. 171 Alin. 2, bei Austritt eines Commanditisten; Art. 176 und 198 Alin. 2: 210. 214. Alin. 2 in Betreff der Veröffentlichung der Gesellschaftsverträge oder deren Abänderungen bei Commanditactien und bei Actiengesellschaften, welche nur im Auszuge des Vertrages erfolgt resp. der Abänderung. Endlich unterbleibt die officielle Bekanntmachung, wenn in Gemässheit des Art. 13. des Preuss. Einführ.-Gesetzes die Eröffnung des Concurses über das Vermögen einer Handelsgesellschaft in das Handelsregister eingetragen ist. Cfr. Preussische Ministerial-Instruction § 11. Diese Beispiele von Ausnahmen ergeben, dass wohl die Veröffentlichung einzelner Stellen oder Punkte der Eintragung unterbleiben kann, nirgends aber findet sich eine Ausnahme, wo das Unterbleiben der Veröffentlichung einer Eintragung überhaupt gestattet ist.

Die einzelnen Landesgesetze können bestimmen, dass auch durch Börsenanschlag die Publikation erfolgen muss. Cfr. Protokoll S. 895.

Wie oft die Veröffentlichung stattzufinden hat, das ist dem Ermessen des Richters überlassen. Unbenommen bleibt es den Anmeldenden, auch auf Insertion und Veröffentlichung in anderen Blättern, als die, welche das Gericht gerade dazu bestimmt hat anzutragen.

Ueber die öffentlichen Blätter, in welchen von Gerichtswegen stets die Veröffentlichung zu erfolgen hat, bestimmt der Art. 14. Danach hat jedes Handelsgericht für seinen Bezirk alljährlich im Monat December die öffentlichen Blätter zu bestimmen, in welchen im Laufe des nächstfolgenden Jahres die fraglichen Bekanntmachungen erfolgen sollen, und diesen Beschluss auch in einem oder mehren öffentlichen Blättern bekannt zu machen. Geht eines der bestimmten Blätter im Laufe des Jahres ein, so hat das Gericht ein anderes Blatt an dessen Stelle zu bestimmen und öffentlich bekannt zu machen. In wie fern die Gerichte bei der Wahl der zu bestimmenden Blätter an Weisungen höherer Behörden gebunden sind, ist nach den Landesgesetzen zu beurtheilen. Aber jede Bekanntmachung muss in alle diese zur Veröffentlichung bestimmten Blätter aufgenommen werden. Cfr. Protocoll S. 897; v. Hahn a. a. O. Art. 14. § 2.

Aehnlich ist im französischen Gesetze bei Handelsgesellschaften die Bezeichnung der zur Publication bestimmten Blätter durch das Handelsgericht vorgeschrieben. Cfr. Zusatz zu Art. 42. Code de commerce durch das Gesetz vom 31. März 1833. Cfr. Motive zum Preussischen Entwurf Seite 11.

Nach dem holländischen Handelsgesetzbuch geschieht bei den Handelsgesellschaften die Veröffentlichung durch die Gesellschafter, in einem offiziellen Blatt, dem „Staats-Courant“, und einem anderen Blatte des Ortes, wo die Gesellschaft ihren Sitz hat, oder, wenn dort kein solches erscheint, in einem Blatt eines Nachbarortes. Bei den namenlosen Gesellschaften erfolgt die

Insertion der Königlichen Genehmigung und des Gesellschaftsvertrages im „Staats-Courant“ kostenfrei, sie sind ihrem ganzen Inhalt nach bekannt zu machen, während bei der offenen Handelsgesellschaft-und der Commanditgesellschaft nur Auszüge veröffentlicht werden. Art. 28. 24. 26. 28. **Wetboek van Koophandel.**

15. Das Holländische Handelsgesetzbuch entscheidet noch ausdrücklich die Frage: „Was gilt, wenn die Eintragung und die öffentliche Bekanntmachung abweichen; erstere oder letztere?“ dahin, dass in Betreff Dritter nur die letztere gilt. — Art. 29. Wetboek van Koophandel. Auch die Motive des Preussischen Entwurfs S. 11. pflichten dieser Entscheidung bei, es wurde wegen der Fassung des Art. 11 des Entwurfs — cfr. bei No. 5 — nicht für nöthig gehalten, dies noch besonders auszusprechen. Desgleichen der Entwurf des Reichshandelsgesetzbuchs Tit. III. Art. 12. Diese Entscheidung wird auch für das Allgemeine Deutsche Handelsgesetzbuch maassgebend sein müssen; namentlich im Gesellschaftsrecht. Was die Frage nach dem guten Glauben des Dritten anbelangt, wird man immer auf den Inhalt der Bekanntmachung zu sehen haben. Auf die Veröffentlichung kommt es an bei Eintragungen von Aenderungen resp. Aufhebungen von Firmen und Rechtsverhältnissen. Cfr. Art. 87 —; Art. 25 —; Art. 115 —; Art. 46 —; Art. 129 —; Art. 25 —; Art. 135 —; Art. 25 und 46 – ; Art. 155 —; Art. 25 —; Art. 171., cfr. Art. 129; Art. 233. — Art. 46 —. Bei den übrigen Eintragungen von Gesellschaftsverhältnissen ist nur die Eintragung als das rechtswirkende Ereigniss angeführt. Cfr. Art. 110. 163. 178. 211. Art. 198. 214. Freilich entscheidet immer dasjenige, was in dem Handelsregister eingetragen steht, und wer das Handelsregister eingesehen und danach gehandelt hat, ist immer geschützt; allein ebenso geschützt ist auch derjenige, welcher das Handelsregister nicht eingesehen hat, und von seinem Inhalte keine Kenntniss hatte, der keine Kenntniss davon nehmen konnte, oder keine Veranlassung dazu hatte, wenn man dem Inhalte der durch das Gericht veranlassten Veröffentlichung gefolgt ist und sich danach gerichtet hat.

Uebrigens hätte das dritte Alinea des Art. 14, wonach die Gerichte an die Weisung höherer Behörden gebunden sind bei der Wahl der Blätter, wegbleiben können und müssen. In dem Preussischen Entwurf fand sich eine solche Bestimmung auch nicht. Sie gehört gar nicht in ein Handelsgesetzbuch und die Wahl der Blätter muss den Handelsgerichten oder den Gerichten, welche ihre Stelle vertreten, allein überlassen bleiben. Die Motivirung der betreffenden Bestimmung ist nicht zutreffend, und auch äusserst schwach. Cfr. v. Hahn zu Art. 14. § 3, wo sich diese Motivirung recitirt findet.

Ueber die Führung des Handelsregisters enthält die Preussische Ministerial-Instruction vom 12. December 1861 verschiedene Bestimmungen und zwar im ersten Theil, zunächst Allgemeine Bestimmungen — I. Abschnitt

§§ 1—18, und dann in den folgenden Abschnitten II. bis IX., §§ 19—82, besondere Vorschriften, die über das Gesellschaftsregister in Abschnitt IV. § IV., §§ 49—82 und in dem Abschnitt IX. die für den Bezirk des Appellationsgerichtshofes Cöln. Von Staatsrechtswegen — Art. 14, Alinea 3. — wird in Preussen bei der Wahl der öffentlichen Blätter nicht eingeschritten. Siehe die Ministerial-Instruction Anhang I.

16. Es ist schon vorher erwähnt, dass durch das Unterbleiben der Eintragung die Rechtsbeständigkeit eines Geschäfts oder die Rechtswirksamkeit einer Erklärung, deren Eintragung gesetzlich vorgeschrieben ist, an und für sich nicht alterirt wird, mit Ausnahme der ebenfalls vorher aufgezählten Fälle, wo die Existenz erst von dem Moment der Eintragung beginnt. Man hält es auch nicht für zweckentsprechend, sie von der Eintragung abhängig zu machen. Der Preussische Entwurf hatte allerdings dahin zielende Bestimmungen — cfr. Art. 95 des Entwurfs. — Cfr. Protocoll S. 166—171 und S. 530. v. Hahn, Vorbemerkung zu Tit. II., Buch I. § 13. Aber man hat Ordnungsstrafen angeordnet auf Unterlassung gesetzlich vorgeschriebener Anmeldungen und Eintragungen, welche von dem betreffenden Handelsgerichte im Wege der Disciplinargewalt, oder wenn man so sagen will: als Polizeistrafen — cfr. v. Hahn a. a. O. und Preussisches Einführungsgesetz vom 24. Juni 1861, Art. 7 — von Amtswegen verhängt werden.

Für die Gesellschaften befinden sich desfallsige Vorschriften in den Artikeln 89. 129. 135. 154. 155. 171. 179. 198. 212. 214. 228. 233. 243. 244. 247 des Allgemeinen Deutschen Handelsgesetzbuchs. Ausserdem haben die einzelnen Staaten in ihren Einführungsgesetzen und in Ministerial-Verordnungen die Disciplinargewalt der Handelsgerichte geregelt; für Preussen sind die desfallsigen Vorschriften in Art. 5—7 des Einführungsgesetzes vom 24. Juni 1861, und in Abschnitt VI. der Ministerial-Instruction vom 12. December 1861 enthalten.

Das französische Handelsgesetzbuch und das holländische kennen dergleichen Ordnungsstrafen und eine solche Displinargewalt der Handelsgerichte resp. der ihre Stelle vertretenden Gerichte nicht. Aber das französische Handelsgesetzbuch setzt auf Unterlassung der Eintragung bei den Handelsgesellschaften Nichtigkeit als Strafe, welcher Umstand jedoch zu keinem Dritten gegenüberzustellenden Einwendungen Veranlassung geben darf. — Art. 42. Code de commerce. — Das holländische Handelsgesetzbuch bestimmt keine Nichtigkeit, aber es lässt die Gesellschafter umfassender Dritten gegenüber haften. Art. 29. 39. Wetboek van Koophandel.

Das Nähere über die Disciplinargewalt der Gerichte bei den betreffenden Artikeln im besonderen Theil.

17. Schliesslich ist noch zu bemerken:

dass nur Dasjenige eingetragen wird, was im Allgemeinen Deutschen Handelsgesetzbuch als zur Eintragung bestimmt ist, und dass die Eintragungen anderer Verhältnisse oder Erklärungen weder verlangt noch bewirkt werden dürfen. Cfr. Art. 12, Alinea 1. v. Hahn dazu § 4.

18. Aus dem Charakter und dem Zweck der Handelsregister ergiebt sich, dass dieselben bei den Gerichten aufbewahrt werden müssen, und dass eine sogenannte Cassation, wie sie wohl in kürzeren Zeiträumen bei anderen Gerichtsacten vorkommt, nicht statthaft ist.

Die Preussische, mehrerwähnte, Ministerial-Instruction bestimmt darüber im I. Abschnitt § 18: „Das Handelsregister ist zur Cassation nicht geeignet. Die zu demselben gehörigen Acten unterliegen der Cassation nach Ablauf von 30 Jahren von der Zeit an gerechnet, wo alle Eintragungsvermerke, worauf die Acten sich beziehen, im Handelsregister roth angestrichen sind." Sind nämlich alle Vermerke roth angestrichen, dann ist Alles gelöscht. § 16. ibid.

19. Zu jedem Handelsregister werden besondere Acten, sogenannte Beilage-Acten gehalten, zu welchen nach der Zeitfolge alle zur Eintragung bestimmten Anmeldungen nebst den dazu gehörigen Urkunden gelangen, namentlich die, welche Zeichnungen der Firmen und Unterschriften enthalten, die auf die Eintragungsgesuche erlassenen Verfügungen und die Nachweisungen über die Bekanntmachungen. Es werden auch wohl für einzelne Gesellschaften besondere Beilage-Acten angelegt, was sehr practisch ist. Cfr. Preussische Ministerial-Instruction § 8, Alinea 1.

Diese Beilage-Acten sind nicht zu verwechseln mit den Acten, welche die Verfügungen und Verhandlungen des Gerichts, als Disciplinargericht, enthalten, in Sachen, in welchen es als solches eingeschritten ist. Cfr. a. a. O. Alinea 2.

Wenn diese Acten in einzelnen Fällen zu umfangreich sind, oder wenn die Anberaumung eines Audienztermins vor dem erkennenden Richter nöthig wird, so bildet man Spezial-Acten. Cfr. a. a. O. Alinea 3.

Die zuerst erwähnten Beilage-Acten, diese Beilage-Acten gehören zum Handelsregister als integrirende Theile derselben, und können ebenso von Jedem eingesehen werden, wie das Handelsregister selbst. Art. 12. cfr. v. Hahn zu Art. 12. § 6. Ohne ihre Einsicht kann man sich in vielen Fällen aus dem Handelsregister gar nicht informiren. —

K. Die Novelle vom 11. Juni 1870.

§ 13.

Die mehrerwähnte Novelle vom 11. Juni 1870 hat, wie schon in der Einleitung angedeutet, zum Hauptgegenstand die Beseitigung der landesherrlichen Genehmigung bei Commanditactiengesellschaften und bei Actiengesellschaften. Ausserdem verleiht sie allen Commanditactiengesellschaften und Actiengesellschaften den Charakter der Handelsgesellschaften, wie wir schon vorher in § 8 betrachtet haben; und modificirt demgemäss die betreffenden Artikel des Allgemeinen Deutschen Handelsgesetzbuchs; namentlich Art. 174 von der Commanditactiengesellschaft und die verschiedenen Artikel von der Actiengesellschaft. Sie ändert speziell bei der Commanditgesellschaft auf Actien noch den Art. 199 im Interesse der Erhaltung der Gesellschaft im Falle des Ausscheidens von persönlich haftenden Gesellschaftern, und macht einen dahin bezüglichen Zusatz zu Art. 176. Im Uebrigen beschäftigt sie sich lediglich mit den Normativvorschriften für die Actiengesellschaften, ausgenommen die Androhung von Criminalstrafen in Art. 206. und 249., welche auch für die Commanditactiengesellschaft gemacht ist.

1. Von dieser landesherrlichen Genehmigung ist folgendes zu sagen: Es war, wie schon vorher erwähnt, und ist noch weitverbreitete Meinung unter den Juristen, dass eine Corporation, eine juristische Person gar nicht anders als durch staatliche Sanction entstehen könne. Cfr. auch Holzschuher Theorie und Casuistik Bd. III. S. 590. Das Richtige aber ist wohl: dass jede Verbindung, welche für einen erlaubten Zweck sich bildet, sobald dieser Zweck ein unpersönlicher, damit von selbst eine Corporation oder juristische Person ist, und dass danach der Staat die juristische Person nicht zu schaffen, sondern dass er nur höchstens einfach zu erklären hat: ob der Zweck einer Verbindung ein unpersönlicher ist, und zugleich ein erlaubter, und ob für diesen Zweck eine wirkliche Verbindung besteht; dass er also nur die Existenz der juristischen Person anzuerkennen hat. Ist nun ein solcher Verein seiner Natur nach auf eine wechselnde unbestimmte Mitgliederzahl berechnet, kann er also gar nicht existiren, wenn nicht ein von den einzelnen Mitgliedern principiell verschiedenes Ganze da wäre, ist somit der unpersönliche Zweck dem Wesen des Vereins selber immanent, so ist dieser Verein auch schon von selbst eine juristische Person, wenn sein Zweck ein erlaubter, und es bedarf gar nicht erst der staatlichen Deklaration. Cfr. Goldschmidt, Verhandlungen des Juristentags per 1869. Bd. II. S. 51—53. Dies ist unzweifelhaft bei Actiengesellschaften der Fall, bei Commanditactiengesellschaften könnte man Bedenken haben. Cfr. vorher § 7 S. 39. In der angegebenen Richtung also wegen der Form war somit die staatliche Genehmigung nicht nöthig.

Es fragt sich nun, ob wegen des Gesellschaftszweckes, wegen des Gegenstandes des Unternehmens die staatliche Genehmigung von Handelsgellschaften erforderlich erscheint? Doch auch diese Frage ist zu verneinen. Die Frage bewegt sich eigentlich auf einem andern Gebiete, als dasjenige, auf welchem wir uns befinden; auf dem Gebiete des Gewerbeconcessionswesens. Wo durch besondere gesetzliche Bestimmungen das Handelsgewerbe, welches den Gegenstand des Unternehmens, einer Handelsgesellschaft bildet, einer staatlichen Genehmigung, man nennt es besser Concession unterworfen ist, — im Allgemeinen gilt auf dem Gebiet des Handels und der Gewerbe Freiheit —, da wird auch die Concession resp. die Genehmigung des Staats einzuholen sein, nicht aber zur Bildung des Vereins, sondern zum Betriebe des betreffenden Gewerbes. Ist der Zweck verboten oder unsittlich, so ist die Gesellschaft eo ipso null; und kann sich eigentlich als Institut gar nicht bilden. Cfr. § 9.

Ebenso wird die staatliche Genehmigung resp. Verleihung einzuholen sein, wenn Privilegien beansprucht werden z. B. das Expropriationsrecht. Die staatliche Genehmigung aus einem Bevormundungsrecht herzuleiten, dieser Weg wird heute zu Tage wohl als ein verlassener anzusehen sein. Auch ist der Standpunkt, vom welchem aus man dem Staate ein Oberaufsichtsrecht einräumt, wohl, wenigstens in Betreff der Handelsgesellschaften, ein überwundener, soweit es auf die Gesellschaften selbst ankommt und nicht auf das Unternehmen, welches ihr Zweck ist.

In dem Allgemeinen Deutschen Handelsgesetzbuch war eine Staatsgenehmigung eingeführt und zwar als Regel, welche theils mit der Form der Gesellschaft, theils mit dem Gegenstande ihres Unternehmens, theils aber auch noch mit anderen Meditationen sich beschäftigte. Namentlich beabsichtigte der Staat mit seiner Genehmigung gewissermaassen eine Garantie für die Solidität der Gesellschaften zu übernehmen. In den Motiven zum Preussischen Entwurf heisst es: „Abgesehen vom gemeinen Recht, wird fast allgemein zur Errichtung von Actiengesellschaften ein formeller Vertragsschluss und ausserdem die Bestätigung des Gesellschaftsstatuts erfordert, welche bald von einer Behörde, bald vom Landesherrn selbt ausgeht. Der Entwurf musste ebenfalls an dem bestehenden Erforderniss der landesherrlichen Bestätigung festhalten. Dieselbe, in Verbindung mit der vorausgehenden Prüfung, erscheint unumgänglich nothwendig, sowohl aus Rücksicht auf die Gesellschaftsgläubiger, um diesen in Ermangelung von persönlich haftenden Gesellschaftern die erforderlichen Garantien zu verschaffen, als auch im allgemeinen Interesse, um die von jeder bestimmten Persönlichkeit der Theilnehmer abgetrennte Gesellschaft als selbstständige Handelsperson ins Leben zu führen, die Solidität des Unternehmens zu verbürgen, und bei der ausserordentlichen Grösse der durch Aktien zusammenzubringenden Kapitalien zugleich zu verhüten, dass die Geldmacht solche Gesellschaften in einer dem allgemeinen Wohlstande und der Landesindustrie nachtheiligen Weise verwendet wird.“ So stehts wirklich da. Was man sich damals Alles dachte und vorstellte! Als wenn der Staat die Gesellschaften solide machen und ihr Solidität verbürgen könnte, und als wenn man es in der Gewalt hätte, die Geldmacht gleichmässig zu vertheilen. Freilich zielte das nur auf die Actiengesellschaften und nicht auf die Commanditgesellschaften, welche letztere Preussen auch von der staatlichen Genehmigung entband, obwohl einige andere deutsche Staaten, auch diese

Gesellschaftsart an die staatliche Genehmigung knüpften, weil man ein schreckliches Bild von den Excessen, welche in dieser Gesellschaftsform auf französischem Boden gemacht waren, vor Augen hatte und gerade diese Gesellschaftsform für sehr gemeingefährlich hielt. S. § 21.

Das Allgemeine Deutsche Handelsgesetzbuch liess jedoch den einzelnen Landesgesetzgebungen Freiheit auch ebensowohl die Actiengesellschaften wie die Commanditactiengesellschaften von der staatlichen Genehmigung durch besondere Gesetze zu entbinden, was denn auch von manchen Staaten in den Einführungsgesetzen geschah. So entbanden von vornherein sowohl Actien- als Commanditactiengesellschaften von der Staatsgenehmigung: Lübeck, Oldenburg, Bremen, Hamburg, Baden, später Würtemberg durch das Gesetz vom 13. August 1865, und noch später das Königreich Sachsen durch das Gesetz, die juristischen Personen betreffend, vom 15. Juni 1868. § 55. Gesetz- und Verordnungsblatt für das Königreich Sachsen pro 1868. S. 315 ff. Bloss die Commanditactiengesellschaften gaben frei ausser Preussen, Frankfurt, Anhalt-Dessau und Waldeck; die desfallsige Preussische Vorschrift des Art. 10. Einführungsgesetzes wurde später auch auf die neueinverleibten Landestheile ausgedehnt Hannover, Churfürstenthum Hessen, Hessen-Homburg, Nassau und Schleswig-Holstein, Lauenburg.

Von den auswärtigen Gesetzgebungen hat noch Italien die Staatsgenehmigung sowohl für Commanditactiengesellschaften als für Actiengesellschaften beibehalten, überhaupt sehr strenge Grundsätze für diese Gesellschaften in seinem neusten Handelsgesetzbuch. Holland hat die Königliche Genehmigung noch wie früher, bloss bei anonymen Gesellschaften, die aber verliehen wird, wenn der Zweck nicht den guten Sitten oder der öffentlichen Ordnung zuwider ist und der Gesellschaftsvertrag keine Bestimmungen enthält, welche den Artikeln 38. und 55. Wetboek van Koophandel zuwider sind. Diese Artikel handeln von der notariellen Abfassung, der Einregistrirung in die Register und der öffentlichen Bekanntmachung des Gesellschaftsvertrags nebst der königlichen Bestätigungsurkunde, sowie von der Verpflichtung des Vorstandes, jährlich Bilanz vorzulegen. Cfr. Art. 37. Wetboek van Koophandel. In den meisten Schweizer-Cantonen besteht die Staatsgenehmigung für Actiengesellschaften; für Commanditactiengesellschaften und Commanditgesellschaften bestehen so strenge Vorschriften, dass diese meist sich gar nicht bilden können. In Frankreich ist jetzt die staatliche Genehmigung sowohl bei Actien als bei Commanditgesellschaften beseitigt; cfr. Gesetz vom 24. Juli 1867. Früher war nach Art. 37 Code de commerce die Actiengesellschaft von der Ermächtigung der Staatsregierung abhängig. Genf hat die neue freie französische Gesetzgebung von 1867 adoptirt. In England herrscht seit der Compagnie Acte von 1862 und der ergänzenden Acte von 1867 durchaus Freiheit in der Bildung aller Handelsgesellschaften, auch der, mit beschränkter Haftbarkeit — limited —. In Oesterreich ist in dem neuesten Oesterreichischen Entwurf von 1868 die

Bildung der Actien- und Commanditactiengesellschaften freigegeben, und nur die staatliche Genehmigung wegen des Zwecks erforderlich, wenn das Unternehmen schon an und für sich nach der Staatsgesetzgebung einer staatlichen Genehmigung bedarf.

Ueber die staatliche Genehmigung, wie sie das Allgemeine Deutsche Handelsgesetzbuch im Princip aufgestellt hatte, über ihre Handhabung und ihre Wirkung, könnte viel gesprochen werden und ist viel gesprochen worden. Goldschmidt hat ein hartes Wort in der Verhandlung dieses Gegenstandes im Deutschen Juristentage 1869 über die Preussische Art und Weise der Staatsgenehmigung geäussert: „Ich halte diesen Ausweg, wie er namentlich in Preussen eingeschlagen ist (nämlich Beibehaltung der Genehmigung, bloss bei Actiengesellschaften resp. bloss bei Commandit-Actiengesellschaften) für den allerverderblichsten und verkehrtesten aller Wege, die überhaupt in dieser Beziehung eingeschlagen sind. Indessen wer will ihn mit Gründen widerlegen. Wer will heute noch den Staatsgenehmigungen bei Actiengesellschaften oder Commandit-Actiengesellschaften das Wort reden? In den Motiven zu der Juni-Novelle bekennt die Staatsregierung selbst wörtlich Folgendes: „Wenn der Staat dem Publicum, d. h. den Actionären, wie den Gläubigern der Actiengesellschaften Schutz gegen die Benachtheiligung durch unsolide Unternehmungen gewähren will, so ist diese Absicht — wie die Erfahrung lehrt — bei der steigenden Entwickelung der einschlagenden Verhältnisse immer mehr unerreichbar geworden. Dadurch aber, dass das Publicum auf die vom Staate ihm verheissene Fürsorge sich verlässt und in diesem Vertrauen der eigenen Mühe und Sorge sich entschlagen zu können glaubt, wirkt jene unerfüllbare Verheissung geradezu schädlich. Sie v e r m e h r t also nicht selten die Opfer des Schwindels und der Unsolidität, statt sie zu v e r h ü t e n." Es wird dann auf den von der Badischen Staatsregierung in dem Commissionsbericht von 1862 für die Befreiung der Actiengesellschaften geltend gemachten Grund:

> dass, während einerseits jede irgend entbehrliche Hemmung des Privatverkehrs als schädlich zu vermeiden, andererseits die Zahl der Leichtgläubigen ausserordentlich gross sei, welche die Betheiligung an einer, durch die Regierung genehmigten Gesellschaft ohne alle weitere Untersuchung für unbedenklich hielten." — R e n a u d , Recht der Actienges. S. 300

hingewiesen, und nachdem noch auf folgenden Passus in dem Commissionsbericht des Französischen Corps legislativ von 1868:

> La on l'état intervient, l'e n d e v i d e a b d i q u e , i l s e c o n s i d è r e c o m m e d i s p e n s é d e t o u t e f f o r t , i l s'e n d o r t d a n s u n e l e t h a r g i e v é r i t a b l e , il attend tout de l'état, et par contre il l'accuse de tous ses mécomptès, c o m m e s i s o n i n i t i a t i v e p e r s o n e l l e a v a i t é t é c o n f i s q u é e (Moniteur Seite 695).

Bezug genommen ist, weiter gesagt:

„Die Wahrheit dieses Satzes wird durch die seitherige Erfahrung bestätigt. Man hat trotz der Staatsgenehmigung Zeiten und Arten des Actienschwindels durchlebt, wobei das leichtgläubige Publicum die erheblichsten Verluste erlitten hat. Die beste Garantie gegen solche Verluste ist die eigene Vorsicht. Diese Vorsicht wird durch vorherige Prüfung des Projects und des Statuts durch den Staat nicht entbehrlich."

Dann folgt weiter noch eine beachtenswerthe Erklärung:

„Noch misslicher ist die Lage der Regierungen jetzt in den Fällen, in welchen eine finanziell bedrängte Actiengesellschaft durch Emission von Prioritäts-Stammactien oder sonstige Operationen gegen den Concurs sich zu schützen sucht und dazu die als Consequenz des erwähnten Princips erforderliche Staatsgenehmigung erbittet. Wird die Genehmigung versagt, dann trifft in den Augen der ruinirten Actionäre und der ausfallenden Gesellschafts-gläubiger die Regierung die Schuld, weil sie der Gesellschaft das letzte und nach der Behauptung des Gesellschaftsvorstandes sicher helfende Rettungsmittel vorenthält. Ertheilt dagegen die Regierung die Genehmigung, dann finden Actionäre und Publicum darin eine Garantie für die Unverfänglichkeit der genehmigten Finanzoperation und somit einen Anreiz zur Hergabe neuer Fonds, die vielleicht rettungslos verloren gehen und damit die Verluste der an dem Unternehmen Betheiligten noch wesentlich steigern." S. hierzu in § 14. No. 7. Cfr. Motive z. d. Novelle v. 11. Juni 1810. Drucksachen des Reichstags des Nordd. Bundes No. 158. S. 14. 15.

Wie ganz anders klingt das gegen die Motivirung der Staatsgenehmigung bei der Abfassung des Handelsgesetzbuchs, welche vorher erwähnt ist. Dazwischen liegt nur ein Decennium.

Freilich, es hatten Staatsregierungen, z. B. auch die Preussische, es unternommen, die Verhältnisse, namentlich die Vermögensverhältnisse der Gründer der Gesellschaften, sogar die der Actionäre, welche das Actiencapital gezeichnet hatten, auf ihre Solidität und Zahlungsfähigkeit hin zu prüfen. Wie diese Prüfungen aber angestellt sind, welche Resultate sie geliefert haben und wie zuletzt die Staatsregierungen offen haben bekennen müssen, dass es ihnen auch dazu an den geeigneten Mitteln fehle, ja dass bei heutigen Verhältnissen eine zu einem irgendwie sichern Resultate führende Prüfung beinahe unmöglich sei, das ist allbekannt. Cfr. übrigens Verhandlungen des Juristentags 1869. a. a. O. S. 50. 55. 56.

Ob noch heute bei den concessionspflichtigen Gewerben, z. B. bei Versicherungsanstalten, solche Untersuchungen stattfinden? Ich glaube, auch hier sind sie aufgegeben worden. Aber die Statuten werden geändert. Auch über diese Aenderungen lässt sich viel sagen.

Hiermit ist denn wohl dem Princip der Staatsgenehmigung der Handelsgesellschaften für alle Zeiten der Stab gebrochen. Man wird nie wieder zu diesem Princip zurückkehren dürfen, weder ganz noch theilweise. Es ist auch kaum zu glauben, dass jemals eine Staatsregierung eine so lästige und so odiöse, dabei wirkungslose Verpflichtung übernehmen wieder wird. Zu den Zeiten der Römischen Kaiser, widerstrebte man der Bildung der Vereine, aus Gründen, welche in den damaligen politischen Verhältnissen lagen. die Association wurde unterdrückt selbst im Handel, was die Römischen Kaiser nicht erlaubt hatten, war von selbst ein verbotener resp. unsittlicher Vereinszweck. Cfr. l. 1. 2. 3. D. de colleg. et corp. 47. 22. Wie anders heute, wo die Richtung auf möglichte Freiheit im Vereinsleben geht, und dieses Streben von den Regierungen mit Recht begünstigt wird.

3. Mit der Unhaltbarkeit und dem Fortfall der Staatsgenehmigung bei den Actiengesellschaften und den Commanditactiengesellschaften ist auch das über diese Gesellschaften bisher geführte staatliche oder staatspolizeiliche Aufsichtsrecht unhaltbar geworden. Hier ist in den obenerwähnten Motiven das freie und aufrichtige Geständniss abgelegt: dass die Ausübung einer wirksamen Aufsicht factisch unmöglich sei. S. Motive etc. S. 15.

Durch die Novelle vom 11. Juni 1870 ist nun die Staatsgenehmigung nebst der Staatsaufsicht aufgehoben worden; aber die landesgesetzlichen Bestimmungen nach welchen der Gegenstand des Unternehmens der staatlichen Genehmigung bedarf sind in Kraft geblieben. — § 2 und § 3 a. a. O. s. daselbst.

4. Statt der weggefallenen staatlichen Genehmigung und Aufsicht über die Commanditactiengesellschaften und die Actiengesellschaften sind nach dem Vorgange der französischen Gesetzgebung gewisse Normativbestimmungen eingeführt und die desfallsigen Bestimmungen den betreffenden Artikeln des Allgemeinen Deutschen Handelsgesetzbuchs eingefügt, resp. wo es nicht anders anging neue Artikel zugesetzt worden.

In den Motiven heisst es hierüber, dass es mit dem Wegfall der Staatsgenehmigung als eine Hauptaufgabe des neuen Gesetzes erschienen sei: „im Einklang mit der rechtlichen Natur und volkswirthschaftlichen Bedeutung, der in Rede stehenden Gesellschaften zum Schutz des Publikums gegen Uebervortheilung und Täuschung einen geeigneten Ersatz zu schaffen für diejenige Fürsorge, welche bisher in der Form von Concessionsbedingungen bei der staatlichen Prüfung und Feststellung des einzelnen Staats geübt wurde. An Stelle der bisherigen Sicherheitsmassregeln müssten gewisse ein — für allemal massgebende gesetzliche Normativbedingungen treten, welche sich theils auf die Begründung, theils auf die fortlaufende Verwaltung der Gesellschaft zu beziehen haben.“ Cfr. Motive etc. S. 17.

Bei den Verhandlungen im Reichstage wurde dies jedoch nicht ohne Widerspruch aufgenommen, indem man, und zwar sehr richtig, hervorhob: die völlige Freigebung der Errichtung der Gesellschaften sei das beste Mittel die eigene Vorsicht wach zu rufen und zugleich auch die beste Controle. Dem Entwurf machte man den Vorwurf, er beseitige die bisher von den Regierungen gehandhabte Vormundschaft nicht, sondern verlege sie nur in die Normativbestimmungen. Cfr. Stenographische Berichte der Reichstagsverhandlungen de 1870. S. 1059. Der Reichstag erklärte sich jedoch durch Annahme der proponirten Normativbestimmungen im Princip mit denselben einverstanden. Die Novelle ging sehr schnell durch die Lesungen, fast scheint es, als wenn es sich in der Hauptsache darum gehandelt habe, die lästige Staatsconcession und Staatsaufsicht los zu werden. Cfr. Stenogr. Bericht a. a. O. Für die Commanditactiengesellschaften waren schon im Handelsgesetzbuch nach französischem Muster Normativbedingungen aufgestellt, die meisten derselben wurden durch die Novelle auf die Actiengesellschaften übertragen. Cfr. § 18 littr. 9.

5. Die hauptsächlichsten dieser Normativbestimmungen für die Actiengesellschaften sind:

a. dass vor der Eintragung der Actiengesellschaft resp. Behufs dieser Eintragung die Bescheinigung der Deckung des Grundcapitals durch Unterschriften sowie der Einzahlung von 10 pCt. — bei Versicherungsgesellschaften 20 pCt. — auf jede gezeichnete Actie gefordert wird Art. 210ª.

b. dass ein Aufsichtsrath von mindestens drei Mitgliedern obligatorisch gemacht ist, welcher in einer General-Versammlung aus den Actionären zu wählen, und dass auch der Nachweis der Wahl eines solchen Aufrichtsraths ebenfalls vor der Eintragung geführt sein muss. Art. 210ª.

c. dass, wenn Einlagen von Actionären gemacht werden, welche nicht in baarem Gelde bestehen, oder wenn besondere Vortheile sich ein Actionair bedingt, oder wenn Vermögensstücke überhaupt von der zu errichtenden Gesellschaft übernommen werden, der Werth festzusetzen und die Zahl der Actien oder der Preis, welcher dafür gegeben werden soll, sowie der Vortheil den sich der Actionair bedungen hat in dem Gesellschaftsvertrage zu bestimmen und resp. von einer Generalversammlung zu genehmigen ist. Art. 209ᵇ.

d. dass auch die Erfordernisse sub 1 und 2 noch durch eine General-Versammlung vor der Eintragung festzustellen sind, wenn nicht von sämmtlichen Actionairen der Gesellschaftsvertrag vollzogen und und die Erfüllung jener Erfordernisse darin anerkannt ist. Art. 209ª.

e. dass auch noch erforderlichenfalls die General-Versammlungsbeschlüsse Nr. 3 und 4 vor der Eintragung und bei der Anmeldung beigebracht werden müssen. Art. 210 .

f. dass die Actiengesellschaft eigene Actien nicht erwerben, auch in der Regel nicht amortisiren soll. Art. 215. Alinea 3.

g. dass Actionaire bis zur Wiederergänzung des durch Verlust verminderten Gesammtbetrags der Einlagen, Dividenden nicht beziehen sollen. Art. 217. Al. 1. i. f.

h. dass die Bilanz in gewisser Frist und Form zu veröffentlichen Art. 239. Al. 1.; und dass die Bilanz nach gewissen Vorschriften aufzustellen ist. Art. 239_a.

i. Strafen, Gefängnissstrafen und Geldstrafen für Mitglieder des Vorstandes und des Aufsichtsrathes, wenn sie gewisse Pflichten nicht erfüllen oder unwahre Angaben machen. Art. 249.

Ausserdem sind noch:

k. die Vorschriften in Art. 151. 152. Allgemeinen Deutschen Handelsgesetzbuchs auch für den Aufsichtsrath bei Actiengesellschaften maasgebend erklärt worden; Art. 225 und

l. die Mitglieder des Vorstandes und resp. des Aufsichtsraths persönlich und solidarisch verhaftet gemacht, wie bei den Commanditactiengesellschaften, wenn sie Einlagen zurückgezahlt, eigene Actien der Gesellschaft erworben oder amortisirt, wenn ungehörig Zinsen oder Dividenden gezahlt oder eine Vertheilung des Gesellschaftsvermögens oder eine theilweise Zurückzahlung resp. Herabsetzung des Grundcapitals widergesetzlich stattgefunden hat. Art. 225_b.

Von diesen Vorschriften befanden sich wesentlich gleichlautend schon bei den Commanditactiengesellschaften sämmtliche bis auf die sub g. und h. theils schon in dem Handelsgesetzbuch selbst, theils in den Einführungsgesetzen der einzelnen Staaten. Man hat diese Normativbestimmungen fast ganz dem französischen Muster entnommen. Ueberhaupt ist für uns bis jetzt die französische Gesetzgebung auf diesem Gebiet die Mustergesetzgebung gewesen. Wir werden auf dieselben noch in dem besonderen Theil näher zurückkommen.

6. Anlangend ihre Wirkung, so ist sie auch wohl bei denjenigen, welche überhaupt die Erwartung gehabt haben, dass man mit solchen Vorschriften die Actiengesellschaften solider machen werde, weit hinter diesen Erwartungen zurückgeblieben. Man hat Mittel und Wege gesucht, die Normativbestimmungen zu umgehen. Diese waren leicht zu finden, hier und da auch aus den Vorschriften selbst bald ersichtlich, und durch diese Umgehungen ist der Schwindel bei der Gründung der Actiengesellschaften, dem man ja gerade verhüten wollte, grösser geworden als er vorher war. Er hat heute in Deutschland eine Höhe erreicht wie er sie kaum in einem anderen Lande bisher erlangt hatte. Und wie das gewöhnlich kommt, man will jetzt diesem exorbitanten Schwindel durch neue Normativvorschriften steuern, selbstverständlich durch strengere. Es waren schon im vorigen Jahre dahin zielende Anträge für die Reichsgesetzgebung angekündigt worden, zwar nicht regierungsseitlich her. Indessen bisher sind sie nicht effectuirt worden. Auch in neuerer Zeit, bei Gelegenheit der Erörterung von Mängeln des Eisenbahnconcessionswesens im Preussischen Ageordneten-

hause und im Reichstage durch den Abgeordneten Lasker ist wieder davon die Rede gewesen, dass auf dem Wege der Gesetzgebung dem im Actienwesen eingenisteten Schwindel und Betrug gesteuert werden müsse. Doch das wird seine Schwierigkeiten haben. In Frankreich stellte zwar das Gesetz von 1856 die Staatsgenehmigung nicht auf, allein es unterwarf die Bildung von Commanditactiengesellschaften überaus strengen Vorschriften. Der Zweck wurde nicht erreicht, die Gesellschaften wurden nicht besser und nicht solider, aber die Commanditactiengesellschaft wurde fast unterdrückt, zur Zeit der Gesetzgebung von 1863 existirten sie kaum noch. Die Gesetzgebung, welche demnächst folgte, das Gesetz vom 23. Mai 1863, war zwar sowohl für die Commanditgesellschaften auf Actien als auch bei Actiengesellschaften, günstiger; es hob namentlich bei den Letzteren die Staatsgenehmigung auf. Allein man stellte immerhin sehr strenge, auf Beseitigung des Schwindels gerichtete, Vorschriften über die Errichtung der Gesellschaften, die Geschäftsführung u. s. w. auf. Doch auch diese erwiesen sich einerseits nicht wirksam, aber auf der anderen Seite auch zu streng, so dass man sich 1867 mit und in dem Gesetze vom 24. Juli 1867 genöthigt sah einen Rückschritt zu machen, die Rigorosität der Normativbestimmungen zu mildern und einer freieren Bewegung auf dem Gebiete der Bildung und Leitung der gedachten Gesellschaften Raum zu geben. Die Erfahrung hat gezeigt, dass mit überaus strengen Normativvorschriften dem Schwindel und Betrug zu steuern, auch der Zweck nicht erreicht wird, wohl aber dass man dadurch die Bildung sehr nützlicher Gesellschaften verhindern kann. Schliesslich gipfelt die weitere Anspannung der Strenge der Gesetzgebung in der gänzlichen Unterdrückung der Gesellschaften, wie sich dieses auch in der Praxis ergeben hat.

Es wäre gewiss mit grosser Freude zu begrüssen, wenn auf dem Wege der Gesetzgebung die Gesellschaften solider gemacht und dem Schwindel und dem Betruge Thür und Thor verschlossen werden könnte. Allein nach den gemachten Erfahrungen und in Erwägung der Entwickelung und des lebhaften Ganges der Verkehrsverhältnisse, in Berücksichtigung der Umstände und Verhältnisse in denen der Schwindel wurzelt und Nahrung findet, durch welche er begünstigt wird, möchte es wohl erlaubt sein zu bezweifeln, das es überhaupt der Gesetzgebung möglich sein wird ein wirksames Correctiv zu produciren.

7. Ein Hauptgrund des Schwindels liegt in der überaus grossen Leichtgläubigkeit und Vertrauensseligkeit, geradezu gesagt: Dummheit des Publikums. Die Beispiele sind zu eclatant, als das dieser Grund geleugnet werden könnte. Der Köder so dumm er an und für sich sein mag, wirkt überraschend. Und welcher Köder ist nicht versucht worden, um das Publikum zu locken, selbst das Heiligste hat man nicht unangetastet gelassen, wie der grossartige Lagrand Dumonceauische Schwindel evident darthut. Hierzu kommt eine gänzlich ungesunde Richtung der Effecten und

Börsenspeculation, insbesondere dass der Speculationsgeist sich auf alle Klassen der Bevölkerung erstreckt hat; dass Personen von ihm ergriffen worden sind deren Verhältnisse zu nichts weniger angethan sind als dazu. Die Börsen sind der Tumelplatz einer Menge von Leuten geworden, welche früher gar nicht daran dachten zu speculiren, denen namentlich das sogenannte Differenzgeschäft fremd war. Diese fühlen sich jetzt heimisch an der Börse. Man will mit Nichtsthun Geld gewinnen und ist desshalb allzu leicht geneigt den Rufen, Anpreisungen und Verlockungen der Gründer neuer Actienunternehmungen ein williges Ohr zu leihen; und sein Geld in Actien anzulegen. Man will Dividenden und bei Courssteigerungen lucriren. Wem es gelingt, der ist zufrieden, wem es fehlschlägt, beklagt sich; aber nicht über seine eigene Leichtgläubigkeit und unklugen Operationen, sondern er klagt das Unternehmen und die Unternehmer an; er beklagt sich über Schwindel und Betrug. Hierzu kommt die moderne Sucht luxusiösen Lebens, die Sucht die stetig fortschreitende Ungenügsamkeit zu befriedigen, mit Personen im Luxus zu concurriren, mit denen man nicht concurriren kann und gar nicht concurriren sollte; ein wirksamer Antrieb, bei den Gründungen Schätze zu sammeln, schnell und ohne Arbeit reich zu werden, grosse Summen grosse Tantièmen als Aufsichtsrathsmitglieder oder Gründer einzuheimsen.

Die Römer haben an dem Grundsatz festgehalten: stultis non succurritur, und die Dummheit ist wirklich ein Factor, mit welchem sich nicht rechnen lässt, auch nicht auf dem Gebiete der Gesetzgebung, um die Dummheit zu schützen.

Der Staat und ebensowenig die Gesetzgebung können die Pflicht und beziehungsweise den Beruf haben, dem Publicum die Sache so einzurichten, dass es blindlings und ohne jedwede Selbstprüfung jedem und erstwelchem Actienunternehmen beitreten, Actien zeichnen oder erwerben kann, ohne Gefahr zu laufen; abgesehen von der Unmöglichkeit, in dieser Richtung auch nur irgend etwas Erhebliches zu erreichen, oder Maassregeln dazu zu treffen. Direct wirkende und anschlagsame Maassregeln sind bisher noch nicht erfunden worden, es wird auch wohl keine geben. Hierzu kommt noch, dass es überhaupt ein missliches Unternehmen für Staat und Gesetzgebung ist, auf dem Gebiet des Handelsrechts mit rigorosen Präventiv-Maassregeln vorzugehen. Alle dergleichen Beginnen haben für den Staat bisher nur odiöse Folgen gehabt, wie die Staatsgenehmigung, und bei alledem hat er sich schliesslich selbst bekennen müssen, dass er nicht in der Lage sei, denselben wirksamen Nachdruck zu geben, sowie den Umgehungen der gesetzlichen Bestimmungen zu steuern. Dass aber, wenn man direct wirksame Mittel anwenden will, dies nur rigorose sein können, liegt auf der Hand. Dabei läuft man denn noch Gefahr, auch die nützlichen und soliden Gesellschaften zu verkümmern, ja ihre Bildung nahebei ganz zu unterdrücken. Bislang hat die italienische Handelsgesetzgebung, der 1865 publicirte Codice di commercio, welcher auch noch die Autorisation durch Königliches Decret als nothwendige Voraussetzung der Entstehung von Actiengesellschaften beibehalten, die rigorosesten Maassregeln getroffen. Die italienische Regierung führte Anfangs durch Commissariate eine dauernde, sehr genaue staatliche Oberaufsicht — Decret vom 30. December 1865 —; an Stelle der Commissariate trat später durch Decret vom 27. Mai 1866 eine Centralbehörde, ein mit dem Finanzministerium verbundenes officio del sindicato, bestehend aus einem Censore generale, einem Inspettore generale, elf Inspectoren und einer Anzahl von officiali locali delegati. Demnächst ward jedoch schon1869 durch Decret vom 5. September diese Organisation wieder vereinfacht. Man scheint nach und nach allmählich die ganze Staatsaufsicht aufzugeben und nur keinen zu grossen Sprung machen zu wollen.

8. Die englische Gesetzgebung ist oft und vielfach als Muster aufgestellt worden; sie mag daher schon hier etwas näher betrachtet werden. Es ist die neuere, in dem Gesetz vom 7. August 1862 und in dem vom 20. August 1867 enthaltene, welche alle Gesellschaften betrifft, die eine juristische Person darstellen, auch diejenigen eingeschlossen, welche keine Erwerbsgesellschaften sind. Zwangsweise unterliegen diesen Gesetzen jedoch nur alle Vereinigungen von mehr als zehn Personen zum Betriebe von Bankgeschäften und von zwanzig Personen zum Betriebe solcher Geschäfte, deren Zweck Gewinnerzielung ist, sonst sind mindestens sieben Personen nöthig zu einer Gesellschaft, welche nach den gedachten Gesetzen zu beurtheilen ist. Die Gesellschaften unterscheiden sich in solche: bei welchen die Mitglieder nur bis zum Nominalbetrage der gezeichneten Actien haften, Compagnies limited by shares; solche, bei welchen ohne Eintheilung in Actien die Mitglieder nur verpflichtet sind, bis zu einem gewissen Maximalbetrage für die Verpflichtungen der Gesellschaft aufzukommen, Compagnies limited by guarantees; in solche, bei welchen Beides verbunden ist, also Actieneintheilung mit Maximalschuldenverhaftung, Compagnies limited by guarantee and having a capital divided into shares; und Gesellschaften, bei welchen die Mitglieder ganz unbeschränkt für alle Verbindlichkeiten der Gesellschaft haften, also auch über den Betrag der gezeichneten Actien hinaus — illimited. Nach dem Gesetz vom 20. August 1867 sind auch Inhaber-Actien gestattet, ebenso wie Commanditgesellschaften auf Actien mit solidarisch haftenden Directoren. Bei den vorher bezeichneten Gesellschaften mit beschränkter Haftbarkeit der Mitglieder muss dies in Firmen sowohl, wie in Anzeigen, Bekanntmachungen und anderen Urkunden durch den Gebrauch des Wortes „limited“ angedeutet werden. Jeder Actionair hat, wenn nicht das Gegentheil durch schriftlichen, dem Anmeldeamt communicirten Vertrag ausbedungen ist, den Betrag seiner Actien baar einzuzahlen.

Regel ist für die Gesellschaftsbildung, dass über den Zusammentritt der Gesellschaften ein Memorandum nebst den Statuten — articles of association — zu vollziehen, wofür specielle Vorschriften über die darin aufzunehmenden Punkte gegeben sind; hat jedoch die Vereinbarung eines Statuts nicht stattgefunden, so gilt das dem Gesetze beigefügte Normalstatut. Diese Urkunden sind dem Anmeldeamt einzureichen und in ein Register einzutragen. Nachdem dieses geschehen und attestirt worden, hat die Gesellschaft die Rechte einer Corporation erlangt. Demnächst muss das Geschäftslocal oder dessen Verlegung, eine Vergrösserung des Actiencapitals oder der Mitgliederzahl angemeldet; auch ein jährliches Mitgliederverzeichniss bei 5 Pfund Strafe für jeden Verzögerungstag, desgleichen Statutenänderung durch Generalversammlungsbeschluss bei 2 Pfund eingereicht werden. Das Gesetz vom 20. August 1867 erlaubt auch eine Verminderung des Actiencapitals, jedoch unter genau festgesetzten Bedingungen, wie auch eine Theilung der Actien in kleinere Beträge durch besonderen Beschluss statthaft ist. Das Mitgliederverzeichniss muss im Geschäftslocal den Mitgliedern umsonst, und jedem Dritten gegen eine Gebühr vorgelegt werden, in den Schriftstücken der Gesellschaft ist bei Strafe deutlich die Firma anzugeben, auch ein die Firma enthaltendes Siegel zu benutzen. Ein besonders zu führendes Buch hat unter Bezeichnung des belasteten Gegenstandes alle Ansprüche Dritter an dem Gesellschaftseigenthum zu enthalten, bei 50 Pfund Strafe, es ist den Gläubigern, ebenso wie den Gesellschaftern, gleichfalls bei Strafe vorzulegen. Zweimal jährlich, im Februar und im August, sind Vermögensübersichten aufzustellen; sie sind in den Geschäftslocalen auszuhängen, die dabei Interessirten können gegen eine geringe Gebühr Abschriften davon erlangen, bei Strafe von 5 Pfund. Wenigstens einmal muss alljährlich eine Generalversammlung stattfinden; die Geschäfte in derselben und die Beschlussfassungen werden nach genauen Vorschriften behandelt. Innerhalb 4 Monaten von der Einregistrirung ab ist nach dem Gesetz vom 20. August 1867 eine Generalversammlung abzuhalten, bei Strafe von 5 Pfund für jeden Versäumnisstag. Wenn die Mitgliederzahl unter sieben gesunken ist, und dann doch die Geschäfte sechs Monate lang fortgesetzt werden, so haftet jedes Mitglied, welches dieses weiss, persönlich für die weiter contrahirten Schulden. Die Geschäfte der Gesellschaft werden von Directoren besorgt, deren Verzeichniss im Geschäftslocal auszuhängen ist. Bei Gesellschaften mit Actiencapital haben Revisoren, welche Gesellschaftsmitglieder sein dürfen, jährlich einmal den Geschäftsbetrieb zu untersuchen. Haben Mitglieder Misstrauen gegen die Verwaltung, so kann auf ihren Antrag das Handelsamt — broad of trade — eine genaue Untersuchung anstellen lassen; den Commissarien sind sämmtliche Bücher und Scripturen vorzulegen, sie haben das Recht, die Beamten und Agenten eidlich zu vernehmen, und dem Handelsamt Bericht über das Resultat der Untersuchung zu erstatten. Auch steht es der Gesellschaft frei, selbst durch Beschluss Commissare mit gleichen Befugnissen zu ernennen. Die in den qu. Gesetzen gegebenen Vorschriften sind sehr detaillirt, und mit Strafen, aber nur mit Geldstrafen bedroht, welche bei Versäumnissen für jeden Tag der Versäumniss verwirkt werden. Auch an minutiösen Formvorschriften fehlt es nicht. Cfr. Goldschmidt, Zeitschrift Bd. 12, Beilageheft S. 40., wo sich das Nähere über Zweck und Entstehung des Gesetzes findet.

Es ist nicht zu läugnen, dass sich in diesen Gesetzen Manches Beachtenswerthe findet, namentlich was die Vorschriften betrifft, welche die Einwirkung der Gesellschafter betrifft, um Kenntniss von der Geschäftsführung zu erlangen, und die Offenlegung der Vermögensverhältnisse der Gesellschaft, sowie die Anhaltspunkte, welche dem Dritten gewährt sind, um die Creditwürdigkeit der Gesellschaft prüfen zu können. Dass bloss Geldstrafen angedroht sind, kann nur angemessen erscheinen und ist den Vorschriften anderer Gesetzgebungen, welche Gefängnissstrafen androhen, vorzuziehen. Indessen auch diese Vorschriften haben dem Schwindel die Thür nicht zu verschliessen vermocht.

9. Es ist hier nicht die Aufgabe, zu untersuchen und zu ermitteln, welche Vorschriften von der Gesetzgebung gegeben werden möchten. Doch mag angedeutet werden, in welcher Richtung die Gesetzgebung vorgehen könnte. Den Nachweis bestimmter Einzahlungen auf die Actien, den Nachweis der Deckung des Actiencapitals als Bedingung der Existenz der Gesellschaft vorzuschreiben, halte ich im Grossen und Ganzen für nutzlos, auch leicht umgehbar. Wirksamer erscheint die Einreichung und Offenlegung des Verzeichnisses der Mitglieder, bei Actiengesellschaften und Commandit-Actiengesellschaften der ersten Zeichner, wie die englische Gesetzgebung es vorschreibt. Es darf ferner in den Statuten nichts bestimmt werden, was das Stimmrecht der Actionaire beschränkt oder sie gar von der Theilnahme an den Generalversammlungen ausschliesst, aus dem Grunde, weil sie nicht eine bestimmte Actienanzahl besitzen. Auch darf die Berufung einer ausserordentlichen Generalversammlung resp. die Stellung von Anträgen Seitens der Actionaire nicht in dem Maasse beschränkt werden, wie dies in manchen neueren Statuten geschieht, namentlich durch das Verlangen des Besitzes und der Deposition einer so grossen Actienanzahl, dass es den Actionairen nahezu unmöglich gemacht ist, die Berufung einer Generalversammlung zu erlangen. Man kann, um unnütze Anträge und überhaupt Missbrauch der Befugniss zu vermeiden, den Antragstellern die sämmtlichen Unkosten der Generalversammlung zur Last legen, wenn ihre Anträge für unnütz erachtet und verworfen werden resp. wenn sich erhobene Anschuldigungen gegen die Verwaltung als ungerechtfertigt erweisen, es können deswegen von den Antragstellern Cautionen resp. durch Deposition ihrer Actien verlangt werden. Es ist dafür zu sorgen, dass die Gesellschaften mindestens alljährlich die Bilanzen veröffentlichen; sie müssen angehalten werden, insbesondere das Actiencapital, und zwar das effective,

zur öffentlichen Kenntniss zu bringen. Es ist gerade nicht ausdrücklich zu verbieten, dass Actiengesellschaften ihre Actien unter pari begeben, aber es muss jedenfalls öffentlich ersichtlich gemacht sein, welches Effectiv-Actiencapital vorhanden ist und den Gläubigern haftet. Cfr. das sächsische Gesetz über die juristischen Personen vom 15. Juni 1868 — Unterschied zwischen nominellem und effectivem Actiencapital —. Es ist dafür zu sorgen, dass die Gesellschafter, ebenso wie in dem englischen Gesetze, das Handelsamt zu einer Untersuchung der Geschäftsführung anrufen können, auch dass die Gesellschaft selbst solche Commissionen ernennen kann. Doch damit wird zu warten sein, bis Handelsgerichte etablirt sind, und was die von den Gesellschaften gewählten Commissionen anbetrifft, so möchte es sich empfehlen, dass auf ihren Antrag das Handelsgericht eins seiner Mitglieder zum Vorsitz deputirt, welches dann auch die Zeugen zu vereidigen hat.

§ 14.

1. Die Novelle selbst bestimmt in § 1:

> Die Artikel 5. 173 bis 176. 178. 198. 199. 203. 206 bis 212. 214. 215. 217. 222. 225. 239. 240. 242 und 247 bis 249 des Allgemeinen Deutschen Handelsgesetzbuchs werden durch nachstehende, den bisherigen Zifferzahlen entsprechende Artikel ersetzt.

Die dann folgenden Abänderungen und Ergänzungen des Handelsgesetzbuchs sind dem Texte desselben an den betreffenden Stellen eingefügt, und dort commentirt. Dieselben heben sich hervor durch Druck mit fetterer Schrift; die aufgehobenen Bestimmungen sind in dem Commentar erwähnt. Es kann daher zu den weiteren Vorschriften der Novelle übergegangen werden.

2. Dieselbe disponirt ferner in § 2:

> Die Landesgesetze, welche zur Errichtung von Commanditgesellschaften auf Actien oder Actiengesellschaften die staatliche Genehmigung vorschreiben oder eine staatliche Beaufsichtigung dieser Gesellschaften anordnen, werden aufgehoben.
>
> Auch treten für die bereits bestehenden Commanditgesellschaften auf Actien und Actiengesellschaften diejenigen Bestimmungen der Gesellschaftsverträge ausser Kraft, welche die staatliche Genehmigung und Beaufsichtigung betreffen.

Ueber das erste Alinea ist bereits in dem Vorhergehenden ausführlich gesprochen. Hier ist nur noch zu erwähnen, dass unter den aufgehobenen Landesgesetzen alle diejenigen landesrechtlichen Vorschriften, gleichviel welchen Namen sie haben, gemeint sind, welche zur Errichtung, zur Erlangung der Existenz der genannten Gesellschaften die staatliche

Genehmigung anordnen, und zwar nicht nur hinsichtlich der Einführungsgesetze, welche bei den Handelsgesellschaften von dem Vorbehalte des Handelsgesetzbuchs in den bisherigen Artikeln 206. 249 keinen Gebrauch gemacht hatten, sondern auch auf alle anderen Bestimmungen der Particularrechte, nach welchen bisher Actien- und resp. Commanditactiengesellschaften, die den Character der Handelsgesellschaften früher nicht hatten, abweichend von dem gegenwärtigen Gesetze behandelt sind; wie z. B. in Preussen die Actiengesellschaften, welche nicht Handelsgeschäfte zum Gegenstande hatten, in dem Gesetz vom 15. Febr. 1864. Cfr. Endemann, das Bundesgesetz, betreffend die Commanditgesellschaften auf Actien, cfr. vom 11. Juni 1870. S. 47.

Dass diejenigen Vorschriften, welche die Genehmigung des Gegenstandes der Gesellschaften oder die denselben ertheilten Privilegien und das damit in Verbindung stehende Aufsichtsrecht des Staats betreffen, nicht aufgehoben worden sind, dürfte sich schon von selbst ergeben, es ist aber in dem folgenden § 3 der Novelle noch besonders ausgesprochen worden.

3. In dem Alinea 2 sind die statutarischen Bestimmungen, welche die staatliche Genehmigung und Beaufsichtigung betreffen, ausser Kraft gesetzt. Das ist ein Eingriff in die Autonomie der Gesellschaften. Allein es ist einerseits folgerecht, dass die Bestimmungen der Statuten, welche lediglich auf der Voraussetzung der zur Errichtung der Gesellschaften nothwendigen staatlichen Genehmigung und der staatlichen Aufsicht über die Gesellschaften als solche beruhten, ausser Wirkung treten mussten; andrerseits aber auch wieder selbstverständlich, dass nur diejenigen Bestimmungen der Statuten davon betroffen sind, welche eben wegen jener aufgehobenen staatlichen Genehmigung und Beaufsichtigung in die Statuten aufgenommen waren, nicht also Bestimmungen, welche sich auf die nicht aufgehobenen Staatsconcessionen des Gegenstandes des Unternehmens und die damit verbundene staatspolizeiliche Aufsicht beziehen. Ebenso müssen auch diejenigen Bestimmungen der Statuten ausser Kraft treten, in welchen selbst für den Fall, dass eine solche staatliche Genehmigung und Beaufsichtigung wie die aufgehobene, nicht nothwendig war, resp. nicht mehr nothwendig sein sollte, die Gesellschaften sich freiwillig ihr unterworfen hatten. Denn die Staaten haben diese Genehmigung und Beaufsichtigung aufgegeben, und können, brauchen, resp. werden sie fernerhin nicht mehr handhaben.

4. Durch das Alinea 2 wird falschen Auffassungen vorgebeugt. Wenn in dem Statut einer Actiengesellschaft beispielsweise die Abänderung statutarischer Vorschriften, insonderheit wie dies öfter vorgekommen, die Erhöhung des Grundcapitals lediglich um der Vorschrift in dem frühern Art. 214 des Handelsgesetzbuchs willen bestimmt war, und die Statutenänderung ohne Beibringung der staatlichen Genehmigung nicht in das Handelsregister eingetragen werden konnte, so kann und muss diese Eintragung

jetzt ohne die staatliche Genehmigung erfolgen, zumal der Staat jede Mitwirkung bei der Genehmigung und jede Aeusserung in dieser Hinsicht ablehnen muss. Es ist hierbei gleichgültig: ob in den Statuten ausdrücklich „staatliche" resp.: „landesherrliche" oder wie es wohl auch vorkommt „ministerielle" Genehmigung resp.: Genehmigung eines „Ressortministers" angeordnet ist. Anderenfalls würde, weil die dessfallsige Statutenvorschrift nicht mehr erfüllt werden kann, ein solcher Aenderungsbeschluss in der Luft schweben bleiben und niemals danach gehandelt werden dürfen. Cfr. Art. 214. Al. 3.

5. Anders verhält es sich mit den Statutenbestimmungen, welche sich auf die Concession des Unternehmens und die staatspolizeiliche Beaufsichtigung des Gewerbebetriebes beziehen. Dergleichen Statutenbestimmungen sind nicht ausser Kraft gesetzt. Auf sie erstreckt sich die Vorschrift des § 1 nicht, es kann auch nicht zweifelhaft sein, dass, weil die dessfallsigen gesetzlichen Vorschriften in § 3 aufrecht erhalten sind, dennoch bei Aenderungen der Statuten die Genehmigung einzuholen ist. Denn wollte man die Statutenänderungen ohne diese Genehmigung gestatten, so könnten ja gerade diejenigen Vorschriften, welche die Staatsregierung, resp. die Concessions-Behörde als unerlässliche Bedingungen der Concession vorgeschrieben hat, aus den Statuten entfernt werden. Die Verhältnisse der Gesellschaft können sich möglicherweise durch eine Statutenänderung auch derartig anders gestalten, dass die Concessionsbehörde, wenn die Gesellschaft in dieser Gestaltung resp. Organisation bei ihr die Concession nachgesucht hätte, dieselbe würde haben verweigern müssen. Es ist die Aufrechterhaltung solcher Statutenbestimmungen im Schlusssatz des § 3 auch noch besonders ausgesprochen worden. S. das.

6. Welche Folgen eintreten, wenn in dem Statut einer Gesellschaft die vertragsmässige Unterwerfung unter die Staatsoberaufsicht zu einem integrirenden Bestandtheil der statuarischen Satzungen gemacht ist, und nun die Ausführung der betreffenden Bestimmung unmöglich wird; ob namentlich die Zeichner behaupten können, dass sie nun, nachdem solchergestalt die statuarisch vorausgesetzte Einrichtung eine Aenderung erfährt, nicht mehr an ihre Genehmigung des Statuts gebunden seien, erachtet Endemann a. a. O. S. 47 für eine nach den concreten Umständen zu entscheidende Frage. v. Hahn scheint ihm beizustimmen, cfr. Commentar zur Novelle vom 11. Juni 1810. § 2. Note 4. S. 538. Doch von Gesellschaften, welche sich nach Emanation der Novelle gebildet haben, kann hierbei nicht die Rede sein, weil die Zeichner wissen mussten, dass die Erfüllung der Vorschrift unmöglich war. Allerdings, doch das wird wohl kaum vorkommen, wenn die ganze Willenserklärung der Zeichner dem Unternehmen beizutreten, von der fraglichen Bedingung abhing, so würde das ganze Geschäft, die ganze Zeichnung ungültig sein. Allg. Preuss. Landrecht §§ 129. 131. Tit. 4. § 228. Tit. 5. I.; § 11. J. de inutil. stip. (3. $_{20}$) l. 1. § 11. l. 31. D.

de O. et A (44. ₇) l. 7. l. 97. l. 131. § 6. D. de V. O. (45. ₁) l. 9. § 6. D. de reb. cred. (12. ₁) l. 29. D. de fidejuss. (46. ₁). Man könnte auch die Bedingung als eine unerlaubte ansehen, weil es unerlaubt ist, sich einer Genehmigung zu unterwerfen, welche der Staat als schädlich wirkend anerkannt und desshalb aufgegeben hat. Unerlaubte Bedingungen wirken aber ebenso wie unmögliche, namentlich bei Geschäften unter Lebenden. Bezieht sich die Bedingung nur auf Nebenbestimmungen, so werden nur diese ungültig. Doch ich halte die Bedingung nicht für eine unerlaubte.

Im Uebrigen glaube ich, dergleichen Statutenbestimmungen können die Zeichner nicht ohne Weiteres von ihrer Verpflichtung entbinden und resp. zur Auflösung der Gesellschaft führen, sondern es wird als Regel anzunehmen sein, dass sie von nicht wesentlicher Bedeutung, von nicht wesentlichem Einflusse bei der und auf die Willenserklärung der Zeichner gewesen sind, und dass, wenn etwas Anderes angenommen werden soll, dies aus den Statuten selbst, oder aus den Offerten zur Zeichnung klar erhellen muss. Anderenfalls bleiben die Zeichner gebunden. Gesetztenfalls es wäre im Statut gesagt: das Grundcapital solle um das Doppelte erhöht werden, aber nur mit Genehmigung der Staatsregierung, werde diese versagt, so solle Auflössung eintreten. Hier würden die Actionaire, resp. die Zeichner, welche noch nicht voll eingezahlt haben, dennoch gebunden sein, ebenso wie die etwaigen Zeichner des erhöhten Grundcapitals weiter einzuzahlen, resp. überhaupt einzuzahlen. Denn von einem Versagen der Genehmigung der Staatsbehörde kann nicht mehr die Rede sein, im Gegentheil ist anzunehmen, die Staatsbehörde habe ein für alle Mal genehmigt. War in den Statuten gesagt: „wenn die Genehmigung der Staatsbehörde nicht erfolge, so solle die Gesellschaft aufgelöst werden“, so kann man allerdings der Meinung sein, dass, weil die Erfüllung der Bedingung unmöglich geworden, nun auch die Auflösung erfolgen müsse. Indessen bei Allen diesen ist stets zu erwägen, dass mit dem Inkrafttreten der Novelle alle dergleichen Bestimmungen in den Statuten ihre Kraft verloren haben, dass es so gut ist, als wenn sie gar nicht vorhanden gewesen wären, oder doch, dass man die Sache so anzusehen haben wird, als habe der Gesetzgeber den Willen aller Actionaire, aller Zeichner ausgesprochen, von dieser Bedingung abzusehen. Wenn eine solche Bestimmung wie die hier in Frage stehende zum Gesetz erhoben, und einmal in die Autonomie der Gesellschaften eingegriffen wird, wenn man die lex contractus auf dem Wege der Gesetzgebung ändert, oder Bestimmungen daraus wegstreicht, so kann man sich das nicht anders denken: als das der Gesetzgeber für alle Actionaire spricht und votirt.

7. Wir kommen nun zu § 3 der Novelle.

Dieselbe lautet:

Die landesgesetzlichen Vorschriften, nach welchen der Gegenstand des Unternehmens der staatlichen Genehmigung bedarf, und das Unternehmen der staatlichen Beaufsichtigung unterliegt, werden durch den § 2 nicht berührt. Dasselbe gilt für die bereits bestehenden Commanditgesellschaften auf Actien und Actiengesellschaften, von denjenigen Bestimmungen der Gesellschaftsverträge, welche sich auf die staatliche Genehmigung und Beaufsichtigung wegen des Gegenstandes des Unternehmens beziehen oder in Verbindung mit besonderen der Gesellschaft bewilligten Privilegien stehen.

Mit der Aufhebung der Staatsgenehmigung und Beaufsichtigung, welche angeordnet war der Form der Gesellschaften wegen, hat nicht in die gesetzlichen Bestimmungen eingegriffen werden sollen, welche des Gegenstandes des Unternehmens wegen existiren und nicht sowohl Gesellschaften, sondern auch den einzelnen Unternehmer einer Concessionseinholung und der Beaufsichtigung seines Gewerbebetriebs von Staatspolizei wegen unterwerfen. Dergleichen Vorschriften finden sich namentlich auch in der Gewerbeordnung für den Norddeutschen Bund vom 21. Juni 1869. meist sind sie in Specialgesetzen enthalten. Dahin gehören nach den Motiven zu der Novelle S. 16 beispielsweise: Eisenbahnbau-Unternehmen, Versicherungsgeschäfte, Banknoten-Emission, Ausgabe von Schuldverschreibungen au porteur, Auswanderungs-Vermittelung. Cfr. v. Hahn a. a. O. Note 5. Endemann a. a. O. S. 48. Es ist demgemäss in Preussen auch das Gesetz vom 3. November 1838, Ges.-Samml. pro 1838 S. 505 ff. in voller Kraft geblieben, und namentlich seine Bestimmungen in den §§ 1—7. Nach den Erklärungen der Staatsregierung in den Motiven zur Novelle — cfr. vorher § 13. No. 1 u. 2 — könnte man zu der Annahme kommen, dass die Preussische Staatsregierung auch die in § 6 des Gesetzes vom 3. November 1838 vorgeschriebene Genehmigung zur Aufnahme von Gelddarlehen — Prioritätsanlehen — aufgegeben habe; allein dies ist nicht der Fall; sie ist also in der von ihr dort selbst als eine „noch misslicher“ bezeichneten Lage verblieben. S. vorher Seite 85.

Das Concessionswesen selbst ist in den meisten Staaten, namentlich in Preussen, in den wenigsten Beziehungen gesetzlich geregelt, das Aufsichtswesen fast gar nicht. Es liegt meist in der Hand der Ministerien resp. der sonstigen Concessionsbehörden. Nur die Gewerbeordnung disponirt genauer und specieller, und für das Eisenbahnbauwesen giebt das Gesetz vom 3. November 1838 einige, indess auch nur wenige und durchaus unzulängliche allgemeine Normen über die Handhabung der Concessionirung. Es scheint jetzt, als wenn mit der beabsichtigten Unterstellung des Eisenbahnbaus und Betriebes unter die Reichsgesetzgebung auch diese wichtige Seite des Eisenbahnunternehmens, die Concessionirung und Beaufsichtigung die ihr lange entbehrende gesetzliche Ordnung finden sollte. Die Concessionsbehörden, lassen sich auch die Statutenentwürfe vorlegen und unterwerfen dieselben einer Revision und resp. Redaction. Wenn die Statuten dem Gesetze so angemessen sind, dass der Handelsrichter bei der Eintragung keinen Anstand findet, was die Concessionsbehörden ja durch Anfrage bei dem Handelsrichter ermitteln können, so dürfte sie der eigentlich weitere Inhalt des Statuts nicht interessiren, als dass sie dasjenige hinzufügen, was sie rücksichtlich der besonderen Art des Betriebes des zu concessionirenden Gewerbes in den Statuten für nöthig erachten. Doch auch das können sie in den Concessionsurkunden sagen, wohin es recht eigentlich gehört.

8. Es folgt der § 4 der Novelle, welcher lautet:

Für diejenigen bereits bestehenden Commanditgesellschaften auf Actien und Actiengesellschaften, welche nach den bisherigen Vorschriften in das Handelsregister nicht eingetragen waren, gelten folgende Uebergangsbestimmungen:

1. Auf die bezeichneten Gesellschaften finden die Vorschriften des Allgemeinen Deutschen Handelsgesetzbuches, welche die Eintragung in das Handelsregister und die bei dem Handelsgericht zu bewirkende Zeichnung der Firmen und Unterschriften oder die Einreichung der Zeichnungen betreffen, ebenfalls Anwendung.

   Die Anmeldungen zur Eintragung in das Handelsregister und die Zeichnung der Firmen und Unterschriften oder die Einreichung der Zeichnungen sind binnen drei Monaten, von dem Tage an gerechnet, an welchem dieses Gesetz in Geltung tritt, zu bewirken. Nach Ablauf dieser Frist sind die Betheiligten zur Befolgung der betreffenden Vorschriften durch Ordnungsstrafen anzuhalten.

2. Ist die Anmeldung einer Gesellschaft zur Eintragung in das Handelsregister binnen der dreimonatlichen Frist bewirkt, so bleibt die Anwendung der Bestimmungen der Art. 17. 18. 20. 21. Abs. 2. 168. des Allgemeinen Deutschen Handelsgesetzbuchs ausgeschlossen.

3. Eine gültig errichtete Gesellschaft ist in das Handelsregister einzutragen, auch wenn die Voraussetzungen nicht vorhanden sind, welche nach diesem Gesetze für die Errichtung der Gesellschaft erforderlich sein würden.

4. Sind die persönlich haftenden Gesellschafter einer Commanditgesellschaft auf Actien oder der Vorstand einer Actiengesellschaft in der Befugniss, die Ge-

sellschaft zu vertreten, beschränkt, so finden die Bestimmungen des Artikels 116 und des Artikels 231 des Allgemeinen Deutschen Handelsgesetzbuchs bis zum Ablauf von drei Monaten, von dem Tage an gerechnet, an welchem dieses Gesetz in Geltung tritt, keine Anwendung. Auch bleibt die Anwendung dieser Vorschriften noch während eines Zeitraumes von fünf Jahren, von jenem Tage an gerechnet, ausgeschlossen, wenn die Beschränkung innerhalb der unter Ziffer 1 bezeichneten dreimonatlichen Frist zur Eintragung in das Handelsregister angemeldet ist.

Dies sind transitorische Bestimmungen für bereits existirende Gesellschaften, welche noch nicht in das Handelsregister eingetragen waren. Deren gab es mehre, namentlich Actiengesellschaften, deren Gegenstand des Unternehmens nicht in Handelsgeschäften bestand, die früher nicht als Handelsgesellschaften erachtet wurden, für welche Specialgesetze — in Preussen das Gesetz vom 15. Februar 1864 — gegeben, und die nun durch die Novelle zu Handelsgesellschaften gemacht waren. S. vorher § 8.

Für Baiern enthält das Reichsgesetz vom 22. April 1871, betreffend die Einführung Norddeutscher Bundesgesetze in Baiern (ausgegeben Berlin, den 29. April 1871, in Gesetzeskraft getreten den 13. Mai 1871) folgende Bestimmungen:

§ 1. Die in den nachfolgenden Paragraphen aufgeführten Gesetze des Norddeutschen Bundes werden nach Maassgabe der in diesen Paragraphen enthaltenen näheren Bestimmungen als Reichsgesetze im Königreich Baiern eingeführt.

§ 10. Das Gesetz vom 11. Juni 1870, betreffend die Commanditgesellschaften auf Actien und die Actiengesellschaften, erlangt vom Tage der Wirksamkeit gegenwärtigen Gesetzes an mit nachstehenden Vorschriften Geltung:

Die bis zu dem bezeichneten Tage vollzogenen Eintragungen in dem von den Baierischen Bezirksgerichten geführten besondern Register für Actiengesellschaften, bei welchen der Gegenstand des Unternehmens nicht in Handelsgeschäften besteht, gelten als Eintragungen im Handelsregister und bleiben in Wirksamkeit; auch wenn die Voraussetzungen nicht vorhanden sind, welche nach dem Gesetz vom 11. Juni 1870 für die Errichtung der Gesellschaft erforderlich sein würden.

9. Die Motive der Novelle vom 11. Juni 1870 finden sich mit den Vorschriften des § 4 sehr kurz ab. Sie sagen: „Hinsichtlich der bereits bestehenden Gesellschaften, welche nach dem gegenwärtig geltenden Gesetze in das Handelsregister nicht eingetragen sind, fasst der § 4 die für die

Uebergangszeit nothwendig zu treffende Bestimmung in möglichst einfachem Inhalt zusammen. Cfr Motive S. 35.

Mit dem § 4 schloss der motivirte Gesetzentwurf. Indessen der § 5 wurde noch in dritter Lesung hinzugefügt, wegen der Neugestaltung des Art. 199. S. bei § 5. S. 104.

10. No. 1 unseres § 4 bringt die bestehenden Gesellschaften unter die Vorschriften über die Eintragung in das Handelsregister. Sie müssen sich zum Handelsregister anmelden, ebenso als wenn sie Gesellschaften wären, welche erst nach dem Inkrafttreten der Novelle gegründet seien. Cfr. Art. 176—179. 210. 210a. 212.

Es ist in Frage gestellt, ob auch die statutarischen Vorschriften getroffen sein müssen, welche die Art. 210. 210a bei der Anmeldung fordern; ob die Organisation der Gesellschaft nach den Vorschriften der Novelle eingerichtet sein muss, gleichviel ob die Gesellschaft Handelszwecke verfolgt oder nicht. Cfr. Endemann a. a. O. S. 50. Man könnte hierfür die Consequenz anführen. Denn wenn eine Anmeldung zum Handelsregister gesetzlich vorgeschrieben ist und dementsprechend die Eintragung erfolgen soll, so sind bei der dessfallsigen Beurtheilung Seitens des Handelsrichters ganz unbedenklich auch diejenigen gesetzlichen Vorschriften maassgebend, welche zur Zeit der Eintragung gelten, also die der Novelle vom 11. Juni 1870. Gesetzesänderungen, neue Gesetze, welche andere Formen für das Verfahren enthalten, treten sofort in Kraft, wenn nicht etwas anderes ausdrücklich im Gesetze ausgesprochen ist. Indessen diese Ansicht ist wegen der Bestimmung unter No. 3 nicht richtig. Denn danach soll eine gültig errichtete Gesellschaft auch ohne das Vorhandensein der Voraussetzungen der Novelle eingetragen werden.

Es würde übrigens für die Gesellschaften höchst fatal, oft mit unüberwindlichen Schwierigkeiten verknüpft sein, die Voraussetzungen der Novelle anzunehmen und sich und ihre Organisation nach der Novelle umzuwandeln. Diejenigen Gesellschaften, welche unter der Herrschaft der früheren Gesetze ohne Eintragung in das Handelsregister vollständig gültig errichtet, existent geworden, und vielleicht schon längere Zeit im Betriebe waren, konnte man doch nicht zwingen, den Normativbestimmungen der Novelle zu genügen?

11. Dass diejenigen Gesellschaften, welche der Eintragung in das Handelsregister nach den früheren Gesetzen bedurften, um als Commandit-Actien- oder als Actiengesellschaften zur Existenz zu gelangen, welche aber zur Zeit des Inkrafttretens der Novelle noch nicht eingetragen waren, Behufs der Eintragung alle Requisite, welche die Novelle verlangt, aufweisen müssen, das bedarf wohl im Allgemeinen keiner Frage. Denn eine Gesellschaft, welche erst durch die Eintragung zur Existenz gelangen kann, ist noch nicht als gültig errichtet anzusehen — No. 3 —, und wenn sie, um ihre Existenz zu erlangen, die Eintragung nachsucht

zur Zeit, wo das neue Gesetz bereits in Kraft steht, so muss auch die Anmeldung die Erfordernisse des neuen Gesetzes haben, und die Gesellschaft selbst muss nach den Erfordernissen des neuen Gesetzes eingerichtet und organisirt sein.

Doch auch hier sind Bedenken aufgestossen, ob nicht eine Actiengesellschaft, welche bereits landesherrlich genehmigt war, nicht doch im Sinne von No. 3 als eine gültig errichtete angesehen, resp. ob nicht in Ansehung ihrer von den Erfordernissen der Novelle abgesehen werden könnte. Practisch ist diese Frage geworden, soviel mir bekannt, in Betreff der Actiengesellschaft „Petroleum-Lagerhof“ und der „Pommerschen Central-Eisenbahngesellschaft“, welche, obwohl sie nicht mit den Erfordernissen der Novelle ausgestattet waren, doch von dem Berliner Stadtgericht in das Handelsgericht nach den früheren Gesetzesvorschriften eingetragen worden sind, obgleich die Novelle bereits in Kraft war. als sie die Eintragung nachsuchten. Man kann zwar sagen: dass die Normativbestimmungen der Novelle nur die Stelle der aufgehobenen Staatsgenehmigung ersetzen, dass wenn also letztere ertheilt sei, das Surrogat nicht erforderlich wäre. Es mag auch nicht ein Vorwurf gemacht werden können der Auslegung, dass „gültig errichtet“ auch schon die Gesellschaften anzusehen seien, welche die Genehmigung des Staats erhalten hatten. Jene beiden Actiengesellschaften waren von dem Könige genehmigt. Der Ausdruck „gültig errichtet“ ist kein glücklich gewählter. Man vermag immerhin zwischen Constituirung und Gewinnung der Existenz, Dritten gegenüber, zwischen gültiger Errichtung und letzterer Existenzwerdung unterscheiden. Indessen de lege lata ist meines Erachtens die Frage zu verneinen, de lege ferenda lässt sich mit guten Gründen für die Bejahung streiten. Ja man hätte bei dem Erlasse der Novelle, solche Gesellschaften, welche nun gewissermaasen zwischen Thür und Angel kamen, bedenken sollen. Ich kann, gültig errichtet nicht anders verstehen, als „constituirt und zur Existenz gelangt“. Das waren jene Gesellschaften nicht, denn sie bedurften der Eintragung in das Handelsregister um Existenz zu erlangen. Auch die Eisenbahngesellschaft musste, wenn sie auch die Königliche Genehmigung erhalten hatte, dennoch, auch nach dem alten Gesetze, in das Handelsregister eingetragen werden, wenn sie zur Existenz gelangen wollte. Da nun aber Anmeldungen und Eintragungen sich nach den Gesetzen richten, welche zur Zeit gelten, zu welchen sie nachgesucht werden, so mussten auch diejenigen Gesellschaften, welche früher nicht anders als durch Eintragung in das Handelsregister zur Existenz gelangen konnten, bei ihrer Anmeldung und Eintragung alle Erfordernisse des neuen Gesetzes haben, selbst wenn ihnen bereits die Königliche oder staatliche Genehmigung nach dem alten Gesetze ertheilt war.

Es lässt sich aber gar nicht läugnen, dass Gesellschaften in eine üble Lage dadurch kommen können, und dass es ihnen schwer wird, ihren Organismus umzugestalten, ganz abgesehen, dass auch noch in Frage kommt: ob nicht wieder die staatliche Genehmigung bei Gesellschaften, welche wie Eisenbahngesellschaften concessionspflichtig sind, zu den Aenderungen und Umgestaltungen wird eingeholt werden müssen. Es wäre daher wohl angemessen gewesen, wenn man diese bereits mit der staatlichen Genehmigung versehenen Gesellschaften jenen „gültig errichteten“ gleichgestellt hätte und wenn dies in den transitorischen Bestimmungen der Novelle ausgedrückt wäre.

Diese Zeiten sind wohl vorüber. Doch es könnte noch später in Frage gezogen werden: ob jene Eintragung gültig; ob sie resp. von den Zeichnern angefochten und von ihnen die fernere Einzahlung verweigert werden könnte.

Für gültig ist, wie gesagt, die Eintragung an und für sich nicht zu erachten, aber die Zeichner dürfen deswegen nicht zurücktreten, und resp. die Einzahlungen nicht verweigern; sie könnten höchstens verlangen, dass den Erfordernissen des neuen Gesetzes genügt werde. Hiervon des Näheren bei Art. 208 ff. im bes. Theil.

12. Der Absatz 2. No. 1. setzt zur Anmeldung Behufs Eintragung eine dreimonatliche Frist, und Zwang durch Ordnungsstrafen fest. Es tritt also, wenn die dreimonatliche Frist fruchtlos verlaufen ist, die Disciplinargewalt des Handelsrichters in Function, und ausserdem die Anwendung der Art. 17. 18. 20. 21. Al. 2 und 168 des Allgemeinen Deutschen Handelsgesetzbuchs, welche ausgeschlossen bleibt, wenn die Anmeldung in den fraglichen drei Monaten bewirkt ist. Cfr. Nro. 2. Diese Artikel betreffen lediglich die Firmen.

Auch diese Bestimmung ist der Praxis durch den Zeitverlauf entrückt.

13. Sollte der Fall vorgekommen sein, dass eine Gesellschaft die fraglichen Erfordernisse nicht hat erfüllen können, und ihre Eintragung in das Handelsregister unmöglich sein, so hat sie desshalb noch nicht ihre Existenz verloren. Sie gehört dann allerdings nicht zu denjenigen Gesellschaften, welche in dem Kreise der Handelsgesellschaften des Allgemeinen Deutschen Handelsgesetzbuchs und der Novelle sich befinden, sie ist also auch keine Handelsgesellschaft geworden, bloss darum, weil sie eine Commanditactien- oder eine Actiengesellschaft ist, wie dieses die Novelle eingeführt hat, aber sie ist immer eine Commandit-Actiengesellschaft resp. eine Actiengeselschaft und resp. eine juristische Person. Denn die Rechte des Status, welche sie einmal erworben hatte, konnten ihr nicht genommen werden, die Novelle hat eine solche Entkleidung von dergleichen Rechten auch nicht ausgesprochen.

14. Nro. 3 spricht zunächst nur von Gesellschaften, welche nach früheren Gesetzen nicht in das Handelsregister einzutragen waren — cfr. § 4. Abs. 1. —, nicht auch von solchen, welche auch nach früheren Gesetzen einzutragen waren. S. das bei Nro. 4 Erwähnte.

Solche gültig errichteten Gesellschaften sind nicht nach den Vorschriften der Novelle anzusehen; den sonstigen Vorschriften des Handelsgesetzbuchs müssen sie aber trotzdem genügen, wenn sie eingetragen werden sollen, also namentlich denen über die Firmen, cfr. Nro. 2.

Doch wird auch hier durch die Erstreckung des Handelsgesetzbuchs und der Novelle, auf solche Gesellschaften in ihrem bisherigen Bestande und ihrer Existenz nichts geändert; die Vorschrift des § 4 der Novelle hat keine rückwirkende Kraft. Cfr. Endemann a. a. O. S. 50. Es gilt hier das vorher zu Nro. 13 Gesagte, und es wird vielleicht den Gesellschaften gar nicht so sehr daran gelegen sein, zu Handelsgesellschaften gemacht zu werden, was sie eigentlich nicht sind.

15. Warum in No. 4 eine fünfjährige Frist bestimmt ist, um sich zu arrangiren, wogegen vorher nur eine dreimonatliche, dass ist nicht recht einzusehen. Cfr. Endemann a. a. O. S. 50.

Es tritt hier, sowie überhaupt in dem § 4 recht klar, der Missgriff der Einzwängung von Gesellschaften, welche eigentlich keine Handelsgesellschaften sind in die Formen der Handelsgesellschaften zu Tage. —

16. Die Novelle schliesst mit den

§ 5.

Die Bestimmungen des Art. 199 des Allgemeinen Deutschen Handelsgesetzbuchs, nach der durch dieses Gesetz festgesetzten neuen Fassung finden auch auf diejenigen, zur Zeit der Geltung des Art. 199 in der früheren Fassung errichteten Commanditgesellschaften auf Actien Anwendung, bei welchen in dem Gesellschaftsvertrage, oder in einem denselben abändernden Vertrage bestimmt ist, dass das Austreten eines oder mehrer persönlich haftender Gesellschafter die Auflösung der Gesellschaft nicht zur Folge habe.

Urkundlich unter Unsrer Höchsteigenhändigen Unterschrift und beigrucktem Bundes-Insiegel.

Gegeben Berlin, den 11. Juni 1870.

(L. S.) Wilhelm.

Gr. v. Bismarck-Schönhausen.

Dieser Paragraph befand sich in dem Entwurf der Novelle nicht, er ist hinzugefügt in Folge der durch eine im Reichstage eingebrachte und zum Gesetz erhobene Neugestaltung des Art. 199, welche dahin abzielt, das Bestehen der Commandit-Actiengesellschaften zu sichern, welche sehr zweckmässig, wenn auch in ihrer Fassung nicht recht zutreffend, ist; und durch welche einem lange gehegten Bedürfniss, wenigstens grossentheils genügt wird. Deshalb ist man auch über die Bedenken hinweggegangen, welche darin gefunden wurden, dass die qu. Vorschrift rückwirkende Kraft haben solle; diese reicht aber nur so weit: als die Gesellschaften bereits derartige Bestimmungen in ihren Statuten hatten. Cfr. Stenogr. Bericht. S. 1180. 1182. Endemann a. a. O. S. 51. Wir kommen auf diese Vorschrift noch bei Art. 199 zurück, und ist das dort Angeführte nachzusehen.

Die vorstehende Betrachtung der Novelle sowie die in § 8 angestellte, werden ergeben haben, dass man über den praktischen ebenso wie über ihren legislatorischen Werth der Novelle verschiedener Meinung sein kann. Von Bedeutung sind eigentlich nur gewesen: die Aufhebung der Staatsgenehmigung und die Aenderung des Art. 199.

L. Von dem inneren und dem äusseren Verhältniss der Handelsgesellschaften im Allgemeinen.

§ 15.

1. Das Allgemeine Deutsche Handelsgesetzbuch unterscheidet, wie sämmtliche anderen Handelsgesetzbücher, das Verhältniss der Gesellschafter untereinander, auch das innere Gesellschaftsverhältniss genannt, und das Verhältniss der Gesellschaft dritter Personen gegenüber, nach aussen hin, auch das äussere Gesellschaftsverhältniss genannt. Cfr. 2. Abschnitt, Art. 90—109; 3. Abschnitt, Art. 110—122; Art. 163—170; Art. 178. 196 ff.; 211 ff.; 230 ff.

Auch bei der gewöhnlichen civilrechtlichen Societät ist dieser Unterschied gekenntzeichnet; er tritt bei allen handelsrechtlichen Verhältnissen, bei der Procura, bei der Handelsvollmacht hervor, und bildet eine durchgreifende Regel vornemlich bei handelsrechtlichen Verhältnissen. Auch die Eintragungen in das Handelsregister, der Firmagebrauch, die Firmazeichnung beruhen, und haben ihre Rechtswirkungen in und aus dieser Unterscheidung. Ja die ganze Gesellschaftsgesetzgebung des Handelsrechts; die Personificirung der Gesellschaften, namentlich die Ausstattung der Gesellschaften mit einer eigenen Rechtspersönlichkeit, um ihnen das zweckmässige Auftreten nach aussen hin zu ermöglichen; viele Eigenthümlichkeiten und Absonderlichkeiten, welche vom Standpunkte der gewöhnlichen civilrechtlichen Societät sich gar nicht erklären lassen, wurzeln in dieser Unterscheidung; nicht minder auch die ganze Berechtigung des Staats, sich um die Verhältnisse der Handelsgesellschaften zu bekümmern; wenn man eine solche zugestehen will.

2. Das innere Verhältniss anlangend, so herrscht dort im Grossen und Ganzen Freiheit. Namentlich ist bei der offenen Handelsgesellschaft diese Freiheit eine unbeschränkte, so dass die Gesellschafter ihre gegenseitigen Verhältnisse vollkommen frei und nach Belieben vertragsmässig sich bestimmen, regeln und ordnen dürfen und die in dem Handelsgesetzbuch gegebenen Bestimmungen nur als subsidiäre aufgestellt sind, also nur dann in Anwendung kommen, wenn die Gesellschafter vertragsmässig entweder gar nichts oder doch nicht Ausreichendes in der betreffenden Angelegenheit bestimmt haben. Bei der Commanditgesellschaft und bei der Actiengesellschaft finden sich einige, obwohl doch nicht erhebliche Einschränkungen,

hervorgerufen durch das Verhältniss der Commanditisten zu den Complementairen und durch das Actienverhältniss. Ja es kann unter den Gesellschaftern, das innere Verhältniss angehend, Manches bestimmt und vertragsmässig festgestellt sein, abweichend, geradezu widersprechend, und neben den gesetzlichen Vorschriften, was aber nur unter ihnen, nur im innern Verhältniss gilt, und nach Aussen hin so gut wie nicht verordnet und festgesetzt erscheint.

3. Anders, was das äussere Verhältniss anbelangt. Hier gilt im Grossen und Ganzen das Gesetz; und zwar mit absoluter Wirkung derartig, dass davon nur in denjenigen Fällen abgewichen werden kann und darf, in welchen es das Gesetz ausdrücklich erlaubt. Die Wirkung der dessfallsigen Bestimmungen ist zwingend; es wird mehrfach ihre Befolgung durch Ordnungsstrafen erzwungen, in vereinzelten Fällen sind sogar Criminalstrafen angedroht, oder es sind andere Nachtheile für die Zuwiderhandelnden an die Contraventionen geknüpft, wie die persönliche und solidarische Verhaftung, die sonst bei den Handelnden nicht vorhanden gewesen wäre. Gegen diese Bestimmungen des Gesetzes, wenn sie keine Ausnahme ausdrücklich gestatten, resp. über den Kreis der gestatteten Ausnahme hinaus, darf vertragsmässig nichts bestimmt werden, hier hört die Autonomie der Gesellschaften auf; und es gilt der Grundsatz: „das ist öffentlichen Rechtens, woran durch Verträge der Betheiligten nichts geändert werden darf;“ — Papinianus l. 38. D. de pactis (2. $_{14}$) Jus publicum privatorum pactis mutari non potest. Was dem entgegen vertragsmässig bestimmt worden, ist im Verhältniss nach Aussen hin, so gut wie nicht bestimmt, oder null, und zwar von Anfang an, es kann auch durch fortgesetzten Gebrauch, durch langjährige Anwendung nicht gültig werden, denn — Paulus l. 29. D. de R. J. (50. $_{17}$). Quod ab initio vitiosum est, non potest tractu temporis convalescere. — Dem entgegen können sich auch keine Handelsgebräuche bilden und festsetzen; denn Gewohnheitsrecht, Usancen, vermögen gegen dergleichen absolut zwingende Gesetzesvorschriften nicht aufzukommen. Constantinus l. 2. C. Quae sit longa consuetudo (8. $_{53}$). Consuetudinis ususque longaevi non vilis auctoritas est, sed non usque adeo sui valitura momento, ut rationem vincat aut legem. Cfr. Art. 1. v. Hahn Comm. zu Art. 1. § 16. Anschütz-Völderndorff Comm. zu Art. 1. Bd. I. S. 13 ff.

4. Im äusseren Verhältniss treten die Handelsgesellschaften als einheitliche Person auf, und müssen hier stets ihren wirklichen Character zeigen; wenn sie sich auch, was das innere Verhältniss anbetrifft anders einrichten, und von anderen Gesellschaftsformen Etwas hineinnehmen dürfen. So kann eine offene Handelsgesellschaft die Einlagen ihrer Gesellschafter den Actien ähnlich eintheilen, was zur leichteren Gewinnabtheilungsberechnung beitragen kann und auch zuweilen desswegen geschieht. Es kann die Verhaftung einzelner Mitglieder von der persönlichen und soli-

darischen Verhaftung mit dem ganzen Vermögen auf die Verhaftung mit der Einlage herabgesetzt werden, also commanditistenverhaftungsmässig sein. Es kann bei einer Commanditgesellschaft auf Actien, das Recht der persönlich haftenden Gesellschafter so herabgedrückt sein, dass sie nicht mehr Rechte haben, vielleicht noch geringere Befugnisse selbstständig ausüben dürfen, als ein Vorstand einer Actiengesellschaft; allein dieses alles gilt eben nur unter den Gesellschaftern und im Innern der Gesellschaft; nach Aussen hin darf Nichts davon hervortreten, was den Character der Gesellschaft anders erscheinen lassen könnte, oder was sie als eine andere Gesellschaftsform präsentiren möchte, als sie in Wirklichkeit ist und sein will. Nichts davon gilt Dritten gegenüber, und wenn sie es auch gewusst haben. Z. B. trotz aller obiger innerer Verabredungen haften die Gesellschaftern einer offenen Handelsgesellschaft und die persönlich haftenden Gesellschaftern einer Commandit-Actiengesellschaft nach Aussen hin persönlich und solidarisch, und sind nach Aussen hin zur Vertretung der Gesellschaft mit allen ihnen gesetzlich zustehenden Rechten befugt. Cfr. Anschütz a. a. O. Bd. 2, S. 117. 118.

5. Indessen bei allen den vorher erwähnten und im Innern stattgefundenen Modificationen ist doch immer die Schranke inne zu halten, dass die Gesellschaft nicht gegen positiv zwingende Gesetze überhaupt verstösst, dass sie ihren Character als Gesellschaft überhaupt nicht verliert und auch nicht ihren Character als Handelsgesellschaft, wenn sie solche sein will. So dürfen z. B. die Modificationen nicht derartig sein, dass die Gesellschaft sich als eine sogenannte Societas leonina darstellen würde, d. h. eine Gesellschaft, bei welcher ein Gesellschafter oder mehre Gesellschafter nur zu den Mitteln und Lasten beitragen, aber nicht am Erfolge, Gewinn, participiren, den ein Anderer oder Andere sich aneignen — Löwenantheil —. Ulpianus l. 29. § 2. d. pro socio (17. $_2$). — S. Näheres bei Art. 109. II. Dass die Gewinnantheile, selbst verhältnissmässig, ungleich sind, dass eine der Serien nicht am Verlust participirt, schadet nichts cfr. Idem l. 29. § 1. ibid. — Eine solche Löwengesellschaft würde — römisch-rechtlich null —, rescissibel sein, obwohl ihre Rescission Dritte eben nur gerade so tangiren würde, als jede andere Auflösung einer Gesellschaft. Cfr. v. Hahn. Comm. zu Art. 90 .§ 2.

In der anderen vorher erwähnten Beziehung ist es bestritten: ob eine offene Handelsgesellschaft nach Jnnen sich derartig organisiren darf, dass sie die Bestimmungen über die stille Gesellschaft des Handelsgesetzbuchs, welche keine Handelsgesellschaft ist, unverändert einführt. Anschütz a. a. O. S. 118. Es ist indessen nicht abzusehen, warum auch das nicht zulässig sein sollte. Denn nur nach aussen hin hat die Gesellschaft ihren Charakter zu präsentiren und alles dasjenige zu zeigen, was sie gesetzlich haben muss um als diejenige Gesellschaft gelten zu können, für welche sie sich ausgiebt. Es ist gar nicht einmal nöthig, dass ein inneres Verhältniss überhaupt existirt, wenn nur die Gesellschaft sich vorschriftsmässig als offene Handelsgesellschaft, mit dementsprechender Firma angemeldet hat und eingetragen ist. Nach dem inneren Verhältniss hat kein Dritter zu fragen; ihm haften die Gesellschafter wie offene Gesellschafter, es ist deshalb auch kein Grund abzusehen, weshalb durch besondere Verabredungen, welche sich auf Opportunitätsgründe stützen, ein Gesellschafter im Innern ganz in das Verhältniss eines stillen Gesellschafters treten soll; oder weshalb nicht auch ein Gesellschafter, der keine Einlage gemacht, der nicht am Gewinn oder Verlust Theil hat, dennoch aber nach Aussen haftet, was z. B. des Credits wegen wohl vorkommen kann, nicht als Socius einer offenen Handelsgesellschaft zulässig sein soll. Dies ist die gewiss richtige Ansicht von v. Hahn zu Art. 90., § 3. —

6. Hieraus geht hervor, dass die Gesellschaften sich eigentlich auch im wesentlichen nur in ihrem Auftreten nach Aussen hin unterscheiden.

Bei der ersten Art der Handelsgesellschaften, der offenen Handelsgesellschaft, treten die sämmtlichen Gesellschaften nach aussen hin, als persönlich und solidarisch mit ihrem gesammten Vermögen für sämmtliche Verbindlichkeiten der Gesellschaft auf und Dritten gegenüber, Einer für Alle und Alle für Einen haftend. Hier gelten allein die Personen und jede gilt für sich als einzelne, auch sind sie unwandelbar. Dann stuft sich diese Verhaftung allmälig ab. Bei der Commanditgesellschaft sind es nur noch die persönlich haftenden Gesellschafter, welche mit der Verhaftung der offenen Handelsgesellschaft Dritten gegenübertreten und unwandelbar sind; die Commanditisten haften nicht weiter als mit ihrer Einlage, sie dürfen sich deshalb auch nicht, wie jene, nach aussen präsentiren, ihre Namen dürfen nicht in der Firma enthalten sein. Aber immer noch sind die Commanditisten in gewisser Beziehung als einzelne Gesellschafter anzusehen, immerhin ist auch unter ihnen, der Regel nach, keine Wandelbarkeit. Anders schon bei der Commandit-Actiengesellschaft. Zwar hat auch sie ihre persönlich und solidarisch mit dem ganzen Vermögen haftenden Gesellschafter, aber die Commandit-Actionaire treten nicht mehr als einzelne Personen auf und in die Aeusserlichkeit, sie üben sogar im Inneren ihre Rechte nur durch einen Ausschuss oder in Gesammtheit aus; nach aussen hin präsentiren sich vielmehr nur ihre Einlagen, als Actionaircapital, und ihre Personen sind der Wandelbarkeit anheimgegeben, resp. es ist die Organisation der Gesellschaft darauf berechnet, wenn auch nicht einer willkürlichen, weil die Actien nur auf Namen lauten dürfen. Hier ist der Uebergang von der Personengesellschaft zu reiner Capitalsgesellschaft, als welche sich die anonyme oder Actiengesellschaft darstellt. Da haftet Niemand mehr persönlich, geschweige denn es wird solidarisch gehaftet. Keine einzelne Person präsentirt sich als Socius nach Aussen hin, ja es darf sich keine präsentiren, nicht einmal in der Firma darf überhaupt ein

Personenname enthalten sein. Nach Aussen hin tritt den Dritten nur das Gesammtcapital, das sogenannte Grundcapital, gegenüber und repräsentirt die ganze Verhaftung. Dabei sind die Actiengesellschaften, auch die Commandit-Actiengesellschaften, auf eine grosse Mitgliederzahl angelegt. Dementsprechend hat sich namentlich auch die Actiengesellschaft historisch entwickelt.

Mit den vorher erwähnten Verhältnissen hängen manche andere Umstände zusammen, welche bei den Gesellschaftsarten verschieden sich zeigen. Die offene Handelsgesellschaft wird selten aus vielen Mitgliedern bestehen; dagegen werden, wie eben erwähnt, namentlich die Commandit-Actiengesellschaften und gar die Actiengesellschaften eine sehr grosse Mitgliederzahl haben. Es muss ferner der Tod, das sonstige Ausscheiden oder Austreten eines Mitgliedes bei der offenen Gesellschaft, sowie auch eines der persönlich haftenden Gesellschafter bei der Commandit- oder Commandit-Actiengesellschaft auf das Fortbestehen der Gesellschaft einen entschiedenen Einfluss haben; bei der offenen führen dergleichen Ereignisse in der Regel zur Auflösung. Das Austreten resp. Ausscheiden, der Tod eines Commanditisten, noch mehr der eines Commandit-Actionairs oder gar eines Actionairs einer Actiengesellschaft ist von gar keinem Einfluss auf das Bestehen der Gesellschaft. --

M. Von den Gesellschaftsbeschlüssen der Handelsgesellschaften resp. den Beschlüssen ihrer Mitglieder.

§ 16.

1. Die Handelsgellschaft ordnet ihre inneren Angelegenheiten durch Beschlüsse der Gesellschafter, eben so wie die civilrechtliche Gesellschaft.

In diesen Beschlüssen giebt sich der Wille der Gesellschaft kund, das ist die Summe der Willensmeinungen ihrer Gesellschafter.

Im äusseren Verhältniss zeigen sich diese Beschlüsse in ihrer Ausführung durch die zur Vertretung der Gesellschaft berufenen Personen; die Organe der Gesellschaft; s. § 24. Man kann den Gesellschaftsvertrag als den ersten solcher Gesellschaftsbeschlüsse ansehen.

Die Form der Gesellschaftsbeschlüsse ist verschieden; die Beschlüsse können ausdrückliche und stillschweigende sein, mündliche und schriftliche, je nach den Bestimmungen des Gesetzes, bei den Actiencommandit- und bei den Actiengesellschaften nach dem Allgemeinen Deutschen Handelsgesetzbuch auch notariell oder gerichtlich abgefasste. Sie sind entweder Einstimmigkeits- oder Majoritätsbeschlüsse, ebenfalls je nachdem das Einstimmigkeitsprinzip oder das Majoritätsprinzip gilt.

2. Die Beschlüsse der Gesellschaft unterliegen in der

Regel dem freien Willen der Gesellschafter, indessen darf Nichts beschlossen werden, was gegen ein absolut gebietendes Gesetz oder was gegen die guten Sitten und die öffentliche Ordnung verstösst, oder was mit dem Wesen der Gesellchaft unvereinbar ist. Es unterliegt demgemäss der freien Beschlussfassung der Gesellschafter, Alles was hiergegen nicht verstösst, also auch Abänderungen des Gesellschaftsvertrages, Abänderungen derjenigen Gesetzesvorschriften, welche keine absolut zwingenden sind, sondern nur subsidiär für den Fall bestimmen, wenn die Gesellschafter gesellschaftsvertragsmässig nicht über dergleichen Punkte Bestimmungen getroffen haben. Dass die Gesellschafter in dem Gesellschaftsvertrage bestimmen können, dass bestimmte Punkte der Beschlussfassung der Gesellschafter entzogen werden, und ganz ein für alle mal, durch die in dem Gesellschaftsvertrage getroffenen Verabredungen geordnet sein sollen, unterliegt keinem Zweifel, vorausgesetzt aber, dass nicht absolut zwingende Gesetze verletzt werden oder das Wesen der Gesellschaft zerstört wird, und mit der Maassgabe, dass, wie schon vorher angedeutet, es nur um Ordnung der inneren Verhältnisse sich handelt. —

Betrachten wir nun hinsichtlich der Gesellschaftsbeschlüsse die einzelnen Gesellschaftsarten.

3. Bei der offenen Gesellschaft, bei welcher die Freiheit der vertragsmässigen Regulirung der inneren Verhältnisse so ziemlich eine unbeschränkte ist, herrscht auch die grösseste Freiheit in Betreff der Gesellschaftsbeschlüsse. Die Gesellschaftsbeschlüsse bedürfen hier keiner äusseren Form, sie können ebenso gut und gültig, mündlich als schriftlich, ausdrücklich als stillschweigend gefasst werden, resp. zu Stande kommen.

Aber es herrscht bei der offenen Handelsgesellschaft das Einstimmigkeitsprincip in dem Allgemeinen Deutschen Handelsgesetzbuch. Der Regel nach sind alle Gesellschafter gleichgestellt, gleichviel, ob sie von der Geschäftsführung oder von der Vertretung ausgeschlossen sind oder nicht; der Widerspruch eines Einzelnen gilt mit durchschlagender Wirkung nach dem alten Grundsatz: prohibentis est melior conditio. Anders wollte der Preussische Entwurf die Sache reguliren. Es sollten nämlich die Gesellschaftsbeschlüsse nach Stimmenmehrheit, nach Köpfen berechnet, gefasst werden, wenn die Vornahme seiner Handlung in Rede war, welche über den Betrieb des Gesellschaftszweckes hinausging und Widerspruch dagegen erhoben wurde; wogegen bei Beschlüssen, deren Zweck der Handelsgesellschaft fremd, oder durch welche der Inhalt des Geschäftsvertrages resp. das, durch denselben begründete, rechtliche Verhältniss der Gesellschafter geändert wurde, Einstimmigkeit vorhanden sein sollte. Man folgte hierbei dem Allgemeinen Preussischen Landrecht Theil I. Tit. 17, § 209 — civilrechtliche Societät —; im Widerspruch mit der gemeinrechtlichen Lehre von der Einstimmigkeit der Beschlüsse, cfr. auch Code civil. Art. 1859 No. 1, und spanisches Handelsgesetzbuch Art. 304, in welchen ebenfalls das Einstimmigkeitsprincip adoptirt ist. Man meinte dabei, dass das Majoritätsprincip dem Bedürfniss der Handelsgesellschaft mehr entspräche, als das Einstimmigkeitsprincip, und beseitigte das Bedenken: dass bei der solidarischen und persönlichen Verhaftung jedes einzelnen offenen Handelsgesellschafters das Majoritätsprincip Gefahren für den Einzelnen mit sich führen könne, mit der Erwägung, dass ein Handelsbetrieb in der That kaum möglich sein würde, wenn die Vornahme eines jeden Geschäfts an dem willkürlichen Widerspruch eines Einzelnen scheitern könne; cfr. Motive des Preussischen Entwurfs S. 58. 59. Cfr. v. Hahn zu Art. 103, § 2. Diese Argumentation wurde indess in der Nürnberger Conferenz verworfen und das Einstimmigkeitsprincip angenommen, ausgehend davon: dass der Wille des einzelnen Gesellschafters in der Gesellschaft nicht untergehe, sondern in derselben fortbestehe, dass der Wille der Gesellschaft nichts anderes sei als die Summe der Willensmeinungen der einzelnen Gesellschafter, dass die solidarische Verhaftung das Einstimmigkeitsprincip bedinge, und dass das Princip der Einstimmigkeit für die Erhaltung der Einigkeit einer Gesellschaft unentbehrlich sei, wogegen das Majoritätsprincip zu Zerwürfnissen und zur Auflösung führe; denn: eine Gesellschaft, in welcher einem Mitgliede öfters durch Majoritätsbeschlüsse Zwang angethan würde, werde nicht lange bestehen. Insbesondere wurde gegen die Motive des Preussischen Entwurfs noch angeführt, dass eine Gesellschaft, welche wegen des widerstrebenden Eigenwillens eines ihrer Mitglieder nicht zu Entschlüssen gelangen könne, gleich einem unschlüssigen, willenslosen Menschen sei, und entweder gleich diesem zu Grunde gehen, d. h. sich auflösen, oder zur Besinnung kommen würde, wenn das widerstrebende Mitglied zur Einsicht gelange. Der Staat hat keinen Grund dafür zu sorgen, dass jede Societät ihren Willen habe. Cfr. Protocolle S. 198 ff. Diese Gründe verdienen Anerkennung vor denen des Preussischen Entwurfs, soweit es die offene Handelsgesellschaft betrifft. Der Preussische Entwurf trägt der persönlichen und solidarischen Verhaftung jedes einzelnen persönlich haftenden Gesellschafters nicht gebührend Rechnung; er ging übrigens davon aus, dass den Handelsgesellschaften der Character der juristischen Person beiwohne — s. § 7 No. 2 S. 39; eine Annahme, mit welcher allerdings die Fortexistenz der besonderen Persönlichkeit jedes einzelnen offenen Handelsgesellschafters mit ihrem besonderen Willen, und ihr Nichtuntergehen in der Gesellschaft nicht verträglich ist. Uebrigens können ja die Gesellschafter immerhin, wenn sie Gefahr für die Geschäftsführung drohen sehen, in dem Gesellschaftsvertrage deswegen Vorkehrungen treffen, und die rechtliche Wirkung von Majoritätsbeschlüssen verabreden. Cfr. v. Hahn a. a. O. § 3. —

Das französische Handelsrecht enthält keine besondere Bestimmungen hierüber, ebenso auch nicht das Holländische; es gelten also die Vorschriften über die civilrechtliche Societät. Danach gilt in beiden Rechten das Einstimmigkeits-Princip. Cfr. Code civil. Art. 1859 No. 1 und Burgerl. Wetboek Art. 1676. No. 1. Zwar hat die französische Jurisprudenz im Widerspruch mit Art. 1859 Code civil. sich dafür ausgesprochen, dass bei Handelsgesellschaften die absolute Majorität nach Köpfen entscheide; der Art. 1859 sollte bei Handelsgesellschaften ausser Anwendung gesetzt sein. — Troplong Tp. des societés No. 720. 721. Pardessus commercial No. 979. Malpeyre et Jourelain Soc. commerc. No. 121. 122. - Duvergier Soc. No. 286. 288. Delangle Soc. Oo. 130. 134. Cfr. auch Brinkmann a. a. O. § 39. Note 9.. jedoch mit der Beschränkung, dass die Majorität nur in Verwaltungssachen gelten, also der Beschluss sich innerhalb des Gesellschaftsvertrages halten soll. Cfr. Gilbert, Code civil. annecté Art. 1859; allein diese Jurisprudenz hat, soweit sie sich auf die offene Handelsgesellschaft beziehen soll, keinen festen Anhalt, wenn man sie nicht der Vorschrift des Art. 18. Code de comm. und des Art. 1859 gegenüber überhaupt willkührlich nennen will. Nach englischem Gesellschaftsrecht gilt durchweg bei allen nach der Acte vom 7. August 1862 gebildeten Gesellschaften das Majoritäts-Princip — $^3/_4$ — der in der General-Versammlung erschienenen oder vertretenen Gesellschafter. Cfr. § 49—51. der Acte qu.

4. Weil nun bei der offenen Handelsgesellschaft das Einstimmigkeits-Princip herrscht, so ist auch der Widerspruch eines einzelnen offenen Handelsgesellschafters entscheidend, und hindert die Vornahme der betreffenden Handlung, wenn sie aber noch nicht vorgenommen ist — liberum veto —. So darf dementsprechend kein Gesellschafter weder in dem Handelszweige der Gesellschaft für eigene Rechnung oder für Rechnung eines Dritten Geschäfte machen, noch an einer anderen gleichartigen Handelsgesellschaft als offener Gesellschafter Theil nehmen; kein Gesellschafter einen Dritten in die Gesellschaft aufnehmen, wenn auch nur ein Gesellschafter widerspricht Art. 96. 98. Ferner, wenn in dem Gesellschaftsvertrage die Geschäftsführung nicht einem oder mehren Gesellschaftern übertragen ist, also alle Gesellschafter zum Betriebe der Gesellschaft gleichmässig berechtigt und verpflichtet sind, so muss jede Handlung, gegen welche auch nur von einem Gesellschafter Widerspruch erhoben wird, unterbleiben Art. 102; auch müssen bei Ernennung eines Procuristen in der Regel alle Gesellschafter consentiren, — der Fall, wo Gefahr im Verzuge, ist hier ausgenommen — Art. 104. Kein Gesellschafter darf ohne Zustimmung der übrigen seine Einlage oder seinen Antheil am Gesellschaftsvermögen vermindern Art. 108. Ein gemeinschaftlicher Einheitsbeschluss aller Gesellschafter ist erforderlich, wenn in ein der Vorschrift des Art. 96 zuwider gemachtes Geschäft eingetreten werden soll, Art. 97; wenn Geschäfte vorgenommen werden sollen, welche über den gewöhnlichen Betrieb des Handelsgewerbes hinausgehen oder dem Zweck der Gesellschaft fremd sind Art. 103.; wenn die Gesellschaft durch gegenseitige Uebereinkunft aufgelöst

werden, oder wenn eine Gesellschaft, welche sonst aufgelöst werden müsste, fortgesetzt werden soll. Art. 123. No. 4. Art. 127. zu der Ausschliessung eines Gesellschafters Art. 129.; bei der Ernennung von besonderen Liquidatoren Art. 133., deren Abberufung Art. 134; bei der Ermächtigung für die Liquidatoren, einzeln zu handeln, wenn mehre ernannt sind, Art. 136. und zur Veräusserung von Immobilien, anders als durch öffentliche Versteigerung; zur Ertheilung von Instructionen für die Liquidatoren und Anordnungen der Gesellschafter Art. 140. Das Nähere ist in dem besonderen Theil bei diesen Artikeln nachzusehen. Der in einzelnen Fällen von dem Beschlusse betroffene Gesellschafter stimmt nicht mit. Art. 97. 101. 108. 129. 134. 140.

Dagegen sind der eine oder die mehren Gesellschafter, welchen die Geschäftsführung in dem Gesellschaftsvertrage übertragen ist, und welche deshalb die übrigen Gesellschafter von der Geschäftsführung ausschliessen, von dem Widerspruch dieser ausgeschlossenen Gesellschaften unabhängig, soweit Handlungen in Frage stehen, welche der gewöhnliche Betrieb des Handelsgewerbes mit sich bringt. Art. 99.

5. Bei der gewöhnlichen Commanditgesellschaft kommen nach Art. 157. in der Regel dieselben gesetzlichen Bestimmungen zur Anwendung, welche über das Rechtsverhältniss der offenen Gesellschafter gegeben sind; jedoch mit der wesentlichen, und durch das Verhältniss der Commanditisten bedingten, Ausnahme, dass die Commanditisten zur Geschäftsführung weder berechtigt noch verpflichtet sind, dass sie also auch keinen Widerspruch gegen Handlungen der Geschäftsführung erheben können, dass sie desswegen gar nicht befragt zu werden brauchen — Art. 158; und dass das Verbot der Concurrenzgeschäfte Art. 96 für die Commanditisten nicht gilt Art. 159. Freilich kann in dem Gesellschaftsvertrage etwas anderes bestimmt sein. Es können den Commanditisten Befugnisse in Betreff des Mitredens und Mitrathens bei der Geschäftsführung eingeräumt sein, auch kann ein Verbot wie der Art. 96 es enthält, gesellschaftsvertragsmässig eingeführt sein. Das heisst jedoch so weit es sich nicht um Geschäfte handelt, welche über den gewöhnlichen Betrieb des Handelsgewerbes der Gesellschaft hinausgehen oder dem Zweck derselben fremd sind, denn bei solchen Geschäften müssen auch die Commandisten befragt werden. Cfr. v. Hahn zu Art. 158. § 2.

Es gilt also auch bei der Commanditgesellschaft in Betreff der Beschlüsse das Einstimmigkeits-Princip. Unter mehren persönlich haftenden Gesellschaften gilt Alles, was in Betreff der offenen Gesellschaften gilt, denn, in Ansehung ihrer ist die Commanditgesellschaft zugleich eine offene Gesellschaft Art. 150.

Die Ausschliessung der Commanditisten von aller und jeder Geschäftsführung dauert aber nur so lange als die Gesellschaft besteht. Ist die Gesellschaft aufgelöst worden, so haben die Commanditisten mit den früheren persönlich haftenden Gesellschaftern gleiche Rechte in Betreff der Geschäftsführung und namentlich der Liquidation, und die Beschlussfassung muss in den Fällen, in welchen sie erforderlich ist: z. B Ernennung von Liquidatoren, deren Abberufung, besondere Ermächtigungen derselben, von sämmtlichen Gesellschaftern mit Einstimmigkeit vollzogen werden. Ein gesetzliches Organ, wie die General-Versammlung bei den Commanditactien und Actiengesellschaften, haben die gewöhnlichen Commanditgesellschaften nicht. Kommt es auf Beschlüsse der Gesellschafter an, nicht bloss Beschlüsse der etwaigen mehrer persönlich haftender Gesellschafter, so sind unter den Gesellschaften die persönlich haftenden Gesellschafter und die Commanditisten, Jeder einzeln, anzusehen und zu stimmen berechtigt, so dass Alle einstimmig sein müssen, wenn ein solcher Beschluss Geltung haben soll.

6. Während nun bei der offenen und bei der gewöhnlichen Commanditgesellschaft das Einstimmigkeits-Princip gilt, herrscht bei der Commandit-Actiengesellschaft und der Actiengesellschaft das Majoritäts-Princip. Doch ist zu bemerken, dass in Betreff mehrer persönlich haftender Gesellschafter einer Commandit-Actiengesellschaft, in Betreff welcher die Gesellschaft gleichfalls eine offene ist, auch wieder das Einstimmigkeits-Princip, und nur im Uebrigen das Majoritäts-Princip Geltung hat. Die Commandit-Actiengesellschaft und die Actiengesellschaft haben nemlich ein besonderes Organ, die General-Versammlung, in welcher die Commanditactionaire und die Actionaire ihre Rechte ausüben, und in den General-Versammlungen werden die Beschlüsse, wenn nicht etwas abweichendes gesellschaftsvertragsmässig bestimmt worden ist, mit einfacher Stimmenmehrheit gefasst, wobei jede Actie dem Inhaber eine Stimme gewährt Art. 186. 190. 224. Bei diesen Arten von Gesellschaften liegen die Verhältnisse auch anders als bei der offenen Handelsgesellschaft. Es ist eine persönliche Verhaftung und eine solidarische bei den Commanditactionairen und den Actionairen nicht vorhanden, die Personen derselben sind wandelbar, am meisten und ganz willkührlich bei der Actiengesellschaft mit Inhaber-Actien. Die Actiengesellschaft ist eine reine Capitalgesellschaft, sie ist auf sehr viele Personen als Theilnehmer angelegt und besteht aus sehr vielen Personen, die einzelnen Personen, aus, welchen sie besteht sind in der Gesellschaft aufgegangen, diese hat den Character der juristischen Person. Bei solchen Handelsgesellschaften würde das Einstimmigkeits-Princip keinen Boden finden; es würde auch keinen Zweck haben, im Gegentheil es könnte hier als äusserst geschäftshinderlich wirken; wegen des fortwährenden Wechsels der Personen und der verschiedenen Ansichten. Bei der Commanditgesellschaft auf Actien erscheinen nicht wie bei der Commanditgesellschaft die einzelnen Commanditisten den persönlich haftenden Gesellschaftern gegenüber als die stillen Gesellschafter, sondern nur die Gesammtheit aller Commandit-Actionaire. Bei der Actiengesellschaft, welche keine persönlich haftenden Gesellsebafter hat, präsentirt sich die Gesammtheit

aller Actionaire als der Principal, gleichviel ob heute diese ob morgen jene und andere Personen diese Gesammtheit bilden; es erscheint nur diese Gesammtheit, der einzelne Actionair verschwindet darin; es muss sich diese Gesammtheit besondere Personen halten, welche ihre Geschäfte führen und sie Dritten gegenüber vertreten, weil ihm selbst dieses unmöglich ist. Wenn hier das Einstimmigkeits-Princip gelten sollte, so würde die Beschlussfassung über Geschäftsführungs-Acte, welche nothwendigerweise der Gesammtheit der Actionaire überlassen werden muss, unmöglich werden; ebenso wie die Wahl der Vorsteher der Mitglieder des Aufsichtsraths, der Liquidatoren resp. deren Abberufung. Selbst den Gesellschafts-Vertrag notariell von sämmtlichen Actionairen vollziehen zu lassen gehört, wenn die Actien zu kleinen Parthien von sehr vielen Personen gezeichnet sind, zu den Unmöglicheiten. Desshalb hat man auch das ständige Organ der Generalversammlungen schaffen müssen.

Es werden nun zunächst die reinen Actiengesellschaften betrachtet werden, demnächst aber wird dasjenige, was etwa sich bei den Commanditgesellschaften auf Actien anders verhält, Erwähnung finden.

7. Es kann kein Zweifel darüber obwalten, dass, wo die General-Versammlung überhaupt zu beschliessen hat, auch Majoritätsbeschlüsse gelten, sei es die Majorität mit einfacher Stimmenmehrheit, welche das Gesetz als Regel aufstellt — Art. 224. sei es eine andere resp. grössere Majorität welche im Gesetz oder gesellschaftsvertragsmässig angeordnet ist. Das ist im Gesetze bestimmt. Art. 209. No. 11. Cfr. v. Hahn zu Art. 224. Anschütz a. a. O. Bd. 2. S. 513. Man kann nun Zweifel haben: ob der General-Versammlung eine Grenze in der Befugniss, überhaupt Beschlüsse zu fassen gezogen ist, und welche, mit anderen Worten: ob die General-Versammlung unbedingt competent ist in allen Angelegenheiten der Actiengesellschaft Beschlüsse zu fassen, oder ob ihre Competenz eine beschränkte ist.

In dieser Beziehung stellt Renaud R. d. Actienges. S. 452. den Satz auf: der Wirkungskreis der General-Versammlung ist ein beschränkter, indem dieselbe nur auf Grund der Statuten, auf deren Grundlage die Actiengesellschaft besteht, Beschlüsse fassen kann. Er nimmt deshalb an: dass eine Statutenänderung im Zweifel durch die General-Versammlung nicht beschlossen werden könne, weil der Actienverein selbst und demnach auch dessen Organe nur auf Grund der Statuten bestehen; dass ferner insbesondere eine Abänderung des Gegenstandes des Gesellschaftsunternehmens oder eine Erweiterung des Geschäftsbetriebes der Actiengesellschaft, eine Veränderung des Namens oder eine Verlegung des Sitzes nur mit Einwilligung aller Actionaire möglich sei, ebenso die Veränderung der Höhe des Grundcapitals resp. dessen Verminderung und Erhöhung; imgleichen eine Umwandlung der Namen-Actien in Inhaber-Actien, oder umgekehrt; eine Aenderung von Grundsätzen, nach welcher die Bilanz aufzunehmen, und der Gewinn zu berechnen und auszuzahlen ist, die Bildung eines, durch die Statuten nicht vorgesehenen, Reserve- oder Amortisationsfonds, sowie dessen Erhöhung über das statutenmässige Maass hinaus. Ausserdem hält er, und abgesehen von Aenderungen der Statuten, die Einwilligung aller Actionaire so oft erforderlich, als deren statutenmässige Rechte beeinträchtigt, oder die von ihnen eingegangenen Verbindlichkeiten erhöht oder erschwert werden z. B. also zum Aufschube des beabsichtigten Unternehmens, zu einer freiwilligen Auflösung der Gesellschaft oder zu einer Fortsetzung derselben über die statutenmässige Zeit hinaus, zur Anhaltung eines Actionairs Beiträge vor den statutenmässig festgesetzten Terminen einzuzahlen oder zur Erfüllung der Verbindlichkeiten der Gesellschaft resp. zu deren Zwecken mehr als die auf seine Actien geschuldete Summe beizutragen, oder auf ihm zukommende Gewinnantheile zu verzichten, sowie bei Erschwerungen der Folgen von Säumniss in Einzahlung der Actienbeiträge. Er resumirt hiernach so: Die General-Versammlung kann an und für sich weder eine Abänderung der Statuten beschliessen, noch auch sonst diesen zuwiderlaufende Beschlüsse fassen. Sie vermag derartige Beschlüsse weder durch Stimmenmehrheit, noch auch mit Stimmeneinhelligkeit zu treffen, während allerdings sowohl Aenderungen der Gesellschaftsregel wie auch anderweite mit derselben im Widerspruche stehende Anordnungen mit dem übereinstimmenden Willen der sämmtlichen Actionaire möglich, abgesehen von der Frage, ob nicht zur Gültigkeit oder Wirksamkeit derartiger Verfügungen anderweite Erfordernisse, wie Staatsgenehmigung, öffentliche Beurkundung und Bekanntmachung nöthig sind. Cfr. Renaud a. a. O. S. 453—455. Allerdings könnten die natürlichen Grenzen des Wirkungskreises der General-Versammlung durch Statuten oder Gesetz erweitert sein, welches beides auch geschehen. Renaud a. a. O. 456 ff.

Diese Ansicht ist stark angefochten worden. Ihr treten namentlich entgegen v. Hahn a. a. O. zu Art. 214. §§ 1 ff.; Anschütz a. a. O. Bd. 2. S. 489 ff. Auch das Obertribunal in Berlin in dem Erkenntnisse vom 29. September 1868. Striethorst Archiv Bd. 72. S. 241. Entscheidungen Bd. 61. S. 194 ff., und es wird, namentlich von v. Hahn a. a. O. folgende der Renaud'schen gewissermaassen entgegengesetzte Regel aufgestellt:

> nur die wesentlichen Bestimmungen des Gesellschaftsvertrages können von der Generalversammlung weder aufgehoben noch abgeändert werden, was zu den wesentlichen Bestimmungen gehört, ist quästio facti; im Uebrigen ist die Generalversammlung an und für sich competent, es bedarf nicht des Nachweises einer ausdrücklichen Anerkennung der Competenz der Generalversammlung, sondern diese Anerkennung ist anzunehmen, wenn nur keine entgegenstehenden Bestimmungen aufgenommen worden sind, sei es in den Statuten, sei es im Gesetze.

Cfr. v. Hahn a. a. O. §§ 3. 4., cfr. auch die oben angezogene Obertribunals-Entscheidung.

Diese Ansicht verdient entschieden den Vorzug. Zuvörderst ist sie ebenso in dem Wesen und der Natur der Actiengesellschaft begründet, als der historischen Entwickelung derselben entsprechend. Denn nicht die beschränkte Haftbarkeit der Actionaire, sondern der Umstand, dass die Actiengesellschaft auf eine grosse Mitgliederzahl berechnet ist und in der Regel auch aus einer sehr bedeutenden Zahl von Actionairen besteht, und der Umstand, dass diese Mitglieder keine bestimmten Persönlichkeiten sind, sondern beliebig wechseln können und wechseln, haben nothwendigerweise dazu führen müssen und dazu geführt, der Actiengeselllschaft eine Gestaltung zu geben, deren Wesentlichkeit darin besteht, dass, wenn auch dem Einzelwillen der Gesellschafter immerhin ein Einfluss auf die Regelung der gesellschaftlichen Verhältnisse gelassen worden, dies doch nicht in dem Maasse geschehen ist, dass ein solcher Einzelwille auch eine rechtliche Bedeutung hat, namentlich nicht, dass er allein und an und für sich mit entscheidendem Gewicht durchgeführt werden darf, so dass der Wille der Gesellschaft nicht wie bei der offenen Gesellschaft als die Summe der Einzelwillen der Gesellschafter erscheint, sondern, dass in der Generalversammlung ein besonderes Willensorgan geschaffen ist, welches einzig und allein in den Angelegenheiten der Gesellschaft Beschluss zu fassen hat, und nicht die Gesammtheit der Actionaire ausserhalb der Generalversammlung. Hieraus, und namentlich aus der Unmöglichkeit, dass die Interessenten als Einzelne ihre eigenen Interessen wahren können, entspringt die Nothwendigkeit: der Generalversammlung, als dem zur Wahrung dieser Interessen geschaffenen Organ eine dementsprechende Befugniss, eine Befugniss im weiteren Umfange einzuräumen, welche auch die Abänderung resp. Aufhebung eines, durch den Willen der Interessenten geschaffenen Rechtsverhältnisses, im Interesse derselben in sich begreift. In diesem Sinne sind erfahrungsmässig auch die einzelnen Gesellschaftsverträge abgeschlossen, indessen, auch da, wo dies nicht der Fall sein sollte, kann man in rechtlicher Beziehung nur von dem Standpunkte ausgehen: dass, soweit nicht aus den Gesellschaftsverträgen das Gegentheil hervorgeht, die Gesellschafter bei der Gründung der Gesellschaft doch diesen vernünftigen Willen haben realisiren wollen. Cfr. die oben erwähnte Entscheidung des Preussischen Obertribunals S. 207 ff. und v. Hahn a. a. O. §§ 1—4. Bei dieser Auffassung bedarf es dann aber auch nicht, wie Renaud freilich es verlangen muss, eines Nachweises der ausdrücklichen Anerkennung der Competenz der Generalversammlung, sondern im Mangel entgegenstehender Bestimmungen ist diese Anerkennung der Competenz anzunehmen. Dergleichen entgegenstehende Bestimmungen hat der Gesetzgeber nirgends aufgestellt, im Gegentheil eine sachgemässe und klare Auffassung, eine unbefangene Betrachtung der gesetzlichen Vorschriften, wobei man sich nicht abstract verhält, und die ganze practische Entwickelung der Actiengesellshaftc mit ihrem Getriebe im Wesen unberücksichtigt lässt, führt zu dem Ergebniss: dass der Gesetzgeber in der That von der Anschauung ausgegangen ist, dass die Generalversammlung die oben erwähnte umfassende Competenz habe. Sie ist also auch im Gesetze selbst begründet. Wollte man sich in dieser Beziehung aus den Materialien des Allgemeinen Deutschen Handelsgesetzbuchs Rath holen, so würde man dort, wie es öfters der Fall ist, eben Nichts Erhebliches finden. Der Preussische Entwurf enthält in seinem Artikel 150 eine der Vorschrift des Art. 215 Allgemeinen Deutschen Handelsgesetzbuchs entsprechende Vorschrift in Betreff der Gesellschaftsvertrags-Aenderung und der Auflösung mit einer Fusion; seine Bestimmung in Art. 184 über Abänderungs- und Auflösungsbeschlüsse ist conform mit der in Art. 114 Allgemeinen Deutschen Handelsgesetzbuchs; er ordnet in Art. 192, ebenso wie das Allgemeine Deutsche Handelsgesetzbuch in Art. 237 Alin. 2, die Nothwendigkeit einer Generalversammlung an auf Verlangen eines aliquoten Theils der Actionaire und seine Vorschrift Art. 182 No. 10 lautet ebenso wie die des Allgemeinen Deutschen Handelsgesetzbuchs in Art. 209 No. 11. Zu Art. 180 des Preussischen Entwurfs bemerken dessen Motive: streng genommen, müsste zu jeder Abänderung des Gesellschaftsvertrages Einstimmigkeit aller Actionaire gefordert werden; aber bei der meistentheils erheblich grossen Zahl der Actionaire sei dieser Grundsatz bei Actiengesellschaften nicht durchführbar, und es habe deshalb das Bedürfniss dahin geführt, Majoritätsbeschlüsse als die Regel anzunehmen. Nur wo eine wesentliche Aenderung des Gesellschaftsvertrages in Frage stehe, dass der alte Vertrag durch sie in einen völlig neuen umgewandelt werden solle, sei an dem Erforderniss der Einwilligung aller Contrahenten festzuhalten; sofern nicht im Gesellschaftsvertrag selbst ausdrücklich das Gegentheil bestimmt worden sei. Solche wesentliche Aenderung des Vertrages involvire nicht nur die Abänderung des Unternehmens, sondern auch der Fall der Fusion, in welcher die Aufhebung der bisherigen Gesellschaft und die gleichzeitige Eingehung einer neuen liege. Cfr. Motive etc. S. 90. Dass diese Motivirung unklar, wird wohl nicht geleugnet werden können; gleich im Anfange wird für Einstimmigkeitsbeschlüsse bei der Actiengesellschaft als Regel plaidirt, während vorher — S. 58. 59. — selbst bei der offenen Handelsgesellschaft für Majoritätsbeschlüsse plaidirt worden war. Allein so viel ist doch klar, dass daraus Nichts für die Renaud'sche Ansicht entnommen werden kann; im Gegentheil eher Etwas für die Unbeschränktheit der Competenz der Generalversammlung. Die Conferenzprotokolle enthalten über diese Materie nichts derartig Bestimmtes, cfr. Protokolle S. 331 und 1040; cfr. Renaud a. a. O. S. 461. 462, dass sich ein bestimmter Wille der Conferenz erkennen lässt. Cfr. vorher Einleitung S. 12.

Man ist also auf das Gesetz selbst angewiesen. In dem Allgemeinen Deutschen Handelsgesetzbuch findet sich nun in Betreff der Generalversammlung Folgendes ausgesprochen:

Art. 209. No. 11. Der Gesellschaftsvertrag muss die Gegenstände bestimmen, über welche nicht schon durch einfache Stimmenmehrheit der auf Zusammenberufung erschienenen Actionaire, sondern nur durch eine grössere Stimmenmehrheit oder nach anderen Erfordernissen Beschluss gefasst werden kann;

Art. 209a. Eine Generalversammlung hat durch Beschluss festzustellen, dass das Grundcapital vollständig gezeichnet und die gesetzlich erforderliche Einzahlung von 10 resp. 20 pCt. geschehen ist;

Art. 209b. Einlagen, die nicht in baarem Gelde bestehen, Uebernahme von Anlagen oder sonstigen Vermögensstücken von der zu errichtenden Gesellschaft und die dessfallsigen Verträge unterliegen dem Beschluss einer Generalversammlung von mindestens $\frac{1}{4}$- — des gesammten Grundcapitals — Majorität; wobei der betreffende Gesellschafter nicht mitstimmt;

Art. 214. Statutenabänderungen bedürfen zu ihrer Gültigkeit der notariellen oder gerichtlichen Beurkundung — früher vor der Juni-Novelle auch noch der staatlichen Genehmigung —.

Art. 215. Die Abänderung des Gegenstandes der Unternehmung der Gesellschaft kann nicht durch Stimmenmehrheit beschlossen werden, ebensowenig wie die Auflösung mit Fusion, sofern dies nicht im Gesellschaftsvertrage ausdrücklich gestattet ist; und die Amortisation eigener Actien ist nur durch Bestimmung in dem ursprünglichen Gesellschaftsvertrag oder einen denselben abändernden Beschluss zulässig;

Art. 224. Die Rechte, welche den Actionairen in den Angelegenheiten der Gesellschaft, insbesondere in Beziehung auf die Führung der Geschäfte, die Einsicht und Prüfung der Bilanz und die Bestimmung der Gewinnvertheilung zustehen, werden von der Gesammtheit der Actionaire in der Generalversammlung ausgeübt, wobei, wenn nicht der Gesellschaftsvertrag ein Anderes festsetzt, jede Actie dem Inhaber eine Stimme gewährt;

Art. 225a. Der Aufsichtsrath hat eine Generalversammlung zu berufen, wenn er dies im Interesse der Gesellschaft für erforderlich hält.

Art. 226. Der Aufsichtsrath führt die von der Generalversammlung gegen den Vorstand beschlossenen Processe, Art. 194;

die Generalversammlung wählt im Fall des Art. 195 die Bevollmächtigten;

Art. 231. Der Vorstand hat die durch Generalversammlungs-Beschlüsse festgesetzten Beschränkungen innezuhalten.

Art. 237 u. 238. Die Generalversammlung ist durch den Vorstand oder die sonst dazu Berechtigten — Art. 236 — zu berufen, wenn dies im Interesse der Gesellschaft erforderlich erscheint, resp. auf einen Antrag einer bestimmten Anzahl Actionaire; oder auf einen in der Generalversammlung selbst gestellten Antrag; die Gegenstände der Berathung resp. Beschlussfassung müssen in der Berufung bekannt gemacht werden;

Art. 240. Der Generalversammlung müssen vom Vorstande die Anzeigen: wenn das Grundcapital sich um die Hälfte vermindert hat, und wenn das Vermögen nicht mehr die Schulden deckt, gemacht werden.

Art. 242. 244. Die Gesellschaft kann durch einen gerichtlich oder notariell beurkundeten Beschluss aufgelöst werden; die Generalversammlung kann besondere Liquidatoren ernennen;

Art. 248. Nur durch Generalversammlungs-Beschluss ist eine theilweise Zurückzahlung des Grundcapitals an die Actionaire oder eine Herabsetzung derselben statthaft.

Wollte man der Renaud'schen Ansicht folgen, dann müsste man doch annehmen, dass der Gesetzgeber alle diese Bestimmungen, namentlich die in den Artikeln 209. No. 11. 209a. u. 209b. 214. 215. 224. 225. 225a. 242. getroffenen, entweder ganz gedankenlos gefasst, oder dass er es vergessen hätte, vorher über die Competenz der Generalversammlung zu bestimmen, resp. die Gegenstände auszuzeichnen, bei welchen nur durch Einstimmigkeitsbeschlüsse von der Generalversammlung eine Festsetzung getroffen werden könne; man müsste ihn einer gänzlichen Ignorirung der Verhältnisse einer Actiengesellschaft, des Getriebes ihrer Geschäfte, der Nothwendigkeit, durch Beschlüsse in dasselbe, und oft schleunig, einzugreifen, zeihen. Es gehört solche Annahme, resp. solcher Vorwurf aber zu den Unmöglichkeiten.

Die vorerwähnten Bestimmungen des Allgemeinen Deutschen Handelsgesetzbuchs sprechen nun auch direkt ganz klar gegen die Renaudsche Ansicht, und dafür, dass die Competenz der Generalversammlung eine umfassendere, dass sie eine auf alle Fälle sich erstreckende hat sein sollen, welche nicht ausdrücklich im Gesellschaftsvertrage davon ausgeschlossen sind; ferner, dass überall einfache Majoritätsbeschlüsse der Erschienenen haben gelten sollen, wo nicht Ausnahmen ausdrücklich gemacht worden sind. Der Art. 209. No. 11 giebt dieses Letztere sehr klar zu erkennen. Es sind die wichtigsten Fundamente der Actiengesellschaft, namentlich die Feststellung des Grundcapitals, den Beschlüssen der Generalversammlung und einer bestimmten Majorität unterstellt — Art. 209a. 209b., und der Art. 215. bezeugt die Regel von der vorerwähnten unumschränkten Competenz der Generalversammlung und die ihrer Majoritätsbeschlüsse eben dadurch, dass er die beiden dort aufgeführten Ausnahmen ausdrücklich hervorhebt. Auch die Abänderung des ganzen Gesellschaftsvertrages ist der Competenz der Generalversammlung anheimgegeben in Art. 214, im Uebrigen handelt dieser Artikel in Alinea 1. nur von der äusseren Form der Generalversammlungsbeschlüsse, und im Art. 224. ist die Competenz der Generalversammlung in allen Angelegenheiten der Gesellschaft zu beschliessen, ebenso deutlich ausgesprochen, wie in den Art. 235a., Alinea 3. und Art. 237 klar angeordnet, dass die Generalversammlung stets zusammenberufen werden kann und muss, sobald es die Interessen der Gesellschaft erheischen. Wer in dem Art. 214. Alinea 1 mehr finden will, als die Form der Beschlüsse, trägt Etwas hinein, woran der Gesetzgeber nicht gedacht hat, ebenso wer in No. 2, Art. 242. mehr finden will, als eben auch nur eine Bestimmung über die Form des Beschlusses, durch welchen die Gesellschaft aufgelöst werden darf.

Einstimmigkeitsbeschlüsse aller Gesellschafter, aller Actionaire, einer Actiengesellschaft, werden immer nur eine Idee bleiben. Solche Einstimmigkeitsbeschlüsse können vereitelt werden durch das Ausbleiben Eines Actionairs, welchem das Erscheinen oder eine Vertretungsanordnung unmöglich war, der aber vielleicht oder sicher zugestimmt hätte. Wie manche Fälle können sich ereignen, wo ein Generalversammlungsbeschluss durchaus nothwendig ist, z. B. bei der Abänderung einer offenbar nicht mehr zeitgemässen, oder den Verkehrsverhältnissen, sei es den allgemeinen, sei es den des speciellen Geschäfts der Gesellschaft nicht entsprechenden, den Interessen der Gesellschaft geradezu schädlichen Gesellschaftsvertragsvorschrift; bei der Auflösung der Gesellschaft, wenn die weitere Fortführung derselben den gänzlichen Ruin der Gesellschaft und den Verlust des ganzen Capitals zur Folge haben würde, dem durch zeitige Liquidation vorgebeugt werden kann, und wie schlecht würde den Interessen der Actionaire hier durch das Verlangen der Einstimmigkeitsbeschlüsse gedient sein, deren Unmöglichkeit von vornherein abzusehen ist. Wie mag man sich überhaupt wohl Einstimmigkeitsbeschlüsse bei einer Actiengesellschaft, deren Grundcapital aus vielen Tausenden von Actien besteht, deren Actien und Actionaire sich in allen Weltgegenden befinden, des Umstandes, dass Actien vernichtet sind, und also gar nicht vertreten sein können, auch noch zu gedenken, vorstellen?

Freilich, durch die umfassende Competenz der Generalversammlung und durch Majoritätsbeschlüsse, wird die Ansicht und der Wille der Minorität unterdrückt. Allein hierdurch kann die Ansicht von der beschränkten

Competenz und den Einstimmigkeitsbeschlüssen nicht bestätigt werden. In Corporationen, in den Gesellschaften, welche den Character der moralischen Personen haben, gilt überhaupt das Majoritätsprincip, die Minorität ist der Majorität unterworfen, andernfalls würde auch die Regelung der Verhältnisse dieser Körperschaften und die geeignete Wahrnehmung ihrer Interessen nicht möglich sein, wenn die Minorität oder gar ein Einzelner ad instar des polnischen Reichstages, ein Widerspruchsrecht in einem liberum veto hätte. —

In dem Allgemeinen Deutschen Handelsgesetzbuch alter Fassung war noch — Art. 214. — die Bestätigung von Gesellschaftsvertrags-Abänderungsbeschlüssen an die staatliche Genehmigung geknüpft. Es hatte damals die Staatsregierung es in ihrer Hand, die Majorität nicht mit ihrem Beschlusse durchdringen zu lassen, sie konnte gewissermaassen die Minorität in Schutz nehmen und ihrem Votum Geltung verschaffen, aber auch nur negativ durch Nichtbestätigung. Dieser Umstand ist bei der vorliegenden Frage indess nicht entscheidend; die Befugniss der Staatsregierung hing mit der vorbehaltenen Genehmigung des Statuts und der Gesellschaft überhaupt zusammen und ist aufgegeben worden, wenige Fälle, z. B. bei Eisenbahnunternehmungen, ausgenommen.

Vielleicht könnte man daran denken, Einstimmigkeitsbeschlüsse durch nachträgliches Beitreten von den übrigen Actionairen zu gefassten Beschlüssen zu ermöglichen; allein dieser Gedanke ist abzuweisen, denn dergleichen Einstimmigkeitsbeschlüsse sind ein Unding, da nur in der Generalversammlung Beschlüsse gefasst werden dürfen und ausserhalb derselben die Actionaire gar nicht in Betracht kommen.

Ich halte hiermit die Ansicht Renaud's hinlänglich widerlegt, — das Berliner Obertribunal nennt sie, Entscheidung Bd. 61. S. 209, nicht mit Unrecht: gesucht und unrichtig —, und die von v. Hahn bestätigt. Indess bei Aufstellung der Regel würde ich noch weiter gehen als v. Hahn und sie dahin präcisiren:

> „Die Generalversammlung ist zu allen Beschlüssen competent, nur zu Beschlüssen nicht, welche auch von allen Actionairen einstimmig nicht mit Gültigkeit wieder gefasst werden dürfen, sei es, weil sie einem absolut zwingenden Gesetze oder den guten Sitten oder der öffentlichen Ordnung zuwiderlaufen; und zu solchen Beschlüssen nicht, welche gesellschaftsvertragsmässig ausdrücklich ihrer Competenz entzogen sind. Bei allen Generalversammlungsbeschlüssen gilt das Princip der Majorität, und zwar der einfachen Majorität, wenn etwas Anderes nicht ausdrücklich bestimmt worden ist.“

8. Es mögen nun noch einige singulaire Fälle betrachtet werden.

Der Art. 244. verweist in Alinea 2. in Betreff des Verhältnisses der Liquidatoren einer Actiengesellschaft auf die Vorschriften über die offene

Handelsgesellschaft, und dort findet sich in Art. 137. die Bestimmung: dass die Veräusserung von unbeweglichen Sachen durch die Liquidatoren ohne Zustimmung der sämmtlichen Gesellschafter nicht anders als durch öffentliche Versteigerung bewirkt werden kann. Es fragt sich, ob bei der Actiengesellschaft die Generalversammlung einen Beschluss, durch welchen die Liquidatoren ermächtigt werden, auch ohne öffentliche Versteigerung unbewegliche Sachen zu veräussern, auch mit der gewöhnlichen Majorität fassen darf. Ich meine ja. Denn wenn auch die Verweisung auf die Vorschriften bei der offenen Gesellschaft ganz allgemein in Art. 244. ausgesprochen worden ist, so ist dies doch selbstverständlich unbeschadet des bei den Actiengesellschaften geltenden Majoritätsprincips; Art. 224., Art. 209. No. 11. Die Actionaire geben demnach ihren Gesammtwillen nur in der Generalversammlung und durch die Majoritätsbeschlüsse derselben kund; die Generalversammlung, regelmässig und statutenmässig constituirt, stellt die Gesammtheit der Actionaire dar, und was sie mit Majorität beschliesst, gilt als Beschluss der Gesammtheit der Actionaire, nicht nur während des Bestehens der Gesellschaft, sondern auch nach der Auflösung, während der Liquidation. Dieser Ansicht ist auch v. Hahn; cfr. zu Art. 244. § 2.; anderer Ansicht ist allerdings Renaud.

Es haben sich ferner in manchen Statuten der neuen Actiengesellschaften die Gründer das Vorrecht vorbehalten, ein Vorrecht auf die Uebernahme von neuen Grundcapitals-Emissionen zum Paricourse, und man fragt sich: ob diese Statutenbestimmung durch Generalversammlungsbeschluss abgeändert werden darf. Meiner Ansicht nach und dem Vorerwähnten zufolge ist auch eine solche Statutenbestimmung der Competenz der Generalversammlung an und für sich nicht entrückt. Aber man wendet ein: durch einen abändernden Generalversammlungsbeschluss würden wohlerworbene Rechte Dritter, nämlich der Gründer, verletzt, welche ein wohl erworbenes Recht durch jene Statutenvorschrift erlangt hätten. Diesem Einwande kann ich keine Gültigkeit zugestehen. An und für sich sind die Statuten nicht der Art, um Dritten Rechte der Gesellschaft gegenüber festzustellen; in den Statuten, dem Gesellschaftsvertrage werden die Verhältnisse der Gesellschafter als solche geregelt, und wenn sich darin die Gründer einen solchen Vorbehalt machen, so geschieht dies nicht in einer Eigenschaft als dritte Personen, sondern in einer Eigenschaft als Gesellschafter; der Umstand, dass sie später ihre Actien veräussern und dadurch dritte, ausserhalb der Actiengesellschaft stehende Personen werden, ändert hierin Nichts. Alle Vorschriften der Statuten unterliegen aber den Abänderungsbeschlüssen der Generalversammlung, wenn nicht Ausnahmen ausdrücklich statuirt sind. Wenn also in den Statuten nichts weiter als der blosse fragliche Vorbehalt gemacht worden ist, so hat immerhin die Generalversammlung freie Hand bei dem Eintreten der Emission neuer Actien anders zu beschliessen. Sollte aber ausdrücklich bestimmt sein, dass dieser Vorbehalt von der Competenz der Generalversammlung ausgeschlossen wäre, dann würde auch ein abändernder Beschluss nicht gefasst werden dürfen. Wäre dagegen bestimmt, dass dieses Vorrecht den Gründern gegenüber als Dritten Personen zugestanden würde, so könnte es sich immer noch fragen: ob eine solche Bestimmung mit rechtswirkender Kraft in dem Gesellschaftsvertrage getroffen werden dürfte, resp. ob dennoch nicht die Gründer durch einen besonderen Act mit der Gesellschaft selbst als dritte Personen dasjenige Rechtsverhältniss herstellen müssten, auf Grund dessen der Vorbehalt rechtswirkende Kraft empfinge.

9. Eine indirecte Unmöglichkeit, Generalversammlungs-Beschlüsse wirksam herzustellen, kann durch Particulargesetzgebung hervorgebracht sein. Dies ist in Preussen der Fall, an den Orten, wo die Notariatsordnung vom 11. Juli 1845 gilt. Nach §§ 13 u. 41 dieser Notariatsordnung muss ein Notariatsprotokoll von den Interessenten, d. h. sämmtlichen, unterschrieben sein, wenn es die Kraft einer Notariatsurkunde haben soll. Man muss nun allerdings die in der Generalversammlung erschienenen stimmberechtigten Actionaire zu den Interessenten rechnen, und streng genommen auch verlangen, dass in Gemässheit jener Preussischen Notariatsordnungs-Vorschriften jeder anwesende stimmberechtigte Actionair das von dem Notar aufgenommene Protokoll unterschreibt. Das ist aber, wenn sehr viele Actionaire vorhanden sind, nahezu eine Unmöglichkeit. Man kann überhaupt keinen Actionair zwingen, das Notariatsprotokoll zu unterschreiben, auch nur in der Versammlung bis an ihr Ende zu bleiben. Wenn die Minorität nicht unterschreibt, wenn ein Einzelner die Unterschrift verweigert, würde das Protokoll als Notariatsurkunde nicht gelten können. Die Preussische Notariatsordnung kennt aber keine anderen notariellen Beurkundungen als durch förmliche Notariatsprotokolle; es können also auf die angegebene Art durch die Minorität, ja durch einen einzelnen Actionair Beschlüsse factisch vereitelt werden. Das Berliner Stadtgericht — Handelsrichter — hat auch — 1872 — in obigem Sinne decretirt mit Beifall des Kammergerichts; in neuerer Zeit scheint es von dieser strengen Ansicht abgegangen zu sein. Wir kommen weiterhin bei der Form der Beschlüsse hierauf noch zurück.

10. Bei den Commandit-Actiengesellschaften sind die Befugnisse der Commanditactionaire beschränkt durch die Rechte der persönlich haftenden Gesellschafter, und ebenso auch die Befugnisse der Commanditactionaire selbstständig wirksame Beschlüsse in der Generalversammlung zu fassen. Danach regulirt sich also auch die Competenz der Generalversammlung. Hier kommt es vorzugsweise darauf an, welche besonderen Befugnisse den Commanditactionairen in dem Gesellschaftsvertrage in dieser Beziehung vorbehalten resp. beigelegt worden sind. Nach den Vorschriften des Allgemeinen Deutschen Handelsgesetzbuchs können die Commanditactionaire wirksam allein nur Beschlüsse fassen, welche ein prozessualisches Auf-

treten gegen die persönlich haftenden Gesellschafter betreffen — Art. 194. 195. —; ferner in den Fällen des Art. 125., wenn Gründe der Auflösung vorliegen, und wenn es in Gemässheit des Art. 128. auf Ausschliessung eines persönlich haftenden Gesellschafters statt der Auflösung ankommt, endlich im Fall der Kündigung, Art. 123, No. 6.; im Uebrigen bedarf es, um den Beschlüssen Wirksamkeit rücksichtlich der Gesellschaft zu geben, der Zustimmung der persönlich haftenden Gesellschafter, welche die Beschlüsse unter sich nach dem Einstimmigkeitsprincip der offenen Handelsgesellschaften zu fassen haben. Sonst und was lediglich das Verhältniss unter den Commanditactionairen selbst betrifft, gilt in Betreff der Beschlüsse Alles, was von den Beschlüssen und der Competenz der Generalversammlung bei der Actiengesellschaft gesagt worden ist. Cfr. Art. 180. 186. 188. 189. 190. 192—195. 198. 199. 203. 205.

11. Die englische Gesetzgebung — Acte vom 7. August 1862 No. 49. ff. — gestattet sogenannte Specialbeschlüsse der Generalversammlung bei allen dieser Acte unterworfenen Gesellschaften mit unbeschränkter Competenz die statutarischen Bestimmungen der Gesellschaft resp. die Associationsartikel abzuändern, aufzuheben, neue Bestimmungen zu treffen oder Erweiterungen aller oder beliebiger Bestimmungen der Gesellschaft anzuordnen, und sollen als Specialbeschlüsse diejenigen angesehen werden, welche mit einer Majorität von nicht weniger als drei Vierteln der nach den Regulativen der Gesellschaft zur Zeit stimmberechtigten Mitglieder, soweit sie in einer Generalversammlung, die gehörig vorher mit Angabe der Absicht, einen solchen Beschluss zu beantragen, angezeigt worden, in Person gegenwärtig oder vertreten sind — No. 51. a. a. O. Ueber die Stimmberechtigung entscheiden zunächst die Regulative der Gesellschaft, bestehen keine Regulative über die Abstimmung, so hat jedes Mitglied eine Stimme; No. 51. 52. a. a. O.

Die französische Gesetzgebung hat, wie vorher schon erwähnt, das Einstimmigkeitsprincip als Regel; indessen ist in den neueren Gesellschaftsgesetzen bei den Commandit-Actiengesellschaften und den Actiengesellschaften das Majoritätsprincip anerkannt. Cfr. Art. 4. Art. 13. — Commandit-Actiengesellschaft —; Art. 24. Art. 28. ff. — Gesellschaftsgesetz von 1867. Dies hatte auch schon früher die Jurisprudenz angenommen; und auch die früheren Gesellschaftsgesetze von 1856 hatten das Majoritätsprincip sanctionirt. Hinsichtlich der Competenz der Generalversammlung, so ist auch im französischen Recht dasselbe anzunehmen, was vorher für das Allgemeine Deutsche Handelsgesetzbuch festgestellt ist.

Die holländische Gesetzgebung besteht noch streng auf dem Einstimmigkeitsprincip, und wenn auch bei den anonymen Actiengesellschaften bestimmt ist, dass in der Gesellschaftsacte bestimmt werden soll über die Ausübung des Stimmrechts — Art. 54. Wetb. v. Kooph. — so nimmt man in der Praxis doch an, dass die Majorität gegen den Willen der Minorität keine die Statuten abändernden Beschlüsse fassen darf. Cfr. Art. 1374. Bürgerl. Wetboek, cfr. Schuller et Waller, Note zu Art. 54. Wetb. v. Kooph.

12. Anlangend die Form der Gesellschaftsbeschlüsse, so unterscheiden sich einerseits die offene Handelsgesellschaft und die Commanditgesellschaft; anderseits die Commanditgesellschaft auf Actien und die Actiengesellschaft.

In den offenen Handelsgesellschaften und in Commanditgesellschaften sind die Beschlüsse an keine Form gebunden. Die Beschlüsse können schriftlich gefasst werden; es ist aber die Wirksamkeit und die Gültigkeit derselben von der Schriftform an und für sich nicht abhängig; es sei denn, dass in dem Gesellschaftsvertrage ausdrücklich bestimmt wäre, es sollten nur schriftlich gefasste Beschlüsse oder auch noch mit einer andern Formalität ausgestattete Gültigkeit haben, was freilich statthaft ist. Wenn jedoch, sei es dem Gesellschaftsvertrage zufolge, sei es aus anderer Veranlassung, ein Beschluss schriftlich gefasst oder schriftlich aufgesetzt und unterzeichnet worden ist, dann gilt auch der Inhalt der Urkunde allein, und es werden Behauptungen von Nebenreden nicht zugelassen, indem angenommen werden muss, dass mit der Unterschrift der Beschluss seinen Abschluss und seine Vollendung, auch die redactionelle, erfahren hat, dass alle Amendements, oder sonstige Punkte der Unterhandlungen, redactionelle Bemerkungen und dergleichen Nebenäusserungen als beseitigt und abgethan anzusehen sind. Ein dahin zielender Beweis wird also nicht gestattet sein. Allerdings ist der Beweis: aliter actum, aliter scriptum, also: dass die Urkunde etwas anderes enthalte als wirklich beschlossen, dass scheinbar durch die Urkunde ein Besclusss documentirt werde, welcher gar nicht gefasst oder wesentlich anders gefasst worden sei, hier ebenso zulässig wie überall gegen Urkunden, selbst gegen Urkunden, welche notariell oder gerichtlich abgefasst worden sind.

Die Beschlüsse können bei der offenen und bei der gewöhnlichen Commanditgesellschaft aber auch stillschweigende sein. In den Artikeln 96. Alin. 2. 97. Alin. 2. ist solcher stillschweigender Beschlüsse ausdrücklich gedacht. In diesen Fällen hätten die übrigen Gesellschafter ihren Widerspruch äussern oder handeln resp. eine Erklärung abgeben oder sich einen ausdrücklichen Vorbehalt machen müssen. Allerdings kann an und für sich das Stillschweigen zu Handlungen oder auf Fragen eines Gesellschafters nicht als Zustimmung angesehen werden. Eine allgemeine Rechtsregel: qui tacet consentit, existirt nicht. Cfr. l. 142. D. de R. J. 50. 17. l. 44. de R. J. in VI.; aber eine Ausnahme wird durch die Pflicht, sich zu erklären, begründet. Doch liegt es nicht in dem Belieben des Handelnden oder des Fragenden, dem Andern eine solche Erklärungspflicht aufzuerlegen; sie kann nur durch eine Rechtsregel auferlegt werden — quum loqui debuisset ac potuisset —. Auch durch Handlungen kann ein solcher stillschweigender Beschluss bethätigt werden; doch müssen diese Handlungen solche sein, aus denen die Absicht des Handelnden mit Zuverlässigkeit geschlossen werden kann; denn erst dann ist eine Handlung ein Mittel der Erkennung des Willens. Cfr. § 58. I. 4. Allg. Preuss. L.-R. Dies ist zum Beispiel der Fall: wenn sämmtliche Gesellschafter eine Handlung vornehmen, wenn einige von ihnen einen Beschluss gefasst haben und der übrige oder die übrigen Gesellschafter ihn ausführen, oder sich die Vortheile der Ausführung aneignen. So kann ein Beschluss theils ausdrücklich theils stillschweigend zu Stande kommen. Eigentlich ist letzteres der Fall auch bei Majoritätsbeschlüssen, rücksichtlich der in den Generalversammlungen Ausbleibenden resp. sich der Abstimmung enthaltenden Actionaire, was oftmals in den Statuten noch ausdrücklich hervorgehoben wird.

In den Commanditgesellschaften auf Actien und in den Actiengesellschaften gelten in der Regel nur Beschlüsse der Actionaire, welche entweder notariell oder gerichtlich abgefasst worden sind. Es ist dies theils im Gesetz, theils in den Statuten bestimmt. Auch bedarf es einer solchen Abfassung, um die aus den Beschlüssen erforderlichen Eintragungen in das Handelsregister zu ermöglichen. Gesetzlich ist im Allgemeinen Deutschen Handelsgesetzbuch die gerichtliche oder notarielle Abfassung vorgeschrieben bei Beschlüssen, welche betreffen: eine Abänderung des Gesellschafsvertrags Art. 198. 214.; eine theilweise Zurückzahlung des Commanditist-Capitals resp. des Actiencapitals Art. 203. 248. cfr. 214.; die Amortisation eigener Actien Art. 215. cfr. 214.: die Auflösung im Fall des Art. 242. No. 2. die Abänderung des Gegenstandes des Unternehmens und der Fusion Art. 215. Der bei der Eintragung erforderlichen Beglaubigung wegen ist die notarielle oder gerichtliche Abfassung nöthig, bei Beschlüssen welche betreffen: die Wahl des Aufsichtsraths — Art. 177. 210b.; die Gegenstände in den Art. 180. 209a. 209b.; die Genehmigung des Austritts eines persönlich haftenden Gesellschafters Art. 199.; die Wahl der Mitglieder des Vorstandes und Aenderungen in den Mitgliedern Art. 228. 233, welche aber gewöhnlich dem Aufsichtsrath überlassen wird; die Auflösung, die Liquidation und die Wahl der Liquidatoren Art. 205. 243. 244. 247.

Ist in den Statuten nicht allgemein bestimmt, dass die Beschlüsse der Generalversammlung notoriell oder gerichtlich abgefasst sein müssen, um Gültigkeit zu haben, dann ist eine solche solenne Form auch, die vorher erwähnten Beschlüsse ausgenommen, nicht erforderlich. Renaud, a. a. O. S. 431. 432. In neuerer Zeit ist in den Gesellschaftsverträgen ersteres bestimmt, gemeinhin ist allgemein gesagt, dass die über die General-Versammlung aufzunehmenden Protocolle gerichtlich oder notariell abzufassen sind. In früherer Zeit gab es mehre Gesellschaftsverträge, nach welchen die Verhandlungen mittelst einer blossen Privaturkunde protokollirt wurden. S. bei Renaud S. 431.

13. Was die gesetzliche Vorschrift der gerichtlichen oder notariellen

Abfassung der Beschlüsse anbelangt, so sind die dessfallsigen Ausdrücke, deren sich das Allgemeine Deutsche Handelsgesetzbuchs bedient, zwar verschieden; in Art. 214. ist gesagt: der Beschluss solle gerichtlich oder notariell beurkundet sein, in Art. 209a. 209b. heisst es: über den Beschluss ist eine gerichtliche oder notarielle Urkunde aufzunehmen: allein eine Verschiedenheit in der Form der Beurkundung hat damit nicht ausgesprochen werden sollen; die Beurkundung erfolgt auch in dem ersteren Falle den desfallsigen Vorschriften in den einzelnen Landesgesetzgebungen resp. den betreffenden Notariats-Ordnungen gemäss. Cfr. v. Hahn zu Art. 214. § 8. Renaud a. a. O. S. 433.

Ueber die Nothwendigkeit dieser Form kann man verschiedener Meinung sein, ebenso wie über die Frage: ob es überhaupt nothwendig ist, bei der Abfassung der Gesellschaftsverträge die gerichtliche oder notarielle Form vorzuschreiben. Bei den wirthschaftlichen Genossenschaften ist durchweg von solchen Formalitäten Abstand genommen worden. Cfr. Ges. v. 4. Juli 1868.

So lange aber daran festgehalten wird, dass die Errichtung der Commandit-Actiengesellschaften und der Actiengesellschaften nur vermittelst eines notariellen oder gerichtlichen Statuts erfolgen könne, muss auch dabei verblieben werden, dass Aenderungen, oder Zusätze zu dem Statut derselben Form bedürfen, ebenso wie die Beschlüsse in den Fällen des Art. 209a. und 209b., welche die Feststellung resp. wesentliche Modificationen eines Hauptfactors der Gesellschaften, des Grundcapitals involviren.

14. Es ist nicht zu verabreden, dass die notarielle oder gerichtliche Abfassung resp. Aufnahme der Urkunden über dergleichen Beschlüsse Schwierigkeiten bereitet. In den Hauptstädten, in welchen Hunderte von Actiengesellschaften ihren Sitz haben, welche gemeinhin in denselben Monaten ihre ordentlichen Generalversammlungen abhalten, kann es an Notaren in einzelnen Fällen mangeln, namentlich in Berlin, wo die Notare, welche zugleich Advocaten, durch die Advocatur-Praxis abgehalten sind, und wo die Gerichte nicht die erforderlichen Kräfte haben, um Mitglieder zur Aufnahme der gleichen gerichtlichen Verhandlungen zu deputiren, auch die gerichtliche Aufnahme ganz ungebräuchlich ist. Es können Unzuträglichkeiten durch die Vorschriften der Notariats-Ordnungen eintreten, wie sie vorher erwähnt sind in Betreff der Preussischen Notariats-Ordnung. Wenn nach dieser, eine Urkunde die Wirkung und Kraft einer Notariats-Urkunde haben soll, so müssen die sämmtlichen Interessenten, also auch alle stimmfähigen erschienenen Actionaire mit Namen, Stand und Wohnort aufgeführt sein, § 10. No. 3. Not.-Ord. v. 11. Juli 1845. Das ist, wenn mehre Hundert Actionaire erschienen sind, schwierig und zeitraubend: der Notar muss sich von der Identität der ihm nicht bekannten Personen versichern; a. a. O. No. 2. Hiermit steht es ebenso, und noch schwieriger mit der Ermittelung der Dispositionsfähigkeit; besondere Förmlichkeiten — Zuziehung von Dolmetschern — sind erforderlich, wenn auch nur ein

Actionair nicht im Stande ist, sich in der deutschen Sprache auszudrücken § 24. a. a. O.; und schliesslich muss das Protocoll von allen Interessenten unterschrieben werden. §. 13. a. a. O. Bei einer grossen Anzahl von Actionairen macht diese letzte Vorschrift entschieden die grössten Schwierigkeiten, wie schon vorher erwähnt worden. Man hat ihr aus dem Wege gehen wollen, dadurch, dass in den Statuten Bestimmungen getroffen sind, dass es nicht erforderlich sei, wenn das über eine Generalversammlung aufgenommene Protocoll von allen Anwesenden unterschrieben werde, sondern, dass nur die Unterzeichnung von einigen genüge. Gewöhnlich bestimmen die Statuten, dass dies Generalversammlungs-Protocoll nur von den Vorsitzenden, den anwesenden Mitgliedern des Aufsichtsraths — Verwaltungsraths — und ein Paar Actionairen unterzeichnet zu sein brauche, wobei es denn den übrigen Actionairen überlassen ist mitzuunterzeichnen oder nicht, ohne dass jedoch aus dem Unterbleiben ihrer Unterschrift ein Mangel des Protocolls hergeleitet oder dessen Gültigkeit als notarielle Urkunde angefochten werden kann. Es fragt sich aber: ob eine solche Statuten-Vorschrift die Bestimmungen einer Notariats-Ordnung abändern kann, welche kategorisch befehlen, wie die hier in Frage stehende des § 13. der Preussischen Notariats-Ordnung cfr. § 41. das. Man hat nicht mit Unrecht diese Frage verneint: weil die Vorschriften der Notariats-Ordnung absolut zwingende und öffentlichen Rechtes seien, die durch Verabredungen der Partheien nicht abgeändert werden könnten; s. § 15. No. 3. S. 106. Indessen ich halte doch hier die Bejahung der Frage für richtig. Es geht aus den Conferenz-Protocollen hervor, dass die Schwierigkeiten der Unterzeichnung durch sämmtliche Anwesende hervorgehoben und zur Sprache gebracht worden sind, welche durch die einzelnen Particularrechtlichen Notariats-Ordnungen anstehen, und dass man in der Conferenz der Meinung gewesen ist, diesen Schwierigkeiten könne durch Bestimmungen in dem Statut, wie die obenerwähnten vorgebeugt werden. Dass die Preussichen Commissairen welche wohl hätten die betreffenden Vorschriften ihrer Notariats-Ordnung bemerklich machen sollen, etwas in dieser Beziehung geäussert haben, davon ist nichts ersichtlich. Aus welchen Gründen geschwiegen ist, weiss man allerdings nicht, aber soviel erhellt, dass der Wille der Conferenz dahin gegangen ist, dass dergleichen durch particularistische Gesetzesbestimmungen entstehenden Schwierigkeiten in der angegebenen Weise vorgebeugt werden könne und dürfe. Erwägt man nun ferner, dass um der Form willen, Beschlüsse, nützliche, der Wohlfahrt der Gesellschaft nöthige Beschlussfassungen durch den Widerwillen oft eines einzelnen Actionairs vereitelt werden können, wenn man bei der strengen Form stehen bleiben will, dass damit aber der ganzen Gesellschaft der empfindlichste Nachtheil zugefügt, ja ihre Existenz in Frage gestellt werden kann; dass Chikanen Thür und Thor geöffnet wird, wenn man an der starren Form festhält, dann wird man sich wohl dafür entscheiden müssen, dass hier die strengen

Formvorschriften weichen müssen und zwar gleichfalls im öffentlichen Interesse. Sehr richtig bemerkt daher v. Hahn zu Art. 214. § 8 dass, wenn die Landesgesetzgebung verlange, es sollen in den Urkunden der Notare alle anwesenden Personen genannt sein und die Urkunden unterschreiben, zur Beseitigung der hieraus sich ergebenden Beschwerlichkeiten im Statut bestimmt werden könne, dass die notariellen Urkunden nur von einer gewissen Anzahl von Actionairen unterzeichnet zu sein brauchten. Er motivirt dies damit: dass das Hauptgewicht der Bestimmung in Art. 214 auf der Zuziehung des Notars oder der Gerichtsperson beruhe.

Bei einer Revision der Handelsgesetzgebung wird es nicht unzweckmässig sein, hier eine bezügliche neue Bestimmung aufzunehmen und damit die aus dergleichen particulargesetzlichen Vorschriften auftauchenden, der starren Gesetzesvorschrift huldigenden Auffassungen gründlich zu beseitigen.

15. Die Stellung des Notars resp. des gerichtlichen Deputirten bei der Aufnahme von dergleichen Verhandlungen ist die eines Protocollanten. Er hat den Hergang der Verhandlungen und was sonst statutenmässig in das Protocoll aufgenommen werden muss, zu protocolliren und zu constatiren. Die materielle Seite der Beschlüsse geht ihn nichts an, darin hat er sich auch nicht zu mischen, in dieser Beziehung haben die Actionaire selbst und allein ihre Rechte wahrzunehmen. Dem Notar oder gerichtlichen Deputirten steht keine Befugniss zu eine Bevormundung auszuüben, doch hat er allerdings die Berechtigung, darauf aufmerksam zu machen, wenn etwas aufgenommen werden soll, was gegen ein Strafgesetz verstösst, und er kann und hat dann seine Mitwirkung zu verweigern; bei sonst verbotenen oder ungültigen Acten hat er bloss das Recht zu belehren; er muss aber, wenn dennoch auf dem Act oder die Aufnahme desselben bestanden wird, diesem Folge leisten und hat nur von der seinerseits gemachten Belehrung und der darauf gemachten Erklärung in der Verhandlung Meldung zu machen. Cfr. Preussische Notariats-Ordnung §§ 2 und 3.

16. Die persönlich haftenden Gesellschafter einer Actiencommanditgesellschaft fassen die Beschlüsse unter sich formlos, indessen bedürfen auch diese Beschlüsse der notariellen oder gerichtlichen Form Behufs der Eintragung in das Handelsregister und in den Fällen der Art. 198. 199.

17. Die französische Gesetzgebung verlangt allerdings die Beurkundung der Beschlüsse der Commanditgesellschaften auf Actien, sowie die Beurkundung der Beschlüsse der anonymen Gesellschaften in den Generalversammlungen durch geführte Protocolle, aber keine notarielle Form. Nur die Declaration über die Zeichnung und Einzahlung muss notariell sein. Dass richterliche Personen zu dergleichen Protocolliren gebraucht werden, das kennt die französische Gesetzgebung überhaupt nicht. Cfr. Gesellschaftsgesetz von 1867. Art. 1. 4. 21. Alinea 2. 25. 28. 37. 47.

Die holländische Gesetzgebung will nur bei den namenlosen Gesellschaften für die Beschlüsse über Statutenänderungen und Verlängerung der Dauer der Gesellschaft die notarielle Form, — Wetboek van Koophandel Art. 38., Alinea 4; sonst ist für die Beschlüsse keine Form vorgeschrieben. Die englische Gesellschaftsacte fordert für die vorher erwähnten Specialbeschlüsse nur Schriftform. Cfr. Acte vom 7. August 1862 No. 49. 50. 53 ff.

18. Die früher nach dem Allgemeinen Deutschen Handelsgesetzbuch noch erforderliche Staatsgenehmigung bestimmter Beschlüsse, welche nur bei den Actiengesellschaften und resp. bei den Commanditgesellschaften erfolgen musste, um den Beschlüssen Gültigkeit zu geben; ist durch die Juni-Novelle vom Jahre 1570 abgeschafft bis auf diejenigen Gesellschaften, welche einer besonderen Staatsconcessionirung bedürfen. Siehe deswegen § 13. S. 80 ff. 94—99.

19. Ueber die Eintragung der Gesellschaftsbeschlüsse und deren Veröffentlichung ist zunächst das im § 12 Gesagte nachzusehen und namentlich das Verzeichniss der erforderlichen Anmeldungen zum Handelsregister. Nach französischem Rechte müssen veröffentlicht werden: die Beschlüsse, betreffend die Fortsetzung der Gesellschaft nach Ablauf der für ihre Dauer bestimmten Zeit, die Auflösung vor Ablauf dieser Zeit, jede Veränderung und jedes Ausscheiden von Gesellschaftern, alle neue Verabredungen oder Klauseln, jede Veränderung in der Gesellschaftsfirma, cfr. Art. 46., Art. 42. 43. 44. Code de commerce, sowie bei der anonymen Gesellschaft der Beschluss derjenigen Generalversammlung über Auflösung oder Nichtauflösung, welche zu berufen ist, wenn drei Viertel des Grundcapitals verloren sind. Art. 37, Gesetz von 1867.

Die holländische Gesetzgebung verlangt die Einreichung von Auszügen, die Eintragung in die öffentlichen Register und die Veröffentlichung der Beschlüsse über Auflösung vor der bestimmten Zeit, Abänderungen des ursprünglichen Gesellschaftsvertrages, welche dritte Personen angehen, Art. 31, und bei den anonymen Gesellschaften überhaupt Veränderungen der Statuten und Verlängerungen der Gesellschaft. Art. 38., Alinea 4 und Art. 25. 26—29.

Nach englischem Gesellschaftsrecht sind Copien von allen Specialbeschlüssen gedruckt dem Registrar der Actiengesellschaften einzureichen und einzutragen bei Geldstrafe; sind Associationsartikel registrirt, so werden die Copien der Specialbeschlüsse angehängt oder darin aufgenommen, wenn Copien der Associationsartikel ausgegeben werden, sind keine Associationsartikel registrirt, so kann jedes Mitglied der Gesellschaft eine Copie fordern und zwar von der Gesellschaft und gedruckt, für einen Schilling, bei Geldstrafe. Cfr. Acte vom 4. August 1862 No. 53. 54.

N. Von dem Anfange und von dem Ende der Handelsgesellschaften.

§ 17.

Anfang der Handelsgesellschaften. Gesellschaftsvertrags-Statut.

1. Alle Handelsgesellschaften entstehen durch Vertrag; sie entstehen in und mit der Vereinigung, der Vereinbarung, der übereinstimmenden Willensrichtung zweier oder mehrerer Personen, ein Handelsgewerbe gemeinschaftlich zu betreiben, oder wenn es kein Handelsgewerbe ist, sondern ein anderes Unternehmen, dasselbe in einer Commandit-Actiengesellschaft oder Actiengesellschaft zu betreiben. Dieses ist ihre alleinige Entstehungsart, ihr alleiniger Anfang; wenn auch zur Vollendung ihrer Existenz, insbesondere soweit es das äussere Verhältniss betrifft, noch die Eintragung in das Handelsregister hinzukommen muss, namentlich bei den beiden letztgenannten Gesellschaftsarten. S. darüber § 12. No. 1. S. 63.

Man nennt den Entstehungsvertrag, den Gesellschaftsvertrag, auch Statut — letztere Benennung führt der Gesellschaftsvertrag vorzugsweise bei Commandit-Actiengesellschaften und Actiengesellschaften; — Associationsmemorandum im englischen Gesellschaftsrecht; contrat de société, auch Statute, im französischen; acte van vennootschap im holländischen Recht, cfr. Art. 85. 90. 150. 157. 174. 175. 176. 208 bis 210. Allgemeines Deutsches Handelsgesetzbuch, Englische Gesellschaftsacte über die Incorporirung und Liquidation von Handelsgesellschaften und anderen Vereinigungen (7. August 1862) Th. I. No. 6.; Art. 18. 39. 40. 42. Code de commerce Art. 15. 22 ff., 38 ff. Wetboek van Koophandel; cfr. auch Art. 22. 265. 266. 267. 291. Codigo di comercio (Spanien). Im Gegensatz zu späteren Abänderungen und Modificationen gebraucht man auch für den Vertrag, das Statut, mit welchem eine Gesellschaft etablirt worden ist, die Bezeichnung „ursprünglicher Gesellschaftsvertrag, altes Statut, Primordialgesellschaftsvertrag, und für den abgeänderten: „Verändertes Statut“, „Revidirtes Statut“ resp. „Vertrag“.

Wir werden uns mit diesen Verträgen noch weiter zu beschäftigen haben, namentlich hinsichlich ihrer Formalitäten.

In der Wissenschaft ist man über die Frage: ob eine bestimmte Form für diese Verträge, namentlich ob die Schriftform nothwendig sei, nicht einig; selbst bei der Actiengesellschaft wird von Einigen die Schriftform nicht für nothwendig erachtet, obwohl es wohl keine Actiengesellschaft, auch nicht einmal eine Commanditgesellschaft auf Actien geben wird, deren Gesellschaftsvertrag — Statut — nicht schriftlich abgefasst ist. Cfr. Renand, R. d. Actien-Ges. S. 249 ff.

2. Was aber die bestehende Gesetzgebung anbelangt, so findet die bei Handelsgeschäften sonst geltende Regel der Formlosigkeit bei den Gesellschaftsverträgen keine durchgehende Anwendung.

Es ist nur bei der offenen und bei der gewöhnlichen Commanditgesellschaft nach dem Allgemeinen Deutschen Handelsgesetzbuch nicht erforderlich, dass der Gesellschaftsvertrag schriftlich oder sonst unter solennen Formen abgeschlossen wird. Bei diesen Gesellschaftsarten bedarf es der Schriftform nicht; es ist keine Gesellschaftsvertrags-Urkunde erforderlich. Der Gesellschaftsvertrag kann ebensogut mündlich abgeschlossen werden; es können sogar auch durch stillschweigenden Vertrag solche Gesellschaften entstehen. Jemehr aber die Handelsgesellschaft den Character der Capitalsgesellschaft annimmt, desto mehr Förmlichkeiten werden beim Abschluss des Gesellschaftsvertrages verlangt. Bei der Commanditgesellschaft auf Actien und bei der Actiengesellschaft muss der Entstehungsvertrag nicht nur schriftlich, sondern auch notariell oder gerichtlich abgeschlossen sein. Die Staatssanction ist im Princip aufgehoben, nur bei denjenigen concessionspflichtigen Unternehmungen besteht sie noch, bei welchen sie früher erforderlich war. Cfr. Art. 85. 110. 150. 163. 174. 208. nebst den Zusätzen dazu; cfr. auch vorher § 13. S. 80 ff. 94—99, cfr. Modestinus l. 4. D. pro socio $17._2$. Societatem coire et re et verbis et per nuntium nos non dubium est. Gaius l. 2. D. de O. et A. $44._7$. Consensi fiunt obligationes in — — — societatibus und § 1. Ideo autem istis modis consensu dicimus obligationem contrahi —, quia neque verborum, neque scripturae ulla proprietas desideratur, sed sufficit, eos, qui negotia gerunt, consentire; cfr. auch J. $3._{22}$; Ulpianus l. 1. § 2. D. de pactis $2._{14}$. Et est pactio duorum pluriumve in idem placitum consensus.

3. Die französische, die englische, die holländische und die spanische Handelsgesetzgebung verlangen als Regel: dass der Vertrag über die Errichtung einer Handelsgesellschaft urkundlich geschlossen werde, wenn auch nur in einer Privaturkunde. Speciell verlangt das französische Recht bei allen Handelsgesellschaften öffentliche oder doch Urkunden unter Privatunterschrift für die Gesellschaftsverträge; die Staatssanction ist abgeschafft. Code de comm. Art. 39. Gesetz vom 16. Juli 1856; Gesetz vom 29. Juli 1867 Art. 1. 21. u. 47.; desgleichen das holländische Recht; bei der anonymen Gesellschaft muss aber die Errichtungsurkunde stets notariell abgefasst sein, auch bedarf es noch der königlichen Genehmigung. Wetb. v. Kooph. Art. 22. 23. In der englischen Gesellschaftsacte — 20. August 1867 und Acte von 1862 — ist nur von einem formlosen Associationsmemorandum die Rede, und auch der spanische Codigo di commercio erwähnt nur Urkunden ohne solenne Formen. Art. 22. 285. Indessen es ist nach französischem, holländischem und spanischem Handelsrecht die Entstehung einer Handelsgesellschaft, namentlich einer offenen, ohne Abfassung einer Gesellschaftsurkunde nicht ausgeschlossen, soweit es

auf die Verhältnisse dritten Personen gegenüber ankommt. Wenn aber die gesetzlichen Vorschriften, nach welchen Urkunden verlangt werden, sowie insbesondere auch die Vorschriften wegen öffentlicher Bekanntmachung des Inhalts der Gesellschaftserrichtungs-Urkunden resp. der bestimmt vorgeschriebenen Auszüge aus denselben nicht befolgt sind, so tritt nach französischem Recht Nichtigkeit ein, jedoch unbeschadet der Rechte dritter Personen — Code de comm. Art. 41. 42. Nach holländischem Recht gilt in solchen Fällen die Gesellschaft als für alle Handelssachen allgemein, für eine unbestimmte Zeit und ohne Ausschliessung irgend eines Gesellschafters von dem Recht, die Gesellschaft zu vertreten, eingegangen, und es kann die Existenz der Gesellschaft unter den Gesellschaftern selbst nur durch den Gesellschaftsvertrag bewiesen werden. Wetb. v. Kooph. Art. 22 und Noten von Schuller & Waller; Gelder p. 334—343. Mabé 10. p. 183—190. Cfr. auch Art. 29. a. a. O. Das spanische Handelsgesetzbuch bestimmt für den Unterlassungsfall Geldbussen, und versagt den Gesellschaftern das Klagerecht unter einander, gegen Dritte und zu Gunsten Dritter soll die nichteingetragene Gesellschaftsurkunde in Kraft bleiben. Codigo di comm. Art. 28. 285.

4. In den Gesellschaftsverträgen findet die Autonomie der Gesellschaften ihren Ausdruck und ihre Geltung.

Der Gesellschaftsvertrag bildet die Grundlage für die Rechtsverhältnisse der Gesellschaften unter einander, cfr. § 15 S. 105.; er gilt dort, im inneren Gesellschaftsverhältniss als lex contractus. Zwar erstreckt er seine Wirkungen auch auf das äussere Geschäftsverhältniss, doch sind in dieser Richtung seine Wirkungen nicht so umfassend und in wenigen Fällen so unbedingt, wie rücksichtlich des inneren Verhältnisses. § 15. S. 106. Wenn auch der Gesellschaftsvertrag als Gesetz in dem eben angegebenen Sinne sich characterisirt, so ist er doch kein Gesetz im gewöhnlichen Sinne dieses Wortes, die Verletzung seiner Bestimmungen ist also kein Nichtigkeits- oder Cassationsgrund bei richterlichen Entscheidungen, auch selbst dann nicht, wenn der Geschäftsvertrag die landesherrliche Sanction erhalten hat. Cfr. Erkenntn. des Reichs-O.-H.-G. vom 21. November 1871. Entscheidungen Bd. 10. S. 58.

5. Im Grossen und Ganzen herrscht, das innere Gesellschaftsverhältniss anlangend, Freiheit in der Autonomie der Gesellschaften; doch dürfen manche Bestimmungen überhaupt nicht in den Gesellschaftsverträgen getroffen werden; cfr. § 15. S. 107.; und viele Bestimmungen, welche im inneren Verhältniss unbedingt gelten, haben dritten Personen gegenüber keine Wirksamkeit; cfr. § 15. No. 3. S. 106.

Bei der offenen Handelsgesellschaft und der gewönlichen Commanditgesellschaft ist die Autonomie noch am unbeschränktesten; beschränkter zeigt sie sich bei den Commandit-Actiengesellschaften und bei den Actiengesellschaften. Für diese letzteren Gesellschaften sind bestimmte Erfordernisse, Festsetzungen über bestimmte Verhältnisse und Punkte, gesetzlich besonders hervorgehoben und ausdrücklich vorgeschrieben, dass sie in den Gesellschaftsverträgen — Statuten — enthalten und resp. geordnet sein müssen nach der Vorschrift des Gesetzes. Cfr. Allgemeines Deutsches Handelsgesetzbuch Art. 90 ff. 157 ff. 175. 186. 189. 199. 209 a.—c. 215. 217. 220. 221 ff. Art. 110. 112. 116. 163. 166. 180. 192. 231.

Im holländischen Handelsrecht ist die Autonomie der Gesellschaften im Allgemeinen eben nicht beschränkt, nur hinsichtlich der namenlosen Gesellschaften sind einige Beschränkungen und einige Bestimmungen vorgeschrieben, welche in dem Statut getroffen und festgesetzt sein müssen. — Wetb. v. Kooph. Art. 42. — Uebertragung von Actien, Art. 84. Stimmrecht; Art. 49. Untersagung fester Renten; Art. 53. Risico-Maximum bei Assecuranzgesellschaften, Aehnlich verhielt sich die französische Handelsgesetzgebung des Code de commerce, ja dieselbe gestattete noch freiere Autonomie — Code de comm. Art. 18 ff. — Beschränkungen wurden erst durch die neueren Gesellschaftsgesetze vom Jahre 1856 und Juli 1867 eingeführt.

6. Der ursprüngliche Gesellschaftsvertrag, der Primordialgesellschaftsvertrag — Statut — ist nicht unabänderlich; indessen es sind Vorschriften im Allgemeinen Deutschen Handelsgesetzbuch gegeben, theils im Interesse des Publicums, theils im Interesse der Gesellschaften, deren Zweck hauptsächlich darauf hinausläuft, die Selbstständigkeit der Gesellschafter zu wahren, Abänderungen dem Belieben Einzelner zu entziehen, ungesetzliche Handlungen zu verhindern, namentlich Operationen und Machinationen, durch welche die Rechts-, Vermögens- und Creditverhältnisse der Gesellschafter und der Gesellschaft, sowie die Vertretungsbefugnisse derselben umgestaltet und verändert werden können zum Schaden einzelner Gesellschafter und resp. dritter Personen; beziehungsweise welche Einfluss haben können oder schon gehabt haben auf den Entschluss dritter Personen, sich mit der Gesellschaft in Geschäfte einzulassen. Cfr. Art. 96. 98. 101. 108. 127. 137. 190. 198. 209. No. 10. 11. 209. a. u. b. 214. 215. 236—238. 239a. 240. 248. 249. 245. 247.

Dergleichen Abänderungen treten theils als solche ausdrücklich bezeichnet auf, werden von den Gesellschaftern resp. den Organen der Gesellschafter proponirt und als Abänderungen des ursprünglichen Gesellschaftsvertrages bestimmt formulirt; theils sind sie in Handlungen der Gesellschafter resp. der Gesellschaftsorgane implicite enthalten. Zu der letzteren Art gehört z. B. die in neuerer Zeit beliebt gewordene Manier, Gewinn, welcher durch Coursaufschlag bei neuen Emissionen vom Grundcapital gemacht ist, den Actionairen dadurch bei der Dividendenvertheilung zu entziehen, dass dieser Gewinn, welcher ein Activum der Gesellschaft bildet und die Dividende erhöhen würde, in den sogenannten Reservefonds von den persönlich haftenden Gesellschaftern, der Direction und dem Aufsichtsrath, geworfen wird, was, wenn als Dotirung des Reservefonds eine bestimmte Quote des Reingewinns in den Statuten festgesetzt worden ist, statutenwidrig und ungesetzlich gehandelt heisst. Geschieht dies zu einem bestimmten Zwecke mit verhehlter Absicht zum Vortheile Einzelner, dann ist es Betrug. Cfr. § 263 Strafgesetzbuchs.

Anlangend solche Vertrags- resp. Statutenabänderungen, so herrscht im Allgemeinen Deutschen Handelsgesetzbuch bei der offenen Handelsgesellschaft, bei der Commanditgesellschaft und der Commandit-Actiengesellschaft hinsichtlich der offenen Handelsgesellschaften und der persönlich haftenden Gesellschafter; sowie auch in Betreff der Commanditisten bei der gewöhnlichen Commanditgesellschaft, wenn es sich um Geschäfte handelt, welche über den gewöhnlichen Geschäftsbetrieb hinausgehen, das Princip der Einstimmigkeit, so dass der Widerspruch des Einzelnen jede Aenderung resp. jede Ueberschreitung der ursprünglichen Grenzen des Gesellschaftsvertrags hindert. Bei der Commandit-Actiengesellschaft sonst und bei der Actiengesellschaft überhaupt gilt dagegen das Princip der Majoritätsbeschlüsse nach Capitalantheilen. Indessen man ist darüber nicht einig, ob dieses letztere Princip durchgehends zur Anwendung kommen darf. Dagegen können, wo es gilt, grössere Majoritäten als die absolute Majorität gefordert werden, und das Stimmrecht kann dabei beschränkt werden. S. das Nähere bei § 16. S. 109 ff.

Abänderungen der Gesellschaftsverträge sind denselben Formen und Veröffentlichungsvorschriften unterworfen, welche bei dem Gesellschaftsvertrage überhaupt beobachtet werden müssen. Wo lezterer der Staatssanction bedarf, unterliegen auch seine Abänderungen derselben. Abänderungen wirken nicht zurück, wenn es nicht ausdrücklich festgesetzt ist. Cfr. Allgemeines Deutsches Handelsgesetzbuch Art. 198. 199. 203. 214. 248.; Code de comm. Art. 46. Wetb. v. Kooph. Art. 31. 38.

§ 18.

Ende der Handelsgesellschaften. Auflösung. Liquidation.

Das Ende der Handelsgesellschaften ist ihre Auflösung, welche aus verschiedenen Gründen erfolgen kann.

Man theilt die Auflösungsgründe ein in ipso iure wirkende, in die Gesellschaft total und nur partiell auflösende, in gesetzliche und in vertragsmässige.

1. Ipso iure auflösende Gründe sind:

a) Gegenseitige Uebereinkunft. Es ist dies der natürlichste Auflösungsgrund. Denn was von Verträgen in gegenseitiger Uebereinkunft, Consens, seine natürliche Entstehung hat, das hat auch in gegenseitiger Uebereinkunft, Dissens, sein Ende. J. 3. 29. § 4. Hoc amplius eae obligationes, quae consensu contrahentur, contraria voluntate dissolvuntur. Cfr. Art. 123. No. 4.

b) Der Gesellschaftsconcurs, d. h. der Concurs über die Gesellschaft selbst. Cfr. Art. 123. No. 1.

c) Ablauf der Zeit, auf deren Dauer die Gesellschaft eingegangen ist. Art. 123. No. 5.

Auch diese beiden Auflösungsgründe sind ganz natürliche.

Die drei eben genannten Auflösungsgründe sind allen Arten von Handelsgesellschaften gemeinsam. Art. 170. 200. 242.

d) Der Tod eines Gesellschafters, wenn nicht der Vertrag bestimmt, dass die Gesellschaft mit den Erben des Verstorbenen fortgesetzt werden soll;

e) der Concurs über das Vermögen eines der Gesellschafter oder die eingetretene rechtliche Unfähigkeit eines der Gesellschafter zur selbständigen Vermögensverwaltung.

f) Die von Seiten eines Gesellschafters geschehene Aufkündigung bei auf unbestimmte Dauer eingegangenen Gesellschaften.

Diese drei ebengenannten Auflösungsgründe (d. e. f.) wirken unbeschränkt nur bei den offenen Handelsgesellschaften; bei den Commanditgesellschaften und bei den Commanditgesellschaften auf Actien nur in Betreff der persönlich haftenden Gesellschafter, also wenn bei einer von diesen Personen einer der gedachten Fälle eintritt, nicht in Betreff der Commanditisten und Commanditactionairen. Art. 123 No 2 und S. 150—170. 199. Anlangend die Actiengesellschaften so wirken bei ihnen diese Auflösungsgründe gar nicht. Es ist freilich gesagt, dass ausser den besonders und namentlich aufgeführten Auflösungsgründen; nemlich dem a. b. c. — cfr. Art. 242. auch noch andere Auflösungsgründe vorkommen können; doch es müssen selbstverständlich von den in Art. 123 aufgeführten und vorher aufgezählten Auflösungsgründen bei der Actiengesellschaft und bei der Commandit-Actiengesellschaft diejenigen fortfallen, welche in der Person eines einzelnen Actionaires oder Commanditactionairs liegen. S. im Uebribei Art. 200 und 242. cfr. auch § 15. S. 108. 109. § 16. S. 114. Von den anderen auch beider Actiengesellschaft sonst noch vorkommenden Gründen der Auflösung ist weiterhin die Rede.

2. Nicht ipso iure, sondern erst durch Richterspruch wirkende Auflösungsgründe.

Von Seiten eines einzelnen Gesellschafters kann die Auflösung der Gesellschaft in den im Art. 125 ausdrücklich hervorgehobenen Fällen sowie aus anderen wichtigen Gründen verlangt werden, worüber im Widerspruch das Ermessen des Richters entscheidet. Diese Bestimmung gilt auch bei allen anderen Gesellschaften, natürlich soweit nicht in den Statuten entgegenstehende Bestimmungen getroffen sind, wofür eben gewöhnlich gesorgt ist, namentlich bei Commanditactien und bei Actiengesellschaften. Die in Art. 125 aufgeführten Fälle; nemlich;

a. Unmöglichkeit der Erreichung des gesellschaftlichen Zwecks durch äussere Umstände;

b. Unredliches Verfahren eines Gesellschafters bei der Geschäftsführung oder bei der Rechnungslegung;

c. Unterlassung der Erfüllung die einem Gesellschafter obliegenden wesentliche Verpflichtungen durch denselben;

d. Missbrauch der Firma oder des Geschäftsvermögens durch einen Gesellschafter für seine Privatzwecke;

e. Unfähigkeit eines Gesellschafters zu den ihm obliegenden Pflichten der Gesellschaft, durch anhaltende Krankheit oder aus anderen Ursachen;

sind nur Beispiele, und andere wichtige Fälle nicht ausgeschlossen.

Von den aufgezählten Fällen kann sich eigentlich nur der erste auf Actiengesellschaften beziehen, und bei Commanditgesellschaften resp. Commanditgesellschaften auf Actien können ebenfalls die unter No. b—e. nur hinsichtlich der persönlich haftenden Gesellschafter zur Anwendung kommen; der Litt. a. aber ist durchweg anwendbar: bei der offenen Handelsgesellschaft finden dagegen alle fünf unbeschränkt ihren Platz. S. die Zusätze zu Art. 125. im bes. Theil.

3. Totale und partiale Auflösung.

Aller vorerwähnten Auflösungsgründe, Wirkung ist stets totale Auflösung der Gesellschaft, d. h. die ganze Gesellschaft ist ipso iure aufgelöst oder wird durch Richterspruch aufgelöst, alle Gesellschafter scheiden sich von einander resp. werden von einander geschieden. Es kann aber auch eine theilweise partiale Auflösung eintreten, und zwar so, dass eine oder mehre von dem Auflösungsgrunde grade und allein betroffene Gesellschafter ausscheiden oder ausgeschieden werden, und die Gesellschaft im Uebrigen bestehen bleibt. Dies tritt in den Fällen der Art. 127 und 128. ein, nemlich:

a. wenn die Gesellschafter vor der Auflösung der Gesellschaft übereingekommen sind, dass ungeachtet des Ausscheiden eines oder mehrer Gesellschafter die Gesellschaft unter den übrigen fortgesetzt werden soll. — Art. 127. —

b. wenn die Auflösung der Gesellschaft gefordert werden kann aus Gründen, welche in der Person eines Gesellschafters liegen — s. vorher No. 2 litt. b—e —, der demgemäss ausgeschlossen wird. Art. 128.

Die Gesellschaft besteht dann unter den übrigen Gesellschaftern fort, sie endigt nur in Betreff des Ausgeschiedenen resp. Ausgeschlossenen cfr. Art. 127. 128. Weil bei der Commandit-Actiengesellschaft und der Actiengesellschaft ein Wechsel der Commanditactionaire resp. der Actionaire ohne Einfluss auf das Bestehen der Gesellschaft ist, so kann von einer solchen partialen Auflösung bei der Actiengesellschaft gar nicht, und bei der Commanditgesellschaft auf Actien nur rücksichtlich der persönlich haftenden Gesellschafter die Rede sein. Der Unterschied zwischen totaler und partialer

Auflösung einer Gesellschaft ist also hauptsächlich nur von Bedeutung, bei der offenen Handelsgesellschaft, und bei den Commanditgesellschaften, sowie bei den Commandit-Actiengesellschaften, welche mehre persönlich haftende Gesellschafter haben, die dann aber rücksichtlich dieser Letzteren zugleich als offene Handelsgesellschaften betrachtet werden. — Art. 150. Cfr. Art. 170 und 199.

Das Allgemeine Deutsche Handelsgesetzbuchs sieht die totale Auflösung als Regel an, die partiale nur als Ausnahme, ebenso wie das Römische Recht, das Französische und das Holländische, abweichend vom Allgemeinen Preussischen Landrecht, in welchem beide Auflösungsacten gleichbedeutend neben einander stehen. Cfr. l. 65. § 9. D. pro socio 17. 2. § 5. J. de societate III. 26.; Code civil. Art 1863. Burgerlyk Wetb. Art. 1685; Allg. Preuss. Landrecht I. 17. §§ 269 ff. II. 8. §§ 661 ff.; cfr. auch Motive zum Preuss. Entwurf S. 64. 65.

4. Gesetzliche und vertragsmässige Auflösungsgründe.

Zu den gesetzlichen Auflösungsgründen gehören die vorher S. 137. unter litt. a—f. ipso iure auflösenden, und die S. 138. erwähnten, vermittelst Richterspruch auflösende Gründe; alle übrigen Auflösungsgründe sind vertragsmässige, denn es ist den Gesellschaften nicht benommen auch noch andere als die in den Gesetzen hervorgehobenen Auflösungsgründe vertragsmässig zu bestimmen, in soweit ihnen nicht absolute Verbotsgesetze entgegenstehen. So kann z. B. die Auflösung einer Gesellschaft von dem Eintritt einer Resolutivbedingung abhängig gemacht werden. Cfr. Motive zum Preuss. Entwurf S. 66.

5. Das Allgemeine Deutsche Handelsgesetzbuch hat, abweichend von anderen Rechten, unter den von Rechtswegen wirkenden Auflösungsgründen einige übergangen, oder sie doch nicht besonders hervorgehoben und resp. anderswo untergebracht. Dahin gehören: Auflösung durch Erreichung des Zweckes, oder durch Unmöglichkeit der Erreichung des Zweckes, durch den Untergang des Gesellschaftsvermögens, und durch den Untergang der noch im Eigenthum eines Gesellschafters befindlichen Sachen, welcher dieser eingelegt oder einzulegen versprochen hatte. Cfr. Code civil. Art. 1865. 1867. Burgerlyk Wetb. Art. 1663. No. 2.; 1685. Codigo di comm. Art. 329. Die Gründe dieser Abweichung sind in den Motiven zum Pr. Entwurf S. 66. 67. angegeben. Was die Auflösung durch Erreichung des Zwecks anbelangt, so ist man davon ausgegangen, dass das Ziel der Handelsgesellschaften nicht wie das der gewöhnlichen civilrechtlichen Gesellschaften, in der Erreichung eines bestimmten genau begrenzten Zwecks bestehe, sondern, dass sie eine Menge gleichartiger und ungleichartiger, oft sich stets erneuernder Zwecke verfolgen, so dass von der Erreichung des Gesammtzwecks des Unternehmens eigentlich nur dann die Rede sein könne, wenn eine Zeitbestimmung getroffen sei, bis zu welcher die Gesellschaft über-

haupt bestehen solle, ein Fall welcher aber in Art. 123. No. 5 vorgesehen worden ist. Auch durch Bedingung kann hier die Grenze gesetzt werden, ein ungewisser Tag — dies incertus — hat, wenn die Ungewissheit sich auf das: „ob er eintreten wird" bezieht die Wirkung einer wahren Bedingung l. 56. D. de condit. indeb. $12._6$. l. 45. § 3. D. de V. O. $45._1$.; Allgemeines Preussisches Landrecht I. 4. § 163. Anlangend die Unmöglichkeit der Erreichung des Zwecks, so wird die Frage: ob eine solche Unmöglichkeit vorliegt, meistentheils zweifelhaft sein, die Unmöglichkeit kann auch nur vorübergehend sein, dass Hinderniss kann wegfallen. Cfr. Motive etc. S. 66. Freilich in einigen Fällen kann sie auch sehr klar und entschieden auftreten z. B., wenn bei Concessionsgewerben, die Concession versagt wird. Dergleichen Fälle umfasst Art. 125 No. 1. Der Untergang einer im Eigenthum des Gesellschafters verbliebenen Sache betrifft offenbar nur den Gesellschafter nicht die Gesellschaft als solche. Allerdings kann die Erreichung des Zwecks dadurch unmöglich werden, dafür ist aber in Art. 123. No. 1 und resp. 3 gesorgt.

Ebenso verhält es sich mit dem Untergange des Gesellschaftsvermögens, wenn man überhaupt davon sprechen kann, weil das Gesellschaftsvermögen ein Complex von körperlichen und unkörperlichen Sachen, von Rechten, Forderungen und Verbindlichkeiten ist, und doch eigentlich nur vermittelst der Auflösung nebst der dieser folgenden Liquidation resp. Schlussvertheilung und den Concurs mit der Massevertheilung untergeht, oder besser gesagt, als solches verschwindet; cfr. Motive S. 67.

6. Eine besondere Art der Auflösung tritt ein in Folge der sogenannten Fusion oder der Amalgamation — englisch — d. h. der Verschmelzung, dem Aufgehen einer Gesellschaft in einer anderen oder der Verschmelzung zweier oder mehrer Gesellschaften zu einer neuzubildenden. Es kommt dies vorzugsweise bei Actiengesellschaften vor, und der Grund liegt gemeinhin darin, dass die betreffenden Gesellschaften nicht fortkommen können, dass sie ihrer Auflösung entgegengehend nun Hülfe und Aufnahme bei einer anderen Gesellschaft suchen, oder zu einer neuen resp. zu einer grösseren Gesellschaft sich vereinen.

Nach dem Allgemeinen Deutschen Handelsgesetzbuch ist die Fusion die Auflösung einer Actiengesellschaft durch Uebertragung ihrer Güter und Schulden an eine andere gegen Gewährung von Actien dieser letzteren. Art: 215. 247; sie ist also eine Auflösung durch einen Beschluss der Actionaire, welcher keine Liquidation der aufgelösten Gesellschaft im eigentlichen Sinne folgt, weil die Gläubiger der aufgelösten Gesellschaft, Gläubiger der anderen resp. der neuen Gesellschaft werden und die Actionaire der ersteren, statt des ihnen an dem Gesellschaftsvermögen gebührenden Antheils, welcher ihnen, wenn die förmliche Liquidation stattgefunden hätte, in Baar ausgeschichtet worden wäre, Actien der anderen resp. der neuen Gesellschaft empfangen und somit Actionaire dieser Gesellschaft werden.

Die Fusion involvirt hiernach eigentlich einen Vertrag und zwar einen Gesellschaftsvertrag, welchen zwei Gesellschaften resp. die Gesammtheit der Mitglieder — Actionaire — derselben mit einander schliessen, zu dem Zwecke sich zu einer Gesellschaft zu reinigen; dessen natürliche Folge die Auflösung der einen Gesellschaft oder die Auflösung beider Gesellschaften ist. Cfr. Motive zum Preuss. Entw. S. 98. Koch. Comm. Note zu Art. 247. 138. S. indessen Renaud, R. S. A. G. S. 122. Note 14. Es ist nemlich nicht nothwendig, dass diejenige Gesellschaft, mit resp. zu welcher die Fusion eintritt bereits besteht; es kann auch eine neu zu etablirende sein. Im Allgemeinen Deutschen Handelsgesetzbuch scheint allerdings nur an die Fusion einer Gesellschaft mit einer bereits bestehenden Actiengesellschaft gedacht zu sein; Art. 215. 247.; obwohl immerhin auch der andere Fall unter die Bestimmungen des Allgemeinen Deutschen Handelsgesetzbuchs subsumirt werden kann, wenigstens der Wortlaut nicht entgegen steht. Cfr. v. Hahn zu Art. 215. § 5. Renaud, R. D. A. G. S. 722. contra Zimmermann in Busch's Anh. VI. S. 225.

Der Beschluss welchen die betreffenden Gesellschaften zu fassen haben, Behufs der Fusion besteht daher nicht bloss in einem Auflösungsbeschluss sondern auch in dem Fusionsbeschluss d. h. in dem Beschluss sich mit der fraglichen Gesellschaft zu vereinigen; oder sich zu einer anderen Gesellschaft zu vereinigen.

Es liegt auf der Hand, dass ein solcher Fusionsbeschluss der Zustimmung sämmtlicher Actionaire bedarf, weil es sich ja nicht bloss um die Auflösung der Gesellschaft handelt, sondern auch um die Verbindung mit resp. um das Aufgehen in einer anderen Gesellschaft, also das Eintreten als Actionair in eine andere Gesellschaft resp. die Bildung einer neuen Geschaft. Cfr. Renaud a. a. O. S. 722. Das Allgemeine Deutsche Handelsgesetzbuch hält dies auch als Regel fest, und gestattet nur dann in Art. 215 eine Ausnahme; wenn ein derartiger Majoratsbeschluss im Gesellschaftsvertrage ausdrücklich vorgesehen resp. gestattet ist. In diesem Falle haben sämmtliche Actionaire, — denn sämmtliche Actionaire haben entweder den Primordial-Gesellschaftsvertrag geschlossen oder sie sind ihm beigetreten — im Voraus die Bestimmung getroffen, dass ein Majoritätsbeschluss gelten solle. Durch einen Nachtrag kann eine derartige Bestimmung nicht anders als unter Einstimmigkeit aller Actionaire in den Gesellschaftsvertrag hinein gebracht werden, wenn sie nicht schon in dem Primordialgesellschaftsvertrage enthalten war. Cfr. Motive zum Preuss. Entw. S. 90. Anderer Meinung ist v. Hahn zu Art. 215. § 1.; die Gründe wollen aber nicht überzeugen. Dagegen kann man nicht annehmen, dass ein solcher Nachtrag überhaupt nicht statthaft sei. Selbstverständlich müssen auch Fusionsbeschlüsse notariell oder gerichtlich abgefasst sein, wenn dies auch in Art. 215 nicht besonders erwähnt ist. Ueber die Art und Weise der Auflösung der betreffenden Gesellschaft ist das Nähere bei Art. 247 im bes. Theil nachzusehen.

Auch bei der offenen Handelsgesellschaft kommt es nicht selten vor, dass das ganze Geschäft einer Gesellschaft an eine andere Gesellschaft abgetreten wird, und dass auch die Gesellschafter der ersteren als offene Handelsgesellschaften in die letzteren eintreten, oder dass aus zwei offenen Gesellschaften eine neue gebildet wird, welche die Geschäfte der ersteren nebst allen Activis und Passivis übernimmt, so dass denn die betreffenden Gesellschaften zwar aufgelösst werden aber eine Liquidation nicht eintritt. Es geschieht dies unter den mannigfachsten Abwechselungen. Eben dasselbe kann auch bei Commanditgesellschaften und Commandit-Actiengesellschaften vorkommen. Doch muss in allen Fällen Einstimmigkeit aller Gesellschafter, auch der Commanditisten und der Commanditactionaire vorhanden sein. Für diese Operationen ist der Ausdruck Fusion aber nicht gebräuchlich. Die Fusionen resp. Amalgamationen haben immer für die Actionaire ihr Bedenkliches, namentlich, wenn sie aus dem Grunde einer Finanz-Calamität vorgenommen werden. Vielfache Amalgamationen von Gesellschaften haben in neuerer Zeit in England stattgefunden, namentlich bei Versicherungsgesellschaften. Es hat eine Gesellschaft oft mehrere andere aufgenommen, welche sich in schlechter Vermögenslage befanden und ist denn schliesslich selbst zu Grunde gegangen. Z. B. die englische Lebensversicherungsgesellschaft Albert. Nach englischem Recht müssen Amalgamationen von Lebens-Versicherungsgesellschaften gerichtlich sanctionirt werden. — Lebens-Versicherungsgesellschafts-Acte von 1870. 14—16.

7. Ausserdem kommen bei der Actiengesellschaft noch zwei besondere Auflösungsacten vor; nemlich die durch Vereinigung sämmtlicher Actien in einer Hand, und die durch Amortisation sämmtlicher Actien. Wenn eine Person sämmtliche Actien erworben hat, so ist die Actiengesellschaft eigentlich in ihrem Wesen zerstört. Sie soll aber nach Renand a. a. O. S. 745 ff., dennoch nicht aufgelöst werden müssen. Allerdings im Allgemeinen Deutschen Handelsgesetzbuch ist darüber nichts bestimmt, und es kann der Eine und Einzige Actionair auch sonst nicht gezwungen werden, die Gesellschaft formell aufzulösen. Sie kann schon dann nicht ordnungsmässig bestehn, wenn die sämmtlichen Actien in die Hände von weniger als drei Personen übergegangen sind, denn dann ist es unmöglich aus der Zahl der Actionaire den gesetzlich nothwendigen Aufsichtsrath von drei Mitgliedern zu wählen. Aber auch in diesen Falle kann der Vorstand zwar mit den Strafen des Art. 249 belegt, die Gesellschaft aber zur Auflösung nicht gezwungen werden. S. weiterhin bei No. 8 und bei Art. 249. im bes. Theil.

Aehnliche Zustände werden eintreten, wenn bei einer Commanditactiengesellschaft die persönlich haftenden Gesellschafter sämmtliche Actien erworben haben, und resp. wenn ausser ihnen nur noch zwei Commanditactionaire vorhanden sind. Im ersteren Fall hat die Commandit-Actiengesellschaft ganz ihren Character verloren, und es ist eigentlich nur noch die offene Handelsgesellschaft übrig geblieben. Bei der Amortisation sämmtlicher Actien hat das Grund-Actiencapital aufgehört zu existiren, denn es ist an die Actionairen zurückgezahlt worden. Gewöhnlich ist in den Statuten ein Zeitpunkt bestimmt bis zu welchen die Actien zu amortisiren sind, auch ist ein Plan vorher angelegt, nach welchen die Actien allmählich amortisirt werden. Dann bestimmen die Statuten auch, dass die Actiengesellschaften aufgelösst werden soll, zu dem Zeitpunkte an welchen alle Actien amortisirt sind, beziehungsweise begrenzen sie die Dauer der Gesellschaft ausdrücklich mit diesem Zeitpunkt. Die Actiengesellschaft ist aber schon als solche zerstört, wenn nur noch eine Actie nicht amortisirt ist; denn mit einem einzigen Actionair vermag eine Actiengesellschaft nicht zu existiren. Cfr. Renaud, a. a. O. S. 749.

8. Treten wir nun der Frage noch näher: ob die Auflösung der Actiengesellschaft in diesen eben erwähnten Fällen, nemlich dem Falle der Vereinigung der Actien in Eine Hand und dem Falle der Amortisation eine unbedingte Nothwendigkeit ist. Diese Frage ist im ersterem Falle zu verneinen. Denn selbst wenn die Actien in einer Hand vereinigt sind, und auch eine Actiengesellschaft dann als solche nicht mehr gedacht werden mag, so kann dieser Zustand doch auch nur ein vorübergehender sein. Denn derjenige, welcher sämmtliche Actien besitzt, darf nur einige davon in andere Hände geben, und die Actiengesellschaft ist wieder wie vorher vorhanden. Man kann nicht sagen: dass nur eine neue Actiengesellschaft ententstanden sei. Ueberhaupt existirt auch bei einer Vereinigung sämmtlicher Actien in einer Hand immer noch das Grundcapital und das Gesellschaftsvermögen, die Hauptsache bei der Actiengesellschaft als reine Capitalsgesellschaft. Freilich gehört dann das Gesellschaftsvermögen dem einen Actionair, und also nicht einer, von der seinigen verschiedenen Persönlichkeit, freilich vermag dann ein unstatthaftes Verhältniss insofern eintreten, als der eine Actionair, wenn er durch Fremde — als Vorstand resp. Bevollmächtigte — die Gesellschaft fortsetzt, nur das Gesellschaftsvermögen obligiren lässt, während er den ganzen Gewinn bezieht. Doch diese Zustände vermögen nicht die Nothwendigkeit der Auflösung darzuthun. Die Actiengesellschaft wird trotzdem nicht eher als aufgelöst anzusehen sein, bis ihre Auflösung, aus einem der gewöhnlichen Auflösungsgründe und förmlich erfolgt ist. Die Bestimmung des römischen Rechts, wonach eine juristische Person — universitas personarum —, auch in einem einzigen Mitgliede fortdauern kann — cfr. l. 7. § 2. D. quod cuiusque univers. 3.₄ Preussisches Allgemeines Landrecht II. 6. § 177. —, und selbst durch den Tod aller ihrer Mitglieder nicht aufhört — v. Savigny System III. Bd. 2. S. 280.; Puchta Paud. § 28.; Wiedscheid Paud. § 61 — vermag nicht hierher bezogen werden, weil diese Rechtssätze nur von sogenannten Corporationen gelten, als welche die Actiengesellschaften, wenn sie auch juristische Personen, nicht anzusehen sind. — cfr. Renaud, a. a. O. S. 745 ff. —. Be-

denklicher möchte es sein bei der Commanditgesellschaft auf Actien, sie noch als fortbestehend anzunehmen, wenn die sämmtlichen Actien, von dem einen oder den mehrern persönlich haftenden Gesellschaftern erworben sind; obwohl die Commandit-Actiengesellschaft auch mit einem einzigen Commanditactionair fortbestehen kann. Denn mit dem Augenblick, wo kein Commanditactionair mehr vorhanden ist, und alle Actien in das Vermögen des oder der persönlich haftenden Gesellschafter übergegangen sind, existirt nur noch die offene Handelsgesellschaft — cfr. Art. 150. Doch auch in diesem Falle ist nicht ausgeschlossen, wenigstens thatsächlich nicht, dass die Actien wieder in andere Hände begeben werden, wo dann allerdings wieder Commanditactionaire vorhanden sind. Doch möchte ich meinen, dass in rechtlicher Beziehung in einem solchen Falle dies als eine neue Commandit-Actiengesellschaft anzusehen ist. Denn da die Commandit-Actiengesellschaft ihrem Wesen nach besteht aus persönlich und solidarisch haftenden Gesellschaftern und solchen Gesellschaftern, welche nur mit Einlagen haften — Art. 150 —; so ist keine Commanditgesellschaft mehr vorhanden, wenn nur noch bloss persönlich und solidarisch haftende Gesellschafter existiren, und ein Begeben von Actien, welche diese erworben hatten, characteresirt sich als nichts anderes als die Zunahme von neuen Commanditisten überhaupt, was dann der Neubildung einer Commanditgesellschaft gleichkommt. Denn in vielen, ja in den meisten Fällen entsteht ja die Commanditgesellschaft auf die Weise, dass eine oder mehre Personen, welche sich als persönlich und solidarisch haftende Gesellschafter präsentiren, vielleicht schon eine offene Handelsgesellschaft darstellen, sich Commanditisten suchen und beschaffen.

In dem zweiten Falle unserer Frage, dem der Amortisation, ist von solchem Weiterbegeben der Actien natürlich nicht die Rede, weil sie eben amortisirt sind; und wenn die letzten Actien zurückgezahlt resp. amortisirt sind, muss die Gesellschaft als untergegangen angesehen werden, cfr. v. Hahn zu Art. 242. § 6, Renaud S. 749. Man hat nun in den Statuten einiger Gesellschaften die Bestimmung getroffen, dass man den Actionairen der amortisirten Actien sogenannte Genussscheine — actions de jouissance — giebt, vermittelst welcher dieselben auch nach Amortisation ihrer Actien, resp. wenn die Amortisation nicht sogleich die ganze Actie betrifft, sondern wenn die Actien nur theilweise amortisirt werden, dennoch auch rücksichtlich des amortisirten Betrages noch an dem Gewinn participiren. Existiren solche Genussscheine, dann könnte man, selbst nach Amortisation aller Actien, die Gesellschaft noch als fortbestehend erachten, was Renaud a. a. O. S. 749. 680. anzunehmen scheint. Indessen auch in diesem Falle wird die Actiengesellschaft als solche dennoch als aufgelöst zu erachten sein, denn es ist ein wesentliches Requisit derselben verschwunden, nämlich die Actien, in welche das Actiencapital zerlegt war und zerlegt sein musste. Art. 207. Die Genussscheine können als Actien nicht angesehen werden, sondern nur als Documente über die Berechtigung der früheren Actionaire an den Revenüen des Geschäftes resp. des Gesellschaftsvermögens, welches dann noch vorhanden ist, zu participiren; die eigentlichen Actien sind todt; die Genussscheine können auch ihre Stelle nicht vertreten.

Dass ein Actionair so viele Actien erwirbt, als ihm beliebt, dass er sie sämmtlich erwirbt, ist gesetzlich nirgends verboten; aber in den Statuten ist öfter die Bestimmung getroffen, dass kein Actionair mehr Actien besitzen solle, als eine bestimmte Zahl. Doch ist dies nur bei Actiengesellschaften von Bedeutung, welche Actien haben, die auf bestimmte Namen lauten. Ebenso ist es auch den persönlich haftenden Gesellschaftern einer Commandit-Actiengesellschaft nicht verboten, Actien der eigenen Gesellschaft zu erwerben, s. § 27. No. 2. Dagegen ist die Amortisation von Actien gesetzlich untersagt, wenn sie nicht durch den ursprünglichen Gesellschaftsvertrag oder durch einen, den letzteren abändernden vor Ausgabe der Actien gefassten — und natürlich eingetragenen und publicirten Beschluss — zugelassen ist — Art. 215. 214. Bei den Commanditgesellschaften auf Actien ist die Amortisation der Actien rundweg untersagt, Art. 197. In allen Fällen haften die Mitglieder des Vorstandes einer Actiengesellschaft und des Aufsichtsraths und die persönlich haftenden Gesellschafter, sowie die Mitglieder des Aufsichtsrathes einer Commanditgesellschaft auf Actien, wenn den gesetzlichen Vorschriften über die Zurückzahlung von Einlagen resp. Grundcapital oder der Amortisation von Actien zuwidergehandelt ist; die Mitglieder des Aufsichtsraths, wenn es mit ihrem Wissen und ohne ihr Einschreiten geschehen ist. Ihre Verhaftung ist eine persönliche und solidarische zur Erstattung geleisteter Zahlungen resp. zum Schadenersatz. Art. 204. 225b. 215. 241. 248.

9. Das vorhandene Gesellschaftsvermögen wird in den Fällen der Vereinigung der Actien in Einer Hand, wie schon vorher angedeutet worden ist, Eigenthum desjenigen Actionairs, welcher die sämmtlichen Actien besitzt, resp. bei einer Commandit-Actiengesellschaft der persönlich haftenden Gesellschafter. Bevor aber eine förmliche Auflösung und Liquidation der Gesellschaft stattgefunden hat, und dem betreffenden Actionair, oder einem der persönlich haftenden Gesellschafter das Gesellschaftsvermögen resp. Theile davon zugewiesen sind, behält es natürlich die Natur des Gesellschaftsvermögens, so dass nur darüber von Seiten der Gesellschaft und im Namen der Gesellschaft verfügt werden kann. Ein solcher einzelner Actionair darf daher für seine Person darüber nicht verfügen, sondern die Disposition steht nur dem Vorstande resp. den sonst statutenmässig und gesetzlich geordneten und bestellten Vertretern zu.

10. Im Falle der Amortisation sämmtlicher Actien soll, nach v. Hahn, das Gesellschaftsvermögen, wenn die letzten Actien heimgezahlt resp. amortisirt sind, als bonum vacans angesehen werden, wenn nicht in rechts-

wirksamer Weise eine Anordnung über das Schicksal desselben getroffen, z. B. dasselbe mit einem Modus einer Gemeinde übertragen werden, oder eine Stiftung errichtet worden ist, welcher es zufällt, cfr. zu Art. 242. § 6. Allerdings Actionaire, Gesellschafter existiren nicht mehr, sie sind eben so wie die Ansprüche, welche ihnen aus den Actien zugestanden haben, mit der Amortisation der Actien verschwunden, und wenn nicht in legaler Weise anders verfügt worden, ist Niemand vorhanden, welcher Ansprüche auf das Gesellschaftsvermögen machen könnte. Dem ist zuzustimmen.

Unrichtig erscheint die Meinung, das Gesellschaftsvermögen wäre auch in diesem Falle unter die Actionaire zu vertheilen; wobei dann über die Frage: welche Actionaire? noch wieder gestritten werden könnte. Es giebt keine Actionaire mehr, nachdem sämmtliche Actien amortisirt worden sind. Die Bestimmungen in Art. 216. Alinea 1. und Art. 245. Alinea 1. sind nicht resp. nicht mehr maassgebend. Art. 216 bestimmt überhaupt nicht, dass die einzelnen Actionaire Subjecte des Gesellschaftsvermögens sind, Subject ist die juristische Person, ein fingirtes Subject; und Art. 245. handelt von der Liquidation in den Fällen der gewöhnlichen Auflösung der Actiengesellschaft, zu welchen der Untergang der Gesellschaft durch Amortisation der Actien nicht zu rechnen ist. Cfr. v. Hahn zu Art. 242. § 6.

Dagegen ist es sonst Rechtsgesetz: das Vermögen einer aufgelösten juristischen Person ist bonum vacans und fällt dem Staate anheim; wenn in den Stiftungsurkunden resp. Statuten keine anderweiten Bestimmungen darüber getroffen sind; cfr. Preussisches Allgemeines Landrecht Th. II. Tit. 6. §§ 192—195.; die besondere Gestaltung der Vertheilung bei collegiis illecitis, wenn diese auseindergetrieben werden, ihr Vermögen unter die Mitglieder zu vertheilen, l. 3. p. D. de coll. et corp. $47._{22}$. bestätigt die Regel. Mag nun auch immerhin dieser Rechtssatz insofern nicht eine allgemeine Geltung haben, als es sich bei der Auflösung von Erwerbsgesellschaften anders verhalten mag und ein Anspruch auf die Güter einer aufgelösten Actiengesellschaft gestattet ist; mag der Rechtssatz hier auch mit der Modification: unbeschadet wohlerworbener und bestehender Rechte Einzelner, Geltung haben — cfr. Renaud a. a. O. S. 150. Arndts Pand. § 45. Windscheid Pand. § 62. Koch, Commentar zum Preussischen Landrecht zu Th. II. § 195., Note 95.; so wird doch bei Allem diesem immer vorausgesetzt, dass noch Mitglieder existiren resp. dass wohlerworbene Rechte derselben bestehen zu der Zeit, wo die juristische Person untergeht. — Cfr. Preussisches Allgemeines Landrecht Th. II. Tit. 6, § 15. Koch a. a. O. Note 19; was aber in dem vorliegenden Falle des Unterganges durch Amortisation aller Actien ohne weitere Bestimmungen über das Gesellschaftsvermögen in den Statuten zu Gunsten von Actionairen nicht der Fall ist. Denn die Actionaire sind eben so rechtstodt, wie die amortisirten Actien.

Soll also das Gesellschaftsvermögen im Falle des Unterganges der Gesellschaft durch Amortisation nicht bonum vacans werden, soll es namentlich Actionairen anheimfallen, so sind deshalb Bestimmungen zu treffen, und zwar in den Statuten. Es finden sich denn auch solche Bestimmungen wohl in den meisten Statuten, in welchen eben Amortisation vorgesehen worden ist.

Zunächst wird es sich fragen: ob solche Bestimmungen in den Statuten zu derselben Zeit getroffen werden müssen, zu welcher die Bestimmungen über die Amortisation überhaupt zu treffen sind und in derselben Weise — Art. 215? Nachdem die Amortisation bestimmt worden ist, nachdem die Actien ausgegeben sind, würde im Bejahungsfall ein solcher Beschluss also nicht mehr zulässig sein. Man könnte sagen: wenn in einem Statute die Amortisation angeordnet und nichts zu Gunsten der Actionaire in obiger Beziehung festgesetzt ist, so hat der Staat ein Recht erworben, auf das Vermögen der untergehenden Gesellschaft, und dieses könne ihm durch einen nachfolgenden — Abänderungs- resp. Ergänzungs- — Beschluss nicht genommen werden. Indessen dem möchte doch anders sein.

Die obige Frage ist meines Erachtens zu verneinen. Denn Art. 215. spricht bloss von der Zulässigkeit der Amortisation überhaupt. Die Gesellschaft als juristische Person, als Corpus morale, ist aber Eigenthümerin des Gesellschaftsvermögens und kann damit machen, was sie will, so lange sie existirt. Deshalb wird auch in Nachträgen zu dem ursprünglichen Gesellschaftsvertrage eine dergleichen Bestimmung getroffen werden können. Uebrigens erlangt der Staat dergleichen Rechte auch nicht eher, als bis der Fall factisch eingetreten ist, Amortisation der letzten Actie ohne Vorhandensein einer Bestimmung, was mit dem Gesellschaftsvermögen werden solle. Aber der Ordnung gemäss ist es: dass solche Bestimmungen zugleich mit der Anordnung der Amortisation getroffen werden. Die früher bereits erwähnten Genussscheine — actions de jouissance — enthalten gewöhnlich auch zugleich die Bestimmung, dass den Inhabern derselben — sie werden au porteur gestellt — nach Amortisation sämmtlicher Actien das Gesellschaftsvermögen anheimfallen und dann unter sie vertheilt werden solle.

Nach dem französischen Gesetze vom Jahre 1867 giebt es zwar anonyme Gesellschaften mit veränderlichem Capital, allein das Capital derselben darf durch Zurückzahlung der Einlagen nicht unter ein Zehntel seines ursprünglichen Bestandes sinken — Art. 48. 51. Nach englischem Gesellschaftsrecht — Acte von 1862 und vom 20. August 1867 — ist gleichfalls eine Reduction des Actiencapitals und der Actien zulässig, selbstverständlich aber nur bei den Gesellschaften mit beschränkter Haftbarkeit — limited. — Der Reductionsbeschluss kann beliebig gefasst werden, er bedarf aber der gerichtlichen Bestätigung. Die Gläubiger der Gesellschaft können nöthigenfalls dagegen Einspruch erheben. Ausserdem ist der vom Gericht bestätigte Reductionsbeschluss zu registriren, und tritt mit der Registrirung in

Wirkung, wobei dann die Gesellschaft in ihre Firma den Zusatz: „und reducirt“ aufzunehmen hat. Cfr. A. v. 1867 No. 9—19. Diese Bestimmungen enthalten hauptsächlich nur Sicherungsmaassregeln für die Gläubiger der Gesellschaft im Falle einer eintretenden Reduction des Actien-Capitals.

Die Vereinigung sämmtlicher Actien in Einer Hand auf längere Zeit kann nach englischem Gesellschaftsrecht nicht gut vorkommen, denn bei der anonymen Gesellschaft muss die Mitgliederzahl stets mindestens sieben betragen und es tritt Liquidation ein, sobald die Zahl unter sieben gesunken ist; auch schon desshalb nicht, weil diese Zahl das wesentliche Unterscheidungsmerkmal zwischen einer Company und einer gewöhnlichen Partnership bildet, und es die wesentlichste Bedingung ist, an welche die Corporationsrechte geknüpft sind. Cfr. Acte von 1862, No. 6 und No. 79 ad 3. Nach französischem Gesellschaftsgesetz von 1867 müssen bei einer zu bildenden anonymen Gesellschaft gleichfalls mindestens sieben Mitglieder vorhanden sein, Art. 23.; indessen, wenn die Zahl unter sieben gesunken ist, ist die Auflösung facultativ, sie muss auf Verlangen jeder interessirten Partei ausgesprochen werden, wenn ein Jahr seit dem Zeitpunkte vergangen ist, wo die Anzahl der Actionaire auf weniger als sieben sich vermindert hat. — Art. 38.

11. Als besondere Art der Auflösung war früher im Allgemeinen Deutschen Handelsgesetzbuch erwähnt, die Zurücknahme der staatlichen Genehmigung bei Actiengesellschaften nach dem in den einzelnen Staaten geltenden Recht. Cfr. Art. 242. in seiner Fassung vor der Juni-Novelle von 1870. Damals bedurfte auch überhaupt jeder Auflösungsbeschluss der staatlichen Genehmigung, wenn die Staaten sich dieser nicht überhaupt begeben hatten. Es ist diese Auflösungsart nicht zu verwechseln mit der Auflösung in Folge des Verlustes der Concession zu dem Gewerbe, welches Gegenstand des Unternehmens der Gesellschaft ist, den dies kann bei jeder Handelsgesellschaft vorkommen und die Auflösang erfolgt dann aus dem Grunde, weil die Frreichung des gesellschaftlichen Zweckes unmöglich geworden ist. Cfr. Art. 125. No. 1. S. auch vorher S. 139. Nach dem Preussischen Entwurf sollte die Genehmigung aus überwiegenden Gründen des Gemeinwohls gegen Ersatz des wirklichen Schadens und des entgangenen Gewinns zurückgenommen werden dürfen; und die Genehmigung wegen groben Missbrauchs ohne Schadenersatz jedoch nur durch Richterspruch entzogen werden können. Cfr. Art. 185. 156. Entwurf. Indessen aus diesen Bestimmungen wurde in der Nürnberger Conferenz die oben erwähnte. Cfr. Prot. S. 332—334. 1040 ff. 1070 ff. Durch die Juni-Novelle ist die Zurücknahme der staatlichen Genehmigung überhaupt gestrichen und hat somit aufgehört ein Auflösungsgrund zu sein. Ob aber bei denjenigen Unternehmungen, welche der Genehmigung der Staatsregierungen und ihrer Aufsicht unterliegen, für welche wie bei Eisen-

bahnunternehmungen, Spezial-Gesetze bestehen, die noch in Kraft geblieben sind, die Auflösung aus anderen Gründen verlangt werden kann, das unterliegt der richterlichen Entscheidung. Cfr. v. Hahn zu Art. 242. § 12. In dem Preussischen Eisenbahn-Spezial-Gesetz vom 3. Novbr. 1838. Gesetzsammlung pro 1838. S. 505 finden sich zu dahin zielende Bestimmungen. Einmal darf der Handelsminister, wenn die bestimmten Fristen für den Fortschritt und die Vollendung der Anlage nicht inne gehalten werden, nach fruchtlosem Verlauf einer sechsmonatlichen Mahnfrist, die Bahn unter öffentliche Versteigerung Behufs Ausführung durch die Ersteher bringen — § 21.; und zweitens ist die Concession verwirkt, und es tritt gleichfalls öffentliche Versteigerung der Bahn nebst allem Zubehör ein, wenn die Gesellschaft eine der allgemeinen oder besonderen Concessionsbedingungen — resp. des gedachten Gesetzes — nicht erfüllt trotz einer dreimonatlichen Aufforderung zur Erfüllung — § 47. Ausserdem hat der Staat das Recht jede Bahn anzukaufen, jedoch erst nach längerem — 30jährigem — Zeitraum, und unter besonderen Bedingungen cfr. § 42 a. a. O. In diesen Fällen wird Auflösung der Gesellschaft eintreten müssen. Andere freiwillige Abkommen mit dem Staat können ohne Auflösung der Gesellschaft abgehen, der Staat kann als Actionair eintreten. —

12. Wenn eine Handelsgesellschaft aufgelöst worden ist, so treten in Folge derselben Veränderungen ein in Bezug auf die Geschäftsführung und Vertretung der Gesellschaft. Auch folgt der Auflösung gewöhnlich noch die Liquidation der Gesellschaft, von welcher weiterhin noch besonders die Rede sein wird.

Auf die bestehenden Rechtsverhältnisse der Gesellschafter unter einander und mit Dritten äussert aber die Auflösung an sich keine Einwirkung. Cfr. Art. 144. Cfr. v. Hahn zu Art. 144. § 1.

Von den kurz vorher erwähnten Veränderungen ist zunächst folgende zu merken: dass wenn eine offene Handelsgesellschaft aufgelöst wird, die Befugnisse der einzelnen Gesellschaften zur Vertretung der Gesellschaft nach Aussen hin, mögen diese im Gesetze oder im Vertrage sich gründen, von selbst aufhören; es tritt eine andere Vertretung ein und zwar durch den Liquidator oder die Liquidatoren. Cfr. vorher S. 138., cfr. auch Entscheidung des Reichs-Oberhandelsgerichts vom 13. April 1872. Entscheidung Bd. 5. S. 390. Ist jedoch die Auflösung wegen des Gesellschaftsconcurses erfolgt, dann hat der zur Vertretung und Verwaltung der Masse bestellte Masseverwalter die Dispositionsbefugniss. Ebenso hört auch bei der Commanditgesellschaft und bei der Commanditgesellschaft auf Actien die Vertretungsbefugniss der persönlich haftenden Gesellschafter auf, und bei der Actiengesellschaft die Vertretungsbefugniss des Vorstandes. Ingleichen verlieren bei der Actiencommandite und bei der Actiengesellschaft andere Organe — Verwaltungsrath, Aufsichtsrath — ihre Befugnisse zur Geschäftsverwaltung und Geschäftsführung soweit ihnen solche beigelegt worden ist, diese geht ebenfalls in die Hände der Liquidatoren über — cfr. Art. 133 ff. 172. 205. 244; oder wenn die Auflösung der Gesellschaft wegen des Gesellschaftsconcurses erfolgt ist, in die Hände der Concursmassenverwalter Art. 133. cfr. Art. 33. Preussisches Einführungsgesetz vom 24. Juni 1861.; bei den Actiengesellschaften wird jedoch nach Preussischen Recht die Gesellschaft auch im Concurse durch ihre Liquidatoren vertreten. Cfr. Preussische Concursordnung § 284.

Ferner erfährt die Firma der aufgelössten Gesellschaft insofern eine Veränderung, als sie während der Liquidation Liquidationsfirma ist. Sie bleibt nemlich zwar bestehen, erhält aber den Liquidationszusatz — in liquid. und dergl. —; auch bleibt der Gerichtsstand der aufgelösten Gesellschaft bis zur Beendigung der Liquidation. Art. 139. 144. 172.

Die Auflösung einer Handelsgesellschaft muss, wenn sie nicht Folge des Gesellschaftsconcurses ist, in das Handelsregister eingetragen werden. Art. 129. 171. 201. 243. Auch muss bei der Actiengesellschaft dieselbe noch zu drei verschiedenen Malen, durch die hierzu bestimmten öffentlichen Blätter d. h. die Gesellschaftsblätter — Art. 209. No. 11 — bekannt gemacht, und es müssen durch diese Bekanntmachung zugleich die Gläubiger aufgefordert werden, sich bei der Gesellschaft zu melden Art. 242. Diese nicht von Seiten des Gerichtes erfolgende Veröffentlichung und Aufforderung der Gläubiger, dient zum Schutz gegen voreilige Vertheilung des Vermögens der aufgelösten Actiengesellschaft und es ist davon das Nähere unter No. 10 dieses Paragraphen bei der Schlussvertheilung die Rede, cfr. auch Art. 245. und in Betreff der Commanditactiengesellschaften Art. 202. Actionaire an und für sich sind keine Gläubiger im Sinne der gedachten Vorschriften. Auch ist diese Aufforderung nicht zu verwechseln mit der Aufforderung bestimmter resp. bekannter Gläubiger, die ihnen bei bei der Vertheilung zugefallenen Principien da in Empfang zu nehmen, wovon in Art. 245. Alin. 3. gesprochen wird.

Im Uebrigen wird rücksichtlich der Auflösung auf die Anmerkungen, bei den betreffenden Artikeln im bes. Theil verwiesen.

§ 18.

Die Liquidation der Gesellschaften.

1. Der Auflösung einer Handelsgesellschaft folgt gewöhnlich die Liquidation. Unter Liquidation versteht man dasjenige Verfahren, durch welches die currenten Geschäfte der Gesellschaft zu Ende geführt, die Verpflichtungen derselben erfüllt, die Actien derselben realisirt resp. eingezogen werden und das Gesellschaftsvermögen derselben versilbert wird. — Art. 137. Cfr. v. Hahn, Comm. zu Art. 134.

Die Liquidation ist nicht der Concurs, auch nicht dem Concurse analog zu behandeln; sie ist ein, in den Händen der Gesellschafter und der von ihnen bestellten Liquidatoren befindliches, freies Verfahren, um welches sich sonst Niemand zu kümmern hat, namentlich nicht das Gericht, weder im öffentlichen noch im Interesse der Gläubiger, oder gar in vormundschaftlicher Richtung. Ein Dritter, insbesondere ein Gläubiger hat gar nicht einmal ein Recht auf Liquidation zu dringen, oder auch nur einen Antrag auf Liquidation zu stellen. Die Entschliessung: ob liquidirt werden soll oder nicht, steht allein bei der Gesellschaft und bei ihren Gesellschaftern. Diese haben in der Regel nicht nöthig die Liquidation eintreten zu lassen, sie können auch auf anderem Wege die bestehende Gemeinschaft auflösen und sich auseinander setzen. Sie können z. B. das ganze Gesellschaftsvermögen einem Dritten übertragen, resp. einer anderen, schon bestehenden oder sich bildenden Gesellschaft; sie können es in natura theilen; es können schon vorher Dispositionen dieser Art getroffen sein, wonächst dann erst die Gesellschaft aufgelöst wird. Cfr. Art. 90. cfr. v. Hahn zu Art. 133. § 1. Anschütz a. a. O. Bd. 2. S. 294. 295.

Hinsichtlich der Actiengesellschaften könnte in den Vorschriften der Art. 244. 245. und 247. gefunden werden, dass stets auf die Auflösung die Liquidation einzutreten hat. Indessen dem ist nicht so. Im Fall der Fusion tritt sie schon nicht ein, obwohl die eine Gesellschaft aufgelöst wird. Cfr. Art. 247. Renaud. R. d. Actienges. S. 758. v. Hahn zu Art. 247 § 1. Anschütz a. a. O. Bd. 2. S. 541. Die höchst mangelhaften Vorschriften des Allgemeinen Deutschen Handelsgesetzbuchs über die Liquidation der Actiengesellschaften enthalten nichts Abweichendes von denen über die offene Handelsgesellschaft, namentlich nicht eine Nothwendigkeit der Liquidation oder gar einen absoluten Zwang, sie eintreten zu lassen. Allerdings müssen bei einer Vertheilung des Vermögens der Actiengesellschaft die dort vorgeschriebenen Anordnungen und Vorschriften, Bekanntmachungen u. dgl. beobachtet werden, allein diese Bestimmungen sind für den Fall ihrer Nichtbeachtung nur durch persönliche resp. solidarische Verhaftung der Einzelnen, welche ihnen zuwiderhandeln, gedeckt, resp. durch Ordnungsstrafen des Handelsrichters. Die vorerwähnten Maassregeln, z. B. Uebertragung des ganzen Gesellschaftsvermögens an einen Dritten, anderweite Theilung ausser der gewönlichen Liquidation sind, wenn sie vorgenommen werden, nicht desshalb ungültig, weil nicht die förmliche Liquidation angeordnet ist.

2. Soll also die Liquidation einer Handelsgesellschaft eintreten, so muss sie von den Gesellschaftern beschlossen werden. Diese Beschlüsse vollziehen sich ebenso wie die sonstigen Beschlüsse der Gesellschafter nach dem Einstimmigkeits- resp. nach dem Majoritätsprincip; wenn nicht in dem Primordialgesellschaftsvertrage oder in einem abändernden Nachtrage etwas Anderes bestimmt ist. Gewöhnlich finden sich über die Liquidation resp. den dessfallsigen Beschluss besondere

Bestimmungen in den Statuten der Commandit-Actien- und der Actiengesellschaften. Doch sind diese Bestimmungen meist sehr mager und in neuer Zeit hat man sich bei den Actiengesellschaftsstatuten meist damit begnügt, eine grössere Majorität für den Auflösungsbeschluss resp. den Liquidationsbeschluss festzusetzen, und der den Auflösungsbeschluss fassenden Generalversammlung auch die Ernennung der Liquidatoren sowie die Festsetzungen der Modificationen der Liquidation vorzubehalten, im Uebrigen aber ist auf die gesetzlichen Bestimmungen recurrirt worden. Dass man an solchen Bestimmungen nicht viel hat, dass man ebensowenig hat als das Gesetz, wird man einsehen, wenn es zur Liquidation kommt.

3. Diejenigen Personen, welchen die Liquidation der Gesellschaft anvertraut wird, und welche sie bewirken, heissen Liquidatoren; sie werden in der Regel besonders bestellt. Die Gesellschafter resp. die Gesellschaft kann zu Liquidatoren bestellen: Gesellschafter, die früher zur Vertretung der Gesellschaft berufenen Gesellschafter, Einzelne von ihnen, den Vorstand einer Actiengesellschaft, einzelne Mitglieder derselben, oder auch dritte Personen. Bei der Commandit-Actiengesellschaft treten, wenn der Gesellschaftsvertrag nichts Abweichendes bestimmt, die persönlich haftenden Gesellschafter und eine oder mehrere von der Generalversammlung gewählte Personen, Commanditactionaire oder Dritte, als Liquidatoren ein. Bei der offenen Handelsgesellschaft und bei der gewöhnlichen Commanditgesellschaft kann aus wichtigen Gründen und, wenn ein Gesellschafter darauf anträgt, auch der Richter Liquidatoren ernennen und zwar gleichviel, Gesellschafter oder dritte Personen. Aber auch in diesem Falle handelt der Richter nicht etwa ex officio, aus vormundschaftlicher Sorge, sondern als Differenzen unter den Gesellschaftern entscheidender Richter. Cfr. Art. 133. 172. 205. 244. Cfr. v. Hahn zu Art. 134. § 3.

4. Nur bei der Commanditgesellschaft auf Actien — Art. 205. — haben sämmtliche persönlich haftenden Gesellschafter ein Recht darauf, dass sie sich unter den Liquidatoren der Gesellschaft befinden, wenn nichts Anderes gesellschaftsvertragsmässig bestimmt ist. Es gebietet aber die Vorsicht, in den Statuten zu bestimmen, dass sie ein solches Recht nicht haben, dass vielmehr einzelne oder sämmtliche von der Function der Liquidatoren ausgeschlossen werden können, weil gerade die persönlich haftenden Gesellschafter durch ihr Verhalten die Auflösung und die Liquidation der Gesellschaft verschuldet haben können, und man, wenn auch keine solche Gründe obwalten, welche ihre Ausschliessung nach sich ziehen möchten, sie doch nicht als Liquidatoren zu haben wünscht. Bei den obigen Gesellschaften, der offenen, der Commanditgesellschaft, der Actiengesellschaft haben ebensowenig die Gesellschafter als der Vorstand resp. Einzelne von ihnen resp. einzelne Mitglieder des Vorstandes ein Recht, zu verlangen, auch zu Liquidatoren bestellt zu werden. Wohl aber haben sie die Verpflichtung, als solche zu fungiren, wenn sie sämmtlich dazu berufen sind.

Art 133. 172. 244. Fremde Personen können dagegen das ihnen angetragene Amt des Liquidators ablehnen, ebenso Commanditisten, Commanditactionaire oder Actionaire. Anschütz meint a. a. O. Bd. 2. S. 297., auch ein Gesellschafter allgemein, also ein offener, ein persönlich haftender, sei nicht zur Annahme der Wahl verpflichtet. Dem kann nur insoweit beigestimmt werden, als ein solcher einzelner Gesellschafter, wenn er mit Ausschliessung der übrigen zum Liquidator ernannt wird, oder wenn ihm noch andere Personen als Liquidatoren beigegeben werden, ablehnen kann. Denn sonst und natürlich, wenn nicht in dem Gesellschaftsvertrage die Berechtigung der Ablehnung der Wahl ausgesprochen ist, sind die sämmtlichen persönlich haftenden Gesellschafter durch das Gesetz genöthigt, die Liquidation zu übernehmen, ebenso die Mitglieder des Vorstandes. Wenn nämlich in dem Gesellschaftsvertrage nichts Anderes bestimmt ist, so sind die offenen Handelsgesellschafter ebenso wie die persönlich haftenden Gesellschafter geborene Liquidatoren. Cfr. v. Hahn zu Art. 172. § 2., zu Art. 133, § 3.

5. Die Liquidatoren, gleichviel ob es die sämmtlichen bisherigen Gesellschafter oder die bisherigen geschäftsführenden Gesellschafter einer offenen Handelsgesellschaft, oder die persönlich haftenden Gesellschafter einer Commanditgesellschaft resp. einer Commandit-Actiengesellschaft, oder die Mitglieder des Vorstandes einer Actiengesellschaft, einzelne von ihnen oder andere Gesellschafter, oder ob es fremde Personen resp. vom Richter ernannte Liquidatoren sind, müssen zur Eintragung in das Handelsregister angemeldet und als solche eingetragen werden. Art. 135. 172. 205. 244. Cfr. v. Hahn zu Art. 135. § 1. Protok. S. 1013. Freilich ist diese Vorschrift nur mit Ordnungsstrafen gedeckt.

Durch die Eintragung der Liquidatoren ist auch zugleich der Eintritt der Liquidation angezeigt.

6. Die Liquidation nimmt ihren gewöhnlichen Fortgang und endet mit der Vertheilung des Gesellschaftsvermögens durch die Liquidatoren, welche den Schlussact des Endes einer Handelsgesellschaft bildet. Indessen wenn im Laufe der Liquidation die gesetzlichen Voraussetzungen eintreten, unter welchen der Gesellschaftsconcurs eröffnet werden muss, dann schlägt die Liquidation in den Gesellschaftsconcurs um, und es tritt, mit Ausnahme der Actiengesellschaften, cfr. S. 150., der Concursmassenverwalter in die Stelle der Liquidatoren.

7. Was nun die Stellung der Liquidatoren überhaupt betrifft, so ist sie folgende:

Sie vertreten die Gesellschaft, nicht die einzelnen Gesellschafter, was von Bedeutung ist bei denjenigen Gesellschaften, welche persönliche und solidarisch haftende Gesellschafter haben, also bei der offenen Handelsgesellschaft, bei der Commanditgesellschaft und der Commanditgesellschaft auf Actien. Cfr. Art. 133. 137. Cfr. Renaud a. a. O. S. 773.

Die einzelnen Gesellschafter vertreten sich selbst, wenn es um ihre persönliche und solidarische Verhaftung handelt, oder sonst um Ansprüche, welche nicht an die Gesellschaft, sondern an einen einzelnen Gesellschafter, oder an mehrere einzelne Gesellschafter — Litisconsorten — erhoben werden, z. B. also wenn ein Gläubiger einen einzelnen offenen Gesellschafter oder einen persönlich haftenden Gesellschafter, oder auch einen Commanditisten, letzteren in Fällen der Art. 163. 168. persönlich in Anspruch nehmen. Art. 137. Cfr. die dort notirte Entscheidung des Reichs-Oberhandelsgerichts.

Die einzelnen Gesellschafter bedürfen auch während der Liquidation gar keiner besonderen Vertretung, sie können sich für ihre Personen selber vertreten, nur die Gemeinschaft, die Gesellschaft, deren Fortbestand fingirt wird, bedarf einer besonderen Vertretung, weil mit der Auflösung ihre bisherigen geordneten Vertreter diese Vertretungsbefugniss verloren haben. —

8. Nichtsdestoweniger bleiben aber die Gesellschafter resp. die Gemeinschafter, mögen sie selbst Liquidatoren sein oder nicht, Geschäftsherren, und soweit nicht vertragsmässig etwas anderes bestimmt ist, oder wo überhaupt nicht Majoritätsbeschlüsse gelten, ist ihr übereinstimmend gefasster Wille unbedingt maassgebend — Art. 140. —, sie können daher auch jederzeit in die Geschäftsführung der ernannten Liquidatoren eingreifen, und die Liquidatoren abberufen. Art. 134. Cfr. v. Hahn zu Art. 133. § 4. Nur dürfen solche Eingriffe resp. die Abberufung nicht von einem einzelnen Gesellschafter erfolgen, wenn mehrere Gesellschafter vorhanden sind. Dazu ist die Einstimmigkeit bei der offenen und bei der Commanditgesellschaft erforderlich — Art. 134. und 172.; und ein Generalversammlungsbeschluss mit der gesetzlichen resp. statutarischen Majorität bei der Commandit-Actiengesellschaft und der Actiengesellschaft, ausserdem bei der Commandit- und der Commandit-Actiengesellschaft auch noch die Zustimmung resp. Einstimmigkeit der persönlich haftenden Gesellschafter. Art. 150. 186.

Aber auch der Richter kann Liquidatoren abberufen auf Antrag eines Gesellschafters und wenn wichtige Gründe dazu vorliegen. Art. 134.

9. Die Liquidatoren stehen in einem Mandatsverhältniss in dem Rechtsverhältniss der Bevollmächtigten. Dass sie unter Umständen, und wenn sie gesetzwidrig Vertheilungen des Vermögens vornehmen, den Gläubigern persönlich haften, dass sie also gewissermaassen auch die Interessen der Gläubiger zu wahren haben, ändert in diesem Rechtsverhältniss nichts. Cfr. Art. 137 ff. 172. 244. 245.

Auch die vom Richter ernannten Liquidatoren stehen in keinem anderen Rechtsverhältniss, auch sie sind nur als Mandatare anzusehen. Cfr. Art. 133. 134. Anschütz a. a. O. Band 2., S. 299.

Ueber die Machtvollkommenheit der Liquidatoren an und für sich ist man nicht einig, ebensowenig über ihre Verantwortlichkeit. Die Ansichten sind darüber verschieden; auch die Gesetzgebungen enthalten Verschiedenheiten. Im Allgemeinen Deutschen Handelsgesetzbuch ist die gesetzliche Machtvollkommenheit der Liquidatoren ein für allemal im Art. 137. bestimmt. Sie gleicht, was das Verhältniss zu dritten Personen betrifft, der Vollmacht eines Handlungsbevollmächtigten, wie sie im Art. 47. erwähnt ist, die sich auf alle Geschäfte und Rechtshandlungen erstreckt, welche der Betrieb oder die Ausführung solcher Geschäfte mit sich bringt; sie ist beschränkter als die des Procuristen, eines offenen Gesellschafters und des Vorstandes einer Actiengesellschaft. Sie umfasst nach Art. 137. nur: die Beendigung der laufenden Geschäfte, Erfüllung der Verpflichtungen der aufgelösten Gesellschaft, Einziehung ihrer Forderungen und Versilberung des Vermögens, gerichtliche und aussergerichtliche Vertretung der Gesellschaft, einschliesslich der Befugniss zu Vergleichen und Compromissen, auch zur Eingehung neuer Geschäfte, jedoch nur Behufs Beendigung schwebender und zur Veräusserung von Immobilien durch öffentliche Versteigerung, d. h. aber nicht bloss in der Subhastation, sondern die öffentliche Versteigerung kann auch anderweit vor sich gehen, es kann eine Versteigerung ohne Zuziehung des Richters und ohne die Formen der formellen Subhastation sein. Cfr. v. Hahn zu Art. 137. § 8. und Motive zum Preussischen Entwurfe S. 71. 72.

10. Die Befugniss der Liquidatoren darf dritten Personen gegenüber nicht wirksam beschränkt werden — Art. 138. —; aber sie kann erweitert werden. Es kann z. B. den Liquidatoren die Ermächtigung ertheilt werden: von den einzelnen Gesellschaftern nach Verhältniss der Verlustantheile die erforderlichen Beiträge resp. Nachschüsse, einzufordern resp. einzutreiben, welche zur Bezahlung der Gesellschaftsschulden erforderlich sind, eine Berechtigung, welche ihnen an und für sich nicht zusteht. — Anschütz a. a. O. Band 2. Seite 304. — Protocolle S. 253; sowie sie auch zum freien Verkauf — nicht öffentlichen — von Immobilien ermächtigt werden können. Zu dergleichen Ausdehnungen der Befugnisse der Liquidatoren bedarf es der einstimmigen resp. der Majoritätsbeschlüsse der Gesellschafter resp. der Gesellschaft. Cfr. Art. 137. Cfr. § 16. No. 8., S. 122. 123. Dem Richter steht eine Erweiterung der Vollmacht nicht zu. Cfr. Art. 138. Cfr. v. Hahn zu Art. 138.

Eide leisten die Liquidatoren nicht; es sei denn, dass die Liquidatoren aus den Gesellschaftern entnommen sind. Eide leistet immer der Principal, und als solcher sind die Gesellschafter anzusehen, bei der offenen Handelsgesellschaft die offenen Gesellschafter, bei den Commanditgesellschaften die persönlich haftenden Gesellschafter. Wer die Eide bei den Actiengesellschaften zu leisten hat, darüber können Zweifel auftauchen, indessen, da sie doch unmöglich von allen Actionairen geleistet werden können, da auch die

Eidesleistung durch einzelne Actionaire practisch unausführbar und zweckwidrig erscheint, indem diese mit der Geschäftsführung nichts zu thun hatten, so werden sie nur durch die Mitglieder des Vorstandes geleistet werden können, und es hat der Vorstand in dieser Beziehung auch nach Auflösung der Gesellschaft noch fortzubestehen, selbst wenn er nicht Liquidator ist. Renaud will die Liquidatoren die Eide leisten lassen an Stelle der Vorstandsmitglieder, a. a. O. S. 781.

11. Die Liquidatoren haben ohne Weiteres Ermächtigung, von den Gesellschaftern diejenigen Einlagen oder Rückstände der Einlagen, ausstehende Einzahlungen auf Actien, einzufordern, welche gesellschaftsvertragsmässig zu leisten sind, natürlich unter Beobachtung der statutarischen Vorschriften, namentlich derjenigen, welche eine Raten - Einzahlung bestimmen — confr. Anschütz a. a. O. S. 305. v. Hahn zu Art. 137. § 7. Renaud a. a. O. S. 775 und 785; sie sind aber nicht befugt; ausser dem Falle, dass es sich um Abwickelung resp. Beendigung schwebender Geschäfte handelt, Wechselverbindlichkeiten einzugehen — Wechselausstellung, Acceptation, Indossation —; Immobilien zu erwerben oder sonstige dingliche Rechte; das Vermögen oder einzelne Theile des Vermögens der Gesellschaft zu verpfänden; Darlehne aufzunehmen. Cfr. Anschütz a. a. O. S. 303. v. Hahn zu Art. 137. §§ 3 ff. Grundsätzlich ist immer festzuhalten: dass mit dem Augenblick des Eintretens der Liquidation, und schon mit der Auflösung, der eigentliche Geschäftsbetrieb der Gesellschaft aufgehört hat, und dass es sich nur noch um Abwickelung der bisher entrirten Geschäfte handelt, und um die Versilberung resp. Vertheilung des Vermögens.

12. Nach der Stellung der ernannten Liquidatoren als Mandatare resp Handlungsbevollmächtigte richtet sich auch ihre Verantwortlichkeit und der Grad der Sorgfalt welchen sie anzuwenden haben; es gelten in dieser Beziehung also die allgemeinen civilrechtlichen Vorschriften und Grundsätze, um so mehr als das Allgemeine Deutsche Handelsgesetzbuch schweigt. Sie haben also die Sorgfalt von Mandataren und Handlungsgehülfen anzuwenden. Dies gilt auch gleichviel ob der Ernannte früher Gesellschafter war, oder der Vertreter einer solchen, oder ob er ein Dritter, ob die Ernennung durch Gesellschaftsvertrag, oder durch einen späteren Beschluss, oder durch den Richter erfolgt ist. Die in Art 94 bestimmte Sorgfalt — diligentia quam in rebus suis — auch für die Liquidatoren fortgelten zu lassen, also diese Gesellschafter = Liquidatoren zu keiner grösseren Sorgfalt verpflichtet zu erachten, als zu der, welche sie in ihren eigenen Angelegenheiten anzuwenden pflegen; dafür könnte man zwar anführen: dass wenn man eine solche Verhaftung nicht haben wolle, man sie nicht zu Liquidatoren ernennen, resp. diejenigen ausschliessen möge, welche man so nicht haben will. Allein dieser Umstand will Angesichts der besonderen Stellung der ernannten Liquidatoren nicht erheblich erscheinen; Art. 282 passt nicht zur An-

wendung, weil dazu die Voraussetzung fehlt, und man könnte zu der eigenthümlichen Situation kommen, dass der eine Liquidator, ein früherer Gesellschafter, anders haftet als der andere, welcher ein fremder Dritter ist. Cfr. v. Hahn zu Art. 137. § 10 und Noten 15. 16. 17. cfr. auch Renaud a. a. O. S. 808. 809. und Preussische Entwurfs Motive S. 72. Ausserdem treten aber, in den Fällen in welchen die Liquidatoren ihre Machtvollkommenheit überschreiten die Vorschriften des Art. 55, und wenn sie bei der Vertheilung des Vermögens einer Actiengesellschaft gesetzwidrig handeln die in Art. 245. in Kraft. In gleicher Weise werden die Liquidatoren schadenersatzpflichtig, wenn sie die Vorschrift des Art. 141, nicht beachten, also Gelder vertheilen. welche nicht entbehrlich waren, resp. nicht die zur Deckung später fällig werdender Schulden der Gesellschaft, resp. Ansprüche einzelner Gesellschafter erforderlichen Gelder zurückbehalten. v. Hahn, zu Art. 141. § 3. Ihre Schadenersatzpflicht existirt in dieser Beziehung aber nur den Gesellschaftern gegenüber, nicht einem Dritten. v. Hahn a. a. O. § 4.

Eine bemerkenswerthe Ausnahme macht das Spanische Handelsgesetzbuch welches die Liquidatoren nur für grobe Nachlässigkeit verantwortlich erklärt und wegen Betrugs. Codigo di comm. Art. 342. Was vorher über die Verhaftung der Liquidatoren, selbst der früheren Gesellschafter gesagt worden ist, wird indessen modificirt, wenn bei einer offenen Handelsgesellschaft sämmtliche frühere Gesellschafter und die Vertreter von solchen die Liquidation besorgen, ohne dass besonders Liquidatoren ernannt sind. Denn dann sind sie als Gemeinschafter anzusehen, und haften als solche nach den civilrechtlichen Grundsätzen. Nach gemeinem Recht haften Gemeinschafter für diligentium quam in rebus suis; auch nach Preussischem Recht, jedoch mit Ausnahme der communio incedens wofür culpa levis in abstracto gehaftet wird, cfr. v. Hahn zu Art. 137. § 10. Koch, Preussisches Privatrecht, Band 2. S. 45. Allgemeines Preussisches Landrecht I. 17. § 58. Der Mandatar haftet gemeinrechtlich für das Versehen unbedingt, omnis culpa, l. 13. C. de mand. 4. $_{35}$. Das Preussische Recht lässt den Mandatar sich mit der diligentia quam in rebus suis schützen, ausgenommen wenn er gedungen — bezahlt — ist, auf der anderen Seite macht es den Sach- und Hauptverständigen als Mandatar wieder für culpa levis in abstracto, und wenn er gedungen ist, sogar für culpa levissima haftbar. Koch a. a. O. S. 44. und Recht der Forderungen Bd. I. S. 288.

13. Bei alledem, und selbst wenn die Liquidatoren durch den Richter ernannt sind, haben sie den Gesellschaftern und der Gesellschaft gegenüber die Verpflichtung, bei ihrer Geschäftsführung den einstimmigen Beschlüssen resp. wo Majoritätsbeschlüsse gelten, diesen Folge zu geben. Art. 140. Dies folgt aus der vorher angedeuteten Stellung der Gesellschafter resp. der Gesellschaft als Principal, als Geschäftsherren. Bei diesen Beschlüssen stimmen die Liquidatoren, welche frühere Gesellschafter sind mit, Dritte zu Liquidatoren Ernannte nicht. Cfr. v. Hahn zu Art. 140 § 1.

14. Es gilt als Regel: Mehre Liquidatoren dürfen mit rechtlicher Wirksamkeit nur gemeinschaftlich handeln. Doch kann im Gesellschaftvertrage, sowie durch Beschlüsse der Gesellschafter resp. der Gesellschaft auch verordnet werden, dass sie einzeln handeln dürfen. Cfr. Art. 136. Renaud a. a. O. S. 783.

Die Liquidatoren zeichnen, indem sie der vorher § 17. No. 12. erwähnten Liquidationsfirma ihre Unterschriften beifügen.

15. Die Abberufung der Liquidatoren ist, wie bei Bevollmächtigten, jederzeit statthaft, sei es durch Beschlüsse der Gesellschafter resp. der Gesellschaft, welche wieder Einstimmigkeits- resp. Majoritätsbeschlüsse sein müssen; in Streitfällen ist auch der, bei offener Handelsgesellschaft selbst von einem Gesellschafter aufgerufene, Richter dazu befugt. Art. 134. cfr. v. Hahn zu Art. 244. § 2. zu Art. 205. § 1. Ob auch auf den Antrag eines Commanditisten, eines Commanditactionairs, eines Actionairs, der Richter einen Liquidator abberufen kann ist zu verneinen, wegen des „in Betreff aller Gesellschafter" in Art. 172., weil in Art. 244. davon nichts gesagt ist, und wegen der Natur der Actiengesellschaften. Cfr. Renaud a. a. O. S. 771. Die Abberufung von ernannten Liquidatoren kann auch anders geregelt werden, schon in dem Gesellschaftsvertrage, resp. bei ihrer Bestellung, d. h. es kann auch einzelnen Gesellschaftern oder mehren, z. B. dem früheren Aufsichtsrathe die Befugniss zur Abberufung beigelegt werden.

16. Die Niederlegung des Amts eines Liquidators ist statthaft, wenn er ein ernannter Liquidator ist und zwar nach allgemeinen civilrechtlichen Vorschriften. Desshalb darf jedoch ein solcher Liquidator nicht intempestive sein Amt niederlegen, ebensowenig wie dies ein Bevollmächtigter darf. Ob der Liquidator von den Gesellschaftern resp. von den Gesellschaften ernannt, ist gleichgültig; und ebenso ob er ein früherer Gesellschafter oder ein Dritter. Wenn bei einer offenen Handelsgesellschaft sämmtliche frühere Gesellschafter und resp. ihre Vertreter die Liquidation besorgen. dann können sie ihr Amt nicht anders niederlegen, als mit Einstimmigkeit. Alles dieses gilt vorausgesetzt, dass gesellschaftsvertragsmässig nicht etwas Anderes bestimmt ist, und dass bei der Ernennung der Liquidatoren, nicht in Betreff der Amtsniederlegung besondere abweichende Bestimmungen getroffen sind. Es kann freilich überhaupt gegen keine Person ein Zwang ausgeübt werden, als Liquidator ferner zu fungiren; daher hat eine unzeitige und ungehörige Amtsniederlegung nur Schadenersatz im Gefolge.

Die Ernennung sowohl als die Abberufung der Liquidatoren oder eine Amtsniederlegung wird, je nach dem die Eintragung in das Handelsregister erfolgt ist oder nicht, Dritten gegenüber ebenso wie die Aenderung der Inhaber einer Firma oder das Erlöschen einer Procura nach Art. 25 und 46. S. § 12. No. 12, S. 75.

Ueberhaupt keine Wirkung hat Dritten gegenüber, eine Beschränkung der im Handelsgesetzbuch Art. 137. den Liquidatoren ausdrücklich beigelegten Befugnisse — Art. 138. Es ist daher auch wirkungslos, wenn bestimmt werden sollte, dass von mehren Liquidatoren, der eine diese einzelne Befugniss, der andere jene ausschliesslich auszuüben berechtigt sein solle, oder dass in Betreff der einen Befugnis nur collectiv gehandelt werden dürfte, in Betreff anderer aber jeder Liquidator einzeln befugt sei.

17. Wie die Ernennung der Liquidatoren, so muss auch die Abberufung derselben oder eine Amtsniederlegung, resp. ein Erlöschen der Vollmacht, sei es durch den Tod des Liquidators, oder auf andere Weise in das Handelsregister eingetragen werden. Welche Wirkung die Eintragung resp. Nichteintragung hat ist kurz zuvor erwähnt. — Art. 135—172. 244. Es fragt sich: wer die Anmeldung zu besorgen hat, wen also der Registerrichter durch Ordnungsstrafen dazu anhalten kann. — Art. 135. — Bei der offenen Handelsgesellschaft sind es unzweifelhaft sämmtliche offenen Handelsgesellschaften. Bei der Commanditgesellschaft und bei der Commanditgesellschaft auf Actien sind die persönlich haftenden Gesellschafter, und bei Actiengesellschaften der Vorstand resp. gewesene Vorstand dafür anzusehen. Art. 244. Alin. 2. Wenn nun aber der ganze Vorstand einer Actiengesellschaft bei der Auflösung abgetreten ist? Dann muss dafür gesorgt werden, dass wieder ein Vorstand vorhanden ist. Cfr. v. Hahn zu Art. 244. § 3.; eventuell ist er in einer Generalversammlung zu wählen oder zu vervollständigen, oder sonst seine Wahl beziehungsweise seine Vervollständigung nach den Vorschriften der Statuten zu bewirken.

18. Den Schlussact der Liquidation bildet die gleichfalls von den Liquidatoren zu bewirkende Auseinandersetzung der Gesellschafter, wobei etwa vorkommende Streitigkeiten durch den Richter entschieden werden, d. h. durch den ordentlichen — Handelsgerichte — nicht etwa durch den Registerrichter. Die Auseinandersetzung erfolgt, nachdem alle Geschäfte abgewickelt, alle Schulden bezahlt, alle Forderungen eingezogen resp. alle Sachen verkauft worden sind, und zwar wird dabei die nach den gesetzlichen oder gesellschaftsvertragsmässigen Bestimmungen aufgenommene letzte Bilanz zum Grunde gelegt. Cfr. Art. 142 und v. Hahn zu Art. 142. § 1. Anschütz a. a. O. Bd. 2. S. 309. Ein Zeitpunkt ist für die Beendigung der Liquidation resp. die Auseinandersetzung nirgends vorgeschrieben, es würde sich ein solcher auch nicht gut bestimmen lassen, weder gesetzlich noch vertragsmässig, denn die Dauer einer Liquidation ist von verschiedenen Verhältnissen und Umständen abhängig, von den Verhältnissen der Gesellschaft und ihres Vermögens, auch von ausserhalb desselben liegenden, oft ganz zufälligen, Umständen. Cfr. Preuss. Entw. Motive S. 72. Indessen es kann immer doch als Grundsatz aufgestellt werden: dass die Liquidation und die Auseinandersetzung nicht unnöthig verzögert werden darf; ein Grundsatz, welcher sich aus der Nothwendigkeit der Berücksichtigung der Interessen der Gläubiger sowohl als

der Gesellschafter und des Handelsverkehrs und Credits überhaupt ergiebt. Man kann deshalb dem spanischen Handelsgesetzbuch beipflichten, — Codigo di comm. Art. 351. — wonach es jedem Gesellschafter gestattet ist, die Liquidation zu betreiben und nöthigenfalls Klage gegen den säumigen Liquidator zu erheben. Cfr. Renaud. R. d. A. S. 807. Auch nach dem Allgemeinen Deutschen Handelsgesetzbuch sind die Gesellschafter befugt, während der Liquidation dem Liquidator Instructionen zu geben, und Anordnungen zu treffen, denen er nachzukommen hat. Cfr. Art. 140. 224. s. vorher No. 8. S. 154., und wenn den Gesellschaftern diese Befugniss beiwohnt, müssen sie auch die Befugniss haben, derselben durch Rechtsmittel Nachdruck zu verschaffen.

19. Die vorerwähnte vollständige Auseinandersetzung bildet die Regel. Es ist den Gesellschaftern aber nicht benommen, ja sie werden, bei wegen Umstände sich länger hinziehenden Liquidationen, auch wohl veranlasst, dahin sich zu vereinbaren, dass, ehe noch eine vollständige Abwickelung der Geschäfte, Forderungen und Schulden, erfolgt ist, schon eine partiale Auseinandersetzung stattfindet. Dazu bedarf es allerdings eines nach den gewöhnlichen Regeln zu fassenden Beschlusses — § 16. — wenn nicht der Gesellschaftsvertrag eine besondere Bestimmung desswegen enthält. Diese Auseinandersetzung findet, in Ermangelung besonderer vertragsmässiger Bestimmungen auf Grund einer, besonders zu diesem Zweck aufgemachten, Bilanz statt, bei welcher die noch nicht versilberten Sachen und die Aussenstände an Forderungen sowie die noch nicht berichtigten Passiva ausser Ansatz bleiben. Cfr. v. Hahn zu Art. 142. § 2. Bei der dann folgenden weiteren resp. definitiven Auseinandersetzung vollzieht sich die Procedur sehr leicht, wenn das Verhältniss der Theilnahme am Gewinn und Verlust nach dem Gesellschaftsvertrage ein Gleiches war. Denn dann werden die eingegangenen Activa nach diesem Verhältniss vertheilt, oder es wird dem entsprechend zu den bezahlten Passiven zugeschossen. Nicht so einfach vollzieht sie sich aber bei verschiedenem Verhältniss der Theilnahme am Gewinn resp. Verlust; denn dann muss erst ermittelt werden, ob durch das Einziehen der Activa oder das Bezahlen der Passiva, das in der Bilanz festgestellte Resultat: die Gemeinschaft habe Gewinn oder Verlust, dasselbe geblieben ist oder nicht. Ist es dasselbe geblieben, so wird die Vertheilung, gleichviel ob es sich um eine eingegangene Forderung handelt oder ein bezahltes Passivum, vollzogen nach den Grundsätzen, nach welchen in der Bilanz Gewinn resp. Verlust vertheilt worden war. Denn ergab das Resultat der Bilanz Gewinn, so schlägt sich das eingegangene Activum zum Gewinn, der sich allerdings durch das bezahlte Passivum vermindert resp. theilweise zurückzugeben ist; ergab das Resultat der Bilanz Verlust, so schlägt sich das bezahlte Passivum zum Verlust, wogegen ein eingegangenes Activum diesen Verlust vermindert resp. theilweise ersetzt. Ist dagegen das Resultat jener Bilanz

verändert worden, so muss eine neue Bilanz aufgemacht werden und eine neue Vertheilung eintreten, weil, wenn durch den Eingang des Activums oder durch die Bezahlung des Passivums das Resultat jener Bilanz in Beziehung auf die Frage: ob Gewinn oder Verlust gemacht war, eine Aenderung erfährt, das angenommene Vertheilungsverhältniss auch nicht mehr maasgebend sein kann, weil auf irrthümlicher Voraussetzung beruhend. Cfr. v. Hahn zu Art. 142. § 2.

20. Es können ferner die Gesellschafter auch übereinkommen, noch auf anderem Wege die Auseinandersetzung vornehmen zu lassen. Es können einem einzelnen Gesellschafter oder mehren Gesellschaftern einzelne Sachen oder Forderungen der Gemeinschaft auf seinen Antheil überwiesen, resp. kann von ihnen die Berichtigung von Schulden übernommen werden. Dass hierbei Einstimmigkeit vorhanden sein muss, ist selbstverständlich, weil eine solche Operation an und für sich ganz irregulär, und kein Gesellschafter sie sich gefallen zu lassen braucht. Wie die übrigen Gesellschafter demjenigen Gesellschafter haften, dem Forderungen überwiesen werden, das können sie gleichfalls verabreden, andernfalls treten die civilrechtlichen Folgen von Cessionen ein. Der Art. 136 des Preuss. Entwurfs sprach von solcher Zuweisung, und wollte den übrigen Gesellschaften, abweichend von den gemeinrechtlichen Vorschriften und auch von denen des Preussischen Allgemeinen Landrechts, wonach in der Regel nur für die Richtigkeit — Verität — der Forderung gehaftet wird, die Verhaftung auch für die Güte — Bonität — der Forderung auferlegen, weil sonst die Theilung materiell eine unrichtige wäre, wenn eine unsichere Forderung, deren Gefahr die Gesellschaft zu tragen hatte, einem einzelnen Gesellschafter gleich einer sicheren auf seinen Antheil angerechnet würde — Brinkmann § 52. No. 28 — Cfr. Motive zum Preuss. Entw. S. 73. Allein die Nürnberger Conferenz verwarf diese Bestimmung, weil auch in der Entstehung der Gemeinschaft durch Societät kein Grund liegt, von den allgemeinen Rechtssätzen über Cession abzuweichen. Die Motive des Preussischen Entwurfs vergessen übrigens, dass der Gesellschafter, welcher einen dergleichen Aussenstand sich überweisen lässt, thun und lassen kann, was er will, und ihn Niemand denselben aufzwingen darf. Allerdings gilt der Satz des Art. 136 Preuss. Entwurfs dort, wo Particularrechte den Cedenten überhaupt für die Güte der Forderung haften lassen. Cfr. v. Hahn a. a. O. § 3. Eine solche Ueberweisung wird vorkommen, wenn bedingte oder betagte Forderungen vorhanden sind, oder wenn es sich um die Uebernahme der Berichtigung eines Passivums handelt, welches an einen ausstehenden Zahlungstermin geknüpft ist, wohl auch in einer oft und mehre Jahre wiederkehrenden Leistung besteht. Muss dem übernehmenden Gesellschafter der Regress ausgehalten werden, dann trifft der Ausfall alle Gesellschafter, und es wird von ihnen dazu nach den vorher No. 19 erwähnten Verhältnissen beigesteuert.

21. Wenn es sich ergiebt, dass ein Gesellschafter insolvent ist und den auf ihn fallenden Theil des Herauszuzahlenden nicht oder nicht ganz leisten kann, so muss der dessfallsige Ausfall nach allgemeinen Grundsätzen über Gesellschaft von den übrigen getragen werden. In den vorher — No. 19. — erwähnten Fällen ist das verabredete Verhältniss der Theilnahme am Gewinn und Verlust auch hier maassgebend. Cfr. v. Hahn zu Art. 142. § 5.

Das vorher Vorgetragene — No. 19—21. — gilt zunächst und hauptsächlich bei der offenen Handelsgesellschaft. Es sind dort partielle Auseinandersetzungen nicht bedenklich, weil an und für sich sämmtliche Gesellschafter den Gläubigern persönlich und solidarisch haften. Bedenklicher könnten sie schon erscheinen bei der Commanditgesellschaft, insofern die Commanditisten gesetzlich nicht über ihre Vermögenseinlagen hinaus haften, und ein etwa für einen Commanditisten sich ergebenden Passiv-Saldo von ihm nicht weiter gedeckt zu werden braucht, als mit seiner Vermögenseinlage, und etwa noch mit dem Gewinn, welcher sich dazu für ihn ergeben hat. Allein da eine solche partielle Vertheilung nur einstimmig von allen Gesellschaftern, den persönlich haftenden und den Commanditisten beschlossen werden kann, so wird ein Commanditist, wenn er seine Zustimmung zu einer solchen Vertheilung giebt, resp. sie mit beschliesst, auch ebenso zu betrachten sein, wie ein offener Gesellschafter, für den Fall, dass es sich nachher um Zubussen oder Uebertragung von Ausfällen handelt. Unter allen Umständen haften die persönlich haftenden Gesellschafter den Gläubigern für allen Nachtheil, welcher aus einer etwa voreiligen partiellen Vertheilung ihnen entstanden ist, und sie sind es daher hauptsächlich, welche sich bei solchen Vertheilungen vorzusehen haben.

Was die Commandit-Actiengesellschaften und die Actiengesellschaften anbetrifft, so sind zwar auch bei ihnen partielle Auseinandersetzungen nicht ausgeschlossen, indessen, da bei diesen Gesellschaften das Majoritätsprincip hinsichtlich der Beschlüsse gilt, und die Gläubiger leicht benachtheiligt werden können, denen zwar der Angriff auf die persönlich haftenden Gesellschafter bleibt, der aber in manchen Fällen sein Ziel verfehlen kann, so hat das Gesetz hier besondere Vorsichtsmaassregeln zum Schutze der Gläubiger getroffen, wovon in der folgenden Nummer die Rede sein wird.

22. Bei der offenen Handelsgesellschaft ist es allgemein gestattet, und es liegt überhaupt im Interesse der Gesellschafter dass die während der Liquidation entbehrlichen Gelder unter die Gesellschafter vertheilt werden, ja es ist den Gesellschaftern ein Recht darauf gegeben, dies von dem Liquidator zu erlangen. Es müssen nur zur Deckung von Schulden der Gesellschaft, welche erst später fällig werden, sowie zur Deckung der Ansprüche, welche den einzelnen Gesellschaftern bei der Auseinandersetzung zustehen, die erforderlichen Gelder zurückbehalten

werden -- Art. 141. Cfr. v. Hahn zu Art. 141. § 1. Cfr. Preussische Entwurf Motive S. 72.

Beobachtet der Liquidator die letztere Vorschrift nicht, so haftet er den Gesellschaftern, welche dadurch benachtheiligt sind für den Schaden; Dritten, den Gläubigern, ist er bei einer solchen Vertheilung, welche er vornehmen muss, wenn sie die Gesellschafter einstimmig beschliessen, nicht verhaftet; cfr. v. Hahn a. a. O. § 4.

Es ist diese Vertheilung gleichfalls eine Art partieller Auseinandersetzung; die Gesellschafter müssen später das Zuvielerhaltene unter Umständen wieder herausgeben resp. Fehlendes zuschiessen. Es kann dies namentlich geschehen, wenn sich im weiteren Verlaufe der Liquidation Verluste ergeben, oder Passiva erscheinen, welche bisher nicht bekannt waren. In diesen Fällen ist dann freilich der Liquidator auch nicht den Gesellschaftern wegen der Nichtzurückhaltung der Deckung verhaftet, weil er eben die Passiva nicht kannte, und diese event. nur den Gesellschaftern selbst bekannt sein konnten, deren Schuld es dann also ist, wenn sie dieselben nicht angegeben haben. Dasselbe gilt auch bei der Commanditgesellschaft, cfr. Art. 172. Anders verhält sich die Sache bei den Commandit-Actiengesellschaften und bei den Actiengesellschaften.

Während bei der gewöhnlichen Commanditgesellschaft es nur verboten ist, dass die Einlage des Commanditisten während des Bestehens der Gesellschaft ganz oder theilweise zurückgezahlt wird, Art. 165., darf bei den Commandit-Actiengesellschaften die Vertheilung des Vermögens unter die Gesellschafter, im Falle der Auflösung ausserhalb des Concurses, nicht eher vollzogen werden, als nach Verlauf eines Jahres, von dem Tage an gerechnet, an welchem die Auflösung in das Handelsregister eingetragen ist, Art. 202., und eine Zurückzahlung des Capitals der Commandit-Actionaire kann nur vermöge einer Abänderung des Gesellschaftsvertrages und nur unter Beobachtung der vorstehenden Vorschrift — Art. 101. 102. — erfolgen. Art. 203. Die Mitglieder des Aufsichtsraths haften ebenso wie die persönlich haftenden Gesellschafter solidarisch für Erstattung geleisteter Zahlungen, wenn sie den vorerwähnten Bestimmungen zuwider gehandelt haben — Art. 204.

Bei den Actiengesellschaften muss die Auflösung der Gesellschaft, wenn diese nicht im Falle des Concurses erfolgt, durch die Gesellschaftsblätter — Art. 209. No. 61. zu drei verschiedenen Malen bekannt gemacht werden, und es ist mit dieser Bekanntmachung zugleich eine Aufforderung der Gläubiger, sich bei der Gesellschaft zu melden, verbunden worden — Art. 243. Das Vermögen der aufgelösten Actiengesellschaft wird dann allerdings, ebenso wie bei den anderen Arten von Handelsgesellschaften, nach Tilgung der Gesellschaftsschulden unter die Gesellschafter, d. h. die zeitigen Actionaire vertheilt und zwar nach Verhältniss ihrer Actien; allein diese Vertheilung darf nicht eher vollzogen werden, als nach Ablauf eines Jahres, von dem Tage an gerechnet, an welchem die oben erwähnte Bekanntmachung in den Gesellschaftsblättern zum dritten Male erfolgt ist. Hierfür haben die Mitglieder des Vorstandes und die Liquidatoren zu sorgen; handeln sie diesen Vorschriften zuwider, so sind sie persönlich und solidarisch zur Erstattung der geleisteten Zahlungen verpflichtet, Art. 245. Die vorerwähnten Bekanntmachungen werden nicht durch den die Auflösung in das Handelsregister eintragenden Registerrichter, auch nicht in den Blättern erlassen, welche das betreffende Gericht zur Veröffentlichung der Eintragungen in das Handelsregister bestimmt hat, sondern durch den Vorstand der Gesellschaft, wenn noch keine besonderen Liquidatoren ernannt sind, in denjenigen öffentlichen Blättern, welche in dem Statute in Gemässheit der Vorschrift des Art. 209. No. 11. zur Publication der Bekanntmachungen der Gesellschaft erwähnt sein müssen, den sogenannten Gesellschaftsblättern.

Durch diese Maassregeln soll verhütet werden, dass voreilige, den Gesellschaftsgläubigern nachtheilige Vertheilungen des Gesellschaftsvermögens stattfinden, und es ist hier den Liquidatoren zugleich eine Fürsorge für die Interessen der Gläubiger auferlegt worden. Cfr. Motive des Preussischen Entwurfs S. 97.

Bei den Actiengesellschaften haftet ja eben nur das Gesellschaftsvermögen, den Gläubigern der Gesellschaft, ihnen haften keine Personen, wenn nicht die vereinzelten Ausnahmefälle vorliegen, in welchen die persönliche Verhaftung durch Gesetz resp. Statutenverletzung bedingt ist. Desshalb muss auch das Gesellschaftsvermögen, d. h. das Actiencapital, und was damit resp. dazu während des Bestehens der Gesellschaft erworben, oder was davon nach eingetretenen Verlusten, bei Auflösung der Gesellschaft noch übrig war, der Befriedigung der Gläubiger erhalten werden, so, dass diese Zeit und Gelegenheit haben, sich zu melden, und resp. ihre Befriedigung daraus zu suchen. Zu den Gläubigern einer aufgelösten Actiengesellschaft gehören zunächst diejenigen, welche aus den während der Dauer der Gesellschaft mit der Gesellschaft abgeschlossenen Geschäften etwas zu fordern haben, auch die Inhaber von etwa ausgegebenen Banknoten, und sonstigen lettres au porteur; Prioritäts-Obligations-Inhaber; ferner diejenigen, welche Schadenersatz von der Gesellschaft zu fordern haben; sodann auch die Actionaire wegen etwaiger festversprochenen Zinsen während der Vorbereitungszeit — Art. 217. und wegen nicht abgehobener Dividenden, resp. die Inhaber der Dividendenscheine; sodann diejenigen, welche mit dem Liquidator in Gemässheit des Art. 137. Al. 1. i. f. neue Geschäfte zur Abwickelung alter contrahirt haben; ebenso auch die Mitglieder des Vorstandes, Beamten und sonstige Angestellten der Gesellschaft wegen ihrer Salaire, nicht aber wegen Tantième, es sei denn, dass es rückständige, noch nicht abgehobene und aus einem Rechnungsjahr vor der Auflösung herrührende sind; endlich auch diejenigen, welche die sogenannten Massenkosten zu fordern haben; Kosten der Liquidation, Gehalt der Liquidatoren. Wegen desjenigen Antheils an dem Gesellschaftsvermögen, welchen ein Actionair auf seine Actie bei der Vertheilung des Gesellschaftsvermögens etwa erhalten möchte, ist er nicht als Gläubiger der Gesellschaft anzusehen.

Nach gemeinem Rechte durfte die Vertheilung des Vermögens einer aufgelösten Actiengesellschaft an die Actionaire, ausser dem Falle des Concurses, erst nach Ablauf von dreissig Jahren, von der Auflösung an gerechnet, erfolgen.

Die englische Gesetzgebung gestattet die Vertheilung nach einer Aufforderung der Gläubiger, welche bei einer gerichtlichen Liquidation durch das Gericht, bei einer Privatliquidation durch die Liquidatoren, aber unter Ansetzung einer angemessenen Frist zu geschehen hat, cfr. Acte vom Jahre 1862, Th. IV. Das französische und das holländische Recht enthalten in dieser Beziehung keine besonderen Bestimmungen, doch gestattet das holländische bei der offenen und der Commanditgesellschaft die vorläufige Vertheilung entbehrlicher Gelder während der Liquidation — Art. 34. Wetboek van Koophandel. Bei der namenlosen Gesellschaft ist auf diese Bestimmungen nicht Bezug genommen, cfr. Art. 56. a. a. O. Nach dem Allgemeinen Deutschen Handelsgesetzbuch ist sie nicht ausgeschlossen, aber sie geschieht auf Gefahr der Vorstandsmitglieder resp. der Liquidatoren.

23. Die Bestimmungen der holländischen Handelsgesetzgebung, betreffend die Liquidation der Handelsgesellschaften und die Vertheilung ihres Vermögens, sind überhaupt nur sehr wenige. Es schreibt die Einregistrirung, sowie die Bekanntmachung in öffentlichen Blättern vor Art. 31. Wetboek van Koophandel; ferner die Liquidation durch die Gesellschafter oder besonders ernannte Liquidatoren, Art. 32. 56. und enthält in den Art. 33—35. folgende Bestimmungen über die Art und Weise der Wahl der Liquidatoren und die Liquidation.

Als Liquidatoren fungiren, wenn in der Gesellschaftsacte nichts anderes bestimmt ist, die mit der Geschäftsführung und Gesellschaftsvertretung betraut gewesenen Gesellschafter, bei der namenlosen Gesellschaft die Vorsteher — Art. 32. 56. —; oder sämmtliche Gesellschafter, exclusive der Commanditisten, oder mit Stimmenmehrheit ernannte Liquidatoren, wobei jeder Gesellschafter eine Stimme hat, gleichviel welcher Antheil ihm an dem Gesellschaftsvermögen zusteht — Abstimmung nach Köpfen —, und im Falle der Stimmengleichheit das Arrondissementsgericht entscheidet, wie es den Interessen der Gesellschaft es am angemessensten erachtet — Art. 32. Reicht der Kassenbestand der aufgelösten Gesellschaft nicht aus, die nothwendigen Schulden derselben zu bezahlen, so können die Liquidatoren Nachschüsse auf resp. in Gemässheit der Einlagen von den Gesellschaftern einfordern. Schliesslich ist in Art. 37. bestimmt, dass keine namenlose, durch den König genehmigte Gesellschaft, durch den König aufgelöst wird, weil ihre Vorsteher die Gesellschaftsvertragsvorschriften resp. die Bedingungen nicht erfüllt haben. Art. 37., Alinea 3. Wetboek van Koophandel.

Was die französische Handelsgesetzgebung anbelangt, so enthält der Code de comm. eigentlich nur Vorschriften über die Form der Auflösungsacte, die Einregistrirung und die öffentliche Bekanntmachung der Auflösung — Art. 46.; und das Gesellschaftsgesetz vom Jahre 1867 bestimmt nur in Art. 37. 38., bei den anonymen Gesellschften, dass im Falle des Verlustes von drei Vierteln des Gesellschaftscapitals die Administratoren eine Generalversammlung Behufs Beschlussnahme über etwaige Auflösung der Gesellschaft berufen sollen, widrigenfalls jeder Interessent die Auflösung von den Gerichten verlangen darf, cfr. Art. 240 Allgemeinen Deutschen Handelsgesetzbuchs, was auch eintritt, wenn ein Jahr seit dem Zeitpunkt verflossen ist, wo die Anzahl der Gesellschafter sich auf weniger als sieben Mitglieder vermindert hat.

Im Uebrigen gelten im holländischen wie im französischen Recht die Betreffs der Auflösung und Liquidation, sowie der Vertheilung des Vermögens der Gesellschaften, die civilrechtlichen Vorschriften über Gesellschaften. Cfr. Art. 1683—1689; 1112 ff. Burgerl. Wetb. und Art. 15. Wetboek van Koophandel; Art. 1865—1873. Code civil.

24. Nach Beendigung der Liquidation und nach erfolgter Schlussvertheilung empfängt jeder Gesellschafter resp. Actionair, den ihm von den Gesellschaftsvermögen ausgeschichteten Antheil. Die Liquidatoren haben den Gesellschaftern Rechenschaft und Rechnung abzulegen, und resp. demzufolge Decharge zu fordern und zu erhalten. Ueber die Art und Weise dieser Rechenschafts- resp. Rechnungslegung und der Dechargeertheilung ist gesetzlich im Allgemeinen Deutschen Handelsgesetzbuch nichts vorgeschrieben, es gelten also die allgemeinen civilrechtlichen Vorschriften, wenn nicht gesellschaftsvertragmässig etwas besonderes bestimmt ist. Bei Actiencommanditgesellschaften und Actiengesellschaften wird desswegen eine Generalversammlung zu berufen sein, es ist für diese Gesellschaften auch in Art. 202 und 245. Allgemeinen Deutschen Handelsgesetzbuchs bestimmt, dass die aus den Handlungsbüchern der Gesellschaft ersichtlichen oder in anderer Weise — gleichviel also wie — bekannten Gläubiger durch besondere Erlasse aufzufordern sind, sich zu melden; anderenfalls der Betrag ihrer Forderungen niederzulegen ist; und dass eben dasselbe geschehen soll in Ansehung der noch schwebenden Verbindlichkeiten und streitiger Forderungen, sofern nicht die Vertheilung des Gesellschaftsvermögens bis zu deren Erledigung ausgesetzt bleibt, oder den Gläubigern eine angemessene Sicherheit bestellt wird. Eine Präclusion mit Verlust der Rechte hat man nicht bestimmen wollen; ist aber die Vertheilung regelrecht und nicht früher als ein Jahr nach den erlassenen Bekanntmachungen erfolgt, so haben Gläubiger, welche sich nicht gemeldet haben, sich an die Gesell-

schafter selbst zu halten, natürlich soweit ihnen nicht die dessfallsige Verjährung entgegensteht, Art. 146—149. Allgemeines Deutsches Handelsgesetzbuch. Im Uebrigen sind die Zusätze zu diesen Paragraphen im besonderen Theil nachzusehen.

25. Bei der offenen Handelsgesellschaft werden nach Beendigung der Liquidation die Bücher und Schriften der aufgelösten Gesellschaft einem der gewesenen Gesellschafter oder einem Dritten in Verwahrung gegeben, welche Personen, wenn nicht eine gütliche Uebereinkunft unter den Gesellschaftern stattfindet, durch das Handelsgericht bestimmt werden. Das Recht der Gesellschaft und deren Rechtsnachfolger auf Einsicht und Benutzung der Bücher und Papiere bleibt unverändert. Art. 145. Dasselbe gilt auch bei Commanditgesellschaften Art. 172 und bei Commandit-Actiengesellschaften, nur bei den Actiengesellschaften bestimmt lediglich das Handelsgericht den sicheren Ort wo die Handlungsbücher niederzulegen sind. Art. 246. Die Handlungsbücher bleiben zehn Jahre lang dort aufbewahrt. Cfr. Art. 33 und Art. 246.

Fast ebenso bestimmt das holländische Handelsrecht in Art. 35. Wetboek van Koophandel, wonach die Bücher bei demjenigen der Gesellschafter niedergelegt werden sollen, welcher durch die Mehrheit resp. des Arrondissementsgericht bestimmt wird; auch bei Actiengesellschaften. Cfr. Art. 56. Wetboek van Koophandel.

O. Von dem Ursprunge, der Bildung, Entwickelung und dem Wesen der Handelsgesellschaften.

§ 19.

Die offene Handelsgesellschaft.

1. Sie ist die regulaire, die einfachste und immerhin auch heute noch gewöhnlichste Art der Handelsgesellschaften.

Ihre Entstehung ist uralt. Mit der Association zum Betriebe von Handelsgeschäften war als Nothwendigkeit gegeben, dass eine solche Gesellschaft in gewisser Beziehung als eine Einheit den Dritten gegenüber tritt. Denn dass die einzelnen Gesellschafter sämmtliche Geschäfte stets mitsammen abschlossen; oder dass ein Einzelner sich stets mit Vollmacht der Uebrigen legitimirte, das war dem Verkehr im Handel schnurstracks zuwider. Aber zugleich ergab sich von selbst, und aus der Natur des gemeinschaftlichen Betriebes der Handelsgeschäfte, die Solidarhaft der Genossen, das Haften Eines für Alle und Aller für Einen. Nur so konnte die Association Credit beanspruchen und erlangen, insonderheit in früheren Zeiten, wo man noch nicht so vertrauensselig war wie heute, und wo nicht Jeder, dem es gerade einfiel, Handelsgeschäfte betrieb und Handelsassociationen gründete.

Die persönliche und solidarische Verhaftung sämmtlicher Gesellschafter für alle Verbindlichkeiten, welche die Gesellschaft eingegangen war und überkommen hatte, war daher schon in früheren Zeiten durch das Geschäft und im Geschäfte gebräuchlich und ist es seither geblieben als Handelsgewohnheitsrecht neben dem abweichenden gemeinen Rechte. Denn nach gemeinem Rechte haftet bei gemeinschaftlicher Verpflichtung principiell ein Jeder nur pro rata und nur für eigene Schuld, nicht für die Schuld Dritter.

2. Die offene Handelsgesellschaft ist die Handelsgeselschaft des Allgemeinen Deutschen Handelsgesetzbuchs sclechthin. Alle anderen Arten Handelsgesellschaften, die Commanditgesellschaft mit ihrer Unterart der Commandit-Actiengesellschaft und auch die Actiengesellschaft sind nur Modificationen der offenen Handelsgesellschaft als der Normal-Handelsgesellscaft. Sie nehmen zu den allgemeinen Merkmalen der offenen Handelsdesellschaft noch ein spezielles, das der Beschränkung der an sich unbeschränkten Betheiligung der einzelnen Gesellschafter auf. Es ist dies wohl schon aus dem vorhergetragenen klar geworden. Cfr. v. Hahn zu Art. 85. § 1. Anschütz a. a. O. Bd. 2. S. 76.

In Verbindung hiermit steht der Grundsatz; dass die Bestimmungen des Handelsgesetzbuchs über die offene Handelsgesellschaft, das subsidäre Recht auch für die übrigen Gesellschaftsarten bilden, natürlich soweit es mit Wesen und Natur dieser anderen Gesellschaftsarten vereinbar ist. Cfr. Art. 157. Anschütz a. a. O. S. 76.

3. Die unzweifelhaft bedeutungsvollste Seite der offenen Handelsgesellschaft ist die dem Publikum zugekehrte. Hier liegen die Rechtsverhältnisse der Gesellschafter zu Dritten Personen. Das Allgemeine Deutsche Handelsgesetzbuch hat diesen Rechtsverhältnissen eine ganz besondere Aufmerksamkeit gewidmet und im Dritten Abschnitt, 2. Band von dem Art. 110 — Art. 122 verschiedene Namen aufgestellt, welche sich auf dieses äussere Verhältniss beziehen. Alle diese Normen sind absolut zwingender Natur, und sie sind von Einfluss und Geltung auf alle anderen Arten von Handelsgesellschaften.

Dieser Theil des Gesellschaftsrecht des Allgemeinen Deutschen Handelsgesetzbuchs ist wohl gelungen; er ist der Gelungenste der ganzen Materie von den Handelsgesellschaften, wenn nicht der Gelungenste des ganzen Gesetzbuchs. Hierdurch zeichnet sich das Allgemeine Deutsche Handelsgesetzbuch von anderen Handelsgesetzbüchern aus, namentlich vor dem französischen und dem holländischen. Wir werden dies weiterhin noch näher sehen.

Die Bestimmungen von welchen wir sprechen präcisiren den Grundsatz von der unbeschränkten Solidarhaft sämmtlicher Gesellschaften genauer. Sie weichen wesentlich ab von den Grundsätzen der römisch rechtlichen Societät und der nach dieser in den verschiedenen einzelnen Landescivilgesetzgebungen modificirten Societät. Sie haben ihre Absonderlichkeiten, welche einer besonderen Rechtfertigung bedürfen.

4. In der Doctrin hat man rücksichtlich dieser Rechtfertigung verschiedene Standpunkte eingenommen. Die Einen gehen auch nach dem Erscheinen des Allgemeinen Deutschen Handelsgesetzbuchs immer noch von dem älteren sogenannten Vertrags- oder Societätssystem aus, welches, auch bei den Handelsgesellschaften auf die römisch rechtliche Societät sich stützend, die zahlreichen Modificationen dieser letzteren zwar zugiebt, sie jedoch nur als Modificationen des Societätssystems auffasst, und dieselben daraus und unter Benutzung anderer Vorschriften aus den römischen Obligationen recht zu erklären sucht. Cfr. Thöl § 38. § 44. Anm. 5. § 47a. — Gerbers System des Privatrechts § 195. Anm. 5. § 196. Anm. 13.

Andere stellen ein gemischtes oder Utilitätssystem auf, indem sie wohl zugeben, dass die juristische Construction der offenen Handelsgesellschaft und der Commanditgesellschaft auf ein Institut hinführe, welches von der gewöhnlichen Societät mehrfach verschieden sei, welche aber die beregten Absonderlichkeiten nicht auf ein allgemeines juristisches Princip, sondern lediglich auf gewisse Rücksichten der Zweckmässigkeit zurückführen, wie dies auch von der Majorität der Nürnberger Conferenz geschehen ist. Cfr. Anschütz a. a. O. Bd. 2. S. 9. 10. und Noten 12. und 8. Cfr. Motive zum Preuss. Entwurf S. 46. 47.

Auch die Controverse, ob die Handelsgesellschaften des Allgemeinen Deutschen Handelsgesetzbuchs als juristische Personen anzusehen seien oder nicht, resp. welche von ihnen, welche nicht, ist hier in den Meinungsstreit hineingezogen worden; cfr. § 7. — obwohl mit Unrecht.

Es ist indessen mit dem Vertragssystem hier schwerlich durchzukommen, und wenn man auch immerhin die Absonderlichkeiten der Vorschriften über die Rechtsverhältnisse der offenen Handelsgesellschaften als Modificationen des Vertragssystems auffassen will, so wird doch dieses in seinen innersten und wesentlichsten Grundlagen dergestalt erschüttert und gewissermaassen das System selbst so durchlöchert, dass es kaum mehr als System erkennbar bleibt. Namentlich wird der oberste Grundsatz bei Vertragsverhältnissen: jeder Vertrag erzeugt nur obligatorische Wirkungen unter den Contrahenten, durch manche Bestimmungen, welche für die offenen Handelsgesellschaftern gegeben sind, und welche sich auch früher schon gewohnheitsrechtlich festgesetzt hatten, durchbrochen. Denn man sieht die vertragsmässigen Verhältnisse unter den Gesellschaftern über die Grenzen des Gesellschaftsvertrags hinaus auch direct Dritten gegenüber wirken. S. im Uebrigen v. Hahn Commentar Vorbemerkungen zum 3. Abschnitt 2. Buchs des Allgemeinen Deutschen Handelsgesetzbuchs S. 336 ff., wo überzeugend nachgewiesen ist, dass die aus dem reinen Vertragsverhältnisse sich ergebenden, das Rechtsverhältniss zu Dritten betreffenden Rechtssätze — abgesehen von den Modificationen desselben durch das positive Recht — bei der offenen Handelsgesellschaft rücksichtlich der Verhältnisse der Gesellschafter Dritten gegenüber nicht gerechtfertigt sind.

5. v. Hahn stellt folgendes andere Princip auf:

Die Bestimmung der Gesellschaft, dass über die im Gesellschaftsfonds befindlichen Activa nur zu gesellschaftlichen Zwecken verfügt werden kann, ist auch Dritten gegenüber wirksam.

welches er in Art. 111. in Verbindung mit Art. 114. 115. 117. und Art. 119—122 anerkannt findet. Cfr. v. Hahn a. a. O. §§ 2 ff. §§ 26. 29. Die Ausführung ist überzeugend. Das wäre denn etwa ein aus Utilitätsrücksichten modificirtes Societätssystem. Die Bestimmungen des Handelsgesetzbuchs über das Rechtsverhältniss zu Dritten sind absonderliche, aus dem Vertragssystem nicht entspringende, sondern aus dem inneren Wesen der offenen Handelsgesellschaft und aus Zweckmässigkeitsrücksichten sich ergebende.

Das französische und das holländische Handelsgesetzbuch, welche die offene Gesellschaft an die gewöhnliche civilrechtliche Societät anlehnen, geben indess zu erkennen, dass mit den Grundsätzen der civilrechtlichen Societät bei der offenen Handelsgesellschaft, überhaupt bei den Handelsgesellschaften nicht überall auszukommen sein werde. Der Code civil bestimmt in Art. 1873, dem Schlussartikel von der civilrechtlichen Societät: Die Bestimmungen des gegenwärtigen Artikels sind auf Handelsgesellschaften nur in denjenigen Punkten anwendbar, die mit den Gesetzen und Gebräuchen des Handels nicht im Widerspruch stehen. Das holländische Handelsgesetzbuch enthält in Art. 17. 18. u. ff. Wetb. v. Kooph. ververschiedene Bestimmungen, betreffend das Verhältniss zu Dritten, welche von denen der civilrechtlichen Societät ebenso abweichen, wie die des Handelsgesetzbuchs. Auch das Allgemeine Preussische Landrecht verweist im Tit. 17. I., welche von den gewöhnlichen Vertragsgesellschaften handelt, auf die besonderen Bestimmungen über kaufmännische Gesellschaften in Tit. 8. II. §§ 614 ff.

6. Eine kurze Betrachtung der hier in Rede stehenden Eigenthümlichkeiten der offenen Handelsgesellschaft wird das Vorhergesagte schon bestätigen.

Zunächst liegt es im Wesen der offenen Handelsgesellschaft, und es geht auch die Absicht der Gesellschafter bei ihrer Eingehung dahin, dass der aus den Beiträgen, aus den Einlagen der Gesellschafter und aus den, durch den gesellschaftlichen Geschäftsbetrieb erworbenen Vermögensstücken gebildete Gesellschaftsfonds lediglich zu dem gesellschaftlichen Geschäftsbetriebe dienen und nur dazu verwendet werden soll; dass jeder einzelne Gesellschafter dem andern die volle und unumschränkte Disposition über diesen Gesellschaftsfonds einräumt, jedoch nur unter der sich von selbst ergebenden Bedingung, dass diese Disposition bloss zu Gesellschaftszwecken stattfindet; ferner dass jeder Gesellschafter von vorn herein alle Dispositionen jedes anderen Gesellschafters, sobald dieser nur formell im Namen der Gesellschaft gehandelt hat, anerkennt, und für alle dessfallsigen eingegangenen Verpflichtungen solidarisch und auch noch mit seinem gesammten Privatvermögen haftet. Hiermit ist es gänzlich unvereinbar, dass einem einzelnen Gesellschafter auch nur ein ideeller Antheil an dem Gesellschaftsfonds zusteht, oder dass ihm irgend welche Disposition auch über einen solchen ideellen Antheil, oder über einen ideellen, gar über einen ratirlichen Antheil an Activen, in seinem eigenen Namen oder zu anderen Zwecken als zu gesellschaftlichen Zwecken zukommt, oder dass Gläubiger eines einzelnen Gesellschafters den Gesellschaftsfonds oder einzelne zu demselben gehörige Vermögensstücke angreifen dürfen; dass ein Gläubiger seine Forderung, welche keine Schuld der Gesellschaft, sondern eine reine Privatschuld eines einzelnen Gesellschafters ist, gegen eine Forderung der Gesellschaft an ihn aufrechnet — compensirt; Grundsätze, welche das Vertragssystem mit sich bringt. Ferner, wenn Gesellschafter Geld oder andere Gegenstände in die offene Gesellschaft einbringen, so entäussern sie sich ihres Eigenthums derartig zur Erreichung der Zwecke der Gesellschaft, dass von einem Miteigenthum, wie es aus dem Vertragssystem entspringt, nach irgend einem Verhältniss oder gar von einer Reservirung einer freien Disposition auch nur über einen intellectuellen Antheil, gar nicht mehr die Rede sein kann; sie entäussern sich auch ihres Eigenthums nicht im Entferntesten in der Absicht, jedem ihrer Mitgesellschafter einen Antheil daran nach einem Verhältniss, oder einen intellectuellen Antheil, über welchen er verfügen dürfe, oder welche dem Angriffe seiner Gläubiger freistehe, zu übertragen. Dergleichen Reservate und Uebertragungen würden auch der Natur und dem Zwecke der offenen Handelsgesellschaft schnurstracks zuwiderlaufen. Wohl aber geht die Absicht, und nur dahin: dass der Gesellschaftsfonds zusammenbleiben solle, so lange die Gesellschaft besteht, und dass bei ihrer Auflösung und der Theilung jedem Gesellschafter derjenige Antheil an dem Netto-Gesellschaftsvermögen, — was den durch die Einlagen gebildeten Fonds übersteigen kann, wenn die Gesellschaft mit Gewinn gearbeitet hat, was weniger sein kann, wenn mit Verlust gearbeitet ist, — ausgeschichtet wird, welcher ihm nach Verhältniss seiner Einlage, oder nach den sonstigen, für diesen Fall getroffenen, Bestimmungen, durch ein Rechenexempel ermittelt wird, wobei das Geld den Werthmesser abgiebt, und die Ausschichtung auch nur in Gelde geschieht, so dass keiner der Gesellschafter ein Recht hat, ein individuelles Stück des Gesellschaftsvermögens, selbst nicht ein von ihm selbst eingelegtes, zurückzuverlangen. Cfr. Art. 143.

Alle diese Eigenthümlichkeiten der offenen Handelsgesellschaft, welche hauptsächlich in dem dritten Abschnitt des zweiten Buchs des Handelsgesetzbuchs Ausdruck erhalten haben, sind nicht etwa willkührliche Bestimmungen, welche gesetzgeberisch der offenen Handelsgesellschaft aufgedrungen worden sind. Im Gegentheil, sie haben sich bei ihr von selbst aus ihrem Wesen, ihrem Zwecke und ihrem Geschäftsbetriebe nach und nach hervorgearbeitet und durch die Uebung zum Gewohnheitsrechte gestaltet.

§ 20.
Die Commanditgesellschaft.

1. Mit der offenen Handelsgesellschaft haben wir das Gebiet der unbedingten und unumschränkten persönlichen und solidarischen Verhaftung aller Gesellschafter für alle Verbindlichkeiten der Gesellschaften verlassen, das Gebiet, auf welchem sich also die Vereinigung auf die ganze wirthschaftliche und vermögensrechtliche Persönlichkeit der Gesellschafter erstreckt.

Mit der Commanditgesellschaft betreten wir das Gebiet der beschränkten Verhaftung der Gesellschafter und der vereinzelten Verhaftung. Die solidarische und persönliche Verhaftung, das Charakteristische der offenen Handelsgesellschaft, ist bei der Commanditgesellschaft nur noch vorhanden: entweder bei einzelnen Gesellschaftern — den Complementairen oder persönlich haftenden Gesellschaftern — oder sie tritt, aber auch nur bei einzelnen Gesellschaftern und ausnahmsweise, gewissermaassen als Strafe ein, wenn den Vorschriften des Gesetzes nicht Folge geleistet ist, durch welche bewirkt werden soll, dass die beschränkte Verhaftung nach aussen hin erkennbar gemacht wird. Cfr. Art. 150. 163. 168.

Diese Handelsgesellschaften mit beschränkter und resp. partieller Verhaftung der Gesellschafter, namentlich und vorzugsweise die Commanditgesellschaft, dienen gleich der offenen Handelsgesellschaft dem Zwecke der Association im Handel. Nur ermöglichen sie die Betheiligung von solchen Personen bei einem handelsgewerblichen Unternehmen, denen es nicht zusagt oder sonst nicht passt, eine persönliche und solidarische Haft für alle Verbindlichkeiten der Gesellschaft mit ihrem ganzen Vermögen zu übernehmen, ebenso wie sie auf der anderen Seite auch solchen Personen, welche eine persönliche und solidarische Verhaftung übernehmen und resp. in offener Handelsgesellschaft Handelsgewerbe betreiben wollen, wozu sie aber mit eigenen Mitteln nicht stark genug sind, es möglich machen, sich Capitalien zum Betriebe des Unternehmens zu beschaffen. Bei der Commanditgesellschaft lässt sich dieses herstellen zugleich mit dem Umstande, dass die mit solcher persönlichen und solidarischen Haft eintretenden und stehenden Gesellschafter an die Spitze der Gesellschaft resp. des Unternehmens und der Geschäfte sich stellen, mit einer gewissen Souverainität; dass sie nach aussen hin als die eigentlichen Repräsentanten und Träger der Gesellschaft erscheinen, und ihre Firma zeichnen, in welcher sich ihre Namen präsentiren dürfen. Deshalb heissen sie: „persönlich haftende Gesellschafter“, man nennt sie auch: Complementaire, Geranten, Garanten, vollhaftende Gesellschafter. Im inneren Verhältniss gelten sie meist nur als einzelne Gesellschafter. Die übrigen Gesellschafter, welche nur Capital, und zwar zu einem bestimmten Betrage, hergegeben haben, sind nur mit diesem Capitalsbetrage, welcher von ihnen eingeschossen — eingelegt — ist, und nicht darüber hinaus verhaftet. Sie haben keinen Theil an der Geschäftsführung und der Vertretung nach Aussen hin; der Name keines von ihnen darf sich in der Firma präsentiren; sie nehmen recht eigentlich nur am Gewinn und Verlust Theil, welcher sich aus der Jahresbilanz ergiebt, und haben im Grossen und Ganzen nicht mehr Rechte, als dass ihnen eine gewisse Aufsicht über die Geschäftsführung zusteht, wobei jedoch nicht ausgeschlossen ist, dass ihnen in dem Gesellschaftsvertrage auch noch andere Rechte eingeräumt werden können, aber immer nur solche, welche sich innerhalb der Schranken des inneren Gesellschaftsverhältnisses befinden. Ja es geht die Absicht dieser Gesellschaften dahin, so wenig als möglich, möglichst gar nicht, mit der Geschäftsführung befasst zu sein, gar keine Mühe zu haben, aber mit dem Capital hohe Zinsen zu erzielen; ohne eigene Mühe an dem Gewinn des Handels Theil zu nehmen, ohne jedoch auch mehr zu riskiren als das eingelegte Capital. Früher, als noch die Wuchergesetze in Kraft waren, gab die Commanditgesellschaft eine passende Gelegenheit, das Verlangen nach höheren als den gesetzlichen Zinsen zu befriedigen. Aber bei manchen Arten dergleichen Associationen, z. B. der stillen Gesellschaft, sind diese Gesellschafter, welche bloss Geld hergeben, auch ganz in die Hände der geschäftsführenden, die Gesellschaft repräsentirenden und vertretenden Gesellschafter gegeben, so dass ihr eingelegtes Capital vollständig in das Vermögen und das Eigenthum dieser Gesellschafter übergegangen ist, wie ein Darlehn, und ein besonderes Gesellschaftsvermögen, gebildet aus den Einlagen resp. Antheilen der persönlich und solidarisch haftenden, beziehungsweise geschäftsführenden, die Gesellschaft repräsentirenden und vertretenden Gesellschaftern und den Einlagen der sich nur mit Capital betheiligenden Gesellschaftern, gar nicht vorhanden ist.

Aus den vorstehenden Umständen erklärt sich die Benennung dieser Gesellschafter mit: „stiller Gesellschafter“, associé en commandite“, „Commanditisten“, „Commanditaire“, im Gegensatz zu den „persönlich haftenden Gesellschaftern“, „Complementaire“, „Geranten“, und die Bezeichnung der Gesellschaft selbst, als: „stille Gesellschaft“, „societé en commandite“, „by wyze van geldschieting“, „Commanditgesellschaft“ im Gegensatz zu der offenen Handelsgesellschaft. Cfr. § 19.

2. Wenn schon immerhin die offene Handelsgesellschaft die ursprüngliche Art der Handelsgesellschaften gewesen sein mag, bei welchem sich schon früh und als ein aus ihrem Wesen hervorgehendes und ihr nothwendiges Gewohnheitsrecht der Grundsatz von der unbeschränkten persönlichen und solidarischen Verhaftung aller ihrer Gesellschafter gebildet hat, cfr.

§ 19., so sind doch auch die stillen Gesellschafter wenig jüngeren Ursprungs.

Man leitet den Namen „Commanditist“ von „commendare“, in der Bedeutung von „deponiren“ ab — nicht dem französischen „commender“, d. h. befehlen.

So findet sich „commendare“ schon in l. 186. D. de V. S. $(50._{16})$ l. 24. 26. D. depos. vel contra $(16._{3})$ — nummos — arcam clausam —, l. 14. § 4. D. de relig. etc. $(11._{7})$ — ad corpus custodiendum, vel etiam commendandum; gleichbedeutend mit deponore. Dieselbe Bedeutung und auch die von „leihen“ und „hingeben“ hat „commendare“ auch in den ältesten germanischen Volksrechten, z. B. in der Lex Salica ed. Merkel No. 261., de terra commendata —. Commenda, commendum, accommenda, italienisch: accomandite, französisch: commande.

Der Name „Commanditgesellschaft“ führt sich auf ältere, mitunter sehr alte Etablissements des italienischen und französischen Handelsrechts zurück. Dieselbe Bedeutung liegt dem Ausdruck „Commandite“ — Zweigniederlassung, Filiale, Succursale, Nebencomptoir — zum Grunde. Wenn hier auch nicht an eine Commanditgesellschaft gedacht wird, so ist doch gewissermaassen von dem Inhaber des Hauptetablissements dem Vorsteher oder Inhaber der Commandite das erforderliche Geschäftscapital anvertraut, auch besteht eine Mitverhaftung für die Verbindlichkeiten der Commandite. Nicht minder liegt in dem altdeutschen „Commendator“ (Commenthur, Comthur) das „commendare“ — anvertrauen, zum Grunde. Cfr. Anschütz a. a. O. Bd. 2. S. 340 ff. Noten 22—27.; Goldschmidt diss. de soc. en comm. § 2 ff. Laband in Goldschmids Zeitschr., Bd. VII. S. 305. Note 8.; cfr. auch Treitschke, Gewerbsgesellschaft 2. Aufl. 1844. S. 17., welche letztere aber die Ableitung von „commander“ — befehlen — angenommen hat. Doch wenn die Ableitung des Worts „Commanditgesellschaft“ in obiger Weise gemacht wird, so ist damit, anlangend das Wesen der Commanditgesellschaft des Handelsgesetzbuchs, nicht gemeint, dass auch im strengen Sinne des Worts, ein „Anvertrauen“ des eingelegten Capitals Seitens des Commanditisten, dem Complementair, stattfinde; das würde wohl bei der stillen Gesellschaft — Art. 250 ff. — der Fall sein. Cfr. v. Hahn zu Art. 150. S. 489. Note 2.

3. Es ist nun schon vorher § 5 davon Erwähnung gethan worden, dass das Allgemeine Deutsche Handelsgesetzbuch von den „stillen Gesellschaften“ die Commanditgesellschaft mit ihrer Unterart der Commanditgesellschaft ausgeschieden, besonders behandelt, die übrigen stillen Gesellschaften aus den Categorien der Handelsgesellschaften gestrichen, und ihnen besondere Bestimmungen im dritten Buch gewidmet hat; eine Behandlung, welche von der der übrigen neueren Handelsgesetzbücher und auch von dem Preussischen Entwurfe abweicht.

Zwei Auffassungen der sillen Gesellschaft machten sich nemlich geltend, welche sich auch schon aus dem Vorgesagten ergeben. Die eine Auffassung betrachtete die stille Gesellschaft lediglich als ein zwischen dem Complementär und dem stillen Gesellschafter begründetes Rechtsverhältniss. Die andere sah sie als eine Modification der offenen Handelsgesellschaft an, als sich auch nach aussen hin als Gesellschaft präsentirend, und mit einem besonderen Gesellschaftsfonds versehen, dessen Rechtsubjecte die sämmtlichen Gesellschafter. Dieser letzteren Auffassung huldigte der Preussische Entwurf und wandte deshalb die Vorschriften der offenen Handelsgesellschaft, namentlich auch die Eintragung in das Handelsregister auf die stille Gesellsellschaft an, soweit nicht die speziellen Bestimmungen über letztere entgegenstanden. In erster Lesung gelangte man indessen zu der anderen Auffassung, und verwarf deshalb verschiedentlich die Anwendung der Bestimmungen der offenen Handelsgesellschaft, namentlich die Eintragung. Aber man kam hierbei ins Gedränge. Protok. S. 287—309. Die Redactionscommission versuchte Aushülfe, indem sie einen neuen Entwurf ausarbeitete, dabei namentlich die Eintragung wieder aufnahm, und die stille Gesellschaft im Wesentlichen, sowie der Preussische Entwurf behandelte. Doch in der zweiten Lesung lies man beiden Auffassungen Anerkennung widerfahren, und daraus entwickelte sich die vorerwähnte Scheidung; indem man zwei Arten stiller Gesellschafter sonderte; die eine als Handelsgesellschaft mit beschränkter Betheiligung Einzelner, organisirt nach der Art der offenen Handelsgesellschaft unter den Namen Commanditgesellschaft, — sie erhielt ihren Platz im 2. Buch —; die andere nicht als Handelsgesellschaft, nur als ein Betheiligungsverhältniss einer Person an dem Handelsgewerbe eines Kaufmanns, welches nach Aussen nicht hervortritt, und welchem der Name „stille Gesellschaft“ beigelegt wurde, resp. welche diesen Namen sozusagen behielt. Cfr. Prot. 1030—1033. 1077—1094. und 1109; 1094—1109, 1151—1157, 1146—1179; cfr. auch v. Hahn, Comm. Vorbemerkung zu Tit. II. S. 484. 485.

Hieran wurde in dritter Lesung im Wesenstlichen nichts geändert; sondern nur bei der stillen Gesellschaft noch schärfer hervorgehoben: dass sie lediglich auf und in einem zwischen dem Complementair und dem stillen Gesellschafter in Bezug auf das von dem Ersteren betriebene Handelsgewerbe bestehenden Verhältniss beruhe, dem entsprechend man die Verhaftung des stillen Gesellschafters bloss auf den ihn vertragsmässig treffenden Theil der Handlungsschulden beschränkte, und ihm wegen des dadurch nicht absorbirten Theils seiner, in das Vermögen des Complementars übergegangenen, Einlage im Concurse der Letzteren ein Rückforderungsrecht concedirte: die Commanditgesellschaft aber rücksichtlich der rechtlichen Zusammenhörigkeit des Gesellschaftsfonds und bezüglich des Gesellschaftsconcurses den Rechtssätzen über die offene Handelsgesellschaft unterstellte. Prot. S. 2547—4552. S. 4527. Cfr. Art. 250. 252. 258. Art. 150. 157. 165. 166. 169.

4. Die für beide Gesellschaftsarten, die Conmmanditgesellschaft, und

die stille, gemeinsamen Sätze und die sie unterscheidenden Momente, sind bei von Hahn Comm. Vorbemerkung a. a. S. 486—488 sorgsam zusammengestellt.

Gemeinsam haben beide folgendes:

a. Betrieb eines Handlungsgewerbes für Rechnung aller Gesellschafter jedoch mit beschränkter Betheiligung am Verlust. Art. 150. 161. Alin. 2. Art. 165. Alin. 1. Art. 255. Alin. 2; ausgenommen, wenn der Name eines Commanditisten oder stillen Gesellschafters in der Firma enthalten ist, wo unbeschränkte Verhaftung eintritt. Art. 168. Art. 257.

b. Vertretung der Gesellschaft kann ebensowenig ein Commanditist, wie ein stiller Gesellschafter weder fordern noch als solcher übertragen bekommen; wohl aber mit Geschäftsführung ohne Vertretung darf er betraut werden, indessen auch dazu hat er weder ein Recht noch eine Verpflichtung Art. 158. 157. 251.

c. Das Verbot der offenen Handelsgesellschaft: in dem Handelszweige der Gesellschaft für eigene Rechnung Geschäfte zu machen und an einer gleichartigen Handelsgesellschaft als offener Gesellschafter Theil zu nehmen — Art. 96. — findet auf den Commanditisten auch auf den stillen Gesellschafter keine Anwendung Art. 159.

d. Zur Bilanzprüfung sind Commanditist, sowie stiller Gesellschafter gleich berechtigt Art. 160. 253., jedoch wird bei ihnen die Participation am Gewinn und Verlust nicht nach Kopftheilen regulirt, sondern, in Ermangelung vertragsmässiger Regulirung durch richterliches Ermessen Art. 162. 254. Ein Anspruch auf Gewinnauszahlung findet, so lange die ursprüngliche Einlage durch Verlust vermindert ist, nicht statt Art. 161. Alin. 3. Art. 255. Alin. 2.

e. Beide Gesellschaften haben dieselben Auflösungsgründe. Art. 170. Art. 261—264.

Aber sie unterscheiden sich:

a. in der Firma. Während die Commanditgesellschaft eine gemeinschaftliche Firma hat, wie die offene Handelsgesellschaft, hat die stille Gesellschaft eine solche nicht; bei ihr hat nur der Complementar die Firma, welche aber auch keinen, das Verhältniss einer Handelsgesellschaft andeutenden Zusatz annehmen darf. Art. 150. 152. Alin. 1. Art. 17. Alin. 2. Art. 251 und 16. Alin. 2.

b. in der Eintragung; indem keine, die stille Gesellschaft betreffende Thatsache in das Handelsregister eingetragen werden kann, wogegen dies bei der Commanditgesellschaft hinsichtlich der Errichtung resp. Auflösung und anderer ihre Verhältnisse betreffende Ereignisse resp. Thatsachen, wie bei der offenen Handelsgesellschaft geschehen muss. Art. 151—156. 171.

c. hinsichtlich des Gesellschaftsvertrags. Hier zeigt sich so recht der Character der stillen Gesellschaft. Während nemlich bei der Commanditgesellschaft der Gesellschaftsvertrag von jeder beliebigen Zahl Contrahenten, persönlich haftender Gesellschafter, sowohl wie Commanditisten, abgeschlossen werden kann, und diese Gesellschaft durch einen Gesellschaftsvertrag — allerdings mit Zulassung von Zusätzen, Abänderungen, Nachträgen — entrirt wird, kann die stille Gesellschaft immer nur durch einen Vertrag von bloss zwei Contrahenten abgeschlossen werden, nemlich dem Complementar und einem stillen Gesellschafter; aber der Complementar kann auch mehre stille Gesellschaften nebeneinander errichten und resp. abschliessen, deren stille Gesellschafter unter sich in gar keiner Beziehung stehen.

d. betreffend Gesellschaftsvermögen und Erwerb. Die Commanditgesellschaft hat ein Gesellschaftsvermögen, d. h. ein besonderes, einen Gesellschaftsfond; sie kann ein solches erwerben; dazu gehören die Einlagen der Gesellschafter und der Erwerb unter der Firma Art. 169. Die stille Gesellschaft hat das nicht, Einlage des stillen Gesellschafters und der Erwerb gehen in das Vermögen des Complementairs über und zwar als sein Eigenthum. Art. 252. Alin. 1.

e) Rücksichtlich der Verhaftung und der Gesellschaftsgläubiger. Wenn der stille Gesellschafter in gar keinem Verhältniss zu den Gesellschaftsgläubigern steht, waltet zwischen dem Commanditisten und dem Gesellschaftsgläubiger wenigstens insofern ein Verhältniss ob, als der Commanditist, wenigstens im Bereiche seiner Verhaftung mit seiner Einlage für die Schulden der Gesellschaft obligirt ist. Art. 256. Art. 165. Bei dem stillen Gesellschafter wird seine Einlage nur durch die Handlungsschulden des Complementars und bloss ratirlich vermindert. Art. 165. 258. Entnimmt der Commanditist den ihm gutgeschriebenen Gewinn nicht aus der Gesellschaftskasse, so vermehrt er seinen Gesellschaftsantheil und haftet mit diesem vermehrten Gesellschaftsantheil; bei dem stillen Gesellschafter findet eine solche Zuschlagung zum Gesellschaftsantheil nicht statt. Art. 261. Art. 255. Alin. 3.

f) Bei der Auflösung. Hier folgt bei der Commanditgesellschaft der Auflösung die Liquidation; bei der stillen Gesellschaft eine blosse Auseinandersetzung zwischen dem Complementar und dem stillen Gesellschafter oder seinen mehren stillen Gesellschaftern, deren Forderungen er zu berichtigen hat. Art. 172. Art. 265. Was man sonst Liquidation einer Gesellschaft nennt, findet nur bei dem Complementar statt, die stillen Gesellschafter haben sich darin nicht zu mischen. —

5. Die Commanditgesellschaft hat eine Unterart, die sogenannte Com-

manditgesellschaft auf Actien, von welcher wir weiterhin noch besonders zu sprechen haben; bei der das Capital der Commanditisten in Actienantheile zerlegt ist. Dass man das Capital der Commanditisten, überhaupt dass man das aus den Einlagen der Gesellschafter gebildete Gesellschaftsvermögen einer Handelsgesellschaft in Antheile zerlegt, namentlich hinsichtlich der leichteren Gewinnvertheilung ist nichts Merkwürdiges oder Absonderliches, so etwas kann auch bei der offenen Handelsgesellschaft vorkommen, nur sind diese Antheile nicht mobil wie bei der Commanditgesellschaft auf Actien und bei der reinen Actiengesellschaft. Cfr. § 15 No. 2 u. 4.

6. Die Commanditgesellschaften sind lange nicht in einem so ausgedehnten Gebrauch gewesen wie die offene Handelsgesellschaft. In neuerer Zeit sind sie bei der grossen Ausbildung und den bedeutenden Umsichgreifen des Actienwesens, oder vielleicht richtiger bezeichnet, Actienunwesens, noch mehr in den Hintergrund getreten. Die Actiengesellschaft ist für die Zwecke, welche man verfolgt, die bequemere Form, nachdem die landesherrliche Bestätigung beseitigt ist. Die Schwierigkeiten, welche diese machte, trieben früher wohl noch zur Formirung der Gesellschaften als Commanditgesellschaften. Bei der Commanditgesellschaft und der Commanditgesellschaft auf Actien, ebenso auch bei der stillen Gesellschaft kommt es wesentlich und hauptsächlich auf die Persönlichkeit und die Creditfähigkeit resp. Geschäftstüchtigkeit der Complementäre an, in deren Hand ja die Geschäftsführung und Vertretung der Gesellschaft allein liegt. Auch ist ja die Existenz dieser Gesellschaften mit der Person der Complementare so eng verbunden, dass sie unter Umständen durch den Tod derselben, wie durch Ausscheiden gefährdet wird; was bei der Actiengesellschaft nicht der Fall.

In England sind die Commanditgesellschaften gar nicht im Gebrauch; auch Commanditgesellschaften auf Actien, welche früher das englische Recht nicht kannte, haben sich erst in neuerer Zeit gebildet und in der Regel so: dass die Directoren einer eigentlichen Actiengesellschaft eine unbeschränkte Haftung übernommen haben. Dadurch wird allerdings ein unseren Commandit-Actiengesellschaften ähnliches Verhältniss hergestellt, aber nach dem Allgemeinen Deutschen Handelsgesetzbuch wäre es unmöglich, solche Gesellschaft zu bilden, insonderheit wenn die Actien auf Inhaber lauten. In den Vereinigten Staaten Nord-Amerikas wird die Commanditgesellschaft mit der Beschränkung zugelassen, dass nicht über sechs Commandisten beitreten — United partner — und dass die Gesellschaft weder Bank- noch Assecuranzgeschäfte betreibt. In Deutschland giebt es ebenfalls keine Commanditgesellschaften, welche Assecuranzgeschäfte betreiben, das kommt aber nicht aus dem Gesetz, sondern daher, dass die Regierungen, welche sich die Concessionirung der Assecuranzgeschäfte vorbehalten haben, die Concession zum Betriebe derselben, an keine Commanditgesellschaften ertheilen.

7. Wir haben vorher gesehen, dass die Commanditgesellschaft aus

persönlich haftenden Gesellschaftern, Complementaren, besteht und aus Gesellschaftern, welche sich nur mit Vermögenseinlagen betheiligen, Commanditisten, dass aber bei der stillen Gesellschaft sich Einer an dem Handelsgeschäft eines Andern betheiligt. Es sind nun aber nicht alle und jede Betheiligungen von anderen Personen neben und bei einem Kaufmann, einem Principal, resp. in seinem Handelsgewerbe, auch gleich als Commandit-Gesellschaftsbetheiligungen und die Betheiligten als Commandisten anzusehen oder als stille Gesellschafter. Nur wenn eine Betheiligung an dem Geschäfte selbst, mit einer bestimmten Einlage in Gelde oder Geldeswerth stattfindet, dann kann von einer Commanditgesellschaft oder einer stillen Gesellschaft geredet werden. Namentlich ist der sogenannte commis interressée, sind blos mit Antheilen am Gewinn Betheiligte, z. B. Arbeiter, nicht auch gleich schon Commandisten oder stille Gesellschafter.

8. Der commis interressée ist eben ein Commis, ein Handlungsgehülfe, im Gegensatz zum Principal; mag dieser Principal ein Einzelkaufmann sein; oder mögen der oder die Complementaire oder auch die ganze Gesellschaft als Principal angesehen werden. Der commis interressée leistet in einem Handlungsgewerbe resp. Geschäfte Dienste, und es ist ihm neben seinem Baargehalt, oder als ein Theil des Baargehaltes ein Antheil am Gewinn versprochen. Der Grund hierzu liegt nahe; nemlich bei dem Commis eigenes Interesse für das Geschäft zu erregen, und resp. ihm, je nachdem das Geschäft prosperirt ein höheres Salair zukommen zu lassen. Nicht wie bei dem Commandisten treibt ihn die Absicht, mit seinem Capital, welches er einlegt, höheren Zinsengenuss sich zu verschaffen zur Vergesellschaftung mit einem Anderen, sondern dieser Andere will in ihm, einem Engagirten, grösseren Eifer für das Geschäft erwecken. Es wird von ihm von Anfang an davon ausgegangen, dass der Commis in dem Geschäfte thätig sein und zwar eine möglichst umsichtige und angestrengte Thätigkeit entwickeln soll, welche für das Geschäft recht erspriesslich ist. Dagegen will der Commanditist und soll er, im Geschäft gar keine Thätigkeit entfalten. Ein solcher commis interressée bleibt dann aber auch ein blosser Commis, ein blosser Handlungsgehülfe, er nimmt seinen Gewinnantheil stets aus dem Geschäft, dieser wird nie dem Gesellschaftsvermögen zugeschlagen. Freilich kann er Commanditist oder stiller Gesellschafter werden, wenn er ausserdem sich wirklich als Gesellschafter mit einer Einlage, auch mit einer in Diensten bestehenden, an dem Geschäft betheiligt. Den Commis erster Art kann der Principal jederzeit in Gemässheit des Art. 62 (61) entlassen, den der letzteren Art allerdings nicht.

9. Aus solcher Betheiligung am Gewinn neben dem Baar-Salair hat sich ein förmliches System entwickelt, das sogenannte Tantièmesystem, welches sich in vielen Handesgesellschaften findet, und bei den Angestellten, Beamten, Bedientesten, deren Titel heute sehr verschieden sind, angewendet ist, so dass diese Personen, welche eigentlich im Sinne des Allgemeinen

Deutschen Handelsgesetzbuchs nur zur Categorie der Procuristen, Handlungsbevollmächtigten resp. Handlungsgehülfen gehören, mit Tantièmen vom Reingewinn in den Gesellschaftsverträgen, Statuten resp. den mit ihnen besonders geschlossenen Engagementsverträgen bedacht worden sind.

Eine in neuerer Zeit auch in Deutschland mehr oder weniger in Anwendung gekommene, aus England herübergekommene, Betheiligung der Bediensteten und Arbeiter, ist die Betheiligung dieser Personen am Gewinn nach der Form der englischen Gesellschaftsart der Industrie Partnerships. Wenn bei diesen Gesellschaften die Arbeiten nur nach Maassgabe der Summen der von ihnen im Laufe des Jahres verdienten Arbeitslöhne oder Remunerationen noch einen Antheil am Gewinn haben, ohne dass sie an dem Geschäft selbst betheiligt sind, so ist rücksichtlich ihrer keine Handelsgesellschaft vorhanden. Wohl aber kann eine solche angenommen werden, wenn die Arbeiter am Geschäfte betheiligt sind, Geschäftsantheile haben, sogenannte Arbeiter-Actionaire, und es bleibt dann zu untersuchen, zu welcher Categorie von Handelsgesellschaften eine solche Gesellschaft gehört. Cfr. Anschütz a. a. O. Bd. 2. S. 334—335. Engel, der Arbeitsvertrag und die Arbeitsgesellschaft, im „Arbeiterfreund" 5. Jahrgang 1867. S. 129 ff. 140. 150. — Das Industrial Partnership System, Augsburg 1868 v. H. Huber; Die Dividendengenossenschaft in der Druckerei von P. Dupont & Comp. zu Paris —, Beilage zur Allgemeinen Zeitung 1865. No. 357. Ein Beispiel war die hier in Berlin gegründete Arbeitsgesellschaft — Industriel Partnership — des Neuen Berliner Messingwerks von W. Borchert, welche man unter die Commandit-Actiengesellschaft oder doch unter die Commanditgesellschaft subsummiren konnte. Cfr. Engel a. a. O. S. 153.

Auch bei anderen Personen als Arbeitern, bei Geschäftskunden finden solche Betheiligungen statt z. B. bei der Commandit-Actiengesellschaft Gewerbebank H. Schuster & Comp. in Berlin. Dieselbe betheiligt statutenmässig die Gewerbetreibenden resp. Fabrikanten, welche ihre Geschäftskunden sind am Reingewinn, und lässt sie auch durch gewählte Delegirte in den General-Versammlungen vertreten, nach einem besonderen vom Aufsichtsrath erlassenen Reglement. Doch diese Personen sind keine Commanditisten. —

§ 21.

Die Commanditgesellschaft auf Actien. Commandit-Actiengesellschaft.

1. Sie ist eine Unterart der Commanditgesellschaft. Im Preussischen Entwurf heisst sie noch „stille Gesellschaft auf Actien."

Der wesentliche Unterschied zwischen der Commandit-Actiengesellschaft und der Commanditgesellschaft besteht darin: dass bei ersterer das Gesellschafscapital in einzelne Antheile — Actien genannt — zerlegt ist, Antheile von gleicher Grösse, über welche, besondere Documente — ebenfalls Actien genannt — ausgestellt werden; die soweit sie aus den Einlagen der Commanditisten bestehn, veräusserlich sind, wodurch dann ein Wechsel in den Personen der Commanditisten enstehen kann; auch sogar von Anfang an in Aussicht genommen ist. Die Einlage selbst bleibt natürlich stets in dem Gesellschaftsfond.

Aus dieser Mobilisirung der Personen der Commanditisten ergiebt sich zugleich, dass es auf die Commanditisten und ihre Persönlichkeiten weniger ankommt als bei der gewöhnlichen Commanditgesellschaft. Sie werden daher auch nicht zur Eintragung angemeldet, und haben bei der Eintragung der Errichtung der Gesellschaft resp. wesentlichen Veränderungen während des Bestehens derselben nicht mitzuwirken. Diese Commanditactionaire kommen auch überhaupt weniger, wie bei der gewöhnlichen Commanditgesellschaft als einzelne Personen in Betracht, namentlich im Verhältniss zu den persönlich haftenden Gesellschaftern, sondern nur als eine, zu einem besonderen Gesellschaftsorgan vereinigte, Gesammtheit von Personen. Sie üben in dieser Gesammtheit, in der sogenannten Generalversammlung, die bei der gewöhnlichen Commanditgesellschaft den einzelnen Commanditisten zustehenden nnd von diesen, das heisst von jedem Einzelnen wahrzunehmenden Rechte aus; oder sie sind bei Ausübung ihrer Rechte durch einen Ausschuss, den sogenannten Aufsichtsrath vertreten.

2. Die Commandit-Actiengesellschaften nähern sich durch diese Einrichtung den reinen Actiengesellschaften. Doch von diesen unterscheiden sie sich wieder wesentlich, erstlich, dass sie persönlich haftende Gesellschafter haben, welche nicht bloss mit Einlagen betheiligt sind, sondern mit ihrem ganzen Vermögen persönlich und solidarisch haften, und zweitens, dass ihre Actien stets auf bestimmte Personen und deren Namen gestellt sind und lauten, also nicht auf jeden Inhaber; ferner, dass sie, nicht wie die Actiengesellschaften, reine Capitalgesellschaften sind, bei denen die Inhaber der einzelnen Capitalantheile ganz gleichgültig.

3. Vor dem Erscheinen des Allgemeinen Deutschen Handelsgesetzbuchs hat es zwar in Deutschland Commanditgesellschaften auf Actien gegeben, allein ohne gesetzliche Regelung; diese ist erst durch das Allg. Deutsche Handelsgesetzbuch erfolgt. Auch zur Errichtung von Commanditgesellschaften auf Actien veranlasste in vielen, wohl in den meisten Fällen die landesherrliche Concession oder Genehmigung, welche so ziemlich allgemein zur Errichtung von Actiengesellschaften erforderlich war, die Schwierigkeit, dieselbe zu erlangen, der Zeitverlauf, welcher bei den Concessionirungen unvermeidlich, der Mangel an gesetzlicher Regelung des Concessionswesens und die Willkühr der Behörden, der Alles anheim gegeben war, oft schon die Besorgniss der Versagung der Concession, die Besorgniss nutzloser Mühen und Geldausgaben, weil eben bei den Commandit-Actiengesellschaften jene Genehmigung nicht erforderlich war; die französischen Actiencommanditgesellschaften nahm man sich bei der Bildung zum Muster.

In Frankreich ist nämlich die Wiege dieser Art von Handelsgesellschaften. Dort sind sie als Unterart der Commanditgesellschaften entstanden, lange vorher ehe sie anderswo auftraten; und schon im Code de commerce Art. 38. erwähnt, jedoch auch hier zuerst ohne weitere besondere gesetzliche Regelung, in dem nur gesagt ist: „Das Capital einer Commanditgesellschaft kann auch in Actien zerlegt werden.“ Das holländische, Wetboek van Koophandel, befasst sich mit ihnen gar nicht, obwohl man es auch in Holland rechtlich nicht für unzulässig erachtet, das Capital der Commanditisten in Actien zu zerlegen, und sogar Actien auf Inhaber zulassen will. Cfr. van Nierop Themis VI. p. 99.; dagegen aber de Pinto Themis V. p. 276.; Wetboek van Koophandel, von Schuller en Waller, Utrecht 1857.

Bis zu den dreissiger Jahren dieses Jahrhunderts hatte das Institut der Commandit-Actiengesellschaften auf französischem Boden üppig gewuchert, aber meist als Unkraut. Die allgemeine Geldcorruption gab ihm üppige Nahrung. Die Zahl der Commandit-Actiengesellschaften war ins Unglaubliche gestiegen, es hatte aber auch der Schwindel in unglaublicher Weise darin ein ergiebiges Feld der Ausbeute gefunden, und toller gewirthschaftet, als heut zu Tage auf dem Gebiete der Actiengesellschaften. Die Verhältnisse der Commandit-Actiengesellschaften waren dazu vorzugsweise günstig, und der Mangel jeder gesetzlichen Regelung liess dem Schwindel Thür und Thor offen. Das ging so fort bis 1856. Als Beispiele eclatanter Extraxaganzen in dieser Beziehung mögen die von Schaeffle in seiner „National-Oecenomie“ (1861) S. 209. aufgeführten, auch von Anschütz a. a. O. Bd. 2. S. 392., Note 2. erwähnten Fälle dienen. In Paris hatte sich (1855) eine Commanditgesellschaft auf Actien etablirt: „pour le mariage de l'Amerique et de l'Afrique“; Gesellschaftscapital 20 Millionen Francs, eingetheilt in Actien zu 1 Frank, d. h. 8 Silbergroschen. Aecht französisch! Bei einer anderen Commanditgesellschaft auf Actien hatten die Actienschwindler die Actien auf einer Tenne mit Besen durcheinanderfegen lassen, um denselben den Anstrich currenter Papiere zu geben. Aehnlich wie jener Holzungsgerechtigkeiten — Privilegien — Fabrikant, welcher Servitutenurkunden vom König Casimir in Polen fabricirte, und sie, um ihnen das Aussehen alter vergilbter Pergamente zu geben, in einer Tonne geräuchert hatte. Diese Sorte von Commandit-Actiengesellschaften und ihre Gründer gingen lediglich auf Raub aus, der Name: „Combanditgesellschaften“ wäre für sie passender gewesen.

Solches schwindelhafte Treiben bewog die französische Regierung im Wege der Gesetzgebung einzuschreiten, was aber erst durch das Specialgesetz vom 14. Juli 1856 erfolgte. Durch dieses Gesetz wurden die Commanditgesellschaften auf Actien — sociétés en commandite par actions — sehr strengen Vorschriften unterworfen. Wie es nicht selten geschieht, hatte man dabei in mancher Hinsicht zu viel gethan, und dem Verkehr Schranken angelegt, ohne dem Unfug wirksam direct zu steuern.

Dieses französische Gesetz ist bei der Abfassung des Allgemeinen Deutschen Handelsgesetzbuchs benutzt worden.

Von den ersten bedeutenderen Commanditgesellschaften in Deutschland ist die in Preussen bereits im Jahre 1851 etablirte „Berliner Discontogesellschaft" zu erwähnen, welche in ihrem Statut (1851) es geradezu ausspricht, dass „so lange der Staat die Genehmigung zur Errichtung einer Actiengesellschaft nicht ertheilt, sie die Firma einer stillen Gesellschaft annehme", und im Jahre 1856 die Form der Commanditgesellschaften auf Actien ausdrücklich annahm. Sie besteht aber noch heute als solche; ebenso die im Jahre 1856, am 2. Juli, also auch lange vor der Emanation des Handelsgesetzbuches gegründete „Berliner Handelsgesellsschaft", so wie die im Jahre 1863 etablirte „Gewerbebank H. Schuster & Comp." und die 1864 gegründete „Deutsche Genossenschaftsbank von Sörgel, Parrisius und Co."

4. Es ist vorher schon bemerkt worden, dass nicht in allen Fällen die staatliche Concession bei Actiengesellschaften das Motiv zur Gründung von Commanditgesellschaften auf Actien in Deutschland gewesen ist. Es sind dann mehrere auch entstanden, wo man gar keine Actiengesellschaft bezweckte, und die Form der Commanditgesellschaft auf Actien um ihrer selbstwillen wählte. Man würde die Form der einfachen Commanditgesellschaft angenommen haben, wenn nicht die, im heutigen Verkehrsleben vorherrschende Tendenz die Gesellschaftsantheile des Commanditisten durch Einkleidung in Actien soviel als möglich übertragbar und negociabel zu machen, dazu veranlasst hätte. Die Commanditgesellschaften haben vor den Actiengesellschaften das, dem Handelsverkehr sehr Genehme und Passende, dass sie sich auf bestimmte Persönlichkeiten, als persönlich haftende Gesellschafter, und die unbeschränkte Haft derselben stützen, ein Umstand, der freilich auch, wenn nicht Vorkehrungen getroffen sind, wie wir weiterhin sehen werden, den Keim zum plötzlichen Erlöschen der Existenz der Gesellschaft in sich führen kann. —

Nachdem nun durch das Gesetz vom 11. Juni 1870 — vorher § 13. 14. — die staatliche Genehmigung der Actiengesellschaften abgeschafft war, ist jenes Motiv zur Errichtung von Commanditgesellschaften auf Actien fortgefallen. In den Motiven dieses Gesetzes findet sich vorhergesagt: „dass nun die Form der Commanditgesellschaften auf Actien noch mehr ungebräuchlich werden werde", welche überhaupt nur stellenweise Wurzel gefasst habe. S. 23.

Nun jene obenerwähnten Bankinstitute und andere ausserhalb Berlin in Deutschland noch etablirte, z. B. der „Barmer Bankverein, Hinsberg, Fischer & Co.", gegründet 29. März 1867, sind doch recht sehr bedeutende, weltbekannte Handelsgesellschaften mit mächtigen Grundcapitalien.

5. Man hat überhaupt die Commanditgesellschaften auf Actien etwas scheel angesehen. Freilich der Schwindel, welchen man damit in Frankreich

getrieben hatte, liess sie in den Augen derer, die sich von dem Bevormundungssystem nicht lossagen konnten, und bei ängstlichen Gemüthern als eine wahre Ausgeburt des Satans erscheinen, welche als Handelsinstitut freilich in das Handelsgesetzbuch aufgenommen war, aber besser weggeblieben wäre und wenn irgend möglich, wenn es auch nicht gesetzlich anging, so doch factisch beseitigt werden müsste.

Allein die Sache ist nicht so schlimm. Die vielen Vorwürfe, welche man den Commanditgesellschaften auf Actien gemacht hat, sind nicht gerechtfertigt, wenigstens nicht in dem Institute selbst. Man könnte eben dasselbe auch von der offenen Handelsgesellschaft und von den reinen Actiengesellschaften sagen. Wenn im Handel das Hauptfundament derselben erschüttert ist: „Treue und Glauben“; wenn es bei Errichtung von Handelsgesellschaften nicht auf die Etablirung eines Geschäftes, auf die Führung desselben, mit Treue und Glauben und mit der Vorsicht und Umsicht eines guten Kaufmanns ankommt, nicht auf Wahrnehmung der Interessen aller Betheiligten und auf die Erstrebung eines Zweckes in dieser Richtung, sondern auf Schwindel und Füllung des Säckels mit dem Vermögen Anderer, und auf Kosten Anderer, dann sind alle Arten von Handelsgesellschaften auch gleich geeignet, diesen schlechten Absichten zu dienen. Der Beweis liegt heute in dem Actienschwindel bei den Actiengesellschaften zu Tage.

Die Commanditgesellschaften auf Actien verdienen nicht die Philippika, welche man hier und da gegen sie losgelassen hat, oder; wo sie degenerirt sind, verdienen sie dieselbe nicht wegen ihrer Institutionen, sondern wegen der leitenden Persönlichkeiten. In dieser Beziehung stehen sie aber der Actiengesellschaft und der offenen Handelsgesellschaft gleich.

Wie sich mit den Einrichtungen der Commanditgesellschaft reell, gut und glücklich operiren lässt, das zeigen viele noch heute bestehende Commanditgesellschaften auf Actien, namentlich von den vorher erwähnten, zu welchen wir noch hinzufügen wollen die hier 1869 gegründete „Deutsche Handelsbank“, Commanditgesellschaft auf Actien, L. Lambrecht, R. Lange, welche mit einem geringen Grundcapital angefangen, sich allmählich heraufgearbeitet hat.

Man wird auch fernerhin die Form der Commanditgesellschaften auf Actien wählen, wo es auf das Vorhandensein bestimmter voll und solidarisch haftender Personen ankommt, und man die Vortheile der beschränkten Haft, sowie die der Emission von Actien nur für die Commanditisten erreichen will; wo diejenigen, welche ihr Geld zu einem Unternehmen hergeben, ohne an der Geschäftsführung sich zu betheiligen und ohne eine weitere Haft, als die ihrer Einlagen übernehmen zu wollen, hauptsächlich ihr Augenmerk auf bestimmte Persönlichkeiten richten und das Vertrauen, welches diese bestimmten Personen wegen ihrer Geschäftstüchtigkeit, ihrer Gesinnung und ihrer Creditwürdigkeit geniessen oder einflössen, und wenn man sich diese Personen zugleich an der Spitze der Gesellschaft zu erhalten wünscht. Auf der Seite der persönlich haftenden Gesellschafter liegen ebenfalls Gründe vor, die Form der Commanditgesellschaft auf Actien vor der Actiengesellschaft zu wählen. Sie werden es thun: wenn sie sich die Leitung des von ihnen ins Leben gerufenen Unternehmens sichern wollen, oder wenn sie ein hohes Vermögensinteresse daran haben, beziehungsweise zu dem Unternehmen besondere, ihnen eigene oder mit Mühe erworbene Kenntnisse und Fähigkeiten erforderlich sind, und sie Alles dieses, sowie ihre Mühen und Arbeiten nicht der Willkühr der beliebig wechselnden Actionaire und allerhand Intriguen preisgeben wollen, wenn sie sich dagegen sichern wollen, dass eine Generalversammlung oder ein Aufsichtsrath, aus erstwelchen Gründen, sie von der Leitung des Unternehmens absetzt.

Alles dieses ist allerdings von beiden Seiten bei der Gründung der Gesellschaft reiflich zu überlegen. Die Personen, welche bei den Commanditgesellschaften auf Actien an die Spitze treten und die Geschäftsführung mit voller solidarischer Haft übernehmen, werden sich diese von den Commanditisten nicht nehmen und sich von ihnen nicht viel in die Geschäfte dreinreden lassen. Dagegen dürfen die Commandit-Actionaire auch nicht daran denken, jenen die Geschäftsführung ganz oder theilweise aus den Händen zu nehmen, es sei denn, dass sie von Gesetzeswegen entfernt werden können, was dann aber die Existenz der Gesellschaft gefährdet.

Freilich die Solidität des Unternehmens, die Basis, auf welcher eine Handelsgesellschaft in Bezug auf das Vermögen aufgebaut wird, bei Commanditgesellschaften auf Actien und Actiengesellschaften das Capital der Gesellschaft, und bei ersteren die Vermögenslage der Geschäftsführer = Gesellschafter, sind Hauptfactoren der Prosperität des Unternehmens, im Uebrigen und gleichfalls Hauptfactor ist die Tüchtigkeit, Treue und Redlichkeit der Leiter; ja der zweite Factor überwiegt in dieser Beziehung noch den ersteren. Das Capital, wenn auch noch so bedeutend, vermag die Prosperität nicht zu erzielen, ja es vermag oft nicht den Ruin einer Gesellschaft aufzuhalten, wenn die Leiter, mit einem Wort gesagt — nicht redlich und tüchtig sind. In dieser Hinsicht wird aber kein Unterschied obwalten zwischen Actiengesellschaften und Commanditgesellschaften auf Actien, ja es ist die Frage, ob bei letzterer Form die Commanditisten, wenn sie tüchtige, kreditwürdige, redliche und treue persönlich haftende Gesellschafter haben, nicht besser fahren, als bei Actiengesellschaften.

Es soll hierbei nicht verkannt werden, dass die Form der Commanditgesellschaften auf Actien nicht für jedes Unternehmen geeignet ist. Die Natur des Unternehmens bringt es oft mit sich, die reine Actiengesellschaft als die vorzügliche Form erscheinen zu lassen.

Es sind auch einige Unternehmungen z. B. Eisenbahnen und Versicherungsgeschäfte, zwar nicht von Gesetzeswegen direct, aber durch das Concessionswesen indirekt von der Form der Commanditgesellschaft auf Actien ausgeschlossen. Man ertheilt z. B. in Preussen den letzteren keine derartige Concessionen. Die Gründe liegen aber ebensosehr in der besonderen Natur des Unternehmens, namentlich in der damit verbundenen Gefahr für das Publicum, welche eine Staatsaufsicht und die Möglichkeit des Einschreitens nothwendig erscheinen lässt, die bei den Actiengesellschaften, wegen der jederzeitigen Amoribilität der Leiter ohne Gefährdung der Existenz der Gesellschaft leichter ermöglicht ist, als bei der Commanditgesellschaft auf Actien.

Wir haben in Vorstehenden von Commanditgesellschaften auf Actien gesprochen, welche der Natur derselben entsprechen und danach angelegt sind, nicht von solchen Gesellschaften welchen man nur äusserlich diese Form giebt. Bei Gesellschaften als Commanditgesellschaften errichtet, bei welchen die Etablirung von den Commanditisten ausgegangen ist, welche das Capital zu dem Unternehmen hergeben, und sich dazu erst welchen, wenn auch tüchtigen Geschäftsführer gesucht haben, der aber eigenes Vermögen nicht besitzt und nicht einbringt, ist nur die Form gewählt, der Absicht nach sind es reine Actiengesellschaften, und die Commanditisten haben sich hinterher nicht zu beklagen wenn sie sich getäuscht und wenn sie dann den Leiter nicht von der Geschäftsführung entfernen, oder nicht so in die Geschäfte eingreifen können, wie sie's wohl beabsichtigt haben

6. Das Allgemeine Deutsche Handelsgesetzbuch hat nun den Commanditgesellschaften, welche es hier und da vorfand, aber der gesetzlichen Regelung entbehrend, diese gegeben. Die Unterdrückung dieses Instituts würde, wie sehr richtig gesagt wird, deren Grundsätze, dass die Ausdehnung des Associationswesens nicht gehemmt werden dürfe, sondern gefördet werden müsse, zuwiderlaufend und ein Armuthszeugniss der Gesetzgebung gewesen sein, welches sie sich selbst ausgestellt hatte. Cfr. Anschütz a. a. O. S. 397. 398. Es konnte nur die Aufgabe der Handelsgesetzgebung sein die gesetzliche Ausbildung und Regelung der Commanditgesellschaft auf Actien vorzunehmen, und dabei — natürlich soweit dies unbeschadet der Freiheit des Handelsverkehr anging — geeignete Normen zur Abwendung der zu Tage getretenen Nachtheile zu treffen.

Der Preussische Entwurf stellte sich auf diesen Standpunkt. Er sah die Commanditgesellschaften auf Actien oder die stillen Handelsgesellschaften auf Actien wie sie von ihm genannt wurden, a priori nicht ungünstig an. — S. 80 ff., wo es heisst:

Die Zulässigkeit derselben könne vom rein rechtlichen Standpunkte nicht bezweifelt werden. Für Dritte, welchen der Commanditist immer nur mit seiner Einlage hafte, sei es unerheblich in welcher Form dieselbe geleistet werde, der verantwortliche Gesellschafter aber erkläre sich bei der Commanditgesellschaft auf Actien gleich von vorn herein damit einverstanden, dass der Commanditist sein ganzes gesellschaftliches Interesse auf Dritte übertragen und der jedesmalige Erwerber der Actien an seiner Stelle in die Gesellschaft eintreten dürfe.

Aber auch vom Standpunkte der Zweckmässigkeit wurde die Gestattung für nicht bedenklich erachtet. Man war in dieser Rücksicht folgender Ansicht: Die Gefahren auf welche man hinweise — Vertheilung hoher Dividenden als angeblicher Gewinn aus dem Gesellschaftsvermögen um ein künstliches Steigen der Actien dadurch herbeizuführen; Umgehung der zur Errichtung von Actiengesellschaften erforderlichen Prüfung der Staatsregierung und landesherrlichen Genehmigung — würden durch strengere Form und Controlvorschriften, sowie das unbedingte Verbot der Ausstellung von Actien auf jeden Inhaber ihre Erledigung finden. Dagegen sei auf der anderen Seite aber auch in Betracht zu ziehen, dass die Zerlegung des Actiencapitals in Actien eine erhebliche Erleichterung des Verkehrs begründe, welche im Interesse des Handels zu fördern sei. Die Kapitalien würden dem Handel leichter zufliessen, wenn den Gesellschaftern die Möglichkeit gegeben sei, ihr Interesse an der Gesellschaft jederzeit und ohne die Einwilligung ihrer Mitgesellschafter oder andere Beschränkungen vollständig auf Dritte zu übertragen. Die hohe Bedeutung welche das Actienwesen in der gegenwärtigen Zeit gewonnen habe, lasse es nicht rathsam erscheinen, durch die Gesetzgebung andere Schranken aufzustellen, als solche, welche zur Vermeidung von Nachtheilen aus Rücksichten des Gemeinwohls unbedingt geboten seien. Man habe von diesem Gesichtspunkte aus daher den fraglichen Gesellschaften die gesetzliche Anerkennung nicht versagen können. Soweit der Entwurf. Hätte man sich damals schon von der Staatsvormundschaft in Betreff der Actiengesellschaften losmachen können, so wäre die eine der obigen Gefahren fortgefallen. Die andere Befürchtung, betreffend die künstliche Courssteigerung ist auch von entscheidender Bedeutung nicht, weil doch nicht die Fabrikation von hohen Dividenden das einzige Mittel ist, um solche künstliche Courssteigerungen zu bewirken. Man macht die hohen Course bekanntlich auf ganz andere und sehr verschiedene Art, wie der heutige Börsen- und Actienschwindel eclatant darthut.

Doch in der Nürnberger Conferenz sollten sich die Commanditgesellschaften dieser günstigen Anschauung nicht erfreuen, freilich aber auch nicht einer so sachverständigen und richtigen. Practische Unkenntniss und das Misstrauen aus den Erfahrungen in Frankreich trübten die Anschauung. Letzere konnten aber wenig fast gar nicht ins Gewicht fallen, weil sie aus einer Zeit herstammten, wo das Institut in Frankreich der gesetzlichen Regelung entbehrte und weil manches in dem Volkscharacter der Franzosen begründet war. Das französische Gesetz, 17. Juli 1856, war ja noch nicht lange emanirt, man konnte also höchstens nach den Zusständen von dieser Zeit ab urtheilen, und dieses Gesetz erschien später wieder zu streng; es wurde durch das vom 24. Juli 1867 ersetzt, in welchen von der Rigorosität erheblich nachgelassen war.

Man stellte in der Conferenz sogar einen Antrag auf gänzliche Streichung des Instituts, doch die Majorität lehnte denselben wiederholt ab.

Indessen ohne staatliche Genehmigung wollte man anfänglich dem Institut keine Existenz erlauben, bis man dann später auch hiervon zurückkam, und den Landesregierungen die dessfallsige Fürsorge überliess. Preussen und die freien Städte haben von der Einführung der Staatsgenehmigung keinen Gebrauch gemacht, wohl aber mehre andere und namentlich kleine deutsche Staaten. Doch auch dies ist jetzt ja ein überwundener Standpunkt, da das Gesetz vom 11. Juni 1870 die staatliche Genehmigung bei allen Actiengesellschaften abgeschafft hat.

Aber die Motive zu diesem letzterwähnten Gesetze, scheinen für die Commandit-Actiengesellschaften eben nicht eingenommen zu sein. Es wird dort mit Rücksicht auf die Aufhebung der staatlichen Genehmigung bei den Actiengesellschaften bemerkt: es sei nicht zu erwarten, dass die Commandit-Actiengesellschaften nun eine gleiche Bedeutung für die Entwickelung der einschlagenden Verhältnisse gewinnen würden, wie die Actiengesellschaften; ihre Bedeutung würde sich sicher noch verringern, die Form der Actiengesellschaft würde in noch stärkerem Maase als bisher der Commandit-Actiengesellschaft vorgezogen werden, zumal letztere überhaupt nur stellenweise Wurzel gefasst habe. — Motive z. Nov. v. 11. Juli 1870. S. 31. 23. Vorläufig haben sich diese Weissagungen in vieler Beziehung bestätigt, der Actienschwindel hat eclatant prävalirt, indessen ob es so bleiben wird, ist fraglich. Und dass bei den Actiengesellschaften noch mehr Schwindel in Scene gesetzt werden kann als bei der Commandit-Actiengesellschaft, hat die Praxis seit der Aufhebung der staatlichen Genehmigung gezeigt. Der Zweck des Allgemeinen Deutschen Handelsgesetzbuchs geht dahin: einestheils die Etablirung unsolider und schwindelhafter Unternehmungen in der Form von Actiengesellschaften zu verhindern, anderntheils auch die Commanditisten gegen die überwiegende Gewalt der persönlich haftenden Gesellschafter zu schützen, und die Ausbeutung der Commanditactionaire zu eigenen Zwecken zu verhindern. Diesen Zweck hat man durch verschiedene obligatorische Bestimmungen zu erreichen gesucht, welche in dem Wesen der Commanditgesellschaft auf Actien begründet und gefunden wurden, und welche man deshalb nur bei diesem Institute anordnete, nicht auch bei den reinen Actiengesellschaften. Später hat man sich in Betreff dieser Bestimmungen jedoch eines anderen überzeugt, sie sind in dem Gesetz vom 11. Juni 1870 auch auf die Actiengesellschaften übertragen, einzelne auch geändert.

7. Die hauptsächlichsten jener Bestimmungen sind folgende:

a. Actien sollen in der Regel unter 200 Thlr. pro Stück nicht ausgegeben werden. Art. 173 Abs. 3. H.-G.-B. Durch das Gesetz vom 11. Juni 1870 ist aber dieser Betrag auf 50 Thlr. herabgesetzt und wie früher den Landesgesetzen nachgelassen worden, den Betrag noch niedriger zu stellen.

b. Die Actien müssen stets auf Namen und dürfen nie auf den Inhaber lauten. Art. 173. Abs. 2. Art. 182. Abs. 2.

c. Der ursprüngliche Zeichner hat den Betrag der Actie voll einzuzahlen, und kann von dieser Verpflichtung nie entbunden werden. Art. 184.

d. Die Gesellschaft muss einen Aufsichtsrath haben, dessen Verpflichtung in der Ueberwachung der Geschäftsführung besteht, die Wahl der Mitglieder, die Dauer ihrer Functionen, ihre Rechte und Pflichten sowie die Verantwortlichkeit derselben unterliegen besonderen gesetzlichen Vorschriften. Art 175. Ziff. 6. 177. No. 3. Art. 191. 192. 193. 204. Nähere Bestimmungen über die Verantwortlichkeit enthielten auch noch die resp. Einführungsgesetze.

Dieses ist aber jetzt nicht mehr eine Eigenthümlichkeit der Commanditgesellschaften auf Actien, sondern auch bei den Actiengesellschaften hat man diesen Aufsichtsrath durch das Gesetz vom 11. Juli 1870 eingeführt; und dem Aufsichtsrath durch Androhung von Criminalstrafen ins Gewissen geredet.

e. Es muss, bevor die Gesellschaft in das Handelsregister eingetragen werden, also bevor sie überhaupt eine Existenz erlangen kann, eine Einzahlung von mindestens 25 pCt. auf jede gezeichnete Actie nachgewiesen werden. Art. 177. 178.

f. Ueber die vertragsmässigen Gesellschaftseinlagen und Antheile der persönlich haftenden Gesellschafter dürfen keine Actien ausgegeben werden. Art. 181.

8. Wenn ein Gesellschafter eine nicht in Gelde bestehende Einlage macht, oder wenn demselben besondere Vortheile zugesichert werden sollen, so unterliegen diese Verabredungen einer besonderen Prüfung und Beschlussfassung der Generalversammlung, widrigenfalls sie rechtlich unwirksam sind. Art. 180.

Auch dieses ist durch das Gesetz vom 11. Juli 1870 auf die Actiengesellschaft ausgedehnt, jedoch unter Weglassung der Androhung der rechtlichen Unwirksamkeit im Unterlassungsfalle.

Von diesen Vorschriften sind in der Eigenart der Commanditgesellschaften auf Actien nur die unter No. b. c. f. begründet; die übrigen sollten die fortgefallene Staatsgenehmigung ersetzen, und wurde desshalb, als diese auch bei den Actiengesellschaften fortfiel, auf diese letzteren durch die Novelle vom 11. Juli 1870 ausgedehnt.

Ob man aber mit dergleichen Cautelen den Zweck erreicht, die Frage ist mehr als zweifelhaft. Bei den Actiengesellschaften haben die Vorgänge der neuesten Zeit das Gegentheil thatsächlich und ad oculos demonstrirt. Man hat sich an diese Bestimmungen bei den Actiengesellschaften nicht gekehrt, und hat sie so umgangen, dass der Registerrichter nichts einzuwenden finden konnte. Hierauf werden wir bei den Actiengesellschaften noch näher zurückkommen. Bei den Commanditgesellschaften auf Actien ist verhältnissmässig weit weniger gesündigt worden. Der Grund liegt sowohl in den Interessen der persönlich haftenden Gesellschafter als an denen der Commanditisten, welche die einen wie die andern nöthigen, sich vorzusehen, und in dem Umstande, dass die Actiengesellschaft eine reine Capitalgesellschaft ist.

Dass durch die Novelle vom 11. Juni 1870 alle Commanditgesellschaften auf Actien, möge der Gegenstand ihres Unternehmens sein, welcher er wolle, selbst wenn er nicht in Handelsgeschäften besteht, dennoch zu Handelsgesellschaften im Sinne des Allgemeinen Deutschen Handelsgesetzbuchs gemacht sind, haben wir schon vorher erwähnt. — Art. 174. Allgemeinen Deutschen Handelsgesetzbuchs —; ebenso, wie weit sich sonst die Novelle mit den Commandit-Actiengesellschaften beschäftigt. S. vorher § 8. § 13. S. 42 ff. u. S. 80 ff.

9. Die französische Gesetzgebung hat, wie schon erwähnt, in dem Gesetze vom 29. Juli 1867 eine neue Regulirung der Verhältnisse der Commanditgesellschaften auf Actien vorgenommen, wozu sie sich gewissermaassen genöthigt sah, weil die Vorschriften des Gesetzes von 1856 zu rigorose waren, und die Errichtung der Commandit-Actiengesellschaften auf reeller Basis so gut wie unmöglich machten. Von einer Staatsgenehmigung, die schon durch das Gesetz vom 23. Mai 1863 über Actiengesellschaften aufgehoben war, ist auch in dem Gesetze von 1867 ganz Abstand genommen. Im Uebrigen enthält es Normativvorschriften. Unter 200 Francs dürfen keine Actien ausgegeben werden, wenn das Grundcapital 200,000 Francs nicht übersteigt, sonst keine unter 500 Francs. Die Gesellschaft kann definitiv erst constituirt werden, wenn das ganze Capital gezeichnet und von jedem Actionair ein Viertheil des Betrages seiner Actien eingezahlt worden ist; erst dann sind die Actien negociabel. Art. 1. 2. 24. Es darf in den Statuten bestimmt sein, dass die Actien in Actien au porteur verwandelt werden können, nach Einzahlung der Hälfte des Nominalbetrags, aber der Zeichner bleibt noch 2 Jahre lang für die Volleinzahlung verhaftet. Art. 3. Einlagen, welche nicht in Gelde bestehen, müssen in der ersten Generalversammlung taxirt, auf Geldwerth reducirt und in einer zweiten Generalversammlung genehmigt werden; eher ist die Gesellschaft nicht constituirt. Art. 4. Von der Generalversammlung ist ein aus wenigstens 3 Mitgliedern — Actionairen — bestehender Aufsichtsrath zu wählen, dem es obliegt: Bücher, Cassen, Effectenbestände zu revidiren, jährlich an die Generalversammlung zu berichten, und der diese zu berufen ermächtigt ist. Art. 5. 10. 11. Jedem Actionair steht es frei, mindestens 14 Tage vor der Generalversammlung, Mittheilung der Bilanz, der Inventarien und des Aufsichtsrathsberichts zu verlangen. Art. 12. Ausserdem dürfen Actionaire, welche mindestens den zwanzigsten Theil des Gesammtcapitals repräsentiren, Mandatare ernennen und gegen die Garanten (Geschäftsführer, Complementaire) oder Mitglieder des Aufsichtsraths Processe führen, unbeschadet der Rechte jedes einzelnen Actionairs. Art. 17. Die gegebenen Vorschriften

über die Bildung der Gesellschaft sind bei Strafe der Nichtigkeit zu beobachten; sonst sind auf Zuwiderhandlung gegen die erlassenen Vorschriften Geld- und auch Gefängnissstrafen gesetzt. Die Emission von Actien, welche auf unzulässige Beträge lauten, Beginn der Verwaltung vor Ernennung des Aufsichtsraths, Missbrauch des Verleihens von Actien und des Gebrauchs geliehener Actien bei den Berathungen der Generalversammlung werden mit 500—10,000 Francs Geldstrafe bedroht, welcher Strafe noch vierzehntägiges bis sechsmonatliches Gefängniss hinzugefügt werden kann. Negociirung von Actien, welche materiell und formell nicht in Ordnung, oder auf welche noch nicht ein Viertheil eingezahlt ist, trägt dieselbe Geldstrafe ein. Nach Art. 405. Code pénal wird wegen escroquerie (Prellerei) bestraft, wer durch simulirte Zeichnungen oder Zahlungen Leute zum Zeichnen oder Zahlen bewegt, falsche Angaben dahin macht, dass gewisse Personen mit der Gesellschaft in näherer Verbindung sein würden, imgleichen ein Verwalter, der ohne Inventar oder auf Grund falscher Angaben fingirte Dividenden zur Vertheilung bringt. Art. 13 ff. In allen Acten, Facturen, Annoncen, Bekanntmachungen und anderen gedruckten oder autographirten Documenten muss bei der Bezeichnung der Gesellschaft deutlich die Angabe: „société en commandite par actions“ und ausserdem die Angabe des Gesellschaftscapitals gemacht sein, bei 50 bis 1000 Francs Strafe. Art. 55 ff.

Von diesen Normativbestimmungen, welche sich hauptsächlich auch schon in dem Gesetz vom 17. Juli 1856 befanden, finden sich mehre in dem Allgemeinen Deutschen Handelsgesetzbuch aufgenommen, einige sogar wörtlich.

§ 22.

Die Actiengesellschaft.

1. Wir knüpfen hier an, an das bereits vorher im § 4 ganz allgemein über diese Art Handelsgesellschaften Erwähnte.

Die Commandit-Actiengesellschaft hat den Uebergang von der Personengesellschaft zur reinen Capitalgesellschaft vermittelt und als solche liegt die Actiengesellschaft vor uns. Cfr. vorher § 4. No. 1., lit. c., § 15. No. 6., § 16. No. 6.

Sie hat keine persönlich haftenden Gesellschafter, keinen Gesellschafter, welcher überhaupt nur eine persönliche Verhaftung für die Verpflichtungen der Gesellschaft trägt, keinen Gesellschafter, welcher sich in der Firma nennen darf, keine Person, welche als Gesellschafter die Gesellschaft nach Aussen hin vertritt, und ein Recht hat, eine solche Vertretung, oder auch nur die Geschäftsführung im Innern, zu fordern. Bei ihr liegt die Verhaftung für alle Verpflichtungen der Gesellschaft lediglich auf dem Actien- oder Grundcapital, welches in Actien eingetheilt ist, die wieder noch in Unterabtheilungen zerlegt werden können. Die Gesellschafter haben nur bis zum vollen Nominalbetrage der von ihnen gezeichneten oder erworbenen Actien einzuzahlen.

Die Personen der Gesellschafter sind bei der Actiengesellschaft, wie der Besitz der Actien veränderlich, ihre Gesellschaftsfirma oder ihr Name muss von dem Gegenstande des Unternehmens entlehnt sein; sie wird durch Personen vertreten, welche dazu erst von der Gesellschaft angenommen und gewählt sein müssen, die sich als eine Art Procuristen characterisiren und gar nicht einmal Actionaire zu sein brauchen, sondern auch Fremde sein können. Zwar findet es sich bei der Actiengesellschaft hier und da noch, dass die Actien auf Namen bestimmter Personen oder Firmen gestellt sind, wie es bei der Commandit-Actiengesellschaft ausnahmslos Regel ist, allein die Actien auf den Inhaber, au porteur, bilden bei den Actiengesellschaften die Regel, und dadurch sind die Personen, aus welchen die Gesellschaft besteht, ganz wandelbar. Die auf Inhaber lautenden Actien werden in derselben Form wie bewegliche Sachen veräussert. Während die auf Namen lautenden Actien sich nach den darüber bei der Commandit-Actiengesellschaft gegebenen Regeln richten, durch Indossamente übertragbar sind, und, im Verhältniss zu der Gesellschaft, das Actienbuch darüber Auskunft giebt, wer als Actionair anzusehen resp. wer Actionair ist, weiss man bei den Actiengesellschaften mit Inhaber-Actien in den meisten Fällen gar nicht, wer die Actionaire sind, nur resp. in den Generalversammlungen durch Präsentation oder auch Deposition der Actien bei der Gesellschaftscasse, welches letztere von vielen Actiengesellschaften in den Statuten besonders verlangt ist, präsentiren sich die Actionaire und weisen sich als solche aus.

2. Der Ursprung der Actiengesellschaften ist dunkel. Näheres darüber findet sich in Renaud a. a. O. Einleitung S. 12 ff., und giebt Fick in der Zeitschrift für das gesammte Handelsrecht V. S. 40 ff.

Italien soll die Wiege der Actiengesellschaften und eine der ältesten derselben die „Genueser Bank", etwa 1407 unter dem Namen: „comperae regiminis Sancti Georgii" gegründet, gewesen, und die ersten derartigen Vereine sollen unter unmittelbarer Mitwirkung der Staatsregierung entstanden sein. Renaud S. 12., Fick a. a. O. S. 40. 41. Danach wäre der Ursprung der Actiengesellschaften in den Anfang des fünfzehnten Jahrhunderts, wenn nicht in noch frühere Zeiten, zu verlegen. Demnächst finden sich ausserhalb Italiens die ersten Actiengesellschaften in Holland, wo unterm 20. März 1602 die Statuten der „Holländisch-Ostindischen Compagnie", einer aus Vereinigung mehrerer Gesellschaften entstandenen Actiengesellschaft, von den Generalstaaten bestätigt wurden. Diese bekanntlich sehr bedeutende, dem Welthandel gewidmete Gesellschaft, ja wohl das solideste und berühmteste aller Handelsetablissements, bestand bis 1795. Bald darauf wurden in Holland noch mehrere andere Compagnien nach ihrem Vorbilde etablirt, so die 1621 gegründete „Holländisch-Westindische Compagnie" und die „Holländische

Compagnie von Surinam". Schon damals trieb der Actienschwindel sein böses Spiel und veranlasste die Generalstaaten zu Prohibitivgesetzen. Renaud S. 17.

In England ist die erste die, 1599 gegründete, „Englisch-Ostindische Compagnie", ähnlich wie die „Holländisch-Ostindische", als Actiengesellschaft und zwar im Jahre 1613 organisirt, welche nicht nur dieselbe Grösse als ihr Vorbild erreichte, sondern an Macht und Hülfsquellen dasselbe noch überholte. Cfr. Fick a. a. O. S. 44. Renaud S. 17. Auch in Frankreich fanden sich bald darauf die Actiengesellschaften; die „Compagnie des Indes occidentales", gegründet 1628, die „Compagnie des Indes orientales", gegründet 1664, die „Compagnie des Indes" (1719) auch „Mississippi-Gesellschaft" und andere; doch auch hier wurde Actienschwindel getrieben, so dass die Staatsgewalt einschritt. Renaud S. 18ff. Nicht minder veranlasste der Actienschwindel in England die Staatsgewalt mit Gesetzen dagegen einzuschreiten, was zuerst mit der Bubble-Acte — so genannt, weil sie die Seifenblasen-Unternehmungen hindern sollte — 11. Juni 1840 geschah. Renaud S. 24ff.

Als die älteste deutsche Actiengesellschaft ist wohl die 1719 in Wien gegründete „Orientalische Compagnie" anzusehen, welche eine allmähliche Amortisation der Actien im Wege der Verloosung in ihren Statuten angeordnet hatte.

Ziemlich gleichzeitig, im Jahre 1765, wurden gegründet in Hamburg die „Assecuranz Compagnie"; Renaud S. 27; und von Friedrich dem Grossen in Preussen durch Octroy vom 31. Januar 1765 nebst Declaration vom 22. Juli 1765 die Seeversicherungsgesellschaft unter der Firma: „Assecuranzkammer" oder „Assecuranz-Compagnie", cfr. „Hypolit Bone's historischer Bericht sowohl von dem alten, als auch dem 1727 publicirten Seerecht des Königreichs Preussen, Königsberg 1770", woselbst der Octroy und die Declaration, Beilage No. XVI. S. 218ff. abgedruckt sind.

Die Staatsgewalten haben sich, wie vorher erwähnt, also schon früh mit den Actiengesellschaften beschäftigt und Gesetze gegeben, um Schwindel und anderen Ausschreitungen zu steuern. Eingehender und umfassender ist dies allerdings erst im neunzehnten Jahrhundert geschehen, wo die Verhältnisse der Actiengesellschaften meist in besonderen Gesetzen geordnet sind, theils vor der Emanation eines codeficirten Handelsrechts, theils neben demselben. In Frankreich handeln von der Actiengesellschaft die Art. 29—46 des Code de commerce; und das Specialgesetz vom 24./29. Juli 1867, Titel II. Art. 21—65.; in Holland das Wetboek van Koophandel die 3. Abtheil des dritten Titel I. Buchs von Art. 36—56; in England die Acte vom 7. August 1862, welche als Anhänge unter anderen ein Verwaltungs-Regulativ einer durch Actien limitirten Gesellschaft und ein Associations-Memorandum beigefügt sind, und das neueste Gesetz vom 20. August 1867; in Italien das Handelsgesetzbuch — Code di commercio von 1865 und die

Decrete vom 30. December 1865, 27. Mai 1866, 5. September 1869; in Spanien das Handelsgesetzbuch — Codigo di commercio von 1829, Art. 239 ff. In Deutschland existirten vor der Emanation des Allgemeinen Deutschen Handelsgesetzbuchs über die Actiengesellschaften in den verschiedenen Staaten Particulargesetze und Verordnungen; in Preussen namentlich die Gesetze vom 9. November 1843 über die Actiengesellschaften, vom 3. November 1838 über die Eisenbahnunternehmungen — anonyme Gesellschaften — und neben dem Handelsgesetzbuch, das Gesetz vom 15. Februar 1864 über die Actiengesellschaften, deren Unternehmungen nicht Handelsgeschäfte waren, welches letztere durch die Novelle vom 11. Juni 1870 beseitigt ist. Das Gesetz vom 9. November 1873 ist durch das Handelsgesetzbuch obsolet geworden; das vom 3. November 1838 besteht noch in Kraft, cfr. Novelle vom 11. Juni 1870, § 3. Ausserdem befasst sich mit den Actiengesellschaften noch das sächsische Gesetz vom 15. Juni 1868, die juristischen Personen betreffend. Die deutsche Gesetzgebung in dieser Materie steht seit Gründung des Reichs bei der Reichsgesetzgebung, und scheint noch nicht abgeschlossen zu sein. Die Erfahrungen bei Gründung von Actiengesellschaften seit der Aufhebung der Staatsgenehmigung, sollen Aenderungen in der bisherigen Gesetzgebung nothwendig machen, um dem Schwindel zu steuern. Sie bleiben abzuwarten. —

Es wird in dieser Beziehung auf das bereits vorher in § 13. S. 88 ff. Erwähnte hingewiesen. Bei den neueren Actiengesellschaften ist vorzugsweise im Gründungsstadium gesündigt und die mehrfachen, in jüngster Zeit erschienenen Schriften, in welchen Vorschläge zur Vervollständigung resp. Verbesserung der Actiengesellschafts-Gesetzgebung gemacht und besprochen werden, richten ihre Spitze hauptsächlich gegen das Gebahren der Gründer, der Gründerconsortien, Syndicate, und wie diese Gesellschaften sich sonst nennen mögen, deren vornehmlicher Zweck bei sehr vielen Actiengesellschaften, weniger die Gründung einer soliden Handelsgesellschaft, als Geldmacherei in die eigenen Taschen gewesen ist. Ist die Gesellschaft gegründet, dann bestimmt sich ihr Prosperiren nach der Tüchtigkeit ihrer Institutionen und ihrer Organe. Wir kommen hierauf noch näher zurück.

3. Ueber die Bildung der Actiengesellschaften, ihre Organisation, ihre Verwaltung, ihre Rechtsverhältnisse nach Innen und nach Aussen, ihre Existenz und Auflösung ist im Allgemeinen Folgendes zu sagen. Cf. im Uebrigen §§ 23. 25 ff.

Die Bildung der Actiengesellschaften erfolgt in der Regel dadurch, dass das zu einem Unternehmen veranschlagte Unternehmungscapital in gewisse kleinere Summen — Einheiten — vertheilt und die Uebernehmer dazu gesucht werden. Diese Theile des Unternehmungscapitals, auch Actiengrundcapital genannt, heisst man Actien — nach dem französischen „actions“ —; aber auch die darüber ausgestellten Documente werden Actien genannt.

Wer sich zur Uebernehmung einer solchen Actie oder mehrerer Actien verpflichtet, oder sie „zeichnet", wird Theilnehmer, Gesellschafter, Actionair der Gesellschaft. Die Zeichnung erfolgt gewöhnlich durch die einfache schriftliche Erklärung, eine oder eine gewisse Anzahl solcher Actien zu übernehmen.

Die Zeichner, Actionaire, bilden dann die Actiengesellschaft, zu deren Errichtung ein schriftlicher, gerichtlicher oder notarieller Vertrag — Statut — aufzunehmen ist. Die Gesellschaft hat einen besonderen Namen, eine Firma, anzunehmen, welche, ohne Personennamen enthalten zu dürfen, lediglich nach dem Gegenstande des Unternehmens abgefasst sein muss. Sie hat die Eigenschaft einer juristischen Person. S. § 7. Die Gesellschaft kann auf bestimmte oder unbestimmte Zeit eingegangen werden. Zur Geschäftsverwaltung und Vertretung der Gesellschaft nach Aussen hin muss ein Vorstand ernannt werden, aus Actionairen oder Fremden, dessen Mitglieder, wenn sie in den Schranken der Statuten und der Gesetze handeln, persönlich nicht verhaftet werden. Dieser Vorstand vertritt die Gesellschaft in allen äusseren, gerichtlichen und aussergerichtlichen Angelegenheiten, leistet auch die Eide für die Gesellschaft. Aber seine Mitglieder sind jederzeit, unbeschadet ihrer Rechte aus den mit ihnen geschlossenen Engagementscontracten, absetzbar. Die Geschäftsführung überwacht ein, aus mindestens drei Actionairen bestehender Aufsichtsrath; dem indess auch Verwaltungsgeschäfte übertragen werden können, jedoch nur das innere Verhältniss betreffend. Nach Aussen hin dürfen die Befugnisse des Vorstandes nicht beschränkt werden. Instructionen und Reglements, welche ihnen ertheilt sind, gelten nur für das innere Verhältniss, dritten Personen darf daraus nie ein Einwand entgegengesetzt werden. Die einzelnen Actionaire haben an und für sich weder ein Recht noch die Pflicht sich in die Verwaltung und Geschäftsführung oder die Vertretung der Gesellschaft zu mischen; aber die Gesammtheit der Actionaire, welche durch die sogenannten Generalversammlungen repräsentirt wird, hat dergleichen Rechte, welche theils im Gesetze, theils in den Statuten festgesetzt sind. Doch steht dem einzelnen Actionair das Recht zu, die ihm zukommende, späterhin erwähnte Dividende zu fordern.

Der Gesellschaftsvertrag — Statut —, die Firma, der Vorstand, Abänderungen des Statuts, Zusätze zu demselben, das Aufhören der Gesellschaft müssen in das Handelsregister eingetragen und öffentlich bekannt gemacht werden. Zu dergleichen Abänderungen gehören auch Vermehrung und Verminderung des Grundcapitals, Verlängerung der Dauer resp. Verkürzung, insonderheit durch Fusion mit einer anderen Gesellschaft, Einziehung und Amortisation von Actien.

Die Existenz der Gesellschaft äusserlich entsteht erst mit dem Augenblick der Eintragung in das Handelsregister. Es wird auch verlangt, dass Bescheinigungen über die Deckung des Actiencapitals durch Zeichnungen (Unterschriften) und die Einzahlung eines gewissen Procentsatzes auf jede Actie — 10 resp. 20 Procent — beigebracht werden, und dass Einlagen, welche nicht in baarem Gelde bestehen, aber einen Theil des Actiencapitals ausmachen, oder Anlagen resp. sonstige Vermögensstücke, welche von der Gesellschaft übernommen worden, ihrem Werthe resp. Preise nach im Statute festgesetzt oder von einer Generalversammlung taxirt und genehmigt werden sollen, ebenso besondere Vortheile, welche zu Gunsten eines Actionairs bedungen werden.

Die Actien werden in der Regel auf Inhaber ausgestellt, können aber auch auf Namen gestellt werden, und sind dann in letzterem Falle die Actionaire und die Actien in einem sogenannten Actienbuch zu verzeichnen. Unter einem bestimmten Minimalbetrag dürfen keine Actien gemacht, ausgegeben resp. zertheilt werden, auch sind die Actiendocumente nicht vor der Eintragung der Gesellschaft und nicht vor der Volleinzahlung des Nominalbetrages auszugeben, bei Strafe der Nichtigkeit und des Schadenersatzes der Contravenienten. Ueber die Theilzahlungen werden und dürfen ausgegeben werden Interimsquittungen — Interimsscheine — nach Einzahlung von 40 Procent, auch au porteur, sonst nur auf Namen.

Die Mitglieder der Gesellschaft, die Actionaire stehen unter einander in keinem obligatorischen Verhältniss, sie haben auch gegen Dritte keine persönliche Verbindlichkeit; gegen die Gesellschaft sind sie nur verpflichtet, zur Einzahlung des Normialbetrages der gezeichneten Actien, unter Umständen kann bei Actien auf Inhaber nach Einzahlung von 40 pCt. die Entlassung der Zeichner aus der Verpflichtung erfolgen; bis zu 40 pCt. bleibt aber jeder Zeichner unbedingt verhaftet, er kann sich davon auch nicht durch die Uebertragung seines Anrechts auf einen Dritten losmachen. Gegen Säumige bei den Einzahlungen sind Conventionalstrafen und Ausschliessung aus der Gesellschaft zulässig. Kein Actionair hat das Recht die, auf die Actien eingezahlten Beträge jemals zurückzufordern, deshalb kann ein Gläubiger des Actionairs nur die Dividende mit Beschlag belegen. Die Actionaire haben aus dem Reingewinn dasjenige zu fordern, was grundsätzlich oder statutenmässig auf sie zu vertheilen ist — Dividende, Superdividende —. Vom Grundcapital darf nichts zurückgezahlt auch nicht unter dem Titel Renten oder Zinsen; denn feste Renten oder Zinsen dürfen weder versprochen noch gegeben werden; es sei denn während der Zeit der Vorbereitung des Unternehmens bis zu seinem vollständigen Betriebe. Die Actien charakterisiren sich zwar nicht als Forderungstitel für bestimmte Geldsummen oder deren Aequivalent, sie repräsentiren der Gesellschaft gegenüber nur Quoten zu welcher der Inhaber am Gesellschaftsvermögen betheiligt ist, aber jede Actie, welche volleingezahlt ist, stellt sich als ein selbständiger Gegenstand des Vermögensrechts dar, welcher wie eine Sache, nach Maasgabe der Nutzungen im Werthe steigt und fällt, ebenso nutzbar, vererblich und veräusserlich ist. Man veräussert indessen auch nicht vollgezahlte Actien d. h. ihre Interimsscheine; diese sind gleich den vollgezahlten, börsengängig; dei Unterschied ob Namen — oder Inhaberactien, ist im Verkehr ziemlich verwischt. Eigentlich können nur Inhaberactien d. h. die Dokumente, wie Sachen veraussert werden; die Namenactien sind nur durch Cession oder Indossament — wie bei Wechseln — übertragbar, wobei oftmals in den Statuten noch die Genehmigung der Gesellschaft zur Bedingung gemacht. Mit den Actien werden gewöhnlich sogenannte Dividendenscheine ausgegeben, für eine bestimmte Serie von Jahren. Gegen Einlieferung dieser Dividendenscheine werden die Dividenden ausgezahlt, welche in einer kürzerer Verjährung verjähren, wie alle dergl. wiederkehrende Leistungen, in Preussen — Ges. vom 31. März 1838 — in 4 Jahren nach dem 31. Debr. desjenigen Jahres, in welchem sie fällig wurden. Sind die Dividenden festgesetzt und fällig, und die Dividendenscheine abgetrennt, so repräsentiren sie ein selbstständiges, geldwerthes Papier. Von den rechtgläubig empfangenen Nutzungen — Dividenden, Zeichen — braucht kein Actionair etwas zurückzugeben.

Die Actien theilen in sofern das Schicksal des Unternehmens, als sie im Werthe steigen, wenn das Unternehmen prosperirt und hohe Dividenden giebt, und fallen, wenn das Gegentheil der Fall ist; im Fall der Insolvenz können die Actien ganz werthlos werden.

Ausser der im Gesetze und den im Statute bestimmten Fällen, darf die Auflösung der Gesellschaft nicht vor der bestimmten Zeit verlangt werden. Die Statuten erschweren überhaupt gewöhnlich die Auflösung auf Actionair-Anträge; obwohl sonst Auflösung durch Dissenz zulässig ist. Eine Art der Auflösung ist die Amalgamirung (Fusion) einer Gesellschaft mit einer anderen; die aufgenommene Gesellschaft muss aufgelöst werden. Der Auflösung folgt die sogenannte Liquidation durch bestellte und resp. besonders bevollmächtigte Liquidatoren. Die Gläubiger sind davon durch dreimalige öffentliche Bekanntmachung in Kenntniss zu setzen, und vor Ablauf eines Jahres, von der letzten Bekanntmachung ab gerechnet, darf die definitive Vertheilung des Vermögens resp. Restvermögens der aufgelösten Gesellschaft an die Actionaire, nicht erfolgen. Die Bücher der Gesellschaft bleiben noch 10 Jahre hindurch bei dem betreffenden Handelsgericht deponirt.

4. Wir haben bei dieser Darstellung der Grundzüge der Bildung, Organisation und der sonstigen Verhältnisse der Actiengesellschaften das Allgemeine Deutsche Handelsgesetzbuchs vor Augen gehabt, und werden weiter hin, hier sowie im besonderen Theil noch näher darauf zurückkommen. Die anonymen Gesellschaften resp. Actiengesellschaften in Frankreich, Holland und anderen auswärtigen Staaten, sind im Wesentlichen ebenso construirt; doch finden sich einige Abweichungen, welche sich aus dem Folgenden ergeben werden.

Von den Verhältnissen der Actiengesellschaften in England nach der neuesten Gesetzgebung vom 7. August 1862 und 20. August 1867 ist schon vorher § 13 S. 91 gesprochen. Diese Gesetzgebung begreift alle Gesellschaften, welche juristische Personen sind.

5. Besondere Bestimmungen für die Actiengesellschaften enthält die neueste französiscne Gesetzgebung an der bereits vorher angegebenen Stelle, nämlich im II. Titel des Gesetzes vom 24./29. Juli 1867 unter der Ueberschrift: „Von den anonymen Gesellschaften.“ Einige von diesen Vorschriften, welche auch für die Commanditgesellschaften auf Actien gelten, haben wir schon kennen gelernt.

In Frankreich können sich danach die anonymen Gesellschaften durch eine Acte — Statut — mit Privatunterschrift in doppeltem Original bilden, doch darf die Zahl der Gesellschafter nicht unter sieben sein und nicht unter diese Zahl sinken. Art. 21. 23. 38. Die Actien können auf Inhaber und auch auf Namen gestellt werden, sie sind übertragbar und veränsserlich, bei Namenactien giebt das Actienbuch Auskunft, wer als Actionair anzusehen ist, wie bei den Actien der Actiengesellschaften des Allgemeinen Deutschen Handelsgesetzbuchs. Auch dürfen die Actien nicht unter gewisse Minimalbeträge gestellt werden. Es gelten hierüber, so wie über die Feststellung der Zeichnung des Actiencapitals und der Einzahlungen auf die Actien, sowie über deren Negociabilität dieselben Vorschriften, welche für Commanditgesellschaften auf Actien gegeben sind — s. vorher 000. Art. 1. 2. 3. 21. 24. a. a. O. Art. 34. 36. Code de comm. Die Gesellschaft wird durch Mandatare verwaltet, welche dieselbe Stellung haben, wie die Mitglieder des Vorstandes einer Actiengesellschaft nach dem Allgemeinen Deutschen Handelsgesetzbuch; ebenso hat sie auch ihre Firma einzurichten. Art. 22. a. a. O. Art. 29. 30. 32. Code de comm. § 23. No. 4. Doch müssen diese Mandatare Actionaire sein, der Art. 31. Code de comm. ist nicht mit aufgenommen, sondern aufgehoben. Cfr. Art. 21. u. 47. a. a. O.; aber wenn es die Statuten gestatten, dürfen sie sich einen fremden Mandatar substituiren, für welchen sie verantwortlich sind. Art. 22. a. a. O. Die bei der Commandit-Actiengesellschaft dem Garanten auferlegte Declaration — Art. 1. a. a. O. —, wird bei der anonymen Gesellschaft von den Gründern ausgestellt. Art. 24. Nach der Zeichnung des Grundcapitals und Einzahlung eines Viertheils in Geld hat eine Generalversammlung die ersten Verwalter und die Aufsichtscommissaire für das erste Jahr zu ernennen.

Im Uebrigen beziehen sich die Vorschriften des Gesetzes vom 24./29. Juli 1867 auf die Administration der Gesellschaft, die Beaufsichtigung der Geschäftsführung, die Wahrnehmung der Rechte der Actionaire durch und in den Generalversammlungen und die Veröffentlichungen der Verhältnisse der Gesellschaft, in Betreff welcher dieses speciell vorgeschrieben ist. Es sind folgende Bestimmungen hervorzuheben:

Sobald durch das Protokoll der vorher erwähnten ersten Generalversammlung constatirt ist, dass Verwalter, Administratoren, welche eine bestimmte Anzahl Actien besitzen müssen, und Commissaire die Ernennung angenommen haben, ist die Gesellschaft constituirt. Art. 25. Jedes Jahr findet eine Generalversammlung statt; hinsichtlich der Zahl der Actien, welch repräsentirt sein muss, finden sich detaillirte Vorschriften in Art. 27—31. Ueber die Lage der Gesellschaft, die Bilanz und die Rechnungen müssen in der Generalversammlung von einer Generalversammlung gewählte Commissaire — auch Nichtactionaire — berichten; ohne solchen Bericht ist die Genehmigung der Bilanz und der Rechnungen nichtig. Sind keine Commissaire gewählt, oder haben sie abgelehnt resp. sind sie behindert, so kann der Präsident des Handelstribunals, auf Antrag jedes dabei Interessirten, durch Ordonnanz Commissaire ernennen. Art. 32. Die Commissaire haben im Vierteljahre vor der Generalversammlung die Bücher der Gesellschaft einzusehen und ihre Geschäfte zu prüfen, sie können auch in dringenden Fällen eine Generalversammlung berufen. Art. 33. Alle halbe Jahre muss eine summarische Uebersicht der Activa und Passiva der Gesellschaft aufgestellt und den Commissairen zugänglich gemacht werden; dann wird das in Art. 9. Code de comm. vorgeschriebene Inventar aufgestellt. Inventar, Bilanz, sowie Gewinn- und Verlustberechnung sind den Commissairen spätestens 40 Tage vor der Generalversammlung zur Disposition zu stellen und der Generalversammlung vorzulegen. Mindestens 15 Tage vor der Generalversammlung darf jeder Actionair das Inventar und die Liste der Actionaire einsehen, und Abschrift der Bilanz und des Berichtes der Commissaire fordern. Art. 34. 35. Es ist ein Reservefonds zu bilden durch Zulegung von mindestens $^1/_{20}$ des Gewinns; der Reservefonds darf bis $^1/_{10}$ des Grundcapitals anwachsen. Art. 36. Sind drei Viertheile des Grundcapitals verloren, so müssen die Verwalter eine Generalversammlung berufen, um über die Auflösung der Gesellschaft zu berathen. Art. 37. Einzelne Gesellschafter, welche mindestens $^1/_{20}$ des Grundcapitals repräsentiren, können auch Mandatare zur unmittelbaren Rechtsverfolgung gegen Verwalter und Commissaire ernennen. Die Verwalter dürfen weder direct noch indirect ohne Consens der Generalversammlung an den mit der Gesellschaft oder für Rechnung derselben geschlossenen Geschäften betheiligt sein. Art. 40. Die Strafandrohungen sind dieselben wie bei den Commanditgesellschaften auf Actien. S. vorher S. 191. Veröffentlicht werden: der Gesellschaftsvertrag, der Nachweis der Unterzeichnung des Grundcapitals und die Einzahlung eines Viertheils, auch die Liste der Unterzeichner; diese Urkunden sind bei dem Friedengerichte niederzulegen. Veröffentlicht werden ferner ebenso: Statutenänderungen, Auflösung der Gesellschaft oder Firmaänderung. Die bei den öffentlichen Behörden niedergelegten Urkunden darf Jedermann einsehen. In Betreff der Aufnahme der Bezeichnung „societé anonyme“ in allen Acten, Facturen u. s. w. gelten dieselben Vorschriften wie bei Commanditgesellschaften auf Actien. Art. 55—65. siehe vorher S. 191.

Das Allgemeine Deutsche Handelgesetzbuch enthält viele dieser Bestimmungen ntcht, allein sie finden sich meist in den Statuten, so z. B. die Vorschriften betreffend dię Rechnungs- und Bilanzrevisoren.

6. Das holländische Wetboek van Koophandel, welches noch die königliche Genehmigung verlangt — Art. 36. 37. handelt von der „namenlosen Gesellschaft“ in der 3. Abtheilung des 1. Buchs III. Titels. Der Name der Gesellschaft muss gleichfalls von der Handelsunternehmung entlehnt sein —; Errichtung, Veränderungen des Gesellschaftsvertrages, Verlängerung der Dauer, bedürfen der königlichen Genehmigung Art 36. Doch wird keine Gesellschaft durch königliche Verordnung aufgelöst, weil die Bedingungen der Verleihungsacte durch den Vorstand nicht erfüllt sind Art. 37. Der Gesellschaftsvertrag muss bei Strafe der Nichtigkeit notariell errichtet werden. · Der Nachweis einer Einzahlung auf die Actien wird als Bedingung der Genehmigung der Gesellschaft nicht verlangt: doch wird die königliche Genehmigung nicht ertheilt: wenn nicht die Gründer — die ersten Errichter — der Gesellschaft zusammen mindestens ein fünftel des Actiencapitals repräsentiren; es wird dann mit der königlichen Genehmigung zugleich ein Termin bestimmt, in welchem der übrige Theil des Actiencapitals zu placiren ist — geplaats zyn —; dieser Termin kann jederzeit durch königliche Ordre, auf Antrag der Gründer verlängert werden. Existenz erlangt die Gesellschaft nicht eher, als bis mindestens 10 pCt. des Actiencapitals eingezahlt sind. Art. 50. 51. Gleich wie nach dem Allgemeinen Deutschen Handelsgesetzbuchs und dem französischen Gesellschaftsgesetz, können die Actien auf Namen oder auf Inhaber — in hlanco — lauten, und dafür Actien der letzteren Art vor der Volleinzahlung nicht ausgegeben werden, und sind die Namenactien ebenso wie dort übertragbar; der Zeichner kann von seiner Verbindlichkeit nur durch eine ausdrückliche Erklärung des Vorstandes und Aufsichtsraths entlassen werden. Art. 42. 43. Verwaltet wird die Gesellschaft, ähnlich wie es im Deutschen Handelsgesetzbuch vorgeschrieben ist, durch Vorsteher und Aufsichtscommissarien, doch ist die Wahl der letzteren nur facultativ, ebenso wie früher im Allgemeinen Deutschen Handelsgesetzbuch, nicht obligatorisch, wie jetzt im Allgemeinen Deutschen Handelsgesetzbuch. Die Vorsteher sind Dritten persönlich nicht verantwortlich, so lange sie sich innerhalb der Schranken der Statuten und der Gesetze halten. Art. 44. 45. 52. Ebenso dürfen auch keine festen Raten oder Zinsen bedungen; nur der Reingewinn darf vertheilt werden, wobei statuarisch das Maximum der unter die Gesellschafter zu vertheilenden Quote des Reingewinns festgestellt werden kann. Art. 49. Die Anordnung eines Reservefonds — reserve kas — ist statthaft, aber nicht nothwendig. Art. 48. In Betreff des Stimmrechts der Actionaire hat das Statut die erforderlichen Vorschriften zu enthalten, doch darf gesetzlich Niemand mehr als 6 Stimmen für seine Person führen, wenn die Gesellschaft aus hundert und mehr Actien besteht, und nicht mehr als

drei, wenn weniger Actien vorhanden sind. Auch darf weder ein Vorstandsmitglied noch ein Aufsichtscommissar als Bevollmächtigter bei der Abstimmung auftreten Art. 54. Der Vorstand hat einmal im Jahre Rechnung abzulegen, Bilanz, sowie Gewinn- und Verlustrechnung aufzumachen, entweder in einer Generalversammlung oder durch Uebersendung an jeden Actionair, resp. Auslegung zur Einsicht während einer bestimmten, im Statut festzusetzenden Zeit Art. 55. Die Gesellschaft muss auf eine bestimmte Zeit eingegangen werden, vorbehaltlich der Verlängerung auf denselben Zeitraum Art. 46; die Liquidation erfolgt durch den Vorstand, wenn das Statut Anders nicht vorschreibt Art. 56. Der Gesellschaftsvertrag, die königliche Genehmigung, müssen in besonderen öffentlichen Register — auf der Greffe der Arrondissementsgerichte — eingeschrieben und auch öffentlich bekannt gemacht werden Art. 38; anderenfalls und bis dieses geschehen ist, sind die Vorsteher persönlich und solidarisch für ihre Handlungen verhaftet. Art. 39. Ebenso müssen sie bei der Greffe des betreffenden Arrondissementsgerichts Anzeige, und in den öffentlichen Blättern bekannt machen, wenn 50 pCt. des Actiencapitals verloren sind. Bei einem Verlust von 75 pCt. ist die Gesellschaft von Rechtswegen aufgelöst. Für alle Verbindlichkeiten, welche die Vorsteher dann noch eingehen, nachdem ihnen dieser Verlust bekannt geworden oder bekannt geworden sein musste, haften sie Dritten gegenüber persönlich und solidarisch. Art. 47. Bei Versicherungsgesellschaften ist das Maximum des Einzelrisikos im Statut festzusetzen, wenn die dessfallsige Bestimmung nicht dem Vorstande und den Aufsichtscommissarien überlassen wird. Art. 53.

7. Wie für die Commanditgesellschaft und die Commandit-Actiengesellschaft, ist auch noch für die Actiengesellschaft die offene Handelsgesellschaft die Norm, und sind ihre Vorschriften auch für die Actiengesellschaft maassgebend, selbstverständlich aber nur dort, wo nicht aus dem Wesen letzteren sich Abweichungen ergeben, oder besondere gesetzliche Bestimmungen entgegenstehen. Namentlich müssen bei der Auflösung der Actiengesellschaft, welche im Allgemeinen Deutschen Handelsgesetzbuch nur sehr cursorisch behandelt worden ist, die entsprechenden Bestimmungen bei der offenen Handelsgesellschaft herangezogen werden; in Art. 244 findet sich auch eine ausdrückliche Bezugnahme darauf.

Als durch die Novelle vom 11. Juni 1870 die Staatsgenehmigung aufgehoben wurde, sind die Ansichten über die Wirkungen dieser Freigebung und der an Stelle der Staatsgenehmigung tretenden Normativbestimmungen sehr verschieden gewesen; wenn auch darüber, dass die Staatsgenehmigung in Fortfall kommen müsse, so ziemlich nur eine Meinung herrschte. Die Motive zur Novelle hielten sich in dieser Beziehung reservirt. Es heisst dort S. 15: dass unmittelbar nach Fortfall der Staatsgenehmigung eine Periode des Actienschwindels eintreten werde, ist eine Befürchtung, die sich ebenso begründen als widerlegen lässt. „Möglich ist das Eintreten einer solchen Uebergangskrisis allerdings, deren vorübergehende Nachtheile indessen zur Erreichung eines dienenden besseren Zustandes ertragen werden müssen," so heisst es.

Nicht nur möglich, sondern sogar sehr wahrscheinlich musste das Eintreten von Excessen namentlich von schwindelhaften Operationen erscheinen, denn erfahrungsmässig hat bei dergleichen Institutionen des Verkehrs, welche bisher unter dem Zwange der Staatscontrolle und unter der staatlichen Bevormundung gehalten waren, die Aufhebung dieser Maassregeln stets Excesse im Gefolge gehabt. Und in der That sind bei den Actiengesellschaften Excesse der schlimmsten Art vorgekommen. Ueber die etwaige Abhülfe auf dem Wege der Gesetzgebung haben wir uns bereits früher ausgesprochen. S. 89 ff.

8. Es mag nun noch eine Darstellung der Art und Weise gegeben werden, wie gewöhnlich in neuerer Zeit die Actiengesellschaften gebildet worden sind.

Man sucht Objecte zur Bildung von Actiengesellschaften, sie werden angeboten. Bei jeder Gründung einer Actiengesellschaft müssen verschiedene Personen, welche dabei mitwirken verdienen, und gar nicht Unerhebliches, sondern möglichst viel; Commissionaire, Gründer, Personen welche bloss ihre Namen zu Ostentationen hergeben, Banken, Einzel-Banquiers welche die erforderlichen Fonds beschaffen und Andere. Manchmal suchen auch die Inhaber von industriellen Etablissements diese zu hohen Werthen loszuschlagen, manchmal wollen sie sich bloss von dem drohenden Ruine retten: manchmal erwirbt Einer oder ein Consortium dergleichen Etablissements, oder Grund und Boden resp. andere Gegenstände um sie theuer an seine Actionaire loszuschlagen. Es werden desshalb Verträge geschlossen, oft nur präparatorische Verträge — pacta de vendendo beispielsweise — um die Cession der Rechte zu ermöglichen und Stempelgebühren zu ersparen, welche wiederum erwachsen würden, wenn bereits eigenthümlich erworbene Gegenstände an die Gesellschaft verkauft werden müssten. Schon bei diesen präparatorischen Verträgen finden Werthzuschläge statt, und abermals wieder bei der Ueberlastung an die Gesellschaft. Man nimmt in baaren Gelde, man nimmt in Actien; bei letzterer Maassnahme wird ausgemacht, dass die Actien in einer gewissen Zeit nicht an den Markt gebracht werden dürfen, vielleicht um die Course nicht zu drücken. Diese Verträge werden im Stillen abgeschlossen, nur derjenige Vertrag, durch welchen die Ueberlassung an die Gesellschaft erfolgt, wird publik, denn dieser wird in der constituirenden Generalversammlung genehmigt. Doch durch Indiskretion, manchmal sogar durch öffentliche Klagen, dass gewisse Personen die Actien dennoch auf den Markt hinausgeworfen hätten, kommt man hinter die Geheimnisse.

Nun findet sich das Gründungscomité zusammen, oder wird zusammen gesucht. Dasselbe übernimmt das ganze nominelle Actiencapital und zeichnet dasselbe vermittelst Zeichnungsschein. Das kann geschehen und ist geschehen auch auf einem Blatt. Das Gründungscomité beschafft die erste Einzahlung von 10 pCt. auf jede gezeichnete Actie; ein Statut ist entworfen, gemeinhin durch Abschreiben oder Umformen eines anderen Gesellschaftsstatuts, so kurz wie möglich, ohne viele Cautelen; wie man damit hinterher auskommt, das ist ja zur Zeit gleichgültig. Die constituirende Generalversammlung wird abgehalten. Noch sind die Mitglieder des Gründungscomités die alleinigen und einzigen Actionaire, sie allein bilden die Generalversammlung, deren schleuniger Zusammentritt im Statut durch eine dessfallsige Vorschrift ermöglicht ist. In dem Statut ist auch schon die Deckung des Actiencapitals durch Unterschriften anerkannt, und ebenso die vorher erwähnte Einzahlung der 10 pCt. auf jede Actie, imgleichen sind auch die Gegenstände, welche von der Gesellschaft übernommen werden sollen, dem Preise nach bezeichnet und festgesetzt, nebst den Zahlungsmodalitäten, ob in Baar resp. in Actien und der etwaigen Uebernahme von Hypotheken in den Erwerbspreis. Nun wird Alles dieses in der constituirenden Generalversammlung genehmigt und zwar mit der gesetzlich vorgeschriebenen Majorität, meist einstimmig. Sodann wird der erste Aufsichtsrath gewählt, natürlich aus den Gründern, denn anders woher können seine Mitglieder, weil sie Actionaire sein müssen, nicht entnommen werden. Der Aufsichtsrath wählt den Vorstand, in welchen gemeinhin die früheren Besitzer des Etablissements treten, welche, wie es in den Prospecten heisst, dem Unternehmen erhalten bleiben; man besorgt die erforderlichen Bescheinigungen, namentlich die über die Einzahlung der 10 pCt., welche von dem Banquier der Gesellschaft ausgestellt werden, und wenn der Principal selbst Mitgründer ist, von seinen Procuristen; die Gesellschaft wird zur Eintragung in das Handelsregister angemeldet, eingetragen — denn formell ist Alles dem Gesetze gemäss geordnet —, und die Actiengesellschaft ist fertig, existent geworden. Die dessfallsigen Verhandlungen werden, weil sie öffentlicher Beglaubigung bedürfen, resp. die Form gesetzlich vorgeschrieben ist, in der Regel von Notaren aufgenommen und sind gewöhnlich ihrer fünf: 1. Die notarielle Vollziehung der Statuten. 2. Der Vertrag, durch welchen die betreffenden Realitäten für die Gesellschaft erworben werden. 3. Das Protokoll über die erste constituirende Generalversammlung. 4. Das Protokoll über die erste Versammlung des Aufsichtsrathes und die Vorstandswahl. 5. Die Erklärung des betreffenden Banquiers, dass 10 pCt. auf jede gezeichnete Actie eingezahlt sind. Hierzu können noch einige andere Verhandlungen kommen, z. B. die Zeichnung des Grundcapitals, welche gleichfalls zu notariellem Protokoll erklärt werden kann; ferner die Verhandlung des Notars, wenn auf andere Weise der Nachweis der Einzahlung von 10 pCt. geführt wird; so dass manchmal zu der Constituirung einer Actiengesellschaft sieben bis acht notarielle Verhandlungen nothwendig sind; abgesehen von der Anmeldung und der Zeichnung der Unterschriften durch die Vorstandsmitglieder, welche, wenn sie mittelst Eingabe erfolgt, gleichfalls notariell beglaubigt sein müssen.

Vor diesen constituirenden Verträgen wird unter den Gründern selbst manchmal noch ein besonderer Vertrag geschlossen, in welchem sie ihre gegenseitigen Verhältnisse reguliren und den Gewinn bei der Etablirung der Gesellschaft vertheilen. Man hat diesen Vertrag den Raubvertrag genannt. Auch kommen noch separate Verträge wegen Uebernahme der Functionen von Vorstandsmitgliedern vor, manchmal wird auch Alles dieses durch blosse Reverse geordnet. — Nachdem nun Alles dieses vollbracht ist, behalten die Gründer einen Theil der gezeichneten Actien, die übrigen offeriren sie dem Publicum, sie werden mit grossen Prospecten zur öffentlichen Subscription aufgelegt. Oder es betheiligen sich auch Bankinstitute, Einzelbanquiers consortialiter gegen gute Provisionen dabei, und bringen ihre Consortialantheile bei ihren Kunden unter. Bei allen diesen Operationen und durch dieselben geht gemeinhin ein gut Theil des Grundcapitals durch Provisionen, Courtagen und dergleichen drauf, so dass kaum 75 pCt. effectives Grundcapital übrig bleiben. —

Demnächst entwickelt sich nun unter den Gründern ein lebhaftes Handeln in den Actien mit Agio, aber es werden in diesen Kreis nach und nach andere Personen hineingezogen, welche die Actien kaufen. So entledigen sich die Gründer, und zwar möglichst schnell, ihres Abtienbesitzes, und gewöhnlich mit hohem Agio, indessen manchmal, bei schlechten Unternehmungen, bleiben sie auch längere Zeit damit sitzen. Das Publicum ist so einfältig, dass es dem Einfluss des, anfänglich stets steigenden, Agios nachgiebt, bei dem Handel in den Actien sich betheiligt, ohne sich um die Verhältnisse der Gesellschaft oder auch nur die Statuten zu bekümmern. Es giebt den Anpreisungen der Actien, den Grossprahlereien von hohen Dividenden und dergleichen ein williges Ohr; es will ebenfalls verdienen, ja möglichst viel, und bezahlt schliesslich die Zeche.

Aber mit der Gründung der Gesellschaft selbst sind die Finanzoperationen des Gründungscomités noch nicht zu Ende. Oft spielt sich nach einiger Zeit noch ein zweiter Verdienstact ab. In den Statuten ist nämlich gewöhnlich die Erhöhung des Grundcapitals bis zu einem bestimmten Maximum ohne die Generalversammlung, d. h. ohne die Actionaire fragen zu müssen, von dem Beschlusse des Aufsichtsraths abhängig gemacht. So lange dieser noch aus den Gründern besteht, haben es diese also auch in der Hand, eine Erhöhung des Grundcapitals und die Emission einer neuen Serie von Actien zu veranstalten. Da heisst es dann: die stets wachsende Ausdehnung des Geschäfts mache eine Erhöhung des Grundcapitals nothwendig; die Emission wird beschlossen und effectuirt. Zwar mögen nun die alten Actionaire wohl einen Schreck bekommen, denn mit dem Wachsen des Grundcapitals verringert sich ihre Aussicht auf hohe Dividenden; allein sie trösten sich damit, dass sie die neuen Actien zu Pari oder mit verhältnissmässig niedrigem Agio erhalten, und dass der Coursgewinn — denn die neuen Actien werden mit erheblichem Agio aufgelegt — dem Gesellschaftsfonds zufällt. Ja, aber dieser Trost ist chimärisch. Von der neuen Emission Actien al pari zu fordern, überhaupt etwas davon in erster Reihe zu verlangen und zu niedrigem Course, das Recht haben sie nicht, das ist ihnen in den Statuten genommen, in den Statuten befindet sich eine Bestimmung, dass nur die ursprünglichen Gründer das Recht haben, die neue Emission al pari zu übernehmen. Wir beleuchten diese Berechtigung der Gründer schon in § 16. No. 8. S. 123 wegen der Competenz der Generalversammlung, zur Abänderung. Obwohl nichtig, ist sie bis jetzt in Kraft erhalten, und man hat dementsprechend ziemlich widerspruchslos gehandelt. Die Gründer werden nun selbstverständlich nie an die Emission von neuem Grundcapital gehen, wenn die Actien des alten nicht Agio tragen, und nicht Aussicht vorhanden ist, auch die neuen Actien mit Agio an den Mann zu bringen. Oder es wird auch erst der Cours der alten Actien hinaufgeschroben, was ja leicht möglich ist. Die Gründer bilden dann Behufs der neuen Emission sofort ein Syndicat, um die neuen Actien zu verkaufen, sie brauchen auf diese Weise nicht einmal erst deren Nominalwerth einzuzahlen, theilen sich den Gewinn, lösen das Syndicat auf, und die neue Actienemission hat ihren Zweck erreicht. Bei allen diesen Operationen ist so vorsichtig zu Werke gegangen, dass nicht einmal ein Civildelict irgend Einem nachgewiesen werden kann, geschweige denn ein Criminaldelict. So hat man heut zu Tage nahezu die meisten Actiengesellschaften etablirt. — Früher gebrauchte man zur Gründung einer Actiengesellschaft nur Drei Personen, jetzt sind Vier erforderlich, Eine muss den Vorstand bilden und Drei den Aufsichtsrath. Damit ist es nicht ausgeschlossen, dass auch von nur Einer Person das Statut notariell oder gerichtlich vollzogen wird, welche dann zur Gründung der Gesellschaft durch Vorlegung des Statuts auffordert. Cfr. v. Hahn zu Art. 208. § 9. No. 3 und Note 6.

P. Von der Organisation der Handelsgesellschaften.

§ 23.

1. Die offene Handelsgesellschaft als die einfachste Art der Handelsgesellschaft besitzt in der Regel keine besondere Organisation; eine solche ist ihr auch im Gesetze nicht vorgeschrieben. Sie hat nicht den Character einer juristischen Person und es bedarf daher auch bei ihr nicht besonderer Organe, wie bei den juristischen Personen, deren Mitglieder ganz als Einzel-Personen verschwinden und die deshalb besonderer Organe bedürfen, um überhaupt nur ihre Verhältnisse reguliren, den Geschäftsbetrieb bewirken und namentlich nach Aussen hin handeln können. Bei ihr findet auch kein Unterschied in der Verhaftung der Gesellschafter für die Schulden der Gesellschaft statt, alle Gesellschafter haften, Alle für Einen und Einer für Alle. Bei der offenen Gesellschaft sind sozusagen die Gesellschafter selbst,

respective diejenigen Gesellschafter, welche allein, mit Ausschluss anderer, zur Geschäftsführung und zur Vertretung nach Aussen hin berufen sind, die Organe. Indessen, weil eben das Gesetz Nichts vorschreibt, so kann auch bei der offenen Handelsgesellschaft eine besondere Organisation eintreten. Wie die offenen Handelsgesellschaften die Einlagen in bestimmte Theile eintheilen dürfen, der Gewinn- oder Verlustberechnung halber, wie sie dieselben deshalb ähnlich wie bei den Actiengesellschaften in Actien zerlegen dürfen, so können sie auch einen besonderen Organismus vertragsmässig bestimmen, ähnlich den mit besonderen Organen gesetzlich versehenen Gesellschaften. Doch wie Alles dieses rein facultativ, ja nicht einmal die Nothwendigkeit vorhanden ist, dergleichen Anordnungen schriftlich abzufassen, so gilt es auch nur ausschliesslich hinsichtlich des inneren Verhältnisses der Gesellschaften, und kann jederzeit durch einstimmigen Beschluss der Gesellschafter modificirt oder aufgehoben werden.

2. Anders verhält sich die Sache schon bei der gewöhnlichen Commanditgesellschaft. Denn, wenn auch bei dieser Art der Gesellschaft eine besondere Organisation gesetzlich nicht vorgeschrieben worden ist, und wenn auch bei ihr ebensowenig der Primordial-Gesellschaftsvertrag, wie Modificationen und Abänderungen derselben der Schriftform bedürfen, so treten doch hier die persönlich haftenden Gesellschafter als besonderes Organ der Gesellschaft an und für sich hervor, insofern ihnen allein und ausschliesslich die Geschäftsführung und Vertretung der Gesellschaft gebührt, und von ihnen allein ausgeübt wird. Ihnen gegenüber erscheinen die, von aller Geschäftsführung und Vertretung ausgeschlossenen Commanditisten gewissermaassen als eine besondere Classe Gesellschafter, denen immerhin doch eine Einwirkung auf den Geschäftsbetrieb gebührt, und eine Stimme bei Vornahme von gewissen Geschäftshandlungen Seitens der persönlich haftenden Gesellschafter, wenn auch nur in Rücksicht auf das innere Geschäftsverhältniss. Allein ebenso wie bei der offenen Handelsgesellschaft — cfr. No. 1. — kann auch bei der Commanditgesellschaft eine gewisse Organisation eintreten, ja sie kann sich ähnlich organisiren wie eine Commandit-Actiengesellschaft. Doch das geschieht und hat zu geschehen, auf rein gesellschaftsvertragsmässigem Wege und blos für das innere Gesellschaftsverhältniss. Das Gesetz bekümmert sich um dergleichen Organisation und die etwa bestellten Organe nicht; und nach Aussen hin äussert Nichts davon irgend welche Wirksamkeit; auch hat das Handelsregister für solche Organe und dergleichen Eintragungen keinen Platz.

3. Eine besondere Organisation tritt hervor, ist nothwendig und auch im Gesetz angeordnet erst bei der Commandit-Actiengesellschaft und erst recht bei der Actiengesellschaft. Die Gründe davon liegen in dem Wesen und in dem Character dieser Gesellschaftsarten. Die Actiengesellschaft ist reine, die Commandit-Actiengesellschaft im Wesentlichen Capitalgesellschaft. Bei ihnen unterliegen die Personen

einem mehr oder minder beliebigen Wechsel; die einzelnen Personen treten bei der Actiengesellschaft wegen ihres Characters als juristische Person gar nicht; bei der Commandit-Actiengesellschaft wenig, in der Praxis wegen des steten Wechsels fast gar nicht mehr hervor, und nur die persönlich haftenden Gesellschafter sind bei der Commandit-Actiengesellschaft als alleinige Leiter und Vertreter, so zu sagen als geborene, von Anfang an vorhanden, wogegen bei der Actiengesellschaft eigentlich ursprünglich Niemand existirt, welcher die Gesellschaft vertreten und leiten könnte, und erst besondere Personen zu diesem Zweck bestellt werden müssen, die aber auch gar nicht einmal Gesellschafter zu sein brauchen, sondern auch ganz fremde Personen sein können. Bei der Commandit-Actiengesellschaft treten noch bestimmter, wie bei der gewöhnlichen Commanditgesellschaft, die Commanditactionaire den persönlich haftenden Gesellschaftern, als eine besondere Classe von Gesellschaftern gegenüber — s. No. 10 — und die Eintheilung des Capitals der Commanditisten in Actien, die Veräusserlichkeit dieser Actien, die Wandelbarkeit ihrer Inhaber und die damit verbundene Veränderung in den Personen der Commanditactionaire bedingt es, dass den Commanditactionairen Organe geschaffen werden, durch welche sie ihre Rechte den persönlich haftenden Gesellschaftern gegenüber ausüben können, die sonst so ziemlich souverain dastehen, zumal es unter den hier obwaltenden und vorgetragenen Umständen unmöglich ist, die Gesellschaftsangelegenheiten durch gemeinsame Beschlüsse und gar durch einstimmige erledigen zu lassen, wie bei der offenen und bei der gewöhnlichen Commanditgesellschaft.

Dieselben Umstände und Gründe liegen vor und treten noch zwingender auf bei der Actiengesellschaft. Dort sind eigentlich und ursprünglich alle Gesellschafter gleichberechtigt nur mit der Modification, welche durch die Höhe des Betrags ihrer Actien hervorgebracht wird. Aber es ist Niemand vorhanden, welcher die Gesellschaft nach aussen hin vertreten und ihre Geschäfte führen kann. Wäre der Actiengesellschaft hierzu kein Organ gegeben, so würde sie ein geschäftsunfähiges, unbehülfliches, unmündiges Wesen sein. Und selbst mit einem solchen leitenden und geschäftsführenden Organe versehen, würde sich eine Actiengesellschaft noch immer in einer ungünstigen Situation befinden. Denn dieses leitende Organ würde allenfalls die Stelle der persönlich haftenden Gesellschafter bei der Commanditgesellschaft vertreten, insofern es auf Geschäftsführung und Vertretung der Gesellschaft nach aussen hin ankommt. Allein da es im Uebrigen nur die Stellung eines Bevollmächtigten, eines Verwalters, resp. Procuristen einnimmt, und nicht wie bei der Commanditgesellschaft die persönlich haftenden Gesellschafter, gewissermassen die Stellung eines Principals, diese Stellung vielmehr bei der Actiengesellschaft nur die Gesammtheit der Actionaire hat, so bedarf es bei der Actiengesellschaft ganz besonders eines Organs, durch welches die Gesammtheit der Actionaire ihren Willen kund giebt, wenn auch nur, was die inneren Verhältnisse der Gesellschaft anbetrifft. Siehe S. 115 und § 27.

4. Das Gesetz, welches bei den Commandit-Actiengesellschaften und den Actiengesellschaften die Schriftform für die Gesellschaftsverträge vorschreibt und sie zur nothwendigen Bedingung ihrer Existenz macht, bestimmt auch die Grundzüge ihrer Organisation; indem es diejenigen Organe bezeichnet, welche vorhanden sein müssen, und den Umfang ihrer Befugnisse feststellt resp. die Art und Weise in welcher sie ihren Willen und ihre Einwirkung auf die Geschäftsführung äussern. Dabei ist es nicht verboten, dass diesen Organen auch noch weitergehende Befugnisse gesellschaftsvertragsmässig eingeräumt werden, indessen andere Organe als die persönlich haftenden Gesellschafter der Commanditgesellschaften und die Leiter der Actiengesellschaften, nur rücksichtlich des inneren Verhältnisses, denn nach aussen hin müssen die persönlich haftenden Gesellschafter und die Leiter der Actiengesellschaften immer unbeschränkt auftreten dürfen, wenn nicht der Geschäftsverkehr leiden soll; s. No. 5.

Das Allgemeine Deutsche Handelsgesetzbuch bezeichnet als Organe:

bei den Commanditgesellschaften auf Actien;

a) die persönlich haftenden Gesellschafter. Art. 150. 173.

b) den Aufsichtsrath und

c) die Generalversammlung der Commanditactionaire. Art. 150. 173. 175. 191 ff. 186—190.

bei den Actiengesellschaften:

a) den Vorstand,

b) den Aufsichtsrath,

c) die Generalversammlung der Actionaire. Art. 209. 225. 227. 237 ff.

Die französische Handelsgesetzgebung nennt bei den Commanditgesellschaften auf Actien: die Garanten, Geranten: les gérants im Code de comm.; associés responsables et solidaires, verantwortlich und solidarisch haftende Gesellschafter im Gegensatz zu den associés simples, bailleurs de fonds, die Commanditare oder Commanditgesellschafter, den Aufsichtsrath — conseil de surveillance, comité de surveillance, die Generalversammlung assemblée générale, und bei den anonymen Gesellschaften: die verwaltenden Mandatare, — Verwaltungsräthe —; mandataires; administrateurs, directeur gérant, die Generalversammlung und die von der Generalversammlung gewählten Commissare commissaires de surveillance; einen Aufsichtsrath kennt die französische Gesellschaftsgesetzgebung bei den Actiengesellschaften nicht. Code de comm. Art. 23. 32.; Gesetz vom 24. Juli 1867. Art. 3. 4. 5. 6 ff. 13. 15. 22 ff.

Die holländische Handelsgesetzgebung spricht bei der Commanditgesellschaft im Allgemeinen — der Commanditgesellschaft auf Actien ist nicht besonders erwähnt cfr. § 21. S. 182 —; nur von den persönlich haftenden Gesellschaftern, hoofdelyk voor het geheel van spraakelyke vennosten. Wetboek van Koophandel. Art. 19., bei den anonymen

Gesellschaften nennt sie gleichfalls wie das Allgemeine Deutsche Handelsgesetzbuch und die französische Handelsgesetzgebung: die Leiter — bestuurders —, die Aufsichtscommissare commissarissen van toezigt, und die Generalversammlung algemeene vergadering. Wetboek van Koophandel. Art. 44. 45. 52. 54. 55.

Die englische Handelsgesetzgebung; welche die Commanditgesellschaften auf Actien nicht besonders auszeichnet, cfr. 20. No. 6. S. 178., nennt in den beiden früher schon mehrfach bezeichneten Gesellschafts-Acten von 1862 und vom 20. August 1867 bei diesen Acten unterworfenen resp. danach gebildeten Gesellschaften als Organe: die Directoren, Verwaltungsräthe und die Generalversammlung. Acte von 1862. 45. 46. 49 ff. Acte vom 20. Aug. 1867. 4. 5—8. 21. 39., auch die vom Handelsamt ernannten Inspectoren, welche eine ähnliche Stellung haben wie ein Aufsichtsrath, — Acte von 1862. 56 ff. — und die Auditors welche die Rechnungen und Bilanzen zu revidiren haben. Cfr. a. a. O. Verwalt.-Regulat. 83—94. können als Organe der Gesellschaft angesehen werden.

5. Es ist bei den Commanditgesellschaften sowohl wie den Actiengesellschaften nicht verboten, sich auch noch andere Organe als die ebengenannten von dem Gesetze als nothwendig vorhanden bezeichneten, statutarisch einzurichten. Nur dürfen neben denjenigen Organen, welchen gesetzmässig die ausschliessliche und unbeschränkte Vertretung der Gesellschaft nach aussen hin, also Dritten Personen gegenüber gebührt, keine anderen Organe geschaffen und in Wirksamkeit gesetzt werden, durch welche jene Organe in ihrer Vertretung der Gesellschaft nach Aussen hin beschränkt oder gehindert werden sollen. Ebensowenig darf auch durch Einrichtung solcher Organe das Wesen der Gesellschaft verändert werden. Es darf kein Organ in eine Gesellscheft hineingebracht werden, welches nicht hineinpasst, und mit den wesentlichen Institutionen der Gesellschaft nicht vereinbar ist. So wäre es bei den Actiengesellschaften des Allgemeinen Deutschen Handelsgesetzbuchs unmöglich neben dem Vorstande noch persönlich haftende Gesellschafter an die Spitze der Gesellschaft, zu ihrer Vertretung nach aussen hin, zu stellen, und bei den Commanditgesellschaften einen aus Mitgliedern ohne persönliche Verhaftung bestehenden Vorstand neben den persönlich haftenden Gesellsckaftern zur Vertretung der Gesellschaft zu berufen. Das englische Recht kennt allerdings Gesellschaften mit theils persönlich verhafteten theils nicht persönlich verhafteten Leitern, Directoren; im französischem wie holländischem Recht verhält es sich wie nach dem Allgemeinen Deutschen Handelsgesetzbuch.

Dagegen können für die innere Geschäftsverwaltung, überhaupt für das innere Verhältniss der Gesellschaft sehr wohl solche Organe etablirt werden. Man kann bei der Actiengesellschaft ein Organ schaffen, ähnlich wie der Aufsichtsrath, welcher aber nicht bloss dessen Functionen, die ihm im Gesetze beigelegt sind, übertragen erhält, sondern auch noch andere', welche sich auf die Verwaltung der Gesellschaft, die Geschäftsführung beziehen, sogar solche, vermittelst welcher er die Befugniss hat: dem Vorstande Vorschriften zu machen, ihm Instructionen zu ertheilen, allgemeine Reglements für die Geschäftsführung zu erlassen, gewissermassen mehre Rechte auszuüben, welche sonst nur der Generalversammlung der Actionaire zustehen würden, und in einer Stellung als Ausschuss der Generalversammlung resp. der Gesammtheit der Actionaire zu fungiren. Es kann den Mitgliedern solchen Organes auch die persönliche und solidarische Verhaftung auferlegt werden. In dieser Beziehung sehen wir bei verschiedenen Actiengesellschaften, namentlich solchen aus früheren Zeiten, insbesondere vor der Novelle von 1870, die sogenannten Verwaltungsräthe fungiren; freilich ohne dass ihnen eine persönliche und solidarische Verhaftung für ihre Handlungen auferlegt worden ist. Auch noch bei den neuen Actiengesellschaften — nach der Novelle — sind die Machtbefugnisse der Aufsichtsräthe gemeinhin vielfach in den obenerwähnten Beziehungen erweitert, so dass sie nicht bloss diejenigen Functionen und Befugnisse haben, welche ihnen im Gesetze auferlegt sind resp. ihnen von Gesetzeswegen gebühren, sondern auch noch andere, vermöge deren sie sich mit der Verwaltung der Gesellschaft zu befassen und direct in dieselbe einzugreifen haben, ja oft derartig, dass dem zwar nach aussen hin souverainen Vorstande, im innern Verhältniss die Hände gebunden sind. Allein Alles dieses versteht sich nur im innern Verhältniss und auch eine etwa statutarisch angeordnete persönliche und solidarische Verhaftung der Mitglieder solcher Organe existirt nicht dritten Personen, sondern nur der Gesellschaft resp. den Actionairen gegenüber, sie kann desshalb auch von dritten Personen nicht geltend gemacht werden. Man kann, und es mag sich dieses bei grossen Gesellschaften mit verschiedenen Geschäftsbranchen empfehlen, für einzelne Geschäftsbranchen dergleichen Organe creiren, oder für Zweigniederlassungen, welche die Gesellschaft eingerichtet hat. Zur Eintragung in das Handelsregister eignen sich indessen solche Organe nicht, eben weil sich ihre Machtvollkommenheit auf die inneren Gesellschaftsverhältnisse beschränkt und nicht auf die Vertretung der Gesellschaft nach aussen hin, dritten Personen gegenüber. Ebenso können bei der Commandit-Actiengesellschaft geschäftsleitende Organe ohne persönliche und solidarische Verhaftung bestellt werden, aus Commanditactionairen bestehend, welche sogar den persönlich haftenden Gesellschaftern Vorschriften zu machen haben; wenngleich diese letzteren immer nach Aussen hin allein und ausschliesslich die Gesellschaft vertreten, und dritten gegenüber für alle Verbindlichkeiten der Gesellschaft persönlich oder solidarisch haften. Der Grund zur Errichtung solcher Organe braucht nicht gerade in einem Misstrauen gegen die Vorstände der Actiengesellschaften oder die persönlich haftenden Gesellschafter zu beruhen, sondern er kann in verschieden anderen Umständen liegen, oft darin, dass einzelne Personen, welche eben nicht als Vorstandsmitglieder oder persönlich haftende Gesellschafter öffentlich an die Spitze des Unternehmens und dem Publicum gegenüber auftreten wollen resp. dürfen, sich doch einen entscheidenden Einfluss auf die Geschäfte der Gesellschaft vorbehalten wollen. Oftmals walten auch die Interessen des persönlichen Vortheils bei ihnen ob.

Auch Gesellschaftsbeamte können als Gesellschaftsorgane fungiren, jedoch nur im Rahmen ihrer Vollmachten — cfr. Art. 234. Ob bei Actiengesellschaften Procuristen zur Vertretung nach Aussen hin bestellt werden dürfen, und wer sie zu bestellen hat, namentlich ob diese Befugniss dem Vorstande zusteht, darüber siehe weiter unten § 25. No. 6. u. No. 9.

6. Nur die gesetzlich angeordneten Organe haben die technisch rechtlichen Bezeichnungen zu führen, diese gebühren ihnen indessen auch ausschliesslich. Wie die sonstigen Organe genannt werden ist gleichgültig, wenn die Bezeichnung überhaupt nur vernünftig. Auch ist es vollkommen gleichgültig, wie sich die einzelnen Mitglieder der gesetzlichen Organe sonst noch tituliren. So können sich die persönlich haftenden Gesellschafter der Commanditgesellschaften und die Mitglieder des Vorstandes einer Actiengesellschaft immerhin Directoren, Generaldirectoren, Präsidenten und sonst wie tituliren, was ja heute zu Tage sehr gebräuchlich ist, und sogar in die meisten Statuten aufgenommen ist.

Wir werden nun in der folgenden Abtheilung die gesetzlichen Organe der Gesellschaft noch einer speciellen Betrachtung unterwerfen.

7. Hauptsächlich hat sich die Organisation einer Gesellschaft nach den Verhältnissen, der Art und Weise, dem Umfange ihres Gewerbebetriebes zu richten. Die Handelsgesetzgebung konnte nur die Installation derjenigen Organe vorschreiben und die Grenzen ihrer gewöhnlichen Machtvollkommenheit abstecken, für welche eine Nothwendigkeit sich aus dem Wesen und der rechtlichen Natur der Gesellschaften ergab, respective welche im öffentlichen Interesse und im Interesse der Gesellschafter als nothwendig erscheinen, um das Getriebe der Gesellschaft nach Aussen hin erkennbar zu machen und um den einzelnen Gesellschaftern ihre Rechte zu wahren. Alles Uebrige musste die Gesetzgebung und hat sie der vertragsmässigen Ordnung der Gesellschaften überlassen. In der Organisation einer Gesellschaft liegt das Wohl und Wehe derselben. Nicht die Capitalmächtigkeit ist es, welche die Gewähr für das Gedeihen der Handelsgesellschaften giebt. Es ist bei der Organisation, der Bestellung und Einrichtung von Hauptorganen der Actiengesellschaften neuerer Bildung vielfach gesündigt, manchmal fehlgegriffen. Sogar schamlose Geldgier, die Sucht in Nichtsthun Geld zu verdienen und reich zu werden, gemeine Intriguen haben dabe iihre verderblichen Einflüsse geltend gemacht. Damit ist bei vielen der Keim der auflösenden Krankheit schon bei der Entstehung erwachsen; und anderseits sind die Organe, denen es möglich wäre diese ungesunden Elemente herauszuwerfen, zu sehr in ihrer Macht abgeschwächt, als dass sie irgend etwas Erhebliches ins Werk setzen könnten. Die unausbleiblichen Folgen eines

solchen Gebahrens haben sich bei einigen Actiengesellschaften bereits gezeigt, die Folgezeit wird noch viele Beispiele vorführen, wohin eine solche schlechte Organisation führt.

8. Die sogenannten wirthschaftlichen Genossenschaften haben gesetzlich eine ähnliche Organisation erhalten wie die Actiengesellschaften. Cfr. Abschnitt III. Ges. vom 4. Juli 1868. Man kann auch andere Erwerbsgesellschaften, welche gerade nicht unter eine der besonderen Arten der Handelsgesellschaften des Allgemeinen Deutschen Handelsgesetzbuchs oder unter die Categorie der wirthschaftlichen Genossenschaften zu subsumiren sind, nach dem Muster dieser Gesellschaften organisiren. Nur haben ihre zur Vertretung eingesetzten Organe nicht ohne Weiteres die Prärogativen und die Legitimation der Vorstände jener Gesellschaften bei denen sie im Gesetze bestimmt ist, sondern diese muss ihnen anderswie beschafft werden, wenn sie ihnen beiwohnen soll.

Q. Von den einzelnen gesetzlichen Organen der Handelsgesellschaften.

§ 24.

Die persönlich haftenden Gesellschafter.

1. Sie werden auch Complementaire, vollhaftende Gesellschafter, Garanten, Geranten genannt und sind das, durch die rechtliche Natur bedingte, und durch das Gesetz bestimmte Organe der Commanditgesellschaften und Commandit-Actiengesellschaften, denen ausschliesslich nicht nur die Geschäftsführung, sondern auch die Vertretung der Gesellschaft nach Aussen hin gebührt; und die durch den in dem Gesellschaftsvertrage ausgesprochenen Willen der Commanditisten dazu berufen sind; resp. die von allen Commanditisten welche später hinzutreten oder durch Actienerwerb Commanditactionaire werden, als solche ohne Weiteres anerkannt sind. Regulair darf kein Commanditist in die Geschäftsführung sich mischen. — Art. 150. 158. 167. 168. 196. Den persönlich haftenden Gesellschaftern dürfen in Bezug auf Geschäftsführung oder Vertretung der Gesellschaft keine Beschränkungen auferlegt werden, welche dritten gegenüber wirksam sein sollen. Art. 116. 150. Man findet wohl in den Gesellschaftsverträgen und Statuten solche Beschränkungen; z. B. die persönlich haftenden Gesellschafter sollen an Instructionen des Aufsichtsraths oder Beschlüsse desselben gebunden sein; sie sollen zur Ernennung und Anstellung von Beamten, namentlich von Procuristen, die Genehmigung des Aufsichtsraths einholen und dergleichen, sowie andere reglementaire Vorschriften; allein alle diese Bestimmungen gelten nur im inneren Verhältniss, nicht nach Aussen hin, und auch der Registerrichter hat sich nicht darum zu kümmern. Handeln die per-

sönlich haftenden Gesellschafter solchen Vorschriften zuwider, so sind sie nur im Innern der Gesellschaft, also den Gesellschaftern verantwortlich und können dessbalb zur Rechenschaft gezogen resp. auch aus der Gesellschaft entfernt werden — cfr. Art. 125. Nr. 3. 128. 170.

Es ist also gar nicht nothwendig, dass die persönlich haftenden Gesellschafter, selbst wenn in dem Statut die Ernennung von Procuristen an die Genehmigung oder Ermächtigung des Aufsichtsraths gebunden ist, diese urkundlich dem Registerrichter nachweisen; die von ihnen bestellten Procuristen sind auf ihre alleinige Anmeldung und Ernennungserklärung einzutragen.

2. Die persönlich haftenden Gesellschafter haften für alle Verbindlichkeiten der Gesellschaft mit ihrem ganzen Vermögen, und wenn es mehre sind, solidarisch, wie die offenen Gesellschafter. Sind mehre persönlich haftende Gesellschafter vorhanden, so ist die Commanditgesellschaft in Ansehung ihrer zugleich eine offene Gesellschaft. Art. 150. 112 ff. Es finden also auf sie auch die über die Verhältnisse der offenen Gesellschafter gegebenen Vorschriften Anwendung. Art. 112. 113. Die persönlich haftenden Gesellschafter haften also auch über die Auflösung der Gesellschaft hinaus, wie die offenen Gesellschafter, bis die Klagen in Gemässheit der Art. 146—149. verjährt sind. Cfr. Anschütz a. a. O. Bd. 2. S. 467.

Dass ein persönlich haftender Gesellschafter eine bestimmte baare Einlage in das Gesellschaftsvermögen gemacht hat, ist kein nothwendiges Erforderniss, ebensowenig wie es erforderlich, dass das Statut einer Commandit-Actiengesellschaft sich über die Einlagen der persönlich haftenden Gesellschafter ausspricht. Denn dergleichen Einlagen resp. besondere Bestimmungen darüber werden gesetzlich auch bei der offenen Gesellschaft nicht verlangt; über dergleichen Einlagen wird Nichts im Handelsregister veröffentlicht und kann nichts veröffentlicht werden, weil offene sowohl wie persönlich haftende Gesellschafter eben über Einlagen in das Gesellschaftsvermögen hinaus mit ihrem ganzen Privatvermögen haften. Die dessfallsigen Bestimmungen hinsichtlich der Einlagen sind dem Ermessen und den vertragsmässigen Bestimmungen der Gesellschafter überlassen. Die etwaigen Einlagen der persönlich haftenden Gesellschafter müssen indessen aus der Inventur, Art. 32 ff. und den Büchern der Gesellschaft ersichtlich sein. Art. 29 ff. u. 5.

Wenn aber ein persönlich haftender Gesellschafter einer Commandit-Actiengesellschaft eine Einlage gemacht hat, so dürfen für die gesellschaftlichen Capitalantheile, welche darauf fallen, ebensowenig Actien ausgegeben werden, als für die Capitalantheile, welche den persönlich haftenden Gesellschaftern als besondere Vortheile bedungen sind, auch dürfen die Capitalantheile, so lange die persönlich haftenden Gesellschafter in diesem ihrem Rechtsverhältnisse zur Gesellschaft stehen, nicht veräussert werden. Cfr. Art. 181., cfr. weiterhin § 29. No. 2. und die Zusätze im bes. Theil.

Im Uebrigen gilt von den Einlagen der persönlich haftenden Gesellschafter das von den Einlagen der offenen Gesellschafter Angeordnete. S. Art. 91 ff. und die Zusätze dazu im bes. Theil.

Dass ein persönlich haftender Gesellschafter Actien seiner Commandit-Actiengesellschaft zeichnet und besitzt, ist nirgends verboten. Cfr. zu Art. 181. im bes. Theil. Cfr. Anschütz a. a. O. Bd. 2. S. 439. u. v. Hahn zu Art. 181. § 3.

3. Wenn mehrere persönlich haftenden Gesellschafter vorhanden sind, und nichts Anderes über die Vertretung der Gesellschaft bestimmt ist, so ist Jeder von ihnen allein und für sich zur vollen Vertretung der Gesellschaft unumschränkt in allen Richtungen befugt; wie dies auch bei den offenen Gesellschaftern der Fall. Cfr. Art. 150. Alin. 2. Art. 117. 114—116. Es können aber auch, wie bei der offenen Gesellschaft, persönlich haftende Gesellschafter von der Vertretung der Gesellschaft ausgeschlossen werden, was ausdrücklich zu geschehen hat und im Handelsregister zu vermerken ist; in gleicher Weise kann auch eine Collectivvertretung angeordnet werden, so dass nur zwei persönlich haftende Gesellschafter oder mehre, oder einer nur mit diesem oder jenem der persönlich haftenden Gesellschafter in Gemeinschaft zur Vertretung der Gesellschaft befugt sind. Cfr. Art. 86. No. 4. 115.; alle anderen Beschränkungen in der Vertretung sind aber dritten Personen gegenüber unwirksam. Art. 116. Die Anordnung einer Collectivvertretung durch einen der persönlich haftenden Gesellschafter mit einem Procuristen ist für unzulässig und nicht angemessen zu erachten. S. Zusätze zu Art. 158. 196. im bes. Theil. und Anschütz a. a. O. Bd. 2. S. 282. 283. 423.

4. Ein persönlich haftender Gesellschafter muss mindestens bei jeder Commanditgesellschaft und jeder Commandit-Actiengesellschaft vorhanden sein; ohne einen solchen kann sie nicht bestehen. Art. 150. Man kann die Gesellschaft von vorn herein mit mehren persönlich haftenden Gesellschaftern construiren und etabliren oder auch nur mit Einem unter Inaussichtnahme des Hinzutritts mehrer. Tritt aber ein neuer persönlich haftender Gesellschafter hinzu, so ist das eine Statutenänderung und wie diese zu behandeln; der Hinzutretende haftet auch für alle bis dahin eingegangenen Verbindlichkeiten der Gesellschaft, gleichviel, ob die Firma dieselbe bleibt oder ob sie eine Aenderung erleidet. Cfr. Art. 113. 166. Es können aber auch in den Gesellschaftsverträgen bereits Bestimmungen getroffen sein, wie es gehalten werden soll mit der Aufnahme eines neuen persönlich haftenden Gesellschafters, doch in der ebenerwähnten Verhaftung dürfen keine Beschränkungen bestimmt werden, wenigstens keine solchen, welche irgend welche Wirkung dritten Personen gegenüber haben. Art. 166.

5. Es kann ein persönlich haftender Gesellschafter, es können mehre derselben aus der Gesellschaft ausscheiden, beziehungsweise auch durch Tod, oder ausgeschieden werden. Letzteres kann unter denselben Voraussetzungen geschehen, unter welchen ein offener Handelsgesellschafter aus der Gesellschaft ausgeschieden werden kann. Cfr. Art. 170. und Art. 125—128.

Allein mit dem Austreten und respective dem Ausscheiden von persönlich haftenden Gesellschaftern steht gemeinhin die Existenz der Gesellschaft in enger Verbindung. Wenn nun ein persönlich haftender Gesellschafter vorhanden, so ist die Existenz der Gesellschaft an seine Person gebunden; scheidet er aus, so kann die Gesellschaft unter keinen Umständen nach Aussen fortbestehen, weil er sie allein nach Aussen vertritt, es sei denn, dass bei einem Ausscheiden durch den Tod bereits vorher im Gesellschaftsvertrage bestimmt worden ist, dass seine Erben an seine Stelle treten sollen. Man hat allerdings es versucht, in dergleichen kritischen Fällen, wo die Existenz der Gesellschaft an nur Einen persönlich haftenden Gesellschafter geknüpft ist, und wo man sich nicht veranlasst fühlte, resp. nicht entschliessen konnte, von vorn herein mehre persönlich haftende Gesellschafter an die Spitze der Gesellschaft zu stellen, durch Bestimmungen in den Statuten die Auflösung der Gesellschaft zu hindern, wenn der Eine Gesellschafter austreten würde, indem man anordnete, dass ein neuer, manchmal bereits genau bezeichneter Gesellschafter sofort an seine Stelle und in alle von ihm resp. von der Gesellschaft eingegangenen Verpflichtungen eintreten solle, allein dadurch würde immer nach Aussen hin die Gesellschaft nicht erhalten werden können, die Gesellschaft mit dem neuen persönlich haftenden Gesellschafter würde nach Aussen hin immer als eine neue Gesellschaft zu betrachten sein. Die Firma der Gesellschaft würde gleichfalls nicht bestehen können, weil in derselben unbedingt wenigstens der Name eines persönlich haftenden Gesellschafters enthalten sein muss. S. vorher § 10. No. 6. S. 53. Im inneren Verhältniss könnten freilich dergleichen Bestimmungen ihre Wirkung äussern. Cfr. Entscheid. d. R.-O.-H.-G. vom 4. April 1872. Entscheid. Bd. 5. S. 366. Einen solchen Einzigen persönlich haftenden Gesellschafter wird somit die Gesellschaft, auch ohne der Auflösung anheimzufallen, nicht gut los; selbst nicht im Wege der Vereinbarung zwischen ihm und den Commanditisten. In gleicher Weise, wie das Ausscheiden, wirkt der Concurs über das Vermögen des persönlich haftenden Gesellschafters.

Das Allgemeine Deutsche Handelsgesetzbuch geht überhaupt, insbesondere was die Commanditgesellschaft auf Actien anbetrifft, von dem Princip aus, dass, gleichviel ob die Gesellschaft Einen oder mehre persönlich haftende Gesellschafter hat, eine Uebereinkunft, durch welche das Austreten eines oder mehrer persönlich haftender Gesellschafter bestimmt wird, der Auflösung der Gesellschaft gleichsteht. Cfr. Art. 199. in alter wie neuer Fassung. In der ursprünglichen Fassung des allegirten Artikels 199 war sogar das Austreten eines persönlich haftenden Gesellschafters in Folge gegenseitiger Uebereinkunft während des Bestehens der Gesellschaft geradezu für unstatthaft erklärt. In dieser Weise war die Existenz der Commandit-Actiengesellschaften, mehr als nothwendig, Eventualitäten preisgegeben und in Frage gestellt; abgesehen von einem Zwange für die persönlich haftenden Gesellschafter, in der Gesellschaft widerwillig zu bleiben, sowie für die Commanditactionaire diesen oder jenen persönlich haftenden Gesellschafter zu behalten; ein Zwang, der der freien Bewegung des Handels fremd ist und oft verderblich wirken kann. Das Fortbestehen der Gesellschaft ist ohnehin oft genug gefährdet durch Verhältnisse, welche in der Person eines persönlich haftenden Gesellschafters liegen. Der Tod, wenn der Gesellschaftsvertrag nicht auf die Erben lautet, sowie das Austreten und das Ausscheiden eines persönlich haftenden Gesellschafters in der Regel, wirken ja auflösend für die Gesellschaft — Art. 123. 200., das Fortbestehen der Gesellschaft ist nur in dem Falle, dass, wenn mehre vorhanden, einer der persönlich haftenden Gesellschafter aus Gründen, welche in seiner Person liegen — Art. 125. — zwangsweise ausgeschieden wird, unbedenklich gesichert. Art. 128. Cfr. v. Hahn zu Art. 199. § 1. und Note 1. und Anschütz a. a. O. Bd. 2. S. 338. Man wollte zwar die für offene Gesellschaften gegebene Bestimmung des Art. 127, wonach die Gesellschaft fortbestehen sollte, wenn vor der Auflösung die Gesellschafter übereingekommen sind, dass ungeachtet des Ausscheibens eines oder mehrer Gesellschafter die Gesellschaft unter den übrigen fortgesetzt werde, auch früher bei der ursprünglichen Fassung des Art. 199. auf Commandit-Actiengesellschaften Anwendung finden lassen. Cfr. Anschütz a. a. O. Bd. 2. 459 ff. Doch wurde diese Anwendung nicht mit Unrecht bestritten. Selbst in dem Falle des Todes, und wenn die Fortsetzung der Gesellschaft mit den Erben gesellschaftsvertragsmässig bestimmt worden ist, wird, wenn nicht sämmtliche Erben eintreten, doch die Firma bei dem Widerspruch eines der Erben nicht beibehalten werden können. Cfr. Art. 22. So eng wie das Wesen der Commanditgesellschaft mit den Personen der persönlich haftenden Gesellschafter verbunden sein mag, und wenn immerhin die Commanditgesellschaft nur als eine modificirte offene Gesellschaft zu betrachten ist, so treten doch namentlich bei der Commandit-Actiengesellschaft, welche sich gewissermaassen schon theilweise in das Gebiet der Capitalgesellschaft hineingeschoben hat und dort nahe an die Actiengesellschaft tritt, jene Modificationen sehr erheblich hervor. Man möchte daher wohl, den Auflösungsgründen, welche bei der offenen Handelsgesellschaft wirken, cfr. § 136 ff. S. 18., gegenüber, bei welcher aber auch die Erhaltung leichter zu bewerkstelligen ist, weil Alles mündlich und schnell ins Werk gesetzt werden kann, wogegen bei der Commandit-Actiengesellschaft Generalversammlungen, Statutenänderungen mit besonderer solenner Form vorgenommen werden müssen; darauf Bedacht zu nehmen haben: es den Commanditgesellschaften auf Actien zu erleichtern, ihre Existenz bei dergleichen in den Personen ihrer persönlich haftenden Gesellschafter eintretenden Eventualitäten zu erhalten.

In einer Beziehung, und zwar in dem Falle, wo das Ausscheiden eines persönlich haftenden Gesellschafters von mehreren auf Grund einer Uebereinkunft stattfindet, hat nun die Novelle vom 11. Juni 1870 eine Aenderung eingeführt, so dass auch hier nach den ausdrücklichen Gesetzesworten das Fortbestehen der Gesellschaft erhalten werden kann, und zwar durch Verabredung in dem Gesellschaftsvertrage, sei es in dem ursprünglichen sei es in einem legalen Nachtrage, vorausgesetzt, dass mindestens noch ein persönlich haftender Gesellschafter bleibt. — Art. 199. In den anderen vorher erwähnten Fällen ist es beim Alten geblieben.

Die alte Fassung des Art. 199 wurde vielfach angegriffen, namentlich im Verkehrswesen; die verschiedene Auslegung, welche man machte, hatte Rechtsunsicherheit hervorgerufen. In dem Preussischen Entwurfe fehlte eine solche Bestimmung, wie denn dieser Entwurf überhaupt nichts Besonderes wegen der Auflösung der Commandit-Actiengesellschaften bestimmte, und es also lediglich bei den Vorschriften über die offene Handelsgesellschaft beliess.

Durch die erwähnte Aenderung ist einem grossen Bedürfniss abgeholfen, vielen Bedenken und Streitigkeiten der Boden entzogen, überhaupt die durch das Austreten eines persönlich haftenden Gesellschafters immerhin sehr gefährdete Existenz der Commandit-Actiengesellschaft gesichert und ihrer Auflösung, welche vielleicht von allen übrigen Gesellschaftern gar nicht beabsichtigt wurde oder doch ihnen sehr zur Unzeit kam, vorgebeugt worden.

Ueber die Unzuträglichkeiten, welche eine solche Auflösung herbeiführte, kann man sich informiren in Busch's Archiv. XII. S. 252. und in den Stenographischen Berichten des Reichstags 1870. S. 1058. 1062. 1064. —

Der Hergang bei dieser Aenderung des Art. 199 des Handelsgesetzbuchs durch die Novelle vom 11. Juni 1870 ist weiter folgender:

Der Artikel 199 lautete ursprünglich:

> Das Austreten eines persönlich haftenden Gesellschafters in Folge gegenseitiger Uebereinkunft (Art. 123. Ziff. 4.) ist während des Bestehens der Gesellschaft unstatthaft.
>
> Eine solche Uebereinkunft steht der Auflösung der Gesellschaft gleich; zu derselben bedarf es der Zustimmung einer Generalversammlung der Commanditisten.

In dem Entwurf zu der Novelle vom 11. Juni 1870 war diese Bestimmung unberührt geblieben. Erst in Folge eines in der sogenannten freiwilligen Commission des Reichstages vorbereiteten Antrags kam in zweiter Lesung folgende Bestimmung zur Annahme:

„Sind mehre persönlich haftende Gesellschafter vorhanden, so kann durch den Gründungsvertrag, sowie durch spätere Uebereinkunft der sämmtlichen Gesellschafter, sowohl der persönlich haftenden, wie der Commanditisten festgesetzt werden, dass so lange noch ein persönlich haftender Gesellschafter vorhanden bleibt, das Ausscheiden eines oder mehrer persönlich haftender Gesellschafter gestattet ist. Diese Festsetzung muss im Auszuge veröffentlicht werden. (Art. 176. 198.

In jedem Falle ist der freiwillige Austritt eines persönlich haftenden Gesellschafters unstatthaft und steht der Auflösung der Gesellschaft gleich."

Indessen in der dritten Lesung wurde statt dieser Bestimmung, welche ihre offenbaren Mängel hatte, und nach Formulirung eines neuen Abänderungsantrags der jetzt geltende Artikel 199 ohne Widerspruch angenommen. Cfr. Stenogr. Berichte des Reichstags 1870. S. 1066. 1180. Endemann, das Staatsgesetz etc. S. 17.

Der Art. 199 in seiner jetzigen Fassung lautet nun dahin: dass eine Uebereinkunft, durch welche das Austreten eines oder mehrer persönlich haftender Gesellschafter bestimmt wird, der Auflösung der Gesellschaft gleichsteht: dass es zu derselben der Zustimmung der General-Versammlung der Commanditisten bedarf; dass jedoch durch den Gesellschaftsvertrag oder durch einen denselben abändernden Vertrag — Art. 198 — bestimmt werden kann, es solle das Austreten eines oder mehrer persönlich haftender Gesellschafter die Auflösung der Gesellschaft dann nicht zur Folge haben, wenn mindestens noch ein persönlich haftender Gesellschafter bleibt; endlich dass in Ansehung der Eintragung in das Handelsregister die Bestimmungen des Art. 129 — handeln von der Eintragung der Auflösung der offenen Gesellschaft — Anwendung finden.

Wenn nun in dem Gesellschaftsvertrage eine solche die Auflösung hindernde Bestimmung enthalten ist, so muss auch diese in Gemässheit des Art. 176 veröffentlicht werden.

6. Wenigstens eines persönlich haftenden Gesellschafters Name muss in der Firma der Commanditgesellschaft enthalten sein. S. vorher § 10. S. 53.

Die persönlich haftenden Gesellschafter haben ferner die Anmeldung der Gesellschaft zur Eintragung in das Handelsregister zu bewirken. Art. 151. 176. 177. Die Anmeldung muss ihre Namen, Vornamen, Stand und Wohnort enthalten Art. 151. 176; sowie in dem Gesellschaftsvertrage — Statut — der Commandit-Actiengesellschaften der Name, Vorname, Stand, und Wohnort jedes persönlich haftenden Gesellschafters enthalten sein muss Art. 175. No. 1. Nach französischem Recht müssen sie auch die Zeichnungen und Einzahlungen in einem notariellen Act constatiren. Gesellschaftsgesetz von 1867. Art 1. und die übrigen dort erwähnten Erfordernisse der Constituirung der Gesellschaft bewirken. Cfr. auch Art 7. und 8 daselbst.

Die persönlich haftenden Gesellschafter haben sodann auch die Firma der Gesellschaft vor dem Handelsgericht -- Registerrichter — zu zeichnen oder die Zeichnung in beglaubigter Form einzureichen, aber nur diejenigen welche zur Vertretung der Gesellschaft berufen sind, nicht die ausdrücklich von der Vertretung ausgeschlossenen. — Cfr. vorher No. 3. — Art. 153. 179.

Auch sonstige erforderliche Anmeldungen zu Eintragungen in das Handelsregister sind von den persönlich haftenden Gesellschaftern zu bewirken.

Sie sind im Unterlassungsfall der Disciplinargewalt und den Ordnungsstrafen des Handelsgerichts unterworfen. Art. 154. 179.

7. Es ist schon erwähnt, dass die Commanditgesellschaften und ebenso die Commandit-Actiengesellschaften durch die persönlich haftenden Gesellschafter vertreten werden, sie werden durch dieselben berechtigt und verpflichtet, und auch vor Gericht vertreten; an sie erfolgen auch die Behändigungen von Vorladungen und anderen Zustellungen an die Gesellschaft, und es ist ausreichend, wenn diese nur an Einen der zur Vertretung berechtigten persönlich haftenden Gesellschafter erfolgen. Art. 167. 196. Wegen Leistung der Eide für die Gesellschaft, s. Zusätze zu Art. 117. 167. im besonderen Theil. Die persönlich haftenden Gesellschafter sind nicht wie der Vorstand — Art. 232. — zur Leistung der Eide handelsgesetzlich befugt erklärt; es gelten die allgemeinen bürgerlichen Gesetze.

8. Da die Geschäftsführung allein von den persönlich haftenden Gesellschaftern besorgt wird, so ist es ihre Pflicht für die Führung der Bücher der Gesellschaft zu sorgen resp. dieselben selbst zu führen, die Bilanz aufzustellen und beziehungsweise den Commanditisten Rechenschaft und Rechnung zu legen, auch ihnen die erforderlichen Darstellungen resp. Uebersichten über den Vermögensstand der Gesellschaften namentlich in den Versammlungen und Generalversammlungen zu geben. Cfr. Art. 185. Sie veranlassen und bewirken alle Zahlungen aus der Gesellschaftskasse, und durch sie empfangen die Commanditisten ihre Antheile am Reingewinn; sie sind aber dafür verantlich, dass keine Zahlungen an die Commanditisten erfolgen, welche gesetzlich verboten sind. S. No. 9.

9. Die persönlich haftenden Gesellschafter dürfen bei solidarischer Verpflichtung zur Widererstattung niemals Einlagen an Commanditisten zurückzahlen auch keine Zinsen oder Dividenden zahlen lassen, welche nicht aus dem Reingewinn, resp. auf die Actien fallenden Gewinne entnommen sind, ebensowenig wie sie die Vertheilung des Gesellschaftsvermögens oder eine Zurückzahlung der Einlagen

der Commanditisten, beziehungsweise des Actiencapitals unter Ausseracht-lassung der dessfallsigen gesetzlichen Vorschriften vornehmen oder vornehmen lassen dürfen. Art. 165. 204. 202. 203.

Die persönlich haftenden Gesellschafter der Commandit-Actiengesellschaften sind ferner criminalrechtlich straffällig, und werden mit Gefängniss bis zu drei Monaten bestraft: erstlich wenn sie vorsätzlich Behufs der Eintragung des Gesellschaftsvertrages an das Handelsregister falsche Angaben über die Zeichnung oder Einzahlung des Capitals der Commanditisten machen; zweitens wenn durch ihre Schuld die Gesellschaft länger als drei Monate ohne Aufsichtsrath geblieben ist, oder in diesem die zur Beschlussfähigkeit erforderliche Zahl von Mitgliedern gefehlt hat, d. h. die gesetzliche Zahl drei — Art. 175. No. 6. — oder die in den Statuten bestimmte grössere Zahl; drittens wenn sie in ihren Darstellungen, in ihren Ueberschriften über den Vermögensstand der Gesellschaft oder in den Generalversammlungen gehaltenen Vorträgen wissentlich den Stand der Verhältnisse der Gesellschaft unwahr darstellen oder verschleiern; indessen kann die Strafe in den letzteren beiden Fällen, wenn mildernde Umstände vorhanden sind, auf bis zu Eintausend Thaler Geldstrafe beschränkt werden. Art. 206. Nach französischem Recht sind die Garanten strafbar und werden bestraft:

wenn sie Actien oder Actienscheine einer dem Art. 1. 2. und 3. des Gesellschaftsgesetzes von 1867 zuwider constatirten Gesellschaft emittiren, wenn sie die gesellschaftlichen Funktionen beginnen, bevor der Aufsichtsrath seine Functionen angetreten hat, wenn sie betrügerisch künstliche Majoritäten in den Generalversammlungen machen oder ihre Actien dazu hergeben, mit 500—10,000 Frcs. und ausserdem mit 14 Tagen bis 6 Monat Gefängniss in den letzten Fällen, Art. 13. a. a. O., wenn sie Actien oder Actienscheine deren Werth oder Form den Bestimmungen in Art. 1. 2. und 3. a. a. O. zuwiderläuft, oder auf die nicht der vierte Theil gemäss Art. 3, eingezahlt ist, negociiren oder an der Negociirung theilnehmen, resp. den Werth besagter Actien veröffentlichen, mit 500—10,000 Frcs.; wenn sie durch Simulirung von Zeichnungen oder Einzahlungen oder durch die mala fide gemachte Veröffentlichung von nicht existirenden Zeichnungen oder Einzahlungen oder jeder anderen falschen Thatsache Zeichnungen oder Einzahlungen erlangt oder zu erlangen versucht haben, wenn sie um Zeichnungen oder Einzahlungen anzulocken, die Namen bestimmter Personen als mit der Gesellschaft in irgend einer Eigenschaft in Verbindung stehend oder stehen sollend der Wahrheit entgegen male fide veröffentlicht, wenn sie beim Fehlen von Inventarien oder mittelst betrügerischer Inventarien die Vertheilung fictiver Dividenden unter die Actionaire bewirkt haben: mit den Strafen des Art. 405. Code pénal unbeschadet der Anwendung dieses Artikels auf alle Handlungen, welche das Vergehen der Prellerei darstellen; Art. 15. a. a. O. Auch gilt hierbei der Art. 463. Code pénal, und auch andere Personen, welche diese Handlungen begehen sind ebenso strafbar.

10. Wenn auch die persönlich haftenden Gesellschafter und die Commanditisten resp. die Commanditactionaire in ihrer Verbindung miteinander die Commanditgesellschaft oder Commandit-Actiengesellschaft als solche darstellen, und in dieser Verbindung nach Aussen als ein Ganzes erscheinen, so sind sie doch in Beziehung des innern Verhältnisses in vielfacher Beziehung geschieden, wie schon aus dem Vorhererwähnten hervorgeht. Es können Fälle sich ereignen, in welchen sie sich feindlich gegenübertreten und vor Gericht klagend gegeneinander auftreten. Das äussere Verhältniss und dritte Personen tangiren solche Streitverhältnisse nicht, diese haben die persönlich haftenden Gesellschafter und die Commanditisten resp. Commanditactionaire unter sich auszumachen. Die gewöhnliche Commanditgesellschaft richtet sich hier nach den Vorschriften welche für die offene Handelsgesellschaft gegeben sind. Bei den Commandit-Actiengesellschaften hat in solchen Streitfällen der Aufsichtsrath die Rechte der Commanditactionaire zu vertreten; oder ihre Vertretung findet durch besonders gewählte Bevollmächtigte statt. Art. 194. 195. Dabei darf jeder Commanditactionair seine Rechte besonders wahrnehmen, und als Intervenient in den Process, aber auf eigene Kosten, eintreten, s. das. und die Zusätze zu diesen Artikeln im besonderen Theil. Nach französischen Recht können Commanditactionaire, welche mindestens den zwanzigsten Theil des Gesellschaftscapitals repräsentiren im gemeinschaftlichen Interesse auf ihre Kosten einen oder mehre Mandatare beauftragen, sowohl klagend als vertheidigend gegen die Garanten oder gegen die Mitglieder des Aufsichtsrath einen Process zu führen und sie im diesem Fall gerichtlich zu vertreten, ohne Präjudiz für die Klage, welche jeder Actionair individuell in seinem Namen persönlich beantragen kann. Gesellschaftsgesetz von 1867. Art. 17.

Dergleichen Processe können vorkommen, wenn es sich um die Entfernung eines persönlich haftenden Gesellschafters oder um die Entfernung aller persönlich haftender Gesellschafter, beziehungsweise um die Auflösung der Gesellschaft, handelt, und entweder die betreffenden persönlich haftenden Gesellschafter nicht gutwillig austreten wollen, oder der Auflösung widersprechen. Ferner, wenn die persönlich haftenden Gesellschafter den Commanditisten nicht den ihnen geschäfts-, rechnungs-, statuten- und gesetzmässig gebührenden Antheil am Reingewinn zukommen lassen wollen, oder wenn sie überhaupt nicht vertrags- resp. gesetzmässig die Jahresbilanz aufstellen und vorlegen. Diese Prozesse werden aber nicht von dem Registerrichter, sondern von dem ordentlichen Handelsgerichte verhandelt und entschieden. Nach französischen Recht können die Geranten, auch in Gemeinschaft mit den Mitgliedern des ersten Aufsichtsrath von der Gesellschaft und Dritten in Anspruch genommen werden, wenn die Gesellschaft den Art. 1. 2. 3. 4. und 5. des Gesellschaftsgesetzes von 1867 zuwider constituirt ward und desshalb annullirt ist, wegen des aus der Annullirung erwachsenden Schadens. Art. 8. a. a. O.

11. Die persönlich haftenden Gesellschafter, wenn es mehre sind, können aber auch, unter sich Prozesse führen, weil in Ansehung ihrer alle Verhältnisse der offenen Gesellschafter obwalten; z. B. wenn es auf die Ausscheidung eines oder mehrer persönlich haftender Gesellschafter ankommt, wenn einer der gesetzliche Gründe vorliegt, aus welchen ein offener Gesellschafter aus der Gesellschaft entfernt werden darf. Denn ein persönlich haftender Gesellschafter muss aus der Gesellschaft ausgeschieden werden, wenn solche Gründe obwalten und von den anderen persönlich haftenden Gesellschaftern geltend gemacht werden, selbst wenn sämmtliche Commanditisten oder Commanditactionaire, resp. die Majorität der Generalversammlung der letzteren ihn beibehalten wollten.

Ebenso wird es gestattet sein, dass ein einzelner persönlich haftender Gesellschafter gegen die übrigen und resp. die Commanditisten klagend auftritt, insbesondere auch in dem Falle, wenn Gründe der Auflösung der Gesellschaft vorliegen und dieselbe nicht veranlasst wird.

12. Die persönlich haftenden Gesellschafter sind von Rechtswegen Liquidatoren der gewöhnlichen Commanditgesellschaften, wenn nicht gesellschaftsvertragsmässig etwas anderes bestimmt oder einstimmig beschlossen worden ist. Sie führen die Liquidation gemeinschaftlich mit allen Commanditisten welche ebenso wie sie zum Amte der Liquidatoren gleich berechtigt und berufen sind. Cfr. Art. 172. v. Hahn Comm. zu Art. 172. § 2. Bei den Commandit-Actiengesellschaften führen sie die Liquidation gleichfalls nicht als alleinige Liquidatoren, sondern in Gemeinschaft mit einen oder mehren von der Generalversammlung der Commanditactionaire gewählten Personen, Commanditactionairen oder Dritten — Fremden —. Art. 205. S. § 18. S. 152.

Das Allgemeine Deutsche Handelsgesetzbuch bestimmt Nichts über die Voraussetzungen des Gesellschaftsconcurses, dieselben überlässt es lediglich den Concurs-Ordnungen der einzelnen Staaten. In der Preussischen Concurs Ordnung § 286, werden die persönlich haftenden Gesellschafter, und zwar Jeder, für die vorschriftsmässige Anzeige der Zahlungseinstellung der Gesellschaft — § 116 das. — verhaftet gemacht. —

Tritt wegen des Concurses über das Vermögen eines offenen oder eines persönlich haftenden Gesellschafters Auflösung ein, so hat nach einigen Einführungsgesetzen bei der in Gemässheit der Art. 133. 172. 205. des Allgemeinen Deutschen Handelsgesetzbuchs stattfindenden Liquidation, der Verwalter der Concursmasse deren Rechte wahrzunehmen. Cfr. Preussisches Einführungsgesetz vom 21. Juni 1861. Art. 33., cfr. desgl. Oldenburg, Bernburg; cfr. v. Hahn zu Art. 133. Note 7.

13. Die Geranten der Commandit-Actiengesellschaften französischen

Rechts stehen im Wesentlichen in denselben Verhältnissen, wie die persönlich haftenden Gesellschaften, den Commandit-Actiengesellschaften des Allgemeinen Deutschen Handelsgesetzbuchs, nur sind ihnen noch strengere Verpflichtungen auferlegt worden. S. darüber vorher No. 9.; cfr. auch das französische Gesellschaftgesetz von 1867. Art. 1—5.; 7. 8. 13—16. 17.

§ 25.

Der Vorstand der Actiengesellschaft.

1. Der Vorstand ist nach dem Allgemeinen Deutschen Handelsgesetzbuch dasjenige nothwendige Organ der Actiengesellschaft, welches zu ihrer Vertretung nach Aussen hin bestimmt ist, und durch welches ihr die Geschäftsbewegung nach Aussen hin ermöglich wird. Zu dieser Function ist der Vorstand durch das Gesetz berufen, und durch den Willen der Actionaire. Jede Actiengesellschaft muss einen Vorstand haben; sagt Art. 227. Derselbe ist auch nothwendige Bedingung der Existenz der Actiengesellschaft, denn ohne einen Vorstand kann sie nicht in das Handelsregister eingetragen werden und somit auch äusserlich wenigstens keine Existenz erlangen. Art. 209a. Alin. 2. 211. 228. Aber auch in den Statuten muss die Art der Bestellung des Vorstandes und die Formen der Legitimation seiner Mitglieder enthalten sein. Art. 209. No. 8. cfr. vorher § 22. No. 3. S. 195. u. § 23. No. 3. Anschütz a. a. O. Bd. 2. S. 516., v. Hahn a. a. O. zu Art. 227. §. 1.

Dass dem Vorstande zugleich auch die Geschäftsführung im Innern der Gesellschaft übertragen worden ist, das wird gesetzlich nicht gefordert; man kann die Verhältnisse der Geschäftsführung im Innern auch anders ordnen, und letztere anderen Organen resp. besonderen Beamten übertragen, cfr. v. Hahn zu Art. 227. §. 1.

2. Der Vorstand meldet die neuetablirte Actiengesellschaft zur Eintragung in das Handelsregister an, und sich selbst, überhaupt werden alle Anmeldungen durch ihn bewirkt, auch die der Auflösung der Gesellschaft und die der Liquidationen. Art. 210a. 212. 243. 244.

3. Der Vorstand vertritt die Gesellschaft gerichtlich und aussergerichtlich — Art. 227., er leistet die Eide Namens der Gesellschaft; ihm werden Vorladungen und andere Zustellungen an die Gesellschaft behändigt, wobei es genügt, wenn dieselben an ein Vorstandsmitglied, welches zu zeichnen oder mitzuzeichnen befugt ist, geschehen. Art. 235. Er hat also auch die ganze Prozessführung und prozessualische Vertretung der Gesellschaft. Nach englischem Recht werden die Zustellungen auf dem Gesellschaftsbüreau übergeben, und einem Director, Secretair oder anderen autorisirten Beamten insinuirt. Acte von 1872 No. 62—64.

4. Der Vorstand besorgt und bewirkt die ganze Geschäftsführung der Gesellschaft dritten Personen gegenüber, kraft

seiner ihm vom Gesetze verliehenen Machtvollkommenheit. Er schliesst alle Rechtsacte für die Gesellschaft; diese wird durch die von ihm in ihrem Namen geschlossenen Rechtsgeschäfte berechtigt und verpflichtet, wobei es gleichgültig ist: ob das Geschäft von dem Vorstande ausdrücklich im Namen der Gesellschaft geschlossen worden ist, oder ob die Umstände ergeben, dass es nach dem Willen der Contrahenden für die Gesellschaft geschlossen werden solle. Art. 230. Dass Mitglieder des Vorstandes auch für ihre Person in ihren persönlichen Angelegenheiten Rechtsacte schliessen, ist ihnen selbstverständlich nicht verschränkt.

Der Vorstand vollzieht auch alle von der Gesellschaft ausgehenden Urkunden, namentlich Wechsel und Wechselverpflichtungen; er zeichnet die Firma der Gesellschaft. Art. 229. Er beruft in der Regel die General-Versammlung. Abweichungen von dieser Regel, die Ermächtigungen zur Berufung derselben durch andere Organe resp. Personen müssen besonders in den Statuten bestimmt sein. Art. 209. Nr. 9. Al. 236.

Die Liquidation der Gesellschaft wird in gleicher Weise in der Regel durch den Vorstand besorgt, wenn nicht andere besondere Liquidatoren ausdrücklich anerkannt worden sind. Art. 244. S. vorher §. 18. No. 3. 4. S. 152.

Dieses sind die wesentlichen Functionen des Vorstandes, welche noch näher zu betrachten sind. Durch diese Functionen characterisirt sich der Vorstand aber auch als ein Gesellschaftsorgan, gewissermassen als der Repräsentant der Gesellschaft, und insbesondere durch die ihm zukommende Executive als eine Gesellschaftsbehörde; er unterscheidet sich dadurch von den gewöhnlichen Mandataren, den Institoren, Procuristen, wenn in vielen Beziehungen seine Machtvollkommenheit sich auch nur innerhalb der Grenzen der Befugnisse dieser Personen bewegt, namentlich im inneren Verhältniss, cfr. Renaud a. a. O. S. 470. 471. Protocolle etc. S. 346. u. 1062. Nach französischem Recht sind die Administrateurs, und der Directeur gérant — von einem Vorstande spricht es nicht — nur Mandatare, durch welche die Gesellschaft verwaltet wird. Art. 32., Code de comm. Gesellschaftsgesetz von 1867. Art. 22. 25., cfr. vorher § 22. No. 5. S. 198.

Die englischen Directoren leiten das Geschäft der Gesellschaft und haben alle die Befugnisse und Rechte der Gesellschaft auszuüben, welche nicht von der Generalversammlung ausgeübt werden müssen, in den Grenzen des Gesetzes und der General-Versammlungsbeschlüsse. Acte von 1862. Verwalt. Regul. 55. 56.

5. Die Zusammensetzung des Vorstandes, dessen Bestellung, die Aenderung seiner Mitglieder und seine Abberufung anlangend, so kann er bestehen und besteht in der Praxis entweder aus einer oder aus mehreren physischen Personen, welche Actionaire sein können; es aber nicht sein müssen, denn auch Fremde können zu Vorstandsmitgliedern gewählt werden; Art. 217. cfr. holländisches Recht Art. 44. Wet-

boek van Koophandel. Ueber die Art der Bestellung und Zusammensetzung des Vorstandes haben die Statuten zu bestimmen. Art. 209. No. 8. Man hat in neuerer Zeit auch Mitglieder des Aufsichtsraths in den Vorstand delegirt, welche dann, so lange sie als Vorstandsmitglieder fungiren, oder wenn es sich um Acte aus dieser Function handelt, ihre Functionen als Mitglieder des Aufsichtsraths nicht ausüben dürfen. Cfr. § 26. No. 4.

Das Allgemeine Deutsche Handelsgesetzbuch fordert bei den Vorstandsmitgliedern keine besonderen Eigenschaften. Indessen handlungs- und vertragsfähig müssen sie sein. Bestimmungen, wie sie sich bei Collegien sonst finden, rücksichtlich der Verwandtschaft und des Geschlechts, dürfen nicht herangezogen und zur Anwendung gebracht werden. Dass Frauen Vorstandsmitglieder sind, ist nicht verboten; eben so wie sie selbstständige Kaufleute sein dürfen, dürfen sie auch zu Vorstandsmitgliedern bestellt werden. Vorstandsmitglied kann somit Jeder sein: den das Vertrauen und der Wille der Actionaire dazu beruft. In den Statuten werden indessen gewöhnlich besondere Erfordernisse vorgeschrieben, welche die Vorstandsmitglieder haben resp. erfüllen müssen. Dahin gehören, abgesehen von dem Besitz oder dem Erwerb einer bestimmten Anzahl Actien der Gesellschaft und Cautionsleistung mit solchen Actien oder auf andere Weise, das Erforderniss, dass alle oder eine Anzahl Vorstandsmitglieder ihren Wohnsitz im Domicil der Gesellschaft haben. Der statutarischen Bestimmung solcher Erfordernisse steht gesetzlich nichts im Wege. Cfr. Renaud a. a. O. S. 472. 473. Indessen sie gelten nur im inneren Verhältniss der Gesellschaft und haben nach Aussen hin keine Wirkung.

Nach englischem Gesellschaftsrecht ist das Amt eines Vorstandsmitgliedes nicht allein mit einem anderen Amte oder einer sonstigen, mit Einkünften verbundenen Stellung bei der Gesellschaft unverträglich, sondern auch mit Bankerott nnd Insolvenz, sowie mit einem Vertragsverhältniss zur Gesellschaft, oder nur einem Interesse bei einem solchen Vertragsverhältnisse. Cfr. Gesellschaftsacten von 1856. 1867. Anh. Verwalt. Regul. §. 57. Das französische Gesellschaftsgesetz von 1867 — Art. 26., verlangt dass die Administratoren im Besitz einer durch die Statuten bestimmten Zahl von Actien sein müssen, welche als Caution deponirt werden und unveräusserlich sind. Die Administratoren müssen überhaupt aus der Zahl der Actionaire genommen werden. In Art. 40. untersagt es den Administratoren ein directes oder indirectes Interesse zu nehmen oder zu behalten an einem Unternehmen, oder an einem mit der Gesellschaft oder für ihre Rechnung gemachten Kaufgeschäfte, ohne Autorisation der Generalversammlung. Auch wird jedes Jahr der Generalversammlung ein Specialbericht über die Ausführung solcher von ihr genehmigten Kaufgeschäfte und Unternehmungen erstattet.

Das Allgemeine Deutsche Handelsgesetzbuch enthält hierüber Nichts, indessen werden Bankrutt und Insolvenz immer zur Entfernung eines Vorstandsmitgliedes veranlassen und berechtigen; und es empfiehlt sich in den besonderen, mit den Vorstandsmitgliedern zu schliessenden Engagementsverträgen, das etwa Erforderliche wegen der vorher beregten Vertragsverhältnisse, resp. Aemter bei der Gesellschaft festzusetzen. S. aber No. 18.

Die Mitglieder des Vorstandes sind entweder besoldet, sei es mit einem Fixum, oder mit Tantième, oder mit Beidem, oder unbesoldet; hierüber bestimmen die Statuten und der Engagementsvertrag, das Gesetz lässt freie Hand; Art. 227. Al. 2. Renaud a. a. O. S. 473. 474. cf. franz. Gesellsch.-Ges. von 1867. Art. 22.; Wetb. v. Kooph. Art. 44. Nach englischem Recht setzt die Generalversammlung die Remuneration fest. Acte von 1862. Verwalt.-Regul. 54.

Die Bestellung des Vorstandes darf aber nicht unwiderruflich erfolgen, sie ist vielmehr von Gesetzes wegen jederzeit widerruflich. Art. 227. Al. 3. Jedes Vorstandsmitglied, der ganze Vorstand, können zu jeder Zeit ihres Amtes enthoben werden, ohne Angabe von Gründen, z. B. aus reinen Opportunitätsrücksichten; sie müssen sich diese Enthebung gefallen lassen, haben aber, wenn diese Enthebung nicht aus vertragsmässig vorgesehenen oder aus anderen rechtlichen Gründen, welche ihre Entfernung erheischten, erfolgt ist, Entschädigungsansprüche aus den etwa bestehenden Verträgen — Engagementsverträgen. Art. 227. Al. 3. Cfr. weiterhin No. 17. Desshalb werden die Vorstände resp. die Vorstandsmitglieder auch gewöhnlich auf bestimmte oder auf unbestimmte Zeit bestellt, resp. auf Kündigung. Dergleichen Verhältnisse werden in den besonderen Engagementsverträgen geregelt. Dies sind die besonderen, von der in der Ernennung liegenden Betrauung mit der Vertretung verschiedenen Dienstverträge. Cfr. Anschütz a. a. O. Bd. 2. S. 518. Das französische Gesetz gestattet nur Wahl auf Zeit, und zwar die der ersten auf höchstens 6 Jahre, aber mit Wiederwählbarkeit, resp. wenn die Administratoren durch die Statuten designirt sind, mit der ausdrücklichen Stipulation, dass ihre Ernennung der Generalversammlung nicht unterliegt, auf höchstens drei Jahre. Cfr. Gesellschfts.-Ges. v. 1867. Al. 22. 25.; das holländische Gesetz harmonirt mit dem Allgemeinen Deutschen Handelsgesetzbuch. cfr. Art. 44. Wetboek v. Kooph.

Kein Actionair, und erst recht nicht ein Fremder, hat eine Verpflichtung die Wahl zum Mitgliede des Vorstands anzunehmen, wenn nicht in Bezug auf die Actionaire in den Statuten etwas besonders deshalb festgesetzt ist. Cfr. Renaud. S. 474.

Ein Ausscheiden von Vorstandsmitgliedern, nach einer bestimmten Zeit oder nach einem Turnus, wie bei dem Aufsichtsrath, ist gesetzlich nicht vorgeschrieben, auch heute nicht gebräuchlich. Nach englischem Verwalt.-Regulativ ist bestimmt: dass abgesehen von der ersten ordentlichen General-Versammlung nach Incorporirung der Gesellschaft, in welcher sämmtliche Directoren von ihrem Amte abtreten, in der ersten ordentlichen Versammlung eines jeden folgenden Jahres der dritte Theil der zeitigen Directoren auszuscheiden hat, oder wenn die Zahl sich nicht durch drei theilen lässt, diejenige Zahl, die dem dritten Theile am nächsten steht. Engl. Ges.-Acten von 1856. 1867. Anh. Verwalt. Regul. §§ 58. 59—62; Renaud, S. 476.

Die Wahl der Vorstandsmitglieder und die Regelung der Engagementsverhältnisse gebührt regulair der Generalversammlung; doch steht nach dem Allgemeinen Deutschen Handelsgesetzbuch Nichts entgegen, dass sie auch in den Statuten einem andern Organ zugewiesen wird. In neuerer Zeit ist in den Statuten sowohl die Wahl als die Abschliessung der Engagementsverträge nebst der Bestimmung des Gehalts dem Aufsichtsrathe zugewiesen. Nach französischem Gesellschaftsgesetz von 1867 werden die ersten Administratoren von der Generalversammlung gewählt; doch können sie auch durch die Statuten designirt und kann ihre Ernennung der Genehmigung der Generalversammlung entzogen werden. § 25. s. vorher S. 226.

Nach englischem Recht werden Zahl und Namen der Directoren von den Unterzeichnern des Associationsmemorandums bestimmt, und bis zur Einsetzung der Directoren gelten die Unterzeichner als Directoren. Acte von 1862. Verwalt. Regul. 52. 53.

Gleicherweise verhält es sich mit der Entfernung und einer etwaigen Suspension von einzelnen Vorstandsmitgliedern oder des ganzen Vorstandes, man hat statutenmässig auch wohl dem Vorsitzenden des Aufsichtsraths das Recht beigelegt, in schleunigen Fällen zu solcher Suspension zu schreiten, vorbehaltlich des unvorzüglich einzuholenden Beschlusses; ingleichen sind Entfernung und Suspension von einer gewissen Stimmenmajorität im Aufsichtsrath abhängig gemacht, und vom Aufsichtsrathsbeschluss der Recurs an die General-Versammlung vorbehalten.

Nachdem die Wahl erfolgt ist, hat der Gewählte sich über die Annahme zur Wahl zu erklären. Diese Erklärung, welche in der Wahlversammlung auch später erfolgen kann, gehört mit zur Legitimation Behufs der Eintragung; s. weiterhin bei No. 6.

Alsbald nach ihrer Bestellung müssen die jeweiligen Mitglieder des Vorstandes zur Eintragung in das Handelsregister eingetragen werden. Art. 228. Auf diese Weise wird der Vorstand dem Publikum präsentirt. Bei der Anmeldung ist die Legitimation — s. No. 6 — beizufügen, auch hat jedes Mitglied seine Unterschrift vor dem Handelsgericht abzugeben oder in beglaubigter Form einzureichen. Der Vorstand selbst besorgt die Anmeldung, und sind seine Mitglieder desshalb der Disciplinargewalt des Handelsgerichts unterworfen. Cf. Art. 228. Alin. 2. u. 3.

Ebenso muss auch jede Aenderung der Mitglieder des Vorstandes, ingleichen der Abgang oder die Entfernusg des ganzen Vorstandes, bei Ordnungsstrafe zur Eintragung in das Handelsregister angemeldet und eingetragen werden; dergleichen Aenderungen können dritten Personen nur in so fern entgegengesetzt werden, als in Betreff dieser Aenderung die in Art. 46. in Betreff des Erlöschens der Procura bezeichneten Voraussetzungen vorhanden sind. Art. 233. Cfr. § 12. No. 12. S. 75. und die Zusätze zu Art. 233 im besonderen Theil.

Nach englischem Recht muss in dem registrirten Bureau ein Register geführt werden, welches die Namen, Adressen und Beschäftigungen der Directoren oder Geschäftsführer enthält; von diesem Register erhält der Registrar der Actiengesellschaften eine Abschrift und von Zeit zu Zeit Anzeige von Veränderungen, bei Strafe. Acte von 1862. 45. 46.

Kein Mitglied des Vorstandes hat das Recht, seine Functionen beliebig niederzulegen, oder dieselben aufzukündigen, wenn nicht in den Statuten desshalb besondere Vorbehalte gemacht sind, oder in den Engagementsverträgen desshalb etwas bestimmt ist. Renaud S. 481. Geschieht es dennoch, so hat die Gesellschaft das Recht, das betreffende Mitglied ohne Entschädigung zu entlassen, respective Schadenersatz ihrerseits zu fordern. Das folgt aus allgemeinen Rechtsgrundsätzen.

6. Die Legitimation der Mitglieder des Vorstandes anlangend, so sollen die Formen derselben in dem Statute festgesetzt sein. Art. 209. No. 8; es ist dieses also zuvörderst der gesellschaftsvertragsmässigen Bestimmung überlassen, und die Entscheidung darüber auch zunächst in den Statuten zu suchen. Es ist unerlässlich, dass der Vorstand, resp. seine Mitglieder, weil geschäftsführendes und insbesondere die Gesellschaft nach aussen hin vertretendes Organ, sich nicht nur den Actionären gegenüber, sondern auch gegen dritte Personen legitimiren können und legitimiren.

Bei der Eintragung und Behufs derselben geschieht diese Legitimation entweder schon durch das Statut oder durch Beibringung der öffentlichen — gerichtlichen oder notariellen — Urkunden über die gesetzliche, respective statutenmässig vollzogene und acceptirte Wahl der Vorstandsmitglieder. Ist die Eintragung in das Handelsregister und die Veröffentlichung derselben erfolgt, dann dienen diese Acte zur Legitimation, beziehungsweise die darüber von dem Registerrichter ertheilten Notificatorien oder Atteste; wobei es unter Umständen indess noch darauf ankommen kann, die Identität der Personen festzustellen, was dann anderweitig glaubwürdig zu bewirken ist. Es kann ferner in Frage stehen: ob seit der Ertheilung jener Notificatorien und Atteste nicht eine Aenderung in den Mitgliedern des Vorstands stattgefunden hat; insbesondere wo es sich um Vornahme von Acten bei den Hypotheken- resp. Grundbuchämtern handelt; und es können dort anderweite Atteste des Registerrichters aus neuester Zeit beziehungsweise dahin lautend: dass keine Veränderungen stattgefunden haben, nöthig werden. Cfr. vorher § 12. No. 4. S. 65. Auch können die Legitimationen, wenn dies statutenmässig angeordnet worden, durch Atteste anderer Organe, z. B. des Aufsichtsraths oder dessen Vorsitzenden, geführt werden, welche sich dann aber wieder selbst zu legitimiren haben.

7. Ueber die Formen der Thätigkeit des Vorstandes verordnet das Allgemeine Deutsche Handelsgesetzbuch, dass der Vorstand in der durch den Gesellschaftsvertrag bestimmten Form seine Willenserklärungen kund zu geben und für die Gesellschaft zu zeichnen hat, sowie, dass, wenn darüber nichts bestimmt, die Zeichnung durch sämmtliche Mitglieder des Vorstandes erforderlich ist; Art. 229. Al. 1., und dass der Vorstand in der Weise zeichnet, dass seine Mitglieder zu der Firma der Gesellschaft oder zu der Benennung des Vorstandes ihre Unterschriften hinzufügen. Art. 229. Alin. 2.

Gewöhnlich enthalten die Statuten aber abweichende Bestimmungen. Die Zeichnung durch sämmtliche Vorstandsmitglieder hat Störungen im Geschäft und andere Unzuträglichkeiten im Gefolge. Desshalb ist statutenmässig angeordnet, dass nur einige Vorstandsmitglieder mit voller Verbindlichkeit zeichnen dürfen, auch wohl, dass jedes Vorstandsmitglied berechtigt ist, allein zu zeichnen. Die Zeichnung durch Procuristen respective die Zeichnung von Procuristen collectiv mit Vorstandsmitgliedern, halte ich für unstatthaft; cfr. weiter unten No. 10. S. 235.

In welcher Weise im Innern der Gesellschaft mehre Vorstandsmitglieder die Geschäftsführung besorgen, das ist bei einigen Gesellschaften ihnen selbst überlassen, respective Regulativen, welche sie zu entwerfen und dem Aufsichtsrath zur Genehmigung vorzulegen haben, vorbehalten, bei anderen Gesellschaften der Anordnung des Aufsichtsraths anheimgestellt; auch enthalten einige Statuten selbst dessfallsige Vorschriften. Alle diese Angelegenheiten sind rein geschäftlicher Natur und ganz der Verabredung der Gesellschafter anheim gegeben.

Wenn mehr als zwei Mitglieder den Vorstand bilden, betrachtet man auch wohl den Vorstand als Collegium und regulirt dementsprechend die Berathungen und Beschlussfassungen unter einem gewählten oder sonst vertragsmässig bestimmten Vorsitzenden. Cfr. die englische Gesetzgebung Acte von 1862. Verwalt.-Regul. 66—71. Es kann auch der Vorstand in Gemeinschaft mit dem Aufsichtsrath zu einem Collegium verbunden berathen. Bei Anordnungen solcher Berathungen ist es zweckmässig, wenn auch nicht gesetzlich vorgeschrieben, anzuordnen, dass darüber ein Protokoll geführt werde, welches wenigstens die Beschlüsse enthält, und dass die Protokolle aufbewahrt werden.

Das französische Gesellschaftsgesetz von 1867 gestattet es den Mandataren, sich aus ihrer Mitte einen Director — directeur gérant — zu wählen, oder wenn es die Statuten gestatten, sich einen der Gesellschaft fern stehenden Mandatar zu substituiren, für welchen sie der Gesellschaft verantwortlich sind. Desgleichen können sich die Directoren der englischen Gesellschaften einen Präsidenten ihrer Versammlungen wählen. Acte von 1862. Verwaltungs-Regulative 66. ff., welcher beim Stimmen gleichfalls eine entscheidende Stimme hat. Jeder Director kann eine Versammlung der Directoren berufen. Cfr. a. a. O. 66.

8. Vorstand ist die gesetzlich technische Benennung des Organs, das Allgemeine Deutsche Handelsgesetzbuch kennt keine andere Benennung; es giebt aber im 2. Alinea des Art. 229. zu erkennen, dass andere Benennungen nicht ausgeschlossen sind. Wegen der Benennung im französischen, holländischen und englischen Handelsrecht s. § 23. No. 4. S. 208.

Es kommen denn auch unter der Herrschaft des Allgemeinen Deutschen Handelsgesetzbuchs bei den einzelnen Actiengesellschaften verschiedene andere Benennungen vor. Am meisten gebräuchlich ist die Benennung: Direction, Directoren, ja sie ist viel gebräuchlicher als die: „Vorstand." Auch „Verwaltungsrath" kommt noch vor, namentlich bei älteren Gesellschaften; ferner: General-Direction, General-Director.

9. In seiner Stellung im Innern der Gesellschaft, also zu der Actiengesellschaft und den Actionairen, liegt dem Vorstande die ununterbrochene Fürsorge in allen Angelegenheiten der Gesellschaft nebst deren gerichtlicher und aussergerichtlicher Vertretung ob — cfr. No. 1—4.; der Vorstand hat daher auch das ganze Gesellschaftsvermögen unter seiner Verwaltung, die Leitung, Besorgung, Abschliessung aller Geschäfte der Gesellschaft, welche in dem Rahmen des statutenmässigen Zwecks der Gesellschaft liegen; er hat sich dieser Fürsorge, Geschäftsführung und Verwaltung mit der Gewissenhaftigkeit und der Umsicht eines guten Kaufmanns und eines Verwalters fremder Sachen zu unterziehen. Indessen kann auch der Betrieb von Geschäften der Gesellschaft und die Vertretung der Gesellschaft in Bezug auf diese Geschäftsführung sonstigen Bevollmächtigten oder Beamten der Gesellschaft zugewiesen werden, deren Befugnisse sich in solchem Falle nach der ihnen ertheilten Vollmacht bestimmen, und sich im Zweifel auf alle Rechtshandlungen erstrecken, welche die Ausführung derartiger Geschäfte gewöhnlich mit sich bringt. Art. 234. Es sind hiermit die sogenannten ständigen Beamten gemeint, welche entweder schon in den Statuten bestimmt oder von der Generalversammlung resp. dem Aufsichtsrath ernannt werden, selbstständig, oder auf Vorschlag des Vorstandes. Zu dieser Categorie gehören die sogenannten Specialdirectoren, General-Inspectoren, Inspectoren, Generalsecretaire, Agenten, Generalagenten, Subdirectoren. Für diese hat der Vorstand nicht einzustehen. Dagegen muss er für diejenigen Beamten einstehen, welche er zu seiner Vertretung in seinen Amtsgeschäften sich selbst bestellt, wenn ihm nicht die Erlaubniss von der Gesellschaft oder schon statutenmässig dazu ertheilt worden ist; in welchem Falle er nur für culpa in eligendo — Versehen bei der Auswahl — haftet. Renaud S. 490. Gewöhnlich ist in den Statuten wegen der Stellvertretung von behinderten Vorstandsmitgliedern Bestimmung getroffen, oder es ist die Anordnung von Stellvertretungen dem Aufsichtsrathe überlassen.

Dem Vorstande gebührt regulair die Aufsicht und die Disciplinargewalt über sämmtliche Beamte der Gesellschaft und sonstige Bedienstete derselben, er ist ihnen vorgesetzt; er hat das Recht und die Pflicht, sie den gesellschaftlichen Zwecken gemäss an den betreffenden Stellen im Geschäfte zu verwenden, soweit nicht statutarische Bestimmungen entgegenstehen, oder Reglements resp. Instructionen des Aufsichtsrathes, deren Befolgung in den Statuten vorgeschrieben ist, oder Beschlüsse der Generalversammlung. Anlangend die Anstellung und die Abschliessung der Anstellungsverträge inclusive Gehalt und Zeitbestimmung, sowie die Suspension und die Entlassung von Beamten der Gesellschaft, so gehören auch diese Acte zum Ressort des Vorstandes; wenn nicht, wie vorher erwähnt, Abweichendes angeordnet ist. Hier gelten aber die etwaigen Abweichungen und Beschränkungen nur rücksichtlich des inneren Verhältnisses. Cfr. weiter unten No. 10.

Ueberhaupt ist der Vorstand der Gesellschaft gegenüber, also im inneren Verhältniss, verpflichtet, die Beschränkungen einzuhalten, welche in dem Gesellschaftsvertrage oder durch Beschlüsse der Generalversammlung für den Umfang seiner Befugniss, die Gesellschaft zu vertreten, — gleichviel gerichtliche oder aussergerichtliche Vertretung — festgesetzt sind. Art. 231. Wegen des äusseren Verhältnisses s. No. 10. u. Alin. 2. Art. 231.

Dem Vorstande liegt ferner die Verpflichtung ob, dafür Sorge zu tragen, dass die erforderlichen Bücher der Gesellschaft geführt werden; auch muss er den Actionairen spätestens in den ersten sechs Monaten jedes Geschäftsjahres eine Bilanz des verflossenen Geschäftsjahres vorlegen und solche innerhalb dieser Frist in der Form und in den öffentlichen Blättern, welche für die Bekanntmachungen der Gesellschaft bestimmt sind, veröffentlichen. Art. 239. Die aufzustellende Bilanz hat sich nach den absolut gebietenden Vorschriften des Art. 239a. und nach den statutarischen Bestimmungen zu richten.

Wenn in den Statuten angeordnet worden ist, dass periodische schriftliche Geschäftsübersichten oder Vermögensübersichten resp. Bilanzen gefertigt werden und vorgelegt werden sollen, so hat auch diese der Vorstand anzufertigen resp. anfertigen zu lassen, und dem betreffenden Organe vorzulegen. Cfr. die englische Gesetzgebung Acte von 1862. 78—82.

Die dem Vorstande beigelegte Befugniss, Generalversammlungen zu berufen, ist von ihm auszuüben, wenn und so oft er es im Interesse der Gesellschaft für erforderlich erachtet. Er ist verpflichtet, eine solche unter allen Umständen zu berufen, wenn sich aus der letzten Bilanz ergiebt, dass sich das Grundcapital um die Hälfte vermindert hat, und dieser davon Anzeige zu machen. Art. 240. Alin. 1. Nach französischem Gesellschaftsgesetz von 1867 im Falle des Verlustes von drei Viertel des Gesellschaftscapitals, wo dann über die Auflösung Beschluss zu fassen ist; wird dies unterlassen, so kann jeder Interessent die Auflösung von den Gerichten verlangen. Art. 37.

Wenn Mitglieder des Vorstandes, ausser den Grenzen ihres Auftrags resp. ihrer Machtvollkommenheit, welche ihnen im Gesetze beigelegt worden ist, handeln, namentlich wenn sie den Vorschriften des dritten Titels des Allgemeinen Deutschen Handelsgesetzbuchs oder den Vorschriften des Statuts resp. den durch dasselbe sanctionirten Reglements und Instructionen des Aufsichtsraths zuwiderhandeln, so haften sie der Gesellschaft und resp. den Actionairen persönlich und solidarisch für den dadurch entstandenen Schaden. Art. 241.

Alle Zahlungen geschehen resp. werden angeordnet durch den Vorstand, auch alle sonstigen Leistungen Behufs Erfüllung der Verpflichtungen der Gesellschaft, soweit statutarisch nicht etwas Anderes bestimmt ist, resp. besondere Beamte, unter unmittelbarer Verantwortlichkeit der Gesellschaft gegenüber, dazu angestellt worden sind. Indessen haben die Mitglieder des Vorstandes immer dafür zu sorgen und dafür zu haften, dass nicht Zahlungen erfolgen, welche im Gesetze geradezu verboten sind, oder dass nicht dann noch Zahlungen geleistet werden zu einer Zeit, in welcher ihnen die Zahlungsfähigkeit der Gesellschaft hätte bekannt sein müssen. Cfr. Art. 241. 248. 217b.

Auch hat der Vorstand sofort dem Gerichte davon Anzeige zu machen, wenn er bei der letzten Bilanz oder sonst findet, dass das Vermögen der Gesellschaft nicht mehr die Schulden deckt, damit der Concurs über die Gesellschaft eröffnet werde. Art. 240. Cfr. Art. 240a. Ueber die Verpflichtung zur Anzeige eingetretener Zahlungseinstellungen bestimmen die Concursordnungen. Cfr. die Preussische Concursordnung in § 307.

10. Das äussere Verhältniss der Gesellschaft, anlangend die Stellung des Vorstandes nach aussen hin, dritten Personen gegenüber, ist eine von der in der vorigen Nummer erörterten Stellung wesentlich verschiedene. Nach Aussen hin ist der Vorstand das im Handelsregister eingetragene und dem Publicum präsentirte alleinige Organ, welches die Gesellschaft vertritt und vertreten darf, ausgestattet mit einer unumschränkten Machtvollkommenheit. Hier in dieser Stellung gelten keine Beschränkungen, es sei denn, dass sie für die Eintragung in das Handelsregister geeignet resp. in demselben vermerkt wären. Dazu geeignet sind aber bloss die Ausschliessung eines Vorstandsmitgliedes von der Vertretung überhaupt, welche auch in der Weise erfolgen kann, dass die ausschliessliche Berechtigung einzelner Vorstandsmitglieder zur Vertretung eingetragen wird, wodurch dann die übrigen von selbst von der Vertretung ausgeschlossen sind, und die Anordnung einer Collectivvertretung hinsichtlich der Vorstandsmitglieder selbst. Cfr. Art. 235. Die Ausschliessung eines Vorstandes von der Vertretung wird bestritten von Anschütz a. a. O. Bd. 2. S. 521. 522. u. Note 3.

Gegen dritte Personen hat eine Beschränkung des Vorstandes, die Gesellschaft zu vertreten, keine rechtliche

Wirkung. Dies gilt insbesondere für den Fall, dass die Vertretung sich nur auf gewisse Geschäfte oder Arten von Geschäften erstrecken, oder nur unter gewissen Umständen oder für eine gewisse Zeit oder an einzelnen Orten stattfinden soll, oder dass die Zustimmung der Generalversammlung, eines Verwaltungsrathes, eines Aufsichtsrathes, oder eines andern Organes der Actionaire für einzelne Geschäfte erfordert ist; so bestimmt Art. 231. in seinem zweiten Alinea, nachdem das erste Alinea an die Innehaltung der unter No. 9. erwähnten Beschränkungen rücksichtlich des inneren Verhältnisses angeordnet hat.

Was der Vorstand mit dritten Personen Namens der Gesellschaft, oder den Umständen entnehmbar für die Gesellschaft verhandelt hat, Verpflichtungen, welche er eingegangen ist, Alles dieses ist für die Gesellschaft unbedingt verbindlich. Hat der Vorstand dabei Beschränkungen, namentlich solche der kurz vorher erwähnten Art, auch statutenmässige, überschritten, so kann er nur im inneren Verhältniss der Gesellschaft deswegen zur Verantwortung gezogen werden. Selbst wenn der Dritte die gedachten Beschränkungen gekannt hat, oder hat kennen müssen, kann ihm dennoch desswegen kein Einwand entgegengesetzt werden, um die Gesellschaft von ihren etwaigen Verpflichtungen zu entbinden; den Fall jedoch ausgenommen, dass ein dolus nach allgemeinen Rechtsgrundsätzen, nicht ein aus dem Kennen der Beschränkungen allein entnommener dolus vorliegt, z. B. Collusion zwischen dem Vorstande und dem Dritten zum Nachtheil der Gesellschaft. Art. 230. 231. Cfr. Entscheidungen des R.-O.-H.-G. vom 16. März 1872. Entscheid. Bd. 5. S. 294 ff. und vom 14. Mai 1872. Bd. 6 S. 132 ff. Dies ist indessen nicht unbestritten; man behauptet, dass die blosse Kenntniss des Dritten um die statutenmässige Beschränkung der Vertretungsbefugniss des Vorstandes ausreicht, eine gegen Art. 131. durchgreifende Einrede des dolus zu begründen; namentlich vertheidigt Renaud S. 520. diese Ansicht; allein diese Ansicht kann nicht für die richtige erachtet werden. Cfr. namentlich v. Hahn, Anschütz a. a. O. Bd. II. S. 524., welche die Ansicht verwerfen und nur jenen oben erwähnten dolus gelten lassen wollen; siehe übrigens die Literatur in dem erwähnten Reichs-Ober-Handelsgerichts-Erkenntniss vom 14. Mai 1872. a. a. O. S. 135., woselbst sich auch eine Darlegung des aus dem Gange der Berathungen wie aus dem inneren Zusammenhange des Allgemeinen Deutschen Handelsgesetzbuchs erhellenden wirklich angenommenen Systems S. 136 ff. befindet. Hieraus ergiebt sich überzeugend, in Verbindung mit dem Wortlaut der Artikel 231. 43. 116. 138. — cfr. auch Art. 21. 44. des Gesetzes über die wirthschaftlichen Genossenschaften vom 4. Juli 1868 —; dass das Wissen oder Nichtwissen des Dritten von solchen Beschränkungen auf die Verpflichtung der Gesellschaft ohne Einfluss ist. Es ist auch von keiner Bedeutung: wenn ungehöriger Weise von dem Registerrichter eine solche Beschränkung in dem Gesellschaftsregister vermerkt und veröffentlicht worden ist; denn die Acte des Registerrichters können das gesetzliche Recht nicht beugen oder ändern. S. § 12. No. 6. S. 69 ff. und die obige Entscheidung des R.-O.-H.-G. vom 24. Mai 1872. S. 140. In dem damals dem Reichs-Ober-Handelsgerichte zur Entscheidung vorliegenden Fall war von dem Registerrichter folgende in dem Gesellschaftsstatut enthaltene, häufig in den Statuten sich vorfindende Bestimmung: dass alle von der Gesellschaft ausgehenden, dieselbe verbindenden Urkunden, um die Gesellschaft zu verpflichten, von dem Director und einem Mitgliede des Verwaltungsrathes vollzogen werden sollen — es betraf die Lebensversicherungsgesellschaft „Germania", domicilirt in Stettin —; in dem Gesellschaftsregister vermerkt. Dergleichen Beschränkungen sind an und für sich nicht geeignet, im Handelsregister vermerkt zu werden; sie können auch dritten Personen gegenüber an und für sich nicht wirksam sein, weil ebensowenig der Verwaltungsrath, noch gar ein einzelnes Mitglied desselben irgend etwas im äussern Verhältniss der Gesellschaft zu schaffen haben, insbesondere nichts mit der Zeichnung oder Mitzeichnung. Ob ein solches Verwaltungsrathsmitglied mitgezeichnet oder nicht mitgezeichnet hat, muss also an und für sich gleichgültig erscheinen, die Urkunde ist durch den Vorstand allein legal gezeichnet und vollkommen für die Gesellschaft verbindlich; steht noch die Unterschrift eines Verwaltungsrathsmitgliedes dabei, so ist das, dritten Personen gegenüber, ein unnützes Superfluum. Ueberhaupt ist eine solche Statutenbestimmung geeignet, ein gewisses Misstrauen gegen die Direction oder die einzelnen Vorstandsmitglieder öffentlich kund zu geben. Man wird übrigens dasselbe erreichen, wenn man in den besonderen Verträgen, welche mit den Vorstandsmitgliedern geschlossen werden, und die nicht in die Oeffentlichkeit gelangen, ihnen die fragliche Beschränkung auferlegt, da sie im äusseren Verhältniss doch von Unwerth ist.

Auch die Beamten der Gesellschaft mit welchen der Vorstand Engagementsverträge schliesst, sind in dieser Hinsicht als dritte Personen zu betrachten; auch ihnen gegenüber gelten also dergleichen Beschränkungen nicht, denn diese Beamten sind nur innerhalb ihres Geschäftskreises oder ihrer Vollmachten als Organe der Gesellschaft anzusehen, nicht aber in Betreff ihrer sonstigen Verhältnisse, namentlich der Engagementsverträge, welche zwischen ihnen und der Gesellschaft geschlossen werden. Cfr. die erwähnte Entscheidung des Reichs-Oberhandelsgerichts vom 14. Mai 1872. Entsch. Bd. 6. S. 140. —

Hat dagegen der Vorstand Acte vorgenommen, welche im Gesetze verboten sind, oder deren Vornahme ihm dort absolut verboten ist, so kann auch ein Dritter daraus keine Rechte gegen die Gesellschaft herleiten; denn die unumschränkte Machtbefugniss des Verstandes ist nur diejenige, welche ihm das Gesetz beigelegt hat, und die sich in den gesetzlich gezogenen Grenzen bewegt.

Auch dadurch dass der Betrieb gewisser Geschäfte oder Geschäftszweige, sowie die Vertretung der Gesellschaft in Bezug auf diese Geschäftsführung sonstigen Bevollmächtigten oder Beamten der Gesellschaft, sei es in Statuten oder in Reglements, oder durch Specialacte und Beschlüsse zugewiesen wird — Art. 234., cfr. vorher No. 9., wird die Machtvollkommenheit des Vorstandes nach Aussen hin nicht beschränkt. Dergleichen Specialbevollmächtigte oder auch Generalbevollmächtigte finden auch eigentlich keinen Platz im Handelsregister und werden auch — mit Ausnahme der besonderen Vorschriften in einigen deutschen Staaten, cfr. vorher § 10. No. 6. S. 60., nicht im Handelsregister eingetragen.

Zur Eintragung im Handelsregister wären allerdings Procuristen geeignet, solche können aber bei einer Actiengesellschaft nicht bestellt werden, cfr. vorher § 23. No. 5. S. 211. Es wird daher der Vorstand auch nicht beschränkt, wenn im Statut bestimmt und im Handelsregister eingetragen sein solle, dass ein Vorstandsmitglied nur mit einem Procuristen collectiv gültig für die Gesellschaft zeichnen könne. Neuersdings hat allerdings das Reichs-Oberhandelsgericht anders entschieden. Cfr. Cassat. Bescheid vom 4. Januar 1873., Entsch. Bd. 8. S. 337—441. Auch v. Hahn, cfr. zu Art. 234. § 5., und Anschütz a. a. O. Bd. 2. S. 527. 528., wollen gegen Renaud a. a. O. S. 558., Koch, Comment. zu Art. 234. Procuristen zulassen. Das Nähere über diese Streitfrage ist bei Art. 234. im bes. Thl. nachzusehen. Anders verhält es sich mit besonders erwählten oder im Statut bezeichneten Stellvertretern von Directionsmitgliedern, welche in Behinderungsfällen eintreten sollen. Diese sind dann wirkliche Vorstandsmitglieder und auch ebenso wie diese zur Eintragung in das Handelsregister anzumelden und einzutragen. Indessen haben sich dritte Personen nicht darum zu bekümmern, es liegt ihnen keine Erkundigungspflicht auf, ob der Fall einer Stellvertretung wirklich vorgelegen hat, oder nicht; desswegen kann den Dritten ein Einwand nicht entgegengesetzt werden, was manchmal in den Statuten auch noch ausdrücklich ausgesprochen worden ist. Dergleichen Stellvertreter ständig zu ernennen, ist gewissermassen bei denjenigen Gesellschaften geboten, welche nur Ein Vorstandsmitglied besitzen.

11. Die Machtvollkommenheit des Vorstandes reicht weiter als die eines Procuristen gesetzlich definirt ist. Der Procurist ist ohne besondere Ermächtigung nicht befugt zur Veräusserung und Belastung von Grundstücken; wohl aber steht diese Befugniss dem Vorstande und zwar von Gesetzeswegen zu. Auch ist hinsichtlich der Befugniss des Vorstandes Dritten gegenüber nicht die Frage zu ventiliren, ob die Geschäfte und Rechtshandlungen, welche er vornimmt resp. vorgenommen hat zu denjenigen gehören, welche der Betrieb eines Handelsgewerbes mit sich bringt oder der Betrieb des speciellen von der Gesellschaft betriebenen Unternehmens, wie diess bei dem Procuristen der Fall — cfr. Art. 42. Die Gesellschaft wird

auch Dritten gegenüber verpflichtet durch Geschäfte nnd Rechtshandlungen ihres Vorstandes, welche sich ausserhalb des Gegenstandes ihres Unternehmens bewegen; sobald solche nur nicht zu den im Gesetze absolut verbotenen gehören, dergleichen sind aber Geschäfte und Rechtshandlungen, welche über die Grenzen des Gesellschaftsunternehmens hinausgehen, nicht. Cfr. Renaud a. a. O. S. 519.; v. Hahn zu Art. 231. § 2.

12. Zur Vertretung der Gesellschaft nach Aussen hin, darf der Vorstand oder ein Vorstandsmitglied sich nicht Stellvertreter bestellen, resp. seine Befugnisse auf einen Anderen übertragen; selbst nicht an ein anderes Mitglied des Vorstandes. Das widerspricht der Stellung des Vorstandes und seiner Mitglieder. Er darf keinen Procuristen bestellen; denn die Procuristen bestellt allein der Principal, und der Vorstand ist nicht Principal einer Actiengesellschaft, beziehungsweise steht er nicht in der Stellung des Principals eines Handelsgeschäfts. Wegen der Stellvertretung im Innern der Gesellschaft s. vorher No. 9.; cfr. Entsch. des Reichsoberhandelsgerichts vom 8. Mai 1872. Entsch. Bd. 5. S. 392 ff.

13. Bei der processualischen Vertretung der Gesellschaft cfr. No. 3. ist der Vorstand den Gerichten und der Gegenpartei gegenüber unbedingt activ und passiv legitimirt von Gesetzeswegen; etwaige Beschränkungen, die Beschränkung namentlich zu Processen die Genehmigung der Generalversammlung oder eines anderen Gesellschaftsorgans einzuholen, selbst wenn sie in den Statuten enthalten ist, gelten nur im inneren Verhältniss und sind nach Aussen wirkungslos. Cfr. Renand a. a. O. S. 523. 524. Mit der Gültigkeit der Ausstellung der Processvollmachten, resp. der Unterzeichnung von anderen Processanträgen verhält es sich wie mit allen Urkunden der Gesellschaft. Der Vorstand bedarf keiner Specialvollmacht zur Extrahirung irgend welcher Processmaassregeln, seine Ermächtigung ist auch in dieser Beziehung kraft des Gesetzes eine allgemeine Alles umfassende. Eine Ausnahme ordnet gewissermaassen die schon erwähnte Bestimmung des Art. 235., dass die Behändigung von Verordnungen und Zustellungen auch gültig geschehen ist, wenn sie nur an ein, aber zu zeichnen oder mitzuzeichnen befugtes Vorstandsmitglied geschehen ist, oder an einen Beamten, welcher zur Vertretung der Gesellschaft vor Gericht Befugniss hat. Denn es ist hiernach gleichgültig ob eine Colletivzeichnung angeordnet ist, oder nicht; und es ist abweichend von der Regel in Art. 229. dass in Ermangelung anderweitiger Bestimmungen sämmtliche Vorstandsmitglieder zeichnen sollen. Cfr. die Zusätze zu Art. 117. im besonderen Theil.

Die Leistung von Eiden anlangend, welche dem Vorstande obliegt und allein zukommt — Art. 232., so ist in dieser Beziehung der Vorstand nicht wie ein blosser Processbevollmächtigter zu beurtheilen, sondern wie der Vorstand einer Corporation; im Uebrigen ist die Frage, welche Mitglieder Eide zu leisten haben resp. wie sie angeboten werden dürfen und zu leisten sind, im Handelsgesetzbuch offen gelassen. Cfr. Anschütz a. a. O. Bd. 2.

S. 525., cfr. Protocoll S. 1057. 1062 ff. und v. Hahn zu Art. 232. § 2.; s. hierüber auch Renaud a. a. O. S. 225 ff. und die Zusätze zu Art. 227. und Art. 232. im besond. Theil. Selbstverständlich sind Bestimmungen in den Statuten, dass einzelne Mitglieder des Vorstandes oder bestimmte Beamte der Gesellschaft ausschliesslich die Eide für die Gesellschaft leisten sollen, ohne jeden Werth und ohne irgend welche Wirkung.

14. Eine Verantwortlichkeit des Vorstandes und seiner Mitglieder existirt in der Regel dritten Personen gegenüber nicht, namentlich sind die Mitglieder des Vorstandes aus den von ihnen im Namen der Gesellschaft vorgenommenen Rechtsverhandlungen Dritten gegenüber für die Verbindlichkeiten der Gesellschaft, persönlich nicht verpflichtet. Art. 241. Alin. 1.; selbst dann nicht, wenn sie die Grenzen ihrer Machtvollkommenheit überschritten haben. Cfr. v. Hahn zu Art. 241. § 1. Nur in den Fällen des Art. 248, wegen gesetzwidriger theilweiser Zurückzahlung von Grundcapital oder Herabsetzung desselben, werden sie Gläubigern und Dritten persönlich verhaftet; weil sie ihnen die Grundlage des Credits der Gesellschaft und das ihnen verhaftete Gesellschaftsvermögen theilweise entzogen haben. S. Zusätze zu Art. 248. im besond. Theil. Auch kann Gläubigern die Art. 241. Alin. 2 ausgesprochene Verhaftung der Mitglieder des Vorstandes für den Schaden — s. vorher No. 9. S. 232. indirect zu Gute kommen. Cfr. v. Hahn zu Art. 241. § 2., und ebenso die Verhaftung, welche in Art. 245. Alin. 3. ausgesprochen ist.

Wo eine gesetzliche persönliche Verhaftung der Mitglieder des Vorstandes eintritt, ist sie eine solidarische, cfr. Art. 241. Art. 248. Alin. 3. cfr. Art. 45. Wetboek van Koophandel in Betreff des französischen Rechts s. weiter unter unten No. 15.

15. Der Gesellschaft, den Actionairen gegenüber, ist die Verhaftung der Mitglieder des Vorstandes eine mehrfache. Erstlich haben sie im Allgemeinen für die gehörige, d. h. mit aller Sorgfalt vorzunehmende Erfüllung aller ihnen obligenden Functionen einzustehen; zweitens sind sie verhaftet für allen Schaden aus der Unterlassung von Handlungen, welche sie hätten vornehmen sollen, und endlich drittens sind sie verantwortlich für den Schaden aus einer Ueberschreitung der Grenzen ihrer Vollmacht. Cfr. Renaud a. a. O.. S. 539. Dies ergiebt sich aus ihrer Stellung als Repräsentanten der Gesellschaft, als eine Behörde, welche die Führung der Geschäfte der Gesellschaft, also fremder Angelegenheiten, übernommen hat. Nur von der zuletzt erwähnten Verantwortlichkeit, Ueberschreitung der Grenzen ihrer Vollmacht sowie von Zuwiderhandlungen gegen das Gesetz und das Statut spricht das Allgemeine Deutsche Handelsgesetzbuch ausdrücklich in Art. 241. Alin. 2., und legt den Mitgliedern des Vorstandes dort eine persönliche und solidarische Schadensverhaftung auf. Cfr. vorher No. 9. S. 232. Man will nun überhaupt rücksichtlich der Verhaftung der Mitglieder des Vorstandes nach Analogie der Verhaftung mehrer für ein Amt bestellter

Personen, sowie der Verhaftung mehrer Curatoren — l. 1. C. quo quisque ordine 2.$_{36}$., Arndts Pand. § 458 — die Rechtsregel gelten lassen, dass mehre Schuldige solidarisch haften, jedoch mit der weiterhin erwähn-Modification, cfr Renaud a. a. O. S. 540. Ausgedrückt ist sie allerdings in Art. 241. Alin. 2. und Art. 245. 248.; und man gelangt dazu auch, wenn man erwägt, dass doch in der Regel sämmtliche Mitglieder des Vorstandes gemeinschaftlich die Repräsentation der Gesellschaft und die Führung ihrer Geschäfte übernommen haben, ohne dass eine bestimmte Vertheilung einzelner Geschäftsbranchen oder Thätigkeitsgebiete mit strenger Abgrenzung, auf die einzelnen Mitglieder, oder einzelne Mitglieder des Vorstandes stattgefunden hat; denn wegen der gemeinschaftlichen Uebernahme haften sie auch solidarisch für die Ausführung und resp. die Erfüllung der desfallsigen Pflichten, weil sie mindestens als Mandatare anzusehen sind. Cfr. l. 60. § 2. D. mandati 17. 1. Anders indessen bei einer solchen Vertheilung, wo jedes Mitglied nur die Verhaftung für seine eigenen Handlungen und Unterlassungen trägt.

Das französische Gesellschaftsrecht normirt die Verhaftung der Administratoren im Allgemeinen allerdings anders, indem es in Art. 44. Gesetz von 1867 bestimmt: dass die Administratoren nach der Regel des gemeinen Rechtes haftbar sind, individuell oder solidarisch je nach den Fällen, der Gesellschaft oder Dritten gegenüber, sei es für die Uebertretungen des gedachten Gesetzes, sei es für etwa in ihrer Geschäftsführung begangene Fehler, nametlich inden sie fictive Dividenden vertheilten, oder deren Vertheilung ohne Widerstand zuliessen Nach französischem bürgerlichen Recht haftet aber jeder für den Schaden den er angerichtet hat, cfr. Art. 1383. Code civil.; cfr. auch Art. 32. Code de comm., nur in dem Falle der Annullirung einer Actiengesellschaft sind sie Dritten gegenüber unbedingt solidarisch verhaftet, cfr. Art. 42. Gesetz vom Jahre 1867, cfr auch Art. 41. 22. 23. 24. 25.

Indessen, wenn man auch für das Allgemeine Deutsche Handelsgesetzbuch von der Solidarverhaftung als Regel ausgeht, so wird man sie doch dahin modificiren müssen, dass bei einem Vorstande, welcher aus mehren Mitgliedern besteht, aber nur diejenigen Mitglieder haften, welche die betreffenden Handlungen unternommen, resp. beschlossen, oder welche sich der Unterlassung von Handlungen, welche sie hätten vornehmen müssen, schuldig gemacht haben. Nicht für verhaftbar können erklärt werden: Mitglieder des Vorstandes, welche daran nicht betheiligt gewesen sind, die vielleicht ein entgegengesetzes Votum abgegeben haben, oder welche zu der betreffenden Zeit an der Geschäftsführung und Vertretung der Gesellschaft verhindert waren oder wohl gar überhaupt davon ausgeschlossen worden sind. Hierauf deutet auch die Fassung der gesetzlichen Bestimmungen hin, „Mitglieder welche .... entgegenhandeln“ Art. 241. 145. 248. Cfr. Renaud a. a. O. S. 540.

16. Fälle der erwähnten Verhaftung sind: rechtswidrige Vertheilung von Dividenden oder Zinsen, entgegen der Vorschrift des Art. 217., Zinsenzahlung, nachdem die in Art. 217, gestattete im Statut festgesetzte Frist verlaufen ist; Ausgabe von Actien zuwider der Vorschrift in Art. 207 a. Alin. 2.; oder von Actiendocumenten vor erfolgter Vollzahlung Art. 222. No. 1.; Erwerb eigener Actien der Gesellschaft, Art. 215 Alin. 3. sowie die speciellen in Art. 241. Alin. 2. aufgeführten; Ausgabe von Actien resp. Veräusserung derselben unter dem Nominalwerth; Ausgabe von Interimsscheinen auf Inhaber vor der Einzahlung von mindestens 40 pCt. — Art. 222. No. 3.

In diesem Falle haben positive Zuwiderhandlungen stattgefunden, aus welchen eventuell Schaden erwachsen ist. Schadenbringende Unterlassung von Handlungen Seitens des Vorstandes sind beispielsweise: Unterlassung der Sorge für gehörige Buchführung, der Eintreibung rückständiger Einzahlungen auf die Actien und andere Forderungen der Gesellschaft, der nutzbaren Anlegung disponibler Fonds, der Zahlung resp. rechtzeitigen Zahlung z. B. von Zinsen, wenn davon die Kündbarkeit oder die Fälligkeit von Capitalien abhängt, oder die Auflösung von Verträgen oder andere Eventualitäten daran geknüpft sind, welche für die Gesellschaft Nachtheile bringen; der Entfernung eines unzuverlässigen Beamten. Hieran schliessen sich die Fälle, in welchen die Mitglieder des Vorstandes zwar innerhalb der Schranken ihrer Machtvollkommenheit sich bewegt, aber dabei sich einer Unterlassung der Anwendung der gehörigen Sorgfalt schuldig gemacht und dadurch die Gesellschaft in Schaden gebracht haben, beispielsweise: bei Anlegung von Geldern, beim Creditgeben, bei Ankäufen von Grundstücken, die Verwendung anerkannt untauglicher und unzuverlässiger Subjecte zu wichtigen Geschäften.

17. Die Mitglieder des Vorstandes haften der Gesellschaft für jedes Versehen — omnis culpa —, und zwar gleichviel ob sie besoldet sind oder nicht, ob sie Actionaire oder Fremde sind. Es kann nicht für richtig erachtet werden, ihnen nur die Verhaftung eines Gesellschafters für den Fleiss und die Sorgfalt, welche er in seinen eigenen Angelegenheiten anzuwenden pflegt — diligentia quam in rebus suis, Art. 94. — aufzuerlegen, denn die Verhältnisse der Mitglieder des Vorstandes sind andere als die der Gesellschafter untereinander; Erstere stehen zu der Gesellschaft als juristische Person in der Stellung der Repräsentanten, welche fremde Angelegenheiten, die Angelegenheiten einer juristischen Person, die Führung ihrer Geschäfte und ihre Vertretung übernommen haben, und es kommt daher der Umstand dass auch sie unter den Actionairen, den einzelnen Personen sich befinden, aus welchen die juristische Person gebildet ist, die aber in der juristischen Person als Einzelperson untergegangen sind, gar nicht in Betracht. Cfr. Renaud a. a. O. S. 537. 538. Der Unterschied von Besoldung und Nichtbesoldung, welcher nach Allgemeinem Preussischen Landrecht I. 13. §§ 55 ff.,

welches principaliter den Mandatar auch nur für diligentia quam in rebus suis haften lässt, und nach französischem Civilrecht Art. 1992., auf den Grad der anzuwendenden Sorgfalt von Bedeutung ist, kann sich bei den Mitgliedern des Vorstandes nicht geltend machen, weil sie nicht blosse Mandatare sind, cfr. vorher No. 4. S. 224. Nach gemeinem Recht haftet auch der Mandatar durchweg für omnis culpa, l. 13. C. mandati vel contra $4._{35}$.

18. Die Mitglieder des Vorstandes sind in allen solchen Fällen aber nicht Einem oder jedem Einzelnen Actionair verhaftet, sondern nur der Actiengesellschaft. Die Verhaftung wird auf die in Art. 226. angedeutete Weise realisirt. Cfr. Renaud a. a. O. S. 542 ff., v. Hahn zu Art. 224. § 1. oder Art. 226. verweist auf die Bestimmungen in Art. 194. 195. welche für die Fälle gegeben sind, in welchen die Commanditactionaire Processe gegen die persönlich haftenden Gesellschafter zu führen haben. Es ist danach unzulässig, dass, wenn der Vorstand aus mehreren Mitgliedern besteht, und ein oder einzelne Mitglieder im Wege des Processes belangt werden sollen, die übrigen Mitglieder die Gesellschaft in diesem Processe vertreten; entweder hat der Aufsichtsrath die Vertretung, oder sie wird von besonderen durch die Generalversammlung erwählten Bevollmächgeführt, cfr. Renaud a. a. O. S. 543. Dass aber auch jene übrigen Mitglieder des Vorstandes zu solchen Bevollmächtigten gewählt werden oder sich darunter befinden dürfen, ist zulässig, doch dann handeln sie als besonders gewählte Mandatare, und nicht in ihrer gesetzlichen Eigenschaft als Vorstandsmitglieder.

Auch bei der Actiengesellschaft kann das Handelsgericht auf Antrag die Bevollmächtigten ernennen, wenn aus irgend einem Grunde die Bestellung von Bevollmächtigten durch Wahl in der Generalversammlung verhindert wird, es kann auf solche Bestellung jeder Actionair antragen, sowie auch jeder Actionair als Intervenient in den Process eintreten darf, aber auf seine Kosten. Art. 226. 195. Alin. 2. u. 3. cfr. Renaud S. 545. Das Handelsgericht ist in der Wahl der Bevollmächtigten vollständig frei, es kann auch die übrigen Mitglieder des Vorstandes sowie andere Actionaire, Beamte oder Aufsichtsrathsmitglieder dazu ernennen.

Gegen ausgeschiedene oder entlassene Vorstandsmitglieder hat der zeitige Vorstand dergleichen Processe zu führen. Renaud a. a. O. S. 546.

19. Ausser der vorerwähnten Verhaftung der Mitglieder des Vorstandes, werden sie selbstverständlich auch anderen Personen zum Schadenersatz verpflichtet, wenn sie durch doloses Benehmen Schaden verursacht haben, z. B. durch wissentlich unrichtige veröffentlichte Geschäftsberichte; durch Veranlassung zum Ankauf von Actien durch wissentlich unrichtige Darstellung der Verhältnisse negativer Vermögenslage der Gesellschaft. Cfr. Renaud a. a. O. S. 548.

20. Crimialrechtlich strafbar sind die Mitglieder des Vorstandes: wenn

sie vorsätzlich Behufs Eintragung des Gesellschaftsvertrages in das Handelsregister falsche Angaben über die Zeichnung oder Einzahlung des Grundcapitals machen — bis 3 Monat Gefängniss —; wenn die Gesellschaft durch ihre Schuld länger als drei Monate ohne Aufsichtsrath geblieben ist oder in dem letzteren die zur Beschlussfähigkeit erforderliche Zahl von Mitgliedern gefehlt hat: wenn sie in ihren Darstellungen, in ihren Uebersichten über den Vermögensstand der Gesellschaft oder in den in der Generalversammlung gehaltenen Vorträgen, wissentlich den Stand der Verhältnisse der Gesellschaft unwahr darstellen oder verschleiern — bis 3 Monat Gefängniss, bei Feststellung mildernder Umstände, Geldstrafe bis zu 1000 Thalern; cfr. Art. 249; wenn sie ferner, obwohl sich aus der letzten Bilanz ergeben hat, dass das Vermögen der Gesellschaft nicht mehr die Schulden deckt, dennoch dem Gericht keine Anzeige Behufs Eröffnung des Concurses machen — Art. 240. — die Strafe geht hier bis zu 3 Monat Gefängniss, die Mitglieder des Vorstandes bleiben aber straffrei, wenn von ihnen nachgewiesen wird, dass die Anzeige ohne ihr Verschulden unterblieben ist, cfr. Art. 299 a. und die Zusätze zu Art. 243. u. 249 a. im besonderen Theil. Ausserdem enthalten noch einzelne Concurse Ordnungsstrafen, wenn die Vorstände der Actiengesellschaft die Zahlungseinstellung nicht gehörig anzeigen, so z. B. die Preussische Concursordnung § 309. bis 3 Monat Gefängniss. Nach französischem Gesellschaftsgesetz von 1867 sind die Administratoren strafbar wie die Geranten der Commanditgesellschaften. Cfr. Art. 45. und vorher in § 24. No. 9. S. 220.

21. Die Entfernung eines Vorstandsmitgliedes, die Entfernung des ganzen Vorstandes hat keine Einwirkung auf die Gesellschaft, nur muss sie zum Handelsregister angemeldet und ein neuer Vorstand bestellt werden. Die Entfernung kann, wie schon oben erwähnt, zu jeder Zeit geschehen, wenn auch die Contracte auf längere Zeitdauer abgeschlossen sind. Art. 227. Alin. 3. Gesetzliche Gründe der Entfernung sind diejenigen: aus welchen ein offener Gesellschafter ausgeschieden werden kann. Art. 125. 128., namentlich Art. 125. No. 2—5., cfr. auch Art. 62. u. 64. No. 1. 3. 4. 6.

Es ist selbstverständlich, dass die Mitglieder des Vorstandes einer Actiengesellschaft nach ihrer Anstellung wider Wissen und resp. Willen der Gesellschaft bei keiner anderen Gesellschaft als offene, persönlich haftende Gesellschafter oder Vorstandsmitglieder sich betheiligen oder betheiligt sein dürfen, welche der Actiengesellschaft Concurrenz macht, andernfalls können sie auch aus diesem Grunde entfernt werden; dass sie Commanditisten, Commanditactionaire oder Actionaire dergleichen Concurrenzgesellschaften sind oder werden, ist ihnen nicht verboten.

22. Es ist schon vorher erwähnt worden — Cf. No. 4. —, dass man von den Mitgliedern des Vorstandes Cautionen für die gute Verwaltung und getreue Erfüllung ihrer Pflichten, resp. um sich erforderlichen Falls an

diesen Cautionen wegen Regressansprüche zu erholen, verlangt. In der Regel wird darüber in den Statuten wenigstens allgemein bestimmt, und auch festgesetzt, wie hoch die Caution zu leisten ist. Indessen es finden sich auch in den Engagementsverträgen desfallsige Bestimmungen, jedenfalls bedarf es noch eines besonderen Cautions-Bestellungs-Actes, wenn die Mitglieder des Vorstandes die Caution deponiren, in welchem auch der Umfang der Verhaftung der Caution zu bestimmen ist. Das französische Gesellschaftsgesetz von 1867 bestimmt in Art. 26., dass die Actien, welche die Administratoren besitzen, in ihrer Gesammtheit als Garantie für alle Handlungen der Geschäftsführung, selbst für diejenigen, welche ausschliesslich persönliche eines der Administratoren sein sollten, dann, dass diese Actien auf Namen zu lauten haben, mit einem die Unveräusserlichkeit anzeigenden Stempel bedruckt und in der Gesellschaftscasse deponirt werden.

Der Vorstand ist, nachdem er Rechnung gelegt, die Rechnung geprüft und richtig befunden, beziehungsweise nachdem gezogene Motive, eventuell schliesslich durch Generalversammlungs-Beschlüsse erledigt worden sind, zu entlasten, ihm ist Decharge zu ertheilen. Diese Decharge kann der Vorstand für die Rechnung jeden Geschäftsjahres verlangen, resp. kann sie ein abtretendes Vorstandsmitglied fordern, wenn gegen seine Geschäftsführung nichts zu erinnern sich findet oder wenn etwaige Monita erledigt sind.

Zur Entlastung des Vorstandes bei Legung der Rechnung können indess Personen nicht bestellt werden, welche auf irgend eine Weise an der Geschäftsführung Theil nehmen, die Personen, welchen die Aufsicht über die Geschäftsführung zusteht, sind indess nicht ausgeschlossen, Art. 239. Alin. 2. u. 3., also auch nicht die Mitglieder des Aufsichtsraths, wenn diese nur die Functionen haben, welche ihnen das Gesetz beilegt. Cfr. weiterhin § 26. No. 11. u. § 30.

Die Cautionen sind in neuerer Zeit gewöhnlich — statutenmässig — in Actien der Gesellschaft gefordert. Sie wollen, als solche, unter Umständen nicht viel bedeuten, denn wenn auch ein Vorstandsmitglied 20 Stück Actien deponirt hat, so ist der Betrag der Caution bei der anfänglichen Einzahlung von 10 pCt. nicht höher als 200 Thlr. Ueberhaupt haben diese Cautionen neuerer Zeit mehr pro forma als wirklichen Werth gehabt.

23. Wenn auch statutenmässig bestimmt worden ist, dass die Vorstandsmitglieder Actionaire und in Besitz einer bestimmten Anzahl von Actien sein müssen, so ist dennoch nicht erforderlich, dass der Besitz dieser Anzahl Actien dem Registerrichter nachgewiesen wird; denn es ist kein gesetzliches Erforderniss, dass die Mitglieder des Vorstandes Actionaire sind. Anders verhält sich die Sache bei den Mitgliedern des Aufsichtsraths. Cfr. weiterhin § 26. No. 5.

Die Gesellschaft kann sich ihr Interesse, welches sie daran hat, dass die Mitglieder des Vorstandes Actionaire sind und während ihrer Amtsdauer bleiben, dadurch wahren, dass statutarisch oder auch in die Engagementsverträge eine Bestimmung aufgenommen wird, dass die Mitglieder des Vorstandes die betreffenden ihnen gehörigen Actien deponiren und sich der Disposition darüber während ihrer Amtsdauer begeben. Früher befand sich in Statuten auch wohl die Bestimmung, dass diese deponirten Actien weder im Wege des Arrestes noch einer Execution angegriffen werden durften; allein diese Vorschrift kann dritten Personen, Gläubigern eines Vorstandsmitgliedes, gegenüber keine Geltung haben. Selbst wenn die Actien als Caution deponirt sind, hat die Gesellschaft immer nur ein Pfandrecht und nur in Höhe ihrer Forderungen an das betreffende Vorstandsmitglied; sie wird einem andringenden Gläubiger der Letzteren gegenüber die Herausgabe der Actien zur Veräusserung im Wege der Zwangsvollstreckung nicht zurückhalten dürfen.

24. Die wirthschaftlichen Genossenschaften haben gleichfalls einen Vorstand, dessen Rechte und Pflichten im Wesentlichen dieselben sind, wie die des Vorstandes bei den Actiengesellschaften nach dem Allgemeinen Deutschen Handelsgesetzbuch in den Art. 210. 212. 227—233. 235. 236. 239. 244. Cfr. Gesetz vom 4. Juli 1868 §§ 17—27. 41. 66. Andere dem Vorstande der wirthschaftlichen Genossenschaften beigelegten Rechte und auferlegten Pflichten wurzeln in dem Wesen und der Einrichtung dieser Institute, cfr. Gesetz vom 4. Juli 1868. § 27. Alin. 2., 57—59.

§ 26.

Der Aufsichtsrath.

1. Der Aufsichtsrath ist dasjenige Organ, durch welches den Actionairen bei den Commandit-Actiengesellschaften und bei den Actiengesellschaften die Aufsicht und die Ueberwachung der Geschäftsführung und Vertretung, sowie der finanziellen Verhältnisse der Gesellschaft gegenüber den fast ganz souverainen persönlich haftenden Gesellschaftern und dem Vorstande ermöglicht werden soll, sowie die Möglichkeit rechtzeitigen Eingreifens und der Abstellung von Ordnungswidrigkeiten und schlechter Geschäftsführung resp. Vertretung. Der Aufsichtsrath ist in einzelnen Beziehungen ein ständiger Ausschuss der Actionaire. Hierzu ist er vom Gesetze auch im öffentlichen Interesse vorgeschrieben, und ein nothwendiges Organ für die Actionaire. Vermittelst der Generalversammlung allein würden sie diese Befugnisse nicht ausüben können, und als einzelne Personen haben sie gar nichts zu sagen resp. in Geschäftsführung und Verwaltung dreinzureden.

2. Die Functionen des Aufsichtsraths sind demgemäss gesetzlich dahin normirt:

Der Aufsichtsrath überwacht die Geschäftsführung der Gesellschaft in allen Zweigen der Verwaltung; er kann sich von dem Gange der Angelegenheiten der Gesellschaft unterrichten, die Bücher und Schriften derselben jederzeit einsehen und den Bestand der Gesellschaftskasse untersuchen. Er hat die Jahresrechnungen, die Bilanzen und die Vorschläge zur Gewinnvertheilung zu prüfen und darüber alljährlich der Generalversammlung der Actionaire Bericht zu erstatten. Er hat eine Generalversammlung zu berufen, wenn dies im Interesse der Gesellschaft erforderlich ist. Art. 193. 225. Er führt die von der Generalversammlung beschlossenen Processe gegen die persönlich haftenden Gesellschafter und den Vorstand, wenn nicht besondere Processbevollmächtigte gewählt sind, er kann aber auch, wenn es sich um seine eigene Verantwortlichkeit handelt, ohne, ja gegen den Beschluss der Generalversammlung gegen persönlich haftende Gesellschafter und Vorstand Processe führen. Art. 194. 195. 226. Bei der Commandit-Actiengesellschaft führt er auch die Beschlüsse der Generalversammlung aus, wenn im Statut nicht ein Anderes bestimmt ist. Art. 186. Das Recht der Berufung einer Generalversammlung ist dem Aufsichtsrath bei der Commandit-Actiengesellschaft sowohl als auch bei der Actiengesellschaft eingeräumt worden, und es war nothwendig es ihm einzuräumen, im Actionair- wie im öffentlichen Interesse, denn sonst kann er seine Functionen nicht mit Nachdruck ausüben. Uebrigens ist ihm wohl in jedem Statut einer Commandit-Actiengesellschaft dieses Recht ausdrücklich vindicirt, und manchmal hat man es ihm sogar ausschliesslich beigelegt. Im französischen Gesellschaftsrecht ist ihm dieses Recht ausdrücklich beigelegt, ja sogar das Recht, die Auflösung der Gesellschaft zu beantragen. Cfr. Gesellsch.-Ges. von 1867. Art 11. Wegen der Functionen, welche der Aufsichtsrath nach dem genannten französischen Gesetz hat, siehe weiterhin No. 19. Der Aufsichtsrath hat hiernach mehr Recht, als der gewöhnliche Commanditist, ja als der von der Geschäftsführung ausgeschlossene offene Gesellschafter, nämlich in Betreff der Cassenrevision. Das kommt daher, dass der Aufsichtsrath zugleich im öffentlichen Interesse bestellt ist. v. Hahn zu Art. 193.

3. Der Aufsichtsrath ist nach der Novelle vom 11. Juni 1870. ebensowohl bei den Actiengesellschaften als bei den Commandit-Actiengesellschaften gesetzlich vorgeschriebenes Organ; früher war er nur bei der letzteren obligatorisch und bei der ersteren facultativ. Cfr. Art. 175. No. 6. u. Art. 209. No. 6. und die alte Fassung des Art. 225. Seine Bestellung ist dergestalt nothwendig, dass ohne dieselbe keine Actiengesellschaft und keine Commandit-Actiengesellschaft eine Existenz erlangen kann, weil ohne einen gesetzlich bestellten Aufsichtsrath ihr die Eintragung in das Handelsregister vom Registerrichter verweigert

werden muss. Cfr. Art. 175. No. 6. Art. 209. No. 6. Art. 177. No. 3. Art. 210a. No. 3. Art. 178. 211. Nach französischem Gesellschaftsgesetz von 1867 ist der Aufsichtsrath gleichfalls nothwendiges Organ der Gesellschaft, eine ohne denselben constituirte Gesellschaft ist nichtig für alle Interessenten, nicht aber Dritten gegenüber, die Garanten haften für den aus der Nichtigkeit folgenden Schaden. Art. 5. 7. 8.

Es ist auch die mit Nachdruck versehene Absicht des Gesetzes, dass der Aufsichtsrath fernerhin vorhanden und vollzählig vorhanden ist; die Mitglieder des Vorstandes sind mit Criminalstrafen bedroht, ebenso wie die persönlich haftenden Gesellschafter und die Mitglieder des Aufsichtsrathes selbst, wenn sie ihre dessfallsigen Pflichten vernachlässigen. — Art. 206. 249.

4. Amt und Functionen eines Aufsichtsrathsmitgliedes und eines Vorstandsmitgliedes einer Actiengesellschaft sind mit einander in einer Person nicht vereinbar, wie aus dem Vorhergesagten — No. 1—3. — schon erhellt. Cfr. Renaud a. a. O. S. 550. 551. Es kann und wird nicht vorkommen, dass ein Vorstandsmitglied zeitweise als Mitglied des Aufsichtsraths functionirt, denn dann müsste es seine Functionen als Mitglied des Vorstandes niederlegen und resp. aus demselben austreten, dieses auch im Handelsregister vermerkt werden; wohl aber kommt es häufig vor, dass in den Statuten angeordnet ist, dass Mitglieder des Aufsichtsraths in den Vorstand als ständige Mitglieder desselben delegirt werden, oder dass sie zu ständigen resp. zeitweisen Vertretern bestimmter Vorstandsmitglieder, in Verhinderung derselben, bestellt sind; sie müssen sich dann für diese Zeit ihrer Functionen als Mitglieder des Aufsichtsraths enthalten; trotzdem muss der Aufsichtsrath immer noch in der gesetzlichen oder statutenmässig erforderlichen Zahl seiner Mitglieder vorhanden sein oder es muss eine Ergänzung erfolgen.

5. Was die Qualification der Mitglieder des Aufsichtsraths betrifft, so müssen es Actionaire der betreffenden Gesellschaft sein; sie müssen diese Qualification zur Zeit der Wahl haben. Ist in den Statuten noch eine andere Qualification vorgeschrieben, zum Beispiel das Erforderniss des Besitzes einer bestimmten Anzahl Actien der Gesellschaft, so muss auch diese zur Zeit der Wahl vorhanden sein. Alles dieses ist dem Registerrichter bei der Eintragung der Gesellschaft in das Handelsregister nachzuweisen, und er hat sich auch späterhin darum zu bekümmern, wenn durch einen Act des Aufsichtsraths die Legalität einer zur Eintragung in das Handelsregister geeigneten verlangten, resp. gesetzlich der Eintragung bedürftigen Handlung constatirt werden muss; z. B. bei der Wahl eines neuen Vorstandsmitgliedes einer Actiengesellschaft, wenn statutenmässig die Wahl dem Aufsichtsrathe zugewiesen worden ist. Denn die Art. 175. No. 6. 177. No. 3. 209. No. 6. 210a. No. 3. enthalten conform die zwingende Vorschrift, dass der Aufsichtsrath aus der Zahl der Com-

manditactionaire resp. Actionaire gewählt und dass der Nachweis geführt werden müsse, dass der Aufsichtsrath nach Inhalt des Gesellschaftsvertragsstatuts gewählt sei. Auch das französische Gesellschaftsgesetz von 1867 verlangt, dass die Mitglieder des Aufsichtsraths Actionaire sein müssen. Art. 5.

Eine besondere persönliche Qualification ist im Gesetze sonst nicht erforderlich, ebenso wie das Gesetz in dieser Beziehung auch keine Beschränkungen enthält. Die Vorschriften, welche bei Collegien, namentlich bei richterlichen Collegien hinsichtlich Verwandtschaft und des Geschlechts gelten, können keine analoge Anwendung finden, denn diese Collegien sind von dem Aufsichtsrath wesentlich verschieden. Es können also auch Frauen, nahe Verwandte Mitglieder des Aufsichtsraths sein. Ebensowenig hindern Concurs, criminelle Bestrafung, Verlust der bürgerlichen Ehre an dem Amt eines Aufsichtsrathsmitglieds. Die Qualification ist dem Ermessen der wählenden Actionaire lediglich überlassen, wenn nicht in den Statuten etwas Anderes vorgeschrieben worden ist. Indessen eine willens- oder verstandesunfähige Person wird nicht zum Mitglied des Aufsichtsraths gewählt werden dürfen, weil eine solche Person nicht als Mitglied des Aufsichtsraths zu erachten und desshalb der Aufsichtsrath nicht als vollzählig anzusehen ist.

In älteren Statuten finden sich mehrfach besondere Vorschriften über die persönliche Qualification der Mitglieder des Aufsichts- resp. Verwaltungsraths, welcher zugleich auch als verwaltende Behörde im Innern der Gesellschaft fungirte. Obwohl dieses letztere auch bei den Aufsichtsräthen der neueren Gesellschaften der Fall ist, fehlen in ihren Statuten aber Vorschriften der obigen Art. Doch man wird nicht leicht Personen zu Mitgliedern des Aufsichtsraths wählen, welche im Concurse sich befinden, oder der bürgerlichen Ehre verlustig sind, die ihren eigenen Vermögensangelegenheiten nicht vorstehen können oder sonst mit einem persönlichen Makel behaftet sind, um die Gesellschaft selbst nicht zu discreditiren. Auch wird man Frauen als Mitglieder des Aufsichtsraths wohl vermeiden. Die Statutenbestimmung, dass Frauen nicht in Generalversammlungen erscheinen dürfen, schliesst sie zugleich von der Wahl zu Mitgliedern des Aufsichtsraths aus.

6. Anlangend die Bestellung uud Zusammensetzung des Aufsichtsraths, so erfolgt sie nach den darüber im Gesetze vorgeschriebenen absolut gebietenden Normen, und nach den in dem Statute enthaltenen Bestimmungen. Die Mitglieder des Aufsichtsraths müssen in einer Generalversammlung der Commanditactionaire oder der Actionaire gewählt sein; der Aufsichtsrath muss aus mindestens **drei** Mitgliedern bestehen. Ausser der Wahl muss auch die Annahme der Wahl durch die Gewählten constatirt werden. Cfr. Art. 175. No. 6. Art. 177. No. 3. Art. 209. No. 6. Art. 210a. No. 3.

Es kann aber auch eine grössere Anzahl Mitglieder des Aufsichtsraths in den Statuten vorgeschrieben sein, und die meisten Statuten verordnen solches. Es empfiehlt sich, eine grössere Anzahl zu bestimmen, weil sonst der Aufsichtsrath leicht beschlussunfähig oder unvollzählig werden kann. Es ist gestattet, in den Statuten zu verordnen, dass Stellvertreter der Aufsichtsrathsmitglieder gewählt werden, welche in Verhinderungsfällen der ordentlichen Mitglieder eintreten, sei es nach einer bestimmten, vorher geregelten Ordnung, sei es auf Anordnung des Vorsitzenden des Aufsichtsraths. Ebenso ist es erlaubt, statutarisch die Anordnung zu treffen, dass die Mitglieder des Aufsichtsraths, im Falle des Ausscheidens von Mitgliedern, sich an deren Stelle Mitglieder cooptiren dürfen bis zur nächsten Generalversammlung Dieses sind gleichfalls zweckdienliche Mittel, den Aufsichtsrath beschlussfähig und vollzählig zu erhalten. Es ist aber selbstverständlich, dass die zu cooptirenden Mitglieder und die Stellvertreter dieselbe Qualification haben müssen, welche für die ordentlichen Mitglieder gesetzlich oder in den Statuten vorgeschrieben worden ist.

Der erste Aufsichtsrath einer Commandit-Actiengesellschaft wie einer Actiengesellschaft muss indessen stets in einer General-Versammlung gewählt sein, wenigstens in der gesetzlichen Zahl von drei Mitgliedern: Cooptation findet in so weit nicht statt, cf. Art. 175. No. 6. 177. No. 3. 209. No. 6. 210a No. 3., dagegen ist es nicht ausgeschlossen, dass diese drei Mitglieder, zufolge statutarischer Bestimmung, sich später durch Cooptation noch mehre Aufsichtsrathsmitglieder hinzunehmen. Die Vorschriften in Art. 206. No. 2. und 249. No. 2. stehen der Cooptation nicht entgegen.

Es muss der Aufsichtsrath aber, wenn er in den Fall kommt, zu cooptiren, an und für sich noch beschlussfähig sein, es sei denn, dass in dem Statut ausdrücklich bestimmt ist, dass die übrig gebliebenen Mitglieder schlechthin das Recht der Cooptation haben sollen.

Es ist gesetzlich nicht gerade vorgeschrieben, dass die Wahlen resp. die Cooptationen von Aufsichtsrathsmitgliedern zu gerichtlichem oder notariellem Protocoll erfolgen sollen; indessen es ist zweckmässig diese Form zu wählen, wegen der etwa dem Registerrichter zu führenden Legitimation, und deshalb ist dies auch in den meisten Statuten angeordnet. Ist eine Cooptation nicht in dieser Form erfolgt, und handelt es sich später um eine solche Legitimation, dann kann sie freilich auch durch eine nachträgliche gerichtliche oder notarielle Erklärung sämmtlicher Personen, welche damals als Cooptanten fungirt haben, nachgeholt werden, bei einer Wahl in der Generalversammlung, über welche kein gerichtliches oder notarielles Protocoll aufgenommen ist, wird diese Nachholung später unmöglich sein. Ein Auskunftsmittel wäre indessen noch der Zeugenbeweis, indem der Wahlact durch Zeugen bezeugt wird. Cf. von Hahn zu Art. 177. § 2.

Das französische Gesellschaftsgesetz von 1867 fordert gleichfalls, dass ein aus wenigstens drei Mitgliedern bestehender Aufsichtsrath gewählt wird. Art. 5.

7. Der Aufsichtsrath, die Mitglieder desselben, werden nicht in das Handelsregister eingetragen, und dürfen dort nicht eingetragen werden. Denn nach Aussen hin hat der Aufsichtsrath nichts zu thun; er darf sogar mit der Vertretung nach Aussen nicht betraut werden. Es ist nicht einmal erforderlich, dass die Mitglieder des Aufsichtsraths öffentlich bekannt gemacht werden; doch geschieht dies gemeinhin durch die Gesellschaften in den sogenannten Gesellschaftsblättern.

8. Die Mitglieder des Aufsichtsraths können besoldet und unbesoldet sein; aber das Allgemeine Deutsche Handelsgesetzbuch verbietet es, den Mitgliedern des ersten Aufsichtsraths eine Vergütigung für die Ausübung ihres Berufs auf anderem Wege als durch einen nach Ablauf des ersten Geschäftsjahres einzuholenden Beschluss zu bewilligen, und entkleidet jede andere bewilligte Vergütigung aller rechtlichen Wirkung. Art. 191. 225. Die Mitglieder des ersten Aufsichtsraths, zu welchen gemeinhin die Gründer gewählt werden oder sich wählen, oder einige der Gründer, sollen sich nicht exorbitante Vergütigungen festsetzen. Indessen diese Absicht des Gesetzes ist nicht erreicht worden.

Dass dem ersten Aufsichtsrath resp. seinen Mitgliedern die Erstattung baarer Auslagen resp. Diäten bewilligt werden, ist nicht verboten, ja es ist sogar natürlich, dass sie dieselben erhalten, weil sie sonst Schaden leiden würden. Für die Mitglieder der ferneren Aufsichtsräthe können die Vergütigungen beliebig bestimmt werden. Gewöhnlich bewilligt man den Mitgliedern des Aufsichtsraths keine Fixa, sondern Tantièmen vom Reingewinn; allenfalls wird dem Vorsitzenden des Aufsichtsraths ein Fixum als Bureauunkosten festgesetzt. Die Tantième wird gemeinhin für den ganzen Aufsichtsrath in einem Procentsatz vom Reingewinn bemessen, und es den Mitgliedern überlassen, unter sich die Tantième zu vertheilen. Bei dieser Maassregel ist von einem Anspruch eines einzelnen Aufsichtsrathsmitgliedes auf eine bestimmte Quote des Reingewinns oder der statutenmässigen Tantième nicht eher die Rede, als bis die qu. Vertheilung stattgefunden hat. Von den sogenannten Anwesenheitsmarken — jetons de présence — welche man den Mitgliedern des Aufsichtsraths gab bei jeder Sitzung, welcher sie beiwohnten, und welche dann nach einem bestimmten Werthe bezahlt wurden — eine ursprünglich französische Einrichtung, welche auch bei Verwaltungsräthen und Vorständen eingeführt war, — Renaud a. a. O. S. 474. 553. — ist man abgekommen.

9. Der erste Aufsichtsrath darf auch nicht auf länger als Ein Jahr, später nicht auf länger als fünf Jahre gewählt werden; insoweit Wahlen auf länger geschehen, sind sie ohne rechtliche Wirkung Art. 191. 225. Dies ist bestimmt, ganz ebenso

wie im französischen Gesellschaftsrecht für die Commandit-Actiengesellschaften; doch wird der folgende Aufsichtsrath nach den im Statut festgesetzten Perioden gewählt, der erste nur auf Ein Jahr. Cfr. Gesellschafts-Gesetz vom Jahre 1867. Art. 5., damit nicht die Gründer ihren Einfluss zu sehr ausbeuten und die Actionaire erst Gelegenheit haben, die zu Mitgliedern des Aufsichtsraths tüchtigen Actionaire kennen zu lernen. Cff. Motive zum Preussischen Entwurf S. 83. 84.

Diese Vorschrift kann sehr leicht umgangen und damit ihr Zweck vereitelt werden, womit denn auch zugleich die Absicht der vorher erwähnten Beschränkung betreffend die Besoldung des ersten Aufsichtsraths illusorisch wird. Welchen geringen practischen Werth beide Vorschriften haben, ist in neuerer Zeit bei den Gründungen vieler Actiengesellschaften klar geworden. Bei solide etablirten Gesellschaften können sie insofern nachtheilig werden, als sie das Verbleiben der Gründer im Aufsichts-, resp. Verwaltungsrath, welches bei solchen Gesellschaften gerade oft von grossem Vortheil für die Organisation der Gesellschaft ist, hindern.

10. Die Thätigkeit des Aufsichtsraths bewegt sich nur in den inneren Verhältnissen der Gesellschaft. Die Statuten enthalten über die Art und Weise der Ausübung derselben nähere Bestimmungen. Der Aufsichtsrath kann nur in der Gesammtheit seiner Mitglieder handeln, resp. die ihm gesetzlich zustehenden Functionen oder die ihm sonst im Statute beigelegten Befugnisse ausüben; ein einzelnes Mitglied des Aufsichtsraths hat gar nichts zu untersuchen, anzuordnen, zu sagen, wenn ihm nicht in dem Statut oder durch Generalversammlungs-Beschlüsse die dessfallsige Machtvollkommenheit beigelegt worden ist. Nach den gewöhnlichen statutarischen Bestimmungen hat der Aufsichtsrath sich einen Vorsitzenden resp. auch noch einen Stellvertreter zu wählen, auf deren Einladung er sich versammelt, so oft es erforderlich erscheint, oder zu bestimmten Zeiten — allmonatlich, allvierteljährlich — um die nöthigen Einsichten von dem Geschäftsgange, Büchern u. s. w. zu nehmen und die zweckdienlich erscheinenden Beschlüsse zu fassen. Dem Vorsitzenden sowie dessen Stellvertreter sind manchmal besondere Befugnisse beigelegt, z. B. die Abhaltung ausserordentlicher Revisionen des Geschäfts und der Casse; auch hat man dem Aufsichtsrath die Befugniss beigelegt, zu Ausführung einzelner ihm zustehender Befugnisse Commissarien, Deputationen aus seiner Mitte zu bestellen resp. sich dazu Bevollmächtigte zu ernennen. Diese haben dann allerdings dieselbe Machtvollkommenheit, welche dem Aufsichtsrath überhaupt zusteht.

Drei Mitglieder des Aufsichtsraths müssen mindestens vorhanden sein, das fordert das Gesetz. Besteht der Aufsichtsrath aus mehren Mitgliedern, so setzen gemeinhin di Statuten fest, welche Anzahl von Mitgliedern vorhanden sein muss, um den Aufsichtsrath beschlussfähig zu machen. Bei den Beschlüssen ist gewöhnlich Stimmenmehrheit entscheidend mit ausschlaggebender Stimme des Vorsitzenden bei Stimmengleichheit, ausgenommen Wahlen, wo man bei Stimmengleichheit das Loos entscheiden resp. engere Wahl eintreten lässt. Manche Statuten gestatten, dass Aufsichtsrathsmitglieder sich in den Sitzungen durch andere Aufsichtsrathsmitglieder vertreten lassen können, was gesetzlich nicht verboten, cfr. indess § 30; auch wird in schleunigen Fällen wohl schriftliches Votiren gestattet, während sonst die mündliche Berathung und Abstimmung in Sitzungen die Regel ist.

11. Ausser den gesetzlichen Functionen und Befugnissen des Aufsichtsraths, cfr. vorher No. 1. S. 243., werden ihm gewöhnlich in den Statuten noch mehre andere beigelegt, welche sich nicht blos auf die Aufsicht beschränken, sondern Theile, oft den grössesten Theil der inneren Verwaltung der Gesellschaft der Beschlussfassung den Regulativen und Instructionen des Verwaltungsraths unterwerfen. In einigen Statuten hat man diejenigen Angelegenheiten, in welchen ausschliesslich die Generalversammlung zu beschliessen hat, hervorgehoben und dann ganz allgemein bestimmt: dass der Aufsichtsrath in allen Angelegenheiten der Gesellschaft zu beschliessen habe, welche nicht der ausschliesslichen Beschlussfassung der Generalversammlung vorbehalten seien. In anderen Statuten hat man die Angelegenheiten besonders aufgeführt, welche der Beschlussfassung des Aufsichtsraths unterliegen sollen. Uebereinstimmend legen aber fast alle Statuten die Wahlen der Vorstandsmitglieder in die Hand des Aufsichtsraths. Dergleichen sonst dem Aufsichtsrath zur Beschlussfassung zugewiesenen Angelegenheiten sind: die Bestimmung der Geschäftsordnung für die Direction und die Ertheilung von Instructionen für dieselbe; die Abfassung und Vollziehung der durch die Beschlüsse der Generalversammlung erforderlich werdenden Abänderungen und Ergänzungen des Statuts; die Errichtung von Zweigniederlassungen nebst der Ernennung deren Vorstände, sowie die Ausstattung derselben mit Machtvollkommenheit; die Festsetzung von Gehältern, Remunerationen und Gratificationen der Angestellten und sonstigen Bediensteten der Gesellschaft, resp. der Gehälter, wenn sie einen Maximalbetrag übersteigen; die Bestimmung über die nutzbare Anlegung der disponiblen Capitalien, die Genehmigung von Grunderwerbs- und Veräusserungs-Verträgen resp. die dingliche Belastung von Immobilien, die Festsetzung der Dividenden, manchmal auch die Genehmigung von wirklichen Anleihen, obwohl letztere gemeinhin der Generalversammlung vorbehalten sind. Der Aufsichtsrath nimmt hierdurch einen anderen Charakter an, als er ihm nach der gesetzlichen Bestimmung beigelegt ist. Er characterisirt sich als verwaltendes Organ und ganz als ständiger Ausschuss der Actionaire. Die Machtvollkommenheit des Vorstandes wird durch den Aufsichtsrath im Innern oft ganz paralysirt, wenn auch immerhin nach Aussen dem Vorstand allein die Executive aller Anordnungen und Beschlüsse des Aufsichtsraths gebührt. Eine solche Anordnung hat begreiflicher Weise unter Umständen ihre Vortheile, aber auch ihre Mängel. Es

empfiehlt sich jedoch, diese Gewalten zu theilen; einen Aufsichtsrath lediglich mit den gesetzlichen Functionen ausgestattet zu ernennen, neben demselben aber ein besonderes Organ — Verwaltungsrath, Administrationsrath — zu creiren, welchem dergleichen Verwaltungsbefugnisse beigelegt werden können, und der gewissermassen als ständiger Ausschuss der Actionaire zu fungiren hat, um wiederholte General-Versammlungen zu vermeiden. Derartig sind die „commissaires“ des Belgischen Entwurfs.

12. „Aufsichtsrath“ ist die gesetzlich technische Bezeichnung. Früher war „Verwaltungsrath“, namentlich bei den Actiengesellschaften allein gebräuchlich. Diese Benennung passt für die heutigen Aufsichtsräthe auch besser. Es ist übrigens kein, die Eintragung einer Gesellschaft hindernder Mangel, wenn in den Statuten die Benennung „Verwaltungsrath“ gebraucht worden ist, wenn nur das Organ, welches das Gesetz „Aufsichtsrath“ nennt mit den gesetzlichen Functonen ausgestattet und sonst nach den gesetzlichen Vorschriften gebildet, vorhanden ist. Ob noch andere Befugnisse diesem Organe beigelegt sind, darum hat sich der Registerrichter nicht zu kümmern, sofern nur der Vorstand nach Aussen hin nicht ungesetzlich beschränkt ist. Man mag es also den Gesellschaften ruhig überlassen, ob sie die Bezeichnung Aufsichtsrath oder Verwaltungsrath gebrauchen wollen. In dem Französischen könnten Verwechselungen vorkommen, wenn man den Aufsichtsrath „conseille d'administration nennen wollte, weil die Vorsteher, administrateurs heissen, obwohl eigentlich die französischen Actiengesellschaften keinen Aufsichtsrath haben, im Deutschen wird man heute den Vorstand, welcher gemeinhin Direction genannt wird, mit dem Verwaltungsrath nicht wohl verwechseln. Nach dem Gesetz vom 4. Juli 1868 § 28. kann man bei der wirthschaftlichen Genossenschaft, den Aufsichtsrath auch „Verwaltungsrath“, oder „Ausschuss“ nennen.

13. Das Ausscheiden, die Entfernung von Aufsichtsrathsmitgliedern oder des ganzen Aufsichtsraths anlangend, so haben darüber lediglich die Statuten zu bestimmen, denn im Gesetze sind keine besonderen Bestimmungen gegeben. Auch werden die allgemeinen gesetzlichen Normen von Mandaten maassgebend sein müssen, denn das Verhältnis der Mitglieder des Aufsichtsraths zu den Actionairen ist im Wesentlichen ein Mandatsverhältniss. Wie kein Actionair gezwungen werden kann, das Amt eines Aufsichtsrathsmitgliedes anzunehmen, so kann auch kein Mitglied des Aufsichtsraths wider seinen Willen gezwungen werden im Aufsichtsrathe zu bleiben, er kann vielmehr ausscheiden, nur darf dieses Ausscheiden nicht unzeitig — intempestive — geschehen, namentlich darf die Gesellschaft dadurch nicht in Schaden gebracht werden, und wenn es geschähe, so würde ein solches unzeitig ausscheidendes, resp. sich seinen Functionen entziehendes Mitglied schadendersatzpflichtig werden. Dies kann vorkommen, wenn ein Mitglied durch sein unzeitiges Ausscheiden den Aufsichtsrath beschlussunfähig macht und hindert, dass dringend nothwendige Beschlüsse gefasst werden.

Die Gesellschaft ist aber auch nicht verflichtet ein unwürdiges Mitglied des Aufsichtsraths beizubehalten, doch kann, wenn die Statuten nicht etwas Anderes bestimmen, die Entsetzung eines Aufsichtsrathsmitgliedes nur von der Generalversammlung erfolgen. Cfr. Renaud a. a. O. S. 553. Entsetzungsgründe sind vorzugsweise; grobe Pflichtvernachlässigung, Verletzung und Missbrauch des Vertrauens.

Die Statuten der Gesellschaften enthalten, und wohl die aller Gesellschaften, Bestimmungen über das Ausscheiden der Aufsichtsrathsmitglieder, von der Entsetzung sprechen sie gemeinhin nicht; womit denn aber noch nicht die Unwiderruflichkeit der Bestellung als Aufsichtsrathsmitglieder, angeordnet ist. Es ist seit lange her gebräuchlich, in den Statuten das Ausscheiden einzelner Aufsichtsrathsmitglieder oder einer bestimmten Zahl, resp. Quote der Gesammtzahl, nach einem Turnus, oder nach dem Amtsalter, anzuordnen. Man wählt den Aufsichtsrath auf eine bestimmte Anzahl Jahre, gewöhnlich auf die höchste zulässige, fünf Jahre, und lässt alljährlich ein Fünftel oder einen anderen aliquoten Theil ausscheiden und zwar durch das Loos, resp. wenn sich ein Turnus nach dem Amtsalter gebildet hat, nach diesem, wobei man das Amtsalter nach der letzten Wahl rechnet, indem fast überall die Widerwählbarkeit solcher ausgeschiedener Mitglieder gestattet worden ist. Dieses Ausscheiden, welches meist auf die Zeit der ordentlichen Generalversammlung bestimmt ist, weil in dieser die Ergänzungswahlen erfolgen, muss ausdrücklich constatirt werden, und zwar in dem Protocolle über die Generalversammlung welche die Ersatzwahlen vornimmt. Ein Ausscheiden von Verwaltungsrathsmitgliedern erfolgt auch öfters durch blossen Zeitablauf, wenn nemlich ein Mitglied gewählt oder cooptirt ist, nur bis zu der nächsten stattfindenden Generalversammlung, oder für die Zeit, welche ein ausgeschiedenes Mitglied noch würde zu fungiren gehabt haben. Solche Mitglieder sind von selbst mit dem Ablauf der Zeit, durch welche ihre Functionen begrenzt war, als ausgeschieden zu betrachten. Es ist bei einer Gesellschaft der Fall vorgekommen, das bei einem nur für die noch übrige Amtsdauer eines ausgeschiedenen Mitgliedes als Ersatzmitglied gewählten Aufsichtsrathsmitgliede, in der Generalversammlung, in welcher jenes erste Mitglied, wenn es noch in Function gewesen wäre, statutenmässig hätte ausscheiden müssen, vergessen war. des Ausscheidens des Ersatzmitgliedes zu gedenken, und es kam in Frage: ob dieses Mitglied als ausgeschieden zu erachten sei oder nicht. Indessen ist es als ausgeschieden zu betrachten, weil ausdrücklich statutenmässig bestimmt war, dass es auf nicht länger gewählt sei, als jenes Mitglied noch würde zu functioniren haben.

In einigen Statuten ist das Ausscheiden von Aufsichtsrathsmitgliedern auch an Kündigung geknüpft.

Wenn nicht etwas Anderes verabredet worden ist, so gebührt ausscheidenden Mitgliedern des Aufsichtsraths Gehalt resp. Tantième pro rata temporis, wenn das Ausscheiden innerhalb des Geschäftsjahres erfolgt. Da aber der Aufsichtsrath gewöhnlich eine Tantième bezieht, welche für den ganzen Aufsichtsrath statutenmässig festgesetzt und ihm überlassen ist, selbst die Vertheilung unter seine Mitglieder vorzunehmen, so wird ein ausscheidendes Mitglied auch nur von den übriggebliebenen Mitgliedern des Aufsichtsraths seine etwaige Rate an der Tantième zu fordern haben, nicht von der Gesellschaft, gegen welche er nur ein Forderungsrecht hat auf Ausschichtung der dem ganzen Aufsichtsrath festgesetzten Quote aus dem Reingewinn. Bei dem regulairen Ausscheiden von Verwaltungsrathsmitgliedern nach Geschäftsjahren, participiren die Ausscheidenden nur an der Tantième des abgelaufenen Geschäftsjahres, wenn auch die Generalversammlung im neuen Jahre abgehalten wird, und sie bis dahin noch im neuen Geschäftsjahre fungiren.

Aufsichtsrathsmitglieder werden auch ausscheiden müssen, resp. können entfernt werden, wenn sie die Qualification verlieren, welche sie gesetzlich oder statutenmässig haben müssen, z. B. wenn ein Mitglied aufhört, Actionair zu sein. Man lässt desshalb die Aufsichtsrathsmitglieder eine bestimmte Anzahl Actien der Gesellschaft deponiren, über welche sie nicht disponiren können, so lange ihre Amtsdauer währt. Dass ein Aufsichtsrathsmitglied Schuldner der Gesellschaft ist, oder mit derselben in Vertragsverhältnissen steht, resp. in solche tritt, ist an und für sich kein Grund zum Ausscheiden, obwohl manchmal statutarisch bestimmt ist, dass Aufsichtsrathsmitglieder, welche in Geschäftsverbindung mit der Gesellschaft sich befinden oder in solche eintreten, je nach der Wichtigkeit der Geschäfte oder der zu befürchtenden Collision der Interessen auszuscheiden haben. Es kommt auch vor, dass Aufsichtsrathsmitgliedern statutenmässig verboten wird, in bestimmte Geschäftsverbindungen mit der Gesellschaft zu treten, damit nicht ihre persönliche Interessen mit ihren Pflichten als Aufsichtsrathsmitglieder in Collision kommen.

Eine Entsetzung von Aufsichtsrathsmitgliedern oder gar des ganzen Aufsichtsraths ist eine Seltenheit im Geschäftsleben, man vermittelt das Ausscheiden in vorkommenden Fällen im Wege gütlicher Vereinbarung, und zwar sowohl im Interesse der Ausscheidenden, als im Interesse der Gesellschaft.

14. Die Verantwortlichkeit der Mitglieder des Aufsichtsraths gegenüber der Gesellschaft ist im Allgemeinen dieselbe, welche die Mitglieder des Vorstandes haben, cfr. § 25. No. 15. S. 237. Sie haften nicht bloss für den Schaden, welchen die Gesellschaft aus positiven Handlungen, Ueberschreitungen ihrer Machtbefugnisse, sondern auch für den Schaden, welcher aus Unterlassungen sowie aus Mangel an gehöriger Sorgfalt bei Erfüllung ihrer statutenmässigen und ihrer gesetzlichen Pflichten entsteht, in letzter Beziehung namentlich rücksichtlich der ihnen gesetzlich auferlegten Aufsichtspflicht. Dabei haften mehre Mitglieder, welche eine Verschuldung trifft, solidarisch. Art. 194. 195. 226. Cfr. Renaud a. a. O. S. 555.

Die Aufsichtsrathsmitglieder haften für Versehen wie Mandatare, gemeinrechtlich für jedes Versehen — omnis culpa — l. 13. C. mandati vel contra (4.$_{35}$). Nach französischem Gesellschaftsrecht übernehmen die Mitglieder des Aufsichtsraths einer Commandit-Actiengesellschaft keine Verantwortlichkeit hinsichtlich der Handlungen der Geschäftsführung und ihrer Resultate, und jedes Mitglied des Aufsichtsraths ist für seine persönlichen Fehler in der Ausführung seines Mandats nach den Regeln des gemeinen Rechts verantwortlich. Cfr. Art. 9. Gesellsch.-Ges. vom Jahre 1867. Cfr. Art. 1991 ff. Code civil. Cfr. vorher § 25. No. 17. S. 239. Für die von den Garanten begangenen Vergehen sind die Mitglieder des Aufsichtsrathes civiliter nicht verhaftet. Art. 15. Gesellsch.-Ges. von 1867.; ein Solidarverhältniss ist unter ihnen nur dann vorhanden, wenn dasselbe ausdrücklich bestimmt worden ist. Cfr. Art. 1995. Code civil, und nur dann noch, wenn Commandit-Actiengesellschaften, zuwider den Vorschriften der Artikel 1. 2. 3. 4. 5. des Gesetzes vom Jahre 1867 constituirt, desswegen anullirt werden, wo dann die Mitglieder des ersten Aufsichtsraths in Gemeinschaft mit den Garanten für den der Gesellschaft oder Dritten aus der Anullirung erwachsenen Schaden als haftbar erklärt werden können. Cfr. Art 8. des Gesetzes von 1867. Das holländische Handelsgesetzbuch enthält keine Bestimmungen über die Verhaftung der Aufsichtsrathsmitglieder — Commissarissen van toezigt —; Mandatare haften nach holländischem Civilrecht wie nach französischem. Cfr. Art. 1837 ff. Burgerlyk Wetboek Nach Preussischem Recht haften mehre Mandatare, welche gemeinschaftlich einen Auftrag übernommen haben, was bei den Aufsichtsrathsmitgliedern in der Regel zutrifft, solidarisch, Allg. Preuss. Landrecht I. 13. §§ 201—204; sie haften in der Regel nur für die Sorgfalt in ihren eigenen Angelegenheiten, — diligentia quam in rebus suis —, ausser wenn sie bezahlt werden, cfr. a. a. O. I. 13. §§ 55—58.; dann haften sie für jedes Versehen, sind sie bezahlt und Kunst- und Sachverständige für das geringste Versehen. Cfr. Koch, Preuss. Privatrecht Bd. IV. § 469. 657.

Ganz besonders ist eine persönliche und solidarische Verhaftung der Aufsichtsrathsmitglieder im Allgemeinen Deutschen Handelsgesetzbuch angeordnet, in Art. 204. bei Commandit-Actiengesellschaften, und zwar zur Erstattung geleisteter Zahlungen, wenn mit dem Wissen und Willen der Aufsichtsrathsmitglieder und ohne ihr Einschreiten Einlagen an die Commanditisten zurückgezahlt, oder Zinsen oder Dividenden gezahlt sind, welche nicht aus dem auf die Actien fallenden Gewinn entnommen wurden, oder die Vertheilung des Gesellschaftsvermögens, oder eine theilweise Zurückzahlung des Capitals der Commanditisten, ohne Beobachtung der gesetzlichen Bestimmungen, Art. 202. 203, erfolgt ist, d. h. wenn ohne den gesetzlichen Erfordernissen hinsichtlich der Bekanntmachung und Eintragung der Auflösung der Gesellschaft, resp. der Aufforderung der Gläubiger, sich zu melden, vor Ablauf des betreffenden Jahres die gedachte Vertheilung oder partielle Zurückzahlung stattgefunden hat, oder wenn ohne Aenderung des Gesellschaftsvertrages und mit Ausserachtlassung der eben erwähnten, für die Auflösung gegebenen Bestimmungen eine theilweise Zurückzahlung des Capitals der Commanditisten geschehen ist. Auch den Gläubigern, überhaupt dritten Personen, kommt diese Verhaftung indirect zu Gute, denn dadurch wird es ermöglicht, dasjenige, was aus dem, den Gläubigern verhafteten Gesellschaftsvermögen auf ungesetzlichem Wege hinausgebracht ist, diesem wieder zuzuführen. Aber auch hier gilt, dass nur die Aufsichtsrathsmitglieder, welche diesen Vorschriften zuwidergehandelt haben, haften. Cfr. vorher § 25. No. 15. S. 237. 238. in Betreff mehrer Vorstandsmitglieder.

Dieselbe Verhaftung haben in Folge der Ausdehnung der Vorschriften des Art. 204. auf die Actiengesellschaften, die Aufsichtsrathsmitglieder der Actiengesellschaften cfr. Art. 225 b.

Diese Vorschriften sind auch derartig absolut gebietend, dass darin durch Statutenvorschriften ebensowenig, wie durch General-Versammlungsbeschlüsse Etwas geändert resp. Etwas daran nachgelassen werden kann, weil sie eben zum Schutz dritter Personen gegeben sind, und auch diese ein Recht haben, zu verlangen, dass sie vollgehalten werden. Dass in den Statuten die Haftpflicht der Aufsichtsrathsmitglieder erweitert werden darf, ist nicht verboten; indessen es bleibt bei solchen Massregeln zu bedenken, dass, wenn die Verhaftung der Aufsichtsrathsmitglieder zu sehr erweitert ist, man schwer Actionaire dazu finden wird.

Haben Aufsichtsrath und Vorstand durch ihnen gleichmässig zur Last fallende Verschuldung der Gesellschaft Schaden zugefügt, so haften sowohl die Mitglieder des Ersteren wie die des Letzteren der Gesellschaft solidarisch, ohne dass die Einen an die Anderen die Gesellschaft mit einer Vorausklage verweisen dürfen. Renaud a. a. O. S. 556. auf Grund von l. 1. C. quo quisque ordine $2._{36}$. cfr. Art. 280. 281. Allgemeines Deutsches Handelsgesetzbuch.

Mit den gesetzlichen Vorschriften in den Art. 204. u. 225 b. ist indessen der Kreis der Verhaftung von Aufsichtsrathsmitgliedern nicht geschlossen, denn es können auch noch aus anderen ihrer Handlungen resp. Unterlassungen Schadensansprüche resp. Ersatzansprüche gegen sie erhoben werden.

15. Der Aufsichtsrath nimmt in dem Leben der Commandit-Actien- und der Actiengesellschaften eine sehr wichtige Stelle ein, wenigstens ist er bestimmt eine solche einzunehmen durch den Willen des Gesetzes, und ebenso auch, ja sogar noch in stärkerem Maasse, durch den Willen der Actionaire, welche ihm in den Statuten noch eine grosse Menge Mehrbefugnisse, Berechtigungen, unmittelbar in die innere Verwaltung und Geschäftsführung einzugreifen resp. darüber zu beschliessen, abzusprechen oder zu bestimmen, zu den gesetzlichen, sich bloss auf die Aufsicht beschränkenden Functionen, zugelegt haben. In dem Aufsichts-

rath liegt namentlich bei den Commandit-Actiengesellschaften der Schwerpunkt ihrer Organisation. Cfr. v. Hahn zu Art. 175. § 3., Anschütz a. a. O. Bd. 2. S. 425. Welche grosse Vorsicht ist in Anbetracht dieser Umstände bei der Wahl der Aufsichtsrathsmitglieder geboten; aber wie ist sie in der Praxis beobachtet, und wie haben die gewählten Mitglieder des Aufsichtsraths resp. die ganzen Aufsichtsräthe ihre Pflichten erfüllt?

Die jüngst verflossenen Jahre, die Gründungen und Verwaltungen der Actiengesellschaften nach Emanation der Juni-Novelle von 1870 haben in dieser Beziehung mildest ausgedrückt, ein trauriges Bild geliefert. Man könnte viel über die Ausschreitungen sagen, welche durch Umgehung des Gesetzes, durch Zuwiderhandeln gegen das Wesen und die Bestimmung des Organs, durch Pflichtverletzung und Nachlässigkeit vorgekommen sind, aber auch durch die Dummheit, resp. Bequemlichkeit der Actionaire, ihren Indifferentismus unterstützt, ja in vielen Fällen nur ermöglicht. Nicht die Absicht redlicher Erfüllung der Pflichten eines Aufsichtsrathsmitgliedes, nicht die Sorge für das Wohl der Actionaire und der Gesellschaft, nicht die Absicht sich zu bemühen, von dem Geschäftsgange und den Vermögensverhältnissen der Gesellschaft sich unterrichtet zu halten um erforderlichen Falls zu Beschlüssen informirt zu sein, oder um zweckdienlich handeln zu können, nicht diese Erwägungen und Absichten sind bei einer grossen Anzahl von Aufsichtsräthen und Aufsichtsrathsmitgliedern leitend gewesen, sondern im Grossen und Ganzen die Absicht: in Nichtsthun hohe Tantième zu beziehen; und hierzu haben sich Personen hergegeben, manchmal noch gegen eine Separatsbelohnung von Tausenden, von denen man so etwas nicht hätte erwarten sollen.

16. Was die Realisation der Verhaftung der Aufsichtsrathsmitglieder wegen Verschuldungen resp. Versehen in ihrer Amtsführung anbelangt, so zeigen die Bestimmungen der Art. 226. 195. dazu den Weg. Wie die Mitglieder des Vorstandes einer Actiengesellschaft, sind auch die Mitglieder des Aufsichtsrathes nicht einem einzelnen Actionair verhaftet, und können von solchen direct in Angriff genommen werden, sondern nur der Gesammtheit der Actionaire und resp. von dieser. Für solche Processe hat die Generalversammlung Bevollmächtigte zu wählen, welche nicht gerade Actionaire zu sein brauchen, und wenn die Bestellung solcher Bevollmächtigten aus irgend einem Grunde gehindert wird; z. B. durch Chikane der Mitglieder des Aufsichtsraths, so tritt das Handelsgericht mit seiner Ernennungsberechtigung ein, auf den Antrag jedes Actionairs, und wählt nach seinem Arbitrum die Bevollmächtigten, Art. 195. Alin. 2. Dann kann jeder Commanditist als Intervenient, aber auf seine Kosten in den Process eintreten.

Diese Bestimmungen in Art. 226. u. 195. sind nicht absolut gebietend, es kann also in den Statuten auch anders über die Vertretung in dergleichen Processen bestimmt werden, sowie in Nachträgen zu dem Statut; doch bleibt immer das Handelsgericht in seiner Berechtigung auf Grund des

Art. 195. Alin. 2. einzuschreiten, wenn der dort gegebene Fall eintritt. Es können statutenmässig auch bestimmte Personen designirt werden, welche die dessfallsigen Processe führen; es kann bestimmt werden, dass, wenn es sich um die Verhaftung einzelner Mitglieder des Aufsichtsraths handelt, die übrigen die Processe führen. Dem Vorstande, den persönlich haftenden Gesellschaftern allgemein in den Statuten die Processführung gegen den Aufsichtsrath zu übertragen, erscheint nicht angemessen; wegen der Stellung des Aufsichtsraths als Controlbehörde.

17. Hin und wieder hat man in den Statuten auch verlangt, dass die Mitglieder des Aufsichtsraths Cautionen, gleich wie die Mitglieder des Vorstandes, deponiren sollen. Von dergleichen Cautionen gilt dasselbe, was vorher in § 25. No. 22. S. 241. von den Cautionen der Mitglieder des Vorstandes gesagt worden ist. Der Zweck, durch das Verlangen eines starken Actienbesitzes bei Aufsichtsrathsmitgliedern beziehungsweise Deposition der im Besitze befindlichen Actien der Gesellschaft als Caution den Kreis der zu zu Aufsichtsrathsmitgliedern wählbaren Actionaire enger zu schliessen, ist oft ein verfehlter, man hält gute und tüchtige Aufsichtsrathsmitglieder dadurch von der Wahl fern. Der Grund, welcher wohl dafür angegeben wird, ein Actionair mit einem grösseren Actienbesitze habe auch ein grösseres Interesse an der Gesellschaft, ist nicht immer zutreffend. Was will der Besitz von etwa zwanzig bis dreissig Stück Actien à 100 Thlr. bei einem Actiencapital, welches durch hunderttausend Stück Actien repräsentirt wird, bedeuten? —

18. Auch die wirthschaftlichen Genossenschaften haben ihren gesetzlichen Aufsichtsrath, aber er ist bei ihnen facultativ nicht obligatorisch. Der Gesellschaftsantrag kann dem Vorstande einen Aufsichtsrath (Verwaltungsrath, Ausschuss) an die Seite setzen, gewählt aus der Mitte der Genossenschafter. Gesetz vom 4. Juli 1868. §. 28. Dieser Aufsichtsrath hat dieselben Functionen wie ein Aufsichtsrath einer Commandit-Actiengesellschaft. Er kann aber ausserdem, wenn es ihm nothwendig erscheint, Vorstandsmitglieder und Beamte bis zur Entscheidung der Generalversammlung vorläufig suspendiren und für die einstweilige Fortführung der Geschäfte die nöthigen Anstalten treffen. Ferner ist er auch gesetzlich ermächtigt, die Genossenschaft bei Abschliessung von Verträgen mit dem Vorstande zu vertreten; er darf also auch die Engagementsverträge mit den Vorstandsmitgliedern schliessen. §§ 28. u. 29. a. a. O. Wegen der Legitimation des Aufsichtsraths hat der Gesellschaftsvertrag das Erforderliche festzusetzen. a. a. O. §. 29.

19. Nach französischem Gesellschaftsgesetz von 1867 hat der Aufsichtsrath der Commandit-Actiengesellschaft folgende Rechte und Verpflichtungen. Der erste Aufsichtsrath muss unmittelbar nach seiner Ernennung prüfen, ob alle in den Artikeln 1—5. enthaltenen Bestimmungen befolgt sind: namentlich ob die Actien die gesetzliche Höhe im Betrage haben, ob

das Actiencapital gezeichnet sowie ob die Einzahlung von ¼ erfolgt und ob dieses in dem gesetzlich vorgeschriebenen notariellen Act constatirt ist — Art. 1. —; ob die Einlagen, welche nicht in baarem Gelde bestehen, oder die von einem Gesellschafter bedungenen besonderen Vortheile gehörig von den beiden Generalversammlungen geprüft und verificirt sind — Art. 4. —; ob seine eigene Wahl gehörig erfolgt ist, Art 5.; der Aufsichtsrath hat ferner die Bücher zu verificiren, ebenso die Kasse, das Portefeuille und die Werthe der Gesellschaft; er hat jedes Jahr der Generalversammlung Bericht zu erstatten, in welchem die Unregelmässigkeiten und Ungenauigkeiten, welche in den Inventarien erkannt, anzugeben und vorkommenden Falls die Gründe zu constatiren sind, welche der Vertheilung der von den Garanten beantragten Dividenden entgegenstehen: er kann, wie schon erwähnt, Generalversammlungen einberufen und seiner Ansicht gemäss die Auflösung der Gesellschaft beantragen. Cfr. Art. 6. 10. 11. a. a. O. Wenn Mitglieder des Aufsichtsraths sich der Vergehen schuldig machen, welche an den Garanten geahndet werden, Hervorbringung künstlicher Majoritäten in den Generalversammlungen, Emission von Actien zuwider Art. 1—3., sowie der in Art. 14. gedachten strafbaren Handlungen, so unterliegen sie ebenfalls den dort angedrohten Strafen. Art. 13. u. 14., cfr. auch vorher § 24. No. 9. S. 220.

Bei den Actiengesellschaften — anonymen Gesellschaften — kennt die französische Gesetzgebung, ebenso wie die italienische, einen Aufsichtsrath nicht. Von den bei den Actiengesellschaften fungirenden Commissairen ist weiterhin § 27. No. 25. die Rede.

Die Auditors des englischen Rechts — s. § 27. No. 25. — haben eine ähnliche Stellung wie der Aufsichtsrath.

§ 27.

Die Generalversammlung.

1. Die Generalversammlung — l'assemblée générale, algemeene vergadering, general meeting — ist dasjenige gesetzliche Organ der Commandit-Actiengesellschaften und Actiengesellschaften, durch welches die Actionaire ihren Willen kund geben, und diejenigen Anordnungen in Angelegenheiten der Gesellschaft, namentlich auch wegen der Wahl von anderen Organen sowie von Gesellschafts-Beamten, und hinsichtlich der Geschäftsführung treffen, welche ihnen durch das Gesetz oder das Statut überlassen sind. Art. 186. 224.; französisches Gesellschaftsgesetz von 1867. Art. 4. 11. 12. 13. 28 ff.; Englische Acte von 1862. 49 ff. Verwalt. Regul. 29 ff. Wetboek van Koophandel. Art. 55. Die Generalversammlung wird eigentlich und wenn im Statute gar Nichts anderes bestimmt ist, durch sämmtliche erschienene und vertretene Actionaire gebildet. Dazu gehören bei den Commandit-Actiengesellschaften auch die persönlich haftenden Gesellschafter, wegen ihrer unveräusserlichen Actien und wegen sonstiger

Actien, welche sie besitzen. Cfr. Anschütz a. a. O. Bd, 2. S. 436. 448. In den Statuten ist Beschränkung hinsichtlich des Erscheinens der Vertretung und des Stimmrechts bestimmt, welche nach § 209 No. 11 zulässig sind, cfr. Art. 190. s. weiter unten No. 15. und 17.

Nicht jede Versammlung von Commanditactionairen oder Actionairen, und selbst wenn es sämmtliche Actionaire der Gesellschaft wären, welche sich versammelt haben, ist eine Generalversammlung. Nur diejenige Versammlung von Actionaire ist eine Generalversammlung, welche als im Gesetz, resp. Status als solche bestimmt, und dem entsprechend gehörig zusammenberufen worden ist. Cfr. Art. 224. Alin. 1.

Ueber die Nothwendigkeit dieses Organs bei Commandit-Actiengesellschaften und Actiengesellschaften ist schon vorher gesprochen worden. Cfr. § 16. No. 7. S. 117., § 23. No. 3. S. 207., cfr. auch v. Hahn zu Art. 224. § 2. und Anschütz a. a. O. Bd. 2. S. 512.

Auch andere Gesellschaften als die genannten können sich ein ähnliches Institut vertragsmässig bilden; dessen Befugnisse dann eben nach den betreffenden Vertragsbestimmungen sich richten. So kann beispielsweise eine gewöhnliche Commanditgesellschaft eine solche Einrichtung treffen, ferner eine, aus vielen Gesellschaftern bestehende, offene Gesellschaft, und es steht nichts im Wege vertragsmässig zu bestimmen, dass eine solche Versammlung in allen denjenigen Fällen gültige und bindende Beschlüsse fassen soll, wo sonst Einstimmigkeits-Beschlüsse aller Gesellschafter erforderlich sind.

Die wirthschaftlichen Genossenschaften haben ihre gesetzlichen Generalversammlungen, als gesetzliches Organ, wie die Actiengesellschaften, cfr. Gesetz vom 4. Juli 1868 § 3. No. 8. 9. 10. §§ 31. 32. 33., die desfallsigen Bestimmungen sind im Wesentlichen dieselben, wie bei der Actiengesellschaft im Art. 231. Alin. 1. 236—238., ausserdem ist die Eintragung der Beschlüsse in ein Protocollbuch angeordnet, dessen Einsicht jedem Genossenschafter gestattet werden muss.

2. Wenn auch die Generalversammlung bei einer Actiengesellschaft das oben bezeichnete Gesellschaftsorgan ist, durch welches die Actionaire ihren Willen kund geben, und wenn durch sie auch die Gesammtheit der Actionaire in der Weise dargestellt wird, dass ihre gesetzlich und statutengemäss gefassten Beschlüsse gerade so gültig und wirksam sind, als wären sie von sämmtlichen Actionairen gefasst, so ist die Generalversammlung doch nicht der Principal des Geschäfts, Principal ist die Gesammtheit aller Actionaire; und durch die Generalversammlung spricht und handelt er.

3. Die gesetzlichen Bestimmungen über die Generalversammlung des Allgemeinen Deuschen Handelsgesetzbuchs, welche sich in den Art. 180. 186—190. 192. 193. 195. 199. 205. 209a. 209b. 209c. 214. 215. 224. 225. 225a. 231. 236. 240. 244. 248. vorfinden, sind schon vorher erwähnt, cfr. § 16. ebenso wie über die Form der Beschlüsse, schon § 16. No. 12. S. 126. gesprochen ist.

Dass verschiedene Gegenstände, welche sonst zur Competenz der Generalversammlung gehört haben würden, statutenmässig dem Aufsichtsrathe oder einem Verwaltungsrathe zugewiesen, und der Beschlussfassung der Generalversammlung nur die nicht ausdrücklich jenen Organen überwiesenen Gegenstände belassen worden sind, ist in § 26. No. 11. S. 250. bereits angeführt.

4. Die Form, in welcher die Zusammenberufung der Generalversammlung geschieht, muss in jedem Statut einer Commanditactien und einer Actiengesellschaft ausdrücklich festgesetzt sein. Art. 175. No. 7. Art. 209. No. 9. Es ist hier von der äusseren Form die Rede. Ueberhaupt richtet sich diese Form nach den desfallsigen Vorschriften in dem Statute. Sie kann beliebig gewählt werden, nur darf sie nicht eine solche sein, dass offenbar der Zweck der Generalversammlung vereitelt wird, insbesondere in der Richtung hin, dass den Actionairen die Möglichkeit genommen wird davon Nachricht zu erhalten. Selbst bei den Generalversammlungen, welche abgehalten werden, bevor die Actiengesellschaft selbst eine Existenz als solche erlangt hat, richtet sich die Zusammenberufung nach den Abstimmungen des gerichtlich oder notariell vollzogenen Statuts. Art. 189. 209c.

Die Form der Zusammenberufung der Generalversammlung ist in den Statuten gewöhnlich dahin bestimmt; dass eine Aufforderung oder Einladung an die Actionaire von dem dazu competenten Organ, vom Vorstande, vom Aufsichtsrath, auch bloss von dem Vorsitzenden des Aufsichtsraths, erlassen und in denjenigen öffentlichen Blättern, in welche statutenmässig die von der Gesellschaft ausgehenden Bekanntmachungen aufzunehmen sind, — Art. 175. No. 8., Art. 209. No. 12. — einmal oder mehremale, beziehungweise in bestimmten Zwischenräumen, jenachdem dies in den Statuten angeordnet ist, inserirt wird. Man nimmt dann an, und man ist auch berechtigt anzunehmen, dass jeder Actionair von der Einladung zur Generalversammlung hat Kenntniss erhalten können. Indessen es finden sich in den Statuten auch andere Formen der Zusammenberufung. So ist es bei der Gründung der neueren Actiengesellschaften sehr gebräuchlich gewesen, die Form der Zusammenberufung der ersten constituirenden Generalversammlung in dem Statut so zu bestimmen, dass die Gründer, alleinige Actionaire und Vollzieher des Statuts vor Notar und Zeugen sich selbst zusammenberufen haben, zu der, kurze Zeit nach Vollziehung des Statuts, stattfindenden constituirenden Generalversammlung. Man hat namentlich bei diesen ersten Generalversammlungen, welchen zugleich die Erledigung der Erfordernisse der Art. 209a. 209b. oblag, verschiedene Mittel der Zusammenberufung, auch durch recommandirte Schreiben versucht, um Beschleunigung, manchmal auch anderer Interessen willen. Cfr. Anschütz a. a. O. Bd. 2. S. 483. Im Uebrigen ist jene ersterwähnte Form der Zusammenberufung durch Insertion der Einladungen in die Gesellschaftsblätter die regulaire und am meisten practische. Durch besondere Schreiben die Actionaire einzuladen, ist meist unausführbar, nur bei aus sehr wenigen Actionairen bestehenden Gesellschaften, deren Actien auf Namen lauten, könnte man diese Form wählen; denn bei Inhaberactien kann man nie wissen, in wessen Händen sie sich befinden und wer zur Zeit Actionair ist.

5. Wenn in der Form der Berufung einer Generalversammlung gefehlt worden, so ist die Versammlung nicht gehörig berufen, und für keine Generalversammlung zu erachten. Cfr. v. Hahn zu Art. 238. § 1. Hieraus ergiebt sich dann alles Uebrige, namentlich auch, dass die Generalversammlung keine gültigen Beschlüsse fassen kann, mit Ausnahme des einen, aber wohl seltenen Falls, das sämmtliche Actionaire anwesend sind, und erklären resp. anerkennen, dass sie trotzdem als gehörig berufen gelten wollen. Man könnte zwar einwenden, dass das Gestatten der Zusammenberufung einer Generalversammlung auf andere Weise, als dies in dem Statute bestimmt ist, eine Statutenänderung involvire, welche nicht eher rechtliche Wirkung erlange, als bis sie im Handelsregister vermerkt sei Art. 198. 214. Allein dieser Einwand ist nicht stichhaltig, weil es sich hier lediglich um die Verhältnisse der Gesellschafter unter einander handelt, um ein Internum, nicht um äussere Verhältnisse und weil eben sämmtliche Actionaire anwesend sind, also auch kein Actionair sich verletzt fühlen kann. Dagegen würde, wenn auch nur ein Einziger der anwesenden Actionaire fehlte oder widerspräche, die Generalversammlung als nicht gerufen anzusehen sein.

Dergleichen Formfehler bei der Berufung sind beispielsweise Verspätung der Insertion; sinnentstellende Druckfehler; Nichtinsertion in einem oder mehren Gesellschaftsblättern. Verspätung der Insertion kommt eben nicht selten vor bei Statutenbestimmungen, nach welchen die Insertion eine bestimmte Zeit vor der Generalversammlung geschehen soll. Man fragt sich hier: wie bei der Berechnung der Zeit zu verfahren ist; namentlich ob der Tag der Insertion, der Tag der Ausgabe des betreffenden Blattes, der Tag, an welchem die Generalversammlung stattfindet, mitzuzählen sind oder nicht. In dieser Beziehung ist zunächst die Regel festzuhalten: dass der Tag von Mitternacht angefangen, und als ein untheilbarer Zeittheil behandelt wird. Die Berechnung a momento ad momentum, die Eintheilung des Tages nach Stunden sind Ausnahmen resp. Willkührlichkeiten von denen hier nicht die Rede sein kann. Cfr. Paulus l. 8. D. de feriis (2, $_{12}$). Allgemeines Preussisches Landrecht I. 3. § 45., I. 9. §§ 547. 549. Koch, Preuss. Priv. R. Bd. I. § 220. 221. Ferner ist darauf zu achten, dass die volle Zahl der in den Statuten bezeichneten Tage, welche zwischen Insertion und Generalversammlung liegen sollen, in Berechnung zu bringen ist; dass also auch unter dem „Ausdruck: „acht Tage“ acht volle Tage zu verstehen und demgemäss zu zählen sind. Unter „Woche“ versteht man in der Regel sieben Tage. Hierbei mag noch der, sich aus dem Vorerwähnten ergebenen in l. 8. De feriis aufgeführten practischen Anwendung: „Itaque quidquid in his vigenti quatuor horis, id est duabus dimidiatis noctibus et luce media, actum est, perinde est, quasi quavis hora lucis actum esset; erwähnt werden. Auf die einzelnen Stunden kommt es also nicht an.

Gemeinhin lautet nun die betreffende Statutenbestimmung: dass die Bekanntmachung der Generalversammlung oder die Einladung zu derselben, mindestens acht, vierzehn Tage — vor dem anberaumten Termine veröffentlicht sein muss. Die Veröffentlichung fängt mit dem Tage an, an welchem das betreffende Blatt, in welchem die Inserstion erfolgt ist, ausgegeben wird; gleichviel ob die Ausgabe Morgens oder Abends erfolgt. Dieser Tag ist der erste der in Zählung zu bringenden Tage, und es wird der Tag, an welchem die Generalversammlung stattfindet nicht mit gezählt, gleichviel zu welcher Tagesstunde sie anberaumt ist. Die Berechnung: von der Stunde der Ausgabe des Blattes bis zur Stunde der Generalversammlung soviel mal 24 Stunden zu zählen als Tage angegeben sind, ist unstatthaft. „Vor dem Termin“ heisst hier nichts anders, als vor dem Tage, an welchem die Generalversammlung stattfindet, denn dieser Tag wird als Einheit behandelt; die 8 oder 14 Tage müssen also abgelaufen sein, ehe dieser Tag anfängt, Es mag noch erwähnt werden, dass bei monatweise bestimmten Fristen, der Monat in der Regel zu 30 Tagen gerechnet wird, cfr. Koch, Priv. R. Bd. I. § 220. Mit der Schulregel: dies coeptus pro completo habetur, ist nicht überall durchzukommen.

6. Der Zweck der Generalversammlung muss jederzeit in der Berufung bekannt gemacht werden. Ueber Gegenstände deren Verhandlung nicht in dieser Weise angekündigt ist, können Beschlüsse nicht gefasst werden; ausgenommen der Beschluss über einen in der Generalversammlung gestellten Antrag auf Berufung einer anderweiten Generalversammlung. Art. 189. 238.

Dies bezieht sich auf den Inhalt der Bekanntmachung resp. der Einladung zu der Generalversammlung.

Es ist selbstverständlich indess in fast allen Statuten noch ausgesprochen, dass in der Berufung auch Tag und Stunde der Generalversammlung sowie der Ort, wo dieselbe abgehalten werden soll, ausgedrückt sein müssen.

Ueber die Bekanntmachung des Zwecks der Generalversammlung enthalten viele Statuten noch specielle Bestimmungen, und öfters ist hierbei ein Unterschied gemacht zwischen den ordentlichen und den ausserordentlichen Generalversammlungen, eine Unterscheidung welche das Allgemeine Deutche Handelsgesetzbuch nicht kennt. Gemeinhin wird der Zweck in der Form einer sogenannten „Tagesordnung“ bekannt gemacht, in welcher diejenigen Gegenstände kurz aufgeführt sind, welche zur Berathung und Beschlussfassung in der Generalversammlung kommen sollen. Dass hierbei diejenige Reihenfolge innegehalten wird, welche die Tagesordnung enthält, ist gerade nicht durchaus nothwendig; wenn die Versammlung nichts dagegen einwendet, kann auch von dieser Reihenfolge abgewichen werden, ohne dass der Gültigkeit des Beschlusses dadurch Abbruch gethan wird, es sei denn dass ein unter späterer Nummer in der Tagesordnung aufgeführter Beschluss-Gegenstand, und die Beschlussnahme darüber, durch einen früher zu fassenden Beschluss bedingt ist. Es ist nur erforderlich, dass die Gegenstände der Verhandlung und Beschlussfassung derartig in der Tagesordnung angegeben sind, dass sich mit Sicherheit erkennen lässt was zur Berathung kommen und worüber Beschluss gefasst werden soll. Es ist also beispielsweise auch nicht nöthig, dass etwaige in Vorschlag gebrachte Abänderungen der Statuten in der Tagesordnung genau formulirt werden. Wenn indessen in den Statuten dieses vorgeschrieben ist, so muss auch eine dessfalsige Vorschrift befolgt werden; ebenso wie, wenn vorgeschrieben ist, dass dergleichen Aenderungen erst vorher den Actionairen resp. eine bestimmte Zeit vorher haben bekannt gemacht werden müssen. Nach englischem Recht muss im Falle von „Specialgeschäften“, auch eine allgemeine Bezeichnung derselben den Mitgliedern wenigstens 7 Tage vorher angezeigt werden, doch soll der Nichtempfang solcher Anzeige seitens eines Mitgliedes die Verhandlungen in einer Generalversammlung nicht ungültig machen. Gesellschafts-Acte von 1862. 51. Verwaltungs. Regul. 35. Specialgeschäfte sind alle diejenigen welche in einer ausserordentlichen und alle die in einer ordentlichen Generalvalversammlung verhandelt worden, mit Ausnahme der Genehmigung von Dividenden und der Entgegennahme der Rechnungsabschlüsse, der Bilanz und des Directionsberichts. Verwaltungs-Regulativ 36.

7. Die Bekanntmachung des Zwecks und resp. der Gegenstände der Berathung und Beschlussfassung bei der Zusammenberufung ist erstens desshalb nothwendig, weil man nur unter der Voraussetzung, dass jeder Actionair dieselbe gekannt hat oder doch hat kennen müssen, seine Unterwerfung unter die Beschlüsse der Erschienenen annehmen darf; zweitens damit die Actionaire nicht in den Generalversammlungen überrumpelt werden, und sie vielleicht in den wichtigsten Angelegenheiten der Gesellschaft ohne Information und ohne Rath sind; drittens um etwaige Collusionen zwischen einzelnen Actionairen, beziehungsweise mit dem Vorstande, Verabredungen und Vorbereitungen von Maassregeln im Stillen, zu verhindern. Cfr. Renaud a. a. O. S. 427. 428. 429. Dem möglichen Manöver, dass durch Unterlassung der nöthigen Bekanntmachungen, oder durch unvollständige Bekanntmachung des Zweckes Beschlüsse über diesen oder jenen missliebigen Punkt von dem Vorstande oder demjenigen Organ, welches sonst die Generalversammlung statutenmässig zu berufen hat, verhindert werden, beugt die Bestimmung in Art. 238 vor, dass jederzeit auch ohne Bekanntmachung in der Berufung ein gültiger Beschluss über einen erst in der Versammlung eingebrachten Antrag auf Berufung einer anderweiten, resp.

ausserordentlichen Generalversammlung gefasst werden kann. Cfr. Renaud a. a. O. S. 429.

8. Den Ort, an welchen die Generalversammlungen abzuhalten sind, anbelangend, so ist es der Sitz der Gesellschaft. Indessen ist es nicht unstatthaft, dass auch an einem anderen Orte Generalversammlungen abgehalten werden, doch muss dieses in den Statuten ausdrücklich bestimmt und auch der andere Ort benannt sein. Einige Gesellschaften haben desfallsige besondere Bestimmungen, welche meist durch Opportunitätsgründe hervorgerufen sind; sei es, dass der Sitz der Gesellschaft an einem kleinen Orte sich befindet, oder dass man sich vorbehalten will, auch an dem Orte, wo Etablissements der Gesellschaft sich befinden — Fabriketablissements, Zweigniederlassungen — Generalversammlungen abzuhalten; sei es, dass an dem Orte des Sitzes der Gesellschaft gar nicht einmal ein Versammlungslocal vorhanden, oder weder ein Gericht noch ein Notar domicilirt ist. Nach englischem Recht bestimmen die Directoren Ort und Zeit der ersten Generalversammlung mit der Beschränkung, dass sie in den ersten 6 Monaten nach der Registrirung der Gesellschaft stattfinden muss. Cfr. bei No. 26. weiterhin.

9. Gesetzlich und in der Regel hat der Vorstand bei der Actiengesellschaft die Generalversammlung zu berufen; bei den Commandit-Actiengesellschaften der oder die persönlich haftenden Gesellschafter oder der Aufsichtsrath; es ist diese Befugniss im Gesetz indessen auch dem Aufsichtsrath bei Actiengesellschaften beigelegt. Art. 187. 236. 225 a. Es können in den Statuten aber auch andere Personen — Vorsitzende des Aufsichtsraths, ein einzelnes Vorstandsmitglied, ein etwa gewählter besonderer Verwaltungsrath, gewählte Revisionscommissairen, Liquidatoren — zur Berufung von Generalversammlungen ermächtigt werden. Art. 187. 236. Diese mit der Berufung der Generalversammlung vom Gesetze resp. durch statutarische Bestimmungen betrauten Personen berufen dieselben, wenn es ihnen erforderlich erscheint; sie haben dieselben zu berufen, wenn dies im Statute bestimmt ist, oder wenn es im Interesse der Gesellschaft nothwendig erscheint — Art. 188. 225a. —, und in einigen besonderen Fällen, in welchen das Gesetz es vorschreibt — wenn ein persönlich haftender Gesellschafter austreten will, Art. 199.; wenn bei einer Actiengesellschaft die letzte Bilanz eine Verminderung des Grundcapitals um die Hälfte ergiebt, Art. 240., und wenn bei neuen Emissionen vom Grundcapital Einlagen gemacht werden sollen, von welchen in den Art. 180. 209b. gesprochen wird. Siehe hierüber No. 26. weiter unten S. 283.

Wer beruft nun die Generalversammlungen, welche erforderlih werden, bevor die Gesellschaft eingetragen wird, wenn die Actiengesellschaft noch keinen Vorstand und keinen Aufsichtsrath hat? Bei den Commandit-Actiengesellschaften die persönlich haftenden

Gesellschafter, sonst die in den Statuten dazu als berechtigt erklärten Personen. Es ist daher zweckmässig, ja nothwendig, in den Statuten hierüber Bestimmung zu treffen. Art. 209c. Nach französischem Recht — Gesellsch.-Ges. von 1867 — werden diese Generalversammlungen durch die Geranten bei der Actiengesellschaft von den Gründern berufen — Art. 24. 25.; im Uebrigen haben die Geranten, die Administratoren, auch der Aufsichtsrath und die Commissarien bei Actiengesellschaften in dringenden Fällen, das Recht zur Berufung der Generalversammlungen und resp. die Pflicht dazu. a. a. O. Art. 4—7., 11. 25. 27. 33. 37.

10. Man gestattet auch den Actionairen, Anträge auf Berufungen von Generalversammlungen zu stellen, selbst im Gesetze ist ihnen diese Befugniss beigelegt. Doch müssen der Antragsteller oder die Antragsteller mindestens so viel Actien der Gesellschaft besitzen, dass sie den zehnten Theil des Gesammtcapitals der Commanditisten oder des Grundcapitals der Actiengesellschaft darstellen, und es muss der Antrag in einer von ihnen unterzeichneten Eingabe unter Angabe des Zwecks und der Gründe gestellt werden. Statutenmässig kann diese Befugniss auch an einen grösseren oder geringeren Actienbesitz geknüpft sein. Art. 188. 237. Auf einen geringeren Actienbesitz hat man sie nun gewöhnlich nicht eingeschränkt, wohl aber auf einen höheren ausgedehnt; indessen schon der im Gesetze bestimmte ist hoch gegriffen. Allerdings soll damit unnützen Anträgen und Chikanen vorgebeugt werden, allein man hat stets den sehr erheblichen Umstand in Erwägung zu nehmen, dass es den Actionairen, welche schon an und für sich wenig Mittel haben, ihre Interessen zu wahren, nicht zu schwierig gemacht werden muss, Generalversammlungen zu berufen. Cfr. § 13. S. 93. vorher. Bei den Commandit-Actiengesellschaften sind die Antragsteller durch das Actienbuch als Actionaire und rücksichtlich des Actienbesitzes legitimirt. Art. 182. 183., ebenso bei Actiengesellschaften, deren Actien auf Namen lauten, Art. 223., bei Actiengesellschaften mit Inhaberactien müssen sich die Antragsteller anderweit legitimiren, durch Vorzeigung und resp. Deposition ihrer Actien. Es ist dies auch in vielen Statuten angeordnet worden, und die Bestimmung getroffen, dass die Actien bis zur Generalversammlung deponirt bleiben, damit nicht die Antragsteller, nachdem sie den Antrag gestellt haben und die Berufung der Generalversammlung veranlasst ist, ihre Actien veräussern und somit aufhören, Actionaire zu sein. Es ist nach den klaren Worten des Gesetzes einem solchen Antrage, wenn er gehörig gestellt ist, unbedingt Folge zu geben; die dessfallsigen Actionaire haben das Recht, die Berufung einer Generalversammlung zu dem angegebenen Zweck zu verlangen und die betreffenden Organe müssen dieselbe berufen. Wenn der Gesellschaftsvertrag keine Bestimmung enthält, wer eine solche Generalversammlung zu berufen hat, so kann die Eingabe entweder an den Vorstand oder an den Aufsichtsrath oder an jede sonst zur Zusammenberufung der General-

versammlung befugte Person gerichtet werden. Cfr. vorher No. 9., cfr. v. Hahn zu Art. 237. § 2. Anschütz a. a. O. Bd. 2. S. 447. Es wird wohl kaum der Fall vorkommen, dass offenbar aus Chikane, unter Angabe eines geradezu unsinnigen Zwecks die Berufung einer Generalversammlung verlangt wird, allein es haben die Organe, denen die Berufung obliegt, sich kein Urtheil in dieser Hinsicht über den Zweck beizumessen, sondern die Generalversammlung zu berufen, es sei denn, dass der Zweck geradezu gesetzlich verboten, den guten Sitten oder der öffentlichen Ordnung zuwider ist; denn zu solchem Zwecke Generalversammlungen zu berufen, dazu hat auch das Gesetz nicht zwingen können oder wollen. Cfr. v. Hahn a. a. O. § 3. Anschütz a. a. O. Bd. 2. S. 530. Die Zeit der Berufung haben die Actionaire nicht zu bestimmen, auch nicht den Ort, ebensowenig wie sie es verlangen können, dass ihr Zweck allein auf die Tagesordnung gebracht werde. Es versteht sich von selbst, dass der Bruchtheil des Actiencaqitals, von welchem vorher die Rede war, von dem wirklich emittirten Actiencapital zu berechnen ist, der Ausdruck „Gesammtcapital" bedeutet nur „ganzes emittirtes Capital".

Wegen des englischen Rechts s. bei No. 26.

11. Wenn die zur Berufung der Generalversammlung gesetzlich oder statutarisch bestimmten Organe oder Personen nun eine nothwendig erforderliche, oder in dem Statut angeordnete Generalversammlung resp. eine von Actionairen beantragte — cfr. vorher No. 10. — nicht berufen, wenn sie damit über Gebühr zögern, oder geradezu die Berufung verweigern, dann ist im Allgemeinen Deutschen Handelsgesetzbuch gesetzlich kein anderes Mittel gegeben, als das der Klage gegen Vorstand und Aufsichtsrath, resp. der persönlich haftenden Gesellschafter unter Ernennung der Bevollmächtigten, welche den Process zu führen haben durch den Richter auf Anrufen der Actionaire. Art. 194. 195. 226. Ist dagegen bloss der Vorstand oder der Aufsichtsrath säumig oder renitent, so kann die Generalversammlung durch eins resp. das Andere dieser Organe berufen werden. Um nun einen solchen langwierigen Process zu vermeiden und um etwaige Collusionen unter den zur Berufung der Generalversammlung eigentlich befugten Organen zu vermeiden, empfiehlt es sich, statutarisch zu bestimmen, dass in solchen Fällen, und wenn auch schon über eine bestimmte Zeit hinaus mit der Berufung gezögert wird, jene Actionaire, welche berechtigt sind, einen Antrag auf Berufung der Generalversammlung zu stellen, auch befugt sind, dieselbe einzuberufen, oder dass anderen Personen die Befugniss beigelegt wird, die Einberufung der Generalversammlung zu veranlassen. Nach englischem Recht können auch die antragenden Mitglieder die Versammlung berufen, wenn die Directoren zögern. Cfr. weiterhin No. 26.

12. Wer den Vorsitz in den Generalversammlungen führt, und wie das Verfahren in denselben einzurichten, darüber enthält das Allgemeine

Deutsche Handelsgesetzbuch keine Bestimmungen, das ist den statuarischen Anordnungen überlassen, und es wird wohl keine Gesellschaft geben, welche in ihren Statuten nicht die deswegen erforderlichen Bestimmungen festgesetzt hätte. Der Vorsitz ist gewöhnlich dem Vorsitzenden des Aufsichtsraths eingeräumt, oder seinem Stellvertreter, oder einem anderen von diesen designirten Mitgliede des Aufsichtsraths. Den Vorsitz Vorstandsmitgliedern oder dem Vorsitzenden des Vorstandes einzuräumen, erscheint nicht angemessen, weil zu häufig Gegenstände verhandelt werden, bei welchen der Vorstand interessirt ist. Ebensowenig ist es passend Beamte der Gesellschaft mit dem Vorsitze zu betrauen, wegen ihrer dienstlichen Stellung zur Gesellschaft. Dass eine Generalversammlung, wenn der zum Vorsitz bestimmte Actionair oder kein Mitglied des Aufsichtsraths anwesend ist, sich den Vorsitzenden selbst wählen darf, kann nicht bezweifelt werden; es wird dies auch jedesmal stattfinden müssen, wenn die Statuten den Vorsitzenden nicht bestimmt haben sollten. Man kann aus dem Recht zur Berufung der Genralversammlung an und für sich kein Recht auf den Vorsitz herleiten, und wenn man auch annehmen wollte, dass auch der Vorsitz in den Generalversammlungen und die Leitung derselben ein Theil der inneren Geschäftführung seien, also von Rechtswegen dem Vorstande gebührten, so würde man doch gleich bei einem aus mehren Mitgliedern bestehenden Vorstande ins Gedränge kommen und immer vor die Frage gestellt sein; wer von diesem den Vorsitz zu führen habe. Wenn übrigens auch dem Vorstande die Leitung der Geschäfte der Gesellschaft gebührt, so gebührt ihm noch nicht der Vorsitz in den Generalversammlungen der Actionaire, weil die Generalversammlung alleiniges und ausschliessliches Organ der Actionaire ist, durch welches sie dem Vorstande Vorschriften machen, welches aber nicht an und für sich in dem Bereiche der Geschäftsführung des Vorstandes liegt, resp. unter der Leitung des Vorstandes steht.

Nach englischem Recht soll allerdings der Präsident des Directoriums als Präsident der Generalversammlung fungiren; in dessen Ermangelung und wenn er sich nicht in 15 Minuten nach der festgesetzten Zeit der Versammlung einfindet, sollen die anwesenden Mitglieder irgend wen aus ihrer Mitte zum Präsidenten wählen. Gesellsch.-Acte von 1862. Verw. Regulativ 39. 40.

Mit dem Vorsitze ist selbstverständlich die Leitung der Versammlung und die Anordnung des Verfahrens verbunden, doch muss stets die Tagesordnung erledigt werden, d. h. es müssen die zur Verhandlung und Berathung gestellten Gegenstände zur Verhandlung und Berathung von dem Vorsitzenden gebracht werden, vorbehaltlich des Rechts der Generalversammlung, diesen oder jenen Gegenstand durch Beschluss abzusetzen mit Ausnahme derjenigen Gegenstände, deren Erledigung das Statut unbedingt erheischt, und derjenigen, welche auf Antrag von Actionairen

— No. 11 vorher – auf die Tagesordnung gebracht sind; letztere können ohne Zustimmung der Antragsteller nicht abgesetzt werden. Nach englischem Recht kann der Präsident der Versammlung mit ihrer Einwilligung jede Versammlung auf eine andere Zeit, oder an einen andern Ort verlegen, ohne dass aber neue Geschäfte verhandelt werden dürfen. Gesellsch.-Acte von 1862. Verwalt. Regul. 41.

13. Ueber den Inhalt des Protocolls welches über die Generalversammlung aufzunehmen ist, bestimmen in der Regel die Statuten. Die dessfallsige Bestimmung lautet gewöhnlich: dass das Protocoll nur die Resultate der Verhandlung zu verzeichnen hat, die Abstimmung und das Resultat desselben, dass es von dem Vorsitzenden und einigen Actionairen — den anwesenden Mitgliedern des Aufsichtsraths und mindestens noch zwei resp. drei — anderen Actionairen unterschrieben sein muss; dass die erschienen und vertretenen Actionaire durch ein beizufügendes — von dem Vorsitzenden oder noch anderen Personen, resp. dem Vorstande — zu vollziehendes besonderes Verzeichniss, die sogenannte Präsenzliste festgestellt werden, und dass dies Protocoll dann beweisende Kraft haben soll.

An und für sich lässt sich hiergegen nichts erinnern; wie man aber dabei in Conflit mit der Preussischen Notariats-Ordnung kommen kann, dass ist vorher in § 16. No. 9. S. 124 erwähnt. Von der Form der Protocolle der Generalversammlungen ist überhaupt bereits in § 16. No. 14. 15. S. 128—130. gesprochen worden.

14. Die Generalversammlungen unterscheiden sich nach den statuarischen Vorschriften gewöhnlich in ordentliche und ausserordentliche. Das Allgemeine Deutsche Handelsgesetzbuch gebraucht den Ausdruck „ausserordentliche Generalversammlung in Art. 189. und Art. 238., ohne dass eine Unterscheidung recht eigentlich ersichtlich ist. Der Ausdrcuk ist dort im Gegensatz zu derjenigen Generalversammlung gewählt, in welchen der Antrag auf Anberaumung einer anderweiten Generalversammlung eingebracht und zur Beschlussfasssung gestellt wird.

In den Statuten ist in der Regel nur eine ordentliche Generalversammlung, welche alljährlich stattfindet, angeordnet; alle übrigen Generalversammlungen werden für ausserordentliche erachtet. Für die ordentliche ist ein Zeitraum bestimmt in welchem sie einberufen werden muss, und eben so ist ihre regelmässige Tagesordnung in den Statuten festgesetzt, welche ausserdem von dem Vorstande oder dem Aufsichtsrathe zu erstattenden Jahresbericht, die Vorlegung der Bilanz und der Jahresrechnung, Erledigung etwaiger von der Revisionscommission gezogener Monita, Neu- resp. Ergänzungswahlen der Organe, namentlich des Aufsichtsraths begreift, und in welchen schliesslich noch Anträge des Vorstandes oder des Aufsichtsraths, sowie der Actionaire zur Verhandlung und Beschlussfassung kommen, wobei für die Einbringung des letzteren eine Frist bestimmt worden. Bei Actiengesellschaften muss die Bilanz, welche in den ersten 6 Monaten jedes

Jahres für das verflossene Geschäftsjahr vorzulegen ist, in dieser Frist in der für Bekanntmachungen bestimmten Form und in den öffentlichen Gesellschaftsblättern, veröffentlicht werden Art. 239. Nach französischem Recht kann bei den Commandit-Actiengesellschaften jeder Actionair mindestens 14 Tage vor dem Zusammentritt der Versammlung persönlich, oder durch einen Bevollmächtigten, an dem Gesellschaftssitz Einsicht in die Bilanz, die Inventarien und den Bericht des Aufsichtsraths nehmen. Gesellsch.-Gesetz von 1867. Art. 12.; bei den Actiengesellschaften werden Bilanz und Inventar den Commissarien zugestellt und in der Versammlung vorgelegt, a. a. O. Art. 34. Doch kann jeder Actionair wenigstens sich 14 Tage vor dem Zusammentritt der Generalversammlung, das Inventar und das Verzeichniss der Actionaire einsehen, und sich eine Copie der das Inventar resumirenden Bilanz und des Berichts der Commissarien mittheilen lassen, a. a. O. Art. 35. Die ausserordentlichen Generalversammlungen haben dagegen in der Regel nur diejenigen Gegenstände zu erledigen, wegen deren sie berufen sind. Man findet in den Statuten die Bestimmung, dass allgemein Anträge der Actionaire, welche in der Generalversammlung gestellt werden sollen, spätesten 8 Tage vor Einrückung der Bekanntmachung gestellt werden sollen, oder, wie es auch heisst, so zeitig, dass sie noch in die Tagesordnung aufgenommen werden können. Bei Generalversamlungen, welche wegen eines bestimmten Gegenstandes auf Antrag des Vorstandes oder von Actionairen berufen werden, hat dies keinen Sinn. Eine derartige Bestimmung, dass die Anträge so zeitig angebracht werden sollen, dass sie noch in die Tagesordnung aufgenommen werden können, hat nur da einen Sinn, wo zu bestimmten Zeiten statutenmässig Generalversammlungen stattzufinden haben. In Betreff des englischen Rechts s. No. 26.

15. Das Recht in einer Generalversammlung zu erscheinen oder vertreten zu sein, hat jeder Actionair, indessen ist es nicht unerlaubt, das Recht zum Erscheinen oder zum Vertretensein an den Besitz einer bestimmten Anzahl Actien zu knüpfen, ebenso wie weibliche Personen von dem persönlichen Erscheinen ganz auszuschliessen und sie lediglich auf eine Vertretung zu verweisen, ingleichen zu bestimmen, dass Corporationen, Gesellschaften, Firmen, Erben, überhaupt mehre Personen, welche gemeinschaftlich Eine Actie oder eine Anzahl Actien besitzen nur Eine Person in die Generalversammlung schicken, resp. nur durch Eine Person vertreten sein dürfen. Cfr. englisches Recht, Gesellschaftsacte von 1862, Verwaltungs-Regulative 46. Letzteres ist practisch, die Ausschliessung der Frauen mag practisch sein nach dem Grundsatz: taceat mulier in ecclesia, Ersteres, die Ausschliessung von Actionairen, welche nicht im Besitz einer bestimmten Anzahl Actien sind, kann von practischem Nutzen sein, indessen sie involvirt immerhin eine Ungerechtigkeit, welche besser vermieden wird. Ausserdem gestatten heut zu Tage die meisten Actiengesellschaften nur denjenigen Actionairen das Erscheinen resp. das Vertretensein in den Gene-

ralversammlungen, welche sich als Actionaire in einer bestimmten Frist vor der Generalversammlung durch Vorzeigung und Deposition ihrer Actien als Inhaber derselben legitimirt haben. Die desfallsige Statutenbestimmung lautet gewöhnlich: Zur Theilnahme an der Generalversammlung sind nur Diejenigen berechtigt, welche wenigstens drei Tage vor der Versammlung ihre Actien bei der Gesellschaftscasse deponiren. Die Nummern der deponirten Actien werden in einem nach der laufenden Nummer angelegten Verzeichnisse roth angestrichen, und das unter der Controle eines dazu bestimmten Beamten zu führende Verzeichniss wird von einem Mitgliede des Verwaltungsrathes oder der Direction verificirt. Gleichzeitig muss jeder Actionair ein von ihm unterschriebenes Verzeichniss der Nummern seiner Quittungsbogen oder Actien in zwei Exemplaren übergeben, von denen das eine zu den Acten der Gesellschaft geht, das andere mit dem Siegel der Gesellschaft unter dem Vermerke der erfolgten Deposition, sowie mit der Stimmenzahl versehen ihm zurückgegeben wird. Dies Exemplar dient als Einlasskarte zur Versammlung, auf Grund deren beim Eintritt in dieselbe dem Inhaber eine angemessene Anzahl von Stimmzetteln verabfolgt wird, welche mit dem Stempel der Gesellschaft versehen sind. Gegen Rückgabe dieses Duplicatverzeichnisses erfolgt die Rückgabe der betreffenden Actien. Die Stelle der wirklichen Deposition bei der Gesellschaft vertreten nur amtliche Bescheinigungen von Staats- und Communalbehörden über die bei ihnen erfolgte Deposition der Actien.

Manchmal ist diese Vorschrift auch kürzer gefasst, jedoch mit demsel- Sinn. Diese Vorschrift ist eigentlich nur bei Actiengesellschaften erforderlich, mit Inhaberactien, um vorher die Legitimation als Actionaire festzustellen, und Gewähr dafür zu haben, dass der Erschienene resp, Vertretene auch noch während der Generalversammlung Actionair ist. Indessen mit Sicherheit lässt der wahre Besitz der Inhaberactien sich nie feststellen. Bei den Actiengesellschaften mit Namenactien und den Commanditactiengesellschaften muss das Actienbuch Auskunft geben, wer Actionair ist, — Art. 182. 183. 223. — indessen es ist zeitraubend in der Generalversammlung dieses zu ermitteln; vorausgesetzt, dass das Actienbuch stets in Ordnung ist, und es empfiehlt sich daher auch bei diesen Gesellschaften statutenmässig die Meldung der Actionaire vor der Generalversammlung und die Lösung einer Legitimationskarte, welche die Anzahl der besessenen resp. vertretenen Actien und die Anzahl der Stimmen, welche danach dem Inhaber zusteht, anzuordnen. Jedenfalls wird durch diese Maassregel die Anlegung der sogenannten Präsenzliste in der Generalversammluag erleichtert.

16. Eine Stellvertretung in der Generalversammlung ist allgemein

allen sonst zum Erscheinen berechtigten Actionairen gestattet, welche entweder am Erscheinen verhindert sind, oder nicht erscheinen wollen. Ebenso im englischen Recht. Gesellschaftsgesetz Acte von 1862. Verwaltungs-Regul. 48. (proxy). Allein statutarisch ist diese Stellvertretung dahin eingeschränkt, dass sie nur durch Actionaire stattfinden darf. Ebenso im englischen Recht, ohne Ausnahme. Gesellschaftsacte von 1862. Verwaltungs - Regul. 49.

Eine Ausnahme ist gemacht bei Ehefrauen, welche durch ihre Ehemänner, Corporationen, juristische Personen, welche durch ihre gesetzlichen Vertreter, Minorenne und andere Pflegebefohlene, welche durch ihre Vormünder und Curatoren vertreten werden können, selbst wenn diese auch nicht Actionaire sind. Diese Anordnung ist eingeführt, damit nicht fremde Personen in den Generalversammlungen, welche sonst nicht öffentlich sind, erscheinen. Ob die Oeffentlichkeit bei den Generalversammlungen einzuführen, das ist eine heikle Frage, für und wider deren Bejahung sich viel sagen lässt.

Das holländische Recht verbietet es den Vorstandsmitgliedern und Aufsichtscommissairen der Actiengesellschaften als Bevollmächtigte bei der Abstimmung aufzutreten. Wetboek van Koophandel, Art. 54. Diese Vorschrift erscheint nachahmungswerth, und umsomehr da, wo kein Stimmmaximum in den Statuten festgesetzt worden ist. Nach dem Allgemeinen Deutschen Handelsgesetzbuch kann jeder Actionair als Stellvertreter eines anderen fungiren, die obenerwähnte Beschränkung gilt nicht.

Anlangend die Legitimation der Vertreter, so fordert man von ihnen in der Regel die Beibringung schriftlicher Vollmachten, allein man sieht so viel als möglich von einer öffentlichen Beglaubigung ab, und überlässt in den Statuten gewöhnlich die Entscheidung dem Vorstande oder dem Aufsichtsrathe resp. schliesslich der Generalversammlung selbst. Es wird beispielsweise vollkommen genügen, wenn ein Mitglied des Aufsichtsraths die Unterschrift des Machtgebers beglaubigt hat, oder wenn die Beglaubigung von einer Behörde oder von einem Beamten erfolgt ist, welcher berechtigt ist, ein öffentliches Siegel zu führen, oder auch nur von einem glaubhaften Manne, dessen Unterschrift bekannt ist. Es würde die Actionaire unnöthig belästigen und ihnen Kosten verursachen, wenn man von ihnen verlangen wollte, sie sollten gerichtliche oder notarielle Vollmachten oder doch auf diese Weise beglaubigt beibringen.

Nach englischem Recht ist für das Instrument, wodurch ein Vertreter bestellt wird, eine besondere Form vorgeschrieben, nämlich: es muss schriftlich und vom Besteller unterzeichnet, oder wenn der Besteller eine Corporation ist, mit dem Gemeinsiegel derselben versehen, und von einem oder mehreren Zeugen attestirt sein. Dieses Instrument muss mindestens 72 Stunden vor der Zeit der Abhaltung der Generalversammlung im registrirten Bureau der Gesellschaft deponirt werden; mit dem Ablauf von 12 Monaten nach seinem Datum verliert es seine Gültigkeit. Gesellschaftsacte 1862. Verwaltungs-

Regulativ 49. 50. In den Verwaltungsregulativen findet sich Art. 51. ein vorgeschriebenes Formular, nach welchem die obigen Instrumente abgefasst sein sollen. Diese Bestimmungen sind theilweise zu minutiös.

17. Das Stimmrecht in der Generalversammlung wird gesetzlich so ausgeübt, dass jede Actie dem Inhaber eine Stimme gewährt; indessen kann auch in dem Statut etwas Anderes festgesetzt werden. Art. 190. 209. No. 11. „oder nach anderen Erfordernissen“ cfr. von Hahn zu Art. 214. § 6. und Anschütz a. a. O. Bd. 2. S. 513. und 224. Nur in den Fällen der Prüfung und Verification von Einlagen und besonderen Vortheilen ist dem betreffenden Commandit-Actionair oder Actionair das Stimmrecht genommen. Art. 180. 209b; ebenso im französischen Recht; Gesellschafts-Gesetz von 1867. Art. 4. und 24. In neuerer Zeit ist gewöhnlich in den Statuten hinsichtlich des Stimmrechts etwas Anderes festgesetzt worden. Man hat die Zahl der Stimmberechtigten sehr eingeschränkt, und zwar durch Bestimmungen, wonach erst der Besitz einer bestimmten Zahl Actien, gewöhnlich mindestens fünf Stück, die Stimmberechtigung geben soll, so dass alle Besitzer von einer geringeren Anzahl Actien keine Stimmberechtigung haben, obwohl sie berechtigt sind in den Generalversammlungen zu erscheinen, und obwohl ihre Actien bei Vollbringung der, zur Stellung eines Antrages auf Berufung einer Generalversammlung nöthigen Anzahl Actien, mitgezählt werden. Nur bei dem Beschlusse auf Liquidation der Gesellschaft hat man auch diese Actionaire zum Mitstimmen zugelassen, überhaupt dort jeder Actie eine Stimme gegeben. Sodann ist das Stimmrecht ferner eingeschränkt worden, indem man über jene fünf oder wieviel Actien sonst, welche eine Stimme geben, nur einer bestimmten Anzahl Actien eine weitere Stimme verliehen hat, z. B. den ersten fünf Actien eine Stimme und je ferneren fünf Actien wiederum nur eine Stimme, wobei schliesslich das Maximum von Stimmen, welche ein Actionair überhaupt in einer Generalversammlung führen darf, sei es wegen eigener Actien sei es in Vertretung, auf eine bestimmte Stimmenzahl, in der Regel zwanzig Stimmen, begrenzt worden ist. Wenn also ein Actionair auch noch so viele Actien besässe, und noch so viele Vertretungen führte, so würde er niemals mehr Stimmen, als das fragliche Maximum besagt, bei der Abstimmung ins Gewicht werfen dürfen. Cfr. Anschütz a. a. O. Bd. 2. S. 513. Doch ist bei einigen Beschlüssen, z. B. denen auf Liquidation, hin und wieder auch von diesem Maximum abgesehen und die Stimmenzahl ganz unbeschränkt gelassen. Diese Bestimmung eines Maximums hat insofern ihr Gutes, als eine grosse Actienmacht nicht eine zu grosse Präponderenz bei Beschlüssen ausüben und gewissermassen die Leitung der Angelegenheiten allein übernehmen und durchführen kann, so dass die übrigen Actionaire dagegen nicht aufkommen können. Durch ersterwähnte Beschränkung des Stimmrechts werden viele Actionaire von der Mitwirkung an den Beschlüssen ausgeschlossen und ge-

wissermassen rechtlos, sie werden oft gehindert, ihre Interessen zu vertreten und befinden sich in keiner besseren Lage als der stille Gesellschafter. Art. 250 ff. Im Allgemeinen überlässt auch das französische Gesellschaftsgesetz von 1867. Art. 27. es den statutarischen Bestimmungen, festzusetzen, wie viel Actien man als Eigenthümer oder Mandatar besitzen muss, um zu der Generalversammlung zugelassen zu werden; sowie auch die Bestimmung der Zahl der jedem Actionair mit Rücksicht auf die Zahl der Actien, deren Inhaber er ist, gehörigen Stimmen. Allein es bestimmt auch, dass in den Generalversammlungen, welche die Einlagen und die Declaration der Gründer — Art. 24. — zu verificiren sowie die ersten Administratoren zu ernennen haben, jeder Actionair ohne Unterschied der Zahl der Actien deren Inhaber er ist, mit der durch die Statuten bestimmten Stimmenzahl, die jedoch nicht grösser als zehn sein darf, an den Beschlüssen Theil nehmen kann. Das holländische Gesetz, den Statuten sonst freie Hand lassend, bestimmt, dass bei Actiengesellschaften dieselbe Person nicht mehr als sechs Stimmen führen darf, wenn die Gesellschaft hundert und mehr Actien hat, sonst nicht mehr als drei Stimmen. Wetboek van Koophandel Art. 54. Nach englischem Recht hat, wenn bei der Gesellschaft keine Regulative bestehen, jedes Mitglied eine Stimme. Gesellschaftsacte von 1862. 52. Nach den Regulativen soll jedes Mitglied eine Stimme für jede Actie bis zehn haben, dann eine weitere Stimme für je 5 Actien über die ersten zehn bis 100 Actien und eine weitere Stimme für jede zehn über die ersten hundert. Kein Mitglied ist aber zu stimmen berechtigt, wenn nicht Alle seinerseits schuldigen Einzahlungen geleistet sind, und kein Mitglied soll in einer Generalversammlung, die nach dem Ablauf von 3 Monaten nach Registrirung der Gesellschaft gehalten wird, das Stimmrecht aus, nur durch Uebertragung erworbenen, Actien ausüben, wenn er diese nicht schon wenigstens 3 Monat vor der betreffenden Generalversammlung besessen hat. Gesellschaftsacte von 1862. Verwaltungsregulativ 44—47.

Aehnliche Bestimmungen hat man auch in die Statuten von deutschen und französischen Actiengesellschaften aufgenommen. Sonst ist nach Allgemeinem Deutschen Handelsgesetzbuch und ebensowenig nach französischem wie holländischem Recht, das Stimmrecht an die Erfüllung der Pflicht zu den Einzahlungen auf die Actien gebunden, auch nicht an die Zeit des Besitzes der Actien.

18. Die Abstimmung, d. h. der Modus derselben, ist gesetzlich nicht geregelt, das hat man den statutarischen Bestimmungen überlassen. Der Gesetzgeber hatte auch keine Veranlassung, über diese lediglich dem inneren Verhältniss angehörige und oft, je nach den Umständen, variable Angelegenheit sich zu mischen. Auch die Statuten enthalten darüber wenig. Gemeinhin hat man schriftliche Abstimmung mittelst Stimmzettel angeordnet, dem Vorsitzenden bei Stimmengleichheit eine entscheidende

Stimme verliehen, und es in seine Hand gegeben, je nach den Umständen auch einen anderen Modus der Abstimmung zu wählen. Nur bei Wahlen lässt man im Fall der Stimmengleichheit das Loos entscheiden und wenn im ersten Wahlgange keine Entscheidung erzielt wird, engere Wahlen stattfinden. Ausserdem ist hin und wieder ausdrücklich vorgeschrieben, dass durch den Vorsitzenden Stimmenzähler — Scrutatoren — zu ernennen sind, welche manchmal auch noch mittelst Handschlages verpflichtet werden. In einigen Statuten ist es verboten, zu Scrutatoren Beamte der Gesellschaft, Vorstandsmitglieder und Mitglieder des Aufsichtsraths zu wählen, was sich im Interesse der Unparteilichkeit empfehlen mag. Eine Wahl kann auch durch Acclamation stattfinden, wenn solches in den Statuten nicht ausgeschlossen ist; sei es, dass eine solche Ausschliessung ausdrücklich gesagt, oder dass die Acclamation mit den Bestimmungen über Wahlen nicht zu vereinbaren ist.

Stimmzettel, welche unleserlich geschrieben sind oder Dinge enthalten, welche nicht zur Sache gehören, aus welchen kein bestimmtes Votum zu entnehmen ist, sind ungültig. Erforderlichen Falls hat die Versammlung in Zweifelsfällen darüber zu entscheiden, ob ein Stimmzettel gültig sein soll oder nicht; es sei denn, dass dieser Fall im Statut vorgesehen, und die Entscheidung darüber in die Hand anderer Personen gelegt wäre.

Actionaire, selbst stimmberechtigte, haben kein Recht zu verlangen noch zur Abstimmung zugelassen zu werden, wenn sie erscheinen, nachdem der Vorsitzende schliesslich die Aufforderung erlassen hat noch zu stimmen, und die Abstimmung demnächst von ihm geschlossen worden ist. Das erfordert die Ordnung der Dinge.

Nach englischem Recht soll, wenn nicht wenigstens 5 Mitglieder eine Stimmenzählung verlangen, eine Erklärung des Präsidenten constatiren, dass ein Beschluss durchgegangen ist, und ein desfallsiger Vermerk, ohne Prüfung der Zahl oder des Verhältnisses der abgegebenen Stimmen als genügender Beweis gelten. Wird die Stimmenzählung verlangt, so soll sie in der vom Präsidenten vorzuschreibenden Weise geschehen und das Resultat derselben als Beschluss gelten. Im Fall der Stimmengleichheit ist der Präsident zu einer zweiten, ausschlagenden Stimme berechtigt. Gesellsch.-Acte von 1862. 51. Verwalt.-Regul. 42. 43.

19. Ueber das bei den Beschlüssen in den Generalversammlungen der Commanditactien- und der Actiengesellschaften geltende Majoritäts-Princip ist schon vorher § 16. No. 6. u. 7. S. 115 ff. gesprochen worden. Die einfache Stimmenmehrheit ist die Regel, grössere und andere Majoritäten müssen in den Statuten besonders festgesetzt sein. Art. 190. 209. No. 11. Cfr. v. Hahn zu Art. 224. §. 7. Anschütz a. a. O. Bd. 2. S. 513. Man verlangt in den Statuten grössere Majoritäten: vornemlich bei Beschlüssen über Abänderung des Gesellschaftsvertrages, Zusätze und Ergänzungen zu denselben; über die Auflösung und über die Verlän-

gerung der Dauer über die statutenmässige Zeit hinaus. Auch wird gefordert, dass in der Generalversammlung überhaupt eine bestimmte Quote des Actiencapitals vertreten sein muss, um die Generalversammlung erst beschlussfähig zu machen und dann von diesen Stimmen noch eine grössere Majorität als die einfache Stimmenmehrheit erzielt wird, namentlich bei Anträgen auf Auflösung und Liquidation, wenn dieselben sich nicht auf die in Art. 240. hervorgehobenen Umstände basiren. Um nun aber mehrere beschlussunfähige Generalversammlungen zu vermeiden, ist dann in solchen Fällen bestimmt, dass die nächste Generalversammlung, ohne dass in ihr die bestimmte Quote des Actiencapitals vertreten ist, beschlussfähig sein soll. Auch an zwei Stellen hat das Gesetz eine solche Majorität bestimmt, und zwar in den Art. 180. 209 b. Die Majorität, welche in den dort erwähnten Fällen die Genehmigung zu ertheilen hat, soll mindestens $1/4$ der sämmtlichen Commanditisten begreifen und bei Actiengesellschaften mindestens $1/4$ der sämmtlichen Actionaire und der Betrag ihrer Antheile mindestens $1/4$ des gesammten Grundcapitals darstellen. Ebenso bestimmt das französische Gesellschaftsgesetz von 1867 in Art. 4. u. 24. Es disponirt ferner: diejenigen Generalversammlungen, welche bei Actiengesellschaften die Einlagen verificiren, die ersten Administratoren ernennen, und über die Richtigkeit der von den Gründern ausgestellten Declaration zu beschliessen haben — Art. 24. — über Statutenänderungen und Verlängerungen der Dauer der Gesellschaft, sind nur dann regelrecht constituirt und beschlussfähig, wenn sie aus einer Anzahl von Actionairen bestehen, welche wenigstens die Hälfte des Gesellschaftscapitals repräsentiren a. a. O. Art. 30. 31.; alle sonstigen Generalversammlungen müssen, um beschlussfähig zu sein, aus einer Anzahl von Actionairen bestehen, welche wenigstens den vierten Theil des Gesellschaftscapitals repräsentiren. a. a. O. Art. 29. Wenn von den Generalversammlungen, welche über die Verification der Einlagen, die Ernennung der ersten Administratoren und über die Declaration der Gründer zu beschliessen haben, die erste wegen Mangels einer genügenden Anzahl Actionaire nicht einen definitiven Beschluss fassen darf, so kann sie einen provisorischen Beschluss fassen in welchem Falle dann eine neue Generalversammlung berufen wird. Zwei Bekanntmachungen mit einer Zwischenzeit von acht Tagen, mindestens einen Monat vorher in einem der zur Aufnahme der gesetzlichen Anzeigen bestimmten Journale publicirt, benachrichtigen die Actionaire von jenem provisorischen Beschluss, und dieser Beschluss wird dann ein definitiver, wenn er in der neuen Generalversammlung bestätigt wird, welche aber aus einer Anzahl von Actionairen bestehen muss, welche mindestens den fünften Theil des Gesellschaftscapitals repräsentiren. Art. 30. Hiernach scheint es, dass so oft neue Generalversammlungen berufen werden können, bis eine den provisorischen Beschluss bestätigen kann und bestätigt.

Man hat sonst auch wohl die statutarische Bestimmung getroffen, dass, wenn die erste Generalversammlung nicht beschlussfähig ist, der betreffende

Antrag für abgelehnt gelten soll. Eine solche statutarische Bestimmung wird auch nach französischem Recht nicht verboten sein; denn es ist nicht gesetzlich vorgeschrieben, dass die erste beschlussunfähige Versammlung einen provisorischen Beschluss fassen und dann eine neue anberaumt werden muss.

Sehr häufig ist es vorgekommen, dass künstliche Majoritäten zu Tage gefördert worden sind. Ein Correctiv giebt es dagegen im Allgemeinen Deutschen Handelsgesetzbuch nicht, wenigstens kein wirksames. Das französische Gesetz straft diejenigen, welche, indem sie sich als Eigenthümer von Actien oder Actienscheinen, die ihnen nicht gehören, ausgeben, betrügerisch eine künstliche Majorität in einer Generalversammlung erzeugt haben, unbeschadet jeden Schadenersatzes, wenn Grund dazu vorhanden, an die Gesellschaft oder an Dritte, sowie diejenigen, welche ihre Actien zu dem betrügerischen Gebrauche hergegeben haben, mit einer Geldbusse von 500—10,000 Frcs. resp. ausserdem mit Gefängniss von 14 Tagen bis 6 Monaten, Gesellsch.-Ges. von 1867. Art. 13. 45. Ausserdem ist der Art. 405. des Code pénal in allen Fällen und bei allen Handlungen, welche das Vergehen der Prellerei darstellen, für anwendbar erklärt, a. a. O. Art. 15. Alin. 1.

Das englische Recht enthält gleichfalls verschiedene Bestimmungen über die Anzahl von Mitgliedern, welche in einer Generalversammlung anwesend sein muss. Es soll in keiner Generalversammlung, ausser der Erklärung einer Dividende, irgend ein Geschäft verhandelt werden, wenn nicht zu der Zeit, wo die Versammlung zum Geschäft schreitet, eine bestimmte Anzahl Actionaire — Quorum — anwesend ist; und zwar, wenn die Gesellschaft aus nicht mehr als zehn Actionairen besteht, fünf, besteht sie aus mehren, ein Mitglied mehr auf jede weiteren fünf Mitglieder bis zu fünfzig, und eins mehr auf jede zehn, nach fünfzig, jedoch bis zu einem Maximum von 20 Mitgliedern, welche also stets genügen. Hat in einer Stunde, nach der zur Versammlung festgesetzten Zeit, diese Anzahl sich nicht eingefunden, so wird die Versammlung aufgelöst, wenn sie auf Antrag von Mitgliedern berufen worden; in allen anderen Fällen wird sie auf denselben Tag in der nächsten Woche, um dieselbe Zeit und an denselben Ort verlegt; und findet sich dann die erforderliche Zahl nicht ein, auf unbestimmte Zeit vertagt. Gesellsch.-Acte von 1862. Verw.-Regul. 37. 38. Ein Specialbeschluss muss drei Viertel der obigen Anzahl als Majorität haben, und in einer ferneren, in 14 Tagen bis 1 Monat zu berufenden Generalversammlung bestätigt werden. Gesellsch.-Acte von 1862. 51.

Alle dergleichen Vorschriften haben aber gemeinhin wenig practischen Werth, bis auf die wegen der Bestrafung derer, welche künstliche Majoritäten fabriciren.

20. Die Competenz der Generalversammlung ist bereits in der Hauptsache in § 16. No. 6 ff. S. 144 ff. abgehandelt.

Hier bleibt noch Folgendes zu bemerken: Der Art. 215. schränkt die

Competenz der Generalversammlung insofern ein, dass die Abänderung des Gegenstandes der Unternehmung der Gesellschaft und eine Fusion — cfr. § 18. No. 6. S. 140. — nicht durch Stimmenmehrheit beschlossen werden kann, sofern dies nicht im Gesellschaftsvertrage ausdrücklich gestattet ist. Damit ist nicht gesagt: dass die Generalversammlungs-Competenz in diesen Fällen überhaupt ausgeschlossen wäre, sondern nur, dass das Majoritätsprincip nicht gelten soll, wenn es nicht in dem Gesellschaftsvertrage für diese besonderen Fälle ausdrücklich als geltend erklärt ist. Cfr. v. Hahn zu Art. 205. §§ 1—4.; Anschütz a. a. O. Bd. 2. S. 493. Die Minorität soll also in diesem Falle nicht zur Unterwerfung unter die Majorität verbunden sein, wenn eine solche Unterwerfung nicht im Gesellschaftsvertrage abgemacht worden ist. Weiter will der Art 215. nichts bestimmen.

21. Es fragt sich: ob die Mitglieder des Vorstandes und die Mitglieder des Aufsichtsraths verpflichtet sind, in den Generalversammlungen zu erscheinen? Die Frage ist zu bejahen. Denn es gehört zu ihren Pflichten, unter Umständen in den Generalversammlungen Rede zu stehen. Dagegen können die persönlich haftenden Gesellschafter nicht gezwungen werden, zu erscheinen, weil die Commanditactionaire unter sich selbstständig zu beschliessen haben, und die persönlich haftenden Gesellschafter eine andere Stellung den Commanditactionairen gegenüber einnehmen, als die Mitglieder des Vorstandes, welche letztere im Dienst der Gesellschaft stehen. Indessen, wo es sich um die persönlichen Verhältnisse der Mitglieder des Vorstandes oder der Mitglieder des Aufsichtsraths handelt, resp. einzelner von ihnen, wird man es ihnen gestatten müssen, der Generalversammlung oder wenigstens den Berathungen über die betreffenden Verhältnisse fern zu bleiben. In manchen Statuten von Commandit-Actiengesellschaften ist es indessen ausdrücklich angeordnet, dass die persönlich haftenden Gesellschafter verpflichtet sind, in den Generalversammlungen zu erscheinen, eine Anordnung, welche sehr zweckmässig erscheint.

22. Diejenigen Generalversammlungen, welche stattfinden, bevor die Gesellschaft in das Handelsregister eingetragen wird, also bevor sie als Commandit-Actiengesellschaft, beziehungsweise Actiengesellschaft existirt, nennt man constituirende Generalversammlungen. Unter den Gesellschaftern besteht allerdings dann schon eine durch das Statut und entweder durch dessen Mitvollziehung oder durch den Beitritt vermittelst der Actienzeichnung begründete Gesellschaft. Es sind somit diese Generalversammlungen gewöhnliche Versammlungen der Actionaire, deren Normen sich nach dem vereinbarten Statut richten müssen. Cfr. Art. 209c. Ist in dem Statut ein Vorsitzender für die constituirende Generalversammlung nicht bestimmt, so hat sie ihn sich selbst zu wählen. Cfr. vorher No. 12. Dieser Generalversammlung liegt vornehmlich ob: bestimmten Erfordernissen

des Gesetzes zu genügen, welche vor der Eintragung der Gesellschaft resp. um die Gesellschaft gehörig constituirt erscheinen zu lassen und sie zur festen Existenz nach aussen hin zu bringen, vorhanden sein müssen. Nach dem Allgemeinen Deutschen Handelsgesetzbuch ist bei Commanditgesellschaften eine solche Generalversammlung ebenso nothwendig, als bei den Actiengesellschaften, denn es muss in ihr der erste Aufsichtsrath gewählt werden, und bei den Actiengesellschaften ist auch noch die Constatirung der Einzahlung von 10 resp. 20 pCt. auf jede Actie, sowie der vollständigen Zeichnung des Actiencapitals zu bewirken. Art. 177. No. 3. Art. 210. No. 3. Art. 209a. Ausserdem hat diese Generalversammlung, über welche stets eine gerichtliche oder notarielle Urkunde aufzunehmen ist, bei Actiengesellschaften über Einlagen der Actionaire, welche nicht in baarem Gelde bestehen oder zu übernehmende Anlagen resp. sonstige Vermögensstücke, wofür aber Actien oder ein Preis gegeben werden soll, sowie über andere besonderen Vortheile, welche ein Actionair sich bedingt, zu beschliessen. Bei den Commandit-Actiengesellschaften müssen nach dem französischen Muster, Gesellsch.-Ges. von 1867. Art. 4. 24., wegen der letzterwähnten Vorlagen, die sich aber nur auf Einlagen die nicht in baarem Gelde bestehen oder besondere Vortheile beschränken, noch zwei Generalversammlungen abgehalten werden, von denen die eine die Abschätzung und Prüfung vornimmt, und die andere die Genehmigung ertheilt; bei der Actiengesellschaft bedarf es jedoch nur einer Generalversammlung, welche abschätzt, prüft und genehmigt. Art. 180. 209b. Ueber die Majorität in diesen Generalversammlungen ist in No. 19. S. 275. vorher gesprochen worden; über die Ausschliessung der betreffendes Actionaire vom Stimmrecht No. 17. S. 272. Auch bei der Actiengesellschaft können mehre solcher constituirenden Generalversammlungen vorkommen, wenn die erste nicht zum Resultat gelangt.

Man hat durch diese Bestimmungen verhüten wollen, dass Einlagen resp. Anlagen und sonstige Vermögensstücke zu überschätzten Werthen gemacht oder übernommen und exorbitante besondere Vortheile ausbedungen werden.. Der Zweck ist nicht erreicht. Die Praxis hat dargethan, dass diese Bestimmungen auf leichte Weise umgangen werden können und von wirklichem Nutzen nicht sind. Wie man es bei den Gründungen der neueren Actiengesellschaften gemacht hat, ist in § 22. No. 8. S. 202 ff. beschrieben. Die Gründer und einzigen Actionaire bildeten diese constituirenden Generalversammlungen und konnten natürlich so hoch schätzen als sie wollten, so viele Vortheile gewähren, als ihnen beliebte, und wenn die Eintragenden resp. die Bevortheilten auch nicht mitstimmen durften, so hatte man dafür gesorgt, dass die erforderliche Anzahl Actionaire resp. Majorität vorhanden war. Das leichtgläubige, indifferente Publicum nahm ihnen dann doch die an den Markt gebrachten Actien ab.

Die französische Gesetzgebung bestimmt wie gesagt solche Generalversammlungen; dort müssen es stets zwei sein, welche dergleichen Einlagen und Vortheile schätzen, prüfen und genehmigen. Indessen darf die zweite Generalversammlung erst auf Grund eines Berichtes beschliessen, welcher gedruckt und den Actionairen mindestens fünf Tage vor dem Zusammentritt dieser Versammlung zur Verfügung gestellt wird. Gesellsch.-Ges. von 1867. Art. 4. Art. 24. Von besonderem Werthe ist auch diese Vorschrift nicht. Das holländische Recht spricht von solchen Generalversammlungen gar nicht, desgleichen nicht das englische Recht. Ueber die Folgen einer Nichtgenehmigung oder der Unterlassung der Vorlagen resp. deren Schätzung, Prüfung und Genehmigung weichen das Allgemeine Deutsche Handelsgesetzbuch und das französische Recht von einander ab. Nach dem Allgemeinen Deutschen Handelsgesetzbuch ist bei Commandit-Actiengesellschaften nach der ausdrücklichen Vorschrift des Art. 180. der Vertrag ohne rechtliche Wirkung. Bei der Actiengesellschaft, Art. 209b., fehlt diese Bestimmung. Das französische Gesellsch.-Ges. von 1867 bestimmt bei beiden Arten von Gesellschaften, dass, im Falle die erforderliche Genehmigung nicht erfolgt, die Vergesellschaftung unwirksam für alle Theile bleibt, Art. 4. u. 24. Dieses Präjudiz hat das Allgemeine Deutsche Handelsgesetzbuch nicht aufstellen wollen; die Vorschrift in Art. 210. No. 4., wonach die gerichtliche oder notarielle Urkunde über den Beschluss der Generalversammlung, Art. 209b., eingereicht werden muss, bevor die Actiengesellschaft eingetragen und somit zur Existenz gelangen kann, soll die Schlussbestimmung in Art. 180. überflüssig machen. Cfr. v. Hahn zu Art. 180. § 12., indessen wegen der Einlagen, für welche Actien gegeben und die somit in das Grundcapital eingerechnet werden sollen, mag das zutreffen, denn wenn die Einlage und das desshalb getroffene Abkommen nicht vorschriftsmässig von der Generalversammlung genehmigt worden ist, so ist das Actiencapital nicht gedeckt. In Betreff der besonderen Vortheile, welche sich ein Actionair bedingt, kann auch ein Nebenvertrag geschlossen sein, und da erscheint jene Bestimmung nicht überflüssig. Indessen es ist nach dem Allgemeinen Deutschen Handelsgesetzbuch auch hier anzunehmen, dass bloss der derartige Vertrag unverbindlich ist und nicht die ganze Vergesellschaftung. Die Unverbindlichkeit ergiebt sich daraus, dass davon in dem Statut nichts erwähnt und dass die absolut zwingende Vorschrift des Art. 209b. unbefolgt geblieben ist.

Eine Ausnahme findet bei Actiengesellschaften überall statt, und es bedarf der Genehmigung eines solchen Vertrages durch eine Generalversammlung nicht, wenn der Gesellschaftsvertrag von allen Actionairen abgeschlossen und darin die Erfüllung der betreffenden Erfordernisse anerkannt ist. In diesen Falle braucht auch die Feststellung der vollständigen Zeichnung des Grundcapitals und der ersten Einzahlungen von 10 resp. 20 pCt. nicht noch durch eine Generalversammlung erfolgen; wie Art. 209a. 209b. ausdrücklich bestimmen. Cfr. auch Art. 210. No. 4 „betreffenden Falls“. In dieser

Bestimmung liegt gleichfalls ein Umstand, die Absicht den Vorschriften wegen der Genehmigung durch Generalversammlungen bei Ahtiengesellschaften zu umgehen. In Betreff der Commanditactiengesellschaften gilt lediglich die Vorschrift des Art. 180. S. bei den bezüglichen Artikeln im besond. Theil.

23. Bei denjenigen Actiengesellschaften, welche noch wie früher unter Staatsaufsicht stehen. Cfr. § 11. No. 7. S. 97.; cfr. § 3. der Novelle vom 11. Juni 1870, namentlich bei den Eisenbahn-Gesellschaften nach dem Preussischen Specialgesetz vom 3. November. 1838, hat auch ausser den Actionairen noch ein Staatscommissarius nicht nur Zutritt zu den Generalversammlungen, sondern er ist auch berechtigt, in dringenden Fällen Generalversammlungen zu berufen. Diese Befugniss ist der Staatsregierung theils im Gesetz vorbehalten, theils hat sie eine dahin zielende besondere Bestimmung in die Statuten aufnehmen lassen.

Ausserdem unterliegen auch gewisse Beschlüsse der Generalversammlungen dieser Gesellschaften der Genehmigung der Staatsregierung, und der Staatscommissar hat das Recht, in den Generalversammlungen ebenso wie jeder Actionair das Wort zu ergreifen. Ueber die noch bestehende Genehmigung von Generalversammlungsbeschlüssen s. § 14. S. 94—99. und § 16. No. 18. S. 131.

24. Obwohl in der Generalversammlung die Actionaire ein Organ haben, durch welches sie die ihnen zustehenden Rechte ausüben können und sollen, so ist ihnen doch die Ausübung ihrer Rechte vielfach verkümmert worden, theils haben sie dieselben sich verkümmern lassen, theils sie sich selbst verkümmert. Es ist in neuerer Zeit, bei vielen der seit Emanation der Novelle gebildeten Actiengesellschaften dieses wichtige Organ der Gesellschaft fast zu einem Nichts herabgewürdigt und herabgesunken. Die Generalversammlungen sind bei den Leitern der Gesellschaft eben nicht beliebt und ebensowenig haben die Gründer der neuen Actiengesellschaften, welche sich ihren Einfluss auf die Gesellschaft noch haben wahren wollen, wenigstens so lange, bis sie den erstrebten Vortheil ganz in Sicherheit gebracht, die Generalversammlungen mit günstigem Auge angesehen. Man hat in den Statuten der Generalversammlung so wenig Befugnisse als möglich gelassen, ihre Zusammenberufung, wenn es irgend angänglich und mit dem Gesetze vereinbar war so viel als möglich erschwert, und auch das Stimmrecht der Actionaire beschränkt. Die Majoritäten sind meist künstliche von dem Vorstande und dem Aufsichtsrath fabricirte gewesen. Nach den Statutenbestimmungen ist es Actionairen kaum möglich, eine Generalversammlung berufen zu lassen, denn der dazu erforderliche Actienbesitz ist ein so bedeutender, dass die Zahl der Actionaire resp. Actien welche nöthig, sehr schwer zu erfüllen. Schon der im Gesetz erlangte Actienbesitz, $^1/_{10}$ des Grundcapitals, ist ein sehr erheblicher. Die Beschränkung des Stimmrechts auf ein Maximum ist umgangen dadurch,

dass diejenigen, welche im Besitz einer bedeutenden Anzahl Actien waren, an andere beliebige, aber ihnen dienstbare, Personen Actien abgegeben haben, um sich damit für die betreffende Generalversammlung zu legitimiren, und die Majorität auf diese Weise zu sichern. Einen grossen Theil der Schuld tragen aber die Actionaire selbst, weil sie sich zu wenig um ihre Interessen bekümmern. Oft sind die Verhältnisse der Gesellschaft auf diese Weise in eine solche Lage gekommen, dass den Actionairen zu spät die Augen aufgegangen und sie in einer Generalversammlung vor Anträge gestellt worden sind, denen sie ihre Zustimmung ertheilen sollten, die sie hätten verwerfen mögen, aber nicht verwerfen konnten. Es erhebt sich dann gewöhnlich ein grosser Tumult in der Generalversammlung, die Actionaire geben ihrer Entrüstung über schlechte Verwaltung und Schädigung ihrer Interessen Ausdruck, indessen schiesslich bleibt ihnen doch Nichts übrig, als die Anträge zu genehmigen, wenn sie nicht Alles verlieren wollen. Eine der wichtigsten Funktionen der Generalversammlung ist die Gutheissung der Bilanz und der Jahresrechnung, sowie die dem Vorstande und resp. auch den Aufsichtsrathsmitgliedern zu ertheilende Decharge. Gewöhnlich ist aber zu dem Jahresbericht der Direction, und zu der Jahresrechnung in einer Generalversammlung das Wort nicht genommen worden. Man hat nicht einmal den Bericht vortragen lassen, weil er vorher gedruckt verbreitet war, obwohl ihn Viele gar nicht gelesen hatten. Wenn die Dividende nur hoch herausgestellt war, woher sie gekommen, darum kümmerte sich dann Niemand, und man gab sich mit Allem zufrieden. --

25. Mit der ordentlichen Generalversammlung, — cfr. vorher No. 14. — steht gewöhnlich eine sogenannte Revisionscommission in Verbindung, deren Amt sein soll: die Bilanz desjenigen Geschäftsjahres in welchem sie gewählt ist, zu prüfen, und in der nächsten ordentlichen Generalversammlung darüber Bericht zu erstatten. Diese Commission wird alljährlich in der ordentlichen Generalversammlung gewählt, und besteht gemeinhin aus nicht mehr als drei Actionairen. Man legt auch wohl die Entlastung des Vorstandes in die Hände dieser Commission, doch dürfen dann nach Art. 239 in dieselbe keine Personen gewählt werden, welche auf irgend eine Weise an der Geschäftsführung theilnehmen; dieses Verbot soll sich aber nicht auf die Personen beziehen, welchen die Aufsicht über die Geschäftsführung zusteht. Damit hat man wohl die Mitglieder des Aufsichtsraths gemeint, indessen da nach den meisten Statuten der Aufsichtsrath nicht bloss mit der Aufsicht betraut ist, sondern ihm auch noch verschiedene andere Functionen welche in die Geschäftsführung einschlagen, zugetheilt sind, so wird sich das Verbot demnach auf solche Aufsichtsrathsmitglieder beziehen. Haben Personen in der Revisionscommission mitgewirkt, welche durch obiges Verbot davon ausgeschlossen waren, so ist die etwa von ihnen ertheilte Entlastung null und nichtig; und selbst dann, wenn die Revisionscommission aus mehren Mitgliedern bestand und nur ein Mitgliede unter dem Verbot stand.

Von diesen Revisionscommissionen ist deshalb zu halten, was vorher von den Generalversammlungen gesagt worden ist. Man kann sie als ein besonderes Organ ansehen, obwohl sie eigentlich nur zu einem ganz bestimmten einzelnen Acte gewählt und bestellt worden sind. Wer die Majoritäten in den Generalversammlungen beherrscht, der beherrscht auch die Wahl der Mitglieder der Revisionscommission, und es lassen sich finden, und haben sich finden lassen, die Revisoren, welche ihre Functionen ausgeübt haben, wie es genehm gewesen ist.

Im französischen Gesellschaftsgesetz von 1867, welches einen Aufsichtsrath bei Actiengesellschaften nicht kennt, ist ein ähnliches Organ angeordnet, nämlich Commissarien, welche den Auftrag haben: der Generalversammlung des folgenden Jahres Bericht über die Situation der Gesellschaft, über die Bilanz und die von den Administratoren vorgelegten Rechnungen zu erstatten. Diese Commissarien werden von der jährlichen Generalversammlung designirt, es können Actionaire auch Fremde sein. Das Generalversammlung - Protocoll hat die Wahlannahme der in der Versammlung gegenwärtigen Commissare zu constatiren. In Ermangelung der Ernennung der Commissarien durch die Generalversammlung, oder im Falle der Verhinderung oder Weigerung eines oder mehrer Commissarien, wird zum Ersatz auf Verordnung des Handelsgerichtspräsidenten am Sitze der Gesellschaft, auf Antrag jedes Interessenten, nach gehöriger Vorladung der Administratoren geschritten — Art. 32. a. a. O.

Während der drei Monate, welche dem von den Statuten für den Zusammentritt der Generalversammlung festgesetzten Zeitpunkte vorher gehen, haben diese Commissarien das Recht, Einsicht von den Büchern zu nehmen und die Operationen der Gesellschaft zu prüfen, so oft sie es im Interesse der Gesellschaft für nothwendig halten, auch, wie schon erwähnt, eine Generalversammlung in dringenden Fällen zu berufen. Art. 33. Das Inventarium, die Bilanz und das Gewinn- und Verlustconto müssen spätestens 40 Tage vor der Generalversammlung den Commissarien zur Disposition gestellt werden, Art. 34; sie haften wie Mandatare. Art. 43. a. a. O. Diese Commissare sind wirkliches gesetzliches Organ.

Nach holländischem Gesellschaftsrecht kann durch die Statuten den Anfsichtscommissarien bei Actiengesellschaften die Ermächtigung ertheilt werden, die Rechnung und Verantwortung des Vorstandes entgegenzunehmen und gut zu heissen, andernfalls muss dies durch die Actionaire oder besondere in dem Statut dazu angewiesene Personen, auch Fremde, geschehen — Wetboek van Koophandel. Art. 52.

Das englische Recht hat zur jährlichen Prüfung der Rechnungen und Feststellung der Richtigkeit der Bilanz einen oder mehrere Auditoren: die ersten Auditoren ernennen die Directoren, die späteren ernennt die Gesellschaft in der ordentlichen Generalversammlung, ebenso wird auch ihre Salarirung bestimmt; es können auch Fremde sein, aber Directoren, Beamte und sonst bei irgend einem Geschäft der Gesellschaft Betheiligte sind ausgeschlossen; Vacanzen werden durch eine sofort von den Directoren zu berufende Generalversammlung ausgefüllt; nach erfolgtem Rücktritt ist jeder Auditor wieder wählbar und wenn keine Wahl von Auditoren in vorbesagter Weise geschieht, so kann das Handelsamt auf den Antrag von wenigstens fünf Mitgliedern der Gesellschaft einen Auditor für das laufende Jahr ernennen, auch seine Remuneration festsetzen. Es wird jedem Auditor ein Exemplar der Bilanz geliefert, was er pflichtmässig nebst den darauf bezüglichen Rechnungen und Belägen zu prüfen hat. Ebenso empfängt jeder Auditor eine Liste aller von der Gesellschaft geführten Bücher, und hat zu jeder vernünftigen Zeit Zugang zu den Büchern und Rechnungen der Gesellschaft. Demnächst haben die Auditoren an die Gesellschaftsmitglieder Bericht zu erstatten. Gesellschafts-Acte von 1862. 1867. Verwalt.-Regulativ 83—94.

Verschieden von diesen Auditoren sind die bereits § 23. No. 4. S. 209. erwähnten Inspectoren, welche das Handelsamt ernennen kann, um die Geschäfte irgend einer der Acte von 1862 unterstehender Gesellschaft zu prüfen und dem Handelsamt darüber in der von ihm angeordneten Weise zu berichten. Dergleichen Inspectoren können auch von der Gesellschaft selbst durch Specialbeschluss ernannt werden. Cfr. Acte von 1862. No. 56—61.

26. Eine Nothwendigkeit zur Berufung einer Generalversammlung ist dann vorhanden, wenn es gesetzlich oder in den Statuten angeordnet ist und es das Interesse der Gesellschaft erheischt, sowie wenn ein gesetzlicher oder statutenmässig begründeter Antrag von Actionairen gestellt worden ist. Art. 180. 188. 193. 194. 195. 198. 199. 209a. 209b. 214. 215. 225. 225a. 237. 239. 240. 242. 248. Eine Generalversammlung muss also berufen werden namentlich: wenn Einlagen, Uebernahmen von Anlagen resp. Vermögensgegenständen und besondere Vortheile der Actionaire zu prüfen sind und verificirt werden sollen, sowie bei Actiengesellschaften, um die Vollzeichnung des Actiencapitals und die Einzahlungen zu constatiren, Art. 180. 209a. 209b; wenn Processe gegen die persönlich haftenden Gesellschafter, die Directoren oder den Aufsichtsrath zu führen sind, Art. 194. 195. 225.; bei Gesellschaftsvertragsabänderungen und wenn ein persönlich haftender Gesellschafter austreten will, Art. 198. 199. 214. 215.; wenn bei der Actiengesellschaft die letzte Bilanz den Verlust der Hälfte des Grundcapitals ergeben hat, Art. 240.; wenn die Gesellschaft durch gemeinsamen Beschluss aufgelöst werden soll, Art. 242: wenn die Zurückzahlung des Grundcapitals oder eine Herabsetzung desselben beabsichtigt wird, Art. 248; die ordentliche zur Vorlegung der Bilanz, Art. 193. 239.; ferner zu den erforderlichen Wahlen, namentlich zur Wahl des ersten Aufsichtsraths, Art. 177. No. 4., 210a. No. 3.

Nach französischem Gesellschaftsgesetz von 1864 muss ausser der alljährlich zu berufenden Generalversammlung, deren Zeit im Statut festgesetzt ist, Art. 27., eine Generalversammlung berufen werden: zur Convertirung von Namenactien auf Inhaberactien, Art. 3. 24, bei der Prüfung und Verification von Einlagen und Vortheilen der Gesellschafter, Art. 4. 24., bei Actiengesellschaften zur Zeichnung des Gesellschaftscapitals und der Einzahlung des vierten Theils, Art. 25., zu Statutenänderungen und zur Fortsetzung der Dauer der Gesellschaft, Art. 31., bei dem Verlust von $^3/_4$ des Grundcapitals, Art. 37.; bei Genehmigung von directen oder indirecten Betheiligungen der Administratoren an Unternehmungen der Gesellschaft oder an für ihre Rechnung gemachten Kaufgeschäfte, Art. 40.; die ordentliche Generalversammlung zur Vorlegung der Bilanz und des Inventars sowie zur Berichterstattung durch den Aufsichtsrath resp. die Commissarien; sowie die Vornahme der nöthigen Wahlen. Art. 10. 34., 5. 25.

Ausserdem werden auch in den übrigen vorher erwähnten Fällen, in welchen nach dem Allgemeinen Deutschen Handelsgesetzbuch Generalversammlungen zu berufen sind, solche nothwendig sein.

Nach englischem Recht findet wenigstens einmal im Jahre eine Generalversammlung statt, und soll die erste Generalversammlung abgehalten werden nicht später als 4 — vorher nach der Acte von 1862 — 6 Monate nach der Registrirung des Associationsmemorandums der Gesellschaft, spätere sollen abgehalten werden zu den von der Gesellschaft in der Generalversammlung festgesetzten Zeiten, ist keine andere Zeit festgesetzt, dann findet eine Generalversammlung am ersten Montag im Februar jedes Jahres an einem von den Directoren zu bestimmenden Orte statt, wenn kein anderer Ort bezeichnet ist. Diese Generalversammlungen sind die ordentlichen, alle anderen sind ausserordentliche, welche die Directoren abhalten lassen können, wenn sie es für angemessen erachten und anberaumen müssen auf eine schriftliche Aufforderung von mindestens $^1/_5$ der Mitglieder der Gesellschaft, welche den Zweck der Versammlung enthalten und auf dem registrirten Bureau der Gesellschaft abzugeben ist. Wenn dann die Directoren nicht in 21 Tagen zur Berufung der Versammlung schreiten, so können die auffordernden, oder beliebige andere Mitglieder, wenn sie die erforderliche Zahl erreichen, selbst eine ausserordentliche Generalversammlung berufen. Acte von 1862. 49. und Acte von 1867 und Verwaltungs-Regulative 29—34.

R. Von dem Gesellschaftsvermögen der Handelsgesellschaften.

§ 28.

1. Das Gesellschaftsvermögen der Handelsgesellschaften, der Gesellschaftsfonds, ist der Inbegriff derjenigen Gegenstände, diejenige Vermögensmasse, welche die Gesellschafter vertragsmässig zusammen-

bringen, um lediglich zu den Zwecken der Gesellschaft zu dienen und verwendet zu werden, nebst Allem, was durch den gesellschaftlichen Geschäftsbetrieb dazu resp. damit erworben und gewonnen wird, soweit nicht eine Gewinnvertheilung, Ausantwortung und Herausnahme der Gewinnantheile in gesetzlicher, beziehungsweise gesellschaftsvertragsmässiger Weise stattgefunden hat.

Das Gesellschaftsvermögen ist ein besonderer Fonds, dessen Rechtssubjecte zwar die Gesellschafter sind, welcher aber doch ein von den Personen der Gesellschafter verschiedenes Rechtssubject ist, über den die Gesellschafter, theils ihren Mitgesellschaftern, ja jeder einzelne Gesellschafter dem andern, wie bei der offenen Handelsgesellschaft; theils einzelnen Gesellschaftern, wie bei der Commandit- und Commandit-Actiengesellschaft, auch bei der Actiengesellschaft, theils auch fremden Personen, wie bei der Actiengesellschaft, die volle und uneingeschränkte Disposition, beziehungsweise eine modificirte Dispositionsbefugniss oder eine beschränkte, letztere jedoch nur rücksichtlich des inneren Verhältnisses wirkend, derartig eingeräumt haben, dass diese Disposition bloss zu Gesellschaftszwecken stattfinden darf, und dass jeder Gesellschafter ohne Weiteres alle Dispositionen dieser Dispositionsberechtigten, sobald sie nur in der Form im Namen der Gesellschaft gehandelt haben, anerkennt, und ebenso für die dessfallsigen eingegangenen Verpflichtungen, theils selbst solidarisch und auch mit seinem gesammten Privatvermögen haftet, wie die offenen Gesellschafter und mehre ihnen gleich zu behandelnde persönlich haftende Gesellschafter einer Commandit- und einer Commandit-Actiengesellschaft; theils die Verhaftung des Gesellschaftsfonds resp. in Höhe seiner vertragsmässig versprochenen Einlagen für die gedachten Verpflichtungen gelten lässt. Cfr. Art. 111. in Verbindung mit Art. 114. 115. 117. 119—122. Cfr. v. Hahn Vorbemerkungen zu dem III. Abschnitt Titel I. Allgemeinen Deutschen Handelsgesetzbuchs §§ 14 ff. § 26. 27. 31. Cfr. § 19. No. 6. S. 170. 171. und Entsch. des R.-O.-H.-G. vom 21. März 1871. Stegemann Bd. I. S. 365 ff.

Allerdings gehören zu dem Vermögen einer Gesellschaft, wenn man den Begriff „Vermögen" im weitesten Sinne nimmt, auch die Passiva, die Schulden der Gesellschaft, und die obige Definition begreift eigentlich nur die Activa der Gesellschaft; allein in diesem engeren Sinne kommt der Begriff „Vermögen der Handelsgesellschaft" gewöhnlich im Allgemeinen Deutschen Handelsgesetzbuch vor, nnd in diesem Sinne haben wir es hier mit dem Gesellschaftsvermögen der Handelsgesellschaften zu thun. Cfr. Art. 106. 107. 108. 119. 120. 122. 125. No. 4. 131. 137. 143. 147. 202. 240. Alin. 2. 245.

2. Das Gesellschaftsvermögen der Handelsgesellschaften ist im Allgemeinen Deutschen Handelsgesetzbuch nach verschiedenen Richtungen hin als ein besonderes Vermögen der Handelsgesellschaft, als ein

besonderer Gesellschaftsfonds, als besonderes Rechtssubject anerkannt. Cfr. die vorher allegirten Artikel, namentlich Art. 119. 122. 111. 164. 213. 245. 147. Dasselbe spielt eine Rolle bei der Creditwürdigkeit der Gesellschaften, denn es haftet dritten Personen, den Gläubigern der Gesellschaft, vorzugsweise wegen der Verbindlichkeiten der Gesellschaft. Insbesondere bei den Actiengesellschaften, welche reine Capitalgesellschaften sind, beruht der Credit hauptsächlich auf dem Gesellschaftsvermögen. Cfr. Art. 122. 169. 202. 245.

Verschieden davon ist das Privatvermögen der Gesellschafter, welches bei der offenen Gesellschaft und bei den persönlich haftenden Gesellschaftern der Commandit- und Commandit-Actiengesellschaften den Gläubigern gleichfalls verhaftet ist, wegen der persönlichen und Solidarhaft dieser Gesellschafter mit ihrem ganzen Vermögen, nicht aber bei den Commanditisten, den Commanditactionairen und den Actionairen, welche nur mit ihren Einlagen zum Gesellschaftsfonds und darüber hinaus nicht haften. Cfr. Art. 112. 150. 165. 219. Nur ausnahmsweise kommt bei ihnen eine persönliche Verhaftung vor. Art. 165., Alin. 5. 167. 168. 178. 197. Alin. 3. 211.

Beide, das Gesellschaftsvermögen und das Privatvermögen der Gesellschafter, sind strenge auseinanderzuhalten und im Gesetze auseinandergehalten. Cfr. Art. 122. 119. 120.

3. Die Bestimmungen des Gesellschaftsvertrages, dass das Gesellschaftsvermögen nur zu Gesellschaftszwecken dienen und verwendet, namentlich, dass über die im Gesellschaftsvermögen befindlichen Activa nur zu gesellschaftlichen Zwecken verfügt werden dürfe, gelten nicht nur im inneren Verhältnisse, also in dem Verhältnisse der Gesellschafter unter einander, sondern sie reichen auch über die Grenzen des Gesellschaftsvertrages hinaus in das äussere Gesellschaftsverhältniss, und sind auch Dritten gegenüber wirksam. Cfr. v. Hahn Vorbemerkung zu Abschnitt III. § 26.; cfr. vorher § 19. No. 4. u. 5. S. 169. 170. S. auch bei Art. 110. im besond. Theil; cfr. auch Art. 111. in Verbindung mit Art. 114. 115. 117. und Art. 119—122.

4. Die stille Gesellschaft des Allgemeinen Deutschen Handelsgesetzbuchs, Art. 250 ff., hat kein Gesellschaftsvermögen, in ihr giebt es nur ein Vermögen desjenigen Inhabers des Handelsgewerbes, welcher den stillen Gesellschafter zu sich genommen hat — des Complementars — und die Einlage, welche der stille Gesellschafter macht, geht ganz in das Vermögen des Complementars über. Art. 250. 252. 258. 259. Cfr. § 20. No. 4. Litt. d. S. 177.

Dagegen besitzen die wirthschaftlichen Genossenschaften ein Gesellschaftsvermögen gerade so wie die Handelsgesellschaften. Cfr. Gesetz vom 4. Juli 1868. §§ 13. 14. 16. 48. 51. 59.

Bei diesen Genossenschaften haften zwar die Genossenschafter auch noch mit ihrem Privatvermögen, allein erst in zweiter Linie, in erster Linie ist nur das Gesellschaftsvermögen dem Angriff der Gläubiger freigestellt. Cf. a. a. O. §§ 12. 59.

5. Aus dem zu No. 1. Vorgetragenen ergiebt sich, dass kein Gesellschafter oder Geschäftsführer, dem die Verfügung über das Gesellschaftsvermögen zusteht oder anvertraut ist, darüber anders als zu Gesellschaftszwecken verfügen darf, sonst macht er sich eines Missbrauchs des Gesellschaftsvermögens schuldig. Cfr. von Hahn, Vorbemerkungen zum III. Abschn. § 16. cfr. vorher § 19. No. 6. S. 170. 171. Auch darf ein einzelner Gesellschafter über das Gesellschaftsvermögen nicht einseitig verfügen, es sei denn, dass ihm diese Verfügung vermöge der rechtlichen Natur der Gesellschaft oder von Gesetzeswegen zusteht, oder ihm von den übrigen Gesellschaftern anvertraut worden ist. Vermöge der rechtlichen Natur der Gesellschaft und von Gesetzeswegen steht eine solche Dispositionsbefugniss jedem offenen Handelsgesellschafter zu, und jedem persönlich haftenden Gesellschafter einer Commandit- und Commanditactiengesellschaft, wenn nicht ausdrücklich etwas anderes gesellschaftsvertragsmässig angeordnet und im Handelsregister vermerkt worden, sei es, dass einer oder der andere der gedachten Gesellschafter von der Vertretung der Gesellschaft und damit von der Verfügung über das Gesellschaftsvermögen ausdrücklich ausgeschlossen, sei es, dass eine Collectivvertretung und Disposition ausdrücklich angeordnet ist. Doch bezieht sich dies nur auf das äussere Gesellschaftsverhältniss. Art. 114—118. Im inneren Verhältniss ist diese Dispositionsbefugniss vielfach beschränkt durch die Nothwendigkeit der Zustimmung der anderen Gesellschafter, resp. durch das Veto eines Einzelnen und durch Gesellschaftsvertrags-Bestimmungen. Cfr. § 16. No. 4. S. 113. Auch kann im innern Gesellschaftsverhältniss ein ausgeschlossener Gesellschafter dennoch zur Disposition über das Gesellschaftsvermögen befugt erklärt sein. Theils von Gesetzes wegen, theils durch den Auftrag der Gesellschafter sind die Vorstände einer Actiengesellschaft und die Liquidatoren der Gesellschaften zur Verfügung über das Gesellschaftsvermögen berufen und befugt, nach aussen hin unbeschränkt, im inneren Verhältniss an Statutenvorschriften und Generalversammlungsbeschlüsse gebunden, und ebenso steht auch den Procuristen eine derartige Befugniss zu, Grundstücksveräusserungen ausgenommen. Art. 42. 43. 230. 231. 137. 138. Beamten einer Gesellschaft, Handlungsgehilfen kann gleichfalls eine Dispositionsbefugniss hinsichtlich des Gesellschaftsvermögens beigelegt werden, resp. beiwohnen, indessen beschränkt durch die Grenzen ihrer Vollmacht. Art. 47. 58. 234.

Wenn es daher auch angänglich ist, dass der Befugniss der offenen Handelsgesellschafter, der persönlich haftenden Gesellschafter der Commanditgesellschaften, des Vorstands einer Actiengesellschaft, über das Gesellschaftsvermögen zu disponiren, rücksichtlich des inneren Verhältnisses der

Gesellschaft, vertragsmässig Schranken gesetzt werden können, wenn auch der Procurist eigentlich nur disponiren darf, wenn der Principal nicht selbst anwesend oder wenn der Principal gehindert resp. unfähig ist zu disponiren, so gelten doch im äusseren Verhältnisse alle von ihnen über das Gesellschaftsvermögen getroffenen Dispositionen unbedingt und ungeachtet jener Schranken resp. Umstände; es hat ein Dritter keine Pflicht, sich danach zu erkundigen, ja selbst wenn er die Schranken gekannt hat, wird dadurch allein die Disposition nicht unverbindlich und kann deshalb allein von der Gesellschaft nicht angefochten werden. Cfr. vorher § 24. S. 212. §. 25. S. 232.

Allzeit und an und für sich durch das Gesetz ausgeschlossen sind von dei Verfügung über das Gesellschaftsvermögen die einzelnen Commanditisten, die Commanditactionaire, es sei denn, dass sie zu Procuristen ernannt sind, und die einzelnen Actionaire, wenn sie nicht zu Vorstandsmitgliedern bestellt oder mit einem besonderen Mandat von der Gesellschaft betraut sind. Die Dispositionen solcher an und für sich unbefugten Gesellschafter sind für die Gesellschaft unverbindlich.

6. Es ergibt sich aus dem Vorgesagten ferner: dass einem einzelnen Gesellschafter kein ideeller Antheil an dem Gesellschaftsvermögen zusteht, der sich in seinem besonderen Eigenthum befindet, über den er die freie Disposition hat, und erst recht nicht ein ideeller Antheil an einem einzelnen Stücke des Gesellschaftsvermögens, wie dies auch schon § 19. No. 6. S. 170. 171. dargethan ist. Am schärfsten ist dieser Grundsatz bei der offenen Handelsgesellschaft ausgeprägt, er zieht sich aber auch durch alle anderen Arten der Handelsgesellschaften hin, auch der Commanditist, der Commanditactionair, der Actionair hat keinen solchen ideellen Antheil, namentlich ist zwar die Actie eine numerische Quote des Grundcapitalbetrags, aber sie gibt kein Recht auf einen solchen ideellen Antheil, der zur alleinigen Disposition des Actionairs stände.

7. Ein offener Handelsgesellschafter, ein persönlich haftender Gesellschafter einer Commandit- oder Commanditactiengesellschaft, welcher das Gesellschaftsvermögen zu seinen Privatzwecken missbraucht, kann unbeschadet des Ersatzes des dadurch verursachten Schadens aus der Gesellschaft ausgeschlossen werden. Art. 125. No. 4. Wenn ein solcher Gesellschafter die von ihm eingenommenen Gelder dem Gesellschaftsfonds vorenthält, oder wenn er sich unbefugt Gelder aus dem Gesellschaftsfonds entnimmt, so ist er in Gemässheit des Art. 95. zur Zahlung von Zinsen und ausserdem zum Schadenersatz verpflichtet. Eine gleiche Verpflichtung haben auch andere Gesellschafter und Vorstandsmitglieder einer Actiengesellschaft, Beamte und Procuristen, abgesehen davon, dass sie sich einer Veruntreuung schuldig machen.

Ueberhaupt macht sich jeder Gesellschafter, welcher unbefugt über das Gesellschaftsvermögen disponirt oder über dasselbe anders als zu gesellschaftlichen Zwecken verfügt, der Gesellschaft schadenersatzpflichtig. Cfr. v Hahn zu Art. 99—104. § 3. Code civil Art. 1846. Cfr. Art. 97 ff. Anschütz a. a. O. Bd. 2. S. 201.

8. Das Gesellschaftsvermögen hängt nicht unzertrennlich mit der Firma zusammen, es kann veräussert werden, es kann untergehen, ohne dass die Firma dadurch berührt wird, aber die Firma kann nicht abgesondert von dem Gesellschaftsvermögen veräussert werden. Cfr. vorher § 10. No. 4. S. 52.

9. Gebildet wird das Gesellschaftsvermögen zunächst und hauptsächlich durch die Einlagen der Gesellschafter, zu welchen sie sich vertragsmässig verpflichtet haben.

Diese Einlagen bestehen theils in baarem Gelde, theils in anderen Sachen resp. auch Rechten, verbrauchbaren oder vertretbaren, unverbrauchbaren oder unvertretbaren Sachen; sie geschehen zum Eigenthum der Gesellschaft, oder so dass die Gesellschaft bloss den Gebrauch hat und das Eigenthum der Substanz bei dem Gesellschafter bleibt; sie können auch bestehen in Diensten, Fähigkeiten, Kenntnissen, industriellen Geheimnissen. Es ist bestritten, ob bei der Commanditgesellschaft und resp. der Commandit-Actiengesellschaft die Einlagen der Commanditisten auch in Diensten, Kenntnissen und dergl. bestehen dürfen, oder ob nicht bloss Geldeinlagen statthaft sind; doch die erste Alternative ist die richtige, cfr. v. Hahn zu Art. 150. § 1. Anschütz a. a. O. Bd. 2. S. 343. S. das Nähere bei Art. 150. im besond. Theil. Cfr. Code civil Art. 1847.

Die Einlagen, welche nicht in baarem Gelde gemacht werden, unterliegen in der Regel einer Werthschätzung durch die Gesellschafter selbst. Man kann sie aber auch noch einer Werthschätzung durch Sachverständige — Taxatoren — unterwerfen, und danach dann ihren Werth abmessen. Die Werthschätzung kann eine solche sein, um die Sache zum abstracten Werthobjecte zu machen; aber auch eine solche, um bloss einen Rechnungsfactor bei der Gewinn- und Verlustvertheilung zu haben. Cfr. Art. 91. 180. 209 b.

Bei der Commandit-Actiengesellschaft und der Actiengesellschaft müssen solche Einlagen jederzeit, bei der ersteren durch zwei, bei den letzteren durch eine vor der Eintragung der Gesellschaft in das Handelsregister abzuhaltenden Generalversammlung geprüft und abgeschätzt werden. Cfr. Art. 180. 209 b. und vorher § 27. No. 22.

Baares Geld, andere verbrauchbare oder vertretbare Sachen gehen unzweifelhaft durch die Einlegung in das Eigenthum der Gesellschaft, in das Gesellschaftsvermögen über, ebenso Gegenstände, welche nach einer Schätzung bei welcher die Sache zum abstracten Werthobject gemacht ist, eingelegt worden sind. Bei anderen Gegenständen ergeben die Umstände, ob dieselben der Gesellschaft zum Eigenthum oder nur zum Gebrauch überlassen sind, auch entsteht eine Vermuthung dafür, dass ein

Gegenstand aus dem Vermögen des Gesellschafters in das Eigenthum der Gesellschaft gelangt sei, durch die Eintragung in das von allen Gesellschaftern unterzeichnete Inventarium der Gesellschaft; der Gegenbeweis ist indessen statthaft, cfr. Art. 91. und die Zusätze dazu im besonderen Theil. Cfr. Code civil. Art. 1851. Burgerlyk Wetb. Art. 1868.

Ob noch Hypotheken- oder Grundbuchoperationen hinzukommen müssen, um das Eigenthum zu constatiren, über diese Frage s. die Zusätze zu Art. 91. im besonderen Theil.

10. Jeder Gesellschafter muss die vertragsmässig versprochene Einlage voll leisten; es ist aber auch kein Gesellschafter verpflichtet, die Einlage über den vertragsmässigen Betrag hinaus zu erhöhen, oder die durch Verlust verminderte Einlage zu ergänzen. Cfr. Art. 92. und die Zusätze im besonderen Theil, sowie Art. 150. 165. 184. 219. Dies ist die Regel; cfr. auch Code civil Art. 1845. indessen können die Gesellschafter vertragsmässig auch etwas Anderes festsetzen resp. beschliessen, namentlich die Verpflichtung zu Zuschüssen. Eine Ausnahme von obiger Regel findet bei Commanditgesellschaften und Actiengesellschaften statt, wegen der Ergänzung verminderter Einlagen durch Gewinn; s. unten No. 11.

Ueber die Verhältnisse bei Commandit-Actiengesellschaften und Actiengesellschaften wegen des Grundcapitals s. § 29.

11. Durch Gewinn sowohl wie durch Verlust können die Einlagen afficirt und verändert werden; sie können durch Gewinn einen Zuwachs erhalten, sie vermindern sich durch Verlust. Eine Einlage kann aber auch vermindert werden durch gänzliche oder theilweise Zurückziehung, Zurückgabe resp. Zurückzahlung und Erlass.

In der Regel wird zwar der Antheil an dem gesetzlichen und bilanzmässigen Reingewinn jedem Gesellschafter ausgezahlt resp. von ihm aus dem Gesellschaftsvermögen entnommen. Indessen bei der offenen und bei der Commanditgesellschaft ist der Gesellschafter zur Entnahme oder Inempfangnahme dieses Gewinnantheils nicht verpflichtet; er kann ihn in dem Gesellschaftsvermögen lassen, in welchem Falle seine Einlage dadurch erhöht wird. Art. 106. 108. 161. Bei der Commandit-Actiengesellschaft und der Actiengesellschaft kommt eine solche Erhöhung der Einlagen nicht vor, die Dividenden aus dem gesetzlichen und bilanzmässigen Reingewinn werden den Actionairen ausgezahlt, sie werden aufgefordert sie in Empfang zu nehmen und müssen sie in Empfang nehmen, wenn sie nicht ihr Recht darauf durch die Verjährung verlieren wollen. Es wachsen bei diesen Gesellschaftsarten nur verjährte Dividenden dem Gesellschaftsvermögen zu, aber nicht den Einlagen der einzelnen Actionaire. Und wenn auch Gewinnantheile zufolge der statutarischen Bestimmungen in dem Gesellschaftsvermögen verbleiben, z. B. die Absetzungen zum Reservefonds, so wird dadurch doch nicht die Einlage eines einzelnen Actionairs erhöht, vielmehr nur das Gesellschaftscapital in seiner Totalität, indirect freilich kann durch einen hohen Reservefonds der Courswerth der Actien steigen.

Wenn bei einer Commandit-, Commanditactien- oder bei einer Actiengesellschaft eine Verminderung der Einlagen durch Verluste stattgefunden hat, so müssen dieselben durch etwaigen Gewinn erst wieder auf ihre ursprüngliche Höhe d. h. die vertragsmässige, nicht die in Folge nicht abgehobener Gewinnantheile gewachsene, gebracht werden, bevor die Gesellschafter Antheile am Gewinn ausgezahlt erhalten dürfen. Doch existirt keine Verpflichtung, Zinsen und Gewinn, welche in gutem Glauben bezogen sind, wegen späteren Verlusten zurückzuzahlen. Cfr. Art. 161. 197. 217. Cfr. § 29. No. 19. Es darf in den Gesellschaftsverträgen hiervon Abweichendes mit rechtlicher Wirkung nicht bestimmt werden. Cfr. von Hahn zu Art. 217. § 5.

Die Zinsen von dem Gesellschaftsantheil kann indessen der Commanditist erheben. Cfr. von Hahn zu Art. 161. § 7.

Bei der offenen Gesellschaft ist eine solche Ergänzung nicht vorgeschrieben wegen der unumschränkten persönlichen und solidarischen Haft der Gesellschafter, bei der Commandit-Actiengesellschaft liegt sie aber in der Vorschrift des Art. 197. Anlangend nun die Zurücknahme oder Zurückzahlung von Einlagen, so ist es Regel: dass die Einlagen der Gesellschafter nicht beliebig zurückgezogen oder zurückgegeben respective zurückgezahlt werden dürfen, weder ganz noch theilweise, weder direct noch indirect; ferner dass auch keinem Gesellschafter von der vertragmässig versprochenen Einlage etwas erlassen werden darf; sowie dass kein Gesellschafter ein Recht hat, eine als Eigenthum der Gesellschaft eingelegte Sache in natura zurückzufordern, selbst nicht bei der Liquidation und Vertheilung des Gesellschaftsvermögens, dass ihm vielmehr nur ein Recht auf Ausschichtung seines Antheils am Gesellschaftsvermögen in Geld zusteht. Art. 108. 165. 197. 204, 225 b. 248.

Ausnahmen finden statt bei der offenen Handelsgesellschaft, wo ein Gesellschafter seine Einlagen und seinen Antheil am Gesellschaftsvermögen vermindern kann, wenn sämmtliche übrigen Gesellschafter darin willigen, Art. 108., und bei der Actiengesellschaft, wo auf General-Versammlungsbeschluss Einlagen durch Amortisation der Actien heimgezahlt werden, auch sonst Zurückzahlungen und Herabsetzungen des Actiencapitals den Vorschriften der Art. 215. 245. 248. gemäss, sowie bei der Commandit-Actiengesellschaft, wo theilweise Zurückzahlungen des Commanditisten-Capitals nach den Vorschriften in Art. 201. 202. 203. stattfinden dürfen. Auch ein Commanditist kann mit seiner ganzen Auslage oder einem Theile derselben ausscheiden, aber es muss dieses im Handelsregister vermerkt werden. Art. 171. S. die Zusätze im besondern Theil.

Die Amortisation von Actien ist nemlich auch eine Art der Zurückzahlung der von den Actionairen gemachten Einlagen, und es ist das ganze Grundcapital untergegangen, wenn alle Actien amortisirt sind.

Zur Verminderung resp. Zurückzahlung von Einlagen gehört auch die Zahlung fester Zinsen oder Renten, welche nicht aus dem Reingewinn entnommen werden. Es ist gesetzlich verboten, bei der Commandit-Actiengesellschaft dergleichen Zinsen oder Renten in den Statuten festzusetzen resp. zu zahlen, und zwar unbedingt. Dieses Verbot gilt auch bei den Actiengesellschaften, jedoch mit der Ausnahme, dass für den in dem Gesellschaftsvertrag angegebenen Zeitraum, welchen die Vorbereitung des Unternehmens bis zum Anfange des vollen Betriebes erfordert, den Actionairen Zinsen von bestimmter Höhe bedungen werden können. Cfr. Art. 197. 217. Auch bei der Commanditgesellschaft darf Zinsenzahlung die ursprüngliche Einlage nicht vermindern, Art. 165; in Betreff der offenen Gesellschaft s. Art. 106.

Ob ein solcher Zeitraum durch General-Versammlungsbeschluss verlängert werden darf, ist sehr zweifelhaft, ich halte es für statthaft, cfr. v. Hahn zu Art. 217. § 7. Doch will man dieses auch gestatten, so involvirt die Massregel jedenfalls eine Statutenänderung und es kann ein solcher Beschluss nur in futurum nicht in praeteritum wirken, auch hat er nicht eher rechtliche Wirkung, als bis er ins Handelsregister eingetragen ist, wenigstens was das Verhältniss dritten, den Gläubigern, gegenüber betrifft. Art. 198. 214.

Eine weitere Art der Zurückzahlung von Einlagen ist die Vertheilung fictiver oder fabricirter Dividenden d. h. solche, welche nicht aus dem Reingewinn kommen. Auch diese Zahlungen sind verboten. Art. 165. 204. 217. 225 b. Wegen der Verhaftung der persönlich haftenden Gesellschafter, der Mitglieder des Aufsichtsraths und des Vorstandes, wenn sie diesem Verbot zuwider gehandelt haben, siehe § 25. S. 237—240.; § 26. S. 254. 255.

Wenn ein Reservefonds bei Commandit-Actien- oder Actiengesellschaften statutenmässig bestimmt und angesammelt ist, so wird dieser in Rücksicht der vorerwähnten Zahlungen stets mit dem aus den Einlagen gebildeten Capital zusammengehörig betrachtet, so dass auch er nicht durch dergleichen Zahlungen angegriffen werden darf. Art. 197. 201.

12. Veräusserung und Versilberung, Zerstörung resp. Zugrundegehen des Gesellschaftsvermögens. Es ist schon vorher No. 8. erwähnt, dass das ganze Gesellschaftsvermögen veräussert werden darf. Es kommt dieses öfter vor bei offenen Handelsgesellschaften und zwar nicht nur nach ihrer Auflösung, sondern auch Behufs ihrer Auflösung; dazu ist jedoch die Zustimmung sämmtlicher Gesellschafter nothwendig. Cfr. vorher § 18. No. 8. S. 154.

Dies ist auch bei der Commandit-, der Commandit-Actiengesellschaft und der Actiengesellschaft zulässig; letztere treten dann in Liquidation, und es bildet der Erlös aus dem Verkaufe des Gesellschaftsvermögens die Liquidationsmasse.

Bei der Fusion einer Actiengesellschaft geht das ganze Gesellschaftsvermögen in den Besitz der andern Actiengesellschaft über. Cfr. Art. 215. und vorher § 18. No. 6. S. 140.

Ausserdem wird bei der Liquidation das Gesellschaftsvermögen versilbert, und der nach Bezahlung der Schulden verbleibende Rest unter die Gesellschafter vertheilt. Cfr. Art. 137. 142. u. vorher § 18. No. 18. S. 159.

Ebenso ergreift der Gesellschaftsconcurs das ganze Gesellschaftsvermögen und bewirkt, wenn nicht eine Aufhebung des Concurses erfolgt, oder ein Accord geschlossen wird, seine Versilberung resp. Veräusserung und Vertheilung. Bei Actiengesellschaften ist in manchen Concursgesetzgebungen der Accord ausgeschlossen. Cfr. Preussische Concursordnung § 285.

Auch durch Verluste kann das ganze Gesellschaftsvermögen zu Grunde gehen; wegen der demgemäss erfolgenden Auflösung der Gesellschaft, siehe § 18. No. 5. S. 139. Bestritten ist die Fortsetzung resp. Wiederfortsetzung einer Gesellschaft nach der Auflösung durch den Gesellschaftsconcurs. Wenn man sie auch bei der offenen und der Commanditgesellschaft zulassen will; cfr. v. Hahn zu Art. 123. § 2., Anschütz a. a. O. Bd. 2. S. 274. Note 3., mit Zustimmung aller Interessenten natürlich; so wird sie doch bei den Commanditactien- und der Actiengesellschaft ausgeschlossen sein, weil die Existenz zerstört ist. Art. 174 ff. 208. 209. 210—211. Besteht das ganze Gesellschaftsvermögen in Sachen, so ist es zu Grunde gegangen, wenn diese Sachen ohne Ersatz zu Grunde gegangen sind. Cfr. vorher § 18. S. 140.

Durch Amortisation sämmtlicher Actien kann allerdings, wie gesagt, das Gesellschaftsvermögen einer Actiengesellschaft zu Grunde gehen, indessen es kann auch noch Gesellschaftsvermögen übrig bleiben, nemlich dasjenige, was die Gesellschaft ausser dem Grundcapital besitzt. Die Vereinigung sämmtlicher Actien in einer Hand bewirkt keinen factischen Untergang des Actiencapitals. Cfr. vorher § 18. No. 7. S. 142.

Wegen der bei theilweisen Verlusten den Mitgliedern des Vorstandes einer Actiengesellschaft auferlegten Anzeigepflicht siehe Art. 240. 249a. und vorher § 25. No. 9. und 20. S. 232. 241.

13. Ueber die Lage und den Stand des Gesellschaftsvermögens muss wenigstens alljährlich den Gesellschaftern Auskunft gegeben werden. Dies geschieht durch die am Schlusse eines jeden Geschäftsjahres aufzustellende Bilanz resp. das aufzumachende Inventarium. Die Mittheilung der Bilanz kann jeder Gesellschafter verlangen. Bei den Commandit-Actiengesellschaften und bei den Actiengesellschaften muss diese Bilanz spätestens in den ersten sechs Monaten des nächsten Geschäftsjahres für das verflossene Geschäftsjahr vorgelegt; sie ist bei den Actiengesellschaften auch noch in den Geschäftsblättern zn veröffentlichen. Das Gesetz enthält für die Actiengesellschaften besondere Vorschriften, welche bei Aufstellung der Bilanz beobachtet werden müssen und verlangt, dass auch in das Statut die Grundsätze, nach denen die Bilanz aufzunehmen und der

Gewinn zu berechnen und auszuzahlen, und Art und Weise wie die Bilanz zu prüfen ist aufgenommen werden. Cfr. Art. 105. 107. 160. 161. 185. 193. 209. No. 7. 239. 239a. Cfr. auch Art. 5. und 29. Ausserdem schreiben die Gesellschaftsverträge noch besondere Berichte über Lage und Stand des Gesellschaftsvermögens vor, theils jährliche, theils auch für kürzere Fristen, welche von den geschäftsführenden Gesellschaftern resp. den Vorständen auch wohl den Aufsichtsräthen zu erstatten sind.

14. Das Gesellschaftsvermögen befindet sich in der Regel im freien Verkehr, — in commercio — nur bei Eisenbahngesellschaften treten die zum Eisenbahnbau erworbenen und verwendeten Grundstücke ausser Verkehr, sie sind extra commercium.

15. Die Höhe der Einlagen resp. des Gesammtbetrages der Einlagen ist lediglich dem Ermessen und Belieben der Gesellschafter anheimgestellt, nur bei den Commanditactien und den Actiengesellschaften sind hinsichtlich der Actien und Actienantheile Normalbeträge bestimmt — Art. 173. 207a. und bei einigen concessionspflichtigen Gewerben, z. B. bei Eisenbahnunternehmungen erstrecken sich die Prüfungen und Anordnungen der Staatsbehörden auch auf die Normirung der Höhe des Gesammt-Gesellschafscapitals. Cfr. Preussisches Eisenbahngesetz vom 3. Novbr. 1838.

16. Das Gesellschaftsvermögen dient hauptsächlich und vorzugsweise den Gesellschaftsgläubigern zu ihrer Sicherheit und zu ihrer Befriedigung. Sie werden namentlich in dem Gesellschaftsconcurse abgesondert, aus dem Gesellschaftsvermögen befriedigt, können aber auch in dem Privatmögen jedoch nur wegen des etwaigen Ausfalls Befriedigung suchen. Doch ist es den einzelnen Landesgesetzen gestattet zu bestimmen, ob und wieweit den Privatgläubigern der Gesellschafter ein Absonderungsrecht in Bezug auf das Privatvermögen desselben zustehe. Cfr. Art. 122. 169. 202. 245. 247.

Aus obigem Grunde sind verschiedene Bestimmungen im Interesse resp. zum Schutze der Gläubiger getroffen worden. Diese Bestimmungen richten sich nach dem Wesen der einzelnen Gesellschaftsarten und nach der Art und Weise der Verhaftung ihrer Mitglieder; sie sind desshalb strengere bei den Commanditactien und den Actiengesellschaften, von welchen die ersteren mehr oder weniger, die letztere reine Capitalsgesellschaft ist, die Actionaire beschränkt haften und wandelbar sind; als bei der offenen Handelsgesellschaft wo sämmtliche Gesellschafter persönlich und solidarisch den Gläubigern für alle Verbindlichkeiten der Gesellschaft haften.

Im Allgemeinen laufen diese Bestimmungen darauf hinaus: bei denjenigen Gesellschaften welche nicht offene Handelsgesellschaften sind, die also beschränkt haftende Gesellschafter haben, den Betrag des durch die Einlagen der Gesellschafter zusammengebrachten Capitals möglichst erkennbar zu machen, eine bestimmte Einzahlung darauf zu sichern; eine Zurückziehung und Verminderung der Einlagen zu verhindern, oder wenn sie geschieht, dieselbe gleichfalls öffentlich bekannt werden zu lassen, sowie im Falle der Auflösung einer vorzeitigen, den Gesellschafts-Gläubigern nachtheiligen Vertheilung des Gesellschaftsvermögens vorzubeugen, auch die Gesellschafter und resp. die geschäftsführenden Gesellschafter sowie die Vorstände der Actiengesellschaften anzuhalten, bei eingetretener Ueberschuldung dem Gericht Behufs Einleitung des Concurses Anzeige zu machen. Das Allgemeine Deutsche Handelsgesetzbuch verordnet letzteres nur bei den Actiengesellschaften, im Uebrigen sind die dahin zielenden Bestimmungen in den Concursordnungen enthalten. Bei der gewöhnlichen Commanditgesellschaft muss desshalb der Betrag der Vermögenseinlage eines jeden Commanditisten in der Anmeldung zum Handelsregister enthalten sein, und öffentlich bekannt gemacht werden, Art. 151. Bei der Commandit-Actiengesellschaft ist im Statut die Zahl und der Betrag der Actien, bei der Actiengesellschaft auch die Höhe des Grundcapitals und der einzelnen Actien oder Actienantheile, sowie die Eigenschaft der Actien, ob sie auf Namen oder auf Inhaber gestellt sind, anzugeben und gleichfalls zu veröffentlichen, Art. 175. No. 5. Art. 176. No. 4. Art. 209. No. 4. und 5. Art. 210. No. 4. und 5., auch ist zu constatiren und zu bescheinigen, dass das ganze Actien- resp. Grundcapital gezeichnet, sowie dass bestimmte Einzahlungen auf die gezeichneten Actien geleistet, bei den Commandit-Actiengesellschaften „von jedem Commanditisten“ geleistet sind. Art. 177. 209a. 210a. Es ist dafür gesorgt, dass die Einlagen möglichst in ihrer ursprünglichen Höhe erhalten werden. Cfr. vorher No. 11. Wird eine Commanditgesellschaft, Commanditactien- oder Actiengesellschaft aufgelöst, oder scheidet ein Commanditist mit seiner Einlage aus oder mit einem Theil derselben, so müssen diese Thatsachen in das Handelsregister eingetragen werden; Einlagen dürfen in der Regel überhaupt weder ganz noch theilweise zurückgenommen, zurückgegeben, zurückgezahlt oder erlassen werden. Cfr. vorher No. 11. Bei der Commandit-Actiengesellschaft und ebenso bei der Actiengesellschaft dürfen keine Actien eher ausgegeben werden, als bis die Gesellschaft die Existenz durch die Eintragung in das Handelsregister erlangt hat, die früher ausgegebenen sind nichtig, Art. 173. 211.; bei der Actiengesellschaft dürfen Inhaberactien oder dergleichen Actienantheile auch nicht vor Einzahlung des vollen Nominalbetrags derselben emittirt, sie dürfen auch nicht unter Pari verkauft werden, Art. 222. Art. 209. No. 4., ebenso wenig darf der Nominalbetrag derselben während des Bestehens der Gesellschaft vermindert oder erhöht werden, Artikel 207. Alinea 3. Für die gesellschaftlichen Capitalantheile der persönlich haftenden Gesellschafter einer Commandit-Actiengesellschaft, welche auf die Einlagen derselben fallen, dürfen keine Actien ausgegeben werden, diese Capitalantheile dürfen von ihnen so lange sie in dem genannten Verhältnisse zur Gesellschaft stehen, auch nicht veräussert werden Art. 181. Die ursprünglichen Zeichner einer Actie sind für die Vollzahlung des Actiennominalbetrags verhaftet und können bei der Commandit-Actiengesellschaft dieser Verpflichtung nicht entlassen werden, Art. 184.; bei der Actiengesellschaft können die Zeichner von Inhaberactien nach Einzahlung von 40pCt. ihrer ferneren Einzahlungsverpflichtung entlassen werden, Art. 222.; die Zeichner von Namenactien dürfen, wenn sie ihr Anrecht auf einen Anderen übertragen, allerdings entlassen werden, indessen bleiben sie auch dann noch ein Jahr vom Tage des Austritts susidiarisch für den Rückstand der Einzahlungen verhaftet. Art. 223. Hierher gehören ferner: neben der Eintragung und öffentlichen Bekanntmachung der Auflösung einer Commandit-Actiengesellschaft oder einer Actiengesellschaft, die öffentliche Aufforderung der Gläubiger sich zu melden, und das Verbot der Vertheilung des Gesellschaftsvermögens vor Ablauf eines Jahres, Art. 202. 245.; sowie die Eintragung und Veröffentlichung von Abänderungen der Statuten und des Austritts eines persönlich haftenden Gesellschafters, Art. 198. 214. 245. 199. Ebenso sind hierher auch zu rechnen die Bestimmungen welche den Mitgliedern des Aufsichtsraths und des Vorstandes in Zuwiderhandlungsfällen persönliche und solidarische Haft auferlegen, und sie mit Criminalstrafen bedrohen, und die Disciplinarstrafen des Handelsgerichts.

Bei denjenigen Actiengesellschaften, deren Gegenstand des Unternehmens der Staatsconcessionirung und Beaufsichtigung unterliegt, sind auch noch andere Maassregeln zur Sicherheit der Gläubiger angeordnet. So dürfen nach dem Preussischen Eisenbahngesetz vom 3. November 1838 Actien über die ursprünglich festgesetzte Zahl ohne Königliche Genehmigung nicht emittirt werden, die Aufnahme von Gelddarlehnen bedarf der Genehmigung des Handelsministers, und erworbene Grundstücke darf die Gesellschaft ohne Genehmigung der Regierung nicht veräussern. Cfr. a. a. O. §§ 6. und 7.

17. Ueber das Gesellschaftsvermögen wird unter der Firma der Gesellschaft disponirt, was zu dem Gesellschaftsvermögen während des Bestehens der Gesellschaft besonders erworben wird, wird unter der Firma der Gesellschaft errworben resp. veräussert und kann nur auf diese Weise erworben und veräussert werden. Cfr. Entsch. d. R.-O.-H.-G. v. 31. Jan. u. 13. April 1872, Entsch. Bd. V. S. 85. 388. Eintragungen in Grundbücher erfolgen auf die Firma der Gesellschaft. Art. 111. 164. 213. Die Bestimmung des sächsischen Einführungsgesetzes, dass bei der offenen Gesellschaft auch die Namen der offenen Gesellschafter im Hypothekenbuch vermerkt werden dürfen, ist eine Abnormität; s. bei Art. 111. im bes. Theil.

18. Das Gesellschaftsvermögen wird durch die von der Gesellschaft eingegangenen Verbindlichkeiten, die Schulden derselben, überhaupt die Verpflichtungen Dritten gegenüber stets in seiner Totalität afficirt, obwohl auch ausdrücklich besondere Stücke desselben zum Pfande gegeben oder als Caution unterlegt werden können. Ein Gläubiger der Gesellschaft kann

sich im Wege der Zwangsvollstreckung an jedes beliebige Stück des Gesellschaftsvermögens halten. Dagegen ist das Gesellschaftsvermögen dem Angriffe der Privatgläubiger eines Gesellschafters entzogen; und gar einzelne Stücke derselben dürfen von ihnen nicht im Wege der Zwangsvollstreckung in Angriff genommen oder mit Arrest belegt werden, denn ihnen gegenüber gehört das Gesellschaftsvermögen einem Fremden, nämlich der Gesellschaft als solcher, es ist für sie eine fremde Sache, auf welche Arreste nicht geschlagen werden dürfen. Art. 119. 120. Indessen bei der offenen und bei der gewöhnlichen Commanditgesellschaft hat ein Privatgläubiger eines offenen Gesellschafters oder eines Commanditisten das Recht, nach fruchtlos vollstreckter Execution in das Privatvermögen die Execution in das dem Gesellschafter bei dereinstiger Auflösung der Gesellschaft zukommende Guthaben zu erwirken, und dann Behufs seiner Befriedigung die Auflösung der Gesellschaft zu verlangen, welcher die übrigen Gesellschafter dadurch vorbeugen können, dass sie das Fortbestehen der Gesellschaft ohne den betreffenden Gesellschafter beschliessen resp. verabreden, wenn sie dieses nicht schon früher verabredet haben; dass sie dann den Gesellschafter ausscheiden, so dass nur für ihn die Gesellschaft endigt, ihm sein Antheil an dem Gesellschaftsvermögen in Geld ausgezahlt und dem Angriff seiner Gläubiger freigestellt wird. Cfr. Art. 126—127. 130. 131. 132. 170. 172. Bei der Commandit-Actiengesellschaft gilt dieses letztere in Betreff der Commanditactionaire nicht, Art. 200.; und erst recht nicht bei der Actiengesellschaft, die Gläubiger eines Actionairs können sich nur an seine Actien und an die Dividenden halten; dagegen gilt es bei den Commandit-Actiengesellschaften hinsichtlich mehrer persönlich haftender Gesellschafter, cfr. Art. 150., weil in Betreff ihrer die Gesellschaft zugleich eine offene ist.

19. Durch das Gesellschaftsvermögen wird der reelle Werth der Antheile der Gesellschafter, der Actien und Actienantheile, bestimmt, zum Unterschiede von dem Courswerthe.

20. Was aus dem Gesellschaftsvermögen widerrechtlich entnommen, zurükgezahlt, oder von den Einlagen widerrechtlich erlassen ist, kann in dasselbe zurückgefordert, resp. nachgefordert, resp. es kann von denjenigen, welche es widerrechtlich gezahlt oder erlassen haben, Schadenersatz gefordert werden. Cfr. Art. 95. 108. 165. 197. 204. 217. 218. 225b. 241. 248. 165. 184. 219. 220—222. Ein Commanditist, Commanditactionair oder Actionair ist zwar nicht verpflichtet, im guten Glauben empfangenen Gewinn — Dividenden — wegen späterer Verluste zurückzuzahlen; allein der Commanditist haftet für die Verbindlichkeiten der Gesellschaft in Höhe der nicht im guten Glauben empfangenen Zinsen und Gewinnbeträge, Art. 165., ebenso der Commanditactionair Art. 197., der Actionair ist zwar nicht für die Verbindlichkeiten der Gesellschaft verhaftet

erklärt, aber er hat die nicht im guten Glauben empfangenen Dividenden oder Zinsen zurückzugeben. — Art. 218., was auch durch Kürzung der Dividende eines folgenden Jahres geschehen kann, wenn die Actie noch in derselben Hand ist, eine Maassregel, welche indessen wohl nur bei Namenactien praktisch durchführbar. Rechtswidrige oder irrthümliche Auszahlung von Dividenden, gleichviel ob in bösem oder gutem Glauben empfangen, kann, wenn die dadurch bewirkte Minderung der Gesellschaftsactiva nicht wieder in Gemässheit der Art. 214. Alin. 2.; 225b. Nr. 2. 218. gedeckt wird, eine Minderung der späteren Dividenden bewirken. Cfr. v. Hahn zu Art. 218. §§ 3. 4.

Der Actionair ist nicht verbunden, die Bilanz und ihre Grundlagen zu prüfen, cfr. auch Art. 194. Bei den Commanditisten muss auch die Bilanz, auf Grund welcher die Zinsen und Gewinnantheile bezogen sind in gutem Glauben von den persönlich haftenden Gesellschaftern, oder von dem der sie sonst gezogen hat, errichtet gewesen sein. Art. 165. Unkenntniss der Rechtssätze schützt nicht, auch decken statutarische Bestimmungen nicht, wenn sie absolut zwingender Gesetzesvorschrift zuwiderlaufen, cfr. v. Hahn zu Art. 218. § 2. Die Gläubiger der Gesellschaft sind berechtigt, diejenigen Zahlungen anzufechten, welche den Art. 165. 197. 217. 218. resp. 239a. zuwider erfolgt sind. S. das Nähere in den Zusätzen zu diesen Artikeln im besond. Theil.

Das französische Gesellschaftsgesetz von 1867 gestattet bei Commanditactien und Actiengesellschaften eine Rückforderung der Dividende den Actionaire gegenüber nur, wo die Vertheilung etwa in Ermangelung jeden Inventars oder über die durch das Inventar constatirten Resultate hinaus stattgefunden hat; diese Klage verjährt in 5 Jahren von dem festgesetzten Dividendenvertheilungs-Termin. Art. 10. u. 45. Im holländischen Recht dürfen gleichfalls feste Renten bei einer Actiengesellschaft nicht bedungen werden; ebenso werden auch Dividenden, welche nicht aus dem Reingewinn kommen, zurückgefordert werden können. Art. 49. cfr. Art. 20. Wetb. v. Kooph. in Betreff der Zurückgabe von Gewinn Seitens eines Commanditisten.

21. Der einzelne Gesellschafter kann Schuldner und Gläubiger seiner eigenen Gesellschaft sein, weil das Gesellschaftsvermögen als ein besonderer Fonds, als eine besondere Masse angesehen wird, deren Rechtssubject zwar der einzelne Gesellschafter mit und neben den übrigen Gesellschaftern ist, über welche er aber als Einzelner nicht die geringste Disposition hat. Weil nun über diese Vermögensmasse, ebenso über einzelne Objecte derselben nur unter der Firma der Gesellschaft disponirt werden kann und darf, cfr. vorher No. 17., so ist es auch sehr wohl denkbar, dass es Rechtsverhältnisse gibt, vermöge welcher der einzelne Gesellschafter zu einer Leistung an diese Vermögensmasse verpflichtet war, und Rechtsverhältnisse, vermöge deren er berechtigt wird, Etwas aus dieser

Vermögensmasse zu fordern. Wenn auch diese Obligation dann materiell zwischen dem einen Gesellschafter und den übrigen Gesellschaftern bestehen mag, so ist sie doch nur im Namen der ganzen Gesellschaft als solche und unter ihrer Firma eingegangen, sie muss als solche erfüllt und kann ihre Erfüllung als solche im Wege der Klage von der Gesellschaft unter der Firma und gegen die Gesellschaft unter der Firma erzwungen werden. Wie sich die Gesellschafter hinterher untereinander berechnen und auseinander rechnen, das ist hier Nebensache. Nach dem reinen Vertragssystem würde ein Contrahiren eines einzelnen Gesellschafters mit der Gesellschaft unmöglich sein, denn der Vertrag würde in jeder Beziehung als ein Vertrag zwischen dem einen Gesellschafter als dem einen Contrahenten, und den übrigen Gesellschaftern als den anderen Contrahenten sich characterisiren, und das desfallsige Obligationsobject sich von selbst um den Theil vermindern, welcher dem Antheil des betreffenden Gesellschafters an der Gesellschaft entspricht. So von Hahn. Zusatz zum 3. Abschnitt I. Titels Allgemeinen Deutschen Handelsgesetzbuches § 1. Ebenso verhält es sich mit den nicht aus einem Vertrage entspringenden Rechtsverhältnissen. Der Gesellschafter kann auch hier als Schuldner der Gesellschaft, z. B. aus einem Civil-Delict, wegen Schadenersatz von der Gesellschaft unter der Firma belangt werden, wie er Forderungen, z. B. wegen Aufwendungen im Geschäft der Gesellschaft, Ersatz für erlittenen Schaden von der Gesellschaft unter der Firma fordern darf. Cfr. von Hahn a. a. O. § 2.

Wenn nun ein Gesellschafter dergleichen Forderungen an die Gesellschaft geltend machen auch im Concurs verfolgen kann, so steht er in dieser Beziehung doch nicht so frei und ungehindert da, wie ein Dritter, welcher mit der Gesellschaft contrahirt hat. Ihm gegenüber gelten alle Bestimmungen des Gesellschaftsvertrages, selbst wenn sie Dritten gegenüber nicht gelten; er muss sich desswegen Einwendungen entgegensetzen lassen, selbst wenn solche Dritten auch nicht entgegengesetzt werden dürfen; beziehungsweise kommen die im Gesetze als subsidiaire aufgestellte Normen zur Anwendung. So muss ein solcher Gesellschafter sich die vertragsmässige und die gesetzliche Beschränkung eines seiner Mitgesellschafter entgegensetzen lassen, wenn auch der Dritte sie sich nicht opponiren zu lassen braucht. Ebenso kann er aber auch einer gegen ihn unter der Firma erhobene Klage entgegensetzen, dass ein Gesellschafter gegen die Anstellung der Klage Widerspruch erhoben habe, ein Einwand, den ein Dritter nie mit Effect erheben kann. Cfr. von Hahn a. a. O. § 3. Nach v. Hahn a. a. O. § 4. soll ferner auch der § 112. in diesem Verhältniss nicht zur Anwendung kommen, wonach die Gesellschafter einer offenen Gesellschaft für alle Verbindlichkeiten der Gesellschaft solidarisch und mit ihrem ganzen Vermögen haften, und also einzeln auch auf das Ganze belangt werden können. Der Gesellschafter, welchem eine Forderung gegen die Gesellschaft zusteht, soll nicht wie ein Dritter von den übrigen Gesellschaftern die Zahlung seiner ganzen Forderung verlangen, dieselben sollen ihn vielmehr mit der exceptio doli, gestützt auf die vertragsmässige Bestimmung, dass der Gesellschaftsfonds zunächst zur Zahlung der Gesellschaftsschulden bestimmt sei, an den Gesellschaftsfonds verweisen dürfen. Dieses ist richtig. Denn die Gesellschafter haben vertragsmässig den Gesellschaftsfonds zusammengebracht in der Absicht, dass er lediglich zu gesellschaftlichen Zwecken dienen solle, namentlich dass daraus, was ihre Verhältnisse unter sich betrifft, zunächst die Verbindlichkeiten der Gesellschaft erfüllt werden sollen, und dass das Privatvermögen des einzelnen Gesellschafters resp. er allein mit der Solidarhaft erst dann einzutreten hat, wenn der Gesellschaftsfonds erschöpft ist, oder nicht mehr ausreicht. Wenn auch dieses den Dritten nicht tangirt, so handelt doch der einzelne Gesellschafter, welcher mit Umgehung des Gesellschaftsfonds die übrigen Gesellschafter unter ihrer Solidarhaft angreift, vertragswidrig.

Aber auch wenn der Gesellschaftsfonds insufficient ist, soll der einzelne Gesellschafter nicht gegen einen anderen Gesellschafter wirksam auftreten können, cfr. von Hahn a. a. O. § 4., weil der einzelne Gesellschafter nach Art. 92. nicht verbunden ist, seine Einlage zu Gesellschaftszwecken zu erhöhen, vielmehr nur dasjenige nach Auflösung und Liquidation der Gesellschaft zu zahlen braucht, was auf seinen Antheil von den Netto-Passiven der Gesellschaft trifft, und der Gläubiger-Gesellschafter auch diese Vertragsbestimmungen anerkennen also mit der exceptio doli auch hier zurückgewiesen werden muss. Dieses ist gleichfalls als richtig anzuerkennen. Hiernach hat denn der Gläubiger - Gesellschafter nur ein Recht zu verlangen, dass ihm seine Forderung auf seinem Conto gut gebracht wird, soweit sie nicht aus dem Gesellschaftsfonds bezahlt werden kann, der demzufolge bei der nächsten Bilanzziehung sich aber ergebende Verlust wird dann von allen Gesellschaftern, den Gläubiger - Gesellschafter miteingerechnet, nach vertragsmässigen resp. gesetzlichen Vorschriften getragen, und ebenso ergiebt sich bei einer Auflösung und resp. Liquidation die Vertheilung der Netto-Passiva. Cfr. von Hahn a. a. O. und Noten 2. u. 3.

22. Die Ausschliessung der Compensation zwischen Forderungen der Gesellschaft und Privatforderungen des Gesellschaftsschuldners gegen einen einzelnen Gesellschafter während des Bestehens der Gesellschaft, Art. 121., findet gewissermassen auch ihren Grund in der Natur des Gesellschaftsvermögens, namentlich in dem unter No. 1. und 5. erwähnten Grundsatz: dass über das Gesellschaftsvermögen nur zu Gesellschaftszwecken disponirt werden dürfe, und dass die hierauf abzielenden Bestimmungen des Gesellschaftsvertrages auch über die Grenzen des Vertragsverhältnisses hinaus Dritten gegenüber wirksam sind. Cfr. das Nähere bei Art. 121. im besonderen Theil und von Hahn zu Art. 121. § 1—4. u. 7. ff.

23. Es ist selbstverständlich, dass nicht zum Gesellschaftsvermögen gehören die nicht zum Eigenthum eingebrachten Sachen, z. B. Sachen, von

denen nur der Gebrauch eingebracht ist. Aber dieser Gebrauch kann ein besonderes Werthobject als Bestandtheil des Gesellschaftsvermögens bilden, wenn nämlich der Gebrauch resp. das Fruchtziehen, die Ausbeutung auf den ganzen Zeitraum als ein Werthganzes aufgefasst und dem Ueberlassenden dafür eine bestimmte Summe gutgeschrieben oder ein bestimmter Preis festgesetzt ist. Cfr. auch Art. 180. 209b. z. B. bei Ausbeutung eines Bergwerks, eines Superficies. Hier bildet dieser Gebrauch resp. die Ausbeute derartig die Einlage, dass sie als solche namentlich von den Gesellschaftsgläubigern angegriffen und veräussert werden kann. Cfr. von Hahn zu Art. 122. § 19.

§ 29.
Das Gesellschaftscapital der Commanditactien und der Actiengesellschaften.

1. Das Gesellschaftscapital der Commandit-Actiengesellschaften besteht aus den Einlagen der persönlich haftenden Gesellschafter, und dem Capital der Commanditisten, das Gesellschaftscapital der Actiengesellschaften ist lediglich das Capital der Actionaire. Art. 173. 181. 207. Man nennt dieses Gesellschaftscapital auch das Grundcapital oder Stammcapital weil die Gesellschaft damit und darauf gegründet ist. Wenn die persönlich haftenden Gesellschafter keine Einlagen gemacht haben, was vorkommen kann, — cfr. § 24. No. 2. S. 213., — dann existirt bei der Commandit-Actiengesellschaft allerdings als Gesellschaftscapital nur das Capital der Commandit-Actionaire.

2. Das Capital der Commanditactionaire und das Gesellschaftscapital der Actiengesellschaften wird und ist, um die Theilnahme an der Gesellschaft zu erleichtern, in sogenannte Actien oder Actienantheile zerlegt. Auch die Einlagen der persönlich haftenden Gesellschafter kann man in solche Actien oder Actienantheile zerlegen, allein es dürfen darüber keine Actiendokumente ausgegeben, wenn auch ausgestellt werden. Die etwa darüber ausgestellten Actiendokumente müssen bei der Gesellschaft deponirt bleiben, oder als unveräusserlich gekennzeichnet sein, solange der persönlich haftende Gesellschafter in diesem seinem Verhältniss zur Gesellschaft steht. Nach dem französischen Gesellschaftsgesetz von 1867 findet dies bei den Administratoren statt, Art. 26., sie werden mit einem Stempel der Unveräusserlichkeit bedruckt. Ist der Betreffende ausgetreten, so können ihm die Dokumente zur freien Verfügung herausgegeben, resp. der Unveräusserlichkeits-Vermerk gelöscht oder sie als nunmehr frei veräusserlich markirt werden. Cfr. Art. 173 207. 181. Hierdurch wird nicht ausgeschlossen, dass die Gesellschaft wegen Forderungen, welche sie an einen ausgetretenen persönlich haftenden Gesellschafter hat, die fraglichen Documente dennoch zurückhält.

Actien oder Actienantheile, welche ein persönlich haftender Gesellschafter von dem Capital der Commanditactionaire erwirbt, stehen von vorn herein zu seiner freien Disposition.

Practisch verfährt man gewöhnlich so: dass in den Statuten das ganze Gesellschaftscapital angegeben auch in Actien zerlegt, und dann geschieden wird, wiewiel von den Actien auf die Einlagen der persönlich haftendenden Gesellschafter fallen. Cfr. Anschütz a. a. O. Bd. 2. S. 404.

3. Actien nennt man nun erstlich diejenigen Theile, in welche das Gesellschaftscapital eingetheilt worden ist. Das Wort stammt von dem französischen „actions" her; holländisch actien oder aandeelen, italienisch azione, spanisch accion. In diesem Sinne ist die Actie ein bestimmter Theil des in eine Anzahl Theile zerlegten Grundcapitals einer Gesellschaft; also eine Geldsumme, welche als ein Bruchtheil des Grundcapitals erscheint, und die, wenn dieses Capital in einer Anzahl gleicher Theile zerlegt ist, die Einheit bildet, welche so und so viel mal multiplicirt den Gesammtbetrag des Grundcapitals darstellt. Cfr. Renaud a. a. O. S. 66. Die Actien können aber auch, um die Betheiligung an der Gesellschaft noch mehr zu erleichtern, wieder in Actienantheile, Coupons d'actions, cupones, porzioni di azioni, zerlegt werden, so dass der Einzelne nur mit einem Bruchtheil an einer Actie betheiligt ist; es kann daher Halbe-, Viertelactien u. s. w. geben. Art. 182. 207. S. weiterhin No. 26.

Actie und Actienantheil wird zweitens in dem Allgemeinen Deutschen Handelsgesetzbuch und in anderen Gesetzgebungen jedoch auch noch in einem anderen Sinne gebraucht. Das Allgemeine Deutsche Handelsgesetzbuch versteht darunter auch das mit dem Besitz der Actie und dem Actienantheil verbundene Recht; Art. 182. 207., wo es von der Untheilbarkeit derselben spricht. Ferner drittens bedient es sich des Ausdrucks Actie auch zur Bezeichnung der, über den Antheil am Grundcapital und das damit verbundene Recht des Inhabers ausgefertigten Documente; denn es spricht davon, dass die Actien auf Namen oder auf Inhaber lauten und erstere wie Wechsel durch Indossament übertragen werden, ferner von Vorlegung der Actien und davon dass über die Antheile der persönlich haftenden Gesellschafter keine Actien ausgegeben werden können, sowie überhaupt von der Ausgabe von Actien oder Actienantheilen. Cfr. Art. 173. 181. 182. 183. 207. 222. Cfr. Code de comm. Art. 34—38. 39. Gesellsch.-Gesetz von 1867. Art. 1. 2. 13. 14. 24. 26.

4. Das vorerwähnte Actienrecht — Actie — englisch: share, shareholders — wird durch die Betheiligung bei dem Grundcapital oder Commanditistencapital einer zu gründenden oder einer bestehenden Gesellschaft, letzteren Falls wenn das Capital vermehrt wird, durch Zahlung oder das Versprechen der Uebernahme resp. Zahlung eines der Theile — Actien, Actienantheil — in welche jenes Capital zerlegt ist, erworben; derjenige, welchem ein solches Recht zusteht heisst Actionair.

In diesem Sinne repräsentirt die Actie nicht einen ideellen, einer Person zustehenden, Antheil an dem Gesellschaftsvermögen, das Actienrecht ist nicht ein blosses Miteigenthumsrecht, Anschütz a. a. O. Bd. 2. S. 495; sie ist auch nicht eine eventuelle Forderung auf einen Theil des Gesellschaftsvermögens nebst dem erzielten Erwerbe; auch nicht einmal ein unbedingtes Forderungsrecht auf einen Antheil am Gewinn noch gar auf einen festbestimmten; ebensowenig auch ein von dem Vermögen der Gesellschaft völlig verschiedener Vermögensantheil, welches durch die Capitalisirung der auf jede Einzahlungssumme fallenden Rente entsteht. Rechtsubject des Gesellschaftsvermögens einer Actiengesellschaft sind nicht die einzelnen Actionaire sondern die Actiengesellschaft als juristische Person. Die Actie in hier fraglichem Sinne repräsentirt nur den Inbegriff aller Rechte, welche ihrem Inhaber zukommen, namentlich das Recht auf die ihm gesetzlich und statutenmässig ermittelten Gewinnantheile, das Recht des Mitrathens und Mitstimmens in den Generalversammlungen, sowie das Recht bei Vertheilung des Gesellschaftsvermögens einen verhältnissmässigen Antheil aus der vertheilungsfähigen Maase zu empfangen. Die Bestimmung in Art. 216 des Allgemeinen Deuschen Handelsgesetzbuch steht nicht entgegen, wenn sie von einem verhältnissmässigen Antheil am Gesellschaftsvermögen spricht; der Nachdruck liegt auf dem „verhältnissmässig“ und nicht auf „Antheil“, v. Hahn zu Art. 216. § 1. Anschütz a. a. O. Bd. 2. S. 495. 496. Renaud sagt: die Actie im Sinne von Actienrecht sei eine Eigenschaft einer Person, welche jedoch mit der Individualität des ersten Erwerbes nicht unlöslich verbunden, sondern vererblich und veräusserlich ist, die aber Ansprüche auf das Geschaftsvermögen sowie auf den etwaigen Gewinn der Gesellschaft giebt, einen Preis hat, und sich demnach als ein allerdings eingenthümliches Vermögensrecht gestaltet. Cfr. Renaud a. a. O. S. 69ff. Dass dieses Actienrecht zu dem beweglichen Vermögen gehört ist wohl unzweifelhaft. Auf die Natur der Gegenstände aus welchen das Gesellschaftsvermögen der Gesellschaft besteht und wenn es nur Immobiliren wären, kommt es nicht an. S. darüber bei Renaud a. a. O. S. 74. 75. Der Code civil erklärt Art. 527. die Actien oder Actienantheile für bewegliche Sachen, ebenso das holländische Burgerlyk Wetboek. Art. 567. No. 4.

5. Die Actie, als auf das Actienrecht bezügliche Urkunde, heisst auch Actienbrief, Actienurkunde, Actiendocument, Actienschein, Theilnahme- oder Antheilschein; wogegen die über die Betheiligung mit einem Bruchtheil, einer der Einheiten, in welche das Actiencapital zerlegt worden ist — Actienantheile, — Actiencoupons, genannt werden. In diesem Sinne ist die Actie nicht eine Urkunde über einen Antheil am Eigenthum der Gesellschaft, Savigny Obligat.-R. II. S. 113., auch nicht eine Urkunde über einen der einzelnen Grundcapitalsantheile, welche dem Gesellschafter zur Legitimation als Theilnehmer dient, wie Brinkmann, Handelsrecht § 60 meint, sondern eine Beweisurkunde für

das erworbene Mitgliedschaftsrecht, eine Urkunde über die Theilhaberschaft an der Actiengesellschaft, in welcher zugleich gewöhnlich die Summe des übernommenen Capitalantheils ausgedrückt worden ist, da die Theilhaberschaft im Verhältniss zur Grösse dieses Capitalsantheils steht. Renaud a. a. O. S. 77. Die Actie als Urkunde ist ein Document über das dem Inhaber zustehende Recht als Actionair, s. vorher No. 4., ausdrückend den Betrag seiner Betheiligung am Actiencapital.

Man stellt heuzutage gewöhnlich über jeden einzelnen Antheil auch ein Actiendocument aus, obwohl es vorkommt, dass auch selbst bei Inhaberactien über mehrere Antheile nur ein Actiendocument ausgestellt wird. Renaud a. a. O.

Die Actiendocumente sind Urkunden, ausgestellt von der Gesellschaft, in welchen sie bekennt, dass dem betreffenden Actionair die erwähnte Theilhaberschaft resp. die gedachten Rechte zustehen, sowie auch zu welchem Betrage. Sie müssten also, wie alle Urkunden, regulair bei den Commanditactiengesellschaften durch die persönlich haftenden Gesellschafter, bei den Actiengesellschaften durch den Vorstand gezeichnet sein, cfr. vorher § 24. No. 1. S. 212. § 25. No. 1. u. 4. S. 223. 224. Indessen die Unterzeichnung erfolgt verschieden, je nach den Bestimmungen der Statuten, denen man früher gewöhnlich Formulare zu den Actiendocumenten beigegeben hat, welche aber in neuerer Zeit als überflüssig fortgelassen worden sind. Bald werden die Aktiendocumente durch den Vorsitzenden des Verwaltungs- oder Aufsichtsraths ohne und unter Mitzeichnung von Mitgliedern derselben; sowie durch den Director der Gesellschaft oder die Direction resp. Vorstand oder einzelne Mitglieder desselben, bald durch den Aufsichtsrath allein, und in anderer Weise, gezeichnet, manchmal befindet sich die Firma der Gesellschaft oben, manchmal unten. Allein bei den Commanditactiengesellschaften müssen unbedenklich die persönlich haftenden Gesellschafter die Actiendocumente mit der Firma zeichnen, und auch bei der Actiengesellschaft werden sie in dieser Weise durch den Vorstand zu zeichnen sein. — Art. 229.; wenn dann noch andere Unterschriften sich darauf befinden, z. B. die des Präsidenten oder von Mitgliedern des Aufsichtsverwaltungsraths, so schadet das gerade nicht, denn dieselben sind unschädliche Ueberflüssigkeiten oder Formalitäten. Mit den Actiendocumenten werden in der Regel, theils damit verbunden, theils davon gesondert, Dividendenscheine resp. Zinscoupons ausgegeben, und zwar in Serien von 5 oder 10 Jahren, gegen deren Einlieferung die Dividenden oder die Zinsen gezahlt werden. Cfr. weiterhin No. 33.

6. Man unterscheidet Namen- und Inhaberactien, oder Actien auf bestimmte Inhaber und Actien auf jeden Inhaber. Actions nominatives, actien op naam; und actions au porteur, nach holländischem Recht actien in blanco. Art. 41. Wetb. v. Kooph. Das englische Recht kennt ebenfalls die Inhaberactien, Gesellschaftsacte von 1867. 27—36.,

desgleichen das französische Recht, Gesellsch.-Ges. von 1867. Art. 3. u. Art. 24. Cfr.

Die Actien sind Namen- oder Nominalactien, wenn sie auf den Namen oder die Firma des ersten Erwerbers des Actienrechts gestellt sind; Inhaberactien, wenn der jedesmalige Inhaber des Documents daselbst als der Actionair und Inhaber der betreffenden Actienrechte bezeichnet worden ist.

7. Die Namenactien können zwar auf einen bürgerlichen Namen — Familiennamen oder Namen einer juristischen Person —, oder eine Firma, auf eine Einzel- und auch auf eine Gesellschaftsfirma, gleichviel, welcher Art die Gesellschaft ist, lauten, dagegen dürfen sie nicht auf mehre Theilhaber ausgestellt werden, und erst recht nicht auf fingirte Personen.

Auf mehrere Theilhaber darf eine Namenactie nicht gestellt werden, weil das durch die Urkunde repräsentirte Actienrecht an sich untheilbar ist, cfr. Art. 182. 207. Will man an einer Actie mehrere Personen Antheil nehmen lassen, dann hat man das gesetzliche Mittel der Creirung von Actienantheilen und Actiencoupons. S. No. 3. und No. 26.

Auf fingirte Personen ausgestellte Namenactien sind, weil die Person nicht existirt, wenigstens nicht als Theilhaber an der Gesellschaft, so gut wie keine Actien; sie sind ein Unding, und selbst wenn in den Statuten es gestattet wäre, solche Actien auszustellen, so würde eine solche Bestimmung null und nichtig, die Actien würden immerhin unbrauchbar und untauglich sein. Ausserdem liegt darin eine Täuschung; cfr. Renaud a. a. O. S. 85. 86. Anschütz a. a. O. Bd. 2. S. 408. 409.

8. Die Inhaberactien sind Inhaberpapiere, lettres au porteur; nicht Schuldscheine auf den Inhaber, cfr. Savigny Oblig.-R. II. S. 113 ff. Renaud a. a. O. S. 79.; sie sind auch nicht blosse Beweisurkunden, sondern Papiere, deren eigenthümliche Form die Geltendmachung und Uebertragung des dadurch repräsentirten Rechts erleichtert, die wie Sachen veräussert werden können. Cfr. Renaud a. a. O. u. vorher § 22. No. 3. S. 196. Die Inhaberactien sind auch nicht Papiere auf jeden Inhaber lautend, welche ein Zahlungsversprechen enthalten; auf die Inhaberactien bezieht sich daher das Preussische Gesetz vom 17. Juni 1833, wonach letztere Papiere nur mit staatlicher Genehmigung ausgegeben werden dürfen, nicht. Cfr. Anschütz a. a. O. Bd. 2. S. 408. 409. Noten 14. und 20.

9. Bei den Commanditactiengesellschaften dürfen nach dem Allgemeinen Deutschen Handelsgesetzbuch die Actien nur Namenactien sein; bei den Actiengesellschaften Namenactien oder Inhaberactien. Art. 173. 207.

Es ist zulässig, dass bei einer Actiengesellschaft die Actien theilweise Namen- theilweise Inhaberactien sind. Renaud a. a. O. S. 81 und v. Hahn zu Art. 223. § 3.

Auch kann eine Convertirung der Namenactien in Inhaberactien stattfinden jedoch nach dem Allgemeinen Deutschen Handelsgesetzbuch nur bei den Actiengesellschaften, das französische Gesellschaftsgesetz von 1867. gestattet auch bei den Commanditgesellschaften diese Convertirung, aber nur vermittelst Stipulation durch die constituirenden Statuten der Gesellschaft, nur nach Einzahlung der Hälfte des Nominalbetrags und durch Generalversammlungsbeschluss; dabei bleiben die ursprünglichen Zeichner 2 Jahre von dem Generalversammlungsbeschluss ab für die Zahlung des Restes verhaftet, ebenso diejenigen, welche sie vor Einzahlung der Hälfte cedirt haben. Art. 3. Doch müssen die Pflichtactien der Administatoren einer anonymen Gesellschaft stets auf Namen lauten. Art. 20. Das englische Recht gestattet ebenfalls die Convertirung von Namen- in Inhaberactien, sowie die Umschreibung einer Inhaberactie in eine Namenactie, auch für Stock; doch ist die Zahl der umlaufenden Inhaberactien und des durch sie repräsentirten Theils des Actiencapitals in der Jahresliste anzugeben. Acte von 1862. 26. cfr. Elsner, Archiv f. d. Versicherungswesen I. S. 132. Letztere Convertirung ist eine Berechtigung des Actionairs bei vollgezahlten Actien.

Ob die Actien auf Namen oder auf Inhaber gestellt sind, darüber muss bei den Actiengesellschaften das Statut sich aussprechen. Art. 209. No. 5. Renaud ist der Ansicht, dass nach dem Allgemeinen Deutschen Handelsgesetzbuch eine Convertirung der Namen- in Inhaberactien nicht stattfinden dürfe, wenn die Statuten darüber nichts besagen, und dass die Umwandlung auch dann noch im Zweifel sei, wo nach den Statuten die Actien zwar nach Wahl der Actionaire auf den Inhaber oder auf Namen gestellt werden sollen, aber keine Bestimmungen über die Umwandlung getroffen seien, a. a. O. S. 83. Man könnte hierfür allerdings in Art. 209. No. 5. eine Unterstützung finden; allein ich halte auch in diesen Fällen die Generalversammlung berechtigt, die Convertirung zu beschliessen, und nur dann nicht, wenn dieselbe in den Statuten ausdrücklich untersagt ist, cfr. vorher § 16. No. 7. S. 115ff. cfr. v. Hahn zu Art. 223. § 3.

Freilich kann die Convertirung nicht stattfinden, wenn die Namenactien auf einen so geringen Betrag gestellt sind, dass er den für die Inhaberactien erforderlichen nicht erreicht, wegen der Vorschrift in Art. 208 No. 3. Ob aber nicht mehrere Actien davon zu Einer zusammengelegt werden können, das würde auch der Generalversammlung unter Statutabänderung nicht zu verwehren sein.

Das Verbot auch bei Commanditactiengesellschaften die Actien auf Inhaber zu stellen, hat keinen gerechten Grund, wenigstens könnte man die Convertirung zulassen. In der Praxis werden die Namenactien der Commanditactiengesellschaften an der Börse ebenso gehandelt, wie die Inhaberactien. Was die Motive des Preussischen Entwurfes zur Begründung des Verbots sagen: es sei Gefahr für den Verkehr vorhanden, wenn auf jeden Inhaber lautende Papiere ohne staatliche Genehmigung ausgegeben werden; und .die Missstände in Frankreich seien grossentheils .dem Umstande zuzuschreiben, dass das französische Gesetz nicht die Ausgabe von Inhaberpapieren untersagt habe, ist nicht zutreffend, cfr. v. Hahn zu Art. 173. § 2.

Werden bei den Commanditactiengesellschaften Inhaberactien dennoch ausgegeben, so sind sie nichtig, und die Ausgeber den Besitzern für allen durch die Ausgabe verursachten Schaden verhaftet. Art. 173. s. die Zusätze im besond. Theil.

10. Für die Namenactien und ebenso für die Inhaberactien sind nun noch besondere gesetzliche Vorschriften gegeben, wodurch sie sich ausser dem bereits in ihrem Wesen liegenden Unterschiede unterscheiden. Diese sind folgende:

a) Die Namenactien müssen bei der Commanditactiengesellschaft auf einen Betrag von mindestens fünfzig Vereinsthalern lauten oder jetzt 150 Mark, — wenn nicht die Landesgesetze nach Maassgabe der besonderen örtlichen Bedürfnisse einen geringeren Betrag gestatten, Art. 173; bei den Actiengesellschaften müssen sie unbedingt auf mindestens fünfzig, bei den Versicherungsgesellschaften sogar auf mindestens hundert Thaler lauten. Art. 207 a.

Die Inhaberactien aber müssen stets auf einen Betrag von mindestens hundert Vereinsthalern lauten. Art. 207 a.

Alles dieses gilt auch von den Actienantheilen.

Actien oder Actienantheile, welche unter diesen Beträgen ausgegeben werden, sind nichtig, die Ausgeber sind den Besitzern für allen durch die Ausgabe verursachten Schaden verhaftet. Art. 173. 207 a. Das englische Recht hat keine Festsetzung eines Minimalbetrages der Actien. Im französischen Gesellschaftsgesetz von 1867 sind Minimalbeträge festgesetzt. Cfr. § 22. No. 9. S. 190. cfr. Art. 1. u. 24. a. a. O. u. § 23. No. 5. S. 198., im holländischen Gesetze nicht. Cfr. § 23. No. 6. S. 200.

b) Die Namenactien müssen unter genauer Bezeichnung des Inhabers nach Namen und Wohnort und Stand in das Actienbuch der Gesellschaft eingetragen werden. Im Verhältnisse zur Gesellschaft gelten nur diejenigen als die Eigenthümer der Actien, welche als solche im Actienbuch verzeichnet sind. Art. 182. 183. 223. Bei den Inhaberactien ist eine solche Eintragung nicht erforderlich, auch unnütz, weil diese Actien beliebig veräusserlich und übertragbar sind, wie bewegliche Sachen von Hand zu Hand, wie alle anderen lettres au porteur, auch die Actionaire der Actiengesellschaften mit Inhaberactien beliebig wechseln und ihre Personen wandelbar sind, ja die Gesellschaft gerade auf diese commerziellen Vortheile angelegt worden ist.

c) Die Namenactien können zwar ohne Einwilligung der übrigen

Gesellschafter übertragen werden, doch kann auch in dem Gesellschaftsvertrage bestimmt werden, dass zur Uebertragung die Genehmigung der Gesellschaft oder eines Organs derselben z. B. des Aufsichtsraths erforderlich ist. Art. 182. 223.

Die Uebertragung geschieht durch Cession, sie kann auch durch Indossament nach Maassgabe der Artikel 11—13 der Allgemeinen Deutschen Wechselordnung geschehen, also vermittelst Blanco-Indossaments, Art. 182. 223. Indessen, wenn das Eigenthum einer Actie auf einen andern übergeht, so muss dieses unter Vorlegung der Actie und des Nachweises des Ueberganges bei der Gesellschaft angemeldet und im Actienbuch vermerkt werden. Dabei ist die Gesellschaft zur Prüfung der Legitimation berechtigt aber nicht verpflichtet. Art. 183. 223.

Von allem diesen ist bei den Inhaberactien nichts bekannt, sie gehen, wie vorher eben erwähnt, von Einem zum Andern über, die Gesellschaft hat sich nicht darum zu kümmern, und auch der Inhaber hat sich nicht zu melden oder zu legitimiren; es sei denn, dass er als Inhaber der Actie die ihm desshalb zustehenden Rechte ausüben will, oder dass die Statuten wie bei Anträgen auf Berufung einer Generalversammlung oder Behufs Zulassung zu einer solchen und Mitstimmen in derselben die Legitimation durch Präsentation der Actie resp. Deponirung derselben erlangen, cfr. vorher § 27. No. 10. 15. S. 265. 269.

d) Bei Namenactien bleibt der ursprüngliche Zeichner, so lange die Actie nicht vollständig eingezahlt ist, zur Einzahlung des Rückstandes unbedingt verpflichtet, trotz der Uebertragung auf einen Andern. Bei der Commanditactiengesellschaft darf er dieser Verbindlichkeit Seitens der Gesellschaft nicht entlassen werden, Art. 184. Bei der Actiengesellschaft wird der Actionair durch Uebertragung seines Anrechts von seiner desfallsigen Verbindlichkeit befreit, wenn die Gesellschaft den neuen Erwerber an seine Stelle annimmt und ihn der Verbindlichkeit entlässt, indessen bleibt er auf Höhe des Rückstandes noch ein Jahr, vom Tage des Austritts an gerechnet, subsidiarisch für alle bis dahin von der Gesellschaft eingegangenen Verpflichtungen verhaftet. Art. 223. Cfr. v. Hahn zu Art. 223. § 2.

Bei Inhaberactien ist der Zeichner besser gestellt, er ist eigentlich unbedingt nur für 40 pCt. des Nominalbetrages der Actie verhaftet, davon darf er nicht entbunden werden, er bleibt dafür sogar auch verhaftet, wenn er seines Anrechtes in Gemässheit des Art. 220. cfr. unter No. 25. verlustig erklärt ist; aber im Gesellschaftsvertrage kann die Entlassung der Zeichner nach Einzahlung von 40 pCt. von ihren weiteren Einzahlungsverpflichtungen bestimmt werden und erfolgen; nach einigen Landesgesetzen sogar nach Einzahlung von 25 pCt. Art. 222.

Auch nach französischem und italienischem Recht ist diese Entlassung des Zeichners bei Actiengesellschaften nach Einzahlung eines bestimmten Procentsatzes zulässig. Franz. Gesellschaftsgesetz von 1867. Art. 3. 24. Codice di commercio Art. 135. 151. 152. Nach englischem Recht ist Inhaberactien-Ausstellung nur nach Vollzahlung statthaft; doch wenn auch der im Actienbuch eingetragene Actionair für fernere Einzahlungen haftet, so können doch nach erfolgter Umschreibung solche von ihm nicht mehr gefordert werden.

Man ist übrigens davon abgekommen, in den Gesellschaftsverträgen zu bestimmen, dass die Uebertragung von Namenactien an die Genehmigung der Gesellschaft gebunden sein soll, cfr. vorher litt. c., weil man durch dergleichen wenig werthe Bestimmungen die Veräusserlichkeit der Actien unnöthig erschwert. Namentlich ist sie bei vollgezahlten Actien ganz überflüssig und zweckwidrig; denn nach Vollzahlung der Actien hat die Gesellschaft kein rechtes Interesse, sich den neuen Actionair erst noch vorher anzusehen.

Ueber die Zweckmässigkeit der Entlassung der Zeichner nach Einzahlung von 40 pCt. oder 25 pCt. kann man verschiedener Meinung sein. S. § 30.

Die Prüfung der Legitimation, litt. c., kann die Gesellschaft in allen Fällen vornehmen, wo ein Actionair sein desfallsiges Recht ausüben will; in der Praxis wird aber davon wenig Gebrauch gemacht.

11. Es wird im Handelsregister eingetragen und veröffentlicht: Ob bei einer Actiengesellschaft die Actien auf Namen oder auf Inhaber gestellt sind resp. wie viel Actien auf Namen, wie viel auf Inhaber, wenn das Grundcapital in verschiedene Gattungen getheilt ist, sowie die Zahl und die Höhe des Betrages der Actien sowohl bei Commanditactien- als bei Actiengesellschaften. Art. 176. No. 4, Art. 210. No. 4. und 5.

12. Bei den Actiengesellschaften, namentlich bei den Eisenbahn-Actiengesellschaften, unterscheidet man noch Stamm-Actien und Stamm-Prioritäts-Actien, resp. Prioritäts-Stamm-Actien. Stamm-Actien, auch Actien der ersten Serie, sind eigentlich die Actien des ursprünglichen Grund- — Stamm- — Capitals, zum Unterschiede von den Actien, welche bei einer späteren Vermehrung des Grundcapitals erworben werden, Actien der zweiten u. s. w. Serie. Von diesen Actien haben gewöhnlich die ersteren oder Ihre Inhaber ein Vorrecht auf Entnahme von Actien der ferneren Serien und zwar nur zu dem Pari-Course, wogegen die letzteren an Andere sonst zu einem höheren Course abgegeben werden. Manchmal haben aber auch die Actien der ferneren Serien ein Vorrecht vor denen der ersteren, namentlich in den Dividenden, ja sogar im Fall der Auflösung der Gesellschaft bei Vertheilung des Gesellschaftsvermögens.

Die Stamm- und die Stamm-Prioritäts-Actien unterscheiden sich nun durch ein solches Vorrecht, welches die letzteren haben, gewöhnlich nur in den Dividenden und durch feste Verzinsung während der Vorbereitungszeit des Unternehmens — Art. 217, wozu auch wohl noch jenes Vorrecht im Fall der Auflösung verliehen ist. Manchmal haben die Stamm-Prioritäts-Actien — und namentlich nach Ablauf der Vorbereitungszeit dürfen sie nur haben — einen prioritätischen Anspruch auf gewisse Quoten des Reingewinns, welche zwar Zinsen genannt werden, aber eigentlich keine Zinsen sind, sondern nur Dividenden aus dem Reingewinn. Man spricht bei diesen Prioritätsactien von fünf-, vier- u. s. w. procentigen Prioritäts-Stammactien, ihre Inhaber sind aber keine Zinsgläubiger, sondern nur Dividendengläubiger wie alle anderen Actionaire, indessen empfangen sie ihre Dividenden vorweg vor den übrigen Actionairen. Ihre Zinscoupons, wenn solche mit den Actien ausgegeben werden, sind eigentlich nur Dividendenscheine. Cfr. Anschütz a. a. O. Bd. 2. S. 498. Note 4.

Es ist misslich, obwohl es zur besseren und leichteren Unterbringung dient, den Stamm-Prioritäten auch einen Vorzug bei der Auflösung und Vertheilung des Gesellschaftsvermögens zu gestatten, so dass zuerst die Stammprioritäten aus dem vertheilungsfähigen Gesellschaftsvermögen befriedigt werden, und der Rest den Stammactien bleibt. Die Inhaber der Letzteren können dadurch unter Umständen garnichts empfangen. Indessen man hat bei Eisenbahngesellschaften solches Vorrecht auch von Staatswegen genehmigt. Cfr. z. B. § 22 der Statuten der Halle-Sorau-Gubener Eisenbahngesellschaft. Preuss. Gesetzsammlung von 1868. S. 376.

Nicht zu verwechseln mit den Stamm-Prioritäts-Actien sind die sogenannten Prioritäts-Obligationen. Die Prioritäts-Obligationen sind diejenigen Stücke, in welche eine Anleihe, ein Darlehn, welches die Gesellschaft aufnimmt, getheilt wird. Dergleichen Darlehne werden aufgenommen, wenn das Actiencapital zur Vollendung des Unternehmens nicht ausreicht; am häufigsten sind sie bei Eisenbahngesellschaften vorgekommen. Nach dem Preussischen Eisenbahngesetz vom 3. November 1838 dürfen solche Darlehne nur mit Genehmigung des Handelsministers aufgenommen werden, welcher dieselbe an die Bedingung eines festzustellenden Zins- und Tilgungsfonds zu knüpfen befugt ist. Cfr. § 6. a. a. O. Diese Prioritäts-Obligationen gehen sowohl hinsichtlich des Capitals wie der Zinsen den sämmtlichen Actien, den Stammactien wie den Stamm-Prioritätsactien vor, es ist ihnen das gesammte Vermögen der Gesellschaft verhaftet. Anschütz a. a. O. Bd. 2. S. 499.

Schliesslich besteht für die Prioritäts-Stammactien bei einigen Gesellschaften statutenmässig noch ein fernerer Vortheil darin, dass der Theil der bevorzugten Dividende, welcher in einem Jahre nicht gezahlt werden kann, weil der Jahresreingewinn nicht ausreicht, aus den Ueberschüssen der folgenden Jahre nachzuzahlen ist. Anschütz a. a. O.

13. Zu erwähnen ist noch die Eintheilung der Actien in liberirte und nicht liberirte, je nachdem der volle Actienbetrag eingezahlt ist oder nicht, und der „actions d'industrie," Industrie-Actien, welche für Dienstleistungen gegeben werden, sind im A. D. H.-G.-B. allgemein nicht verboten, nur in Betreff der Einzahlungen der ersten 10 resp. 20 pCt.; schenkweise Zuweisung von Actien zur Remuneration für Dienste ist unstatthaft. Renaud S. 674ff.

14. Die zuerst in Art. 174. und Art. 207. erwähnten Interimsscheine, auch Interimsquittungen, auch Quittungsbogen genannt, sind Quittungen über Einzahlungen, welche auf gezeichnete Actien geleistet worden sind. Weil vor Einzahlung des vollen Nominalbetrages einer Actie bei Actiengesellschaften die Inhaber-Actiendocumente nicht ausgegeben werden dürfen — Art. 222. No. 1. — so giebt man den Actienzeichnern für die Einzahlungen diese Interimsquittungen, welche in der Zwischenzeit die Stelle der Actiendocumente vertreten, so weit es sich um Rechte und Pflichten handelt, welche bereits vor der Volleinzahlung der Actien bestehen. Sie werden, wenn die Gesellschaft bereits durch die Eintragung in das Handelsregister Existenz erlangt hat, ebenso ausgestellt wie die Actien-Urkunden, cfr. No. 5. vorher. Ist die Gesellschaft noch nicht existent, so erfolgt die Ausstellung von dem Gründungscomité oder den sonst dazu in dem Statute für berechtigt erklärten Personen. Man stellt sie mit verschiedenem Inhalt und in verschiedenen äusseren Formen aus, früher fand sich auch wohl ein Formular zu den Interimsquittungen dem Statute beigegeben. Gewöhnlich enthalten sie die Bescheinigung, dass der namentlich Genannte auf die von ihm gezeichnete Actie den und den Procentsatz eingezahlt habe mit der Hinzufügung, wie der Restbetrag einzuzahlen sei und dass gegen Rückgabe des Interimsscheines nach der Vollzahlung die Actie wird ausgehändigt werden an den Präsentanten, ohne Befugniss, die Legitimation zu prüfen. Es finden sich auch wohl auf der Rückseite noch diejenigen Bestimmungen des Statuts abgedruckt, welche über die ferneren Einzahlungen und die Folgen der Säumigkeit oder der Nichtzahlung gegeben sind. Es ist ein Platz gelassen, wo über die ferneren Einzahlungen quittirt werden kann. Aeusserlich haben mehre Gesellschaften diese Interimsquittungen der Prahlerei wegen luxuriös ausgestattet und dabei Geld vergeudet.

Die Interimsquittungen können und dürfen nur auf Namen ausgestellt werden, den einen Fall ausgenommen, wenn bei Actiengesellschaften nach Einzahlung von 40 pCt. die Zeichner aus ihrer Verbindlichkeit entlassen, dann können auch Interimsscheine auf den Inhaber ausgegeben werden. Bei den Commanditactiengesellschaften versteht sich dies von selbst, weil ihre Actien nur Namenactien sein dürfen, bei den Actiengesellschaften ist es Art. 222. geboten. Der Inhaber eines Interimsscheins, welcher auf den Inhaber lautet oder der jedesmalige Actionair, ist dann aber immer noch zur Einzahlung des Restes des Nominalbetrages der Actie verpflichtet, gerade so wie es der entlassene Zeichner war. Man drückt dies auch in dem Interimsschein au porteur wohl noch besonders aus. Viel Werth hat es aber nicht. S. § 30.

Die Interimsquittungen haben nur Bedeutung bei den Actiengesellschaften und den Inhaberactien, weil nur über diese letzte Art Actien vor Einzahlung des Nominalwerths Actienurkunden nicht ausgegeben werden dürfen. Bei Actien auf Namen können die Actien - Documente ausgereicht werden, auch wenn der Nominalbetrag noch nicht voll eingezahlt worden ist, es bedarf also eigentlich keiner Interimsquittungen, es können auf den Actiendocumenten selbst die einzelnen Einzahlungen quittirt werden. Indessen dieses Verfahren ist fast gar nicht in Gebrauch; theils der Sicherheit, theils der äusseren Form wegen werden fast überall, auch bei Namenactien erst Interimsquittungen ausgegeben, und erst nach der Volleinzahlung die Actiendocumente — die definitiven Stücke — dagegen ausgereicht. Cfr. Anschütz a. a. O. S. 413.

Die Interimsquittungen tragen die Nummern der Actien und man verfährt vielfach bei ihrer Abreichung in der Art, dass sie zu einem Volumen zusammengeheftet und aus demselben ausgeschnitten werden, so dass eine Art Talon zurück bleibt, ein Verfahren, welches auch bei den Actiendocumenten beobachtet wird. Dieses Volumen nennt man das Stammbuch oder Stammregister — registre à souche — cfr. Anschütz a. a. O. S. 440.

Nicht zu verwechseln sind die Interimsquittungen mit den gewöhnlichen Quittungen, welche vorläufig, bis die Interimsquittungen fabricirt sind, über die erste Einzahlung gegeben werden.

15. Die Promessen, gleichfalls in Art. 173. u. 207. erwähnt, und denselben Bestimmungen unterworfen, welche dort über die Actien gegeben worden, sind Bescheinigungen über gezeichnete Actien, auf welche die Einzahlung noch zu leisten ist. Sie documentiren also nur, dass der Inhaber die bestimmte Zahl Actien gezeichnet hat, und begründen für denselben einen Anspruch auf Aushändigung der in der Promesse angegebenen Zahl von Actien resp. Interimsscheinen gegen Einzahlung des Capitalbetrages, sei es des ganzen, sei es einer Rate, jenachdem dieses oder jenes bedungen und bestimmt worden ist. Man nennt sie daher auch Berechtigungsscheine und Betheiligungsscheine, doch passt letztere Benennung nicht recht, die sich mehr auf die Actien selbst bezieht, cfr. Anschütz a. a. O. Art. 2. S. 412.

Die Berechtigung aus solcher Promesse kann an verschiedene Bedingungen geknüpft sein, z. B. wird sie gewöhnlich an die Bedingung einer Reduction im Falle der Ueberzeichnung des Grundcapitals gebunden, so dass dann erst abzuwarten ist: ob der Inhaber auch die betreffende Anzahl Actien oder ob er überhaupt Actien zugetheilt erhält, jenachdem desswegen in den Aufforderungen zur Zeichnung die Vorschriften gemacht worden sind. Cfr. Anschütz a. a. O.

Die Promessen werden, sobald eine Einzahlung erfolgt ist, in Interimsscheine verwandelt, oder da die Promessen gewöhnlich über eine Mehrzahl von Actien lauten, so werden dagegen die Interimsscheine über die einzelnen Actien ausgetheilt, welche bei der etwaigen Reduction der Zeichnungen auf den Inhaber gefallen sind. Man spricht auch in diesem Falle in der Börsensprache von dem Erscheinen der definitiven Stücke.

Promessen sind hiernach nicht gleichbedeutend mit Interimsscheinen, obwohl beide Ausdrücke in Art 222. No. 1. identisch gebraucht sind. Man hat dann Promessen mit und ohne Einzahlung zu unterscheiden. Während die Interimsscheine vor der Einzahlung nicht ausgegeben werden, bildet die Ausgabe von Promessen vor der Einzahlung die Regel. Die Ausstellung von Promessen dient eigentlich nur zur Erleichterung der Uebertragung der aus der Actienzeichnung erworbenen Rechte; an und für sich ist sie nicht nothwendig, man kann dieselbe auch durch Benachrichtigung über das Resultat der Zeichnung und Anerkennung des Zeichners als Actionair erreichen. Cfr. Anschütz a. a. O. S. 412. 413.

Auch die Promessen vertreten, wie die Interimsscheine, in der Zwischenzeit die Stelle der Actien, soweit es sich um die Rechte und Pflichten des Actionairs vor der Volleinzahlung handelt.

16. Die Interimsscheine wie die Promessen sind denselben Bestimmungen in Betreff der Höhe des Betrages, sowie der Erhöhung resp. Herabsetzug derselben unterworfen, wie die Actien, ebenso auch hinsichtlich der Inhaber- und der Namenqualität. Art. 173. 207a. 222. No. 1. Dem zuwider ausgestellte sind nichtig und die Ausgeber für den Schaden verhaftet, welche den Besitzern durch die Ausgabe solcher nichtigen Papiere entstanden ist.

Ihre Uebertragbarkeit anlangend, so gilt dasselbe, was in Betreff der Uebertragbarkeit der Actien angeordnet ist. Wenn auch Art. 182. nur von der Uebertragbarkeit und der Uebertragung der Actien spricht, so kann es doch nicht zweifelhaft sein, dieses auch auf Interimsscheine und Promessen anzuwenden, und um so weniger, als eben in Art. 173. u. 207a. hinsichtlich dieser Urkunden dieselben Vorschriften gegeben sind, wie hinsichtlich der Ausstellung der Actienurkunden. Ingleichen sind auf die Interimsscheine und Promessen dieselben statutarischen Bestimmungen zu beziehen, welche für die Uebertragbarkeit der Actien selbst angeordnet worden sind; so dass, wenn die letztere an gewisse Bedingungen oder Förmlichkeiten geknüpft ist, dieses auch hinsichtlich der Uebertragbarkeit und der Uebertragung der Promessen und Interimsscheine gilt. Cfr. Anschütz a. a. O. S. 442. 443. cfr. weiterhin No. 24.

17. Erworben wird das Actienrecht zunächst durch die Betheiligung an dem Actien- resp. Grundcapital, welche vermittelst der sogenannten Zeichnung erfolgt.

Die Zeichnung hat schriftlich zu erfolgen, weiterer Förmlichkeiten bedarf es nicht. Art. 174. 208.

Die betreffende Stelle in diesen beiden Artikeln lautet übereinstimmend: „Zur Actienzeichnung genügt eine schriftliche Erklärung". In dieser Fassung wurde sie, wie aus den Conferenzprotecollen hervorgeht, zuerst bei der Actiengesellschaft aufgestellt, und demnächst auch conform bei der Commanditactiengesellschaft. Es ist ferner aus den Conferenzprotokollen klar, dass man zwischen der Errichtung des Gesellschaftsvertrages und dem Beitritte zu demselben unterschieden hat, dass die Commanditactiengesellschaften in dieser Hinsicht den Actiengesellschaften gleichgestellt worden sind, dass es nicht erforderlich ist, dass die Commanditisten oder alle Actionaire den Gesellschaftsvertrag mit vollziehen, dass es auch zum Beitritt keiner formellen besondern Erklärung bedarf, in welcher etwa die Absicht des Beitritts ausdrücklich ausgesprochen wird, sondern, dass der Beitritt lediglich durch die Actienzeichnung geschieht, und dass man durch den Beitritt Mitglied, Actionair, der Gesellschaft wird, resp. Commanditactionair. Cfr. Prot. 1034 ff. 1037. 1117. Anschütz a. a. O. Bd. 2. S. 417—419.

Ob nun, bevor die Zeichnung mit dieser rectlichen Wirkung erfolgen kann, der Gesellschaftsvertrag bereits gerichtlich oder notariell von den Gründern resp. den persönlich haftenden Gesellschaftern vollzogen sein muss, darüber streitet man. v. Hahn verlangt es. Cfr. zu Art. 208. §§ 9. u. 10.

Man könnte dieses aus den Vorschriften in Art. 174. Alin. 2. erster Satz u. Art. 208. Alin. 2. folgern, und daraus herleiten: es habe bestimmt werden sollen: erst müsse der Gesellschaftsvertrag gerichtlich oder notariell vollzogen sein, und dann erst könne zur Actienzeichnung aufgefordert werden und diese geschehen. Meiner Ansicht nach ist dem aber nicht so. In den besagten Dispositionen ist dieses nicht ausgedrückt, sie enthalten weiter nichts als die Bestimmung der solennen Form des Gesellschaftsvertrages. Unabhängig davon steht die Vorschrift über die Zeichnung, welche den Beitritt vermittelt. Es kann also eine Actienzeichnung, wenn nur schriftlich, sehr gut gültig erfolgen, wenn auch der Gesellschaftsvertrag noch nicht gerichtlich oder notariell vollzogen worden ist. Ueber den Gesellschaftsvertrag, namentlich dessen nothwendigen Inhalt finden sich im Allgemeinen Deutschen Handelsgesetzbuch noch manche Vorschriften, über die Actienzeichnung enthält es weiter nichts als jene bereits erwähnte, dass dazu eine schriftliche Erklärung genügt. Die Verhältnisse der Actienzeichnung sind daher nach den Vorschriften der bürgerlichen Gesetzgebung zu beurtheilen, und es ist dabei auf die Verhältnisse und das Wesen der Commanditactien und der Actiengesellschaften, sowie auf den Willen des Erklärenden auch auf die im Handelsverkehr geltenden Gewohnheiten und Gebräuche Rücksicht zu nehmen. Art. 278. 279.; denn die Zeichnung ist ein Handelsgeschäft. Wie sich nun Jemand überhaupt verbindlich verpflichten kann zu den festgestellten Geldmitteln eines bestimmten Unternehmens einen bestimmten Theil beizutragen, so kann man sich auch in dieser Beziehung verbindlich verpflichten durch die Zeichnung eines bestimmten Betrages von dem bestimmten Actiencapital eines bestimmten Unternehmens einer Commanditactiengesellschaft und einer Actiengesellschaft insbesondere, wenn die einzelnen Actien nach Beträgen und der Gesammtbetrag des Grundcapitals genau festgestellt sind. Man überlässt es dabei den Unternehmern, den Proponenten, die sonstigen, die Einrichtung und den Organismus der Gesellschaft betreffenden Bedingungen und Normen festzusetzen. Man tritt dem ganzen Unternehmen durch die Actienzeichnung bei und übernimmt die Zahlung resp. Leistung eines gewissen Quotalbetrags von den dazu erforderlichen angegebenen Geldmitteln nach der angezeigten Eintheilung dieser Geldmittelsumme in einzelne Antheile, unbekümmert um etwaige sonstige Bedingungen und die sonstigen Institutionen des Unternehmens, welche man sich nach der Bestimmung des Proponenten gefallen lässt; und diese Uebernahme ist verbindlich, wenigstens ist kein gerechter Grund ersichtlich, weshalb man von einer solchen Willenserklärung sollte einseitig zurücktreten dürfen, wenn das Unternehmen, das Capital und die Antheile dieselben bleiben.

Es ist nun auch gar nicht Gebrauch, dass der Gesellschaftvertrag erst notariell oder gerichtlich vollzogen wird, bevor die Actienzeichnungen erfolgen, im Gegentheil, es ist lang hergebrachter Gebrauch, dass sie gewöhnlich vorher geschehen und angenommen werden, meist auf Grund von Prospecten, in welchen das Unternehmen gekenntzeichnet ist.

Freilich die Frage, ob das Unternehmen dasselbe sei, ist Thatsachenfrage und nach den Umständen zu entscheiden, allein man muss dabei nicht zu minutiöse zu Werke gehen, und auf ganz unwesentliche Aenderungen Gewicht legen, oder auf Aenderungen, welche bei solchen Unternehmungen manchmal unausbleiblich, ja nothwendig sind, und zum Vortheile derselben dienen, da gewöhnlich sie längere Zeit im Vorbereitungsstadium sich aufhalten. Man hat deshalb auch die Zeichner zugleich mit der Zeichnung die Erklärung abgeben lassen, dass dieselben sich im Voraus einverstanden erklären mit durch die Umstände nothwendigen Abänderungen; und den Gründern, den Proponenten, die Vollmacht ertheilen lassen, dergleichen Abänderungen vorzunehmen.

Gewöhnlich legen die Proponenten den Zeichnern Formulare von sogenannten Zeichnungsscheinen vor. Es wird in diesen Zeichnungsscheinen öfters auch Bezug genommen auf den von den Proponenten vereinbarten Gesellschaftsvertrag, und es wird denselben die Ermächtigung ertheilt, Abänderungen und Ergänzungen, welche in der Nothwendigkeit der Umstände begründet sind, mit voller Verbindlichkeit für alle Zeichner — Actionaire — rechtsgültig vorzunehmen, den so veränderten Gesellschaftsvertrag gerichtlich oder notariell zu vollziehen, oder die betreffenden Veränderungen in der genannten solennen Form zu verlautbaren, manchmal werden auch nur einige der Proponenten so ermächtigt. Dass dergleichen Erklärungen in den Zeichnungsscheinen vollkommen rechtliche Wirkung haben, ist nicht zu bezweifeln. Unter Umständen ist es gar nicht anders möglich als auf diese Weise behufs Zustandebringung und Eintragung der Gesellschaft in das Handelsregister zu operiren. Bei denjenigen Actiengesellschaften, welche noch unter der Concession und Aufsicht der Staatsregierung geblieben sind, ihres Unternehmens wegen, z. B. bei Eisenbahngesellschaften, kann eigentlich eine Actiengesellschaft gar nicht gut anders zur Existenz gebracht werden. Selbst wenn man das Statut gerichtlich oder notariell verlautbart hätte, kann man doch nicht verher übersehen, welche Veränderungen in den Bestimmungen desselben die Staatsregierung verlangen wird. Aus dem Preussischen Eisenbahngesetz vom 6. November 1838. §§ 1. u. 3. ist hinlänglich zu ersehen, dass schon vor der notariellen Vollziehung des Statuts Zeichnungen angenommen werden können, wenigstens, dass die Zeichnungen schon erfolgt sein müssen, bevor das Statut zur Genehmigung eingereicht wird. Da man nun nicht die in grosser Zahl vorhandenen Actionaire zusammen berufen kann, sie auch wohl selten zusammen bekommen wird, um dergleichen Abänderungen oder Zusätze mitzuvollziehen, da das ganze Unternehmen scheitern würde, wenn auch nur ein einzelner Actionair, vielleicht aus Caprice, die Mitvollziehung verweigert, dadurch aber ein unhaltbarer Zustand im Actiengesellschaftswesen geschaffen werden würde, so bleibt nichts übrig, als die Zeichner die obige Erklärung abgeben zu lassen. Mit dem Einwande, dass ihm das Statut nicht vorgelegt sei, oder dass er es nicht gelesen habe, kann sich ein Zeichner füglich nicht decken, denn es war seine Sache das Statut zu fordern um es einzusehen, daraus, dass er dies unterlassen hat, kann nur gefolgert werden, dass ihm der Inhalt desselben gleichgültig gewesen ist und er es nicht hat einsehen wollen.

Anders verhält sich die Sache allerdings, wenn das Unternehmen nach Zweck und Geschäftsbetrieb als ein wesentlich anderes nach dem Statute sich darstellt, als das im Zeichnungsschein angegebene, oder wenn durch spätere Veränderungen des Statuts eine solche wesentliche Abänderung stattfindet. Dann werden die Zeichner durch ihre Zeichnung nicht an dieses andere Unternehmen, resp. veränderte Unternehmen gebunden sein, und zurücktreten oder die Einzahlungen verweigern können. Auf Veränderung der Firma allein kommt es so sehr nicht an, wenn nur das Unternehmen an und für sich dasselbe bleibt. Die Aenderung der Firma kann durch eine reine Zufälligkeit nothwendig werden, nämlich wenn, ehe die Gesellschaft zur Eintragung in das Handelsregister gelangen konnte, obwohl sie sonst vollständig constituirt war, eine andere Gesellschaft sich mit gleicher Firma hatte eintragen lassen. Auch kann die Concessionsbehörde eine Firma-Aenderung verlangen, und man wird deshalb doch nicht das ganze Unternehmen der Auflösung und dem Verfall anheim geben wollen. Ebenso wenig kann an und für sich eine Reduction des Grundcapitals die Zeichner entbinden, denn eine solche möchte unter Umständen vortheilhaft für sie sein, weil, wenn zu dem Unternehmen weniger an Actiencapital erforderlich ist, die Gewinnantheile grösser werden können. Von Erheblichkeit allerdings ist sie, wenn nachgewiesen werden kann, dass mit dem reducirten Grundcapital der Gesellschaft die Lebensfähigkeit fehlt, denn man kann es keinem Zeichner oder Actionair zumuthen, Geld wegzuwerfen; dass à fond perdu gezeichnet, ist grundsätzlich nicht anzunehmen. Von anderen Veränderungen im Grundcapital ist z. B. die nachträgliche Creirung von Stamm-Prioritäten von Erheblichkeit wegen der ihnen zustehenden Vorrechte. Jedenfalls ist es von Bedeutung und entbindet die Zeichner von ihrer Zeichnung bei einer Commandit-Actiengesellschaft, wenn ein persönlich haftender Gesellschafter sich zurückzieht, oder ein neuer hinzutritt, weil der Schwerpunkt in dem Vertrauen liegt, welches man den persönlich haftenden Gesellschaftern für ihre Person schenkt.

18. Die Zeichnungen werden mit der Namens- — Firmen- — Unterschrift des Zeichnenden vollzogen und in sich abgeschlossen, so dass es auf Abreden, welche in dem Zeichnungsschein nicht ausgedrückt sind, nicht ankommt. Ebensowenig tangiren die Gesellschaft Versprechungen, Abmachungen, Reverse, welche von denjenigen, welche zur Zeichnung auffordern oder bereden, abgegeben worden sind. Es entsteht höchstens ein Verhältniss zwischen dem Zeichner und diesen Personen, welches dem ersteren das Recht geben könnte sich an diese Personen zu halten. S. No. 22. Anders kann sich allerdings die Sache verhalten, wenn diese Personen diejenigen sind, welche bis zur Eintragung der Gesellschaft statutenmässig die Vertreter der Gesellschaft sind; obwohl es auch dann noch immer fraglich bleibt, ob der Zeichner auch aus solchen Reversen nicht bloss einen Regressanspruch an die Gesellschaft hat, den er besonders geltend zu machen haben wird. Denn das Actiencapital haftet den Gläubigern der Gesellschaft, es wird zu diesem Zwecke zusammen gebracht und öffentlich bekannt gemacht; mit dahin zielen auch die Bestimmungen in Art. 177. No. 1. 2. 209a. 210a. No. 1 und 2. Das kann dem Zeichner und darf ihm nicht unbekannt sein; dass er bezüglich dieses Zweckes seinen Antheil zur Zusammenbringung des Actiencapitals beizutragen, und dass er sich wegen besonderer Versprechungen, welche mit jener Bestimmung des Actiencapitals im Widerspruch stehen, sich nur an diejenigen zu regressiren hat, welche sie ihm gegeben haben, dass er, selbst wenn diese Versprechungen von Vertretern der Gesellschaft gegeben worden sind, von der Einzahlung nicht entbunden werden kann. Sonst könnte den Gläubigern ein Theil des Actiencapitals entzogen werden. Muss der Zeichner einzahlen und nimmt er seinen Regress an die Gesellschaft, so tritt er nur in die Categorie der Gläubiger, das Actiencapital bleibt intact. Uebrigens war dem Zeichner

welchem solche Versprechungen oder Reverse gegeben sind, ja Gelegenheit gestattet, in der Generalversammlung nach Art. 209a. zu erscheinen, und solches zur Sprache zu bringen, Hat er es nicht gethan, ist es seine Schuld. Will der Zeichner nicht zahlen, so muss er nicht zeichnen, hat er gezeichnet so muss er zahlen.

Dadurch freilich ist jede Zeichnung bedingt, dass die Gesellschaft zu Stande kommt; das ist selbstverständlich. Der Zeichner trägt auch nicht die Kosten, Provisionen und dergl. des nicht zu Stande gebrachten Unternehmens, welche allein den Proponenten zur Last fallen, die geleisteten Einzahlungen sind dem Zeichner unbedingt und ohne Abzug zurückzuerstatten, es sei denn, dass er in dem Zeichnungsscheine sich zu einem Beitrage besonders verflichtet hat. Renaud a. a. O. S. 212ff. Jedenfalls muss aber der Zeichner die im Zeichnungsschein versprochenen Einzahlungen leisten, und auch ohne besonderes Versprechen die Einzahlungen von 10 resp. 20 oder mehren Procenten, welche schon vor der Constituirung und Eintragung gesetzlich eingezahlt sein müssen.

19. Die Zeichnungen dürfen keine sogenannte Scheinzeichnungen sein. Man hat vielfach zu erkennen gegeben, dass man von Scheinzeichnungen keinen klaren Begriff hat. Eine Zeichnung, neben welcher Reverse abgegeben wurden, hat man beispielsweise unter die Categorie der Scheinzeichnungen gebracht. Solche Zeichnungen sind aber in der That wirkliche Zeichnungen, sie gehören vielleicht zu den bedingten aber nicht zu den Scheinzeichnungen. Eine Scheinzeichnung ist eine unter fingirtem Namen erfolgte, welche mit einen Namen oder einer Firma gezeichnet ist, die nicht existiren. Ist sie mit dem Namen einer Person oder einer Firma gezeichnet, welche existiren, so kann Fälschung vorliegen. Scheinzeichnungen sind so gut wie keine, weil der Actionair fehlt.

20. Die Zeichnungen dürfen auch keine bedingten sein, weder durch eine Suspensiv- noch durch eine Resolutivbedingung; oder an einen bestimmten Zeittermin geknüpfte, welche den bedingten gleichstehen. Die Resolutivbedingung ist hier ominöser als die Suspensivbedingung. Ist nemlich eine Suspensivbedingung gestellt, aber inzwischen erfüllt, so ist die Zeichnung dadurch allerdings unbedingt geworden, und der Zeichner ist gebunden. Dagegen ist eine unter einer Resolutivbedingung erfolgte Zeichnung von Anfang an gar keine. Durch dergleichen bedingte Zeichnungen wird auch das Grundcapital nicht gedeckt, sie dürfen nicht mitgezählt werden, wo es sich um die Frage handelt: ob das Grundcapital vollgezeichnet sei und um den Nachweis der vollständigen Deckung des Grundcapitals durch Zeichnungen. Cfr. No. 21 weiter hin. Cfr. Anschütz a. a. O. Bd. 2 S. 428. 429.

21. Es können mehre Actien in einem Zeichnungsschein gezeichnet werden, man kann das Actiencapital in verschiedenen Zeichnungsscheinen

zeichnen lassen, auch auf einem Blatte in einem Scheine, nur muss jede Zeichnung genau den Betrag der Anzahl Actien welche gezeichnet werden angeben; und wenn das Actiencapital in verschiedene Sorten von Actien zerlegt ist, von welcher Sorte, ob Stamm, ob Stamm-Prioritäten, ob Namen- oder Inhaber-Actien, ob zu diesem Betrage das Stück, oder zu jenem; ob ganze Actien oder Actienantheile; sonst kann die Zeichnung nicht gelten, weil nemlich nicht ersichtlich, welche Actien und welcher Betrag gezeichnet worden ist.

22. Das Actiencapital muss vollgezeichnet sein oder wie das Allgemeinen Deutsche Handelsgesetzbuch sagt: der gesammte Betrag des Grundcapitals durch Unterschriften gedeckt sein, bevor die Gesellschaft als im Innern constituirt und zu Stande gekommen erscheint, bevor sie in das Handelsregister eingetragen worden und somit nach aussen hin zur Existenz als Actiengesellschaft gelangen kann. Art. 177. 210. 209a. Anschütz a. a. O. Bd. 2. S. 428. Es müssen also soviel vollgültige Zeichnungen vorhanden sein, dass die vermittelst derselben gezeichneten Actien resp. Beträge addirt den Betrag des Grundcapitals, oder den Betrag jeder Gattung von Actien und dann alle zusammen den Gesammtbetrag des Grundcapitals ergeben. Hier dürfen Scheinzeichnungen und bedingte Zeichnungen sowie betagte nicht mitgezählt werden, es sei denn, dass bei letzteren der Zeitpunkt herangekommen, oder die Suspensivbedingung offenkundig erfüllt ist. Es kann z. B. eine Zeichnung mitgezählt werden, wenn darin die Bedingung gestellt ist, dass sie nur gelten solle, wenn in der bestimmten Frist das Statut gerichtlich oder notariell vollzogen, oder eine Concession ertheilt oder die Vollzeichung des Grundcapitals erfolgt ist, sobald diese Bedingungen erfüllt sind.

Die Entscheidung der Frage: wie eine Bedingung welche einer Zeichnung hinzugefügt worden ist und wie Versprechungen oder sonstige Nebenabreden, oder besondere Verträge zwischen dem Zeichner und den Proponenten oder anderen Personen welche zur Zeichnung aufgefordert haben, Commissionaire, Agenten u. a. m. wirken, ist überhaupt nicht im Allg. Deutsch. Handegesetzbuchs sondern im Allgemeinen bürgerlichen Recht zu suchen.

Dass der gesammte Betrag des Grundcapitals einer Actiengesellschaft vollständig gezeichnet ist, muss nach der Zeichnung durch eine Generalversammlung auf Grund der ihr vorzulegenden Bescheinigung durch Beschluss und in einer gerichtlichen oder notariellen Urkunde festgestellt werden, wenn nicht sämmtliche Actionaire den Gesellschaftsvertrag abgeschlossen und darin die Erfüllung dieses Erfordernisses anerkannt haben. Art. 209 a.

23. Es muss ferner dem Registerrichter bei dem Antrage auf Eintragung der Gesellschaft die Bescheinigung gebracht werden, dass der gesammte Betrag des Commanditisten- resp. des Actiencapitals durch Unterschriften gedeckt also gezeichnet worden ist. Art. 177. No. 1. 210a. No. 1.

Diese Bescheinigung wird am Besten geführt durch Vorlegung der Zeichnungsscheine, indessen es kommt vor, dass die Registerrichter diese Bescheinigung nicht haben wollen, sondern eine andere Bescheinigungsvorlage; aus welchen Gründen, das mag hier dahin gestellt bleiben. Man hat in diesen Fällen, namentlich bei Errichtung der Actiengesellschaften neuerer Zeit dann durch einen Notar die Zeichnungsscheine nachsehen, prüfen, die Beträge aufrechnen und dann sich von ihm die Bescheinigung ertheilen lassen.

Das kann und muss der Registerrichter aber auch thun. Es ist auch als Bescheinigung passirt, die durch Art. 206. 249. gedeckte Erklärung der persönlich haftenden Gesellschafter und Vorstandsmitglieder. Diese Bescheinigung hat ohne Vorlegung der Zeichnungsscheine ihr Bedenkliches. Selbstverständlich können und dürfen bedingte Zeichnungsscheine — cfr. vorher No. 22 —, Scheinzeichnungen, nicht gehörig mit Unterschriften vollzogene, Zeichnungen über Actien zu geringeren als den gesetzlichen Beträgen nicht mitgezahlt werden, sonst ist die Bescheinigung falsch, und die Angabe, dass das Grundcapital durch Unterschriften gedeckt sei, ebenfalls falsch, Indessen bei der Bescheinigung kommt es auf den prima facie Beweis an. Ein vollständiger Beweis ist nicht zu führen. S. das Nähere bei Art. 177. u. 209a. im besond. Theil.

24. Die Uebertragung der Actien und des Actienrechts anlangend, so werden die Actiendocumente einer Actiengesellschaft, wenn die Actien auf den Inhaber lauten, ebenso die auf den Inhaber gestellten Interimsscheine mit 40 pCt. Einzahlung oder mehr, veräussert, sammt allen daran klebenden Actienrechten, ebenso wie andere Inhaberpapiere; wie Sachen.

Die Namenactien können nur durch Cession aber auch durch Indossament, vollständig ausgefülltes oder Blancoindossament, übertragen werden, der blosse Besitz eines solchen Actiendokuments verleiht die Actienrechte nicht resp. giebt dem Inhaber keine Legitimation zur Ausübung desselben, ja im Verhältniss zu der Gesellschaft muss er noch im Actienbuche eingetragen sein, wenn die Gesellschaft darauf sehen und die Legitimation prüfen will. Art. 183. Alin. 3.

Selbstverständlich gehen aber auch die Namenactien und die Rechte des Actionairs wie alle anderen Vermögensobjecte durch Universalsuccession, durch Erbgang auf die Erben über, ohne dass es eines besonderen Uebertragungsactes bedarf; indessen auch die Erben haben ihre Eintragung in das Actienbuch bewirken zu lassen, wenn sie der Gesellschaft gegenüber legitimirt gelten wollen.

Dass Namenactien ausdrücklich auf Ordre gestellt sind. ist nicht erforderlich, die Uebertragbarkeit durch Indossament haben sie, wie die Wechsel, durch das Gesetz empfangen. Dadurch ist ihre Uebertragbarkeit wesentlich erleichtert, sie sind dadurch negociable Papiere geworden wie

Wechsel und Ordrepapiere. Art. 301. cfr. Anschütz a. a. O. Bd. 2. S. 441. Indessen nur die §§ 11—13. der Allgemeinen Deutschen Wechselordnung sollen bei dem Indossament der Namenactien gelten, die wechselrechtlichen Bestimmungen über den Regress des Indossatars an seine Vormänner sind ausgeschlossen, und es müssen daher rücksichtlich eines solchen Regresses die gewöhnlichen civilrechtlichen Vorschriften Platz greifen, namentlich hat ein Inhaber nur Ansprüche an seinen unmittelbaren Vormann; er kann solche auch nicht allein aus dem Indossament begründen, sondern aus dem Rechtsverhältniss, welches diesem Indossament zum Grunde liegt. Dieses ist von Wichtigkeit namentlich, wo es sich um den Schadensersatz wegen Ausgabe nichtiger Actien handelt. S. das Nähere bei Art. 174. 207a. im besond. Theil.

Das Gesetz bestimmt nur, dass die Uebertragung ohne Einwilligung der übrigen Gesellschafter geschehen kann, dass der Eigenthumsübergang unter Vorlegung der Actien und des Nachweises des Ueberganges bei der Gesellschaft anzumelden und im Actienbuch zu bemerken ist, und dass die Gesellschaft wohl die Berechtigung hat, die Legitimation zu prüfen, aber nicht die Verpflichtung. Art. 182. Al. 3. Art. 183.

In Beziehung auf die Uebertragung ist es ausdrücklich gesagt, dass der Gesellschaftsvertrag auch andere Normen darüber aufstellen könne, z. B. die Genehmigung der Gesellschaft. Die andere Bestimmung wird durch die Licenz die Legitimation zu prüfen oder nicht, erheblich abgeschwächt, wenn man auch annehmen will, dass sie im Gesellschaftsvertage nicht abgeändert werden darf, im Verkehr ist sie lästig und wird in der Praxis auch nicht so strenge befolgt.

Will die Gesellschaft aber die Aechtheit der Indossamente prüfen, so kann ihr dieses Niemand verwehren; der Ansicht Renaud's, welcher ihr diese Berechtigung absprechen will, so dass die Gesellschaft mit dem Nachweise der Identität des Präsentanten mit dem auf der Actie bezeichneten letzten Besitzer begnügen soll, kann ich nicht beistimmen. Cfr. Renaud a. a. O. S. 370. Uebrigens ist auch die Erwähnung des Art. 36. der Allgemeinen Deutschen Wechselordnung in der Conferenz ausdrücklich abgelehnt. Cfr. Prot. S. 5072. 5073. v. Anschütz a. a. O. Bd. 2. S. 444. Note *. Allerdings wird in der Praxis die Gesellschaft, wenn sie überhaupt eine Legitimationsprüfung vornimmt, sich wohl mit dem vorher erwähnten Nachweise begnügen, allein von Rechtswegen hat sie immer jene obige weitere Legitimationsprüfung vorzunehmen, wenn sie eben will. Weil nun die Namenactien im Verkehr fast ebenso stark circuliren wie die Inhaberactien, so macht sich die Legitimation und die Legitimationsprüfung in der Praxis ganz anders, als dieses im Gesetz geschrieben ist. In vielen Fällen sind die Indossamente nicht in Ordnung, und da die Gesellschaft die Legitimation nicht zu prüfen braucht, so wird sie practisch sich desselben entschlagen, es sei denn, dass sie ganz besondere zwingende Gründe dazu veranlassen. Die juristische Bedeutung der Uebertragung des Actienrechts ist in mancher Richtung controvers, aber soviel ist unzweifelhaft, dass, wenn sie gegen einen bestimmten Preis geschieht, sie im Wesentlichen nach den Regeln des Kaufs zu beurtheilen ist. Cfr. Entscheid: d. Reichs-Ober-Handelsgericht vom 14. Mai 1872. Entsch. Bd. 6. S. 145. ff. Cfr. Renaud a. a. O. S. 354 ff. Es ist übrigens zur Uebertragung der Actien resp. der Actionairrechte nicht erforderlich, dass darüber bereits Urkunden ausgestellt sind. Cfr. Renaud a. a. O. S. 356.

Dass Interimsscheine und Promessen ebenso übertragbar sind wie die Actien davon ist schon vorher No. 16. Erwähnung gethan.

Hier könnte der Gesellschaft allerdings eine Legitimationsprüfung auferlegt sein, weil im Gesetze ihr dieselbe nicht ausdrücklich erlassen worden ist, obwohl man auch nicht mit Unrecht sagen kann: was von den Actienurkunden und von den Actien überhaupt in Art. 183. bestimmt worden ist, gilt auch von Interimsscheinen. Allein in den Statuten kann diese Legitimationsprüfung ebenfalls ausgeschlossen oder facultativ gemacht werden, was dann auch gewöhnlich geschieht.

Es versteht sich von selbst, dass mit der Uebertragung der Actien sowie die Rechte auch die Pflichten des ursprünglichen Inhabers resp. des Zeichners auf den neuen Inhaber übergehen, und dass der Gesellschaft gegenüber ohne Weiteres der erste Inhaber resp. Zeichner von seiner Verbindlichkeit als solcher nicht frei wird. Cfr. weiterhin No. 25.

Wegen des Uebergangs der Rechte auf Dividenden s. No. 34.

Nach dem französischen Recht geht ebenfalls bei Inhaberactien das Eigenthum durch Uebergabe der Actie (des Titels) über, bei Namenactien kann sie durch Einschreibung in die Bücher der Gesellschaft festgestellt werden, durch eine von dem Uebertragenden resp. seinem Bevollmächtigten eingeschriebene und unterzeichnete Erklärung. Cfr. Art. 36. Code de comm., ebenso im holländischen Recht Art. 42. Wetb. v. Kooph. nur muss die Erklärung auch von dem, der die Actie übertragen erhält, unterschrieben werden.

25. Volleinzahlung der Actien findet von vorn herein gewöhnlich nicht statt, indess der Zeichner und Actionair ist zur Volleinzahlung der Actien verpflichtet. Dieser Betrag ist indessen das Maximum, welches er zu dem Gesellschaftsvermögen und den Gesellschaftszwecken beizutragen hat. Darüber hinaus darf er nicht in Anspruch genommen werden. Art. 157. 165. 219. 220.

Wann resp. unter welchen Umständen bei der Actiengesellschaft die Zeichner ihrer Verpflichtung zur Volleinzahlung entlassen werden können, davon ist schon vorher No. 10. die Rede gewesen. Bei der Commanditactiengesellschaft findet eine solche Entlassung der Zeichner überhaupt nicht statt. Dort gilt durchweg der Grundsatz der offenen Gesellschaft und der gewöhnlichen Commanditgesellschaft, dass die versprochene Einlage voll eingezahlt werden muss, widrigenfalls Zinsen zu zahlen und Schadensersatz zu leisten ist. Art. 95. 157. 165. Von Zurückzahlungen der Einlagen ist späterhin die Rede.

Die Statuten der Commanditactiengesellschaften enthalten fast sämmtlich Bestimmungen über die Folgen der Säumigkeit oder der gänzlichen Unterlassung der Einzahlungen, ähnlich denen, welche für die Actiengesellschaften, theils im Gesetz Art. 220. 221. gegeben, theils in den Statuten bestimmt sind. Hiernach ist der säumige Actionair von Gesetzeswegen zunächst zur Zahlung von Zinsen verpflichtet, Art. 220. Alin. 1. — cfr. Art. 95. — es können unbeschränkte Conventionalstrafen bedungen, auch der Verlust der Actienrechte angedroht und zur Ausführung gebracht werden; wobei dann der Actionair derjenigen Einzahlungen, welche er bereits geleistet hat, zu Gunsten der Gesellschaft verlustig geht. Art. 220. Alin. 2. cfr. Renaud a. a. O. S. 646ff.

Gewöhnlich werden die Einzahlungen in einzelnen Raten eingefordert, und man hat in den Statuten die Befugniss zur Einforderung theils den persönlich haftenden Gesellschaftern, theils dem Vorstande, theils auch dem Aufsichtsrathe überlassen, den persönlich haftenden Gesellschaftern und dem Vorstande gebührt sie von Gesetzeswegen und wenn im Statute nichts bestimmt ist. Auch der Modus der Aufforderungen ist wohl in den Statuten bestimmt, in Ermangelung solcher Bestimmungen geschieht sie in derselben Form, in welcher die Bekanntmachungen in den Gesellschaftsblättern erfolgen, über welche letzteren die Statuten ja Bestimmungen enthalten müssen. Art. 221. 209. No. 12. cfr. Renaud a. a. O. S. 642 ff.

Wenn nicht in den Statuten ausdrücklich etwas bestimmt ist, kommt es auf die Gründe der Versäumung oder Nichteinzahlung, namentlich ob dem Actionair eine Verschuldung zur Last fällt oder nicht, garnicht an. Cfr. Renaud a. a. O. S. 654. 655.

Indessen es darf kein Actionair seines Anrechtes verlustig erklärt werden, wenn nicht die Aufforderung zur Zahlung mindestens dreimal in den Gesellschaftsblättern, das letzte Mal wenigstens 4 Wochen vor dem für die Einzahlungen festgesetzten Schlusstermin bekannt gemacht worden ist; bei Namenactien kann die Bekanntmachung dieser Aufforderung durch besondere Erlasse an die einzelnen Actionaire erfolgen, welche dann die Bekanntmachung in den Gesellschaftsblättern vertritt. Art. 221. Alin. 2.

Die Bekanntmachung durch Erlasse ist nicht practisch und mit allerhand Umständen verknüpft, die öffentliche Bekanntmachung ist vorzuziehen. Die Aufforderung auf beide Weisen in den Statuten vorzuschreiben, ist zwar sehr coulant gegen die Actionaire, aber beschwerlich in der Ausführung. Um bei Namenactien nicht die Actionaire zu benennen, hat man in den Statuten die Anordnung getroffen, dass es genügen soll, wenn nur die Nummern der Actien oder der Quittungsbogen in den Aufforderungen resp. Bekanntmachungen aufgeführt werden. Man behält es sich auch vor, und giebt dem persönlich haftenden Gesellschafter, dem Vorstande oder dem Aufsichtsrath Befugniss zu wählen, ob die fälligen Einzahlungen nebst Zinsen und Conventionalstrafe einzufordern resp. einzuklagen sind, oder das Verlusterklärungsverfahren einzuschlagen ist. Gegen diese Maassregeln lässt sich gesetzlich nichts einwenden. Selbst wenn ein säumiger Actionair seine Actie veräussert, bleibt er für die verwirkte Conventionalstrafe verhaftet, die Folgen der Säumigkeit werden aber geheilt, wenn die Gesellschaft selbst die Actien erwerben sollte, cfr. Erkenntn. d. R. O. H. G. vom 14. Mai 1872. Entsch. Bd. 6. S. 145. ff.

Der Umstand, dass ein Actionair in Concurs verfällt, ändert an den vorstehenden Rechten der Gesellschaft nichts, sie kann als Liquidantin auftreten — der ganze rückständige Betrag ist zu liquidiren — oder das Verlusterklärungsverfahren einschlagen. An und für sich hat die Gesellschaft durch den Concurs kein Recht, das Verhaltniss mit dem Actionair zu lösen, aber sie kann Dividenden und Zinsen so lange zurückhalten, bis sie wegen ihre Forderungen incl. Conventionalstrafe und Zinsen befriedigt ist. Cfr. Renaud a. a. O. S. 659—661.

Ist der Actionair seiner Rechte verlustig, so werden auch seine Actien resp. die Interimsscheine für null und nichtig erklärt, und dieses öffentlich bekannt gemacht. Die Statuten enthalten darüber nähere Bestimmungen. Der sonst nicht schon entlassene Zeichner, sowie bei Namenactien der gewesene Actionair, bleibt dennoch für den Rest des Nominalbetrages verhaftet. In Stelle der anullirten Actien werden neue creirt resp. neue Zeichner angenommen: und neue Actiendocumente resp. Interimsscheine ausgefertigt.

Die Verlusterklärung ist das einzige Mittel gegen die Inhaber von Interimsscheinen au porteur, wenn nach Art. 222. die Entlassung der Zeichner nach Einzahlung von 40 pCt. stattgefunden hat. Cfr. v. Hahn zu Art. 222. § 3. Renaud a. a. O. S. 638. S. § 30. No. 12.

Ist in den Statuten ein bestimmter Zeitpunkt für die Einzahlungen festgesetzt worden, so bedarf es ausser den drei öffentlichen Aufforderungen in Art. 221. Alin. 2. keiner weiteren Aufforderung, um den Actionair seine Rechte verlustig zu erklären, auch wenn der Zeitpunkt nur mit Bezug auf ein Ereigniss bestimmt ist, z. B. sofort nach der Eintragung in das Handelsregister.

Es sind bestimmte Theileinzahlungen gesetzlich vorgeschrieben, welche geleistet sein müssen, bevor die Gesellschaft constituirt ist und ins Handelsregister eingetragen werden, also Existenz nach aussen hin erlangen kann.

Fünfundzwanzig Procent müssen bei Commanditgesellschaften von jedem Actionair auf jede gezeichnete Actie, und zehn

Procent resp. bei Assecuranzgesellschaft zwanzig Procent des von jedem Actionair gezeichneten Betrages mindestens eingezahlt sein, und es muss darüber dem Registerrichter eine Bescheinigung beigebracht werden, ehe die Eintragung der Gesellschaften in das Handelsregister erfolgen darf. Art. 177. No. 2. Art. 210a. No. 2. Ingleichen und ausserdem müssen bei Actiengesellschaften diese Einzahlungen in einer Generalversammlung constatirt werden, wenn nicht alle Actionaire den Gesellschaftsvertrag vollzogen und die Einzahlungen anerkannt haben. Art. 209a.

Bevor diese Einzahlungen nicht erfolgt und nicht constatirt sind, und bevor der desfallsige Betrag nicht in das Gesellschaftsvermögen, die Kasse der Gesellschaft geflossen, ist die Gesellschaft nicht constituirt, und kann nach aussen hin nicht existent werden; um die ferneren Einzahlungen hat der Registerrichter sich nicht zu kümmern. Es ist auch nicht verboten, das Grundcapital zu erhöhen und neue Actien zu emittiren, selbst wenn die Actien einer früheren Emission noch nicht voll eingezahlt sein sollten. Dieser letztere Umstand steht namentlich der Eintragung der Erhöhung des Grundcapitals nicht entgegen. Aber auch bei einer Erhöhung des Grundcapitals müssen jene 25 resp. 10 und 20 pCt. Einzahlungen baar geleistet und in das Gesellschaftsvermögen übergegangen sein.

Falsche Angaben des Vorstandes und des Aufsichtsraths sind in Art. 206. u. 249. verpönt.

Um die weiteren Einzahlungen kümmert das Gesetz sich überhaupt nicht. Nur wenn wiederum Einlagen gemacht, welche nicht in baarem Gelde erfolgen oder besondere Vortheile bedungen und resp. dafür Actien gegeben werden sollen, müssen die Zahl der Actien und resp. der Preis nach einer Prüfung durch zwei resp. eine Generalversammlung festgesetzt werden, jenachdem es sich nun um eine Commanditactien- oder eine Actiengesellschaft handelt. Darüber ist schon im § 27. No. 22. S. 278. gesprochen worden. In der Regel ist anzunehmen, dass die Einzahlungen in Baar erfolgen müssen. Cfr. Renaud a. a. O. S. 677.

Das französische Gesellschaftsgesetz von 1867 fordert bei Commanditactiengesellschaften und bei Actiengesellschaften eine Einzahlung fürerst von 25 pCt., Art. 1. und 24., sowie den dessfallsigen Nachweis durch einen notariellen Act Seitens des Geranten und bei Actiengesellschaften durch die Gründer mit Verification durch die Generalversammlung, cfr. daselbst.

26. Die Actien oder Actienantheile sind untheilbar. Art. 182. 207. Es kann wie wir vorher gesehen haben, das Actiencapital auch in Actienantheile, Atiencoupons zerlegt und in den Verkehr gebracht werden, cfr. vorher No. 3. in Art. 173. 207.

Mit der Untheilbarkeit ist die weitere Theilung der Actien und Actienantheile durch die Inhaber und die Veräusserung solcher einzelnen Antheile untersagt, beziehungsweise der Gesellschaft gegenüber untersagt; denn wenn es auch dem Inhaber einer Actie oder eines Actienantheils nicht verboten werden kann, einen oder mehrere Andere an seiner Actie zu betheiligen, wenn sich eine solche Betheiligung mehrerer auch von selbst, z. B. durch Erbgang vermittelt, so gilt sie doch der Gesellschaft gegenüber nicht derartig, dass diese nun die einzelnen Theilnehmer resp. Erben als Inhaber ihrer einzelnen etwa gesonderten Theile an der Actie oder an dem Actienantheil anzuerkennen braucht; die Gesellschaft erkennt nur die ungetheilte Actie resp. den ungetheilten Antheil an, resp. haben sich die mehrere Miteigenthümer über einen Träger des Actienrechts zu einigen. Cfr. v. Hahn Art. 207. § 3. Anschütz a. a. O. Bd. 2. S. 406.

Dagegen kann die Gesellschaft die Actien in beliebige Antheile zerlegen, und auch die ursprüngliche Theilung der Actien ändern, allerdings nur durch einen Generalversammlungsbeschluss, welcher eine Statutenänderung involvirt und als solche zu behandeln ist. Art. 214. cfr. v. Hahn a. a. O.

Indessen von den Actienantheilen gilt im Wesentlichen dasselbe, was in Betreff der Actien selbst bestimmt worden ist; sie sind eben nur kleinere Theile der als Einheit geltenden Actie. Namentlich finden die Bestimmungen in Betreff der Minimalhöhe, der Stellung auf Namen oder Inhaber, der Amortisation auch auf Actienantheile Anwendung. Art. 173. 175. No. 4. 176. No. 6. 207. 207a. 209. No. 4. 5. 210. No. 4. 5. 222. 223. 215. und es dürfen daher die Actienantheile nie geringer als jene Minimalhöhe gestellt werden.

Hinsichtlich der Ausübung des Actienrechtes der Antheile so können dieselben zwar selbstständig übertragen werden, wie die Actien, indessen verbleibt die Actie selbst im Verhältniss zur Gesellschaft das einheitliche Ganze: und die Betheiligung des Antheilsinhabers ist lediglich eine pecuniaire. Dies zeigt sich insbesondere bei der Ausübung des Stimmrechtes. Der Viertelsactieninhaber hat nicht etwa eine Viertelsstimme, sondern das Innehaben sovieler Actienantheile, als dem Betrage nach zusammen einer Actie gleichkommen giebt eine Stimme, und da die Actien gewöhnlich nummerirt sind, also die Actienantheile die Nummer der Actie tragen, von welcher sie Theile sind, so kann nur derjenige eine Stimme führen, welcher entweder als Inhaber oder Vertreter alle Antheile der betreffenden Actie in sich vereinigt. Cfr. v. Hahn zu Art. 224. Note 4. Anschütz a. a. O. Bd. 2. S. 405.

Die Antheile einer Actie haben dieselbe Nummer, welche die Actie trägt, zu führen, man kann sie durch Buchstaben oder sonst von einander unterscheidbar machen. Cfr. Anschütz a. a. O. Bd. 2. S. 405. Note 5. Renaud a. a. O. S. 88.

Bei Säumigkeit in der Einzahlung schuldiger Raten treffen die Folgen den einzelnen Antheilsinhaber.

Die Zerlegung in Actienantheile ist nicht gebräuchlich, indessen sie kann manchmal nachträglich vorgenommen werden müssen, wenn man ursprünglich den Betrag der Actie sehr hoch gegriffen hat.

Nach englischem Recht ist die Theilung der Actien in kleinere Beträge ebenfalls statthaft, bei nicht vollgezahlten Actien muss bei den Theilactien dasselbe Verhältniss der Einzahlung zum Rest obwalten wie bei den ursprünglichen Actien. Gesellschaftsacte von 1864. 21. 22.

27. Die Erhöhung des Actien- oder Grundcapitals involvirt eine Statutenänderung.

Man hat, um nicht eine Statutenänderung vornehmen zu müssen, dergleichen Erhöhungen in neuerer Zeit schon von vorn herein in den Statuten vorgesehen, und die Beschlussnahme darüber dem Aufsichtsrath, bei Commanditactiengesellschaften auch den gemeinschaftlichen Beschluss der persönlich haftenden Gesellschafter und des Aufsichtsraths anheim gegeben, diesen es auch überlassen, die besonderen Bestimmungen der neuen Emission festzusetzen; manchmal ist indess diesen Organen nur die Ermächtigung einer Erhöhung bis zu einer bestimmten Grenze ertheilt, weitere Erhöhungen aber sind dem Beschluss der Generalversammlung vorbehalten. Es kann überhaupt in den Statuten vorher angeordnet werden, wer über die Erhöhung des Grundcapitals zu bestimmen haben soll, und wenn nichts angeordnet ist, so hat die Generalversammlung darüber zu beschliessen. Die Zulässigkeit solcher statutarischen Bestimmungen ist bisher nicht angezweifelt worden und kann auch nicht angezweifelt werden. Cfr. Anschütz a. a. O. Bd. 2. S. 483. Renaud a. a. O. S. 683 ff. Selbstverständlich darf aber die Gesellschaft nur mit dem fürerst emittirten vollgezeichneten und gesetzlich theilweise eingezahlten Grundcapital constituirt und eingetragen werden. Wenn also, wie es wohl in den Statuten heisst, das Capital auf 2 Millionen in Aussicht genommen, wovon aber zuvörderst eine Million emittirt wird, so besteht das Grundcapital effectiv nur aus einer Million, um die zweite kümmert sich der Registerrichter vorläufig nicht, sie darf auch nicht in das Handelsregister eingetragen werden, weil sie noch in die Luft schwebt. Andernfalls würde das Publikum getäuscht werden. Bestimmungen, wie die ebenerwähnte, sind unnütze, vielleicht auf Täuschung angelegte Prahlereien, es genügt, die Erhöhung überhaupt vorzubehalten, wenn man sie eben in andere Hände legen will als die der Generalversammlung, denn letzterer ist es stets erlaubt das Grundcapital zu erhöhen, cfr. § 16. No. 7. und wenn man einer Statutenänderung aus dem Wege zu gehen beabsichtigt.

Beschlüsse über Erhöhungen des Grundcapitals müssen gerichtlich oder notariell abgefasst sein, sie müssen auch, wenn die Eintheilung der neuen Emission in andere Antheile erfolgt als die der früheren die dessfallsigen Bestimmungen enthalten, und es muss dieses ins Handelsregister eingetragen resp. veröffentlicht werden. Art. 198. 214.

Dass dergleichen Statutenbestimmungen über Grundcapitalerhöhungen zu veröffentlichen sind, meint Anschütz a. a. O. Bd. 2. S. 483., doch spricht Art. 210. No. 4. davon nicht; und erst recht nicht Art. 176. Die Veröffentlichung erscheint hiernach nicht nothwendig. Im Uebrigen sind neue Emissionen von Grundcapital ebenso zu behandeln, als die erste ursprüngliche, mit welcher die Gesellschaft constituirt ist; s. vorher No. 25.

Von etwaigen Gründervorrechten ist in § 16. No. 8. S. 123. § 22 No. 8. S. 204. abgehandelt. Cfr. auch Renaud a. a. O. S. 697. 698. Dass den Actionairen früherer Emissionen ein Vorrecht auf Zeichnung der Actien neuer Emissionen zu einem niedrigeren Course als dem Emissionscourse, jedoch nicht unter Pari, gestattet wird, ist statthaft, und es haben diese Actionaire, wenn sie noch im Besitz ihrer Actien und Actienrechte sind, auch ein Recht zu dieser Zeichnung zugelassen zu werden; anderenfalls können sie Schadensersatz von denjenigen verlangen, welche sie ausgeschlossen haben. Aber sie müssen sich durch Vorzeigung ihrer Actien legitimiren. Auf den präsentirten Actien wird ein Vermerk gemacht, dass das Bezugsrecht ausgeübt worden sei, damit die Actien nicht nochmals präsentirt werden. Cfr. Renaud a. a. O. S. 376.

28. Das Grundcapital steht unter der Verwaltung der persönlich haftenden Gesellschafter, des Vorstandes oder auch des Aufsichtsraths resp. anderer Organe, jenachdem letzteres in den Statuten bestimmt ist. Das äussere Verhältniss anlangend, also Dritte gegenüber disponiren die persönlich haftenden Gesellschafter oder der Vorstand darüber unumschränkt. Cfr. § 24. u. § 25. No. 4. u. 10.

29. Bei der Bilanz steht der ganze Betrag des Grundcapitals nebst dem in dem Gesellschaftsvertrage vorgeschriebenen Reservefonds unter den Passivis. Diess ist für Actiengesellschaften noch besonders in Art 239a. vorgeschrieben.

30. Das Grundcapital geht zu Grunde und resp. es verschwindet ganz oder theilweise durch Verluste, welche die Gesellschaft erleidet, oder durch Reduction und Zurückzahlungen an die Actionaire, insbesondere durch Amortisation von Actien, — mit dieser Amortisation ist nicht zu verwechseln die Amortisation von verlorenen oder vernichteten Actien, denn dadurch wird das Grundcapital nicht alterirt, — durch die Fusion, wo es mit dem Gesellschaftsvermögen in das Eigenthum einer anderen Actiengesellschaft übergeht, durch Bezahlung der Gläubiger resp. die Vertheilung in Folge der Liquidation resp. des Concurses.

Ist das Grundcapital einer Actiengesellschaft zur Hälfte verloren, so muss vom Vorstande eine Generalversammlung berufen und ihr davon Anzeige gemacht werden. Art. 240.

Von der Fusion ist schon in § 18. No. 6. S. 140ff. gehandelt. Desgleichen und von der desfallsigen Competenz der Generalversammlung sowie den desfallsigen Beschlüssen in § 16. No. 7. u. §. 27. No. 20.

Desgleichen hat die Amortisation von Actien schon in § 18. No. 7. und 8. S. 142ff. ihre Erwähnung gefunden. Die Amortisation geschieht gewöhnlich nach einem besonderen Amortisatinsplane und es werden aus dem Reingewinn gewisse Beträge zu einem Amortisations- oder Tilgungsfonds abgesetzt, um damit nach und nach die Actien zu amortisiren. Cfr. Renaud a. a. O. S. 679. Bei Actiengesellschaften ist die Amortisation von Actien eigentlich verboten; sie ist nur statthaft, wenn sie in dem Primordial-Gesellschaftsvertrag zugelassen ist, oder durch einen vor Ausgabe der Actien gefassten Beschluss. Cfr. Art. 215.

Verschieden von der Amortisation der Actien ist die Amortisation der etwa aufgenommenen Prioritätsanleihen, welche ebenfalls nach einem Plane erfolgt und aus dem Reingewinn geschieht. Cfr. in Betreff der Eisenbahngesellschaften vorher No. 12. S. 310.

Die Reduction und sonstige Zurückzahlungen des Grundcapitals anlangend so können sie unmittelbar aber auch mittelbar erfolgen. Unmittelbar geschehen sie dadurch, das ausdrücklich die Reduction resp. die Zurückzahlung des Grundcapitals beschlossen und demnächst ausgeführt wird. Uebrigens ist es Regel: dass kein Actionair den eingezahlten Betrag zurückfordern darf. Art. 216. Bei den Commandit-Actiengesellschaften darf eine theilweise Zurückzahlung des Commanditistencapitals nur vermöge einer Abänderung des Gesellschaftsvertrags und nur unter Beobachtung der für die Vertheilung des Gesellschaftsvermögens im Falle der Auflösung maassgebende Besimmungen erfolgen, Art. 203. 201. 202. Dasselbe ist in Betreff der Reduction und der theilweisen Zurückzahlung bei den Actiengesellschaften bestimmt. Art. 248. 243. 245. Mit persönlicher und solidarischer Verhaftung zum Schadenersatz sind die Mitglieder des Vorstandes und des Aufsichtsraths bedroht, wenn sie dem zuwiderhandeln. Art. 204. 225.

Bei Reductionen und Zurückzahlungen von Grundcapital interresiren die Gläubiger der Gesellschaft, die desfallsigen Gesetzesvorschriften sind deshalb im öffentlichen Interesse gegeben, auch muss deshalb die Eintragung im Handelsregister stattfinden, damit Jeder davon Kenntniss nehmen kann.

Mittelbar können sich solche Reductionen von Grundcapital durch Zahlung von Zinsen und Dividenden, welche nicht aus dem Reingewinn kommen und durch Ausgabe von Actien unter dem Nominalwerth, unter Pari, vollziehen. Auch diese sind bei der obigen persönlichen und solidarischen Verhaftung verboten, mit Ausnahme der Zinsen während der Vorbereitungszeit des Unternehmens von Actiengesellschaften. Art. 197. 204. 217. 225. Cfr. wegen der Zahlung ungesetzlicher Zinsen und Dividenden vorher § 28. No. 11. u. 20.

Nach englischem Recht ist eine Reduction von Capital und Actien statthaft, aber sie muss nach einer nachgesuchten Ordre des Gerichts vom Registrator eingetragen und der Firma der Zusatz „reduced und reducirt" hinzufügt werden; Cfr. Acte von 1867 9—20. wo noch nähere Bestimmungen über die Reduction gegeben sind. Das holländische Recht verbietet die mittelbare Reduction in Art. 49. Wetboek van Koophandel durch eine Vorschrift wie sie Art. 199. Alin. 1. und 2. des Allgemeinen Deuschen Handelsgesetzbuchs enthält; desgleichen das französische Recht durch das Verbot der Vertheilung fictiver Dividenden. Gesellschaftsgesetz von 1867. Art. 14. 44. 45.

Um das durch Verluste verminderte Grundcapital zu ergänzen, oder um zu unvorhergesehenen Ausgaben zu dienen, legt man den sogenannten Reservefonds an. S. darüber weiterhin No. 36.

31. Besonders zu erwähnen ist noch die Ausgabe von Actien unter Pari unter ihrem Nominal- oder Nennwerthe. Sie ist an und für sich unstatthaft, denn sie involvirt ganz unzweifelhaft eine Reduction des Actiencapitals um soviel als die Actien unter Pari ausgegeben werden, eine Reduction welche nur vermittelst einer Statutenänderung in Gemässheit der Art. 214. 248. bei Actiengesellschaften erfolgen könnte und bei Commandit-Actiengesellschaften an und für sich nicht erfolgen darf. Dann würde auch die Reduction erst in das Handelsregister eingetragen werden müssen, Art. 214. Vermittelst der Ausgabe unter Pari vollzieht sie sich aber ohne diese gesetzlichen Vorschriften, und das Grundcapital, welches im Statut angegeben, vollgezeichnet sein muss und im Handelsregister eingetragen steht — Art. 175. 176. 209. 210. ist unrichtig, nemlich zu hoch angegeben und eingetragen. Der Zweck dieser Vorschriften ist umgangen, das Publikum kann getäuscht werden. Man könnte die Ausgabe der Actien unter Pari nur statthaft erachten, wenn sie durch ein Specialgesetz oder durch die staatliche Genehmigung sanctionirt worden ist. Selbstverständlich muss auch limitirt sein wie weit man unter Pari ausgeben darf. In letzterer Weise ist sie bei einigen Eisenbahngesellschaften von der Preussische Regierung sanctionirt worden, bei den Rheinischen Eisenbahnactien Litt. B., betreffend die Eifelbahn, Gesetz vom 7. Juli 1866. Gesetzsammlung 1866. S. 448. und vom 11. März 1868. Gesetzsammlung 1868. S. 223., und bei den Thüringischen Eisenbahnactien Litt. B, betreffend die Eisenbahn Gotha-Leinefelde; Gesetzsammlung vom 14. Juli 1866. Gesetzsammlung S. 483.; und vom 2. März 1868; Gesetzsammlung S. 269., sowie bei den Thüringischen Eisenbahnactien Litt. C. betreffend die Eisenbahn Gera-Eichicht, Gesetz vom 23. März. Gesetzsamml. S. 561. Dann hätte diese Reduction aber auch im Handelsregister eingetragen und veröffentlicht werden müssen. Es ist dann zu unterscheiden zwischen dem nominellen Capital, welches zum vollen Nominalwerth die Actien gerechnet sich ergiebt, und dem effectiven Capital, welches in Folge der Reduction durch die Ausgabe der Actien unter Pari wirklich vorhanden ist. Dieses letztere haftet dann bloss den Gläubigern, und wenn diese gehörig durch die Eintragung davon benachrichtigt sind, so ist die Sache in Ordnung. Wenn auf diese Weise die Actionaire nur den unter Pari gesetzten Betrag der Actien zu zahlen haben, dann ist ihnen ein Theil des Actienbetrages erlassen worden.

Geschieht eine Ausgabe der Actien unter Pari auf ungesetzlichem Wege, so sind die Zeichner resp. Actionaire trotzdem den Gläubigern zur Nachzahlung des an den Nominalwerth fehlenden Betrages verhaftet, ebenso auch diejenigen Mitglieder des Vorstandes, welche die Ausgabe unter Pari bewirkt haben. Art. 248.

Nicht zu verwechseln mit dieser Ausgabe von Actien unter Pari ist diejenige Operation, welche in neueren Zeiten vornemlich bei Eisenbahnactiengesellschaften vorgekommen ist, und welche darin besteht, dass die Actien zwar voll gezeichnet, aber dann unter dem Nominalbetrage verkauft resp. an die Börse gebracht werden. Haben die Zeichner ihre Genehmigung dazu ertheilt so geschieht es für Rechnung und Gefahr der Zeichner, letztere sind ihrer Verpflichtung zur Volleinzahlung namentlich den Gläubigern gegenüber nicht ledig geworden. Es ist bloss der Versuch gemacht, ob mit dem durch den Verkauf erzielten Gesammtpreise das Unternehmen hergestellt wird, und die Zeichner können für den Rest in Anspruch genommen werden, wenn dieser Versuch nicht gelingt. Auch Seitens der Gesellschaft selbst können in diesem Falle die Zeichner wegen des Restes in Anspruch genommen werden. Den Gläubigern haften sie gewiss, diesen haften gleichfalls auch die Vorstandsmitglieder; nur die Zeichner, welche die Genehmigung ertheilt haben, dürfen keinen Regress nehmen.

Eine ähnliche Operation, deren auch Anschütz a. a. O. Bd. 2. S. 510. Note 3. erwähnt, ist bei General-Entreprisen an Eisenbahnen und anderen grossen Bauten, die, dass die Bauunternehmer einen hohen Betrag des Grundcapitals zeichnen, gleichzeitig durch einen Vertrag die Bauten übernehmen für den gezeichneten Betrag, dann aber bei den Einzahlungen auf die Actien ihre Forderungen aus dem Bauvertrag zur Compensation bringen, die auf diese Weise erworbenen Actien unter Pari verkaufen, und so baares Geld erhalten, zwar mit Verlust, der aber nicht sie, sondern die Gesellschaft trifft. Sie haben bei Veranschlagung des Baues darauf Rücksicht genommen; die Gesellschaft baut blos theurer, und dies ist eine Sache, welche ausserhalb des juristischen Gebietes liegt, und welcher auf einem andern Gebiete gesteuert werden muss, was denn auch bei Eisenbahnen von Staatsaufsichtswegen geschehen ist.

32. Man nennt es auch Reduction, wenn bei Zeichnungen von Grundcapital, der Betrag desselben überzeichnet ist, also die gezeichneten Beträge den Betrag des zur Zeichnung ausgebotenen — aufgelegten — Grundcapitals übersteigen und die Zeichnungen nun auf den Betrag des Grundcapitals eingeschränkt werden müssen. Weil dergleichen Zeichnungen an verschiedenen Zeichnungsstellen, welche in den Aufforderungen bekannt gemacht sind, angenommen werden, und man nicht wissen kann, wie stark die Betheiligung bei der Zeichnung sein wird, so behalten sich die Proponenten vor, im Fall der Ueberzeichnung, eine Reduction der Zeichnung eintreten zu lassen. Cfr. Renaud a. a. O. S. 230. 231. Oft ist diese Re-

duction ganz beliebig, oft ist eine „verhältnissmässige“ Reduction vorbehalten. Die Ausführung dieses Vorbehalts ist in neuerer Zeit sehr verschieden und oft sehr willkürlich gehandhabt, man hat sogar manchen Zeichnern gar keine Actien zugetheilt, oder so reducirt, dass bis zu einem bestimmten, manchmal sehr hohen Zeichnungsbetrage gar keine Actien zugetheilt wurden. Es ist selbstverständlich, dass im Fall einer Ueberzeichnung Reduction eintreten muss, denn so viele Actien als gezeichnet worden sind, dürfen nicht zugetheilt werden, weil sie die Höhe des Grundcapitals übersteigen, und eine nachträgliche Erhöhung bei vorbehaltener und angezeigter Reduction des Capitals wird ohne Genehmigung aller Zeichner nicht als statthaft erachtet werden können. Renaud. a. a. O. Doch es fragt sich: ob und welche Rechte die Zeichner im Falle solcher Reduction haben, insbesondere ob ein Zeichner verlangen darf, dass ihm wenigstens eine Actie zugetheilt wird. Diese Frage ist nach bürgerlichen Rechtsgrundsätzen zu entscheiden. Der Actiengesellschaft gegenüber werden die Zeichner keine Rechte haben, wohl aber den Proponenten gegenüber, welche sie zur Zeichnung aufgefordert haben. Durch die Zeichnung wird die Offerte der Proponenten, zu zeichnen, acceptirt: wenn also in der Offerte nicht ausdrücklich gesagt ist, dass es den Proponenten frei stehen solle, nach Belieben Actien zuzutheilen, wem und wie viel sie wollen, — man hat diesen Vorbehalt in einigen Statuten derartig formulirt, dass es dem Gründungscomité überlassen sein soll, ohne Angabe von Gründen, Zeichner und Zeichnungen anzunehmen oder zurückzuweisen —, dann muss dem Zeichner mindestens eine Actie zugetheilt, er kann von der Theilnahme an dem Unternehmen nicht ganz ausgeschlossen werden. Ueberhaupt versteht man unter „Reduction der Zeichnungen“ eine Zurückführung derselben in die Schranken des Grundkapital-Betrages, und unter „verhältnissmässiger“ Reduction eine dem Verhältniss der gezeichneten Beträge gemäss angelegte Reduction; ja unter Reduction an sich wird immer nur eine verhältnissmässige verstanden werden dürfen. Alles andere ist Willkühr, in welcher allerdings einige Gründer das Mögliche geleistet haben, der künstlichen Fabrikation der Ueberzeichnungen erst gar nicht zu gedenken.

Kann eine ausgebotene Zeichnung eines Grundcapitals von den Proponenten wieder zurückgezogen werden, wenn bereits Zeichnungen erfolgt sind? Die Frage ist im Allgemeinen zu bejahen, sobald das Grundcapital noch nicht vollgezeichnet ist: ist letzteres der Fall, so haben die Zeichner als Actionaire der Gesellschaft mitzusprechen. cfr. Art. 209a.: vorausgesetzt, dass sonst die Zeichnungen legal erfolgt sind.

Bedenklich ist die Zurückziehung bei neuen Emissionen, wenn also eine bereits eingetragene und existirende Gesellschaft ihr Grundcapital erhöht.

Ob die Zeichner bei effectuirter Zurückziehung einen Schadensanspruch an die Proponenten haben, diese Frage ist nach allgemeinen bürgerlichen Rechtsgrundsätzen zu entscheiden, gewiss ist die Verpflichtung zur Zurückgabe des etwa schon auf die gezeichneten Actien bei der Zeichnung oder sonst Geleisteten. S. vorher Nr. 18. Cfr. Renaud. a. a. O. S. 231. ff.

33. Die Dividendenscheine und die Zinscoupons, welche den Actiendokumenten beigegeben werden, lauten nach ihrem Inhalt in der Regel auf Inhaber ohne Legitimationsprüfungsverpflichtung der Gesellschaft, so dass die Dividende und die Zinsen an den Präsentanten gegen Rückgabe des Dividendenscheins als Zinscoupons gezahlt werden. In dieser Gestalt sind sie, sobald sie von dem Actiendocument getrennt sind, selbstständige Inhaber-Papiere — lettres au porteur — Cfr. Renaud. a. a. O. S. 385. Sie geben aber nur ein Recht auf Erhebung festgestellter Dividenden, und namentlich kein Recht, bei der Dividendenvertheilung mitzuwirken. Zwar steht es der Gesellschaft zu, die Realisirung eines Dividendenscheins als Zinscoupons zu verweigern, wenn sie denselben nicht für ächt hält, allein sie hat den Beweis der Unächtheit zu führen. An den Dividendenscheinen haftet der sogenannte „Talon" mit dem Versprechen der Aushändigung einer ferneren Serie von Dividendenscheinen, cfr. Renaud. a. a. O. S. 386., gleichfalls ohne Verpflichtung zur Prüfung der Legitimation; die ferneren Dividendenscheine werden dann an den Präsentanten des Talons ausgereicht. Die Gesellschaften schliessen gewöhnlich in ihren Statuten die Amortisation verlorner oder vernichteter Dividendenscheine und Talons aus, schützen aber wo möglich die früheren Inhaber durch besondere Bestimmungen, welche fast übereinstimmend folgendermaassen lauten: „Eine gerichtliche Mortificirung beschädigter oder verloren gegangener Dividendenscheine findet nicht statt; der Betrag derselben wird jedoch demjenigen, der die Beschädigung oder den Verlust derselben innerhalb des vierjährigen Zeitraumes der Verjährungsfrist, bei dem Aufsichtsrathe oder bei der Direction anzeigt und seinen Anspruch durch Einreichung des in seinen wesentlichen Theilen beschädigten Papiers und, im Falle des Verlustes, durch Vorlegung der Actien selbst bescheinigt hat, binnen einer von Ablauf des vierjährigen Zeitraumes zu berechnenden einjährigen präclusivischen Frist, gegen Rückgabe der über die rechtzeitige Anmeldung von dem Verwaltungsrathe zu ertheilenden Bescheinigung, ausgezahlt. Im Falle des Verlustes nur dann, wenn der betreffende Dividendenbetrag nicht anderweit an den Präsentanten des Scheines ausgezahlt ist. Auch eine gerichtliche Mortificirung beschädigter oder verloren gegangener Talons findet nicht statt. Die Ausreichung neuer Dividendenscheine geschieht, wenn der Actieninhaber den Talon nicht einreichen kann, gegen Production der Actie. Ist aber vor Ausreichung der neuen Dividendenscheine der Verlust des Talons dem Verwaltungsrathe oder der Direction von einem Dritten angemeldet, der auf die neuen Dividendenscheine Anspruch macht, so werden letztere zurückbehalten, bis der Streit zwischen beiden Prätendenten im Wege der Güte oder des Prozesses erledigt ist.

34. Gewinnantheile, Dividenden, Zinsen, sowie die Ansprüche darauf gehen mit der Veräusserung auf den neuen Inhaber über, soweit sie noch nicht als bereits besonders erworbene und besondere

Rechte, welche abgesondert durch eine Klage geltend gemacht werden können, anzusehen sind, in welchem Falle sie dem früheren Inhaber verbleiben und es zu ihrer Uebertragung eines besonderen Acts bedarf, wenn auch nicht immer einer ausdrücklichen Uebertragung, denn der Wille der Contrahenten, sie zu übertragen kann auch aus den Umständen erhellen. Als besonders erworben gelten die Rechte auf die Gewinnantheile, Dividenden, Zinsen noch nicht ohne Weiteres, wenn das Geschäftsjahr abgelaufen und eine zur Vertheilung bestimmte Dividende sich ergeben hat, oder die Zinstermine verlaufen und die Dividende als gewonnen anzusehen ist. Cfr. Renaud. a. a. O. S. 583. Man hindert den Uebergang dadurch, dass man den betreffenden Dividendenschein oder Zinscoupon ablöst und die Actie ohne denselben überträgt oder verkauft; ist er bei der Uebertragung daran geblieben, so gilt dies als eine Mitveräusserung, wenn nicht der klare Gegenbeweis geführt werden kann, z. B. durch eine Verkaufsrechnung, wo die Dividende nicht mit in Anrechnung gebracht ist. Auch gelten in dieser Beziehung Börsenusancen. Cfr. übrigens auch die Zusätze zu Art. 127 und 217. im besonderen Theile.

35. Absonderlich operiren Versicherungs-Actiengesellschaften in Betreff der Einzahlungen auf ihre Actien. Sie nehmen die Actienbeträge meist hoch an; müssen gesetzlich 20 pCt. einfordern Behufs ihrer Constituirung und lassen sich über den Rest des Nominalbetrags der Actien Sichtwechsel von ihren Actionairen geben. Sie beabsichtigen damit die ferneren Einzahlungen zu sichern, und haben dem entsprechend auch hinsichtlich des Uebergangs ihrer Actien, welche in der Regel nach den Bestimmungen der Concessionsbehörden nur Namen-Actien sein dürfen, besondere Festsetzungen in ihren Statuten getroffen. Bei Ausländern, welche gezeichnet haben, verlangen sie auch, dass die gedachten Depot-Wechsel von Inländern avalirt sind. Im Uebrigen ist dieses Verfahren ungebräuchlich; die Actien verlieren dadurch und durch die betreffenden statutarischen Bestimmungen ihre Coursfähigkeit so gut wie ganz.

36. Von dem Erwerb von Actien ist Niemand gesetzlich ausgeschlossen. bis auf die betreffende Actiengesellschaft selbst, welche eigene Actien nicht erwerben darf. Art. 215. Alin. 3. Auch sind z. B. nicht die persönlich haftenden Gesellschafter einer Commanditactiengesellschaft von solchem Actienerwerb ausgeschlossen. Cfr. vorher § 24. S. 214.

Ebenso ist die Zahl der Actien unbeschränkt, welche ein Einzelner besitzen darf; ja es kann Einer sämmtliche Actien einer bereits existirenden Actien-Gesellschaft erwerben. Wegen der desfallsigen Folgen und in Betreff der Frage: ob die Gesellschaft zerstört ist, s. §. 18. Nr. 8. S. 143. Bestimmungen in den Statuten, dass über eine bestimmte Anzahl Actien hinaus kein einzelner Actionair Inhaber von Actien sein dürfe, sind heute ungebräuchlich. Der Merkwürdigkeit wegen zu erwähnen ist eine Ausnahme von diesem Verbot, welche in einigen Statuten existirt, wonach ausnahmeweise hochgestellte Personen eine unbeschränkte Anzahl Actien sollen erwerben können.

Das Verbot des Erwerbs eigener Actien ist nur bei der Actiengesellschaft ausgesprochen und zwar durch die Novelle vom 11. Juni 1870; bei der Commandit-Actien-Gesellschaft findet es sich nicht. Die Motive der Novelle S. 31. begründen dieses Verbot damit: dass ein solcher Ankauf eigener Actien mit dem Wesen der Actiengesellschaft nicht im Einklange stehe, die Gesellschaft könne nicht zugleich als eine von den Actionairen zu unterscheidende Persönlichkeit und wiederum selbst als ein Actionair erscheinen; auch praktisch könne die Wahrnehmung der Rechte zurückgekaufter Actien durch den Vorstand leicht zu Unträglichkeiten führen; die Reservefonds können nicht durch eigene Actien gebildet werden, der Ankauf von nur theilweise eingezahlten Actien falle hinsichtlich des Erlasses des noch schuldigen Betrages unter den Begriff der Rückzahlung an die Actionaire; dasselbe sei der Fall, wenn der Ankauf aus dem nicht zu den Reinerträgen gehörigen Vermögen der Gesellschaft erfolge. Cfr. Drucksachen des Reichstages pro 1870 Nr. 158. Sehr richtig bemerkt v. Hahn zu Art. 215. § 6, mehr als diese rechtlichen Bedenken fielen Utilitätsrücksichten bei diesem Verbot ins Gewicht und der Umstand, dass eigene Actien zur Bildung des Reservefonds nicht geeignet seien. Doch der Reservefonds ist auch keine Nothwendigkeit, er ist facultativ.

Nachdruck erhält das Verbot nur durch die Vorschrift in Art. 241. Alinea 2 und 225b., betreffend die persönliche und solidarische Verhaftung der Vorstandsmitglieder, welche ihm zuwiderhandelten, und ebenso der Mitglieder des Aufsichtsraths, wenn sie wissentlich das Verbot ausser Augen setzen liessen.

In der Praxis gestaltet sich das Verbot denn auch nicht als ein apodictisches. Wenn es nemlich den Vortheilen der Gesellschaft gemäss ist, so wird der Vorstand doch eigene Actien ohne Gefahr zu laufen, erwerben können, denn dann kann ja von einem Schadensersatz nicht die Rede sein; z. B. also, wenn die Actien von einem Schuldner, der sonst keine Zahlungsmittel hat, in Zahlung für seine Schuld angenommen werden, wobei, wie v. Hahn zutreffend bemerkt, nicht ohne Weiteres die Differenz zwischen den Courswerth zur Zeit des Erwerbs und dem erlangten Verkaufspreis als Schaden anzusehen, sondern auch darauf zu achten ist, welcher Schaden durch die Annahme der Actien von der Gesellschaft abgewendet ist. Cfr. v. Hahn a. a. O. § 6. Letzterer Schaden kann den ersteren um ein Bedeutendes überwiegen.

So wie das Verbot jetzt im Gesetz steht, hat es einen erheblichen practischen Werth nicht. Es wird und ist häufig ihm ungestraft zuwidergehandelt, und es kann auch leicht umgangen werden.

Unzweifelhaft begreift indessen das Verbot des Erwerbes auch die auf eventuellen Erwerb gerichtete Annahme eigener Actien als Deckungsobjecte,

z. B. als Pfand; aber auch nur den Erwerb für eigene Rechnung, nicht für fremde, z. B. in der Eigenschaft als Commissionair, denn auf diesen Erwerb passt es gar nicht, und ebensowenig das, was man zur Unterstützung des Verbots anführen könnte. Cfr. v. Hahn a. a. O.

S. Die Vorschläge zur Aenderung und Verbesserung der Actiengesellschaftsgesetzgebung.

§ 30.*)

1. Es mag zum Schlusse noch näher eingegangen werden auf die vielbesprochene Frage: wie die Actiengesetzgebung und was darin zu ändern, zu ergänzen und zu bessern sein möchte, um zur Abstellung der Ungehörigkeiten zu dienen, welche sich bei Gründung, Verwaltung und Geschäftsführung dieser Gesellschaftsart gezeigt haben, und zur Verhütung der Schädigungen, welche den Actionairen und dem Publikum erwachsen sind; namentlich um dem Schwindel, der Prellerei und dem Betrug zu steuern, welche in grossartigem Umfange, gewissermassen systematisch, manchmal auf freche und schamlose Art in Scene gesetzt worden und verübt sind.

Dieses Thema wurde schon vorher in der Einleitung II. No. 4. S. 17 und in dem Allgemeinen Theil § 13. S. 82—85., 88—94., § 21. S. 183—188. § 22. S. 194., 202—205. berührt. Es war dort aber nicht der Ort zu einem weiteren Eingehen.

Inzwischen hat, und vor ganz kurzer Zeit, in Eisenach die „Versammlung zur Besprechung der socialen Frage“ getagt, sich mit diesem Gegenstande ganz besonders und sehr eingehend beschäftigt, und verschiedene Beschlüsse und Resolutionen, letztere auf Anfragen des Preussischen Handelsministers, gefasst, nachdem vorher von drei hervorragenden Juristen, dem Justizrath H. Wiener in Berlin, dem Reichsoberhandelsgerichtsrath Dr. Goldschmidt in Leipzig und dem Professor Dr. Behrend in Berlin Gutachten erfordert waren, welche im Druck unter dem Titel: „Zur Reform des Actiengesellschaftswesens. Drei Gutachten auf Veranlassung der Eisenacher Versammlung abgegeben von H. Wiener, Justizrath in Berlin, Dr. Goldschmidt, Reichsgerichtsrath in Leipzig und Dr. Behrend, Professor in Berlin.“ Leipzig Verlag von Dunker und Humblott erschienen, und wovon ein theilweiser Abdruck unter dem Titel „Zur Reform der Actiengesetzgebung von H. Wiener, Justizrath“, Berlin, Louis Gerschel's Verlagsbuchhandlung herausgegeben ist.

2. An den oben angegebenen Stellen erlaubte ich mir, Zweifel auszusprechen: ob es überhaupt der Gesetzgebung möglich sein werde, ein wirksames, aber auch zugleich mit den Handelsinteressen verträgliches, der Ent-

*) Dieser Paragraph ist nachträglich hinzugefügt, als das Werk bereits vollendet und im Druck begriffen war.

wickelung und der unbedingt nothwendigen freien Bewegung der Aktiengesellschaften als Handelsinstitutionen unschädliches Mittel zu construiren und zu geben. Es stiessen Bedenken darüber auf, ob es opportun sei, dass der Staat mit dergleichen Mitteln vorgehe, namentlich mit scharfen Mitteln, und über die Grenze des Berufs des Staates auf diesem Gebiete; zugegeben hierbei, dass in gewissen Beziehungen nützliche Aenderungen resp. Ergänzungen der bisherigen Gesetzgebung stattfinden könnten, deren Richtung angedeutet worden ist. Ich muss auch jetzt im Grossen und Ganzen bei dem dort Gesagten bleiben.

3. Die Eisenacher Versammlung hat nach sehr eingehender Verhandlung folgende Beshlüsse gefasst:

1. Die Gründung einer Actiengesellschaft bis zur Ausgabe der Actien ist als ein besonders abgeschlossener Act zu betrachten und in den Gründern ein verantwortlicher, greifbarer Factor bei dem Unternehmen der Vereinigung zu einer Actiengesellschaft herzustellen. Hiernach ist das Gründerconsortium zu verpflichten, die für die Begründung wichtigsten Angaben, namentlich über die eingebrachten Vermögensobjecte und deren Einschätzungswerth mittelst durch Unterschrift vollzogenen Prospects kundzugeben, so dass keine Actiengesellschaft ohne Vorlegung eines solchen Prospectes in das Handelsregister einzutragen ist. Die Gründer sind aber für jede wissentlich veranlasste Täuschung in Bezug auf die Angaben des Prospectes verantwortlich zu erklären. Diese Verantwortlichkeit ist durch das Gesetz auf einen gewissen Zeitraum zu beschränken.
2. Bei den Sitzungen des Aufsichtsraths dürfen die Mitglieder desselben ihre Stimmen nicht übertragen.
3. Art. 239. Ziff. 3. des Handelsgesetzbuchs ist zu streichen und dadurch dem Aufsichtsrath das Recht zur Entlastung des Vorstandes zu entziehen. Dagegen ist die statutenmässige Einführung sogenannter Rechnungsrevisoren, welche immer für das folgende Geschäftsjahr zu wählen sind, obligatorisch zu verlangen.
4. In der Generalversammlung ist ieder einzelnen Actie eine Stimme zuzutheilen.
5. Eine Erhöhung des Grundkapitals darf vor Volleinzahlung der alten Actien nicht stattfinden.
6. Es ist unstatthaft, dass bei der Emission neuer, sogenannter junger Actien, den Gründern irgend ein, mit der gleichen Berechtigung aller jeweiligen Actionaire im Widerspruch stehendes Vorrecht gewährt werde.

Bezüglich der von dem Minister für Handel und Gewerbe aufgestellten Fragen wurden noch die folgenden Resolutionen angenommen:

1. Unterscheidungen zwischen den Actiengesellschaften nach dem

Zwecke der Unternehmung zu machen, ist nicht nothwendig und empfehlenswerth.

2. Eine weitere Einschränkung für Gewährung von Zinsen an die Actionaire während der Vorbereitung des Unternehmens, als im Art. 217. des deutschen Handelsgesetzbuchs gegeben, ist nicht Bedürfniss.
3. Die im Art. 249. enthaltenen strafrechtlichen Bestimmungen genügen, insofern die in 1. der obigen Beschlüsse vorgesehenen Massnahmen zur Ausführung gelangen.
4. Es genügt, wenn die Zeichner für 40 Procent Einzahlung der gezeichneten Actien verhaftet bleiben (Art. 222. No. 2. und 3.).
5. Eines neuen, besonderen, ausser jeder Beziehung zur laufenden Verwaltung stehenden Organes zur Controle bedarf es nicht.

Diese Beschlüsse sind bisher nur in den Zeitungen mitgetheilt; die Veröffentlichung der stenographischen Berichte ist noch nicht erfolgt.

In näherer Betrachtung dieser Beschlüsse und Resolutionen consentire ich vorweg von den Beschlüssen unter No. 2., 3., 4. und 6., sowie der Resolution unter No. 2.

4. Anlangend den Beschluss No. 2., so ist es an und für sich ungehörig, wenn die Mitglieder eines so wichtigen Organs, wie es der Aufsichtsrath ist, in welchem nach der Absicht des Gesetzes der Schwerpunkt der Organisation liegen soll, und auf welchen soviel Gewicht gelegt ist, ihre Stimmen übertragen. Es ist auch vom rechtlichen Standpunkte eine Irregularität, wenn eine solche Stimmübertragung gestattet wird. Denn als ein Collegium ist der Aufsichtsrath gesetzlich instituirt; er soll aus mindestens drei Mitgliedern bestehen und in beschlussfähiger Zahl erhalten bleiben. Die Gestattung der Stimmübertragung führt aber auch zu Missständen und kann dazu gemissbraucht werden, die Wirkung des ganzen Organs zu paralysiren. Die Einwendungen, dass es nicht immer möglich sei, in den Sitzungen und zu den Berathungen den Aufsichtsrath vollzählig zu haben, sind diesem gegenüber, sowie an und für sich von keinem entscheidenden Gewicht. Zunächst wird erwartet, dass die Mitglieder des Aufsichtsraths ihre Pflicht thun und in den Sitzungen desselben erscheinen, was vielfach nicht geschehen. Man hat die Stellung eines Aufsichtsraths vielfach als einträgliche Sinecure betrachtet und sich um die Sessionen herum gedrückt. Man hat sich auch ungehöriger Weise genirt, zu erscheinen, wenn heikle Fragen zur Berathung standen. Hierzu giebt dem Bequemen die Stimmübertragung ein gutes Mittel. Uebrigens giebt es auch andere Mittel, um jenem Uebelstande abzuhelfen.

5. In Ansehung des Beschlusses No. 3. so versteht sich die Bestimmung in Art. 239. Al. 2. ziemlich von selbst; und ebenso ist diese Bestimmung unzweifelhaft auf die Aufsichtsräthe, wie sie die Statuten der neuen Actiengesellschaften installirt haben, anwendbar, weil die Mitglieder des Aufsichtsraths ausser den im Gesetze ihnen beigelegten Functionen

noch viele andere übertragen erhalten haben, wodurch sie an der Geschäftsführung betheiligt werden. Cfr. vorher § 26. No. 11. 250. u. No. 22. S, 242. Zur Entlastung des Vorstandes ist nur der Principal befugt, d. h. die Gesammtheit der Actionaire, welche in der Generalversammlung ihre Interessen wahrnimmt. Dabei würde ich gestatten, dass die Generalversammlung für jedes Jahr einen besonderen Ausschuss zur Prüfung der Rechnung und der Geschäftsführung des Vorstandes ernennen darf, bestehend aus Actionairen oder Nichtactionairen, und dass diesem Ausschuss auch die Entlastung des Vorstandes übertragen werden darf, jedoch mit der Maassgabe, dass dieser Ausschuss der Generalversammlung darüber ausführlich Bericht erstattet.

Die obligatorische Anordnung von Rechnungsrevisoren halte ich ebenfalls für zweckmässig, jedoch ohne dass ihnen, wie dieses wohl geschehen ist, die Befugniss ertheilt wird, den Vorstand zu entlasten. Diesem Organ würde ich weiter keine Befugniss zutheilen als eben die Prüfung und Revision der Rechnung und die gewissenhafte Aufstellung aller Monita.

6. Der Beschluss No. 4. tritt dem Missbrauch entgegen, welcher mit der Beschränkung des Stimmrechtes getrieben ist, und wodurch es ermöglicht ist, einen grossen Theil der Actionaire stimm- und rechtlos zu machen. Hierüber ist schon vorher § 13. No. 9. S. 93. u. § 27. No. 17. S. 272. gesprochen worden.

7. Ueber die rechtliche Wirkung vieler in neuerer Zeit vielfach und in exorbitanter Weise vorbehaltenen Gründervorrechte, welchen der Beschluss No. 6. die Thür verschliessen soll, kann man verschiedener Meinung sein. Jedenfalls sind sie der Abänderung durch Generalversammlungsbeschluss nicht entzogen, cfr. § 16. No. 8. S. 123., und die Aufnahme einer Statutenbestimmung, dass sie solcher Abänderung entzogen sein sollen, darf unter keinen Umständen gestattet werden. Gemeinhin beziehen sich diese Gründervorrechte auf die neuen Emissionen von Grundcapital, und es fragt sich: ob es überhaupt gestattet ist, dergleichen Statutenbestimmungen vorweg über erst spätere stattfindende Erhöhungen des Grundcapitals mit rechtlicher Wirksamkeit so zu treffen, dass die Gesellschaft daran gebunden ist. Durch dergleichen Bestimmungen ist der schamloseste Missbrauch gestattet worden, es sind Zustände herbeigeführt, welche dem Wesen der Actiengesellschaft durchaus zuwider sind.

8. Die Resolution No. 2 sodann — feste Zinsen — anlangend, so hat die Vorschrift des Art. 217. bisher erhebliche Anfechtungen nicht erfahren. Sie ist damit motivirt worden, dass es einzelnen Actionairen schwer fällt, bis zu dem oft erst nach längerer Zeit beginnenden vollen Betrieb des Unternehmens jeden Ertrag der Einlage zu entbehren, und dass das Zustandekommen mancher, im öffentlichen Interesse wünschenswerther Actienunternehmungen erschwert wird, wenn das Gesetz nicht gestattet, bis zu diesem Zeitpunkt Zinsen auszubedingen. Cfr. Motive zum Preuss. Entwurf

S. 90. Das holländische Handelsgesetzbuch enthält das Verbot allerdings ganz apodictisch Art. 49. Wetb. v. Kooph.; indessen wenn es auch auffällig erscheinen mag, dass man eine Verringerung des ursprünglichen Grundcapitals durch die Zahlung solcher Zinsen gestattet, während doch sonst die Absicht des Gesetzes auf Erhaltung des Grundcapitals in seiner ursprünglichen Höhe gerichtet ist, im Interesse der Gläubiger vornemlich, so kann doch eine Gefahr, insbesondere eine Täuschung nicht gut entstehen, denn ein leicht zu machendes Rechenexempel muss ergeben wie viel von dem Grundcapital übrig bleibt, was also als das effective Grundcapital anzusehen ist. Aber es darf auch nicht gestattet sein, den in dem Statute angegebenen Zeitraum zu verlängern, was jetzt schon zweifelhaft ist, und dessen Zulässigkeit mit gutem Grunde bestritten wird. Cfr. v. Hahn Comm. zu Art. 217. § 7. Auch muss dafür gesorgt werden, dass die Abmessung des Zeitraums des Vorbereitungsstadiums besimmt in den Statuten angegeben wird; die Aufnahme von Bestimmungen ganz relativer Natur, z. B., dass die Verzinsung aufhören solle mit dem Ablauf des halben Jahres, in welchem das Unternehmen vollständig in Betrieb gestellt wird, darf nicht gestattet sein, man mag sich lieber bei Abmessung des bestimmten Zeitraums vorsehen, wenn das Unternehmen eine längere Vorbebereitungszeit erfordert, und nicht genau abzusehen ist, wann es fertig gestellt sein wird, und dann jener Bestimmung eine Schranke damit setzen, dass längstens bis zu einem festbestimmten Zeitraum nur die Verzinsung erfolgen dürfe. Manchmal tritt auch gar nicht einmal eine wirkliche Verringerung des Grundcapitals ein, cfr. Keyssner in Buschs Archiv Bd. VIII. S. 406ff. v. Hahn a. a. O. No. 7.

Anders verhält es sich mit der Zahlung fictiver Dividenden. Dadurch wird das Grundcapital auf Unwegen, äusserlich unbemerkbar verringert und sein Bestand zum Nachtheil der Gläubiger verändert. Der Hinweis auf Erkennbarkeit dieser Umtriebe aus den Bilanzen dürfte verfehlt sein.

9. Im Uebrigen vermag ich den Beschlüssen und den Resolutionen ganz oder theilweise nicht zuzustimmen.

Der Beschluss No. 1., Offenlegung des Prospects und Verpflichtung der Gründer anlangend, mag zuletzt einer Betrachtung unterworfen werden.

Was die sonstigen Beschlüsse und Resolutionen anlangt, so scheint der Beschluss No. 5., welcher eine Erhöhung des Grundcapitals vor Volleinzahlung der alten Actien verbieten will, in dieser absoluten Fassung wenigstens bedenklich. Es können Umstände eintreten, wo die Erhöhung des Grundcapitals nothwendig wird, ohne dass eine solche Volleinzahlung stattgefunden hat; es kann der günstige Zeitpunkt zu einer solchen Erhöhung vorübergehen, wenn erst der Rest der Einzahlungen beigetrieben werden soll, vielleicht durch langwierige Prozesse. Die Gesellschaft kann in Verlegenheiten kommen, welche ihr durch ein solches apodictisches Verbot ohne Grund bereitet werden, ja sie kann sich gar nicht einmal in der Lage befinden, die Einzahlungen des ursprünglichen Grundcapitals auf Heller und Pfennig beizutreiben, wenn sie auch die Absicht hätte. Man will ja die Zeichner regulair nicht weiter als bis 40 pCt. haften lassen; ich bin allerdings anderer Ansicht und für unbedingte Vollhaftung. Welche Missstände könnten eintreten, wenn eine neue Emission an Grundcapital erfolgt, obwohl die frühere Emission nicht voll eingezahlt ist? Sie sind nicht recht abzusehen. Aber man überlasse die neuen Emissionen lediglich der Generalversammlung, und wenn man will, so ordne man an, dass bei der Eintragung der Vermehrung des Grundcapitals angegeben wird, wieviel an der früheren Emission noch nicht eingezahlt ist. Dasselbe lässt sich auch durch die im englischen Gesetz zur Offenlegung des Bestandes des Grundcapitals verordneten Maassregeln erreichen. Ob die Actionaire das Grundcapital erhöhen wollen, trotz nicht voller Einzahlung der früheren Emission, das mag man ihnen überlassen, insbesondere wenn ihr Stimmrecht nicht beschränkt ist, den Gläubigern geschieht kein Schaden. Behrendt hält gleichfalls ein solches allgemeines Verbot für bedenklich, a. a. O. S. 81., und sehr mit Recht. Mit dem apodictischen Verbot schiesst man über das Ziel hinaus.

10. Die Resolution No. 1. hält eine Unterscheidung zwischen den Actiengesellschaften nach dem Zwecke der Unternehmung ebensowenig für nothwendig als für empfehlenswerth. Ich beziehe mich in dieser Beziehung auf das in § 8. S. 42 Angeführte. Ob aber, nachdem der Missgriff einmal gemacht, eine Aenderung durch das Gesetz und namentlich jetzt einzuführen ist, nachdem so und so viel Gesellschaften sich gebildet haben und bestehen, deren Gegenstand des Unternehmens eigentlich nicht in Handelsgeschäften besteht, die Frage würde auch ich verneinen. Davon kann man vielleicht zur Zeit; der Abfassung eines allgemeinen deutschen Privatrechts reden.

11. Resolution No. 3. erklärt die Normal-Strafbestimmung in Art. 249. für genügend, insofern die Beschlüsse zu 1. zur Ausführung gelangen; hierüber wird erst später zu sprechen sein bei Erörterung jener Beschlüsse.

12. Nicht genügend erachte ich das Verhaftetbleiben der Zeichner für nur 40 pCt. Ich befinde mich hierin im Widerspruch mit Wiener, cfr. a. a. O. S. 17—19., aber in Uebereinstimmung mit Goldschmidt, a. a. O. S. 34., und mit Behrend, a. a. O. S. 50—52. Wozu die Entlassung der Zeichner nach Einzahlung von 40 pCt., oder gar von 25 pCt., wenn einige Landesgesetze dieses so bestimmt haben; wozu eine Entlastung der Zeichner überhaupt, bevor der Nominalbetrag der Actien, zu dessen Einzahlung sie sich verpflichtet haben, voll eingezahlt ist? Von fremden Gesetgebungen hat keine in dieser Weise die Entlastung der Zeichner gestattet; die englische, die amerikanische, die holländische gestatten überhaupt die Umwandlung der Actien in Inhaberpapiere erst

nach Zahlung des vollen Betrages, die italienische freilich bedingungslos nach Einzahlung der ersten Hälfte des Nominalbetrags, desgleichen die französische; letztere aber noch unter Bedingungen. In dem französischen gesetzgebenden Körper wurde dies erst und nur nach den heftigsten Discussionen durch einen Compromiss adoptirt. Die Entlastung der Zeichner in Art. 222. Allg. Dtsch. Hdls.-Gesetzbuchs ist eine absonderliche Ausnahmebestimmung. Es wird für diese Vorschrift A. D. H.-G.-B's. angeführt, dass keine der eingetretenen Unzukömmlichkeiten auf diesen Punkt zurückzuführen sei; dass die Gläubiger das effective Capital durch ein Rechenexempel von dem nominellen unterscheiden könnten und dass eine Gesellschaft, welche aus einem etwaigen Verkaufe der Actien nach der Entlastung der Zeichner nicht noch 50—60 Procent ihres Nominalbetrages löse, sich schon von vorn herein keines allzugrossen Credits erfreuen werde. Cfr. Wiener a. a. O. S. 18. 19. Diese Unterstützung dürfte nicht zutreffend erscheinen. Die Rücksichten auf das öffentliche Interesse, die Inbetrachtnahme der Gläubigerschaft der Gesellschaft erheben sich sehr stark gegen eine solche Entlastung der Zeichner. Sehr richtig sagt Goldschmidt: dass an nicht volleingezahlte und volleinzuzahlende Actien sich vorzugsweise die verderbliche Agiotage knüpfe, dass die Actiengesellschaft selber in ihrer schwerfälligen Organisation des Schutzes nicht allein gegen Malversationen, sondern auch gegen den Leichtsinn ihrer Organe bedürfe, und dass eine Bestimmung des Statuts, es solle der Zeichner nach Einzahlung eines gewissen Procentsatzes frei werden, selten auf ausreichende Prüfung der Verhältnisse schliessen lasse. Ausserdem bemerkt Goldschmidt noch: durch die Vollhaftung der Zeichner werde dem Missbrauch entgegengetreten, dass an Stelle des gezeichneten vollen Capitals ein blosser Bruchtheil desselben ausreichend gesichert sei; auch werde man auf die Solvenz der Zeichner in höherem Maasse als bisher rücksichtigen. Cfr. a. a. O. S. 34.

Der letzte Umstand möchte wohl nicht sehr bedeutsam erscheinen, obwohl immerhin, wenn auch nicht überall angänglich, man bei Etablirung von Actiengesellschaften die Zeichner nach ihrer Solvenz sich ansehen mag, und deshalb sich vorbehält, Zeichnungen anzunehmen oder zurückzuweisen, ohne Angabe von Gründen. In der That ist aber immer nur ein blosser Bruchtheil des Grundcapitals gesichert und zwar oft gar nur 25 pCt.; denn Verpflichtungen au porteur sind nicht denkbar, wie Behrend hervorhebt a. a. O. S. 51. An eine zwangsweise Beitreibung der noch restirenden 75 resp. 60 pCt. ist also nicht zu denken, nur das in Art. 223. Alin. 2. bestimmte Verfahren kann eingeschlagen werden. Cfr. v. Hahn zu Art. 222. § 3. Und wenn man auch in die Interimsscheine schreibt, der Inhaber sei zur Zahlung der restirenden 60 resp. 75 pCt. verpflichtet, so weiss man doch nicht, wer sie hat, wer der Inhaber ist. Renaud a. a. O. S. 638. Den Gläubigern, denen allerdings das Grundcapital einen nicht unwesentlichen Factor für die Beurtheilung der Creditwürdigkeit der Gesellschaft abgiebt, ist aber schliesslich das Grundcapital auch Gegenstand der Realisation ihrer Forderungen und es giebt Gläubiger, deren Forderungen entstanden sind, ohne dass eine Beurtheilung jener Creditwürdigkeit stattgefunden hat und stattfinden konnte. Hierzu kommt, dass nicht wie bei der Emission unter Pari, wenn diese öffentlich bekannt gemacht und der Cours limitirt ist, der Gläubiger durch ein einfaches Rechenexempel die Höhe des effectiven Capitals, welches ihm haftet, berechnen mag, sondern dass er „zuzüglich des Erlöses aus dem Verkauf der verfallenen Actien“ resp. „zuzüglich der noch eingehenden ferneren Einzahlungen“, also mit einem unbestimmten Factor rechnen muss resp. rechnen darf. Dabei ist gar nicht einmal im Gesetz verordnet, dass die Entlastung der Zeichner öffentlich bekannt gemacht werden muss; nur in dem Preussischen Eisenbahngesetz vom 3. März 1838 § 2., einem Specialgesetz, findet sich eine dahin zielende Vorschrift, obwohl auch dort die Ausgabe von Interimsscheinen nicht gestattet ist. Die Entlastung kann sich also in aller Stille vollziehen, nach Belieben der Gesellschaftsorgane, denen sie anheimgegeben ist.

Die gedachte Entlastung der Zeichner steht aber auch im Widerspruch mit dem Wesen und mit der Natur der Actiengesellschaft. Der natürliche und gesetzliche Rechtssatz ist die Vollhaftung der Zeichner, von welcher sie sich weder durch Aufgabe des Actienrechts noch durch Uebertragung an Andere befreien können, er ist begründet im öffentlichen Interesse. Die Verhaftung der Gesellschafter für die Verbindlichkeiten der Gesellschaft, die solidarische und das ganze Vermögen ergreifende ist das Grundprincip der Handelsgesellschaften, namentlich auch die Vollhaftung für die Einlagen, für dasjenige, was der Gesellschafter versprochen hat, zu dem Gesellschaftsfonds beizusteuern. Am reinsten ist dieses Princip bei der offenen Handelsgesellschaft erhalten. Die andern Handelsgesellschaften sind nur Modificationen der offenen, und diese Modificationen bestehen darin, dass die obige Verhaftung nicht das ganze Vermögen der Commanditisten und Actionaire ergreift, sondern nur die versprochene Einlage. Aber diese muss vollgeleistet werden, für diese muss vollgehaftet werden von demjenigen, der sie versprochen hat, von dem Zeichner. Noch weitere Modificationen, wie der Art. 222. mit seiner Entlastung der Zeichner aufgebracht hat, sind naturwidrig, es bleibt ja sonst von jenem Grundprincip, welches so schon modificirt genug ist, nur ein geringes Bruchstück. Ausserdem entbehren die Grundsätze des Allgemeinen Deutschen Handelsgesetzbuchs in Art. 222. neben ihrer mangelhaften Fassung jeder Consequenz, cfr. Renaud a. a. O. S. 638., was sich besonders bei der Verschiedenheit der Bestimmungen zeigt, je nach dem es sich um Namen- oder Inhaberactien handelt.

Er drängt sich nun auch gar keine Nothwendigkeit auf,

den natürlichen und gesetzlichen Rechtssatz der Vollhaftung der Zeichner zu durchbrechen. Allerdings meint Wiener, einem etwaigen Interesse des Publikums als Actiennehmer daran, dass die ursprünglichen Zeichner verhaftet bleiben, stehe andrerseits der berechtigte Wunsch zu loyalen Zwecken vereinigter Capitalisten entgegen, nicht zu lange mit Summen brach zu liegen, welche schliesslich nicht ihnen oder doch wenigstens nicht ihnen allein zu Gute kommen sollen; je grösser in dieser Beziehung das Engagement der ersten Zeichner, desto gerechtfertigter sei ihr Anspruch auf besondere Vortheile auf Kosten der Gesellschaft; erfahrungsmässig kämen die liberirten Actien gerade bei den loyalen Unternehmungen vor, wo unerlaubter Gewinn Zweck sei, werde sofort mit vollgezahlten Actien operirt. Cfr. a. a. O. S. 19. Abgesehen von der Frage: ob diese letztere Behauptung durch die Praxis bestätigt wird, scheint mir der zur Sprache gebrachte Umstand nicht geeignet, die qu. Bestimmungen des Art. 222. zu halten, und umsoweniger, als diese Bestimmungen eben eine immerhin missliche Ausnahme von der Regel enthalten, welche sich schon in dem Preussischen Gesetze über die Actiengesellschaften vom 9. November 1843 § 11. findet, ohne dass dort die Austellung von Interimsscheinen au porteur unbedingt gestattet war. Die Staatsregierung, welcher damals die Genehmigung der Actiengesellschaften zustand, konnte prüfen und genehmigen, resp. versagen.

12. Die Resolution No. 5. lehnt das Bedürfniss eines neuen besonderen, ausser jeder Beziehung zur laufenden Verwaltung stehenden Organs zur Controle ab.

Man kann über dieses Bedürfniss allerdings verschiedener Meinung sein. Wiener plaidirt für die Installigung eines solchen Organs als ein obligatorisches, cfr. a. a. O. S. 20.; desgleichen Behrend a. a. O. S. 80., ähnlich wie die französischen commissaires und die englischen auditors, cfr. vorher § 27. No. 25.

Goldschmidt indessen hält es für zuträglich, Districtscontrolämter zu begründen, welche auf Antrag einer gewissen Anzahl von Actionairen oder etwa des Aufsichtsraths die Geschäftsführung und den Vermögensstand der Gesellschaft der Prüfung zu unterziehen haben, und geeignetenfalls provisorische Maassregeln zum Schutze der Actionaire oder der Gläubiger treffen dürfen, a. a. O. S. 35.

Bei jetziger Lage der Gesetzgebung entscheide ich mich für das Bedürfniss eines Organs wie es Goldschmidt proponirt, neben den Rechnungsrevisoren, welche Behrend obligatorisch eingeführt haben will, a. a. O. S. 80. 81., unter der weiter unten angeführten Maassgabe.

Es ist aber apodictisch zu verbieten, dass der Aufsichtsrath mit anderen Functionen betraut wird, als mit denen, welche ihm im Gestze zugetheilt sind. Wenn man will, kann man, was das innere Verhältniss anbetrifft, ein besonderes Organ, vielleicht unter den Namen Verwaltungsrath, als ständigen Ausschuss der Actionaire installiren, und diesem verschiedene sonst der Generalversammlung zustehenden Functionen zu übertragen, um die öftere Zusammenberufung von Generalversammlungen zu vermeiden, und um in schleunigen Fällen Entscheidungen treffen können. Vornemlich fehlt es aber an einer Behörde, welche geeigneten- oder nöthigenfalls provisorische Maasregeln zum Schutze der Actionaire treffen kann, wenn die Organe der Gesellschaft ihre Schuldigkeit nicht thun. Ob man, wenn erst überall Handelsgerichte installirt sein werden, diese mit solcher Machtvolkommenheit ausstatten kann, oder auch die Präsidenten dieser Handelsgerichte, so dass sie auf Anrufen von Actionairen einschreiten können, ob einer bestimmten Zahl von Actionairen, oder nach einen bestimmten Actienbesitz, oder auch auf Anrufen eines einzelnen Actionairs, darüber dürfte dann zu bestimmen sein. Ich glaube, dass man keinen Anstand nehmen darf, eine solche discretionaire Gewalt in die Hände der Handelsgerichte zu legen, doch müssen die Anträge begründet und die vorgebrachten Umstände wenigstens glaubwürdig gemacht sein, auch die zu nehmenden Maassregeln durch einen motivirten Beschluss angeordnet werden, welcher in seiner Ausführung durch Beschwerden oder sonstige Rechtsmittel nicht aufgehalten werden darf. Hat es gefallen, Districtscontrolämter einzuführen, so haben diese den Anträgen der Handelsgerichte Folge zu leisten, wenn nicht Mitglieder des Handelsgerichtes selbst zur Ausführung von dergleichen Beschlüssen deputirt werden.

Es erübrigt noch No. 1. der Beschlüsse in Verbindung mit No. 3. der Resolutionen.

13. Der Beschluss No. 1. geht darauf aus: die Gründer einer Actiengesellschaft verantwortlich zu machen. Zu dem Zwecke soll erstlich die Gründung einer Actiengesellschaft bis zur Ausgabe der Actien als ein besonders abgeschlossener Act zu betrachten, und in den Gründern ein verantwortlicher greifbarer Factor herzustellen sein, zweitens sollen die Gründer die für die Brgründung wichtigste Angabe in einem unterzeichneten Prospect deklariren, dieser Prospect dem Registerrichter vorgelegt und zur conditio sine qua non der Eintragung also auch der Existenzerlangung der Gesellschaft nach aussen hin gemacht, drittens sollen die Gründer für jede wissentlich veranlasste Täuschung in Bezug auf die Angabe des Prospectes verantwortlich erklärt werden.

Ich glaube, dass dieser Beschluss im Gesetzgebungswege schwer auszuführen sein wird. Er möchte aber auch noch in anderen Beziehungen Bedenken erregen. Die Gründung der Actiengesellschaft bewegt sich in der Hauptsache auch wohl auf den Boden des bürgerlichen Rechts. Wegen der verschiedenen Bedeutung des Ausdrucks „Ausgabe der Actien“ ist ferner die Grenze der Gründung nicht recht zu definiren. In Art. 207 a. kann man unter „Ausgabe von Actien“ Zutheilung von Actionairrechten verstehen, in Artikel 222. No. 1. ist nur die Ausgabe der Actiendocumente darunter zu verstehen. Unter Umständen würde auch der Gründungsact ziemlich weit in das Leben und den Geschäftsbetrieb der Actiengesellschaft selbst reichen. Dass die Gründer einen dergleichen Prospect einreichen sollen, für dessen Inhalt sie verantwortlich gemacht werden können, mag für erst im Allgemeinen als practisch zugegeben werden; ihn indessen zur unerlässlichen Bedingung der Eintragung zu machen, dass kann für die Bildung mancher Actiengesellschaften äusserst nachtheilig sein. Man könnte allenfalls anordnen, dass die für die Begründung wichtigsten Angaben etwa unter einer besonderen Rubrik dem Gesellschaftsvertrage einverleibt werden müssten. Wissentlich veranlasste Täuschung mit Absicht der Vermögensbeschädigung ist als Betrug strafbar. Es wären vielleicht die Vorschriften des Code penal Artikel 405. wegen escroquerie — Prellerei — heranzuziehen; und die Vorschriften des französischen Gesellschaftsgesetzes vom Jahre 1867. Art. 15. No. 1. und 2.

Der obige Beschluss steht ziemlich auf dem Gutachten und den Vorschlägen von Wiener, cfr. a. a. O. S. 5ff.

Wiener stellt in Rücksicht auf das Gründungsverhältniss und das Verhältniss der Gründer als unerlässliches Requisit auf:

> bei vollkommener Freiheit der Stipulationen des Gründungsvertrags, Erzwingung vollständiger Offenlegung in Betreff aller Elemente derselben und Verantwortung der Gründer, als eines besonderen, nicht in den Actionairen untergehenden Factors, der Actiengesellschaft gegenüber bei erwiesenem Mangel der Offenheit resp. bei falschen Angaben.

Seine Motivirung führt ihn dann zur Proponirung einer Abänderung des Art. 209b., einer Einschaltung von Art 225b. und einer zusätzlichen Strafvorschrift zu Art. 249.

Hauptsächlich soll die Abänderung des Art. 209b. darin bestehen: dass die Gründer, nemlich diejenigen, welche den Gesellschaftsvertrag errichtet und diejenigen welche das Actiencapital gezeichnet haben, in den sogenannten Gesellschaftsblättern mindestens zweimal und zwar in Zwischenräumen von mindestens 8 Tagen einen Bericht über das Actienunternehmen mit ihren Namensunterschriften veröffentlichen, enthaltend den Werth der Einlage, resp. des Vermögensstücks, Preis und Zahl der dafür zu gebenden Actien, die Personen, welche die Einlagen machen oder das Vermögensstück überlassen, die Zeit, wie lange sie diese Gegenstände eigenthümlich besessen oder zur Disposition gehabt haben, sowie jeden durch das Erwerbungsgeschäft oder neben demselben zu Gunsten eines Actionairs oder einer anderen Person bedungenen Vortheil, dass ferner zweitens erst nach erfolgter Nachweisung dieser Veröffentlichung die Eintragung der Gesellschaft in das Handelsregister erfolgen soll; und endlich drittens dass, wenn die Gesellschaft innerhalb des ersten Jahres nach ihrer Errichtung Anlagen oder sonstige Vermögenstücke übernehmen will, die Uebernahme erst dann rechtsverbindlich wird, wenn Seitens des derzeitigen Aufsichtsraths und Vorstandes der Gesellschaft ein gleicher Bericht unter Angabe derselben Thatsachen in der angegebenen Weise in den Gesellschaftsblättern veröffentlicht worden ist.

Der wesentliche Inhalt der Einschaltung von Art. 225 b. besteht darin: erstlich die Gründer persönlich und solidarisch der Actiengesellschaft für jeden derselben durch die Erwerbung von Anlagen oder sonstigen Vermögensstücken entstandenen Schaden zu machen, wenn sie in dem obigen Bericht Wahrheitswidriges angegeben, namentlich besondere Vortheile auf Kosten der Gesellschaft, eigene oder andere Personen, verschleiert haben; dass Zweitens in diesem Falle auch von der Gesellschaft ohne den Nachweis eines besonderen Schadens von den Gründern Ersatz in Höhe dieses verschleierten Vortheils gefordert werden kann, und für diesen Anspruch mit den Gründern solidarisch diejenigen haften, welche diese Vortheile nach Veröffentlichung des Berichts angenommen, sowie diejenigen, welche die Anlagen oder Vermögensstücke überlassen und in dem die Ueberlassung bewirkender Uebereignungsvertrage ebenfalls die Gewährung besondere Vortheile verschleiert haben; dass drittens der erkennende Richter rücksichtlich der Beweisführung in obiger Hinsicht von den positiven Beweisregeln entbunden und nach freier Ueberzeugung über die Beweisführung soll entscheiden dürfen; endlich dass die Gesellschaft die obigen verantwortlichen Personen ihrer Verantwortlichkeit erst nach Ablauf von 5 Jahren von der Eintragung der Gesellschaft in das Handelsregister abgerechnet, entlassen darf.

Die zusätzliche Strafvorschrift zu Art. 249. soll erstlich den § 263. (Betrug) Deutsches Strafgesetzbuch auf diejenigen ausdehnen, welche in dem öffentlichen Berichte oder sonst in öffentlichen Ankündigungen über Actienunternehmungen in der Absicht, sich oder anderen Gewinn zu verschaffen; vorsetzlich falsche Thatsachen vorbringen oder für den Vermögensstand des Unternehmens erhebliche Thatsachen unterdrücken oder verschleiern, und die Bestimmungen des § 266. a. a. O. (Untreue) wenn die Ankündiger Vorstands- oder Aufsichtsrathsmitglieder sind.

Wiener selbst verhehlt es sich nicht, dass sein Apparat auch loyalen Gründern unangenehme Hindernisse bereiten wird, und dieselben es unangenehm empfinden werden, mit der Manifestation besonderer Vortheile vor das Publikum zu treten, deren sie bei dem besonderen Resico — und ein solches haben sie anerkannt zu tragen nicht entbehren zu können glauben; er hofft aber, dass sie sich in Folge dessen des eigentlichen Gründergewinns entschlagen und ihren Vortheil in der Unterbringung der Actien über Pari sichern werden. Cfr. S. 17. Man mochte sich mit diesen Propositionen doch nicht überall einverstanden erklären können, allenfalls würde, die Gründer betreffend, Goldschmidts Vorschlag acceptabel erscheinen, welcher dahin geht:

Die Gründer, d. h. diejenigen, welche durch Prospecte öffentlich zum Zeichnen von Actien auffordern, sofern sie **böswilliger** Weise durch unrichtige Prospecte den Beitritt von Zeichnern herbeigeführt haben — jedoch nur gegenüber den ursprünglichen Zeichnern, deren Abnehmer sich von diesen die Klagen cediren lassen mögen — persönlich und solidarisch zum unumschränkten Schadensersatz nach freiem richterlichen Ermessen zu verpflichten. Cfr. a. a. O. S. 35. Sollen überhaupt die Gründer oder sonstige Personen, welche bei Täuschungen der Zeichner mitgewirkt haben, wegen Schadensersatz in Anspruch genommen werden, dann muss der entscheidende Richter, wie der französische, freie Hand haben hinsichtlich der Beweisführung und hinsichtlich der Festsetzung und Abmessung des Schadenersatzes.

Die Strafvorschriften mögen in das Strafgesetzbuch aufgenommen werden, wohin sie gehören, wenn es ihrer überhaupt noch besonders bedarf. Dort mögen eventuell auch Vergehen — Betrügereien, Prellereien — unter Gefängnissstrafen gestellt werden. Im Uebrigen kann man sich mit Geldstrafen begnügen.

Man kann auch in der That eine Offenlegung der oben beregten Verhältnisse in öffentlichen Berichten, und gar eine mit minutiöser Peinlichkeit nicht verlangen, ohne der Bildung und Entwickelung solider Actiengesellschaften zu nahe zu treten, man kann es den sogenannten Gründern — fondateurs im französischen Recht; opriglers im holländischen — nicht zumuthen, dass, obwohl sie ein nicht unbedeutendes Resico tragen, sie ohne alle Vortheile ausgehen. Sollten sie sich mit Unterbringung der Actien über Pari trösten, so möchte das unter Umständen ein schlechter Trost sein, abgesehen davon, dass das Unterbingen der Actien unter Pari die Abnehmer gleichfalls schädigen kann. Und was soll dann aus den zu übernehmenden Vermögensstücken während des ersten Jahres werden, was macht die Gesellschaft, welche vielleicht diese Gegenstände unbedingt gebraucht? Uebernimmt sie dieselben innerhalb des ersten Jahres, dann kann sie trotz der Berichte des Aufsichtsraths und des Vorstandes Schaden erleiden. Soll und wird der Eigenthümer ein Jahr warten auf die Erklärung der Gesellschaft?

Bei alledem sind die Mittel, welche auf Verhaftung von Gründern u. s. w. hinauslaufen, wie voher schon angeführt, ex post wirkende, die in den meisten Fällen wie hinkende Boten nach und sehr häufig zu spät kommen. Es sind nur zu oft remedia miserabilia, wenn jene Personen kein Vermögen oder kein fassliches Vermögen besitzen, oder wenn sie es mit gutem Bedacht in Sicherheit gebracht haben, wozu trotz aller Gesetze, welche solchen Unfug steuern sollen, es doch noch Mittel und Wege genug giebt. Alle Versuche von Actionairen und Geschädigten, sich wegen ihres Schadens zu erholen, scheitern dann an dem Grundsatz: dass die Forderung des Gläubigers sich von selbst um soviel vermindert, als der Schuldner zu wenig an Vermögen besitzt, wovon der eclatanteste Fall der ist, wenn der

Schuldner nichts besitzt, denn dann ist die Forderung gleichfalls nichts werth und das Recht so gut wie verloren.

14. Man hat in der Zeit nach der Novelle vom 11. Juni 1870 Gründungsoperationen vor sich, fast nach einen förmlichen, in sich zusammenhängenden, allmählich gebildeten, in der Praxis verbesserten und raffinirter gewordenen Systeme von Machinationen, deren Hauptziel: die von dem Gesetze, namentlich der bekannten Novelle für die Eintragung der Gesellschaft vorgeschriebenen Bedingungen zu umgehen, Vortheile und Gewinne der Gründer und anderer hinter den Coulissen stehender Personen zu verschleiern; bei dem Publikum allerhand Illusionen, namentlich hinsichtlich des Werthes übernommener Anlagen, Aussichten auf hohe Dividenden, Coursgewinn zu erregen. Zutreffend bemerkt Behrend a. a. O., dass diesem Treiben vollständig zu begegnen kein Gesetz im Stande sein wird, dass deshalb freilich der Gesetzgeber nicht auf die Aufgabe verzichten dürfe, soviel in seinen Kräften steht, den Forderungen der Gesetze Geltung zu verschaffen. In zunächstiger Genügung dieser Aufgabe erscheint es ihm vor Allem nothwendig, das Gesetz von allen denjenigen Bestimmungen zu befreien, welche ihm gleichsam eine Mitschuld an den gerügten Vorgängen aufbürden, wozu er die Cautelen rechnet, welche die besagte Novelle behufs des rechtlichen Zustandekommens der Gesellschaft neu eingefügt hat. Cfr. a. a. O. S. 55. 56., 57. Er verlangt sodann namentlich: die Anmeldung zum Handelsregister von denjenigen Actionairen, welche den Gesellschaftsvortrag errichtet haben, und dass dieselben gleichzeitig mit der Anmeldung persönlich oder in beglaubigter Form eine Erklärung einreichen sollen, in welcher der Inhalt aller Verträge und Abmachungen anzugeben, die von Einem oder Mehreren von ihnen in Betreff der Actiengesellschaft abgeschlossen worden sind, auch die Beifügung schriftlicher sowie gerichtlich oder noteriell abgeschlossener Vorträge in beglaubigter Form und mit Hinzufügung der Versicherung: dass die Erklärenden von anderen dergleichen Vorschlägen und Abmachungen keine Kenntniss haben. Cfr. S. 58.

Die Ausmerzung jener lediglich von den Franzosen entlehnten Cauteln anlangend, so lässt sich dagegen nichts sagen; sie enthalten Provocationen zu Umgehungen, ihre Unnützlichkeit hat sich evident dargethan; sie hindern nur die Bildung solider Gesellschaften. Sodann wird auch mehr als jene Offenlegung der Vorträge und Abmachungen nicht verlangt werden können. Cfr. Behrend. a. a. O. S. 61. Wenn derselbe aber dem Registerrichter die Befugniss beilegen will, die Eintragung abzulehnen, sobald er den Inhalt der Erklärung für unrichtig oder unvollständig erachtet, und vor der Eintragung weiteren Erklärungen zu fordern, sogar eine Beweisaufnahme anzuordnen, a. a. O. S. 58., so halte ich dieses Mittel für ein missliches, wenigstens zur Zeit.

15. Man könnte überhaupt die Frage aufwerfen: ob denn die Ueberahme von Anstalten, die Einlage von Gegenständen,

die Abmachung besonderer Vortheile, insbesondere die gegen Gewährung von Actien so unbedingt nöthig ist für die Bildung der Actiengesellschaften, ob sie in dem Wesen und der Natur der Actiengesellschaften begründet und damit derartig verbunden ist, dass ohne die Gestattung, derselben der Entstehung und Bildung der Actiengesellschaften Hindernisse in den Weg gelegt würden. Ich meines Theils verneine diese Frage. Das Natürliche und Regulaire ist die Aufbringung des Grundcapitals in Baar, andere Einlagen, die Uebernahme von Anstalten und andern Gegenständen kann man schon füglich ohne Schaden für die Actiengesellschaft und ihrer Bildung verbieten, desgleichen die Ausbedingung besonderer Vortheile, welche ganz irregulair ist. Damit würden dann auch die sogenannten Industrieactien verschwinden. Mag die existente Actiengesellschaft diejenigen Gegenstände, welche sie gebraucht, sich selbst anschaffen und erwerben.

16. Schliesslich erfüllt meines Erachtens die Gesetzgebung ihre Aufgabe und erreicht die Grenze ihrer Befugniss, wenn sie Bestimmungen trifft: welche es dem Publikum ermöglichen, sich von den Verhältnissen der Gesellschaft, ihren Organen und den Befugnissen genügend zu informiren, welche jedem Actionair die Ausübung seiner Rechte wahren, und auch dem einzelnen Actionair Mittel geben, seine gekränkten oder verkümmerten Rechte wieder zur Geltung zu bringen und auf Abstellung von Handlungen, welche dem Gesetz als den Statuten zuwiderlaufen, welche sonst für die Gesellschaft schädlich sein können, zu dringen, welche die Hindernisse aus dem Wege schaffen, welcher einer Geltendmachund erlittenen Schadens bei jetziger Gesetzgebung im Wege stehen, welche endlich es ermöglichen, dass alle Actionaire eine klare Uebersicht und Rechenschaft von der Geschäftsführung ihrer Verwalter, von Einnahmen und Ausgaben, Gewinn und Verlust, der Anlegung von disponiblen Geldern sich verschaffen können.

Die Offenlegung der Geschäftsführung wird freilich nur insoweit gestattet werden dürfen, als es den Interessen der Gesellschaft unschädlich ist. Weil die Actionaire beliebig wechseln, kann durch eine zu weit ausgedehnte Offenlegung der Geschäftsführung leicht der Gesellschaft grosser, unersetzlicher Schaden zugefügt werden. Die englische Gesetzgebung giebt in Betreff dieser Offenlegung und Information für das Publicum sowohl wie für die Actionaire manchen beachtenswerthen Fingerzeig.

17. Das Drängen nach einer Aenderung der Actiengesellschaftsgesetzgebung steht heute auf der allgemeinen Tagesordnung. Das ist auch nicht wunderbar und nicht unnatürlich. Es ist hervorgerufen durch das Verfahren bei den Gründungen nach der Novelle, welche die Actiengesellschaften der Staatsgenehmigung entledigte und ihre Gründung auf ganz neue Wege leitete; durch die Verluste an Vermögen und Capital, welche vielseitig erlitten sind, auch in socialer Beziehung. Die Actiengesellschaften sind einer Entwickelungskrankheit, welche viele andere Institute durchzumachen haben, keines-

weges enthoben; die Erfahrung lehrt aber, dass es nicht gut thut, wenn die Wächter des öffentlichen Wohls sich zu allzu raschem Vorgehen und zu strengen, die Entwickelung solider Unternehmungen hindernden Maassregeln fortreissen lassen. Freilich ist es in der menschlichen Natur begründet, dass Derjenige, welcher durch übertriebene leichtfertige Speculationen, Agiotage, Schwindel, durch die Lust zu gewinnen zu unüberlegten Handlungen hingerissen, durch Vertrauensseligkeit bei der Hingabe seines Geldes in bittere Verluste gebracht ist, nicht nur denen, die ihn hinter's Licht geführt, ihm sein Vermögen abgenommen, betrogen oder sonst geschädigt haben, sondern auch dem Institut und seinen Einrichtungen flucht und die Gesetzgebung anklagt, statt sein eigenes Verhalten zu verdammen. Dabei schwindet ihm dann die Unterscheidung zwischen Gutem und Schlechtem, zwischen Solidem und Unsolidem; er wirft Alles mitsammen in dieselbe Verdammniss. Von der Gesetzgebung verlangt er Corrective über Corrective, damit so Etwas nicht wieder passiren könne, und doch ist die Gesetzgebung dazu nicht in der Lage.

Hat die Gesetzgebung obige Erfahrung nicht beachtet, hat sie sich zu raschen und scharfen Maassregeln hinreissen lassen, welche sich hinterher als wiederabzuschaffende herausstellen, dann kann leicht wieder ein solcher krankhafter Zustand eintreten, wie er jetzt nach Aufhebung der Staatsgenehmigung grassirt hat.

18. Es dürfte die Zeit noch nicht gekommen sein, mit Aenderungen in der Actiengesetzgebung vorzugehen. Entscheiden muss ich mich gegen jede Nothgesetzgebung. Es vollzieht sich zur Zeit eine Catastrophe auf dem Gebiete des Actienwesens, hervorgerufen durch die Sünden bei der Gründung und Verwaltung und durch die Börsenkrisis. Sie wird noch Manches an den Tag bringen, und noch manche Erfahrungen und manche gute Lehre geben. Die neue Reichsgerichtsorganisation und die neue Reichscivilprozessordnung mit Installirung der Handelsgerichte scheinen nicht mehr lange auf sich warten lassen zu sollen. Diese Ereignisse bleiben abzuwarten. Man möchte einwenden, dass das doch noch längere Zeit dauern möchte und dass so lange nicht gewartet werden könne und dürfe. Dem ist zu entgegnen, dass, wenn das Publikum und die Actionaire speciell, um deren Interessen es sich doch hauptsächlich handelt, durch die heutigen Vorgänge auf dem Gebiete des Actienwesens und des Geldmarkts noch keine Lehre erhalten haben, wenn sie noch nicht klug und vorsichtig geworden sind, um sich fürerst selbst zu sichern und zu wahren, dann überhaupt Incurabilität anzunehmen sein muss, wo keine Gesetzgebung helfen kann.

Druck: W. Elsner, Berlin, Wilhelmstrasse No. 32.